CRAFTSMAN

CRAFTSMAN HAZARDOUS MATERIAL

위험물기능사 필기

허판효 · 배극윤

제1편 화재예방과 소화방법 | **제2편** 위험물의 종류
제3편 과년도 기출문제 | **제4편** CBT 복원 기출문제

머리말

국가기초산업의 중추적인 역할을 담당하고 있는 위험물 분야에서 자신의 능력을 충분히 발휘하고 활동 영역을 확대해 나가기 위해서는 어느 분야에서보다도 자격증 취득이 중요합니다.

이 책은 최근 위험물에 대한 관심이 고조되는 가운데, 위험물기능사 시험을 준비하는 수험생들이 단기간에 자격증을 취득할 수 있도록 다음과 같이 구성하였습니다.

제1편 화재예방과 소화방법
제2편 위험물의 종류
제3편 과년도 기출문제
제4편 CBT 복원 기출문제

최선을 다했지만, 미흡한 부분이 없지 않을 것입니다. 내용의 오류가 있는 부분에 대해서는 차후 독자들의 의견을 수렴하여 인터넷 홈페이지나 정오표에 게시할 것을 약속드리며, 이 책으로 공부하시는 수험생 여러분들에게 합격의 영광이 함께 하기를 기원합니다. 끝으로 이 책이 발간되기까지 도와주신 분들께도 감사드립니다.

저자

CBT 전면시행에 따른

CBT PREVIEW

한국산업인력공단(www.q-net.or.kr)에서는 실제 컴퓨터 필기시험 환경과 동일하게 구성된 자격검정 CBT 웹 체험을 제공하고 있습니다. 또한, 주경야독(http://www.yadoc.co.kr)에서는 회원가입 후 CBT 형태의 모의고사를 풀어볼 수 있으니 참고하여 활용하시기 바랍니다.

수험자 정보 확인

시험장 감독위원이 컴퓨터에 나온 수험자 정보와 신분증이 일치하는지를 확인하는 단계입니다. 수험번호, 성명, 주민등록번호, 응시종목, 좌석번호를 확인합니다.

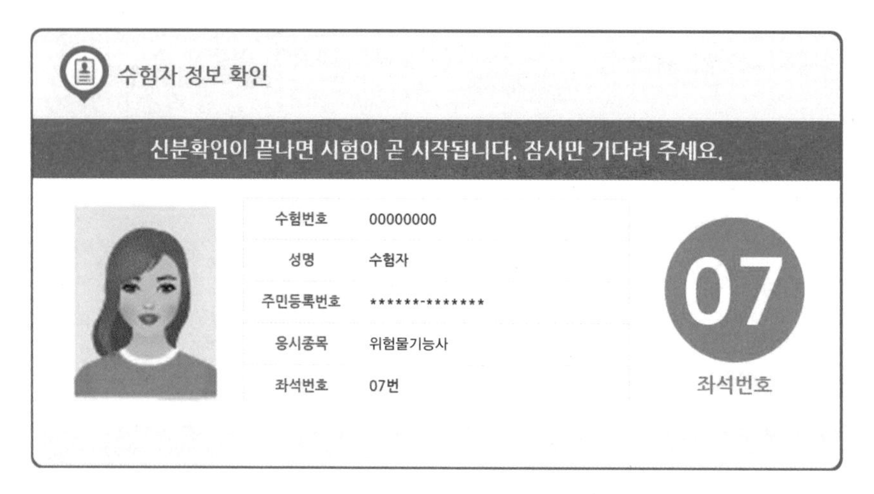

안내사항

시험에 관련된 안내사항이므로 꼼꼼히 읽어보시기 바랍니다.

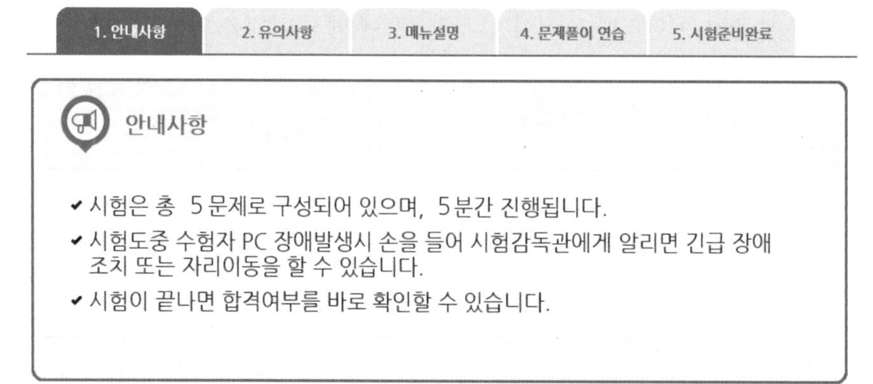

유의사항

부정행위는 절대 안 된다는 점, 잊지 마세요!

유의사항 - [1/3]

- **다음과 같은 부정행위가 발각될 경우 감독관의 지시에 따라 퇴실 조치되고, 시험은 무효로 처리되며, 3년간 국가기술자격검정에 응시할 자격이 정지됩니다.**

✔ 시험 중 다른 수험자와 시험에 관련한 대화를 하는 행위
✔ 시험 중에 다른 수험자의 문제 및 답안을 엿보고 답안지를 작성하는 행위
✔ 다른 수험자를 위하여 답안을 알려주거나, 엿보게 하는 행위
✔ 시험 중 시험문제 내용과 관련된 물건을 휴대하여 사용하거나 이를 주고받는 행위

다음 유의사항 보기 ▶

문제풀이 메뉴 설명

문제풀이 메뉴에 대한 주요 설명입니다. CBT에 익숙하지 않다면 꼼꼼한 확인이 필요합니다. (글자크기/화면배치, 전체/안 푼 문제 수 조회, 남은 시간 표시, 답안 표기 영역, 계산기 도구, 페이지 이동, 안 푼 문제 번호 보기/답안 제출)

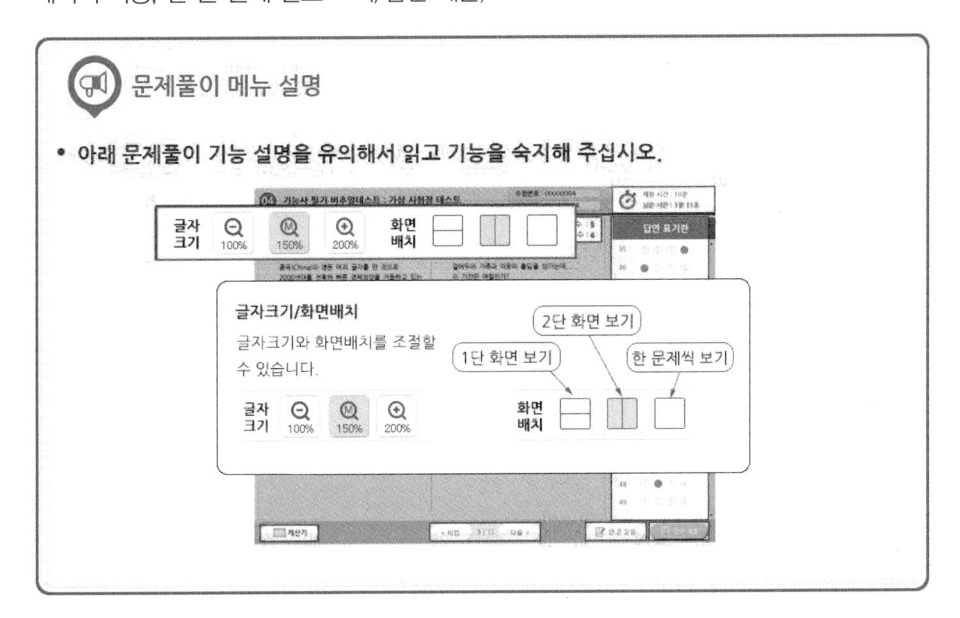

시험준비 완료!

이제 시험에 응시할 준비를 완료합니다.

1. 안내사항 | 2. 유의사항 | 3. 메뉴설명 | 4. 문제풀이 연습 | **5. 시험준비완료**

시험 준비 완료

- ✔ 아래의 시험 준비 완료 버튼을 클릭해주세요.
- ✔ 잠시 후 시험감독관의 지시에 따라 시험이 자동으로 시작됩니다.

시험 준비 완료

시험화면

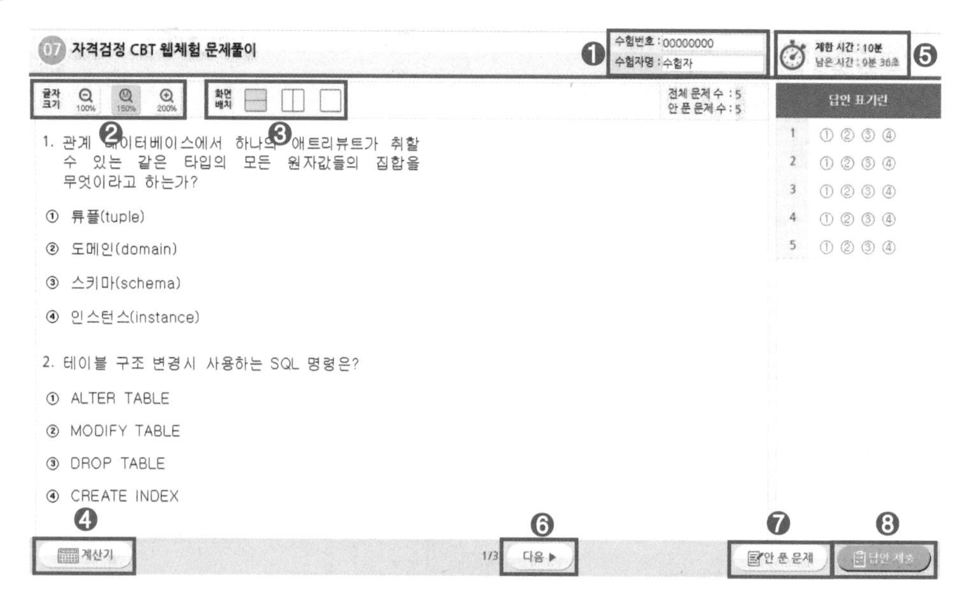

❶ 수험번호, 수험자명 : 본인이 맞는지 확인합니다.
❷ 글자크기 : 100%, 150%, 200%로 조정 가능합니다.
❸ 화면배치 : 2단 구성, 1단 구성으로 변경합니다.
❹ 계산기 : 계산이 필요할 경우 사용합니다.
❺ 제한 시간, 남은 시간 : 시험시간을 표시합니다.
❻ 다음 : 다음 페이지로 넘어갑니다.
❼ 안 푼 문제 : 답안 표기가 되지 않은 문제를 확인합니다.
❽ 답안 제출 : 최종답안을 제출합니다.

답안 제출

문제를 다 푼 후 답안 제출을 클릭하면 위와 같은 메시지가 출력됩니다.
여기서 '예'를 누르면 답안 제출이 완료되며 시험을 마칩니다.

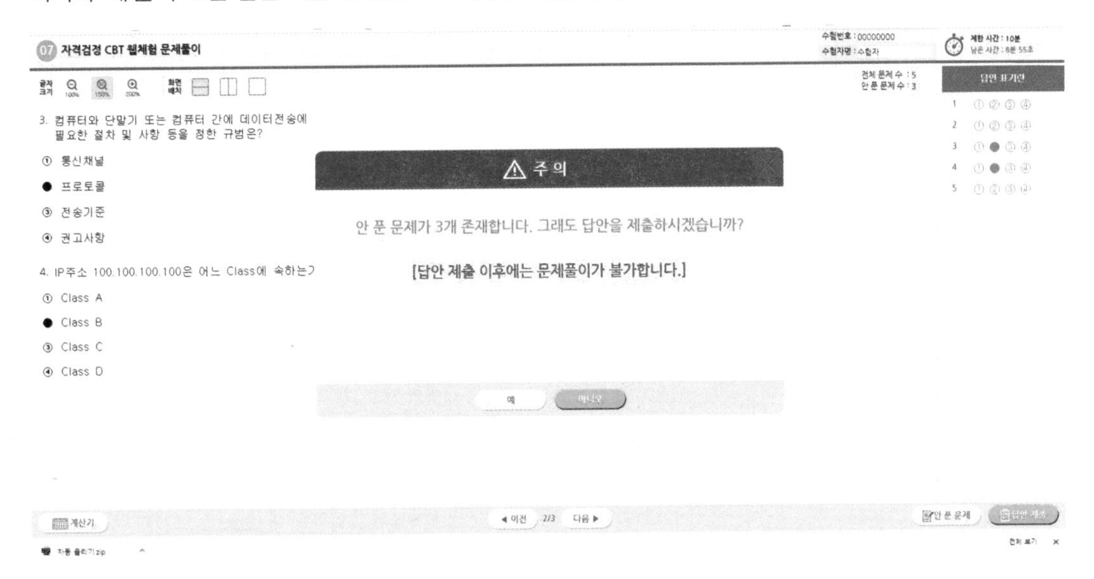

알고 가면 쉬운 CBT 4가지 팁

1. 시험에 집중하자.
기존 시험과 달리 CBT 시험에서는 같은 고사장이라도 각기 다른 시험에 응시할 수 있습니다. 옆 사람은 다른 시험을 응시하고 있으니, 자신의 시험에 집중하면 됩니다.

2. 필요하면 연습지를 요청하자.
응시자의 요청에 한해 시험장에서는 연습지를 제공하고 있습니다. 연습지는 시험이 종료되면 회수되므로 필요에 따라 요청하시기 바랍니다.

3. 이상이 있으면 주저하지 말고 손을 들자.
갑작스럽게 프로그램 문제가 발생할 수 있습니다. 이때는 주저하며 시간을 허비하지 말고, 즉시 손을 들어 감독관에게 문제점을 알려주시기 바랍니다.

4. 제출 전에 한 번 더 확인하자.
시험 종료 이전에는 언제든지 제출할 수 있지만, 한 번 제출하고 나면 수정할 수 없습니다. 맞게 표기하였는지 다시 확인해보시기 바랍니다.

출제기준

직무 분야	화학	중직무분야	위험물	자격 종목	위험물기능사	적용 기간	2020. 1. 1~2024. 12. 31
직무내용	위험물을 저장 · 취급 · 제조하는 제조소 등에서 위험물을 안전하게 저장 · 취급 · 제조하고 일반 작업자를 지시 감독하며, 각 설비에 대한 점검과 재해 발생 시 응급조치 등의 안전 관리 업무를 수행하는 직무						
필기검정방법	객관식	문제수	60	시험시간	1시간		

필기과목명	문제수	주요항목	세부항목	세세항목
화재 예방과 소화방법, 위험물의 화학적 성질 및 취급	60	1. 화재 예방 및 소화방법	1. 화학의 이해	1. 물질의 상태 및 성질 2. 화학의 기초법칙 3. 유기, 무기화합물의 특성
			2. 화재 및 소화	1. 연소이론 2. 소화이론 3. 폭발의 종류 및 특성 4. 화재의 분류 및 특성
			3. 화재 예방 및 소화방법	1. 위험물의 화재 예방 2. 위험물의 화재 발생 시 조치 방법
		2. 소화약제 및 소화기	1. 소화약제	1. 소화약제의 종류 2. 소화약제별 소화원리 및 효과
			2. 소화기	1. 소화기의 종류 및 특성 2. 소화기별 원리 및 사용법
		3. 소방시설의 설치 및 운영	1. 소화설비의 설치 및 운영	1. 소화설비의 종류 및 특성 2. 소화설비 설치기준 3. 위험물별 소화설비의 적응성 4. 소화설비 사용법
			2. 경보 및 피난설비의 설치기준	1. 경보설비 종류 및 특징 2. 경보설비 설치기준 3. 피난설비의 설치기준
		4. 위험물의 종류 및 성질	1. 제1류 위험물	1. 제1류 위험물의 종류 2. 제1류 위험물의 성질 3. 제1류 위험물의 위험성 4. 제1류 위험물의 화재 예방 및 진압 대책
			2. 제2류 위험물	1. 제2류 위험물의 종류 2. 제2류 위험물의 성질 3. 제2류 위험물의 위험성 4. 제2류 위험물의 화재 예방 및 진압 대책
			3. 제3류 위험물	1. 제3류 위험물의 종류 2. 제3류 위험물의 성질 3. 제3류 위험물의 위험성 4. 제3류 위험물의 화재 예방 및 진압 대책
			4. 제4류 위험물	1. 제4류 위험물의 종류 2. 제4류 위험물의 성질 3. 제4류 위험물의 위험성 4. 제4류 위험물의 화재 예방 및 진압 대책
			5. 제5류 위험물	1. 제5류 위험물의 종류 2. 제5류 위험물의 성질 3. 제5류 위험물의 위험성 4. 제5류 위험물의 화재 예방 및 진압 대책

필기과목명	문제수	주요항목	세부항목	세세항목
			6. 제6류 위험물	1. 제6류 위험물의 종류 2. 제6류 위험물의 성질 3. 제6류 위험물의 위험성 4. 제6류 위험물의 화재 예방 및 진압 대책
		5. 위험물안전관리 기준	1. 위험물 저장 · 취급 · 운반 · 운송기준	1. 위험물의 저장기준 2. 위험물의 취급기준 3. 위험물의 운반기준 4. 위험물의 운송기준
		6. 기술기준	1. 제조소 등의 위치구조설비 기준	1. 제조소의 위치구조설비 기준 2. 옥내저장소의 위치구조설비 기준 3. 옥외탱크저장소의 위치구조설비 기준 4. 옥내탱크저장소의 위치구조설비 기준 5. 지하탱크저장소의 위치구조설비 기준 6. 간이탱크저장소의 위치구조설비 기준 7. 이동탱크저장소의 위치구조설비 기준 8. 옥외저장소의 위치구조설비 기준 9. 암반탱크저장소의 위치구조설비 기준 10. 주유취급소의 위치구조설비 기준 11. 판매취급소의 위치구조설비 기준 12. 이송취급소의 위치구조설비 기준 13. 일반취급소의 위치구조설비 기준
			2. 제조소 등의 소화설비, 경보설비 및 피난설비기준	1. 제조소 등의 소화난이도등급 및 그에 따른 소화설비 2. 위험물의 성질에 따른 소화설비의 적응성 3. 소요단위 및 능력단위 산정법 4. 옥내소화전의 설치기준 5. 옥외소화전의 설치기준 6. 스프링클러의 설치기준 7. 물분무소화설비의 설치기준 8. 포소화설비의 설치기준 9. 불활성가스 소화설비의 설치기준 10. 할로겐화합물소화설비의 설치기준 11. 분말소화설비의 설치기준 12. 수동식소화기의 설치기준 13. 경보설비의 설치기준 14. 피난설비의 설치기준
		7. 위험물안전관리법상 행정사항	1. 제조소 등 설치 및 후속절차	1. 제조소 등 허가 2. 제조소 등 완공검사 3. 탱크안전성능검사 4. 제조소 등 지위승계 5. 제조소 등 용도폐지
			2. 행정처분	1. 제조소 등 사용정지, 허가취소 2. 과징금처분
			3. 안전관리 사항	1. 유지 · 관리 2. 예방규정 3. 정기점검 4. 정기검사 5. 자체소방대
			4. 행정감독	1. 출입 검사 2. 각종 행정명령 3. 벌금 및 과태료

Contents

Contents

Periodic Table

주기 \ 족	1A	2A	3A	4A	5A	6A	7A	8	8	8	1B	2B	3B	4B	5B	6B	7B	0
1	1 H 1.008 수소																	2 He 4.0 헬륨
2	3 Li 6.9 리튬	4 Be 9.0 베릴륨											5 B 10.8 붕소	6 C 12.011 탄소	7 N 14.0 질소	8 O 15.999 산소	9 F 19.0 플루오르	10 Ne 20.2 네온
3	11 Na 23.0 나트륨	12 Mg 24.3 마그네슘											13 Al 27.0 알루미늄	14 Si 28.1 규소	15 P 31.0 인	16 S 32.1 황	17 Cl 35.5 염소	18 Ar 39.9 아르곤
4	19 K 39.1 칼륨	20 Ca 40.1 칼슘	21 Sc 45.0 스칸듐	22 Ti 47.9 티탄	23 V 51.0 바나듐	24 Cr 52.0 크롬	25 Mn 54.9 망간	26 Fe 55.8 철	27 Co 58.9 코발트	28 Ni 58.7 니켈	29 Cu 63.5 구리	30 Zn 65.4 아연	31 Ga 69.7 갈륨	32 Ge 72.6 게르마늄	33 As 74.9 비소	34 Se 79.0 셀렌	35 Br 79.9 브롬	36 Kr 83.8 크립톤
5	37 Rb 85.5 루비듐	38 Sr 87.6 스트론튬	39 Y 88.9 이트륨	40 Zr 91.2 지르코늄	41 Nb 92.9 니오브	42 Mo 95.9 몰리브덴	43 Tc 99* 테크네튬	44 Ru 101.1 루테늄	45 Rh 102.9 로듐	46 Pd 106.4 팔라듐	47 Ag 107.9 은	48 Cd 112.4 카드뮴	49 In 114.8 인듐	50 Sn 118.7 주석	51 Sb 121.8 안티몬	52 Te 127.6 텔루르	53 I 126.9 요오드	54 Xe 131.3 크세논
6	55 Cs 132.9 세슘	56 Ba 137.3 바륨	57~71 La~Lu 란타니드	72 Hf 178.5 하프늄	73 Ta 180.9 탄탈	74 W 183.9 텅스텐	75 Re 186.2 레늄	76 Os 190.2 오스뮴	77 Ir 192.2 이리듐	78 Pt 195.1 백금	79 Au 197.0 금	80 Hg 200.6 수은	81 Tl 204.4 탈륨	82 Pb 207.2 납	83 Bi 209.0 비스무트	84 Po [209]* 폴로늄	85 At [210]* 아스타틴	86 Rn [222]* 라돈
7	87 Fr [223] 프랑슘	88 Ra [226] 라듐	89~103 Ac~Lr 악티니드															
	알칼리 금속	알칼리 토금속																비활성 기체

(음영 상자) — 전형원소 / (이중선 상자) — 전이원소

(흰 상자) 의 원소 — 비금속 ┐
(회색 상자) 의 원소 — 금속 ┘ 밑줄은 양쪽성 원소

원소기호의 왼쪽 위 숫자는 원자 번호, 아래의 숫자는
1961년의 만국 원자량(소수둘째 자리를 반올림)
[ ]안의 숫자는 가장 안정한 동위 원소의 질량수,
* 는 가장 잘 알려진 동위원소의 질량수

란타니드	57 La 138.9 란탄	58 Ce 140.0 세륨	59 Pr 140.9 프라세오디뮴	60 Nd 144 네오디뮴	61 Pm 145* 프로메튬	62 Sm 150.4 사마륨	63 Eu 152.0 유로퓸	64 Gd 157.3 가돌리늄	65 Tb 158.9 테르븀	66 Dy 162.5 디스프로슘	67 Ho 164.3 홀뮴	68 Er 167.3 에르븀	69 Tm 168.9 툴륨	70 Yb 173.0 루테튬	71 Lu 175.0 루테튬
악티니드	89 Ac [227]* 악티늄	90 Th 232.0 토륨	91 Pa [231]* 프로악티늄	92 U 238.0 우라늄	93 Np [237]* 넵투늄	94 Pu [244]* 플루토늄	95 Am [243]* 아메리슘	96 Cm [247]* 퀴륨	97 Bk [249]* 버클륨	98 Cf [251]* 칼리포르늄	99 Es [254]* 아이시타이늄	100 Fm [253]* 페르뮴	101 Md [256]* 멘델레븀	102 No [254]* 노벨륨	103 Lr [257]* 로렌슘

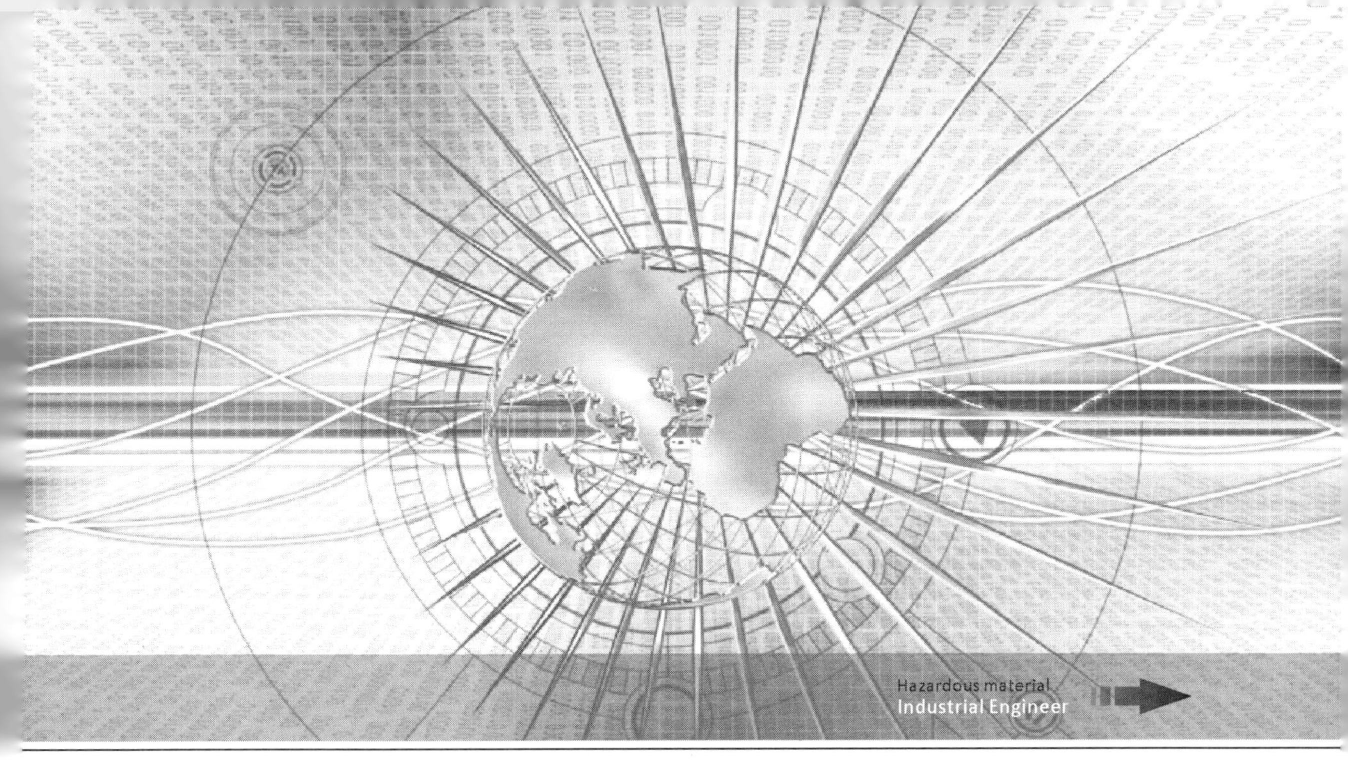

제1편
화재예방과 소화방법

Contents

제1장 화재예방과 소화방법

1. 각종 위험물의 화재예방

화재란 자연 또는 인위적인 원인에 의해서 인간의 신체, 재산, 생명의 손실을 초래하는 재난을 말한다. 즉 화재는 인재의 일종으로 그 발생을 미연에 방지할 수 있고, 발생한 화재는 소화의 필요가 있는 연소현상을 말하며, 결과적으로 가연성 물질이 연소함으로써 인적, 물적 손실을 발생시켜 경제적인 손실을 가져오는 재난을 말한다. 다시 말해서 사람이 원하지 않은 불은 화재라 할 수 있다.

1. 연소의 정의

간단히 말해서 **열과 빛을 동반하는 급격한 산화반응을 연소라 한다**. 연소란 산화반응이 수반되는 발열현상으로서 온도가 상승하고 발생하는 열복사선의 파장 또는 강한 빛을 말하며 일반적으로 연소라 할 수 없는 것은 촛불의 연소라든지, 유황가스 중에서 철이 연소하는 것, 또는 산화이기는 하지만 발열만으로 빛을 발하지 않는 완만한 연소, 발광은 있지만 열을 내지 않는 화학 발광과 같은 현상들이다.

1) 완전연소

산소가 충분한 상태에서 가연성분이 완전히 산화되는 연소
즉 연소 후 발생되는 물질 중에서 가연성분이 없는 연소

$C + O_2 \rightarrow CO_2 + 97{,}000\text{kcal/mol}$
$H_2 + 2O_2 \rightarrow 2H_2O + 68{,}000\text{kcal/mol}$
$S + O_2 \rightarrow SO_2 + 79{,}000\text{kcal/mol}$

2) 불완전연소

산소가 부족한 상태에서 가연성분이 불완전하게 산화되는 연소
즉 연소 후 발생되는 물질 중에서 가연성분이 있는 연소

$$C + O_2 \rightarrow CO + \frac{1}{2}O_2 + 29{,}000\text{kcal/mol}$$

① 불완전연소의 발생원인

㉮ 산소공급원이 부족할 때
㉯ 주위의 온도, 연소실의 온도가 너무 낮을 때
㉰ 연소기구가 적합하지 않을 때
㉱ 가스 조성이 맞지 않을 때
㉲ 환기, 배기가 불충분할 때
㉳ 유류의 온도가 낮을 때
㉴ 불꽃이 냉각되었을 때

2. 연소의 조건

연소를 하기 위해서는 **가연물, 산소공급원, 점화원(열원)을 필요로 하는데, 이것을 연소의 3요소**라 한다. 여기에 **연쇄반응을 추가시키면 연소의 4요소**라 한다.
연소하기 위해서는 이 3요소가 동시에 존재해야만 한다. 그리고 충분한 온도, 충분한 체류시간, 충분한 혼합이 이루어져야 한다. 연소의 3요소 중에서 어느 하나라도 없으면 연소는 중단된다.

1) 가연물

목재, 종이, 석탄, 플라스틱, 금속, 비금속, 수소, 나무, LNG 등
고체, 액체, 기체를 통틀어 산화되기 쉬운 물질을 말하며, 산화되기 어려운 물질이나 이미 산소와 화합하여 더 이상 화합반응이 진행되기 어려운 물질(CO_2나 H_2O과 같은 물질)은 불연성 물질로서 가연물과 구별하는 것이 보통이다.

(1) 가연물이 될 수 있는 조건
① 연소열, 즉 발열량이 클 것
② 열전도율이 낮은 것

③ 활성화에너지가 작은 것
④ 산소와 친화력이 좋은 것
⑤ 표면적이 넓은 것
⑥ 연쇄반응을 일으킬 수 있는 것
※ 활성화에너지란 화학반응을 일으키기 위해 필요로 하는 최소한의 에너지를 말한다.

(2) 가연물이 될 수 없는 조건
① 산소와 더 이상 반응하지 않는 물질(CO_2, H_2O, Al_2O_3, SiO_2, P_2O_5)
② 주기율표의 0족 원소(He, Ne, Ar, Kr, Xe, Rn)
③ 질소(N_2) 또는 질소산화물(NO_x)(산소와 반응은 하지만 흡열반응을 하는 물질)

2) 산소공급원

일반적으로 공기 중의 산소로 인해서 연소한다. 이밖에 산화제(위험물에서 1류 위험물, 6류 위험물에 해당)와 같이 산소를 방출하는 물질이 산소원이 되고 또한 가연성 물질 자체 내에 다량의 산소를 함유하고 있는 물질(위험물에서 5류 위험물에 해당)에서는 산소의 공급을 필요로 하지 않는 물질도 있다.
따라서 **산소공급원에 해당되는 물질은 공기, 산소, 제1류 위험물, 제5류 위험물, 제6류 위험물 등이 있다.**

3) 점화원

화기는 물론 전기불꽃, 정전기불꽃, 충격에 의한 불꽃, 마찰에 의한 불꽃, 단열 압축열, 나화(노출되어 있는 모든 불꽃) 및 고온 표면 등으로 연소를 하기 위해 물질에 활성화 에너지를 주는 물질을 말한다.

3. 연소의 형태

1) 기체의 연소

(1) 불꽃은 있으나 불티가 없는 연소

(2) 확산연소

분출된 가연성 기체가 공기와 섞이는 과정을 확산이라 표현하는데, **비교적 공기보다 가벼운 기체, 수소, 아세틸렌** 등과 같이 가연성가스가 화염의 안정범위가 넓고, 조작이 용이한 연소형태

(3) 정상연소

기체의 연소형태는 대부분 정상연소, 즉 가연성 기체와 산소와 혼합되어 연소하는 형태

(4) 비정상연소

많은 양의 가연성 기체와 공기의 혼합가스가 밀폐용기 중에 있을 때 점화되면 연소온도가 급격하게 증가하여 일시에 폭발적으로 연소하는 형태

2) 액체의 연소

(1) 액체 자체가 타는 것이 아니라 발생된 증기가 연소하는 형태

(2) 증발연소

알코올, 에테르, 석유, 아세톤, **양초(파라핀)**, 등과 같은 가연성 액체가 액면에서 증발하여 생긴 가연성 증기가 착화되어 화염을 내고, 이 화염의 온도에 의해서 액 표면의 온도를 상승시켜 증발을 촉진시켜 연소하는 형태

(3) 액적연소

보통 점도가 높은 벙커C유에서 연소를 일으키는 형태로 가열하면 점도가 낮아져 버너 등을 사용하여 액체의 입자를 안개 모양으로 분출하며 액체의 표면적을 넓혀 연소시키는 형태

3) 고체의 연소

(1) 고체에서는 여러 가지 연소형태가 복합적으로 나타난다.

(2) 표면연소

목탄(숯), 코코스, 금속분 등이 열분해하여 고체가 표면이 고온을 유지하면서 가연성 가스를 발생하지 않고 그 물질 자체가 표면이 빨갛게 변하면서 연소하는 형태

(3) 분해연소

석탄, 종이, 목재, 플라스틱의 고체 물질과 **중유**와 같은 점도가 높은 액체연료에서 찾아볼 수 있는 형태로 열분해에 의해서 생성된 분해생성물과 산소와 혼합하여 연소하는 형태

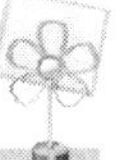

(4) 증발연소

나프탈렌, 장뇌, 유황, 왁스, 양초(파라핀)와 같이 고체가 가열되어 가연성 가스를 발생시켜 연소하는 형태

(5) 자기연소

화약, 폭약의 원료인 제5류 위험물 **니트로글리세린, 니트로셀룰로오스, 질산에스테르류**에서 볼 수 있는 연소의 형태로서 공기 중의 산소를 필요로 하지 않고 그 물질 자체에 함유되어 있는 산소로부터 내부 연소하는 형태

4. 연소의 제반 사항

1) 인화점

가연성 물질에 점화원을 접촉시켰을 때 불이 붙는 최저온도로서 가연성 액체의 위험성을 나타내는 척도로 사용되고 있으며 인화점이 낮을수록 인화의 위험이 크고, 특히 인화점이 상온보다 낮은 제4류 위험물은 특히 주의를 요하는 위험물이라 할 수 있다.

2) 착화점(착화온도=발화점=발화온도)

가연성 물질이 점화원 없이 축적된 열만으로 연소를 일으키는 최저온도를 말한다. 발화점이 낮은 물질일수록 위험성이 크며 발화점과 인화점은 서로 아무런 관계가 없고, 인화점보다 수백 도씩 높은 온도이다. 착화점이 낮아지는 조건은 다음과 같다.

첫째, 발열량, 화학적 활성도, 산소와 친화력, 압력이 높을 때
둘째, 분자구조가 복잡할 때
셋째, 열전도율, 공기압, 습도 및 가스압이 낮을 때

(1) 자연발화의 형태

① 산화열에 의한 발화 : 석탄, 고무분말, 건성유 등에 의한 발화
② 분해열에 의한 발화 : 셀룰로이드, 니트로셀룰로오스 등에 의한 발화
③ 흡착열에 의한 발화 : 목탄분말, 활성탄 등에 의한 발화
④ 미생물에 의한 발화 : 퇴비, 먼지 속에 들어 있는 혐기성 미생물에 의한 발화

(2) 자연발화에 영향을 주는 인자

① **수분**

② **열전도율**

③ **열의 축적**

④ **용기의 크기와 형태**

⑤ **발열량**

⑥ **공기의 유동**

⑦ **퇴적 방법**

(3) 자연발화의 조건

① **주위의 온도가 높을 것**

② **열전도율이 낮을 것**

③ **발열량이 클 것**

④ **표면적이 넓을 것**

(4) 자연발화 방지법

① **주위 온도를 낮출 것**

② **습도를 낮게 할 것(수분량이 적당하지 않도록 할 것)**

③ **통풍을 잘 시킬 것**

④ **불활성 가스를 주입하여 공기와 접촉면적을 낮게 할 것**

3) 연소점

인화점에서는 외부의 열을 제거하면 연소가 중단되는 반면, 연소점은 점화원을 제거하더라도 계속 탈 수 있는 온도로서 대략 **인화점보다 5~10℃ 높은 온도**를 말한다.

4) 발화점과 인화점의 차이

발화점	인화점
점화원이 없음	점화원이 있음
물질 농도와 에너지가 필요	물질 농도만 필요
가연성 혼합계를 외부에서 가열하기 때문에 밀폐계	국부적인 열원에 의한 발화현상이기 때문에 개방계

5) 연소범위

(연소한계 = 가연범위 = 가연한계 = 폭발범위 = 폭발한계)

가연성 가스가 공기 중에 존재할 때 폭발할 수 있는 농도의 범위를 말하는데 농도가 진한 쪽을 폭발 상한계, 농도가 묽은 쪽을 폭발 하한계라 한다. 압력이 높아지면 상한값은 변하지 않으나 하한값은 작아진다. 아래 그림에서 C_1과 C_2 사이를 폭발범위라 한다.

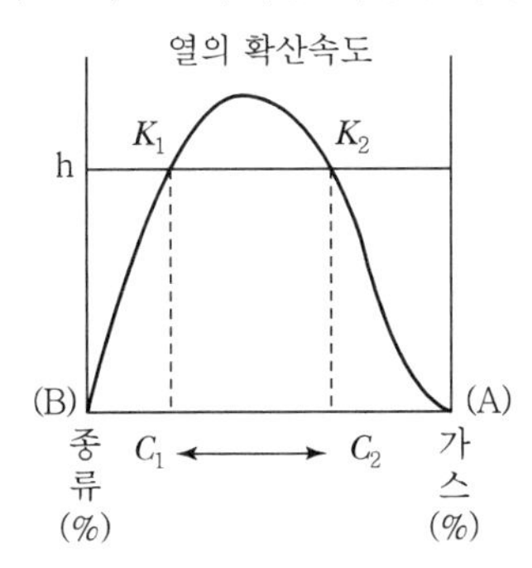

예를 들어 가솔린의 연소범위는 1.4~7.6%라는 의미는 가솔린이 1.4%이고 공기가 98.6%인 조건에서부터 가솔린이 7.6%, 공기가 92.4%인 조건 사이에서 연소가 일어난다는 의미이다. 대부분의 경우 가연성가스와 지연성 가스의 혼합비율, 즉 조성에 의하여 폭발이 일어난다. 예를 들어 수소는 상온 상압에서 공기 중의 체적이 4~75%의 범위 내에서 화염이 확산되나, 4% 이하의 조성이나 75% 이상의 공기 혼합조성에서는 화염이 확산되지 않는다.

(1) 중요가스 공기 중 폭발범위(상온, 101325Pa에서)

가스	하한계	상한계	가스	하한계	상한계
수소(H_2)	**4.0**	**75.0**	**벤젠**	**1.4**	**7.1**
일산화탄소(CO)	**12.5**	**74.0**	**톨루엔**	**1.4**	**6.7**
시안화수소(HCN)	6.0	41.0	시클로프로판	2.4	10.4
메탄	**5.0**	**15.0**	시클로헥산	1.3	8.0
에탄	**3.0**	**12.5**	메틸알코올	7.3	36.0
프로판	**2.2**	**9.5**	에틸알코올	4.3	19.0
부탄	**1.8**	**8.4**	이소프로필알코올	2.0	12.0
펜탄	1.4	7.8	아세트알데히드	4.1	57.0
헥산	1.2	7.4	에테르	1.9	48.0
에틸렌	**2.7**	**36.0**	아세톤	3.0	13.0
프로필렌	2.4	11.0	**산화에틸렌(C_2H_4O)**	**3.0**	**80.0**
부텐-1	1.7	9.7	산화프로필렌	2.0	22.0
이소부틸렌	1.8	9.6	염화비닐	4.0	22.0
1, 3 부타티엔	2.0	12.0	**암모니아(NH_3)**	**15.0**	**28.0**
4 불화에틸렌	10.0	42.0	**이황화탄소(CS_2)**	**1.25**	**44.0**
아세틸렌(C_2H_2)	**2.5**	**81.0**	**황화수소(H_2S)**	**4.3**	**45.0**

(2) 폭발범위와 압력과의 관계

① 일반적으로 가스압력이 높아질수록 발화온도는 낮아지고, 폭발범위는 넓어진다.

② 수소와 공기의 혼합가스는 10atm(1MPa) 정도까지는 폭발범위가 좁아지나 그 이상의 압력에서는 다시 점차 넓어진다.

③ 일산화탄소와 공기의 혼합가스는 압력이 높아질수록 폭발범위가 오히려 좁아진다.

④ 가스 압력이 대기압 이하로 낮아질 때는 폭발범위가 좁아지고, 어느 압력 이하에서는 갑자기 발화하지 않는다.

6) 고온체의 색깔과 온도

(1) 발광에 따른 온도 측정

① **적열상태** : 500℃ 부근

② **백열상태** : 1,000℃ 부근

(2) 고온체의 색깔과 온도

- **담암적색** : 522℃
- **암적색** : 700℃
- **적색** : 850℃
- **휘적색** : 950℃
- **황적색** : 1,100℃
- **백적색** : 1,300℃
- **휘백색** : 1,500℃

7) 연소의 난이성

① 산화되기 쉬운 것일수록 타기 쉽다.

② 산소와의 접촉면적이 큰 것일수록 타기 쉽다.

③ 발열량(연소열)이 큰 것일수록 타기 쉽다.

④ 건조제가 좋은 것일수록 타기 쉽다.

⑤ 열전도율이 작은 것일수록 타기 쉽다.

8) 폭발

(1) 폭발

가연성 기체 또는 액체의 열의 발생속도가 열의 일산속도를 상회하는 현상, 즉 급격한 압력의 발생 또는 해방의 결과로서 격렬하거나 또한 음향을 발하며 파열되거나 팽창하는 현상을 말한다.

(2) 폭발의 유형

① **화학적 폭발 :** 폭발성 혼합가스의 점화 시 일어나는 폭발(산화폭발), 화약의 폭발 등으로 화학적 화합물의 치환 또는 반응으로 인한 급격한 에너지의 방출현상에 의해 폭발하는 현상

② **압력에 의한 폭발 :** 불량용기의 폭발, 고압가스 용기의 폭발, 보일러 폭발 등으로 기기적인 장치에서 압력이 상승하여 폭발하는 현상

③ **분해 폭발 :** 가압 하에서 단일가스가 분해하여 폭발하는 현상(아세틸렌, 산화에틸렌, 에틸렌, 히드라진)

④ **중합 폭발 :** 초산비닐, 염화비닐 등의 원료인 단량체, 시안화수소 등 중합열에 의해 폭발하는 현상

⑤ **촉매 폭발 :** 수소와 염소의 혼합가스에 촉매로 작용하는 직사광선, 일광 등에 의해 폭발하는 현상

9) 폭굉(Detonation)

(1) 폭굉

폭발 중에서도 특히 격렬한 경우를 폭굉이라 하며, 폭굉이라 함은 가스 중의 음속보다도 화염전파속도가 더 큰 경우로, 이때 파면선단에 충격파라고 하는 솟구치는 압력파가 발생하여 격렬한 파괴 작용을 일으키는 현상을 말한다.

※ 폭굉 이외의 연소 및 폭발은 화염전파속도가 음속(340m/s) 이하이며, 파면에는 충격파가 생기지 않으므로 반응 직후에 약간의 압력상승이 있을 뿐으로 압력은 곧 파면 전후에 없어진다.

(2) 폭속

폭굉이 전하는 연소속도를 폭굉속도(폭속)라 하는데 음속보다 빠르며 폭속이 클수록 파괴작용은 더욱더 격렬해진다.

① **폭굉 시 전하는 전파속도(폭굉파) : 1,000~3,500m/sec**

② **정상연소 시 전하는 전파속도(연소파) : 0.1~10m/sec**

※ 폭굉시의 연소파를 폭굉파라 하는데 폭굉파의 속도는 음속(340m/sec) 이상이므로 화염의 진행 전면에 충격파가 발생하고, 충격파는 직진하는 성질을 가진 파장이 아주 짧은 단일 압축파이기 때문에 진행 전면에 물체가 있으면 순간적으로 큰 압력이 발생하여 폭굉속도가 3,000m/sec일 때 파괴압력은 최고 100MPa이 된다.

(3) 폭굉유도거리(DID ; Detonation Inducement Distance)

최초의 완만한 연소가 격렬한 폭굉으로 발전할 때까지의 거리를 말한다.

※ 폭굉유도거리(DID)가 짧아지는 경우

① 정상연소 속도가 큰 혼합가스일수록 짧아진다.

② 관 속에 방해물이 있거나 관경이 가늘수록 짧다.

③ 압력이 높을수록 짧다.

④ 점화원의 에너지가 강할수록 짧다.

(4) 소염(消焰) 또는 화염일주

발화한 화염이 전파하지 않고 도중에 꺼져버리는 현상을 말한다.

① 소염거리 : 두 장의 평형판의 거리를 좁혀가면서 화염이 틈 사이로 전달되는가의 여부를 측정하여 화염이 전파되지 않게 될 때의 평형판 사이의 거리를 말하다.

② 한계직경 : 파이프 속을 화염이 진행할 때 화염이 전파되지 않고 도중에서 꺼지는 한계의 파이프 직경을 말한다.

10) 화재의 특수현상

(1) 유류저장탱크에서 일어나는 현상

① 보일오버(Boil Over) : 유류탱크 화재시 열파가 탱크저부로 침강하여 저부에 고여 있는 물과 접촉시 물이 급격히 증발하여 대량의 주증기가 상층의 유류를 밀어 올려 다량의 기름을 탱크 밖으로 방출하는 현상

② 슬롭오버(Slop Over) : 고온층 표면에서 형성된 유류화재를 소화하기 위해 물 또는 포말을 주입하면 수분이 급격한 증발에 의해 거품이 형성되고 열류의 교란으로 고온층 아래에 저온층의 기름이 급격하게 열팽창하여 기름을 탱크 밖으로 분출하는 현상

③ 프로스오버(Froth Over) : 화재가 아닌 경우에도 물이 고점도의 유류 아래서 비등할 때 탱크 밖으로 물과 기름이 거품과 같은 상태로 넘치는 현상으로 뜨거운 아스팔트가 물이 약간 채워져 있는 탱크차에 옮겨질 때 탱크 속의 물을 가열하여 끓기 시작하면서 수증기가 아스팔트를 밀어 올려 넘쳐 흐르는 현상

(2) 가스저장탱크에서 일어나는 현상

① BLEVE(Boiling Liquid Expanding Vapor Explosion) : BLEVE는 Flashing 현상의 하나로 가연성 액화가스 저장탱크 주위에 화재가 발생하여 기상부 탱크 강판이 국부 가열되어 강도가 약해지면 탱크가 파열되고 내부에 가열된 액화가스가 급속한 상 변화를 수반하여 팽창, 폭발하는 현상

② UVCE(Unconfined Vapor Cloud Explosion)(=증기운 폭발) : 대기 중의 대량의 가연성 가스나 가연성 액체가 유출하여 그것으로부터 발생하는 증기가 공기와 혼합되어 발화원에 의해 발생하는 폭발현상

③ Fire Ball : BLEVE 등에 의해 인화성 증기가 확산하여 공기와의 혼합이 폭발범위에 이르렀을 때 커다란 공의 형태로 폭발하는 현상

2. 각종 위험물 화재시 조치방법

1. 소화의 정의

가연성 물질을 공기 중에서 점화원에 의해 산소 또는 산화제 등과 접촉하여 발생되는 **연소현상을 중단시키는 것**이 소화의 정의이다. 화재를 발화온도 이하로 낮추거나, 산소 공급의 차단, 연쇄반응을 억제하는 행위도 또한 소화라고 할 수 있다.

2. 소화의 원리

연소의 3요소인 가연물과 산소공급원 및 점화원의 세 가지 중에서 전부 또는 일부만 제거해도 소화는 이루어진다. 소화효과에는 냉각소화, 질식소화, 제거소화, 희석소화, 부촉매소화 효과 등이 있다.

1) 냉각소화

(1) 연소물로부터 열을 빼앗아 발화점 이하로 온도를 낮추는 방법

(2) 대표적인 소화약제
물, 분말, 강화액, 할로겐화물, 사염화탄소, CO_2

(3) 물을 소화제로 사용하는 이유
① 구입하기 용이하다.

② 가격이 저렴하다.
③ 증발 잠열이 크다.(물 1kg을 증발하기 위해서는 539kcal의 열, 즉 증발잠열을 흡수하기 때문이다.)
④ 연소되고 있는 물질이나 가열된 물질의 표면온도, 상승된 실내의 온도까지도 낮추는 효과가 크기 때문에 소화제로서 가장 널리 사용된다.

2) 질식소화

(1) 공기 중에 존재하고 있는 산소의 농도 21%를 15% 이하로 낮추어 소화하는 방법

(2) 대표적인 소화약제
물, 포말(화학포 및 기계포), 할로겐화물, CO_2, 분말, 마른모래

(3) 불연성 기체를 이용하는 방법
① 공기보다 무거운 불연성 기체를 연소물질 위에 덮어 외부로부터 산소 공급을 막는 방법
② 여기에 사용되는 기체는 공기보다 무겁고, 불연성이며, 비점이 낮고, 쉽게 증기로 변하는 액체를 사용한다.

(4) 불연성 폼(foam)을 이용하는 방법
① 연소물질은 공기나 CO_2, N_2 등으로 함유한 거품으로 덮어서 소화하는 방법
② 유지류 등의 화재에서는 거품을 발생시키는 포를 뿌려서 질식 소화하는 방법을 가장 널리 사용한다.
③ 포말 소화설비는 Chemical Foam(화학포)과 Air Foam(공기포)으로 나누고, 화학포 소화약제도 주로 소화기용으로 쓰이고 기계포 소화약제는 유지류 화재용으로 사용되며, 발포 배율에 따라 저발포와 고발포로 나눌 수 있다.

(5) 고체를 이용하는 방법
① 주로 소규모 화재에서 담요, 거적, 또는 흙 등으로 덮어 씌워 산소 공급을 차단하며 소화하는 방법
② 일반 가정에서 음식물 조리 중 화재가 발생하면 물에 적신 담요로 덮어 버리거나, 금속분 화재(마그네슘 분, 알루미늄 분) 시 건조사로 질식소화하는 방법을 예로 들 수 있다.

(6) 연소실을 밀폐하는 방법

방화구획이 잘 되어 기밀성이 좋은 곳, 창고나 선실 등에 대해서 공기 출입을 완전 밀폐하여 소화하는 방법

3) 제거소화

① 가연성 물질을 연소구역에서 제거하여 줌으로써 소화하는 방법

② 가스 화재시 가스가 분출되지 않도록 밸브를 폐쇄하여 소화하는 방법

③ 대규모 유전 화재시에 질소 폭탄을 폭발시켜 강풍에 의해 불씨를 제거하여 소화하는 방법

④ 물보다 무겁고 물에 녹지 않는 가연성 물체의 화재시 표면에 물을 뿌려 소화하는 방법

⑤ 산림 화재시 불의 진행 방향을 앞질러 벌목함으로써 소화하는 방법

⑥ 전류가 흐르고 있는 전선에 합선이 일어나 화재가 발생한 경우 전원공급을 차단해서 소화하는 방법

4) 희석소화

① 가연성 기체가 계속해서 연소를 일으키기 위해서는 **가연성 가스와 공기와의 혼합농도 범위, 즉 연소범위 내일 때 연소를 일으키기 때문에 연소 하한 값 이하로 낮추어 희석시키는 방법**

② 수용성 액체 위험물인 알코올, 에테르, 아세톤 등에 의한 화재 시 물을 대량 방수하여 농도를 낮게 하는 방법이 희석소화의 일종이다.

5) 부촉매 효과

① **가연물, 산소공급원, 점화원, 연쇄반응 등을 연소의 4요소라 한다. 이 중에서 연쇄반응을 차단해서 소화하는 방법을 부촉매 효과, 즉 억제소화라 한다.** 촉매라 하는 것은 반응을 빠르게 해주기 위해서 넣어주는 물질 정촉매라 하고, 반응을 느리게 해주기 위해서 넣어주는 물질을 부촉매라 한다. 즉 억제소화란 가연성 물질과 산소와의 화학반응을 느리게 함으로써 소화하는 방법이다. 예를 든다면 가연성 물질에 함유되어 있는 원소 중에서 수소는 공기 중의 산소와 결합하여 연소과정에서 활성화된 수소기(H+)와 산소원자를 발생한다. 이때 발생된 수산기(OH-)로 가연성 물질의 수소분자와 결합하여 수증기를 생성하며 활성화된 수소원자를 발생시킨다. 이때 수소원자는 공기 중의 산소분자와 결합하여 연쇄반응을 일으키는데, 이와 같이 되풀이되는 화학반응을 차단하여 소화하는 방법을 말한다.

② 소화약제는 알칼리 금속염, 암모늄염, 하론 1301, 하론 1211, 하론 2402, 분말 소화제 등이 있다.

3. 소화제

1) 물 소화약제

(1) 물 소화약제의 장단점

① 장점

㉮ 어디서나 쉽게 구입할 수 있고, 인체에 무해하다.

㉯ 가격도 저렴하고 오래 저장, 보존할 수 있다.

㉰ 증발 잠열이 크기 때문에 냉각효과가 우수하고 무상으로 주수할 때는 질식, 유화 효과도 얻을 수 있다.

※ 유화란 한 액체 속에 그것과 서로 섞이지 않는 액체가 미세하게 분산되어 있는 계(系)를 말하며 에멀션이라고도 한다.

② 단점

㉮ 0℃ 이하에서는 동파될 수 있고, 전기가 통하는 도체이며 방사 후 물에 의한 2차 피해의 우려가 있다.

㉯ 전기화재, 금속분 화재에는 소화 효과가 없다.

㉰ 유류 중에서 물보다 가벼운 물질에 소화 작업을 진행할 때 연소면 확대의 우려가 있다.

(2) 물 소화약제의 성상

① 기화잠열

액체 1kg을 같은 온도의 기체 1kg으로 기화시킬 때 필요한 열량(물의 기화잠열 : 539kcal/kg)

② 융해잠열

고체 1kg을 같은 온도의 액체 1kg으로 융해시키는 데 필요한 열량
(물의 융해잠열 : 80kcal/kg)

③ 비열

어떤 물질 1kg을 1℃ 올리는 데 필요한 열량(단위는 kcal/kg · ℃)
(물의 비열 : 1kcal/kg · ℃)

(3) 물 소화약제 방사방법

① 봉상주수

옥내 소화전과 옥외 소화전과 같이 소방 노즐에서 분사되는 물줄기 그 자체로 주수소화하는 방법(냉각작용)

② 적상주수
스프링클러 헤드와 같이 기기적인 장치를 이용해 물방울을 형성하면서 방사되는 주수형태(냉각작용)

③ 무상주수
물 분무 소화설비와 같이 분무헤드나 분무노즐에서 안개 또는 구름 모양으로 주수하는 소화 방법(냉각작용, 질식작용)

(4) 물 소화약제 동결 방지제

에틸렌글리콜, 프로필렌글리콜, 글리세린

2) 포 소화약제

포 소화약제란 물에 의한 소화능력을 향상시키기 위하여 거품(foam)을 방사할 수 있는 약제를 첨가하여 냉각효과, 질식효과를 얻을 수 있도록 만든 소화약제를 말한다.

(1) 포 소화약제의 장단점

① 장점
㉮ 사람에게는 해가 없고 방사 후에도 독성가스의 발생이 없다.
㉯ 거품에 의한 소화 작업이 진행되므로 가연성 유류 화재 시 질식효과와 냉각효과가 있다.
㉰ 옥내 및 옥외에도 소화 효과가 뛰어나다.
㉱ 재연소가 가능한 소화에도 효과가 있다.
㉲ 봉상주수에 의한 연소면의 확대가 우려되는 유류화재에도 효과가 있다.

② 단점
㉮ 겨울철에는 유동성이 약화되어 소화효과가 떨어질 수 있다.
㉯ 단백포의 경우에는 침전이 일어나 부패되기 쉽기 때문에 정기적으로 약제를 교체할 필요가 있다.
㉰ 약제를 방사한 다음에 약제 잔유물이 남는다.

(2) 포 소화약제의 구별

① 화학포
화학반응을 일으켜 거품을 방사할 수 있도록 만든 소화 약제를 말하는데, 황산알루미늄 [$Al_2(SO_4)_3$]과 중조($NaHCO_3$)에 기포안정제를 서로 혼합하면 화학적으로 반응을 일으켜 방사 압력원인 CO_2가 발생되어 CO_2 가스압력에 의해 거품을 방사하는 형식(화학포소화기의 포핵은 CO_2)이다.

② 기계포

㉮ 인위적으로 발포기(거품을 발생시키는 장치)를 설치하여 거품을 만들어 내도록 한 형식이다.

㉯ 팽창비율에 따라 구분하면 다음과 같다.

㉠ 고발포 : 팽창비가 80배 이상 1,000배 미만인 것

㉡ 중발포 : 팽창비가 20배 이상 80배 미만인 것

㉢ 저발포 : 팽창비가 20배 미만인 것

㉣ 특수포(내 알코올형포) : 알코올 등 수용성 액체 위험물에 대응하기 위한 소화약제이고, 용기는 반드시 스테인리스강으로 한다. 불용성의 지방산염의 피막을 형성한다.

㉰ 약제 내용물에 따라 구분하면 다음과 같다.
단백포 소화약제, 활성계면활성제포 소화약제, 수성막포 소화약제, 특수포(내알코올형) 소화약제 등이다.

(3) 소화약제의 종류

① 단백포 소화약제

㉮ 동물의 뼈, 뿔, 발톱, 피, 식물성 단백질이 주성분이고 이와 함께 안정제, 방부제, 접착제, 점도 증가제 등을 첨가하여 흑갈색으로 특이한 냄새가 나는 끈끈한 액체이며 3%형과 6%형이 있다.

㉯ 재연소 방지능력이 우수하다.

㉰ 동물, 식물성 단백질을 첨가시킨 형태로 내구력이 없어 보관 시 유의한다.

㉱ 단백포 3%형이란 단백포 원액 3L에 물 97L을 가하여 포수용액 100L를 만든 것을 말한다.

㉲ 겨울철에는 유동성이 작아진다.

㉳ 다른 포 소화약제에 비하여 부식성이 있고 가격이 저렴하다.

② 합성 계면활성제 포 소화약제

㉮ 계면활성제인 알킬벤젠, 슬폰산염, 고급알코올, 황산 에스테르 등을 주성분으로 사용하여 포의 안정성을 위해 안정제를 첨가한 소화약제로 1%, 1.5%, 3%, 6%형이 있다.

㉯ 약제의 변질이 없고, 거품이 잘 만들어지고 유류화재에도 효과가 높다.

㉰ 단백포에 비해 유동성이 좋고 겨울철에도 비교적 안정성이 있다.

③ 수성막포 소화약제

㉮ 미국의 3M사가 개발한 것으로 다른 말로 light Water라고 한다. **불소계 계면활성제가 주성분이며 특히 기름 화재용 포액으로서 가장 좋은 소화력을 가진 포(Foam)로서 2%, 3%, 6%형이 있다.**

㉯ 포 소화약제 중에서 가장 우수한 소화효과를 가지고 있다.

㉰ 단백포에 비해 내열성, 내포화성, 재연소 방지효과가 뛰어나다.

㉣ 보존성이 다른 포 소화약제에 비해 우수하다.

㉤ 분말 소화약제와 함께 사용하여도 소포현상이 일어나지 않고 트윈 에이전트 시스템에 사용되어 소화효과를 높일 수 있는 소화약제이다.

④ 내 알코올포 소화약제

㉮ **위험물 중에서 물에 잘 녹는 물질에 화재가 일어났을 경우 포를 방사하면 포가 잘 터져버린다. 이를 소포성이라 하는데 소포성이 있는 물질인 수용성 액체 위험물에 화재가 일어났을 경우 유용하도록 만든 소화약제를 말하며 6%형이 있다.**

㉯ 수용성이 있는 위험물 : 메틸알코올, 에틸알코올, 아세톤, 초산메틸에스테르류, 글리세린, 에틸렌글리콜, 피리딘 등의 위험물에 소화 효과가 있다.

〈포 소화약제의 물성표〉

물성 \ 종류	단백포	합성 계면활성제포	수성막 포	내알코올 포
PH(20℃)	6.0~7.5	6.5~8.5	6.0~8.5	6.0~8.5
비중(20℃)	1.1~1.2	0.91~1.2	1.01~1.15	0.91~1.2
점도(stokes)	400 이하	200 이하	200 이하	400 이하
유동점(℃)	-7.5	-12.5	-22.5	-22.5
팽창비	6배 이상	저발포 6배 이상	5배 이상	6배 이상
		고발포 80배 이상		
침전원액량	0.1%(v%) 이하			

3) CO_2 소화약제

CO_2는 불활성 기체로서 가연성 물질을 둘러싸고 있는 공기 중의 산소농도 21%를 15% 이하로 낮게 하여 소화하는 방법으로 주로 질식, 희석 효과에 의해 소화 작업을 진행하는 소화약제이다.

(1) 특징

① 상온에서 무색 무취의 기체이며, 비중(공기 1)은 1.529로 공기보다 무겁고 승화점이 -78.5℃이다.

② CO_2는 불활성 기체로 비교적 안정성이 높고 불연성, 부식성도 없다.

③ 다른 불활성 기체(질소, 아르곤, 네온, 수증기)에 비해 가격이 저렴하고 실용적이며 비중이 크기 때문에 심부화재에 적합하다.

④ 냉각, 압축에 의해 쉽게 액화할 수 있고, 기화잠열이 크고 기화 팽창률이 크다.

⑤ 저온으로 고체화한 것을 드라이아이스라고 하며 냉각제로 많이 사용한다.

⑥ 비전도성 불연성 가스이고 화재를 진압한 후 잔존물이 없어서 소방 대상물을 오염, 손상시키지 않기 때문에 전산실, 정밀기계실의 소화에 효과적이다.

⑦ 소화작업 진행시 인체에 묻으면 동상에 걸리기 쉽고 질식의 위험이 있으며 온실가스로서 지구온난화 물질이다.

⑧ CO_2는 고압가스 안전관리법에 적용을 받으며 충전비는 1.5 이상이 되어야 한다.

(**충전비**$= \dfrac{\text{용기의 내용적(L)}}{CO_2\text{의 무게(kg)}}$)

⑨ 상온에서 압력을 가하면 쉽게 액화한다.

⑩ 무색 무취 기체로서 공기보다 무겁다.

(2) CO_2의 물성

구분	물성치
성질	**무색, 무취, 불연성기체**
분자량	44
비중(공기=1)	1.52
비점	-78℃
밀도	1.98(g/L)
삼중점	-56.6℃(5.2atm)
승화점	**-78.5℃**
점도(20℃)	14.72μPa · S
임계 압력	72.8atm
임계 온도	31℃
독성 유무	비독성(5,000ppm)
증발잠열(KJ/kg)	576

4) 할로겐화물 소화약제

CH_4, C_2H_6과 같은 물질에 수소원자가 탈리되고 할로겐 원소, 즉 불소(F_2), 염소(Cl_2), 옥소(I_2)로 치환된 물질로 주된 소화 효과는 냉각, 부촉매 소화 효과이다. 하론 소화약제의 구성은 예를 들어 하론 1301에서 천자리 숫자는 C의 개수, 백자리 숫자는 F의 개수, 십자리 숫자는 Cl의 개수, 일자리 숫자는 Br의 개수를 나타낸다.

(1) 특징

① 변질, 분해가 없고, 전기의 불량도체이므로 유류화재, 전기화재에 많이 사용된다.

② 상온에서 압축하면 쉽게 액체 상태로 변하기 때문에 용기에 쉽게 저장할 수 있다.

③ 부촉매에 의한 연소의 억제 작용이 크다.

④ 소화능력은 할로겐 원소와 수소의 치환 능력에 따라 결정이 되기 때문에 원소별로 보면 I > Br > Cl > F 순으로 효과가 있다.

⑤ CO_2 소화제와 같이 전기시설, 컴퓨터실, 통신기계시설, 정밀기계실에 많이 사용된다.

⑥ 가격이 CO_2에 비해 매우 비싸고 CFC 계열의 물질로 오존층 파괴의 원인물질이다.

⑦ 열분해에 의해서 생성되는 물질은 유해하다.

⑧ 수명이 반영구적이다.

(2) 종류

① 하론 1301 소화약제

㉮ 구조식으로 나타내면 다음과 같다.

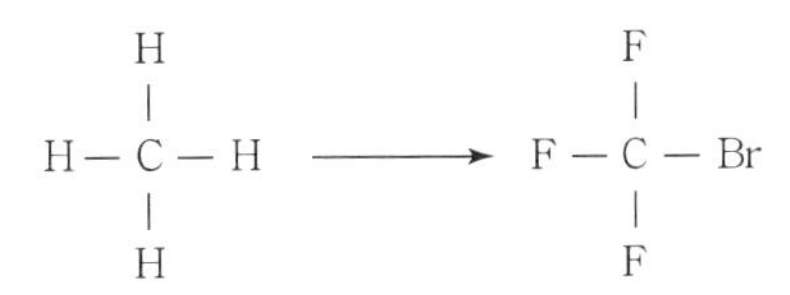

즉 CH_4에 수소원자가 탈리되고 F와 Br으로 치환된 물질로 CF_3Br이라고 하며 BTM (Bromo Trifluoro Methane)소화제라고도 한다.

㉯ 상온에서 무색 무취의 기체로 비전도성이며 소화효과가 가장 커 널리 사용한다.

㉰ 공기보다 5.1배 무겁다.

㉱ 인체에 독성이 약하고 B급(유류)와 C급(전기) 화재에 적합하다.

② 하론 1211 소화약제

㉮ 구조식으로 나타내면 다음과 같다.

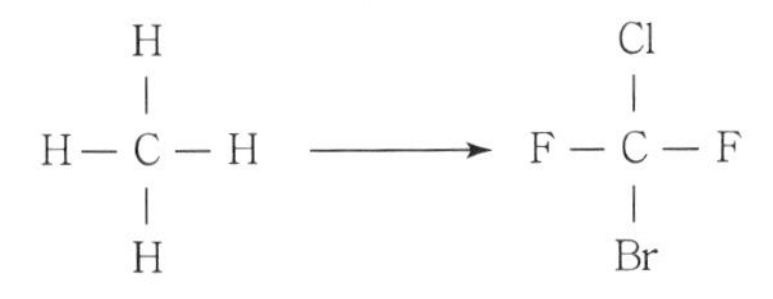

즉 CH_4에 수소원자가 탈리되고 F와 Cl로 서로 치환된 물질로 CF_2ClBr이라고 하며 BCF(Bromo Chloro difluro methane) 소화제라고도 한다.

㉯ 상온에서 기체이며 공기보다 5.7배 무겁다.

㉰ 비점은 −4℃이고 B급(유류)와 C급(전기) 화재에 적합하다.

③ 하론 1011 소화약제

㉮ 구조식으로 나타내면 다음과 같다.

```
     H                      Cl
     |                      |
 H — C — H   ──────▶   H — C — H
     |                      |
     H                      Br
```

즉 CH_4에 Cl과 Br으로 치환된 물질로 CH_2ClBr이며 CB(Chloro Bromo methane)소화제라고도 한다.

㉯ **상온에서 액체**이며 증기 비중은 4.5이다.

㉰ B급(유류)와 C급(전기) 화재에 적합하다.

④ 하론 2402 소화약제

㉮ 구조식으로 나타내면 다음과 같다.

```
     H   H                        F   F
     |   |                        |   |
 H — C — C — H   ──────▶   Br — C — C — Br
     |   |                        |   |
     H   H                        F   F
```

즉 에탄에 수소원자가 탈리되고 F와 Br으로 치환된 물질로 $C_2F_4Br_2$이며 FB(tetra fluoro dibromo ethane) 소화제라고 한다.

㉯ **상온에서 액체이며** 저장용기에 충전할 경우에는 방출압력원인 질소(N_2)와 함께 충전하여야하며 기체 비중이 가장 높은 소화약제이다.

㉰ B급(유류)와 C급(전기) 화재에 적합하다.

⑤ 사염화탄소 소화약제

㉮ **CTC(Carbon Tetra Chloride) 소화제라고 하며 무색 투명한 액체로서 공기, 수분, 탄산가스와 반응하여 맹독성 기체인 포스겐($COCl_2$)를 생성시키기 때문에 실내에서는 소방법상 사용금지토록 규정되어 있다.**

㉯ 사염화탄소의 주소화 효과는 억제효과이나 산소공급을 차단하는 질식효과가 있다.

㉰ **사염화탄소의 화학반응식**

① **공기 중** : $2CCl_4 + O_2 \rightarrow 2COCl_2 + 2Cl_2$

② **습기 중** : $CCl_4 + H_2O \rightarrow COCl_2 + 2HCl$

③ **탄산가스 중** : $CCl_4 + CO_2 \rightarrow 2COCl_2$

④ **금속접촉 중** : $3CCl_4 + Fe_2O_3 \rightarrow 3COCl_2 + 2FeCl_3$

⑤ 발연황산 중 : $2CCl_4 + H_2SO_4 + SO_3 \rightarrow 2COCl_2 + S_2O_5Cl_2 + 2HCl$

(3) 하론 소화약제의 물성

종류 \ 물성	하론 1301	하론 1211	하론 2402
분자식	CF_3Br	CF_2ClBr	$C_2F_4Br_2$
분자량	149	165	260
비점(℃)	-58	-4	48
빙점(℃)	-168	-161	-110
임계 온도(℃)	67	154	215
임계 압력(atm)	39	41	34
임계 밀도(g/Cm³)	0.75	0.71	0.8
대기 잔존기간(1년)	100	20	-
상태(20℃)	기체	기체	액체
오존층 파괴지수	14	2.4	6.6
밀도(g/Cm³)	1.6	1.8	2.2
증기 비중	5	5.7	9.0
증발 잠열(KJ/kg)	119	131	105

(4) 하론 소화약제 효과의 크기

하론 1301 > **하론 1211** > **하론 2402** > **하론 1011** > **사염화탄소(CCl_4)**

(5) 할로겐화물 소화약제가 가져야 할 성질

① 끓는점이 낮을 것

② 증기(기화)가 되기 쉬울 것

③ 전기화재에 적응성이 있을 것

④ 공기보다 무겁고 불연성일 것

⑤ 증발 잔유물이 없을 것

5) 분말 소화약제

① 분말 소화약제의 가압용 및 축압용 가스는 질소가스를 사용한다.

② 분말을 구성하고 있는 주성분과 첨가제, 코팅처리제를 불연성 가스의 압력원으로 방호 대상물에 방출하여 소화 작업을 진행하는 약제

③ **약제의 종류에 따라 1종에서 4종까지 구분할 수 있다. 제3종 분말 소화약제인 인산암모늄($NH_4H_2PO_4$) 소화약제가 가장 널리 사용되고 이 약제는 A급, B급, C급에도 소화효과가 있다.**

④ 제1종 분말 : 식용유, 지방질유의 화재소화 시 가연물과의 비누화 반응으로 소화효과가 증대된다.

⑤ 제3종 분말 : 일반 화재에도 소화효과가 있으며, 수명이 반영구적이다. 차고 또는 주차장에 설치하는 분말 소화약제이다.

⑥ 제4종 분말 : 값이 비싸고, A급 화재에는 소화효과가 없다.

⑦ **분말 소화약제의 소화효과 : 제1종 < 제2종 < 제3종**

⑧ **분말 소화약제의 종류, 착색된 색깔, 열분해 반응식은 다음과 같다.**

종류	주성분	착색	적응화재	열분해 반응식
제1종 분말	$NaHCO_3$ (탄산수소나트륨)	백색	B, C	$2NaHCO_3$ $\rightarrow Na_2CO_3+CO_2+H_2O$
제2종 분말	$KHCO_3$ (탄산수소칼륨)	보라색	B, C	$2KHCO_3$ $\rightarrow K_2CO_3+CO_2+H_2O$
제3종 분말	$NH_4H_2PO_4$ (제1인산암모늄)	담홍색	A, B, C	$NH_4H_2PO_4$ $\rightarrow HPO_3+NH_3+H_2O$
제4종 분말	$KHCO_3+(NH_2)_2CO$ (탄산수소칼륨+요소)	회백색	B, C	$2KHCO_3+(NH_2)_2CO$ $\rightarrow K_2CO_3+2NH_3+2CO_2$

⑨ **분말 소화약제 충전비는 0.8 이상이어야 한다.(충전비=** $\frac{\text{용기의 내용적(L)}}{\text{분말의 무게(kg)}}$)

⑩ 분말 소화약제의 입도는 너무 작아도, 너무 커도 좋지 않으므로 골고루 분포되어야 한다.

⑪ 분말에 의한 억제, 냉각, 질식의 상승효과와 열분해로 발생하는 탄산가스가 질식효과로 소화한다.

⑫ 분말 소화약제의 특성인 방부성을 부여하기 위하여 실리콘수지, 스테아르산아연 또는 스테아르산알루미늄을 미량 첨가한다.

⑬ **탄산수소나트륨 분말 소화약제에서 분말에 습기가 침투하는 것을 방지하기 위해서 사용하는 물질은 스테아르산아연이다.**

6) 기타 소화약제

겨울철에도 사용 가능하도록 어는점을 낮춘 물에 탄산칼륨(K_2CO_3)을 보강시킨 강화액 소화약제가 있고, 산과 알칼리 즉 황산(H_2SO_4)과 탄산수소나트륨($NaHCO_3$)의 화학반응을 일으키면 CO_2가 발생되는데 이 CO_2를 압력원으로 방사되는 산, 알칼리 소화약제가 있으며, 일부 소화약제는 오존층을 파괴하는 환경오염을 유발하는 소화약제에 대응하도록 만든 청정 소화약제도 있다. **이 청정 소화약제에는 퍼 플루오르 프로판(C_3F_8), 퍼 플루오르 부탄(C_4F_{10}), 클로로 테트라 플루오르 에탄($CHClFCF_3$) 펜타 플루오르 에탄(CHF_2CF_3), 헵타 플루오르 프로판(CF_3CHFCF_3) 등이 있다.**

7) 간이 소화용구

(1) 건조된 모래(건조사)

① 반드시 건조되어 있을 것
② 가연물이 함유되어 있지 않을 것
③ 포대나 반절 드럼통에 보관할 것
④ 부속기구로 삽과 양동이를 비치할 것

(2) 팽창질석과 팽창진주암

발화점이 낮은 알킬 알루미늄 등의 화재에 사용되는 불연성 고체로서 가열하면 1,000℃ 이상에서는 10~15배 팽창되므로 매우 가볍다고 할 수 있다.

(3) 중조톱밥

중조와 톱밥의 혼합물로 이루어져 있고 인화성 액체의 소화 용도로 개발되었으며 모세관 현상의 원리를 이용한 소화기구

(4) 이외에도 **수증기**, **소화탄** 등이 있다.

8) 화재의 종류 및 적응 소화기

(1) A급 화재(일반화재)

물질이 연소된 후 재를 남기는 종류의 화재로 목재, 종이, 섬유 등의 화재가 이에 속하며, 구분색은 **백색**이다.
소화방법 : 물에 의한 냉각소화로 주수, 산 알칼리, 포 등이 있다.

(2) B급 화재(유류 및 가스화재)

연소 후 아무것도 남지 않는 화재로 에테르, 알코올, 석유, 가연성 액체가스 등 유류 및 가스화재가 이에 속하며, 구분색은 **황색**이다.
소화방법 : 공기 차단으로 인한 피복소화로 화학포, 증발성 액체(할로겐화물), 탄산가스, 소화분말(드라이케미칼) 등이 있다.

(3) C급 화재(전기화재)

전기기구・기계 등에서 발생되는 화재가 이에 속하며, 구분색은 **청색**이다.
소화방법 : 탄산가스, 증발성 액체, 소화분말 등이 있다.

(4) D급 화재(금속분화재)

마그네슘과 같은 금속화재가 이에 속하며, **구분색은 없다.**

소화방법 : 팽창질석, 팽창진주암, 마른모래 등이 있다.

9) 화재가 발생했을 때 소방신호

신호방법 / 종류	타종 신호	사이렌 신호
경계신호	**1타와 연 2타를 반복**	5초 간격을 두고 30초씩 3회
발화신호	**난타**	5초 간격을 두고 5초씩 3회
해제신호	**상당한 간격을 두고 1타씩 반복**	1분간 1회
훈련신호	**연 3타 반복**	10초 간격을 두고 1분씩 3회

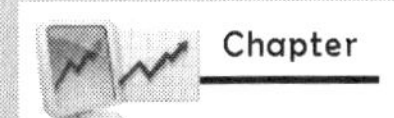

제2장 소화제 및 소화설비

Hazardous material Industrial Engineer

1. 소화기 및 소화제

1. 물 소화기

1) 물 소화기

물에 의한 냉각작용으로 물에 계면활성제, 인산염, 알칼리금속의 탄산염 등을 첨가하여 소화효과, 침투력을 증진시키며 방염효과도 얻을 수 있는 소화기

2) 종류

(1) 펌프식

소화기에 수동 펌프를 설치하여 피스톤의 압축효과를 이용하여 소화기 내의 가압된 공기압에 의해 물을 방출시키는 방법

(2) 축압식

소화기 내부에 압축공기를 넣어서 그 압력으로 물을 방출시키는 방법

(3) 가압식

본체 용기와 별도로 가압용 가스, 이산화탄소 등의 가스를 가압용 봄베(용기) 속에 충전시켜 그 가스 압력으로 물을 방출시키는 방식으로 대형 소화기에 사용된다.

3) 소화 원리

냉각작용에 의한 소화효과가 가장 크며, 증발하여 수증기가 되어 원래 물 용적의 약 1,700배의 불연성 기체로 되기 때문에 가연성 혼합기체의 희석작용도 한다. 용량은 13L, 16L 등이 있고 방사거리는 10~12m, 방사시간은 약 90초이다. 사용하는 방법은 발판을 딛고 노즐 선단을 화점에 향하게 하여 펌프의 핸들은 상하로 작동시켜서 사용한다.

2. 산 · 알칼리 소화기

1) 산·알칼리 소화기

별도의 용기에 중조($NaHCO_3$)와 황산(H_2SO_4)을 수납하여 전도시키거나 파병에 의해서 투약제가 혼합하면 화학적인 작용이 진행되어 가압용 가스(CO_2)에 의해 약제를 방출시키는 방법을 말한다. (유류화재 부적합, 전기시설물화재 사용금지, 보관 중 전도금지, 겨울철 동결주의)

$2NaHCO_3 + H_2SO_4 \rightarrow Na_2SO_4 + 2CO_2 + 2H_2O$

2) 종류

(1) 전도식

용기 본체를 외통이라 하고 용기 상부에 합성수지 용기를 내통이라 하는데, **외통에는 중조와 물, 내통에는 농황산을** 넣어 전도시키면 투약제가 혼합되어 화학작용이 진행되어 약제를 방출구로 방출시키는 방식

(2) 파병식(이중병식)

용기 본체의 중앙부 상단에 황산이 든 앰플을 파열시켜 투약제가 혼합되어 화학작용이 진행되어 가압원인 CO_2가 발생하여 CO_2의 압력으로 약제를 방출시키는 방식

3. 강화액 소화기

1) 강화액 소화기

물의 소화능력을 향상시키고 한랭지역, 겨울철에 사용할 수 있도록 어는점을 낮춘 물에 탄산칼륨(K_2CO_3)을 보강시켜 만든 소화기를 말하여, 액성은 강알칼리성이다.

2) 종류

(1) 축압식

8.1~9.8kg/cm^{2}의 압력으로 압축공기 또는 N_2 가스를 축압시킨 것을 말하며(일반적으로 압축공기를 많이 사용한다.) 압력 지시계가 부착되어 있으며, 방출방식은 봉상 또는 무상인 소화기다. 강화액 소화기 중에서 가장 널리 사용된다.

(2) 가스 가압식

강화액을 충전한 용기 속에 가압용 가스 CO_2 가스용기가 장착되어 있고 축압식과 같으며 단지 압력지시계가 없으며 안전밸브와 액면 표시가 되어 있는 소화기이다.

(3) 반응식(파병식)

산·알칼리 소화기의 파병식과 동일하여 탄산칼리 수용액에 황산을 반응시켜 그 반응시 가압원인 가스 CO_2에 의해 약제를 방출하는 방식

3) 강화액 소화약제

① PH : 12 이상
② 액 비중 : 1.3~1.4
③ 응고점 : -30~-25℃
④ 사용온도 : -20~40℃
⑤ 독성, 부식성이 없다.

4. 할로겐화물 소화기(증발성 액체 소화기)

1) 할로겐화물 소화기

메탄, 에탄과 같은 유기물질에 소화성능이 우수한 할로겐족의 원소 F_2(불소), Cl_2(염소), Br_2(취소)를 치환시켜 만든 물질로 증발성이 강한 액체를 화재면에 뿌려주게 되면 열을 흡수하여 액체를 증발시킨다. 이때 증발된 증기는 불연성이고 공기보다 무거우므로 공기의 출입을 차단하는 질식소화 효과가 있고, 할로겐 원소가 산소와 결합하기 전에 가연성 유리 '기'와 결합하는 부촉매 효과가 있다.

2) 종류

(1) 수동 펌프식

용기에 수동 펌프가 부착되어 핸들을 상하로 움직여 액체 할로겐 화합물을 방사시키는 방식

(2) 수동 축압식

용기에 공기 가압 펌프가 부착되어 있고 부수적으로 내부의 공기를 가압하는 방식

(3) 축압식

안전핀을 뽑고 레바를 쥐게 되면 방사되는 방식으로 축압가스는 압축공기 또는 질소 가스를 축압해 사용한다.

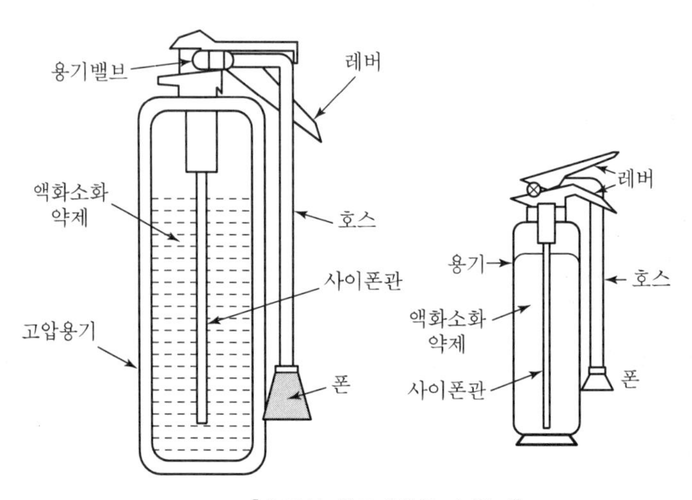

[축압식 할로겐화물 소화기]

3) 자동차용으로 사용하는 소화기는 다음과 같다.

① 강화액 소화기
② 포말 소화기
③ CO_2 소화기
④ 할로겐화물 소화기
⑤ 분말 소화기

4) 소화제의 효과는 억제효과(부촉매효과), 희석효과, 냉각효과이다.

※ 할로겐 원소의 부촉매 효과가 큰 순서

옥소(I) > 불소(F) > 취소(Br) > 염소(Cl)

5) 일염화 일취화 메탄 소화기(CH_2ClBr)

① **일명 B·C 소화기**라 한다.(비중 1.93~1.96, 비점 67.2℃, 융점 -86℃)
② 무색 투명하고 특이한 냄새가 나는 불연성 액체이고, CCl_4에 비해 약 3배의 소화능력이 있다.
③ 금속 부식성이 있다.

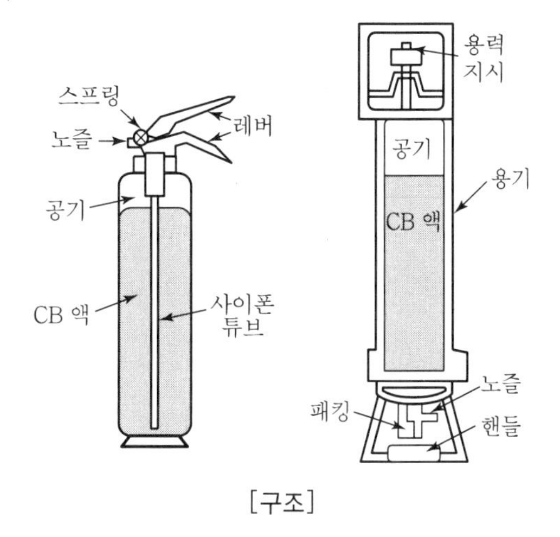

[구조]

④ 용도
유류·전기·화학약품 화재
⑤ 유의사항
㉮ 방사 후에는 밸브를 잘 잠가 내압이나 소화제의 누출을 방지한다.
㉯ 액은 분무상으로 하고 연소면에 직사로 하여 한쪽으로부터 순차로 소화한다.

6) 이취화 사불화 에탄 소화기($CBrF_2 \cdot CBrF_2 = C_2Br_2F_4$)

① **하론 2402로서 일명 F·B 소화기**라고 한다.(비중 2.18, 비점 47.5℃, 융점 -110℃)
② CCl_4나 CH_2ClBr에 비해 우수하다.
③ 무색 투명하고 특유한 냄새가 나는 불연성 액체
④ **할로겐화물 소화제 중에서 가장 우수한 소화기**이며 독성 부식성도 적다.

7) 사염화탄소 소화기(CCl_4)

일명 C·T·C 소화기라 하며, 사염화탄소를 압축압력으로 방사한다.(비중 1.6, 비점 76.6℃, 융점 23℃)
① 무색 투명하고 특이한 냄새가 나는 불연성 액체이다.

② 사용법

㉮ 왼손으로 소화기를 움켜쥔다.

㉯ 오른손으로 밸브를 잡는다.

㉰ 핸들을 좌측으로 돌린다.

㉱ 폰을 화재면에 지향하여 방사한다.

[구조]

③ 주의사항

㉮ 밸브는 세게 조이면 열리지 않는 수가 있다.

㉯ 협소한 실내에서 사용할 경우 환기시켜 유독가스에 의한 인체장해에 주의해야 한다.

㉰ 금속 부식 때문에 용기 사용에 주의한다.

④ 밀폐된 장소에서 CCl_4를 사용해선 안 되는 이유(분해하여 독성이 있는 포스겐가스를 발생시킨다.)

㉮ 건조된 공기 중에서 : $2CCl_4 + O_2 \rightarrow 2COCl_2 + 2Cl_2$

㉯ 습한 공기 중에서 : $CCl_4 + H_2O \rightarrow COCl_2 + 2HCl$

㉰ 탄산가스 중에서 : $CCl_4 + CO_2 \rightarrow 2COCl_2$

㉱ 철이 존재할 때 : $3CCl_4 + Fe_2O_3 \rightarrow 3COCl_2 + 2FeCl_3$

⑤ 설치 금지 장소

㉮ 지하층

㉯ 무창층

㉰ 거실 또는 사무실로서 바닥 면적이 $20m^2$ 미만인 곳

8) <u>브로모 트리 플루오르 메탄 소화기</u>(CF_3Br)

① **하론 1301**로서 독성이 있다.(비중 1.5, 비점 -57.8℃, 융점 -168℃)

② 부식성이 비교적 크지만 독성은 할로겐화물 소화약제 중 가장 낮으며 소화효과가 가장 좋다.

③ 상온, 상압에서는 기체 상태이지만 압축되어 무색 무취의 투명한 액체이다.

9) 브로모 클로로 디 플루오르 메탄 소화기(CF_2ClBr)

① 하론 1211이라 한다.

② BCF **소화기라고도 한다.**

10) 할로겐화물 소화기 사용시 주의사항

① 발생가스도 유독하기 때문에 흡입하지 말 것

② 좁고 밀폐된 실내에서는 사용하지 말 것

③ 사용 후로 신속히 환기할 것

④ 지하층, 무창층 및 환기에 유효한 개구부의 넓이가 바닥 면적의 1/30 이하, 또 바닥 면적이 20m² 이하의 장소에서도 소방법상 설치해서는 안 된다고 규정하고 있다.

5. 분말 소화기

1) 분말 소화기

분말 소화약제 중조($NaHCO_3$), 탄산수소칼륨($KHCO_3$), 인산암모늄($NH_4H_2PO_4$), 요소[$KHCO_3$ + $(NH_2)_2CO$] 등과 첨가제, 코팅 처리제 등에 따라서 제1종~제4종까지 나뉘어진다. 이 약제를 화재면에 뿌려주면 열분해 반응을 일으켜 생성되는 물질 CO_2, H_2O, HPO_3(메타인산)에 의해 소화작업이 진행되는 질식소화, 냉각소화 효과를 얻을 수 있다. 분말을 방출할 수 있는 압력원은 CO_2, N_2를 사용하며, 분말소화기의 큰 단점은 작은 분말로 이루어져 있기 때문에 청소하기 곤란하고 정밀 기계를 취급하는 장소에는 잘 사용하지 않는다.

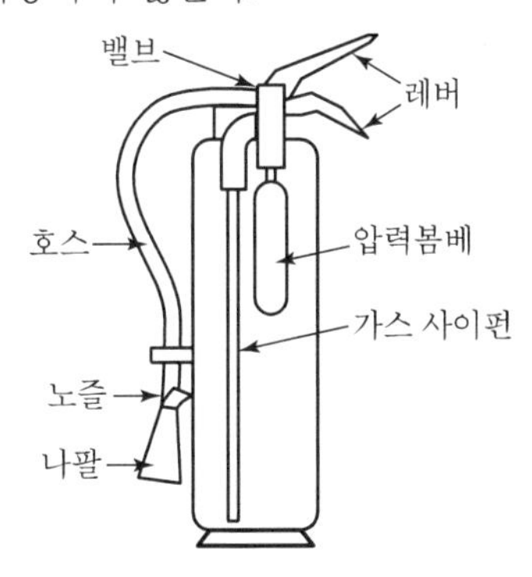

2) 종류

(1) 축압식

용기 본체에 분말 소화약제를 채우고 용기 상부에 N_2 가스를 축압하는 것으로 반드시 지시 압력계를 설치하고 사용할 수 있는 **정상 범위는 녹색, 비정상 범위는 황색이나 적색으로 표시되고, 분말 소화약제 저장용기에 CO_2나 N_2를 고압으로 충전하여 약제와 고압가스가 함께 분출하는 형식이다.** 축압식을 사용하는 ABC분말소화기의 압력지시계의 지시압력은 **7.0~9.8 kg/cm²**를 유지해야 한다.

(2) 가압식

용기는 철제이고 용기 본체 내부 또는 외부에 설치된 봄베 속에 충전되어 있는 CO_2를 압력원으로 하는 소화기를 말하며, 소화약제로 Na, K을 사용한다. 그리고 분말 소화약제를 방출시키기 위해 가압용 가스를 사용하는데 일반적으로 가장 많이 사용되는 것은 질소가스이다.

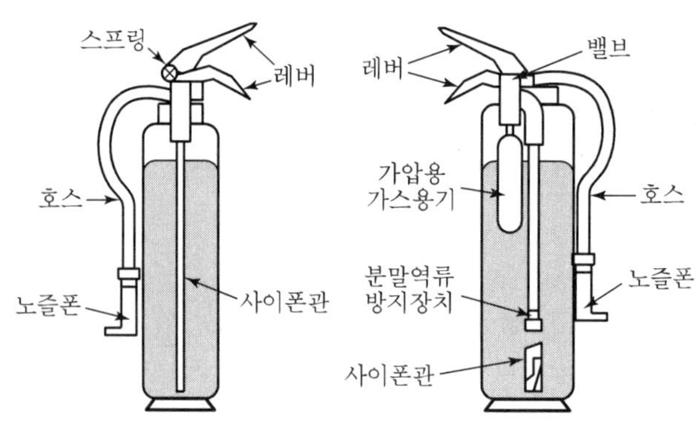

[축압식 분말 소화기] [가스 가압식 분말 소화기]

(3) 적응화재

제1 · 2종 분말 소화기는 B · C급 화재에만 적용되는 데 비해 제3종 분말은 열분해해서 부착성이 좋은 메타인산(HPO_3)을 생성시키므로, A · B · C급 화재에 적용된다.

① 제1종 분말, 제2종 분말 소화기 : 이산화탄소와 수증기에 의한 질식 및 냉각효과와 나트륨염과 칼륨염에 의한 부촉매효과가 매우 좋다.

$2NaHCO_3 \rightarrow Na_2CO_3 + CO_2 + H_2O$(270℃에서 열분해 반응식)

$2KHCO_3 \rightarrow K_2CO_3 + CO_2 + H_2O$(190℃에서 열분해 반응식)

② 제3종 분말 소화기 : 열 분해시 암모니아와 수증기에 의한 질식효과, 열분해에 의한 냉각효과, 암모늄에 의한 부촉매효과와 메타인산에 의한 방진작용이 주된 소화효과이다.

$NH_4H_2PO_4 \rightarrow NH_3 + H_3PO_4$(인산)(166℃에서 열분해 반응식)

종별	소화약제	약제의 착색	열분해 반응식
제1종 분말	**중탄산나트륨**($NaHCO_3$)	**백색**	$2NaHCO_3 \rightarrow CO_2 + H_2O + Na_2CO_3$
제2종 분말	**중탄산칼륨**($KHCO_3$)	**보라색**	$2KHCO_3 \rightarrow CO_2 + H_2O + K_2CO_3$
제3종 분말	**제일인산암모늄**($NH_4H_2PO_4$)	**담홍색**	$NH_4H_2PO_4 \rightarrow NH_3 + HPO_3 + H_2O$
제4종 분말	**중탄산칼륨 + 요소** $KHCO_3 + (NH_2)_2CO$	**회색**	$2KHCO_3 + (NH_2)_2CO$ $\rightarrow K_2CO_3 + 2NH_3 + 2CO_2$

(4) 분말 소화기의 장 · 단점

① 장점

㉮ 비전도성이다.

㉯ 화재 진압이 빠르다.

㉰ 소화성능이 우수하다.

㉱ A, B, C급 화재에 적합하다.

② 단점

㉮ 재연소 우려가 있다.

㉯ 침투성이 나쁘다.

㉰ 피난에 방해를 일으킨다.

㉱ 정밀기계 장치에 분말에 의한 2차 손실이 있다.

(5) 분말 소화기의 방출호스를 부착하지 않아도 되는 경우 : 중량이 1kg 미만인 소화기

6. CO_2 소화기(탄산가스소화기)

① **CO_2는 무색 무취이고 비중이 1.53, 임계온도는 약 31℃, 승화점이 −78.6℃인 기체로 물에 잘 녹는다. 또한 이산화탄소는 고압으로 압축되어 액상으로 용기에 충전되어 있으며 고압 용기를 사용하고 250kg/cm²의 내압시험(TP)에 합격한 것을 사용한다.**

② 소화약제는 탄산가스의 함량이 99.5% 이상이고 수분은 중량 0.05% 이하이어야 한다. 수분이 0.05% 이상이면 결빙하여 배관, 노즐을 폐쇄할 우려가 있다.

③ 기체로 방사되기 때문에 구석구석까지 잘 침투하고 소화효과도 좋으며, 자체 압력으로 분출이 가능하기 때문에 별도의 가압장치가 필요 없다.

④ 약제에 의한 오손이 작고, 전기 절연성도 아주 좋기 때문에 전기화재에도 효과가 있으며, 충전비는 1.5 이상이어야 한다.

⑤ 종류

㉮ 소형 소화기(레버식) : 무계목 용기(이음새 없는 용기)로서 용기 본체는 200~250kg/cm² 에서 작동하는 안전밸브가 부착되어 있는 소화기이다.

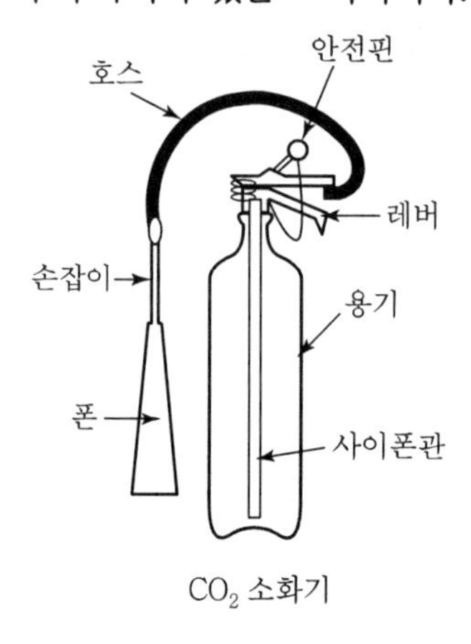

CO_2 소화기

㉯ 대형 소화기(핸들식) : 용기의 재질 및 구조는 레버식과 동일하고 움직일 수 있도록 바퀴가 달려 있다.

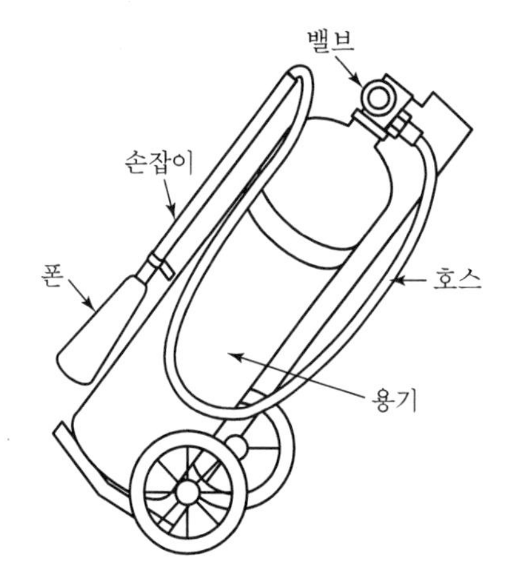

⑥ CO_2 소화약제가 대기 중에 방사하게 되면 산소의 농도 21%를 15% 이하로 낮추는 질식효과와, 비점이 −78.5℃로 방사시 피부에 직접 닿을 경우 동상의 위험이 있다.

⑦ CO_2 소화설비 설치 금지 장소

㉮ 금속 수소 화합물을 저장하는 곳

㉯ Na, K, Mg, Ti을 저장하는 곳

㉰ 수용인원이 많고 2분 이내에 대피가 곤란한 곳

㉱ 물질 자체에 산소공급원을 다량 함유하고 있고 자기 연소성 물질(제5류 위험물)을 저장, 취급하는 곳

⑧ CO_2 소화기의 장·단점

㉮ 장점

㉠ 전기절연성(전기의 부도체)이 우수하여 전기 화재에 용이

㉡ 소화 후 기체이므로 청소할 필요가 없다.

㉢ 소화약제에 대한 오손이 적다.

㉣ 하론 1301에 비해 가격이 저렴하다.

㉯ 단점

㉠ 고압가스이므로 중량이 무겁고 취급이 불편하다.

㉡ 직사일광이 있는 곳, 보일러실 등에 설치시 위험하다.

㉢ 피부에 닿으면 동상에 걸릴 우려가 있다.

㉣ 금속분 화재시 연소 확대의 우려가 있다.

7. 포말 소화기

1) 포말 소화기의 보존 및 사용상 주의사항

① 전기나 알코올류 화재에는 사용치 못한다.

② 동절기에는 동결하지 않도록 조치를 취할 것

③ 사용 후에는 깨끗이 물로 닦은 후 국가검정에 합격된 소화약제를 충전하고 합격표지를 부착한다.

④ 안전한 장소에 보관하고 넘어지지 않게 한다.

2) 기계포

단백질 분해물 계면 활성제인 것을 발포장치에 공기와 혼합시킨 것을 말한다.(내알코올성 폼, 알코올 폼)

3) 포말의 조건

① 부착성이 있을 것

② 열에 대한 센 막을 가지고 유동성이 있을 것
③ 바람에 견디는 응집성과 안전성이 있을 것
④ 비중이 적고 방부처리된 것일 것
⑤ 취급시 주의사항 : 약액을 교환할 때도 용기 내부를 완전히 물로 씻어야 하고 주성분이 동물의 뼈와 피이므로 약제가 변질되기가 쉽다. 그래서 5℃ 이하에서는 유동성이 나빠지기 때문에 보온 조치를 해야 한다.

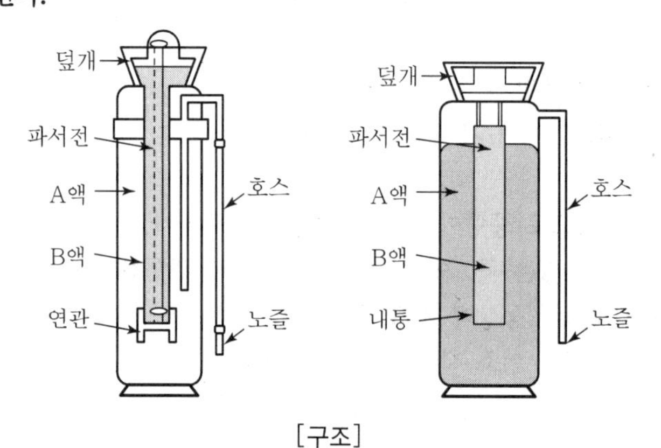

[구조]

〈소화기의 종류와 특성〉

<table>
<tr><th>소화기명</th><th>적용화재</th><th>소화효과</th><th>형식</th><th colspan="3">비고</th></tr>
<tr><td>분말 소화기</td><td>B, C급
(단, 인산염 : A, B, C급)</td><td>질식(냉각)</td><td>축압식
가스가압식</td><td colspan="3">*$NaHCO_3$(백색) : 제1종 소화분말
*$KHCO_3$(보라색) : 제2종 소화분말
*$NH_4H_2PO_4$(담홍색) : 제3종 소화분말
*$KHCO_3+(NH_2)_2CO$(회색) : 제4종 소화분말</td></tr>
<tr><td>증발성 액체 소화기</td><td>B, C급</td><td>부촉매(억제)효과,
희석(질식)효과,
냉각효과</td><td>축압식
가스가압식</td><td colspan="3">CH_2ClBr, $C_2Br_2F_4$, CF_3Br, CF_2ClBr, CCl_4</td></tr>
<tr><td rowspan="3">CO_2 소화기</td><td rowspan="3">B, C급</td><td rowspan="3">질식(냉각)</td><td rowspan="3">고압가스 용기</td><td rowspan="3">CO_2</td><td>고체</td><td>드라이아이스</td></tr>
<tr><td>액체</td><td>액체탄산가스</td></tr>
<tr><td>기체</td><td>탄산가스</td></tr>
<tr><td>포말 소화기</td><td>A, B급</td><td>질식(냉각)</td><td>전도식
파병식
(반응식)</td><td colspan="3">• 내통 : $Al_2(SO_4)_3$, $18H_2O$
• 외통 : $NaHCO_3$+기포안정제</td></tr>
<tr><td>강화액 소화기</td><td>A급
(분무상 : A, B, C급)</td><td>냉 각</td><td>가스가압식
축압식
반응식</td><td colspan="3">물+K_2CO_3</td></tr>
<tr><td>산·알칼리 소화기</td><td>A급</td><td>냉 각</td><td>파병식
전도식</td><td colspan="3">• 산 : H_2SO_4(내통)
• 알칼리 : $NaHCO_3$(외통)</td></tr>
</table>

8. 소화기의 유지 관리

1) 소화기의 공통적 사항

① 바닥면에서 높이가 1.5m 이하가 되도록 배치할 것
② 통행에 지장이 없고 사용시 쉽게 반출할 수 있는 곳에 설치할 것
③ 각 소화제가 동결, 변질 또는 분출할 우려가 없는 곳에 설치할 것
④ 소화기를 설치한 곳이 잘 보이도록 「소화기」라고 표시를 할 것

2) 소화기 사용시 주의사항

① 적용 화재에만 사용할 것
② 성능에 따라 화재 면에 근접하여 사용할 것
③ 소화작업을 진행할 때는 바람을 등지고 풍상에서 풍하의 방향으로 소화작업을 진행할 것
④ 소화작업은 양옆으로 비로 쓸듯이 골고루 방사할 것
⑤ 소화기는 화재 초기만 효과가 있고 화재가 확대된 후에는 효과가 없기 때문에 주의하고 대형 소화 설비의 대용은 될 수 없다. 또한 만능 소화기는 없다고 보는 것이 타당하다.

3) 소화기 보관상 주의사항

① 넘어지지 않도록 안전한 장소에 위치시킨다.
② 겨울철에는 동결하지 않도록 조치한다.
③ 소화기에 따라서 온기가 적고 서늘한 곳에 둔다.
④ 사용 후에는 내・외부를 깨끗이 닦고 규정약품을 채워 두도록 한다.
⑤ 소화기의 뚜껑은 반드시 잠그고 봉인하도록 한다.
⑥ 유사시에 대비하여 1년에 1~2회에 걸쳐 약제의 변질상태 및 가압가스 용기 내의 가스 유무, 적정압력 여부를 점검할 것

4) 소화기 외부 표시사항

① 소화기 명칭
② 적응 화재 표시
③ 용기의 압력 및 중량 표시

④ 적용 방법
⑤ 취급시 주의사항
⑥ 능력 단위
⑦ 제조 연월일

핵심요약 제 1 편 화재예방과 소화방법

제1장 화재예방과 소화방법

1) 연소

열과 빛을 동반하는 급격한 산화반응을 연소라 한다.

① 확산연소 : 기체에 의한 연소(수소, 아세틸렌, 메탄 등)
② 표면연소 : 목탄(숯), 코크스, 금속분
③ 분해연소 : 목재, 종이, 석탄, 플라스틱, 중유
④ 증발연소 : 유황, 양초(파라핀), 가솔린, 아세톤
⑤ 자기연소 : 제5류 위험물(니트로글리세린, 질산에스테르류 등)
⑥ 가연물이 될 수 없는 조건
- 산소와 더 이상 반응하지 않는 물질(CO_2, H_2O, Al_2O_3, SiO_2, P_2O_5)
- 주기율표의 0족 원소(He, Ne, Ar, Kr, Xe, Rn)
- 질소(N_2) 또는 질소산화물(NO_x)(산소와 반응은 하지만 흡열 반응을 하는 물질)

2) 인화점

가연성 물질에 점화원을 접촉시켰을 때 불이 붙는 최저온도를 인화점이라고 한다.

3) 발화점

가연성 물질이 점화원 없이 축적된 열만으로 연소를 일으키는 최저온도를 발화점이라고 한다.

4) 연소점

계속 탈 수 있는 온도로서 대략 인화점보다 5~10℃ 높은 온도이다.

5) 연소범위

가연성가스가 공기 중에 존재할 때 폭발할 수 있는 농도의 범위를 말하는데, 농도가 진한 쪽을 폭발 상한계, 농도가 묽은 쪽을 폭발 하한계라 한다.

6) 중요 가스 폭발범위

① 수소 : 4~75%

② 아세틸렌 : 2.5~81%
③ 산화에틸렌 : 3~80%
④ 메탄 : 5~15%
⑤ 에탄 : 3~12.5%
⑥ 프로판 : 2.2~9.5%
⑦ 부탄 : 1.8~8.4%

7) 고온체의 색깔과 온도

① 담암적색 : 522℃
② 암적색 : 700℃
③ 적색 : 850℃
④ 휘적색 : 950℃
⑤ 황적색 : 1,100℃
⑥ 백적색 : 1,300℃
⑦ 휘백색 : 1,500℃

8) 폭굉

(1) 폭굉의 정의

폭발 중에서도 특히 격렬한 경우를 폭굉이라 하며 폭굉이라 함은 가스 중의 음속보다도 화염전파속도가 더 큰 경우로 이때 파면선단에 충격파라고 하는 솟구치는 압력파가 발생하여 격렬한 파괴작용을 일으키는 현상을 말한다.

(2) 폭속

폭굉이 전하는 연소속도를 폭굉속도(폭속)라 하는데, 음속보다 빠르며 폭속이 클수록 파괴작용은 더욱더 격렬해진다.

① 폭굉 시 전하는 전파속도(폭굉파) : 1,000~3,500m/sec
② 정상 연소 시 전하는 전파속도(연소파) : 0.1~10m/sec

※ 폭굉 시의 연소파를 폭굉파라 하는데, 폭굉파의 속도는 음속(340m/sec) 이상이므로 화염의 진행 전면에 충격파가 발생하고 충격파는 직진하는 성질을 가진 파장이 아주 짧은 단일 압축파이기 때문에 진행 전면에 물체가 있으면 순간적으로 큰 압력을 발생하여 폭굉속도가 3,000m/sec일 때 파괴압력은 최고 1,000kg/cm^{2}가 된다.

(3) 폭굉 유도거리(DID)가 짧아지는 경우

① 정상 연소 속도가 큰 혼합가스일수록 짧아진다.

② 관속에 방해물이 있거나 관경이 가늘수록 짧다.
③ 압력이 높을수록 짧다.
④ 점화원의 에너지가 강할수록 짧다.

9) 보일오버(Boil over) 현상

유류표면의 열류층은 화재 진행과 더불어 점차 탱크의 저부에 있는 물이 비점 이상으로 될 때 탱크 밖으로 비산, 분출하게 되는 현상을 말한다.

10) 슬롭오버(Slop over) 현상

점성이 큰 중질유와 같은 유류에 화재가 발생하면 유류의 액표면 온도가 물의 비점 이상으로 상승하게 되는데, 이때 소화용수가 연소유의 뜨거운 액표면에 유입되면 급비등으로 부피팽창을 일으켜 탱크 외부로 유류를 분출시키는 현상을 말한다.

11) 일반화학에 관한 각종 법칙과 화학반응식

(1) 물질의 삼태

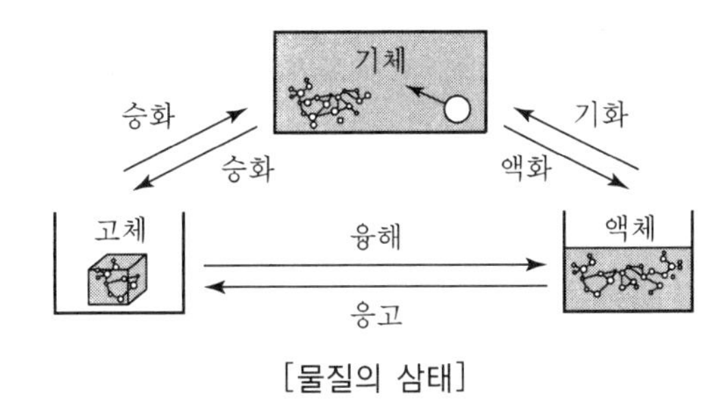

[물질의 삼태]

(2) 보일-샤를의 법칙

일정량의 기체의 부피는 절대온도에 비례하고, 압력에 반비례한다는 법칙

$$\frac{PV}{T} = \frac{P'V'}{T'}$$

여기서, T : 절대온도, P : 압력, V : 부피

(3) 아보가드로 법칙

- 모든 물질 1mol = 22.4l = Mg = 6.02×10^{23}개 (0℃, 1atm 상태에서 성립)
- 모든 물질 1kmol = 22.4m^3 = Mkg (0℃, 1atm 상태에서 성립)

(4) 이상기체 상태방정식

$$PV = nRT,\ \ PV = \frac{W}{M}RT$$

여기서, P : 압력(atm), V : 부피(l), n : 몰수(mol)$\left(= \frac{W}{M}\right)$,

M : 분자량$\left(\frac{\text{g}}{\text{mol}}\right)$, W : 질량(g),

R : 이상기체상수$\left(= 0.082\frac{\text{atm l}}{\text{mol k}}\right)$, T : 절대온도(K)

(5) 그레이엄의 기체 확산의 법칙

미지의 기체 분자량이 측정에 이용되고 한 기체가 다른 기체 속으로 퍼져나가는 현상을 확산이라 하고, 기체분자의 확산속도는 일정한 압력하에서 그 기체의 제곱근에 반비례한다는 법칙

$$\frac{U_1}{U_2} = \sqrt{\frac{M_2}{M_1}} = \sqrt{\frac{d_2}{d_1}} = \frac{t_2}{t_1}$$

여기서, U : 확산속도, M : 분자량, d : 기체 밀도, t : 확산시간

(6) 가연성 물질의 원소분석 : C, H, O, N, S, P, 소량의 할로겐원소

① 가연성 원소 : C, H, S, P

② 조연성 원소 : O, 할로겐원소

③ 불연성 원소 : N

(7) 연소반응식

① $C + O_2 \rightarrow CO_2$

② $H_2 + \frac{1}{2}O_2 \rightarrow H_2O$

③ $S + O_2 \rightarrow SO_2$

④ $CH_4 + 2O_2 \rightarrow CO_2 + 2H_2O$

⑤ $2P + \frac{5}{2}O_2 \rightarrow P_2O_5$

⑥ $C_3H_8 + 5O_2 \rightarrow 3CO_2 + 4H_2O$

⑦ $C_2H_2 + \frac{5}{2}O_2 \rightarrow 2CO_2 + H_2O$

제2장 소화제 및 소화설비

1) 소화제의 종류

(1) 물소화약제

(2) 포소화약제

① 합성계면활성제포 : 황산에스테르가 주성분으로 고발포형, 저발포형으로 사용할 수 있으며 포에 대한 변형력이 없다.

② 수성막포 : 불소계 계면활성제가 주성분이며 사용 농도가 6%형으로, 특히 인화성 액체의 소화에 유효하다.

③ 내알코올포 소화약제 : 수용성 액체 위험물에 화재가 일어났을 경우 유용하도록 만든 소화약제이다.

(3) 이산화탄소 소화약제

CO_2는 불활성기체로서 가연성 물질을 둘러싸고 있는 공기 중의 산소농도 21%를 16% 이하로 낮게 하여 소화하는 방법으로 주된 소화 효과가 질식, 희석 효과로 소화 작업을 진행하는 소화약제이다.

(4) 할로겐화물 소화약제

CH_4, C_2H_6과 같은 물질에 수소원자가 탈리되고 할로겐원소 불소(F_2), 염소(Cl_2), 옥소(I_2)로 치환된 물질로 주된 소화 효과는 냉각, 부촉매 소화 효과이다. 할론 소화약제의 구성을 보면 할론 1301에서 천자리 숫자는 C의 개수, 백자리 숫자는 F의 개수, 십자리 숫자는 Cl의 개수, 일자리 숫자는 Br의 개수를 나타낸다.

(5) 분말소화약제의 종류, 착색된 색깔, 열분해 반응식

종류	주성분	착색	적응화재	열분해 반응식
제1종 분말	$NaHCO_3$ (탄산수소나트륨)	백색	B, C	$2NaHCO_3$ $\rightarrow Na_2CO_3 + CO_2 + H_2O$
제2종 분말	$KHCO_3$ (탄산수소칼륨)	보라색	B, C	$2KHCO_3$ $\rightarrow K_2CO_3 + CO_2 + H_2O$
제3종 분말	$NH_4H_2PO_4$ (제1인산암모늄)	담홍색	A, B, C	$NH_4H_2PO_4$ $\rightarrow HPO_3 + NH_3 + H_2O$
제4종 분말	$KHCO_3 + (NH_2)_2CO$ (탄산수소칼륨+요소)	회백색	B, C	$2KHCO_3 + (NH_2)_2CO$ $\rightarrow K_2CO_3 + 2NH_3 + 2CO_2$

(6) 강화액 소화기

물에 탄산칼륨(K_2CO_3)을 보강시켜 만든 소화기이다.

① pH : 12 이상

② 액 비중 : 1.3~1.4

③ 응고점 : -30~-25℃

④ 사용온도 : -20~40℃

⑤ 독성, 부식성이 없다.

2) 소화설비의 종류

(1) 소화기구

① 수동식 소화기

② 자동식 소화기 · 캐비닛형 자동소화기기 및 자동확산소화용구

③ 소화약제에 의한 간이소화용구

(2) 옥내소화전설비

(3) 스프링클러설비, 간이스프링클러설비 및 화재 조기 진압용 스프링클러설비

(4) 물분무 소화설비, 포 소화설비, 이산화탄소 소화설비, 할로겐화합물 소화설비, 청정소화약제 소화설비 및 분말 소화설비

(5) 옥외소화전설비

(6) 경보설비

① 비상벨설비 및 자동식 사이렌설비(이하 "비상경보설비"라 한다)

② 단독 경보형 감지기

③ 비상방송설비

④ 누전경보기

⑤ 자동화재 탐지설비 및 시각경보기

⑥ 자동화재 속보설비

⑦ 가스누설경보기

⑧ 통합감시시설

(7) 피난설비

① 미끄럼대, 피난사다리, 구조대, 완강기, 피난교, 피난밧줄, 공기안전매트, 그 밖의 피난기구

② 방열복, 공기호흡기 및 인공소생기

③ 유도등 및 유도표지

④ 비상조명등 및 휴대용 비상조명등

(8) 소화용수설비

① 상수도 소화용수설비

② 소화수조 · 저수조 그 밖의 소화용수설비

(9) 소화활동설비

① 제연설비

② 연결송수관설비

③ 연결살수설비

④ 비상콘센트 설비

⑤ 무선통신보조설비

⑥ 연소방지설비

memo

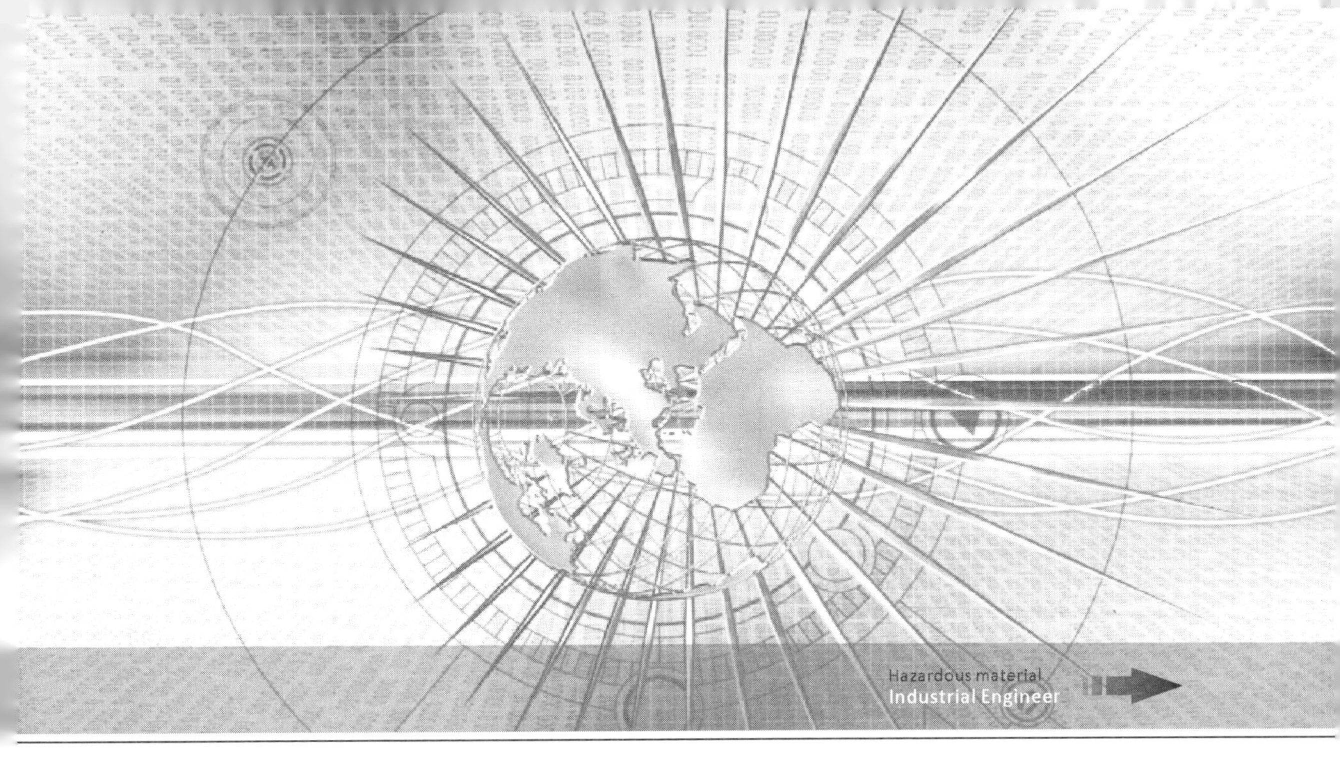

제2편
위험물의 종류

Contents

제1장 위험물의 종류 및 성질

1. 위험물의 정의

1) 위험물의 정의

"**위험물이란** 대통령령이 정하는 **인화성 또는 발화성 물질**을 말한다."

2) 위험물의 분류

(1) 제1류 위험물(산화성 고체)

"산화성고체"라 함은 고체[액체(1atm 및 20℃에서 액상인 것 또는 20℃ 초과 40℃ 이하에서 액상인 것을 말한다.)또는 기체(1atm 및 20℃에서 기상인 것을 말한다.) 외의 것을 말한다.]로서 산화력의 위험성 또는 충격에 대한 민감성을 판단하기 위하여 국민안전처장관이 정하여 고시하는 성질과 상태를 나타내는 것을 말한다. 즉 **산화성물질이라 함은 물과 반응하여 산소가스를 발생하여 연소를 촉진시키는 물질로서 제1류 위험물(고체)과 제6류 위험물(액체)이 여기에 해당된다.**

(2) 제2류 위험물(가연성 고체, 인화성 고체)

유황, 철분, 금속분, 마그네슘분 등의 비교적 낮은 온도에서 발화하기 쉬운 가연성 고체 위험물과 고형알코올, 그 밖에 1atm에서 인화점이 40℃ 미만인 고체, 즉 인화성 고체 위험물을 말한다.

(3) 제3류 위험물(금수성 물질 및 자연발화성 물질)

공기 중에서 발화위험성이 있는 것 또는 물과 접촉하여 발화하거나 가연성 가스의 발생 위험성이 있는 자연발화성 물질 및 물과의 접촉을 금해야 하는 류의 위험물들을 말한다. 즉 **물과 접촉하거나 대기 중의 수분과 접촉하면 발열, 발화하는 물질을 말한다.**

(4) 제4류 위험물(인화성 액체)

비교적 낮은 온도에서 불을 끌어당기듯이 연소를 일으키는 위험물로서 대단히 인화의 위험성이 큰 액체위험물을 말한다. **즉 인화점이 60℃ 미만의 가연성 액체를 말하며, 액체 표면에서 증발된 가연성 증기와의 혼합기체에 의하여 폭발 위험성을 가지는 물질을 말한다.**

(5) 제5류 위험물(자기연소성 물질 즉 폭발성 물질)

"자기연소성 물질"이라 함은 고체 또는 액체로서 폭발의 위험성 또는 가열, 분해의 격렬함을 갖고 있는 위험물을 말한다. 즉 니트로기(NO_2)가 2개 이상인 물질은 강한 폭발성을 나타내는 물질을 말한다. 자기 연소성물질의 폭발성에 의한 위험도를 판단하기 위해 **열분석 시험**을 한다.

(6) 제6류 위험물(산화성 액체)

"산화성 액체"라 함은 강산화성액체로서 산화력의 잠재적인 위험성을 갖고 있는 위험물을 말한다.

2. 지정수량

대통령령으로 정하는 수량을 말하며 보통 **고체위험물들은 "kg"으로 표시하고 액체위험물은 "L" 단위로 표시**한다. 저정수량이 작을수록 위험도 측면에서 더 위험한 물질이라 할 수 있다.

1) 2품명 이상의 위험물의 환산

지정수량에 미달되는 위험물을 2품명 이상을 동일한 장소 또는 시설에서 제조·저장 또는 취급할 경우에 품명별로 제조·저장 또는 취급하는 수량을 품명별 지정수량으로 나누어 얻은 수치의 합계가 1 이상이 될 때에는 **이를 지정수량 이상의 위험물로 취급한다.**

[계산 방법]

$$\text{계산값} = \frac{\text{A품명의 저장수량}}{\text{A품명의 지정수량}} + \frac{\text{B품명의 저장수량}}{\text{B품명의 지정수량}} + \frac{\text{C품명의 저장수량}}{\text{C품명의 지정수량}} + \cdots$$

계산값 $\geqq$ 1 : 위험물(위험물안전관리법 규제)

계산값 $<$ 1 : 소량위험물(시·도 조례 규제)

3. 혼합 발화

위험물을 2가지 이상 또는 그 이상으로 서로 혼합한다든지, 접촉하면 발열·발화하는 현상을 말한다. 다음 표는 위험물이 서로 혼합저장할 수 있는 위험물과 없는 위험물로 구별하여 운반 취급할 때 주의해야 할 위험물이다.(**지정수량 $\frac{1}{10}$ 이하의 위험물은 적용하지 않는다.**)

	제1류	제2류	제3류	제4류	제5류	제6류
제1류		×	×	×	×	○
제2류	×		×	○	○	×
제3류	×	×		○	×	×
제4류	×	○	○		○	×
제5류	×	○	×	○		×
제6류	○	×	×	×	×	

"○" 표시는 혼재할 수 있음을 나타냄, "×" 표시는 혼재할 수 없음을 나타냄

혼재 가능 위험물은 다음과 같다.
423 → 4류와 2류, 4류와 3류는 서로 혼재 가능
524 → 5류와 2류, 5류와 4류는 서로 혼재 가능
61 → 6류와 1류는 서로 혼재 가능

4. 위험물의 일반적인 성질과 지정수량

위험물			지정수량
유별	성질	품명	
제1류	산화성 고체	1. 아염소산염류	50kg
		2. 염소산염류	50kg
		3. 과염소산염류	50kg
		4. 무기과산화물	50kg
		5. 브롬산염류	300kg
		6. 질산염류	300kg
		7. 요오드산염류	300kg
		8. 과망간산염류	1,000kg
		9. 중크롬산염류	1,000kg
		10. 그 밖에 행정안전부령으로 정하는 것	50kg, 300kg 또는 1,000kg
		11. 제1호 내지 제10호의 1에 해당하는 어느 하나 이상을 함유한 것	

제2류	가연성 고체	1. 황화인		100kg
		2. 적린		100kg
		3. 유황		100kg
		4. 철분		500kg
		5. 금속분		500kg
		6. 마그네슘		500kg
		7. 그 밖에 행정안전부령으로 정하는 것 8. 제1호 내지 제7호의 1에 해당하는 어느 하나 이상을 함유한 것		100kg 또는 500kg
		9. 인화성고체		1,000kg
제3류	자연 발화성 물질 및 금수성 물질	1. 칼륨		10kg
		2. 나트륨		10kg
		3. 알킬알루미늄		10kg
		4. 알킬리튬		10kg
		5. 황린		20kg
		6. 알칼리금속(칼륨 및 나트륨을 제외한다.) 및 알칼리토금속		50kg
		7. 유기금속화합물(알킬알루미늄 및 알킬리튬을 제외한다.)		50kg
		8. 금속의 수소화물		300kg
		9. 금속의 인화물		300kg
		10. 칼슘 또는 알루미늄의 탄화물		300kg
		11. 그 밖에 행정안전부령으로 정하는 것 12. 제1호 내지 제11호의 1에 해당하는 어느 하나 이상을 함유한 것		10kg, 20kg, 50kg 또는 300kg
제4류	인화성 액체	1. 특수인화물		50L
		2. 제1석유류	비수용성액체	200L
			수용성액체	400L
		3. 알코올류		400L
		4. 제2석유류	비수용성액체	1,000L
			수용성액체	2,000L
		5. 제3석유류	비수용성액체	2,000L
			수용성액체	4,000L
		6. 제4석유류		6,000L
		7. 동식물유류		10,000L

제5류	자기반응성물질	1. 유기과산화물	10kg
		2. 질산에스테르류	10kg
		3. 니트로화합물	200kg
		4. 니트로소화합물	200kg
		5. 아조화합물	200kg
		6. 디아조화합물	200kg
		7. 히드라진 유도체	200kg
		8. 히드록실아민	100kg
		9. 히드록실아민염류	100kg
		10. 그 밖에 행정안전부령으로 정하는 것 11. 제1호 내지 제10호의 1에 해당하는 어느 하나 이상을 함유한 것	10kg, 100kg 또는 200kg
제6류	산화성액체	1. 과염소산	300kg
		2. 과산화수소	300kg
		3. 질산	300kg
		4. 그 밖에 행정안전부령으로 정하는 것	300kg
		5. 제1호 내지 제4호의 1에 해당하는 어느 하나 이상을 함유한 것	300kg

※ 용어의 정의

1. "산화성고체"라 함은 고체 [액체(1atm 및 20℃에서 액상인 것 또는 20℃ 초과 40℃ 이하에서 액상인 것을 말한다.)또는 기체(1atm 및 20℃에서 기상인 것을 말한다.) 외의 것을 말한다.] 로서 산화력의 잠재적인 위험성 또는 충격에 대한 민감성을 판단하기 위하여 소방청장이 정하여 고시하는 시험에서 고시로 정하는 성질과 상태를 나타내는 것을 말한다. 이 경우 "액상"이라 함은 수직으로 된 시험관(안지름 30mm, 높이 120mm의 원통형유리관을 말한다.)에 시료를 55mm까지 채운 다음 당해 시험관을 수평으로 하였을 때 시료액면의 선단이 30mm를 이동하는데 걸리는 시간이 90초 이내에 있는 것을 말한다.
2. **"가연성고체"라 함은 고체로서 화염에 의한 발화의 위험성 또는 인화의 위험성을 판단하기 위하여 고시로 정하는 시험에서 고시로 정하는 성질과 상태를 나타내는 것을 말한다.**(가연성고체에 대한 착화의 위험성 시험방법은 시험장소를 온도 20℃, 습도 50%, 1기압, 무풍장소로 한다.)
3. 유황은 순도가 60(중량)% 이상인 것을 말한다. 이 경우 순도측정에 있어서 불순물은 활석 등 불연성물질과 수분에 한한다.
4. "철분"이라 함은 철의 분말로서 53μm의 표준체를 통과하는 것이 50(중량)% 미만인 것은 제외한다.

5. "금속분"이라 함은 알칼리금속 · 알칼리토금속 · 철 및 마그네슘 외의 금속의 분말을 말하고, 구리 분 · 니켈 분 및 150μm의 체를 통과하는 것이 50(중량)% 미만인 것은 제외한다.
6. 마그네슘 및 제2류 제8호의 물품 중 마그네슘을 함유한 것에 있어서는 다음 각 목의 1에 해당하는 것은 제외한다.
   가. 2mm의 체를 통과하지 아니하는 덩어리 상태의 것
   나. 직경 2mm 이상의 막대 모양의 것
7. 황 화린 · 적린 · 유황 및 철분은 제2호의 규정에 의한 성상이 있는 것으로 본다.
8. **"인화성고체"라 함은 고형알코올 그 밖에 1atm에서 인화점이 40℃ 미만인 고체를 말한다.**
9. **"자연발화성 물질 및 금수성 물질"이라 함은 고체 또는 액체로서 공기 중에서 발화의 위험성이 있거나 물과 접촉하여 발화하거나 가연성가스를 발생하는 위험성이 있는 것을 말한다.**
10. 칼륨 · 나트륨 · 알킬알루미늄 · 알킬리튬 및 황린은 제9호의 규정에 의한 성상이 있는 것으로 본다.
11. **"인화성액체"라 함은 액체**(제3석유류, 제4석유류 및 동식물유류에 있어서는 1atm과 20℃에서 액상인 것에 한한다.)**로서 인화의 위험성이 있는 것을 말한다.**
12. **"특수인화물"이라 함은 이황화탄소, 디에틸에테르, 그 밖에 1atm에서 발화점이 100℃ 이하인 것, 또는 인화점이 −20℃ 이하이고 비점이 40℃ 이하인 것을 말한다.**
13. **"제1석유류"라 함은 아세톤, 휘발유, 그 밖에 1atm에서 인화점이 21℃ 미만인 것을 말한다.**
14. **"알코올류"라 함은 1분자를 구성하는 탄소원자의 수가 1개부터 3개까지인 포화 1가 알코올(변성알코올을 포함한다.)을 말한다. 다만, 다음 각 목의 1에 해당하는 것은 제외한다.**
    가. 1분자를 구성하는 탄소원자의 수가 1개 내지 3개의 포화 1가 알코올의 함유량이 60(중량)% 미만인 수용액
    나. 가연성액체량이 60(중량)% 미만이고 인화점 및 연소점(태그개방식인화점측정기에 의한 연소점을 말한다.)이 에틸알코올 60(중량)% 수용액의 인화점 및 연소점을 초과하는 것
15. **"제2석유류"라 함은 등유, 경유 그 밖에 1atm에서 인화점이 21℃ 이상 70℃ 미만인 것을 말한다.** 다만, 도료류 그 밖의 물품에 있어서 가연성 액체량이 40(중량)% 이하이면서 인화점이 40℃ 이상인 동시에 연소점이 60℃ 이상인 것은 제외한다.
16. **"제3석유류"라 함은 중유, 크레오소트유 그 밖에 1atm에서 인화점이 70℃ 이상 200℃ 미만인 것을 말한다.** 다만, 도료류 그 밖의 물품은 가연성 액체량이 40(중량)% 이하인 것은 제외한다.
17. **"제4석유류"라 함은 기어유, 실린더유, 그 밖에 1atm에서 인화점이 200℃ 이상 250℃ 미만의 것을 말한다.** 다만, 도료류 그 밖의 물품은 가연성 액체량이 40(중량)% 이하인 것은 제외한다.
18. **"동식물유류"라 함은 동물의 지육 등 또는 식물의 종자나 과육으로부터 추출한 것으로서 1atm에서 인화점이 250℃ 미만인 것을 말한다. 다만 법 제20조제1항의 규정에 의하여 행정안전부령이 정하는 용기기준과 수납, 저장기준에 따라 수납되어 저장, 보관되고 용기의 외부에 물품의 통칭명, 수량 및 화기엄금(화기엄금과 동일한 의미를 갖는 표시를 포함한다.)의 표시가 있는 경우를 제외한다.**

19. **"자기반응성물질"이라 함은 고체 또는 액체로서 폭발의 위험성 또는 가열분해의 격렬함을 판단하기 위하여 고시로 정하는 시험에서 고시로 정하는 성질과 상태를 나타내는 것을 말한다.**
20. 제5류 제11호의 물품에 있어서는 유기과산화물을 함유하는 것 중에서 불활성고체를 함유하는 것으로서 다음 각 목의 1에 해당하는 것은 제외한다.
    가. 과산화벤조일의 함유량이 35.5(중량)% 미만인 것으로서 전분가루, 황산칼슘2수화물 또는 인산1수소칼슘2수화물과의 혼합물
    나. 비스(4클로로벤조일)퍼옥 사이드의 함유량이 30(중량)% 미만인 것으로서 불활성고체와의 혼합물
    다. 과산화지크밀의 함유량이 40(중량)% 미만인 것으로서 불활성고체와의 혼합물
    라. 1·4비스(2-터셔리부틸퍼옥시이소프로필)벤젠의 함유량이 40(중량)% 미만인 것으로서 불활성고체와의 혼합물
    마. 시크로헥사놀퍼옥사이드의 함유량이 30(중량)% 미만인 것으로서 불활성고체와의 혼합물
21. **"산화성액체"라 함은 액체로서 산화력의 잠재적인 위험성을 판단하기 위하여 고시로 정하는 시험에서 고시로 정하는 성질과 상태를 나타내는 것을 말한다.**
22. **과산화수소는 그 농도가 36(중량)% 이상인 것에 한하며, 제21호의 성상이 있는 것으로 본다.**
23. **질산은 그 비중이 1.49 이상인 것에 한하며, 제21호의 성상이 있는 것으로 본다.**

제1류 위험물

위험물			지정수량
유별	성질	품명	
제1류	산화성 고체	1. 아염소산염류	50kg
		2. 염소산염류	50kg
		3. 과염소산염류	50kg
		4. 무기과산화물	50kg
		5. 브롬산염류	300kg
		6. 질산염류	300kg
		7. 요오드산염류	300kg
		8. 과망간산염류	1,000kg
		9. 중크롬산염류	1,000kg
		10. 그 밖에 행정안전부령으로 정하는 것	50kg, 300kg 또는 1,000kg
		11. 제1호 내지 제10호의 1에 해당하는 어느 하나 이상을 함유한 것	

 1. 일반적인 성질

1) **대부분 무색결정 또는 백색분말의 고체 상태이고 비중이 1보다 크며 물에 잘 녹는다.**
2) **반응성이 커서 분해하면 산소를 발생하고, 대표적 성질은 산화성 고체로 모든 품목이 산소를 함유한 강력한 산화제이다.**
3) **자신은 불연성 물질로서 환원성 또는 가연성 물질에 대하여 강한 산화성을 가지고 모두 무기화합물이다.** 즉 다른 가연물의 연소를 돕는 지연성 물질(조연성 물질)이다.
4) 기체상태의 산소분자의 체적에 비교하면 약 1/1,000의 체적이지만 분해하게 되면 산소의 체적이 크게 증가한다.
5) 방출된 산소원자는 분해 직후의 산화력이 특히 강하다.
6) **유기물의 혼합 등에 의해서 폭발의 위험성이 있고**, 가열, 충격, 마찰, 타격 등 약간의 충격에 의해 분해반응이 개시되며 그 반응은 연쇄적으로 진행되는가 하면, 다른 화학물질(정촉매)과의 접촉에 의해서도 분해가 촉진된다.

   $2KClO_3 \rightarrow 2KCl + 3O_2\uparrow$
7) **물에 대한 비중은 1보다 크며 물에 녹는 것이 많고**, 조해성이 있는 것도 있으며 수용액 상태에서도 산화성이 있다.(조해성 : 공기 중의 수분을 흡수하여 녹아버리는 성질)
8) 가열하여 용융된 농도가 진한 용액은 가연성 물질과 접촉 시 혼촉 발화 위험이 있다.
9) 무기과산화물은 물과 반응하여 산소를 발생하고 많은 열을 발생시킨다.

   $2Na_2O_2 + 2H_2O \rightarrow 4NaOH + O_2\uparrow$ + 열

 2. 위험성

1) 산소를 방출하기 때문에 조연성(지연성)이 강하고, 가열하거나 제6류 위험물과 혼합하면 산화성이 증대되어 위험하다.
2) 단독으로 분해 폭발하는 물질(예 NH_4NO_3, NH_4ClO_3)도 있지만, **가열, 충격, 촉매, 이물질 등과의 접촉으로 분해가 시작되어 가연물과 접촉, 혼합에 의해 심하게 연소하거나 경우에 따라서는 폭발한다.**
3) 독성 있는 위험물에는 염소산염류, 질산염류, 중크롬산염류 등이 있고 부식성이 있는 위험물에는 과산화칼륨, 과산화나트륨 등의 무기과산화물 등이 있다.

4) 무기과산화물은 물과 반응하여 발열하고 산소를 방출하기 때문에 제3류 위험물과 비슷한 금수성 물질이며, 삼산화크롬은 물과 반응하여 강산이 되어 심하게 발열한다. 염산과의 혼합, 접촉에 의해 발열하고 황린과 접촉하면 폭발할 수 있다.

3. 저장 및 취급방법

1) **가연물, 직사광선 및 화기를 피하고 통풍이 잘되는 차가운 곳에 저장하고 용기는 밀폐하여 저장한다.**
2) 충격, 마찰, 타격 등 점화에너지를 차단한다.
3) 용기의 가열, 파손, 전도를 방지하고 공기, 습기, 물, 가연성 물질과의 혼합, 혼재를 방지한다.
4) **특히 공기나 물과의 접촉을 피한다.(무기과산화물류인 경우에)**
5) 환원제, 산화되기 쉬운 물질, 2류, 3류, 4류, 5류 위험물과의 접촉 및 혼합을 금지한다.
6) **강 산류와 절대 접촉을 금한다.**
7) **조해성 물질은 습기를 차단하고 용기를 밀폐시킨다.**
8) **환기가 잘 되는 냉암소에 용기는 밀폐하여 저장한다.**
9) **무기과산화물, 삼산화크롬은 물기를 엄금해야 한다.**
10) **알코올, 벤젠 및 에테르 등과 접촉하면 순간적으로 발열 또는 발화하는 위험물은 삼산화크롬(CrO_3)이다.**

4. 소화방법

1) **무기과산화물류, 삼산화크롬을 제외하고는 다량의 물을 사용하는 것이 유효하다.**
   무기과산화물류(주수소화는 절대 금지)는 물과 반응하여 산소와 열을 발생하므로 건조 분말 소화약제나 건조사를 사용한 질식소화가 유효하다.
2) 가연물과 혼합 연소 시 폭발위험이 있으므로 주의해야 한다.
3) 위험물 자체의 화재가 아니고 다른 가연물의 화재이다.
4) 소화 작업 시 산성물질이므로 공기호흡기, 보안경 및 방수복 등 보호 장구를 착용한다.

5. 제1류 위험물 종류

1) 아염소산염류(지정수량 50kg)[$MClO_2$]

(1) 일반적인 성질

아염소산($HClO_2$)의 수소이온이 떨어져 나가고 금속 또는 다른 원자단으로 치환된 형태의 염을 말하며, 고체물질이고, Ag, Pb, Hg염을 제외하고는 물에 잘 녹는다. 가열, 충격, 마찰 등에 의해 폭발하며, 중금속염은 예민한 폭발성이 있어 기폭제로 사용된다.

(2) 종류 및 성상

① **아염소산나트륨($NaClO_2$)**

㉮ **자신은 불연성이고** 무색의 결정성 분말, 조해성, 물에 잘 녹는다.

㉯ **불안정하여 180℃ 이상 가열하면 산소를 방출한다.**

㉰ 아염소산나트륨은 강산화제로서 산화력이 매우 크고 단독으로 폭발을 일으킨다.

㉱ 금속분, 유황 등 환원성물질과 접촉하면 즉시 폭발한다.

㉲ **티오황산나트륨, 디에틸에테르 등과 혼합하면 혼촉발화의 위험이 있다.**

㉳ 이산화염소에 수산화나트륨과 환원제를 가하고 다시 수산화칼슘을 작용시켜 만든다.

② **아염소산칼륨($KClO_2$)**

㉮ 분해온도 160℃ 이상

㉯ 아염소산 염류와 비슷한 성질을 갖는다.

2) 염소산염류(지정수량 50kg)[$MClO_3$]

(1) 일반적인 성질

염소산($HClO_3$)의 수소이온이 떨어져 나가고 금속 또는 다른 원자단으로 치환된 형태의 염을 말하며 대부분 물에 녹으며 상온에서 안정하나 열에 의해 분해하게 되면 산소를 발생한다. 햇빛에 장시간 방치하였을 때는 분해하여 아염소산염이 생성된다. 염소산염을 가열, 충격 및 산을 첨가시키면 폭발위험성이 나타난다.

(2) 종류 및 성상

① **염소산칼륨($KClO_3$=염소산칼리=클로로산칼리)**

㉮ 무색, 무취단사정계 판상결정 또는 불연성 분말로서 이산화망간 등이 존재하면 분해가 촉진되어 산소를 방출한다.

㉯ 분해온도 400℃, 비중 2.32, 융점 368.4℃, 용해도 7.3(20℃)

㉰ **산성 물질로 온수, 글리세린에 잘 녹고, 냉수, 알코올에는 잘 녹지 않는다.**

㉱ **촉매 없이 400℃ 부근에서 분해**

㉠ $2KClO_3 \rightarrow KCl + KClO_4 + O_2\uparrow$

㉡ $2KClO_3 \rightarrow 2KCl + 3O_2$

※ **㉡번 반응에서 실제로 산소를 발생시키기 위해 MnO_2를 가하는 이유는 MnO_2가 활성화에너지를 감소시켜 반응속도가 빨라지게 한다.**

㉲ **산과 반응하여 ClO_2를 발생하고 폭발위험이 있다.**

㉳ 차가운 맛이 있으며 인체에 유독하다.

㉴ 환기가 잘 되고 찬 곳에 보관한다.

㉵ **목탄과 반응하면 발화, 폭발의 위험성이 있다.**

㉶ 용기가 파손되지 않도록 하고 밀봉하여 저장한다.

㉷ 가열, 충격, 마찰에 주의하고 강산이나 중금속류와의 혼합을 피한다.

㉸ **혈액에 작용하여 독작용을 한다.**

㉹ 소화방법은 주수소화가 좋다.

② **염소산나트륨($NaClO_3$＝클로로산나트륨＝염소산소다)**

㉮ **물, 알코올에는 녹고, 산성수용액에서는 강한 산화작용을 보인다.** 광학활성(광회전성)을 나타내는 등축정계이나, 사면체결정도 알려져 있다. 제조법은 염소산칼륨의 경우와 비슷하여, 염화나트륨 용액을 양극(兩極) 사이에 격막을 두지 않고 전기분해하면 생긴다. 또, 수산화칼슘 용액(석회유)에 염소가스를 불어넣어 생기는 염소산칼슘과 황산나트륨의 복분해에 의해서도 생긴다. 주로 과염소산염 제조에 사용되고, 산화제·성냥·연화(煙花)·폭약 재료로 사용된다. 또 염색·가죽의 무두질·살충제·표백제·제초제 등으로도 사용된다.

㉯ **무색, 무취의 입방정계 주상결정으로 풍해성은 없다.**

㉰ 비중 2.5(15℃), 융점 248℃, 용해도 101(20℃), 분해온도 300℃(산소를 발생)

$2NaClO_3 \rightarrow 2NaCl + 3O_2$

㉱ 알코올, 에테르, 물에 잘 녹고, **조해성과 흡습성이 있다.**

㉲ 산과 반응하여 유독한 **이산화염소(ClO_2)를 발생**하고 폭발위험이 있다.

$3NaClO_3 \rightarrow NaClO_4 + Na_2O + 2ClO_2$

㉳ 다량 섭취시 생명의 위험이 있다.

㉴ **가열, 충격, 마찰을 피하고,** 환기가 잘 되는 냉암소에 밀전 보관한다.

㉵ **분해를 촉진하는 약품류와의 접촉을 피한다.**

㉶ 소화방법은 주수소화가 좋다.

③ **염소산암모늄(NH_4ClO_3)**

부식성, 폭발성, 조해성의 중요한 특징이 있고 수용액은 산성이다. 물보다 무거운 무색의 결정이다.

④ 기타 염소산은($AgClO_3$), 염소산납[$Pb(ClO_3)_2H_2O$], 염소산아연[$Zn(ClO_2)_2$], 염소산바륨[$Ba(ClO_3)_2$] 등이 있다.

3) 과염소산염류(지정수량 50kg)[$MClO_4$]

(1) 일반적인 성질

과염소산($HClO_4$)의 수소이온이 떨어져 나가고 금속 또는 다른 원자단으로 치환된 형태의 염을 말하며 대부분 물에 녹으며 유기용매에도 녹는 것이 많고, 무색 무취의 결정성 분말이다. **타 물질의 연소를 촉진시키고,** 수용액은 화학적으로 안정하며 불용성의 염 이외에는 조해성이 있다.

(2) 종류 및 성상

① **과염소산칼륨($KClO_4$ = 과염소산칼리 = 퍼클로로산칼리)**

㉮ **무색, 무취 사방정계 결정 또는 백색 분말이다.**

㉯ 분해온도 400℃, 융점 610℃, 용해도 1.8(20℃), 비중2.52

㉰ **물, 알코올, 에테르에 잘 녹지 않는다.**

㉱ **400℃에서 분해하기 시작하여 610℃에서 완전 분해된다.**

$KClO_4 \rightarrow KCl + 2O_2\uparrow$

㉲ **황산과 반응하면 폭발성가스가 생성된다.**

㉳ **가연물과의 혼합 시 가열, 마찰, 외부적 충격에 의해 폭발한다.**

㉴ 소화방법은 주수소화가 좋다.

② **과염소산나트륨($NaClO_4$ = 과염소산소다)**

㉮ 무색, 무취 사방정계 결정

㉯ **분해온도 400℃**, 융점 482℃, 용해도 170(20℃), 비중 2.5

㉰ 물, 에틸알코올, 아세톤에 잘 녹고, 에테르에는 녹지 않는다.

㉱ 기타 성질은 과염소산칼륨에 준한다.

㉲ 소화방법은 주수소화가 좋다.

③ **과염소산암모늄(NH_4ClO_4 = 과염소산암몬)**

㉮ 무색, 무취의 결정

㉯ **분해온도 130℃**, 비중 1.87

㉰ **물, 알코올, 아세톤에는 잘 녹고 에테르에는 녹지 않는다.**

㉱ 폭약이나 성냥 원료로 쓰인다.

㉲ 강산과 접촉하거나, 가연성 물질 또는 산화성 물질과 혼합하면 폭발할 수 있다.

㉳ **충격에는 비교적 안정하나 130℃에서 분해** 시작, 300℃에서는 급격히 분해 폭발한다.

㉴ 소화방법은 주수소화가 좋다.

④ 기타 과염소산마그네슘[$Mg(ClO_4)_2$], 과염소산바륨[$Ba(ClO_4)_2$], 과염소산리튬[$LiClO_4 \cdot 8H_2O$], 과염소산루비듐[$RbClO_4$] 등이 있다.

4) 무기과산화물(알칼리금속의 무기과산화물과 알칼리금속 이외의 무기과산화물)(지정수량 50kg)[MO_2]

(1) 일반적인 성질

과산화수소(H_2O_2)의 수소이온이 떨어져 나가고 금속 또는 다른 원자단으로 치환된 화합물을 말하며 분자속에 -O-O-를 갖는 물질을 말한다.

그리고 물과 급격히 반응하여 산소를 방출하고 발열한다.

① 알칼리금속 과산화물 : $2\mathbf{X}_2O_2 + 2H_2O \rightarrow 4\mathbf{X}OH + O_2$ + 발열

② 알칼리토금속 과산화물 : $2\mathbf{X}O_2 + 2H_2O \rightarrow 2\mathbf{X}(OH)_2 + O_2$ + 발열

(2) 종류 및 성상

① **알칼리금속의 과산화물**

단독으로 타지 않고, 리튬(Li), 나트륨(Na), 칼륨(K), 루비듐(Rb), 세슘(CS) 등의 과산화물은 금수성 물질로 분말소화약제의 탄산수소 염류, 건조사, 암분, 소다 등으로 피복 소화한다. 알칼리금속과 알코올이 반응하면 알코올리드와 수소(H_2)를 발생한다.

㉮ **과산화나트륨(Na_2O_2=과산화소다)**

㉠ **순수한 것은 백색이지만 보통 황색의 분말 또는 과립상이고, 흡습성, 조해성이 있다.**

㉡ 분해온도 460℃, 융점 460℃, 비중 2.805

㉢ **유기물, 가연물, 황 등의 혼입을 막고, 가열, 충격을 피한다.**

㉣ **공기 중에서 서서히 CO_2를 흡수하여 탄산염을 만들고 산소를 방출한다.**

$2Na_2O_2 + 2CO_2 \rightarrow 2Na_2CO_3 + O_2\uparrow$

㉤ **상온에서 물과 격렬하게 반응하며 열을 발생하고 산소를 방출시킨다.**

$Na_2O_2 + H_2O \rightarrow 2NaOH + 1/2O_2\uparrow$

㉥ **묽은 산과 반응하여 과산화수소를 발생시킨다.**

$Na_2O_2 + 2CH_3COOH \rightarrow H_2O_2 + 2CH_3COONa$

㉦ **강산화제로서 금, 니켈을 제외한 다름 금속을 침식하여 산화물을 만든다.**

㉧ **자신은 불연성물질이지만** 가열하면 분해하여 산소를 방출한다.

$2Na_2O_2 \rightarrow 2Na_2O + O_2\uparrow$

㉨ **알코올에는 잘 녹지 않는다.**

㉩ 소화방법은 건조사나 암분 또는 탄산수소 염류 등으로 피복소화가 좋고 주수소화하면 위험하다.

㉯ **과산화칼륨(K_2O_2=과산화칼리)**

㉠ **오렌지색 또는 무색의 분말로 흡습성이 있으며 에탄올에 녹는 것으로서 물과 급격히 반응하여 발열하고 산소를 방출시키는 물질**

㉡ 융점 490℃, 비중 2.9

㉢ 기타 화학반응은 과산화나트륨과 동일하다.

㉣ **과산화칼륨과 물과 반응하여 산소를 방출시킨다.**

$2K_2O_2 + 2H_2O \rightarrow 4KOH + O_2$

㉤ **가열하면 위험하고 가연물의 혼입, 마찰, 충격, 특히 물과의 접촉은 매우 위험하다.**

㉥ **용기는 밀전, 밀봉하여 수분이 들어가지 않도록 하고 갈색의 착색 유리병에 저장한다.**

㉦ 소화방법은 건조사나 암분 또는 탄산수소 염류 등으로 피복소화가 좋고 주수소화하면 위험하다.

㉰ 기타 과산화리튬(Li_2O_2), 과산화루비듐(Rb_2O_2), 과산화세슘(CS_2O_2) 등이 있다.

② **알칼리금속 이외의 무기 과산화물**

베릴륨(Be), 마그네슘(Mg), 칼슘(Ca), 스트론튬(Sr), 바륨(Ba) 등의 알칼리토금속의 과산화물이 대부분 차지하고 물과 접촉해도 큰 위험성이 없는 물질이 대부분이다.

㉮ **과산화마그네슘(MgO_2)**

㉠ 백색 분말이며 물에 녹지 않는다.

㉡ 시판품의 MgO_2 함량이 15~25% 정도이다.

㉢ **산류에 녹아서 과산화수소로 된다.**

$MgO_2 + 2HCl \rightarrow MgCl_2 + H_2O_2$

㉣ **습기나 물에 의하여 활성산소를 방출하기 때문에 특히 방습에 주의한다.**

㉤ 가열하면 분해된다.

$2MgO_2 \rightarrow 2MgO + O_2\uparrow$

㉥ **분해 촉진제와 접촉을 피하고, 유기물, 환원제와 섞이면 마찰, 가열에 의해 폭발의 위험이 있다.**

㉦ **산화제와 혼합하여 가열하면 폭발 위험성이 있기 때문에** 산류와 격리하고, 마찰, 충격, 가열을 피하고 용기는 밀봉, 밀전한다.

㉧ 소화방법은 건조사에 의한 피복소화 또는 주수소화

㉯ **과산화칼슘(CaO_2)**

㉠ **백색 또는 담황색 분말이다.**

㉡ 분해온도 275℃, 비중 1.7

㉢ **물에는 잘 녹지 않고 알코올, 에테르에는 녹지 않는다.**

㉣ **염산과 반응하여 과산화수소를 생성시킨다.**

$CaO_2 + 2HCl \rightarrow CaCl_2 + H_2O_2$

㉤ 수화물이 포함된 것을 가열하면 약 100℃ 부근에서 결정수를 잃고 분해온도에서 폭발적으로 산소를 방출한다.

$2CaO_2 \rightarrow 2CaO + O_2 \uparrow$

㉥ 소화방법은 건조사에 의한 피복소화 또는 주수소화

㉰ **과산화바륨(BaO_2)**

㉠ 백색 또는 회색의 정방정계 분말

㉡ 분해온도 840℃, 융점 450℃, 비중 4.96

㉢ **알칼리토금속의 과산화물 중에서 가장 안정하다.**

㉣ 물에도 약간 녹고, 알코올, 에테르, 아세톤에는 녹지 않는다.

㉤ 산과 반응하여 과산화수소를 생성시킨다.

$BaO_2 + H_2SO_4 \rightarrow BaSO_4 + H_2O_2$

㉥ 가열하면 분해하여 산소를 방출시킨다.

$2BaO_2 \rightarrow 2BaO + O_2 \uparrow$

㉦ 소화방법 : 건조사에 의한 피복소화, CO_2 가스, 사염화탄소로 소화

5) 브롬산염류(취소산염류)(지정수량 300kg)

(1) 일반적인 성질

브롬산($HBrO_3$)의 수소이온이 떨어져 나가고 금속 또는 원자단으로 치환된 화합물로 대부분 무색 또는 백색의 결정이고 물에 녹는 물질들이다.

(2) 종류 및 성상

① **브롬산칼륨($KBrO_3$)**

㉮ 백색 결정 또는 결정성 분말

㉯ 융점 438℃, 비중 3.27

㉰ 물에는 잘 녹고 알코올에는 잘 녹지 않는다.

㉱ 유황, 숯, 마그네슘 등과 다른 가연물과 혼합되면 위험하다.

㉲ 염소산칼륨보다 안정하다.

㉳ 열분해 반응식은 다음과 같다.

$KBrO_3 \rightarrow KBr + 3/2O_2$

② **브롬산나트륨($NaBrO_3$)**

㉮ 무색 결정

㉯ 융점 381℃, 비중 3.3

㉰ 물에 잘 녹는다.

③ **브롬산아연[$Zn(BrO_3)_2 \cdot 6H_2O$]**

㉮ 무색 결정, 물에 잘 녹는다.

㉯ 융점 100℃, 비중 2.56

㉰ 가연물과 혼합되면 위험하다.

④ **브롬산바륨[$Ba(BrO_3)_2 \cdot H_2O$]**

㉮ 무색 결정, 물에 약간 녹는다.

㉯ 융점 260℃, 비중 3.99

㉰ 가연물과 혼합되면 위험하다.

⑤ **브롬산마그네슘[$Mg(BrO_3) \cdot H_2O$]**

㉮ 무색 · 백색 결정, 물에 잘 녹는다.

㉯ 가열하면 분해하여 산소를 발생시키고 200℃에서는 무수물이 된다.

$2Mg(BrO_3)_2 \rightarrow 2MgO + 2Br_2\uparrow + 5O_2\uparrow$

⑥ 기타 브롬산납[$Pb(BrO_3)_2 \cdot H_2O$], 브롬산암모늄[NH_4BrO_3] 등이 있다.

6) 질산염류(지정수량 300kg)[MNO_3]

(1) 일반적인 성질

질산(HNO_3)의 수소이온이 떨어져 나가고 금속 또는 원자단으로 치환된 화합물을 말한다.(금속에 대한 부식성은 없다.) **대부분 무색, 백색의 결정 및 분말로 물에 잘 녹으며 조해성이 강하다. 화약, 폭약의 원료로 사용**된다.

(2) 종류 및 성상

① **질산나트륨($NaNO_3$ = 칠레초석)**

㉮ **무색, 무취의 투명한 결정 또는 백색 분말**

㉯ 분해온도 380℃, 융점 308℃, 용해도 73, 비중 2.27

㉰ **조해성이 크고** 흡습성이 강하므로 습도에 주의한다. **물과 글리세린에 잘 녹고, 무수 알코올에는 난용성이다.**

㉱ **가열하면 약 380℃에서 열분해하여 산소를 방출한다.**

$2NaNO_3 \rightarrow 2NaNO_2 + O_2\uparrow$

㉲ **가연물, 유기물, 차아황산나트륨과 함께 가열하면 위험하다.**

㉳ 황산에 의해 분해하여 질산을 유리시킨다.

㉴ **티오황산나트륨과 함께 가열하면 폭발한다.**

② **질산칼륨(KNO_3 = 초석)**

㉮ **무색 또는 백색 결정 분말이며 흑색 화약의 원료로 사용된다.**

㉯ 분해온도 400℃, 융점 336℃, 용해도 26(15℃), 비중 2.1

㉰ **차가운 자극성 짠맛과 산화성이 있다.**

㉱ **물에는 잘 녹으나 알코올에는 잘 녹지 않는다.**

㉲ **단독으로는 분해하지 않지만 가열하면 용융 분해하여 산소와 아질산칼륨을 생성한다.**
$2KNO_3 \rightarrow 2KNO_2 + O_2\uparrow$

㉳ **숯가루, 황가루, 황린을 혼합하면 흑색화약이 되며 가열, 충격, 마찰에 주의한다.**

㉴ 소화방법은 주수소화

③ **질산암모늄(NH_4NO_3=초반)**

㉮ 무색, 무취의 백색 결정 고체

㉯ 분해온도 220℃, 융점 165℃, 용해도 118.3(0℃), 비중 1.73

㉰ **조해성이 있고** 물, 알코올, 알칼리에 잘 녹는다.

㉱ **물을 흡수하면 흡열반응을 한다.**

㉲ 급격히 가열하면 산소를 발생하고, 충격을 주면 단독으로도 폭발한다.
$2NH_4NO_3 \rightarrow 4H_2O + 2N_2 + O_2$

㉳ **강력한 산화제이기 때문에 혼합화약의 재료로 쓰인다.**

㉴ 소화방법은 주수소화

④ **질산은[$AgNO_3$]**

㉮ **사진감광제, 사진제판, 보온병 제조 등에서 사용된다.**

㉯ **요오드에틸시안은과 혼합되면 폭발성 물질이 생성되어 폭발의 위험성이 있다.**

⑤ 질산바륨[$Ba(NO_3)_2$]

바륨의 질산염. 화학식량 261.3, 녹는점 592℃, 비중 3.244(측정온도 23℃), 굴절률 1.572, 물 100에 대한 용해도는 5.0g(0℃)이다. 무색의 입방결정이며, 흡습성은 없고 염화바륨보다 물에 잘 녹지 않는다. 수산화바륨·탄산바륨을 질산에 녹임으로써 제조할 수 있고 염화바륨과 질산나트륨을 복분해(複分解)하는 방법도 있다. 세게 가열하면 녹는점인 592℃ 이상에서 분해하여 산화물이 된다. 화연신호(火煙信號, 녹색)·불꽃·화약 외에 광학유리의 제조에도 사용한다.

⑥ 기타 질산코발트[$Co(NO_3)_2$], 질산니켈[$Ni(NO_3)_2$], 질산구리[$Cu(NO_3)_2$], 질산카드뮴($Cd(NO_3)_2$], 질산납[$Pb(NO_3)_2$], 질산마그네슘[$Mg(NO_3)_2$], 질산철[$Fe(NO_3)_2$] 등이 있다.

7) 요오드산염류(지정수량 300kg)

(1) 일반적인 성질

요오드산(HIO_3)의 수소이온이 떨어져 나가고 금속 또는 원자단으로 치환된 형태의 화합물로 대부분 결정성 고체이다.

(2) 종류 및 성상

① **요오드산칼륨(KIO_3)**

㉮ 융점 560℃, 비중 3.89

㉯ **가연물과 혼합하여 가열하면 폭발한다.**

㉰ **염소산칼륨보다는 위험성이 작다.**

㉱ **광택이 나는 무색의 결정성 분말이다.**

㉲ **물, 진한 황산에는 녹고, 알코올에는 녹지 않는다.**

㉳ **융점 이상으로 가열하면 산소를 방출하며 가연물과 혼합하면 폭발위험이 있다.**

② **요오드산칼슘[$Ca(IO_3)_2 \cdot 6H_2O$]**

㉮ 백색, 조해성 결정, 물에 잘 녹는다.

㉯ 융점 42℃, 무수물의 융점 575℃

③ 기타 옥소산아연[$Zn(IO_3)_2 \cdot 6H_2O$], 옥소산나트륨($NaIO_3$), 옥소산은($AgIO_3$), 옥소산바륨[$Ba(IO_3)_2 \cdot H_2O$], 옥소산마그네슘[$Mg(IO_3)_2 \cdot 4H_2O$] 등이 있다.

8) 과망간산염류(지정수량 1,000kg)

(1) 일반적인 성질

과망간산($HMnO_4$)의 수소가 떨어져 나가고 금속 또는 원자단으로 치환된 형태의 화합물을 말한다.

(2) 종류 및 성상

① **과망간산칼륨($KMnO_4$)**

㉮ **상온에서는 안정하며, 흑자색 또는 적자색 사방정계 결정**

㉯ 분해온도 240℃, 비중 2.9

㉰ **알코올, 에테르, 글리세린 등 유기물과 접촉을 금한다.**

㉱ 물에 녹아 진한 보라색이 되고 강한 산화력과 살균력이 있다.

㉲ **가열하면 240℃에서 분해하여 산소를 방출시키고** 아세톤, 메틸알코올, 빙초산에 잘 녹는다.

$2KMnO_4 \rightarrow K_2MnO_4 + MnO_2 + O_2\uparrow$

㉳ **강한 살균력을 갖고 있으며,** 수용액을 만들어 무좀 등의 치료제로 사용된다.

㉴ **묽은 황산과 반응하여 산소를 방출시킨다.**

$4KMnO_4 + 6H_2SO_4 \rightarrow 2K_2SO_4 + 4MnSO_4 + 6H_2O + 5O_2\uparrow$

㉵ **진한 황산과 폭발적으로 반응하여 여러 가지 분해생성물을 만든다.**

㉠ $2KMnO_4 + H_2SO_4 \rightarrow K_2SO_4 + 2HMnO_4$

㉡ $2HMnO_4 \rightarrow Mn_2O_7 + H_2O$

㉢ $2Mn_2O_7 \rightarrow 4MnO_2 + 3O_2\uparrow$

㉭ **강력한 산화제이고**, 직사광선을 피하고 저장용기는 밀봉하고 냉암소에 저장한다.

㉮ **목탄, 황 등의 환원성 물질과 접촉시 충격에 의해 폭발의 위험성이 있다.**

㉯ 산, 가연물, 유기물과 격리 저장하고, 용기는 금속 또는 유리 용기를 사용한다.

㉰ 소화방법 : 다량의 주수소화 또는 건조사에 의한 피복 소화

② **과망간산나트륨**($NaMnO_4 \cdot 3H_2O$)

㉮ 적자색 결정

㉯ 조해성이 강하고 물에 매우 잘 녹는다.

③ **과망간산칼슘**[$Ca(MnO_4)_2 \cdot 2H_2O$]

㉮ 자색 결정

㉯ 비중 2.4, 물에 잘 녹는다.

④ 기타 과망간산암모늄[NH_4MnO_4] 등이 있다.

9) 중크롬산염류(지정수량 1,000kg)

(1) 일반적인 성질

중크롬산($H_2Cr_2O_7$)의 수소가 떨어져 나가고 금속 또는 원자단으로 치환된 화합물로 대부분 황적색의 결정이며 대부분 물에 잘 녹는다.

(2) 종류 및 성상

① **중크롬산칼륨**($K_2Cr_2O_7$)

㉮ 등적색 판상결정

㉯ 분해온도 500℃, 융점 398℃, 비중 2.69, 용해도 8.89(15℃)

㉰ 흡습성, 수용성, 알코올에는 불용이다.

㉱ **산과 반응하여 산소를 방출시킨다.**

$K_2Cr_2O_7 + 4H_2SO_4 \rightarrow K_2SO_4 + Cr_2(SO_4)_3 + 4H_2O + 3/2O_2$

㉲ 부식성이 강하고 단독으로는 안정하다.

㉳ 가연물과 유기물이 혼입되면 마찰, 충격에 의해 발화, 폭발한다.

② **중크롬산나트륨**($Na_2Cr_2O_7 \cdot 2H_2O$)

㉮ 오렌지색의 단사정계 결정

㉯ 분해온도 400℃, 융점 356℃, 비중 2.52

㉰ 수용성, 알코올에는 녹지 않는다.

㉱ 단독으로는 안정하나 가연물, 유기물과 혼입되면 마찰, 충격에 의해 발화, 폭발한다.

③ **중크롬산암모늄[$(NH_4)_2Cr_2O_7$]**

㉮ **오렌지색 단사정계 결정**

㉯ **분해온도 225℃, 비중 2.15**

㉰ **물, 알코올에 잘 녹는다.**

㉱ **가열하면 약 225℃에서 분해하여 질소를 발생**

$(NH_4)_2Cr_2O_7 \rightarrow Cr_2O_3 + N_2\uparrow + 4H_2O$

④ 기타 중크롬산칼슘($CaCr_2O_7 \cdot 3H_2O$), 중크롬산아연($ZnCr_2O_7 \cdot 3H_2O$), 중크롬산제1철[$Fe_2(Cr_2O_7)_3$] 등이 있다.

제2류 위험물

위험물			지정수량
유별	성질	품명	
제2류	가연성 고체	1. 황화인	100kg
		2. 적린	100kg
		3. 유황	100kg
		4. 철분	500kg
		5. 금속분	500kg
		6. 마그네슘	500kg
		7. 그 밖에 행정안전부령으로 정하는 것 8. 제1호 내지 제7호의 1에 해당하는 어느 하나 이상을 함유한 것	100kg 또는 500kg
		9. 인화성고체	1,000kg

1. 일반적인 성질

1) **가연성 고체로서 낮은 온도에서 착화하기 쉬운 속연성 물질(이연성 물질)이다.**
2) **비중은 1보다 크고 물에 녹지 않으며 산소를 함유하지 않기 때문에 강한 환원성 물질이고 대부분 무기화합물이다.**

3) 산화되기 쉽고 산소와 쉽게 결합을 이룬다.
4) 연소속도가 빠르고 연소열도 크며 연소시 유독가스가 발생하는 것도 있다.
5) 모든 물질이 가연성이고 무기과산화물류와 혼합한 것은 수분에 의해서 발화한다.
6) 금속분(철분, 마그네슘분, 금속분류 등)은 산소와의 결합력이 크고 이온화 경향이 큰 금속일수록 산화되기 쉽다.(**물이나 산과의 접촉을 피한다.**)

2. 위험성

1) 대부분 다른 가연물에 비해 착화온도가 낮고 발화가 용이하며 **연소속도가 빠르고** 연소 시 다량의 빛과 열을 발생한다. 금속분은 **물 또는 습기와 접촉하면 자연 발화한다.**
2) 산화제와 혼합한 물질은 가열·충격·마찰에 의해 발화 폭발위험이 있으며, 금속분에 물을 가하면 수소가스가 발생하여 폭발위험이 있다.
3) 금속분이 미세한 가루 또는 박 모양일 경우 산화 표면적의 증가로 공기와 혼합 및 열전도가 적어 열의 축적이 쉽기 때문에 연소를 일으키기 쉽다. 이렇게 금속이 분말상태일 때 연소위험성이 증가하는 경우로는 표면적이 증가할수록, 체적이 증가할수록, 보온성이 증가할수록, 유동성이 증가할수록, 대전성이 증가할수록, 비열이 감소할수록 위험성이 증대된다.

3. 저장 및 취급방법

1) **가열하거나 화기를 피하며** 불티, 불꽃, 고온체와의 접촉을 피한다.
2) **산화제 제1류 및 제6류 위험물과의 혼합과 혼촉을 피한다**.
3) **철분, 마그네슘, 금속분류는 물, 습기, 산과의 접촉을 피하여 저장한다.**
4) 저장용기는 밀봉하고 용기의 파손과 누출에 주의한다.
5) 통풍이 잘 되는 냉암소에 보관, 저장한다.

4. 소화방법

1) **유황은 물에 의한 냉각소화가 적당하다.**
2) **금속분, 철분, 마그네슘의 연소 시 주수하면 급격한 수증기 또는 물과 반응 시 발생된 수소에 의한 폭발위험과 연소중인 금속의 비산으로 화재면적을 확대시킬 수 있으므로 건조사 건조분말에 의한 질식소화를 한다.**
3) **적린, 유황은 물에 의한 냉각소화가 적당하다.**
4) 연소 시 발생하는 다량의 열과 연기 및 유독성 가스의 흡입 방지를 위해 방호의와 공기호흡기 등 보호장구를 착용한다.
   ① 칼륨(K), 칼슘(Ca), 나트륨(Na)은 찬물과 반응하여 수소가스를 발생시킨다.
   ② 마그네슘(Mg), 알루미늄(Al), 아연(Zn), 철(Fe)은 뜨거운 물과 반응해서 수소가스를 발생시킨다.
   ③ 니켈(Ni), 주석(Sn), 납(Pb)은 묽은 산과 반응해서 수소가스를 발생시킨다.

5. 제2류 위험물 종류

1) 황화인(지정수량 100kg)

(1) 일반적인 성질

황화인에는 여러 가지 화학식을 갖고, 3가지의 중요한 형태가 있다. 황화인이 분해하면 유독하고 가연성인 황화수소(H_2S) 가스를 발생한다.

① **삼황화인(P_4S_3)**

착화점이 약 100℃인 황색의 결정으로 조해성이 있고 CS_2**, 질산, 알칼리에는 녹지만,** 물, 염산, 황산에는 녹지 않으나, 질산, 이황화탄소, 알칼리에는 녹는다. 성냥, 유기합성 등에 사용된다.

② **오황화인(P_2S_5)**

P_2S_5는 **담황색 결정으로 조해성과 흡습성이 있고**, 알칼리에 분해하여 H_2S(황화수소)와 H_3PO_4(인산)가 된다. **습한 공기 중에 분해하여 황화수소를 발생**하며 또한 알코올, 이황화탄소에 녹으며 선광제, 윤활유 첨가제, 의약품 등에 사용된다.

$P_2S_5 + 8H_2O \rightarrow 5H_2S + 2H_3PO_4$

③ **칠황화인(P_4S_7)**

P_4S_7 **담황색 결정으로 조해성이 있고, CS_2에 약간 녹고**, 찬물에는 서서히, 더운물에는 급격히 녹아 분해하여 **H_2S를 발생하고** 유기합성 등에 사용된다.

	삼황화인	오황화인	칠황화인
화학식	P_4S_3	P_2S_5	P_4S_7
비중	2.03	2.09	2.19
비점	407℃	514℃	523℃
융점	172℃	290℃	310℃
착화점	약 100℃	–	–
색상	황색결정	담황색결정	담황색결정
물의 용해성	불용성	조해성	조해성
CS_2의 용해성	소량	77g/100g	0.03g/100g

(2) 위험성

① 황린, 과산화물, 과망간산염, 금속분(Pb, Sn, 유기물)과 접촉하면 자연발화한다.

② **삼황화인은 공기 중 약 100℃에서 발화**하고 마찰에 의해서도 쉽게 연소한다.

③ 미립자를 흡수했을 때는 기관지 및 눈의 점막을 자극한다.

④ 공기 중에서 연소하여 발생되는 **연소 생성물은 모두 유독하다.**

$P_4S_3 + 8O_2 \rightarrow 2P_2O_5\uparrow + 3SO_2\uparrow$

⑤ **물과 접촉하여 가수분해하거나 습한 공기 중 분해하여 H_2S가 발생**하며 H_2S는 유독성, 가연성 기체로 위험하다.

(3) 저장 및 취급방법

① 가열, 충격과 마찰을 금지, 직사광선 차단, 화기엄금을 해야 한다,

② 소량이면 유리병에 넣고 대량이면 양철통에 넣어 보관하며, 용기는 밀폐하여 차고 건조하며 통풍이 잘되는 비교적 안전한 곳에 저장한다.

③ 빗물의 침투를 막고 습기와의 접촉을 피한다.

④ 산화제, 금속분, 과산화물, 과망간산염, 알칼리, 알코올류와의 접촉을 피한다.

⑤ 특히 삼황화인은 자연 발화성이기 때문에 가열, 습기 및 산화제와의 접촉을 피한다.

(4) 소화방법

① **물에 의한 냉각소화는 적당치 않으며(H_2S 발생), 건조분말, CO_2, 건조사 등으로 질식 소화한다.**

② 연소시 발생하는 유독성 연소생성물(P_2O_5, SO_2)의 흡입방지를 위해 공기호흡기 등 보호 장구를 착용해야 한다.

2) 적린(붉은 인=P)(지정수량 100kg)

(1) 일반적인 성질

① **어두운 곳에서 인광을 내는 백색 또는 담황색의 고체로서**, 황린의 동소체로 **암적색 무취의 분말이나 자연발화성이 없어 공기 중에 안전하다. 착화온도 : 260℃**, 비중 : 2.2, 융점 : 590℃, 승화점 : 400℃

② **황린에 비해 화학적 활성이 적다.**

③ **PBr_3(브롬화인)에 녹고, CS_2, 물, 에테르, 암모니아에 녹지 않는다.**

④ 상온에서 할로겐 원소와 반응하지 않고, 조해성이 있으며 화학적으로 안정하다.

⑤ 용도는 성냥, 불꽃놀이, 의약, 농약, 유기합성 등에 사용된다.

(2) 위험성

① **연소시 P_2O_5의 흰 연기가 생긴다.**
$4P + 5O_2 \rightarrow 2P_2O_5$

② CS_2, S, NH_3와 접촉하면 발화한다.

③ **Na_2O_2, $KClO_2$, $NaClO_2$와 같은 산화제와 혼합 시 마찰, 충격에 쉽게 발화한다.**

④ 황린에 비해 대단히 안정하다.

⑤ 독성도 없고, **자연발화성도 없다.**

⑥ 공기 중에 부유하고 있는 분진은 분진 폭발을 일으킨다.

(3) 저장 및 취급방법

① 제1류 위험물, 산화제와 혼합되지 않도록 하고 폭발성, 가연성 물질과 격리하며, 직사광선을 피하여 냉암소에 보관하고, **물속에 저장하기도 한다.**

② 화기접근을 금지하고, 산화제 특히 염소산염류의 혼합은 절대 금지한다.

③ 인화성, 발화성, 폭발성물질 등과는 멀리하여 저장한다.

(4) 소화방법

① 다량의 경우 물에 의해 냉각소화하며 소량의 경우 모래나 CO_2로 질식소화한다.

② 연소 시 발생하는 오산화인의 흡입방지를 위해 보호 장구를 착용해야 한다.

3) 유황(황)(지정수량 100kg)

	단사황	사방황	고무상황
색상	**노란색**	**노란색**	**흑갈색**
결정형	바늘 모양	팔면체	무정형

비중	1.96	2.07	-
비등점	445℃	-	-
융점	119℃	113℃	-
착화점	-	-	360℃
물에 대한 용해도	**녹지 않음**	**녹지 않음**	**녹지 않음**
CS_2에 대한 용해도	**잘 녹음**	**잘 녹음**	**녹지 않음**
온도에 대한 안정성	95.9℃ 이상에서 안정	95.9℃ 이하에서 안정	-

(1) 일반적인 성질

① 황색의 고체 또는 분말이고 **단사황, 사방황, 고무상황의 동소체이며 조해성이 없고** 물이나 산에는 녹지 않으나 알코올에는 약간 녹고 **고무상황은 붉은 갈색이며, 무정형으로 CO_2에 녹지 않고, 녹는점이 일정치 않으며 CS_2에 녹지 않지만 단사황과 사방황은 CS_2에 잘 녹는다.**

② **공기 중에서 연소하면 푸른빛을 내며 아황산가스(SO_2)를 발생한다.**

$S + O_2 \rightarrow SO_2$

③ **자연에서 산출되는 황을 가열하여 녹인 다음 냉각시키면 노란갈색의 바늘 모양의 결정의 단사황을 얻을 수 있다.**

④ 저온에서는 안정하나 높은 온도에서는 여러 원소와 황화물을 만든다.

⑤ **전기절연체로 쓰이며, 탄성고무, 성냥, 화약 등에 쓰인다.**

(2) 위험성

① **상온에서는 자연발화하지 않지만** 매우 연소하기 쉬운 가연성 고체로 연소 시 유독한 SO_2을 발생하여 소화가 곤란하며 **산화제와 목탄가루 등과 혼합되어 있는 것은 약간의 가열, 충격 등에 의해 착화 폭발을 일으킨다.**

② **미분상태로 황가루가 공기 중에 떠 있을 때는 산소와의 결합으로 분진폭발을 일으키며, $NaClO_2$와 혼합하면 발화위험이 높다.**

(3) 저장 및 취급방법

① **산화제와 격리 저장하고,** 화기 및 가열, 충격, 마찰에 주의한다.

② 용기는 차고 건조하며 환기가 잘 되는 곳에 저장하고, 운반할 때 운반용기에 수납하지 않아도 되는 위험물이다.

③ 분말은 분진폭발의 위험성이 있으므로 특히 주의해야 한다.

④ **정전기 축적을 방지한다.**

⑤ 분말은 유리 또는 금속제 용기에 넣어 보관하고, 고체덩어리는 폴리에틸렌 포대 등에 보관한다.

⑷ 소화방법

① **소규모 화재는 모래로 질식소화하며, 대규모 화재는 다량의 물로 분무 주수한다.**

② 연소 중 발생하는 유독성가스(SO_2)의 흡입방지를 위해 방독마스크 등의 보호 장구를 착용한다.

4) **철분**(Fe 粉)(**지정수량** 500kg)

⑴ 일반적인 성질

① 비중은 1.76, 융점은 1,535℃이며 비등점은 2,730℃이다.

② 은백색의 광택이 나는 금속분말이다.

③ 53μm의 표준체를 통과하는 것이 50중량% 이상인 것을 말한다.

④ **공기 중에서 서서히 산화하여 산화철(Fe_2O_3)이 되어 백색의 광택이 황갈색으로 변화하고, 기름이 묻은 분말일 경우에는 자연발화의 위험이 있다.**

⑵ 위험성

① 장시간 방치하면 자연발화의 위험성이 있다.

② 미세한 분말은 분진폭발을 일으킨다.

③ 더운 물 또는 묽은 산과 반응하여 수소를 발생하고 경우에 따라 폭발한다.

④ 산화성 물질과 혼합한 것은 매우 위험하다.

⑶ 저장 및 취급방법

① 화기엄금, 가열, 충격, 마찰을 피한다.

② 산화제와 접촉하지 않도록 저장한다.

③ 산이나, 물, 습기와 접촉을 피한다.

④ 저장 용기는 밀폐시키고 습기나 빗물이 침투하지 않도록 해야 한다.

⑤ 분말이 비산되지 않도록 완전 밀봉하여 저장한다.

⑥ 분말취급 시는 환기가 잘 되게 해야 한다.

⑷ 소화방법

건조사, 소금분말, 건조분말, 소석회로 질식소화하고 주수소화는 위험하다.

5) **마그네슘**(Mg)(**지정수량** 500kg)

⑴ 일반적인 성질

① 비중 : 1.74, 융점 : 651℃, 비점 : 1,102℃, 발화점 : 400℃

② **알칼리토금속에 속하는 은백색의 경금속으로서 접촉하면 수소를 발생**시키며, 백색의 광택이 있는 금속으로 공기 중에서 서서히 산화되어 광택을 잃는다.

③ 알칼리금속에는 침식당하지 않지만 **산, 염류에 의해 침식당하고, 공기 중 부식성은 적으나 알칼리에 안정하다.**

④ **수소와는 반응하지 않고, 할로겐 원소와 반응하여 금속할로겐화물을 만든다.**

$Mg + Br_2 \rightarrow MgBr_2$

⑤ 알루미늄보다 열전도율 및 전기전도도가 낮고, 용도로서는 환원제, 사진촬영, 섬광분, 주물 제조 등에 쓰인다.

⑥ 황산과 반응하여 수소가스를 발생한다.

$Mg + H_2SO_4 \rightarrow MgSO_4 + H_2$

(2) 위험성

① **점화하면 백색광을 발산하며 연소하므로 소화가 곤란하고** 가열하면 연소하기 쉽고 양이 많으면 순간적으로 맹렬하게 폭발한다.

$2Mg + O_2 \rightarrow 2MgO$

② 공기 중의 습기나 수분에 의하여 자연발화할 수 있다.

③ **무기과산화물과 혼합한 것은 마찰에 의해 발화할 수 있다.**

④ **Mg분이 공기 중에 부유하면 화기에 의해 분진폭발의 위험이 있다.**

⑤ 할로겐원소 및 산화제와 혼합하고 있는 것은 약간의 가열, 충격에 의해 착화하기 쉽다.

⑥ **저농도의 산소 중에서 연소하며 CO_2와 같은 질식성 가스 중에서도 연소한다.**

⑦ **상온에서는 물을 분해하지 못해 안정하고, 뜨거운 물이나 과열 수증기와 접촉하면 격렬하게 수소를 발생하며 연소 시 주수하면 위험성이 증대된다.**

물과 반응식 : $Mg + 2H_2O \rightarrow Mg(OH)_2 + H_2\uparrow$

⑧ **강산과 반응하여 수소가스를 발생한다.**

$Mg + 2HCl \rightarrow MgCl_2 + H_2$

(3) 저장 및 취급방법

철분에 준한다.

(4) 소화방법

① 분말의 비산을 막기 위해 모래나 멍석으로 피복 후 주수소화한다.

② **물, 건조분말, CO_2, N_2, 포, 할로겐화물 소화약제는 적응성이 없으므로 사용을 금지한다.**

6) 금속분류(지정수량 500kg)

여기에서 금속분이라 함은 알칼리금속, 알칼리토금속 및 철분, 마그네슘분 이외의 금속분을 말한다. 그리고 구리분, 니켈분과 150μm의 체를 통과하는 것이 50중량% 미만인 것은 위험물에서 제외된다.

(1) 알루미늄 분(Al)

① 은백색의 경금속
② 융점 658.8℃, 비점 2,060℃, 비중 2.7
③ 연성과 전성이 좋으며 **열전도율, 전기전도도가 크며, +3가의 화합물을 만든다.**
④ **물(수증기)과 반응하여 수소를 발생시킨다.**

$$Al + 3H_2O \rightarrow Al(OH)_3 + \frac{3}{2}H_2$$

⑤ 산성 물질과 반응하여 수소를 발생한다.**(진한 질산에 녹지 않는다.)**

$$2Al + 6HCl \rightarrow 2AlCl_3 + 3H_2\uparrow$$

⑥ 알칼리와 반응하여 수소(H_2)를 발생한다.

$$2Al + 2NaOH + 2H_2O \rightarrow 2NaAlO_2 + 3H_2$$

⑦ **산화제와 혼합 시 가열, 충격, 마찰에 의해 착화하므로 격리시켜 저장한다.**
⑧ 양쪽성 원소이다.(Al, Zn, Sn, Pb)
⑨ **질소나 할로겐과 반응하여 질화물과 할로겐화물을 형성하고, 할로겐원소와 접촉하면 발화의 위험이 있다.**
⑩ 습기와 수분에 의해 자연발화하기도 한다.
⑪ 연소하면 많은 열을 발생시키고, **공기 중에서 표면에 치밀한 산화피막을 형성하여 내부를 보호한다.**

$$4Al + 3O_2 \rightarrow 2Al_2O_3 + 399kcal$$

⑫ **유리병에 넣어 건조한 곳에 저장하고**, 분진 폭발할 염려가 있기 때문에 화기에 주의해야 한다.
⑬ Fe, CO, Ni과 같이 부동태를 형성한다.
⑭ 소화방법은 분말의 비산을 막기 위해 모래, 멍석으로 피복 후 주수소화한다.

(2) 아연분(Zn)

① 은백색 분말
② 융점 419℃, 비점 907℃, 비중 7.14
③ 산 또는 알칼리와 반응하여 수소를 발생시킨다.
④ 양쪽성 원소에 속한다.(Al, Zn, Sn, Pb)
⑤ **공기 중에서도 염기성 탄화아연의 엷은 피막이 생겨 내부를 보호한다.**
⑥ **유리병에 넣어 건조한 곳에 저장하고**, 직사광선, 고열을 피하고 냉암소에 저장한다.
⑦ 소화방법 : 분말의 비산을 막기 위해 모래나 멍석으로 피복 후 주수소화한다.

(3) 안티몬(Sb)

① 은백색 분말

② 융점 630℃, 비중 6.69

③ 산화하기 쉽고, 가열·자극에 의해 폭발적으로 반응한다.

7) 인화성 고체(지정수량 1,000kg)

(1) 일반적인 성질

상온에서 고체인 것으로 고형알코올과 그 밖의 1atm에서 인화점이 40℃ 미만인 것을 말한다.

(2) 종류

① **고무풀**

㉮ **생고무에 인화성 용제, 휘발유를 가공하여 풀과 같은 상태로 만든 것**

㉯ 인화점 대략 -20℃ 미만이다.

㉰ 상온에서 인화성 증기를 발생한다.

② **래커 퍼티**

㉮ **백색 진탕상태, 래커 에나멜의 기초도료**

㉯ 인화점 21℃ 미만

㉰ 휘발성 물질로 대기 중에 인화성 증기를 발생시킨다.

㉱ 공기 중에서는 단시간에 고화된다.

③ **고형알코올**

㉮ **합성수지에 메탄올을 혼합 침투시켜 한천상(寒天狀)으로 만든 것이며 등산용 고체 알코올을 말한다.**

㉯ 인화점 30℃이고 30℃ 미만에서 가연성의 증기를 발생하기 쉽고 매우 인화하기 쉽다.

㉰ 화기엄금, 점화원을 피하고 찬 곳 저장

㉱ 증기발생을 억제하고, 증기발생시 즉시 배출시켜야 한다.

㉲ 강산화제와 접촉하면 위험하다.

④ **제삼부틸알코올**[$(CH_3)_3COH$]

㉮ 융점 25.6℃, 비점 82.4℃, 비중 0.78
인화점 11.1℃, 발화점 478℃, 증기비중 2.6

㉯ 무색의 고체이며 물, 알코올, 에테르 등 유기용제와 잘 섞인다.

㉰ 정 부틸알코올에 비해 알코올로서의 특성이 약하고, 탈수제에 의해 쉽게 탈수되어 이소부틸렌이 되며 가연성 기체로 변하여 더욱 위험해진다.

㉱ 상온에서 가연성의 증기발생이 용이하고 증기는 공기보다 무거워서 낮은 곳에 체류하며 밀폐공간에서는 인화·폭발의 위험이 크다.

㉤ 연소열량이 커서 소화가 곤란하다.

⑤ **메타알데히드**[$(CH_3CHO)_n$]

㉮ 융점 246℃, 비점 112~116℃, 인화점 36℃, 증기비중 6.1

㉯ **무색의 침상 또는 판상의 결정으로 111.7~115.6℃에서 승화하고 공기 중에 방치하면 파라알데히드[$(CH_3CHO)_3$]로 변한다.**

㉰ 중합도(n)가 증가할수록 인화점은 증가한다.

㉱ 증기는 공기보다 무겁다.

㉲ 80℃에서 일부 분해하여 인화성이 강한 액체인 아세트알데히드로 변하여 더욱 위험해진다.

㉳ 물에 녹지 않으며 에테르, 에탄올, 벤젠에는 녹기 어렵다.

제3류 위험물

위험물			지정수량
유별	성질	품명	
제3류	자연발화성 물질 및 금수성 물질	1. 칼륨	10kg
		2. 나트륨	10kg
		3. 알킬알루미늄	10kg
		4. 알킬리튬	10kg
		5. 황린	20kg
		6. 알칼리금속(칼륨 및 나트륨을 제외한다.) 및 알칼리토금속	50kg
		7. 유기금속화합물(알킬알루미늄 및 알킬리튬을 제외한다.)	50kg
		8. 금속의 수소화물	300kg
		9. 금속의 인화물	300kg
		10. 칼슘 또는 알루미늄의 탄화물	300kg
		11. 그 밖에 행정안전부령으로 정하는 것 12. 제1호 내지 제11호의 1에 해당하는 어느 하나 이상을 함유한 것	10kg, 20kg, 50kg 또는 300kg

1. 일반적인 성질

1) 대부분 무기물의 고체이지만 알킬알루미늄과 같은 액체 위험물도 있다. 대표적 성질은 자연발화성 물질 및 물과 반응하여 가연성 가스를 발생하는 물질로서의 복합적 위험성이다.
2) **모두 물에 대해 위험한 반응을 일으키는 물질(황린 제외)이다.**
3) K, Na, 알킬알루미늄, 알킬리튬은 물보다 가볍고 나머지는 물보다 무겁다.
4) 알킬알루미늄, 알킬리튬과 유기금속화합물류는 유기화합물에 속한다.

2. 위험성

1) **황린을 제외하고** 모든 품목은 물과 반응하여 가연성가스를 발생한다.
2) 일부 물질들은 물과 접촉에 의해 발화하고, 공기 중에 노출되면 자연발화를 일으킨다.

3. 저장 및 취급방법

1) 소분해서 저장하고 저장용기는 파손 및 부식을 막으며 완전 밀폐하여 공기와의 접촉을 방지하고 물과 수분의 침투 및 접촉을 금하여야 한다.
2) 산화성 물질과 강 산류와의 혼합을 방지한다.
3) K, Na 및 알칼리금속은 석유 등의 산소가 함유되지 않은 석유류에, 보호액 속에 저장하는 위험물은 보호액 표면에 노출되지 않도록 주의해야 한다.

4. 소화방법

1) 주수를 엄금하며 어떤 경우든 물에 의한 냉각소화는 불가능하다.(황린의 경우 초기화재시 물로 소화 가능)
2) **가장 효과적인 소화약제는 마른모래, 팽창질석과 팽창진주암, 분말소화약제 중 탄산수소 염류소화약제가 가장 효과적이다.**

3) K, Na은 격렬히 연소하기 때문에 적절한 소화약제가 없다.
4) 황린 등은 유독가스가 발생하므로 방독마스크를 착용해야 한다.

5. 제3류 위험물 종류

1) **칼륨**(K)(**지정수량** 10kg)

(1) 일반적인 성질

① 비중 0.86, 융점 63.7, 비점 774℃
② **은백색의 무른 경금속으로 융점(63.6℃) 이상의 온도에서 금속칼륨의 불꽃 반응 시 색상은 연보라색을 띤다.**
③ **보호액(석유 등)에 장시간 저장 시 표면에 K_2O, KOH, K_2CO_3와 같은 물질로 피복된다.**
④ **공기 중의 수분과 반응하여 수소(g)를 발생하며 자연발화를 일으키기 쉬우므로 석유 속에 저장한다.(석유 속에 저장하는 이유 : 수분과 접촉을 차단하고 공기 산화를 방지하려고)**
⑤ **이온화 경향은 리튬, 나트륨 다음으로 크다.**
⑥ 흡습성, 조해성, 부식성이 있다.

(2) 위험성

① **가열하면 연소하여 산화칼륨을 생성시킨다.**
$4K + O_2 \rightarrow 2K_2O$
② **공기 중에서 수분과 반응하여 수소를 발생한다.**
$2K + 2H_2O \rightarrow 2KOH + H_2\uparrow + 92.8kcal$
③ 화학적 활성이 크며 **알코올과 반응하여 칼륨알코올레이트와 수소를 발생시킨다.**
$2K + 2C_2H_5OH \rightarrow 2C_2H_5OK + H_2\uparrow$
④ **CO_2와 CCl_4와 접촉하면 폭발적으로 반응한다.**
$4K + 3CO_2 \rightarrow 2K_2CO_3 + C$
$4K + CCl_4 \rightarrow 4KCl + C$
⑤ 연소할 때 증기는 수산화칼륨(KOH)을 함유하므로 피부에 닿거나 호흡하면 자극한다.
⑥ 피부와 접촉하면 화상을 입는다.

(3) 저장 및 취급방법

① 반드시 등유, 경유, 유동파라핀 등의 보호액 속에 저장한다.

② 습기나 물과 접촉하지 않도록 한다.
③ 화기를 엄금하며 가급적 소량씩 나누어 저장, 취급하고 용기의 파손 및 보호액 누설에 주의해야 한다.

(4) 소화방법
① 주수소화는 절대 엄금
② **건조사, 건조된 소금, 탄산칼슘 분말의 혼합물로 피복하여 질식소화한다.**

2) **나트륨**(Na)(**지정수량** 10kg)

(1) 일반적인 성질
① 비중 0.97, 융점 97.7℃, 비점 880℃
② **불꽃반응을 하면 노란 불꽃을 나타내며, 비중, 녹는점, 끓는점 모두 금속나트륨이 금속칼륨보다 크다.**
③ **은백색의 무른 경금속**으로 물보다 가볍다.
④ **수은에 격렬히 녹아 나트륨아말감을 만들며 액체암모니아에 녹아 나트륨아미드와 수소를 발생한다.**(이 나트륨아미드는 물과 반응하여 NH_3를 발생한다.)
⑤ **공기 중의 수분이나 알코올과 반응하여 수소를 발생하며 자연발화를 일으키기 쉬우므로 석유, 유동파라핀 속에 저장한다.**

$2Na + 2H_2O \rightarrow 2NaOH + H_2$

$2Na + 2C_2H_5OH \rightarrow 2C_2H_5ONa + H_2$

⑥ 활성이 크며 모든 비금속원소와 잘 반응한다.
⑦ **제3류 위험물 중 물과 반응할 때 반응열이 가장 큰 것은 금속물질이다.**

(2) 위험성
① 가연성 고체로 공기 중에 장시간 방치하면 자연발화를 일으킨다.
② 수분 또는 습기가 있는 공기와 접촉하면 수소를 발생한다.
③ 기타 금속칼륨에 준한다.

(3) **저장 및 취급방법**
① 습기나 물에 접촉하지 않도록 할 것
② **보호액(등유, 경유, 유동파라핀유, 벤젠) 속에 저장할 것(공기와의 접촉을 막기 위하여)**
③ 보호액 속에 저장할 경우 용기 파손이나 보호액 표면에 노출되지 않도록 할 것

④ **나트륨(Na) 취급을 잘해 표면이 회백색으로 변했다. 이때 나트륨(Na) 표면에 생성된 물질은 Na_2O이다.**
⑤ 저장 시는 소분하여 소분 병에 넣고 습기가 닿지 않도록 소분 병을 밀전 또는 밀봉할 것
⑥ **소화방법은 팽창질석, 마른 모래를 사용할 것**

3) 알킬알루미늄(R_3Al)(지정수량 10kg)

(1) 일반적인 성질

① **알킬기(C_nH_{2n+1})와 알루미늄의 화합물 또는 알킬기, 알루미늄과 할로겐원소의 화합물을 말하며, 불활성기체를 봉입하는 장치를 갖추어야 한다.**
② C_1~C_4까지는 공기와 접촉하면 자연발화를 일으키고, 금수성이다.
$2(C_2H_5)_3Al + 21O_2 \rightarrow Al_2O_3 + 12CO_2 + 15H_2O$
③ **자극성인 냄새와 독성이 있다.**
④ **트리에틸알루미늄은 물과 접촉하면 폭발적으로 반응하여 에탄(C_2H_6)을 발생시킨다.**
$(C_2H_5)_3Al + 3H_2O \rightarrow Al(OH)_3 + 3C_2H_6$
⑤ 용도로서는 미사일 연료, 알루미늄 도금원료, 유기합성용 시약 등에 쓰인다. **소화제로는 팽창질석과 팽창진주암이 가장 효과적이다.**

(2) 종류

① 트리에틸 알루미늄[$(C_2H_5)_3Al$](=TEA)
② 트리 이소 부틸 알루미늄[$(C_4H_9)_3Al$]
③ 디 에틸 알루미늄 클로라이드[$(C_2H_5)_2AlCl$]
④ 트리 메틸 알루미늄[$(CH_3)_3Al$](=TMA)
⑤ 디 에틸 알루미늄 하이드라이드[$(C_2H_5)_2AlH$]
⑥ 트리 프로필 알루미늄[$(C_3H_7)_3Al$] 등이 있다.

4) 알킬리튬(LiR)(지정수량 10kg)

(1) 일반적인 성질

① 비중 0.534, 융점 180℃, 비점 1336℃
② 금수성이며 자연발화성 물질이다.
③ **물과 만나면 심하게 발열하고 가연성 수소가스를 발생하므로 위험하다.**
$Li + H_2O \rightarrow LiOH + 1/2H_2\uparrow$

(2) 종류

① 부틸리튬[C_4H_9Li]

② 메틸리튬[CH_3Li]

③ 에틸리튬[C_2H_5Li] 등이 있다.

5) 황린(백린=P_4)(지정수량 20kg)

(1) 일반적인 성질

① 비중 1.92, 융점 44℃, 비점 280℃, 발화점 34℃,

② **백색 또는 담황색의 가연성고체이고 발화점이 34℃로 낮기 때문에 자연발화하기 쉽다.** 상온에서 증기를 발생하고 천천히 산화된다.

③ **물과는 반응도 하지 않고, 녹지도 않기 때문에 물속에 저장한다.(이때의 물의 액성은 약알칼리성. CS_2, 알코올, 벤젠에 잘 녹는다.)**

④ 증기는 공기보다 무겁고 자극적이며 **맹독성이 있으므로 고무장갑, 보호복을 반드시 착용하고 취급한다.**

⑤ **화학적 활성이 커 많은 원소와 직접 결합하며 특히 유황, 산소, 할로겐과 격렬하게 결합한다.**

⑥ **독성이 있는 물질이며 공기 중에서 인광을 낸다.**

(2) 위험성

① **발화점이 매우 낮고 산소와의 화합력이 강하고** 공기 중에 방치하면 액화되면서 자연발화를 일으킨다.(**자연발화를 일으키는 이유 : 발화점이 매우 낮고 화학적 활성이 크기 때문이다.**) 소화 후에도 방치하면 재발화한다.

② **공기 중에서 격렬하게 연소하며 유독성 가스도 발생한다.**

$P_4 + 5O_2 \rightarrow 2P_2O_5$

③ **강알칼리 용액과 반응하여 pH=9 이상이 되면 가연성, 유독성의 포스핀 가스를 발생한다.**

$P_4 + 3KOH + 3H_2O \rightarrow PH_3\uparrow + 3KH_2PO_2$

이때 액상인 **인화수소 PH_3**가 발생하는데 이것은 공기 중에서 자연발화한다.

④ 피부에 닿으면 화상을 입으며 근육 또는 뼈 속으로 흡수되는 성질이 있다.

(3) 저장 및 취급방법

① 화기엄금해야 하고, 고온체와 직사광선을 차단해야 한다.

② **pH=9 정도의 물속에 저장하며 보호액이 증발되지 않도록 한다.[PH_3의 생성을 방지하기 위하여 보호액을 pH=9(약알칼리성)로 유지시킨다.]**

③ 맹독성 물질이므로 고무장갑, 보호복, 보호안경을 쓰고 취급한다.

④ 공기 중 노출시는 즉시 통풍, 환기시키고 **황린의 저장용기는 금속 또는 유리 용기를 사용하고** 밀봉하여 냉암소에 저장한다.

(4) 소화방법

물, 포, CO_2, 건조분말 소화약제에 의한 질식소화가 유효하다.

6) 알칼리금속(K, Na 제외) 및 알칼리토금속(지정수량 50kg)

(1) 알칼리금속

① **리튬(Li)**

㉮ 은백색의 연한 고체이고, 원자량 : 6.94, 융점 : 180℃, 비점 : 1,350℃, 발화점 : 179℃

㉯ **물과 접촉하면 수소를 발생시킨다.**

$2Li + 2H_2O \rightarrow 2LiOH + H_2\uparrow$

㉰ 알칼리금속이지만 Na, K보다 격렬하지는 않다.

② 루비듐(Rb)

㉮ 은백색의 부드러운 금속이고, 원자량 : 85.5, 융점 : 38.5℃, 비점 : 688℃

㉯ 화학적 성질은 칼륨에 준한다.

③ 세슘(Ce)

㉮ 은백색의 연한 금속이고, 원자량 : 132.9, 융점 : 28.5℃, 비점 : 678℃

㉯ 주요 광석은 폴사이트($CsAlSi_2O_6$)이다.

④ 프란슘(Fr)

㉮ 악티늄계의 핵종이고, 원자량 : 223, 융점 : 27℃, 비점 : 677℃

㉯ 가장 무거운 알칼리금속이다.

※ 특징

- 은백색 물질이고 공기 중에서 즉시 산화되고 융점, 밀도가 낮은 편이다.
- 할로겐과는 촉매 없이 격렬히 반응하여 발열하며 가볍고 연한 물질이다.
- 전기 및 열을 대단히 잘 전도한다.
- 금수성 물질이다.

(2) 알칼리토금속

① **베릴륨(Be)**

㉮ 원자량 : 9.01, 비중 : 1.857, 융점 : 1,285℃, 비점 : 2,970℃

㉯ 분말인 경우 연소하기 쉽고, 고온에서는 산화속도가 빠르다.

② **칼슘(Ca)**

㉮ 은백색의 고체이고, 원자량 : 40.08, 융점 : 839℃, 비점 : 1,480℃

㉯ 연성과 전성이 있고 공기 중에 가열하면 연소한다.

㉰ 물과 접촉하면 수소를 발생시킨다.

$Ca + 2H_2O \rightarrow Ca(OH)_2 + H_2\uparrow$

③ **스트론튬(St)**

㉮ 연한 은백색 금속이고, 원자량 : 87.62, 비중 : 2.615, 융점 : 769℃, 비점 : 1,380℃

㉯ 불꽃반응은 적색이다.

④ **바륨(Ba)**

㉮ 은백색의 부드러운 금속이고, 원자량 : 137.3, 비중 : 3.5, 융점 : 710℃, 비점 : 1,640℃

㉯ 차량용 베어링 합금에 많이 사용된다.

⑤ **라듐(Ra)**

㉮ 백색의 금속이고, 원자량 : 226.03, 비중 : 5~6, 융점 : 700℃, 비점 : 1,140℃

㉯ 알칼리토금속 중에서 가장 무겁고, 반응성이 가장 풍부하다.

※ 특징

- 은백색 무른 금속이며 알칼리금속보다 융점이 훨씬 높고 전기를 끌어들인다.
- 비교적 연하고 연성이 있다.
- 산과 반응하여 수소를 발생하고 공기 중에 장시간 방치하면 자연 발화한다.

7) 유기금속화합물(알킬알루미늄, 알킬리튬 제외)(지정수량 50kg)

(1) 일반적인 성질

탄소 금속 사이에 치환결합을 갖는 화합물을 말한다.

(2) 종류

① 디에틸텔르륨[$Te(C_2H_5)_2$]

② 디메틸아연[$Zn(CH_3)_2$]

③ 사에틸납[$Pb(C_2H_5)_4$]

④ 디에틸아연[$Zn(C_2H_5)_2$] 등이 있다.

8) 금속의 수소화물(지정수량 300kg)

금속수소화합물이 물과 반응할 때 생성되는 것은 수소이다.

(1) 종류

① **수소화리튬(LiH)**

㉮ **비중 : 0.82, 융점 : 680℃, 분해온도 : 400℃이고 대용량의 저장 용기에는 아르곤과 같은 불활성기체를 봉입한다.**

㉯ **물과 반응하여 수산화리튬과 수소를 생성한다.**

㉰ **질소와 직접 결합하여 생성물로 질화리튬을 만든다.**

㉱ **금속칼륨, 금속나트륨보다 화학 반응성이 크지 않다.**

② **수소화나트륨(NaH)**

㉮ 회색 입방정계 결정이고, 비중 : 0.93, 분해온도 : 800℃, 분해 온도 : 425℃

㉯ **화재발생시 주수소화가 부적당한 이유는 발열반응을 일으키기 때문이다.**

㉰ 물과 심하게 반응한다.

$NaH + H_2O \rightarrow NaOH + H_2$

③ **수소화칼륨(KH)**

㉮ **수소화칼륨이 암모니아와 고온에서 반응시키면 KNH_2(칼륨아미드)가 생성된다.**

㉯ 기타 성질은 수소화나트륨에 준한다.

④ 수소화칼슘(CaH_2)

㉮ 무색의 사방 정계 결정이고, 비중 : 1.7, 융점 : 817℃, 분해온도 : 600℃

㉯ 물과 심하게 반응한다.

$CaH_2 + 2H_2O \rightarrow Ca(OH)_2 + 2H_2$

⑤ 수소화알루미늄리튬($LiAlH_4$)

㉮ 백색 또는 회백색 분말이고, 융점 : 125℃, 분해온도 : 125℃

㉯ 에테르에 용해되고 물에 의해 수소를 발생시킨다.

9) 금속의 인화물(지정수량 300kg)

(1) 종류

① **인화알루미늄(AlP)**

㉮ 분자량 : 58, 융점 : 1,000℃ 이상

㉯ 담배 및 곡물의 저장창고의 훈증제로 사용되는 약제로, 화합물 분자는 AlP로서 짙은 회색 또는 황색 결정체이고 녹는점은 1,000℃ 이상이다. 건조 상태에서는 안정하나 습기가 있으면 격렬하게 **가수반응(加水反應)을 일으켜 포스핀(PH_3)을 생성**하여 강한 독성물질로 변한다. 따라서 일단 개봉하면 보관이 불가능하므로 전부 사용하여야 한다. 또한 이 약제는 고독성 농약이므로 사용 및 보관에 특히 주의하여야 한다.

$AlP + 3H_2O \rightarrow PH_3 + Al(OH)_3$

② 인화갈륨(GaP)

분자량 : 101, 융점 : 1,465℃

③ **인화아연(Zn_3P_2)**

㉮ 분자량 : 258, 융점 : 420℃

㉯ **살충제로 사용되며 순수한 물질일 때 암회색의 결정**

㉰ **이황화탄소에 녹는다.**

④ **인화칼슘(Ca_3P_2 = 인화석회)**

㉮ 분자량 : 182, 융점 : 1,600℃, 비중 : 2.54

㉯ **독성이 강하고 적갈색의 괴상고체이고,** 알코올 · **에테르에 녹지 않고, 약산과 반응하여 인화수소(PH_3)**를 발생시킨다.

$Ca_3P_2 + 6HCl \rightarrow 3CaCl_2 + 2PH_3$

㉰ **건조한 공기 중에서 안정**하나 300℃ 이상에서 산화한다.

㉱ **인화석회(Ca_3P_2) 취급 시 가장 주의해야 할 사항은 습기 및 수분이다.**

㉲ **인화칼슘(Ca_3P_2)과 물과 반응하면 포스핀(PH_3**=인화수소)**을 생성시킨다.**

$Ca_3P_2 + 6H_2O \rightarrow 3Ca(OH)_2 + 2PH_3$

㉳ **소화방법 :** CO_2, 건조석회, 금속화재용 분말소화약제를 사용한다.

10) 칼슘 또는 알루미늄의 탄화물(지정수량 300kg)

(1) 종류

① **탄화칼슘(카바이트, CaC_2)**

㉮ 백색의 입방 결정이고, 비중 : 2.22, 융점 : 2,370℃, 발화점 : 335℃

㉯ **순수한 것은 백색의 고체이나 보통은 회흑색 덩어리 상태의 괴상고체이다.**

㉰ **물과 반응하여 수산화칼슘(소석회)과 아세틸렌가스가 생성된다.**

$CaC_2 + 2H_2O \rightarrow Ca(OH)_2 + C_2H_2\uparrow$

㉱ **고온에서 질소 가스와 반응하여 석회질소가 된다.**

$CaC_2 + N_2 \rightarrow CaCN_2 + C$

㉲ **건조된 공기 중에서는 위험하지 않고 습한 공기와는 상온에서도 반응한다.(물기 엄금, 충격주의)**

㉳ **산화물을 환원시킨다.(350℃ 이상으로 열을 가하면 산화된다.)**

㉴ **용기는 밀봉하고,** 찌꺼기는 가연물이나 화기가 없는 개방지에서 폐기한다.

㉵ 아세틸렌(C_2H_2)가스를 발생하는 카바이드 : Li_2C_2, Na_2C_2, K_2C_2, MgC_2, CaC_2

㉶ 메탄(CH_4)가스를 발생하는 카바이드 : BaC_2, Al_4C_3

㉷ **메탄(CH_4)가스와 수소(H_2)가스를 발생하는 카바이드 : Mn_3C**

$Mn_3C + 6H_2O \rightarrow 3Mn(OH)_2 + CH_4 + H_2$

② **탄화알루미늄(Al_4C_3)**

㉮ 황색결정 또는 분말이고, 비중 : 2.36, 융점 : 2,200℃, 승화점 : 1,800℃

㉯ 황색(순수한 것은 백색)의 단단한 결정 또는 분말로서 1,400℃ 이상 가열시 분해한다. 위험성으로서 물과 반응하여 가연성 메탄가스를 발생하므로 인화 위험이 있다.

$Al_4C_3 + 12H_2O \rightarrow 4Al(OH)_3 + 3CH_4\uparrow$

(2) 위험성

① 발생하는 가연성가스(아세틸렌)는 연소 범위(2.5~81%)가 대단히 넓고 분해 폭발을 일으킨다.

- **연소반응식** : $2C_2H_2 + 5O_2 \rightarrow 4CO_2\uparrow + 2H_2O$
- **폭발반응식** : $C_2H_2 \rightarrow 2C + H_2\uparrow$

② 물과 반응시 생성되는 수산화칼슘[$Ca(OH)_2$]은 독성이 있기 때문에 인체에 피부점막 염증이나, 시력장애를 일으킨다.

③ 발생되는 아세틸렌가스는 금속(Cu, Ag, Hg 등)과 반응하여 폭발성 화합물인 금속아세틸레이드(M_2C_2)를 생성한다.

$C_2H_2 + 2Ag \rightarrow 2Ag_2C_2 + H_2\uparrow$

제4류 위험물 및 특수가연물

위험물				지정수량
유별	성질	품명		
제4류	인화성 액체	1. 특수인화물		50L
		2. 제1석유류	비수용성액체	200L
			수용성액체	400L
		3. 알코올류		400L
		4. 제2석유류	비수용성액체	1,000L
			수용성액체	2,000L
		5. 제3석유류	비수용성액체	2,000L
			수용성액체	4,000L
		6. 제4석유류		6,000L
		7. 동식물유류		10,000L

1. 일반적인 성질

1) **상온에서 인화성 액체이며 대단히 인화되기 쉽다.**
   인화점이란 점화원이 존재할 때 불이 붙을 수 있는 최저 온도를 말한다.
2) **발화온도가 낮은 물질은 위험하다.**
   발화점이란 점화원 없이 축적된 열만으로 연소를 일으킬 수 있는 최저 온도를 말한다.
3) 물보다 가볍고 물에 녹지 않는다.
4) 발생된 증기는 공기보다 무겁다.
5) 비점이 낮은 경우 기화하기 쉬우므로 가연성 증기가 공기와 약간만 혼합하여도 연소하기 쉽다.
6) **비점이 낮을수록 위험성이 높다.**
7) 활성화에너지가 작을수록 연소위험성은 증가한다. 산소 농도가 증가하거나, 온도와 압력이 상승하면 최소점화에너지는 감소한다.

2. 위험성

1) 증기의 성질은 인화성 또는 가연성이다.(**인화점이 낮은 것은 증기량이 많이 생겨 인화범위도 넓어진다.**)
2) 증기는 공기보다 무겁고, **가연성 액체의 연소범위 하한은 가연성 기체보다 낮다.**
3) 연소범위의 하한값이 낮다.
4) 정전기가 축적되기 쉽다.
5) **석유류는 전기의 부도체이기 때문에 정전기 발생을 제거할 수 있는 조치를 해야 한다.**
6) 액체 비중은 물보다 가볍고 물에 녹지 않는 것이 많다.
   ※ 액체 비중이 1보다 큰 물질 : CS_2 1.26, 염화아세틸 1.1, 클로로벤젠 1.1, 제3석유류 등
   ※ 수용성 : 알코올류, 에스테르류, 아민류, 알데히드류 등
7) 발생하는 가연성 증기는 공기보다 무겁다.
8) 비교적 발화점이 낮다.
   ※ CS_2 : 100℃, 디에틸에테르 : 180℃, 아세트알데히드 : 175℃

3. 저장 및 취급방법

1) 액체의 누설 및 증기의 누설을 방지한다.
2) 폭발성 분위기를 형성하지 않도록 한다.
3) **화기 및 점화원으로부터 멀리 저장하고, 용기는 밀전하여 통풍이 양호한 곳, 찬 곳에 저장한다.**
4) **인화점 이상으로 가열하지 말고, 가연성 증기의 발생, 누설에 주의해야 한다.**
5) **증기는 가급적 높은 곳으로 배출시키고, 정전기 발생에 주의해야 한다.**

4. 소화방법

1) **제4류 위험물은 비중이 물보다 작기 때문에 주수소화하면 화재 면을 확대시킬 수 있으므로 절대 금물이다.**
2) **소량 위험물의 연소 시는 물을 제외한 소화약제로 CO_2, 분말, 할로겐화합물로 질식 소화하는 것이 효과적이며 대량의 경우에는 포에 의한 질식소화가 좋다.**
3) 수용성 위험물에는 알코올 포를 사용하거나 다량의 물로 희석시켜 가연성 증기의 발생을 억제하여 소화한다.

5. 제4류 위험물 종류

1) 특수인화물(지정수량 50L)

디에틸에테르, 이황화탄소, 아세트알데히드, 산화프로필렌, 이소프렌, 펜타보란

(1) 일반적인 성질

① 지정품명 : 디에틸에테르, 이황화탄소,

② 지정성상 : 1atm에서 액체로 되는 것으로서 발화점이 100℃ 이하인 것, 또는 인화점이 −20℃ 이하로서 비점이 40℃ 이하인 것을 말한다.

(2) 종류

① 디에틸에테르(=산화에틸, 에테르, 에틸에테르=$C_2H_5OC_2H_5$)〕

㉮ 일반적인 성질

㉠ 분자구조는 일반식 R-O-R이고 전기의 부도체이므로 정전기가 발생하기 쉽다.

㉡ **휘발성이 높은 물질로서 마취작용이 있고** 무색투명한 특유의 향이 있는 액체이다.

㉢ **비극성 용매로서 물에 잘 녹지 않고, 알코올에 잘 녹는다.**

㉣ 분자량 : 74.12, 비중 : 0.7, 비점 : 34.48℃, **착화점(발화점) : 180℃, 인화점 : -45℃, 증기비중 : 2.55, 연소범위 : 1.9~48%**

㉤ 알코올의 축 화합물이다.

$$C_2H_5OH + C_2H_5OH \xrightarrow{C-H_2SO_4} C_2H_5OC_2H_5 + H_2O$$

㉥ 인화성이며 과산화물이 생성되면 제5류 위험물과 같은 위험성을 갖는다.

- **과산화물 검출시약 : 옥화칼륨(KI) 10% 수용액**을 가하면 황색으로 변한다.
- **과산화물 제거시약 : 황산제일철, 환원철**

㉯ 위험성

㉠ 인화점이 낮고 휘발하기 쉽다.(제4류 위험물 중 인화점이 가장 낮다.)

㉡ 발생된 증기는 마취성이 있다.

㉢ 연소범위의 하한이 낮고 연소범위가 넓다.

㉣ **화재 예방상 일광을 피하여 보관하여야 하며, 장시간 공기와 접촉하면 과산화물이 생성될 수 있고, 가열, 충격, 마찰에 의해 폭발할 수도 있다**

㉰ 저장 및 취급방법

㉠ 용기는 갈색병을 사용하여 냉암소에 보관한다.

㉡ 용기의 파손, 누출에 주의하고 통풍을 잘 시켜야 한다.

㉢ 팽창 계수가 크므로 안전한 공간 10% 여유를 둔다.

㉱ 소화방법

㉠ 이산화탄소에 의한 질식소화가 가장 효과적이다.

㉡ 하론, 청정소화약제, 포의 효과도 있다.

② **이황화탄소(CS_2)**

㉮ 일반적인 성질

㉠ **순수한 것은 무색 투명한 액체, 불순물이 존재하면 황색을 띠며 냄새가 난다.**

㉡ 불쾌한 냄새가 난다.

㉢ 물에 녹지 않으나, 알코올, 에테르, 벤젠 등의 유기용제에는 잘 녹는다.

㉣ **황, 황린, 수지, 고무 등을 잘 녹인다.**

㉤ **비스코스레이온 원료로서, 인화점 : -30℃, 발화점 : 100℃, 비점 : 46℃, 비중 : 1.263, 연소범위 : 1.2~44%**

㉯ 위험성

㉠ 제4류 **위험물 중 착화점 100℃로 가장 낮으며** 증기는 유독하므로 마시면 인체에 해롭다.

㉡ **나트륨과 접촉하면 발화하고** 연소범위의 하한이 낮고 연소범위가 넓고 인화점이 낮다.

㉢ 연소하면 청색 불꽃을 발생하고 이산화황의 유독가스를 발생한다.

$CS_2 + 3O_2 \rightarrow CO_2 + 2SO_2$

㉣ 고온의 물(150℃ 이상)과 반응하면 이산화탄소와 황화수소를 발생한다.

$CS_2 + 2H_2O \rightarrow CO_2 + 2H_2S$

㉰ 저장 및 취급방법

㉠ **용기나 탱크에 저장할 때는 물속에 보관해야 한다. 물에 불용이며, 물보다 무겁다.(가연성 증기의 발생을 억제하기 위함이다.)**

㉡ 직사광선을 피하고 용기는 밀봉하고 통풍이 잘 되는 곳에 저장하며 화기는 멀리하여야 한다.

㉱ 소화방법

㉠ 이산화탄소, 하론, 청정소화약제, 분말소화약제 등으로 질식소화한다.

㉡ 물로 피복하여 소화한다.

③ **아세트알데히드[CH_3CHO](지정수량 50L)**

㉮ 일반적인 성질

㉠ **인화점 : -39℃, 발화점 : 175℃, 비중 : 0.8, 연소범위 : 4.0~60%, 비점 : 21℃**

㉡ **무색의 액체로 인화성이 강하다.**

㉢ **수용성 물질이고 유기물을 잘 녹인다.**

㉣ **과망간산칼륨에 의해 쉽게 산화되는 유기화합물이다.**

㉯ 위험성

㉠ **증기의 냄새는 자극성이 있다.**

㉡ **용기는 구리, 은, 수은, 마그네슘, 또는 이의 합금을 사용하지 말 것(폭발성을 가진 물질을 만들기 때문)**

㉢ **산과 접촉하면 중합하여 발열한다.**

㉣ **아세트알데히드는 산소에 의해 산화되기 쉽다.**

$2CH_3CHO + O_2 \rightarrow 2CH_3COOH$

㉤ **아세트알데히드가 위험물안전관리법령상 위험물로 지정된 이유는 끓는점, 인화점, 발화점이 낮아 화재의 위험성이 높기 때문이다.**

㉰ 저장 및 취급방법

㉠ 밀봉, 밀전하여 냉암소에 저장한다.(이유 : 공기와 접촉 시 과산화물을 생성하기 때문에)

㉡ **용기는 구리, 은, 수은, 마그네슘, 또는 이의 합금을 사용하지 말아야 한다.**

㉢ 용기 내부에는 불연성 가스(N_2, Ar)를 채워 봉입한다.

④ **산화프로필렌** $[CH_3CHCH_2]$ (O 결합) (지정수량 50L)

㉮ 일반적인 성질

㉠ **인화점 : −37℃, 발화점 : 465℃, 비중 : 0.86, 연소범위 : 2.3~36%, 비점 : 34℃, 증기압 : 445mmHg(20℃)**

㉡ 연소범위가 넓고 증기압도 매우 높은 물질이다. 물에 잘 녹는 무색 투명한 액체로서 증기는 인체에 해롭다.

㉢ 구조식

```
    H   H   H
    |   |   |
H — C — C — C — H
     \ /    |
      O     H
```

㉯ 위험성

㉠ 화학적으로 활성이 크고 반응을 할 때에는 발열반응을 한다.

㉡ 액체가 피부에 닿으면 화상을 입고 증기를 마시면 심할 때는 폐부종을 일으킨다.

㉰ 저장 및 취급방법

㉠ **용기는 구리, 은, 수은, 마그네슘, 또는 이의 합금을 사용하지 말 것(아세틸라이드를 생성하기 때문)**

㉡ **산, 알칼리가 존재하면 중합반응을 하므로 용기의 상부는 불연성 가스(N_2) 또는 수증기로 봉입하여 저장한다.**

⑤ 이소프렌$[CH_2=C(CH_3)CH=CH_2]$(지정수량 50L)

인화점 : −54℃, 발화점 : 220℃, 비중 : 0.7, 연소범위 : 2~9%, 비점 : 34℃

㉮ 일반적인 성질

㉠ 인화점 : −54℃, 발화점 : 220℃, 연소범위 : 2~9%, 비점 : 34℃, 비중 : 0.83

㉡ 무색의 휘발성 액체로서 물에 녹지 않는다.

㉯ 위험성

㉠ 인화점이 매우 낮다.

㉡ 직사광선, 가열, 과산화물 및 산화성 물질에 의해 폭발적으로 중합한다.

㉢ 밀폐용기가 가열되면 파열된다.

㉰ 저장 및 취급방법

㉠ 화기, 가열, 충격을 피하고 비교적 찬 곳(냉암소)에 저장한다.

㉡ 강산화제, 강산류와 격리 저장한다.

⑥ **펜타보란**(B_5H_9)

㉮ 일반적인 성질

㉠ 인화점 : 30℃, 발화점 : 34℃, 연소범위 : 4~98%, 비점 : 60℃, 비중 : 0.61

㉡ 무색의 자극성 액체로 물에 녹지 않는다.

㉯ 위험성

㉠ 발화점이 매우 낮다.(누출되면 자연발화의 위험이 높다.)

㉡ 연소범위가 매우 넓어 점화원에 의해서 쉽게 인화, 폭발한다.

㉢ 낮은 온도에서 분해, 발화한다.

㉣ 연소 시 자극성 유독성의 연소가스를 발생한다.

㉰ 저장 및 취급방법

㉠ 화기, 가열, 충격을 피하고 통풍이 잘 되는 비교적 찬 곳(냉암소)에 저장한다.

㉡ 용기 상부에는 헬륨과 같은 불활성 가스를 봉입한다.

2) **제1석유류(지정수량 : 비수용성** 200L, **수용성** 400L)

아세톤, 가솔린, 벤젠, 톨루엔, 크실렌, 메틸에틸케톤, 피리딘, 초산에스테르류, 의산에스테르류, 시안화수소

(1) 일반적인 성질

① 지정품명 : 아세톤, 휘발유

② 지정성상 : 1기압, 20℃에서 액체로서 인화점이 21℃ 미만인 것

(2) 종류

① **아세톤**(디메틸케톤 : [$(CH_3)_2CO$](지정수량 400L)

㉮ 일반적인 성질

㉠ **인화점 : −18℃, 발화점 : 538℃, 비중 : 0.8, 연소범위 : 2.5~12.8%**

㉡ **무색의 휘발성 액체로 독특한 냄새가 있다.**

㉢ **수용성이며 유기용제(알코올, 에테르)와 잘 혼합된다.**

㉣ **아세틸렌을 저장할 때 용제로 사용된다.**

㉯ 위험성

㉠ 피부에 닿으면 탈지작용이 있다.

㉡ **요오드포름 반응을 한다.**

㉢ **일광에 의해 분해하여 과산화물을 생성시킨다.**

㉰ 저장 및 취급방법

㉠ 화기에 주의하고 저장용기는 밀봉하여 냉암소에 저장한다.

㉡ 분무상의 주수소화가 가장 좋으며 탄산가스, 알코올 폼을 사용한다.

② **가솔린(휘발류)[주성분 : C_5H_{12}~C_9H_{20}](지정수량 200L)**

㉮ 일반적인 성질

㉠ **인화점 : -43~-20℃, 발화점 : 300℃, 비중 : 0.65~0.76, 연소범위 : 1.4~7.6%, 유출온도 : 30℃~210℃, 증기비중 : 3~4, 탄소수가 5~9까지의 포화·불포화탄화수소의 혼합물**

㉡ **가솔린의 일반적 제조방법은 다음과 같다.**

- **직류법**
- **분해증류법**
- **접촉개질법**

㉢ 특유한 냄새가 나는 무색의 액체이고 상온에서도 가연성증기가 발생한다.

㉣ **비수용성, 유기용제와 잘 섞이고 고무, 수지, 유지를 녹인다.**

㉤ 전기의 부도체이며 물보다 가볍다.

㉥ 포화·불포화 탄화수소 혼합물이다.

㉦ 가솔린의 다른 명칭

- 리그로인
- 솔벤트 나프타
- 널리벤젠
- 석유에테르
- 석유벤젠

㉯ 위험성

㉠ **부피 팽창률 0.00135/℃**이므로 10% 안전공간을 둔다.

㉡ 옥탄가를 늘이기 위해 **사에틸납[$(C_2H_5)_4$Pb]을 첨가**시켜 오렌지 또는 청색으로 착색한다.

㉢ **가솔린의 착색**
- **공업용 : 무색**
- **자동차용 : 오렌지색**
- **항공기용 : 청색**

㉣ 정전기에 의해 인화되기 쉽다.

㉰ 저장 및 취급방법

㉠ 용기의 누설 및 증기의 배출이 되지 않게 해야 한다.

㉡ 화기를 피하고 통풍이 잘되는 찬 곳에 저장한다.

㉢ 포말소화나 CO_2, 분말에 의한 질식소화

③ **벤젠[C_6H_6]**(지정수량 200L)

㉮ 일반적인 성질

㉠ **인화점 : -11℃, 발화점 : 498℃**, 비중 : 0.9, **연소범위 : 1.2~7.8%, 융점 : 5.5℃, 비점 : 80℃, 비수용성**

㉡ 인화점이 낮은 독특한 냄새가 나는 **무색의 휘발성 액체**로 정전기가 발생하기 쉽고, **증기는 독성·마취성이 있다.**

㉢ **불을 붙이면 그을음이 많은 불꽃을 내며 타는데 그 이유는 H의 수에 비해 C의 수가 많기 때문이다.**

㉣ **불포화결합을 이루고 있으나 첨가반응보다는 치환반응이 많다.(치환반응시 사용되는 위험물은 HNO_3이다.)**

㉯ 위험성

㉠ **유해한도**(일정한 농도 이상에서는 인체에 해로운 물질의 흡입한계 농도) : **100ppm, 서한도**(위생학적인 측면에서 허용농도) : **35ppm**

㉡ 2% 이상의 고농도 증기를 5~10분 정도 마시면 치명적이다.

㉢ 비전도성 물질이므로 취급할 때 정전기의 발생위험이 있다.

㉰ 저장 및 취급방법

㉠ **벤젠의 융점이 5.5℃이며 인화점이 -11℃이므로 겨울철에는 고체 상태이면서 가연성 증기를 발생시키기 때문에 취급에 주의해야 한다.**

㉡ 기타 가솔린에 준한다.

④ **톨루엔(메틸벤젠)[$C_6H_5CH_3$](지정수량 200L)**

㉮ 일반적인 성질

㉠ **인화점 : 4℃, 발화점 : 480℃, 비중 : 0.9, 연소범위 : 1.1~7.1%**

㉡ 특유한 냄새가 나는 무색의 액체이며 **비수용성**이다.

㉢ **알코올, 에테르, 벤젠에 잘 녹고 수지, 유지, 고무 등을 잘 녹인다.**

㉣ **산화(MnO_2+황산)시키면 안식향산(벤조산=C_6H_5COOH)이 된다.**

㉤ **TNT의 주원료로 사용된다.**

㉯ 위험성

㉠ **독성은 벤젠보다 약하다.**

㉡ **증기는 마취성이 있고, 피부에 접촉시 자극성, 탈지작용이 있다.**

㉢ **유체마찰 등으로 정전기가 생겨서 인화하기도 한다.**

㉰ 저장 및 취급방법

가솔린에 준한다.

⑤ **오르토-크실렌[$C_6H_4(CH_3)_2$](지정수량 200L)**

㉮ 인화점 : 17.2℃, 발화점 : 464℃, 융점 : -25℃, 비중 : 0.8, 연소범위 : 0.9~7.0%

㉯ **O-크실렌은 제1석유류에 해당되지만 M-크실렌과 P-크실렌은 제2석유류에 해당이 된다.**(M-크실렌, P-크실렌의 인화점은 23℃이다.)

㉰ 크실렌의 이성질체의 구조식

O-크실렌　　m-크실렌　　P-크실렌

⑥ **메틸에틸케톤**(MEK) : [$CH_3COC_2H_5$](지정수량 200L)

㉮ 인화점 : -1℃, 발화점 : 516℃, 비중 : 0.8, 연소범위 : 1.8~10%

㉯ **직사광선을 피하고 통풍이 잘되는 냉암소에 저장한다.**

㉰ **아세톤과 비슷한 냄새가 나는 무색의 휘발성 액체이다.**

㉱ **물에 잘 녹으며 유기용제에도 잘 녹는다.**

㉲ **피부에 닿으면 탈지작용을 한다.**

㉳ **비점이 낮고 인화점이 낮아 인화의 위험이 크다.**

⑦ **피리딘[C_5H_5N](**지정수량 400L)

㉮ **인화점 : 20℃,** 발화점 : 492℃, 녹는점 : -42℃, 끓는점 : 115.5℃, 비중 : 0.9779(25℃), 연소범위 : 1.8~12.4%

㉯ 무색의 악취를 가진 액체이다.

㉰ 약알칼리성을 나타내고 독성이 있다.

㉱ 수용액 상태에서도 인화의 위험성이 있으므로 화기에 주의해야 한다.

㉲ 벤젠의 경우와 같이 공명(共鳴)이 일어나며, 방향족성(芳香族性)이 있다. 약한 염기성을 가지고 있으므로 산에는 염(鹽)을 만들며 녹는다. 물·에탄올·에테르와 섞인다. 콜타르를 묽은 황산으로 처리하면 수용액이 되어 분리된다. 고무나 도료의 용제(溶劑)로 사용되며, 합성원료·분석시약으로도 사용된다.

⑧ **초산에스테르류**

㉮ **초산메틸[CH_3COOCH_3](지정수량 400L)**

- 인화점 : -10℃, 발화점 : 501℃, 비중 : 0.9, 연소범위 : 3.1~16%
- **휘발성, 인화성이 강하다.**
- **피부에 닿으면 탈지작용을 한다.**
- **마취성이 있는 액체로 향기가 난다.**

㉯ **초산에틸**[$CH_3COOC_2H_5$](지정수량 400L)

인화점 : -4.4℃, 발화점 : 427℃, 비중 : 0.9, 연소범위 : 2.2~11.4%

㉰ **정초산프로필**[$CH_3COOC_3H_7$](지정수량 200L)

인화점 : 14.4℃, 발화점 : 450℃, 비중 : 0.88, 연소범위 : 2.0~8.0%

⑨ **의산에스테르류**

㉮ **의산메틸**[$HCOOCH_3$](지정수량 400L)

인화점 : −19℃, 발화점 : 456℃, 비중 : 0.97, 연소범위 : 5.9~20%

㉯ **의산에틸[$HCOOC_2H_5$ = 개미산에틸에스테르]**(지정수량 400L)

㉠ 인화점 : −20℃, 발화점 : 455℃, 비중 : 0.9, 연소범위 : 2.7~13.5%

㉡ **증기는 다소 마취성이 있으나 독성은 없다.**

㉢ **수용성이다.**

㉣ **휘발하기 쉽고 인화성이 액체이다.**

㉤ **니트로셀룰로오스용 용제로 사용된다.**

㉰ **의산프로필**[$HCOOC_3H_7$](지정수량 200L)

인화점 : −3℃, 발화점 : 455℃, 비중 : 0.9

㉱ **의산부틸**[$HCOOC_4H_9$](지정수량 200L)

인화점 : 18℃, 발화점 : 322℃, 비중 : 0.9, 연소범위 : 1.7~8.0%

⑩ **시안화수소(HCN, 청산)(지정수량 200L)**

㉮ 일반적인 성질

㉠ **인화점 : −18℃, 발화점 : 540℃, 비중 : 0.69, 연소범위 : 6~41%, 증기비중 : 0.94**

㉡ 특유한 냄새가 나는 무색의 액체이다.

㉢ 물, **알코올에 잘 녹고 수용액은 약산성이다.**

㉣ **제4류 위험물 중에 유일하게 증기가 공기보다 가볍다.**

㉯ 위험성

㉠ 휘발성이 매우 높아 인화의 위험성이 크다.

㉡ **허용농도가 10ppm으로 맹독성 물질이다.**

㉢ **저온에서는 안정하나 소량의 수분 또는 알칼리와 혼합되면 중합폭발의 우려가 있다.**

㉰ 저장 및 취급방법

㉠ 안정제로서 철분 또는 황산 등의 무기산을 넣어준다.

㉡ 저장 중수분 또는 알칼리와 접촉되지 않도록 용기는 밀봉한다.

㉢ 색이 암갈색으로 변했다거나 중합반응이 일어난 것은 즉시 폐기한다.

⑪ 사이클로헥산[C_6H_{12}]

인화점 : −17℃, 발화점 : 268℃, 비중 : 0.8, 연소범위 : 1.3~8.4%

⑫ 에틸벤젠[$C_6H_5C_2H_5$]

인화점 : 15℃, 발화점 : 432℃, 비중 : 0.86, 연소범위 : 1.2~6.8%

⑬ 아크롤레인[$CH_2=CHCHO$]

인화점 : −17.7℃, 발화점 : 239℃, 비중 : 0.8, 연소범위 : 2.8~31%

⑭ **아크릴로니트릴[$CH_2=CHCN$]**

㉮ 인화점 : 0℃, 발화점 : 125℃, 비중 : 0.8, 연소범위 : 3.0~17%

㉯ **쓴맛이 있고 유독하며, 물에 전리하여 강한 산이 되며, 뇌관의 첨장약으로 사용된다.**

3) 알코올류(지정수량 400L)

(1) 일반적인 성질

알코올류는 알킬기(C_nH_{2n+1})+OH의 형태를 말하지만 위험물안전관리법상 알코올류는 다음과 같다.

① 1분자 내 탄소 원자수가 3 이내인 알코올(탄소수가 4 이상인 경우는 인화점에 따라 석유류로 분류한다.)

② 포화알코올인 것(단일 결합으로 이루어진 알코올)

③ 1가 알코올인 것(1가 알코올이란 OH기가 1개인 것)

④ 수용액의 농도가 60vol% 이상인 것(60vol% 미만이면 석유류로 분류한다.)

(2) 종류

① **메틸알코올**(메탄올[CH_3OH]=목정)

㉮ 인화점 : 11℃, 발화점 : 464℃, 비등점 : 65℃, 비중 : 0.8, 연소범위 : 6.0~36%

㉯ 증기는 가열된 산화구리를 환원하여 구리를 만들고 포름알데히드가 된다.

㉰ **산화·환원 반응식**

$$CH_3OH \underset{환원}{\overset{산화}{\rightleftarrows}} \underset{(포름알데히드)}{HCHO} \underset{환원}{\overset{산화}{\rightleftarrows}} \underset{(의산)}{HCOOH}$$

㉱ **무색 투명한 액체로서 물, 에테르에 잘 녹고, 알코올류 중에서 수용성이 가장 높다.**

㉲ **독성이 있다.(소량 마시면 눈이 멀게 된다.)**

② **에틸알코올**(에탄올[C_2H_5OH])

㉮ **인화점 : 13℃, 발화점 : 423℃, 비중 : 0.8, 연소범위 : 3.3~19%**

㉯ **산화·환원 반응식**

$$C_2H_5OH \underset{환원}{\overset{산화}{\rightleftarrows}} CH_3CHO \underset{환원}{\overset{산화}{\rightleftarrows}} CH_3COOH$$

㉰ 140℃에서 진한 황산과의 반응식

$$2C_2H_5OH \xrightarrow{C-H_2SO_4} C_2H_5OC_2H_5 + H_2O$$

㉱ 160℃에서 진한 황산과의 반응식

$$C_2H_5OH \xrightarrow{C-H_2SO_4} C_2H_4 + H_2O$$

㉲ **독성이 없다.**

㉳ **에틸알코올 검출에 사용되는 반응은 요오드포름 반응**이다.

㉳ 에틸알코올에 요오드를 가하면 요오드포름의 노란색 침전물이 생긴다.

$$C_2H_5OH + 6KOH + 4I_2 \rightarrow CHI_3 + 5KI + HCOOK + 5H_2O$$

(요오드포름)

③ **정프로필알코올**(정프로판올[C_3H_7OH])

인화점 : 15℃, 발화점 : 404℃, 비중 : 0.8, 연소범위 : 2.1~13.5%

④ **이소프로필알코올**(이소프로판올=2-프로판올) [CH_3CHOH (| CH_3)]

인화점 : 12℃, 발화점 : 399℃, 비중 : 0.8, 연소범위 : 2.0~12.7%

⑤ **변성알코올**

공업용으로 이용되는 알코올로 주성분은 에틸알코올이며, 여기에 메탄올, 가솔린, 피리딘, 변성제로 석유 등을 섞은 것을 말한다.

4) 제2석유류(지정수량 : 비수용성 1,000L, 수용성 2,000L)

등유, 경유, 의산, 초산, 테레빈유, 스틸렌, 장뇌유, 송근유, 에틸셀르솔브, 클로로벤젠

(1) 일반적인 성질

① 지정품명 : 등유, 경유

② 지정성상 : **1기압, 20℃에서 액체로서 인화점이 21℃ 이상 70℃ 미만인 것**

③ 도료류, 그 밖의 물품 : 가연성 액체량이 40wt% 초과하거나 인화점이 40℃ 미만, 동시에 연소점이 60℃ 미만일 것

(2) 종류

① **등유**(지정수량 1,000L)

㉮ 원유 증류 시 휘발유와 경유 사이에서 유출되는 포화·불포화 탄화수소 혼합물이다.

㉯ **인화점 : 40~70℃, 발화점 : 210℃, 증기비중 : 4.5, 연소범위 : 1~6%, 유출온도 : 150~300℃**

㉰ 비수용성, 여러 가지 유기용제와 잘 섞이고 유지 수지를 잘 녹인다.

㉱ 화기를 피해야 한다.

㉲ **통풍이 잘 되는 곳에 밀봉 밀전한다.**

㉳ **누출에 주의하고 용기에는 항상 여유를 남긴다.**

㉴ 정전기 불꽃으로 인하여 위험성이 있다.

② **경유**(지정수량 1,000L)

㉮ 원유 증류 시 등유보다 조금 높은 온도에서 유출되는 탄화수소 화합물

㉯ **인화점 : 50~70℃, 발화점 : 200℃, 증기비중 : 4.5, 연소범위 : 1.1~6.0%, 유출온도 : 150~350℃**

㉰ 비수용성, 담황색 액체로 등유와 비슷하다.

③ **의산(포름산=개미산)**[HCOOH](지정수량 2,000L)

㉮ 인화점 : 69℃, 발화점 : 601℃, 비중 : 1.22, 연소범위 : 18~57%

㉯ 초산보다 강산이고 **수용성**이며 물보다 무겁다.

㉰ **피부에 대한 부식성(수종)이 있고, 점화하면 푸른 불꽃을 내면서 연소한다.**

㉱ 강한 환원제이며 물, 알코올, 에테르에 어떤 비율로도 혼합된다.

㉲ 저장 시 산성이므로 내산성용기를 사용할 것

④ **초산(아세트산=빙초산)**[CH_3COOH](지정수량 2,000L)

㉮ 인화점 : 39℃, 발화점 : 463℃, 비중 : 1.0, 연소범위 : 4.0~19.9%, **융점 : 16.6℃**

㉯ **수용성**이고 물보다 무겁다.

㉰ 피부에 닿으면 발포(수종)를 일으킨다.

㉱ **융점(녹는점)이 16.6℃이므로 겨울에는 얼음과 같은 상태로 존재하기 때문에 빙초산이라고도 한다.**

⑤ **테레빈유(송정유)**(지정수량 1,000L)

㉮ **피넨[$C_{10}H_{16}$]이 80~90% 함유된 소나무과 식물에 함유된 기름**으로 송정유(松精油)라고도 한다.

㉯ 인화점 : 34℃, 발화점 : 253℃, 비중 : 0.86, 연소범위 : 0.8% 이상, 비점 : 153~175℃

㉰ 비수용성, 헝겊 및 종이 등에 스며들면 자연발화를 일으킨다.

㉱ **물에 녹지 않으나, 알코올, 에테르에 녹으며 유지 등을 녹인다.**

㉲ **화학적으로는 유지는 아니지만 건성유와 유사한 산화성이기 때문에 공기 중에서 산화한다.**

㉳ **테레빈유가 묻은 엷은 천에 염소가스를 접촉시키면 폭발한다.**

⑥ **스틸렌(비닐벤젠)**[$C_6H_5CH=CH_2$](지정수량 1,000L)

㉮ 인화점 : 31℃, 발화점 : 490℃, 비중 : 0.91, 연소범위 : 1.1~70%, 비점 : 146℃

㉯ 가열, 빛 또는 과산화물에 의해 중합체를 만들면 폴리스틸렌이 된다.

㉰ 비수용성이고 메탄올, 에탄올, 에테르, CS_2에 잘 녹는다.

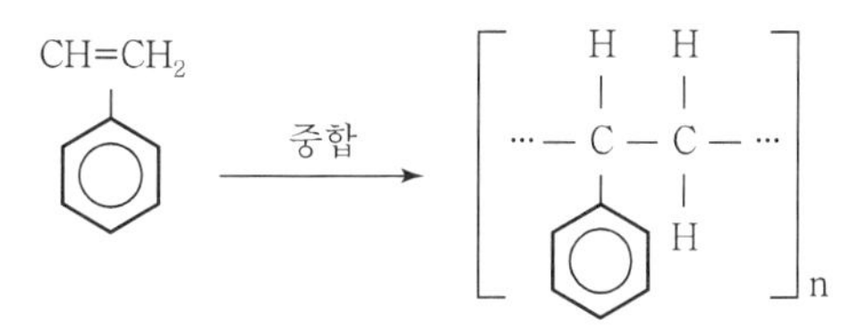

[스틸렌의 구조식] [폴리스틸렌의 구조식]

⑦ **장뇌유**(백색유, 적색유, 감색유)[$C_6H_{16}O$](지정수량 1,000L)

㉮ 인화점 47℃

㉯ 사용처

- **백색유 – 방부제**
- **적색유 – 비누, 향료**
- **감색유 – 선광유**

㉰ 비수용성

㉱ 기타 위험성은 등유에 준함

⑧ **송근유**(松根油)(지정수량 1,000L)

㉮ **소나무 뿌리를 건류하여 얻은 타르를 분류하여 얻는다.**

㉯ 인화점 : 54℃ 이상, 발화점 : 355℃, 비중 : 0.87, 비점 : 155~180℃

㉰ 황색 또는 갈색의 독특한 냄새를 갖는 액체

㉱ 비수용성

⑨ **에틸세르솔브**($C_2H_5OCH_2CH_2OH$)(지정수량 2,000L)

㉮ 상쾌한 냄새가 나는 무색의 액체

㉯ 인화점 : 40℃, 착화점 : 238℃, 비점 : 135℃, 증기비중 : 3.1, 연소범위 : 1.8~14%

㉰ 수지, 유지, 니트로셀룰로오스를 잘 녹인다.

㉱ 구조식 :

```
    H   H       H   H
    |   |       |   |
H — C — C — O — C — C — OH
    |   |       |   |
    H   H       H   H
```

⑩ 클로로벤젠(염화페닐)[C_6H_5Cl](지정수량 1,000L)

㉮ 인화점 : 29℃, 발화점 : 638℃, 비중 : 1.11, 연소범위 : 1.3~7.1%

㉯ 비수용성, 물보다 무겁다.

㉰ DDT의 원료로 사용

㉱ 구조식 : 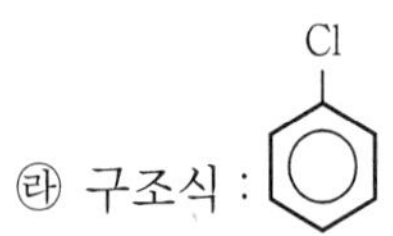

⑪ 메타크실렌(meta-Xylene)[$C_6H_4(CH_3)_2$]

인화점 : 25℃, 발화점 : 527℃, 비중 : 0.8, 연소범위 : 1.1~7.0%

⑫ 파라크실렌(para-Xylene)[$C_6H_4(CH_3)_2$]

㉮ 인화점 : 25℃, 발화점 : 528℃, 비중 : 0.8, 연소범위 : 1.1~7.0%

㉯ ortho-Xylene은 제1석유류에 해당된다.

5) 제3석유류(지정수량 : 비수용성 2,000L, 수용성 4,000L)

중유, 크레오소트유, 아닐린, 니트로벤젠, 에틸렌글리콜, 글리세린, 담금질유, 메타크레졸

(1) 일반적인 성질

① 지정품명 : 중유, 크레오소트유
② 지정성상 : 1기압, 20℃에서 액체로서 인화점이 70℃ 이상 200℃ 미만인 것
③ 도료류, 그 밖의 물품은 가연성 액체량이 40wt%를 초과해야 제3석유류이다.

(2) 종류

① **중유(지정수량 2,000L)**

㉮ KS M에 의한 분류는 다음과 같다.
- A중유 → 요업, 금속제련
- B중유 → 내연기관
- C중유 → 보일러, 제련, 대형 내연기관

㉯ 직류 중유(지정수량 2,000L)
㉠ 인화점 60~150℃, 착화점 254~405℃, 유출온도 300~350℃, 비중 0.85
㉡ 점도가 낮고 분무성이 좋으며, 착화가 잘 된다.
㉢ 디젤기관의 연료로 사용, 비수용성

㉰ 분해중유(지정수량 2,000L)
㉠ 인화점 70~150℃, 착화점 380℃, 비중 0.98
㉡ 점도와 비중이 직류 중유보다 높고 분무성이 좋지 않다.

㉱ 혼합중유(지정수량 2,000L)
㉠ 순수한 중유에 등유와 경유를 용도에 따라 혼합한 것
㉡ 비중, 인화점, 착화점은 일정하지 않다.
㉢ 화재면의 액체가 포말과 함께 혼합되면 넘쳐 흐르는 현상. 즉, **슬롭오버 현상**을 일으킨다.

② **크레오소트유** – 주성분 : 나프탈렌, 안트라센(지정수량 2,000L)

㉮ 인화점 : 74℃, 발화점 : 336℃, 비중 : 1.05
㉯ 황색 또는 암록색의 기름 모양의 액체
㉰ 비수용성, 알코올, 에테르, 벤젠, 톨루엔에 잘 녹는다.
㉱ 물보다 무겁고 독성이 있다.
㉲ 타르산이 있어 용기를 부식하기 때문에 내산성 용기를 사용할 것
㉳ 목재의 방부제로 많이 사용한다.

NH$_2$

③ **아닐린**[$C_6H_5NH_2$](지정수량 2,000L), 구조식

㉮ 인화점 : 70℃, 발화점 : 615℃, 비중 : 1.02, 융점 : −6℃

㉯ 비수용성. 물보다 무겁고 독성이 있다.

㉰ HCl과 반응하여 염산염을 만든다.

㉱ 황색, 담황색의 기름모양의 액체

㉲ $CaCl_2$ 용액에서 붉은 보라색을 띤다.

㉳ 니트로 벤젠을 수소로 환원시켜 얻는다.

㉴ 알칼리금속 및 알칼리 토금속과 반응하여 수소와 아닐리드를 생성한다.

㉵ 피부와 접촉시 급성 또는 만성중독을 일으킨다.

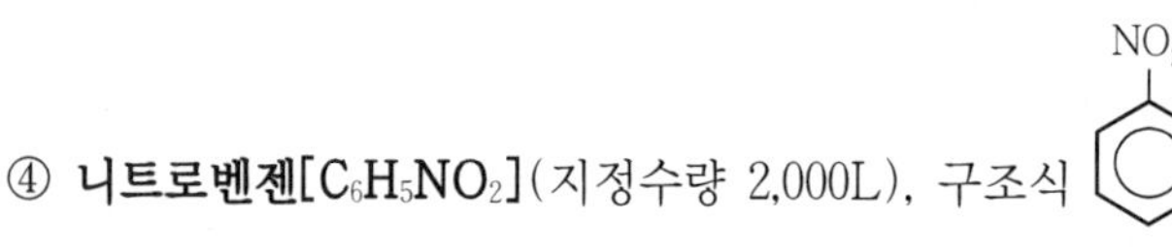

④ **니트로벤젠[$C_6H_5NO_2$]**(지정수량 2,000L), 구조식

㉮ 무색의 액체로서 인화점 : 88℃, 발화점 : 482℃, 녹는점 : 5.8℃, 끓는점 : 211℃, 비중 : 1.2(0℃)이다. 물에는 잘 녹지 않지만, 유기용매(有機溶媒)와는 잘 섞인다. 수용액은 단맛이 나며, 환원시키면 니트로소벤젠, N−페닐히드록실아민을 거쳐 아닐린이 된다.

㉯ **벤젠을 황산과 질산의 혼합산 속에서 니트로화시켜 얻는다.** 아닐린의 원료로 염료공업에서 중요하고, 또 유기반응의 용매로도 사용된다. 또한 약한 산화작용을 나타내므로 온화한 산화제로 이용된다. 니트로벤젠은 독성이 강하고 피부에 흡수되기 쉬우므로 취급할 때 조심해야 한다.

㉰ 독성이 강하고 불연성이며 물보다 무겁다.

⑤ **에틸렌글리콜**[$C_2H_4(OH)_2$](지정수량 4,000L)

㉮ 인화점 : 111℃, 발화점 : 398℃, 비중 : 1.1, 비점 : 197℃

㉯ 흡습성이 있고 무색 무취의 단맛이 나는 끈끈한 액체

㉰ **수용성이고 2가 알코올에 해당**한다.

㉱ 독성이 있고 자동차의 부동액의 주원료로 사용된다.

㉲ 구조식 :

```
      H    H
      |    |
OH —  C —  C — OH
      |    |
      H    H
```

⑥ **글리세린**(글리세롤)[$C_3H_5(OH)_3$](지정수량 4,000L)

```
CH2 — OH
 |
CH  — OH
 |
CH2 — OH
```

㉮ 인화점 : 199℃, 발화점 : 370℃, 비중 : 1.25, 비점 : 290℃

㉯ 흡습성이 있고 **무색 무취의 단맛**이 나는 끈끈한 액체

㉰ **독성이 없고, 수용성이며 3가 알코올**에 해당한다.

㉱ 니트로 글리세린, 화장품의 주원료로 사용

㉲ 구조식 :

```
     H    H    H
     |    |    |
 H — C —  C —  C — H
     |    |    |
     OH   OH   OH
```

⑦ **담금질유**(지정수량 2,000L)

㉮ 금속을 900℃ 이상 가열하여 급냉시키면 금속의 탄성을 변화시키는 데 사용하는 기름

㉯ 인화점이 200℃ 이상인 담금질유로 제4석유류에 포함시킨다.

⑧ **메타크레졸**(지정수량 2,000L)

㉮ 인화점 : 86℃, 융점 : 4℃

㉯ 크레졸은 3가지 이성질체를 가진다.

㉰ 구조식 :

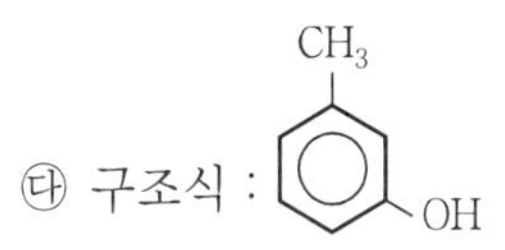

㉱ **오르토크레졸, 파라크레졸은 고체상태이므로 특수가연물에 포함시킨다.**

6) 제4석유류(지정수량 6,000L)

기계유, 실린더유

(1) 일반적인 성질

① 지정품명 : 기계유, 실린더유

② 지정성상

1기압, 20℃에서 액체로서 인화점이 200℃ 이상 250℃ 미만인 것과 도료류, 그 밖의 물품으로서 가연성 액체량이 40wt% 이하인 것은 제외한다.

(2) 종류

① 윤활유(기계의 축받이나 기어 등 마찰 부분에 쳐주는 기름)

기계유, 실린더유, 스핀들유, 터빈유, 모빌유, 기어유, 엔진오일, 콤프레셔 오일 등으로 점도, 유동 첨가제에 따라 여러 가지로 나누어진다.

② 가소제(합성수지, 합성고무 등의 고분자 물질에 어떤 물질을 첨가하여 가소성을 가지게 하거나 가소성을 크게 하여 물리적 성상의 변화가 생겼을 때 첨가된 물질을 가소제라 한다. 즉, 소성 가능하게 하는 물질을 말한다.) 가소제의 종류는 다음과 같다.

DOP(프탈산디옥틸), DIDP(프탈산디이소데실),TCP(프탈산트리크레실), TOP, DNP, DOZ, DBS, DOS 등이 있다.

7) **동식물유류(지정수량** 10,000L)

(1) 일반적인 성질

동물의 지육 또는 식물의 종자나 과육으로부터 추출한 것으로 1기압에서 인화점이 250℃ 미만인 것

(2) 위험성

① **화재 시 액온이 높아 소화가 곤란하다.**

② 자연발화 위험이 있는 것도 있다.(**요오드 값이 클수록 포화지방산이 많으므로 자연발화의 위험이 크다.**)

③ **동식물유는 대체로 인화점이 220~300℃ 정도이므로 연소위험성 측면에서 제4석유류와 유사하다.**

(3) 저장 및 취급방법

① 액체 누설에 주의한다.

② 화기접근을 피하고, 인화점 이상으로 가열하지 않도록 주의한다.

③ **액온 상승시 1석유류와 같은 연소특성을 가지므로 대형화재로 발전하기 때문에 소화가 곤란하다.**

④ 건성유의 경우 자연발화 위험이 있다.

(4) 소화방법

대량의 분무주수나 탄산가스 및 분말소화

(5) 구분(요오드값에 따라서 건성유, 반건성유, 불건성유로 나뉜다.)

① **요오드가(값) : 유지 100g에 부가(첨가)되는 요오드(I_2)의 g수**

㉮ **'요오드값이 크다'라고 하는 것은 이중결합이 많고 건성유에 가깝다는 의미이며 자연발화 위험성이 크다고 할 수 있다.**

㉯ **'요오드값이 작다'라고 하는 것은 이중결합이 적고 불건성유에 가깝다는 의미이며 자연발화 위험성이 작다고 할 수 있다.**

② **건성유 : 요오드값이 130 이상인 것**

㉮ **건성유는 섬유류 등에 스며들지 않도록 한다.**(자연발화의 위험성이 있기 때문에)

㉯ 공기 중 산소와 결합하기 쉽다.

㉰ 고급지방산의 글리세린에스테르이다.

㉱ 해바라기기름, 동유, 정어리기름, 아마인유, 들기름, 대구유, 상어유 등

③ **반건성유 : 요오드값이 100 이상 130 미만인 것**

채종유, 면실유, 참기름, 옥수수기름, 콩기름, 쌀겨기름, 청어유 등

④ **불건성유 : 요오드값이 100 미만인 것**

㉮ 불건성유는 공기 중에서 쉽게 굳지 않는다.

㉯ 땅콩기름, 야자유, 소기름, 고래기름, 피마자유, 올리브유

제5류 위험물

위험물			지정수량
유별	성질	품명	
제5류	자기 반응성 물질	1. 유기과산화물	10kg
		2. 질산에스테르류	10kg
		3. 니트로화합물	200kg
		4. 니트로소화합물	200kg
		5. 아조화합물	200kg
		6. 디아조화합물	200kg
		7. 히드라진 유도체	200kg
		8. 히드록실아민	100kg
		9. 히드록실아민염류	100kg
		10. 그 밖에 행정안전부령으로 정하는 것 11. 제1호 내지 제10호의 1에 해당하는 어느 하나 이상을 함유한 것	10kg, 100kg 또는 200kg

1. 일반적인 성질

1) 자기반응성 유기질화합물로 자연발화의 위험성을 갖는다. 즉 외부로부터 산소의 공급 없이도 가열, 충격 등에 의해 연소폭발을 일으킬 수 있는 물질이다.

2) 연소속도가 대단히 빠르고 가열, 마찰, 충격에 의해 폭발하는 물질이 많다.
3) 히드라진 유도체류를 제외하고는 유기화합물이며 유기과산화물류를 제외하고는 질소를 함유한 유기질소 화합물이다.
4) 가연물인 동시에 물질 자체 내에 다량의 산소공급원을 포함하고 있는 물질이기 때문에 화약의 주원료로 사용하고 있다.
5) 장시간 저장하면 자연 발화를 일으키는 경우도 있다.

2. 위험성

1) 외부의 산소 없이도 자신이 연소하며, 연소속도가 빠르며 폭발적이다.(유기과산화물류, 질산에스테르류, 셀룰로이드류, 니트로화합물류, 니트로소화합물류 등이 해당된다.)
2) 아조화합물류, 디아조화합물류, 히드라진유도체류는 고농도인 경우 충격에 민감하며 연소시 순간적으로 폭발할 수 있다.

3. 저장 및 취급방법

1) **점화원 및 분해를 촉진시키는 물질로부터 멀리하고 저장 시 가열, 충격, 마찰 등을 피한다.**
2) 직사광선 차단, 습도에 주의하고 통풍이 양호한 찬 곳에 보관한다.
3) 강산화제, 강산류, 기타 물질이 혼입되지 않도록 한다.
4) 화재 발생 시 소화가 곤란하므로 가급적 작게 나누어서 저장하고 **용기의 파손 및 균열에 주의한다.**
5) 안정제(용제 등)가 함유되어 있는 것은 안정제의 증발을 막고 증발되었을 때는 즉시 보충한다.
6) 운반용기 및 포장 외부에 **화기엄금, 충격주의** 등을 표시해야 한다.

4. 소화방법

1) **자기반응성 물질이기 때문에 CO_2, 분말, 하론, 포 등에 의한 질식소화는 적당하지 않으며, 다량의 물로 냉각 소화하는 것이 적당하다.**

2) **밀폐 공간 내에서 화재 발생 시에는 반드시 공기호흡기를 착용하고 바람의 위쪽에서 소화 작업을 한다.**
3) **유독가스 발생에 유의하여 공기호흡기를 착용한다.**

5. 제5류 위험물 종류

1) 유기과산화물(지정수량 10kg)

과산화벤조일(벤젠퍼옥사이드), 메틸에틸케톤퍼옥사이드(MEKPO)

(1) 일반적인 성질

① 일반적으로 -O-O-기를 가진 산화물을 유기과산화물이라 한다.
② **직사일광을 피하고 찬 곳에 저장한다.**
③ 본질적으로 불안정하며 자기반응성 물질이기 때문에 무기과산화물류보다 더 위험하다.
④ **화기나 열원으로부터 멀리한다.**
⑤ **산화제와 환원제 모두 가까이 하지 말아야 한다.**
⑥ 용기의 파손에 의하여 누출 위험이 있으므로 정기적으로 점검한다.

(2) 위험성

① 산소원자 사이의 결합이 약하기 때문에 가열, 충격, 마찰에 의해 폭발을 일으키기 쉽다.
② 누설된 유기과산화물은 배수구로 흘려보내지 말아야 하고, 액체이면 팽창 질석과 팽창진주암으로 흡수시키고, 고체이면 팽창 질석과 진주암으로 혼합해서 처리해야 한다.
③ 일단 점화되면 폭발에 이르는 경우가 많아 소화작업 시 주의하여야 한다.

(3) 종류

① **과산화벤조일(벤조일퍼옥사이드)[$(C_6H_5CO)_2O_2$]**
㉮ **무색・무미의 결정고체, 비수용성, 알코올에 약간 녹는다.**
㉯ 발화점 125℃, 융점 103~105℃, 비중 1.33(25℃)
㉰ 상온에서 안정된 물질, 강한 산화작용이 있다.
㉱ 가열하면 100℃에서 흰 연기를 내며 분해한다.
㉲ 강한 산화성 물질로 열, 빛, 충격, 마찰 등에 의해 폭발의 위험이 있다.
㉳ 수분을 흡수하거나 불활성 희석제(프탈산디메틸, 프탈산디부틸)의 첨가에 의해 폭발성을 낮출 수 있다.

㈓ 이물질의 혼입을 방지하고, 직사광선 차단, 마찰 및 충격 등의 물리적 에너지원을 배제한다.

㈔ 소맥분, 표백제, 의약, 화장품 등에 사용한다.

㈕ **벤조일퍼옥사이드(BPO)는 수성일 경우 함유율이 80(중량%) 이상일 때 지정유기과산화물이라 한다.**

㈖ 구조식 : 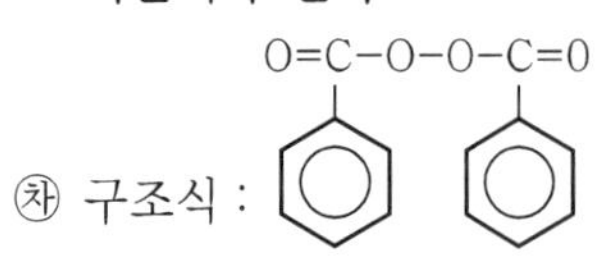

② **메틸에틸케톤퍼옥사이드[MEKPO]**

㈎ **무색의 기름 모양의 액체**

㈏ 발화점 : 205℃, 융점 : -20℃ 이하, 인화점 : 58℃ 이상

㈐ 물에 약간 용해하고 에테르알코올, 케톤유에 녹는다.

㈑ 희석제인 프탈산디메틸, 프탈산디부틸 등이 50~60% 첨가되어 시중에 시판된다.

㈒ 헝겊, 탈지면이나 쇠녹, 규조토와의 접촉으로 30℃에서 분해

㈓ **메틸에틸케톤퍼옥사이드(MEKPO)는 함유율이 60(중량%) 이상일 때 지정유기과산화물이라 한다.**

2) 질산에스테르류(지정수량 10kg)

니트로셀룰로오즈(NC), 니트로글리세린(NG), 질산메틸, 질산에틸, 니트로글리콜, 펜트리트

(1) 일반적인 성질

① 질산에스테르류란 질산(HNO_3)의 수소(H) 원자가 떨어져 나가고 알킬기(R-, C_nH_{2n+1})로 치환된 화합물의 총칭으로 질산메틸, 질산에틸, 니트로셀룰로오스, 니트로글리세린, 니트로글리콜 등이 있다.

② **부식성이 강한 물질이고 가열, 충격으로 폭발이 쉬우며 폭약의 원료로 많이 사용된다.**

③ 분자 내부에 산소를 함유하고 있어 불안정하며 가열, 충격, 마찰에 의해 폭발할 수 있다.

(2) 종류

① **니트로셀룰로오스(NC)[$C_6H_7O_2(ONO_2)_3$](질화면)**

㈎ **셀룰로오스에 진한질산(3)과 진한황산(1)의 비율로 혼합작용시키면 니트로셀룰로오스가 만들어진다.**

㈏ 분해온도 : 130℃, 자연발화온도 : 180℃

㈐ 무연화약으로 사용되며 **질화도가 클수록 위험하다.**

㈑ **햇빛, 열, 산에 의해 자연발화의 위험이 있다.**

㉴ 질화도 : 니트로셀룰로오스 중의 질소 함유 %

㉵ **니트로셀룰로오스를 저장 운반 시 물 또는 알코올에 습면하고, 안정제를 가해서 냉암소에 저장한다.**

② **니트로글리세린(NG)[$C_3H_5(ONO_2)_3$]**

㉮ 비점 : 160℃, 융점 28℃, 증기비중 : 7.84

㉯ **상온에서 무색투명한 기름 모양의 액체이며, 가열・마찰・충격에 민감하며 폭발하기 쉽다.**

㉰ 규조토에 흡수시킨 것은 다이나마이트라 한다.

㉱ 화재시 폭굉을 일으키기 때문에 접근하지 않도록 한다.

㉴ 분해 반응식

$4C_3H_5(ONO_2)_3 \rightarrow 12CO_2\uparrow + 10H_2O + 6N_2 + O_2\uparrow$

㉵ **연소 반응식**

$4C_3H_5(ONO_2)_3 \rightarrow 12CO_2 + 10H_2O + 6N_2 + O_2$

㉶ 정식명칭은 삼질산글리세롤이다. **NG로 약기(略記)한다**. 특이하게 달콤한 맛이 나는 무색 투명한 유상 액체로, 분자량은 227.09, 비중은 1.596(15℃)이다. 결정에는 안정형과 불안정형이 있는데, 안정형의 녹는점은 13.2~13.5℃, 불안정형의 녹는점은 1.9~2.2℃이다. 민감하고 강력한 폭발력이 있어 크게 주목을 받았다. 공업제품은 8℃ 부근에서 동결하고, 14℃ 부근에서 융해한다. 물에는 별로 녹지 않으나, **에탄올이나 에테르, 벤젠 등 유기용매에 잘 녹는다.**

③ **질산메틸[CH_3ONO_2]**

㉮ 무색 투명하고 향긋한 냄새가 나는 액체로 단맛이 있다.

㉯ 비점 : 66℃, 증기비중 : 2.65, 비중 : 1.22

㉰ 비수용성, 인화성이 있고 알코올, 에테르에 녹는다.

㉱ 소화방법은 분무상의 물, CO_2분말, 알코올 폼을 사용한다.

④ **질산에틸[$C_2H_5ONO_2$]**

㉮ **무색 투명한 향긋한 냄새가 나는 액체(상온에서)로 단맛이 있고, 비점 이상으로 가열하면 폭발한다.**

㉯ 인화점 : −10℃, 융점 : −94.6℃, 비점 : 88℃, 증기비중 : 3.14, 비중 : 1.11

㉰ **인화점이 높아 쉽게 연소되지 않지만 인화성에 유의해야 한다.**

㉱ **비수용성, 인화성이 있고 알코올, 에테르에 녹는다.**

㉴ **불꽃 등화기를 멀리하고, 용기는 밀봉하고 통풍이 잘되는 냉암소에 저장한다.**

㉵ **물보다 무겁고, 제4류위험물 제1석유류와 비슷하고 휘발성이 크므로 그 증기의 인화성에 유의해야 한다.**

㉶ **에탄올을 진한 질산에 작용시켜서 얻는다.**

⑤ **니트로글리콜[$C_2H_4(ONO_2)_2$]**

⑥ **펜트리트[$C(CH_2NO_3)_4$]**

3) 니트로화합물(지정수량 200kg)

트리니트로톨루엔(TNT), 트리니트로페놀(피크린산)

(1) 일반적인 성질

니트로화합물이란 유기화합물의 수소원자가 니트로기($-NO_2$)로 치환된 화합물

(2) 위험성

① 니트로기가 많을수록 연소하기 쉽고 폭발력도 커진다.

② 공기 중 자연발화 위험은 없으나, 가열·충격·마찰에 폭발한다.

③ 연소시 다량의 유독가스를 발생시키므로 주의한다.(CO, N_2O 등)

(3) 종류

① **트리니트로톨루엔(TNT)[$C_6H_2CH_3(NO_2)_3$]**

㉮ **담황색의 결정이며** 일광하에 다갈색으로 변하고 중성물질이기 때문에 금속과 반응하지 않는다.

㉯ **착화점 : 300℃**, 융점 : 81℃, 비점 : 280℃, 비중 : 1.66

㉰ **톨루엔에 질산, 황산을 반응시켜 생성되는 물질은 트리니트로톨루엔이 된다.**

$$C_6H_5CH_3 + 3HNO_3 \xrightarrow{H_2SO_4} C_6H_2CH_3(NO_2)_3 + 3H_2O$$

㉱ **비수용성, 아세톤, 벤젠, 알코올, 에테르에 잘 녹고, 가열이나 충격을 주면 폭발하기 쉽다.**

㉲ 분해반응식

$$2C_6H_2CH_3(NO_2)_3 \rightarrow 12CO\uparrow + 2C + 3N_2 + 5H_2$$

㉳ **피크르산에 비해 충격, 마찰에 둔감하고 기폭약을 쓰지 않으면 폭발하지 않는다.**

㉴ **사람의 머리카락(모발)을 변색시키는 작용이 있다.**

② **트리니트로페놀[$C_6H_2(OH)(NO_2)_3$](피크르산=피크린산=TNP)**

㉮ **황색의 침상 결정**

㉯ 착화점 : 300℃, 융점 : 122.5℃, 비점 : 255℃, 비중 : 1.8

㉰ **피크린산의 저장 및 취급에 있어서는 드럼통에 넣어서 밀봉시켜 저장하고, 건조할수록 위험성이 증가된다.** 독성이 있고 냉수에는 녹기 힘들고 더운물, 에테르, 벤젠, 알코올에 잘 녹는다.

㉣ 분해반응식

$2C_6H_2OH(NO_2)_3 \rightarrow 4CO_2 + 6CO + 3N_2 + 2C + 3H_2$

㉤ 구리, 아연, 납과 반응하여 피크린산 염을 만들고 **단독으로는 마찰, 충격에 둔감하여 폭발하지 않는다.**

㉥ **금속염 물질과 혼합하는 것은 위험하다.**

㉦ **황색염료와 산업용도폭선의 심약으로 사용되는 것으로 페놀에 진한 황산을 녹이고 이것을 질산에 작용시켜 생성된다.**

㉧ 구조식 :

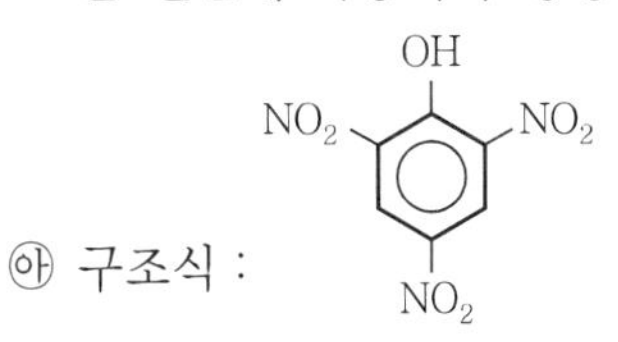

③ 기타

디 니트로 벤젠(DBN)[$C_6H_4(NO_2)_2$], 디 니트로 톨루엔(DNT)[$C_6H_3(NO_2)_2CH_3$], 디 니트로 페놀(DNP)[$C_6H_4OH(NO_2)_2$] 등이 있다.

4) 니트로소화합물(지정수량 200Kg)

파라디니트로소벤젠, 디니트로소레조르신, 디니트로소펜타메틸렌테드라민

(1) 일반적인 성질

① 니트로소화합물이란 니트로소기(-NO)를 가진 화합물을 말한다.

② 자기연소성이며, 폭발성 물질이다.

(2) 위험성

① 대부분 불안정하며 연소속도가 매우 빠르다.

② 가열, 충격, 마찰 등에 의해 폭발할 수 있다.

(3) 종류

① **파라디니트로소벤젠**[$C_6H_4(NO)_2$]

㉮ 폭발력은 가히 세지 않지만 가열 충격에 의해 폭발한다.

㉯ 고무가황제의 촉매 또는 퀴논디옥시움의 제조 등에 쓰인다.

㉰ 구조식 :

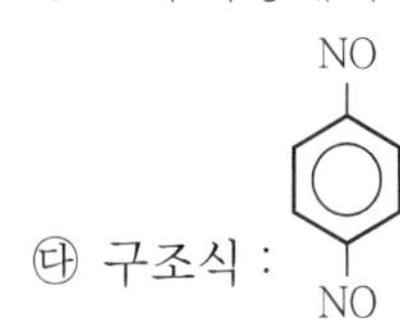

② **디니트로소레조르신**[$C_6H_2(OH)_2(NO)_2$]

㉮ 폭발력이 있고 회흑색의 결정

㉯ 목면의 나염에 쓰이고, 수용성이다.

③ **디니트로소펜타메틸렌테드라민**[DPT, $C_6H_{10}N_4(NO)_2$]

㉮ **황백색의 분말로 화기 및 산과 접촉하면 폭발하기 쉽다.**

㉯ **스폰지 고무의 발포제로 사용된다.**

5) 아조화합물(지정수량 200kg)

아조벤젠, 히드록시아조벤젠, 아미노아조벤젠, 아족시벤젠

(1) 일반적인 성질

아조화합물이란 아조기(-N=N-)가 탄화수소의 탄소원자와 결합되어 있는 화합물을 말한다.

(2) 종류

① **아조벤젠($C_6H_5N=NC_6H_5$)**

㉮ 트랜스(안티)형과 시스(시)형이 있다.

㉯ 트랜스 아조벤젠은 등적색 결정이고, 융점 68℃, 비점 293℃이며, 비수용성, 알코올, 에테르에 잘 녹는다.

㉰ 환원하면 히드라조벤젠이 된다.

② **히드록시아조벤젠($C_6H_5N=NC_6H_4OH$)**

㉮ 3가지 이성질체

O-히드록시 아조벤젠 : 융점 83℃

M-히드록시 아조벤젠 : 융점 115℃

P-히드록시 아조벤젠 : 융점 152℃

㉯ 황색 결정체의 염료로서 중요성을 가지고 있다.

③ **아미노아조벤젠($C_6H_5N=NC_6H_4NH_2$)**

㉮ 황색의 결정, 융점 127℃

㉯ 보통은 P-아미노 아조벤젠을 일컫는다.

㉰ 디아조아미노벤젠의 전위에 의해 만들어진다.

④ **아족시벤젠($C_{12}H_{10}N_{20}$)**

㉮ 황색의 침상결정, 융점 36℃

㉯ 비수용성, 에테르에 잘 녹는다.

6) 디아조 화합물(지정수량 200kg)

디아조메탄, 디아조디니트로페놀, 질화납(아지화연), 디아조아세토니트릴

(1) 일반적인 성질

① 디아조기(-N≡N)가 탄화수소의 탄소원자와 결합되어 있는 쇄식화합물로서 가열, 충격, 마찰에 의한 폭발위험이 높다.

② 분진이 체류하는 곳에서는 분진폭발 위험이 있다.

③ 저장시 안정제를 사용한다.(황산알루미늄 등)

(2) 종류

① **디아조메탄(CH_2N_2)**

㉮ 황색 무취의 기체

㉯ 융점 : -145℃, 비등점 : -24℃

㉰ 디아조메탄을 광분해하면 메틸렌을 발생시킨다.

② **기타**

디아조디니트로페놀(DDNP), 질화납(아지화연[$Pb(N_3)_2$]), 디아조 아세토니트릴[C_2HN_3], 메틸디아조 아세테이트[$C_3H_4N_2O_2$] 등이 있다.

7) 히드라진 유도체(지정수량 200kg)

히드라진(N_2H_4)은 유기화합물로부터 얻어진 물질이며, 탄화수소 치환체를 포함한다. 종류는 페닐히드라진($C_6H_5NHNH_2$), 히드라조벤젠($C_6H_5NHNHC_6H_5$) 등이 있다.

제6류 위험물

위험물			지정수량
유별	성질	품명	
제6류	산화성 액체	1. 과염소산	300kg
		2. 과산화수소	300kg
		3. 질산	300kg
		4. 그 밖에 행정안전부령으로 정하는 것	300kg
		5. 제1호 내지 제4호의 1에 해당하는 어느 하나 이상을 함유한 것	300kg

1. 일반적인 성질

1) **산화성 액체(산화성 무기화합물)이며 자신들은 모두 불연성 물질이다.**
2) **과산화수소를 제외하고 강산성 물질이며 물에 녹기 쉽다.**
3) 강한 부식성이 있고 **모두 산소를 포함하고 있으며 다른 물질을 산화시킨다.**
4) 불연성 물질이며 가연물, 유기물 등과의 혼합으로 발화한다.
5) **피복이나 피부에 묻지 않게 주의한다.(증기는 유독하며 피부와 접촉 시 점막을 부식시키기 때문에)**
6) 비중이 1보다 크다.

2. 위험성

1) **자신은 불연성 물질이지만** 산화성이 커 다른 물질의 연소를 돕는다.(지연성)
2) 2류, 3류, 4류, 5류, 강환원제, **일반 가연물과 접촉하면 혼촉, 발화하거나 가열 등에 의해 매우 위험한 상태로 된다.**
3) **과산화수소를 제외하고 물과 접촉하면 심하게 발열하고 연소하지는 않는다.**
4) 염기와 작용하여 염과 물을 만드는데 이때 발열한다.

3. 저장 및 취급방법

1) 화기엄금, 직사광선 차단, 강환원제, 유기물질, 가연성위험물과 접촉을 피한다.
2) **물이나 염기성 물질, 제1류 위험물과의 접촉을 피한다.**
3) 용기의 내산성으로 하며 밀전, 파손방지, 전도방지, 변형방지에 주의하고 물, 습기에 주의해야 한다.

4. 소화방법

1) 불연성이지만 연소를 돕는 물질이므로 화재 시에는 가연물과 격리하도록 한다.
2) **소화작업을 진행한 후 많은 물로 씻어 내리고, 마른 모래로 위험물의 비산(飛散)을 방지한다.**
3) 화재진압 시 공기호흡기, 방호의, 고무장갑, 고무장화 등을 반드시 착용한다.
4) **이산화탄소와 할로겐화물 소화기는 산화성 액체 위험물의 화재에 사용하지 않는다.**
5) **소량 누출 시에는 다량의 물로 희석할 수 있지만 물과 반응하여 발열하므로 원칙적으로 소화 시 주수소화를 금지시킨다.**

5. 제6류 위험물 종류

1) 과염소산[$HClO_4$](지정수량 300kg)

(1) 일반적인 성질

① 무색 무취의 유동하기 쉬운 액체로 흡습성이 강하며 휘발성이 있고, **가열하면 폭발하고 산성이 강한 편이다.**

② 불연성 물질이지만 염소산 중에서 제일 강한 산이다.

③ 비중 : 1.76, 융점 : −112℃, 비점 : 39℃

④ **과염소산은 물과 작용해서 액체수화물을 만든다.**

⑤ **금속 또는 금속산화물과 반응하여 과염소산염을 만들며** Fe, Cu, Zn과 격렬히 반응하여 산화물을 만든다.

⑥ 방치하면 분해하고 가열하면 폭발한다.

(2) 위험성

① 대단히 불안정한 강산으로 산화력이 강하고 종이, 나무조각과 접촉하면 연소와 동시에 폭발한다.

② **일반적으로 물과 접촉하면 발열하므로** 생성된 혼합물도 강한 산화력을 가진다.

③ **과염소산을 상압에서 가열하면 분해하고 유독성가스인 HCl을 발생시킨다.**

(3) 저장 및 취급방법

① 밀폐용기에 넣어 저장하고 통풍이 양호한 곳에 저장한다.

② 화기, 직사광선, 유기물·가연물과 접촉해서는 안 된다.

③ **누설 시 톱밥, 종이 등으로 섞어 폐기하지 않도록 한다.**

④ 물과의 접촉을 피하고 충격, 마찰을 주지 않도록 해야 된다.

(4) 소화방법

① 다량의 물로 분무주수하거나 분말 소화약제를 사용한다.

② 유기물이 존재하면 폭발할 수 있으므로 주의해야 한다.

2) **과산화수소**[H_2O_2](**지정수량** 300kg)

(1) 일반적인 성질

① **무색의 액체이며, 오존 냄새가 나고 비중은 1.5이다. 물보다 무겁고 수용액이 불안하여 금속 가루나 수산이온이 있으면 분해한다.**

② **물, 알코올, 에테르에는 녹지만, 벤젠·석유에는 녹지 않는다.**

③ 산화제 및 환원제로도 사용되며 표백, 살균작용을 한다.(**그 이유는 상온에서** $2H_2O_2 \rightarrow 2H_2O + O_2$**로 분해되어 발생기 산소를 발생하기 때문에)**

④ 과산화수소 3%의 용액을 소독약인 옥시풀이라 한다.

⑤ **36% 이상은 위험물에 속한다.** 일반 시판품은 30~40%의 수용액으로 분해하기 쉬우므로 인산(H_3PO_4) 등 안정제를 가하거나 약산성으로 만든다.

(2) 위험성

① 강력한 산화제로 분해하여 발생한 [O]는 산화력이 강하다.

② **상온에서** $2H_2O_2 \rightarrow 2H_2O + O_2$**로 서서히 분해되어 산소를 방출한다.**

③ **직사일광에 의해 분해하고**, 농도 66% 이상은 충격, 마찰에 의해서도 단독으로 분해폭발 위험이 있다.

④ Ag, Pt 등 금속분말 또는 **MnO_2**, AgO, PbO 등과 같은 산화물과 혼합하면 **급격히 반응하여 산소를 방출하여 폭발하기도 한다.**

⑤ 진한 것이 피부에 닿으면 화상을 입는다.

(3) 저장 및 취급방법

① **햇빛 차단, 화기엄금, 충격금지, 환기 잘 되는 냉암소에 저장, 온도 상승 방지, 과산화수소의 저장용기마개는 구멍 뚫린 마개 사용(이유 : 용기의 내압상승을 방지하기 위하여)**

② **농도가 클수록 위험성이 크므로 분해방지 안정제[인산나트륨, 인산(H_3PO_4), 요산($C_5H_4N_4O_3$), 글리세린 등]를 첨가하여 산소분해를 억제한다.**

③ 과산화수소는 자신이 분해하여 발생기 산소를 발생시켜 강한 산화작용을 한다. 이는 **요드화칼륨 녹말 종이를 보라색(청자색)으로 변화시키는 것으로 확인**되며, 이 과산화수소는 과산화바륨 등에 황산을 작용시켜 얻는다.

④ **유리용기에 장시간 보관하면 직사일광에 의해 분해할 위험성이 있으므로 갈색의 착색병에 보관한다.**

(4) 소화방법

① 주수에 의해 냉각 소화한다.

② 피부와 접촉을 막기 위해 보호의를 착용한다.

3) 질산[HNO_3](지정수량 300kg)

(1) 일반적인 성질

① 흡습성이 강하여 습한 **공기 중에서 자연 발화하지 않고** 발열하는 무색의 무거운 액체이다.

② **강한 산성을 나타내며 68% 수용액일 때 가장 높은 끓는점을 가진다.**

③ 자극성, 부식성이 강하며 비점이 낮아 휘발성이고 햇빛에 의해 일부 분해한다.

④ **물과 반응하여 강한 산성을 나타낸다.**

⑤ **Ag은 진한질산에 용해되는 금속이다.**

⑥ **진한질산은 Fe, Ni, Cr, Al과 반응하여 부동태를 형성한다.**
(부동태를 형성한다는 말은 더 이상 산화작용을 하지 않는다는 의미이다.)

⑦ **소방법에서 규제하는 진한질산은 그 비중이 1.49 이상이고, 진한질산을 가열할 경우 액체 표면에 적갈색의 증기가 떠 있게 된다.**

(2) 위험성

① **진한질산을 가열하면 분해되어 산소를 발생하므로** 강한 산화작용을 한다.

② 환원되기 쉬운 물질이 존재할 때는 분해촉진으로 산소를 발생한다.

③ 구리와 묽은질산과 반응하여 일산화질소를 발생한다.

$3Cu + 8HNO_3 \rightarrow 3Cu(NO_3)_2 + 2NO + 4H_2O$

④ 할로겐화수소산 같은 물질이 침투하는 것은 쉽지 않다.

⑤ **진한질산을 가열, 분해 시 NO_2 가스가 발생하고 여러 금속과 반응하여 가스를 방출한다.**

(3) 저장 및 취급방법

① **공기 중에서 갈색의 연기(NO_2)를 내며 갈색병에 보관해야 한다. 화기엄금, 직사광선 차단, 물기와 접촉금지, 통풍이 잘되는 찬 곳에 저장한다.**

② **진한질산이 손이나 몸에 묻었을 때 응급처치 방법은 다량의 물로 충분히 씻는다.**

(4) 소화방법

① 소량 화재인 경우 다량의 물로 희석소화하고, 다량의 경우 포나 CO_2, 마른 모래 등으로 소화한다.

② 다량의 경우 안전거리를 확보하여 소화작업을 진행한다.

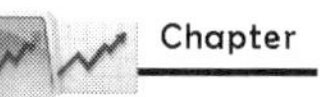

제2장 위험물의 취급방법

Hazardous material Industrial Engineer

탱크의 용량

- 위험물을 저장 또는 취급하는 탱크의 용량은 당해 탱크의 내용적에서 공간용적을 뺀 용적으로 한다. 다만, 이동탱크저장소의 탱크의 경우에는 내용적에서 공간용적을 뺀 용량이 자동차관리관계법령에 의한 최대적재량 이하로 하여야 한다.
- 제1항의 규정에 의한 탱크의 내용적은 다음 각호의 방법에 의하여 계산한다.

1. 타원형 탱크의 내용적

가. 양쪽이 볼록한 것

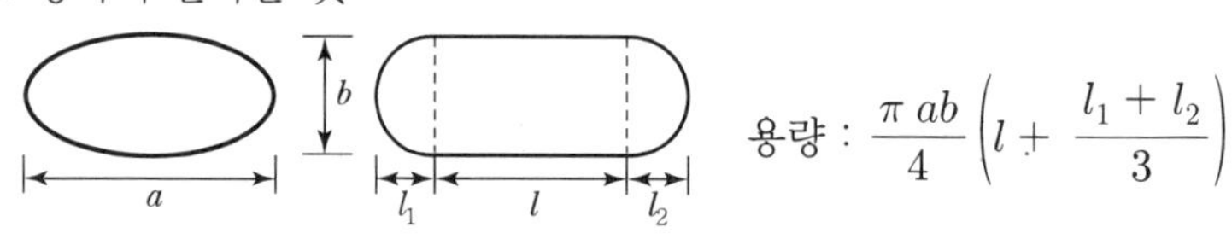

용량 : $\frac{\pi ab}{4}\left(l+\frac{l_1+l_2}{3}\right)$

나. 한쪽은 볼록하고 다른 한쪽은 오목한 것

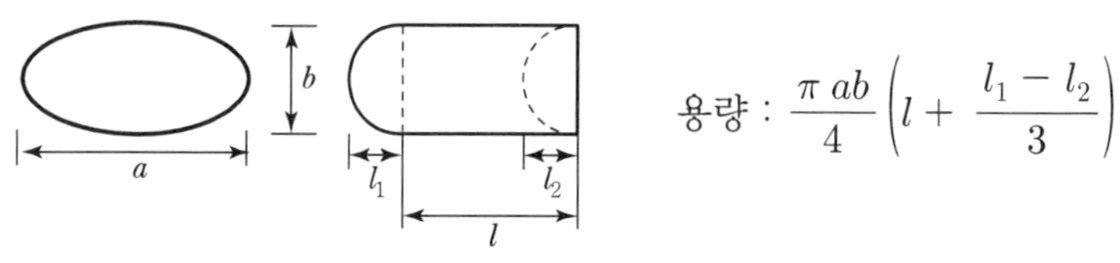

용량 : $\frac{\pi ab}{4}\left(l+\frac{l_1-l_2}{3}\right)$

2. 원형 탱크의 내용적

가. 횡으로 설치한 것

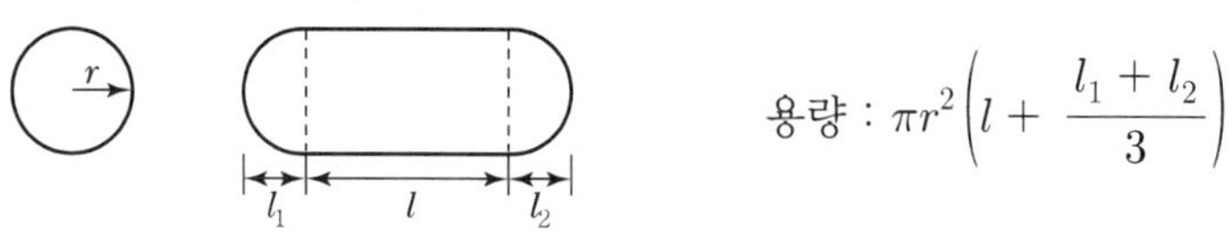

용량 : $\pi r^2\left(l+\frac{l_1+l_2}{3}\right)$

나. 종으로 설치한 것

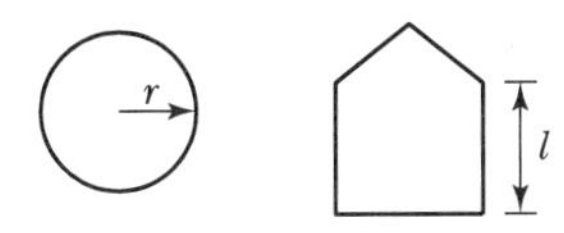

용량 : $\pi r^2 l$

3. 그 밖의 탱크

통상의 수학적 계산방법에 의할 것. 다만, 쉽게 그 내용적을 계산하기 어려운 탱크에 있어서는 당해 탱크의 내용적의 근사계산에 의할 수 있다.

[별표 4] 〈개정 2020. 10. 12.〉

제조소의 위치 · 구조 및 설비의 기준(제28조 관련)

Ⅰ. 안전거리

1. 제조소(제6류 위험물을 취급하는 제조소를 제외한다)는 다음 각목의 규정에 의한 건축물의 외벽 또는 이에 상당하는 공작물의 외측으로부터 당해 제조소의 외벽 또는 이에 상당하는 공작물의 외측까지의 사이에 다음 각목의 규정에 의한 수평거리(이하 "안전거리"라 한다)를 두어야 한다.

가. 나목 내지 라목의 규정에 의한 것 외의 건축물 그 밖의 공작물로서 주거용으로 사용되는 것(제조소가 설치된 부지 내에 있는 것을 제외한다)에 있어서는 10m 이상

나. 학교 · 병원 · 극장 그 밖에 다수인을 수용하는 시설로서 다음의 1에 해당하는 것에 있어서는 30m 이상

1) 「초 · 중등교육법」 제2조 및 「고등교육법」 제2조에 정하는 학교

2) 「의료법」 제3조제2항제3호에 따른 병원급 의료기관

3) 「공연법」 제2조제4호에 따른 공연장, 「영화 및 비디오물의 진흥에 관한 법률」 제2조제10호에 따른 영화상영관 및 그 밖에 이와 유사한 시설로서 **3백 명 이상의 인원을 수용할 수 있는 것**

4) 「아동복지법」 제3조제10호에 따른 아동복지시설, 「노인복지법」 제31조제1호부터 제3호까지에 해당하는 노인복지시설, 「장애인복지법」 제58조제1항에 따른 장애인복지시설, 「한부모가족지원법」 제19조제1항에 따른 한부모가족복지시설, 「영유아보육법」 제2조제3호에 따른 어린이집, 「성매매방지 및 피해자보호 등에 관한 법률」 제9조제1항에

따른 성매매피해자 등을 위한 지원시설, 「정신건강증진 및 정신질환자 복지서비스 지원에 관한 법률」 제3조제4호에 따른 정신건강증진시설, 「가정폭력방지 및 피해자보호 등에 관한 법률」 제7조의2제1항에 따른 보호시설 및 그 밖에 이와 유사한 시설로서 20명 이상의 인원을 수용할 수 있는 것

다. 「문화재보호법」의 규정에 의한 유형문화재와 기념물 중 지정문화재에 있어서는 50m 이상

라. 고압가스, 액화석유가스 또는 도시가스를 저장 또는 취급하는 시설로서 다음의 1에 해당하는 것에 있어서는 20m 이상. 다만, 당해 시설의 배관 중 제조소가 설치된 부지 내에 있는 것은 제외한다.

1) 「고압가스 안전관리법」의 규정에 의하여 허가를 받거나 신고를 하여야 하는 고압가스 제조시설(용기에 충전하는 것을 포함한다) 또는 고압가스 사용시설로서 1일 30m^3 이상의 용적을 취급하는 시설이 있는 것
2) 「고압가스 안전관리법」의 규정에 의하여 허가를 받거나 신고를 하여야 하는 고압가스 저장시설
3) 「고압가스 안전관리법」의 규정에 의하여 허가를 받거나 신고를 하여야 하는 액화산소를 소비하는 시설
4) 「액화석유가스의 안전관리 및 사업법」의 규정에 의하여 허가를 받아야 하는 액화석유가스제조시설 및 액화석유가스저장시설
5) 「도시가스사업법」 제2조제5호의 규정에 의한 가스공급시설

마. 사용전압이 7,000V 초과 35,000V 이하의 특고압가공전선에 있어서는 3m 이상

바. 사용전압이 35,000V를 초과하는 특고압가공전선에 있어서는 5m 이상

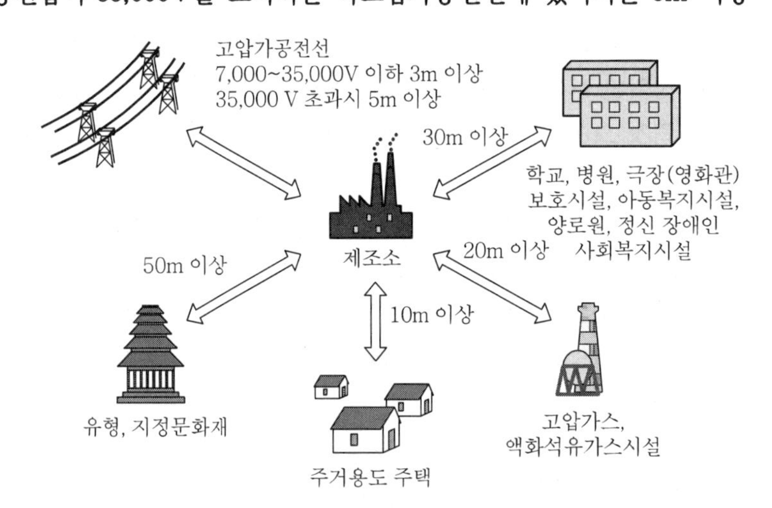

2. 제1호가목 내지 다목의 규정에 의한 건축물 등은 부표의 기준에 의하여 불연재료로 된 방화상 유효한 담 또는 벽을 설치하는 경우에는 동표의 기준에 의하여 안전거리를 단축할 수 있다.

Ⅱ. 보유공지

1. 위험물을 취급하는 건축물 그 밖의 시설(위험물을 이송하기 위한 배관 그 밖에 이와 유사한 시설을 제외한다)의 주위에는 그 취급하는 위험물의 최대수량에 따라 다음 표에 의한 너비의 공지를 보유하여야 한다.

취급하는 위험물의 최대수량	공지의 너비
지정수량의 10배 이하	**3m 이상**
지정수량의 10배 초과	**5m 이상**

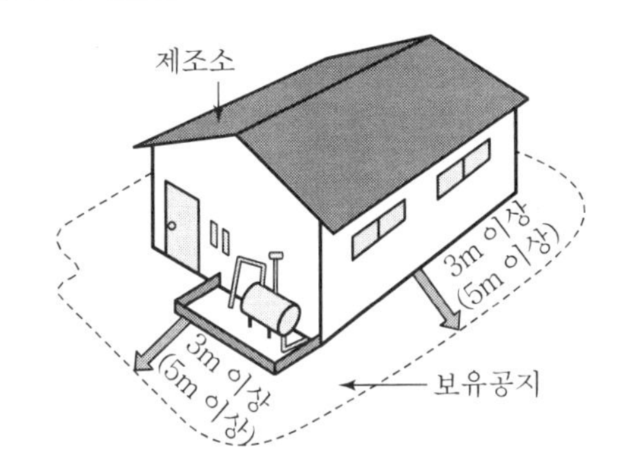

2. 제조소의 작업공정이 다른 작업장의 작업공정과 연속되어 있어, 제조소의 건축물 그 밖의 공작물의 주위에 공지를 두게 되면 그 제조소의 작업에 현저한 지장이 생길 우려가 있는 경우 당해 제조소와 다른 작업장 사이에 다음 각목의 기준에 따라 방화상 유효한 격벽을 설치한 때에는 당해 제조소와 다른 작업장 사이에 제1호의 규정에 의한 공지를 보유하지 아니할 수 있다.

가. 방화벽은 내화구조로 할 것. 다만 취급하는 위험물이 제6류 위험물인 경우에는 불연재료로 할 수 있다.

나. 방화벽에 설치하는 출입구 및 창 등의 개구부는 가능한 한 최소로 하고, 출입구 및 창에는 자동폐쇄식의 갑종방화문을 설치할 것

다. 방화벽의 양단 및 상단이 외벽 또는 지붕으로부터 50cm 이상 돌출하도록 할 것

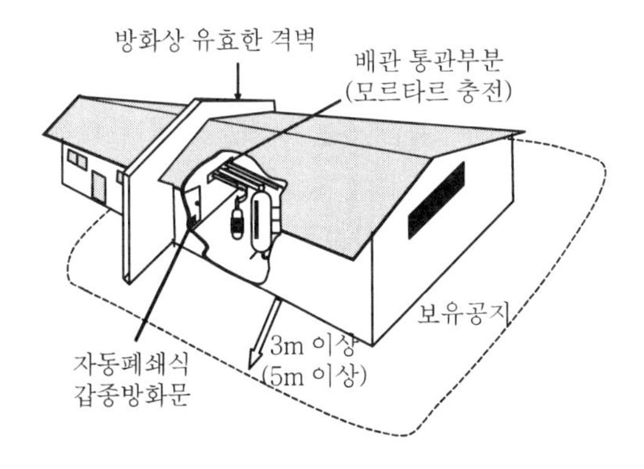

Ⅲ. 표지 및 게시판

1. 제조소에는 보기 쉬운 곳에 다음 각목의 기준에 따라 "위험물 제조소"라는 표시를 한 표지를 설치하여야 한다.

   가. 표지는 한 변의 길이가 0.3m 이상, 다른 한 변의 길이가 0.6m 이상인 직사각형으로 할 것

   나. 표지의 바탕은 백색으로, 문자는 흑색으로 할 것

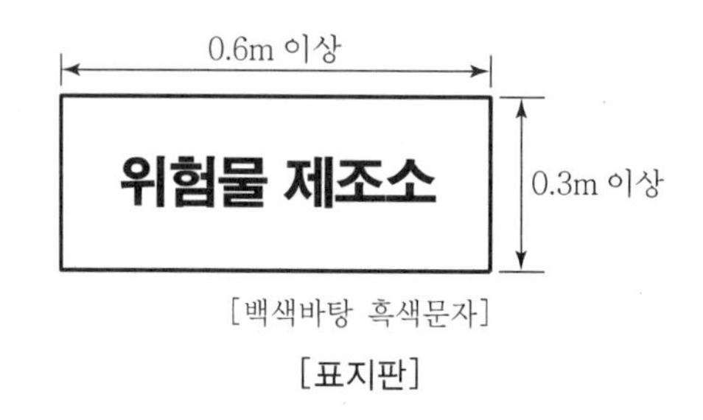

[표지판]

2. 제조소에는 보기 쉬운 곳에 다음 각목의 기준에 따라 방화에 관하여 필요한 사항을 게시한 게시판을 설치하여야 한다.

   가. 게시판은 한 변의 길이가 0.3m 이상, 다른 한 변의 길이가 0.6m 이상인 직사각형으로 할 것

   나. 게시판에는 저장 또는 취급하는 위험물의 유별·품명 및 저장최대수량 또는 취급최대수량, 지정수량의 배수 및 안전관리자의 성명 또는 직명을 기재할 것

   다. 나목의 게시판의 바탕은 백색으로, 문자는 흑색으로 할 것

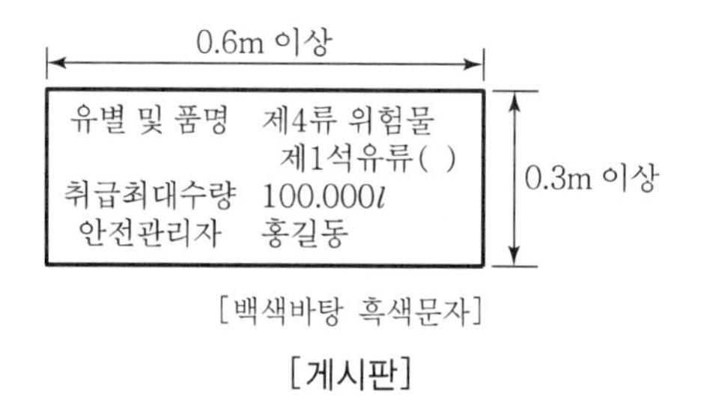

[게시판]

   라. 나목의 게시판 외에 저장 또는 취급하는 위험물에 따라 다음의 규정에 의한 주의사항을 표시한 게시판을 설치할 것

      1) 제1류 위험물 중 알칼리금속의 과산화물과 이를 함유한 것 또는 제3류 위험물 중 금수성 물질에 있어서는 "물기엄금"

      2) 제2류 위험물(인화성고체를 제외한다)에 있어서는 "화기주의"

      3) 제2류 위험물 중 인화성 고체, 제3류 위험물 중 자연발화성 물질, 제4류 위험물 또는

제5류 위험물에 있어서는 "화기엄금"

마. 라목의 게시판의 색은 "물기엄금"을 표시하는 것에 있어서는 청색바탕에 백색문자로, "화기주의" 또는 "화기엄금"을 표시하는 것에 있어서는 적색바탕에 백색문자로 할 것

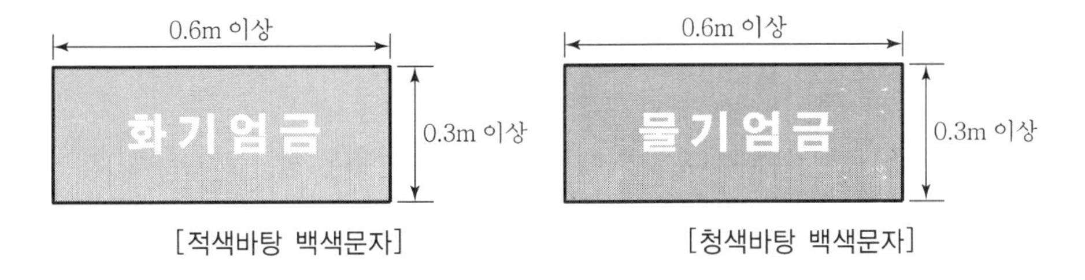

[적색바탕 백색문자] [청색바탕 백색문자]

Ⅳ. 건축물의 구조

위험물을 취급하는 건축물의 구조는 다음 각호의 기준에 의하여야 한다.

1. 지하층이 없도록 하여야 한다. 다만, 위험물을 취급하지 아니하는 지하층으로서 위험물의 취급장소에서 새어나온 위험물 또는 가연성의 증기가 흘러 들어갈 우려가 없는 구조로 된 경우에는 그러하지 아니하다.
2. 벽·기둥·바닥·보·서까래 및 계단을 불연재료로 하고, 연소(延燒)의 우려가 있는 외벽(소방청장이 정하여 고시하는 것에 한한다. 이하 같다)은 출입구 외의 개구부가 없는 내화구조의 벽으로 하여야 한다. 이 경우 제6류 위험물을 취급하는 건축물에 있어서 위험물이 스며들 우려가 있는 부분에 대하여는 아스팔트 그 밖에 부식되지 아니하는 재료로 피복하여야 한다.
3. 지붕(작업공정상 제조기계시설 등이 2층 이상에 연결되어 설치된 경우에는 최상층의 지붕을 말한다)은 폭발력이 위로 방출될 정도의 가벼운 불연재료로 덮어야 한다. 다만, 위험물을 취급하는 건축물이 다음 각목의 1에 해당하는 경우에는 그 지붕을 내화구조로 할 수 있다.
   가. 제2류 위험물(분상의 것과 인화성고체를 제외한다), 제4류 위험물 중 제4석유류·동식물유류 또는 제6류 위험물을 취급하는 건축물인 경우
   나. 다음의 기준에 적합한 밀폐형 구조의 건축물인 경우
      1) 발생할 수 있는 내부의 과압(過壓) 또는 부압(負壓)에 견딜 수 있는 철근콘크리트조일 것
      2) 외부화재에 90분 이상 견딜 수 있는 구조일 것
4. 출입구와 「산업안전보건기준에 관한 규칙」 제17조에 따라 설치하여야 하는 비상구에는 갑종방화문 또는 을종방화문을 설치하되, 연소의 우려가 있는 외벽에 설치하는 출입구에는 수시로 열 수 있는 자동폐쇄식의 갑종방화문을 설치하여야 한다.
5. 위험물을 취급하는 건축물의 창 및 출입구에 유리를 이용하는 경우에는 망입유리로 하여야 한다.
6. 액체의 위험물을 취급하는 건축물의 바닥은 위험물이 스며들지 못하는 재료를 사용하고, 적당한 경사를 두어 그 최저부에 집유설비를 하여야 한다.

V. 채광·조명 및 환기설비

1. 위험물을 취급하는 건축물에는 다음 각목의 기준에 의하여 위험물을 취급하는 데 필요한 채광·조명 및 환기의 설비를 설치하여야 한다.
   가. 채광설비는 불연재료로 하고, 연소의 우려가 없는 장소에 설치하되 채광면적을 최소로 할 것
   나. 조명설비는 다음의 기준에 적합하게 설치할 것
      1) 가연성가스 등이 체류할 우려가 잇는 장소의 조명등은 방폭등으로 할 것
      2) 전선은 내화·내열전선으로 할 것
      3) 점멸스위치는 출입구 바깥부분에 설치할 것. 다만, 스위치의 스파크로 인한 화재·폭발의 우려가 없을 경우에는 그러하지 아니하다.
   다. 환기설비는 다음의 기준에 의할 것
      1) 환기는 자연배기방식으로 할 것
      2) 급기구는 당해 급기구가 설치된 실의 바닥면적 $150m^2$마다 1개 이상으로 하되, 급기구의 크기는 $800cm^2$ 이상으로 할 것. 다만 바닥면적이 $150m^2$ 미만인 경우에는 다음의 크기로 하여야 한다.

바닥면적	급기구의 면적
$60m^2$ 미만	$150cm^2$ 이상
$60m^2$ 이상 $90m^2$ 미만	$300cm^2$ 이상
$90m^2$ 이상 $120m^2$ 미만	$450cm^2$ 이상
$120m^2$ 이상 $150m^2$ 미만	$600cm^2$ 이상

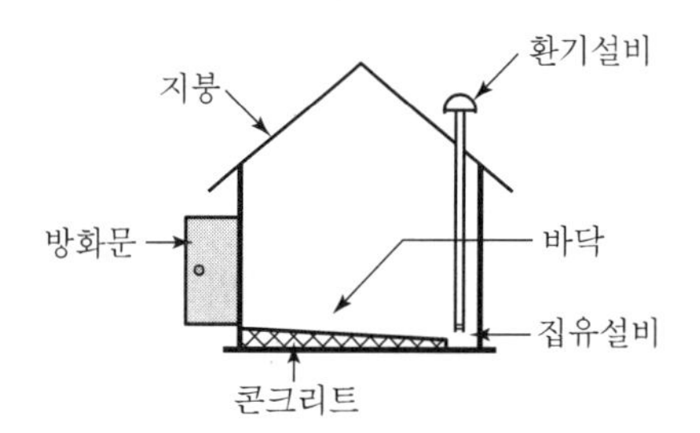

      3) 급기구는 낮은 곳에 설치하고 가는 눈의 구리망 등으로 인화방지망을 설치할 것
      4) 환기구는 지붕 위 또는 지상 2m 이상의 높이에 회전식 고정벤티레이터 또는 루푸팬방식으로 설치할 것

2. 배출설비가 설치되어 유효하게 환기가 되는 건축물에는 환기설비를 하지 아니할 수 있고, 조명설비가 설치되어 유효하게 조도가 확보되는 건축물에는 채광설비를 하지 아니할 수 있다.

VI. 배출설비

가연성의 증기 또는 미분이 체류할 우려가 있는 건축물에는 그 증기 또는 미분을 옥외의 높은 곳으로 배출할 수 있도록 다음 각호의 기준에 의하여 배출설비를 설치하여야 한다.

1. 배출설비는 국소방식으로 하여야 한다. 다만, 다음 각목의 1에 해당하는 경우에는 전역방식으로 할 수 있다.
   가. 위험물취급설비가 배관이음 등으로만 된 경우
   나. 건축물의 구조・작업장소의 분포 등의 조건에 의하여 전역방식이 유효한 경우
2. 배출설비는 배풍기・배출 덕트(duct)・후드 등을 이용하여 강제적으로 배출하는 것으로 해야 한다.
3. 배출능력은 1시간당 배출장소 용적의 20배 이상인 것으로 하여야 한다. 다만, 전역방식의 경우에는 바닥면적 $1m^2$당 $18m^3$ 이상으로 할 수 있다.

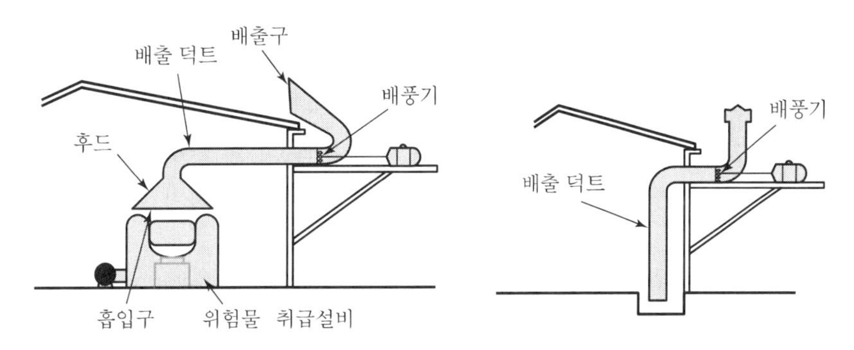

4. 배출설비의 급기구 및 배출구는 다음 각목의 기준에 의하여야 한다.
   가. 급기구는 높은 곳에 설치하고, 가는 눈의 구리망 등으로 인화방지망을 설치할 것
   나. 배출구는 지상 2m 이상으로서 연소의 우려가 없는 장소에 설치하고, 배출 덕트가 관통하는 벽부분의 바로 가까이에 화재 시 자동으로 폐쇄되는 방화댐퍼를 설치할 것
5. 배풍기는 강제배기방식으로 하고, 옥내 덕트의 내압이 대기압 이상이 되지 아니하는 위치에 설치하여야 한다.

VII. 옥외설비의 바닥

옥외에서 액체위험물을 취급하는 설비의 바닥은 다음 각호의 기준에 의하여야 한다.

1. **바닥의 둘레에 높이 0.15m 이상의 턱을 설치하는 등 위험물이 외부로 흘러나가지 아니하도록 하여야 한다.**
2. **바닥은 콘크리트 등 위험물이 스며들지 아니하는 재료로 하고, 제1호의 턱이 있는 쪽이 낮게 경사지게 하여야 한다.**
3. **바닥의 최저부에 집유설비를 하여야 한다.**

4. 위험물(온도 20℃의 물 100g에 용해되는 양이 1g 미만인 것에 한한다)을 취급하는 설비에 있어서는 당해 위험물이 직접 배수구에 흘러들어가지 아니하도록 집유설비에 유분리장치를 설치하여야 한다.

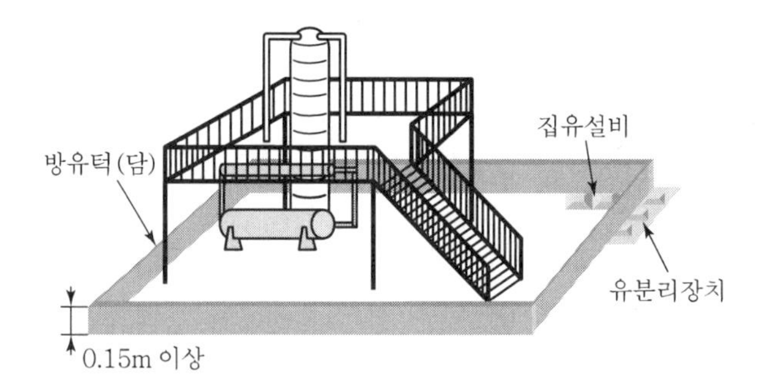

Ⅷ. 기타설비

1. 위험물의 누출·비산방지

위험물을 취급하는 기계·기구 그 밖의 설비는 위험물이 새거나 넘치거나 비산하는 것을 방지할 수 있는 구조로 하여야 한다. 다만, 당해 설비에 위험물의 누출 등으로 인한 재해를 방지할 수 있는 부대설비(되돌림관·수막 등)를 한 때에는 그러하지 아니하다.

2. 가열·냉각설비 등의 온도측정장치

위험물을 가열하거나 냉각하는 설비 또는 위험물의 취급에 수반하여 온도변화가 생기는 설비에는 온도측정장치를 설치하여야 한다.

3. 가열건조설비

위험물을 가열 또는 건조하는 설비는 직접 불을 사용하지 아니하는 구조로 하여야 한다. 다만, 당해 설비가 방화상 안전한 장소에 설치되어 있거나 화재를 방지할 수 있는 부대설비를 한 때에는 그러하지 아니하다.

4. 압력계 및 안전장치

위험물을 가압하는 설비 또는 그 취급하는 위험물의 압력이 상승할 우려가 있는 설비에는 압력계 및 다음 각목의 1에 해당하는 안전장치를 설치하여야 한다. 다만, 라목의 파괴판은 위험물의 성질에 따라 안전밸브의 작동이 곤란한 가압설비에 한한다.

가. 자동적으로 압력의 상승을 정지시키는 장치
나. 감압 측에 안전밸브를 부착한 감압밸브
다. 안전밸브를 병용하는 경보장치
라. 파괴판

5. 전기설비

제조소에 설치하는 전기설비는 「전기사업법」에 의한 전기설비기술기준에 의하여야 한다.

6. 정전기 제거설비

위험물을 취급함에 있어서 정전기가 발생할 우려가 있는 설비에는 다음 각목의 1에 해당하는 방법으로 정전기를 유효하게 제거할 수 있는 설비를 설치하여야 한다.

가. 접지에 의한 방법

나. 공기 중의 상대습도를 70% 이상으로 하는 방법

다. 공기를 이온화하는 방법

7. 피뢰설비

지정수량의 10배 이상의 위험물을 취급하는 제조소(제6류 위험물을 취급하는 위험물제조소를 제외한다)에는 피뢰침(「산업표준화법」 제12조에 따른 한국산업표준 중 피뢰설비 표준에 적합한 것을 말한다. 이하 같다)을 설치하여야 한다. 다만, 제조소의 주위의 상황에 따라 안전상 지장이 없는 경우에는 피뢰침을 설치하지 아니할 수 있다.

8. 전동기 등

전동기 및 위험물을 취급하는 설비의 펌프・밸브・스위치 등은 화재예방상 지장이 없는 위치에 부착하여야 한다.

Ⅸ. 위험물 취급탱크

1. 위험물제조소의 옥외에 있는 위험물취급탱크(용량이 지정수량의 5분의 1 미만인 것을 제외한다)는 다음 각목의 기준에 의하여 설치하여야 한다.

가. 옥외에 있는 위험물취급탱크의 구조 및 설비는 별표 6 Ⅵ제1호(특정옥외저장탱크 및 준특정옥외저장탱크와 관련되는 부분을 제외한다)・제3호 내지 제9호・제11호 내지 제14호 및 XⅣ의 규정에 의한 옥외탱크저장소의 탱크의 구조 및 설비의 기준을 준용할 것

나. 옥외에 있는 위험물취급탱크로서 액체위험물(이황화탄소를 제외한다)을 취급하는 것의 주위에는 다음의 기준에 의하여 방유제를 설치할 것

1) 하나의 취급탱크 주위에 설치하는 방유제의 용량은 당해 탱크용량의 50% 이상으로 하고, 2 이상의 취급탱크 주위에 하나의 방유제를 설치하는 경우 그 방유제의 용량은 당해 탱크 중 용량이 최대인 것의 50%에 나머지 탱크용량 합계의 10%를 가산한 양 이상이 되게 할 것. 이 경우 방유제의 용량은 당해 방유제의 내용적에서 용량이 최대인 탱크 외의 탱크의 방유제 높이 이하 부분의 용적, 당해 방유제 내에 있는 모든 탱크의 지반면 이상 부분의 기초의 체적, 간막이 둑의 체적 및 당해 방유제 내에 있는 배관 등의 체적을 뺀 것으로 한다.

2) 방유제의 구조 및 설비는 별표 6 Ⅸ제1호 나목・사목・차목・카목 및 파목의 규정에 의한 옥외저장탱크의 방유제의 기준에 적합하게 할 것

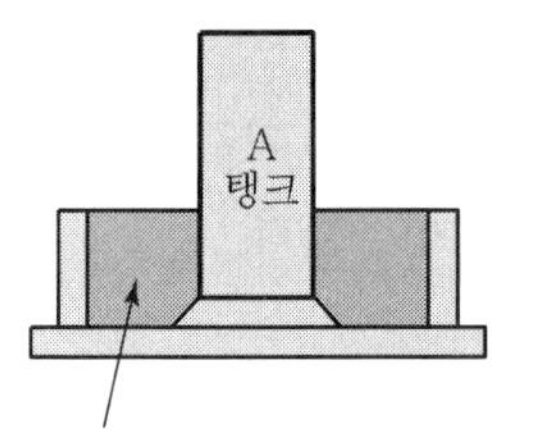

방유제 용량 : A탱크용량의 50%

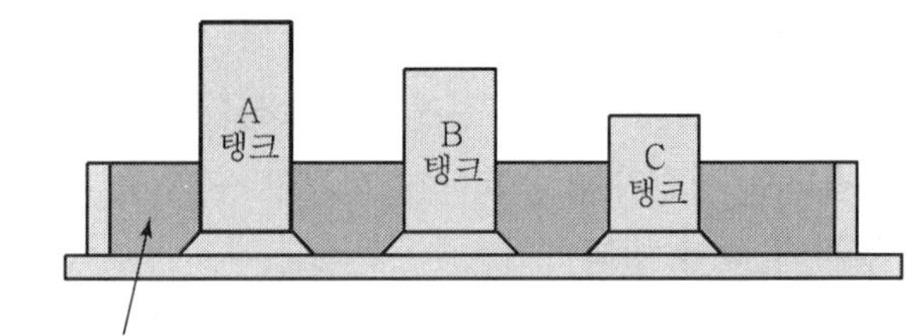

방유제 용량 : A탱크용량의 50%+B 탱크용량의 10%+C탱크용량의 10%

2. 위험물제조소의 옥내에 있는 위험물취급탱크(용량이 지정수량의 5분의 1 미만인 것을 제외한다)는 다음 각목의 기준에 의하여 설치하여야 한다.
   가. 탱크의 구조 및 설비는 별표 7 Ⅰ제1호 마목 내지 자목 및 카목 내지 파목의 규정에 의한 옥내탱크저장소의 위험물을 저장 또는 취급하는 탱크의 구조 및 설비의 기준을 준용할 것
   나. 위험물취급탱크의 주위에는 턱(이하 "방유턱"이라고 한다)을 설치하는 등 위험물이 누설된 경우에 그 유출을 방지하기 위한 조치를 할 것. 이 경우 당해조치는 탱크에 수납하는 위험물의 양(하나의 방유턱 안에 2 이상의 탱크가 있는 경우는 당해 탱크 중 실제로 수납하는 위험물의 양이 최대인 탱크의 양)을 전부 수용할 수 있도록 하여야 한다.
3. 위험물제조소의 지하에 있는 위험물취급탱크의 위치·구조 및 설비는 별표 8 Ⅰ(제5호·제11호 및 제14호를 제외한다), Ⅱ(Ⅰ제5호·제11호 및 제14호의 규정을 적용하도록 하는 부분을 제외한다) 또는 Ⅲ(Ⅰ제5호·제11호 및 제14호의 규정을 적용하도록 하는 부분을 제외한다)의 규정에 의한 지하탱크저장소의 위험물을 저장 또는 취급하는 탱크의 위치·구조 및 설비의 기준에 준하여 설치하여야 한다.

Ⅹ. 배관

위험물제조소 내의 위험물을 취급하는 배관은 다음 각호의 기준에 의하여 설치하여야 한다.

1. 배관의 재질은 강관 그 밖에 이와 유사한 금속성으로 하여야 한다. 다만, 다음 각 목의 기준에 적합한 경우에는 그러하지 아니하다.
   가. 배관의 재질은 한국산업규격의 유리섬유강화플라스틱·고밀도폴리에틸렌 또는 폴리우레탄으로 할 것
   나. 배관의 구조는 내관 및 외관의 이중으로 하고, 내관과 외관의 사이에는 틈새공간을 두어 누설 여부를 외부에서 쉽게 확인할 수 있도록 할 것. 다만, 배관의 재질이 취급하는 위험물에 의해 쉽게 열화될 우려가 없는 경우에는 그러하지 아니하다.
   다. 국내 또는 국외의 관련공인시험기관으로부터 안전성에 대한 시험 또는 인증을 받을 것
   라. 배관은 지하에 매설할 것. 다만, 화재 등 열에 의하여 쉽게 변형될 우려가 없는 재질이거나 화재 등 열에 의한 악영향을 받을 우려가 없는 장소에 설치되는 경우에는 그러하지 아니하다.

2. 배관에 걸리는 최대상용압력의 1.5배 이상의 압력으로 수압시험(불연성의 액체 또는 기체를 이용하여 실시하는 시험을 포함한다)을 실시하여 누설 그 밖의 이상이 없는 것으로 하여야 한다.
3. 배관을 지상에 설치하는 경우에는 지진·풍압·지반침하 및 온도변화에 안전한 구조의 지지물에 설치하되, 지면에 닿지 아니하도록 하고 배관의 외면에 부식방지를 위한 도장을 하여야 한다. 다만, 불변강관 또는 부식의 우려가 없는 재질의 배관의 경우에는 부식방지를 위한 도장을 아니할 수 있다.
4. 배관을 지하에 매설하는 경우에는 다음 각목의 기준에 적합하게 하여야 한다.
   가. 금속성 배관의 외면에는 부식방지를 위하여 도복장·코팅 또는 전기방식 등의 필요한 조치를 할 것
   나. 배관의 접합부분(용접에 의한 접합부 또는 위험물의 누설의 우려가 없다고 인정되는 방법에 의하여 접합된 부분을 제외한다)에는 위험물의 누설 여부를 점검할 수 있는 점검구를 설치할 것
   다. 지면에 미치는 중량이 당해 배관에 미치지 아니하도록 보호할 것
5. 배관에 가열 또는 보온을 위한 설비를 설치하는 경우에는 화재예방상 안전한 구조로 하여야 한다.

XI. 고인화점 위험물의 제조소의 특례

인화점이 100℃ 이상인 제4류 위험물(이하 "고인화점위험물"이라 한다)만을 100℃ 미만의 온도에서 취급하는 제조소로서 그 위치 및 구조가 다음 각호의 기준에 모두 적합한 제조소에 대하여는 Ⅰ, Ⅱ, Ⅳ제1호, Ⅳ제3호 내지 제5호, Ⅷ제6호·제7호 및 Ⅸ제1호나목2)에 의하여 준용되는 별표 6 Ⅸ제1호 나목의 규정을 적용하지 아니한다.

1. 다음 각목의 규정에 의한 건축물의 외벽 또는 이에 상당하는 공작물의 외측으로부터 당해 제조소의 외벽 또는 이에 상당하는 공작물의 외측까지의 사이에 다음 각목의 규정에 의한 안전거리를 두어야 한다. 다만, 가목 내지 다목의 규정에 의한 건축물 등에 부표의 기준에 의하여 불연재료로 된 방화상 유효한 담 또는 벽을 설치하여 소방본부장 또는 소방서장이 안전하다고 인정하는 거리로 할 수 있다.
   가. 나목 내지 라목 외의 건축물 그 밖의 공작물로서 주거용으로 제공하는 것(제조소가 있는 부지와 동일한 부지 내에 있는 것을 제외한다)에 있어서는 10m 이상
   나. Ⅰ제1호 나목1) 내지 4)의 규정에 의한 시설에 있어서는 30m 이상
   다. 「문화재보호법」의 규정에 의한 유형문화재와 기념물 중 지정문화재에 있어서는 50m 이상
   라. Ⅰ제1호 라목1) 내지 5)의 규정에 의한 시설(불활성 가스만을 저장 또는 취급하는 것을 제외한다)에 있어서는 20m 이상

2. 위험물을 취급하는 건축물 그 밖의 공작물(위험물을 이송하기 위한 배관 그 밖에 이에 준하는 공작물을 제외한다)의 주위에 3m 이상의 너비의 공지를 보유하여야 한다. 다만, Ⅱ제2호 각목의 규정에 의하여 방화상 유효한 격벽을 설치하는 경우에는 그러하지 아니하다.
3. 위험물을 취급하는 건축물은 그 지붕을 불연재료로 하여야 한다.
4. 위험물을 취급하는 건축물의 창 및 출입구에는 을종방화문·갑종방화문 또는 불연재료나 유리로 만든 문을 달고, 연소의 우려가 있는 외벽에 두는 출입구에는 수시로 열 수 있는 자동폐쇄식의 갑종방화문을 설치하여야 한다.
5. 위험물을 취급하는 건축물의 연소의 우려가 있는 외벽에 두는 출입구에 유리를 이용하는 경우에는 망입유리로 하여야 한다.

XII. 위험물의 성질에 따른 제조소의 특례

1. 다음 각목의 1에 해당하는 위험물을 취급하는 제조소에 있어서는 Ⅰ 내지 Ⅷ의 규정에 의한 기준에 의하는 외에 당해 위험물의 성질에 따라 제2호 내지 제4조의 기준에 의하여야 한다.
   가. 제3류 위험물 중 알킬알루미늄·알킬리튬 또는 이 중 어느 하나 이상을 함유하는 것(이하 "알킬알루미늄 등"이라 한다)
   나. 제4류 위험물 중 특수인화물의 아세트알데히드·산화프로필렌 또는 이 중 어느 하나 이상을 함유하는 것(이하 "아세트알데히드 등"이라 한다)
   다. 제5류 위험물 중 히드록실아민·히드록실아민염류 또는 이 중 어느 하나 이상을 함유하는 것(이하 "히드록실아민 등"이라 한다)
2. 알킬알루미늄 등을 취급하는 제조소의 특례는 다음 각목과 같다.
   가. 알킬알루미늄 등을 취급하는 설비의 주위에는 누설범위를 국한하기 위한 설비와 누설된 알킬알루미늄 등을 안전한 장소에 설치된 저장실에 유입시킬 수 있는 설비를 갖출 것
   나. 알킬알루미늄 등을 취급하는 설비에는 불활성기체를 봉입하는 장치를 갖출 것
3. 아세트알데히드 등을 취급하는 제조소의 특례는 다음 각목과 같다.
   가. 아세트알데히드 등을 취급하는 설비는 은·수은·동·마그네슘 또는 이들을 성분으로 하는 합금으로 만들지 아니할 것
   나. 아세트알데히드 등을 취급하는 설비에는 연소성 혼합기체의 생성에 의한 폭발을 방지하기 위한 불활성기체 또는 수증기를 봉입하는 장치를 갖출 것
   다. 아세트알데히드 등을 취급하는 탱크(옥외에 있는 탱크 또는 옥내에 있는 탱크로서 그 용량이 지정수량의 5분의 1 미만의 것을 제외한다)에는 냉각장치 또는 저온을 유지하기 위한 장치(이하 "보냉장치"라 한다) 및 연소성 혼합기체의 생성에 의한 폭발을 방지하기 위한 불활성기체를 봉입하는 장치를 갖출 것. 다만, 지하에 있는 탱크가 아세트알데히드 등의 온도를 저온으로 유지할 수 있는 구조인 경우에는 냉각장치 및 보냉장치를 갖추지 아니할 수 있다.

라. 다목의 규정에 의한 냉각장치 또는 보냉장치는 2 이상 설치하여 하나의 냉각장치 또는 보냉장치가 고장난 때에도 일정 온도를 유지할 수 있도록 하고, 다음의 기준에 적합한 비상전원을 갖출 것

1) 상용전력원이 고장인 경우에 자동으로 비상전원으로 전환되어 가동되도록 할 것

2) 비상전원의 용량은 냉각장치 또는 보냉장치를 유효하게 작동할 수 있는 정도일 것

마. 아세트알데히드 등을 취급하는 탱크를 지하에 매설하는 경우에는 Ⅸ제3호의 규정에 의하여 적용되는 별표 8 Ⅰ제1호 단서의 규정에 불구하고 당해 탱크를 탱크전용실에 설치할 것

4. 히드록실아민 등을 취급하는 제조소의 특례는 다음 각목과 같다.

가. Ⅰ제1호가목부터 라목까지의 규정에도 불구하고 지정수량 이상의 히드록실아민 등을 취급하는 제조소의 위치는 Ⅰ제1호가목부터 라목까지의 규정에 의한 건축물의 벽 또는 이에 상당하는 공작물의 외측으로부터 해당 제조소의 외벽 또는 이에 상당하는 공작물의 외측까지의 사이에 다음 식에 의하여 요구되는 거리 이상의 안전거리를 둘 것

$D = 51.1\sqrt[3]{N}$

D : 거리(m)

N : 당해 제조소에서 취급하는 히드록실아민 등의 지정수량의 배수

나. 가목의 제조소의 주위에는 다음에 정하는 기준에 적합한 담 또는 토제(土堤)를 설치할 것

1) 담 또는 토제는 당해 제조소의 외벽 또는 이에 상당하는 공작물의 외측으로부터 2m 이상 떨어진 장소에 설치할 것

2) 담 또는 토제의 높이는 당해 제조소에 있어서 히드록실아민 등을 취급하는 부분의 높이 이상으로 할 것

3) 담은 두께 15cm 이상의 철근콘크리트조・철골철근콘크리트조 또는 두께 20cm 이상의 보강콘크리트블록조로 할 것

4) 토제의 경사면의 경사도는 60도 미만으로 할 것

다. 히드록실아민 등을 취급하는 설비에는 히드록실아민 등의 온도 및 농도의 상승에 의한 위험한 반응을 방지하기 위한 조치를 강구할 것

라. 히드록실아민 등을 취급하는 설비에는 철이온 등의 혼입에 의한 위험한 반응을 방지하기 위한 조치를 강구할 것

[부표] 〈개정 2015. 7. 17.〉

제조소 등의 안전거리의 단축기준(별표 4 관련)

1. 방화상 유효한 담을 설치한 경우의 안전거리는 다음 표와 같다.

(단위 : m)

구분	취급하는 위험물의 최대 수량(지정수량의 배수)	안전거리(이상)		
		주거용건축물	학교 · 유치원 등	문화재
제조소 · 일반취급소(취급하는 위험물의 양이 주거지역에 있어서는 30배, 상업지역에 있어서는 35배, 공업지역에 있어서는 50배 이상인 것을 제외한다)	10배 미만	6.5	20	35
	10배 이상	7.0	22	38
옥내저장소(취급하는 위험물의 양이 주거지역에 있어서는 지정수량의 120배, 상업지역에 있어서는 150배, 공업지역에 있어서는 200배 이상인 것을 제외한다)	5배 미만	4.0	12.0	23.0
	5배 이상 10배 미만	4.5	12.0	23.0
	10배 이상 20배 미만	5.0	14.0	26.0
	20배 이상 50배 미만	6.0	18.0	32.0
	50배 이상 200배 미만	7.0	22.0	38.0
옥외탱크저장소(취급하는 위험물의 양이 주거지역에 있어서는 지정수량의 600배, 상업지역에 있어서는 700배, 공업지역에 있어서는 1,000배 이상인 것을 제외한다)	500배 미만	6.0	18.0	32.0
	500배 이상 1,000배 미만	7.0	22.0	38.0
옥외저장소(취급하는 위험물의 양이 주거지역에 있어서는 지정수량의 10배, 상업지역에 있어서는 15배, 공업지역에 있어서는 20배 이상인 것을 제외한다)	10배 미만	6.0	18.0	32.0
	10배 이상 20배 미만	8.5	25.0	44.0

2. 방화상 유효한 담의 높이는 다음에 의하여 산정한 높이 이상으로 한다.

가. $H \leq pD^2 + a$인 경우

$h = 2$

나. $H > pD^2 + a$인 경우

$h = H - p(D^2 - d^2)$

다. 가목 및 나목에서 D, H, a, d, h 및 p는 다음과 같다.

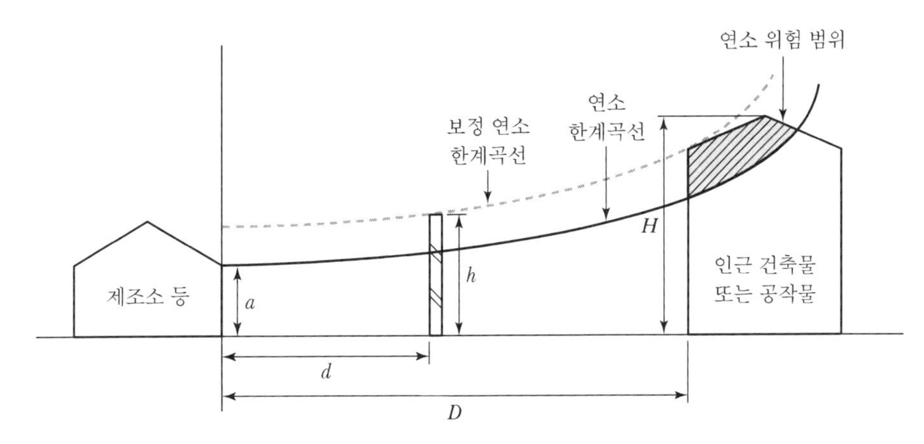

D : **제조소 등과 인접 건축물 또는 공작물과의 거리(m)**
H : **인접 건축물 또는 공작물의 높이(m)**
a : **제조소 등의 외벽의 높이(m)**
d : **제조소 등과 방화상 유효한 담과의 거리(m)**
h : **방화상 유효한 담의 높이(m)**
p : **상수**

구분	제조소 등의 높이(a)	비고
제조소 · 일반 취급소 · 옥내 저장소	a	벽체가 내화구조로 되어 있고, 인접축에 면한 개구부가 없거나, 개구부에 갑종방화문이 있는 경우
	a	벽체가 내화구조이고, 개구부에 갑종방화문이 없는 경우
	a=0	벽체가 내화구조 외의 것으로 된 경우
	a	옮겨 담는 작업장 그 밖의 공작물
옥외 탱크 저장소	a, 방유제	옥외에 있는 종형탱크
	a	옥외에 있는 횡형탱크. 다만, 탱크 내의 증기를 상부로 방출하는 구조로 된 것은 탱크의 최상단까지의 높이로 한다.
옥외 저장소	경계표시, a=0	

인근 건축물 또는 공작물의 구분	P의 값
○학교 · 주택 · 문화재 등의 건축물 또는 공작물이 목조인 경우 ○학교 · 주택 · 문화재 등의 건축물 또는 공작물이 방화구조 또는 내화구조이고, 제조소 등에 면한 부분의 개구부에 방화문이 설치되지 아니한 경우	0.04
○학교 · 주택 · 문화재 등의 건축물 또는 공작물이 방화구조인 경우 ○학교 · 주택 · 문화재 등의 건축물 또는 공작물이 방화구조 또는 내화구조이고, 제조소 등에 면한 부분의 개구부에 을종방화문이 설치된 경우	0.15
○학교 · 주택 · 문화재 등의 건축물 또는 공작물이 내화구조이고, 제조소 등에 면한 개구부에 갑종방화문이 설치된 경우	∞

라. 가목 내지 다목에 의하여 산출된 수치가 2 미만일 때에는 담의 높이를 2m로, 4 이상일 때에는 담의 높이를 4m로 하되, 다음의 소화설비를 보강하여야 한다.

1) 당해 제조소 등의 소형소화기 설치대상인 것에 있어서는 대형소화기를 1개 이상 증설을 할 것

2) 해당 제조소 등이 대형소화기 설치대상인 것에 있어서는 대형소화기 대신 옥내소화전설비 · 옥외소화전설비 · 스프링클러설비 · 물분무소화설비 · 포소화설비 · 불활성가스소화설비 · 할로겐화합물소화설비 · 분말소화설비 중 적응소화설비를 설치할 것

3) 해당 제조소 등이 옥내소화전설비 · 옥외소화전설비 · 스프링클러설비 · 물분무소화설비 · 포소화설비 · 불활성가스소화설비 · 할로겐화합물소화설비 또는 분말소화설비 설치대상인 것에 있어서는 반경 30m마다 대형소화기 1개 이상을 증설할 것

3. 방화상 유효한 담의 길이는 제조소 등의 외벽의 양단(a1, a2)을 중심으로 Ⅰ 제1호 각목에 정한 인근 건축물 또는 공작물(이 호에서 "인근 건축물 등"이라 한다)에 따른 안전거리를 반지름으로 한 원을 그려서 당해 원의 내부에 들어오는 인근 건축물 등의 부분 중 최외측 양단(p1, p2)을 구한 다음, a1과 p1을 연결한 선분(L1)과 a2와 p2을 연결한 선분(L2) 상호 간의 간격(L)으로 한다.

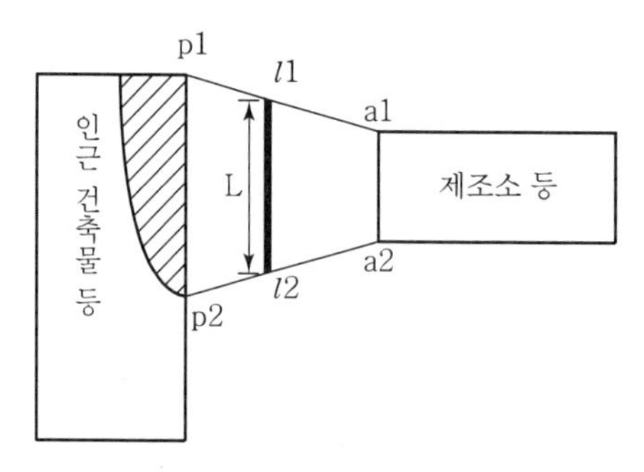

4. 방화상 유효한 담은 제조소 등으로부터 5m 미만의 거리에 설치하는 경우에는 내화구조로, 5m 이상의 거리에 설치하는 경우에는 불연재료로 하고, 제조소 등의 벽을 높게 하여 방화상 유효한 담을 갈음하는 경우에는 그 벽을 내화구조로 하고 개구부를 설치하여서는 아니된다.

위험물 저장소

저장소 외벽이 내화구조일 때 1소요단위는 150m²이다.
저장소 외벽이 내화구조가 아닐 때 1소요단위는 75m²이다.

[별표 5] 〈개정 2017. 12. 29.〉

옥내저장소의 위치·구조 및 설비의 기준(제29조 관련)

Ⅰ. 옥내저장소의 기준(Ⅱ 및 Ⅲ의 규정에 의한 것을 제외한다)

1. 옥내저장소는 별표 4 Ⅰ의 규정에 준하여 안전거리를 두어야 한다. 다만, 다음 각목의 1에 해당하는 옥내저장소는 안전거리를 두지 아니할 수 있다.
   가. 제4석유류 또는 동식물유류의 위험물을 저장 또는 취급하는 옥내저장소로서 그 최대수량이 지정수량의 20배 미만인 것
   나. 제6류 위험물을 저장 또는 취급하는 옥내저장소
   다. 지정수량의 20배(하나의 저장창고의 바닥면적이 150m² 이하인 경우에는 50배) 이하의 위험물을 저장 또는 취급하는 옥내저장소로서 다음의 기준에 적합한 것
      1) 저장창고의 벽·기둥·바닥·보 및 지붕이 내화구조인 것
      2) 저장창고의 출입구에 수시로 열 수 있는 자동폐쇄방식의 갑종방화문이 설치되어 있을 것
      3) 저장창고에 창을 설치하지 아니할 것
2. **옥내저장소의 주위에는 그 저장 또는 취급하는 위험물의 최대수량에 따라 다음 표에 의한 너비의 공지를 보유하여야 한다.** 다만, 지정수량의 20배를 초과하는 옥내저장소와 동일한 부지 내에 있는 다른 옥내저장소와의 사이에는 동표에 정하는 공지의 너비의 3분의 1(당해 수치가 3m 미만인 경우에는 3m)의 공지를 보유할 수 있다.

저장 또는 취급하는 위험물의 최대수량	공지의 너비	
	벽·기둥 및 바닥이 내화구조로 된 건축물	그 밖의 건축물
지정수량의 5배 이하		0.5m 이상
지정수량의 5배 초과 10배 이하	1m 이상	1.5m 이상
지정수량의 10배 초과 20배 이하	2m 이상	3m 이상
지정수량의 20배 초과 50배 이하	3m 이상	5m 이상
지정수량의 50배 초과 200배 이하	5m 이상	10m 이상
지정수량의 200배 초과	10m 이상	15m 이상

3. 옥내저장소에는 별표 4 Ⅲ제1호의 기준에 따라 보기 쉬운 곳에 "위험물 옥내저장소"라는 표시를 한 표지와 동표 Ⅲ제2호의 기준에 따라 방화에 관하여 필요한 사항을 게시한 게시판을 설치하여야 한다.

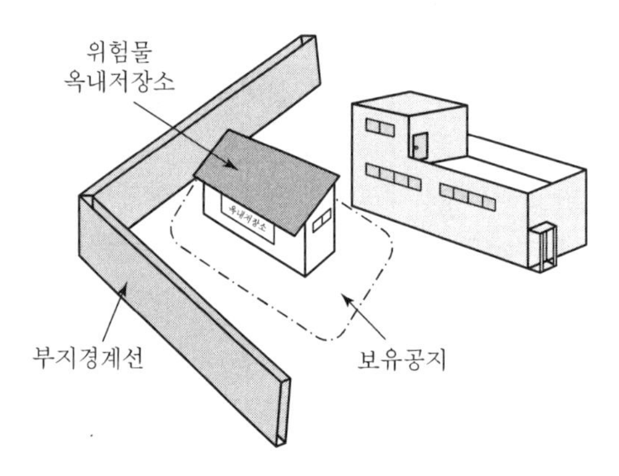

4. 저장창고는 위험물의 저장을 전용으로 하는 독립된 건축물로 하여야 한다.
5. 저장창고는 지면에서 처마까지의 높이(이하 "처마높이"라 한다)가 6m 미만인 단층건물로 하고 그 바닥을 지반면보다 높게 하여야 한다. 다만, 제2류 또는 제4류의 위험물만을 저장하는 창고로서 다음 각목의 기준에 적합한 창고의 경우에는 20m 이하로 할 수 있다.
   가. 벽·기둥·보 및 바닥을 내화구조로 할 것
   나. 출입구에 갑종방화문을 설치할 것
   다. 피뢰침을 설치할 것. 다만, 주위상황에 의하여 안전상 지장이 없는 경우에는 그러하지 아니하다.

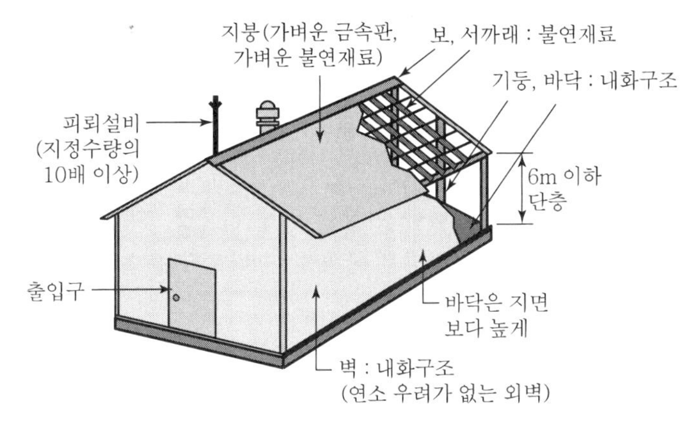

6. 하나의 저장창고의 바닥면적(2 이상의 구획된 실이 있는 경우에는 각 실의 바닥면적의 합계)은 다음 각목의 구분에 의한 면적 이하로 하여야 한다. 이 경우 가목의 위험물과 나목의 위험물을 같은 저장창고에 저장하는 때에는 가목의 위험물을 저장하는 것으로 보아 그에 따른 바닥면적을 적용한다.

   가. 다음의 위험물을 저장하는 창고 : 1,000m²

   1) 제1류 위험물 중 아염소산염류, 염소산염류, 과염소산염류, 무기과산화물 그 밖에 지정수량이 50kg인 위험물
   2) 제3류 위험물 중 칼륨, 나트륨, 알킬알루미늄, 알킬리튬 그 밖에 지정수량이 10kg인 위험물 및 황린
   3) 제4류 위험물 중 특수인화물, 제1석유류 및 알코올류
   4) 제5류 위험물 중 유기과산화물, 질산에스테르류 그 밖에 지정수량이 10kg인 위험물
   5) 제6류 위험물

   나. 가목의 위험물 외의 위험물을 저장하는 창고 : 2,000m²

   다. 가목의 위험물과 나목의 위험물을 내화구조의 격벽으로 완전히 구획된 실에 각각 저장하는 창고 : 1,500m²(가목의 위험물을 저장하는 실의 면적은 500m²를 초과할 수 없다)

7. **저장창고의 벽 · 기둥 및 바닥은 내화구조로 하고, 보와 서까래는 불연재료로 하여야 한다.** 다만, 지정수량의 10배 이하의 위험물의 저장창고 또는 제2류와 제4류의 위험물(인화성고체 및 인화점이 70℃ 미만인 제4류 위험물을 제외한다)만의 저장창고에 있어서는 연소의 우려가 없는 벽 · 기둥 및 바닥은 불연재료로 할 수 있다.

8. **저장창고는 지붕을 폭발력이 위로 방출될 정도의 가벼운 불연재료로 하고, 천장을 만들지 아니하여야 한다.** 다만, 제2류 위험물(분상의 것과 인화성고체를 제외한다)과 제6류 위험물만의 저장창고에 있어서는 지붕을 내화구조로 할 수 있고, 제5류 위험물만의 저장창고에 있어서는 당해 저장창고내의 온도를 저온으로 유지하기 위하여 난연재료 또는 불연재료로 된 천장을 설치할 수 있다.

9. 저장창고의 출입구에는 갑종방화문 또는 을종방화문을 설치하되, 연소의 우려가 있는 외벽에 있는 출입구에는 수시로 열 수 있는 자동폐쇄식의 갑종방화문을 설치하여야 한다.
10. 저장창고의 창 또는 출입구에 유리를 이용하는 경우에는 망입유리로 하여야 한다.
11. 제1류 위험물 중 알칼리금속의 과산화물 또는 이를 함유하는 것, 제2류 위험물 중 철분・금속분・마그네슘 또는 이중 어느 하나 이상을 함유하는 것, 제3류 위험물 중 금수성 물질 또는 제4류 위험물의 저장창고의 바닥은 물이 스며 나오거나 스며들지 아니하는 구조로 하여야 한다.
12. **액상의 위험물의 저장창고의 바닥은 위험물이 스며들지 아니하는 구조로 하고, 적당하게 경사지게 하여 그 최저부에 집유설비를 하여야 한다.**
13. 저장창고에 선반 등의 수납장을 설치하는 경우에는 다음 각목의 기준에 적합하게 하여야 한다.
   가. 수납장은 불연재료로 만들어 견고한 기초 위에 고정할 것
   나. 수납장은 당해 수납장 및 그 부속설비의 자중, 저장하는 위험물의 중량 등의 하중에 의하여 생기는 응력에 대하여 안전한 것으로 할 것
   다. 수납장에는 위험물을 수납한 용기가 쉽게 떨어지지 아니하게 하는 조치를 할 것
14. 저장창고에는 별표 4 V 및 VI의 규정에 준하여 채광・조명 및 환기의 설비를 갖추어야 하고, 인화점이 70℃ 미만인 위험물의 저장창고에 있어서는 내부에 체류한 가연성의 증기를 지붕 위로 배출하는 설비를 갖추어야 한다.
15. 저장창고에 설치하는 전기설비는 「전기사업법」에 의한 전기설비기술기준에 의하여야 한다.
16. 지정수량의 10배 이상의 저장창고(제6류 위험물의 저장창고를 제외한다)에는 피뢰침을 설치하여야 한다. 다만, 저장창고의 주위의 상황에 따라 안전상 지장이 없는 경우에는 피뢰침을 설치하지 아니할 수 있다.
17. 제5류 위험물 중 셀룰로이드 그 밖에 온도의 상승에 의하여 분해・발화할 우려가 있는 것의 저장창고는 당해 위험물이 발화하는 온도에 달하지 아니하는 온도를 유지하는 구조로 하거나 다음 각목의 기준에 적합한 비상전원을 갖춘 통풍장치 또는 냉방장치 등의 설비를 2 이상 설치하여야 한다.
   가. 상용전력원이 고장인 경우에 자동으로 비상전원으로 전환되어 가동되도록 할 것
   나. 비상전원의 용량은 통풍장치 또는 냉방장치 등의 설비를 유효하게 작동할 수 있는 정도일 것

Ⅱ. 다층건물의 옥내저장소의 기준

옥내저장소 중 제2류 또는 제4류의 위험물(인화성고체 및 인화점이 70℃ 미만인 제4류 위험물을 제외한다)만을 저장 또는 취급하는 저장창고가 다층건물인 옥내저장소의 위치 · 구조 및 설비의 기술기준은 Ⅰ 제1호 내지 제4호 및 제8호 내지 제16호의 규정에 의하는 외에 다음 각호의 기준에 의하여야 한다.

1. 저장창고는 각층의 바닥을 지면보다 높게 하고, 바닥면으로부터 상층의 바닥(상층이 없는 경우에는 처마)까지의 높이(이하 "층고"라 한다)를 6m 미만으로 하여야 한다.

2. 하나의 저장창고의 바닥면적 합계는 1,000m^2 이하로 하여야 한다.

3. 저장창고의 벽 · 기둥 · 바닥 및 보를 내화구조로 하고, 계단을 불연재료로 하며, 연소의 우려가 있는 외벽은 출입구외의 개구부를 갖지 아니하는 벽으로 하여야 한다.

4. 2층 이상의 층의 바닥에는 개구부를 두지 아니하여야 한다. 다만, 내화구조의 벽과 갑종방화문 또는 을종방화문으로 구획된 계단실에 있어서는 그러하지 아니하다.

Ⅲ. 복합용도 건축물의 옥내저장소의 기준

옥내저장소 중 지정수량의 20배 이하의 것(옥내저장소 외의 용도로 사용하는 부분이 있는 건축물에 설치하는 것에 한한다)의 위치 · 구조 및 설비의 기술기준은 Ⅰ 제3호, 제11호 내지 제17호의 규정에 의하는 외에 다음 각호의 기준에 의하여야 한다.

1. 옥내저장소는 벽 · 기둥 · 바닥 및 보가 내화구조인 건축물의 1층 또는 2층의 어느 하나의 층에 설치하여야 한다.
2. 옥내저장소의 용도에 사용되는 부분의 바닥은 지면보다 높게 설치하고 그 층고를 6m 미만으로 하여야 한다.
3. 옥내저장소의 용도에 사용되는 부분의 바닥면적은 75m^2 이하로 하여야 한다.
4. 옥내저장소의 용도에 사용되는 부분은 벽 · 기둥 · 바닥 · 보 및 지붕(상층이 있는 경우에는 상층의 바닥)을 내화구조로 하고, 출입구외의 개구부가 없는 두께 70mm 이상의 철근콘크리트조 또는 이와 동등 이상의 강도가 있는 구조의 바닥 또는 벽으로 당해 건축물의 다른 부분과 구획되도록 하여야 한다.
5. 옥내저장소의 용도에 사용되는 부분의 출입구에는 수시로 열 수 있는 자동폐쇄방식의 갑종방화문을 설치하여야 한다.
6. 옥내저장소의 용도에 사용되는 부분에는 창을 설치하지 아니하여야 한다.
7. 옥내저장소의 용도에 사용되는 부분의 환기설비 및 배출설비에는 방화상 유효한 댐퍼 등을 설치하여야 한다.

Ⅳ. 소규모 옥내저장소의 특례

1. 지정수량의 50배 이하인 소규모의 옥내저장소중 저장창고의 처마높이가 6m 미만인 것으로서 저장창고가 다음 각목에 정하는 기준에 적합한 것에 대하여는 Ⅰ 제1호·제2호 및 제6호 내지 제9호의 규정은 적용하지 아니한다.

가. 저장창고의 주위에는 다음 표에 정하는 너비의 공지를 보유할 것

저장 또는 취급하는 위험물의 최대수량	공지의 너비
지정수량의 5배 이하	
지정수량의 5배 초과 20배 이하	**1m 이상**
지정수량의 20배 초과 50배 이하	**2m 이상**

나. 하나의 저장창고 바닥면적은 150m² 이하로 할 것

다. 저장창고는 벽·기둥·바닥·보 및 지붕을 내화구조로 할 것

라. 저장창고의 출입구에는 수시로 개방할 수 있는 자동폐쇄방식의 갑종방화문을 설치할 것

마. 저장창고에는 창을 설치하지 아니할 것

2. 지정수량의 50배 이하인 소규모의 옥내저장소중 저장창고의 처마높이가 6m 이상인 것으로서 저장창고가 제1호 나목 내지 마목의 규정에 의한 기준에 적합한 것에 대하여는 Ⅰ 제1호 및 제6호 내지 제9호의 규정은 적용하지 아니한다.

Ⅴ. 고인화점 위험물의 단층건물 옥내저장소의 특례

1. 고인화점 위험물만을 저장 또는 취급하는 단층건물의 옥내저장소중 저장창고의 처마높이가 6m 미만인 것으로서 위치 및 구조가 다음 각목의 규정에 적합한 것은 Ⅰ 제1호·제2호·제8호 내지 제10호 및 제13호의 규정은 적용하지 아니한다.

가. 지정수량의 20배를 초과하는 옥내저장소에 있어서는 별표 4 제1호의 규정에 준하여 안전거리를 둘 것

나. 저장창고의 주위에는 다음 표에 정하는 너비의 공지를 보유할 것

저장 또는 취급하는 위험물의 최대수량	공지의 너비	
	당해 건축물의 벽·기둥 및 바닥이 내화구조로 된 경우	왼쪽란에 정하는 경우 외의 경우
20배 이하		0.5m 이상
20배 초과 50배 이하	1m 이상	1.5m 이상
50배 초과 200배 이하	2m 이상	3m 이상
200배 초과	3m 이상	5m 이상

다. 저장창고는 지붕을 불연재료로 할 것

라. 저장창고의 창 및 출입구에는 방화문 또는 불연재료나 유리로 된 문을 달고, 연소의 우려가 있는 외벽에 두는 출입구에는 수시로 열 수 있는 자동폐쇄방식의 갑종방화문을 설치할 것

마. 저장창고의 연소의 우려가 있는 외벽에 설치하는 출입구에 유리를 이용하는 경우에는 망입유리로 할 것

2. 고인화점 위험물만을 저장 또는 취급하는 단층건물의 옥내저장소중 저장창고의 처마높이가 6m 이상인 것으로서 위치가 제1호가목의 규정에 의한 기준에 적합한 것은 Ⅰ제1호의 규정은 적용하지 아니한다.

Ⅵ. 고인화점 위험물의 다층건물 옥내저장소의 특례

고인화점 위험물만을 저장 또는 취급하는 다층건물의 옥내저장소중 그 위치 및 구조가 다음 각목의 규정에 의한 기준에 적합한 것에 대하여는 Ⅰ제1호·제2호·제8호 내지 제10호 및 제16호와 Ⅱ제3호의 규정은 적용하지 아니한다.

가. Ⅴ제1호 각목의 기준에 적합할 것

나. 저장창고는 벽·기둥·바닥·보 및 계단을 불연재료로 만들고, 연소의 우려가 있는 외벽은 출입구외의 개구부가 없는 내화구조의 벽으로 할 것

Ⅶ. 고인화점 위험물의 소규모 옥내저장소의 특례

1. 고인화점 위험물만을 지정수량의 50배 이하로 저장 또는 취급하는 옥내저장소중 저장창고의 처마높이가 6m 미만인 것으로서 Ⅳ제1호 나목 내지 마목의 규정에 의한 기준에 적합한 것에 대하여는 Ⅰ제1호·제2호 및 제6호 내지 제9호 및 제16호의 규정은 적용하지 아니한다.

2. 고인화점 위험물만을 지정수량의 50배 이하로 저장 또는 취급하는 옥내저장소중 처마높이가 6m 이상인 것으로서 저장창고가 Ⅳ제1호 각목의 규정에 의한 기준에 적합한 것에 대하여는 Ⅰ제1호·제2호·제6호 내지 제9호의 규정은 적용하지 아니한다.

Ⅷ. 위험물의 성질에 따른 옥내저장소의 특례

1. 다음 각목의 1에 해당하는 위험물을 저장 또는 취급하는 옥내저장소에 있어서는 Ⅰ 내지 Ⅳ의 규정에 의하되, 당해 위험물의 성질에 따라 강화되는 기준은 제2호 내지 제4호에 의하여야 한다.

가. 제5류 위험물중 유기과산화물 또는 이를 함유하는 것으로서 지정수량이 10kg인 것(이하 "지정과산화물"이라 한다)

나. 알킬알루미늄등

다. 히드록실아민등

2. 지정과산화물을 저장 또는 취급하는 옥내저장소에 대하여 강화되는 기준은 다음 각목과 같다.
   가. 옥내저장소는 당해 옥내저장소의 외벽으로부터 별표 4 Ⅰ제1호 가목 내지 다목의 규정에 의한 건축물의 외벽 또는 이에 상당하는 공작물의 외측까지의 사이에 부표 1에 정하는 안전거리를 두어야 한다.
   나. 옥내저장소의 저장창고 주위에는 부표 2에 정하는 너비의 공지를 보유하여야 한다. 다만, 2 이상의 옥내저장소를 동일한 부지 내에 인접하여 설치하는 때에는 당해 옥내저장소의 상호 간 공지의 너비를 동표에 정하는 공지 너비의 3분의 2로 할 수 있다.
   다. 옥내저장소의 저장창고의 기준은 다음과 같다.
      1) 저장창고는 $150m^2$ 이내마다 격벽으로 완전하게 구획할 것. 이 경우 당해 격벽은 두께 30cm 이상의 철근콘크리트조 또는 철골철근콘크리트조로 하거나 두께 40cm 이상의 보강콘크리트블록조로 하고, 당해 저장창고의 양측의 외벽으로부터 1m 이상, 상부의 지붕으로부터 50cm 이상 돌출하게 하여야 한다.
      2) 저장창고의 외벽은 두께 20cm 이상의 철근콘크리트조나 철골철근콘크리트조 또는 두께 30cm 이상의 보강콘크리트블록조로 할 것
      3) 저장창고의 지붕은 다음 각목의 1에 적합할 것
         가) 중도리 또는 서까래의 간격은 30cm 이하로 할 것
         나) 지붕의 아래쪽 면에는 한 변의 길이가 45cm 이하의 환강(丸鋼)・경량형강(輕量形鋼) 등으로 된 강제(鋼製)의 격자를 설치할 것
         다) 지붕의 아래쪽 면에 철망을 쳐서 불연재료의 도리・보 또는 서까래에 단단히 결합할 것
         라) 두께 5cm 이상, 너비 30cm 이상의 목재로 만든 받침대를 설치할 것
      4) 저장창고의 출입구에는 갑종방화문을 설치할 것
      5) 저장창고의 창은 바닥면으로부터 2m 이상의 높이에 두되, 하나의 벽면에 두는 창의 면적의 합계를 당해 벽면의 면적의 80분의 1 이내로 하고, 하나의 창의 면적을 $0.4m^2$ 이내로 할 것

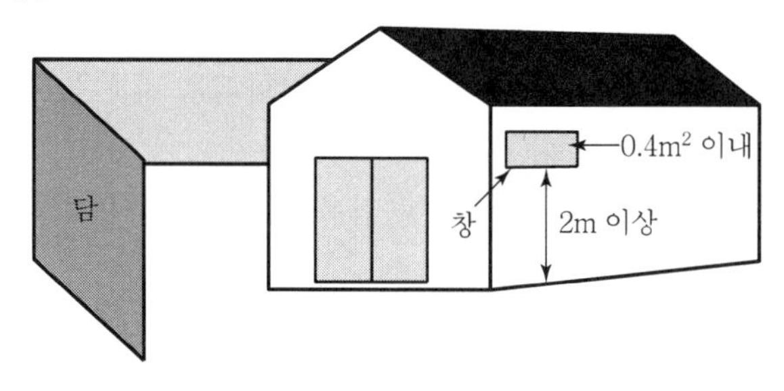

3. 알킬알루미늄등을 저장 또는 취급하는 옥내저장소에 대하여 강화되는 기준은 다음 각목과 같다.
   가. 옥내저장소에는 누설범위를 국한하기 위한 설비 및 누설한 알킬알루미늄등을 안전한 장소에 설치된 조(槽)로 끌어들일 수 있는 설비를 설치하여야 한다.
   나. Ⅱ 내지 Ⅳ의 규정은 적용하지 아니한다.
4. 히드록실아민등을 저장 또는 취급하는 옥내저장소에 대하여 강화되는 기준은 히드록실아민등의 온도의 상승에 의한 위험한 반응을 방지하기 위한 조치를 강구하는 것으로 한다.

Ⅸ. 수출입 하역장소의 옥내저장소의 특례

「관세법」 제154조에 따른 보세구역, 「항만법」 제2조제1호에 따른 항만 또는 같은 조 제7호에 따른 항만배후단지 내에서 수출입을 위한 위험물을 저장 또는 취급하는 옥내저장소 중 Ⅰ(제2호는 제외한다)의 규정에 적합한 것은 다음 표에 정하는 너비의 공지(空地)를 보유할 수 있다.

저장 또는 취급하는 위험물의 최대수량	공지의 너비	
	벽·기둥 및 바닥이 내화구조로 된 건축물	그 밖의 건축물
지정수량의 5배 이하		0.5m 이상
지정수량의 5배 초과 10배 이하	1m 이상	1.5m 이상
지정수량의 10배 초과 20배 이하	2m 이상	3m 이상
지정수량의 20배 초과 50배 이하	3m 이상	3.3m 이상
지정수량의 50배 초과 200배 이하	3.3m 이상	3.5m 이상
지정수량의 200배 초과	3.5m 이상	5m 이상

[별표 6] 〈개정 2020. 10. 12.〉

옥외탱크저장소의 위치 · 구조 및 설비의 기준(제30조 관련)

Ⅰ. 안전거리

옥외저장탱크의 안전거리는 별표 4 Ⅰ을 준용한다.

Ⅱ. 보유공지

1. 옥외저장탱크(위험물을 이송하기 위한 배관 그 밖에 이에 준하는 공작물을 제외한다)의 주위에는 그 저장 또는 취급하는 위험물의 최대수량에 따라 옥외저장탱크의 측면으로부터 다음 표에 의한 너비의 공지를 보유하여야 한다.

저장 또는 취급하는 위험물의 최대수량	공지의 너비
지정수량의 500배 이하	3m 이상
지정수량의 500배 초과 1,000배 이하	5m 이상
지정수량의 1,000배 초과 2,000배 이하	9m 이상
지정수량의 2,000배 초과 3,000배 이하	12m 이상
지정수량의 3,000배 초과 4,000배 이하	15m 이상
지정수량의 4,000배 초과	당해 탱크의 수평단면의 최대지름(횡형인 경우에는 긴 변)과 높이 중 큰 것과 같은 거리 이상. 다만, 30m 초과의 경우에는 30m 이상으로 할 수 있고, 15m 미만의 경우에는 15m 이상으로 하여야 한다.

2. 제6류 위험물 외의 위험물을 저장 또는 취급하는 옥외저장탱크(지정수량의 4,000배를 초과하여 저장 또는 취급하는 옥외저장탱크를 제외한다)를 동일한 방유제안에 2개 이상 인접하여 설치하는 경우 그 인접하는 방향의 보유공지는 제1호의 규정에 의한 보유공지의 3분의 1 이상의 너비로 할 수 있다. 이 경우 보유공지의 너비는 3m 이상이 되어야 한다.

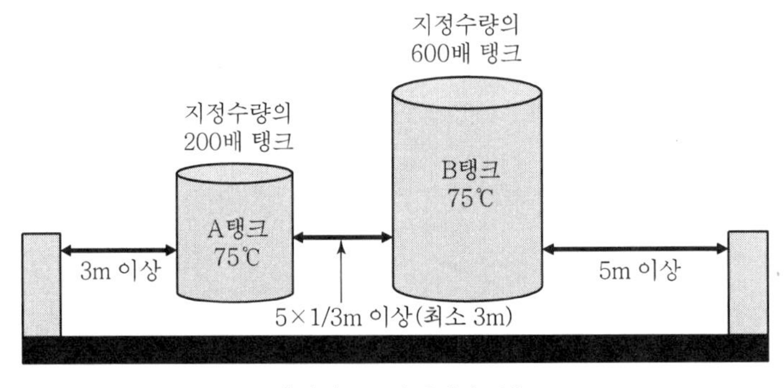

< 옥외탱크 보유공지의 단축>

3. 제6류 위험물을 저장 또는 취급하는 옥외저장탱크는 제1호의 규정에 의한 보유공지의 3분의 1 이상의 너비로 할 수 있다. 이 경우 보유공지의 너비는 1.5m 이상이 되어야 한다.
4. 제6류 위험물을 저장 또는 취급하는 옥외저장탱크를 동일구내에 2개 이상 인접하여 설치하는 경우 그 인접하는 방향의 보유공지는 제3호의 규정에 의하여 산출된 너비의 3분의 1 이상의 너비로 할 수 있다. 이 경우 보유공지의 너비는 1.5m 이상이 되어야 한다.
5. 제1호의 규정에도 불구하고 옥외저장탱크(이하 이호에서 **"공지단축 옥외저장탱크"라 한다)에 다음 각목의 기준에 적합한 물분무설비로 방호조치를 하는 경우에는 그 보유공지를 제1호의 규정에 의한 보유공지의 2분의 1 이상의 너비(최소 3m 이상)로 할 수 있다. 이 경우 공지단축 옥외저장탱크의 화재 시 $1m^2$당 20kW 이상의 복사열에 노출되는 표면을 갖는 인접한 옥외저장탱크가 있으면 당해 표면에도 다음 각목의 기준에 적합한 물분무설비로 방호조치를 함께하여야 한다.**
   가. 탱크의 표면에 방사하는 물의 양은 탱크의 원주길이 1m에 대하여 분당 37L 이상으로 할 것
   나. 수원의 양은 가목의 규정에 의한 수량으로 20분 이상 방사할 수 있는 수량으로 할 것
   다. 탱크에 보강링이 설치된 경우에는 보강링의 아래에 분무헤드를 설치하되, 분무헤드는 탱크의 높이 및 구조를 고려하여 분무가 적정하게 이루어 질 수 있도록 배치할 것
   라. 물분무소화설비의 설치기준에 준할 것

Ⅲ. 표지 및 게시판

1. 옥외탱크저장소에는 별표 4 Ⅲ제1호의 기준에 따라 보기 쉬운 곳에 "위험물 옥외탱크저장소"라는 표시를 한 표지와 동표 Ⅲ제2호의 기준에 따라 방화에 관하여 필요한 사항을 게시한 게시판을 설치하여야 한다.
2. 탱크의 군(群)에 있어서는 제1호의 표지 및 게시판을 그 의미 전달에 지장이 없는 범위 안에서 보기 쉬운 곳에 일괄하여 설치할 수 있다. 이 경우 게시판과 각 탱크가 대응될 수 있도록 하는 조치를 강구하여야 한다.

Ⅳ. 특정옥외저장탱크의 기초 및 지반

1. **옥외탱크저장소 중 그 저장 또는 취급하는 액체위험물의 최대수량이 100만L 이상의 것(이하 "특정옥외탱크저장소"라 한다)의 옥외저장탱크(이하 "특정옥외저장탱크"라 한다)의 기초 및 지반은 당해 기초 및 지반상에 설치하는 특정옥외저장탱크 및 그 부속설비의 자중, 저장하는 위험물의 중량 등의 하중(이하 "탱크하중"이라 한다)에 의하여 발생하는 응력에 대하여 안전한 것으로 하여야 한다.**

2. 기초 및 지반은 다음 각목에 정하는 기준에 적합하여야 한다.
  가. 지반은 암반의 단층, 절토 및 성토에 걸쳐 있는 등 활동(滑動)을 일으킬 우려가 있는 경우가 아닐 것
  나. 지반은 다음 1에 적합할 것
    1) 소방청장이 정하여 고시하는 범위 내에 있는 지반이 표준관입시험(標準貫入試驗) 및 평판재하시험(平板載荷試驗)에 의하여 각각 표준관입시험치가 20 이상 및 평판재하시험치[5mm 침하 시에 있어서의 시험치(K30치)로 한다. 제4호에서 같다]가 $1m^3$당 100MN 이상의 값일 것
    2) 소방청장이 정하여 고시하는 범위 내에 있는 지반이 다음의 기준에 적합할 것
      가) 탱크하중에 대한 지지력 계산에 있어서의 지지력안전율 및 침하량 계산에 있어서의 계산침하량이 소방청장이 정하여 고시하는 값일 것
      나) 기초(소방청장이 정하여 고시하는 것에 한한다. 이하 이 호에서 같다)의 표면으로부터 3m 이내의 기초직하의 지반부분이 기초와 동등 이상의 견고성이 있고, 지표면으로부터의 깊이가 15m까지의 지질(기초의 표면으로부터 3m 이내의 기초직하의 지반부분을 제외한다)이 소방청장이 정하여 고시하는 것 외의 것일 것
      다) 점성토 지반은 압밀도시험에서, 사질토 지반은 표준관입시험에서 각각 압밀하중에 대하여 압밀도가 90%[미소한 침하가 장기간 계속되는 경우에는 10일간(이하 이 호에서 "미소침하측정기간"이라 한다) 계속하여 측정한 침하량의 합의 1일당 평균침하량이 침하의 측정을 개시한 날부터 미소침하측정기간의 최종일까지의 총침하량의 0.3% 이하인 때에는 당해 지반에서의 압밀도가 90%인 것으로 본다] 이상 또는 표준관입시험치가 평균 15 이상의 값일 것
    3) 1) 또는 2)와 동등 이상의 견고함이 있을 것
  다. 지반이 바다, 하천, 호수와 늪 등에 접하고 있는 경우에는 활동에 관하여 소방청장이 정하여 고시하는 안전율이 있을 것
  라. 기초는 사질토 또는 이와 동등 이상의 견고성이 있는 것을 이용하여 소방청장이 정하여 고시하는 바에 따라 만드는 것으로서 평판재하시험의 평판재하시험치가 $1m^3$당 100MN 이상의 값을 나타내는 것(이하 "성토"라 한다) 또는 이와 동등 이상의 견고함이 있는 것으로 할 것
  마. 기초(성토인 것에 한한다. 이하 바목에서 같다)는 그 윗면이 특정옥외저장탱크를 설치하는 장소의 지하수위와 2m 이상의 간격을 확보할 것
  바. 기초 또는 기초의 주위에는 소방청장이 정하여 고시하는 바에 따라 당해 기초를 보강하기 위한 조치를 강구할 것

3. 제1호 및 제2호에 규정하는 것 외에 기초 및 지반에 관하여 필요한 사항은 소방청장이 정하여 고시한다.
4. 특정옥외저장탱크의 기초 및 지반은 제2호 나목1)의 규정에 의한 표준관입시험 및 평판재하시험, 동목2)다)의 규정에 의한 압밀도시험 또는 표준관입시험, 동호 라목의 규정에 의한 평판재하시험 및 그 밖에 소방청장이 정하여 고시하는 시험을 실시하였을 때 당해 시험과 관련되는 규정에 의한 기준에 적합하여야 한다.

V. 준특정옥외저장탱크의 기초 및 지반

1. **옥외탱크저장소 중 그 저장 또는 취급하는 액체위험물의 최대수량이 50만L 이상 100만L 미만의 것(이하 "준특정옥외탱크저장소"라 한다)**의 옥외저장탱크(이하 "준특정옥외저장탱크"라 한다)의 기초 및 지반은 제2호 및 제3호에서 정하는 바에 따라 견고하게 하여야 한다.
2. 기초 및 지반은 탱크하중에 의하여 발생하는 응력에 대하여 안전한 것으로 하여야 한다.
3. 기초 및 지반은 다음의 각목에 정하는 기준에 적합하여야 한다.
   가. 지반은 암반의 단층, 절토 및 성토에 걸쳐 있는 등 활동을 일으킬 우려가 없을 것
   나. 지반은 다음의 1에 적합할 것
      1) 소방청장이 정하여 고시하는 범위 내에 있는 지반이 암반 그 밖의 견고한 것일 것
      2) 소방청장이 정하여 고시하는 범위 내에 있는 지반이 다음의 기준에 적합할 것
      가) 당해 지반에 설치하는 준특정옥외저장탱크의 탱크하중에 대한 지지력 계산에 있어서의 지지력안전율 및 침하량 계산에 있어서의 계산침하량이 소방청장이 정하여 고시하는 값일 것
      나) 소방청장이 정하여 고시하는 지질 외의 것일 것(기초가 소방청장이 정하여 고시하는 구조인 경우를 제외한다)
      3) 2)와 동등 이상의 견고함이 있을 것
   다. 지반이 바다, 하천, 호수와 늪 등에 접하고 있는 경우에는 활동에 관하여 소방청장이 정하여 고시하는 안전율이 있을 것
   라. 기초는 사질토 또는 이와 동등 이상의 견고성이 있는 것을 이용하여 소방청장이 정하여 고시하는 바에 따라 만들거나 이와 동등 이상의 견고함이 있는 것으로 할 것
   마. 기초(사질토 또는 이와 동등 이상의 견고성이 있는 것을 이용하여 소방청장이 정하여 고시하는 바에 따라 만드는 것에 한한다)는 그 윗면이 준특정옥외저장탱크를 설치하는 장소의 지하수위와 2m 이상의 간격을 확보할 것
4. 제2호 및 제3호에 규정하는 것 외에 기초 및 지반에 관하여 필요한 사항은 소방청장이 정하여 고시한다.

Ⅵ. 옥외저장탱크의 외부구조 및 설비

1. 옥외저장탱크는 특정옥외저장탱크 및 준특정옥외저장탱크 외에는 두께 3.2mm 이상의 강철판 또는 소방청장이 정하여 고시하는 규격에 적합한 재료로, 특정옥외저장탱크 및 준특정옥외저장탱크는 Ⅶ 및 Ⅷ에 의하여 소방청장이 정하여 고시하는 규격에 적합한 강철판 또는 이와 동등 이상의 기계적 성질 및 용접성이 있는 재료로 틈이 없도록 제작하여야 하고, 압력탱크(최대상용압력이 대기압을 초과하는 탱크를 말한다) 외의 탱크는 충수시험, 압력탱크는 최대상용압력의 1.5배의 압력으로 10분간 실시하는 수압시험에서 각각 새거나 변형되지 아니하여야 한다.
2. 특정옥외저장탱크의 용접부는 소방청장이 정하여 고시하는 바에 따라 실시하는 방사선투과시험, 진공시험 등의 비파괴시험에 있어서 소방청장이 정하여 고시하는 기준에 적합한 것이어야 한다.
3. 특정옥외저장탱크 및 준특정옥외저장탱크 외의 탱크는 다음 각목에 정하는 바에 따라, 특정옥외저장탱크 및 준특정옥외저장탱크는 Ⅶ 및 Ⅷ의 규정에 의한 바에 따라 지진 및 풍압에 견딜 수 있는 구조로 하고 그 지주는 철근콘크리트조, 철골콘크리트조 그 밖에 이와 동등 이상의 내화성능이 있는 것이어야 한다.
   가. 지진동에 의한 관성력 또는 풍하중에 대한 응력이 옥외저장탱크의 옆판 또는 지주의 특정한 점에 집중하지 아니하도록 당해 탱크를 견고한 기초 및 지반 위에 고정할 것
   나. 가목의 지진동에 의한 관성력 및 풍하중의 계산방법은 소방청장이 정하여 고시하는 바에 의할 것
4. 옥외저장탱크는 위험물의 폭발 등에 의하여 탱크 내의 압력이 비정상적으로 상승하는 경우에 내부의 가스 또는 증기를 상부로 방출할 수 있는 구조로 하여야 한다.
5. 옥외저장탱크의 외면에는 녹을 방지하기 위한 도장을 하여야 한다. 다만, 탱크의 재질이 부식의 우려가 없는 스테인리스 강판 등인 경우에는 그러하지 아니하다.
6. 옥외저장탱크의 밑판[에뉼러판(특정옥외저장탱크의 옆판의 최하단 두께가 15mm를 초과하는 경우, 내경이 30m를 초과하는 경우 또는 옆판을 고장력강으로 사용하는 경우에 옆판의 직하에 설치하여야 하는 판을 말한다. 이하 같다)을 설치하는 특정옥외저장탱크에 있어서는 에뉼러판을 포함한다. 이하 이 호에서 같다]을 지반면에 접하게 설치하는 경우에는 다음 각목의 1의 기준에 따라 밑판 외면의 부식을 방지하기 위한 조치를 강구하여야 한다.
   가. 탱크의 밑판 아래에 밑판의 부식을 유효하게 방지할 수 있도록 아스팔트샌드 등의 방식재료를 댈 것
   나. 탱크의 밑판에 전기방식의 조치를 강구할 것
   다. 가목 또는 나목의 규정에 의한 것과 동등 이상으로 밑판의 부식을 방지할 수 있는 조치를 강구할 것

7. 옥외저장탱크 중 압력탱크(최대상용압력이 부압 또는 정압 5kPa을 초과하는 탱크를 말한다) 외의 탱크(제4류 위험물의 옥외저장탱크에 한한다)에 있어서는 밸브 없는 통기관 또는 대기밸브부착 통기관을 다음 각목에 정하는 바에 의하여 설치하여야 하고, 압력탱크에 있어서는 별표 4 Ⅷ제4호의 규정에 의한 안전장치를 설치하여야 한다.

가. 밸브 없는 통기관

1) 직경은 30mm 이상일 것

2) 선단은 수평면보다 45도 이상 구부려 빗물 등의 침투를 막는 구조로 할 것

3) 인화점이 38℃ 미만인 위험물만을 저장 또는 취급하는 탱크에 설치하는 통기관에는 화염방지장치를 설치하고, 그 외의 탱크에 설치하는 통기관에는 40메시(mesh) 이상의 구리망 또는 동등 이상의 성능을 가진 인화방지장치를 설치할 것. 다만, 인화점이 70℃ 이상인 위험물만을 해당 위험물의 인화점 미만의 온도로 저장 또는 취급하는 탱크에 설치하는 통기관에는 인화방지장치를 설치하지 않을 수 있다.

4) 가연성의 증기를 회수하기 위한 밸브를 통기관에 설치하는 경우에 있어서는 당해 통기관의 밸브는 저장탱크에 위험물을 주입하는 경우를 제외하고는 항상 개방되어 있는 구조로 하는 한편, 폐쇄하였을 경우에 있어서는 10kPa 이하의 압력에서 개방되는 구조로 할 것. 이 경우 개방된 부분의 유효단면적은 777.15mm^2 이상이어야 한다.

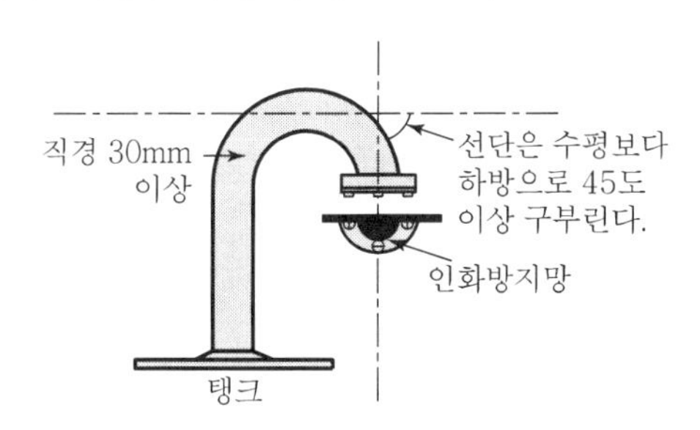

나. 대기밸브부착 통기관

1) 5kPa 이하의 압력 차이로 작동할 수 있을 것

2) 가목3)의 기준에 적합할 것

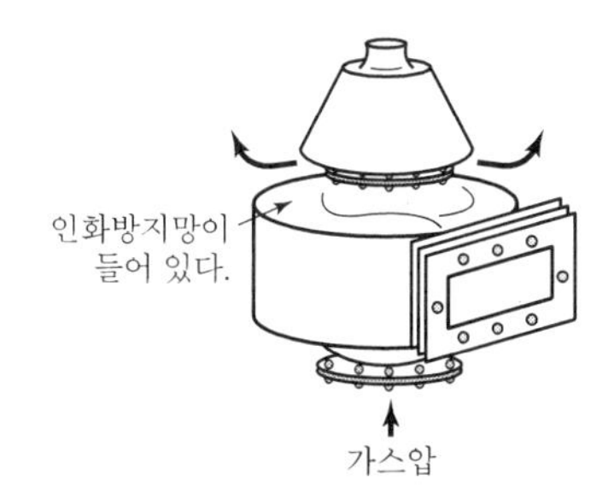

8. 액체위험물의 옥외저장탱크에는 위험물의 양을 자동적으로 표시할 수 있도록 기밀부유식 계량장치, 증기가 비산하지 아니하는 구조의 부유식 계량장치, 전기압력자동방식이나 방사성동위원소를 이용한 방식에 의한 자동계량장치 또는 유리게이지(금속관으로 보호된 경질유리 등으로 되어 있고 게이지가 파손되었을 때 위험물의 유출을 자동적으로 정지할 수 있는 장치가 되어 있는 것에 한한다)를 설치하여야 한다.
9. 액체위험물의 옥외저장탱크의 주입구는 다음 각목의 기준에 의하여야 한다.
   가. 화재예방상 지장이 없는 장소에 설치할 것
   나. 주입호스 또는 주입관과 결합할 수 있고, 결합하였을 때 위험물이 새지 아니할 것
   다. 주입구에는 밸브 또는 뚜껑을 설치할 것
   라. 휘발유, 벤젠 그 밖에 정전기에 의한 재해가 발생할 우려가 있는 액체위험물의 옥외저장탱크의 주입구 부근에는 정전기를 유효하게 제거하기 위한 접지전극을 설치할 것
   마. 인화점이 21℃ 미만인 위험물의 옥외저장탱크의 주입구에는 보기 쉬운 곳에 다음의 기준에 의한 게시판을 설치할 것. 다만, 소방본부장 또는 소방서장이 화재예방상 당해 게시판을 설치할 필요가 없다고 인정하는 경우에는 그러하지 아니하다.
      1) 게시판은 한 변이 0.3m 이상, 다른 한 변이 0.6m 이상인 직사각형으로 할 것
      2) 게시판에는 "옥외저장탱크 주입구"라고 표시하는 것 외에 취급하는 위험물의 유별, 품명 및 별표 4 Ⅲ제2호 라목의 규정에 준하여 주의사항을 표시할 것
      3) 게시판은 백색바탕에 흑색문자(별표 4 Ⅲ제2호 라목의 주의사항은 적색문자)로 할 것
   바. 주입구 주위에는 새어나온 기름 등 액체가 외부로 유출되지 아니하도록 방유턱을 설치하거나 집유설비 등의 장치를 설치할 것
10. **옥외저장탱크의 펌프설비(펌프 및 이에 부속하는 전동기를 말하며, 당해 펌프 및 전동기를 위한 건축물 그 밖의 공작물을 설치하는 경우에는 당해 공작물을 포함한다. 이하 같다)는 다음 각목에 의하여야 한다.**
    가. 펌프설비의 주위에는 너비 3m 이상의 공지를 보유할 것. 다만, 방화상 유효한 격벽을 설치하는 경우와 제6류 위험물 또는 지정수량의 10배 이하 위험물의 옥외저장탱크의 펌프설비에 있어서는 그러하지 아니하다.
    나. 펌프설비로부터 옥외저장탱크까지의 사이에는 당해 옥외저장탱크의 보유공지 너비의 3분의 1 이상의 거리를 유지할 것
    다. 펌프설비는 견고한 기초 위에 고정할 것
    라. 펌프 및 이에 부속하는 전동기를 위한 건축물 그 밖의 공작물(이하 "펌프실"이라 한다)의 벽·기둥·바닥 및 보는 불연재료로 할 것
    마. 펌프실의 지붕을 폭발력이 위로 방출될 정도의 가벼운 불연재료로 할 것
    바. 펌프실의 창 및 출입구에는 갑종방화문 또는 을종방화문을 설치할 것

사. 펌프실의 창 및 출입구에 유리를 이용하는 경우에는 망입유리로 할 것

아. 펌프실의 바닥의 주위에는 높이 0.2m 이상의 턱을 만들고 바닥은 콘크리트 등 위험물이 스며들지 아니하는 재료로 적당히 경사지게 하여 그 최저부에는 집유설비를 설치할 것

자. 펌프실에는 위험물을 취급하는 데 필요한 채광, 조명 및 환기의 설비를 설치할 것

차. 가연성 증기가 체류할 우려가 있는 펌프실에는 그 증기를 옥외의 높은 곳으로 배출하는 설비를 설치할 것

카. 펌프실 외의 장소에 설치하는 펌프설비에는 그 직하의 지반면의 주위에 높이 0.15m 이상의 턱을 만들고 당해 지반면은 콘크리트 등 위험물이 스며들지 아니하는 재료로 적당히 경사지게 하여 그 최저부에는 집유설비를 할 것. 이 경우 제4류 위험물(온도 20℃의 물 100g에 용해되는 양이 1g 미만인 것에 한한다)을 취급하는 펌프설비에 있어서는 당해 위험물이 직접 배수구에 유입하지 아니하도록 집유설비에 유분리장치를 설치하여야 한다.

타. 인화점이 21℃ 미만인 위험물을 취급하는 펌프설비에는 보기 쉬운 곳에 제9호 마목의 규정에 준하여 "옥외저장탱크 펌프설비"라는 표시를 한 게시판과 방화에 관하여 필요한 사항을 게시한 게시판을 설치할 것. 다만, 소방본부장 또는 소방서장이 화재예방상 당해 게시판을 설치할 필요가 없다고 인정하는 경우에는 그러하지 아니하다.

11. 옥외저장탱크의 밸브는 주강 또는 이와 동등 이상의 기계적 성질이 있는 재료로 되어 있고, 위험물이 새지 아니하여야 한다.
12. 옥외저장탱크의 배수관은 탱크의 옆판에 설치하여야 한다. 다만, 탱크와 배수관과의 결합부분이 지진 등에 의하여 손상을 받을 우려가 없는 방법으로 배수관을 설치하는 경우에는 탱크의 밑판에 설치할 수 있다.
13. 부상지붕이 있는 옥외저장탱크의 옆판 또는 부상지붕에 설치하는 설비는 지진 등에 의하여 부상지붕 또는 옆판에 손상을 주지 아니하게 설치하여야 한다. 다만, 당해 옥외저장탱크에 저장하는 위험물의 안전관리에 필요한 가동(可動)사다리, 회전방지기구, 검척관(檢尺管), 샘플링(sampling)설비 및 이에 부속하는 설비에 있어서는 그러하지 아니하다.
14. 옥외저장탱크의 배관의 위치·구조 및 설비는 제15호의 규정에 의한 것 외에 별표 4 X의 규정에 의한 제조소의 배관의 기준을 준용하여야 한다.
15. 액체위험물을 이송하기 위한 옥외저장탱크의 배관은 지진 등에 의하여 당해 배관과 탱크와의 결합부분에 손상을 주지 아니하게 설치하여야 한다.
16. 옥외저장탱크에 설치하는 전기설비는 전기사업법에 의한 전기설비기술기준에 의하여야 한다.
17. 지정수량의 10배 이상인 옥외탱크저장소(제6류 위험물의 옥외탱크저장소를 제외한다)에는 별표 4 Ⅷ제7호의 규정에 준하여 피뢰침을 설치하여야 한다. 다만, 탱크에 저항이 5Ω 이하인 접지시설을 설치하거나 인근 피뢰설비의 보호범위 내에 들어가는 등 주위의 상황에 따라 안전상 지장이 없는 경우에는 피뢰침을 설치하지 아니할 수 있다.

18. 액체위험물의 옥외저장탱크의 주위에는 Ⅸ의 기준에 따라 위험물이 새었을 경우에 그 유출을 방지하기 위한 방유제를 설치하여야 한다.
19. 제3류 위험물 중 금수성 물질(고체에 한한다)의 옥외저장탱크에는 방수성의 불연재료로 만든 피복설비를 설치하여야 한다.
20. **이황화탄소의 옥외저장탱크는 벽 및 바닥의 두께가 0.2m 이상이고 누수가 되지 아니하는 철근콘크리트의 수조에 넣어 보관하여야 한다. 이 경우 보유공지·통기관 및 자동계량장치는 생략할 수 있다.**
21. 옥외저장탱크에 부착되는 부속설비(교반기, 밸브, 폼챔버, 화염방지장치, 통기관대기밸브, 비상압력배출장치를 말한다)는 기술원 또는 소방청장이 정하여 고시하는 국내·외 공인시험기관에서 시험 또는 인증받은 제품을 사용하여야 한다.

Ⅶ. 특정옥외저장탱크의 구조

1. 특정옥외저장탱크는 주하중(탱크하중, 탱크와 관련되는 내압, 온도변화의 영향 등에 의한 것을 말한다. 이하 같다) 및 종하중(적설하중, 풍하중, 지진의 영향 등에 의한 것을 말한다. 이하 같다)에 의하여 발생하는 응력 및 변형에 대하여 안전한 것으로 하여야 한다.
2. 특정옥외저장탱크의 구조는 다음 각목에 정하는 기준에 적합하여야 한다.
   가. 주하중과 주하중 및 종하중의 조합에 의하여 특정옥외저장탱크의 본체에 발생하는 응력은 소방청장이 정하여 고시하는 허용응력 이하일 것
   나. 특정옥외저장탱크의 보유수평내력(保有水平耐力)은 지진의 영향에 의한 필요보유수평내력(必要保有水平耐力) 이상일 것, 이 경우에 있어서의 보유수평내력 및 필요보수수평내력의 계산방법은 소방청장이 정하여 고시한다.
   다. 옆판, 밑판 및 지붕의 최소두께와 에뉼러판의 너비(옆판외면에서 바깥으로 연장하는 최소길이, 옆판내면에서 탱크중심부로 연장하는 최소길이를 말한다) 및 최소두께는 소방청장이 정하여 고시하는 기준에 적합할 것
3. 특정옥외저장탱크의 용접(겹침보수 및 육성보수와 관련되는 것을 제외한다)방법은 다음 각목에 정하는 바에 의한다. 이러한 용접방법은 소방청장이 정하여 고시하는 용접시공방법확인시험의 방법 및 기준에 적합한 것이거나 이와 동등 이상의 것임이 미리 확인되어 있어야 한다.
   가. 옆판의 용접은 다음에 의할 것
      1) 세로이음 및 가로이음은 완전용입 맞대기용접으로 할 것
      2) 옆판의 세로이음은 단을 달리하는 옆판의 각각의 세로이음과 동일선상에 위치하지 아니하도록 할 것. 이 경우 당해 세로이음 간의 간격은 서로 접하는 옆판중 두꺼운 쪽 옆판의 5배 이상으로 하여야 한다.

나. 옆판과 에뉼러판(에뉼러판이 없는 경우에는 밑판)과의 용접은 부분용입그룹용접 또는 이와 동등 이상의 용접강도가 있는 용접방법으로 용접할 것. 이 경우에 있어서 용접 비드(bead)는 매끄러운 형상을 가져야 한다.

다. 에뉼러판과 에뉼러판은 뒷면에 재료를 댄 맞대기용접으로 하고, 에뉼러판과 밑판 및 밑판과 밑판의 용접은 뒷면에 재료를 댄 맞대기용접 또는 겹치기용접으로 용접할 것. 이 경우에 에뉼러판과 밑판의 용접부의 강도 및 밑판과 밑판의 용접부의 강도에 유해한 영향을 주는 흠이 있어서는 아니된다.

라. 필렛용접의 사이즈(부등사이즈가 되는 경우에는 작은 쪽의 사이즈를 말한다)는 다음 식에 의하여 구한 값으로 할 것

$$t_1 \geq S \geq \sqrt{2t_2} \quad (\text{단, } S \geq 4.5)$$

t_1 : 얇은 쪽의 강판의 두께(mm)
t_2 : 두꺼운 쪽의 강판의 두께(mm)
S : 사이즈(mm)

4. 제1호 내지 제3호의 규정하는 것 외의 특정옥외저장탱크의 구조에 관하여 필요한 사항은 소방청장이 정하여 고시한다.

Ⅷ. 준특정옥외저장탱크의 구조

1. 준특정옥외저장탱크는 주하중 및 종하중에 의하여 발생하는 응력 및 변형에 대하여 안전한 것으로 하여야 한다.
2. 준특정옥외저장탱크의 구조는 다음 각목에 정하는 기준에 적합하여야 한다.
   가. 두께가 3.2mm 이상일 것
   나. 준특정옥외저장탱크의 옆판에 발생하는 상시의 원주방향인장응력은 소방청장이 정하여 고시하는 허용응력 이하일 것
   다. 준특정옥외저장탱크의 옆판에 발생하는 지진 시의 축방향압축응력은 소방청장이 정하여 고시하는 허용응력 이하일 것
3. 준특정옥외저장탱크의 보유수평내력은 지진의 영향에 의한 필요보유수평내력 이상이어야 한다. 이 경우에 있어서의 보유수평내력 및 필요보수수평내력의 계산방법은 소방청장이 정하여 고시한다.
4. 제2호 및 제3호에 규정하는 것 외의 준특정옥외저장탱크의 구조에 관하여 필요한 사항은 소방청장이 정하여 고시한다.

Ⅸ. 방유제

1. 인화성액체위험물(이황화탄소를 제외한다)의 옥외탱크저장소의 탱크 주위에는 다음 각목의 기준에 의하여 방유제를 설치하여야 한다.

   가. 방유제의 용량은 방유제 안에 설치된 탱크가 하나인 때에는 그 탱크 용량의 110% 이상, 2기 이상인 때에는 그 탱크 중 용량이 최대인 것의 용량의 110% 이상으로 할 것. 이 경우 방유제의 용량은 당해 방유제의 내용적에서 용량이 최대인 탱크 외의 탱크의 방유제 높이 이하 부분의 용적, 당해 방유제 내에 있는 모든 탱크의 지반면 이상 부분의 기초의 체적, 간막이 둑의 체적 및 당해 방유제 내에 있는 배관 등의 체적을 뺀 것으로 한다.

   나. 방유제는 높이 0.5m 이상 3m 이하, 두께 0.2m 이상, 지하매설깊이 1m 이상으로 할 것. 다만, 방유제와 옥외저장탱크 사이의 지반면 아래에 불침윤성(不浸潤性) 구조물을 설치하는 경우에는 지하매설깊이를 해당 불침윤성 구조물까지로 할 수 있다.

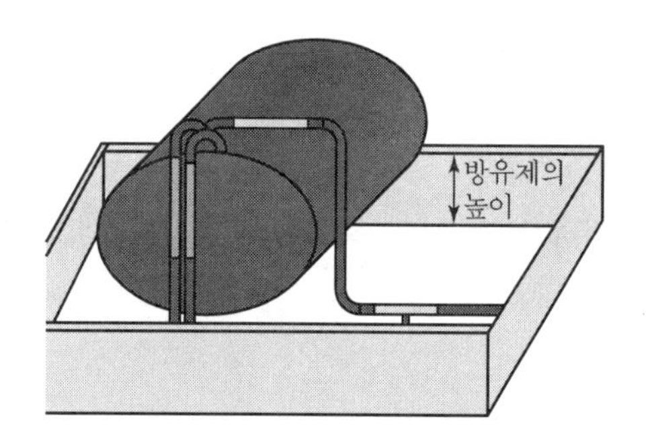

   다. 방유제 내의 면적은 8만m^2 이하로 할 것

   라. 방유제 내의 설치하는 옥외저장탱크의 수는 10(방유제 내에 설치하는 모든 옥외저장탱크의 용량이 20만L 이하이고, 당해 옥외저장탱크에 저장 또는 취급하는 위험물의 인화점이 70℃ 이상 200℃ 미만인 경우에는 20) 이하로 할 것. 다만, 인화점이 200℃ 이상인 위험물을 저장 또는 취급하는 옥외저장탱크에 있어서는 그러하지 아니하다.

   마. 방유제 외면의 2분의 1 이상은 자동차 등이 통행할 수 있는 3m 이상의 노면폭을 확보한 구내도로(옥외저장탱크가 있는 부지 내의 도로를 말한다. 이하 같다)에 직접 접하도록 할 것. 다만, 방유제 내에 설치하는 옥외저장탱크의 용량합계가 20만L 이하인 경우에는 소화활동에 지장이 없다고 인정되는 3m 이상의 노면폭을 확보한 도로 또는 공지에 접하는 것으로 할 수 있다.

   바. 방유제는 옥외저장탱크의 지름에 따라 그 탱크의 옆판으로부터 다음에 정하는 거리를 유지할 것. 다만, 인화점이 200℃ 이상인 위험물을 저장 또는 취급하는 것에 있어서는 그러하지 아니하다.

      1) 지름이 15m 미만인 경우에는 탱크 높이의 3분의 1 이상
      2) 지름이 15m 이상인 경우에는 탱크 높이의 2분의 1 이상

사. 방유제는 철근콘크리트로 하고, 방유제와 옥외저장탱크 사이의 지표면은 불연성과 불침윤성이 있는 구조(철근콘크리트 등)로 할 것. 다만, 누출된 위험물을 수용할 수 있는 전용유조(專用油槽) 및 펌프 등의 설비를 갖춘 경우에는 방유제와 옥외저장탱크 사이의 지표면을 흙으로 할 수 있다.

아. 용량이 1,000만L 이상인 옥외저장탱크의 주위에 설치하는 방유제에는 다음의 규정에 따라 당해 탱크마다 간막이 둑을 설치할 것

1) 간막이 둑의 높이는 0.3m(방유제 내에 설치되는 옥외저장탱크의 용량의 합계가 2억L를 넘는 방유제에 있어서는 1m) 이상으로 하되, 방유제의 높이보다 0.2m 이상 낮게 할 것

2) 간막이 둑은 흙 또는 철근콘크리트로 할 것

3) 간막이 둑의 용량은 간막이 둑 안에 설치된 탱크이 용량의 10% 이상일 것

자. 방유제 내에는 당해 방유제 내에 설치하는 옥외저장탱크를 위한 배관(당해 옥외저장탱크의 소화설비를 위한 배관을 포함한다), 조명설비 및 계기시스템과 이들에 부속하는 설비 그 밖의 안전확보에 지장이 없는 부속설비 외에는 다른 설비를 설치하지 아니할 것

차. 방유제 또는 간막이 둑에는 해당 방유제를 관통하는 배관을 설치하지 아니할 것. 다만, 위험물을 이송하는 배관의 경우에는 배관이 관통하는 지점의 좌우방향으로 각 1m 이상까지의 방유제 또는 간막이 둑의 외면에 두께 0.1m 이상, 지하매설깊이 0.1m 이상의 구조물을 설치하여 방유제 또는 간막이 둑을 이중구조로 하고, 그 사이에 토사를 채운 후, 관통하는 부분을 완충재 등으로 마감하는 방식으로 설치할 수 있다.

카. 방유제에는 그 내부에 고인 물을 외부로 배출하기 위한 배수구를 설치하고 이를 개폐하는 밸브 등을 방유제의 외부에 설치할 것

타. 용량이 100만L 이상인 위험물을 저장하는 옥외저장탱크에 있어서는 카목의 밸브 등에 그 개폐상황을 쉽게 확인할 수 있는 장치를 설치할 것

파. 높이가 1m를 넘는 방유제 및 간막이 둑의 안팎에는 방유제 내에 출입하기 위한 계단 또는 경사로를 약 50m마다 설치할 것

하. 용량이 50만L 이상인 옥외탱크저장소가 해안 또는 강변에 설치되어 방유제 외부로 누출된 위험물이 바다 또는 강으로 유입될 우려가 있는 경우에는 해당 옥외탱크저장소가 설치된 부지 내에 전용유조(專用油槽) 등 누출위험물 수용설비를 설치할 것

2. 제1호 가목 · 나목 · 사목 내지 파목의 규정은 인화성이 없는 액체위험물의 옥외저장탱크의 주위에 설치하는 방유제의 기술기준에 대하여 준용한다. 이 경우에 있어서 제1호 가목 중 "110%"는 "100%"로 본다.

3. 그 밖에 방유제의 기술기준에 관하여 필요한 사항은 소방청장이 정하여 고시한다.

X. 고인화점 위험물의 옥외탱크저장소의 특례

고인화점 위험물만을 100℃ 미만의 온도로 저장 또는 취급하는 옥외탱크저장소 중 그 위치·구조 및 설비가 다음 각목에 정하는 기준에 적합한 경우에는 I·II·VI제3호(지주와 관련되는 부분에 한한다)·제10호·제17호 및 제18호의 규정은 적용하지 아니한다.

가. 옥외탱크저장소는 별표 4 XI제1호의 규정에 준하여 안전거리를 둘 것

나. 옥외저장탱크(위험물을 이송하기 위한 배관 그 밖에 이에 준하는 공작물을 제외한다)의 주위에 다음의 표에 정하는 너비의 공지를 보유할 것

저장 또는 취급하는 위험물의 최대수량	공지의 너비
지정수량의 2,000배 이하	**3m 이상**
지정수량의 2,000배 초과 4,000배 이하	**5m 이상**
지정수량의 4,000배 초과	**당해 탱크의 수평단면의 최대지름(횡형인 경우에는 긴 변)과 높이 중 큰 것의 3분의 1과 같은 거리 이상. 다만, 5m 미만으로 하여서는 아니된다.**

다. 옥외저장탱크의 지주는 철근콘크리트조, 철골콘크리트구조 그 밖에 이들과 동등 이상의 내화성능이 있을 것. 다만, 하나의 방유제 안에 설치하는 모든 옥외저장탱크가 고인화점 위험물만을 100℃ 미만의 온도로 저장 또는 취급하는 경우에는 지주를 불연재료로 할 수 있다.

라. 옥외저장탱크의 펌프설비는 VI제10호(가목·바목 및 사목을 제외한다)의 규정에 준하는 것 외에 다음의 기준에 의할 것

1) 펌프설비의 주위에 1m 이상의 너비의 공지를 보유할 것. 다만, 내화구조로 된 방화상 유효한 격벽을 설치하는 경우 또는 지정수량의 10배 이하의 위험물을 저장하는 옥외저장탱크의 펌프설비에 있어서는 그러하지 아니하다.

2) 펌프실의 창 및 출입구에는 갑종방화문 또는 을종방화문을 설치할 것. 다만, 연소의 우려가 없는 외벽에 설치하는 창 및 출입구에는 불연재료 또는 유리로 만든 문을 달 수 있다.

3) 펌프실의 연소의 우려가 있는 외벽에 설치하는 창 및 출입구에 유리를 이용하는 경우는 망입유리를 이용할 것

마. 옥외저장탱크의 주위에는 위험물이 새었을 경우에 그 유출을 방지하기 위한 방유제를 설치할 것

바. IX제1호 가목 내지 다목 및 사목 내지 파목의 규정은 마목의 방유제의 기준에 대하여 준용한다. 이 경우에 있어서 동호 가목 중 "110%"는 "100%"로 본다.

XI. 위험물의 성질에 따른 옥외탱크저장소의 특례

알킬알루미늄 등, 아세트알데히드 등 및 히드록실아민 등을 저장 또는 취급하는 옥외탱크저장소는 I 내지 IX에 의하는 외에 당해 위험물의 성질에 따라 다음 각호에 정하는 기준에 의하여야 한다.

1. 알킬알루미늄 등의 옥외탱크저장소
   가. 옥외저장탱크의 주위에는 누설범위를 국한하기 위한 설비 및 누설된 알킬알루미늄 등을 안전한 장소에 설치된 조에 이끌어 들일 수 있는 설비를 설치할 것
   나. 옥외저장탱크에는 불활성의 기체를 봉입하는 장치를 설치할 것
2. 아세트알데히드 등의 옥외탱크저장소
   가. 옥외저장탱크의 설비는 동·마그네슘·은·수은 또는 이들을 성분으로 하는 합금으로 만들지 아니할 것
   나. 옥외저장탱크에는 냉각장치 또는 보냉장치, 그리고 연소성 혼합기체의 생성에 의한 폭발을 방지하기 위한 불활성의 기체를 봉입하는 장치를 설치할 것
3. 히드록실아민 등의 옥외탱크저장소
   가. 옥외탱크저장소에는 히드록실아민 등의 온도의 상승에 의한 위험한 반응을 방지하기 위한 조치를 강구할 것
   나. 옥외탱크저장소에는 철이온 등의 혼입에 의한 위험한 반응을 방지하기 위한 조치를 강구할 것

XII. 지중탱크에 관계된 옥외탱크저장소의 특례

1. 제4류 위험물을 지중탱크에 저장 또는 취급하는 옥외탱크저장소는 I 내지 IX의 기준 중 I·II·IV·V·VI제1호(충수시험 또는 수압시험에 관한 부분을 제외한다)·제2호·제3호·제5호·제6호·제10호·제12호·제16호 및 제18호의 규정은 적용하지 아니한다.
2. 제1호에 정하는 것 외에 다음 각목에 정하는 기준에 적합하여야 한다.
   가. 지중탱크의 옥외탱크저장소는 다음에 정하는 장소와 그 밖에 소방청장이 정하여 고시하는 장소에 설치하지 아니할 것
      1) 급경사지 등으로서 지반붕괴, 산사태 등의 위험이 있는 장소
      2) 융기, 침강 등의 지반변동이 생기고 있거나 지중탱크의 구조에 지장을 미치는 지반변동이 발생할 우려가 있는 장소
   나. 지중탱크의 옥외탱크저장소의 위치는 I의 규정에 의하는 것외에 당해 옥외탱크저장소가 보유하는 부지의 경계선에서 지중탱크의 지반면의 옆판까지의 사이에, 당해 지중탱크 수평단면의 내경의 수치에 0.5를 곱하여 얻은 수치(당해 수치가 지중탱크의 밑판표면에서 지반면까지 높이의 수치보다 작은 경우에는 당해 높이의 수치)또는 50m(당해 지중탱크에 저장

또는 취급하는 위험물의 인화점이 21℃ 이상 70℃ 미만의 경우에 있어서는 40m, 70℃ 이상의 경우에 있어서는 30m) 중 큰 것과 동일한 거리 이상의 거리를 유지할 것

다. 지중탱크(위험물을 이송하기 위한 배관 그 밖의 이에 준하는 공작물을 제외한다)의 주위에는 당해 지중탱크 수평단면의 내경의 수치에 0.5를 곱하여 얻은 수치 또는 지중탱크의 밑판표면에서 지반면까지 높이의 수치 중 큰 것과 동일한 거리 이상의 너비의 공지를 보유할 것

라. 지중탱크의 지반은 다음에 의할 것

1) 지반은 당해 지반에 설치하는 지중탱크 및 그 부속설비의 자중, 저장하는 위험물의 중량 등의 하중(이하 "지중탱크하중"이라 한다)에 의하여 발생하는 응력에 대하여 안전할 것

2) 지반은 다음에 정하는 기준에 적합할 것

가) 지반은 Ⅳ제2호 가목의 기준에 적합할 것

나) 소방청장이 정하여 고시하는 범위 내의 지반은 지중탱크하중에 대한 지지력계산에서의 지지력안전율 및 침하량계산에서의 계산침하량이 소방청장이 정하여 고시하는 수치에 적합하고, Ⅳ제2호 나목2)다)의 기준에 적합할 것

다) 지중탱크 하부의 지반[마목3)에 정하는 양수설비를 설치하는 경우에는 당해 양수설비의 배수층하의 지반]의 표면의 평판재하시험에 있어서 평판재하시험치(극한지지력의 값으로 한다)가 지중탱크하중에 나)의 안전율을 곱하여 얻은 값 이상의 값일 것

라) 소방청장이 정하여 고시하는 범위 내의 지반의 지질이 소방청장이 정하여 고시하는 것 외의 것일 것

마) 지반이 바다 · 하천 · 호소(湖沼) · 늪 등에 접하고 있는 경우 또는 인공지반을 조성하는 경우에는 활동과 관련하여 소방청장이 정하여 고시하는 기준에 적합할 것

바) 인공지반에 있어서는 가) 내지 마)에 정하는 것 외에 소방청장이 정하여 고시하는 기준에 적합할 것

마. 지중탱크의 구조는 다음에 의할 것

1) 지중탱크는 옆판 및 밑판을 철근콘크리트 또는 프리스트레스트콘크리트로 만들고 지붕을 강철판으로 만들며, 옆판 및 밑판의 안쪽에는 누액방지판을 설치하여 틈이 없도록 할 것

2) 지중탱크의 재료는 소방청장이 정하여 고시하는 규격에 적합한 것 또는 이와 동등 이상의 강도 등이 있을 것

3) 지중탱크는 당해 지중탱크 및 그 부속설비의 자중, 저장하는 위험물의 중량, 토압, 지하수압, 양압력(揚壓力), 콘크리트의 건조수축 및 크립(creep)의 영향, 온도변화의 영향, 지진의 영향 등의 하중에 의하여 발생하는 응력 및 변형에 대해서 안전하게 하고, 유해

한 침하 및 부상(浮上)을 일으키지 아니하도록 할 것. 다만, 소방청장이 정하여 고시하는 기준에 적합한 양수설비를 설치하는 경우는 양압력을 고려하지 아니할 수 있다.

4) 지중탱크의 구조는 1) 내지 3)에 의하는 외에 다음에 정하는 기준에 적합할 것
   가) 하중에 의하여 지중탱크본체(지붕 및 누액방지판을 포함한다)에 발생하는 응력은 소방청장이 정하여 고시하는 허용응력 이하일 것
   나) 옆판 및 밑판의 최소두께는 소방청장이 정하여 고시하는 기준에 적합한 것으로 할 것
   다) 지붕은 2매판 구조의 부상지붕으로 하고, 그 외면에는 녹 방지를 위한 도장을 하는 동시에 소방청장이 정하여 고시하는 기준에 적합하게 할 것
   라) 누액방지판은 소방청장이 정하여 고시하는 바에 따라 강철판으로 만들고, 그 용접부는 소방청장이 정하여 고시하는 바에 따라 실시한 자분탐상시험 등의 시험에 있어서 소방청장이 정하여 고시하는 기준에 적합하도록 한 것

바. 지중탱크의 펌프설비는 다음의 기준에 적합한 것으로 할 것
  1) 위험물 중에 설치하는 펌프설비는 그 전동기의 내부에 냉각수를 순환시키는 동시에 금속제의 보호관 내에 설치할 것
  2) 1)에 해당하지 아니하는 펌프설비는 Ⅵ제10호(갱도에 설치하는 것에 있어서는 가목·나목·마목 및 카목을 제외한다)의 규정에 의한 옥외저장탱크의 펌프설비의 기준을 준용할 것

사. 지중탱크에는 당해 지중탱크 내의 물을 적절히 배수할 수 있는 설비를 설치할 것

아. 지중탱크의 옥외탱크저장소에 갱도를 설치하는 경우에 있어서는 다음에 의할 것
  1) 갱도의 출입구는 지중탱크 내의 위험물의 최고액면보다 높은 위치에 설치할 것. 다만, 최고액면을 넘는 위치를 경유하는 경우에 있어서는 그러하지 아니하다.
  2) 가연성의 증기가 체류할 우려가 있는 갱도에는 가연성의 증기를 외부에 배출할 수 있는 설비를 설치할 것

자. 지중탱크는 그 주위가 소방청장이 정하여 고시하는 구내도로에 직접 면하도록 설치할 것. 다만, 2기 이상의 지중탱크를 인접하여 설치하는 경우에는 당해 지중탱크 전체가 포위될 수 있도록 하되, 각 탱크의 2 방향 이상이 구내도로에 직접 면하도록 하는 것으로 할 수 있다.

차. 지중탱크의 옥외탱크저장소에는 소방청장이 정하여 고시하는 바에 따라 위험물 또는 가연성 증기의 누설을 자동적으로 검지하는 설비 및 지하수위의 변동을 감시하는 설비를 설치할 것

카. 지중탱크의 옥외탱크저장소에는 소방청장이 정하여 고시하는 바에 따라 지중벽을 설치할 것. 다만, 주위의 지반상황 등에 의하여 누설된 위험물이 확산할 우려가 없는 경우에는 그러하지 아니하다.

3. 제1호 및 제2호에 규정하는 것 외에 지중탱크의 옥외탱크저장소에 관한 세부기준은 소방청장이 정하여 고시한다.

XIII. 해상탱크에 관계된 옥외탱크저장소의 특례

1. 원유·등유·경유 또는 중유를 해상탱크에 저장 또는 취급하는 옥외탱크저장소 중 해상탱크를 용량 10만L 이하마다 물로 채운 이중의 격벽으로 완전하게 구분하고, 해상탱크의 옆부분 및 밑부분을 물로 채운 이중벽의 구조로 한 것은 I 내지 IX의 규정에 불구하고 제2호 및 제3호의 규정에 의할 수 있다.
2. 제1호의 옥외탱크저장소에 대하여는 II·IV·V·VI제1호 내지 제7호 및 제10호 내지 제18호의 규정은 적용하지 아니한다.
3. 제2호에 정하는 것 외에 해상탱크에 관계된 옥외탱크저장소의 특례는 다음 각목과 같다.
   가. 해상탱크의 위치는 다음에 의할 것
      1) 해상탱크는 자연적 또는 인공적으로 거의 폐쇄된 평온한 해역에 설치할 것
      2) 해상탱크의 위치는 육지, 해저 또는 당해 해상탱크에 관계된 옥외탱크저장소와 관련되는 공작물 외의 해양 공작물로부터 당해 해상탱크의 외면까지의 사이에 안전을 확보하는 데 필요하다고 인정되는 거리를 유지할 것
   나. 해상탱크의 구조는 선박안전법에 정하는 바에 의할 것
   다. 해상탱크의 정치(定置)설비는 다음에 의할 것
      1) 정치설비는 해상탱크를 안전하게 보존·유지할 수 있도록 배치할 것
      2) 정치설비는 당해 정치설비에 작용하는 하중에 의하여 발생하는 응력 및 변형에 대하여 안전한 구조로 할 것
   라. 정치설비의 직하의 해저면으로부터 정치설비의 자중 및 정치설비에 작용하는 하중에 의한 응력에 대하여 정치설비를 안전하게 지지하는 데 필요한 깊이까지의 지반은 표준관입시험에서의 표준관입시험치가 평균적으로 15 이상의 값을 나타내는 동시에 정치설비의 자중 및 정치설비에 작용하는 하중에 의한 응력에 대하여 안전할 것
   마. 해상탱크의 펌프설비는 VI제10호의 규정에 의한 옥외저장탱크의 펌프설비의 기준을 준용하되, 현장상황에 따라 동 규정의 기준에 의하는 것이 곤란한 경우에는 안전조치를 강구하여 동 규정의 기준 중 일부를 적용하지 아니 할 수 있다.
   바. 위험물을 취급하는 배관은 다음의 기준에 의할 것
      1) 해상탱크의 배관의 위치·구조 및 설비는 VI제14호의 규정에 의한 옥외저장탱크의 배관의 기준을 준용할 것. 다만, 현장상황에 따라 동 규정의 기준에 의하는 것이 곤란한 경우에는 안전조치를 강구하여 동 규정의 기준 중 일부를 적용하지 아니할 수 있다.

2) 해상탱크에 설치하는 배관과 그 밖의 배관과의 결합부분은 파도 등에 의하여 당해 부분에 손상을 주지 아니하도록 조치할 것

사. 전기설비는 「전기사업법」에 의한 전기설비기술기준의 규정에 의하는 외에, 열 및 부식에 대하여 내구성이 있는 동시에 기후의 변화에 내성이 있을 것

아. 마목 내지 사목의 규정에 불구하고 해상탱크에 설치하는 펌프설비, 배관 및 전기설비(차목에 정하는 설비와 관련되는 전기설비 및 소화설비와 관련되는 전기설비를 제외한다)에 있어서는 「선박안전법」에 정하는 바에 의할 것

자. 해상탱크의 주위에는 위험물이 새었을 경우에 그 유출을 방지하기 위한 방유제(부유식의 것을 포함한다)를 설치할 것

차. 해상탱크에 관계된 옥외탱크저장소에는 위험물 또는 가연성 증기의 누설 또는 위험물의 폭발 등의 재해의 발생 또는 확대를 방지하는 설비를 설치할 것

XIV. 옥외탱크저장소의 충수시험의 특례

옥외탱크저장소의 구조 또는 설비에 관한 변경공사(탱크의 옆판 또는 밑판의 교체공사를 제외한다) 중 탱크본체에 관한 공사를 포함하는 변경공사로서 당해 탱크본체에 관한 공사가 다음 각호(특정옥외탱크저장소 외의 옥외탱크저장소에 있어서는 제1호·제2호·제3호·제5호·제6호 및 제8호)에 정하는 변경공사에 해당하는 경우에는 당해 변경공사에 관계된 옥외탱크저장소에 대하여 VI제1호의 규정(충수시험에 관한 기준과 관련되는 부분에 한한다)은 적용하지 아니한다.

1. 노즐·맨홀 등의 설치공사
2. 노즐·맨홀 등과 관련되는 용접부의 보수공사
3. 지붕에 관련되는 공사(고정지붕식으로 된 옥외탱크저장소에 내부부상지붕을 설치하는 공사를 포함한다)
4. 옆판과 관련되는 겹침보수공사
5. 옆판과 관련되는 육성보수공사(용접부에 대한 열영향이 경미한 것에 한한다)
6. 최대저장높이 이상의 옆판에 관련되는 용접부의 보수공사
7. 에뉼러판 또는 밑판의 겹침보수공사 중 옆판으로부터 600mm 범위 외의 부분에 관련된 것으로서 당해 겹침보수부분이 저부면적(에뉼러판 및 밑판의 면적을 말한다)의 2분의 1 미만인 것
8. 에뉼러판 또는 밑판에 관한 육성보수공사(용접부에 대한 열영향이 경미한 것에 한한다)
9. 밑판 또는 에뉼러판이 옆판과 접하는 용접이음부의 겹침보수공사 또는 육성보수공사(용접부에 대한 열영향이 경미한 것에 한한다)

[별표 7] 〈개정 2009. 9. 15.〉

옥내탱크저장소의 위치 · 구조 및 설비의 기준(제31조 관련)

Ⅰ. 옥내탱크저장소의 기준

1. 옥내탱크저장소(제2호에 정하는 것을 제외한다)의 위치 · 구조 및 설비의 기술기준은 다음 각목과 같다.

가. 위험물을 저장 또는 취급하는 옥내탱크(이하 "옥내저장탱크"라 한다)는 단층건축물에 설치된 탱크전용실에 설치할 것

나. 옥내저장탱크와 탱크전용실의 벽과의 사이 및 옥내저장탱크의 상호간에는 0.5m 이상의 간격을 유지할 것. 다만, 탱크의 점검 및 보수에 지장이 없는 경우에는 그러하지 아니하다.

다. 옥외탱크저장소에는 별표 4 Ⅲ제1호의 기준에 따라 보기 쉬운 곳에 "위험물 옥외탱크저장소"라는 표시를 한 표지와 동표 Ⅲ제2호의 기준에 따라 방화에 관하여 필요한 사항을 게시한 게시판을 설치하여야 한다.

라. 옥내저장탱크의 용량(동일한 탱크전용실에 옥내저장탱크를 2 이상 설치하는 경우에는 각 탱크의 용량의 합계를 말한다)은 지정수량의 40배(제4석유류 및 동식물유류 외의 제4류 위험물에 있어서 당해 수량이 20,000L를 초과할 때에는 20,000L) 이하일 것

마. 옥내저장탱크의 구조는 별표 6 Ⅵ제1호 및 ⅩⅣ의 규정에 의한 옥외저장탱크의 구조의 기준을 준용할 것

바. 옥내저장탱크의 외면에는 녹을 방지하기 위한 도장을 할 것. 다만, 탱크의 재질이 부식의 우려가 없는 스테인레스 강판 등인 경우에는 그러하지 아니하다.

사. 옥내저장탱크 중 압력탱크(최대상용압력이 부압 또는 정압 5KPa을 초과하는 탱크를 말한다)외의 탱크(제4류 위험물의 옥내저장탱크로 한정한다)에 있어서는 밸브 없는 통기관 또는 대기밸브 부착 통기관을 다음의 기준에 따라 설치하고, 압력탱크에 있어서는 별표 4 Ⅷ제4호에 따른 안전장치를 설치할 것

1) 밸브 없는 통기관

가) 통기관의 선단은 건축물의 창 · 출입구 등의 개구부로부터 1m 이상 떨어진 옥외의 장소에 지면으로부터 4m 이상의 높이로 설치하되, 인화점이 40℃ 미만인 위험물의 탱크에 설치하는 통기관에 있어서는 부지경계선으로부터 1.5m 이상 이격할 것. 다만, 고인화점 위험물만을 100℃ 미만의 온도로 저장 또는 취급하는 탱크에 설치하는 통기관은 그 선단을 탱크전용실 내에 설치할 수 있다.

나) 통기관은 가스 등이 체류할 우려가 있는 굴곡이 없도록 할 것

다) 별표 6 Ⅵ제7호가목의 기준에 적합할 것

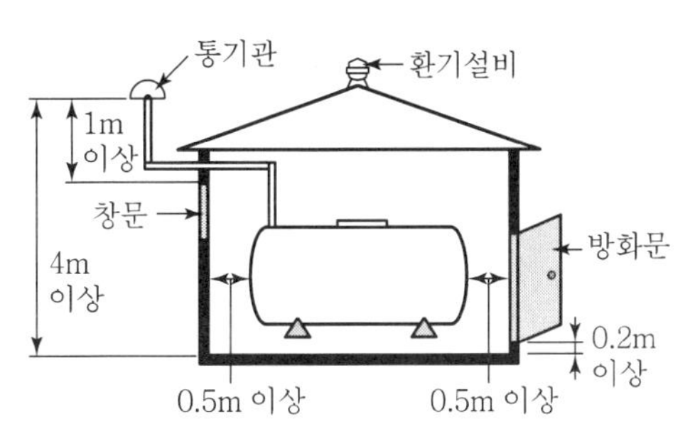

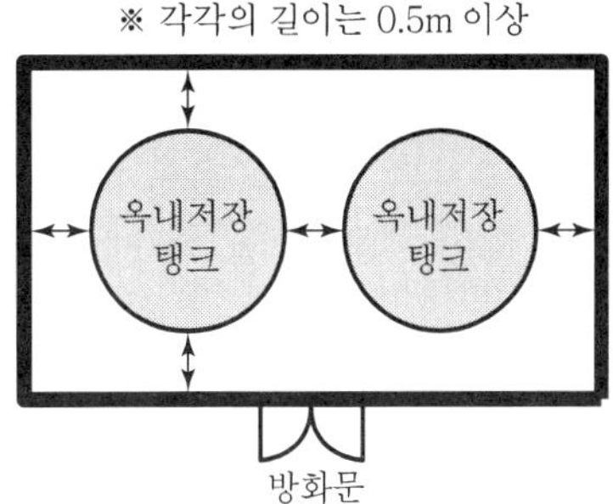

2) **대기밸브 부착 통기관**

가) 1)가) 및 나)의 기준에 적합할 것

나) 별표 6 Ⅵ제7호나목의 기준에 적합할 것

아. 액체위험물의 옥내저장탱크에는 위험물의 양을 자동적으로 표시하는 장치를 설치할 것

자. 액체위험물의 옥내저장탱크의 주입구는 별표 6 Ⅵ 제9호의 규정에 의한 옥외저장탱크의 주입구의 기준을 준용할 것

차. 옥내저장탱크의 펌프설비 중 탱크전용실이 있는 건축물 외의 장소에 설치하는 펌프설비에 있어서는 별표 6 Ⅵ제10호(가목 및 나목을 제외한다)의 규정에 의한 옥외저장탱크의 펌프설비의 기준을 준용하고, 탱크전용실이 있는 건축물에 설치하는 펌프설비에 있어서는 다음의 1에 정하는 바에 의할 것

1) 탱크전용실외의 장소에 설치하는 경우에는 별표 6 Ⅵ제10호 다목 내지 차목 및 타목의 규정에 의할 것. 다만 펌프실의 지붕은 내화구조 또는 불연재료로 할 수 있다.

2) 탱크전용실에 설치하는 경우에는 펌프설비를 견고한 기초 위에 고정시킨 다음 그 주위에 불연재료로 된 턱을 탱크전용실의 문턱높이 이상으로 설치할 것. 다만, 펌프설비의 기초를 탱크전용실의 문턱높이 이상으로 하는 경우를 제외한다.

카. 옥내저장탱크의 밸브는 별표 6 Ⅵ제11호의 규정에 의한 옥외저장탱크의 밸브의 기준을 준용할 것

타. 옥내저장탱크의 배수관은 별표 6 Ⅵ제12호의 규정에 의한 옥외저장탱크의 배수관의 기준을 준용할 것

파. 옥내저장탱크의 배관의 위치·구조 및 설비는 하목의 규정에 의하는 외에 별표 4 Ⅹ의 규정에 의한 제조소의 위험물을 취급하는 배관의 기준을 준용할 것

하. 액체위험물을 이송하기 위한 옥내저장탱크의 배관은 별표 6 Ⅵ제15호의 규정에 의한 옥외저장탱크의 배관의 기준을 준용할 것

거. 탱크전용실은 벽·기둥 및 바닥을 내화구조로 하고, 보를 불연재료로 하며, 연소의 우려가 있는 외벽은 출입구외에는 개구부가 없도록 할 것. 다만, 인화점이 70℃ 이상인 제4류

위험물만의 옥내저장탱크를 설치하는 탱크전용실에 있어서는 연소의 우려가 없는 외벽 · 기둥 및 바닥을 불연재료로 할 수 있다.

너. 탱크전용실은 지붕을 불연재료로 하고, 천장을 설치하지 아니할 것

더. 탱크전용실의 창 및 출입구에는 갑종방화문 또는 을종방화문을 설치하는 동시에, 연소의 우려가 있는 외벽에 두는 출입구에는 수시로 열 수 있는 자동폐쇄식의 갑종방화문을 설치할 것

러. 탱크전용실의 창 또는 출입구에 유리를 이용하는 경우에는 망입유리로 할 것

머. 액상의 위험물의 옥내저장탱크를 설치하는 탱크전용실의 바닥은 위험물이 침투하지 아니하는 구조로 하고, 적당한 경사를 두는 한편, 집유설비를 설치할 것

버. 탱크전용실의 출입구의 턱의 높이를 당해 탱크전용실내의 옥내저장탱크(옥내저장탱크가 2 이상인 경우에는 최대용량의 탱크)의 용량을 수용할 수 있는 높이 이상으로 하거나 옥내저장탱크로부터 누설된 위험물이 탱크전용실외의 부분으로 유출하지 아니하는 구조로 할 것

서. 탱크전용실의 채광 · 조명 · 환기 및 배출의 설비는 별표 5 Ⅰ제14조의 규정에 의한 옥내저장소의 채광 · 조명 · 환기 및 배출의 설비의 기준을 준용할 것

어. 전기설비는 「전기사업법」에 의한 전기설비기술기준에 의하여야 한다.

2. 옥내탱크저장소 중 탱크전용실을 단층건물 외의 건축물에 설치하는 것(제2류 위험물 중 황화인 · 적린 및 덩어리 유황, 제3류 위험물 중 황린, 제6류 위험물 중 질산 및 제4류 위험물 중 인화점이 38℃ 이상인 위험물만을 저장 또는 취급하는 것에 한한다)의 위치 · 구조 및 설비의 기술기준은 제1호나목 · 다목 · 마목 · 내지 자목 · 차목(탱크전용실이 있는 건축물 외의 장소에 설치하는 펌프설비에 관한 기준과 관련되는 부분에 한한다) · 카목 내지 하목 · 머목 · 서목 및 어목의 규정을 준용하는 외에 다음 각목의 기준에 의하여야 한다.

가. 옥내저장탱크는 탱크전용실에 설치할 것. 이 경우 제2류 위험물 중 황화인 · 적린 및 덩어리 유황, 제3류 위험물 중 황린, 제6류 위험물 중 질산의 탱크전용실은 건축물의 1층 또는 지하층에 설치하여야 한다.

나. 옥내저장탱크의 주입구 부근에는 당해 옥내저장탱크의 위험물의 양을 표시하는 장치를 설치할 것. 다만, 당해 위험물의 양을 쉽게 확인할 수 있는 경우에는 그러하지 아니하다.

다. 탱크전용실이 있는 건축물에 설치하는 옥내저장탱크의 펌프설비는 다음의 1에 정하는 바에 의할 것

1) 탱크전용실외의 장소에 설치하는 경우에는 다음의 기준에 의할 것

가) 이 펌프실은 벽 · 기둥 · 바닥 및 보를 내화구조로 할 것

나) 펌프실은 상층이 있는 경우에 있어서는 상층의 바닥을 내화구조로 하고, 상층이 없는 경우에 있어서는 지붕을 불연재료로 하며. 천장을 설치하지 아니할 것

다) 펌프실에는 창을 설치하지 아니할 것. 다만, 제6류 위험물의 탱크전용실에 있어서는 갑종방화문 또는 을종방화문이 있는 창을 설치할 수 있다.

라) 펌프실의 출입구에는 갑종방화문을 설치할 것. 다만, 제6류 위험물의 탱크전용실에 있어서는 을종방화문을 설치할 수 있다.

마) 펌프실의 환기 및 배출의 설비에는 방화상 유효한 댐퍼 등을 설치할 것

바) 그 밖의 기준은 별표 6 Ⅵ제10호다목·아목 내지 차목 및 타목의 규정을 준용할 것

2) 탱크전용실에 펌프설비를 설치하는 경우에는 견고한 기초 위에 고정한 다음 그 주위에는 불연재료로 된 턱을 0.2m 이상의 높이로 설치하는 등 누설된 위험물이 유출되거나 유입되지 아니하도록 하는 조치를 할 것

라. 탱크전용실은 벽·기둥·바닥 및 보를 내화구조로 할 것

마. 탱크전용실은 상층이 있는 경우에 있어서는 상층의 바닥을 내화구조로 하고, 상층이 없는 경우에 있어서는 지붕을 불연재료로 하며, 천장을 설치하지 아니할 것

바. 탱크전용실에는 창을 설치하지 아니할 것

사. 탱크전용실의 출입구에는 수시로 열 수 있는 자동폐쇄식의 갑종방화문을 설치할 것

아. 탱크전용실의 환기 및 배출의 설비에는 방화상 유효한 댐퍼 등을 설치할 것

자. 탱크전용실의 출입구의 턱의 높이를 당해 탱크전용실내의 옥내저장탱크(옥내저장탱크가 2 이상인 경우에는 모든 탱크)의 용량을 수용할 수 있는 높이 이상으로 하거나 옥내저장탱크로부터 누설된 위험물이 탱크전용실 외의 부분으로 유출하지 아니하는 구조로 할 것

차. 옥내저장탱크의 용량(동일한 탱크전용실에 옥내저장탱크를 2 이상 설치하는 경우에는 각 탱크의 용량의 합계를 말한다)은 1층 이하의 층에 있어서는 지정수량의 40배(제4석유류 및 동식물유류 외의 제4류 위험물에 있어서 당해 수량이 2만L를 초과할 때에는 2만L) 이하, 2층 이상의 층에 있어서는 지정수량의 10배(제4석유류 및 동식물유류 외의 제4류 위험물에 있어서 당해 수량이 5천L를 초과할 때에는 5천L) 이하일 것

Ⅱ. 위험물의 성질에 따른 옥내탱크저장소의 특례

알킬알루미늄등, 아세트알데히드등 및 히드록실아민등을 저장 또는 취급하는 옥내탱크저장소에 있어서는 Ⅰ 제1호의 규정에 의하는 외에 별표 6 Ⅺ 각호의 규정에 의한 알킬알루미늄등의 옥외탱크저장소, 아세트알데히드등의 옥외탱크저장소 및 히드록실아민등의 옥외탱크저장소의 규정을 준용하여야 한다.

[별표 8] 〈개정 2017. 7. 26.〉

지하탱크저장소의 위치·구조 및 설비의 기준(제32조 관련)

Ⅰ. 지하탱크저장소의 기준(Ⅱ 및 Ⅲ에 정하는 것을 제외한다)

1. 위험물을 저장 또는 취급하는 지하탱크(이하 Ⅰ, 별표 13 Ⅲ 및 별표 18 Ⅲ에서 "지하저장탱크"라 한다)는 지면하에 설치된 탱크전용실에 설치하여야 한다. 다만, 제4류 위험물의 지하저장탱크가 다음 가목 내지 마목의 기준에 적합한 때에는 그러하지 아니하다.
   가. 당해 탱크를 지하철·지하가 또는 지하터널로부터 수평거리 10m 이내의 장소 또는 지하건축물내의 장소에 설치하지 아니할 것
   나. 당해 탱크를 그 수평투영의 세로 및 가로보다 각각 0.6m 이상 크고 두께가 0.3m 이상인 철근콘크리트조의 뚜껑으로 덮을 것
   다. 뚜껑에 걸리는 중량이 직접 당해 탱크에 걸리지 아니하는 구조일 것
   라. 당해 탱크를 견고한 기초 위에 고정할 것
   마. 당해 탱크를 지하의 가장 가까운 벽·피트·가스관 등의 시설물 및 대지경계선으로부터 0.6m 이상 떨어진 곳에 매설할 것

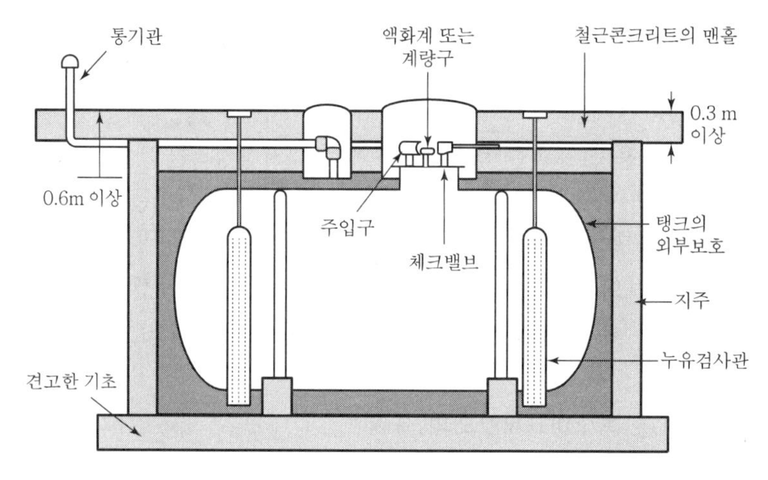

2. 탱크전용실은 지하의 가장 가까운 벽·피트·가스관 등의 시설물 및 대지경계선으로부터 0.1m 이상 떨어진 곳에 설치하고, 지하저장탱크와 탱크전용실의 안쪽과의 사이는 0.1m 이상의 간격을 유지하도록 하며, 당해 탱크의 주위에 마른 모래 또는 습기 등에 의하여 응고되지 아니하는 입자지름 5mm 이하의 마른 자갈분을 채워야 한다.
3. 지하저장탱크의 윗부분은 지면으로부터 0.6m 이상 아래에 있어야 한다.

4. **지하저장탱크를 2 이상 인접해 설치하는 경우에는 그 상호간에 1m(당해 2 이상의 지하저장 탱크의 용량의 합계가 지정수량의 100배 이하인 때에는 0.5m) 이상의 간격을 유지하여야 한다.** 다만, 그 사이에 탱크전용실의 벽이나 두께 20cm 이상의 콘크리트 구조물이 있는 경우에는 그러하지 아니하다.

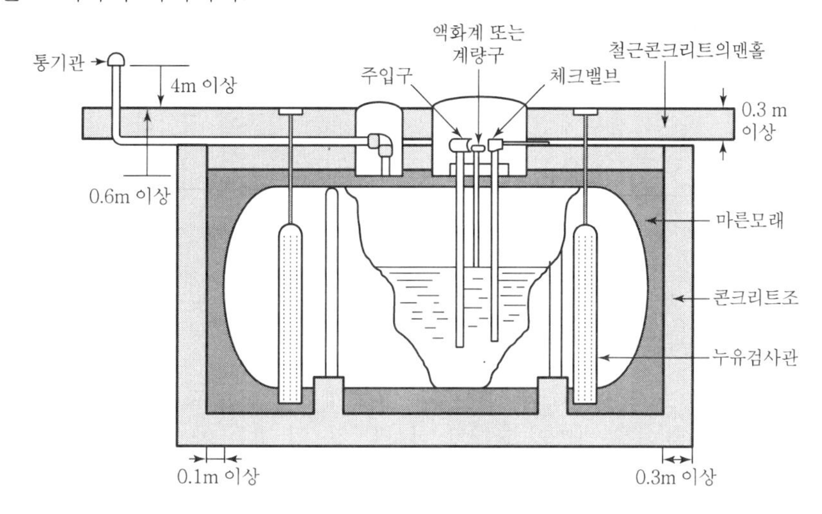

5. 지하탱크저장소에는 별표 4 Ⅲ제1호의 기준에 따라 보기 쉬운 곳에 "위험물 지하탱크저장소"라는 표시를 한 표지와 동표 Ⅲ제2호의 기준에 따라 방화에 관하여 필요한 사항을 게시한 게시판을 설치하여야 한다.
6. **지하저장탱크는 용량에 따라 다음 표에 정하는 기준에 적합하게 강철판 또는 동등 이상의 성능이 있는 금속재질로 완전용입용접 또는 양면겹침이음용접으로 틈이 없도록 만드는 동시에, 압력탱크(최대상용압력이 46.7kPa 이상인 탱크를 말한다) 외의 탱크에 있어서는 70kPa의 압력으로, 압력탱크에 있어서는 최대상용압력의 1.5배의 압력으로 각각 10분간 수압시험을 실시하여 새거나 변형되지 아니하여야 한다.** 이 경우 수압시험은 소방청장이 정하여 고시하는 기밀시험과 비파괴시험을 동시에 실시하는 방법으로 대신할 수 있다.

탱크용량(단위 L)	탱크의 최대직경(단위 mm)	강철판의 최소두께(단위 mm)
1,000 이하	1,067	3.20
1,000 초과 2,000 이하	1,219	3.20
2,000 초과 4,000 이하	1,625	3.20
4,000 초과 15,000 이하	2,450	4.24
15,000 초과 45,000 이하	3,200	6.10
45,000 초과 75,000 이하	3,657	7.67
75,000 초과 189,000 이하	3,657	9.27
189,000 초과	-	10.00

7. 지하저장탱크의 외면은 다음 각목에 정하는 바에 따라 보호하여야 한다. 다만, 지하저장탱크의 재질이 부식의 우려가 없는 스테인레스 강판 등인 경우에는 방청도장을 하지 않을 수 있다.
   가. 탱크전용실에 설치하는 지하저장탱크의 외면은 다음의 1에 해당하는 방법으로 보호할 것
      1) 탱크의 외면에 방청도장을 할 것
      2) 탱크의 외면에 방청제 및 아스팔트프라이머의 순으로 도장을 한 후 아스팔트 루핑 및 철망의 순으로 탱크를 피복하고, 그 표면에 두께가 2cm 이상에 이를 때까지 모르타르를 도장할 것. 이 경우에 있어서 다음에 정하는 기준에 적합하여야 한다.
         가) 아스팔트루핑은 아스팔트루핑(KS F 4902)(35kg)의 규격에 의한 것 이상의 성능이 있을 것
         나) 철망은 와이어라스(KS F 4551)의 규격에 의한 것 이상의 성능이 있을 것
         다) 모르타르에는 방수제를 혼합할 것. 다만, 모르타르를 도장한 표면에 방수제를 도장하는 경우에는 그러하지 아니하다.
      3) 탱크의 외면에 방청도장을 실시하고, 그 표면에 아스팔트 및 아스팔트루핑에 의한 피복을 두께 1cm에 이를 때까지 교대로 실시할 것. 이 경우 아스팔트루핑은 2)가)의 기준에 적합하여야 한다.
      4) 탱크의 외면에 프라이머를 도장하고, 그 표면에 복장재를 휘감은 후 에폭시수지 또는 타르에폭시수지에 의한 피복을 탱크의 외면으로부터 두께 2mm 이상에 이를 때까지 실시할 것. 이 경우에 있어서 복장재는 수도용 강관아스팔트도복장방법(KS D 8306)으로 정하는 비닐론클로스 또는 헤시안클래스에 적합하여야 한다.
      5) 탱크의 외면에 프라이머를 도장하고, 그 표면에 유리섬유 등을 강화재로 한 강화플라스틱에 의한 피복을 두께 3mm 이상에 이를 때까지 실시할 것
   나. 탱크전용실 외의 장소에 설치하는 지하저장탱크의 외면은 가목2) 내지 4)의 1에 해당하는 방법으로 보호할 것
8. 지하저장탱크 중 압력탱크(최대상용압력이 부압 또는 정압 5KPa을 초과하는 탱크를 말한다)외의 제4류 위험물의 탱크에 있어서는 밸브 없는 통기관 또는 대기밸브 부착 통기관을 다음 각 목의 구분에 따른 기준에 적합하게 설치하고, 압력탱크에 있어서는 별표 4 Ⅷ제4호에 따른 제조소의 안전장치의 기준을 준용하여야 한다.
   가. 밸브 없는 통기관
      1) 통기관은 지하저장탱크의 윗부분에 연결할 것
      2) 통기관 중 지하의 부분은 그 상부의 지면에 걸리는 중량이 직접 해당 부분에 미치지 아니하도록 보호하고, 해당 통기관의 접합부분(용접, 그 밖의 위험물 누설의 우려가 없다고 인정되는 방법에 의하여 접합된 것은 제외한다)에 대하여는 해당 접합부분의 손상유무를 점검할 수 있는 조치를 할 것

3) 별표 7 Ⅰ제1호사목1)의 기준에 적합할 것

나. 대기밸브 부착 통기관

1) 가목1) 및 2)의 기준에 적합할 것

2) 별표 6 Ⅵ제7호나목의 기준에 적합할 것. 다만, 제4류제1석유류를 저장하는 탱크는 다음의 압력 차이에서 작동하여야 한다.

가) 정압 : 0.6kPa 이상 1.5kPa 이하

나) 부압 : 1.5kPa 이상 3kPa 이하

3) 별표 7 Ⅰ제1호사목1)가) 및 나)의 기준에 적합할 것

9. 액체위험물의 지하저장탱크에는 위험물의 양을 자동적으로 표시하는 장치 및 계량구를 설치하고, 계량구 직하에 있는 탱크의 밑판에 그 손상을 방지하기 위한 조치를 하여야 한다.

10. 액체위험물의 지하저장탱크의 주입구는 별표 6 Ⅵ제9호의 규정에 의한 옥외저장탱크의 주입구의 기준을 준용하여 옥외에 설치하여야 한다.

11. 지하저장탱크의 펌프설비는 펌프 및 전동기를 지하저장탱크밖에 설치하는 펌프설비에 있어서는 별표 6 Ⅵ제10호(가목 및 나목을 제외한다)의 규정에 의한 옥외저장탱크의 펌프설비의 기준에 준하여 설치하고, 펌프 또는 전동기를 지하저장탱크안에 설치하는 펌프설비(이하 "액중펌프설비"라 한다)에 있어서는 다음 각목의 기준에 따라 설치하여야 한다.

가. 액중펌프설비의 전동기의 구조는 다음에 정하는 기준에 의할 것

1) 고정자는 위험물에 침투되지 아니하는 수지가 충전된 금속제의 용기에 수납되어 있을 것

2) 운전 중에 고정자가 냉각되는 구조로 할 것

3) 전동기의 내부에 공기가 체류하지 아니하는 구조로 할 것

나. 전동기에 접속되는 전선은 위험물이 침투되지 아니하는 것으로 하고, 직접 위험물에 접하지 아니하도록 보호할 것

다. 액중펌프설비는 체절운전에 의한 전동기의 온도상승을 방지하기 위한 조치가 강구될 것

라. 액중펌프설비는 다음의 경우에 있어서 전동기를 정지하는 조치가 강구될 것

1) 전동기의 온도가 현저하게 상승한 경우

2) 펌프의 흡입구가 노출된 경우

마. 액중펌프설비는 다음에 의하여 설치할 것

1) 액중펌프설비는 지하저장탱크와 플랜지접합으로 할 것

2) 액중펌프설비중 지하저장탱크내에 설치되는 부분은 보호관내에 설치할 것. 다만, 당해 부분이 충분한 강도가 잇는 외장에 의하여 보호되어 있는 경우에 있어서는 그러하지 아니하다.

3) 액중펌프설비중 지하저장탱크의 상부에 설치되는 부분은 위험물의 누설을 점검할 수 있는 조치가 강구된 안전상 필요한 강도가 있는 피트내에 설치할 것

12. 지하저장탱크의 배관은 제13호의 규정에 의한 것 외에 별표 4 X의 규정에 의한 제조소의 배관의 기준을 준용하여야 한다.
13. 지하저장탱크의 배관은 당해 탱크의 윗부분에 설치하여야 한다. 다만, 제4류 위험물 중 제2석유류(인화점이 40℃ 이상인 것에 한한다), 제3석유류, 제4석유류 및 동식물유류의 탱크에 있어서 그 직근에 유효한 제어밸브를 설치한 경우에는 그러하지 아니하다.
14. 지하저장탱크에 설치하는 전기설비는 「전기사업법」에 의한 전기설비기술기준에 의하여야 한다.
15. 지하저장탱크의 주위에는 당해 탱크로부터의 액체위험물의 누설을 검사하기 위한 관을 다음의 각목의 기준에 따라 4개소 이상 적당한 위치에 설치하여야 한다.
   가. 이중관으로 할 것. 다만, 소공이 없는 상부는 단관으로 할 수 있다.
   나. 재료는 금속관 또는 경질합성수지관으로 할 것
   다. 관은 탱크전용실의 바닥 또는 탱크의 기초까지 닿게 할 것
   라. 관의 밑부분으로부터 탱크의 중심 높이까지의 부분에는 소공이 뚫려 있을 것. 다만, 지하수위가 높은 장소에 있어서는 지하수위 높이까지의 부분에 소공이 뚫려 있어야 한다.
   마. 상부는 물이 침투하지 아니하는 구조로 하고, 뚜껑은 검사시에 쉽게 열 수 있도록 할 것
16. **탱크전용실은 벽・바닥 및 뚜껑을 다음 각 목에 정한 기준에 적합한 철근콘크리트구조 또는 이와 동등 이상의 강도가 있는 구조로 설치하여야 한다.**
   가. 벽・바닥 및 뚜껑의 두께는 0.3m 이상일 것
   나. 벽・바닥 및 뚜껑의 내부에는 직경 9mm부터 13mm까지의 철근을 가로 및 세로로 5cm부터 20cm까지의 간격으로 배치할 것
   다. 벽・바닥 및 뚜껑의 재료에 수밀콘크리트를 혼입하거나 벽・바닥 및 뚜껑의 중간에 아스팔트층을 만드는 방법으로 적정한 방수조치를 할 것
17. **지하저장탱크에는 다음 각목의 1에 해당하는 방법으로 과충전을 방지하는 장치를 설치하여야 한다.**
   가. 탱크용량을 초과하는 위험물이 주입될 때 자동으로 그 주입구를 폐쇄하거나 위험물의 공급을 자동으로 차단하는 방법
   나. 탱크용량의 90%가 찰 때 경보음을 울리는 방법
18. 지하탱크저장소에는 다음 각목의 기준에 의하여 맨홀을 설치하여야 한다.
   가. 맨홀은 지면까지 올라오지 아니하도록 하되, 가급적 낮게 할 것
   나. 보호틀을 다음 각목에 정하는 기준에 따라 설치할 것
      1) 보호틀을 탱크에 완전히 용접하는 등 보호틀과 탱크를 기밀하게 접합할 것
      2) 보호틀의 뚜껑에 걸리는 하중이 직접 보호틀에 미치지 아니하도록 설치하고, 빗물 등이 침투하지 아니하도록 할 것

다. 배관이 보호틀을 관통하는 경우에는 당해 부분을 용접하는 등 침수를 방지하는 조치를 할 것

Ⅱ. 이중벽탱크의 지하탱크저장소의 기준

1. 지하탱크저장소[지하탱크저장소의 외면에 누설을 감지할 수 있는 틈(이하 "감지층"이라 한다)이 생기도록 강판 또는 강화플라스틱 등으로 피복한 것을 설치하는 지하탱크저장소에 한한다]의 위치·구조 및 설비의 기술기준은 Ⅰ제3호 내지 제5호·제6호(수압시험과 관련되는 부분에 한한다)·제8호 내지 제14호·제17호·제18호 및 다음 각목의 1의 규정에 의한 기준을 준용하는 외에 Ⅱ에 정하는 바에 의한다.
   가. Ⅰ제1호 나목 내지 마목(당해 지하저장탱크를 탱크전용실외의 장소에 설치하는 경우에 한한다)
   나. Ⅰ제2호 및 제16호(당해 지하저장탱크를 지반면하에 설치된 탱크전용실에 설치하는 경우에 한한다)
2. 지하저장탱크는 다음 각목의 1 이상의 조치를 하여 지반면하에 설치하여야 한다.
   가. 지하저장탱크(제3호 가목의 규정에 의한 재료로 만든 것에 한한다)에 다음에 정하는 바에 따라 강판을 피복하고, 위험물의 누설을 상시 감지하기 위한 설비를 갖출 것
      1) 지하저장탱크에 당해 탱크의 저부로부터 위험물의 최고액면을 넘는 부분까지의 외측에 감지층이 생기도록 두께 3.2mm 이상의 강판을 피복할 것
      2) 1)의 규정에 따라 피복된 강판과 지하저장탱크 사이의 감지층에는 적당한 액체를 채우고 채워진 액체의 누설을 감지할 수 있는 설비를 갖출 것. 이 경우 감지층에 채워진 액체는 강판의 부식을 방지하는 조치를 강구한 것이어야 한다.
   나. 지하저장탱크에 다음에 정하는 바에 따라 강화플라스틱 또는 고밀도폴리에틸렌을 피복하고, 위험물의 누설을 상시 감지하기 위한 설비를 갖출 것
      1) 지하저장탱크는 다음에 정하는 바에 따라 피복할 것
         가) 제3호 가목에 정하는 재료로 만든 지하저장탱크 : 당해 탱크의 저부로부터 위험물의 최고액면을 넘는 부분까지의 외측에 감지층이 생기도록 두께 3mm 이상의 유리섬유강화플라스틱 또는 고밀도폴리에틸렌을 피복할 것. 이 경우 유리섬유강화플라스틱 또는 고밀도폴리에틸렌의 휨강도, 인장강도 등은 소방청장이 정하여 고시하는 성능이 있어야 한다.
         나) 제3호나목에 정하는 재료로 만든 지하저장탱크 : 당해 탱크의 외측에 감지층이 생기도록 유리섬유강화플라스틱을 피복할 것
      2) 1)의 규정에 따라 피복된 강화플라스틱 또는 고밀도폴리에틸렌과 지하저장탱크의 사이의 감지층에는 누설한 위험물을 감지할 수 있는 설비를 갖출 것

3. 지하저장탱크는 다음 각목의 1의 재료로 기밀하게 만들어야 한다.
   가. 두께 3.2mm 이상의 강판
   나. 저장 또는 취급하는 위험물의 종류에 대응하여 다음 표에 정하는 수지 및 강화재로 만들어진 강화플라스틱

저장 또는 취급하는 위험물의 종류	수지		강화재
	위험물과 접하는 부분	그 밖의 부분	
휘발유(KS M 2612에 규정한 자동차용 가솔린), 등유, 경유 또는 중유(KS M 2614에 규정한 것 중 1종에 한한다)	KS M 3305(섬유강화프라스틱용액상불포화폴리에스테르수지)(UP-CM, UP-CE 또는 UP-CEE에 관한 규격에 한한다)에 적합한 수지 또는 이와 동등 이상의 내약품성이 있는 비닐에스테르수지	제2호 나목1) 가)에 정하는 수지	제2호 나목1) 나)에 정하는 강화재

4. 제3호 나목에 정하는 재료로 만든 지하저장탱크에 제2호 나목에 정하는 조치를 강구한 것(이하 이 호에서 "강화플라스틱제 이중벽탱크"라 한다)은 다음 각목에 정하는 하중이 작용하는 경우에 있어서 변형이 당해 지하저장탱크의 직경의 3% 이하이고, 휨응력도비(휨응력을 허용휨응력으로 나눈 것을 말한다)의 절대치와 축방향 응력도비(인장응력 또는 압축응력을 허용축방향응력으로 나눈 것을 말한다)의 절대치의 합이 1 이하인 구조이어야 한다. 이 경우 허용응력을 산정하는 때의 안전율은 4 이상의 값으로 한다.
   가. 강화플라스틱제 이중벽탱크의 윗부분이 수면으로부터 0.5m 아래에 있는 경우에 당해 탱크에 작용하는 압력
   나. 탱크의 종류에 대응하여 다음에 정하는 압력의 내수압
      1) 압력탱크(최대상용압력이 46.7kPa 이상인 탱크를 말한다)외의 탱크 : 70kPa
      2) 압력탱크 : 최대상용압력의 1.5배의 압력
5. 제3호 가목의 규정에 의한 재료로 만든 지하저장탱크 또는 동목의 규정에 의한 재료로 만든 지하저장탱크에 제2호 가목의 규정에 의한 조치를 강구한 것(이하 나목 및 다목에서 "강제이중벽탱크"라 한다)의 외면은 다음 각목에 정하는 바에 따라 보호하여야 한다.
   가. 제3호 가목에 정하는 재료로 만든 지하저장탱크에 제2호 나목에 정하는 조치를 강구한 것의 지하저장탱크의 외면은 제2호 나목1)가)의 규정에 따라 강화플라스틱을 피복한 부분에 있어서는 Ⅰ제7호 가목1)에 정하는 방법에 따라, 그 밖의 부분에 있어서는 동목5)에 정하는 방법에 따라 보호할 것
   나. 탱크전용실외의 장소에 설치된 강제이중벽탱크의 외면은 Ⅰ제7호 가목2) 내지 5)에 정하는 어느 하나 이상의 방법에 따라 보호할 것

다. 탱크전용실에 설치된 강제이중벽탱크의 외면은 Ⅰ제7호 가목1) 내지 5)에 정하는 어느 하나의 방법에 따라 보호할 것

6. 제1호 내지 제5호의 규정에 의한 기준 외에 이중벽탱크의 구조(재질 및 강도를 포함한다)·성능시험·표시사항·운반 및 설치 등에 관한 기준은 소방청장이 정하여 고시한다.

Ⅲ. 특수누설방지구조의 지하탱크저장소의 기준

지하탱크저장소[지하저장탱크를 위험물의 누설을 방지할 수 있도록 두께 15cm(측방 및 하부에 있어서는 30cm) 이상의 콘크리트로 피복하는 구조로 하여 지면하에 설치하는 것에 한한다]의 위치·구조 및 설비의 기술기준은 Ⅰ제1호나목 내지 마목·제3호·제5호·제6호·제8호 내지 제15호·제17호 및 제18호의 규정을 준용하는 외에 지하저장탱크의 외면을 Ⅰ제7호 가목 2) 내지 5)의 어느 하나에 해당하는 방법으로 보호하여야 한다.

Ⅳ. 위험물의 성질에 따른 지하탱크저장소의 특례

1. 아세트알데히드등 및 히드록실아민등을 저장 또는 취급하는 지하탱크저장소는 당해 위험물의 성질에 따라 Ⅰ 내지 Ⅲ의 규정에 의한 기준에 의하되, 강화되는 기준은 제2호 및 제3호의 규정에 의하여야 한다.
2. 아세트알데히드등을 저장 또는 취급하는 지하탱크저장소에 대하여 강화되는 기준은 다음 각목과 같다.
   가. Ⅰ제1호 단서의 규정에 불구하고 지하저장탱크는 지반면하에 설치된 탱크전용실에 설치할 것
   나. 지하저장탱크의 설비는 별표 6 Ⅺ의 규정에 의한 아세트알데히드등의 옥외저장탱크의 설비의 기준을 준용할 것. 다만, 지하저장탱크가 아세트알데히드등의 온도를 적당한 온도로 유지할 수 있는 구조인 경우에는 냉각장치 또는 보냉장치를 설치하지 아니할 수 있다.
3. 히드록실아민등을 저장 또는 취급하는 지하탱크저장소에 대하여 강화되는 기준은 별표 6 Ⅺ의 규정에 의한 히드록실아민등을 저장 또는 취급하는 옥외탱크저장소의 규정을 준용한다.

[별표 9] 〈개정 2009. 9. 15.〉

간이탱크저장소의 위치 · 구조 및 설비의 기준(제33조 관련)

1. 위험물을 저장 또는 취급하는 간이탱크(이하 Ⅰ, 별표 13 Ⅲ 및 별표 18 Ⅲ에서 "간이저장탱크"라 한다)는 옥외에 설치하여야 한다. 다만, 다음 각목의 기준에 적합한 전용실안에 설치하는 경우에는 그러하지 아니하다.
   가. 전용실의 구조는 별표 7 Ⅰ제1호 거목 및 너목의 규정에 의한 옥내탱크저장소의 탱크전용실의 구조의 기준에 적합할 것
   나. 전용실의 창 및 출입구는 별표 7 Ⅰ제1호 더목 및 러목의 규정에 의한 옥내탱크저장소의 창 및 출입구의 기준에 적합할 것
   다. 전용실의 바닥은 별표 7 Ⅰ제1호 머목의 규정에 의한 옥내탱크저장소의 탱크전용실의 바닥의 구조의 기준에 적합할 것
   라. 전용실의 채광 · 조명 · 환기 및 배출의 설비는 별표 5 Ⅰ제14호의 규정에 의한 옥내저장소의 채광 · 조명 · 환기 및 배출의 설비의 기준에 적합할 것
2. **하나의 간이탱크저장소에 설치하는 간이저장탱크는 그 수를 3 이하로 하고, 동일한 품질의 위험물의 간이저장탱크를 2 이상 설치하지 아니하여야 한다.**
3. 간이탱크저장소에는 별표 4 Ⅲ제1호의 기준에 따라 보기 쉬운 곳에 "위험물 간이탱크저장소"라는 표시를 한 표지와 동표 Ⅲ제2호의 기준에 따라 방화에 관하여 필요한 사항을 게시한 게시판을 설치하여야 한다.
4. 간이저장탱크는 움직이거나 넘어지지 아니하도록 지면 또는 가설대에 고정시키되, 옥외에 설치하는 경우에는 그 탱크의 주위에 너비 1m 이상의 공지를 두고, 전용실안에 설치하는 경우에는 탱크와 전용실의 벽과의 사이에 0.5m 이상의 간격을 유지하여야 한다.
5. **간이저장탱크의 용량은 600L 이하이어야 한다.**
6. **간이저장탱크는 두께 3.2mm 이상의 강판으로 흠이 없도록 제작하여야 하며, 70kPa의 압력으로 10분간의 수압시험을 실시하여 새거나 변형되지 아니하여야 한다.**
7. 간이저장탱크의 외면에는 녹을 방지하기 위한 도장을 하여야 한다. 다만, 탱크의 재질이 부식의 우려가 없는 스테인레스 강판 등인 경우에는 그러하지 아니하다.
8. 간이저장탱크에는 다음 각 목의 구분에 따른 기준에 적합한 밸브 없는 통기관 또는 대기밸브부착 통기관을 설치하여야 한다.
   가. 밸브 없는 통기관
      1) 통기관의 지름은 25mm 이상으로 할 것
      2) 통기관은 옥외에 설치하되, 그 선단의 높이는 지상 1.5m 이상으로 할 것

3) 통기관의 선단은 수평면에 대하여 아래로 45° 이상 구부려 빗물 등이 침투하지 아니하도록 할 것

4) 가는 눈의 구리망 등으로 인화방지장치를 할 것. 다만, 인화점 70℃ 이상의 위험물만을 해당 위험물의 인화점 미만의 온도로 저장 또는 취급하는 탱크에 설치하는 통기관에 있어서는 그러하지 아니하다.

나. 대기밸브 부착 통기관

1) 가목2) 및 4)의 기준에 적합할 것

2) 별표 6 Ⅵ제7호나목1)의 기준에 적합할 것

9. 간이저장탱크에 고정주유설비 또는 고정급유설비를 설치하는 경우에는 별표 13Ⅳ의 규정에 의한 고정주유설비 또는 고정급유설비의 기준에 적합하여야 한다.

[별표 10] 〈개정 2017. 7. 26.〉

이동탱크저장소의 위치 · 구조 및 설비의 기준(제34조 관련)

Ⅰ. 상치장소

이동탱크저장소의 상치장소는 다음 각호의 기준에 적합하여야 한다.

1. 옥외에 있는 상치장소는 화기를 취급하는 장소 또는 인근의 건축물로부터 5m 이상(인근의 건축물이 1층인 경우에는 3m 이상)의 거리를 확보하여야 한다. 다만, 하천의 공지나 수면, 내화구조 또는 불연재료의 담 또는 벽 그 밖에 이와 유사한 것에 접하는 경우를 제외한다.
2. 옥내에 있는 상치장소는 벽 · 바닥 · 보 · 서까래 및 지붕이 내화구조 또는 불연재료로 된 건축물의 1층에 설치하여야 한다.

Ⅱ. 이동저장탱크의 구조

1. 이동저장탱크의 구조는 다음 각목의 기준에 의하여야 한다.
   가. 탱크(맨홀 및 주입관의 뚜껑을 포함한다)는 두께 3.2mm 이상의 강철판 또는 이와 동등 이상의 강도 · 내식성 및 내열성이 있다고 인정하여 소방청장이 정하여 고시하는 재료 및 구조로 위험물이 새지 아니하게 제작할 것
   나. 압력탱크(최대상용압력이 46.7kPa 이상인 탱크를 말한다) 외의 탱크는 70kPa의 압력으로, 압력탱크는 최대상용압력의 1.5배의 압력으로 각각 10분간의 수압시험을 실시하여 새거나 변형되지 아니할 것. 이 경우 수압시험은 용접부에 대한 비파괴시험과 기밀시험으로 대신할 수 있다.
2. 이동저장탱크는 그 내부에 4,000L 이하마다 3.2mm 이상의 강철판 또는 이와 동등 이상의 강도 · 내열성 및 내식성이 있는 금속성의 것으로 칸막이를 설치하여야 한다. 다만, 고체인 위험물을 저장하거나 고체인 위험물을 가열하여 액체 상태로 저장하는 경우에는 그러하지 아니하다.
3. 제2호의 규정에 의한 칸막이로 구획된 각 부분마다 맨홀과 다음 각목의 기준에 의한 안전장치 및 방파판을 설치하여야 한다. 다만, 칸막이로 구획된 부분의 용량이 2,000L 미만인 부분에는 방파판을 설치하지 아니할 수 있다.
   가. 안전장치
   상용압력이 20kPa 이하인 탱크에 있어서는 20kPa 이상 24kPa 이하의 압력에서, 상용압력이 20kPa를 초과하는 탱크에 있어서는 상용압력의 1.1배 이하의 압력에서 작동하는 것으로 할 것

나. 방파판

1) 두께 1.6mm 이상의 강철판 또는 이와 동등 이상의 강도·내열성 및 내식성이 있는 금속성의 것으로 할 것

2) 하나의 구획부분에 2개 이상의 방파판을 이동탱크저장소의 진행방향과 평행으로 설치하되, 각 방파판은 그 높이 및 칸막이로부터의 거리를 다르게 할 것

3) 하나의 구획부분에 설치하는 각 방파판의 면적의 합계는 당해 구획부분의 최대 수직단면적의 50% 이상으로 할 것. 다만, 수직단면이 원형이거나 짧은 지름이 1m 이하의 타원형일 경우에는 40% 이상으로 할 수 있다.

4. 맨홀·주입구 및 안전장치 등이 탱크의 상부에 돌출되어 있는 탱크에 있어서는 다음 각목의 기준에 의하여 부속장치의 손상을 방지하기 위한 측면틀 및 방호틀을 설치하여야 한다. 다만, 피견인자동차에 고정된 탱크에는 측면틀을 설치하지 아니할 수 있다.

가. 측면틀

1) 탱크 뒷부분의 입면도에 있어서 측면틀의 최외측과 탱크의 최외측을 연결하는 직선(이하 Ⅱ에서 "최외측선"이라 한다)의 수평면에 대한 내각이 75도 이상이 되도록 하고, 최대수량의 위험물을 저장한 상태에 있을 때의 당해 탱크중량의 중심점과 측면틀의 최외측을 연결하는 직선과 그 중심점을 지나는 직선 중 최외측선과 직각을 이루는 직선과의 내각이 35도 이상이 되도록 할 것

2) 외부로부터 하중에 견딜 수 있는 구조로 할 것

3) 탱크상부의 네 모퉁이에 당해 탱크의 전단 또는 후단으로부터 각각 1m 이내의 위치에 설치할 것

4) 측면틀에 걸리는 하중에 의하여 탱크가 손상되지 아니하도록 측면틀의 부착부분에 받침판을 설치할 것

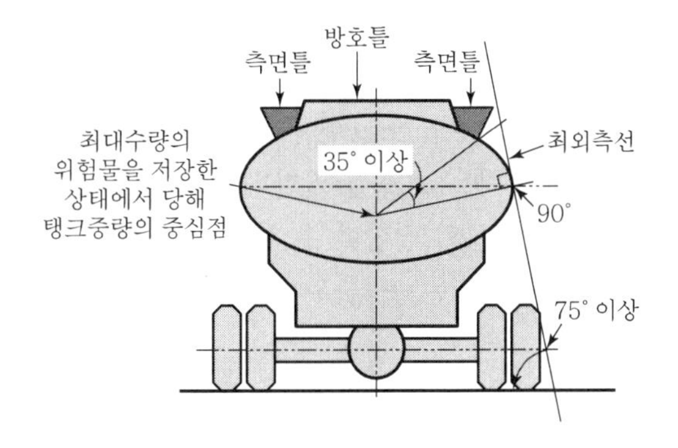

나. 방호틀

1) 두께 2.3mm 이상의 강철판 또는 이와 동등 이상의 기계적 성질이 있는 재료로써 산모양의 형상으로 하거나 이와 동등 이상의 강도가 있는 형상으로 할 것

2) 정상부분은 부속장치보다 50mm 이상 높게 하거나 이와 동등 이상의 성능이 있는 것으로 할 것

5. 탱크의 외면에는 방청도장을 하여야 한다. 다만, 탱크의 재질이 부식의 우려가 없는 스테인레스 강판 등인 경우에는 그러하지 아니하다.

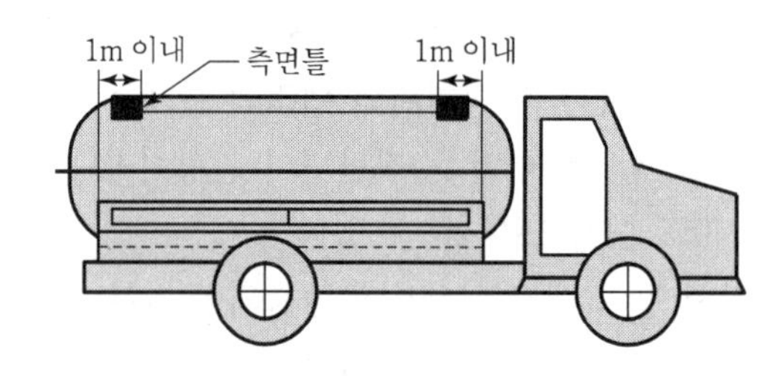

Ⅲ. 배출밸브 및 폐쇄장치

1. 이동저장탱크의 아랫부분에 배출구를 설치하는 경우에는 당해 탱크의 배출구에 밸브(이하 Ⅲ에서 "배출밸브"라 한다)를 설치하고 비상시에 직접 당해 배출밸브를 폐쇄할 수 있는 수동폐쇄장치 또는 자동폐쇄장치를 설치하여야 한다.
2. 제1호에 따른 수동폐쇄장치를 설치하는 경우에는 수동폐쇄장치를 작동시킬 수 있는 레버 또는 이와 유사한 기능을 하는 것을 설치하고, 그 바로 옆에 해당 장치의 작동방식을 표시하여야 한다. 이 경우 레버를 설치하는 경우에는 다음 각 목의 기준에 따라 설치하여야 한다.
   가. 손으로 잡아당겨 수동폐쇄장치를 작동시킬 수 있도록 할 것
   나. 길이는 15cm 이상으로 할 것
3. 제1호의 규정에 의하여 배출밸브를 설치하는 경우, 그 배출밸브에 대하여 외부로부터의 충격으로 인한 손상을 방지하기 위하여 필요한 장치를 하여야 한다.
4. 탱크의 배관이 선단부에는 개폐밸브를 설치하여야 한다.

Ⅳ. 결합금속구 등

1. 액체위험물의 이동탱크저장소의 주입호스(이동저장탱크로부터 위험물을 저장 또는 취급하는 다른 탱크로 위험물을 공급하는 호스를 말한다. 제2호 및 제3호에서 같다)는 위험물을 저장 또는 취급하는 탱크의 주입구와 결합할 수 있는 금속구를 사용하되, 그 결합금속구(제6류 위험물의 탱크의 것을 제외한다)는 놋쇠 그 밖에 마찰 등에 의하여 불꽃이 생기지 아니하는 재료로 하여야 한다.
2. 제1호의 규정에 의한 주입호스의 재질과 규격 및 결합금속구의 규격은 소방청장이 정하여 고시한다.
3. 이동탱크저장소에 주입설비(주입호스의 선단에 개폐밸브를 설치한 것을 말한다)를 설치하는 경우에는 다음 각목의 기준에 의하여야 한다.

가. 위험물이 샐 우려가 없고 화재예방상 안전한 구조로 할 것
나. 주입설비의 길이는 50m 이내로 하고, 그 선단에 축적되는 정전기를 유효하게 제거할 수 있는 장치를 할 것
다. 분당 토출량은 200L 이하로 할 것

Ⅴ. 표지 및 상치장소 표시

1. 이동탱크저장소에는 소방청장이 정하여 고시하는 바에 따라 저장하는 위험물의 위험성을 알리는 표지를 설치하여야 한다.
2. 이동탱크저장소의 탱크외부에는 소방청장이 정하여 고시하는 바에 따라 도장 등을 하여 쉽게 식별할 수 있도록 하고, 보기 쉬운 곳에 Ⅰ의 규정에 의한 상치장소의 위치를 표시하여야 한다.

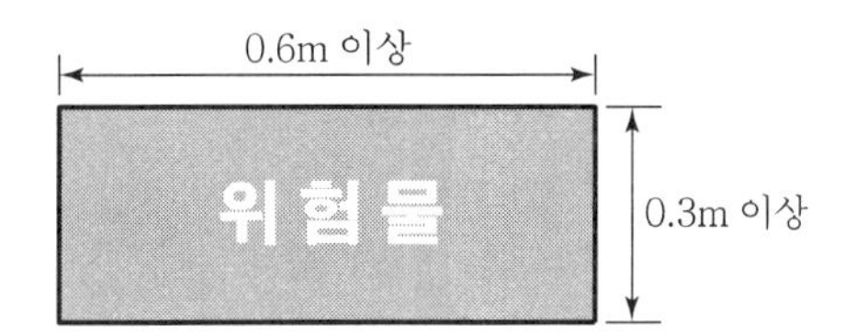

[흑색바탕 황색 반사도료]

[표지판]

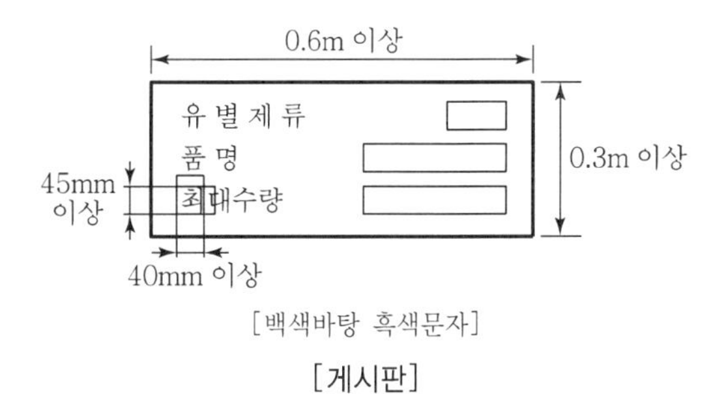

[백색바탕 흑색문자]

[게시판]

Ⅵ. 펌프설비

1. 이동탱크저장소에 설치하는 펌프설비는 당해 이동탱크저장소의 차량구동용 엔진(피견인식 이동탱크저장소의 견인부분에 설치된 것은 제외한다)의 동력원을 이용하여 위험물을 이송하여야 한다. 다만, 다음 각목의 기준에 의하여 외부로부터 전원을 공급받는 방식의 모터펌프를 설치할 수 있다.
   가. 저장 또는 취급가능한 위험물은 인화점 40℃ 이상의 것 또는 비인화성의 것에 한할 것
   나. 화재예방상 지장이 없는 위치에 고정하여 설치할 것

2. 피견인식 이동탱크저장소의 견인부분에 설치된 차량구동용 엔진의 동력원을 이용하여 위험물을 이송하는 경우에는 다음 각목의 기준에 적합하여야 한다.
   가. 견인부분에 작동유탱크 및 유압펌프를 설치하고, 피견인부분에 오일모터 및 펌프를 설치할 것
   나. 트랜스미션(Transmission)으로부터 동력전동축을 경유하여 견인부분의 유압펌프를 작동시키고 그 유압에 의하여 피견인부분의 오일모터를 경유하여 펌프를 작동시키는 구조일 것
3. 이동탱크저장소에 설치하는 펌프설비는 당해 이동저장탱크로부터 위험물을 토출하는 용도에 한한다. 다만, 폐유의 회수 등의 용도에 사용되는 이동탱크저장소에는 다음의 각목의 기준에 의하여 진공흡입방식의 펌프를 설치할 수 있다.
   가. 저장 또는 취급가능한 위험물은 인화점이 70℃ 이상인 폐유 또는 비인화성의 것에 한할 것
   나. 감압장치의 배관 및 배관의 이음은 금속제일 것. 다만, 완충용 이음은 내압 및 내유성이 있는 고무제품을, 배기통의 최상부는 합성수지제품을 사용할 수 있다.
   다. 호스 선단에는 돌 등의 고형물이 혼입되지 아니하도록 망 등을 설치할 것
   라. 이동저장탱크로부터 위험물을 다른 저장소로 옮겨 담는 경우에는 당해 저장소의 펌프 또는 자연하류의 방식에 의하는 구조일 것

Ⅶ. 접지도선

제4류 위험물중 특수인화물, 제1석유류 또는 제2석유류의 이동탱크저장소에는 다음의 각호의 기준에 의하여 접지도선을 설치하여야 한다.

1. 양도체(良導體)의 도선에 비닐 등의 절연재료로 피복하여 선단에 접지전극등을 결착시킬 수 있는 클립(clip) 등을 부착할 것
2. 도선이 손상되지 아니하도록 도선을 수납할 수 있는 장치를 부착할 것

Ⅷ. 컨테이너식 이동탱크저장소의 특례

1. 이동저장탱크를 차량 등에 옮겨 싣는 구조로 된 이동탱크저장소(이하 "컨테이너식 이동탱크저장소"라 한다)에 대하여는 Ⅳ의 규정을 적용하지 아니하되, 다음 각목의 기준에 적합하여야 한다.
   가. 이동저장탱크는 옮겨 싣는 때에 이동저장탱크하중에 의하여 생기는 응력 및 변형에 대하여 안전한 구조로 할 것
   나. 컨테이너식 이동탱크저장소에는 이동저장탱크하중의 4배의 전단하중에 견디는 걸고리체결금속구 및 모서리체결금속구를 설치할 것. 다만, 용량이 6,000L 이하인 이동저장탱크를 싣는 이동탱크저장소의 경우에는 이동저장탱크를 차량의 샤시프레임에 체결하도록 만든 구조의 유(U)자볼트를 설치할 수 있다.

다. 컨테이너식 이동탱크저장소에 주입호스를 설치하는 경우에는 Ⅳ의 기준에 의할 것

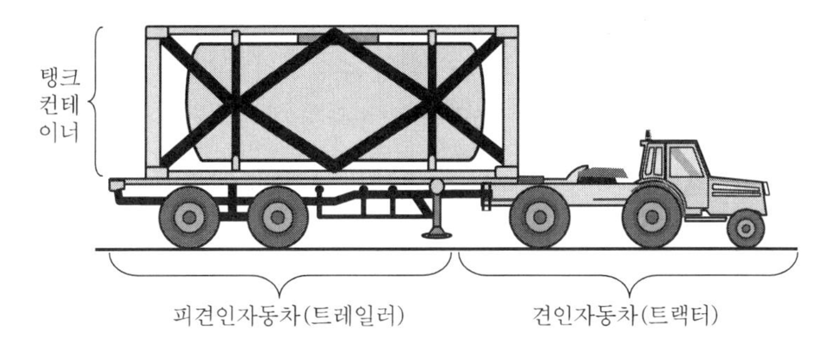

2. 다음 각목의 기준에 적합한 이동저장탱크로 된 컨테이너식 이동탱크저장소에 대하여는 Ⅱ제2호 내지 제4호의 규정을 적용하지 아니한다.
   가. 이동저장탱크 및 부속장치(맨홀 · 주입구 및 안전장치 등을 말한다)는 강재로 된 상자형태의 틀(이하 "상자틀"이라 한다)에 수납할 것
   나. 상자틀의 구조물중 이동저장탱크의 이동방향과 평행한 것과 수직인 것은 당해 이동저장탱크 · 부속장치 및 상자틀의 자중과 저장하는 위험물의 무게를 합한 하중(이하 "이동저장탱크하중"이라 한다)의 2배 이상의 하중에, 그 외 이동저장탱크의 이동방향과 직각인 것은 이동저장탱크하중 이상의 하중에 각각 견딜 수 있는 강도가 있는 구조로 할 것
   다. 이동저장탱크 · 맨홀 및 주입구의 뚜껑은 두께 6mm(당해 탱크의 직경 또는 장경이 1.8m 이하인 것은 5mm) 이상의 강판 또는 이와 동등 이상의 기계적 성질이 있는 재료로 할 것
   라. 이동저장탱크에 칸막이를 설치하는 경우에는 당해 탱크의 내부를 완전히 구획하는 구조로 하고, 두께 3.2mm 이상의 강판 또는 이와 동등 이상의 기계적 성질이 있는 재료로 할 것
   마. 이동저장탱크에는 맨홀 및 안전장치를 할 것
   바. 부속장치는 상자틀의 최외측과 50mm 이상의 간격을 유지할 것

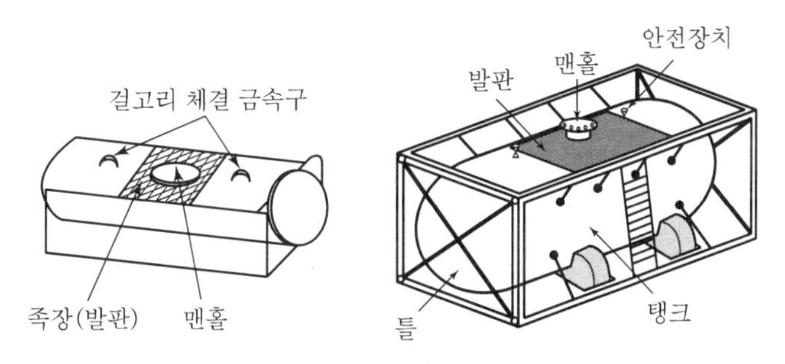

3. 컨테이너식 이동탱크저장소에 대하여는 Ⅴ제2호를 적용하지 아니하되, 이동저장탱크의 보기 쉬운 곳에 가로 0.4m 이상, 세로 0.15m 이상의 백색 바탕에 흑색 문자로 허가청의 명칭 및 완공검사번호를 표시하여야 한다.

Ⅸ. 주유탱크차의 특례

1. 항공기주유취급소(별표 13 Ⅹ의 규정에 의한 항공기주유취급소를 말한다. 이하 같다)에 있어서 항공기의 연료탱크에 직접 주유하기 위한 주유설비를 갖춘 이동탱크저장소(이하 "주유탱크차"라 한다)에 대하여는 Ⅳ의 규정을 적용하지 아니하되, 다음 각목의 기준에 적합하여야 한다.
   가. 주유탱크차에는 엔진배기통의 선단부에 화염의 분출을 방지하는 장치를 설치할 것
   나. 주유탱크차에는 주유호스 등이 적정하게 격납되지 아니하면 발진되지 아니하는 장치를 설치할 것
   다. 주유설비는 다음의 기준에 적합한 구조로 할 것
      1) 배관은 금속제로서 최대상용압력의 1.5배 이상의 압력으로 10분간 수압시험을 실시하였을 때 누설 그 밖의 이상이 없는 것으로 할 것
      2) 주유호스의 선단에 설치하는 밸브는 위험물의 누설을 방지할 수 있는 구조로 할 것
      3) 외장은 난연성이 있는 재료로 할 것
   라. 주유설비에는 당해 주유설비의 펌프기기를 정지하는 등의 방법에 의하여 이동저장탱크로부터의 위험물 이송을 긴급히 정지할 수 있는 장치를 설치할 것
   마. 주유설비에는 개방조작시에만 개방하는 자동폐쇄식의 개폐장치를 설치하고, 주유호스의 선단부에는 연료탱크의 주입구에 연결하는 결합금속구를 설치할 것. 다만, 주유호스의 선단부에 수동개폐장치를 설치한 주유노즐(수동개폐장치를 개방상태에서 고정하는 장치를 설치한 것을 제외한다)을 설치한 경우에는 그러하지 아니하다.
   바. 주유설비에는 주유호스의 선단에 축적된 정전기를 유효하게 제거하는 장치를 설치할 것
   사. 주유호스는 최대상용압력의 2배 이상의 압력으로 수압시험을 실시하여 누설 그 밖의 이상이 없는 것으로 할 것
2. 공항에서 시속 40km 이하로 운행하도록 된 주유탱크차에는 Ⅱ제2호와 제3호(방파판에 관한 부분으로 한정한다)의 규정을 적용하지 아니하되, 다음 각 목의 기준에 적합하여야 한다.
   가. 이동저장탱크는 그 내부에 길이 1.5m 이하 또는 부피 4천L 이하마다 3.2mm 이상의 강철판 또는 이와 같은 수준 이상의 강도·내열성 및 내식성이 있는 금속성의 것으로 칸막이를 설치할 것
   나. 가목에 따른 칸막이에 구멍을 낼 수 있되, 그 직경이 40cm 이내 일 것

Ⅹ. 위험물의 성질에 따른 이동탱크저장소의 특례

1. 알킬알루미늄등을 저장 또는 취급하는 이동탱크저장소는 Ⅰ 내지 Ⅷ의 규정에 의한 기준에 의하되, 당해 위험물의 성질에 따라 강화되는 기준은 다음 각 목에 의하여야 한다.

가. Ⅱ제1호의 규정에 불구하고 이동저장탱크는 두께 10mm 이상의 강판 또는 이와 동등 이상의 기계적 성질이 있는 재료로 기밀하게 제작되고 1MPa 이상의 압력으로 10분간 실시하는 수압시험에서 새거나 변형하지 아니하는 것일 것

나. 이동저장탱크의 용량은 1,900ℓ 미만일 것

다. Ⅱ제3호 가목의 규정에 불구하고, 안전장치는 이동저장탱크의 수압시험의 압력의 3분의 2를 초과하고 5분의 4를 넘지 아니하는 범위의 압력으로 작동할 것

라. Ⅱ제1호 가목의 규정에 불구하고, 이동저장탱크의 맨홀 및 주입구의 뚜껑은 두께 10mm 이상의 강판 또는 이와 동등 이상의 기계적 성질이 있는 재료로 할 것

마. Ⅲ제1호의 규정에 불구하고, 이동저장탱크의 배관 및 밸브 등은 당해 탱크의 윗부분에 설치할 것

바. Ⅷ제1호 나목의 규정에 불구하고, 이동탱크저장소에는 이동저장탱크하중의 4배의 전단하중에 견딜 수 있는 걸고리체결금속구 및 모서리체결금속구를 설치할 것

사. 이동저장탱크는 불활성의 기체를 봉입할 수 있는 구조로 할 것

아. 이동저장탱크는 그 외면을 적색으로 도장하는 한편, 백색문자로서 동판(胴板)의 양측면 및 경판(鏡板)에 별표 4 Ⅲ제2호 라목의 규정에 의한 주의사항을 표시할 것

2. 아세트알데히드등을 저장 또는 취급하는 이동탱크저장소는 Ⅰ 내지 Ⅷ의 규정에 의하되, 당해 위험물의 성질에 따라 강화되는 기준은 다음 각목에 의하여야 한다.

가. 이동저장탱크는 불활성의 기체를 봉입할 수 있는 구조로 할 것

나. 이동저장탱크 및 그 설비는 은·수은·동·마그네슘 또는 이들을 성분으로 하는 합금으로 만들지 아니할 것

3. 히드록실아민등을 저장 또는 취급하는 이동탱크저장소는 Ⅰ 내지 Ⅷ의 규정에 의하되, 강화되는 기준은 별표 6 Ⅺ제3호의 규정에 의한 히드록실아민등을 저장 또는 취급하는 옥외탱크저장소의 규정을 준용하여야 한다.

[별표 11] 〈개정 2009. 3. 17.〉

옥외저장소의 위치·구조 및 설비의 기준(제35조 관련)

Ⅰ. 옥외저장소의 기준

1. 옥외저장소 중 위험물을 용기에 수납하여 저장 또는 취급하는 것의 위치·구조 및 설비의 기술기준은 다음 각목과 같다.

가. 옥외저장소는 별표 4 Ⅰ의 규정에 준하여 안전거리를 둘 것

나. 옥외저장소는 습기가 없고 배수가 잘 되는 장소에 설치할 것

다. 위험물을 저장 또는 취급하는 장소의 주위에는 경계표시(울타리의 기능이 있는 것에 한한다. 이와 같다)를 하여 명확하게 구분할 것

라. 다목의 경계표시의 주위에는 그 저장 또는 취급하는 위험물의 최대수량에 따라 다음 표에 의한 너비의 공지를 보유할 것. 다만, 제4류 위험물 중 제4석유류와 제6류 위험물을 저장 또는 취급하는 옥외저장소의 보유공지는 다음 표에 의한 공지의 너비의 3분의 1 이상의 너비로 할 수 있다.

저장 또는 취급하는 위험물의 최대수량	공지의 너비
지정수량의 10배 이하	**3m 이상**
지정수량의 10배 초과 20배 이하	**5m 이상**
지정수량의 20배 초과 50배 이하	**9m 이상**
지정수량의 50배 초과 200배 이하	**12m 이상**
지정수량의 200배 초과	**15m 이상**

마. 옥외저장소에는 별표 4 Ⅲ제1호의 기준에 따라 보기 쉬운 곳에 "위험물 옥외저장소"라는 표시를 한 표지와 동표 Ⅲ제2호의 기준에 따라 방화에 관하여 필요한 사항을 게시한 게시판을 설치하여야 한다.

바. 옥외저장소에 선반을 설치하는 경우에는 다음의 기준에 의할 것

1) 선반은 불연재료로 만들고 견고한 지반면에 고정할 것

2) 선반은 당해 선반 및 그 부속설비의 자중·저장하는 위험물의 중량·풍하중·지진의 영향 등에 의하여 생기는 응력에 대하여 안전할 것

3) 선반의 높이는 6m를 초과하지 아니할 것

4) 선반에는 위험물을 수납한 용기가 쉽게 낙하하지 아니하는 조치를 강구할 것

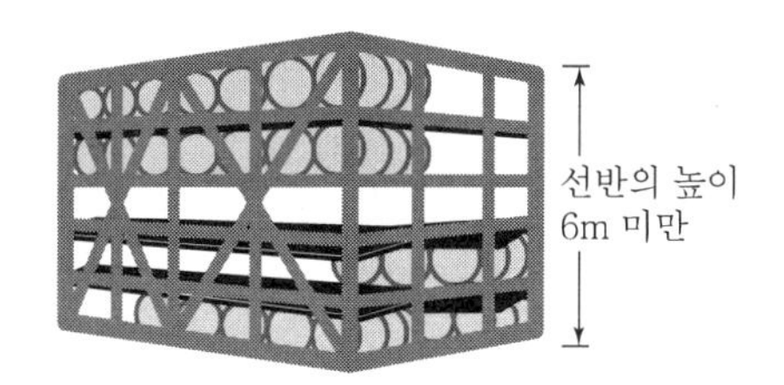

사. 과산화수소 또는 과염소산을 저장하는 옥외저장소에는 불연성 또는 난연성의 천막 등을 설치하여 햇빛을 가릴 것

아. 눈·비 등을 피하거나 차광 등을 위하여 옥외저장소에 캐노피 또는 지붕을 설치하는 경우에는 환기 및 소화활동에 지장을 주지 아니하는 구조로 할 것. 이 경우 기둥은 내화구조로 하고, 캐노피 또는 지붕을 불연재료로 하며, 벽을 설치하지 아니하여야 한다.

2. 옥외저장소 중 덩어리 상태의 유황만을 지반면에 설치한 경계표시의 안쪽에서 저장 또는 취급하는 것(제1호에 정하는 것을 제외한다)의 위치·구조 및 설비의 기술기준은 제1호 각 목의 기준 및 다음 각목과 같다.

가. 하나의 경계표시의 내부의 면적은 $100m^2$ 이하일 것

나. 2 이상의 경계표시를 설치하는 경우에 있어서는 각각의 경계표시 내부의 면적을 합산한 면적은 $1,000m^2$ 이하로 하고, 인접하는 경계표시와 경계표시와의 간격을 제1호 라목의 규정에 의한 공지의 너비의 2분의 1 이상으로 할 것. 다만, 저장 또는 취급하는 위험물의 최대수량이 지정수량의 200배 이상인 경우에는 10m 이상으로 하여야 한다.

다. 경계표시는 불연재료로 만드는 동시에 유황이 새지 아니하는 구조로 할 것

라. 경계표시의 높이는 1.5m 이하로 할 것

마. 경계표시에는 유황이 넘치거나 비산하는 것을 방지하기 위한 천막 등을 고정하는 장치를 설치하되, 천막 등을 고정하는 장치는 경계표시의 길이 2m마다 한 개 이상 설치할 것

바. 유황을 저장 또는 취급하는 장소의 주위에는 배수구와 분리장치를 설치할 것

Ⅱ. 고인화점 위험물의 옥외저장소의 특례

1. 고인화점 위험물만을 저장 또는 취급하는 옥외저장소 중 그 위치가 다음 각목에 정하는 기준에 적합한 것에 대하여는 Ⅰ제1호 가목 및 라목의 규정을 적용하지 아니한다.

가. 옥외저장소는 별표 4 제1호의 규정에 준하여 안전거리를 둘 것

나. Ⅰ제1호 다목의 경계표시의 주위에는 다음 표에 정하는 너비의 공지를 보유할 것

저장 또는 취급하는 위험물의 최대수량	공지의 너비
지정수량의 50배 이하	**3m 이상**
지정수량의 50배 초과 200배 이하	**6m 이상**
지정수량의 200배 초과	**10m 이상**

Ⅲ. 인화성고체, 제1석유류 또는 알코올류의 옥외저장소의 특례

제2류 위험물 중 인화성고체(인화점이 21℃ 미만인 것에 한한다. 이하 Ⅲ에서 같다) 또는 제4류 위험물 중 제1석유류 또는 알코올류를 저장 또는 취급하는 옥외저장소에 있어서는 Ⅰ 제1호의 규정에 의한 기준에 의하는 외에 당해 위험물의 성질에 따라 다음 각호에 정하는 기준에 의한다.

1. 인화성고체, 제1석유류 또는 알코올류를 저장 또는 취급하는 장소에는 당해 위험물을 적당한 온도로 유지하기 위한 살수설비 등을 설치하여야 한다.
2. 제1석유류 또는 알코올류를 저장 또는 취급하는 장소의 주위에는 배수구 및 집유설비를 설치하여야 한다. 이 경우 제1석유류(온도 20℃의 물 100g에 용해되는 양이 1g 미만인 것에 한한다)를 저장 또는 취급하는 장소에 있어서는 집유설비에 유분리장치를 설치하여야 한다.

Ⅳ. 수출입 하역장소의 옥외저장소의 특례

「관세법」 제154조에 따른 보세구역, 「항만법」 제2조 제1호에 따른 항만 또는 같은 조 제7호에 따른 항만배후단지 내에서 수출입을 위한 위험물을 저장 또는 취급하는 옥외저장소 중 Ⅰ 제1호(라목은 제외한다)의 규정에 적합한 것은 다음 표에 정하는 너비의 공지(空地)를 보유할 수 있다.

저장 또는 취급하는 위험물의 최대수량	공지의 너비
지정수량의 50배 이하	3m 이상
지정수량의 50배 초과 200배 이하	4m 이상
지정수량의 200배 초과	5m 이상

[별표 12]

암반탱크저장소의 위치 · 구조 및 설비의 기준(제36조 관련)

Ⅰ. 암반탱크

1. 암반탱크저장소의 암반탱크는 다음 각목의 기준에 의하여 설치하여야 한다.
   가. 암반탱크는 암반투수계수가 1초당 10만분의 1m 이하인 천연암반내에 설치할 것
   나. 암반탱크는 저장할 위험물의 증기압을 억제할 수 있는 지하수면하에 설치할 것
   다. 암반탱크의 내벽은 암반균열에 의한 낙반을 방지할 수 있도록 볼트 · 콘크리트 등으로 보강할 것
   라. **"위험물 암반 탱크의 공간 용적은 당해 탱크 내에 용출하는 7일간의 지하수 양에 상당하는 용적과 당해 탱크 내용적의 100분의 1의 용적 중에서 보다 큰 용적을 공간 용적으로 한다."**
2. 암반탱크는 다음 각목의 기준에 적합한 수리조건을 갖추어야 한다.
   가. 암반탱크내로 유입되는 지하수의 양은 암반내의 지하수 충전량보다 적을 것
   나. 암반탱크의 상부로 물을 주입하여 수압을 유지할 필요가 있는 경우에는 수벽공을 설치할 것
   다. 암반탱크에 가해지는 지하수압은 저장소의 최대운영압보다 항상 크게 유지할 것

Ⅱ. 지하수위 관측공의 설치

암반탱크저장소 주위에는 지하수위 및 지하수의 흐름 등을 확인 · 통제할 수 있는 관측공을 설치하여야 한다.

Ⅲ. 계량장치

암반탱크저장소에는 위험물의 양과 내부로 유입되는 지하수의 양을 측정할 수 있는 계량구와 자동측정이 가능한 계량장치를 설치하여야 한다.

Ⅳ. 배수시설

암반탱크저장소에는 주변 암반으로부터 유입되는 침출수를 자동으로 배출할 수 있는 시설을 설치하고 침출수에 섞인 위험물이 직접 배수구로 흘러 들어가지 아니하도록 유분리장치를 설치하여야 한다.

Ⅴ. 펌프설비

암반탱크저장소의 펌프설비는 점검 및 보수를 위하여 사람의 출입이 용이한 구조의 전용공동에 설치하여야 한다. 다만, 액중펌프(펌프 또는 전동기를 저장탱크 또는 암반탱크안에 설치하는 것을 말한다. 이하 같다)를 설치한 경우에는 그러하지 아니하다.

Ⅵ. 위험물제조소 및 옥외탱크저장소에 관한 기준의 준용

1. 암반탱크저장소에는 별표 4 Ⅲ제1호의 기준에 따라 보기 쉬운 곳에 "위험물 암반탱크저장소"라는 표시를 한 표지와 동표 Ⅲ제2호의 기준에 따라 방화에 관하여 필요한 사항을 게시한 게시판을 설치하여야 한다.
2. 별표 4 Ⅷ제4호ㆍ제6호, 동표 Ⅹ 및 별표 6 Ⅵ제9호의 규정은 암반탱크저장소의 압력계ㆍ안전장치, 정전기 제거설비, 배관 및 주입구의 설치에 관하여 이를 준용한다.

위험물 취급소

주유 취급소, 일반취급소, 판매취급소, 저장취급소, 이송취급소 등이 있다.

[별표 13] 〈개정 2017. 7. 26.〉

주유취급소의 위치 · 구조 및 설비의 기준(제37조 관련)

Ⅰ. 주유공지 및 급유공지

1. 주유취급소의 고정주유설비(펌프기기 및 호스기기로 되어 위험물을 자동차등에 직접 주유하기 위한 설비로서 현수식의 것을 포함한다. 이하 같다)의 주위에는 주유를 받으려는 자동차 등이 출입할 수 있도록 너비 15m 이상, 길이 6m 이상의 콘크리트 등으로 포장한 공지(이하 "주유공지"라 한다)를 보유하여야 하고, 고정급유설비(펌프기기 및 호스기기로 되어 위험물을 용기에 옮겨 담거나 이동저장탱크에 주입하기 위한 설비로서 현수식의 것을 포함한다. 이하 같다)를 설치하는 경우에는 고정급유설비의 호스기기의 주위에 필요한 공지(이하 "급유공지"라 한다)를 보유하여야 한다.
2. 제1호의 규정에 의한 공지의 바닥은 주위 지면보다 높게 하고, 그 표면을 적당하게 경사지게 하여 새어나온 기름 그 밖의 액체가 공지의 외부로 유출되지 아니하도록 배수구 · 집유설비 및 유분리장치를 하여야 한다.

Ⅱ. 표지 및 게시판

주유취급소에는 별표 4 Ⅲ제1호의 기준에 준하여 보기 쉬운 곳에 "위험물 주유취급소"라는 표시를 한 표지, 동표 Ⅲ제2호의 기준에 준하여 방화에 관하여 필요한 사항을 게시한 게시판 및 황색바탕에 흑색문자로 "주유중엔진정지"라는 표시를 한 게시판을 설치하여야 한다.

Ⅲ. 탱크

1. 주유취급소에는 다음 각목의 탱크 외에는 위험물을 저장 또는 취급하는 탱크를 설치할 수 없다. 다만, 별표 10 Ⅰ의 규정에 의한 이동탱크저장소의 상치장소를 주유공지 또는 급유공지 외의 장소에 확보하여 이동탱크저장소(당해주유취급소의 위험물의 저장 또는 취급에 관계된 것에 한한다)를 설치하는 경우에는 그러하지 아니하다.

가. 자동차 등에 주유하기 위한 고정주유설비에 직접 접속하는 전용탱크로서 50,000L 이하의 것

나. 고정급유설비에 직접 접속하는 전용탱크로서 50,000L 이하의 것

다. 보일러 등에 직접 접속하는 전용탱크로서 10,000L 이하의 것

라. 자동차 등을 점검·정비하는 작업장 등(주유취급소안에 설치된 것에 한한다)에서 사용하는 폐유·윤활유 등의 위험물을 저장하는 탱크로서 용량(2 이상 설치하는 경우에는 각 용량의 합계를 말한다)이 2,000L 이하인 탱크(이하 "폐유탱크등"이라 한다)

마. 고정주유설비 또는 고정급유설비에 직접 접속하는 3기 이하의 간이탱크. 다만, 「국토의 계획 및 이용에 관한 법률」에 의한 방화지구안에 위치하는 주유취급소의 경우를 제외한다.

2. 제1호가목 내지 라목의 규정에 의한 탱크(다목 및 라목의 규정에 의한 탱크는 용량이 1,000L를 초과하는 것에 한한다)는 옥외의 지하 또는 캐노피 아래의 지하(캐노피 기둥의 하부를 제외한다)에 매설하여야 한다.

3. 제 I 호의 규정에 의하여 설치하는 전용탱크·폐유탱크등 또는 간이탱크의 위치·구조 및 설비의 기준은 다음 각목과 같다.

가. 지하에 매설하는 전용탱크 또는 폐유탱크등의 위치·구조 및 설비는 별표 8 I [제5호·제10호(게시판에 관한 부분에 한한다)·제11호(액중펌프설비에 관한 부분을 제외한다)·제14호 및 용량 10,000L를 넘는 탱크를 설치하는 경우에 있어서는 제1호 단서를 제외한다]·별표 8 II[별표 8 I 제5호·제10호(게시판에 관한 부분에 한한다)·제11호(액중펌프설비에 관한 부분을 제외한다)·제14호를 제외한다] 또는 별표 8 III[별표 8 I 제5호·제10호(게시판에 관한 부분에 한한다)·제11호(액중펌프설비에 관한 부분을 제외한다)·제14호를 제외한다]의 규정에 의한 지하저장탱크의 위치·구조 및 설비의 기준을 준용할 것

나. 지하에 매설하지 아니하는 폐유탱크등의 위치·구조 및 설비는 별표 7 I (제1호 다목을 제외한다)의 규정에 의한 옥내저장탱크의 위치·구조·설비 또는 시·도의 조례에 정하는 지정수량 미만인 탱크의 위치·구조 및 설비의 기준을 준용할 것

다. 간이탱크의 구조 및 설비는 별표 9 제4호 내지 제8호의 규정에 의한 간이저장탱크의 구조 및 설비의 기준을 준용하되, 자동차 등과 충돌할 우려가 없도록 설치할 것

Ⅳ. 고정주유설비 등

1. 주유취급소에는 자동차 등의 연료탱크에 직접 주유하기 위한 고정주유설비를 설치하여야 한다.

2. 주유취급소의 고정주유설비 또는 고정급유설비는 Ⅲ제1호 가목·나목 또는 마목의 규정에 의한 탱크중 하나의 탱크만으로부터 위험물을 공급받을 수 있도록 하고, 다음 각목의 기준에 적합한 구조로 하여야 한다.

가. 펌프기기는 주유관 선단에서의 최대토출량이 제1석유류의 경우에는 분당 50L 이하, 경유의 경우에는 분당 180L 이하, 등유의 경우에는 분당 80L 이하인 것으로 할 것. 다만, 이동저장탱크에 주입하기 위한 고정급유설비의 펌프기기는 최대토출량이 분당 300L 이하인 것으로 할 수 있으며, 분당 토출량이 200L 이상인 것의 경우에는 주유설비에 관계된 모든 배관의 안지름을 40mm 이상으로 하여야 한다.

나. 이동저장탱크의 상부를 통하여 주입하는 고정급유설비의 주유관에는 당해 탱크의 밑부분에 달하는 주입관을 설치하고, 그 토출량이 분당 80L를 초과하는 것은 이동저장탱크에 주입하는 용도로만 사용할 것

다. 고정주유설비 또는 고정급유설비는 난연성 재료로 만들어진 외장을 설치할 것. 다만, Ⅸ의 규정에 의한 기준에 적합한 펌프실에 설치하는 펌프기기 또는 액중펌프에 있어서는 그러하지 아니하다.

라. 고정주유설비 또는 고정급유설비의 본체 또는 노즐 손잡이에 주유작업자의 인체에 축적되는 정전기를 유효하게 제거할 수 있는 장치를 설치할 것

3. 고정주유설비 또는 고정급유설비의 주유관의 길이(선단의 개폐밸브를 포함한다)는 5m(현수식의 경우에는 지면위 0.5m의 수평면에 수직으로 내려 만나는 점을 중심으로 반경 3m) 이내로 하고 그 선단에는 축적된 정전기를 유효하게 제거할 수 있는 장치를 설치하여야 한다.

4. 고정주유설비 또는 고정급유설비는 다음 각목의 기준에 적합한 위치에 설치하여야 한다.

가. 고정주유설비의 중심선을 기점으로 하여 도로경계선까지 4m 이상, 부지경계선 · 담 및 건축물의 벽까지 2m(개구부가 없는 벽까지는 1m) 이상의 거리를 유지하고, 고정급유설비의 중심선을 기점으로 하여 도로경계선까지 4m 이상, 부지경계선 및 담까지 1m 이상, 건축물의 벽까지 2m(개구부가 없는 벽까지는 1m) 이상의 거리를 유지할 것

나. 고정주유설비와 고정급유설비의 사이에는 4m 이상의 거리를 유지할 것

V. 건축물 등의 제한 등

1. 주유취급소에는 주유 또는 그에 부대하는 업무를 위하여 사용되는 다음 각목의 건축물 또는 시설 외에는 다른 건축물 그 밖의 공작물을 설치할 수 없다.

가. 주유 또는 등유 · 경유를 옮겨 담기 위한 작업장

나. 주유취급소의 업무를 행하기 위한 사무소

다. 자동차 등의 점검 및 간이정비를 위한 작업장

라. 자동차 등의 세정을 위한 작업장

마. 주유취급소에 출입하는 사람을 대상으로 한 점포 · 휴게음식점 또는 전시장

바. 주유취급소의 관계자가 거주하는 주거시설

사. 전기자동차용 충전설비(전기를 동력원으로 하는 자동차에 직접 전기를 공급하는 설비를 말한다. 이하 같다)

아. 그 밖의 소방청장이 정하여 고시하는 건축물 또는 시설

2. 제1호 각목의 건축물 중 주유취급소의 직원 외의 자가 출입하는 나목·다목 및 마목의 용도에 제공하는 부분의 면적의 합은 1,000m^2를 초과할 수 없다.
3. 다음 각목의 1에 해당하는 주유취급소(이하 "옥내주유취급소"라 한다)는 소방청장이 정하여 고시하는 용도로 사용하는 부분이 없는 건축물(옥내주유취급소에서 발생한 화재를 옥내주유취급소의 용도로 사용하는 부분 외의 부분에 자동적으로 유효하게 알릴 수 있는 자동화재탐지설비 등을 설치한 건축물에 한한다)에 설치할 수 있다.

가. 건축물안에 설치하는 주유취급소

나. 캐노피·처마·차양·부연·발코니 및 루버의 수평투영면적이 주유취급소의 공지면적(주유취급소의 부지면적에서 건축물 중 벽 및 바닥으로 구획된 부분의 수평투영면적을 뺀 면적을 말한다)의 3분의 1을 초과하는 주유취급소

Ⅵ. 건축물 등의 구조

1. 주유취급소에 설치하는 건축물 등은 다음 각목의 규정에 의한 위치 및 구조의 기준에 적합하여야 한다.

가. 건축물, 창 및 출입구의 구조는 다음의 기준에 적합하게 할 것

1) 건축물의 벽·기둥·바닥·보 및 지붕을 내화구조 또는 불연재료로 할 것. 다만, Ⅴ제2호에 따른 면적의 합이 500m^2를 초과하는 경우에는 건축물의 벽을 내화구조로 하여야 한다.

2) 창 및 출입구(Ⅴ제1호 다목 및 라목의 용도에 사용하는 부분에 설치한 자동차 등의 출입구를 제외한다)에는 방화문 또는 불연재료로 된 문을 설치할 것. 이 경우 Ⅴ제2호에 따른 면적의 합이 500m^2를 초과하는 주유취급소로서 하나의 구획실의 면적이 500m^2를 초과하거나 2층 이상의 층에 설치하는 경우에는 해당 구획실 또는 해당 층의 2면 이상의 벽에 각각 출입구를 설치하여야 한다.

나. Ⅴ제1호 바목의 용도에 사용하는 부분은 개구부가 없는 내화구조의 바닥 또는 벽으로 당해 건축물의 다른 부분과 구획하고 주유를 위한 작업장 등 위험물취급장소에 면한 쪽의 벽에는 출입구를 설치하지 아니할 것

다. 사무실 등의 창 및 출입구에 유리를 사용하는 경우에는 망입유리 또는 강화유리로 할 것. 이 경우 강화유리의 두께는 창에는 8mm 이상, 출입구에는 12mm 이상으로 하여야 한다.

라. 건축물 중 사무실 그 밖의 화기를 사용하는 곳(Ⅴ제1호 다목 및 라목의 용도에 사용하는 부분을 제외한다)은 누설한 가연성의 증기가 그 내부에 유입되지 아니하도록 다음의 기준에 적합한 구조로 할 것

1) 출입구는 건축물의 안에서 밖으로 수시로 개방할 수 있는 자동폐쇄식의 것으로 할 것
2) 출입구 또는 사이통로의 문턱의 높이를 15cm 이상으로 할 것
3) 높이 1m 이하의 부분에 있는 창 등은 밀폐시킬 것

마. 자동차 등의 점검・정비를 행하는 설비는 다음의 기준에 적합하게 할 것
1) 고정주유설비로부터 4m 이상, 도로경계선으로부터 2m 이상 떨어지게 할 것. 다만, V 제1호 다목의 규정에 의한 작업장 중 바닥 및 벽으로 구획된 옥내의 작업장에 설치하는 경우에는 그러하지 아니하다.
2) 위험물을 취급하는 설비는 위험물의 누설・넘침 또는 비산을 방지할 수 있는 구조로 할 것

바. 자동차 등의 세정을 행하는 설비는 다음의 기준에 적합하게 할 것
1) 증기세차기를 설치하는 경우에는 그 주위의 불연재료로 된 높이 1m 이상의 담을 설치하고 출입구가 고정주유설비에 면하지 아니하도록 할 것. 이 경우 담은 고정주유설비로부터 4m 이상 떨어지게 하여야 한다.
2) 증기세차기 외의 세차기를 설치하는 경우에는 고정주유설비로부터 4m 이상, 도로경계선으로부터 2m 이상 떨어지게 할 것. 다만, V제1호 라목의 규정에 의한 작업장 중 바닥 및 벽으로 구획된 옥내의 작업장에 설치하는 경우에는 그러하지 아니하다.

사. 주유원간이대기실은 다음의 기준에 적합할 것
1) 불연재료로 할 것
2) 바퀴가 부착되지 아니한 고정식일 것
3) 차량의 출입 및 주유작업에 장애를 주지 아니하는 위치에 설치할 것
4) 바닥면적이 2.5m^2 이하일 것. 다만, 주유공지 및 급유공지 외의 장소에 설치하는 것은 그러하지 아니하다.

아. 전기자동차용 충전설비는 다음의 기준에 적합할 것
1) 충전기기(충전케이블로 전기자동차에 전기를 직접 공급하는 기기를 말한다. 이하 같다)의 주위에 전기자동차 충전을 위한 전용 공지(주유공지 또는 급유공지 외의 장소를 말하며, 이하 "충전공지"라 한다)를 확보하고, 충전공지 주위를 페인트 등으로 표시하여 그 범위를 알아보기 쉽게 할 것
2) 전기자동차용 충전설비를 V. 건축물 등의 제한 등의 제1호 각 목의 건축물 밖에 설치하는 경우 충전공지는 고정주유설비 및 고정급유설비의 주유관을 최대한 펼친 끝 부분에서 1m 이상 떨어지도록 할 것
3) 전기자동차용 충전설비를 V. 건축물 등의 제한 등의 제1호 각 목의 건축물 안에 설치하는 경우에는 다음의 기준에 적합할 것
   가) 해당 건축물의 1층에 설치할 것

나) 해당 건축물에 가연성 증기가 남아 있을 우려가 없도록 별표 4 Ⅴ 제1호다목에 따른 환기설비 또는 별표 4 Ⅵ에 따른 배출설비를 설치할 것

4) 전기자동차용 충전설비의 전력공급설비[전기자동차에 전원을 공급하기 위한 전기설비로서 전력량계, 인입구(引入口) 배선, 분전반 및 배선용 차단기 등을 말한다]는 다음의 기준에 적합할 것

가) 분전반은 방폭성능을 갖출 것. 다만, 분전반을 고정주유설비(제1석유류를 취급하는 고정주유설비만 해당한다. 이하 이 목에서 같다)의 중심선으로부터 6미터 이상, 전용탱크(제1석유류를 취급하는 전용탱크만 해당한다. 이하 이 목에서 같다) 주입구의 중심선으로부터 4미터 이상, 전용탱크 통기관 선단의 중심선으로부터 2미터 이상 이격하여 설치하는 경우에는 그러하지 아니하다.

나) 전력량계, 누전차단기 및 배선용 차단기는 분전반 내에 설치할 것

다) 인입구 배선은 지하에 설치할 것

라) 「전기사업법」에 따른 전기설비의 기술기준에 적합할 것

5) 충전기기와 인터페이스[충전기기에서 전기자동차에 전기를 공급하기 위하여 연결하는 커플러(coupler), 인렛(inlet), 케이블 등을 말한다. 이하 같다]는 다음의 기준에 적합할 것

가) 충전기기는 방폭성능을 갖출 것. 다만, 충전설비의 전원공급을 긴급히 차단할 수 있는 장치를 사무소 내부 또는 충전기기 주변에 설치하고, 충전기기를 고정주유설비의 중심선으로부터 6미터 이상, 전용탱크 주입구의 중심선으로부터 4미터 이상, 전용탱크 통기관 선단의 중심선으로부터 2미터 이상 이격하여 설치하는 경우에는 그러하지 아니하다.

나) 인터페이스의 구성 부품은 「전기용품안전 관리법」에 따른 기준에 적합할 것

6) 충전작업에 필요한 주차장을 설치하는 경우에는 다음의 기준에 적합할 것

가) 주유공지, 급유공지 및 충전공지 외의 장소로서 주유를 위한 자동차 등의 진입·출입에 지장을 주지 않는 장소에 설치할 것

나) 주차장의 주위를 페인트 등으로 표시하여 그 범위를 알아보기 쉽게 할 것

다) 지면에 직접 주차하는 구조로 할 것

2. Ⅴ제3호의 규정에 의한 옥내주유취급소는 제1호의 기준에 의하는 외에 다음 각목에 정하는 기준에 적합한 구조로 하여야 한다.

가. 건축물에서 옥내주유취급소의 용도에 사용하는 부분은 벽·기둥·바닥·보 및 지붕을 내화구조로 하고, 개구부가 없는 내화구조의 바닥 또는 벽으로 당해 건축물의 다른 부분과 구획할 것. 다만, 건축물의 옥내주유취급소의 용도에 사용하는 부분의 상부에 상층이 없는 경우에는 지붕을 불연재료로 할 수 있다.

나. 건축물에서 옥내주유취급소(건축물 안에 설치하는 것에 한한다)의 용도에 사용하는 부분의 2 이상의 방면은 자동차 등이 출입하는 측 또는 통풍 및 피난상 필요한 공지에 접하도록 하고 벽을 설치하지 아니할 것

다. 건축물에서 옥내주유취급소의 용도에 사용하는 부분에는 가연성증기가 체류할 우려가 있는 구멍·구덩이 등이 없도록 할 것

라. 건축물에서 옥내주유취급소의 용도에 사용하는 부분에 상층이 있는 경우에는 상층으로의 연소를 방지하기 위하여 다음의 기준에 적합하게 내화구조로 된 캔틸레버를 설치할 것

1) 옥내주유취급소의 용도에 사용하는 부분(고정주유설비와 접하는 방향 및 나목의 규정에 의하여 벽이 개방된 부분에 한한다)의 바로 위층의 바닥에 이어서 1.5m 이상 내어 붙일 것. 다만, 바로 위층의 바닥으로부터 높이 7m 이내에 있는 위층의 외벽에 개구부가 없는 경우에는 그러하지 아니하다.

2) 캔틸레버 선단과 위층의 개구부(열지 못하게 만든 방화문과 연소방지상 필요한 조치를 한 것을 제외한다)까지의 사이에는 7m에서 당해 캔틸레버의 내어 붙인 거리를 뺀 길이 이상의 거리를 보유할 것

마. 건축물 중 옥내주유취급소의 용도에 사용하는 부분 외에는 주유를 위한 작업장 등 위험물취급장소와 접하는 외벽에 창(망입유리로 된 붙박이 창을 제외한다) 및 출입구를 설치하지 아니할 것

Ⅶ. 담 또는 벽

1. 주유취급소의 주위에는 자동차 등이 출입하는 쪽외의 부분에 높이 2m 이상의 내화구조 또는 불연재료의 담 또는 벽을 설치하되, 주유취급소의 인근에 연소의 우려가 있는 건축물이 있는 경우에는 소방청장이 정하여 고시하는 바에 따라 방화상 유효한 높이로 하여야 한다.

2. 제1호에도 불구하고 다음 각 목의 기준에 모두 적합한 경우에는 담 또는 벽의 일부분에 방화상 유효한 구조의 유리를 부착할 수 있다.

가. 유리를 부착하는 위치는 주입구, 고정주유설비 및 고정급유설비로부터 4m 이상 이격될 것

나. 유리를 부착하는 방법은 다음의 기준에 모두 적합할 것

1) 주유취급소 내의 지반면으로부터 70cm를 초과하는 부분에 한하여 유리를 부착할 것

2) 하나의 유리판의 가로의 길이는 2m 이내일 것

3) 유리판의 테두리를 금속제의 구조물에 견고하게 고정하고 해당 구조물을 담 또는 벽에 견고하게 부착할 것

4) 유리의 구조는 접합유리(두장의 유리를 두께 0.76mm 이상의 폴리비닐부티랄 필름으로 접합한 구조를 말한다)로 하되, 「유리구획 부분의 내화시험방법(KS F 2845)」에 따라 시험하여 비차열 30분 이상의 방화성능이 인정될 것

다. 유리를 부착하는 범위는 전체의 담 또는 벽의 길이의 10분의 2를 초과하지 아니할 것

Ⅷ. 캐노피

주유취급소에 캐노피를 설치하는 경우에는 다음 각목의 기준에 의하여야 한다.

가. 배관이 캐노피 내부를 통과할 경우에는 1개 이상의 점검구를 설치할 것

나. 캐노피 외부의 점검이 곤란한 장소에 배관을 설치하는 경우에는 용접이음으로 할 것

다. 캐노피 외부의 배관이 일광열의 영향을 받을 우려가 있는 경우에는 단열재로 피복할 것

Ⅸ. 펌프실 등의 구조

주유취급소 펌프실 그 밖에 위험물을 취급하는 실(이하 Ⅸ에서 "펌프실 등"이라 한다)을 설치하는 경우에는 다음 각목의 기준에 적합하게 하여야 한다.

가. 바닥은 위험물이 침투하지 아니하는 구조로 하고 적당한 경사를 두어 집유설비를 설치할 것

나. 펌프실등에는 위험물을 취급하는데 필요한 채광·조명 및 환기의 설비를 할 것

다. 가연성 증기가 체류할 우려가 있는 펌프실등에는 그 증기를 옥외에 배출하는 설비를 설치할 것

라. 고정주유설비 또는 고정급유설비중 펌프기기를 호스기기와 분리하여 설치하는 경우에는 펌프실의 출입구를 주유공지 또는 급유공지에 접하도록 하고, 자동폐쇄식의 갑종방화문을 설치할 것

마. 펌프실등에는 별표 4 Ⅲ제1호의 기준에 따라 보기 쉬운 곳에 "위험물 펌프실", "위험물 취급실" 등의 표시를 한 표지와 동표 Ⅲ제2호의 기준에 따라 방화에 관하여 필요한 사항을 게시한 게시판을 설치하여야 한다.

바. 출입구에는 바닥으로부터 0.1m 이상의 턱을 설치할 것

Ⅹ. 항공기주유취급소의 특례

1. 비행장에서 항공기, 비행장에 소속된 차량 등에 주유하는 주유취급소에 대하여는 Ⅰ, Ⅱ, Ⅲ제1호·제2호, Ⅳ제2호·제3호(주유관의 길이에 관한 규정에 한한다), Ⅶ 및 Ⅷ의 규정을 적용하지 아니한다.
2. 제1호에서 규정한 것외의 항공기주유취급소에 대한 특례는 다음 각목과 같다.

가. 항공기주유취급소에는 항공기 등에 직접 주유하는데 필요한 공지를 보유할 것

나. 제1호의 규정에 의한 공지는 그 지면을 콘크리트 등으로 포장할 것

다. 제1호의 규정에 의한 공지에는 누설한 위험물 그 밖의 액체가 공지의 외부로 유출되지 아니하도록 배수구 및 유분리장치를 설치할 것. 다만, 누설한 위험물 등의 유출을 방지하기 위한 조치를 한 경우에는 그러하지 아니하다.

라. 지하식(호스기기가 지하의 상자에 설치된 형식을 말한다. 이하 같다)의 고정주유설비를 사용하여 주유하는 항공기주유취급소의 경우에는 다음의 기준에 의할 것

1) 호스기기를 설치한 상자에는 적당한 방수조치를 할 것

2) 고정주유설비의 펌프기기와 호스기기를 분리하여 설치한 항공기주유취급소의 경우에는 당해 고정주유설비의 펌프기기를 정지하는 등의 방법에 의하여 위험물저장탱크로부터 위험물의 이송을 긴급히 정지할 수 있는 장치를 설치할 것

마. 연료를 이송하기 위한 배관(이하 "주유배관"이란 한다) 및 당해 주유배관의 선단부에 접속하는 호스기기를 사용하여 주유하는 항공기주유취급소의 경우에는 다음의 기준에 의할 것

1) 주유배관의 선단부에는 밸브를 설치할 것

2) 주유배관의 선단부를 지면 아래의 상자에 설치한 경우에는 당해 상자에 대하여 적당한 방수조치를 할 것

3) 주유배관의 선단부에 접속하는 호스기기는 누설우려가 없도록 하는 등 화재예방상 안전한 구조로 할 것

4) 주유배관의 선단부에 접속하는 호스기기에는 주유호스의 선단에 축적되는 정전기를 유효하게 제거하는 장치를 설치할 것

5) 항공기주유취급소에는 펌프기기를 정지하는 등의 방법에 의하여 위험물저장탱크로부터 위험물의 이송을 긴급히 정지할 수 있는 장치를 설치할 것

바. 주유배관의 선단부에 접속하는 호스기기를 적재한 차량(이하 "주유호스차"라 한다)을 사용하여 주유하는 항공기주유취급소의 경우에는 마목1)·2) 및 5)의 규정에 의하는 외에 다음의 기준에 의할 것

1) 주유호스차는 화재예방상 안전한 장소에 상치할 것

2) 주유호스차에는 별표 10 Ⅸ제1호 가목 및 나목의 규정에 의한 장치를 설치할 것

3) 주유호스차의 호스기기는 별표 10 Ⅸ제1호 다목, 마목 본문 및 사목의 규정에 의한 주유탱크차의 주유설비의 기준을 준용할 것

4) 주유호스차의 호스기기에는 접지도선을 설치하고 주유호스의 선단에 축적되는 정전기를 유효하게 제거할 수 있는 장치를 설치할 것

5) 항공기주유취급소에는 정전기를 유효하게 제거할 수 있는 접지전극을 설치할 것

사. 주유탱크차를 사용하여 주유하는 항공기주유취급소에는 정전기를 유효하게 제거할 수 있는 접지전극을 설치할 것

XI. 철도주유취급소의 특례

1. 철도 또는 궤도에 의하여 운행하는 차량에 주유하는 주유취급소에 대하여는 I 내지 VIII의 규정을 적용하지 아니한다.
2. 제1호에서 규정한 것외의 철도주유취급소에 대한 특례는 다음 각목과 같다.
   가. 철도 또는 궤도에 의하여 운행하는 차량에 직접 주유하는데 필요한 공지를 보유할 것
   나. 가목의 규정에 의한 공지중 위험물이 누설할 우려가 있는 부분과 고정주유설비 또는 주유배관의 선단부 주위에 있어서는 그 지면을 콘크리트 등으로 포장할 것
   다. 나목의 규정에 의하여 포장한 부분에는 누설한 위험물 그 밖의 액체가 외부로 유출되지 아니하도록 배수구 및 유분리장치를 설치할 것
   라. 지하식의 고정주유설비를 이용하여 주유하는 경우에는 X 제2호 라목의 규정을 준용할 것
   마. 주유배관의 선단부에 접속한 호스기기를 이용하여 주유하는 경우에는 X 제2호 마목의 규정을 준용할 것

XII. 고속국도주유취급소의 특례

고속국도의 도로변에 설치된 주유취급소에 있어서는 III제1호가목 및 나목의 규정에 의한 탱크의 용량을 60,000ℓ까지 할 수 있다.

XIII. 자가용주유취급소의 특례

주유취급소의 관계인이 소유·관리 또는 점유한 자동차 등에 대하여만 주유하기 위하여 설치하는 자가용주유취급소에 대하여는 I 제1호의 규정을 적용하지 아니한다.

XIV. 선박주유취급소의 특례

1. 선박에 주유하는 주유취급소에 대하여는 I 제1호, III제1호 및 제2호, IV제3호(주유관의 길이에 관한 규정에 한한다) 및 VII의 규정을 적용하지 아니한다.
2. 제1호에서 규정한 것외의 선박주유취급소(고정주유설비를 수상의 구조물에 설치하는 선박주유취급소는 제외한다)에 대한 특례는 다음 각목과 같다.
   가. 선박주유취급소에는 선박에 직접 주유하기 위한 공지와 계류시설을 보유할 것
   나. 가목의 규정에 의한 공지, 고정주유설비 및 주유배관의 선단부의 주위에는 그 지반면을 콘크리트 등으로 포장할 것
   다. 나목의 규정에 의하여 포장된 부분에는 누설한 위험물 그 밖의 액체가 공지의 외부로 유출되지 아니하도록 배수구 및 유분리장치를 설치할 것. 다만, 누설한 위험물 등의 유출을 방지하기 위한 조치를 한 경우에는 그러하지 아니하다.
   라. 지하식의 고정주유설비를 이용하여 주유하는 경우에는 X 제2호 라목의 규정을 준용할 것

마. 주유배관의 선단부에 접속한 호스기기를 이용하여 주유하는 경우에는 Ⅹ제2호 마목의 규정을 준용할 것

바. 선박주유취급소에서는 위험물이 유출될 경우 회수 등의 응급조치를 강구할 수 있는 설비를 설치할 것

3. 제1호에서 규정한 것 외의 고정주유설비를 수상의 구조물에 설치하는 선박주유취급소에 대한 특례는 다음 각 목과 같다.

가. Ⅰ제2호 및 Ⅳ제4호를 적용하지 않을 것

나. 선박주유취급소에는 선박에 직접 주유하는 주유작업과 선박의 계류를 위한 수상구조물을 다음의 기준에 따라 설치할 것

1) 수상구조물은 철재·목재 등의 견고한 재질이어야 하며, 그 기둥을 해저 또는 하저에 견고하게 고정시킬 것

2) 선박의 충돌로부터 수상구조물의 손상을 방지할 수 있는 철재로 된 보호구조물을 해저 또는 하저에 견고하게 고정시킬 것

다. 수상구조물에 설치하는 고정주유설비의 주유작업 장소의 바닥은 불침윤성·불연성의 재료로 포장을 하고, 그 주위에 새어나온 위험물이 외부로 유출되지 않도록 집유설비를 다음의 기준에 따라 설치할 것

1) 새어나온 위험물을 직접 또는 배수구를 통하여 집유설비로 수용할 수 있는 구조로 할 것

2) 집유설비는 수시로 용이하게 개방하여 고여 있는 빗물과 위험물을 제거할 수 있는 구조로 할 것

라. 수상구조물에 설치하는 고정주유설비는 다음의 기준에 따라 설치할 것

1) 주유호스의 선단부에 수동개폐장치를 부착한 주유노즐을 설치하고, 개방한 상태로 고정시키는 장치를 부착하지 않을 것

2) 주유노즐은 선박의 연료탱크가 가득 찬 경우 자동적으로 정지시키는 구조일 것

3) 주유호스는 200kg중 이하의 하중에 의하여 파단(破斷) 또는 이탈되어야 하고, 파단 또는 이탈된 부분으로부터의 위험물 누출을 방지할 수 있는 구조일 것

마. 수상구조물에 설치하는 고정주유설비에 위험물을 공급하는 배관계에 위험물 차단밸브를 다음의 기준에 따라 설치할 것. 다만, 위험물을 공급하는 탱크의 최고 액표면의 높이가 해당 배관계의 높이보다 낮은 경우에는 그렇지 않다.

1) 고정주유설비의 인근에서 주유작업자가 직접 위험물의 공급을 차단할 수 있는 수동식의 차단밸브를 설치할 것

2) 배관 경로 중 육지 내의 지점에서 위험물의 공급을 차단할 수 있는 수동식의 차단밸브를 설치할 것

바. 긴급한 경우에 고정주유설비의 펌프를 정지시킬 수 있는 긴급제어장치를 설치할 것

사. 지하식의 고정주유설비를 이용하여 주유하는 경우에는 X 제2호라목을 준용할 것

아. 주유배관의 선단부에 접속하는 호스기기를 이용하여 주유하는 경우에는 X 제2호마목을 준용할 것

자. 선박주유취급소에는 위험물이 유출될 경우 회수 등의 응급조치를 강구할 수 있는 설비를 다음의 기준에 따라 준비하여 둘 것

1) 오일펜스 : 수면 위로 20cm 이상 30cm 미만으로 노출되고, 수면 아래로 30cm 이상 40cm 미만으로 잠기는 것으로서, 60m 이상의 길이일 것

2) 유처리제, 유흡착제 또는 유겔화제 : 다음의 계산식을 충족하는 양 이상일 것

$$20X + 50Y + 15Z = 10{,}000$$

X : 유처리제의 양(L)
Y : 유흡착제의 양(kg)
Z : 유겔화제의 양[액상(L), 분말(kg)]

XV. 고객이 직접 주유하는 주유취급소의 특례

1. 고객이 직접 자동차 등의 연료탱크 또는 용기에 위험물을 주입하는 고정주유설비 또는 고정급유설비(이하 "셀프용고정주유설비" 또는 "셀프용고정급유설비"라 한다)를 설치하는 주유취급소의 특례는 제2호 내지 제5호와 같다.

2. 셀프용고정주유설비의 기준은 다음의 각목과 같다.

가. 주유호스의 선단부에 수동개폐장치를 부착한 주유노즐을 설치할 것. 다만, 수동개폐장치를 개방한 상태로 고정시키는 장치가 부착된 경우에는 다음의 기준에 적합하여야 한다.

1) 주유작업을 개시함에 있어서 주유노즐의 수동개폐장치가 개방상태에 있는 때에는 당해 수동개폐장치를 일단 폐쇄시켜야만 다시 주유를 개시할 수 있는 구조로 할 것

2) 주유노즐이 자동차 등의 주유구로부터 이탈된 경우 주유를 자동적으로 정지시키는 구조일 것

나. 주유노즐은 자동차 등의 연료탱크가 가득 찬 경우 자동적으로 정지시키는 구조일 것

다. 주유호스는 200kg중 이하의 하중에 의하여 파단(破斷) 또는 이탈되어야 하고, 파단 또는 이탈된 부분으로부터의 위험물 누출을 방지할 수 있는 구조일 것

라. 휘발유와 경유 상호간의 오인에 의한 주유를 방지할 수 있는 구조일 것

마. 1회의 연속주유량 및 주유시간의 상한을 미리 설정할 수 있는 구조일 것. 이 경우 주유량의 상한은 휘발유는 100L 이하, 경유는 200L 이하로 하며, 주유시간의 상한은 4분 이하로 한다.

3. 셀프용고정급유설비의 기준은 다음 각목과 같다.

가. 급유호스의 선단부에 수동개폐장치를 부착한 급유노즐을 설치할 것

나. 급유노즐은 용기가 가득찬 경우에 자동적으로 정지시키는 구조일 것

다. 1회의 연속급유량 및 급유시간의 상한을 미리 설정할 수 있는 구조일 것 이 경우 급유량의 상한은 100L 이하, 급유시간의 상한은 6분 이하로 한다.

4. 셀프용고정주유설비 또는 셀프용고정급유설비의 주위에는 다음 각목에 의하여 표시를 하여야 한다.

가. 셀프용고정주유설비 또는 셀프용고정급유설비의 주위의 보기 쉬운 곳에 고객이 직접 주유할 수 있다는 의미의 표시를 하고 자동차의 정차위치 또는 용기를 놓는 위치를 표시할 것

나. 주유호스 등의 직근에 호스기기 등의 사용방법 및 위험물의 품목을 표시할 것

다. 셀프용고정주유설비 또는 셀프용고정급유설비와 셀프용이 아닌 고정주유설비 또는 고정급유설비를 함께 설치하는 경우에는 셀프용이 아닌 것의 주위에 고객이 직접 사용할 수 없다는 의미의 표시를 할 것

5. 고객에 의한 주유작업을 감시·제어하고 고객에 대한 필요한 지시를 하기 위한 감시대와 필요한 설비를 다음 각목의 기준에 의하여 설치하여야 한다.

가. 감시대는 모든 셀프용고정주유설비 또는 셀프용고정급유설비에서의 고객의 취급작업을 직접 볼 수 있는 위치에 설치할 것

나. 주유 중인 자동차 등에 의하여 고객의 취급작업을 직접 볼 수 없는 부분이 있는 경우에는 당해 부분의 감시를 위한 카메라를 설치할 것

다. 감시대에는 모든 셀프용고정주유설비 또는 셀프용고정급유설비로의 위험물 공급을 정지시킬 수 있는 제어장치를 설치할 것

라. 감시대에는 고객에게 필요한 지시를 할 수 있는 방송설비를 설치할 것

XVI. 수소충전설비를 설치한 주유취급소의 특례

1. 전기를 원동력으로 하는 자동차등에 수소를 충전하기 위한 설비(압축수소를 충전하는 설비에 한정한다)를 설치하는 주유취급소(옥내주유취급소 외의 주유취급소에 한정하며, 이하 "압축수소충전설비 설치 주유취급소"라 한다)의 특례는 제2호부터 제5호까지와 같다.

2. 압축수소충전설비 설치 주유취급소에는 III 제1호의 규정에 불구하고 인화성 액체를 원료로 하여 수소를 제조하기 위한 개질장치(改質裝置)(이하 "개질장치"라 한다)에 접속하는 원료탱크(50,000L 이하의 것에 한정한다)를 설치할 수 있다. 이 경우 원료탱크는 지하에 매설하되, 그 위치, 구조 및 설비는 III 제3호가목을 준용한다.

3. 압축수소충전설비 설치 주유취급소에 설치하는 설비의 기술기준은 다음의 각목과 같다.

가. 개질장치의 위치, 구조 및 설비는 별표 4 VII, 같은 표 VIII 제1호부터 제4호까지, 제6호 및 제8호와 같은 표 X에서 정하는 사항 외에 다음의 기준에 적합하여야 한다.

1) 개질장치는 자동차등이 충돌할 우려가 없는 옥외에 설치할 것

2) 개질원료 및 수소가 누출된 경우에 개질장치의 운전을 자동으로 정지시키는 장치를 설치할 것
3) 펌프설비에는 개질원료의 토출압력이 최대상용압력을 초과하여 상승하는 것을 방지하기 위한 장치를 설치할 것
4) 개질장치의 위험물 취급량은 지정수량의 10배 미만일 것

나. 압축기(壓縮機)는 다음의 기준에 적합하여야 한다.
1) 가스의 토출압력이 최대상용압력을 초과하여 상승하는 경우에 압축기의 운전을 자동으로 정지시키는 장치를 설치할 것
2) 토출측과 가장 가까운 배관에 역류방지밸브를 설치할 것
3) 자동차등의 충돌을 방지하는 조치를 마련할 것

다. 충전설비는 다음의 기준에 적합하여야 한다.
1) 위치는 주유공지 또는 급유공지 외의 장소로 하되, 주유공지 또는 급유공지에서 압축수소를 충전하는 것이 불가능한 장소로 할 것
2) 충전호스는 자동차등의 가스충전구와 정상적으로 접속하지 않는 경우에는 가스가 공급되지 않는 구조로 하고, 200kg중 이하의 하중에 의하여 파단 또는 이탈되어야 하며, 파단 또는 이탈된 부분으로부터 가스 누출을 방지할 수 있는 구조일 것
3) 자동차등의 충돌을 방지하는 조치를 마련할 것
4) 자동차등의 충돌을 감지하여 운전을 자동으로 정지시키는 구조일 것

라. 가스배관은 다음의 기준에 적합하여야 한다.
1) 위치는 주유공지 또는 급유공지 외의 장소로 하되, 자동차등이 충돌할 우려가 없는 장소로 하거나 자동차등의 충돌을 방지하는 조치를 마련할 것
2) 가스배관으로부터 화재가 발생한 경우에 주유공지 · 급유공지 및 전용탱크 · 폐유탱크등 · 간이탱크의 주입구로의 연소확대를 방지하는 조치를 마련할 것
3) 누출된 가스가 체류할 우려가 있는 장소에 설치하는 경우에는 접속부를 용접할 것. 다만, 당해 접속부의 주위에 가스누출 검지설비를 설치한 경우에는 그러하지 아니하다.
4) 축압기(蓄壓器)로부터 충전설비로의 가스 공급을 긴급히 정지시킬 수 있는 장치를 설치할 것. 이 경우 당해 장치의 기동장치는 화재발생 시 신속히 조작할 수 있는 장소에 두어야 한다.

마. 압축수소의 수입설비(受入設備)는 다음의 기준에 적합하여야 한다.
1) 위치는 주유공지 또는 급유공지 외의 장소로 하되, 주유공지 또는 급유공지에서 가스를 수입하는 것이 불가능한 장소로 할 것
2) 자동차등의 충돌을 방지하는 조치를 마련할 것

4. 압축수소충전설비 설치 주유취급소의 기타 안전조치의 기술기준은 다음 각 목과 같다
   가. 압축기, 축압기 및 개질장치가 설치된 장소와 주유공지, 급유공지 및 전용탱크 · 폐유탱크등 · 간이탱크의 주입구가 설치된 장소 사이에는 화재가 발생한 경우에 상호 연소확대를 방지하기 위하여 높이 1.5m 정도의 불연재료의 담을 설치할 것
   나. 고정주유설비 · 고정급유설비 및 전용탱크 · 폐유탱크등 · 간이탱크의 주입구로부터 누출된 위험물이 충전설비 · 축압기 · 개질장치에 도달하지 않도록 깊이 30cm, 폭 10cm의 집유 구조물을 설치할 것
   다. 고정주유설비(현수식의 것을 제외한다) · 고정급유설비(현수식의 것을 제외한다) 및 간이탱크의 주위에는 자동차등의 충돌을 방지하는 조치를 마련할 것
5. 압축수소충전설비와 관련된 설비의 기술기준은 제2호부터 제4호까지에서 규정한 사항 외에 「고압가스 안전관리법 시행규칙」 별표 5에서 정하는 바에 따른다.

[별표 14] 〈개정 2005. 5. 26.〉

판매취급소의 위치 · 구조 및 설비의 기준(제38조 관련)

Ⅰ. 판매취급소의 기준

1. 저장 또는 취급하는 위험물의 수량이 지정수량의 20배 이하인 판매취급소(이하 "제1종 판매취급소"라 한다)의 위치 · 구조 및 설비의 기준은 다음 각목과 같다.
   가. 제1종 판매취급소는 건축물의 1층에 설치할 것
   나. 제1종 판매취급소에는 별표 4 Ⅲ제1호의 기준에 따라 보기 쉬운 곳에 "위험물 판매취급소(제1종)"라는 표시를 한 표지와 동표 Ⅲ제2호의 기준에 따라 방화에 관하여 필요한 사항을 게시한 게시판을 설치하여야 한다.
   다. 제1종 판매취급소의 용도로 사용되는 건축물의 부분은 내화구조 또는 불연재료로 하고, 판매취급소로 사용되는 부분과 다른 부분과의 격벽은 내화구조로 할 것
   라. 제1종 판매취급소의 용도로 사용하는 건축물의 부분은 보를 불연재료로 하고, 천장을 설치하는 경우에는 천장을 불연재료로 할 것
   마. 제1종 판매취급소의 용도로 사용하는 부분에 상층이 있는 경우에 있어서는 그 상층의 바닥을 내화구조로 하고, 상층이 없는 경우에 있어서는 지붕을 내화구조 또는 불연재료로 할 것
   바. 제1종 판매취급소의 용도로 사용하는 부분의 창 및 출입구에는 갑종방화문 또는 을종방화문을 설치할 것

사. 제1종 판매취급소의 용도로 사용하는 부분의 창 또는 출입구에 유리를 이용하는 경우에는 망입유리로 할 것

아. 제1종 판매취급소의 용도로 사용하는 건축물에 설치하는 전기설비는 전기사업법에 의한 전기설비기술기준에 의할 것

자. 위험물을 배합하는 실은 다음에 의할 것

1) 바닥면적은 $6m^2$ 이상 $15m^2$ 이하로 할 것

2) 내화구조 또는 불연재료로 된 벽으로 구획할 것

3) 바닥은 위험물이 침투하지 아니하는 구조로 하여 적당한 경사를 두고 집유설비를 할 것

4) 출입구에는 수시로 열 수 있는 자동폐쇄식의 갑종방화문을 설치할 것

5) 출입구 문턱의 높이는 바닥면으로부터 0.1m 이상으로 할 것

6) 내부에 체류한 가연성의 증기 또는 가연성의 미분을 지붕 위로 방출하는 설비를 할 것

2. 저장 또는 취급하는 위험물의 수량이 지정수량의 40배 이하인 판매취급소(이하 "제2종 판매취급소"라 한다)의 위치·구조 및 설비의 기준은 제1호가목·나목 및 사목 내지 자목의 규정을 준용하는 외에 다음 각목의 기준에 의한다.

가. 제2종 판매취급소의 용도로 사용하는 부분은 벽·기둥·바닥 및 보를 내화구조로 하고, 천장이 있는 경우에는 이를 불연재료로 하며, 판매취급소로 사용되는 부분과 다른 부분과의 격벽은 내화구조로 할 것

나. 제2종 판매취급소의 용도로 사용하는 부분에 상층이 있는 경우에 있어서는 상층의 바닥을 내화구조로 하는 동시에 상층으로의 연소를 방지하기 위한 조치를 강구하고, 상층이 없는 경우에는 지붕을 내화구조로 할 것

다. 제2종 판매취급소의 용도로 사용하는 부분 중 연소의 우려가 없는 부분에 한하여 창을 두되, 당해 창에는 갑종방화문 또는 을종방화문을 설치할 것

라. 제2종 판매취급소의 용도로 사용하는 부분의 출입구에는 갑종방화문 또는 을종방화문을 설치할 것. 다만, 당해 부분중 연소의 우려가 있는 벽 또는 창의 부분에 설치하는 출입구에는 수시로 열 수 있는 자동폐쇄식의 갑종방화문을 설치하여야 한다.

[별표 15] 〈개정 2017. 7. 26.〉

이송취급소의 위치 · 구조 및 설비의 기준(제39조 관련)

Ⅰ. 설치장소

1. 이송취급소는 다음 각목의 장소 외의 장소에 설치하여야 한다.
   가. 철도 및 도로의 터널 안
   나. 고속국도 및 자동차전용도로(「도로법」 제48조제1항에 따라 지정된 도로를 말한다)의 차도 · 길어깨 및 중앙분리대
   다. 호수 · 저수지 등으로서 수리의 수원이 되는 곳
   라. 급경사지역으로서 붕괴의 위험이 있는 지역
2. 제1호의 규정에 불구하고 다음 각목의 1에 해당하는 경우에는 제1호 각목의 장소에 이송취급소를 설치할 수 있다.
   가. 지형상황 등 부득이한 사유가 있고 안전에 필요한 조치를 하는 경우
   나. 제1호 나목 또는 다목의 장소에 횡단하여 설치하는 경우

Ⅱ. 배관 등의 재료 및 구조

1. 배관 · 관이음쇠 및 밸브(이하 "배관등"이라 한다)의 재료는 다음 각목의 규격에 적합한 것으로 하거나 이와 동등 이상의 기계적 성질이 있는 것으로 하여야 한다.
   가. 배관 : 고압배관용 탄소강관(KS D 3564), 압력배관용 탄소강관(KS D 3562), 고온배관용 탄소강관(KS D 3570) 또는 배관용 스테인레스강관(KS D 3576)
   나. 관이음쇠 : 배관용강제 맞대기용접식 관이음쇠(KS B 1541), 철강재 관플랜지 압력단계(KS B 1501), 관플랜지의 치수허용자(KS B 1502), 강제 용접식 관플랜지(KS B 1503), 철강재 관플랜지의 기본치수(KS B 1511)또는 관플랜지의 개스킷자리치수(KS B 1519)
   다. 밸브 : 주강 플랜지형 밸브(KS B 2361)
2. 배관등의 구조는 다음 각목의 하중에 의하여 생기는 응력에 대한 안전성이 있어야 한다.
   가. 위험물의 중량, 배관등의 내압, 배관등과 그 부속설비의 자중, 토압, 수압, 열차하중, 자동차하중 및 부력 등의 주하중
   나. 풍하중, 설하중, 온도변화의 영향, 진동의 영향, 지진의 영향, 배의 닻에 의한 충격의 영향, 파도와 조류의 영향, 설치공정상의 영향 및 다른 공사에 의한 영향 등의 종하중
3. 교량에 설치하는 배관은 교량의 굴곡 · 신축 · 진동 등에 대하여 안전한 구조로 하여야 한다.

4. 배관의 두께는 배관의 외경에 따라 다음 표에 정한 것 이상으로 하여야 한다.

배관의 외경(단위 mm)	배관의 두께(단위 mm)
114.3 미만	4.5
114.3 이상 139.8 미만	4.9
139.8 이상 165.2 미만	5.1
165.2 이상 216.3 미만	5.5
216.3 이상 355.6 미만	6.4
356.6 이상 508.0 미만	7.9
508.0 이상	9.5

5. 제2호 내지 제4호의 규정한 것 외에 배관등의 구조에 관하여 필요한 사항은 소방청장이 정하여 고시한다.
6. 배관의 안전에 영향을 미칠 수 있는 신축이 생길 우려가 있는 부분에는 그 신축을 흡수하는 조치를 강구하여야 한다.
7. 배관등의 이음은 아크용접 또는 이와 동등 이상의 효과를 갖는 용접방법에 의하여야 한다. 다만, 용접에 의하는 것이 적당하지 아니한 경우는 안전상 필요한 강도가 있는 플랜지이음으로 할 수 있다.
8. 플랜지이음을 하는 경우에는 당해 이음부분의 점검을 하고 위험물의 누설확산을 방지하기 위한 조치를 하여야 한다. 다만, 해저 입하배관의 경우에는 누설확산방지조치를 아니할 수 있다.
9. 지하 또는 해저에 설치한 배관등에 다음의 각목의 기준에 내구성이 있고 전기절연저항이 큰 도복장재료를 사용하여 외면부식을 방지하기 위한 조치를 하여야 한다.
   가) 도장재(塗裝材) 및 복장재(覆裝材)는 다음의 기준 또는 이와 동등 이상의 방식효과를 갖는 것으로 할 것
      1) 도장재는 수도용강관아스팔트도복장방법(KS D 8306)에 정한 아스팔트 에나멜, 수도용강관콜타르에나멜도복장방법(KS D 8307)에 정한 콜타르 에나멜
      2) 복장재는 수도용강관아스팔트도복장방법(KS D 8306)에 정한 비니론크로즈, 글라스크로즈, 글라스매트 또는 폴리에틸렌, 헤시안크로즈, 타르에폭시, 페트로라튬테이프, 경질염화비닐라이닝강관, 폴리에틸렌열수축튜브, 나이론12수지
   나) 방식피복의 방법은 수도용강관아스팔트도복장방법(KS D 8306)에 정한 방법, 수도용강관콜타르에나멜도복장방법(KS D 8307)에 정한 방법 또는 이와 동등 이상의 부식방지효과가 있는 방법에 의할 것
10. 지상 또는 해상에 설치한 배관등에는 외면부식을 방지하기 위한 도장을 실시하여야 한다.

11. 지하 또는 해저에 설치한 배관등에는 다음의 각목의 기준에 의하여 전기방식조치를 하여야 한다. 이 경우 근접한 매설물 그 밖의 구조물에 대하여 영향을 미치지 아니하도록 필요한 조치를 하여야 한다.
   가. 방식전위는 포화황산동전극 기준으로 마이너스 0.8V 이하로 할 것
   나. 적절한 간격(200m 내지 500m)으로 전위측정단자를 설치할 것
   다. 전기철로 부지 등 전류의 영향을 받는 장소에 배관등을 매설하는 경우에는 강제배류법 등에 의한 조치를 할 것
12. 배관등에 가열 또는 보온하기 위한 설비를 설치하는 경우에는 화재예방상 안전하고 다른 시설물에 영향을 주지 아니하는 구조로 하여야 한다.

Ⅲ. 배관설치의 기준

1. 지하매설

   배관을 지하에 매설하는 경우에는 다음 각목의 기준에 의하여야 한다.

   가. 배관은 그 외면으로부터 건축물 · 지하가 · 터널 또는 수도시설까지 각각 다음의 규정에 의한 안전거리를 둘 것. 다만, 2) 또는 3)의 공작물에 있어서는 적절한 누설확산방지조치를 하는 경우에 그 안전거리를 2분의 1의 범위 안에서 단축할 수 있다.
      1) 건축물(지하가내의 건축물을 제외한다) : 1.5m 이상
      2) 지하가 및 터널 : 10m 이상
      3) 「수도법」에 의한 수도시설(위험물의 유입우려가 있는 것에 한한다) : 300m 이상
   나. 배관은 그 외면으로부터 다른 공작물에 대하여 0.3m 이상의 거리를 보유 할 것. 다만, 0.3m 이상의 거리를 보유하기 곤란한 경우로서 당해 공작물의 보전을 위하여 필요한 조치를 하는 경우에는 그러하지 아니하다.
   다. 배관의 외면과 지표면과의 거리는 산이나 들에 있어서는 0.9m 이상, 그 밖의 지역에 있어서는 1.2m 이상으로 할 것. 다만, 당해 배관을 각각의 깊이로 매설하는 경우와 동등 이상의 안전성이 확보되는 견고하고 내구성이 있는 구조물(이하 "방호구조물"이라 한다)안에 설치하는 경우에는 그러하지 아니하다.
   라. 배관은 지반의 동결로 인한 손상을 받지 아니하는 적절한 깊이로 매설할 것
   마. 성토 또는 절토를 한 경사면의 부근에 배관을 매설하는 경우에는 경사면의 붕괴에 의한 피해가 발생하지 아니하도록 매설할 것
   바. 배관의 입상부, 지반의 급변부 등 지지조건이 급변하는 장소에 있어서는 굽은관을 사용하거나 지반개량 그 밖에 필요한 조치를 강구할 것

사. 배관의 하부에는 사질토 또는 모래로 20cm(자동차 등의 하중이 없는 경우 에는 10cm) 이상, 배관의 상부에는 사질토 또는 모래로 30cm(자동차 등의 하중에 없는 경우에는 20cm) 이상 채울 것

2. 도로 밑 매설

배관을 도로 밑에 매설하는 경우에는 제1호(나목 및 다목을 제외한다)의 규정에 의하는 외에 다음 각목의 기준에 의하여야 한다.

가. 배관은 원칙적으로 자동차하중의 영향이 적은 장소에 매설할 것

나. 배관은 그 외면으로부터 도로의 경계에 대하여 1m 이상의 안전거리를 둘 것

다. 시가지(「국토의 계획 및 이용에 관한 법률」 제6조제1호의 규정에 의한 도시지역을 말한다. 다만, 동법 제36조제1항제1호 다목의 규정에 의한 공업지역을 제외한다. 이하 같다) 도로의 밑에 매설하는 경우에는 배관의 외경보다 10cm 이상 넓은 견고하고 내구성이 있는 재질의 판(이하 "보호판"이라 한다)을 배관의 상부로부터 30cm 이상 위에 설치할 것. 다만, 방호구조물 안에 설치하는 경우에는 그러하지 아니하다.

라. 배관(보호판 또는 방호구조물에 의하여 배관을 보호하는 경우에는 당해 보호판 또는 방호구조물을 말한다. 이하 바목 및 사목에서 같다)은 그 외면으로부터 다른 공작물에 대하여 0.3m 이상의 거리를 보유할 것. 다만, 배관의 외면에서 다른 공작물에 대하여 0.3m 이상의 거리를 보유하기 곤란한 경우로서 당해 공작물의 보전을 위하여 필요한 조치를 하는 경우에는 그러하지 아니하다.

마. 시가지 도로의 노면 아래에 매설하는 경우에는 배관(방호구조물의 안에 설치된 것을 제외한다)의 외면과 노면과의 거리는 1.5m 이상, 보호판 또는 방호구조물의 외면과 노면과의 거리는 1.2m 이상으로 할 것

바. 시가지 외의 도로의 노면 아래에 매설하는 경우에는 배관의 외면과 노면과의 거리는 1.2m 이상으로 할 것

사. 포장된 차도에 매설하는 경우에는 포장부분의 노반(차단층이 있는 경우는 당해 차단층을 말한다. 이하 같다)의 밑에 매설하고, 배관의 외면과 노반의 최하부와의 거리는 0.5m 이상으로 할 것

아. 노면 밑외의 도로 밑에 매설하는 경우에는 배관의 외면과 지표면과의 거리는 1.2m[보호판 또는 방호구조물에 의하여 보호된 배관에 있어서는 0.6m(시가지의 도로 밑에 매설하는 경우에는 0.9m)] 이상으로 할 것

자. 전선 · 수도관 · 하수도관 · 가스관 또는 이와 유사한 것이 매설되어 있거나 매설할 계획이 있는 도로에 매설하는 경우에는 이들의 상부에 매설하지 아니할 것. 다만, 다른 매설물의 깊이가 2m 이상인 때에는 그러하지 아니하다.

3. 철도부지 밑 매설

배관을 철도부지(철도차량을 운행하기 위한 궤도와 이를 받치는 노반 또는 공작물로 구성된 시설을 설치하거나 설치하기 위한 용지를 말한다. 이하 같다)에 인접하여 매설하는 경우에는 제1호(다목을 제외한다)의 규정에 의하는 외에 다음 각목의 기준에 의하여야 한다.

가. 배관은 그 외면으로부터 철도 중심선에 대하여는 4m 이상, 당해 철도부지(도로에 인접한 경우를 제외한다)의 용지경계에 대하여는 1m 이상의 거리를 유지할 것. 다만, 열차하중의 영향을 받지 아니하도록 매설하거나 배관의 구조가 열차하중에 견딜 수 있도록 된 경우에는 그러하지 아니하다.

나. 배관의 외면과 지표면과의 거리는 1.2m 이상으로 할 것

4. 하천 홍수관리구역 내 매설

배관을 「하천법」 제12조에 따라 지정된 홍수관리구역 내에 매설하는 경우에는 제1호의 규정을 준용하는 것 외에 제방 또는 호안이 하천 홍수관리구역의 지반면과 접하는 부분으로부터 하천관리상 필요한 거리를 유지하여야 한다.

5. 지상설치

배관을 지상에 설치하는 경우에는 다음 각목의 기준에 의하여야 한다.

가. 배관이 지표면에 접하지 아니하도록 할 것

나. 배관[이송기지(펌프에 의하여 위험물을 보내거나 받는 작업을 행하는 장소를 말한다. 이하 같다)의 구내에 설치되어진 것을 제외한다]은 다음의 기준에 의한 안전거리를 둘 것

1) 철도(화물수송용으로만 쓰이는 것을 제외한다) 또는 도로(「국토의 계획 및 이용에 관한 법률」에 의한 공업지역 또는 전용공업지역에 있는 것을 제외한다)의 경계선으로부터 25m 이상

2) 별표 4 Ⅰ제1호 나목1)·2)·3) 또는 4)의 규정에 의한 시설로부터 45m 이상

3) 별표 4 Ⅰ제1호 다목의 규정에 의한 시설로부터 65m 이상

4) 별표 4 Ⅰ제1호 라목1)·2)·3)·4) 또는 5)의 규정에 의한 시설로부터 35m 이상

5) 「국토의 계획 및 이용에 관한 법률」에 의한 공공공지 또는 「도시공원법」에 의한 도시공원으로부터 45m 이상

6) 판매시설·숙박시설·위락시설 등 불특정다중을 수용하는 시설 중 연면적 1,000m^2 이상인 것으로부터 45m 이상

7) 1일 평균 20,000명 이상 이용하는 기차역 또는 버스터미널로부터 45m 이상

8) 「수도법」에 의한 수도시설 중 위험물이 유입될 가능성이 있는 것으로부터300m 이상

9) 주택 또는 1) 내지 8)과 유사한 시설 중 다수의 사람이 출입하거나 근무하는 것으로부터 25m 이상

다. 배관(이송기지의 구내에 설치된 것을 제외한다)의 양측면으로부터 당해 배관의 최대상용압력에 따라 다음 표에 의한 너비(「국토의 계획 및 이용에 관한 법률」에 의한 공업지역 또는 전용공업지역에 설치한 배관에 있어서는 그 너비의 3분의 1)의 공지를 보유할 것. 다만, 양단을 폐쇄한 밀폐구조의 방호구조물 안에 배관을 설치하거나 위험물의 유출확산을 방지할 수 있는 방화상 유효한 담을 설치하는 등 안전상 필요한 조치를 하는 경우에는 그러하지 아니하다.

배관의 최대상용압력	공지의 너비
0.3MPa 미만	5m 이상
0.3MPa 이상 1MPa 미만	9m 이상
1MPa 이상	15m 이상

라. 배관은 지진·풍압·지반침하·온도변화에 의한 신축 등에 대하여 안전성이 있는 철근콘크리트조 또는 이와 동등 이상의 내화성이 있는 지지물에 의하여 지지되도록 할 것. 다만, 화재에 의하여 당해 구조물이 변형될 우려가 없는 지지물에 의하여 지지되는 경우에는 그러하지 아니하다.

마. 자동차·선박 등의 충돌에 의하여 배관 또는 그 지지물이 손상을 받을 우려가 있는 경우에는 견고하고 내구성이 있는 보호설비를 설치 할 것

바. 배관은 다른 공작물(당해 배관의 지지물을 제외한다)에 대하여 배관의 유지관리상 필요한 간격을 가질 것

사. 단열재 등으로 배관을 감싸는 경우에는 일정구간마다 점검구를 두거나 단열재 등을 쉽게 떼고 붙일 수 있도록 하는 등 점검이 쉬운 구조로 할 것

6. 해저설치

배관을 해저에 설치하는 경우에는 다음 각목의 기준에 의하여야 한다.

가. 배관은 해저면 밑에 매설할 것. 다만, 선박의 닻 내림 등에 의하여 배관이 손상을 받을 우려가 없거나 그 밖에 부득이한 경우에는 그러하지 아니하다.

나. 배관은 이미 설치된 배관과 교차하지 말 것. 다만, 교차가 불가피한 경우로서 배관의 손상을 방지하기 위한 방호조치를 하는 경우에는 그러하지 아니하다.

다. 배관은 원칙적으로 이미 설치된 배관에 대하여 30m 이상의 안전거리를 둘 것

라. 2본 이상의 배관을 동시에 설치하는 경우에는 배관이 상호 접촉하지 아니하도록 필요한 조치를 할 것

마. 배관의 입상부에는 방호시설물을 설치할 것. 다만, 계선부표(繫船浮標)에 도달하는 입상배관이 강제 외의 재질인 경우에는 그러하지 아니하다.

바. 배관을 매설하는 경우에는 배관외면과 해저면(당해 배관을 매설하는 해저에 대한 준설계획이 있는 경우에는 그 계획에 의한 준설 후 해저면의 0.6m 아래를 말한다)과의 거리는 닻 내림의 충격, 토질, 매설하는 재료, 선박교통사정 등을 감안하여 안전한 거리로 할 것

사. 패일 우려가 있는 해저면 아래에 매설하는 경우에는 배관의 노출을 방지하기 위한 조치를 할 것

아. 배관을 매설하지 아니하고 설치하는 경우에는 배관이 연속적으로 지지되도록 해저면을 고를 것

자. 배관이 부양 또는 이동할 우려가 있는 경우에는 이를 방지하기 위한 조치를 할 것

7. 해상설치

배관을 해상에 설치하는 경우에는 다음 각목의 기준에 의하여야 한다.

가. 배관은 지진·풍압·파도 등에 대하여 안전한 구조의 지지물에 의하여 지지할 것

나. 배관은 선박 등의 항행에 의하여 손상을 받지 아니하도록 해면과의 사이에 필요한 공간을 확보하여 설치할 것

다. 선박의 충돌 등에 의해서 배관 또는 그 지지물이 손상을 받을 우려가 있는 경우에는 견고하고 내구력이 있는 보호설비를 설치할 것

라. 배관은 다른 공작물(당해 배관의 지지물을 제외한다)에 대하여 배관의 유지관리상 필요한 간격을 보유할 것

8. 도로횡단설치

도로를 횡단하여 배관을 설치하는 경우에는 다음 각목의 기준에 의하여야 한다.

가. 배관을 도로 아래에 매설할 것. 다만, 지형의 상황 그 밖에 특별한 사유에 의하여 도로상공 외의 적당한 장소가 없는 경우에는 안전상 적절한 조치를 강구하여 도로상공을 횡단하여 설치할 수 있다.

나. 배관을 매설하는 경우에는 제2호(가목 및 나목을 제외한다)의 규정을 준용하되, 배관을 금속관 또는 방호구조물 안에 설치할 것

다. 배관을 도로상공을 횡단하여 설치하는 경우에는 제5호(가목을 제외한다)의 규정을 준용하되, 배관 및 당해 배관에 관계된 부속설비는 그 아래의 노면과 5m 이상의 수직거리를 유지할 것

9. 철도 밑 횡단매설

철도부지를 횡단하여 배관을 매설하는 경우에는 제3호(가목을 제외한다) 및 제8호 나목의 규정을 준용한다.

10. 하천 등 횡단설치

하천 또는 수로를 횡단하여 배관을 설치하는 경우에는 다음 각목의 기준에 의하여야 한다.

가. 하천 또는 수로를 횡단하여 배관을 설치하는 경우에는 배관에 과대한 응력이 생기지 아

니하도록 필요한 조치를 하여 교량에 설치할 것. 다만, 교량에 설치하는 것이 적당하지 아니한 경우에는 하천 또는 수로의 밑에 매설할 수 있다.

나. 하천 또는 수로를 횡단하여 배관을 매설하는 경우에는 배관을 금속관 또는 방호구조물 안에 설치하고, 당해 금속관 또는 방호구조물의 부양이나 선박의 닻 내림 등에 의한 손상을 방지하기 위한 조치를 할 것

다. 하천 또는 수로의 밑에 배관을 매설하는 경우에는 배관의 외면과 계획하상(계획하상이 최심하상보다 높은 경우에는 최심하상)과의 거리는 다음의 규정에 의한 거리 이상으로 하되, 호안 그 밖에 하천관리시설의 기초에 영향을 주지 아니하고 하천바닥의 변동·패임 등에 의한 영향을 받지 아니하는 깊이로 매설하여야 한다.

1) 하천을 횡단하는 경우 : 4.0m

2) 수로를 횡단하는 경우

가) 「하수도법」 제2조제3호에 따른 하수도(상부가 개방되는 구조로 된 것에 한한다) 또는 운하 : 2.5m

나) 가)의 규정에 의한 수로에 해당되지 아니하는 좁은 수로(용수로 그 밖에 유사한 것을 제외한다) : 1.2m

라. 하천 또는 수로를 횡단하여 배관을 설치하는 경우에는 가목 내지 다목의 규정에 의하는 외에 제2호(나목·다목 및 사목을 제외한다) 및 제5호(가목을 제외한다)의 규정을 준용할 것

Ⅳ. 기타 설비 등

1. 누설확산방지조치

배관을 시가지·하천·수로·터널·도로·철도 또는 투수성(透水性) 지반에 설치하는 경우에는 누설된 위험물의 확산을 방지할 수 있는 강철제의 관·철근콘크리트조의 방호구조물 등 견고하고 내구성이 있는 구조물의 안에 설치하여야 한다.

2. 가연성증기의 체류방지조치

배관을 설치하기 위하여 설치하는 터널(높이 1.5m 이상인 것에 한한다)에는 가연성 증기의 체류를 방지하는 조치를 하여야 한다.

3. 부등침하 등의 우려가 있는 장소에 설치하는 배관

부등침하 등 지반의 변동이 발생할 우려가 있는 장소에 배관을 설치하는 경우에는 배관이 손상을 받지 아니하도록 필요한 조치를 하여야 한다.

4. 굴착에 의하여 주위가 노출된 배관의 보호

굴착에 의하여 주위가 일시 노출되는 배관은 손상되지 아니하도록 적절한 보호조치를 하여야 한다.

5. 비파괴시험
  가. 배관등의 용접부는 비파괴시험을 실시하여 합격할 것. 이 경우 이송기지내의 지상에 설치된 배관등은 전체 용접부의 20% 이상을 발췌하여 시험할 수 있다.
  나. 가목의 규정에 의한 비파괴시험의 방법, 판정기준 등은 소방청장이 정하여 고시하는 바에 의할 것
6. 내압시험
  가. 배관등은 최대상용압력의 1.25배 이상의 압력으로 4시간 이상 수압을 가하여 누설 그 밖의 이상이 없을 것. 다만, 수압시험을 실시한 배관등의 시험구간 상호간을 연결하는 부분 또는 수압시험을 위하여 배관등의 내부공기를 뽑아낸 후 폐쇄한 곳의 용접부는 제5호의 비파괴시험으로 갈음할 수 있다.
  나. 가목의 규정에 의한 내압시험의 방법, 판정기준 등은 소방청장이 정하여 고시하는 바에 의할 것
7. 운전상태의 감시장치
  가. 배관계(배관등 및 위험물 이송에 사용되는 일체의 부속설비를 말한다. 이하 같다)에는 펌프 및 밸브의 작동상황 등 배관계의 운전상태를 감시하는 장치를 설치할 것
  나. 배관계에는 압력 또는 유량의 이상변동 등 이상한 상태가 발생하는 경우에 그 상황을 경보하는 장치를 설치할 것
8. 안전제어장치
  배관계에는 다음 각목에 정한 제어기능이 있는 안전제어장치를 설치하여야 한다.
  가. 압력안전장치 · 누설검지장치 · 긴급차단밸브 그 밖의 안전설비의 제어회로가 정상으로 있지 아니하면 펌프가 작동하지 아니하도록 하는 제어기능
  나. 안전상 이상상태가 발생한 경우에 펌프 · 긴급차단밸브 등이 자동 또는 수동으로 연동하여 신속히 정지 또는 폐쇄되도록 하는 제어기능
9. 압력안전장치
  가. 배관계에는 배관내의 압력이 최대상용압력을 초과하거나 유격작용 등에 의하여 생긴 압력이 최대상용압력의 1.1배를 초과하지 아니하도록 제어하는 장치(이하 "압력안전장치"라 한다)를 설치할 것
  나. 압력안전장치의 재료 및 구조는 Ⅱ제1호 내지 제5호의 기준에 의할 것
  다. 압력안전장치는 배관계의 압력변동을 충분히 흡수할 수 있는 용량을 가질 것
10. 누설검지장치 등
  가. 배관계에는 다음의 기준에 적합한 누설검지장치를 설치할 것
    1) 가연성증기를 발생하는 위험물을 이송하는 배관계의 점검상자에는 가연성증기를 검지하는 장치

2) 배관계내의 위험물의 양을 측정하는 방법에 의하여 자동적으로 위험물의 누설을 검지하는 장치 또는 이와 동등 이상의 성능이 있는 장치
3) 배관계내의 압력을 측정하는 방법에 의하여 위험물의 누설을 자동적으로 검지하는 장치 또는 이와 동등 이상의 성능이 있는 장치
4) 배관계내의 압력을 일정하게 정지시키고 당해 압력을 측정하는 방법에 의하여 위험물의 누설을 검지하는 장치 또는 이와 동등 이상의 성능이 있는 장치

나. 배관을 지하에 매설한 경우에는 안전상 필요한 장소(하천 등의 아래에 매설한 경우에는 금속관 또는 방호구조물의 안을 말한다)에 누설검지구를 설치할 것. 다만, 배관을 따라 일정한 간격으로 누설을 검지할 수 있는 장치를 설치하는 경우에는 그러하지 아니하다.

11. 긴급차단밸브

가. 배관에는 다음의 기준에 의하여 긴급차단밸브를 설치할 것. 다만, 2) 또는 3)에 해당하는 경우로서 당해 지역을 횡단하는 부분의 양단의 높이 차이로 인하여 하류측으로부터 상류측으로 역류될 우려가 없는 때에는 하류측에는 설치하지 아니할 수 있으며, 4) 또는 5)에 해당하는 경우로서 방호구조물을 설치하는 등 안전상 필요한 조치를 하는 경우에는 설치하지 아니할 수 있다.
1) 시가지에 설치하는 경우에는 약 4km의 간격
2) 하천·호소 등을 횡단하여 설치하는 경우에는 횡단하는 부분의 양 끝
3) 해상 또는 해저를 통과하여 설치하는 경우에는 통과하는 부분의 양 끝
4) 산림지역에 설치하는 경우에는 약 10km의 간격
5) 도로 또는 철도를 횡단하여 설치하는 경우에는 횡단하는 부분의 양 끝

나. 긴급차단밸브는 다음의 기능이 있을 것
1) 원격조작 및 현지조작에 의하여 폐쇄되는 기능
2) 제10호의 규정에 의한 누설검지장치에 의하여 이상이 검지된 경우에 자동으로 폐쇄되는 기능

다. 긴급차단밸브는 그 개폐상태가 당해 긴급차단밸브의 설치장소에서 용이하게 확인될 수 있을 것

라. 긴급차단밸브를 지하에 설치하는 경우에는 긴급차단밸브를 점검상자 안에 유지할 것. 다만, 긴급차단밸브를 도로외의 장소에 설치하고 당해 긴급차단밸브의 점검이 가능하도록 조치하는 경우에는 그러하지 아니하다.

마. 긴급차단밸브는 당해 긴급차단밸브의 관리에 관계하는 자 외의 자가 수동으로 개폐할 수 없도록 할 것

12. 위험물 제거조치

배관에는 서로 인접하는 2개의 긴급차단밸브 사이의 구간마다 당해 배관안의 위험물을 안전하게 물 또는 불연성기체로 치환할 수 있는 조치를 하여야 한다.

13. 감진장치 등

배관의 경로에는 안전상 필요한 장소와 25km의 거리마다 감진장치 및 강진계를 설치하여야 한다.

14. 경보설비

이송취급소에는 다음 각목의 기준에 의하여 경보설비를 설치하여야 한다.

가. 이송기지에는 비상벨장치 및 확성장치를 설치할 것

나. 가연성증기를 발생하는 위험물을 취급하는 펌프실등에는 가연성증기 경보설비를 설치할 것

15. 순찰차 등

배관의 경로에는 다음 각목의 기준에 따라 순찰차를 배치하고 기자재창고를 설치하여야 한다.

가. 순찰차

1) 배관계의 안전관리상 필요한 장소에 둘 것

2) 평면도 · 종횡단면도 그 밖에 배관등의 설치상황을 표시한 도면, 가스탐지기, 통신장비, 휴대용조명기구, 응급누설방지기구, 확성기, 방화복(또는 방열복), 소화기, 경계로프, 삽, 곡괭이 등 점검 · 정비에 필요한 기자재를 비치할 것

나. 기자재창고

1) 이송기지, 배관경로(5km 이하인 것을 제외한다)의 5km 이내마다의 방재상 유효한 장소 및 주요한 하천 · 호소 · 해상 · 해저를 횡단하는 장소의 근처에 각각 설치할 것. 다만, 특정이송취급소 외의 이송취급소에 있어서는 배관경로에는 설치하지 아니할 수 있다.

2) 기자재창고에는 다음의 기자재를 비치할 것

가) 3%로 희석하여 사용하는 포소화약제 400L 이상, 방화복(또는 방열복) 5벌 이상, 삽 및 곡괭이 각 5개 이상

나) 유출한 위험물을 처리하기 위한 기자재 및 응급조치를 위한 기자재

16. 비상전원

운전상태의 감시장치 · 안전제어장치 · 압력안전장치 · 누설검지장치 · 긴급차단밸브 · 소화설비 및 경보설비에는 상용전원이 고장인 경우에 자동적으로 작동할 수 있는 비상전원을 설치하여야 한다.

17. 접지 등

가. 배관계에는 안전상 필요에 따라 접지 등의 설비를 할 것

나. 배관계는 안전상 필요에 따라 지지물 그 밖의 구조물로부터 절연할 것

다. 배관계에는 안전상 필요에 따라 절연용접속을 할 것

라. 피뢰설비의 접지장소에 근접하여 배관을 설치하는 경우에는 절연을 위하여 필요한 조치를 할 것

18. 피뢰설비

이송취급소(위험물을 이송하는 배관등의 부분을 제외한다)에는 피뢰설비를 설치하여야 한다. 다만, 주위의 상황에 의하여 안전상 지장이 없는 경우에는 그러하지 하지 아니하다.

19. 전기설비

이송취급소에 설치하는 전기설비는 「전기사업법」에 의한 전기설비기술기준에 의하여야 한다.

20. 표지 및 게시판

가. 이송취급소(위험물을 이송하는 배관등의 부분을 제외한다)에는 별표 4 Ⅲ제1호의 기준에 따라 보기 쉬운 곳에 "위험물 이송취급소"라는 표시를 한 표지와 동표 Ⅲ제2호의 기준에 따라 방화에 관하여 필요한 사항을 게시한 게시판을 설치하여야 한다.

나. 배관의 경로에는 소방청장이 정하여 고시하는 바에 따라 위치표지·주의표시 및 주의표지를 설치하여야 한다.

21. 안전설비의 작동시험

안전설비로서 소방청장이 정하여 고시하는 것은 소방청장이 정하여 고시하는 방법에 따라 시험을 실시하여 정상으로 작동하는 것이어야 한다.

22. 선박에 관계된 배관계의 안전설비 등

위험물을 선박으로부터 이송하거나 선박에 이송하는 경우의 배관계의 안전설비 등에 있어서 제7호 내지 제21호의 규정에 의하는 것이 현저히 곤란한 경우에는 다른 안전조치를 강구할 수 있다.

23. 펌프 등

펌프 및 그 부속설비(이하 "펌프등"이라 한다)를 설치하는 경우에는 다음 각목의 기준에 의하여야 한다.

가. 펌프등(펌프를 펌프실 내에 설치한 경우에는 당해 펌프실을 말한다. 이하 나목에서 같다)은 그 주위에 다음 표에 의한 공지를 보유할 것. 다만, 벽·기둥 및 보를 내화구조로 하고 지붕을 폭발력이 위로 방출될 정도의 가벼운 불연재료로 한 펌프실에 펌프를 설치한 경우에는 다음 표에 의한 공지의 너비의 3분의 1로 할 수 있다.

펌프등의 최대상용압력	공지의 너비
1MPa 미만	3m 이상
1MPa 이상 3MPa 미만	5m 이상
3MPa 이상	15m 이상

나. 펌프등은 Ⅲ제5호나목의 규정에 준하여 그 주변에 안전거리를 둘 것. 다만, 위험물의 유출확산을 방지할 수 있는 방화상 유효한 담 등의 공작물을 주위상황에 따라 설치하는 등 안전상 필요한 조치를 하는 경우에는 그러하지 아니하다.

다. 펌프는 견고한 기초 위에 고정하여 설치할 것

라. 펌프를 설치하는 펌프실은 다음의 기준에 적합하게 할 것
1) 불연재료의 구조로 할 것. 이 경우 지붕은 폭발력이 위로 방출될 정도의 가벼운 불연재료이어야 한다.
2) 창 또는 출입구를 설치하는 경우에는 갑종방화문 또는 을종방화문으로 할 것
3) 창 또는 출입구에 유리를 이용하는 경우에는 망입유리로 할 것
4) 바닥은 위험물이 침투하지 아니하는 구조로 하고 그 주변에 높이 20cm 이상의 턱을 설치할 것
5) 누설한 위험물이 외부로 유출되지 아니하도록 바닥은 적당한 경사를 두고 그 최저부에 집유설비를 할 것
6) 가연성증기가 체류할 우려가 있는 펌프실에는 배출설비를 할 것
7) 펌프실에는 위험물을 취급하는데 필요한 채광·조명 및 환기 설비를 할 것

마. 펌프등을 옥외에 설치하는 경우에는 다음의 기준에 의할 것
1) 펌프등을 설치하는 부분의 지반은 위험물이 침투하지 아니하는 구조로 하고 그 주위에는 높이 15cm 이상의 턱을 설치할 것
2) 누설한 위험물이 외부로 유출되지 아니하도록 배수구 및 집유설비를 설치할 것

24. 피그장치

피그장치를 설치하는 경우에는 다음 각목의 기준에 의하여야 한다.

가. 피그장치는 배관의 강도와 동등 이상의 강도를 가질 것

나. 피그장치는 당해 장치의 내부압력을 안전하게 방출할 수 있고 내부압력을 방출한 후가 아니면 피그를 삽입하거나 배출할 수 없는 구조로 할 것

다. 피그장치는 배관 내에 이상응력이 발생하지 아니하도록 설치할 것

라. 피그장치를 설치한 장소의 바닥은 위험물이 침투하지 아니하는 구조로 하고 누설한 위험물이 외부로 유출되지 아니하도록 배수구 및 집유설비를 설치할 것

마. 피그장치의 주변에는 너비 3m 이상의 공지를 보유할 것. 다만, 펌프실내에 설치하는 경우에는 그러하지 아니하다.

25. 밸브

교체밸브·제어밸브 등은 다음 각목의 기준에 의하여 설치하여야 한다.

가. 밸브는 원칙적으로 이송기지 또는 전용부지내에 설치할 것

나. 밸브는 그 개폐상태가 당해 밸브의 설치장소에서 쉽게 확인할 수 있도록 할 것

다. 밸브를 지하에 설치하는 경우에는 점검상자 안에 설치할 것

라. 밸브는 당해 밸브의 관리에 관계하는 자가 아니면 수동으로 개폐할 수 없도록 할 것

26. 위험물의 주입구 및 토출구

위험물의 주입구 및 토출구는 다음 각목의 기준에 의하여야 한다.

가. 위험물의 주입구 및 토출구는 화재예방상 지장이 없는 장소에 설치할 것

나. 위험물의 주입구 및 토출구는 위험물을 주입하거나 토출하는 호스 또는 배관과 결합이 가능하고 위험물의 유출이 없도록 할 것

다. 위험물의 주입구 및 토출구에는 위험물의 주입구 또는 토출구가 있다는 내용과 화재예방과 관련된 주의사항을 표시한 게시판을 설치할 것

라. 위험물의 주입구 및 토출구에는 개폐가 가능한 밸브를 설치할 것

27. 이송기지의 안전조치

가. 이송기지의 구내에는 관계자 외의 자가 함부로 출입할 수 없도록 경계표시를 할 것. 다만, 주위의 상황에 의하여 관계자 외의 자가 출입할 우려가 없는 경우에는 그러하지 아니하다.

나. 이송기지에는 다음의 기준에 의하여 당해 이송기지 밖으로 위험물이 유출되는 것을 방지할 수 있는 조치를 할 것

1) 위험물을 취급하는 시설(지하에 설치된 것을 제외한다)은 이송기지의 부지경계선으로부터 당해 배관의 최대상용압력에 따라 다음 표에 정한 거리(「국토의 계획 및 이용에 관한 법률」에 의한 전용공업지역 또는 공업지역에 설치하는 경우에는 당해 거리의 3분의 1의 거리)를 둘 것

배관의 최대상용압력	거리
0.3MPa 미만	5m 이상
0.3MPa 이상 1MPa 미만	9m 이상
1MPa 이상	15m 이상

2) 제4류 위험물(온도 20℃의 물 100g에 용해되는 양이 1g미만인 것에 한한다)을 취급하는 장소에는 누설한 위험물이 외부로 유출되지 아니하도록 유분리장치를 설치할 것

3) 이송기지의 부지경계선에 높이 50cm 이상의 방유제를 설치할 것

Ⅴ. 이송취급소의 기준의 특례

1. 위험물을 이송하기 위한 배관의 연장(당해 배관의 기점 또는 종점이 2 이상인 경우에는 임의의 기점에서 임의의 종점까지의 당해 배관의 연장 중 최대의 것을 말한다. 이하 같다)이 15km를 초과하거나 위험물을 이송하기 위한 배관에 관계된 최대상용압력이 950kPa 이상이고 위험물을 이송하기 위한 배관의 연장이 7km 이상인 것(이하 "특정이송취급소"라 한다)이 아닌 이송취급소에 대하여는 Ⅳ 제7호 가목, Ⅳ 제8호 가목, Ⅳ 제10호 가목2) 및 3)과 제13호의 규정은 적용하지 아니한다.

2. Ⅳ 제9호 가목의 규정은 유격작용등에 의하여 배관에 생긴 응력이 주하중에 대한 허용응력도를 초과하지 아니하는 배관계로서 특정이송취급소 외의 이송취급소에 관계된 것에는 적용하지 아니한다.

3. Ⅳ 제10호 나목의 규정은 위험물을 이송하기 위한 배관에 관계된 최대상용압력이 1MPa 미만이고 내경이 100mm 이하인 배관으로서 특정이송취급소 외의 이송취급소에 관계된 것에는 적용하지 아니한다.
4. 특정이송취급소 외의 이송취급소에 설치된 배관의 긴급차단밸브는 Ⅳ제11호나목1)의 규정에 불구하고 현지조작에 의하여 폐쇄하는 기능이 있는 것으로 할 수 있다. 다만, 긴급차단밸브가 다음 각목의 1에 해당하는 배관에 설치된 경우에는 그러하지 아니하다.
   가. 「하천법」 제7조제2항에 따른 국가하천 · 하류부근에 「수도법」 제3조제17호에 따른 수도시설(취수시설에 한한다)이 있는 하천 또는 계획하폭이 50m 이상인 하천으로서 위험물이 유입될 우려가 있는 하천을 횡단하여 설치된 배관
   나. 해상 · 해저 · 호소등을 횡단하여 설치된 배관
   다. 산 등 경사가 있는 지역에 설치된 배관
   라. 철도 또는 도로 중 산이나 언덕을 절개하여 만든 부분을 횡단하여 설치된 배관
5. 제1호 내지 제4호에 규정하지 아니한 것으로서 특정이송취급소가 아닌 이송취급소의 기준의 특례에 관하여 필요한 사항은 소방청장이 정하여 고시할 수 있다.

[별표 16] 〈개정 2016. 8. 2.〉

일반취급소의 위치 · 구조 및 설비의 기준(제40조 관련)

Ⅰ. 일반취급소의 기준
1. 별표 4 Ⅰ부터 Ⅹ까지의 규정은 일반취급소의 위치 · 구조 및 설비의 기술기준에 대하여 준용한다.
2. 제1호에도 불구하고 다음 각 목에 정하는 일반취급소에 대하여는 각각 Ⅱ부터 Ⅹ까지의 규정 및 Ⅹ의2에서 정한 특례에 의할 수 있다.
   가. 도장, 인쇄 또는 도포를 위하여 제2류 위험물 또는 제4류 위험물(특수인화물을 제외한다)을 취급하는 일반취급소로서 지정수량의 30배 미만의 것(위험물을 취급하는 설비를 건축물에 설치하는 것에 한하며, 이하 "분무도장작업등의 일반취급소"라 한다)
   나. 세정을 위하여 위험물(인화점이 40℃ 이상인 제4류 위험물에 한한다)을 취급하는 일반취급소로서 지정수량의 30배 미만의 것(위험물을 취급하는 설비를 건축물에 설치하는 것에 한하며, 이하 "세정작업의 일반취급소"라 한다)

다. 열처리작업 또는 방전가공을 위하여 위험물(인화점이 70℃ 이상인 제4류 위험물에 한한다)을 취급하는 일반취급소로서 지정수량의 30배 미만의 것(위험물을 취급하는 설비를 건축물에 설치하는 것에 한하며, 이하 "열처리작업 등의 일반취급소"라 한다)

라. 보일러, 버너 그 밖의 이와 유사한 장치로 위험물(인화점이 38℃ 이상인 제4류 위험물에 한한다)을 소비하는 일반취급소로서 지정수량의 30배 미만의 것(위험물을 취급하는 설비를 건축물에 설치하는 것에 한하며, 이하 "보일러등으로 위험물을 소비하는 일반취급소"라 한다)

마. 이동저장탱크에 액체위험물(알킬알루미늄등, 아세트알데히드등 및 히드록실아민등을 제외한다. 이하 이 호에서 같다)을 주입하는 일반취급소(액체위험물을 용기에 옮겨 담는 취급소를 포함하며, 이하 "충전하는 일반취급소"라 한다)

바. 고정급유설비에 의하여 위험물(인화점이 38℃ 이상인 제4류 위험물에 한한다)을 용기에 옮겨 담거나 4,000L 이하의 이동저장탱크(용량이 2,000L를 넘는 탱크에 있어서는 그 내부를 2,000L 이하마다 구획한 것에 한한다)에 주입하는 일반취급소로서 지정수량의 40배 미만인 것(이하 "옮겨 담는 일반취급소"라 한다)

사. 위험물을 이용한 유압장치 또는 윤활유 순환장치를 설치하는 일반취급소(고인화점 위험물만을 100℃ 미만의 온도로 취급하는 것에 한한다)로서 지정수량의 50배 미만의 것(위험물을 취급하는 설비를 건출물에 설치하는 것에 한하며, 이하 "유압장치등을 설치하는 일반취급소"라 한다)

아. 절삭유의 위험물을 이용한 절삭장치, 연삭장치 그 밖의 이와 유사한 장치를 설치하는 일반취급소(고인화점 위험물만을 100℃ 미만의 온도로 취급하는 것에 한한다)로서 지정수량의 30배 미만의 것(위험물을 취급하는 설비를 건축물에 설치하는 것에 한하며, 이하 "절삭장치등을 설치하는 일반취급소"라 한다)

자. 위험물 외의 물건을 가열하기 위하여 위험물(고인화점 위험물에 한한다)을 이용한 열매체유 순환장치를 설치하는 일반취급소로서 지정수량의 30배 미만의 것(위험물을 취급하는 설비를 건축물에 설치하는 것에 한하며, 이하 "열매체유 순환장치를 설치하는 일반취급소"라 한다)

차. 화학실험을 위하여 위험물을 취급하는 일반취급소로서 지정수량의 30배 미만의 것(위험물을 취급하는 설비를 건축물에 설치하는 것만 해당하며, 이하 "화학실험의 일반취급소"라 한다)

3. 제1호 및 제2호의 규정에 불구하고 고인화점 위험물만을 XI의 규정에 의한 바에 따라 취급하는 일반취급소에 있어서는 XI에 정하는 특례에 의할 수 있다.
4. 알킬알루미늄등, 아세트알데히드등 또는 히드록실아민등을 취급하는 일반취급소는 제1호의 규정에 의하되, 당해 위험물의 성질에 따라 강화되는 기준은 제XII의 규정에 의하여야 한다.

5. 제1호의 규정에 불구하고 발전소 · 변전소 · 개폐소 그 밖에 이에 준하는 장소(이하 이 호에서 "발전소등"이라 한다)에 설치되는 일반취급소에 대하여는 I 제1호의 규정에 의하여 준용되는 별표 4 Ⅰ · Ⅱ · Ⅳ 및 Ⅶ의 규정을 적용하지 아니하며, 발전소등에 설치되는 변압기 · 반응기 · 전압조정기 · 유입(油入)개폐기 · 차단기 · 유입콘덴서 · 유입케이블 및 이에 부속된 장치로서 기기의 냉각 또는 절연을 위한 유류를 내장하여 사용하는 것에 대하여는 I 제1호의 규정에 의하여 준용되는 별표 4의 규정을 적용하지 아니한다.

Ⅱ. 분무도장작업등의 일반취급소의 특례

Ⅰ 제2호 가목의 일반취급소 중 그 위치 · 구조 및 설비가 다음 각호의 규정에 의한 기준에 적합한 것에 대하여는 Ⅰ 제1호의 규정에 의하여 준용되는 별표 4 Ⅰ · Ⅱ · Ⅳ · Ⅴ 및 Ⅵ의 규정은 적용하지 아니한다.

1. 건축물 중 일반취급소의 용도로 사용하는 부분에 지하층이 없을 것
2. 건축물 중 일반취급소의 용도로 사용하는 부분은 벽 · 기둥 · 바닥 · 보 및 지붕(상층이 있는 경우에는 상층의 바닥)을 내화구조로 하고, 출입구 외의 개구부가 없는 두께 70mm 이상의 철근콘크리트조 또는 이와 동등 이상의 강도가 있는 구조의 바닥 또는 벽으로 당해 건축물의 다른 부분과 구획될 것
3. 건축물 중 일반취급소의 용도로 사용하는 부분에는 창을 설치하지 아니할 것
4. 건축물 중 일반취급소의 용도로 사용하는 부분의 출입구에는 갑종방화문을 설치하되, 연소의 우려가 있는 외벽 및 당해 부분 외의 부분과의 격벽에 있는 출입구에는 수시로 열 수 있는 자동폐쇄식의 것으로 할 것
5. 액상의 위험물을 취급하는 건축물 중 일반취급소의 용도로 사용하는 부분의 바닥은 위험물이 침투하지 아니하는 구조로 하고, 적당한 경사를 두어 집유설비를 설치할 것
6. 건축물 중 일반취급소의 용도로 사용하는 부분에는 위험물을 취급하는데 필요한 채광 · 조명 및 환기의 설비를 설치할 것
7. 가연성의 증기 또는 가연성의 미분이 체류할 우려가 있는 일반취급소의 용도로 사용하는 부분에는 그 증기 또는 미분을 옥외의 높은 곳으로 배출하는 설비를 설치할 것
8. 환기설비 및 배출설비에는 방화상 유효한 댐퍼 등을 설치할 것

Ⅲ. 세정작업의 일반취급소의 특례

1. Ⅰ 제2호 나목의 일반취급소 중 그 위치 · 구조 및 설비가 다음 각목에 정하는 기준에 적합한 것에 대하여는 Ⅰ 제1호의 규정에 의하여 준용되는 별표 4 Ⅰ · Ⅱ · Ⅳ · Ⅴ 및 Ⅵ의 규정은 적용하지 아니한다.
   가. 위험물을 취급하는 탱크(용량이 지정수량의 5분의 1 미만인 것을 제외한다)의 주위에는 별표 4 Ⅸ 제1호 나목1)의 규정을 준용하여 방유턱을 설치할 것

나. 위험물을 가열하는 설비에는 위험물의 과열을 방지할 수 있는 장치를 설치 할 것
다. Ⅱ 각호의 기준에 적합할 것

2. Ⅰ 제2호 나목의 일반취급소 중 지정수량의 10배 미만의 것으로서 그 위치 · 구조 및 설비가 다음 각목에 정하는 기준에 적합한 것에 대하여는 Ⅰ 제1호의 규정에 의하여 준용되는 별표 4 Ⅰ · Ⅱ · Ⅳ · Ⅴ 및 Ⅵ의 규정은 적용하지 아니한다.
   가. 일반취급소는 벽 · 기둥 · 바닥 · 보 및 지붕이 불연재료로 되어 있고, 천장이 없는 단층 건축물에 설치할 것
   나. 위험물을 취급하는 설비(위험물을 이송하기 위한 배관을 제외한다)는 바닥에 고정하고, 당해 설비의 주위에 너비 3m 이상의 공지를 보유할 것. 다만, 당해 설비로부터 3m 미만의 거리에 있는 건축물의 벽(수시로 열 수 있는 자동폐쇄식의 갑종방화문이 달려 있는 출입구 외의 개구부가 없는 것에 한한다) 및 기둥이 내화구조인 경우에는 당해 설비에서 당해 벽 및 기둥까지의 공지를 보유하는 것으로 할 수 있다.
   다. 건축물 중 일반취급소의 용도로 사용하는 부분(나목의 공지를 포함한다. 이하 바목에서 같다)의 바닥은 위험물이 침투하지 아니하는 구조로 하고 적당한 경사를 두어 집유설비를 설치하는 한편, 집유설비 및 당해 바닥의 주위에 배수구를 설치할 것
   라. 위험물을 취급하는 설비는 당해 설비의 내부에서 발생한 가연성의 증기 또는 가연성의 미분이 당해 설비의 외부에 확산하지 아니하는 구조로 할 것. 다만, 그 증기 또는 미분을 직접 옥외의 높은 곳으로 유효하게 배출할 수 있는 설비를 설치하는 경우에는 그러하지 아니하다.
   마. 라목 단서의 설비에는 방화상 유효한 댐퍼 등을 설치할 것
   바. Ⅱ 제6호 내지 제8호, 제1호 가목 및 나목의 기준에 적합할 것

Ⅳ. 열처리작업등의 일반취급소의 특례

1. Ⅰ 제2호 다목의 일반취급소 중 그 위치 · 구조 및 설비가 다음 각목에 정하는 기준에 적합한 것에 대하여는 Ⅰ 제1호의 규정에 의하여 준용되는 별표 4 Ⅰ · Ⅱ · Ⅳ · Ⅴ 및 Ⅵ의 규정은 적용하지 아니한다.
   가. 건축물 중 일반취급소의 용도로 사용하는 부분은 벽 · 기둥 · 바닥 및 보를 내화구조로 하고, 출입구 외의 개구부가 없는 두께 70mm 이상의 철근콘크리트조 또는 이와 동등 이상의 강도가 있는 구조의 바닥 또는 벽으로 당해 건축물의 다른 부분과 구획될 것
   나. 건축물 중 일반취급소의 용도로 사용하는 부분은 상층이 있는 경우에 있어서는 상층의 바닥을 내화구조로 하고, 상층이 없는 경우에 있어서는 지붕을 불연재료로 할 것
   다. 건축물 중 일반취급소의 용도로 사용하는 부분에는 위험물이 위험한 온도에 이르는 것을 경보할 수 있는 장치를 설치할 것

라. Ⅱ(제2호를 제외한다)의 기준에 적합할 것

2. Ⅰ 제2호 다목의 일반취급소 중 지정수량의 10배 미만의 것으로서 그 위치 · 구조 및 설비가 다음 각목에 정하는 기준에 적합한 것에 대하여는 Ⅰ 제1호의 규정에 의하여 준용되는 별표 4 Ⅰ · Ⅱ · Ⅳ · Ⅴ 및 Ⅵ의 규정은 적용하지 아니한다.

   가. 위험물을 취급하는 설비(위험물을 이송하기 위한 배관을 제외한다)는 바닥에 고정하고, 당해 설비의 주위에 너비 3m 이상의 공지를 보유할 것. 다만, 당해 설비로부터 3m 미만의 거리에 있는 건축물의 벽(수시로 열 수 있는 자동폐쇄식의 갑종방화문이 달려 있는 출입구 외의 개구부가 없는 것에 한한다) 및 기둥이 내화구조인 경우에는 당해 설비에서 당해 벽 및 기둥까지의 공지를 보유하는 것으로 할 수 있다.

   나. 건축물 중 일반취급소의 용도로 사용하는 부분(가목의 공지를 포함한다. 이하 다목에서 같다)의 바닥은 위험물이 침투하지 아니하는 구조로 하고 적당한 경사를 두어 집유설비를 설치하는 한편, 집유설비 및 당해 바닥의 주위에 배수구를 설치할 것

   다. Ⅱ 제6호 내지 제8호, Ⅲ 제2호 가목 및 제1호 다목의 기준에 적합할 것

Ⅴ. 보일러등으로 위험물을 소비하는 일반취급소의 특례

1. Ⅰ 제2호 라목의 일반취급소 중 그 위치 · 구조 및 설비가 다음 각목에 정하는 기준에 적합한 것에 대하여는 Ⅰ 제1호의 규정에 의하여 준용되는 별표 4 Ⅰ · Ⅱ · Ⅳ · Ⅴ 및 Ⅵ의 규정은 적용하지 아니한다.

   가. Ⅱ 제3호 내지 제8호 및 Ⅳ 제1호 가목 및 나목의 규정에 의한 기준에 적합할 것

   나. 건축물 중 일반취급소의 용도로 제공하는 부분에는 지진시 및 정전시 등의 긴급시에 보일러, 버너 그 밖에 이와 유사한 장치(비상용전원과 관련되는 것을 제외한다)에 대한 위험물의 공급을 자동적으로 차단하는 장치를 설치할 것

   다. 위험물을 취급하는 탱크는 그 용량의 총계를 지정수량 미만으로 하고, 당해 탱크(용량이 지정수량의 5분의 1 미만의 것을 제외한다)의 주위에 별표 4 Ⅸ 제1호 나목1)의 규정을 준용하여 방유턱을 설치할 것

2. Ⅰ 제2호 라목의 일반취급소 중 지정수량의 10배 미만의 것으로서 그 위치 · 구조 및 설비가 다음 각목에 정하는 기준에 적합한 것에 대하여는 Ⅰ 제1호의 규정에 의하여 준용되는 별표 4 Ⅰ · Ⅱ · Ⅳ · Ⅴ 및 Ⅵ의 규정은 적용하지 아니한다.

   가. 위험물을 취급하는 설비(위험물을 이송하기 위한 배관을 제외한다)는 바닥에 고정하고, 당해 설비의 주위에 너비 3m 이상의 공지를 보유할 것. 다만, 당해 설비로부터 3m 미만의 거리에 있는 건축물의 벽(수시로 열 수 있는 자동폐쇄식의 갑종방화문이 달려 있는 출입구 외의 개구부가 없는 것에 한한다) 및 기둥이 내화구조인 경우에는 당해 설비에서 당해 벽 및 기둥까지의 공지를 보유하는 것으로 할 수 있다.

나. 건축물 중 일반취급소의 용도로 사용하는 부분(가목의 공지를 포함한다. 이하 다목에서 같다)의 바닥은 위험물이 침투하지 아니하는 구조로 하고 적당한 경사를 두는 한편, 집유설비 및 당해 바닥의 주위에 배수구를 설치할 것

다. Ⅱ 제6호 내지 제8호, Ⅲ 제2호 가목, 제1호 나목 및 다목의 기준에 적합할 것

3. Ⅰ 제2호 라목의 일반취급소 중 지정수량의 10배 미만의 것으로서 그 위치·구조 및 설비가 다음 각목의 규정에 의한 기준에 적합한 것에 대하여는 Ⅰ 제1호의 규정에 의하여 준용되는 별표 4 Ⅰ·Ⅱ·Ⅳ·Ⅴ·Ⅵ·Ⅶ 및 Ⅸ 제1호 나목의 규정은 적용하지 아니한다.

가. 일반취급소는 벽·기둥·바닥·보 및 지붕이 내화구조인 건축물의 옥상에 설치할 것

나. 위험물을 취급하는 설비(위험물을 이송하기 위한 배관을 제외한다)는 옥상에 고정할 것

다. 위험물을 취급하는 설비(위험물을 취급하는 탱크 및 위험물을 이송하기 위한 배관을 제외한다)는 큐비클식(강판으로 만들어진 보호상자에 수납되어 있는 방식을 말한다)의 것으로 하고, 당해 설비의 주위에 높이 0.15m 이상의 방유턱을 설치할 것

라. 다목의 설비의 내부에는 위험물을 취급하는데 필요한 채광·조명 및 환기의 설비를 설치할 것

마. 위험물을 취급하는 탱크는 그 용량의 총계를 지정수량 미만으로 할 것

바. 옥외에 있는 위험물을 취급하는 탱크의 주위에는 별표 4 Ⅸ 제1호 나목1)의 규정을 준용하여 높이 0.15m 이상의 방유턱을 설치할 것

사. 다목 및 바목의 방유턱의 주위에 너비 3m 이상의 공지를 보유할 것. 다만, 당해 설비로부터 3m 미만의 거리에 있는 건축물의 벽(수시로 열 수 있는 자동폐쇄식의 갑종방화문이 달려 있는 출입구 외의 개구부가 없는 것에 한한다) 및 기둥이 내화구조인 경우에는 당해 설비에서 당해 벽 및 기둥까지의 공지를 보유하는 것으로 할 수 있다.

아. 다목 및 바목의 방유턱의 내부는 위험물이 침투하지 아니하는 구조로 하고, 적당한 경사를 두어 집유설비를 설치할 것. 이 경우 위험물이 직접 배수구에 유입하지 아니하도록 집유설비에 유분리장치를 설치하여야 한다.

자. 옥내에 있는 위험물을 취급하는 탱크는 다음의 기준에 적합한 탱크전용실에 설치할 것

1) 별표 7 Ⅰ 제1호 너목 내지 머목의 기준을 준용할 것
2) 탱크전용실은 바닥을 내화구조로 하고, 벽·기둥 및 보를 불연재료로 할 것
3) 탱크전용실에는 위험물을 취급하는데 필요한 채광·조명 및 환기의 설비를 설치할 것
4) 가연성의 증기 또는 가연성의 미분이 체류할 우려가 있는 탱크전용실에는 그 증기 또는 미분을 옥외의 높은 곳으로 배출하는 설비를 설치할 것
5) 위험물을 취급하는 탱크의 주위에는 별표 4 Ⅸ 제1호 나목1)의 규정을 준용하여 방유턱을 설치하거나 탱크전용실의 출입구의 턱의 높이를 높게 할 것

차. 환기설비 및 배출설비에는 방화상 유효한 댐퍼 등을 설치할 것

카. 제1호 나목의 기준에 적합할 것

Ⅵ. 충전하는 일반취급소의 특례

Ⅰ 제2호 마목의 일반취급소 중 그 위치·구조 및 설비가 다음 각호의 규정에 의한 기준에 적합한 것에 대하여는 Ⅰ 제1호의 규정에 의하여 준용되는 별표 4 Ⅳ 제2호 내지 제6호·Ⅴ·Ⅵ 및 Ⅶ의 규정은 적용하지 아니한다.

1. 건축물을 설치하는 경우에 있어서 당해 건축물은 벽·기둥·바닥·보 및 지붕을 내화구조 또는 불연재료로 하고, 창 및 출입구에 갑종방화문 또는 을종방화문을 설치하여야 한다.
2. 제1호의 건축물의 창 또는 출입구에 유리를 설치하는 경우에는 망입유리로 하여야 한다.
3. 제1호의 건축물의 2 방향 이상은 통풍을 위하여 벽을 설치하지 아니하여야 한다.
4. 위험물을 이동저장탱크에 주입하기 위한 설비(위험물을 이송하는 배관을 제외한다)의 주위에 필요한 공지를 보유하여야 한다.
5. 위험물을 용기에 옮겨 담기 위한 설비를 설치하는 경우에는 당해 설비(위험물을 이송하는 배관을 제외한다)의 주위에 필요한 공지를 제4호의 공지 외의 장소에 보유하여야 한다.
6. 제4호 및 제5호의 공지는 그 지반면을 주위의 지반면보다 높게 하고, 그 표면에 적당한 경사를 두며, 콘크리트 등으로 포장하여야 한다.
7. 제4호 및 제5호의 공지에는 누설한 위험물 그 밖의 액체가 당해 공지 외의 부분에 유출하지 아니 하도록 집유설비 및 주위에 배수구를 설치하여야 한다. 이 경우 제4류 위험물(온도 20℃의 물 100g에 용해되는 양이 1g미만인 것에 한한다)을 취급하는 공지에 있어서는 집유설비에 유분리장치를 설치하여야 한다.

Ⅶ. 옮겨 담는 일반취급소의 특례

Ⅰ 제2호 바목의 일반취급소 중 그 위치·구조 및 설비가 다음 각호의 규정에 의한 기준에 적합한 것에 대하여는 Ⅰ 제1호의 규정에 의하여 준용되는 별표 4 Ⅰ·Ⅱ·Ⅳ·Ⅴ 내지 Ⅶ·Ⅷ(제5호를 제외한다) 및 Ⅸ의 규정은 적용하지 아니한다.

1. 일반취급소에는 고정급유설비 중 호스기기의 주위(현수식의 고정급유설비에 있어서는 호스기기의 아래)에 용기에 옮겨 담거나 탱크에 주입하는데 필요한 공지를 보유하여야 한다.
2. 제1호의 공지는 그 지반면을 주위의 지반면보다 높게 하고, 그 표면에 적당한 경사를 두며, 콘크리트등으로 포장하여야 한다.
3. 제1호의 공지에는 누설한 위험물 그 밖의 액체가 당해 공지 외의 부분에 유출하지 아니하도록 배수구 및 유분리장치를 설치하여야 한다.
4. 일반취급소에는 고정급유설비에 접속하는 용량 40,000L 이하의 지하의 전용탱크(이하 "지하전용탱크"라 한다)를 지반면하에 매설하는 경우 외에는 위험물을 취급하는 탱크를 설치하지 아니하여야 한다.

5. 지하전용탱크의 위치 · 구조 및 설비는 별표 8 Ⅰ[제5호 · 제10호(게시판에 관한 부분에 한한다) · 제11호 · 제14호를 제외한다] · 별표 8 Ⅱ[별표 8 Ⅰ 제5호 · 제10호(게시판에 관한 부분에 한한다) · 제11호 · 제14호를 제외한다] 또는 별표 8 Ⅲ[별표 8 Ⅰ 제5호 · 제10호(게시판에 관한 부분에 한한다) · 제11호 · 제14호를 제외한다]의 규정에 의한 지하저장탱크의 위치 · 구조 및 설비의 기준을 준용하여야 한다.
6. 고정급유설비에 위험물을 주입하기 위한 배관은 당해 고정급유설비에 접속하는 지하전용탱크로부터의 배관만으로 하여야 한다.
7. 고정급유설비는 별표 13 Ⅳ(제4호를 제외한다)의 규정에 의한 주유취급소의 고정주유설비 또는 고정급유설비의 기준을 준용하여야 한다.
8. 고정급유설비는 도로경계선으로부터 다음 표에 정하는 거리 이상, 건축물의 벽으로부터 2m(일반취급소의 건축물의 벽에 개구부가 없는 경우에는 당해 벽으로부터 1m) 이상, 부지경계선으로부터 1m 이상의 간격을 유지하여야 한다. 다만, 호스기기와 분리하여 별표 13 Ⅸ의 기준에 적합하고 벽 · 기둥 · 바닥 · 보 및 지붕(상층이 있는 경우에는 상층의 바닥)이 내화구조인 펌프실에 설치하는 펌프기기 또는 액중펌프기기에 있어서는 그러하지 아니하다.

고정급유설비의 구분		거리
현수식의 고정급유설비		4m
그 밖의 고정 급유설비	고정급유설비에 접속되는 급유호스 중 그 전체길이가 최대인 것의 전체길이(이하 이 표에서 "최대급유호스길이"라 한다)가 3m 이하의 것	4m
	최대급유호스길이가 3m 초과 4m 이하의 것	5m
	최대급유호스길이가 4m 초과 5m 이하의 것	6m

9. 현수식의 고정급유설비를 설치하는 일반취급소에는 당해 고정급유설비의 펌프기기를 정지하는 등에 의하여 지하전용탱크로부터의 위험물의 이송을 긴급히 중단할 수 있는 장치를 설치하여야 한다.
10. 일반취급소의 주위에는 높이 2m 이상의 내화구조 또는 불연재료로 된 담 또는 벽을 설치하여야 한다. 이 경우 당해 일반취급소에 인접하여 연소의 우려가 있는 건축물이 있을 때에는 담 또는 벽을 별표 13 Ⅶ 후단의 규정에 준하여 방화상 안전한 높이로 하여야 한다.
11. 일반취급소의 출입구에는 갑종방화문 또는 을종방화문을 설치하여야 한다.
12. 펌프실 그 밖에 위험물을 취급하는 실은 별표 13 Ⅸ의 규정에 의한 주유취급소의 펌프실 그 밖에 위험물을 취급하는 실의 기준을 준용하여야 한다.
13. 일반취급소에 지붕, 캐노피 그 밖에 위험물을 옮겨 담는데 필요한 건축물(이하 이 호 및 제14호에서 "지붕등"이라 한다)을 설치하는 경우에는 지붕등은 불연재료로 하여야 한다.
14. 지붕등의 수평투영면적은 일반취급소의 부지면적의 3분의 1 이하이어야 한다.

Ⅷ. 유압장치 등을 설치하는 일반취급소의 특례

1. Ⅰ제2호 사목의 일반취급소 중 그 위치·구조 및 설비가 다음 각목의 규정에 의한 기준에 적합한 것에 대하여는 Ⅰ제1호의 규정에 의하여 준용되는 별표 4 Ⅰ·Ⅱ·Ⅳ·Ⅴ·Ⅵ 및 Ⅷ 제6호·제7호의 규정은 적용하지 아니한다.
   가. 일반취급소는 벽·기둥·바닥·보 및 지붕이 불연재료로 만들어진 단층의 건축물에 설치할 것
   나. 건축물 중 일반취급소의 용도로 사용하는 부분은 벽·기둥·바닥·보 및 지붕을 불연재료로 하고, 연소의 우려가 있는 외벽은 출입구 외의 개구부가 없는 내화구조의 벽으로 할 것
   다. 건축물 중 일반취급소의 용도로 사용하는 부분의 창 및 출입구에는 갑종방화문 또는 을종방화문을 설치하고, 연소의 우려가 있는 외벽에 있는 출입구에는 수시로 열 수 있는 자동폐쇄식의 갑종방화문을 설치할 것
   라. 건축물 중 일반취급소의 용도로 사용하는 부분의 창 또는 출입구에 유리를 이용하는 경우에는 망입유리로 할 것
   마. 위험물을 취급하는 설비(위험물을 이송하기 위한 배관을 제외한다. 이하 제3호에서 같다)는 건축물 중 일반취급소의 용도로 사용하는 부분의 바닥에 견고하게 고정할 것
   바. 위험물을 취급하는 탱크(용량이 지정수량의 5분의 1 미만인 것을 제외한다)의 직하에는 별표 4 Ⅸ 제1호 나목1)의 규정을 준용하여 방유턱을 설치하거나 건축물 중 일반취급소의 용도로 사용하는 부분의 문턱의 높이를 높게 할 것
   사. Ⅱ제5호 내지 제8호의 기준에 적합할 것
2. Ⅰ제2호 사목의 일반취급소 중 그 위치·구조 및 설비가 다음의 각목의 규정에 의한 기준에 적합한 것에 대하여는 Ⅰ 제1호의 규정에 의하여 준용되는 별표 4 Ⅰ·Ⅱ·Ⅳ·Ⅴ·Ⅵ 및 Ⅷ제6호·제7호의 규정은 적용하지 아니한다.
   가. 건축물 중 일반취급소의 용도로 사용하는 부분은 벽·기둥·바닥 및 보를 내화구조로 할 것
   나. Ⅱ 제3호 내지 제8호, Ⅳ 제1호 나목 및 제1호 바목의 기준에 적합할 것
3. Ⅰ 제2호 사목의 일반취급소 중 지정수량의 30배 미만의 것으로서 그 위치·구조 및 설비가 다음 각목의 규정에 의한 기준에 적합한 것에 대하여는 Ⅰ 제1호의 규정에 의하여 준용되는 별표 4 Ⅰ·Ⅱ·Ⅳ·Ⅴ·Ⅵ 및 Ⅷ 제6호·제7호의 규정은 적용하지 아니한다.
   가. 위험물을 취급하는 설비는 바닥에 고정하고, 당해 설비의 주위에 너비 3m 이상의 공지를 보유할 것. 다만, 당해 설비로부터 3m 미만의 거리에 있는 건축물의 벽(수시로 열 수 있는 자동폐쇄식의 갑종방화문이 달려 있는 출입구 외의 개구부가 없는 것에 한한다) 및 기둥이 내화구조인 경우에는 당해 설비에서 당해 벽 및 기둥까지의 공지를 보유하는 것으로 할 수 있다.

나. 건축물 중 일반취급소의 용도로 사용하는 부분(가목의 공지를 포함한다. 이하 라목에서 같다)의 바닥은 위험물이 침투하지 아니하는 구조로 하고, 적당한 경사를 두어 집유설비 및 당해 바닥의 주위에 배수구를 설치할 것

다. 위험물을 취급하는 탱크(용량이 지정수량의 5분의 1 미만의 것을 제외한다)의 직하에는 별표 4 Ⅸ 제1호 나목1)의 규정을 준용하여 방유턱을 설치할 것

라. Ⅱ제6호 내지 제8호 및 Ⅲ제2호 가목의 기준에 적합할 것

Ⅸ. 절삭장치 등을 설치하는 일반취급소의 특례

1. Ⅰ제2호 아목의 일반취급소 중 그 위치·구조 및 설비가 Ⅱ제1호 및 제3호 내지 제8호, Ⅳ제1호나목 및 Ⅷ제1호 바목·제2호가목의 규정에 의한 기준에 적합한 것에 대하여는 Ⅰ제1호의 규정에 의하여 준용되는 별표 4 Ⅰ·Ⅱ·Ⅳ 및 Ⅷ제6호·제7호의 규정은 적용하지 아니한다.
2. Ⅰ제2호 아목의 일반취급소 중 지정수량의 10배 미만의 것으로서 그 위치·구조 및 설비가 다음 각목의 규정에 의한 기준에 적합한 것에 대하여는 Ⅰ제1호의 규정에 의하여 준용되는 별표 4 Ⅰ·Ⅱ·Ⅳ 및 Ⅷ제6호·제7호의 규정은 적용하지 아니한다.

가. 위험물을 취급하는 설비(위험물을 이송하기 위한 배관을 제외한다)는 바닥에 고정하고, 당해 설비의 주위에 너비 3m 이상의 공지를 보유할 것. 다만, 당해 설비로부터 3m 미만의 거리에 있는 건축물의 벽(수시로 열 수 있는 자동폐쇄식의 갑종방화문이 달려 있는 출입구 외의 개구부가 없는 것에 한한다) 및 기둥이 내화구조인 경우에는 당해 설비에서 당해 벽 및 기둥까지의 공지를 보유하는 것으로 할 수 있다.

나. 건축물 중 일반취급소의 용도로 사용하는 부분(가목의 공지를 포함한다. 이하 다목에서 같다)의 바닥은 위험물이 침투하지 아니하는 구조로 하고, 적당한 경사를 두어 집유설비 및 당해 바닥의 주위에 배수구를 설치할 것

다. Ⅱ 제6호 내지 제8호, Ⅲ 제2호 가목 및 Ⅷ제3호 다목의 기준에 적합할 것

Ⅹ. 열매체유 순환장치를 설치하는 일반취급소의 특례

Ⅰ제2호 자목의 일반취급소 중 그 위치·구조 및 설비가 다음 각호의 규정에 의한 기준에 적합한 것에 대하여는 Ⅰ제1호의 규정에 의하여 준용되는 별표 4 Ⅰ·Ⅱ·Ⅳ·Ⅴ 및 Ⅵ의 규정은 적용하지 아니한다.

1. 위험물을 취급하는 설비는 위험물의 체적팽창에 의한 위험물의 누설을 방지할 수 있는 구조의 것으로 하여야 한다.
2. Ⅱ제1호·제3호 내지 제8호, Ⅲ제1호가목·나목 및 Ⅳ제1호 가목·나목의 규정에 의한 기준에 적합하여야 한다.

Ⅹ의2. 화학실험의 일반취급소의 특례

Ⅰ 제2호 차목의 화학실험의 일반취급소 중 그 위치 · 구조 및 설비가 다음 각 호에 정한 기준에 적합한 것에 대해서는 Ⅰ 제1호에 따라 준용되는 규정 중 별표 4 Ⅰ · Ⅱ · Ⅳ · Ⅴ · Ⅵ · Ⅶ · Ⅷ(제5호는 제외한다) · Ⅸ 및 Ⅹ의 규정은 준용하지 아니한다.

1. 화학실험의 일반취급소는 벽 · 기둥 · 바닥 및 보가 내화구조인 건축물의 지하층 외의 층에 설치할 것
2. 건축물 중 화학실험의 일반취급소의 용도로 사용하는 부분은 벽 · 기둥 · 바닥 · 보 및 지붕(상층이 있는 경우에는 상층의 바닥)을 내화구조로 하고, 벽에 설치하는 창 또는 출입구에 관한 기준은 다음 각 목의 기준에 모두 적합할 것
   가. 해당 건축물의 다른 용도 부분(복도를 제외한다)과 구획하는 벽에는 창 또는 출입구를 설치하지 않을 것
   나. 해당 건축물의 복도 또는 외부와 구획하는 벽에 설치하는 창은 망입유리 또는 방화유리로 하고, 출입구에는 수시로 열 수 있는 자동폐쇄식의 갑종방화문을 설치할 것
3. 건축물 중 화학실험의 일반취급소의 용도로 사용하는 부분에는 위험물을 취급하는데 필요한 채광 · 조명 및 환기를 위한 설비를 설치할 것
4. 가연성의 증기 또는 가연성의 미분이 체류할 우려가 있는 화학실험의 일반취급소의 용도로 사용하는 부분에는 그 증기 또는 미분을 옥외의 높은 곳으로 배출하는 설비를 설치하고, 배출덕트가 관통하는 벽부분의 바로 가까이에 화재 시 자동으로 폐쇄되는 방화댐퍼를 설치할 것
5. 위험물을 보관하는 설비는 외장을 불연재료로 하되, 제3류 위험물 중 자연발화성물질 또는 제5류 위험물을 보관하는 설비는 다음 각 목의 기준에 모두 적합한 것으로 할 것
   가. 외장을 금속재질로 할 것
   나. 보냉장치를 갖출 것
   다. 밀폐형 구조로 할 것
   라. 문에 유리를 부착하는 경우에는 망입유리 또는 방화유리로 할 것

Ⅺ. 고인화점 위험물의 일반취급소의 특례

1. Ⅰ제3호의 일반취급소 중 그 위치 및 구조가 별표 4 Ⅺ 각호의 규정에 의한 기준에 적합한 것에 대하여는 Ⅰ제1호의 규정에 의하여 준용되는 별표 4 Ⅰ · Ⅱ · Ⅳ 제1호 · 제3호 내지 제5호 · Ⅷ제6호 · 제7호 및 Ⅸ제1호나목2)에 의하여 준용하는 별표 6 Ⅸ제1호 나목의 규정은 적용하지 아니한다.
2. Ⅰ제3호의 일반취급소 중 충전하는 일반취급소로서 그 위치 · 구조 및 설비가 다음 각목의 규정에 의한 기준에 적합한 것에 대하여는 Ⅰ제1호의 규정에 의하여 준용되는 별표 4 Ⅰ · Ⅱ · Ⅳ · Ⅴ 내지 Ⅶ · Ⅷ제6호 · 제7호 및 Ⅸ제1호나목2)에 의하여 준용하는 별표 6 Ⅸ제1호 나목의 규정은 적용하지 아니한다.

가. 별표 4 제1호 · 제2호 및 Ⅵ제3호 내지 제7호의 규정에 의한 기준에 적합할 것
나. 건축물을 설치하는 경우에 있어서는 당해 건축물은 벽 · 기둥 · 바닥 · 보 및 지붕을 내화구조 또는 불연재료로 하고, 창 및 출입구에는 갑종방화문 · 을종방화문 또는 불연재료나 유리로 된 문을 설치할 것

XII. 위험물의 성질에 따른 일반취급소의 특례

1. 별표 4 XII제2호의 규정은 알킬알루미늄 등을 취급하는 일반취급소에 대하여 강화되는 기준에 있어서 준용한다.
2. 별표 4 XII 제3호의 규정은 아세트알데히드 등을 취급하는 일반취급소에 대하여 강화되는 기준에 있어서 준용한다.
3. 별표 4 XII제4호의 규정은 히드록실아민 등을 취급하는 일반취급소에 대하여 강화되는 기준에 있어서 준용한다.

[별표 17] 〈개정 2020. 10. 12.〉

소화설비, 경보설비 및 피난설비의 기준(제41조 제2항 · 제42조 제2항 및 제43조 제2항 관련)

Ⅰ. 소화설비

1. 소화난이도등급Ⅰ의 제조소 등 및 소화설비

가. 소화난이등급Ⅰ에 해당하는 제조소 등

제조소 등의 구분	제조소 등의 규모, 저장 또는 취급하는 위험물의 품명 및 최대수량 등
제조소 일반 취급소	연면적 1,000m² 이상인 것
	지정수량의 100배 이상인 것(고인화점위험물만을 100℃ 미만의 온도에서 취급하는 것 및 제48조의 위험물을 취급하는 것은 제외)
	지반면으로부터 6m 이상의 높이에 위험물 취급설비가 있는 것(고인화점위험물만을 100℃ 미만의 온도에서 취급하는 것은 제외)
	일반취급소로 사용되는 부분 외의 부분을 갖는 건축물에 설치된 것(내화구조로 개구부 없이 구획된 것, 고인화점위험물만을 100℃ 미만의 온도에서 취급하는 것 및 별표 16 Ⅹ의2의 화학실험의 일반취급소는 제외)
주유취급소	별표 13 Ⅴ제2호에 따른 면적의 합이 500m²를 초과하는 것
옥내 저장소	지정수량의 150배 이상인 것(고인화점위험물만을 저장하는 것 및 제48조의 위험물을 저장하는 것은 제외)
	연면적 150m²를 초과하는 것(150m² 이내마다 불연재료로 개구부 없이 구획된 것 및 인화성 고체 외의 제2류 위험물 또는 인화점 70℃ 이상의 제4류 위험물만을 저장하는 것은 제외)
	처마높이가 6m 이상인 단층건물의 것
	옥내저장소로 사용되는 부분 외의 부분이 있는 건축물에 설치된 것(내화구조로 개구부 없이 구획된 것 및 인화성 고체 외의 제2류 위험물 또는 인화점 70℃ 이상의 제4류 위험물만을 저장하는 것은 제외)
옥외 탱크 저장소	액표면적이 40m² 이상인 것(제6류 위험물을 저장하는 것 및 고인화점위험물만을 100℃ 미만의 온도에서 저장하는 것은 제외)
	지반면으로부터 탱크 옆판의 상단까지 높이가 6m 이상인 것(제6류 위험물을 저장하는 것 및 고인화점위험물만을 100℃ 미만의 온도에서 저장하는 것은 제외)
	지중탱크 또는 해상탱크로서 지정수량의 100배 이상인 것(제6류 위험물을 저장하는 것 및 고인화점위험물만을 100℃ 미만의 온도에서 저장하는 것은 제외)
	고체위험물을 저장하는 것으로서 지정수량의 100배 이상인 것

옥내 탱크 저장소	액표면적이 $40m^2$ 이상인 것(제6류 위험물을 저장하는 것 및 고인화점위험물만을 100℃ 미만의 온도에서 저장하는 것은 제외)
	바닥면으로부터 탱크 옆판의 상단까지 높이가 6m 이상인 것(제6류 위험물을 저장하는 것 및 고인화점위험물만을 100℃ 미만의 온도에서 저장하는 것은 제외)
	탱크전용실이 단층건물 외의 건축물에 있는 것으로서 인화점 38℃ 이상 70℃ 미만의 위험물을 지정수량의 5배 이상 저장하는 것(내화구조로 개구부 없이 구획된 것은 제외한다)
옥외 저장소	덩어리 상태의 유황을 저장하는 것으로서 경계표시 내부의 면적(2 이상의 경계표시가 있는 경우에는 각 경계표시의 내부의 면적을 합한 면적)이 $100m^2$ 이상인 것
	별표 11 Ⅲ의 위험물을 저장하는 것으로서 지정수량의 100배 이상인 것
암반 탱크 저장소	액표면적이 $40m^2$ 이상인 것(제6류 위험물을 저장하는 것 및 고인화점위험물만을 100℃ 미만의 온도에서 저장하는 것은 제외)
	고체위험물만을 저장하는 것으로서 지정수량의 100배 이상인 것
이송 취급소	모든 대상

비고 : 제조소 등의 구분별로 오른쪽란에 정한 제조소 등의 규모, 저장 또는 취급하는 위험물의 수량 및 최대수량 등의 어느 하나에 해당하는 제조소 등은 소화난이도등급Ⅰ에 해당하는 것으로 한다.

나. 소화난이도등급Ⅰ의 제조소 등에 설치하여야 하는 소화설비

제조소 등의 구분		소화설비
제조소 및 일반취급소		옥내소화전설비, 옥외소화전설비, 스프링클러설비 또는 물분무 등 소화설비(화재발생 시 연기가 충만할 우려가 있는 장소에는 스프링클러설비 또는 이동식 외의 물분무 등 소화설비에 한한다)
주유취급소		스프링클러설비(건축물에 한정한다), 소형 수동식 소화기 등(능력단위의 수치가 건축물 그 밖의 공작물 및 위험물의 소요단위의 수치에 이르도록 설치할 것)
옥내 저장소	처마높이가 6m 이상인 단층건물 또는 다른 용도의 부분이 있는 건축물에 설치한 옥내저장소	스프링클러설비 또는 이동식 외의 물분무 등 소화설비
	그 밖의 것	옥외소화전설비, 스프링클러설비, 이동식 외의 물분무 등 소화설비 또는 이동식 포소화설비(포소화전을 옥외에 설치하는 것에 한한다)

<table>
<tr><td rowspan="5">옥외탱크저장소</td><td rowspan="3">지중탱크 또는 해상탱크 외의 것</td><td>유황만을 저장 취급하는 것</td><td>물분무소화설비</td></tr>
<tr><td>인화점 70℃ 이상의 제4류 위험물만을 저장취급하는 것</td><td>물분무소화설비 또는 고정식 포소화설비</td></tr>
<tr><td>그 밖의 것</td><td>고정식 포소화설비(포소화설비가 적응성이 없는 경우에는 분말소화설비)</td></tr>
<tr><td colspan="2">지중탱크</td><td>고정식 포소화설비, 이동식 이외의 불활성가스소화설비 또는 이동식 이외의 할로겐화합물소화설비</td></tr>
<tr><td colspan="2">해상탱크</td><td>고정식 포소화설비, 물분무소화설비, 이동식 이외의 불활성가스소화설비 또는 이동식 이외의 할로겐화합물소화설비</td></tr>
<tr><td rowspan="3">옥내탱크저장소</td><td colspan="2">유황만을 저장취급하는 것</td><td>물분무소화설비</td></tr>
<tr><td colspan="2">인화점 70℃ 이상의 제4류 위험물만을 저장취급하는 것</td><td>물분무소화설비, 고정식 포소화설비, 이동식 이외의 불활성가스소화설비, 이동식 이외의 할로겐화합물소화설비 또는 이동식 이외의 분말소화설비</td></tr>
<tr><td colspan="2">그 밖의 것</td><td>고정식 포소화설비, 이동식 이외의 불활성가스소화설비, 이동식 이외의 할로겐화합물소화설비 또는 이동식 이외의 분말소화설비</td></tr>
<tr><td colspan="3">옥외저장소 및 이송취급소</td><td>옥내소화전설비, 옥외소화전설비, 스프링클러설비 또는 물분무 등 소화설비(화재발생 시 연기가 충만할 우려가 있는 장소에는 스프링클러설비 또는 이동식 이외의 물분무 등 소화설비에 한한다)</td></tr>
<tr><td rowspan="3">암반탱크저장소</td><td colspan="2">유황만을 저장취급하는 것</td><td>물분무소화설비</td></tr>
<tr><td colspan="2">인화점 70℃ 이상의 제4류 위험물만을 저장취급하는 것</td><td>물분무소화설비 또는 고정식 포소화설비</td></tr>
<tr><td colspan="2">그 밖의 것</td><td>고정식 포소화설비(포소화설비가 적응성이 없는 경우에는 분말소화설비)</td></tr>
</table>

[비고]

ㄱ. 위 표 오른쪽란의 소화설비를 설치함에 있어서는 당해 소화설비의 방사범위가 당해 제조소, 일반취급소, 옥내저장소, 옥외탱크저장소, 옥내탱크저장소, 옥외저장소, 암반탱크저장소(암반탱크에 관계되는 부분을 제외한다) 또는 이송 취급소(이송기지 내에 한한다)의 건축물, 그 밖의 공작물 및 위험물을 포함하도록 하여야 한다. 다만, 고인화점위험물만을 100℃ 미만의 온도에서 취급하는 제조소 또는 일반취급소의 경우에는 당해 제조소 또는 일반취급소의 건축물 및 그 밖의 공작물만 포함하도록 할 수 있다.

ㄴ. 고인화점위험물만을 100℃ 미만의 온도에서 취급하는 제조소 또는 일반취급소의 위험물에 대해서는 대형수동식소화기 1개 이상과 당해 위험물의 소요단위에 해당하는 능력단위의 소형수동식소화기를 설치하여야 한다. 다만, 당해 제조소 또는 일반취급소에 옥내·외소화전설비, 스프링클러설비 또는 물분무 등 소화설비를 설치한 경우에는 당해 소화설비의 방사능력범위 내에는 대형수동식소화기를 설치하지 아니할 수 있다.

ㄷ. 가연성 증기 또는 가연성미분이 체류할 우려가 있는 건축물 또는 실내에는 대형수동식소화기 1개 이상과 당해 건축물, 그 밖의 공작물 및 위험물의 소요단위에 해당하는 능력단위의 소형수동식소화기 등을 추가로 설치하여야 한다.

ㄹ. 제4류 위험물을 저장 또는 취급하는 옥외탱크저장소 또는 옥내탱크저장소에는 소형수동식소화기 등을 2개 이상 설치하여야 한다.

ㅁ. 제조소, 옥내탱크저장소, 이송취급소, 또는 일반취급소의 작업공정상 소화설비의 방사능력범위 내에 당해 제조소 등에서 저장 또는 취급하는 위험물의 전부가 포함되지 아니하는 경우에는 당해 위험물에 대하여 대형수동식소화기 1개 이상과 당해 위험물의 소요단위에 해당하는 능력단위의 소형수동식소화기 등을 추가로 설치하여야 한다.

2. 소화난이도등급Ⅱ의 제조소 등 및 소화설비

가. 소화난이도등급Ⅱ에 해당하는 제조소 등

제조소 등의 구분	제조소 등의 규모, 저장 또는 취급하는 위험물의 품명 및 최대수량 등
제조소 일반취급소	연면적 $600m^2$ 이상인 것
	지정수량의 10배 이상인 것(고인화점위험물만을 100℃ 미만의 온도에서 취급하는 것 및 제48조의 위험물을 취급하는 것은 제외)
	별표 16 Ⅱ·Ⅲ·Ⅳ·Ⅴ·Ⅷ·Ⅸ·Ⅹ 또는 Ⅹ의2의 일반취급소로서 소화난이도등급Ⅰ의 제조소 등에 해당하지 아니하는 것(고인화점위험물만을 100℃ 미만의 온도에서 취급하는 것은 제외)
옥내저장소	단층건물 이외의 것
	별표 5 Ⅱ 또는 Ⅳ제1호의 옥내저장소
	지정수량의 10배 이상인 것(고인화점위험물만을 저장하는 것 및 제48조의 위험물을 저장하는 것은 제외)
	연면적 $150m^2$ 초과인 것
	별표 5 Ⅲ의 옥내저장소로서 소화난이도등급Ⅰ의 제조소 등에 해당하지 아니하는 것
옥외 탱크저장소 옥내 탱크저장소	소화난이도등급Ⅰ의 제조소 등 외의 것(고인화점위험물만을 100℃ 미만의 온도로 저장하는 것 및 제6류 위험물만을 저장하는 것은 제외)
옥외저장소	덩어리 상태의 유황을 저장하는 것으로서 경계표시 내부의 면적(2 이상의 경계표시가 있는 경우에는 각 경계표시의 내부의 면적을 합한 면적)이 $5m^2$ 이상 $100m^2$ 미만인 것
	별표 11 Ⅲ의 위험물을 저장하는 것으로서 지정수량의 10배 이상 100배 미만인 것
	지정수량의 100배 이상인 것(덩어리 상태의 유황 또는 고인화점위험물을 저장하는 것은 제외)
주유취급소	옥내주유취급소로서 소화난이도등급 Ⅰ의 제조소 등에 해당하지 아니하는 것
판매취급소	제2종 판매취급소

비고 : 제조소 등의 구분별로 오른쪽란에 정한 제조소 등의 규모, 저장 또는 취급하는 위험물의 수량 및 최대수량 등의 어느 하나에 해당하는 제조소 등은 소화난이도등급Ⅱ에 해당하는 것으로 한다.

나. 소화난이도등급Ⅱ의 제조소 등에 설치하여야 하는 소화설비

제조소 등의 구분	소화설비
제조소, 옥내저장소 옥외저장소, 주유취급소, 판매취급소, 일반취급소	방사능력범위 내에 당해 건축물, 그 밖의 공작물 및 위험물이 포함되도록 대형수동식소화기를 설치하고, 당해 위험물의 소요단위의 1/5 이상에 해당되는 능력단위의 소형수동식소화기 등을 설치할 것
옥외탱크저장소 옥내탱크저장소	대형수동식소화기 및 소형수동식소화기 등을 각각 1개 이상 설치할 것

[비고]

ㄱ. 옥내소화전설비, 옥외소화전설비, 스프링클러설비 또는 물분무 등 소화설비를 설치한 경우에는 당해 소화설비의 방사능력범위 내의 부분에 대해서는 대형수동식소화기를 설치하지 아니할 수 있다.

ㄴ. 소형수동식소화기 등이란 제4호의 규정에 의한 소형수동식소화기 또는 기타 소화설비를 말한다. 이하 같다.

3. 소화난이도등급Ⅲ의 제조소 등 및 소화설비

가. 소화난이도등급Ⅲ에 해당하는 제조소 등

제조소 등의 구분	제조소 등의 규모, 저장 또는 취급하는 위험물의 품명 및 최대수량 등
제조소 일반취급소	제48조의 위험물을 취급하는 것
	제48조의 위험물 외의 것을 취급하는 것으로서 소화난이도등급Ⅰ 또는 소화난이도등급Ⅱ의 제조소 등에 해당하지 아니하는 것
옥내저장소	제48조의 위험물을 취급하는 것
	제48조의 위험물 외의 것을 취급하는 것으로서 소화난이도등급Ⅰ 또는 소화난이도등급Ⅱ의 제조소 등에 해당하지 아니하는 것
지하 탱크저장소 간이 탱크저장소 이동 탱크저장소	모든 대상
옥외저장소	덩어리 상태의 유황을 저장하는 것으로서 경계표시 내부의 면적(2 이상의 경계표시가 있는 경우에는 각 경계표시의 내부의 면적을 합한 면적)이 $5m^2$ 미만인 것
	덩어리 상태의 유황외의 것을 저장하는 것으로서 소화난이도등급Ⅰ 또는 소화난이도등급Ⅱ의 제조소 등에 해당하지 아니하는 것
주유취급소	옥내주유취급소 외의 것으로서 소화난이도등급 Ⅰ의 제조소 등에 해당하지 아니하는 것
제1종 판매취급소	모든 대상

비고 : 제조소 등의 구분별로 오른쪽란에 정한 제조소 등의 규모, 저장 또는 취급하는 위험물의 수량 및 최대수량 등의 어느 하나에 해당하는 제조소 등은 소화난이도등급Ⅲ에 해당하는 것으로 한다.

나. 소화난이도등급Ⅲ의 제조소 등에 설치하여야 하는 소화설비

제조소 등의 구분	소화설비	설치기준	
지하 탱크저장소	소형 수동식 소화기 등	능력단위의 수치가 3 이상	2개 이상
이동 탱크저장소	자동차용 소화기	무상의 강화액 8L 이상	2개 이상
		이산화탄소 3.2킬로그램 이상	
		일브롬화일염화이플루오르화메탄(CF_2ClBr) 2L 이상	
		일브롬화삼플루오르화메탄(CF_3Br) 2L 이상	
		이브롬화사플루오르화에탄($C_2F_4Br_2$) 1L 이상	
		소화분말 3.3킬로그램 이상	
	마른 모래 및 팽창질석 또는 팽창진주암	마른모래 150L 이상	
		팽창질석 또는 팽창진주암 640L 이상	

그 밖의 제조소 등	소형 수동식 소화기 등	능력단위의 수치가 건축물 그 밖의 공작물 및 위험물의 소요단위의 수치에 이르도록 설치할 것. 다만, 옥내소화전설비, 옥외소화전설비, 스프링클러설비, 물분무 등 소화설비 또는 대형수동식소화기를 설치한 경우에는 당해 소화설비의 방사능력범위 내의 부분에 대하여는 수동식소화기 등을 그 능력단위의 수치가 당해 소요단위의 수치의 1/5 이상이 되도록 하는 것으로 족하다.

비고 : 알킬알루미늄 등을 저장 또는 취급하는 이동탱크저장소에 있어서는 자동차용소화기를 설치하는 외에 마른모래나 팽창질석 또는 팽창진주암을 추가로 설치하여야 한다.

4. 소화설비의 적응성

소화설비의 구분			대상물 구분											
			건축물·그 밖의 공작물	전기설비	제1류 위험물		제2류위험물			제3류 위험물		제4류 위험물	제5류 위험물	제6류 위험물
					알칼리금속과산화물 등	그 밖의 것	철분·금속분·마그네슘 등	인화성 고체	그 밖의 것	금수성 물품	그 밖의 것			
옥내소화전 또는 옥외소화전설비			○			○		○	○		○		○	○
스프링클러설비			○			○		○	○		○	△	○	○
물분무등소화설비	물분무소화설비		○	○		○		○	○		○	○	○	○
	포소화설비		○			○		○	○		○	○	○	○
	불활성가스소화설비			○				○				○		
	할로겐화합물소화설비			○				○				○		
	분말소화설비	인산염류 등	○	○		○		○	○			○		○
		탄산수소염류 등		○	○		○	○		○		○		
		그 밖의 것			○		○			○				
대형·소형 수동식 소화기	봉상수(棒狀水)소화기		○			○		○	○		○		○	○
	무상수(霧狀水)소화기		○	○		○		○	○		○		○	○
	봉상강화액소화기		○			○		○	○		○		○	○
	무상강화액소화기		○	○		○		○	○		○	○	○	○
	포소화기		○			○		○	○		○	○	○	○
	이산화탄소소화기			○				○				○		△
	할로겐화합물소화기			○				○				○		
	분말소화기	인산염류소화기	○	○		○		○	○			○		○
		탄산수소염류소화기		○	○		○	○		○		○		
		그 밖의 것			○		○			○				
기타	물통 또는 수조		○			○		○	○		○		○	○
	건조사				○	○	○	○	○	○	○	○	○	○
	팽창질석 또는 팽창진주암				○	○	○	○	○	○	○	○	○	○

[비고]

ㄱ. "○"표시는 당해 소방대상물 및 위험물에 대하여 소화설비가 적응성이 있음을 표시하고, "△"표시는 제4류 위험물을 저장 또는 취급하는 장소의 살수기준면적에 따라 스프링클러설비의 살수밀도가 다음 표에 정하는 기준 이상인 경우에는 당해 스프링클러설비가 제4류 위험물에 대하여 적응성이 있음을, 제6류 위험물을 저장 또는 취급하는 장소로서 폭발의 위험이 없는 장소에 한하여 이산화탄소소화기가 제6류 위험물에 대하여 적응성이 있음을 각각 표시한다.

살수기준면적(m^2)	방사밀도(L/m^2분)		비고
	인화점 38℃ 미만	인화점 38℃ 이상	
279 미만 279 이상 372 미만 372 이상 465 미만 465 이상	16.3 이상 15.5 이상 13.9 이상 12.2 이상	12.2 이상 11.8 이상 9.8 이상 8.1 이상	살수기준면적은 내화구조의 벽 및 바닥으로 구획된 하나의 실의 바닥면적을 말하고, 하나의 실의 바닥면적이 465m^2 이상인 경우의 살수기준면적은 465m^2로 한다. 다만, 위험물의 취급을 주된 작업내용으로 하지 아니하고 소량의 위험물을 취급하는 설비 또는 부분이 넓게 분산되어 있는 경우에는 방사밀도는 8.2L/m^2분 이상, 살수기준면적은 279m^2 이상으로 할 수 있다.

ㄴ. 인산염류 등은 인산염류, 황산염류 그 밖에 방염성이 있는 약제를 말한다.

ㄷ. 탄산수소염류 등은 탄산수소염류 및 탄산수소염류와 요소의 반응생성물을 말한다.

ㄹ. 알칼리금속과산화물 등은 알칼리금속의 과산화물 및 알칼리금속의 과산화물을 함유한 것을 말한다.

ㅁ. 철분·금속분·마그네슘 등은 철분·금속분·마그네슘과 철분·금속분 또는 마그네슘을 함유한 것을 말한다.

5. 소화설비의 설치기준

가. 전기설비의 소화설비

제조소 등에 전기설비(전기배선, 조명기구 등은 제외한다)가 설치된 경우에는 당해 장소의 면적 100m^2마다 소형수동식소화기를 1개 이상 설치할 것

나. 소요단위 및 능력단위

1) 소요단위 : 소화설비의 설치대상이 되는 건축물 그 밖의 공작물의 규모 또는 위험물의 양의 기준단위

2) 능력단위 : 1)의 소요단위에 대응하는 소화설비의 소화능력의 기준단위

다. 소요단위의 계산방법

건축물 그 밖의 공작물 또는 위험물의 소요단위의 계산방법은 다음의 기준에 의할 것

1) 제조소 또는 취급소의 건축물은 외벽이 내화구조인 것은 연면적(제조소 등의 용도로 사용되는 부분 외의 부분이 있는 건축물에 설치된 제조소 등에 있어서는 당해 건축물 중 제조소 등에 사용되는 부분의 바닥면적의 합계를 말한다. 이하 같다) 100m^2를 1소요단위로 하며, 외벽이 내화구조가 아닌 것은 연면적 50m^2를 1소요단위로 할 것

2) 저장소의 건축물은 외벽이 내화구조인 것은 연면적 150m^2를 1소요단위로 하고, 외벽이 내화구조가 아닌 것은 연면적 75m^2를 1소요단위로 할 것

3) 제조소 등의 옥외에 설치된 공작물은 외벽이 내화구조인 것으로 간주하고 공작물의 최대수평투영면적을 연면적으로 간주하여 1) 및 2)의 규정에 의하여 소요단위를 산정할 것

4) 위험물은 지정수량의 10배를 1소요단위로 할 것

라. 소화설비의 능력단위

1) 수동식소화기의 능력단위는 수동식소화기의 형식승인 및 검정기술기준에 의하여 형식승인받은 수치로 할 것

2) 기타 소화설비의 능력단위는 다음의 표에 의할 것

소화설비	용량	능력단위
소화전용(轉用)물통	8L	0.3
수조(소화전용물통 3개 포함)	80L	1.5
수조(소화전용물통 6개 포함)	190L	2.5
마른 모래(삽 1개 포함)	50L	0.5
팽창질석 또는 팽창진주암(삽 1개 포함)	160L	1.0

마. 옥내소화전설비의 설치기준은 다음의 기준에 의할 것

1) 옥내소화전은 제조소 등의 건축물의 층마다 당해 층의 각 부분에서 하나의 호스접속구까지의 수평거리가 25m 이하가 되도록 설치할 것. 이 경우 옥내소화전은 각 층의 출입구 부근에 1개 이상 설치하여야 한다.

2) 수원의 수량은 옥내소화전이 가장 많이 설치된 층의 옥내소화전 설치개수(설치개수가 5개 이상인 경우는 5개)에 $7.8m^3$를 곱한 양 이상이 되도록 설치할 것

3) 옥내소화전설비는 각 층을 기준으로 하여 당해 층의 모든 옥내소화전(설치개수가 5개 이상인 경우는 5개의 옥내소화전)을 동시에 사용할 경우에 각 노즐선단의 방수압력이 350kPa 이상이고 방수량이 1분당 260L 이상의 성능이 되도록 할 것

4) 옥내소화전설비에는 비상전원을 설치할 것

바. 옥외소화전설비의 설치기준은 다음의 기준에 의할 것

1) 옥외소화전은 방호대상물(당해 소화설비에 의하여 소화하여야 할 제조소 등의 건축물, 그 밖의 공작물 및 위험물을 말한다. 이하 같다)의 각 부분(건축물의 경우에는 당해 건축물의 1층 및 2층의 부분에 한한다)에서 하나의 호스접속구까지의 수평거리가 40m 이하가 되도록 설치할 것. 이 경우 그 설치개수가 1개일 때는 2개로 하여야 한다.

2) 수원의 수량은 옥외소화전의 설치개수(설치개수가 4개 이상인 경우는 4개의 옥외소화전)에 $13.5m^3$를 곱한 양 이상이 되도록 설치할 것

3) 옥외소화전설비는 모든 옥외소화전(설치개수가 4개 이상인 경우는 4개의 옥외소화전)을 동시에 사용할 경우에 각 노즐선단의 방수압력이 350kPa 이상이고, 방수량이 1분당 450L 이상의 성능이 되도록 할 것

4) 옥외소화전설비에는 비상전원을 설치할 것

사. 스프링클러설비의 설치기준은 다음의 기준에 의할 것

1) 스프링클러헤드는 방호대상물의 천장 또는 건축물의 최상부 부근(천장이 설치되지 아니한 경우)에 설치하되, 방호대상물의 각 부분에서 하나의 스프링클러헤드까지의 수평거리가 1.7m(제4호 비고 제1호의 표에 정한 살수밀도의 기준을 충족하는 경우에는 2.6m) 이하가 되도록 설치할 것

2) 개방형 스프링클러헤드를 이용한 스프링클러설비의 방사구역(하나의 일제개방밸브에 의하여 동시에 방사되는 구역을 말한다. 이하 같다)은 150m^2 이상(방호대상물의 바닥면적이 150m^2 미만인 경우에는 당해 바닥면적)으로 할 것

3) 수원의 수량은 폐쇄형 스프링클러헤드를 사용하는 것은 30(헤드의 설치개수가 30 미만인 방호대상물인 경우에는 당해 설치개수), 개방형 스프링클러헤드를 사용하는 것은 스프링클러헤드가 가장 많이 설치된 방사구역의 스프링클러헤드 설치개수에 2.4m^{3}를 곱한 양 이상이 되도록 설치할 것

4) 스프링클러설비는 3)의 규정에 의한 개수의 스프링클러헤드를 동시에 사용할 경우에 각 선단의 방사압력이 100kPa(제4호 비고 제1호의 표에 정한 살수밀도의 기준을 충족하는 경우에는 50kPa) 이상이고, 방수량이 1분당 80L(제4호 비고 제1호의 표에 정한 살수밀도의 기준을 충족하는 경우에는 56L) 이상의 성능이 되도록 할 것

5) 스프링클러설비에는 비상전원을 설치할 것

아. 물분무소화설비의 설치기준은 다음의 기준에 의할 것

1) 분무헤드의 개수 및 배치는 다음 각 목에 의할 것

가) 분무헤드로부터 방사되는 물분무에 의하여 방호대상물의 모든 표면을 유효하게 소화할 수 있도록 설치할 것

나) 방호대상물의 표면적(건축물에 있어서는 바닥면적. 이하 이 목에서 같다) 1m^{2}당 3)의 규정에 의한 양의 비율로 계산한 수량을 표준방사량(당해 소화설비의 헤드의 설계압력에 의한 방사량을 말한다. 이하 같다)으로 방사할 수 있도록 설치할 것

2) 물분무소화설비의 방사구역은 150m^2 이상(방호대상물의 표면적이 150m^2 미만인 경우에는 당해 표면적)으로 할 것

3) 수원의 수량은 분무헤드가 가장 많이 설치된 방사구역의 모든 분무헤드를 동시에 사용할 경우에 당해 방사구역의 표면적 1m^{2}당 1분당 20L의 비율로 계산한 양으로 30분간 방사할 수 있는 양 이상이 되도록 설치할 것

4) 물분무소화설비는 3)의 규정에 의한 분무헤드를 동시에 사용할 경우에 각 선단의 방사압력이 350kPa 이상으로 표준방사량을 방사할 수 있는 성능이 되도록 할 것

5) 물분무소화설비에는 비상전원을 설치할 것

자. 포소화설비의 설치기준은 다음의 기준에 의할 것

1) 고정식 포소화설비의 포방출구 등은 방호대상물의 형상, 구조, 성질, 수량 또는 취급방법에 따라 표준방사량으로 당해 방호대상물의 화재를 유효하게 소화할 수 있도록 필요한 개수를 적당한 위치에 설치할 것
2) 이동식 포소화설비(포소화전 등 고정된 포수용액 공급장치로부터 호스를 통하여 포수용액을 공급받아 이동식 노즐에 의하여 방사하도록 된 소화설비를 말한다. 이하 같다)의 포소화전은 옥내에 설치하는 것은 마목1), 옥외에 설치하는 것은 바목1)의 규정을 준용할 것
3) 수원의 수량 및 포소화약제의 저장량은 방호대상물의 화재를 유효하게 소화할 수 있는 양 이상이 되도록 할 것
4) 포소화설비에는 비상전원을 설치할 것

차. 불활성가스소화설비의 설치기준은 다음의 기준에 의할 것

1) 전역방출방식 불활성가스소화설비의 분사헤드는 불연재료의 벽·기둥·바닥·보 및 지붕(천장이 있는 경우에는 천장)으로 구획되고 개구부에 자동폐쇄장치(갑종방화문, 을종방화문 또는 불연재료의 문으로 이산화탄소소화약제가 방사되기 직전에 개구부를 자동적으로 폐쇄하는 장치를 말한다)가 설치되어 있는 부분(이하 "방호구역"이라 한다)에 해당 부분의 용적 및 방호대상물의 성질에 따라 표준방사량으로 방호대상물의 화재를 유효하게 소화할 수 있도록 필요한 개수를 적당한 위치에 설치할 것. 다만, 해당 부분에서 외부로 누설되는 양 이상의 불활성가스소화약제를 유효하게 추가하여 방출할 수 있는 설비가 있는 경우는 해당 개구부의 자동폐쇄장치를 설치하지 아니할 수 있다.
2) 국소방출방식 불활성가스소화설비의 분사헤드는 방호대상물의 형상, 구조, 성질, 수량 또는 취급방법에 따라 방호대상물에 이산화탄소소화약제를 직접 방사하여 표준방사량으로 방호대상물의 화재를 유효하게 소화할 수 있도록 필요한 개수를 적당한 위치에 설치할 것
3) 이동식 불활성가스소화설비(고정된 이산화탄소소화약제 공급장치로부터 호스를 통하여 이산화탄소소화약제를 공급받아 이동식 노즐에 의하여 방사하도록 된 소화설비를 말한다. 이하 같다)의 호스접속구는 모든 방호대상물에 대하여 당해 방호 대상물의 각 부분으로부터 하나의 호스접속구까지의 수평거리가 15m 이하가 되도록 설치할 것
4) 불활성 가스소화약제용기에 저장하는 불활성가스소화약제의 양은 방호대상물의 화재를 유효하게 소화할 수 있는 양 이상이 되도록 할 것
5) 전역방출방식 또는 국소방출방식의 불활성가스소화설비에는 비상전원을 설치할 것

카. 할로겐화합물소화설비의 설치기준은 차목의 불활성가스소화설비의 기준을 준용할 것
타. 분말소화설비의 설치기준은 차목의 불활성가스소화설비의 기준을 준용할 것
파. 대형수동식소화기의 설치기준은 방호대상물의 각 부분으로부터 하나의 대형수동식소화기까지의 보행거리가 30m 이하가 되도록 설치할 것. 다만, 옥내소화전설비, 옥외소화전설비, 스프링클러설비 또는 물분무 등 소화설비와 함께 설치하는 경우에는 그러하지 아니하다.
하. 소형 수동식 소화기 등의 설치기준은 소형수동식소화기 또는 그 밖의 소화설비는 지하탱크저장소, 간이탱크저장소, 이동탱크저장소, 주유취급소 또는 판매취급소에서는 유효하게 소화할 수 있는 위치에 설치하여야 하며, 그 밖의 제조소 등에서는 방호대상물의 각 부분으로부터 하나의 소형 수동식 소화기까지의 보행거리가 20m 이하가 되도록 설치할 것. 다만, 옥내소화전설비, 옥외소화전설비, 스프링클러설비, 물분무 등 소화설비 또는 대형 수동식 소화기와 함께 설치하는 경우에는 그러하지 아니하다.

Ⅱ. 경보설비

1. 제조소 등별로 설치하여야 하는 경보설비의 종류

제조소 등의 구분	제조소 등의 규모, 저장 또는 취급하는 위험물의 종류 및 최대수량 등	경보설비
가. 제조소 및 일반취급소	• 연면적 500m² 이상인 것 • 옥내에서 지정수량의 100배 이상을 취급하는 것(고인화점 위험물만을 100℃ 미만의 온도에서 취급하는 것을 제외한다) • 일반취급소로 사용되는 부분 외의 부분이 있는 건축물에 설치된 일반취급소(일반취급소와 일반취급소 외의 부분이 내화구조의 바닥 또는 벽으로 개구부 없이 구획된 것은 제외한다)	자동화재탐지설비
나. 옥내저장소	• 지정수량의 100배 이상을 저장 또는 취급하는 것(고인화점위험물만을 저장 또는 취급하는 것은 제외한다) • 저장창고의 연면적이 150m²를 초과하는 것[연면적 150m² 이내마다 불연재료의 격벽으로 개구부 없이 완전히 구획된 저장창고와 제2류 위험물(인화성고체는 제외한다) 또는 제4류 위험물(인화점이 70℃ 미만인 것은 제외한다)만을 저장 또는 취급하는 저장창고는 그 연면적이 500m² 이상인 것을 말한다] • 처마높이가 6m 이상인 단층건물의 것 • 옥내저장소로 사용되는 부분 외의 부분이 있는 건축물에 설치된 옥내저장소[옥내저장소와 옥내저장소 외의 부분이 내화구조의 바닥 또는 벽으로 개구부 없이 구획된 것과 제2류(인화성고체는 제외한다) 또는 제4류의 위험물(인화점이 70℃ 미만인 것은 제외한다)만을 저장 또는 취급하는 것은 제외한다]	자동화재탐지설비
다. 옥내탱크저장소	단층 건물 외의 건축물에 설치된 옥내탱크저장소로서 제41조제2항에 따른 소화난이도등급 Ⅰ에 해당하는 것	자동화재탐지설비

라. 주유취급소	옥내주유취급소	자동화재탐지설비
마. 옥외탱크저장소	특수인화물, 제1석유류 및 알코올류를 저장 또는 취급하는 탱크의 용량이 1,000만L 이상인 것	자동화재탐지설비, 자동화재속보설비
바. 가목부터 마목까지의 규정에 따른 자동화재탐지설비 설치 대상 제조소 등에 해당하지 않는 제조소 등(이송취급소는 제외한다)	지정수량의 10배 이상을 저장 또는 취급하는 것	자동화재탐지설비, 비상경보설비, 확성장치 또는 비상방송설비 중 1종 이상

비고 : 이송취급소의 설치하는 경보설비는 별표 15 Ⅳ제14호에 따른다.

2. 자동화재탐지설비의 설치기준
   가. 자동화재탐지설비의 경계구역(화재가 발생한 구역을 다른 구역과 구분하여 식별할 수 있는 최소단위의 구역을 말한다. 이하 이 호 및 제2호에서 같다)은 건축물 그 밖의 공작물의 2 이상의 층에 걸치지 아니하도록 할 것. 다만, 하나의 경계구역의 면적이 500m^2 이하이면서 당해 경계구역이 두 개의 층에 걸치는 경우이거나 계단·경사로·승강기의 승강로 그 밖에 이와 유사한 장소에 연기감지기를 설치하는 경우에는 그러하지 아니하다.
   나. 하나의 경계구역의 면적은 600m^2 이하로 하고 그 한 변의 길이는 50m(광전식분리형 감지기를 설치할 경우에는 100m) 이하로 할 것. 다만, 당해 건축물 그 밖의 공작물의 주요한 출입구에서 그 내부의 전체를 볼 수 있는 경우에 있어서는 그 면적을 1,000m^2 이하로 할 수 있다.
   다. 자동화재탐지설비의 감지기(옥외탱크저장소에 설치하는 자동화재탐지설비의 감지기는 제외한다)는 지붕(상층이 있는 경우에는 상층의 바닥) 또는 벽의 옥내에 면한 부분(천장이 있는 경우에는 천장 또는 벽의 옥내에 면한 부분 및 천장의 뒷부분)에 유효하게 화재의 발생을 감지할 수 있도록 설치할 것
   라. 옥외탱크저장소에 설치하는 자동화재탐지설비의 감지기 설치기준
      1) 불꽃감지기를 설치할 것. 다만, 불꽃을 감지하는 기능이 있는 지능형 폐쇄회로텔레비전(CCTV)을 설치한 경우 불꽃감지기를 설치한 것으로 본다.
      2) 옥외저장탱크 외측과 별표 6 Ⅱ에 따른 보유공지 내에서 발생하는 화재를 유효하게 감지할 수 있는 위치에 설치할 것
      3) 지지대를 설치하고 그 곳에 감지기를 설치하는 경우 지지대는 벼락에 영향을 받지 않도록 설치할 것

마. 자동화재탐지설비에는 비상전원을 설치할 것

바. 옥외탱크저장소가 다음의 어느 하나에 해당하는 경우에는 자동화재탐지설비를 설치하지 않을 수 있다.

1) 옥외탱크저장소의 방유제(防油堤)와 옥외저장탱크 사이의 지표면을 불연성 및 불침윤성(수분에 젖지 않는 성질)이 있는 철근콘크리트 구조 등으로 한 경우

2) 「화학물질관리법 시행규칙」 별표 5 제6호의 화학물질안전원장이 정하는 고시에 따라 가스감지기를 설치한 경우

3. 옥외탱크저장소가 다음 각 목의 어느 하나에 해당하는 경우에는 자동화재속보설비를 설치하지 않을 수 있다.

가. 제2호바목1) 또는 2)에 해당하는 경우

나. 법 제19조에 따른 자체소방대를 설치한 경우

다. 안전관리자가 해당 사업소에 24시간 상주하는 경우

Ⅲ. 피난설비

1. 주유취급소 중 건축물의 2층 이상의 부분을 점포·휴게음식점 또는 전시장의 용도로 사용하는 것에 있어서는 당해 건축물의 2층 이상으로부터 주유취급소의 부지 밖으로 통하는 출입구와 당해 출입구로 통하는 통로·계단 및 출입구에 유도등을 설치하여야 한다.
2. 옥내주유취급소에 있어서는 당해 사무소 등의 출입구 및 피난구와 당해 피난구로 통하는 통로·계단 및 출입구에 유도 등을 설치하여야 한다.
3. 유도등에는 비상전원을 설치하여야 한다.

[별표 18] 〈개정 2017. 7. 26.〉

제조소등에서의 위험물의 저장 및 취급에 관한 기준(제49조 관련)

Ⅰ. 저장・취급의 공통기준

1. 제조소 등에서 법 제6조 제1항의 규정에 의한 허가 및 법 제6조 제2항의 규정에 의한 신고와 관련되는 품명 외의 위험물 또는 이러한 허가 및 신고와 관련되는 수량 또는 지정수량의 배수를 초과하는 위험물을 저장 또는 취급하지 아니하여야 한다(중요기준).
2. 삭제 〈2009.3.17.〉
3. 삭제 〈2009.3.17.〉
4. 삭제 〈2009.3.17.〉
5. 삭제 〈2009.3.17.〉
6. 삭제 〈2009.3.17.〉
7. 위험물을 저장 또는 취급하는 건축물 그 밖의 공작물 또는 설비는 당해 위험물의 성질에 따라 차광 또는 환기를 실시하여야 한다.
8. 위험물은 온도계, 습도계, 압력계 그 밖의 계기를 감시하여 당해 위험물의 성질에 맞는 적정한 온도, 습도 또는 압력을 유지하도록 저장 또는 취급하여야 한다.
9. 삭제 〈2009.3.17.〉
10. 위험물을 저장 또는 취급하는 경우에는 위험물의 변질, 이물의 혼입 등에 의하여 당해 위험물의 위험성이 증대되지 아니하도록 필요한 조치를 강구하여야 한다.
11. 위험물이 남아 있거나 남아 있을 우려가 있는 설비, 기계・기구, 용기 등을 수리하는 경우에는 안전한 장소에서 위험물을 완전하게 제거한 후에 실시하여야 한다.
12. 위험물을 용기에 수납하여 저장 또는 취급할 때에는 그 용기는 당해 위험물의 성질에 적응하고 파손・부식・균열 등이 없는 것으로 하여야 한다.
13. 삭제 〈2009.3.17.〉
14. 가연성의 액체・증기 또는 가스가 새거나 체류할 우려가 있는 장소 또는 가연성의 미분이 현저하게 부유할 우려가 있는 장소에서는 전선과 전기기구를 완전히 접속하고 불꽃을 발하는 기계・기구・공구・신발 등을 사용하지 아니하여야 한다.
15. 위험물을 보호액 중에 보존하는 경우에는 당해 위험물이 보호액으로부터 노출되지 아니하도록 하여야 한다.

Ⅱ. 위험물의 유별 저장 · 취급의 공통기준(중요기준)

1. 제1류 위험물은 가연물과의 접촉 · 혼합이나 분해를 촉진하는 물품과의 접근 또는 과열 · 충격 · 마찰 등을 피하는 한편, 알칼리금속의 과산화물 및 이를 함유한 것에 있어서는 물과의 접촉을 피하여야 한다.
2. 제2류 위험물은 산화제와의 접촉 · 혼합이나 불티 · 불꽃 · 고온체와의 접근 또는 과열을 피하는 한편, 철분 · 금속분 · 마그네슘 및 이를 함유한 것에 있어서는 물이나 산과의 접촉을 피하고 인화성 고체에 있어서는 함부로 증기를 발생시키지 아니하여야 한다.
3. 제3류 위험물 중 자연발화성 물질에 있어서는 불티 · 불꽃 또는 고온체와의 접근 · 과열 또는 공기와의 접촉을 피하고, 금수성 물질에 있어서는 물과의 접촉을 피하여야 한다.
4. 제4류 위험물은 불티 · 불꽃 · 고온체와의 접근 또는 과열을 피하고, 함부로 증기를 발생시키지 아니하여야 한다.
5. 제5류 위험물은 불티 · 불꽃 · 고온체와의 접근이나 과열 · 충격 또는 마찰을 피하여야 한다.
6. 제6류 위험물은 가연물과의 접촉 · 혼합이나 분해를 촉진하는 물품과의 접근 또는 과열을 피하여야 한다.
7. 제1호 내지 제6호의 기준은 위험물을 저장 또는 취급함에 있어서 당해 각 호의 기준에 의하지 아니하는 것이 통상인 경우는 당해 각 호를 적용하지 아니한다. 이 경우 당해 저장 또는 취급에 대하여는 재해의 발생을 방지하기 위한 충분한 조치를 강구하여야 한다.

Ⅲ. 저장의 기준

1. 저장소에는 위험물 외의 물품을 저장하지 아니하여야 한다. 다만, 다음 각 목의 1에 해당하는 경우에는 그러하지 아니하다(중요기준).
   가. 옥내저장소 또는 옥외저장소에서 다음의 규정에 의한 위험물과 위험물이 아닌 물품을 함께 저장하는 경우. 이 경우 위험물과 위험물이 아닌 물품은 각각 모아서 저장하고 상호간에는 1m 이상의 간격을 두어야 한다.
      1) 위험물(제2류 위험물 중 인화성 고체와 제4류 위험물을 제외한다)과 영 별표 1에서 당해 위험물이 속하는 품명란에 정한 물품(동표 제1류의 품명란 제11호, 제2류의 품명란 제8호, 제3류의 품명란 제12호, 제5류의 품명란 제11호 및 제6류의 품명란 제5호의 규정에 의한 물품을 제외한다)을 주성분으로 함유한 것으로서 위험물에 해당하지 아니하는 물품
      2) 제2류 위험물 중 인화성 고체와 위험물에 해당하지 아니하는 고체 또는 액체로서 인화점을 갖는 것 또는 합성 수지류(「소방기본법 시행령」 별표 2 비고 제8호의 합성수지류를 말한다)(이하 Ⅲ에서 "합성수지류 등"이라 한다) 또는 이들 중 어느 하나 이상을 주성분으로 함유한 것으로서 위험물에 해당하지 아니하는 물품

3) 제4류 위험물과 합성수지류 등 또는 영 별표 1의 제4류의 품명란에 정한 물품을 주성분으로 함유한 것으로서 위험물에 해당하지 아니하는 물품
4) 제4류 위험물 중 유기과산화물 또는 이를 함유한 것과 유기과산화물 또는 유기과산화물만을 함유한 것으로서 위험물에 해당하지 아니하는 물품
5) 제48조의 규정에 의한 위험물과 위험물에 해당하지 아니하는 화약류(「총포・도검・화약류 등 단속법」에 의한 화약류에 해당하는 것을 말한다)
6) 위험물과 위험물에 해당하지 아니하는 불연성의 물품(저장하는 위험물 및 위험물 외의 물품과 위험한 반응을 일으키지 아니하는 것에 한한다)

나. 옥외탱크저장소・옥내탱크저장소・지하탱크저장소 또는 이동탱크저장소(이하 이 목에서 "옥외탱크저장소 등"이라 한다)에서 당해 옥외탱크저장소 등의 구조 및 설비에 나쁜 영향을 주지 아니하면서 다음에서 정하는 위험물이 아닌 물품을 저장하는 경우
1) 제4류 위험물을 저장 또는 취급하는 옥외탱크저장소 등 : 합성수지류 등 또는 영 별표 1의 제4류의 품명란에 정한 물품을 주성분으로 함유한 것으로서 위험물에 해당하지 아니하는 물품 또는 위험물에 해당하지 아니하는 불연성 물품(저장 또는 취급하는 위험물 및 위험물외의 물품과 위험한 반응을 일으키지 아니하는 것에 한한다)
2) 제6류 위험물을 저장 또는 취급하는 옥외탱크저장소 등 : 영 별표 1의 제6류의 품명란에 정한 물품(동표 제6류의 품명란 제5호의 규정에 의한 물품을 제외한다)을 주성분으로 함유한 것으로서 위험물에 해당하지 아니하는 물품 또는 위험물에 해당하지 아니하는 불연성 물품(저장 또는 취급하는 위험물 및 위험물 외의 물품과 위험한 반응을 일으키지 아니하는 것에 한한다)

2. 영 별표 1의 유별을 달리하는 위험물은 동일한 저장소(내화구조의 격벽으로 완전히 구획된 실이 2 이상 있는 저장소에 있어서는 동일한 실. 이하 제3호에서 같다)에 저장하지 아니하여야 한다. 다만, 옥내저장소 또는 옥외저장소에 있어서 다음의 각 목의 규정에 의한 위험물을 저장하는 경우로서 위험물을 유별로 정리하여 저장하는 한편, 서로 1m 이상의 간격을 두는 경우에는 그러하지 아니하다(중요기준).

가. 제1류 위험물(알칼리금속의 과산화물 또는 이를 함유한 것을 제외한다)과 제5류 위험물을 저장하는 경우
나. 제1류 위험물과 제6류 위험물을 저장하는 경우
다. 제1류 위험물과 제3류 위험물 중 자연발화성 물질(황린 또는 이를 함유한 것에 한한다)을 저장하는 경우
라. 제2류 위험물 중 인화성 고체와 제4류 위험물을 저장하는 경우
마. 제3류 위험물 중 알킬알루미늄 등과 제4류 위험물(알킬알루미늄 또는 알킬리튬을 함유한 것에 한한다)을 저장하는 경우

바. 제4류 위험물 중 유기과산화물 또는 이를 함유하는 것과 제5류 위험물 중 유기과산화물 또는 이를 함유한 것을 저장하는 경우

3. 제3류 위험물 중 황린 그 밖에 물속에 저장하는 물품과 금수성 물질은 동일한 저장소에서 저장하지 아니하여야 한다(중요기준).
4. 옥내저장소에 있어서 위험물은 V의 규정에 의한 바에 따라 용기에 수납하여 저장하여야 한다. 다만, 덩어리상태의 유황과 제48조의 규정에 의한 위험물에 있어서는 그러하지 아니하다.
5. 옥내저장소에서 동일 품명의 위험물이더라도 자연발화할 우려가 있는 위험물 또는 재해가 현저하게 증대할 우려가 있는 위험물을 다량 저장하는 경우에는 지정수량의 10배 이하마다 구분하여 상호간 0.3m 이상의 간격을 두어 저장하여야 한다. 다만, 제48조의 규정에 의한 위험물 또는 기계에 의하여 하역하는 구조로 된 용기에 수납한 위험물에 있어서는 그러하지 아니하다(중요기준).
6. 옥내저장소에서 위험물을 저장하는 경우에는 다음 각 목의 규정에 의한 높이를 초과하여 용기를 겹쳐 쌓지 아니하여야 한다.
   가. 기계에 의하여 하역하는 구조로 된 용기만을 겹쳐 쌓는 경우에 있어서는 6m
   나. 제4류 위험물 중 제3석유류, 제4석유류 및 동식물유류를 수납하는 용기만을 겹쳐 쌓는 경우에 있어서는 4m
   다. 그 밖의 경우에 있어서는 3m
7. 옥내저장소에서는 용기에 수납하여 저장하는 위험물의 온도가 55℃를 넘지 아니하도록 필요한 조치를 강구하여야 한다(중요기준).
8. 삭제 〈2009.3.17.〉
9. 옥외저장탱크・옥내저장탱크 또는 지하저장탱크의 주된 밸브(액체의 위험물을 이송하기 위한 배관에 설치된 밸브 중 탱크의 바로 옆에 있는 것을 말한다) 및 주입구의 밸브 또는 뚜껑은 위험물을 넣거나 빼낼 때 외에는 폐쇄하여야 한다.
10. 옥외저장탱크의 주위에 방유제가 있는 경우에는 그 배수구를 평상시 폐쇄하여 두고, 당해 방유제의 내부에 유류 또는 물이 괴었을 때에는 지체 없이 이를 배출하여야 한다.
11. 이동저장탱크에는 당해 탱크에 저장 또는 취급하는 위험물의 위험성을 알리는 표지를 부착하고 잘 보일 수 있도록 관리하여야 한다.
12. 이동저장탱크 및 그 안전장치와 그 밖의 부속배관은 균열, 결합불량, 극단적인 변형, 주입호스의 손상 등에 의한 위험물의 누설이 일어나지 아니하도록 하고, 당해 탱크의 배출밸브는 사용 시 외에는 완전하게 폐쇄하여야 한다.
13. 피견인자동차에 고정된 이동저장탱크에 위험물을 저장할 때에는 당해 피견인자동차에 견인자동차를 결합한 상태로 두어야 한다. 다만, 다음 각 목의 기준에 따라 피견인자동차를 철도・궤도상의 차량(이하 이 호에서 "차량"이라 한다)에 싣거나 차량으로부터 내리는 경우에는 그러하지 아니하다.

가. 피견인자동차를 싣는 작업은 화재예방상 안전한 장소에서 실시하고, 화재가 발생하였을 경우에 그 피해의 확대를 방지할 수 있도록 필요한 조치를 강구할 것

나. 피견인자동차를 실을 때에는 이동저장탱크에 변형 또는 손상을 주지 아니하도록 필요한 조치를 강구할 것

다. 피견인자동차를 차량에 싣는 것은 견인자동차를 분리한 즉시 실시하고, 피견인자동차를 차량으로부터 내렸을 때에는 즉시 당해 피견인자동차를 견인자동차에 결합할 것

14. 컨테이너식 이동탱크저장소 외의 이동탱크저장소에 있어서는 위험물을 저장한 상태로 이동저장탱크를 옮겨 싣지 아니하여야 한다(중요기준).

15. 이동탱크저장소에는 당해 이동탱크저장소의 완공검사필증 및 정기점검기록을 비치하여야 한다.

16. 알킬알루미늄 등을 저장 또는 취급하는 이동탱크저장소에는 긴급 시의 연락처, 응급조치에 관하여 필요한 사항을 기재한 서류, 방호복, 고무장갑, 밸브 등을 죄는 결합공구 및 휴대용 확성기를 비치하여야 한다.

17. 옥외저장소(제20호의 규정에 의한 경우를 제외한다)에 있어서 위험물은 V에 정하는 바에 따라 용기에 수납하여 저장하여야 한다.

18. 옥외저장소에서 위험물을 저장하는 경우에 있어서는 제6호 각 목의 규정에 의한 높이를 초과하여 용기를 겹쳐 쌓지 아니하여야 한다.

19. 옥외저장소에서 위험물을 수납한 용기를 선반에 저장하는 경우에는 6m를 초과하여 저장하지 아니하여야 한다.

20. 유황을 용기에 수납하지 아니하고 저장하는 옥외저장소에서는 유황을 경계표시의 높이 이하로 저장하고, 유황이 넘치거나 비산하는 것을 방지할 수 있도록 경계표시 내부의 전체를 난연성 또는 불연성의 천막 등으로 덮고 당해 천막 등을 경계표시에 고정하여야 한다.

21. 알킬알루미늄 등, 아세트알데히드 등 및 디에틸에테르 등(디에틸에테르 또는 이를 함유한 것을 말한다. 이하 같다)의 저장기준은 제1호 내지 제20호의 규정에 의하는 외에 다음 각 목과 같다(중요기준).

가. 옥외저장탱크 또는 옥내저장탱크 중 압력탱크(최대상용압력이 대기압을 초과하는 탱크를 말한다. 이하 이 호에서 같다)에 있어서는 알킬알루미늄 등의 취출에 의하여 당해 탱크 내의 압력이 상용압력 이하로 저하하지 아니하도록, 압력탱크 외의 탱크에 있어서는 알킬알루미늄 등의 취출이나 온도의 저하에 의한 공기의 혼입을 방지할 수 있도록 불활성의 기체를 봉입할 것

나. 옥외저장탱크・옥내저장탱크 또는 이동저장탱크에 새롭게 알킬알루미늄 등을 주입하는 때에는 미리 당해 탱크 안의 공기를 불활성 기체와 치환하여 둘 것

다. 이동저장탱크에 알킬알루미늄 등을 저장하는 경우에는 20kPa 이하의 압력으로 불활성의 기체를 봉입하여 둘 것

라. 옥외저장탱크·옥내저장탱크 또는 지하저장탱크 중 압력탱크에 있어서는 아세트알데히드 등의 취출에 의하여 당해 탱크 내의 압력이 상용압력 이하로 저하하지 아니하도록, 압력탱크 외의 탱크에 있어서는 아세트알데히드 등의 취출이나 온도의 저하에 의한 공기의 혼입을 방지할 수 있도록 불활성 기체를 봉입할 것

마. 옥외저장탱크·옥내저장탱크·지하저장탱크 또는 이동저장탱크에 새롭게 아세트알데히드 등을 주입하는 때에는 미리 당해 탱크 안의 공기를 불활성 기체와 치환하여 둘 것

바. 이동저장탱크에 아세트알데히드 등을 저장하는 경우에는 항상 불활성의 기체를 봉입하여 둘 것

사. 옥외저장탱크·옥내저장탱크 또는 지하저장탱크 중 압력탱크 외의 탱크에 저장하는 디에틸에테르 등 또는 아세트알데히드 등의 온도는 산화프로필렌과 이를 함유한 것 또는 디에틸에테르 등에 있어서는 30℃ 이하로, 아세트알데히드 또는 이를 함유한 것에 있어서는 15℃ 이하로 각각 유지할 것

아. 옥외저장탱크·옥내저장탱크 또는 지하저장탱크 중 압력탱크에 저장하는 아세트알데히드 등 또는 디에틸에테르 등의 온도는 40℃ 이하로 유지할 것

자. 보냉장치가 있는 이동저장탱크에 저장하는 아세트알데히드 등 또는 디에틸에테르 등의 온도는 당해 위험물의 비점 이하로 유지할 것

차. 보냉장치가 없는 이동저장탱크에 저장하는 아세트알데히드 등 또는 디에틸에테르 등의 온도는 40℃ 이하로 유지할 것

Ⅳ. 취급의 기준

1. 위험물의 취급 중 제조에 관한 기준은 다음 각 목과 같다(중요기준).

가. 증류공정에 있어서는 위험물을 취급하는 설비의 내부압력의 변동 등에 의하여 액체 또는 증기가 새지 아니하도록 할 것

나. 추출공정에 있어서는 추출관의 내부압력이 비정상으로 상승하지 아니하도록 할 것

다. 건조공정에 있어서는 위험물의 온도가 국부적으로 상승하지 아니하는 방법으로 가열 또는 건조할 것

라. 분쇄공정에 있어서는 위험물의 분말이 현저하게 부유하고 있거나 위험물의 분말이 현저하게 기계·기구 등에 부착하고 있는 상태로 그 기계·기구를 취급하지 아니할 것

2. 위험물의 취급 중 용기에 옮겨 담는 데 대한 기준은 다음 각 목과 같다.

가. 위험물을 용기에 옮겨 담는 경우에는 Ⅴ에 정하는 바에 따라 수납할 것

나. 삭제 〈2009.3.17.〉

3. 위험물의 취급 중 소비에 관한 기준은 다음 각 목과 같다(중요기준).
   가. 분사도장작업은 방화상 유효한 격벽 등으로 구획된 안전한 장소에서 실시할 것
   나. 담금질 또는 열처리작업은 위험물이 위험한 온도에 이르지 아니하도록 하여 실시할 것
   다. 삭제 〈2009.3.17.〉
   라. 버너를 사용하는 경우에는 버너의 역화를 방지하고 위험물이 넘치지 아니하도록 할 것
4. 삭제 〈2009.3.17.〉
5. 주유취급소·판매취급소·이송취급소 또는 이동탱크저장소에서의 위험물의 취급기준은 다음 각 목과 같다.
   가. 주유취급소(항공기주유취급소·선박주유취급소 및 철도주유취급소를 제외한다)에서의 취급기준
      1) 자동차 등에 주유할 때에는 고정주유설비를 사용하여 직접 주유할 것(중요기준)
      2) 자동차 등에 인화점 40℃ 미만의 위험물을 주유할 때에는 자동차 등의 원동기를 정지시킬 것. 다만, 연료탱크에 위험물을 주유하는 동안 방출되는 가연성 증기를 회수하는 설비가 부착된 고정주유설비에 의하여 주유하는 경우에는 그러하지 아니하다.
      3) 이동저장탱크에 급유할 때에는 고정급유설비를 사용하여 직접 급유할 것
      4) 삭제 〈2009.3.17.〉
      5) 삭제 〈2009.3.17.〉
      6) 고정주유설비 또는 고정급유설비에 접속하는 탱크에 위험물을 주입할 때에는 당해 탱크에 접속된 고정주유설비 또는 고정급유설비의 사용을 중지하고, 자동차 등을 당해 탱크의 주입구에 접근시키지 아니할 것
      7) 고정주유설비 또는 고정급유설비에는 해당 설비에 접속한 전용탱크 또는 간이탱크의 배관외의 것을 통하여서는 위험물을 공급하지 아니할 것
      8) 자동차 등에 주유할 때에는 고정주유설비 또는 고정주유설비에 접속된 탱크의 주입구로부터 4m 이내의 부분(별표 13 Ⅴ 제1호 다목 및 라목의 용도에 제공하는 부분 중 바닥 및 벽에서 구획된 것의 내부를 제외한다)에, 이동저장탱크로부터 전용탱크에 위험물을 주입할 때에는 전용탱크의 주입구로부터 3m 이내의 부분 및 전용탱크 통기관의 선단으로부터 수평거리 1.5m 이내의 부분에 있어서는 다른 자동차 등의 주차를 금지하고 자동차 등의 점검·정비 또는 세정을 하지 아니할 것
      9) 삭제 〈2009.3.17.〉
      10) 삭제 〈2014.6.23.〉
      11) 주유원간이대기실 내에서는 화기를 사용하지 아니할 것
      12) 전기자동차 충전설비를 사용하는 때에는 다음의 기준을 준수할 것
         가) 충전기기와 전기자동차를 연결할 때에는 연장코드를 사용하지 아니할 것

나) 전기자동차의 전지 · 인터페이스 등이 충전기기의 규격에 적합한지 확인한 후 충전을 시작할 것

다) 충전 중에는 자동차 등을 작동시키지 아니할 것

나. 항공기주유취급소에서의 취급기준은 가목[1) 및 7)은 제외한다]의 규정을 준용하는 외에 다음의 기준에 의할 것

1) 항공기에 주유하는 때에는 고정주유설비, 주유배관의 선단부에 접속한 호스기기, 주유호스차 또는 주유탱크차를 사용하여 직접 주유할 것(중요기준)

2) 삭제 〈2009.3.17.〉

3) 고정주유설비에는 당해 주유설비에 접속한 전용탱크 또는 위험물을 저장 또는 취급하는 탱크의 배관 외의 것을 통하여서는 위험물을 주입하지 아니할 것

4) 주유호스차 또는 주유탱크차에 의하여 주유하는 때에는 주유호스의 선단을 항공기의 연료탱크의 급유구에 긴밀히 결합할 것. 다만, 주유탱크차에서 주유호스 선단부에 수동개폐장치를 설치한 주유노즐에 의하여 주유하는 때에는 그러하지 아니하다.

5) 주유호스차 또는 주유탱크차에서 주유하는 때에는 주유호스차의 호스기기 또는 주유탱크차의 주유설비를 접지하고 항공기와 전기적인 접속을 할 것

다. 철도주유취급소에서의 취급기준은 가목[1) 및 7)은 제외한다]의 규정 및 나목 3)의 규정을 준용하는 외에 다음의 기준에 의할 것

1) 철도 또는 궤도에 의하여 운행하는 차량에 주유하는 때에는 고정주유설비 또는 주유배관의 선단부에 접속한 호스기기를 사용하여 직접 주유할 것(중요기준)

2) 철도 또는 궤도에 의하여 운행하는 차량에 주유하는 때에는 콘크리트 등으로 포장된 부분에서 주유할 것

라. 선박주유취급소에서의 취급기준은 가목[1) 및 7)은 제외한다]의 규정 및 나목 3)의 규정을 준용하는 외에 다음의 기준에 의할 것

1) 선박에 주유하는 때에는 고정주유설비 또는 주유배관의 선단부에 접속한 호스기기를 사용하여 직접 주유할 것(중요기준)

2) 선박에 주유하는 때에는 선박이 이동하지 아니하도록 계류시킬 것

3) 수상구조물에 설치하는 고정주유설비를 이용하여 주유작업을 할 때에는 5m 이내에 다른 선박의 정박 또는 계류를 금지할 것

4) 수상구조물에 설치하는 고정주유설비의 주위에 설치하는 집유설비 내에 고인 빗물 또는 위험물은 넘치지 않도록 수시로 수거하고, 수거물은 유분리장치를 이용하거나 폐기물 처리 방법에 따라 처리할 것

5) 수상구조물에 설치하는 고정주유설비를 이용한 주유작업은 위험물을 공급하는 배관 · 펌프 및 그 부속 설비의 안전을 확인한 후에 시작할 것(중요기준)

6) 수상구조물에 설치하는 고정주유설비를 이용한 주유작업이 종료된 후에는 별표 13 XIV제3호 마목에 따른 차단밸브를 모두 잠글 것(중요기준)

7) 수상구조물에 설치하는 고정주유설비를 이용한 주유작업은 총 톤수가 300 미만인 선박에 대해서만 실시할 것(중요기준)

마. 고객이 직접 주유하는 주유취급소에서의 기준

1) 셀프용 고정주유설비 및 셀프용 고정급유설비 외의 고정주유설비 또는 고정급유설비를 사용하여 고객에 의한 주유 또는 용기에 옮겨 담는 작업을 행하지 아니할 것(중요기준)

2) 삭제 〈2009.3.17.〉

3) 감시대에서 고객이 주유하거나 용기에 옮겨 담는 작업을 직시하는 등 적절한 감시를 할 것

4) 고객에 의한 주유 또는 용기에 옮겨 담는 작업을 개시할 때에는 안전상 지장이 없음을 확인 한 후 제어장치에 의하여 호스기기에 대한 위험물의 공급을 개시할 것

5) 고객에 의한 주유 또는 용기에 옮겨 담는 작업을 종료한 때에는 제어장치에 의하여 호스기기에 대한 위험물의 공급을 정지할 것

6) 비상시 그 밖에 안전상 지장이 발생한 경우에는 제어장치에 의하여 호스기기에 위험물의 공급을 일제히 정지하고, 주유취급소 내의 모든 고정주유설비 및 고정급유설비에 의한 위험물 취급을 중단할 것

7) 감시대의 방송설비를 이용하여 고객에 의한 주유 또는 용기에 옮겨 담는 작업에 대한 필요한 지시를 할 것

8) 감시대에서 근무하는 감시원은 안전관리자 또는 위험물안전관리에 관한 전문지식이 있는 자일 것

바. 판매취급소에서의 취급기준

1) 판매취급소에서는 도료류, 제1류 위험물 중 염소산염류 및 염소산염류만을 함유한 것, 유황 또는 인화점이 38℃ 이상인 제4류 위험물을 배합실에서 배합하는 경우 외에는 위험물을 배합하거나 옮겨 담는 작업을 하지 아니할 것

2) 위험물은 별표 19 I의 규정에 의한 운반용기에 수납한 채로 판매할 것

3) 판매취급소에서 위험물을 판매할 때에는 위험물이 넘치거나 비산하는 계량기(액용되를 포함한다)를 사용하지 아니할 것

사. 이송취급소에서의 취급기준

1) 위험물의 이송은 위험물을 이송하기 위한 배관·펌프 및 그에 부속한 설비(위험물을 운반하는 선박으로부터 육상으로 위험물의 이송취급을 하는 이송취급소에 있어서는 위험물을 이송하기 위한 배관 및 그에 부속된 설비를 말한다. 이하 나목에서 같다)의 안전을 확인한 후에 개시할 것(중요기준)

2) 위험물을 이송하기 위한 배관 · 펌프 및 이에 부속한 설비의 안전을 확인하기 위한 순찰을 행하고, 위험물을 이송하는 중에는 이송하는 위험물의 압력 및 유량을 항상 감시할 것(중요기준)
3) 이송취급소를 설치한 지역의 지진을 감지하거나 지진의 정보를 얻은 경우에는 소방청장이 정하여 고시하는 바에 따라 재해의 발생 또는 확대를 방지하기 위한 조치를 강구할 것

아. 이동탱크저장소(컨테이너식 이동탱크저장소를 제외한다)에서의 취급기준

1) 이동저장탱크로부터 위험물을 저장 또는 취급하는 탱크에 액체의 위험물을 주입할 경우에는 그 탱크의 주입구에 이동저장탱크의 주입호스를 견고하게 결합할 것. 다만, 주입호스의 선단부에 수동개폐장치를 한 주입노즐(수동개폐장치를 개방상태로 고정하는 장치를 한 것을 제외한다)을 사용하여 지정수량 미만의 양의 위험물을 저장 또는 취급하는 탱크에 인화점이 40℃ 이상인 위험물을 주입하는 경우에는 그러하지 아니하다.
2) 이동저장탱크로부터 액체위험물을 용기에 옮겨 담지 아니할 것. 다만, 주입호스의 선단부에 수동개폐장치를 한 주입노즐(수동개폐장치를 개방상태로 고정하는 장치를 한 것을 제외한다)을 사용하여 별표 19 Ⅰ의 기준에 적합한 운반용기에 인화점 40℃ 이상의 제4류 위험물을 옮겨 담는 경우에는 그러하지 아니하다.
3) 이동저장탱크로부터 위험물을 저장 또는 취급하는 탱크에 인화점이 40℃ 미만인 위험물을 주입할 때에는 이동탱크저장소의 원동기를 정지시킬 것
4) 이동저장탱크로부터 직접 위험물을 자동차(자동차관리법 제2조 제1호의 규정에 의한 자동차와 「건설기계관리법」 제2조 제1항 제1호의 규정에 의한 건설기계 중 덤프트럭 및 콘크리트믹서트럭을 말한다)의 연료탱크에 주입하지 말 것. 다만, 「건설산업기본법」 제2조 제4호에 따른 건설공사를 하는 장소에서 별표 10 Ⅳ 제3호에 따른 주입설비를 부착한 이동탱크저장소로부터 해당 건설공사와 관련된 자동차(「건설기계관리법」 제2조 제1항 제1호에 따른 건설기계 중 덤프트럭과 콘크리트믹서트럭으로 한정한다)의 연료탱크에 인화점 40℃ 이상의 위험물을 주입하는 경우에는 그러하지 아니하다.
5) 휘발유 · 벤젠 그 밖에 정전기에 의한 재해발생의 우려가 있는 액체의 위험물을 이동저장탱크에 주입하거나 이동저장탱크로부터 배출하는 때에는 도선으로 이동저장탱크와 접지전극 등과의 사이를 긴밀히 연결하여 당해 이동저장탱크를 접지할 것
6) 휘발유 · 벤젠 · 그 밖에 정전기에 의한 재해발생의 우려가 있는 액체의 위험물을 이동저장탱크의 상부로 주입하는 때에는 주입관을 사용하되, 당해 주입관의 선단을 이동저장탱크의 밑바닥에 밀착할 것
7) 휘발유를 저장하던 이동저장탱크에 등유나 경유를 주입할 때 또는 등유나 경유를 저장하던 이동저장탱크에 휘발유를 주입할 때에는 다음의 기준에 따라 정전기 등에 의한 재해를 방지하기 위한 조치를 할 것

가) 이동저장탱크의 상부로부터 위험물을 주입할 때에는 위험물의 액표면이 주입관의 선단을 넘는 높이가 될 때까지 그 주입관 내의 유속을 초당 1m 이하로 할 것
나) 이동저장탱크의 밑부분으로부터 위험물을 주입할 때에는 위험물의 액표면이 주입관의 정상부분을 넘는 높이가 될 때까지 그 주입배관 내의 유속을 초당 1m 이하로 할 것
다) 그 밖의 방법에 의한 위험물의 주입은 이동저장탱크에 가연성 증기가 잔류하지 아니하도록 조치하고 안전한 상태로 있음을 확인한 후에 할 것

8) 이동탱크저장소는 별표 10 Ⅰ의 규정에 의한 상치장소에 주차할 것. 다만, 원거리 운행 등으로 상치장소에 주차할 수 없는 경우에는 다음의 장소에도 주차할 수 있다.
가) 다른 이동탱크저장소의 상치장소
나) 「화물자동차 운수사업법」에 의한 일반화물자동차운송사업을 위한 차고로서 별표 10 Ⅰ의 규정에 적합한 장소
다) 「물류시설의 개발 및 운영에 관한 법률」에 따른 물류터미널의 주차장으로서 별표 10 Ⅰ의 규정에 적합한 장소
라) 「주차장법」에 의한 주차장 중 노외의 옥외주차장으로서 별표 10 Ⅰ의 규정에 적합한 장소
마) 제조소 등이 설치된 사업장 내의 안전한 장소
바) 도로(길어깨 및 노상주차장을 포함한다) 외의 장소로서 화기취급장소 또는 건축물로부터 10m 이상 이격된 장소
사) 벽·기둥·바닥·보·서까래 및 지붕이 내화구조로 된 건축물의 1층으로서 개구부가 없는 내화구조의 격벽 등으로 당해 건축물의 다른 용도의 부분과 구획된 장소
아) 소방본부장 또는 소방서장으로부터 승인을 받은 장소

9) 이동저장탱크를 8)의 규정에 의한 상치장소 등에 주차시킬 때에는 완전히 빈 상태로 할 것. 다만, 당해 장소가 별표 6 Ⅰ·Ⅱ 및 Ⅸ의 규정에 적합한 경우에는 그러하지 아니하다.

10) 이동저장탱크로부터 직접 위험물을 선박의 연료탱크에 주입하는 경우에는 다음의 기준에 따를 것
가) 선박이 이동하지 아니하도록 계류(繫留)시킬 것
나) 이동탱크저장소가 움직이지 않도록 조치를 강구할 것
다) 이동탱크저장소의 주입호스의 선단을 선박의 연료탱크의 급유구에 긴밀히 결합할 것. 다만, 주입호스 선단부에 수동개폐장치를 설치한 주유노즐로 주입하는 때에는 그러하지 아니하다.

라) 이동탱크저장소의 주입설비를 접지할 것. 다만, 인화점 40℃ 이상의 위험물을 주입하는 경우에는 그러하지 아니하다.

자. 컨테이너식 이동탱크저장소에서의 위험물취급은 아목[1)을 제외한다]의 규정을 준용하는 외에 다음의 기준에 의할 것

1) 이동저장탱크에서 위험물을 저장 또는 취급하는 탱크에 액체위험물을 주입하는 때에는 주입구에 주입호스를 긴밀히 연결할 것. 다만, 주입호스의 선단부에 수동개폐장치를 설비한 주입노즐(수동개폐장치를 개방상태로 고정하는 장치를 한 것을 제외한다)에 의하여 지정수량 미만의 탱크에 인화점이 40℃ 이상인 제4류 위험물을 주입하는 때에는 그러하지 아니하다.

2) 이동저장탱크를 체결금속구, 변형금속구 또는 샤시프레임에 긴밀히 결합한 구조의 유(U)볼트를 이용하여 차량에 긴밀히 연결할 것

6. 알킬알루미늄 등 및 아세트알데히드 등의 취급기준은 제1호 내지 제5호에 정하는 것 외에 당해 위험물의 성질에 따라 다음 각 목에 정하는 바에 의한다(중요기준).

가. 알킬알루미늄 등의 제조소 또는 일반취급소에 있어서 알킬알루미늄 등을 취급하는 설비에는 불활성의 기체를 봉입할 것

나. 알킬알루미늄 등의 이동탱크저장소에 있어서 이동저장탱크로부터 알킬알루미늄 등을 꺼낼 때에는 동시에 200kPa 이하의 압력으로 불활성의 기체를 봉입할 것

다. 아세트알데히드 등의 제조소 또는 일반취급소에 있어서 아세트알데히드 등을 취급하는 설비에는 연소성 혼합기체의 생성에 의한 폭발의 위험이 생겼을 경우에 불활성의 기체 또는 수증기[아세트알데히드 등을 취급하는 탱크(옥외에 있는 탱크 또는 옥내에 있는 탱크로서 그 용량이 지정수량의 5분의 1 미만의 것을 제외한다)에 있어서는 불활성의 기체]를 봉입할 것

라. 아세트알데히드 등의 이동탱크저장소에 있어서 이동저장탱크로부터 아세트알데히드 등을 꺼낼 때에는 동시에 100kPa 이하의 압력으로 불활성의 기체를 봉입할 것

V. 위험물의 용기 및 수납

1. Ⅲ 제4호 및 제17호의 규정에 의하여 위험물을 용기에 수납할 때 또는 Ⅳ 제2호 가목의 규정에 의하여 위험물을 용기에 옮겨 담을 때에는 다음 각 목에 정하는 용기의 구분에 따라 당해 각 목에 정하는 바에 의한다. 다만, 제조소 등이 설치된 부지와 동일한 부지 내에서 위험물을 저장 또는 취급하기 위하여 다음 각 목에 정하는 용기 외의 용기에 수납하거나 옮겨 담는 경우에 있어서 당해 용기의 저장 또는 취급이 화재의 예방상 안전하다고 인정될 때에는 그러하지 아니하다.

가. 나목에 정하는 용기 외의 용기 : 고체의 위험물에 있어서는 부표 제1호, 액체의 위험물에 있어서는 부표 제2호에 정하는 기준에 적합한 내장용기(내장용기의 용기의 종류란이 공란인 것에 있어서는 외장용기) 또는 저장 또는 취급의 안전상 이러한 기준에 적합한 용기와 동등 이상이라고 인정하여 소방청장이 정하여 고시하는 것(이하 Ⅴ에서 "내장용기 등"이라고 한다)으로서 별표 19 Ⅱ 제1호에 정하는 수납의 기준에 적합할 것

나. 기계에 의하여 하역하는 구조로 된 용기(기계에 의하여 들어올리기 위한 고리 · 기구 · 포크리프트포켓 등이 있는 용기를 말한다. 이하 같다) : 별표 19 Ⅰ 제3호 나목에 규정하는 운반용기로서 별표 19 Ⅱ 제2호에 정하는 수납의 기준에 적합할 것

2. 제1호 가목의 내장용기 등(내장용기 등을 다른 용기에 수납하는 경우에 있어서는 당해 용기를 포함한다. 이하 Ⅴ에서 같다)에 있어서는 별표 19 Ⅱ 제8호에 정하는 표시를, 제1호 나목의 용기에 있어서는 별표 19 Ⅱ 제8호 각 목 및 별표 19 Ⅱ 제8호 및 별표 19 Ⅱ 제13호에 정하는 표시를 각각 보기 쉬운 위치에 하여야 한다.
3. 제2호의 규정에 불구하고 제1류 · 제2류 또는 제4류의 위험물(별표 19 Ⅴ 제1호의 규정에 의한 위험등급Ⅰ의 위험물을 제외한다)의 내장용기 등으로서 최대용적이 1L 이하의 것에 있어서는 별표 19 Ⅱ 제8호 가목 및 다목의 표시를 각각 위험물의 통칭명 및 동호의 규정에 의한 표시와 동일한 의미가 있는 다른 표시로 대신할 수 있다.
4. 제2호 및 제3호의 규정에 불구하고 제4류 위험물에 해당하는 화장품(에어졸을 제외한다)의 내장용기 등으로서 최대용적이 150mL 이하의 것에 있어서는 별표 19 Ⅱ 제8호 가목 및 다목에 정하는 표시를 아니할 수 있고 최대용적이 150mL 초과 300mL 이하의 것에 있어서는 별표 19 Ⅱ 제8호 가목에 정하는 표시를 하지 아니할 수 있으며, 별표 19 Ⅱ 제8호 다목의 주의사항은 동목의 규정에 의한 표시와 동일한 의미가 있는 다른 표시로 대신할 수 있다.
5. 제2호 및 제3호의 규정에 불구하고 제4류 위험물에 해당하는 에어졸의 내장용기 등으로서 최대 용적이 300mL 이하의 것에 있어서는 별표 19 Ⅱ 제8호 가목의 규정에 의한 표시를 하지 아니할 수 있고, 별표 19 Ⅱ 제8호 다목의 주의사항을 동목의 규정에 의한 표시와 동일한 의미가 있는 다른 표시로 대신할 수 있다.
6. 제2호 및 제3호의 규정에 불구하고 제4류 위험물 중 동식물유류의 내장용기 등으로서 최대용적이 3L 이하의 것에 있어서는 별표 19 Ⅱ 제8호 가목 및 다목의 표시를 각각 당해 위험물의 통칭명 및 동호의 규정에 의한 표시와 동일한 의미가 있는 다른 표시로 대신할 수 있다.

Ⅵ. 법 제5조 제3항의 규정에 의한 중요기준 및 세부기준은 다음 각 호의 구분에 의한다.

1. 중요기준 : Ⅰ 내지 Ⅴ의 저장 또는 취급기준 중 "중요기준"이라 표기한 것
2. 세부기준 : 중요기준 외의 것

[별표 19] 〈개정 2020. 10. 12.〉

위험물의 운반에 관한 기준(제50조 관련)

Ⅰ. 운반용기

1. 운반용기의 재질은 강판·알루미늄판·양철판·유리·금속판·종이·플라스틱·섬유판·고무류·합성섬유·삼·짚 또는 나무로 한다.

2. 운반용기는 견고하여 쉽게 파손될 우려가 없고, 그 입구로부터 수납된 위험물이 샐 우려가 없도록 하여야 한다.

3. 운반용기의 구조 및 최대용적은 다음 각호의 규정에 의한 용기의 구분에 따라 당해 각목에 정하는 바에 의한다.

가. 나목의 규정에 의한 용기 외의 용기

고체의 위험물을 수납하는 것에 있어서는 부표 1 제1호, 액체의 위험물을 수납하는 것에 있어서는 부표 1 제2호에 정하는 기준에 적합할 것. 다만, 운반의 안전상 이러한 기준에 적합한 운반용기와 동등 이상이라고 인정하여 소방청장이 정하여 고시하는 것에 있어서는 그러하지 아니하다.

나. 기계에 의하여 하역하는 구조로 된 용기

고체의 위험물을 수납하는 것에 있어서는 별표 20 제1호, 액체의 위험물을 수납하는 것에 있어서는 별표 20 제2호에 정하는 기준 및 1) 내지 6)에 정하는 기준에 적합할 것. 다만, 운반의 안전상 이러한 기준에 적합한 운반용기와 동등 이상이라고 인정하여 소방청장이 정하여 고시하는 것과 UN의 위험물 운송에 관한 권고(RTDG, Recommendations on the Transport of Dangerous Goods)에서 정한 기준에 적합한 것으로 인정된 용기에 있어서는 그러하지 아니하다.

1) 운반용기는 부식 등의 열화에 대하여 적절히 보호될 것

2) 운반용기는 수납하는 위험물의 내압 및 취급 시와 운반 시의 하중에 의하여 당해 용기에 생기는 응력에 대하여 안전할 것

3) 운반용기의 부속설비에는 수납하는 위험물이 당해 부속설비로부터 누설되지 아니하도록 하는 조치가 강구되어 있을 것

4) 용기본체가 틀로 둘러싸인 운반용기는 다음의 요건에 적합할 것

가) 용기본체는 항상 틀 내에 보호되어 있을 것

나) 용기본체는 틀과의 접촉에 의하여 손상을 입을 우려가 없을 것

다) 운반용기는 용기본체 또는 틀의 신축 등에 의하여 손상이 생기지 아니할 것

5) 하부에 배출구가 있는 운반용기는 다음의 요건에 적합할 것
가) 배출구에는 개폐위치에 고정할 수 있는 밸브가 설치되어 있을 것
나) 배출을 위한 배관 및 밸브에는 외부로부터의 충격에 의한 손상을 방지하기 위한 조치가 강구되어 있을 것
다) 폐지판 등에 의하여 배출구를 이중으로 밀폐할 수 있는 구조일 것. 다만, 고체의 위험물을 수납하는 운반용기에 있어서는 그러하지 아니하다.
6) 1) 내지 5)에 규정하는 것 외의 운반용기의 구조에 관하여 필요한 사항은 소방청장이 정하여 고시한다.

4. 제3호의 규정에 불구하고 승용차량(승용으로 제공하는 차실내에 화물용으로 제공하는 부분이 있는 구조의 것을 포함한다)으로 인화점이 40℃ 미만인 위험물 중 소방청장이 정하여 고시하는 것을 운반하는 경우의 운반용기의 구조 및 최대용적의 기준은 소방청장이 정하여 고시한다.
5. 제3호의 규정에 불구하고 운반의 안전상 제한이 필요하다고 인정되는 경우에는 위험물의 종류, 운반용기의 구조 및 최대용적의 기준을 소방청장이 정하여 고시할 수 있다.
6. 제3호 내지 제5호의 운반용기는 다음 각목의 규정에 의한 용기의 구분에 따라 당해 각목에 정하는 성능이 있어야 한다.
가. 나목의 규정에 의한 용기 외의 용기
소방청장이 정하여 고시하는 낙하시험, 기밀시험, 내압시험 및 겹쳐쌓기시험에서 소방청장이 정하여 고시하는 기준에 적합할 것. 다만, 수납하는 위험물의 품명, 수량, 성질과 상태 등에 따라 소방청장이 정하여 고시하는 용기에 있어서는 그러하지 아니하다.
나. 기계에 의하여 하역하는 구조로 된 용기
소방청장이 정하여 고시하는 낙하시험, 기밀시험, 내압시험, 겹쳐쌓기시험, 아랫부분 인상시험, 윗부분 인상시험, 파열전파시험, 넘어뜨리기시험 및 일으키기시험에서 소방청장이 정하여 고시하는 기준에 적합할 것. 다만, 수납하는 위험물의 품명, 수량, 성질과 상태 등에 따라 소방청장이 정하여 고시하는 용기에 있어서는 그러하지 아니하다.

Ⅱ. 적재방법

1. 위험물은 Ⅰ의 규정에 의한 운반용기에 다음 각목의 기준에 따라 수납하여 적재하여야 한다. 다만, 덩어리 상태의 유황을 운반하기 위하여 적재하는 경우 또는 위험물을 동일구내에 있는 제조소 등의 상호 간에 운반하기 위하여 적재하는 경우에는 그러하지 아니하다(중요기준).
가. 위험물이 온도변화 등에 의하여 누설되지 아니하도록 운반용기를 밀봉하여 수납할 것. 다만, 온도변화 등에 의한 위험물로부터의 가스의 발생으로 운반용기 안의 압력이 상승할 우려가 있는 경우(발생한 가스가 독성 또는 인화성을 갖는 등 위험성이 있는 경우를

제외한다)에는 가스의 배출구(위험물의 누설 및 다른 물질의 침투를 방지하는 구조로 된 것에 한한다)를 설치한 운반용기에 수납할 수 있다.

나. 수납하는 위험물과 위험한 반응을 일으키지 아니하는 등 당해 위험물의 성질에 적합한 재질의 운반용기에 수납할 것

다. 고체위험물은 운반용기 내용적의 95% 이하의 수납률로 수납할 것

라. 액체위험물은 운반용기 내용적의 98% 이하의 수납률로 수납하되, 55도의 온도에서 누설되지 아니하도록 충분한 공간용적을 유지하도록 할 것

마. 하나의 외장용기에는 다른 종류의 위험물을 수납하지 아니할 것

바. 제3류 위험물은 다음의 기준에 따라 운반용기에 수납할 것

1) 자연발화성물질에 있어서는 불활성 기체를 봉입하여 밀봉하는 등 공기와 접하지 아니하도록 할 것

2) 자연발화성물질 외의 물품에 있어서는 파라핀·경유·등유 등의 보호액으로 채워 밀봉하거나 불활성 기체를 봉입하여 밀봉하는 등 수분과 접하지 아니하도록 할 것

3) 라목의 규정에 불구하고 자연발화성물질 중 알킬알루미늄 등은 운반용기의 내용적의 90% 이하의 수납률로 수납하되, 50℃의 온도에서 5% 이상의 공간용적을 유지하도록 할 것

2. 기계에 의하여 하역하는 구조로 된 운반용기에 대한 수납은 제1호(다목을 제외한다)의 규정을 준용하는 외에 다음 각목의 기준에 따라야 한다(중요기준).

가. 다음의 규정에 의한 요건에 적합한 운반용기에 수납할 것

1) 부식, 손상 등 이상이 없을 것

2) 금속제의 운반용기, 경질플라스틱제의 운반용기 또는 플라스틱내용기 부착의 운반용기에 있어서는 다음에 정하는 시험 및 점검에서 누설 등 이상이 없을 것

가) 2년 6개월 이내에 실시한 기밀시험(액체의 위험물 또는 10kPa 이상의 압력을 가하여 수납 또는 배출하는 고체의 위험물을 수납하는 운반용기에 한한다)

나) 2년 6개월 이내에 실시한 운반용기의 외부의 점검·부속설비의 기능점검 및 5년 이내의 사이에 실시한 운반용기의 내부의 점검

나. 복수의 폐쇄장치가 연속하여 설치되어 있는 운반용기에 위험물을 수납하는 경우에는 용기본체에 가까운 폐쇄장치를 먼저 폐쇄할 것

다. 휘발유, 벤젠 그 밖의 정전기에 의한 재해가 발생할 우려가 있는 액체의 위험물을 운반용기에 수납 또는 배출할 때에는 당해 재해의 발생을 방지하기 위한 조치를 강구할 것

라. 온도변화 등에 의하여 액상이 되는 고체의 위험물은 액상으로 되었을 때 당해 위험물이 새지 아니하는 운반용기에 수납할 것

마. 액체위험물을 수납하는 경우에는 55℃의 온도에서의 증기압이 130kPa 이하가 되도록 수납할 것

바. 경질플라스틱제의 운반용기 또는 플라스틱내용기 부착의 운반용기에 액체위험물을 수납하는 경우에는 당해 운반용기는 제조된 때로부터 5년 이내의 것으로 할 것

사. 가목 내지 바목에 규정하는 것 외에 운반용기에의 수납에 관하여 필요한 사항은 소방청장이 정하여 고시한다.

3. 위험물은 당해 위험물이 전락(轉落)하거나 위험물을 수납한 운반용기가 전도·낙하 또는 파손되지 아니하도록 적재하여야 한다(중요기준).
4. 운반용기는 수납구를 위로 향하게 하여 적재하여야 한다(중요기준).
5. 적재하는 위험물의 성질에 따라 일광의 직사 또는 빗물의 침투를 방지하기 위하여 유효하게 피복하는 등 다음 각목에 정하는 기준에 따른 조치를 하여야 한다(중요기준).

가. 제1류 위험물, 제3류 위험물 중 자연발화성 물질, 제4류 위험물 중 특수인화물, 제5류 위험물 또는 제6류 위험물은 차광성이 있는 피복으로 가릴 것

나. 제1류 위험물 중 알칼리금속의 과산화물 또는 이를 함유한 것, 제2류 위험물 중 철분·금속분·마그네슘 또는 이들 중 어느 하나 이상을 함유한 것 또는 제3류 위험물 중 금수성 물질은 방수성이 있는 피복으로 덮을 것

다. 제5류 위험물 중 55℃ 이하의 온도에서 분해될 우려가 있는 것은 보냉 컨테이너에 수납하는 등 적정한 온도관리를 할 것

라. 액체위험물 또는 위험등급Ⅱ의 고체위험물을 기계에 의하여 하역하는 구조로 된 운반용기에 수납하여 적재하는 경우에는 당해 용기에 대한 충격 등을 방지하기 위한 조치를 강구할 것. 다만, 위험등급Ⅱ의 고체위험물을 플렉서블(flexible)의 운반용기, 파이버판제의 운반용기 및 목제의 운반용기 외의 운반용기에 수납하여 적재하는 경우에는 그러하지 아니하다.

6. 위험물은 다음 각목의 규정에 의한 바에 따라 종류를 달리하는 그 밖의 위험물 또는 재해를 발생시킬 우려가 있는 물품과 함께 적재하지 아니하여야 한다(중요기준).

가. 부표 2의 규정에서 혼재가 금지되고 있는 위험물

나. 「고압가스 안전관리법」에 의한 고압가스(소방청장이 정하여 고시하는 것을 제외한다)

7. 위험물을 수납한 운반용기를 겹쳐 쌓는 경우에는 그 높이를 3m 이하로 하고, 용기의 상부에 걸리는 하중은 당해 용기 위에 당해 용기와 동종의 용기를 겹쳐 쌓아 3m의 높이로 하였을 때에 걸리는 하중 이하로 하여야 한다(중요기준).
8. 위험물은 그 운반용기의 외부에 다음 각목에 정하는 바에 따라 위험물의 품명, 수량 등을 표시하여 적재하여야 한다. 다만, UN의 위험물 운송에 관한 권고(RTDG, Recommendations on the Transport of Dangerous Goods)에서 정한 기준 또는 소방청장이 정하여 고시하는 기준에 적합한 표시를 한 경우에는 그러하지 아니하다.

가. 위험물의 품명 · 위험등급 · 화학명 및 수용성("수용성" 표시는 제4류 위험물로서 수용성인 것에 한한다)

나. 위험물의 수량

다. 수납하는 위험물에 따라 다음의 규정에 의한 주의사항

1) 제1류 위험물 중 알칼리금속의 과산화물 또는 이를 함유한 것에 있어서는 "화기 · 충격주의", "물기엄금" 및 "가연물접촉주의", 그 밖의 것에 있어서는 "화기 · 충격주의" 및 "가연물접촉주의"

2) 제2류 위험물 중 철분 · 금속분 · 마그네슘 또는 이들 중 어느 하나 이상을 함유한 것에 있어서는 "화기주의" 및 "물기엄금", 인화성고체에 있어서는 "화기엄금", 그 밖의 것에 있어서는 "화기주의"

3) 제3류 위험물 중 자연발화성물질에 있어서는 "화기엄금" 및 "공기접촉엄금", 금수성물질에 있어서는 "물기엄금"

4) 제4류 위험물에 있어서는 "화기엄금"

5) 제5류 위험물에 있어서는 "화기엄금" 및 "충격주의"

6) 제6류 위험물에 있어서는 "가연물접촉주의"

9. 제8호의 규정에 불구하고 제1류 · 제2류 또는 제4류 위험물(위험등급 I 의 위험물을 제외한다)의 운반용기로서 최대용적이 1L 이하인 운반용기의 품명 및 주의사항은 위험물의 통칭명 및 당해 주의사항과 동일한 의미가 있는 다른 표시로 대신할 수 있다.

10. 제8호 및 제9호의 규정에 불구하고 제4류 위험물에 해당하는 화장품(에어졸을 제외한다)의 운반용기 중 최대용적이 150mL 이하인 것에 대하여는 제8호 가목 및 다목의 규정에 의한 표시를 하지 아니할 수 있고, 최대용적이 150mL 초과 300mL 이하의 것에 대하여는 제8호 가목의 규정에 의한 표시를 하지 아니할 수 있으며, 동호 다목의 규정에 의한 주의사항을 당해 주의사항과 동일한 의미가 있는 다른 표시로 대신할 수 있다.

11. 제8호 및 제9호의 규정에 불구하고 제4류 위험물에 해당하는 에어졸의 운반용기로서 최대용적이 300mL 이하의 것에 대하여는 제8호 가목의 규정에 의한 표시를 하지 아니할 수 있으며, 동호 다목의 규정에 의한 주의사항을 당해 주의사항과 동일한 의미가 있는 다른 표시로 대신할 수 있다.

12. 제8호 및 제9호의 규정에 불구하고 제4류 위험물 중 동식물유류의 운반용기로서 최대용적이 3L 이하인 것에 대하여는 제8호 가목 및 다목의 표시에 대하여 각각 위험물의 통칭명 및 동호의 규정에 의한 표시와 동일한 의미가 있는 다른 표시로 대신할 수 있다.

13. 기계에 의하여 하역하는 구조로 된 운반용기의 외부에 행하는 표시는 제8호 각목의 규정에 의하는 외에 다음 각목의 사항을 포함하여야 한다. 다만, UN의 위험물 운송에 관한 권고(RTDG, Recommendations on the Transport of Dangerous Goods)에서 정한 기준 또는 소방청장이 정하여 고시하는 기준에 적합한 표시를 한 경우에는 그러하지 아니하다.

가. 운반용기의 제조연월 및 제조자의 명칭
나. 겹쳐쌓기시험하중
다. 운반용기의 종류에 따라 다음의 규정에 의한 중량
  1) 플렉서블 외의 운반용기 : 최대총중량(최대수용중량의 위험물을 수납하였을 경우의 운반용기의 전중량을 말한다)
  2) 플렉서블 운반용기 : 최대수용중량
라. 가목 내지 다목에 규정하는 것 외에 운반용기의 외부에 행하는 표시에 관하여 필요한 사항으로서 소방청장이 정하여 고시하는 것

Ⅲ. 운반방법
1. 위험물 또는 위험물을 수납한 운반용기가 현저하게 마찰 또는 동요를 일으키지 아니하도록 운반하여야 한다(중요기준).
2. 지정수량 이상의 위험물을 차량으로 운반하는 경우에는 해당 차량에 소방청장이 정하여 고시하는 바에 따라 운반하는 위험물의 위험성을 알리는 표지를 설치하여야 한다.
3. 지정수량 이상의 위험물을 차량으로 운반하는 경우에 있어서 다른 차량에 바꾸어 싣거나 휴식・고장 등으로 차량을 일시 정차시킬 때에는 안전한 장소를 택하고 운반하는 위험물의 안전확보에 주의하여야 한다.
4. 지정수량 이상의 위험물을 차량으로 운반하는 경우에는 당해 위험물에 적응성이 있는 소형수동식소화기를 당해 위험물의 소요단위에 상응하는 능력단위 이상 갖추어야 한다.
5. 위험물의 운반도중 위험물이 현저하게 새는 등 재난발생의 우려가 있는 경우에는 응급조치를 강구하는 동시에 가까운 소방관서 그 밖의 관계기관에 통보하여야 한다.
6. 제1호 내지 제5호의 적용에 있어서 품명 또는 지정수량을 달리하는 2 이상의 위험물을 운반하는 경우에 있어서 운반하는 각각의 위험물의 수량을 당해 위험물의 지정수량으로 나누어 얻은 수의 합이 1 이상인 때에는 지정수량 이상의 위험물을 운반하는 것으로 본다.

Ⅳ. 법 제20조제1항의 규정에 의한 중요기준 및 세부기준은 다음 각호의 구분에 의한다.
1. 중요기준 : Ⅰ 내지 Ⅲ의 운반기준 중 "중요기준"이라 표기한 것
2. 세부기준 : 중요기준 외의 것

Ⅴ. 위험물의 위험등급

별표 18 Ⅴ, 이 표 Ⅰ 및 Ⅱ에 있어서 위험물의 위험등급은 위험등급Ⅰ・위험등급Ⅱ 및 위험등급Ⅲ으로 구분하며, 각 위험등급에 해당하는 위험물은 다음 각호와 같다.

1. 위험등급Ⅰ의 위험물
   가. 제1류 위험물 중 아염소산염류, 염소산염류, 과염소산염류, 무기과산화물 그 밖에 지정수량이 50kg인 위험물
   나. 제3류 위험물 중 칼륨, 나트륨, 알킬알루미늄, 알킬리튬, 황린 그 밖에 지정수량이 10kg 또는 20kg인 위험물
   다. 제4류 위험물 중 특수인화물
   라. 제5류 위험물 중 유기과산화물, 질산에스테르류 그 밖에 지정수량이 10kg인 위험물
   마. 제6류 위험물
2. 위험등급Ⅱ의 위험물
   가. 제1류 위험물 중 브롬산염류, 질산염류, 요오드산염류 그 밖에 지정수량이 300kg인 위험물
   나. 제2류 위험물 중 황화인, 적린, 유황 그 밖에 지정수량이 100kg인 위험물
   다. 제3류 위험물 중 알칼리금속(칼륨 및 나트륨을 제외한다) 및 알칼리토금속, 유기금속화합물(알킬알루미늄 및 알킬리튬을 제외한다) 그 밖에 지정수량이 50kg인 위험물
   라. 제4류 위험물 중 제1석유류 및 알코올류
   마. 제5류 위험물 중 제1호 라목에 정하는 위험물 외의 것
3. 위험등급Ⅲ의 위험물 : 제1호 및 제2호에 정하지 아니한 위험물

[부표 1] 〈개정 2007. 12. 3.〉

운반용기의 최대용적 또는 중량(별표 19 관련)

1. 고체위험물

운반용기				수납위험물의 종류									
내장용기		외장용기		제1류			제2류		제3류			제5류	
용기의 종류	최대용적 또는 중량	용기의 종류	최대용적 또는 중량	I	II	III	II	III	I	II	III	I	II
유리용기 또는 플라스틱용기	10L	나무상자 또는 플라스틱상자 (필요에 따라 불활성의 완충재를 채울 것)	125kg	○	○	○	○	○	○	○	○		○
			225kg		○	○		○		○	○		○
		파이버판상자 (필요에 따라 불활성의 완충재를 채울 것)	40kg	○	○	○	○	○	○	○	○	○	○
			55kg		○	○		○		○	○		○
금속제용기	30L	나무상자 또는 플라스틱상자	125kg	○	○	○	○	○	○	○	○	○	○
			225kg		○	○		○		○	○		○
		파이버판상자	40kg	○	○	○	○	○	○	○	○	○	○
			55kg		○	○		○		○	○		○
플라스틱필름포대 또는 종이포대	5kg	나무상자 또는 플라스틱상자	50kg	○	○	○	○	○		○	○	○	○
	50kg		50kg	○	○	○	○	○					○
	125kg		125kg		○	○	○	○					
	225kg		225kg			○		○					
	5kg	파이버판상자	40kg	○	○	○	○	○		○	○	○	○
	40kg		40kg	○	○	○	○	○					○
	55kg		55kg			○		○					
		금속제용기(드럼 제외)	60L	○	○	○	○	○	○	○	○	○	○
		플라스틱용기(드럼 제외)	10L		○	○	○	○		○	○		○
			30L			○		○					○
		금속제드럼	250L	○	○	○	○	○	○	○	○	○	○
		플라스틱드럼 또는 파이버드럼 (방수성이 있는 것)	60L	○	○	○	○	○	○	○	○	○	○
			250L		○	○		○		○	○		○
		합성수지포대(방수성이 있는 것), 플라스틱필름포대, 섬유포대(방수성이 있는 것) 또는 종이포대(여러 겹으로서 방수성이 있는 것)	50kg		○	○	○	○		○	○		○

[비고]
1. "○"표시는 수납위험물의 종류별 각 란에 정한 위험물에 대하여 당해 각 란에 정한 운반용기가 적응성이 있음을 표시한다.
2. 내장용기는 외장용기에 수납하여야 하는 용기로서 위험물을 직접 수납하기 위한 것을 말한다.
3. 내장용기의 용기의 종류란이 공란인 것은 외장용기에 위험물을 직접 수납하거나 유리용기, 플라스틱용기, 금속제용기, 폴리에틸렌포대 또는 종이포대를 내장용기로 할 수 있음을 표시한다.

2. 액체위험물

운반용기				수납위험물의 종류								
내장용기		외장용기		제3류			제4류			제5류		제6류
용기의 종류	최대용적 또는 중량	용기의 종류	최대용적 또는 중량	Ⅰ	Ⅱ	Ⅲ	Ⅰ	Ⅱ	Ⅲ	Ⅰ	Ⅱ	Ⅰ
유리용기	5L	나무상자 또는 플라스틱상자 (불활성의 완충재를 채울 것)	75kg	○	○	○	○	○	○	○	○	○
	10L		125kg		○	○		○	○		○	
			225kg						○			
	5L	파이버판상자 (불활성의 완충재를 채울 것)	40kg	○	○	○	○	○	○	○	○	○
	10L		55kg						○			
플라스틱 용기	10L	나무 또는 플라스틱상자 (필요에 따라 불활성의 완충재를 채울 것)	75kg	○	○	○	○	○	○	○	○	○
			125kg		○	○		○	○		○	
			225kg						○			
		파이버판상자 (필요에 따라 불활성의 완충재를 채울 것)	40kg	○	○	○	○	○	○	○	○	○
			55kg						○			
금속제 용기	30L	나무 또는 플라스틱상자	125kg	○	○	○	○	○	○	○	○	○
			125kg						○			
		파이버판상자	40kg	○	○	○	○	○	○	○	○	○
			55kg		○	○		○	○		○	
		금속제용기(금속제드럼 제외)	60L		○	○		○	○		○	
		플라스틱용기 (플라스틱드럼 제외)	10L		○	○		○	○		○	
			20L					○	○			
			30L						○		○	
		금속제드럼(뚜껑고정식)	250L	○	○	○	○	○	○	○	○	○
		금속제드럼(뚜껑탈착식)	250L					○	○			
		플라스틱 또는 파이버드럼 (플라스틱내용기 부착의 것)	250L		○	○			○		○	

[비고]
1. "○"표시는 수납위험물의 종류별 각 란에 정한 위험물에 대하여 해당 각 란에 정한 운반용기가 적응성이 있음을 표시한다.
2. 내장용기는 외장용기에 수납하여야 하는 용기로서 위험물을 직접 수납하기 위한 것을 말한다.
3. 내장용기의 용기의 종류란이 공란인 것은 외장용기에 위험물을 직접 수납하거나 유리용기, 플라스틱용기 또는 금속제용기를 내장용기로 할 수 있음을 표시한다.

[부표 2]

유별을 달리하는 위험물의 혼재기준(별표 19 관련)

위험물의 구분	제1류	제2류	제3류	제4류	제5류	제6류
제1류		×	×	×	×	○
제2류	×		×	○	○	×
제3류	×	×		○	×	×
제4류	×	○	○		○	×
제5류	×	○	×	○		×
제6류	○	×	×	×	×	

[비고]

1. "×"표시는 혼재할 수 없음을 표시한다.
2. "○"표시는 혼재할 수 있음을 표시한다.
3. 이 표는 지정수량의 $\frac{1}{10}$ 이하의 위험물에 대하여는 적용하지 아니한다.

[별표 20] 〈개정 2009. 3. 17.〉

기계에 의하여 하역하는 구조로 된 운반용기의 최대용적(제51조 제1항 관련)

1. 고체위험물

운반용기		수납위험물의 종류									
종류	최대용적	제1류			제2류		제3류			제5류	
		I	II	III	II	III	I	II	III	I	II
금속제	3,000L	○	○	○	○	○	○	○	○		○
플렉시블(flexible) 합성수지제	3,000L		○	○	○	○		○	○		○
플렉시블(flexible) 플라스틱필름제	3,000L		○	○	○	○		○	○		○
플렉시블(flexible) 섬유제	3,000L		○	○	○	○		○	○		○
플렉시블(flexible) 종이제(여러 겹의 것)	3,000L		○	○	○	○		○	○		○
경질플라스틱제	1,500L	○	○	○	○	○		○	○		○
	3,000L		○	○	○	○		○	○		○
플라스틱 내용기 부착	1,500L	○	○	○	○	○		○	○		○
	3,000L		○	○	○	○		○	○		○
파이버판제	3,000L		○	○	○	○		○	○		○
목제(라이닝부착)	3,000L		○	○	○	○		○	○		○

[비고]
1. "○"표시는 수납위험물의 종류별 각 란에 정한 위험물에 대하여 해당 각 란에 정한 운반용기가 적응성이 있음을 표시한다.
2. 플렉시블제, 파이버판제 및 목제의 운반용기에 있어서는 수납 및 배출방법을 중력에 의한 것에 한한다.

2. 액체위험물

운반용기		수납위험물의 종류								
종류	최대용적	제3류			제4류			제5류		제6류
		I	II	III	I	II	III	I	II	I
금속제	3,000L		○	○		○	○		○	
경질플라스틱제	3,000L		○	○		○	○		○	
플라스틱 내용기부착	3,000L		○	○		○	○		○	

[비고]
"○"표시는 수납위험물의 종류별 각 란에 정한 위험물에 대하여 해당 각 란에 정한 운반용기가 적응성이 있음을 표시한다.

[별표 21] 〈개정 2005. 5. 26., 2006. 8. 3.〉

위험물 운송책임자의 감독 또는 지원의 방법과 위험물의 운송시에 준수하여야 하는 사항 (제52조 제2항 관련)

1. 운송책임자의 감독 또는 지원의 방법은 다음 각목의 1과 같다.
   가. 운송책임자가 이동탱크저장소에 동승하여 운송 중인 위험물의 안전확보에 관하여 운전자에게 필요한 감독 또는 지원을 하는 방법. 다만, 운전자가 운반책임자의 자격이 있는 경우에는 운송책임자의 자격이 없는 자가 동승할 수 있다.(**운송책임자의 감독, 지원을 받아 운송하여야 하는 것으로 대통령령이 정하는 위험물 : ①알킬알루미늄, ②알킬리튬, ③알킬알루미늄, 알킬리튬을 함유하는 위험물)**
   나. 운송의 감독 또는 지원을 위하여 마련한 별도의 사무실에 운송책임자가 대기하면서 다음의 사항을 이행하는 방법
      1) 운송경로를 미리 파악하고 관할소방관서 또는 관련업체(비상대응에 관한 협력을 얻을 수 있는 업체를 말한다)에 대한 연락체계를 갖추는 것
      2) 이동탱크저장소의 운전자에 대하여 수시로 안전확보 상황을 확인하는 것
      3) 비상시의 응급처치에 관하여 조언을 하는 것
      4) 그 밖에 위험물의 운송중 안전확보에 관하여 필요한 정보를 제공하고 감독 또는 지원하는 것
2. 이동탱크저장소에 의한 위험물의 운송시에 준수하여야 하는 기준은 다음 각목과 같다.
   가. 위험물운송자는 운송의 개시전에 이동저장탱크의 배출밸브 등의 밸브와 폐쇄장치, 맨홀 및 주입구의 뚜껑, 소화기 등의 점검을 충분히 실시할 것
   나. 위험물운송자는 장거리(고속국도에 있어서는 340km 이상, 그 밖의 도로에 있어서는 200km 이상을 말한다)에 걸치는 운송을 하는 때에는 2명 이상의 운전자로 할 것. 다만, 다음의 1에 해당하는 경우에는 그러하지 아니하다.
      1) 제1호가목의 규정에 의하여 운송책임자를 동승시킨 경우
      2) 운송하는 위험물이 제2류 위험물·제3류 위험물(칼슘 또는 알루미늄의 탄화물과 이것만을 함유한 것에 한한다)또는 제4류 위험물(특수인화물을 제외한다)인 경우
      3) 운송도중에 2시간 이내마다 20분 이상씩 휴식하는 경우
   다. 위험물운송자는 이동탱크저장소를 휴식·고장 등으로 일시 정차시킬 때에는 안전한 장소를 택하고 당해 이동탱크저장소의 안전을 위한 감시를 할 수 있는 위치에 있는 등 운송하는 위험물의 안전확보에 주의할 것

라. 위험물운송자는 이동저장탱크로부터 위험물이 현저하게 새는 등 재해발생의 우려가 있는 경우에는 재난을 방지하기 위한 응급조치를 강구하는 동시에 소방관서 그 밖의 관계기관에 통보할 것

마. 위험물(제4류 위험물에 있어서는 특수인화물 및 제1석유류에 한한다)을 운송하게 하는 자는 별지 제48호서식의 위험물안전카드를 위험물운송자로 하여금 휴대하게 할 것

바. 위험물운송자는 위험물안전카드를 휴대하고 당해 카드에 기재된 내용에 따를 것. 다만, 재난 그 밖의 불가피한 이유가 있는 경우에는 당해 기재된 내용에 따르지 아니할 수 있다.

[별표 22] 〈개정 2016. 8. 2.〉

안전관리대행기관의 지정기준(제57조 제1항 관련)

구분	기준
기술인력	1. 위험물기능장 또는 위험물산업기사 1인 이상 2. 위험물산업기사 또는 위험물기능사 2인 이상 3. 기계분야 및 전기분야의 소방설비기사 1인 이상
시설	전용사무실을 갖출 것
장비	1. 절연저항계 2. 접지저항측정기(최소눈금 0.1Ω 이하) 3. 가스농도측정기(탄화수소계 가스의 농도측정이 가능할 것) 4. 정전기 전위측정기 5. 토크렌치 6. 진동시험기 7. 삭제 〈2016.8.2.〉 8. 표면온도계(－10℃～300℃) 9. 두께측정기(1.5mm～99.9mm) 10. 삭제 〈2016.8.2.〉 11. 안전용구(안전모, 안전화, 손전등, 안전로프 등) 12. 소화설비점검기구(소화전밸브압력계, 방수압력측정계, 포콜렉터, 헤드렌치, 포콘테이너

비고 : 기술인력란의 각호에 정한 2 이상의 기술인력을 동일인이 겸할 수 없다.

[별표 23]

화학소방자동차에 갖추어야 하는 소화능력 및 설비의 기준(제75조 제1항 관련)

화학소방자동차의 구분	소화능력 및 설비의 기준
포수용액 방사차	포수용액의 방사능력이 매분 2,000L 이상일 것
	소화약액탱크 및 소화약액혼합장치를 비치할 것
	10만L 이상의 포수용액을 방사할 수 있는 양의 소화약제를 비치할 것
분말 방사차	분말의 방사능력이 매초 35kg 이상일 것
	분말탱크 및 가압용가스설비를 비치할 것
	1,400kg 이상의 분말을 비치할 것
할로겐화합물 방사차	할로겐화합물의 방사능력이 매초 40kg 이상일 것
	할로겐화합물탱크 및 가압용가스설비를 비치할 것
	1,000kg 이상의 할로겐화합물을 비치할 것
이산화탄소 방사차	이산화탄소의 방사능력이 매초 40kg 이상일 것
	이산화탄소저장용기를 비치할 것
	3,000kg 이상의 이산화탄소를 비치할 것
제독차	가성소오다 및 규조토를 각각 50kg 이상 비치할 것

[별표 24] 〈개정 2020. 10. 12.〉

안전교육의 과정·기간과 그 밖의 교육의 실시에 관한 사항 등(제78조 제2항 관련)

1. 교육과정·교육대상자·교육시간·교육시기 및 교육기관

교육과정	교육대상자	교육시간	교육시기	교육기관
강습교육	안전관리자가 되려는 사람	24시간	최초 선임되기 전	안전원
	위험물운송자가 되려는 사람	16시간	최초 종사하기 전	안전원
실무교육	안전관리자	8시간 이내	가. 제조소 등의 안전관리자로 선임된 날부터 6개월 이내 나. 가목에 따른 교육을 받은 후 2년마다 1회	안전원
	위험물운송자	8시간 이내	가. 이동탱크저장소의 위험물 운송자로 종사한 날부터 6개월 이내 나. 가목에 따른 교육을 받은 후 3년마다 1회	안전원
	탱크시험자의 기술인력	8시간 이내	가. 탱크시험자의 기술인력으로 등록한 날부터 6개월 이내 나. 가목에 따른 교육을 받은 후 2년마다 1회	기술원

[비고]

ㄱ. 안전관리자 강습교육 및 위험물운송자 강습교육의 공통과목에 대하여 둘 중 어느 하나의 강습교육 과정에서 교육을 받은 경우에는 나머지 강습교육 과정에서도 교육을 받은 것으로 본다.

ㄴ. 안전관리자 실무교육 및 위험물운송자 실무교육의 공통과목에 대하여 둘 중 어느 하나의 실무교육 과정에서 교육을 받은 경우에는 나머지 실무교육 과정에서도 교육을 받은 것으로 본다.

ㄷ. 안전관리자 및 위험물운송자의 실무교육 시간 중 일부(4시간 이내)를 사이버교육의 방법으로 실시할 수 있다. 다만, 교육대상자가 사이버교육의 방법으로 수강하는 것에 동의하는 경우에 한정한다.

2. 교육계획의 공고 등

가. 안전원의 원장은 강습교육을 하고자 하는 때에는 매년 1월 5일까지 일시, 장소, 그 밖에 강습의 실시에 관한 사항을 공고할 것

나. 기술원 또는 안전원은 실무교육을 하고자 하는 때에는 교육 실시 10일 전까지 교육대상자에게 그 내용을 통보할 것

3. 교육신청

가. 강습교육을 받고자 하는 자는 안전원이 지정하는 교육일정 전에 교육 수강을 신청할 것

나. 실무교육 대상자는 교육일정 전까지 교육 수강을 신청할 것

4. 교육일시 통보

기술원 또는 안전원은 제3호에 따라 교육신청이 있는 때에는 교육 실시 전까지 교육대상자에게 교육장소와 교육일시를 통보하여야 한다.

5. 기타

기술원 또는 안전원은 교육대상자별 교육의 과목 · 시간 · 실습 및 평가, 강사의 자격, 교육의 신청, 교육수료증의 교부 · 재교부, 교육수료증의 기재사항, 교육수료자명부의 작성 · 보관 등 교육의 실시에 관하여 필요한 세부사항을 정하여 소방청장의 승인을 받아야 한다. 이 경우 안전관리자 강습교육 및 위험물운송자 강습교육의 과목에는 각 강습교육별로 다음 표에 정한 사항을 포함하여야 한다.

<table>
<tr><th>교육과정</th><th colspan="2">교육기관</th></tr>
<tr><td>안전관리자 강습교육</td><td>제4류 위험물의 품명별 일반성질, 화재예방 및 소화의 방법</td><td rowspan="2">• 연소 및 소화에 관한 기초이론
• 모든 위험물의 유별 공통성질과 화재예방 및 소화의 방법
• 위험물안전관리법령 및 위험물의 안전관리에 관계된 법령</td></tr>
<tr><td>위험물운송자 강습교육</td><td>• 이동탱크저장소의 구조 및 설비작동법
• 위험물운송에 관한 안전기준</td></tr>
</table>

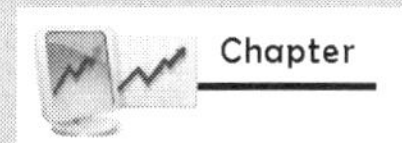
Chapter

출제예상문제

Hazardous material Industrial Engineer

1 다음 제3류 위험물 중 살충제로 사용되며 순수한 물질일 때 암회색의 결정으로서 이황화탄소에 녹는 물질은?

① 인화아연(Zn_3P_2)　② 수소화나트륨(NaH)
③ 금속칼륨(K)　④ 금속나트륨(Na)

풀이 인화아연(Zn_3P_2)
㉠ 분자량 : 258, 융점 : 420℃
㉡ 살충제로 사용되며 순수한 물질일 때 암회색의 결정
㉢ 이황화탄소에 녹는다.

2 다음 제4류 위험물 특수인화물류 중 물에 잘 녹지 않으며 비중이 물보다 작고, 인화점이 -45℃ 정도인 위험물은?

① 아세트알데히드　② 산화프로필렌
③ 디에틸에테르　④ 니트로벤젠

풀이 착화점(발화점) 180℃, 인화점 -45℃, 증기비중 2.55, 연소범위 1.9~48%

3 위험물 제조소의 건축물의 자연배기방식 환기설비 중 바닥면적 150m²마다 1개 이상 설치하는 급기구의 크기로 옳은 것은?

① 200cm² 이상　② 400cm² 이상
③ 600cm² 이상　④ 800cm² 이상

풀이 **급기구는 바닥면적 150m²마다 1개 이상으로 하되, 그 크기는 800cm² 이상**으로 할 것. 다만, 바닥면적이 150cm² 미만인 경우에는 다음의 크기로 하여야 한다.

바닥면적	급기구의 면적
60m² 미만	150cm² 이상
60m² 이상 90m² 미만	300cm² 이상
90m² 이상 120m² 미만	450cm² 이상
120m² 이상 150m² 미만	600cm² 이상

정답 1. ①　2. ③　3. ④

4 알칼리금속의 과산화물의 성질로서 맞는 것은?

① 단독으로 타지 않는다.
② 비중은 1보다 작다.
③ 분해가 어렵고 산소를 쉽게 방출한다.
④ 물과 격렬하게 반응하여 산소를 방출하나 발열하지 않는다.

풀이 단독으로 타지 않고, 리튬(Li), 나트륨(Na), 칼륨(K), 루비듐(Rb), 세슘(CS) 등의 과산화물은 금수성 물질로 분말소화약제의 탄산수소 염류, 건조사, 암분, 소다 등으로 피복 소화한다. 알칼리 금속과 알코올이 반응하면 알코올리드와 수소(H_2)를 발생한다.

5 다음 중 제1류 위험물들로만 옳게 짝지어 놓은 것은?

㉠ 염소산칼륨	㉡ 과산화나트륨
㉢ 칠레초석	㉣ 과망간산칼륨

① ㉠, ㉡, ㉢ ② ㉠, ㉡, ㉣ ③ ㉡, ㉢, ㉣ ④ ㉠, ㉡, ㉢, ㉣

풀이 모두 제1류 위험물들이다.

6 다음 중 질산암모늄에 대한 설명으로서 옳은 것은?

① 열처리제로 사용하기도 한다.
② 습한 곳에 저장하는 것이 좋다.
③ 가열하면 약 300℃에서 분해한다.
④ 단독으로도 급격한 가열, 충격으로 분해, 폭발하는 경우도 있다.

풀이 급격히 가열하면 산소를 발생하고, 충격을 주면 단독으로도 폭발한다.
$2NH_4NO_3 \rightarrow 4H_2O + 2N_2 + O_2$

7 과망간산칼륨의 일반성상에 관한 설명 중 틀린 것은?

① 강한 살균력과 산화력이 있다.
② 금속성 광택이 있는 무색의 결정이다.
③ 가열 분해시키면 산소를 방출한다.
④ 상온에서 안정하다.

풀이 흑자색 또는 적자색 사방정계 결정

정답 4. ① 5. ④ 6. ④ 7. ②

8 적린의 성질에 관한 설명 중 틀린 것은?

① 착화온도는 약 260℃ ② 물, 암모니아에 불용
③ 연소시 인화수소가스가 발생 ④ 산화제와 혼합시 착화하기 쉽다.

풀이 연소시 P_2O_5의 흰 연기가 생긴다.

9 카바이트(CaC_2)의 일반성질에 대한 설명 중 틀린 것은?

① 물과 심하게 반응하여 발열한다.
② 물과 반응하여 가연성 메탄가스를 발생시킨다.
③ 순수한 것은 무색투명하나 보통은 흑회색의 덩어리 상태이다.
④ 건조한 공기 중에서는 안정하나 350℃ 이상으로 열을 가하면 산화된다.

풀이 물과 반응하여 수산화칼슘(소석회)과 아세틸렌가스가 생성된다.
$CaC_2 + 2H_2O \rightarrow Ca(OH)_2 + C_2H_2\uparrow$

10 다음 중 트리니트로톨루엔을 녹일 수 없는 용제는?

① 물 ② 벤젠 ③ 아세톤 ④ 에테르

풀이 비수용성, 아세톤, 벤젠, 알코올, 에테르에 잘 녹고, 가열하거나 충격을 주면 폭발하기 쉽다.

11 과염소산염류에 공통된 성질에 관한 설명 중 옳은 것은?

① 인화성이 크다. ② 발화성향이 높다.
③ 연소성이 양호하다. ④ 타 물질의 연소를 촉진한다.

풀이 과염소산($HClO_4$)의 수소이온이 금속 또는 다른 양이온으로 치환된 형태의 염을 말하며 대부분 물에 녹으며 유기용매에도 녹는 것이 많고, 무색·무취의 결정분말이다. **타 물질의 연소를 촉진시키고,** 수용액은 화학적으로 안정하며 불용성의 염 이외에는 조해성이 있다.

12 염소산나트륨의 저장 및 취급에 관한 설명 중 잘못 설명된 것은?

① 가열, 충격, 마찰을 피한다.
② 분해를 촉진하는 약품류와의 접촉을 피한다.
③ 공기와의 접촉을 피하기 위하여 물속에 저장한다.
④ 조해성이 있으므로 용기를 밀폐, 밀봉하여 저장한다.

풀이 알코올, 에테르, 물에 잘 녹고, 조해성과 흡습성이 있기 때문에 **물속에 저장하지 않는다.**

정답 8. ③ 9. ② 10. ① 11. ④ 12. ③

13 소방법상 위험물을 분류할 때 니트로화합물류에 속하는 것은?

① 질산에틸[$C_2H_5ONO_2$]
② 히드라진[N_2H_4]
③ 질산메틸[CH_3ONO_2]
④ 피크르산[$C_6H_2(OH)(NO_2)_3$]

풀이 니트로화합물류에 속하는 것 : 트리니트로톨루엔(TNT), **트리니트로 페놀[$C_6H_2(OH)(NO_2)_3$=피크르산=피크린산]**, 디니트로 벤젠(DBN)[$C_6H_4(NO_2)_2$], 디니트로 톨루엔(DNT)[$C_6H_3(NO_2)_2CH_3$], 디니트로 페놀(DNP)[$C_6H_4OH(NO_2)_2$]

14 다음 중 혼재하여 저장할 수 없는 것은?

① 적린과 황화인을 같은 곳에 저장
② 마그네슘과 유황을 같은 곳에 저장
③ 철분과 알루미늄분을 같은 곳에 저장
④ 황린과 과염소산나트륨을 같은 곳에 저장

풀이 황린은 제3류, 과염소산나트륨 제1류이므로 서로 혼재할 수 없다.
혼재 가능 위험물을 다음과 같다.
423 → 4류와 2류, 4류와 3류는 서로 혼재 가능
524 → 5류와 2류, 5류와 4류는 서로 혼재 가능
61 → 6류와 1류는 서로 혼재 가능

15 오렌지색의 단사정계 결정이며 약 225℃에서 질소가스를 발생하는 것은?

① 중크롬산칼륨
② 중크롬산나트륨
③ 중크롬산암모늄
④ 중크롬산아연

풀이 오렌지색 단사정계 결정
- 분해온도 225℃, 비중 2.15
- 물, 알코올에 잘 녹는다.
- **가열하면 약 225℃에서 분해하여 질소를 발생**

$(NH_4)_2Cr_2O_7 \rightarrow Cr_2O_3 + N_2\uparrow + 4H_2O$

16 니크로화합물 중 쓴맛이 있고 유독하며, 물에 전리하여 강한 산이 되며, 뇌관의 첨장약으로 사용되는 것은?

① 니트로글리세린
② 디아조화합물
③ 아크릴로니트릴류
④ 니트로화합물

풀이 아크릴로니트릴[$CH_2=CHCN$]
㉠ 인화점 : 0℃, 발화점 : 125℃, 비중 : 0.8, 연소범위 : 3.0~17%
㉡ 쓴맛이 있고 유독하며, 물에 전리하여 강한 산이 되며, 뇌관의 첨장약으로 사용된다.

정답 13. ④ 14. ④ 15. ③ 16. ③

17 질산의 성상에 관한 설명이다. 맞는 것은?

① 질산은 비휘발성 물질이다.
② $KClO_3$와 혼합하면 안정한 질산염이 생성된다.
③ 자신은 불연성 물질로 강한 환원력을 갖고 있다.
④ 위험물안전관리법상 질산의 비중이 1.49 이상을 위험물로 간주하고 있다.

풀이 소방법에 규제하는 진한 질산의 비중은 1.49 이상이고, 진한 질산을 가열할 경우 액체 표면에 적갈색의 증기가 떠 있게 된다.

18 과산화수소의 저장방법으로 올바르게 나타낸 것은?

① 착색병에 100% 넣고 밀봉해서 건조한 곳에 둔다.
② 폴리에틸렌병에 90% 이상 넣어 밀봉해서 보관한다.
③ 가스를 빼는 마개가 붙은 폴리에틸렌병에 90% 이하 넣어서 둔다.
④ 가스를 빼는 마개가 붙은 내산 유리병에 100% 넣어서 양지바른 곳에 둔다.

풀이 햇빛 차단, 화기엄금, 충격금지, 환기가 잘 되는 냉암소에 저장, 온도 상승 방지, 과산화수소의 저장용기마개는 구멍 뚫린 마개 사용(이유 : 용기의 내압상승을 방지하기 위하여) 10%의 여유공간을 둔다.

19 위험물 제조소에서 위험물게시판에 기재할 사항이 아닌 것은?

① 취급최대수량
② 위험물의 성분 · 함량
③ 위험물의 유별 · 품명
④ 위험물 안전관리자 성명

풀이 게시판에 기재해야 할 사항
유별 및 품명, 취급최대수량, 안전관리자 성명

20 유기과산화물의 저장시 주의사항으로서 옳지 않은 것은?

① 화기나 열원으로부터 멀리한다.
② 강한 환원제와 가까이 하지 않는다.
③ 직사일광을 피하고 찬 곳에 저장한다.
④ 산화제이므로 다른 산화제와 같이 저장해도 괜찮다.

풀이 산화제와 환원제 모두 가까이 하지 말아야 한다.

정답 17. ④ 18. ③ 19. ② 20. ④

21 아세트알데히드(CH_3CHO)의 성질에 관한 설명이다. 틀린 것은?

① 요오드포름 반응을 한다.
② 물, 에탄올, 에테르에 녹는다.
③ 산화되면 에탄올, 환원되면 아세트산이 된다.
④ 환원성을 이용하여 은거울반응과 페엘링반응을 한다.

풀이 산화되면 아세트산, 환원되면 에탄올이 된다.

22 위험물을 포장할 때 유의사항으로 바르게 기술한 것은?

① 재질은 어느 것이나 사용할 수 있다.
② 포장의 외부에 품명, 수량 등을 표시한다.
③ 포장 외부에 혼재 가능 위험물을 표시한다.
④ 수납구는 "위로"라는 글씨를 적색으로 쓴다.

풀이 위험물의 포장 외부에 표시해야 할 사항
㉠ 위험물의 품명
㉡ 화학명 및 수용성
㉢위험물의 수량
㉣ 수납위험물의 주의사항
㉤ 위험등급

23 아연 분말, 알루미늄 분말의 저장방법 중 옳은 것은?

① 에틸알코올 수용액을 넣어 보관
② 유리병에 넣어 건조한 곳에 저장
③ 폴리에틸렌병에 넣어 수분이 많은 곳에 보관
④ 염산 수용액을 넣어 보관한다.

풀이 아연 분말, 알루미늄 분말은 유리병에 넣어 건조한 곳에 저장

24 흑색 감광제로 사용하는 질산염은?

① $AgNO_3$
② $Fe(NO_3)_3$
③ $NaNO_3$
④ KNO_3

풀이 질산은[$AgNO_3$]
사진감광제, 사진제판, 보온병 제조 등에서 사용된다.

정답 21. ③ 22. ② 23. ② 24. ①

25 위험물안전관리법에 명시된 아세트알데히드의 옥외저장탱크에 필요한 설비가 아닌 것은?

① 보냉장치　② 냉각장치
③ 철이온 흡입방지장치　④ 불활성의 기체봉입장치

풀이 ② 디에틸에테르 또는 아세트알데히드 등의 저장에 관한 기준은 제273조, 제274조 및 제1항에 규정된 것 외에 다음의 기준에 의한다.

1. 옥외저장탱크, 옥내저장탱크 또는 이동저장탱크에 아세트알데히드 등을 저장하는 경우에는 그 탱크 안에 **불활성기체를 봉인**하여야 한다.
2. 옥외저장탱크 또는 옥내저장탱크 중 압력탱크 외의 탱크에 저장하는 디에틸에테르 또는 아세트알데히드 등의 온도는 산화프로필렌이나 이를 함유한 것 또는 디에틸에테르에 있어서는 30℃ 이하로, 아세트알데히드 또는 이를 함유한 것에 있어서는 **15℃ 이하로 각각 유지하여야 한다.**
3. 옥외저장탱크 또는 옥내저장탱크 중 압력탱크에 저장하는 아세트알데히드 등 또는 디에틸에테르의 온도는 40℃ 이하로 유지하여야 한다.
4. **보냉장치가 있는** 이동저장탱크에 저장하는 아세트알데히드 등 또는 디에틸에테르의 온도는 당해 위험물의 비점 이하로 유지하여야 한다.
5. 보냉장치가 없는 이동저장탱크에 저장하는 아세트알데히드 등 또는 디에틸에테르의 온도는 40℃ 이하로 유지하여야 한다.

26 인화점이 높은 화합물의 화재시 액온이 높아져 포 및 주수 등으로 소화시 수분이 비등하여 증발하여 포의 파괴(소포)로 소화가 곤란해지는 현상을 무엇이라 하는가?

① 슬롭오버(Slop over)　② 프로스오버(Froth over)
③ 파이어 볼(Fire ball)　④ 베이퍼 록(Vapor rock)

풀이 슬롭오버(Slop over) : 인화점이 높은 화합물의 화재시 액온이 높아져 포 및 주수 등으로 소화시 수분이 비등하여 증발하여 포의 파괴(소포)로 소화가 곤란해지는 현상

27 벤젠의 성질에 대한 설명으로 맞지 않는 사항은?

① 불포화결합을 이루고 있으나 첨가반응보다는 치환반응이 많다.
② 무색투명한 독특한 냄새를 가진 액체이다.
③ 물에 잘 녹으며 유기용매와 혼합된다.
④ 끓는점은 약 80℃이다.

풀이 벤젠[C_6H_6](지정수량 200ℓ)
인화점 : −11℃, 발화점 : 498℃, 비중 : 0.9, 연소범위 : 1.2~7.8%, 융점 : 5.5℃, 비점 : 80℃, **비수용성**

28 다음 중 황린의 자연발화가 쉽게 일어나는 이유로 올바른 것은?

① 조해성이 커서 공기 중 수분을 흡수하여 분해하기 때문이다.
② 환원력이 강하여 분해하여 폭발성가스를 생성하기 때문이다.

정답 25. ③　26. ①　27. ③　28. ③

③ 발화점이 매우 낮고 화학적 활성이 크기 때문이다.
④ 상온에서 산화성 고체이기 때문이다.

풀이 발화점이 매우 낮고 산소와 결합시 산화열이 크며 공기 중에 방치하면 액화되면서 자연발화를 일으킨다. (**자연발화를 일으키는 이유 : 발화점이 매우 낮고 화학적 활성이 크기 때문이다.**) 소화 후에도 방치하면 재 발화한다.

29 황린과 적린의 성질에 대한 설명 중 잘못된 것은?

① 황린이나 적린은 이황화탄소에 녹는다.
② 황린이나 적린은 물과 반응하지 않는다.
③ 적린은 황린에 비하여 화학적으로 활성이 작다.
④ 황린과 적린을 각각 연소시키면 P_2O_5이 생성된다.

풀이 적린은 이황화탄소에 녹지 않고, 황린은 이황화탄소에 잘 녹는다.

30 디에틸에테르의 취급방법으로 옳은 것은?

① 직사광선에 장시간 노출하여도 된다.
② 용기에 가득 채워 유동성이 없도록 하여 보관한다.
③ 용기는 갈색병을 사용하여 냉암소에 보관한다.
④ 용기가 약간 파손되어 증기가 누출되어도 된다.

풀이 ㉠ **용기는 갈색병을 사용하여 냉암소에 보관한다.**
㉡ 용기의 파손, 누출에 주의하고 통풍을 잘 시켜야 한다.
㉢ 팽창계수가 크므로 안전한 공간을 충분히 확보하고 화기를 멀리 한다.

31 유황의 성질을 옳게 나타낸 것은?

① 물에 잘 녹는다.
② 황색의 연한 금속이다.
③ 전기 절연체로 쓰이며 가연성고체이다.
④ 황의 동소체인 사방황, 단사황, 고무상황은 CS_2에 잘 녹는다.

풀이 전기절연체로 쓰이며, 탄성고무, 성냥, 화약 등에 쓰인다.

32 제4류 위험물의 위험물안전관리법령상 정의가 맞지 않는 것은?

① 특수인화물류라 함은 1기압에서 액체가 되는 것으로 발화점이 100℃ 이하 또는 인화점이 -20℃ 이하로서 비점이 40℃ 이하인 것을 말한다.
② 제1석유류라 함은 1기압에서 액체로서 21℃ 미만인 것을 말한다.

정답 29. ① 30. ③ 31. ③ 32. ④

③ 동식물류라 함은 1기압과 20℃에서 액체로 되는 동식물류를 말한다.
④ 제2석유류라 함은 1기압에서 액체로서 인화점이 70℃ 이상 200℃ 미만인 것을 말한다.

풀이 제3석유류라 함은 1기압에서 액체로서 인화점이 70℃ 이상 200℃ 미만인 것을 말한다.

33 다음 중 방수성이 있는 덮개를 해야 할 위험물만으로 구성된 것은?

① 과염소산염류, 삼산화크롬, 황린
② 무기과산화물, 과산화수소, 마그네슘 분
③ 철분, 금속분, 마그네슘 분
④ 염소산염류, 과산화수소, 금속분

풀이 제1류 위험물중 **무기과산화물류 삼산화크롬**, 제2류 위험물 중 철분, 금속분, 마그네슘 또는 **제3류 위험물**에 대하여는 방수성이 있는 피복으로 덮을 것

34 알루미늄(Al)분의 성질을 설명한 것 중 옳은 것은?

① 은백색의 중(重)금속이고, 불연성이다.
② 산에서만 녹아 수소가스를 발생한다.
③ 열의 전도성이 좋고, +3가의 화합물을 만든다.
④ 진한 질산과는 표면에 환원막이 생성되어 부동태로 되므로 잘 녹는다.

풀이 알루미늄(Al)분의 성질은 연성과 전성이 좋으며 **열전도율, 전기전도도가 크며, +3가의 화합물을 만든다.**

35 셀룰로이드류에 대한 설명 중 틀린 것은?

① 연소하면 산화질소, 시안화수소 등의 유독한 가스를 발생한다.
② 여름보다 겨울에 자연발화가 많고 순도가 낮을수록 자연발화가 쉽다.
③ 통풍환기가 나쁜 장소, 온도가 높은 곳에서 자연발화가 쉽다.
④ 일반적으로 착화온도가 180도이지만, 제품 저장하는 곳의 조건에 따라 낮은 온도에서도 착화할 위험이 있다.

풀이 순도가 높을수록 자연발화가 쉽다.

36 이황화탄소를 물속에 저장하는 이유로 타당한 것은?

① 가연성 증기의 발생을 억제하기 위해
② 적외선으로부터 분해되는 것을 방지하기 위해
③ 축중합반응을 방지하기 위해
④ 수용액상태로 존재시 안전하기 때문

풀이 이황화탄소를 물속에 저장하는 이유 : 가연성 증기의 발생을 억제하기 위해

정답 33. ③ 34. ③ 35. ② 36. ①

37 다음은 질산암모늄의 성질을 설명한 것이다. 옳은 것은?

① 흡습성이 없다.
② 강력한 산화제이기 때문에 혼합화약의 재료로 쓰인다.
③ 조해성이 없다.
④ 상온에서 폭발성 액체이다.

풀이
- 강력한 산화제이기 때문에 혼합화약의 재료로 쓰인다.
- 조해성이 있고 물, 알코올, 알칼리에 잘 녹는다.
- 물을 흡수하면 흡열반응을 한다.
- 급격히 가열하면 산소를 발생하고, 충격을 주면 단독으로도 폭발한다.

38 셀룰로이드류를 저장할 경우 가장 알맞은 장소는?

① 습도가 높고 온도가 높은 장소　② 습도가 높고 온도가 낮은 장소
③ 습도가 낮고 온도가 높은 장소　④ 습도가 낮고 온도가 낮은 장소

풀이 셀룰로이드류는 자연발화를 잘 일으키는 물질이므로 자연발화방지법을 숙지할 것(습도가 낮고 온도가 낮은 장소)

39 요오드값이 큰 건성유가 나타내는 성질은?

① 건조되기 쉽고 자연발화가 용이하다.
② 공기 중 환원중합으로 인화점이 아주 낮아진다.
③ 포화지방산을 많이 가지고 있어 공기 중에서 굳어지기 어렵다.
④ 불포화지방산을 적게 가지고 있으므로 공기 중에 방치하여도 액상을 유지한다.

풀이 요오드값이 큰 건성유는 건조되기 쉽고 자연발화가 용이하다.

40 다음 중 위험물 제조소에 물기엄금이라고 표시한 게시판을 설치해야 하는 위험물을 포함하는 유별은?

① 제2류 위험물　② 제3류 위험물
③ 제4류 위허물　④ 제5류 위험물

풀이
㉠ 제4류 위험물 및 제5류 위험물에 있어서는 "화기엄금"
㉡ 제1류 위험물중 무기과산화물, 삼산화크롬 및 **제3류 위험물에 있어서는 "물기엄금"**
㉢ 제2류 위험물에 있어서는 "화기주의"
㉣ 제6류 위험물에 있어서는 "물기주의"
㉤ 제1호 및 제3호 게시판은 적색바탕에 백색문자로, 제2호 및 제4호의 게시판은 청색바탕에 백색문자로 할 것

정답 37. ② 38. ④ 39. ① 40. ②

41 다음 물질 중 지정수량이 다른 물질은?

① 황화인 ② 적린

③ 철분 ④ 유황

풀이

제2류	가연성 고체	1. 황화인	100 kg
		2. 적린	100 kg
		3. 유황	100 kg
		4. 철분	500 kg
		5. 금속분	500 kg
		6. 마그네슘	500 kg
		7. 그 밖에 행정안전부령이 정하는 것 8. 제1호 내지 제7호의 1에 해당하는 어느 하나 이상을 함유한 것	100 kg 또는 500 kg
		9. 인화성고체	1,000 kg

42 금속리튬의 화학적 성질로 옳지 않은 것은?

① 상온에서 리튬은 산소와 반응하여 진홍색의 산화리튬을 생성한다.

② 물과 반응하여 수산화리튬과 수소를 생성한다.

③ 질소와 직접 결합하여 생성물로 질화리튬을 만든다.

④ 금속칼륨, 금속나트륨보다 화학 반응성이 크지 않다.

풀이 수소화리튬(LiH)

㉠ 대용량의 저장 용기에는 알곤과 같은 불활성 기체를 봉입한다.

㉡ 물과 반응하여 수산화리튬과 수소를 생성한다.

㉢ 질소와 직접 결합하여 생성물로 질화리튬을 만든다.

㉣ 금속칼륨, 금속나트륨보다 화학 반응성이 크지 않다.

43 주유 취급소의 보유공지는 너비 15m 이상, 길이 6m 이상의 콘크리트로 포장되어야 한다. 다음 중 가장 적합한 보유공지라고 할 수 있는 것은?

① 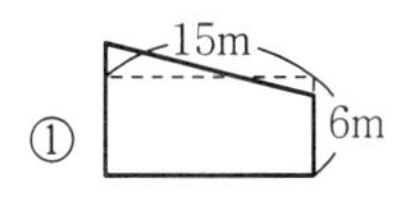

② 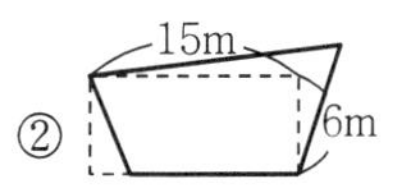

③ 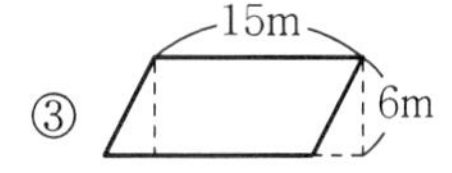

④ 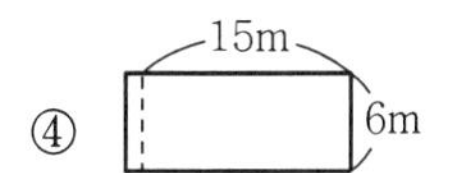

44 다음 각 물질에 대한 설명 중 틀린 것은?

① 유황은 물이나 산에 녹지 않는다.
② 오황화인은 CS_2에 녹는다.
③ 삼황화인은 가연성 물질이다.
④ 칠황화인은 더운 물에 분해하여 이산화황을 발생한다.

풀이 P_4S_7 담황색 결정으로 조해성이 있고, CS_2에 약간 녹고, **물에 녹아 유독한 H_2S를 발생하고** 유기합성 등에 쓰인다.

45 동·식물유류의 일반적 성질에 관한 내용이다. 거리가 먼 것은?

① 아마인유는 건성유이므로 자연발화의 위험이 존재한다.
② 요오드값이 클수록 포화지방산이 많으므로 자연발화의 위험이 적다.
③ 화재시 액온이 상승하여 대형화재로 발전하기 때문에
④ 동식물유는 대체로 인화점이 220~300℃ 정도이므로 연소위험성 측면에서 제4석유류와 유사하다.

풀이 요오드값이 클수록 포화지방산이 많으므로 자연발화의 위험이 크다.

46 진한 질산의 위험성과 저장에 대한 설명 중 적당하지 않은 것은?

① 부식성이 크고 산화성이 강하다.
② 황화수소와 접촉하면 폭발을 한다.
③ 일광에 쪼이면 분해되어 산소를 발생한다.
④ 저장 보호액으로는 물이 안전하다.

풀이 물과 반응하여 강한 산성을 나타낸다.

47 제1석유류 중에서 인화점이 -18℃, 분자량이 58.08이고 햇빛에 분해되며 착화온도가 538℃인 위험물은 다음 중 어느 것인가?

① 가솔린 ② 아세톤 ③ 에틸알코올 ④ 벤젠

풀이 아세톤(디메틸케톤 : [$(CH_3)_2CO$])(지정수량 400 ℓ)

- 인화점 : -18℃, 발화점 : 538℃, 비중 : 0.8, 연소범위 : 2.5~12.8%
- 무색의 휘발성 액체로 독특한 냄새가 있다.
- 수용성이며 유기용제(알코올, 에테르)와 잘 혼합된다.
- 아세틸렌을 저장할 때 용제로 사용된다.
- 피부에 닿으면 탈지작용이 있다.
- 요오드포름 반응을 한다.
- 일광에 의해 분해하여 과산화물을 생성시킨다.

정답 44. ④ 45. ② 46. ④ 47. ②

48 다음 중 규조토에 흡수시켜 다이나마이트를 제조할 때 사용되는 위험물은?

① 장뇌　　② 질산에틸
③ 니트로글리세린　　④ 니트로셀룰로오스

풀이 니트로글리세린(NG)[$C_3H_5(ONO_2)_3$]
- 비점 160℃, 융점 28℃, 증기비중 7.84
- 상온에서 무색투명한 기름 모양의 액체이며, 가열, 마찰, 충격에 민감하며 폭발하기 쉽다.
- 규조토에 흡수시킨 것은 다이너마이트라 한다.

49 그림과 같이 설치한 원형 탱크의 내용적을 구하는 공식이 올바른 것은?

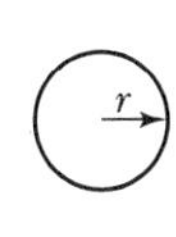

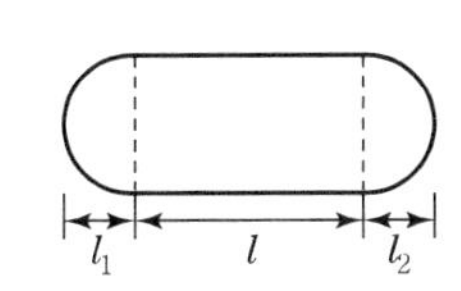

① $\dfrac{\pi ab}{4}\left(l+\dfrac{l_1-l_2}{3}\right)$
② $\dfrac{\pi ab}{4}\left(l+\dfrac{l_1+l_2}{3}\right)$
③ $\pi r^2\left(l+\dfrac{l_1+l_2}{3}\right)$
④ $\pi r^2 l$

풀이 1. 타원형 탱크의 내용적
가. 양쪽이 볼록한 것

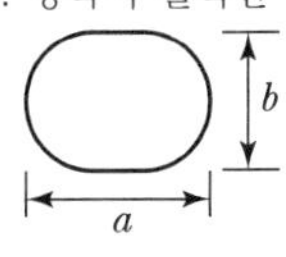

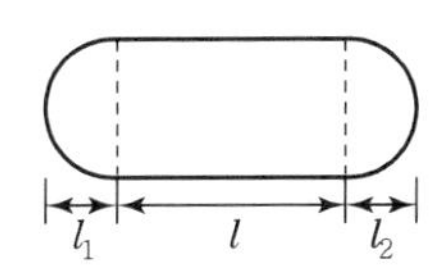

용량 : $\dfrac{\pi ab}{4}\left(l+\dfrac{l_1+l_2}{3}\right)$

나. 한쪽은 볼록하고 다른 한쪽은 오목한 것

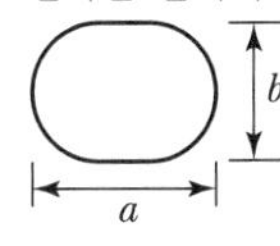

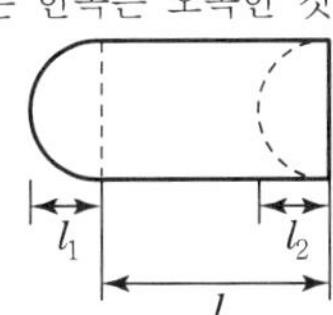

용량 : $\dfrac{\pi ab}{4}\left(l+\dfrac{l_1-l_{2f}}{3}\right)$

2. 원형 탱크의 내용적
가. 횡으로 설치한 것

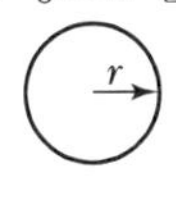

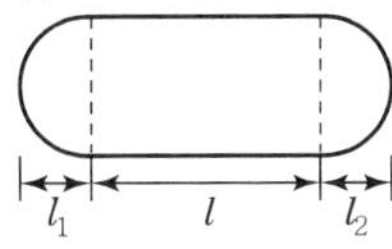

용량 : $\pi r^2\left(l+\dfrac{l_1+l_2}{3}\right)$

정답 48. ③　49. ③

나. 종으로 설치한 것

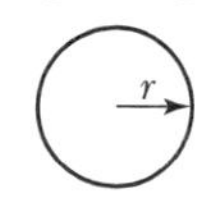

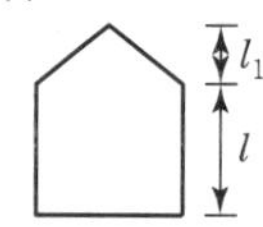

용량 : $\pi r^2 l$

50 제3류 위험물의 공통적인 성질을 설명한 것 중 옳은 것은?(단, 황린은 제외)

① 모두 무기화합물이다. ② 저장액으로 석유류를 이용한다.
③ 햇빛에 노출되는 순간 발화한다. ④ 물과 반응시 발열 또는 발화한다.

풀이 제3류 위험물은 금수성 물질로 물과 반응시 발열 또는 발화한다.

51 다음의 조건을 갖추고 있는 위험물은?

[조건]
- 지정수량은 20kg이고 백색 또는 담황색 고체이다.
- 상온에서 증기를 발생하고 천천히 산화된다.
- 비중 1.92, 융점 4℃, 비점 280℃, 발화점 34℃

① 적린 ② 황린 ③ 유황 ④ 마그네슘

풀이 황린은 백색 또는 담황색의 가연성고체이고 발화점이 34℃로 낮기 때문에 자연발화하기 쉽다. 비중 1.92, 융점 4℃, 비점 280℃, 발화점 34℃, 상온에서 증기를 발생하고 천천히 산화된다.

정답 50. ④ 51. ②

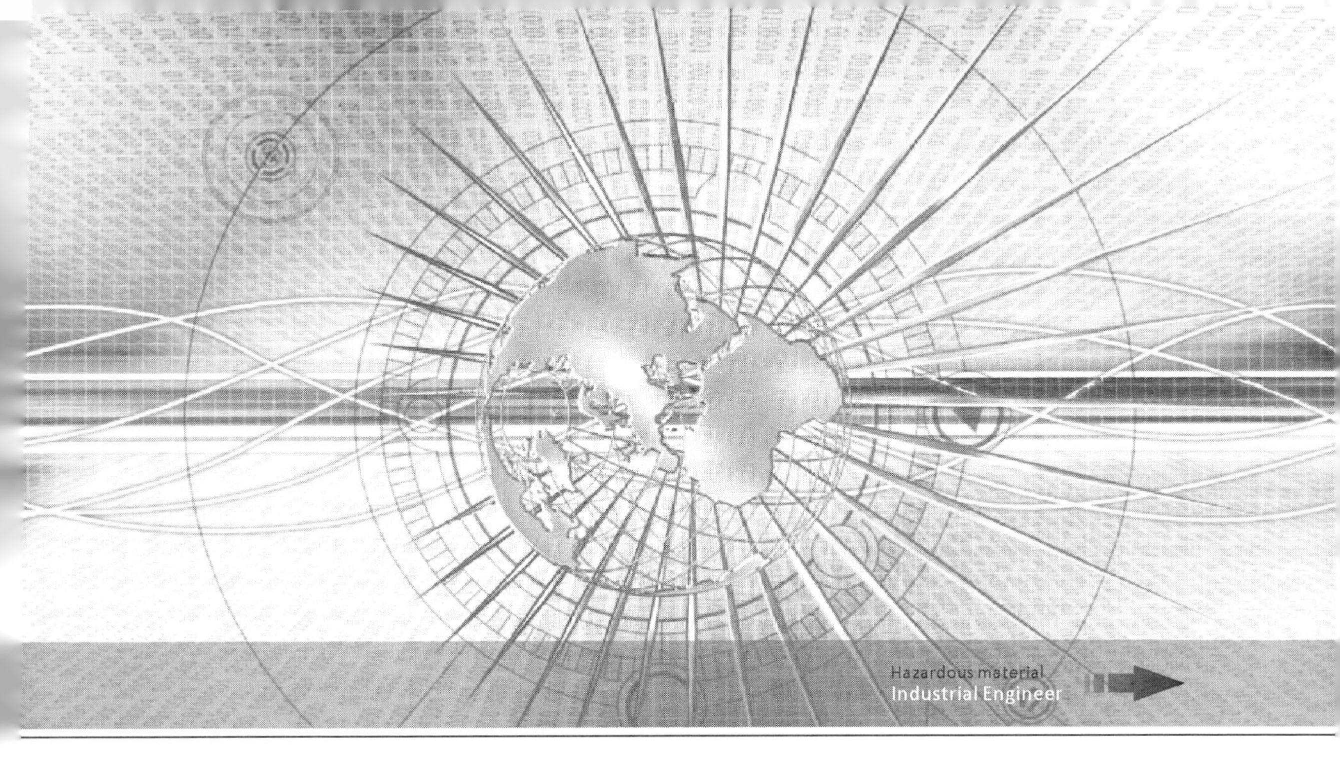

제3편
과년도 기출문제

Contents

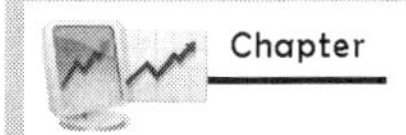

Chapter

위험물기능사

(2010년 1월 31일)

Hazardous material Industrial Engineer

1 제5류 위험물의 화재예방상 주의사항으로 가장 거리가 먼 것은?

① 점화원의 접근을 피한다.
② 통풍이 양호한 찬 곳에 저장한다.
③ 소화설비는 질식효과가 있는 것을 위주로 준비한다.
④ 가급적 소분하여 저장한다.

풀이 제5류 위험물은 물질 자체에 다량의 산소를 함유하고 있기 때문에 질식효과는 소화효과가 없다.

2 한국소방산업기술원이 시 · 도지사로부터 위탁받아 수행하는 탱크안전성능검사 업무와 관계없는 액체 위험물탱크는?

① 암반탱크 ② 지하탱크저장소의 이중벽탱크
③ 100만 리터 용량의 지하저장탱크 ④ 옥외에 있는 50만 리터 용량의 취급탱크

풀이 옥외에 있는 100만 리터 이상의 용량의 취급탱크

3 액화 이산화탄소 1kg이 25℃, 2atm의 공기 중으로 방출되었을 때 방출된 기체상의 이산화탄소의 부피는 약 몇 L가 되는가?

① 278 ② 556
③ 1,111 ④ 1,985

풀이 CO_2
1,000g : x ℓ
44g : 22.4 ℓ
$x = 509$ ℓ
온도와 압력을 보정하면 다음과 같다.
$x = 509 \times \frac{273+25}{273} \times \frac{1}{2} = 278$

정답 1. ③ 2. ④ 3. ①

4 위험물제조소에서 국소방식의 배출설비 배출능력은 1시간당 배출장소 용적의 몇 배 이상인 것으로 하여야 하는가?

① 5　② 10　③ 15　④ 20

풀이 배출설비

가연성의 증기 또는 미분이 체류할 우려가 있는 건축물에는 그 증기 또는 미분을 옥외의 높은 곳으로 배출할 수 있도록 다음 각호의 기준에 의하여 배출설비를 설치하여야 한다.

1. 배출설비는 국소방식으로 하여야 한다. 다만, 다음 각목의 1에 해당하는 경우에는 전역방식으로 할 수 있다.
   가. 위험물취급설비가 배관이음 등으로만 된 경우
   나. 건축물의 구조·작업장소의 분포 등의 조건에 의하여 전역방식이 유효한 경우
2. 배출설비는 배풍기·배출닥트·후드 등을 이용하여 강제적으로 배출하는 것으로 하여야 한다.
3. 배출능력은 1시간당 배출장소 용적의 20배 이상인 것으로 하여야 한다. 다만, 전역방식의 경우에는 바닥면적 $1m^2$당 $18m^3$ 이상으로 할 수 있다.
4. 배출설비의 급기구 및 배출구는 다음 각목의 기준에 의하여야 한다.
   가. 급기구는 높은 곳에 설치하고, 가는 눈의 구리망 등으로 인화방지망을 설치할 것
   나. 배출구는 지상 2m 이상으로서 연소의 우려가 없는 장소에 설치하고, 배출닥트가 관통하는 벽부분의 바로 가까이에 화재시 자동으로 폐쇄되는 방화댐퍼를 설치할 것
5. 배풍기는 강제배기방식으로 하고, 옥내닥트의 내압이 대기압 이상이 되지 아니하는 위치에 설치하여야 한다.

5 이산화탄소 소화약제의 주된 소화효과 2가지에 가장 가까운 것은?

① 부촉매효과, 제거효과　② 질식효과, 냉각효과
③ 억제효과, 부촉매효과　④ 제거효과, 억제효과

풀이 이산화탄소 소화약제의 주된 소화효과 2가지는 질식효과, 냉각효과이다.

6 마그네슘을 저장 및 취급하는 장소에 설치해야 할 소화기는?

① 포소화기　② 이산화탄소소화기
③ 할로겐화합물소화기　④ 탄산수소염류분말소화기

풀이 금속분말의 소화효과는 탄산수소염류분말소화기가 가장 효과적이다.

7 산·알칼리 소화기에 있어서 탄산수소나트륨과 황산의 반응시 생성되는 물질을 모두 옳게 나타낸 것은?

① 황산나트륨, 탄산가스, 질소　② 염화나트륨, 탄산가스, 질소
③ 황산나트륨, 탄산가스, 물　④ 염화나트륨, 탄산가스, 물

풀이 $2NaHCO_3 + H_2SO_4 \rightarrow Na_2SO_4 + 2CO_2 + 2H_2O$

정답 4. ④　5. ②　6. ④　7. ③

8 공기포소화약제의 혼합방식 중 펌프의 토출관과 흡입관 사이의 배관 도중에 설치된 흡입기에 펌프에서 토출된 물의 일부를 보내고 농도조절밸브에서 조정된 포소화약제의 필요량을 포소화약제 탱크에서 펌프 흡입 측으로 보내어 이를 혼합하는 방식은?

① 프레져 프로포셔너 방식 ② 펌프 프로포셔너 방식
③ 프레져 사이드 프로포셔너 방식 ④ 라인 프로포셔너 방식

풀이 펌프의 토출관과 흡입관 사이의 배관 도중에 흡입기를 설치하여 펌프에서 토출된 물의 일부를 보내고 농도조절밸브에서 조정된 포소화약제의 필요량을 포소화약제 탱크에서 펌프 흡입 측으로 보내어 이를 혼합하는 방식

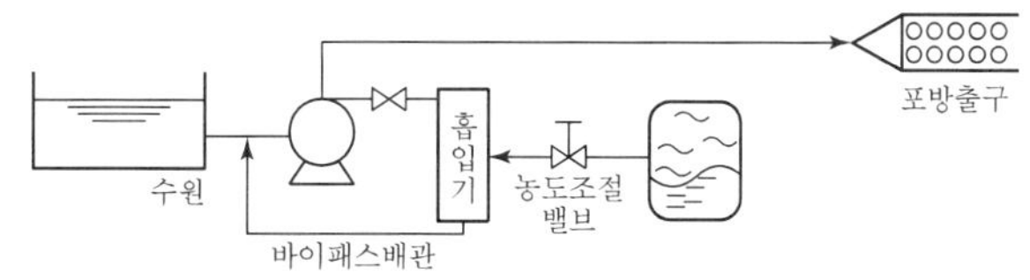

9 착화온도가 낮아지는 경우가 아닌 것은?

① 압력이 높을 때 ② 습도가 높을 때
③ 발열량이 클 때 ④ 산소와 친화력이 좋을 때

풀이 착화점이 낮아지는 조건
㉠ 발열량, 화학적 활성도, 산소와 친화력, 압력이 높을 때
㉡ 분자구조가 복잡할 때
㉢ 열전도율, 공기압, 습도 및 가스압이 낮을 때

10 이송취급소에 설치하는 경보설비의 기준에 따라 이송기지에 설치하여야 하는 경보설비로만 이루어진 것은?

① 확성장치, 비상벨장치 ② 비상방송설비, 비상경보설비
③ 확성장치, 비상방송설비 ④ 비상방송설비, 자동화재탐지설비

풀이 경보설비
이송취급소에는 다음 각목의 기준에 의하여 경보설비를 설치하여야 한다.
① 이송기지에는 비상벨장치 및 확성장치를 설치할 것
② 가연성 증기를 발생하는 위험물을 취급하는 펌프실 등에는 가연성증기 경보설비를 설치할 것

11 위험물제조소를 설치하고자 하는 경우, 제조소와 초등학교 사이에는 몇 미터 이상의 안전거리를 두어야 하는가?

① 50 ② 40 ③ 30 ④ 20

풀이 학교 · 병원 · 극장 그 밖에 다수인을 수용하는 시설로서 다음의 1에 해당하는 것에 있어서는 30m 이상

정답 8. ② 9. ② 10. ① 11. ③

12 소화작용에 대한 설명으로 옳지 않은 것은?

① 냉각소화 : 물을 뿌려서 온도를 저하시키는 방법
② 질식소화 : 불연성 포말로 연소물을 덮어 씌우는 방법
③ 제거소화 : 가연물을 제거하여 소화시키는 방법
④ 희석소화 : 산·알칼리를 중화시켜 연쇄반응을 억제시키는 방법

풀이 희석소화
- 가연성 기체가 계속해서 연소를 일으키기 위해서는 가연성 가스와 공기와의 혼합농도범위 즉 연소범위 내일 때 연소를 일으키기 때문에 연소하한값 이하로 낮추어 희석시키는 방법
- 수용성 액체위험물 알코올, 에테르, 아세톤 등의 화재 시 물을 대량 방수하여 농도를 낮게 하는 방법이 희석소화의 일종이다.

13 옥내소화전설비의 기준에서 "시동표시등"을 옥내소화전함의 내부에 설치할 경우 그 색상으로 옳은 것은?

① 적색 ② 황색
③ 백색 ④ 녹색

풀이 "시동표시등"을 옥내소화전함의 내부에 설치할 경우 그 색상은 적색으로 표시한다.

14 위험물을 취급함에 있어서 정전기를 유효하게 제거하기 위한 설비를 설치하고자 한다. 공기 중의 상대 습도를 몇 % 이상 되게 하여야 하는가?

① 50 ② 60
③ 70 ④ 80

풀이 정전기 제거설비

위험물을 취급함에 있어서 정전기가 발생할 우려가 있는 설비에는 다음 각목의 1에 해당하는 방법으로 정전기를 유효하게 제거할 수 있는 설비를 설치하여야 한다.
- 접지에 의한 방법
- 공기 중의 상대습도를 70% 이상으로 하는 방법
- 공기를 이온화하는 방법
- 전기의 도체를 사용하는 방법
- 제전기를 설치한다.

15 다음 중 주된 연소형태가 표면연소인 것은?

① 숯 ② 목재 ③ 플라스틱 ④ 나프탈렌

풀이 표면연소는 목탄(숯), 코크스, 금속분 등이 열분해하여 고체가 표면이 고온을 유지하면서 가연성 가스를 발생하지 않고 그 물질 자체가 표면이 빨갛게 변화면서 연소하는 형태

정답 12. ④ 13. ① 14. ③ 15. ①

16 위험물안전관리법령상 피난설비에 해당하는 것은?

① 자동화재탐지설비 ② 비상방송설비
③ 자동식사이렌설비 ④ 유도등

풀이 화재가 발생할 경우 피난하기 위하여 사용하는 기구 또는 설비로서 다음 각 목의 것
① 미끄럼대, 피난사다리, 구조대, 완강기, 피난교, 피난밧줄, 공기안전매트 그 밖의 피난기구
② 방열복, 공기호흡기 및 인공소생기
③ 유도등 및 유도표지
④ 비상조명등 및 휴대용비상조명등

17 전기불꽃에 의한 에너지식을 옳게 나타낸 것은?(단, E는 전기불꽃 에너지, C는 전기용량, Q는 전기량, V는 방전전압이다.)

① $E=\frac{1}{2}QV$ ② $E=\frac{1}{2}QV^2$ ③ $E=\frac{1}{2}CV$ ④ $E=\frac{1}{2}VQ^2$

풀이 전기불꽃에 의한 에너지식은 $E=\frac{1}{2}QV$(단, E는 전기불꽃 에너지, C는 전기용량, Q는 전기량, V는 방전전압이다.)

18 제조소의 옥외에 모두 3기의 휘발유 취급탱크를 설치하고 그 주위에 방유제를 설치하고자 한다. 방유제 안에 설치하는 각 취급탱크의 용량이 6만L, 2만L, 1만L일 때 필요한 방유제의 용량은 몇 L 이상인가?

① 66,000 ② 60,000 ③ 33,000 ④ 30,000

풀이 옥외에 있는 위험물취급탱크로서 액체위험물(이황화탄소를 제외한다.)을 취급하는 것의 주위에는 다음의 기준에 의하여 방유제를 설치할 것
① 하나의 취급탱크 주위에 설치하는 방유제의 용량은 당해 탱크용량의 50% 이상으로 하고, 2 이상의 취급탱크 주위에 하나의 방유제를 설치하는 경우 그 방유제의 용량은 당해 탱크 중 용량이 최대인 것의 50%에 나머지 탱크용량 합계의 10%를 가산한 양 이상이 되게 할 것. 이 경우 방유제의 용량은 당해 방유제의 내용적에서 용량이 최대인 탱크 외의 탱크의 방유제 높이 이하 부분의 용적, 당해 방유제 내에 있는 모든 탱크의 지반면 이상 부분의 기초의 체적, 간막이 둑의 체적 및 당해 방유제 내에 있는 배관 등의 체적을 뺀 것으로 한다.
② 방유제의 구조 및 설비는 별표 6 Ⅸ제1호 나목·사목·차목·카목 및 파목의 규정에 의한 옥외저장탱크의 방유제의 기준에 적합하게 할 것

19 다음 중 소화약제가 아닌 것은?

① CF_3Br ② $NaHCO_3$ ③ $Al_2(SO_4)_3$ ④ $KClO_4$

풀이 $KClO_4$(과염소산칼륨)은 제1류 위험물에 해당된다.

정답 16. ④ 17. ① 18. ③ 19. ④

20 다음 중 위험물 화재시 주수소화가 오히려 위험한 것은?

① 과염소산칼륨　② 적린
③ 황　④ 마그네슘분

풀이 마그네슘 소화방법
- 분말의 비산을 막기 위해 모래나 멍석으로 피복 후 주수소화한다.
- 물, 건조분말, CO_2, N_2, 포, 할로겐화물 소화약제는 적응성이 없으므로 사용을 금지한다.

21 염소산칼륨의 성질에 대한 설명으로 옳은 것은?

① 가연성 액체이다.　② 강력한 산화제이다.
③ 물보다 가볍다.　④ 열분해하면 수소를 발생한다.

풀이 염소산칼륨($KClO_3$)(=염소산칼리=클로로산칼리)
- 무색, 무취단사정계 판상결정 또는 불연성 분말로서 이산화망간 등이 존재하면 분해가 촉진되어 산소를 방출한다.
- 분해온도 400℃, 비중 2.32, 융점 368.4℃, 용해도 7.3(20℃)
- 산성 물질로 온수, 글리세린에 잘 녹고, 냉수, 알코올에는 잘 녹지 않는다.
- 촉매 없이 400℃ 부근에서 분해
  $2KClO_3 \rightarrow KCl + KClO_4 + O_2\uparrow$

22 다음 위험물 중 물에 대한 용해도가 가장 낮은 것은?

① 아크릴산　② 아세트알데히드
③ 벤젠　④ 글리세린

풀이 벤젠의 일반적 성질
인화점 : −11℃, 발화점 : 498℃, 비중 : 0.9, 연소범위 : 1.2~7.8%, 융점 : 5.5℃, 비점 : 80℃, 비수용성

23 과산화수소의 운반용기 외부에 표시하여야 하는 주의사항은?

① 화기주의　② 충격주의
③ 물기엄금　④ 가연물접촉주의

풀이 수납하는 위험물에 따라 다음의 규정에 의한 주의사항
① 제1류 위험물 중 알칼리금속의 과산화물 또는 이를 함유한 것에 있어서는 "화기·충격주의", "물기엄금" 및 "가연물접촉주의", 그 밖의 것에 있어서는 "화기·충격주의" 및 "가연물접촉주의"

정답 20. ④　21. ②　22. ③　23. ④

② 제2류 위험물 중 철분·금속분·마그네슘 또는 이들 중 어느 하나 이상을 함유한 것에 있어서는 "화기주의" 및 "물기엄금", 인화성 고체에 있어서는 "화기엄금", 그 밖의 것에 있어서는 "화기주의"
③ 제3류 위험물 중 자연발화성 물질에 있어서는 "화기엄금" 및 "공기접촉엄금", 금수성 물질에 있어서는 "물기엄금"
④ 제4류 위험물에 있어서는 "화기엄금"
⑤ 제5류 위험물에 있어서는 "화기엄금" 및 "충격주의"
⑥ 제6류 위험물에 있어서는 "가연물접촉주의"

24 탄화칼슘 취급시 주의해야 할 사항으로 옳은 것은?

① 산화성 물질과 혼합하여 저장할 것
② 물의 접촉을 피할 것
③ 은, 구리 등의 금속용기에 저장할 것
④ 화재발생시 이산화탄소소화약제를 사용할 것

풀이 탄화칼슘(카바이트, CaC_2)

- 백색의 입방 결정이고 비중 : 2.22, 융점 : 2370℃, 발화점 : 335℃
- 순수한 것은 백색의 고체이나 보통은 회흑색 덩어리 상태의 괴상고체이다.
- 물과 반응하여 수산화칼슘(=소석회)과 아세틸렌가스가 생성된다.
  $CaC_2 + 2H_2O \rightarrow Ca(OH)_2 + C_2H_2 \uparrow$

25 다음 중 위험물의 분류가 옳은 것은?

① 유기과산화물 - 제1류 위험물
② 황화인 - 제2류 위험물
③ 금속분 - 제3류 위험물
④ 무기과산화물 - 제5류 위험물

풀이 ① 유기과산화물 - 제5류 위험물
② 황화인 - 제2류 위험물
③ 금속분 - 제2류 위험물
④ 무기과산화물 - 제1류 위험물

26 과산화바륨에 대한 설명 중 틀린 것은?

① 약 840℃의 고온에서 분해하여 산소를 발생한다.
② 알칼리금속의 과산화물에 해당된다.
③ 비중은 1보다 크다.
④ 유기물과의 접촉을 피한다.

풀이 과산화바륨은 알칼리금속 이외의 무기 과산화물에 해당된다.

정답 24. ② 25. ② 26. ②

27 다음 중 일반적으로 알려진 황화인의 3종류에 속하지 않는 것은?

① P_4S_3 ② P_2S_5 ③ P_4S_7 ④ P_2S_9

풀이 황화인의 3종류

	삼황화인	오황화인	칠황화인
화학식	P_4S_3	P_2S_5	P_4S_7
비중	2.03	2.09	2.19
비점	407℃	514℃	523℃
융점	172℃	290℃	310℃
착화점	약 100℃	-	-
색상	황색 결정	담황색 결정	담황색 결정
물의 용해성	불용성	조해성	조해성
CS_2의 용해성	소량	77g/100g	0.03g/100g

28 알칼리금속 과산화물에 관한 일반적인 설명으로 옳은 것은?

① 안정한 물질이다. ② 물을 가하면 발열한다.
③ 주로 환원제로 사용된다. ④ 더 이상 분해되지 않는다.

풀이 알칼리금속의 과산화물 단독으로 타지 않고, 리튬(Li), 나트륨(Na), 칼륨(K), 루비듐(Rb), 세슘(CS) 등의 과산화물은 금수성 물질로 분말 소화약제의 탄산수소 염류, 건조사, 암분, 소다 등으로 피복 소화한다. 알칼리금속과 알코올이 반응하면 알코올리드와 수소(H_2)를 발생한다.

29 다음 위험물 중 발화점이 가장 낮은 것은?

① 황 ② 삼황화인 ③ 황린 ④ 아세톤

풀이 황린의 일반적 성질 : 비중 1.92, 융점 44℃, 비점 280℃, 발화점 34℃,

30 니트로셀룰로오스에 관한 설명으로 옳은 것은?

① 용제에는 전혀 녹지 않는다. ② 질화도가 클수록 위험성이 증가한다.
③ 물과 작용하여 수소를 발생한다. ④ 화재발생시 질식소화가 가장 적합하다.

풀이 니트로셀룰로오스(NC) : [$C_6H_7O_2(ONO_2)_3$] = 질화면

- 셀룰로오스에 진한 질산(3)과 진한 황산(1)의 비율로 혼합작용시키면 니트로셀룰로오스가 만들어진다.
- 분해온도 130℃, 자연발화온도 180℃
- 무연화약으로 사용되며 질화도가 클수록 위험하다.

정답 27. ④ 28. ② 29. ③ 30. ②

④ 햇빛, 열, 산에 의해 자연발화의 위험이 있다.
⑤ 질화도 : 니트로 셀룰로오스 중의 질소 함유 %
⑥ 니트로셀룰로오스를 저장・운반 시 물 또는 알코올에 습면하고, 안정제를 가해서 냉암소에 저장한다.

31 다음 중 제6류 위험물에 해당하는 것은?

① 과산화수소 ② 과산화나트륨
③ 과산화칼륨 ④ 과산화벤조일

풀이 제6류 위험물 : 과산화수소, 질산, 과염소산

32 과산화수소에 대한 설명으로 옳은 것은?

① 강산화제이지만 환원제로도 사용한다.
② 알코올, 에테르에는 용해되지 않는다.
③ 20~30% 용액을 옥시돌(Oxydol)이라고도 한다.
④ 알칼리성 용액에서는 분해가 안 된다.

풀이 일반적인 성질

- 무색의 액체이며, 오존 냄새가 나고 비중은 1.5이다. 물보다 무겁고 수용액이 불안하여 금속가루나 수산이온이 있으면 분해한다.
- 물, 알코올, 에테르에는 녹지만, 벤젠・석유에는 녹지 않는다.
- 산화제 및 환원제로도 사용되며 표백, 살균작용을 한다.(그 이유는 상온에서 $2H_2O_2 \rightarrow 2H_2O + O_2$로 분해서 발생기 산소를 발생하기 때문에)
- 과산화수소 3%의 용액을 소독약인 옥시풀이라 한다.
- 36% 이상은 위험물에 속한다. 일반 시판품은 30~40%의 수용액으로 분해하기 쉬우므로 인산(H_3PO_4) 등 안정제를 가하거나 약산성으로 만든다.

33 질산에 대한 설명 중 틀린 것은?

① 환원성 물질과 혼합하면 발화할 수 있다.
② 분자량은 약 63이다.
③ 위험물안전관리법령상 비중이 1.82 이상이 되어야 위험물로 취급된다.
④ 분해하면 인체에 해로운 가스가 발생한다.

풀이 위험물안전관리법령상 비중이 1.49 이상이 되어야 위험물로 취급된다.

34 트리에틸알루미늄의 안전관리에 관한 설명 중 틀린 것은?

① 물과의 접촉을 피한다. ② 냉암소에 저장한다.
③ 화재발생시 팽창질석을 사용한다. ④ I_2 또는 Cl_2 가스의 분위기에서 저장한다.

정답 31. ① 32. ① 33. ③ 34. ④

풀이 알킬기(C_nH_{2n+1})와 알루미늄의 화합물 또는 알킬기, 알루미늄과 할로겐원소의 화합물을 말하며, 불활성 기체를 봉입하는 장치를 갖추어야 한다.

35 금속나트륨의 저장방법으로 옳은 것은?

① 에탄올 속에 넣어 저장한다.
② 물 속에 넣어 저장한다.
③ 젖은 모래 속에 넣어 저장한다.
④ 경유 속에 넣어 저장한다.

풀이 보호액(등유, 경유, 파라핀유, 벤젠) 속에 저장할 것(공기와의 접촉을 막기 위하여)

36 다음 물질 중 과염소산칼륨과 혼합했을 때 발화폭발의 위험이 가장 높은 것은?

① 석면 ② 금 ③ 유리 ④ 목탄

풀이 가연물과의 혼합 시 가열, 마찰, 외부적 충격에 의해 폭발한다.

37 벤젠의 성질에 대한 설명 중 틀린 것은?

① 무색의 액체로서 휘발성이 있다.
② 불을 붙이면 그을음이 내며 탄다.
③ 증기는 공기보다 무겁다.
④ 물에 잘 녹는다.

풀이 벤젠은 물에 녹지 않는다.

38 위험물시설에 설치하는 소화설비와 관련한 소요단위의 산출방법에 관한 설명 중 옳은 것은?

① 제조소 등의 옥외에 설치된 공작물은 외벽이 내화구조인 것으로 간주한다.
② 위험물은 지정수량의 20배를 1소요단위로 한다.
③ 취급소의 건축물은 외벽이 내화구조인 것은 연면적 $75m^2$를 1소요단위로 한다.
④ 제조소의 건축물은 외벽이 내화구조인 것은 연면적 $150m^2$를 1소요단위로 한다.

풀이 소요단위의 계산방법

건축물 그 밖의 공작물 또는 위험물의 소요단위의 계산방법은 다음의 기준에 의할 것

- 제조소 또는 취급소의 건축물은 외벽이 내화구조인 것은 연면적(제조소 등의 용도로 사용되는 부분 외의 부분이 있는 건축물에 설치된 제조소 등에 있어서는 당해 건축물 중 제조소 등에 사용되는 부분의 바닥면적의 합계를 말한다. 이하 같다) $100m^2$를 1소요단위로 하며, 외벽이 내화구조가 아닌 것은 연면적 $50m^2$를 1소요단위로 할 것
- 저장소의 건축물은 외벽이 내화구조인 것은 연면적 $150m^2$를 1소요단위로 하고, 외벽이 내화구조가 아닌 것은 연면적 $75m^2$를 1소요단위로 할 것
- 제조소 등의 옥외에 설치된 공작물은 외벽이 내화구조인 것으로 간주하고 공작물의 최대수평투영면적을 연면적으로 간주하여 1) 및 2)의 규정에 의하여 소요단위를 산정할 것
- 위험물은 지정수량의 10배를 1소요단위로 할 것

정답 35. ④ 36. ④ 37. ④ 38. ①

39 트리에틸알루미늄이 물과 반응하였을 때 발생하는 가스는?

① 메탄　　② 에탄
③ 프로판　　④ 부탄

풀이 트리에틸알루미늄은 물과 접촉하면 폭발적으로 반응하여 에탄(C_2H_6)을 발생시킨다.
$(C_2H_5)_3Al + 3H_2O \rightarrow Al(OH)_3 + 3C_2H_6$

40 염소산칼륨과 염소산나트륨의 공통성질에 대한 설명으로 적합한 것은?

① 물과 작용하여 발열 또는 발화한다.
② 가연물과 혼합시 가열, 충격에 의해 연소위험이 있다.
③ 독성이 없으나 연소생성물은 유독하다.
④ 상온에서 발화하기 쉽다.

풀이 염소산칼륨과 염소산나트륨의 공통성질은 가연물과 혼합시 가열, 충격에 의해 연소위험이 있다.

41 아세톤에 관한 설명 중 틀린 것은?

① 무색 휘발성이 강한 액체이다.
② 조해성이 있으며 물과 반응시 발열한다.
③ 겨울철에도 인화의 위험성이 있다.
④ 증기는 공기보다 무거우며 액체는 물보다 가볍다.

풀이 아세톤의 일반적인 성질
- 인화점 : −18℃, 발화점 : 538℃, 비중 : 0.8, 연소범위 : 2.5~12.8%
- 무색의 휘발성 액체로 독특한 냄새가 있다.
- 수용성이며 유기용제(알코올, 에테르)와 잘 혼합된다.
- 아세틸렌을 저장할 때 용제로 사용된다.

42 탄화알루미늄이 물과 반응하여 생기는 현상이 아닌 것은?

① 산소가 발생한다.
② 수산화알루미늄이 생성된다.
③ 열이 발생한다.
④ 메탄가스가 발생한다.

풀이 탄화알루미늄(Al_4C_3)
① 황색결정 또는 분말이고 비중 : 2.36, 융점 : 2,200℃, 승화점 : 1,800℃

정답 39. ②　40. ②　41. ②　42. ①

② 황색(순수한 것은 백색)의 단단한 결정 또는 분말로서 1,400℃ 이상 가열시 분해한다. 위험성으로서 물과 반응하여 가연성 메탄가스를 발생하므로 인화 위험이 있다.

$Al_4C_3 + 12H_2O \rightarrow 4Al(OH)_3 + 3CH_4 \uparrow$

43 무색의 액체로 융점이 -112℃이고 물과 접촉하면 심하게 발열하는 제6류 위험물은?

① 과산화수소 ② 과염소산
③ 질산 ④ 오불화요오드

풀이 과염소산의 일반적인 성질

- 무색, 무취의 유동하기 쉬운 액체로 흡습성이 강하며 휘발성이 있고, 가열하면 폭발하고 산성이 강한 편이다.
- 불연성 물질이지만 염소산 중에서 제일 강한 산이다.
- 비중 1.76, 융점 -112℃, 비점 39℃
- 과염소산은 물과 작용해서 액체수화물을 만든다.
- 금속 또는 금속산화물과 반응하여 과염소산염을 만들며 Fe, Cu, Zn과 격렬히 반응하여 산화물을 만든다.

44 염소산나트륨을 가열하여 분해시킬 때 발생하는 기체는?

① 산소 ② 질소 ③ 나트륨 ④ 수소

풀이 염소산나트륨의 일반성질

비중 2.5(15℃), 융점 248℃, 용해도 101(20℃), 분해온도 300℃(산소를 발생)

$2NaClO_3 \rightarrow 2NaCl + 3O_2$

45 과산화칼륨에 대한 설명 중 틀린 것은?

① 융점은 약 490℃이다.
② 무색 또는 오렌지색의 분말이다.
③ 물과 반응하여 주로 수소를 발생한다.
④ 물보다 무겁다.

풀이 과산화칼륨과 물과 반응하여 산소를 방출시킨다.

$2K_2O_2 + 2H_2O \rightarrow 4KOH + O_2$

46 등유에 대한 설명으로 틀린 것은?

① 휘발유보다 착화온도가 높다. ② 증기는 공기보다 무겁다.
③ 인화점은 상온(25℃)보다 높다. ④ 물보다 가볍고 비수용성이다.

풀이 가솔린의 착화온도 : 300℃, 등유의 착화온도 : 210℃

정답 43. ② 44. ① 45. ③ 46. ①

47 다이너마이트의 원료로 사용되며 건조한 상태에서는 타격, 마찰에 의하여 폭발의 위험이 있으므로 운반시 물 또는 알코올을 첨가하여 습윤시키는 위험물은?

① 벤조일퍼옥사이드　　② 트리니트로톨루엔
③ 니트로셀룰로오스　　④ 디니트로나프탈렌

풀이 니트로셀룰로오스(NC) : $[C_6H_7O_2(ONO_2)_3]$ = 질화면

- 셀룰로오스에 진한 질산(3)과 진한 황산(1)의 비율로 혼합작용시키면 니트로셀룰로오스가 만들어진다.
- 분해온도 130℃, 자연발화온도 180℃
- 무연화약으로 사용되며 질화도가 클수록 위험하다.
- 햇빛, 열, 산에 의해 자연발화의 위험이 있다.
- 질화도 : 니트로셀룰로오스 중의 질소 함유 %
- 니트로셀룰로오스를 저장·운반 시 물 또는 알코올에 습면하고, 안정제를 가해서 냉암소에 저장한다.

48 황의 성상에 관한 설명을 틀린 것은?

① 연소할 때 발생하는 가스는 냄새를 갖고 있으나 인체에 무해하다.
② 미분이 공기 중에 떠 있을 때 분진폭발의 우려가 있다.
③ 용융된 황을 물에서 급랭하면 고무상황을 얻을 수 있다.
④ 연소할 때 아황산가스를 발생한다.

풀이 공기 중에서 연소하면 푸른빛을 내며 아황산가스(SO_2)를 발생한다.
$S + O_2 \rightarrow SO_2$

49 황린의 취급에 관한 설명으로 옳은 것은?

① 보호액의 pH를 측정한다.　　② 1기압, 25℃의 공기 중에 보관한다.
③ 주소에 의한 소화는 절대 금한다.　　④ 취급시 보호구는 착용하지 않는다.

풀이 강알칼리 용액과 반응하여 PH=9 이상이 되면 가연성, 유독성의 포스핀 가스를 발생한다.
$P_4 + 3KOH + 3H_2O \rightarrow PH_3\uparrow + 3KH_2PO_2$
이때 액상인 인화수소 P_2H_4가 발생하는데 이것은 공기 중에서 자연 발화한다.

50 다음 물질 중 인화점이 가장 낮은 것은?

① CH_3COCH_3　　② $C_2H_5OC_2H_5$
③ $CH_3(CH_2)_3OH$　　④ CH_3OH

풀이 ① CH_3COCH_3 인화점 : −18℃
② $C_2H_5OC_2H_5$ 인화점 : −45℃
③ $CH_3(CH_2)_3OH$(부틸알코올) 인화점 : 27.5℃
④ CH_3OH 인화점 : 11℃

정답 47. ③　48. ①　49. ①　50. ②

51 다음 위험물에 대한 설명 중 옳은 것은?

① 벤조일퍼옥사이드는 건조할수록 안전도가 높다.
② 테트릴은 충격과 마찰에 민감하다.
③ 트리니트로페놀은 공기 중 분해하므로 장기간 저장이 불가능하다.
④ 디니트로톨루엔은 액체상의 물질이다.

풀이 화학식 $C_7H_5N_5O_8$. 2, 4, 6－트리니트로페닐메틸니트로아민의 관용명. N－메틸－N－2, 4, 6－테트라니트로아닐린 또는 CE(Composition Exploding)라고도 한다. 분자량 287.1, 녹는점 129.4℃, 끓는점 186℃(폭발)이다. 제조 직후에는 흰색 고체로 빛에 의해 변색하기 쉽고, 충격과 마찰에 민감하다.

52 질산암모늄에 대한 설명으로 틀린 것은?

① 열분해하여 산화이질소가 발생한다.
② 폭약 제조시 산소공급제로 사용된다.
③ 물에 녹을 때 많은 열을 발생한다.
④ 무취의 결정이다.

풀이 질산암모늄의 일반적 성질
- 강력한 산화제이기 때문에 혼합화약의 재료로 쓰인다.
- 조해성이 있고 물, 알코올, 알칼리에 잘 녹는다.
- 물을 흡수하면 흡열반응을 한다.
- 급격한 가열하면 산소를 발생하고, 충격을 주면 단독으로도 폭발한다.

53 촉매 존재하에서 일산화탄소와 수소를 고온, 고압에서 합성시켜 제조하는 물질로 산화하면 포름알데히드가 되는 것은?

① 메탄올　② 벤젠　③ 휘발유　④ 등유

풀이 산화환원반응식

$$CH_3OH \underset{\text{환원}}{\overset{\text{산화}}{\rightleftarrows}} HCHO \text{(포름알데히드)} \underset{\text{환원}}{\overset{\text{산화}}{\rightleftarrows}} HCOOH \text{(의산)}$$

54 질산칼륨에 대한 설명으로 옳은 것은?

① 조해성과 흡습성이 강하다.　② 칠레초석이라고도 한다.
③ 물에 녹지 않는다.　④ 흑색 화약의 원료이다.

풀이 질산칼륨(KNO_3＝초석)
- 무색 또는 백색 결정 분말이며 흑색화약의 원료로 사용된다.
- 분해온도 400℃, 융점 336℃, 용해도 26(15℃), 비중 2.1

정답 51. ②　52. ③　53. ①　54. ④

- 차가운 자극성 짠맛과 산화성이 있다.
- 물에는 잘 녹으나 알코올에는 잘 녹지 않는다.

55 과산화나트륨에 의해 화재가 발생하였다. 진화작업과정이 잘못된 것은?

① 공기호흡기를 착용한다.
② 가능한 한 주수소화를 한다.
③ 건조사나 암분으로 피복소화한다.
④ 가능한 한 과산화나트륨과의 접촉을 피한다.

풀이 상온에서 물과 격렬하게 반응하며 열을 발생하고 산소를 방출시킨다.

$Na_2O_2 + H_2O \rightarrow 2NaOH + \frac{1}{2}O_2 \uparrow$

56 다음 중 물과 반응하여 산소를 발생하는 것은?

① $KClO_3$　② $NaNO_3$
③ Na_2O_2　④ $KMnO_4$

풀이 상온에서 물과 격렬하게 반응하며 열을 발생하고 산소를 방출시킨다.

$Na_2O_2 + H_2O \rightarrow 2NaOH + \frac{1}{2}O_2 \uparrow$

57 아세트알데히드의 일반적 성질에 대한 설명 중 틀린 것은?

① 은거울 반응을 한다.
② 물에 잘 녹는다.
③ 구리, 마그네슘의 합금과 반응한다.
④ 무색 · 무취의 액체이다.

풀이 무색, 자극성 냄새가 나는 액체로 인화성이 강하다.

58 인화칼슘이 물과 반응하였을 때 발생하는 가스는?

① PH_3　② Hz
③ CO_2　④ N_2

풀이 인화칼슘(Ca_3P_2)과 물과 반응하면 포스핀(PH_3)을 생성시킨다.

$Ca_3P_2 + 6H_2O \rightarrow 3Ca(OH)_2 + 2PH_3$

정답 55. ② 56. ③ 57. ④ 58. ①

59 다음 중 분자량이 약 74, 비중이 약 0.71인 물질로서 에탄올 두 분자에서 물이 빠지면서 축합반응이 일어나 생성되는 물질은?

① $C_2H_5OC_2H_5$
② C_2H_5OH
③ C_6H_5Cl
④ CS_2

풀이 $C_2H_5OH + HOC_2H_5 \xrightarrow[130℃]{\text{진한 } H_2SO_4} H_2O + C_2H_5OC_2H_5$

60 다음 중 제5류 위험물이 아닌 것은?

① 니트로글리세린
② 니트로톨루엔
③ 니트로글리콜
④ 트리니트로톨루엔

풀이 니트로톨루엔은 제5류 위험물이 아니다.

정답 59. ① 60. ②

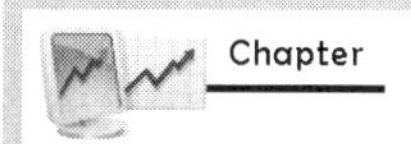

Chapter

위험물기능사

(2010년 3월 28일)

Hazardous material Industrial Engineer

1 다음 위험물의 화재시 소화방법으로 물을 사용하는 것이 적합하지 않은 것은?

① $NaClO_3$ ② P_4
③ Ca_3P_2 ④ S

풀이 인화칼슘(Ca_3P_2)과 물과 반응하면 포스핀(PH_3=인화수소)을 생성시킨다.
$Ca_3P_2 + 6H_2O \rightarrow 3Ca(OH)_2 + 2PH_3$

2 금속분, 나트륨, 코크스 같은 물질이 공기 중에서 점화원을 제공받아 연소할 때의 주된 연소형태는?

① 표면연소 ② 확산연소
③ 분해연소 ④ 증발연소

풀이 표면연소란 목탄(숯), 코크스, 금속분 등이 열분해하여 고체가 표면이 고온을 유지하면서 가연성 가스를 발생하지 않고 그 물질 자체가 표면이 빨갛게 변화면서 연소하는 형태

3 인화성 액체 위험물에 대한 소화방법에 대한 설명으로 틀린 것은?

① 탄산수소염류 소화기는 적응성이 있다.
② 포소화기는 적응성이 있다.
③ 이산화탄소소화기에 의한 질식소화가 효과적이다.
④ 물통 또는 수조를 이용한 냉각소화가 효과적이다.

풀이 인화성 액체 위험물에 대한 소화방법에서 물통 또는 수조를 이용하면 비중이 1보다 작기 때문에 물위에 뜨면서 화재면이 확대된다.

정답 1. ③ 2. ① 3. ④

4 그림과 같이 횡으로 설치한 원통형 위험물탱크에 대하여 탱크 용적을 구하면 약 몇 m^3인가?(단, 공간용적은 탱크 내용적의 100분의 5로 한다.)

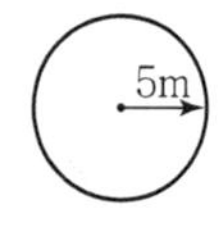

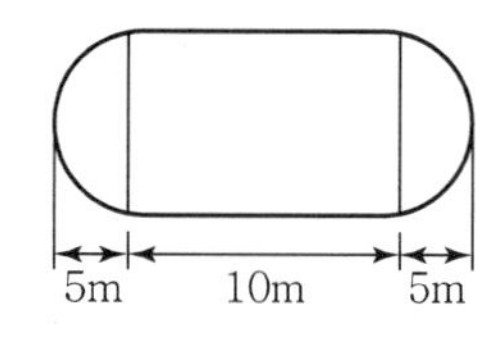

① 196.25
② 261.60
③ 785.00
④ 994.84

풀이 횡으로 설치한 것

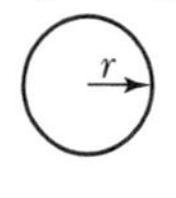

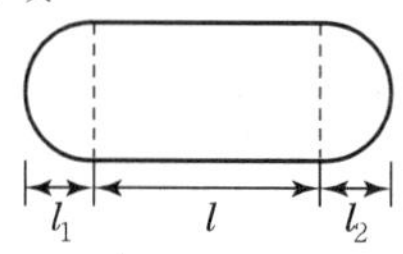

용량 : $\pi r^2\left(l+\dfrac{l_1+l_2}{3}\right)=\pi\times5^2\left(10+\dfrac{5+5}{3}\right)\times0.95=994.84$

5 이동저장탱크에 알킬알루미늄을 저장하는 경우에 불활성 기체를 봉입하는데, 이때의 압력은 몇 kPa 이하이어야 하는가?

① 10　② 20　③ 30　④ 40

풀이 이동저장탱크에 알킬알루미늄 등을 저장하는 경우에는 20kPa 이하의 압력으로 불활성의 기체를 봉입하여 둘 것

6 주유취급소 중 건축물의 2층에 휴게음식점의 용도로 사용하는 것에 있어 당해 건축물의 2층으로부터 직접 주유취급소의 부지 밖으로 통하는 출입구와 당해 출입구로 통하는 통로 · 계단에 설치하여야 하는 것은?

① 비상경보설비　② 유도등　③ 비상조명등　④ 확성장치

풀이 피난설비
① 주유취급소 중 건축물의 2층 이상의 부분을 점포, 휴게음식점 또는 전시장의 용도로 사용하는 것에 있어서는 당해 건축물의 2층 이상으로부터 직접 주유취급소의 부지 밖으로 통하는 출입구와 당해 출입구로 통하는 통로 · 계단 및 출입구에 유도등을 설치하여야 한다.
② 옥내주유취급소에 있어서는 당해 사무소 등의 출입구 및 피난구와 당해 피난구로 통하는 통로 · 계단 및 출입구에 유도등을 설치하여야 한다.
③ 유도등에는 비상전원을 설치하여야 한다.

7 다음 중 위험물안전관리법에 따른 소화설비의 구분에서 "물분무등소화설비"에 속하지 않는 것은?

① 이산화탄소소화설비　② 포소화설비
③ 스프링클러설비　④ 분말소화설비

정답 4. ④　5. ②　6. ②　7. ③

풀이 물분무등소화설비에는 물분무소화설비, 포말소화설비, 이산화탄소소화설비, 할로겐화물소화설비, 분말소화설비가 해당된다.

8 아세톤의 물리 · 화학적 특성과 화재예방방법에 대한 설명으로 틀린 것은?

① 물에 잘 녹는다.
② 증기가 공기보다 가벼우므로 확산에 주의한다.
③ 화재 발생시 물 분무에 의한 소화가 가능하다.
④ 휘발성이 있는 가연성 액체이다.

풀이 아세톤의 증기는 공기보다 무겁다.

9 화학포의 소화약제인 탄산수소나트륨 6몰이 반응하여 생성되는 이산화탄소는 표준상태에서 최대 몇 L인가?

① 22.4　② 44.8　③ 89.6　④ 134.4

풀이 $6NaHCO_3 + Al_2(SO_4)_3 \cdot 18H_2O \rightarrow 3Na_2SO_4 + 2Al(OH)_3 + 6CO_2 + 18H_2O$
탄산수소나트륨 6몰이 반응하여 생성되는 이산화탄소의 몰수는 6몰이다.
그래서 $6 \times 22.4 = 134.4\ \ell$

10 다음 중 연소에 필용한 산소의 공급원을 단절하는 것은?

① 제거작용　② 질식작용　③ 희석작용　④ 억제작용

풀이 질식작용
공기 중에 존재하고 있는 산소의 농도 21%를 15% 이하로 낮추어 소화하는 방법

11 포소화제의 조건에 해당되지 않는 것은?

① 부착성이 있을 것
② 쉽게 분해하여 증발될 것
③ 바람에 견디는 응집성을 가질 것
④ 유동성이 있을 것

풀이 포말의 조건
- 부착성이 있을 것
- 열에 대한 센 막을 가지고 유동성이 있을 것
- 바람에 견디는 응집성과 안전성이 있을 것
- 비중이 적고 방부처리된 것일 것

정답 8. ② 9. ④ 10. ② 11. ②

12 다음 물질 중 분진폭발의 위험성이 가장 낮은 것은?

① 밀가루 ② 알루미늄분말
③ 모래 ④ 석탄

풀이 분진폭발을 일으키지 않는 물질 : 모래, 시멘트분말, 생석회

13 옥외저장소에 덩어리 상태의 유황만을 지반면에 설치한 경계표시의 안쪽에서 저장할 경우 하나의 경계 표시의 내부면적은 몇 m^2 이하이어야 하는가?

① 75 ② 100 ③ 300 ④ 500

풀이 옥외저장소 중 덩어리 상태의 유황만을 지반면에 설치한 경계표시의 안쪽에서 저장 또는 취급하는 것(제1호에 정하는 것을 제외한다)의 위치·구조 및 설비의 기술기준은 제1호 각목의 기준 및 다음 각목과 같다.
가. 하나의 경계표시의 내부의 면적은 $100m^2$ 이하일 것
나. 2 이상의 경계표시를 설치하는 경우에 있어서는 각각의 경계표시 내부의 면적을 합산한 면적은 $1,000m^2$ 이하로 하고, 인접하는 경계표시와 경계표시와의 간격을 제1호 라목의 규정에 의한 공지의 너비의 2분의 1 이상으로 할 것. 다만, 저장 또는 취급하는 위험물의 최대수량이 지정수량의 200배 이상인 경우에는 10m 이상으로 하여야 한다.

14 위험물제조소 등에 설치하여야 하는 자동화재탐지설비의 설치기준에 대한 설명 중 틀린 것은?

① 자동화재탐지설비의 경계구역은 건축물 그 밖의 공작물의 2 이상의 층에 걸치도록 할 것
② 하나의 경계구역에서 그 한 변의 길이는 50m(광전식 분리형 감지기를 설치할 경우에는 100m) 이하로 할 것
③ 자동화재탐지설비의 감지기는 지붕 또는 벽의 옥내에 면한 부분에 유효하게 화재의 발생을 감지할 수 있도록 설치할 것
④ 자동화재탐지설비에는 비상전원을 설치할 것

풀이 자동화재탐지설비의 경계구역은 건축물 그 밖의 공작물의 2 이상의 층에 걸치지 않도록 할 것

15 위험물안전관리자의 선임 등에 대한 설명으로 옳은 것은?

① 안전관리자는 국가기술자격 취득자 중에서만 선임하여야 한다.
② 안전관리자를 해임한 때에는 14일 이내에 다시 선임하여야 한다.
③ 제조소등의 관계인은 안전관리자가 일시적으로 직무를 수행할 수 없는 경우에는 14일 이내의 범위에서 안전관리자의 대리자를 지정하여 직무를 대행하게 하여야 한다.
④ 안전관리자를 선임 또는 해임한 때는 14일 이내에 신고하여야 한다.

풀이 안전관리자를 선임 또는 해임한 때는 14일 이내에 신고하여야 한다.

정답 12. ③ 13. ② 14. ① 15. ④

16 다음 중 물과 반응하여 조연성 가스를 발생하는 것은?

① 과염소산나트륨 ② 질산나트륨
③ 중크롬산나트륨 ④ 과산화나트륨

풀이 과산화나트륨 : 상온에서 물과 격렬하게 반응하며 열을 발생하고 산소를 방출시킨다.

$Na_2O_2 + H_2O \rightarrow 2NaOH + \frac{1}{2}O_2 \uparrow$

17 위험물안전관리법령상 제4류 위험물과 제6류 위험물에 모두 적응성이 있는 소화설비는?

① 이산화탄소 소화설비 ② 할로겐화합물 소화설비
③ 탄산수소염류 분말소화설비 ④ 인산염류 분말소화설비

풀이 인산염류 분말소화설비는 A, B, C급에 소화효과가 있다.

18 옥내소화전설비를 설치하였을 때 그 대상으로 옳지 않은 것은?

① 제2류 위험물 중 인화성 고체 ② 제3류 위험물 중 금수성 물품
③ 제5류 위험물 ④ 제6류 위험물

풀이 제3류 위험물 중 금수성 물품은 물과 접촉을 해서는 안 되는 위험물에 해당된다.

19 다음 중 B급 화재에 해당하는 것은?

① 유류 화재 ② 목재 화재 ③ 금속분 화재 ④ 전기 화재

풀이 가. 유류 화재 : B급화재 나. 목재 화재 : A급화재
다. 금속분 화재 : D급화재 라. 전기 화재 : C급화재

20 옥외탱크저장소의 제4류 위험물의 저장탱크에 설치하는 통기관에 관한 설명으로 틀린 것은?

① 제4류 위험물을 저장하는 압력탱크 외의 탱크에는 밸브 없는 통기관 또는 대기밸브부착 통기관을 설치하여야 한다.
② 밸브 없는 통기관은 직경을 30mm 미만으로 하고, 선단은 수평면보다 45도 이상 구부려 빗물 등의 침투를 막는 구조를 한다.
③ 인화점 70℃ 이상의 위험물만을 해당 위험물의 인화점 미만의 온도로 저장 또는 취급하는 탱크에 설치하는 통기관에는 인화방지장치를 설치하지 않아도 된다.
④ 옥외저장탱크 중 압력탱크란 탱크의 최대상용압력이 부압 또는 정압 5kPa을 초과하는 탱크를 말한다.

정답 16. ④ 17. ④ 18. ② 19. ① 20. ②

풀이 옥외저장탱크 중 압력탱크는 다음 규정에 의한 안전장치를 설치하여야 한다.

1. 밸브 없는 통기관
   ① 직경은 30mm 이상일 것
   ② 선단은 수평면보다 45도 이상 구부려 빗물 등의 침투를 막는 구조로 할 것
   ③ 가는 눈의 구리망 등으로 인화방지장치를 할 것. 다만, 인화점 70℃ 이상의 위험물만을 해당 위험물의 인화점 미만의 온도로 저장 또는 취급하는 탱크에 설치하는 통기관에 있어서는 그러하지 아니하다.
   ④ 가연성의 증기를 회수하기 위한 밸브를 통기관에 설치하는 경우에 있어서는 당해 통기관의 밸브는 저장탱크에 위험물을 주입하는 경우를 제외하고는 항상 개방되어 있는 구조로 하는 한편, 폐쇄하였을 경우에 있어서는 10kPa 이하의 압력에서 개방되는 구조로 할 것. 이 경우 개방된 부분의 유효단면적은 777.15mm^2 이상이어야 한다.
2. 대기밸브부착 통기관
   ① 5kPa 이하의 압력 차이로 작동할 수 있을 것

21 다음 중 위험등급이 나머지 셋과 다른 하나는?

① 니트로소화합물 ② 유기과산화물
③ 아조화합물 ④ 히드록실아민

풀이 가. 니트로소화합물(제5류) – 위험등급Ⅱ의 위험물
나. 유기과산화물(제5류) – 위험등급Ⅰ의 위험물
다. 아조화합물(제5류) – 위험등급Ⅱ의 위험물
라. 히드록실아민(제5류) – 위험등급Ⅱ의 위험물

1. 위험등급Ⅰ의 위험물
   ① 제1류 위험물 중 아염소산염류, 염소산염류, 과염소산염류, 무기과산화물 그 밖에 지정수량이 50kg인 위험물
   ② 제3류 위험물 중 칼륨, 나트륨, 알킬알루미늄, 알킬리튬, 황린 그 밖에 지정수량이 10kg 또는 20kg인 위험물
   ③ 제4류 위험물 중 특수인화물
   ④ 제5류 위험물 중 유기과산화물, 질산에스테르류 그 밖에 지정수량이 10kg인 위험물
   ⑤ 제6류 위험물
2. 위험등급Ⅱ의 위험물
   ① 제1류 위험물 중 브롬산염류, 질산염류, 요오드산염류 그 밖에 지정수량이 300kg인 위험물
   ② 제2류 위험물 중 황화인, 적린, 유황 그 밖에 지정수량이 100kg인 위험물
   ③ 제3류 위험물 중 알칼리금속(칼륨 및 나트륨을 제외한다) 및 알칼리토금속, 유기금속화합물(알킬알루미늄 및 알킬리튬을 제외한다.) 그 밖에 지정수량이 50kg인 위험물
   ④ 제4류 위험물 중 제1석유류 및 알코올류
   ⑤ 제5류 위험물 중 제1호 라목에 정하는 위험물 외의 것
3. 위험등급Ⅲ의 위험물 : 제1호 및 제2호에 정하지 아니한 위험물

정답 21. ②

22 다음 중 에틸렌글리콜과 혼재할 수 없는 위험물은?(단, 지정수량의 10배일 경우이다.)

① 유황 ② 과망간산나트륨
③ 알루미늄분 ④ 트리니트로톨루엔

풀이 423 : 4류+2류, 4류+3류는 혼재 가능
524 : 5류+2류, 5류+4류는 혼재 가능
61 : 6류+1류는 혼재 가능
에틸렌글리콜 : 제4류
가. 유황 : 제2류 나. 과망간산나트륨 : 제1류
다. 알루미늄분 : 제2류 라. 트리니트로톨루엔 : 제5류

23 과산화수소가 이산화망간 촉매하에서 분해가 촉진될 때 발생하는 가스는?

① 수소 ② 산소 ③ 아세틸렌 ④ 질소

풀이 산화제 및 환원제로도 사용되며 표백, 살균작용을 한다.(그 이유는 상온에서 $2H_2O_2 \rightarrow 2H_2O+O_2$로 분해서 발생기 산소를 발생하기 때문에)

24 다음 중 위험물의 지정수량을 틀리게 나타낸 것은?

① S : 100kg ② Mg : 100kg ③ K : 10kg ④ Al : 500kg

풀이 Mg : 500kg

25 산화성 고체 위험물의 화재예방과 소화방법에 대한 설명 중 틀린 것은?

① 무기과산화물의 화재시 물에 의한 냉각소화 원리를 이용하여 소화한다.
② 통풍이 잘되는 차가운 곳에 저장한다.
③ 분해촉매, 이물질과의 접촉을 피한다.
④ 조해성 물질은 방습하고 용기는 밀전한다.

풀이 무기과산화물은 물과 반응하여 산소를 발생하고 많은 열을 발생시킨다.
$2Na_2O_2+2H_2O \rightarrow 4NaOH+O_2\uparrow$ +열

26 다음 중 수소화나트륨의 소화약제로 적당하지 않은 것은?

① 물 ② 건조사 ③ 팽창질석 ④ 탄산수소염류

풀이 수소화나트륨(NaH)
① 회색 입방정계 결정이고, 비중 : 0.93, 융점 : 800℃, 분해온도 : 425℃
② 화재발생시 주수소화가 부적당한 이유는 발열반응을 일으키기 때문이다.

정답 22. ② 23. ② 24. ② 25. ① 26. ①

③ 물과 심하게 반응한다.
$NaH + H_2O \rightarrow NaOH + H_2$

27 알루미늄분의 위험성에 대한 설명 중 틀린 것은?

① 산화제와 혼합시 가열, 충격, 마찰에 의하여 발화할 수 있다.
② 할로겐 원소와 접촉하면 발화하는 경우도 있다.
③ 분진폭발의 위험성이 있으므로 분진에 기름을 묻혀 보관한다.
④ 습기를 흡수하여 자연발화의 위험이 있다.

풀이 알루미늄분의 위험성
① 산화제와 혼합 시 가열, 충격, 마찰에 의해 착화하므로 격리시켜 저장한다.
② 양쪽성 원소이다.(Al, Zn, Sn, Pb)
③ 질소나 할로겐과 반응하여 질화물과 할로겐화물을 형성하고, 할로겐원소와 접촉하면 발화의 위험이 있다.
④ 습기와 수분에 의해 자연발화하기도 한다.
⑤ 연소하면 많은 열을 발생시키고, 공기 중에서 표면에 치밀한 산화피막을 형성하여 내부를 보호한다.
$4Al + 3O_2 \rightarrow 2Al_2O_3 + 399kcal$

28 위험물안전관리법상 설치허가 및 완공검사절차에 관한 설명으로 틀린 것은?

① 지정수량의 3천배 이상의 위험물을 취급하는 제조소는 한국소방산업기술원으로부터 당해 제조소의 구조・설비에 관한 기술검토를 받아야 한다.
② 50만리터 이상인 옥외탱크저장소는 한국소방산업기술원으로부터 당해 탱크의 기초・지반 및 탱크본체에 관한 기술검토를 받아야 한다.
③ 지정수량의 1천배 이상의 제4류 위험물을 취급하는 일반 취급소의 완공검사는 한국소방산업기술원이 실시한다.
④ 50만리터 이상인 옥외탱크저장소의 완공검사는 한국소방산업기술원이 실시한다.

풀이 제조소 완공검사대상
- 지정수량 3천배 이상의 위험물을 취급하는 제조소 또는 일반취급소의 설치 또는 변경(사용 중인 제조소 또는 일반취급소의 보수 또는 부분적인 증설을 제외한다.)시 공사에서 검사를 실시한다.
- 지정수량 3천배 미만의 위험물을 취급하는 제조소 또는 일반취급소의 설치 또는 변경 시는 관할소방서에서 실시한다.

29 다음 중 지정수량이 가장 작은 것은?

① 아세톤　　② 디에틸에테르
③ 크레오소트유　　④ 클로로벤젠

풀이 ① 아세톤 : 지정수량 400ℓ　　② 디에틸에테르 : 지정수량 50ℓ
③ 크레오소트유 : 지정수량 2,000ℓ　　④ 클로로벤젠 : 지정수량 1,000ℓ

정답 27. ③ 28. ③ 29. ②

30 제조소의 게시판 사항 중 위험물의 종류에 따른 주의사항이 옳게 연결된 것은?

① 제2류 위험물(인화성 고체 제외) - 화기엄금
② 제3류 위험물 중 금수성 물질 - 물기엄금
③ 제4류 위험물 - 화기주의
④ 제5류 위험물 - 물기엄금

풀이 수납하는 위험물에 따라 다음의 규정에 의한 주의사항
① 제1류 위험물 중 알칼리금속의 과산화물 또는 이를 함유한 것에 있어서는 "화기 · 충격주의", "물기엄금" 및 "가연물접촉주의", 그 밖의 것에 있어서는 "화기 · 충격주의" 및 "가연물접촉주의"
② 제2류 위험물 중 철분 · 금속분 · 마그네슘 또는 이들 중 어느 하나 이상을 함유한 것에 있어서는 "화기주의" 및 "물기엄금", 인화성 고체에 있어서는 "화기엄금", 그 밖의 것에 있어서는 "화기주의"
③ 제3류 위험물 중 자연발화성 물질에 있어서는 "화기엄금" 및 "공기접촉엄금", 금수성 물질에 있어서는 "물기엄금"
④ 제4류 위험물에 있어서는 "화기엄금"
⑤ 제5류 위험물에 있어서는 "화기엄금" 및 "충격주의"
⑥ 제6류 위험물에 있어서는 "가연물접촉주의"

31 과산화나트륨의 저장 및 취급시의 주의사항에 관한 설명 중 틀린 것은?

① 가열 · 충격을 피한다.
② 유기물질의 혼입을 막는다.
③ 가연물과의 접촉을 피한다.
④ 화재예방을 위해 물분무소화설비 또는 스프링클러 설비가 설치된 곳에 보관한다.

풀이 과산화나트륨 : 상온에서 물과 격렬하게 반응하며 열을 발생하고 산소를 방출시킨다.

$Na_2O_2 + H_2O \rightarrow 2NaOH + \frac{1}{2}O_2 \uparrow$

32 다음 물질이 혼합되어 있을 때 위험성이 가장 낮은 것은?

① 삼산화크롬 - 아닐린
② 염소산칼륨 - 목탄분
③ 니트로셀룰로오스 - 물
④ 과망간산칼륨 - 글리세린

풀이 니트로셀룰로오스를 저장 · 운반 시 물 또는 알코올에 습면하고, 안정제를 가해서 냉암소에 저장한다.

33 질산이 분해하여 발생하는 갈색의 유독한 기체는?

① N_2O
② NO
③ NO_2
④ N_2O_3

풀이 진한 질산을 가열, 분해 시 NO_2 가스가 발생하고 여러 금속과 반응하여 가스를 방출한다.

정답 30. ② 31. ④ 32. ③ 33. ③

34 제5류 위험물의 운반용기의 외부에 표시하여야 하는 주의사항은?

① 물기주의 및 화기주의　　② 물기엄금 및 화기엄금
③ 화기주의 및 충격엄금　　④ 화기엄금 및 충격주의

풀이 제5류 위험물에 있어서는 "화기엄금" 및 "충격주의"

35 과산화칼륨의 위험성에 대한 설명 중 틀린 것은?

① 가연물과 혼합시 충격이 가해지면 발화할 위험이 있다.
② 접촉시 피부를 부식시킬 위험이 있다.
③ 물과 반응하여 산소를 방출한다.
④ 가연성 물질이므로 화기 접촉에 주의하여야 한다.

풀이 단독으로 타지 않고, 리튬(Li), 나트륨(Na), 칼륨(K), 루비듐(Rb), 세슘(CS) 등의 과산화물은 금수성 물질로 분말 소화약제의 탄산수소 염류, 건조사, 암분, 소다 등으로 피복 소화한다. 알칼리금속과 알코올이 반응하면 알코올리드와 수소(H_2)를 발생한다.

36 위험물제조소의 연면적이 몇 m^2 이상이 되면 경보설비 중 자동화재탐지설비를 설치하여야 하는가?

① 400　　② 500　　③ 600　　④ 800

풀이 위험물제조소의 연면적이 500m^2 이상이 되면 경보설비 중 자동화재탐지설비를 설치해야 한다.

37 다음 중 6류 위험물인 과염소산의 분자식은?

① $HClO_4$　　② $KClO_4$　　③ $KClO_2$　　④ $HClO_2$

풀이 ① $HClO_4$: 과염소산　　② $KClO_4$: 과염소산칼륨
③ $KClO_2$: 아염소산칼륨　　④ $HClO_2$: 아염소산

38 트리니트로페놀에 대한 설명으로 옳은 것은?

① 폭발속도가 100m/s 미만이다.　　② 분해하여 다량의 가스를 발생한다.
③ 표면연소를 한다.　　④ 상온에서 자연발화한다.

풀이 트리니트로페놀 : [$C_6H_2(OH)(NO_2)_3$ = 피크르산 = 피크린산]
황색 염료와 산업용도폭선의 심약으로 사용되는 것으로 페놀에 진한 황산을 녹이고 이것을 질산에 작용시켜 생성된다. 분해하면 다량의 가스를 발생한다.

정답 34. ④　35. ④　36. ②　37. ①　38. ②

39 트리에틸알루미늄이 물과 접촉하면 폭발적으로 반응한다. 이때 발생되는 기체는?

① 메탄　② 에탄
③ 아세틸렌　④ 수소

풀이 트리에틸알루미늄은 물과 접촉하면 폭발적으로 반응하여 에탄(C_2H_6)을 발생시킨다.
$(C_2H_5)_3Al + 3H_2O \rightarrow Al(OH)_3 + 3C_2H_6$

40 다음 중 증기비중이 가장 큰 것은?

① 벤젠　② 등유
③ 메틸알코올　④ 에테르

풀이 증기비중은 질량이 많을수록 증기비중은 크다.

41 다음 중 제2류 위험물이 아닌 것은?

① 황화인　② 유황
③ 마그네슘　④ 칼륨

풀이 금속칼륨은 제3류 위험물이다.

42 제6류 위험물의 화재예방 및 진압대책으로 적합하지 않은 것은?

① 가연물과의 접촉을 피한다.
② 과산화수소를 장기보존할 때는 유리용기를 사용하여 밀전한다.
③ 옥내소화전설비를 사용하여 소화할 수 있다.
④ 물분무소화설비를 사용하여 소화할 수 있다.

풀이 저장 및 취급방법
- 햇빛 차단, 화기엄금, 충격금지, 환기 잘 되는 냉암소에 저장, 온도 상승 방지, 과산화수소의 저장용기마개는 구멍 뚫린 마개 사용(이유 : 용기의 내압상승을 방지하기 위하여)
- 농도가 클수록 위험성이 크므로 분해방지 안정제[인산나트륨, 인산(H_3PO_4), 요산($C_5H_4N_4O_3$), 글리세린 등]를 첨가하여 산소분해를 억제한다.

정답 39. ②　40. ②　41. ④　42. ②

43 다음의 위험물 중에서 화재가 발생하였을 때, 내알코올 포소화약제를 사용하는 것이 효과가 가장 높은 것은?

① C_6H_6　　② $C_6H_5CH_3$
③ $C_6H_4(CH_3)_2$　　④ CH_3COOH

풀이 내알코올포소화약제는 수용성 물질에 대한 소화효과가 가장 높다.

44 니트로글리세린에 대한 설명으로 옳은 것은?

① 품명은 니트로화합물이다.
② 물, 알코올, 벤젠에 잘 녹는다.
③ 가열, 마찰, 충격에 민감하다.
④ 상온에서 청색의 결정성 고체이다.

풀이 니트로글리세린(NG) : [$C_3H_5(ONO_2)_3$]
- 비점 160℃, 융점 28℃, 증기비중 7.84
- 상온에서 무색투명한 기름모양의 액체이며, 가열, 마찰, 충격에 민감하며 폭발하기 쉽다.
- 규조토에 흡수시킨 것은 다이너마이트라 한다.

45 아염소산염류 500kg과 질산염류 3,000kg을 저장하는 경우 위험물의 소요단위는 얼마인가?

① 2　　② 4　　③ 6　　④ 8

풀이 위험물 1소요단위는 지정수량의 10배이다.

$$\text{소요단위} = \frac{500}{50 \times 10} + \frac{3,000}{300 \times 10} = 2\text{단위}$$

46 질산에틸의 분자량은 약 얼마인가?

① 76　　② 82　　③ 91　　④ 105

풀이 질산에틸 : [$C_2H_5ONO_2$] = 91g

47 다음 중 인화점이 가장 높은 것은?

① 등유　　② 벤젠　　③ 아세톤　　④ 아세트알데히드

풀이 ① 등유 인화점 : 40~70℃　　② 벤젠 인화점 : −11℃
③ 아세톤 인화점 : −18℃　　④ 아세트알데히드 인화점 : −39℃

정답 43. ④　44. ③　45. ①　46. ③　47. ①

48 다음 물질 중 과산화나트륨과 혼합되었을 때 수산화나트륨과 산소를 발생하는 것은?

① 온수 ② 일산화탄소 ③ 이산화탄소 ④ 초산

풀이 과산화나트륨 : 상온에서 물과 격렬하게 반응하며 열을 발생하고 산소를 방출시킨다.

$Na_2O_2 + H_2O \rightarrow 2NaOH + \frac{1}{2}O_2\uparrow$

49 벤젠의 저장 및 취급 시 주의사항에 대한 설명으로 틀린 것은?

① 정전기에 주의한다.
② 피부에 닿지 않도록 주의한다.
③ 증기는 공기보다 가벼워 높은 곳에 체류하므로 환기에 주의한다.
④ 통풍이 잘 되는 차고 어두운 곳에 저장한다.

풀이 증기는 공기보다 무거워 낮은 곳에 체류하므로 환기에 주의한다.

50 위험물 저장탱크의 내용적이 300L일 때 탱크에 저장하는 위험물의 용량의 범위로 적합한 것은?(단, 원칙적인 경우에 한한다.)

① 240~270L ② 270~285L ③ 290~295L ④ 295~298L

풀이 위험물 저장탱크는 보통 10~15%의 안전공간을 둔다.

51 이동탱크저장소에 의한 위험물의 운송시 준수하여야 하는 기준에서 다음 중 어떤 위험물을 운송할 때 위험물 운송자는 위험물안전카드를 휴대하여야 하는가?

① 특수인화물 및 제1석유류 ② 알코올류 및 제2석유류
③ 제3석유류 및 동식물류 ④ 제4석유류

풀이 위험물(제4류 위험물에 있어서는 특수인화물 및 제1석유류에 한한다.)을 운송하게 하는 자는 별지 제48호 서식의 위험물안전카드를 위험물운송자로 하여금 휴대하게 할 것

52 제조소 등에서 위험물을 유출·방출 또는 확산시켜 사람을 상해에 이르게 한 경우의 벌칙에 관한 기준에 해당하는 것은?

① 3년 이상 10년 이하의 징역 ② 무기 또는 10년 이하의 징역
③ 무기 또는 3년 이상의 징역 ④ 무기 또는 5년 이상의 징역

풀이 제조소 등에서 위험물을 유출, 방출 또는 확산시켜 사람을 상해에 이르게 한 경우는 무기 또는 3년 이상의 징역에 처한다.

53 다음 위험물 중 지정수량이 나머지 셋과 다른 하나는?

① 마그네슘　　② 금속분
③ 철분　　④ 유황

풀이 ① 마그네슘 : 500kg　　② 금속분 : 500kg
③ 철분 : 500kg　　④ 유황 : 100kg

54 위험물저장소에 다음과 같이 2가지 위험물을 저장하고 있다. 지정수량 이상에 해당하는 것은?

① 브롬산칼륨 80kg, 염소산칼륨 40kg
② 질산 100kg, 과산화수소 150kg
③ 질산칼륨 120kg, 중크롬산나트륨 500kg
④ 휘발유 20L, 윤활유 2000L

풀이 계산식(= $\frac{\text{저장수량}}{\text{지정수량}}$)의 합이 1 이상의 값이 될 경우가 지정수량 이상이 된다.

각 위험물의 지정수량
① 브롬산칼륨 : 300kg, 염소산칼륨 : 50kg …… 80/300 + 40/50 = 1.0667
② 질산 300kg, 과산화수소 300kg …… 100/300 + 150/300 = 0.83
③ 질산칼륨 300kg, 중크롬산나트륨 1,000kg …… 120/300 + 500/1,000 = 0.9
④ 휘발유 200L, 윤활유 6,000L …… 20/200 + 2,000/6,000 = 0.4333

55 다음 중 알루미늄을 침식시키지 못하고 부동태화하는 것은?

① 묽은 염산　　② 진한 질산
③ 황산　　④ 묽은 질산

풀이 진한 질산은 Fe, Ni, Cr, Al과 반응하여 부동태를 형성한다.(부동태를 형성한다는 말은 더 이상 산화작용을 하지 않는다는 의미이다.)

56 아염소산염류의 운반용기 중 적응성 있는 내장용기의 종류와 최대 용적이나 중량을 옳게 나타낸 것은?(단, 외장용기의 종류는 나무상자 또는 플라스틱상자이고, 외장용기의 최대 중량은 125kg으로 한다.)

① 금속제 용기 : 20L　　② 종이 포대 : 55kg
③ 플라스틱 필름 포대 : 60kg　　④ 유리 용기 : 10L

풀이 [별표16] 위험물의 운반용기와 수납방법(제277조제2호 관련)

정답 53. ④　54. ①　55. ②　56. ④

1. 고체위험물

운반용기				수납위험물의 종류							
내장용기		외장용기		제1류		제2류		제3류		제5류	
용기의 종류	최대용적 또는 중량	용기의 종류	최대용적 또는 중량	갑종	을종	갑종	을종	갑종	을종	갑종	을종
유리용기 또는 플라스틱용기	10리터	나무상자 또는 플라스틱상자 (필요에 따라 적합한 불연성의 완충재를 채울 것)	125kg	○	○	○	○	○	○	○	○
			225kg		○		○		○		○
		화이버판상자 (필요에 따라 불연성의 완충재를 채울 것)	40kg	○	○	○	○	○	○	○	○
			55kg		○		○		○		○
금속제용기	30리터	나무상자 또는 플라스틱상자	40kg	○	○	○	○	○	○	○	○
			55kg		○		○		○		○
		화이버판상자	40kg	○	○	○	○	○	○	○	○
			65kg		○		○		○		○
폴리에틸렌포대 또는 종이포대	5kg	나무상자 또는 플라스틱상자	50kg	○	○	○	○		○	○	○
	50kg										
	125kg		125kg		○	○	○				
	225kg		225kg		○		○				
	5kg	화이버판상자	40kg	○	○	○	○		○	○	○
	40kg		40kg	○	○	○	○				○
	55kg		55kg		○		○				
		금속제용기	60리터	○	○	○	○	○	○	○	○
		플라스틱용기	10리터		○	○	○		○		○
			30리터		○		○				○
		금속제드럼	250리터	○	○	○	○	○	○	○	○
		플라스틱드럼 또는 화이버드럼	60리터	○	○	○	○	○	○	○	○
			250리터		○		○		○		○
		합성수지포대·폴리에틸렌포대·섬유포대(방수성의 것) 또는 종이포대(방수성의 것)	50kg		○	○	○		○		○

2. 액체위험물

운반용기				수납위험물의 종류							
내장용기		외장용기		제3류		제4류		제5류		제6류	
용기의 종류	최대용적 또는 중량	용기의 종류	최대용적 또는 중량	갑종	을종	갑종	을종	갑종	을종	갑종	을종
유리용기	5리터	나무상자 또는 플라스틱상자 (불연성의 완충재를 채울 것)	75kg	○	○	○	○	○	○	○	
	10리터		125kg		○		○		○		
			225kg				○				
	5리터	화이버판상자 (불연성의 완충재를 채울 것)	40kg	○	○	○	○	○	○	○	
	10리터		55kg				○				
플라스틱용기	10리터	나무상자 또는 플라스틱상자 (불연성의 완충재를 채울 것)	15kg	○	○	○	○	○	○	○	
			125kg		○		○		○		
			225kg				○				
		화이버판상자 (불연성의 완충재를 채울 것)	40kg	○	○	○	○	○	○	○	
			55kg				○				
	30리터	나무상자 또는 플라스틱상자	125kg	○	○	○	○	○	○	○	
			225kg				○				
		이버판상자	40kg	○	○	○	○	○	○	○	
			55kg				○				
금속제용기		금속제용기	60리터		○		○		○		
		플라스틱용기	10리터		○		○		○		
			30리터				○		○		
		금속제드럼	250리터	○	○	○	○	○	○	○	
		플라스틱드럼 또는 화이버드럼	250리터		○		○		○		

(주)
1. "○"표시는 위험물류별 및 위험물 구분에 해당하는 난에 운반용기가 적응성이 있는 것을 표시한다.
2. 내장용기는 포장재의 종류 및 외장용기에 수납시킬 수 있는 용기로서 위험물을 직접 수납하기 위한 것을 말한다.
3. 외장용기는 내장용기를 1개 이상 묶음으로 수납하는 용기를 말한다.
4. 내장용기의 용기의 종류 난이 공란의 것은 외장용기에 위험물을 직접 수납하는 것이 가능하며, 유리용기·플라스틱용기 또는 금속제용기의 내장용기를 수납하는 외장용기로의 사용도 가능하다.
5. 위험물을 수납한 용기는 위험물이 누설되지 아니하도록 밀봉시켜야 한다. 다만, 온도의 변화 등으로 인한 가스의 발생으로 용기 내부의 압력이 높아질 우려가 있는 위험물(가연성 가스 또는 유독성 가스를 발생하는 위험물을 제외한다.)은 가스방출구가 설치된 용기에 수납하여야 한다.
6. 위험물을 수납하는 경우에 고체위험물은 수납하는 용기의 용적의 95퍼센트 이하로, 액체위험물은 수납하는 용기의 용적의 98퍼센트 이하로 하여야 한다. 이 경우 액체위험물의 부피는 섭씨 55도를 기준으로 한다.

57 인화칼슘이 물과 반응할 경우에 대한 설명 중 틀린 것은?

① PH_3가 발생한다.
② 발생 가스는 불연성이다.
③ $Ca(OH)_2$가 생성된다.
④ 발생 가스는 독성이 강하다.

풀이 인화칼슘(Ca_3P_2)과 물과 반응하면 포스핀(PH_3=인화수소)을 생성시킨다.
$Ca_3P_2+6H_2O \rightarrow 3Ca(OH)_2+2PH_3$

58 옥내소화전의 개폐밸브 및 호스접속구는 바닥면으로부터 몇 미터 이하의 높이에 설치하여야 하는가?

① 0.5
② 1
③ 1.5
④ 1.8

풀이 옥내소화전의 개폐밸브 및 호스접속구는 바닥면으로부터 1.5m 이하의 높이에 설치하여야 한다.

59 다음 수용액 중 알코올의 함유량이 60중량퍼센트 이상일 때 위험물안전관리법상 제4류 알코올류에 해당하는 물질은?

① 에틸렌글리콜[$C_2H_4(OH)_2$]
② 알릴알코올[$CH_2=CHCH_2OH$]
③ 부틸알코올[C_4H_9OH]
④ 에틸알코올[CH_3CH_2OH]

풀이 알코올류는 알킬기(C_nH_{2n+1})+OH의 형태를 말하지만 위험물안전관리법상 알코올류는 다음과 같다.
1. 1분자 내 탄소 원자수가 3 이내인 알코올(탄소수가 4 이상인 경우는 인화점에 따라 석유류로 분류한다.)
2. 포화알코올인 것(단일 결합으로 이루어진 알코올)
3. 1가 알코올인 것(1가 알코올이란 OH기가 1개인 것)
4. 수용액의 농도가 60vol% 이상인 것(60vol% 미만이면 석유류로 분류한다.)

60 위험물안전관리법상 제4류 인화성 액체의 판정을 위한 인화점 시험방법에 관한 설명으로 틀린 것은?

① 택밀폐식 인화점측정기에 의한 시험을 실시하여 측정결과가 0℃ 미만인 경우에는 당해 측정결과를 인화점으로 한다.
② 택밀폐식 인화점측정기에 의한 시험을 실시하여 측정결과가 0℃ 이상 80℃ 이하인 경우에는 동점도를 측정하여 동점도가 10mm²/s 미만인 경우에는 당해 측정결과를 인화점으로 한다.
③ 택밀폐식 인화점측정기에 의한 시험을 실시하여 측정결과가 0℃ 이상 80℃ 이하인 경우에는 동점도를 측정하여 동점도가 10mm²/s 이상인 경우에는 세타밀폐식 인화점측정기에 의한 시험을 한다.
④ 택밀폐식 인화점측정기에 의한 시험을 실시하여 측정결과가 80℃를 초과하는 경우에는 클리브랜드밀폐식 인화점측정기에 의한 시험을 한다.

정답 57. ② 58. ③ 59. ④ 60. ④

풀이 인화성 액체의 인화점 시험방법

- 측정결과가 0℃ 미만인 경우에는 당해 측정결과를 인화점으로 할 것
- 측정결과가 0℃ 이상 80℃ 이하인 경우에는 동점도 측정을 하여 동점도가 $10mm^2/s$ 미만인 경우에는 당해 측정결과를 인화점으로 하고, 동점도가 $10mm^2/s$ 이상인 경우에는 세타밀폐식 인화점측정기의 규정에 의한 방법으로 다시 측정할 것
- 측정결과가 80℃를 초과하는 경우에는 클리브랜드개방식 인화점측정기 규정에 의한 방법으로 다시 측정할 것

Chapter

위험물기능사

(2010년 7월 11일)

Hazardous material Industrial Engineer

1 다음 중 휘발유에 화재가 발생하였을 경우 소화방법으로 가장 적합한 것은?

① 물을 이용하여 제거소화한다.
② 이산화탄소를 이용하여 질식소화한다.
③ 강산화제를 이용하여 촉매소화한다.
④ 산소를 이용하여 희석소화한다.

풀이 가솔린에 의한 화재에는 포말소화나 CO_2, 분말에 의한 질식소화한다.

2 물은 냉각소화가 주된 대표적인 소화약제이다. 물의 소화효과를 높이기 위하여 무상 주수를 함으로써 부가적으로 작용하는 소화효과로 이루어진 것은?

① 질식소화작용, 제거소화작용
② 질식소화작용, 유화소화작용
③ 타격소화작용, 유화소화작용
④ 타격소화작용, 피복소화작용

풀이 무상주수함으로써 질식소화작용, 유화소화작용을 부가적으로 얻을 수 있다.

3 화학포소화약제의 반응에서 황산알루미늄과 탄산수소나트륨의 반응 몰비는?(단, 황산알루미늄 : 탄산수소나트륨의 비이다.)

① 1 : 4
② 1 : 6
③ 4 : 1
④ 6 : 1

풀이 화학반응식

$$6NaHCO_3 + Al_2(SO_4)_3 + 18H_2O \rightarrow 3Na_2SO_4 + 2Al(OH)_3 + 6CO_2 + 18H_2O$$

4 폭굉유도거리(DID)가 짧아지는 경우는?

① 정상연소속도가 작은 혼합가스일수록 짧아진다.
② 압력이 높을수록 짧아진다.

③ 관속에 방해물이 있거나 관지름이 넓을수록 짧아진다.
④ 점화원 에너지가 약할수록 짧아진다.

풀이 폭굉유도거리(DID)가 짧아지는 경우
- 정상연소 속도가 큰 혼합가스일수록 짧아진다.
- 관속에 방해물이 있거나 관경이 가늘수록 짧다.
- 압력이 높을수록 짧다.
- 점화원의 에너지가 강할수록 짧다.

5 수소화나트륨 240g과 충분한 물이 완전반응하였을 때 발생하는 수소의 부피는?(단, 표준상태를 가정하며 나트륨의 원자량은 23이다.)

① 22.4L ② 224L ③ $22.4m^3$ ④ $224m^3$

풀이 물과 심하게 반응한다.
$NaH + H_2O \rightarrow NaOH + H_2$
240g : $x\ \ell$
24 : $22.4\ \ell$
$x = 224\ \ell$

6 화재별 급수에 따른 화재의 종류 및 표시색상을 모두 옳게 나타낸 것은?

① A급 : 유류화재 - 황색 ② B급 : 유류화재 - 황색
③ A급 : 유류화재 - 백색 ④ B급 : 유류화재 - 백색

풀이 • A급 : 일반화재 - 백색 • B급 : 유류화재 - 황색

7 이산화탄소 소화설비의 소화약제 저장용기 설치장소로 적합하지 않은 곳은?

① 방호구역 외의 장소
② 온도가 40℃ 이하이고 온도변화가 적은 장소
③ 빗물이 침투할 우려가 적은 장소
④ 직사일광이 잘 들어오는 장소

풀이 이산화탄소 저장용기의 설치장소
- 방호구역 외의 장소에 설치할 것 단, 방호구역 내에 설치할 경우 피난 및 조작이 용이하도록 피난구 부근에 설치한다.
- 온도가 40℃ 이하이고, 온도변화가 적은 곳에 설치할 것
- 직사광선 및 빗물이 침투할 우려가 없는 곳에 설치할 것
- 갑종 방화문 또는 을종 방화문으로 구획된 실에 설치할 것
- 용기의 설치장소에는 당해 용기가 설치된 곳임을 표시하는 표지를 할 것
- 용기 간의 간격은 점검에 지장이 없도록 3cm 이상의 간격을 유지할 것
- 저장용기와 집합관을 연결하는 연결배관에는 체크밸브를 설치할 것. 다만, 저장용기가 하나의 방호구역만을 담당하는 경우에는 그러하지 아니하다.

정답 5. ② 6. ② 7. ④

8 인화성 액체 위험물의 저장 및 취급시 화재예방상 주의사항에 대한 설명 중 틀린 것은?

① 증기가 대기 중에 누출된 경우 인화의 위험성이 크므로 증기의 누출을 예방할 것
② 액체가 누출된 경우 확대되지 않도록 주의할 것
③ 전기 전도성이 좋을수록 정전기발생에 유의할 것
④ 다량을 저장·취급시에는 배관을 통해 입·출고할 것

풀이 전기 전도성이 좋으면 정전기가 발생하기 어렵다.

9 위험물안전관리법령상 특수인화물의 정의에 대해 다음 ( ) 안에 알맞은 수치를 차례대로 옳게 나열한 것은?

"특수인화물"이라 함은 이황화탄소, 디에틸에테르 그 밖에 1기압에서 발화점이 섭씨 ( )도 이하인 것 또는 인화점이 섭씨 영하 ( )도 이하이고 비점이 섭씨 40도 이하인 것을 말한다.

① 100, 20　② 25, 0　③ 100, 0　④ 25, 20

풀이 특수인화물류라 함은 1기압에서 액체가 되는 것으로 발화점이 100℃ 이하 또는 인화점이 −20℃ 이하로서 비점이 40℃ 이하인 것을 말한다.

10 위험물제조소 등의 지위승계에 관한 설명으로 옳은 것은?

① 양도는 승계사유이지만 상속이나 법인의 합병은 승계사유에 해당하지 않는다.
② 지위승계의 사유가 있는 날로부터 14일 이내에 승계신고를 하여야 한다.
③ 시·도지사에게 신고하여야 하는 경우와 소방서장에게 신고하여야 하는 경우가 있다.
④ 민사집행에 의한 경매절차에 따라 제조소 등을 인수한 경우에는 지위승계신고를 한 것으로 간주한다.

풀이 제조소 등 설치자의 지위승계

① 제조소 등의 설치자(제6조제1항의 규정에 따라 허가를 받아 제조소 등을 설치한 자를 말한다. 이하 같다.)가 사망하거나 그 제조소 등을 양도·인도한 때 또는 법인인 제조소 등의 설치자의 합병이 있는 때에는 그 상속인, 제조소 등을 양수·인수한 자 또는 합병 후 존속하는 법인이나 합병에 의하여 설립되는 법인은 그 설치자의 지위를 승계한다.
② 민사집행법에 의한 경매, 파산법에 의한 환가, 국세징수법·관세법 또는 지방세법에 의한 압류재산의 매각과 그 밖에 이에 준하는 절차에 따라 제조소 등의 시설의 전부를 인수한 자는 그 설치자의 지위를 승계한다.
③ 제1항 또는 제2항의 규정에 따라 제조소 등의 설치자의 지위를 승계한 자는 행정자치부령이 정하는 바에 따라 승계한 날부터 30일 이내에 시·도지사에게 그 사실을 신고하여야 한다.

11 과산화벤조일(Benzoyl Peroxide)에 대한 설명 중 옳지 않은 것은?

① 지정수량은 10kg이다.
② 저장시 희석제로 폭발의 위험성을 낮출 수 있다.

정답 8. ③　9. ①　10. ③　11. ③

③ 알코올에는 녹지 않으나 물에 잘 녹는다.
④ 건조상태에서는 마찰, 충격으로 폭발의 위험이 있다.

풀이 과산화벤조일은 비수용성이다.

12 다음 소화약제 중 수용성 액체의 화재시 가장 적합한 것은?

① 단백포소화약제 ② 내알코올포소화약제
③ 합성계면활성제포소화약제 ④ 수성막포소화약제

풀이 내알코올포소화약제는 수용성 물질에 대한 소화효과가 가장 높다.

13 다음 중 소화기의 사용방법으로 잘못된 것은?

① 적용화재에 따라 사용할 것 ② 성능에 따라 방출거리 내에서 사용할 것
③ 바람을 마주보며 소화할 것 ④ 양 옆으로 비로 쓸 듯이 방사할 것

풀이 소화기 사용방법

- 적용화재에만 사용할 것
- 성능에 따라 화재 면에 근접하여 사용할 것
- 소화작업을 진행할 때는 바람을 등지고 풍상에서 풍하의 방향으로 소화작업을 진행할 것
- 소화작업은 양 옆으로 비로 쓸 듯이 골고루 방사할 것
- 소화기는 화재 초기만 효과가 있고 화재가 확대된 후에는 효과가 없기 때문에 주의하고 대형 소화설비의 대용은 될 수 없다. 또한 만능소화기는 없다고 보는 것이 타당하다.

14 촛불의 화염을 입김으로 불어 끈 소화방법은?

① 냉각소화 ② 촉매소화 ③ 제거소화 ④ 억제소화

풀이 제거소화방법

- 가연성 물질을 연소구역에서 제거하여 줌으로써 소화하는 방법
- 가스 화재시 가스가 분출되지 않도록 밸브를 잠가 소화하는 방법
- 대규모 유전 화재시에 질소 폭탄을 폭발시켜 강풍에 의해 불씨를 제거하여 소화하는 방법
- 물보다 무겁고 물에 녹지 않는 가연성 물체의 화재시 표면에 물을 뿌려 소화하는 방법
- 산림 화재시 불의 진행방향을 앞질러 벌목하므로 소화하는 방법
- 전류가 흐르고 있는 전선에 합선이 일어나 화재가 발생한 경우 전원공급을 차단해서 소화하는 방법

15 다음 중 화재시 발생하는 열, 연기, 불꽃 또는 연소생성 물을 자동적으로 감지하여 수신기에 발신하는 장치는?

① 중계기 ② 감지기 ③ 송신기 ④ 발신기

정답 12. ② 13. ③ 14. ③ 15. ②

풀이 감지기는 화재시 발생하는 열, 연기, 불꽃 또는 연소생성물을 자동적으로 감지하여 수신기에 발신하는 장치이다.

16 방호대상물의 바닥면적이 150m² 이상인 경우에 개방형 스프링클러헤드를 이용한 스프링클러설비의 방사구역은 얼마 이상으로 하여야 하는가?

① 100m² ② 150m² ③ 200m² ④ 400m²

풀이 개방형 스프링클러헤드를 이용한 스프링클러설비의 방사구역(하나의 일제개방밸브에 의하여 동시에 방사되는 구역을 말한다. 이하 같다.)은 150m² 이상(방호대상물의 바닥면적이 150m² 미만인 경우에는 당해 바닥면적)으로 할 것

17 분말소화약제 중 인산염류를 주성분으로 하는 것은 제 몇 종 분말인가?

① 제1종 분말 ② 제2종 분말 ③ 제3종 분말 ④ 제4종 분말

풀이

종별	소화약제	약제의 착색	열분해 반응식
제1종 분말	중탄산나트륨($NaHCO_3$)	백색	$2NaHCO_3 \rightarrow CO_2 + H_2O + Na_2CO_3$
제2종 분말	중탄산칼륨($KHCO_3$)	보라색	$2KHCO_3 \rightarrow CO_2 + H_2O + K_2CO_3$
제3종 분말	제일인산암모늄($NH_4H_2PO_4$)	담홍색	$NH_4H_2PO_4 \rightarrow NH_3 + HPO_3 + H_2O$
제4종 분말	중탄산칼륨+요소 $KHCO_3 + (NH_2)_2CO$	회색	$2KHCO_3 + (NH_2)_2CO$ $\rightarrow K_2CO_3 + 2NH_3 + 2CO_2$

18 탄화칼슘 저장소에 수분이 침투하여 반응하였을 때 발생하는 가연성 가스는?

① 메탄 ② 아세틸렌 ③ 에탄 ④ 프로판

풀이 물과 반응하여 수산화칼슘(=소석회)과 아세틸렌가스가 생성된다.

$CaC_2 + 2H_2O \rightarrow Ca(OH)_2 + C_2H_2 \uparrow$

19 다음 중 위험물제조소 등에 설치하는 경보설비에 해당하는 것은?

① 피난사다리 ② 확성장치 ③ 완강기 ④ 구조대

풀이 경보설비의 구분

- 자동화재탐지설비
- 비상경보설비(비상벨장치 또는 경종을 포함함)
- 확성장치(휴대용 확성기를 포함함)
- 비상방송설비

정답 16. ② 17. ③ 18. ② 19. ②

20 다음 중 가연물이 연소할 때 공기 중의 산소농도를 떨어뜨려 연소를 중단시키는 소화방법은?

① 제거소화 ② 질식소화
③ 냉각소화 ④ 억제소화

풀이 질식소화는 공기 중에 존재하고 있는 산소의 농도 21%를 15% 이하로 낮추어 소화하는 방법

21 다음 위험물 중 끓는점이 가장 높은 것은?

① 벤젠 ② 디에틸에테르
③ 메탄올 ④ 아세트알데히드

풀이 ① 벤젠 : 80℃ ② 디에틸에테르 : 34.48℃
③ 메탄올 : 65℃ ④ 아세트알데히드 : 21℃

22 트리니트로톨루엔에 대한 설명으로 옳지 않은 것은?

① 제5류 위험물 중 니트로화합물에 속한다.
② 피크린산에 비해 충격, 마찰에 둔감하다.
③ 금속과의 반응성이 매우 커서 폴리에틸렌수지에 저장한다.
④ 일광을 쪼이면 갈색으로 변한다.

풀이 트리니트로톨루엔은 담황색의 결정이며 일광하에 다갈색으로 변화고 중성물질이기 때문에 금속과 반응하지 않는다.

23 제2류 위험물의 화재 발생시 소화방법 또는 주의할 점으로 적합하지 않은 것은?

① 마그네슘의 경우 이산화탄소를 이용한 질식소화는 위험하다.
② 황은 비산에 주의하여 분무주수로 냉각소화한다.
③ 적린의 경우 물을 이용한 냉각소화는 위험하다.
④ 인화성 고체는 이산화탄소로 질식소화할 수 있다.

풀이 적린의 소화방법은 다량의 경우 물에 의한 냉각소화하며 소량의 경우 모래나 CO_2의 질식소화한다.

정답 20. ② 21. ① 22. ③ 23. ③

24 다음 제4류 위험물 중 품명이 나머지 셋과 다른 하나는?

① 아세트알데히드 ② 디에틸에테르
③ 니트로벤젠 ④ 이황화탄소

풀이 니트로벤젠은 제3석유류에 해당된다.

25 다음 중 함께 운반차량에 적재할 수 있는 유별을 옳게 연결할 것은?(단, 지정수량 이상을 적재한 경우이다.)

① 제1류 - 제2류 ② 제1류 - 제3류
③ 제1류 - 제4류 ④ 제1류 - 제6류

풀이 423 : 4류+2류, 4류+3류는 혼재 가능
524 : 5류+2류, 5류+4류는 혼재 가능
61 : 6류+1류는 혼재 가능

26 과염소산에 대한 설명으로 틀린 것은?

① 가열하면 쉽게 발화한다.
② 강한 산화력을 갖고 있다.
③ 무색의 액체이다.
④ 물과 접촉하면 발열한다.

풀이 과염소산의 성질
- 대단히 불안정한 강산으로 산화력이 강하고 종이, 나무조각과 접촉하면 연소와 동시에 폭발한다.
- 일반적으로 물과 접촉하면 발열하므로 생성된 혼합물도 강한 산화력을 가진다.
- 과염소산을 상압에서 가열하면 분해하고 유독성 가스인 HCl을 발생시킨다.

27 과산화바륨의 성질을 설명한 내용 중 틀린 것은?

① 고온에서 열분해하여 산소를 발생한다.
② 황산과 반응하여 과산화수소를 만든다.
③ 비중은 약 4.96이다.
④ 온수와 접촉하면 수소가스를 발생한다.

풀이 과산화바륨(BaO_2)
- 백색 또는 회색의 정방정계 분말
- 분해온도 840℃, 융점 450℃, 비중 4.96
- 알칼리 토금속의 과산화물 중에서 가장 안정하다.
- 물에도 약간 녹고, 알코올, 에테르, 아세톤에는 녹지 않는다.

정답 24. ③ 25. ④ 26. ① 27. ④

28 아연분이 염산과 반응할 때 발생하는 가연성 기체는?

① 아황산가스 ② 산소 ③ 수소 ④ 일산화탄소

풀이 아연분(Zn)

- 은백색 분말
- 융점 419℃, 비점 907℃, 비중 7.14
- 산 또는 알칼리와 반응하여 수소를 발생시킨다.

29 횡으로 설치한 원통형 위험물 저장탱크의 내용적이 500L일 때 공간용적은 최소 몇 L이어야 하는가?(단, 원칙적인 경우에 한한다.)

① 15 ② 25 ③ 35 ④ 50

풀이 횡으로 설치한 원통형 위험물 저장탱크는 보통 5%~10%의 안전공간을 둔다.

30 질산의 성상에 대한 설명으로 옳은 것은?

① 흡습성이 강하고 부식성이 있는 무색의 액체이다.
② 햇빛에 의해 분해하여 암모니아가 생성되는 흰색을 띤다.
③ Au, Pt와 잘 반응하여 질산염과 질소가 생성된다.
④ 비휘발성이고 정전기에 의한 발화에 주의해야 한다.

풀이 질산의 일반적인 성질

- 흡습성이 강하여 습한 공기 중에서 자연 발화하지 않고 발열하는 무색의 무거운 액체이다.
- 강한 산성을 나타내며 68% 수용액일 때 가장 높은 끓는점을 가진다.
- 자극성, 부식성이 강하며 비점이 낮아 휘발성이고 햇빛에 의해 일부 분해한다.
- 물과 반응하여 강한 산성을 나타낸다.
- Ag은 진한질산에 용해되는 금속이다.
- 진한 질산은 Fe, Ni, Cr, Al과 반응하여 부동태를 형성한다.(부동태를 형성한다는 말은 더 이상 산화작용을 하지 않는다는 의미이다.)
- 소방법에 규제하는 진한 질산을 그 비중은 1.49 이상이고, 진한 질산을 가열할 경우 액체 표면에 적갈색의 증기가 떠 있게 된다.

31 위험물제조소의 환기설비의 기준에서 급기구에 설치된 실의 바닥면적 150m²마다 1개 이상 설치하는 급기구의 크기는 몇 cm² 이상이어야 하는가?(단, 바닥면적이 150m² 미만인 경우는 제외한다.)

① 200 ② 400 ③ 600 ④ 800

풀이 환기설비는 다음 기준에 의할 것
① 환기는 자연배기방식으로 할 것

정답 28. ③ 29. ② 30. ① 31. ④

② 급기구는 당해 급기구가 설치된 실의 바닥면적 $150m^2$마다 1개 이상으로 하되, 급기구의 크기는 $800cm^2$ 이상으로 할 것. 다만 바닥면적이 $150m^2$ 미만인 경우에는 다음의 크기로 하여야 한다.

바닥면적	급기구의 면적
$60m^2$ 미만	$150cm^2$ 이상
$60m^2$ 이상 $90m^2$ 미만	$300cm^2$ 이상
$90m^2$ 이상 $120m^2$ 미만	$450cm^2$ 이상
$120m^2$ 이상 $150m^2$ 미만	$600cm^2$ 이상

32 칼륨의 취급상 주의해야 할 내용을 옳게 설명한 것은?

① 석유와 접촉을 피해야 한다.
② 수분과 접촉을 피해야 한다.
③ 화재발생시 마른 모래와 접촉을 피해야 한다.
④ 이산화탄소 분위기에서 보관하여야 한다.

풀이 공기 중에서 수분과 반응하여 수소를 발생한다.
$2K + 2H_2O \rightarrow 2KOH + H_2 \uparrow + 92.8kcal$

33 위험물제조소에서 다음과 같이 위험물을 취급하고 있는 경우 각각의 지정수량 배수의 총합은 얼마인가?

- 브롬산나트륨 300kg
- 과산화나트륨 150kg
- 중크롬산나트륨 500kg

① 3.5 ② 4.0 ③ 4.5 ④ 5.0

풀이 지정수량배수의 총합 $= \frac{\text{저장수량}}{\text{지정수량}}$ 의 합 $= \frac{300}{300} + \frac{150}{50} + \frac{500}{1,000} = 4.5$
① 브롬산나트륨의 지정수량 : 300kg
② 과산화나트륨의 지정수량 : 50kg
③ 중크롬산나트륨의 지정수량 : 1,000kg

34 위험물의 지정수량이 나머지 셋과 다른 하나는?

① 질산에스테르류 ② 니트로화합물
③ 아조화합물 ④ 히드라진유도체

풀이 ① 질산에스테르류 : 10kg ② 니트로화합물 : 200kg
③ 아조화합물 : 200kg ④ 히드라진유도체 : 200kg

정답 32. ② 33. ③ 34. ①

35 다음 중 제5류 위험물에 해당하지 않는 것은?

① 히드라진
② 히드록실아민
③ 히드라진유도체
④ 히드록실아민염류

풀이

위험물			지정수량
유별	성질	품명	
제5류	자기반응성물질	1. 유기과산화물	10kg
		2. 질산에스테르류	10kg
		3. 니트로화합물	200kg
		4. 니트로소화합물	200kg
		5. 아조화합물	200kg
		6. 디아조화합물	200kg
		7. 히드라진 유도체	200kg
		8. 히드록실아민	100kg
		9. 히드록실아민염류	100kg
		10. 그 밖에 행정안전부령이 정하는 것 11. 제1호 내지 제10호의 1에 해당하는 어느 하나 이상을 함유한 것	10kg, 100kg 또는 200kg

36 제4류 위험물 운반용기의 외부에 표시해야 하는 사항이 아닌 것은?

① 규정에 의한 주의사항
② 위험물의 품명 및 위험등급
③ 위험물의 관리자 및 지정수량
④ 위험물의 화학명

풀이 위험물의 포장외부에 표시해야 할 사항

- 위험물의 품명
- 화학명 및 수용성
- 위험물의 수량
- 수납위험물의 주의사항
- 위험등급

37 고정식 포소화설비에 관한 기준에서 방유제 외측에 설치하는 보조포소화전의 상호간의 거리는?

① 보행거리 40m 이하
② 수평거리 40m 이하
③ 보행거리 75m 이하
④ 수평거리 75m 이하

풀이 고정식 포소화설비에 관한 기중에서 방유제 외측에 설치하는 보조포소화전의 상호간 거리는 보행거리 75m 이하로 해야 한다.

정답 35. ① 36. ③ 37. ③

38 과염소산암모늄이 300℃에서 분해되었을 때 주요 생성물이 아닌 것은?

① NO_3
② Cl_2
③ O_2
④ N_2

풀이 충격에는 비교적 안정하나 130℃에서 분해시작 300℃에서는 급격히 분해 폭발한다.
분해반응식은 다음과 같다.
$2NH_4ClO_4 \rightarrow N_2 + Cl_2 + 2O_2 + 4H_2O$

39 위험물 운반에 관한 기준 중 위험등급 1에 해당하는 위험물은?

① 황화인
② 피그린산
③ 벤조일퍼옥사이드
④ 질산나트륨

풀이 위험등급 I 의 위험물
① 제1류 위험물 중 아염소산염류, 염소산염류, 과염소산염류, 무기과산화물 그 밖에 지정수량이 50kg인 위험물
② 제3류 위험물 중 칼륨, 나트륨, 알킬알루미늄, 알킬리튬, 황린 그 밖에 지정수량이 10kg 또는 20kg인 위험물
③ 제4류 위험물 중 특수인화물
④ 제5류 위험물 중 유기과산화물, 질산에스테르류 그 밖에 지정수량이 10kg인 위험물
⑤ 제6류 위험물

40 금속리튬이 물과 반응하였을 때 생성되는 물질은?

① 수산화리튬과 수소
② 수산화리튬과 산소
③ 수소화리튬과 물
④ 산화리튬과 물

풀이 물과 접촉하면 수소를 발생시킨다.
$2Li + 2H_2O \rightarrow 2LiOH + H_2\uparrow$

41 다음 중 과산화수소에 대한 설명이 틀린 것은?

① 열에 의해 분해한다.
② 농도가 높을수록 안정하다.
③ 인산, 요산과 같은 분해방지 안정제를 사용한다.
④ 강력한 산화제이다.

정답 38. ① 39. ③ 40. ① 41. ②

풀이 농도가 클수록 위험성이 크므로 분해방지 안정제[인산나트륨, 인산(H_3PO_4), 요산($C_5H_4N_4O_3$), 글리세린 등]를 첨가하여 산소분해를 억제한다.

42 제4류 위험물의 품명 중 지정수량이 6,000L인 것은?

① 제3석유류 비수용성 액체 ② 제3석유류 수용성 액체
③ 제4석유류 ④ 동식물유류

풀이 ① 제3석유류 비수용성 액체 : 2,000L
② 제3석유류 수용성 액체 : 4,000L
③ 제4석유류 : 6,000L
④ 동식물유류 : 10,000L

43 위험물의 운반에 관한 기준에서 다음 ( )에 알맞은 온도는 몇 ℃인가?

적재하는 제5류 위험물 중 ( )℃ 이하의 온도에서 분해될 우려가 있는 것은 보냉 컨테이너에 수납하는 등 적정한 온도관리를 유지하여야 한다.

① 40 ② 50 ③ 55 ④ 60

풀이 적재하는 제5류 위험물 중 55℃ 이하의 온도에서 분해될 우려가 있는 것은 보냉컨테이너에 수납하는 등 적정한 온도관리를 유지하여야 한다.

44 위험물 적재방법 중 위험물을 수납한 운반용기를 겹쳐 쌓는 경우 높이는 몇 m 이하로 하여야 하는가?

① 2 ② 3 ③ 4 ④ 6

풀이 위험물을 수납한 운반용기를 겹쳐 쌓는 경우에는 그 높이를 3m 이하로 하고, 용기의 상부에 걸리는 하중은 당해 용기 위에 당해 용기와 동종의 용기를 겹쳐 쌓아 3m의 높이로 하였을 때에 걸리는 하중 이하로 하여야 한다.(중요기준)

45 다음 ( )에 알맞은 용어를 모두 옳게 나타낸 것은?

( ) 또는 ( )은(는) 위험물의 운송에 따른 화재의 예방을 위하여 필요하다고 인정하는 경우에는 주행 중의 이동탱크저장소를 정지시켜 당해 이동탱크저장소에 승차하고 있는 자에 대하여 위험물의 취급에 관한 국가기술 자격증 또는 교육수료증의 제시를 요구할 수 있다.

① 지방소방공무원, 지방행정공무원 ② 국가소방공무원, 국가행정공무원
③ 소방공무원, 경찰공무원 ④ 국가행정공무원, 경찰공무원

정답 42. ③ 43. ③ 44. ② 45. ③

풀이 소방공무원 또는 경찰공무원은(는) 위험물의 운송에 따른 화재의 예방을 위하여 필요하다고 인정하는 경우에는 주행 중의 이동탱크저장소를 정지시켜 당해 이동탱크저장소에 승차하고 있는 자에 대하여 위험물의 취급에 관한 국가기술자격증 또는 교육수료증의 제시를 요구할 수 있다.

46 위험물안전관리법령에서 규정하고 있는 사항으로 틀린 것은?

① 법정의 안전교육을 받아야 하는 사람은 안전관리자로 선임된 자, 탱크시험자의 기술인력으로 종사하는 자, 위험물운송자로 종사하는 자이다.

② 지정수량의 150배 이상의 위험물을 저장하는 옥내저장소는 관계인이 예방규정을 정하여야 하는 제조소 등에 해당한다.

③ 정기검사의 대상이 되는 것은 액체위험물을 저장 또는 취급하는 10만 리터 이상의 옥외탱크 저장소, 암반탱크 저장소, 이송취급소이다.

④ 법정의 안전관리자교육이수자와 소방공무원으로 근무한 경력이 3년 이상인 자는 제4류 위험물에 대한 위험물 취급 자격자가 될 수 있다.

풀이 정기검사의 대상이 되는 것은 액체위험물을 저장 또는 취급하는 100만 리터 이상의 옥외탱크 저장소, 암반탱크 저장소, 이송취급소이다.

47 위험물의 화재시 소화방법에 대한 다음 설명 중 옳은 것은?

① 아연분은 주수소화가 적당하다.

② 마그네슘은 봉상주수소화가 적당하다.

③ 알루미늄은 건조사로 피복하여 소화하는 것이 좋다.

④ 황화인은 산화제로 피복하여 소화하는 것이 좋다.

풀이 알루미늄의 소화방법은 분말의 비산을 막기 위해 모래, 멍석으로 피복 후 주수소화한다.

48 그림과 같이 횡으로 설치한 원형탱크의 용량은 약 몇 m^3인가?(단, 공간용적은 내용적의 10/100이다.)

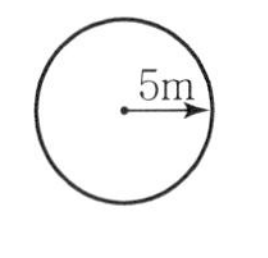

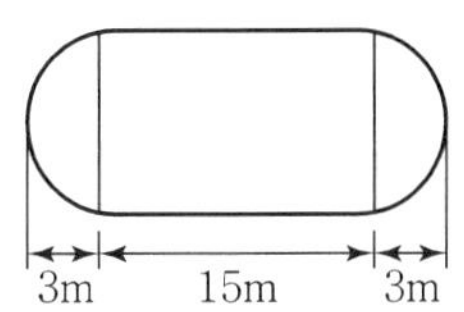

① 1,690.9

② 1,335.1

③ 1,268.4

④ 1,201.7

풀이 용량 : $\pi r^2\left(l+\frac{l_1+l_2}{3}\right)=\pi\times5^2\times\left(15+\frac{3+3}{3}\right)\times0.9=1,201$

정답 46. ③ 47. ③ 48. ④

49 가솔린에 대한 설명으로 옳은 것은?

① 연소범위는 15~75vol%이다.
② 용기는 따뜻한 곳에 환기가 잘 되게 보관한다.
③ 전도성이므로 감전에 주의한다.
④ 화재 소화시 포소화약제에 의한 소화를 한다.

풀이 가솔린의 연소범위는 연소범위 : 1.4~7.6%이고 화재 소화시 포소화약제에 의한 소화를 한다.

50 다음 2가지 물질이 반응하였을 때 포스핀을 발생시키는 것은?

① 사염화탄소+물
② 황산+물
③ 오황화인+물
④ 인화칼슘+물

풀이 인화칼슘(Ca_3P_2)과 물과 반응하면 포스핀(PH_3)을 생성시킨다.
$Ca_3P_2 + 6H_2O \rightarrow 3Ca(OH)_2 + 2PH_3$

51 질산에틸의 성질에 대한 설명 중 틀린 것은?

① 비점은 약 88℃이다.
② 무색의 액체이다.
③ 증기는 공기보다 무겁다.
④ 물에 잘 녹는다.

풀이 질산에틸 : [$C_2H_5ONO_2$]
- 무색투명한 향긋한 냄새가 나는 액체(상온에서)로 단맛이 있고, 비점 이상으로 가열하면 폭발한다.
- 인화점 -10℃, 융점 -94.6℃, 비점 88℃, 증기비중 3.14, 비중 1.11
- 인화점이 높아 쉽게 연소되지 않지만 인화성에 유의해야 한다.
- 비수용성, 인화성이 있고 알코올, 에테르에 녹는다.

52 제6류 위험물 운반용기의 외부에 표시하여야 하는 주의사항은?

① 충격주의
② 가연물접촉주의
③ 화기엄금
④ 화기주의

풀이 수납하는 위험물에 따라 다음의 규정에 의한 주의사항
① 제1류 위험물 중 알칼리금속의 과산화물 또는 이를 함유한 것에 있어서는 "화기·충격주의", "물기엄금" 및 "가연물접촉주의", 그 밖의 것에 있어서는 "화기·충격주의" 및 "가연물접촉주의"
② 제2류 위험물 중 철분·금속분·마그네슘 또는 이들 중 어느 하나 이상을 함유한 것에 있어서는 "화기주의" 및 "물기엄금", 인화성 고체에 있어서는 "화기엄금", 그 밖의 것에 있어서는 "화기주의"
③ 제3류 위험물 중 자연발화성 물질에 있어서는 "화기엄금" 및 "공기접촉엄금", 금수성 물질에 있어서는 "물기엄금"
④ 제4류 위험물에 있어서는 "화기엄금"
⑤ 제5류 위험물에 있어서는 "화기엄금" 및 "충격주의"
⑥ 제6류 위험물에 있어서는 "가연물접촉주의"

정답 49. ④ 50. ④ 51. ④ 52. ②

53 알코올류의 일반 성질이 아닌 것은?

① 분자량이 증가하면 증기비중이 커진다.
② 알코올은 탄화수소의 수소원자를 −OH기로 치환한 구조를 가진다.
③ 탄소수가 적은 알코올을 저급 알코올이라고 한다.
④ 3차 알코올에는 −OH기가 3개 있다.

풀이 제3차 알코올 : OH기가 결합한 탄소가 다른 탄소 3개와 연결된 알코올
예 트리메틸카비놀

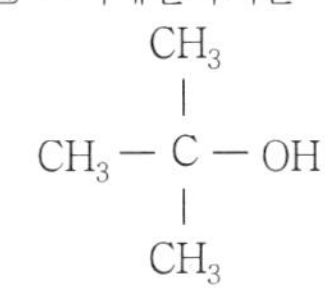

54 위험물안전관리법령에 따른 위험물의 운송에 관한 설명 중 틀린 것은?

① 알킬리튬과 알킬알루미늄 또는 이 중 어느 하나 이상을 함유한 것은 운송책임자의 감독 지원을 받아야 한다.
② 이동탱크저장소에 의하여 위험물을 운송할 때의 운송책임자에는 법정의 교육이수자도 포함된다.
③ 서울에서 부산까지 금속의 인화물 300kg을 1명의 운전자가 휴식 없이 운송해도 규정위반이 아니다.
④ 운송책임자의 감독 또는 지원의 방법에는 동승하는 방법과 별도의 사무실에서 대기하면서 규정된 사항을 이행하는 방법이 있다.

풀이 이동탱크저장소에 의한 위험물의 운송시에 준수하여야 하는 기준은 다음 각목과 같다.
가. 위험물운송자는 운송의 개시 전에 이동저장탱크의 배출밸브 등의 밸브와 폐쇄장치, 맨홀 및 주입구의 뚜껑, 소화기 등의 점검을 충분히 실시할 것
나. 위험물운송자는 장거리(고속국도에 있어서는 340km 이상, 그 밖의 도로에 있어서는 200km 이상을 말한다)에 걸치는 운송을 하는 때에는 2명 이상의 운전자로 할 것. 다만, 다음의 1에 해당하는 경우에는 그러하지 아니하다.
① 제1호 가목의 규정에 의하여 운송책임자를 동승시킨 경우
② 운송하는 위험물이 제2류 위험물·제3류 위험물(칼슘 또는 알루미늄의 탄화물과 이것만을 함유한 것에 한한다.) 또는 제4류 위험물(특수인화물을 제외한다)인 경우
③ 운송도중에 2시간 이내마다 20분 이상씩 휴식하는 경우

55 유황은 순도가 몇 중량퍼센트 이상이어야 위험물에 해당하는가?

① 40 ② 50 ③ 60 ④ 70

풀이 유황은 순도가 60(중량)% 이상인 것을 말한다. 이 경우 순도측정에 있어서 불순물은 활석 등 불연성 물질과 수분에 한한다.

정답 53. ④ 54. ③ 55. ③

56 다음 황린의 성질에 대한 설명으로 옳은 것은?

① 분자량은 약 108이다. ② 융점은 약 120℃이다.
③ 비점은 약 120℃이다. ④ 비중은 약 1.8이다.

풀이 황린의 일반적인 성질

- 비중 1.8, 융점 44℃, 비점 280℃, 발화점 34℃,
- 백색 또는 담황색의 가연성 고체이고 발화점이 34℃로 낮기 때문에 자연발화하기 쉽다. 상온에서 증기를 발생하고 천천히 산화된다.

57 다음 중 산을 가하면 이산화염소를 발생시키는 물질은?

① 아염소산나트륨 ② 브롬산나트륨
③ 옥소산칼륨 ④ 중크롬산나트륨

풀이 아염소산나트륨($NaClO_2$)

- 자신은 불연성이고 무색의 결정성 분말, 조해성, 물에 잘 녹는다.
- 불안정하여 180℃ 이상 가열하면 산소를 방출한다.
- 아염소산나트륨은 강산화제로서 산화력이 매우 크고 단독으로 폭발을 일으킨다.
- 금속분, 유황 등 환원성 물질과 접촉하면 즉시 폭발한다.
- 티오황산나트륨, 디에틸에테르 등과 혼합하면 혼촉발화의 위험이 있다.
- 이산화염소에 수산화나트륨과 환원제를 가하고 다시 수산화칼슘을 작용시켜 만든다.
- 산을 가하면 이산화염소를 발생시킨다.

58 옥외저장탱크 중 압력탱크 외의 탱크에 통기관을 설치하여야 할 때 밸브 없는 통기관인 경우 통기관의 직경은 몇 mm 이상으로 하여야 하는가?

① 10 ② 15 ③ 20 ④ 30

풀이 밸브 없는 통기관

- 직경은 30mm 이상일 것
- 선단은 수평면보다 45도 이상 구부려 빗물 등의 침투를 막는 구조로 할 것
- 가는 눈의 구리망 등으로 인화방지장치를 할 것. 다만, 인화점 70℃ 이상의 위험물만을 해당 위험물의 인화점 미만의 온도로 저장 또는 취급하는 탱크에 설치하는 통기관에 있어서는 그러하지 아니하다.
- 가연성의 증기를 회수하기 위한 밸브를 통기관에 설치하는 경우에 있어서는 당해 통기관의 밸브는 저장탱크에 위험물을 주입하는 경우를 제외하고는 항상 개방되어 있는 구조로 하는 한편, 폐쇄하였을 경우에 있어서는 10kPa 이하의 압력에서 개방되는 구조로 할 것. 이 경우 개방된 부분의 유효단면적은 777.15mm^2 이상이어야 한다.

59 적린은 다음 중 어떤 물질과 혼합시 마찰, 충격, 가열에 의해 폭발 할 위험이 가장 높은가?

① 염소산칼륨 ② 이산화탄소
③ 공기 ④ 물

정답 56. ④ 57. ① 58. ④ 59. ①

풀이 적린은 Na_2O_2, $KClO_2$, $NaClO_2$와 같은 산화제와 혼합 시 마찰, 충격에 쉽게 발화한다.

60 다음 품명에 따른 지정수량이 틀린 것은?

① 유기과산화물 : 10kg ② 황린 : 50kg
③ 알칼리금속 : 50kg ④ 알킬리튬 : 10kg

풀이 황린의 지정수량은 20kg이다.

정답 60. ②

Chapter

위험물기능사

(2010년 10월 3일)

Hazardous material Industrial Engineer

1 다음 ( ) 안에 들어갈 수치를 순서대로 올바르게 나열한 것은?(단, 제4류 위험물에 적응성을 갖기 위한 살수밀도기준을 적용하는 경우를 제외한다.)

> 위험물 제조소등에 설치하는 폐쇄형 헤드의 스프링클러설비는 30개의 헤드(헤드 설치수가 30 미만의 경우는 당해 설치 개수)를 동시에 사용할 경우 각 선단의 방사 압력이 ( )kPa 이상이고 방수량이 1분당 ( )L 이상이어야 한다.

① 100, 80
② 120, 80
③ 100, 100
④ 120, 100

풀이 스프링클러설비는 3)의 규정에 의한 개수의 스프링클러헤드를 동시에 사용할 경우에 각 선단의 방사압력이 100kPa(제4호 비고 제1호의 표에 정한 살수밀도의 기준을 충족하는 경우에는 50kPa) 이상이고, 방수량이 1분당 80ℓ(제4호 비고 제1호의 표에 정한 살수밀도의 기준을 충족하는 경우에는 56ℓ) 이상의 성능이 되도록 할 것

2 일반적으로 폭굉파의 전파속도에 어느 정도인가?

① 0.1~10m/s
② 100~350m/s
③ 1,000~3,500m/s
④ 10,000~35,000m/s

풀이 폭굉이 전하는 연소속도를 폭굉속도(폭속)라 하는데 음속보다 빠르며 폭속이 클수록 파괴작용은 더욱더 격렬해진다.

- 폭굉시 전하는 전파속도(폭굉파) : 1,000~3,500m/sec
- 정상연소시 전하는 전파속도(연소파) : 0.1~10m/sec

3 다음 소화약제 중 오존파괴지수(ODP)가 가장 큰 것은?

① IG-541
② Halon 2402
③ Halon 1211
④ Halon 1301

정답 1. ① 2. ③ 3. ④

풀이 화학물질에 따른 오존파괴지수

화학물질	수명(Years)	오존파괴능력(ODP)	주요용도
CFC-11	60	1.0	발포제, 냉장고, 에어컨
CFC-12	120	1.0	발포제, 냉장고, 에어컨
CFC-113	90	0.8	전자제품 세정제
CFC-114	200	1.0	발포제, 냉장고, 에어컨
CFC-115	400	0.6	발포제, 냉장고
Halon 1301	110	10.0	소화기
Halon 1211	25	3.0	소화기
Halon 2402	28	6.0	소화기
Carbon tetrachloride	50	1.1	살충제, 약제
Methyl chloroform	6.3	0.15	접착제

4 화학포소화기에서 탄산수소나트륨과 황산알루미늄이 반응하여 생성되는 기체의 주성분은?

① CO ② CO_2 ③ N_2 ④ Ar

풀이 $6NaHCO_3 + Al_2(SO_4)_3 + 18H_2O \rightarrow 3Na_2SO_4 + 2Al(OH)_3 + 6CO_2 + 18H_2O$

5 철분, 금속분, 마그네슘에 적응성이 있는 소화설비는?

① 이산화탄소소화설비 ② 할로겐화합물소화설비
③ 포소화설비 ④ 탄산수소염류소화설비

풀이 금속분, 철분, 마그네슘의 연소 시 주수하면 급격한 수증기 또는 물과 반응 시 발생된 수소에 의한 폭발위험과 연소 중인 금속의 비산으로 화재면적을 확대시킬 수 있으므로 건조사 건조분말에 의한 질식소화를 한다.

6 물에 탄산칼륨을 보강시킨 강화액 소화약제에 대한 설명으로 틀린 것은?

① 물보다 점성이 있는 수용액이다. ② 일반적으로 약산성을 나타낸다.
③ 응고점은 약 -30~-26℃이다. ④ 비중은 약 1.3~1.4 정도이다.

풀이 강화액소화약제는 약알칼리성이다.

- pH : 12 이상
- 액 비중 : 1.3~1.4
- 응고점 : -30~-25℃
- 사용온도 : -20~40℃ •
- 독성, 부식성이 없다.

정답 4. ② 5. ④ 6. ②

7 옥외저장소에서 지정수량 200배 초과의 위험물을 저장할 경우 보유공지의 너비는 몇 m 이상으로 하여야 하는가?(단, 제4류 위험물과 제6류 위험물은 제외한다.)

① 0.5 ② 2.5 ③ 10 ④ 15

풀이 옥외저장소의 보유공지

저장 또는 취급하는 위험물의 최대수량	공지의 너비
지정수량의 10배 이하	3m 이상
지정수량의 10배 초과 20배 이하	5m 이상
지정수량의 20배 초과 50배 이하	9m 이상
지정수량의 50배 초과 200배 이하	12m 이상
지정수량의 200배 초과	15m 이상

8 위험물안전관리법령상 소화설비의 구분에서 "물분무등소화설비"의 종류가 아닌 것은?

① 스프링클러설비 ② 할로겐화합물소화설비
③ 이산화탄소소화설비 ④ 분말소화설비

풀이 물분무등소화설비
물분무소화설비, 포말소화설비, 이산화탄소소화설비, 할로겐화물소화설비, 분말소화설비

9 공기 중의 산소농도를 한계산소량 이하로 낮추어 연소를 중지시키는 소화방법은?

① 냉각소화 ② 제거소화 ③ 억제소화 ④ 질식소화

풀이 질식소화방법은 공기 중에 존재하고 있는 산소의 농도 21%를 15% 이하로 낮추어 소화하는 방법

10 이동탱크저장소에 있어서 구조물 등의 시설을 변경하는 경우 변경허가를 득하여야 하는 경우는?

① 펌프설비를 보수하는 경우
② 동일 사업장 내에서 상치장소의 위치를 이전하는 경우
③ 직경이 200mm인 이동저장탱크의 맨홀을 신설하는 경우
④ 탱크본체를 절개하여 탱크를 보수하는 경우

풀이 제조소등의 변경허가를 받아야 할 경우

7. 이동탱크 저장소	가. 상치장소의 위치를 이전하는 경우 나. 이동저장탱크를 보수(탱크본체를 절개하는 경우에 한한다)하는 경우 다. 이동저장탱크의 노즐 또는 맨홀을 신설하는 경우 라. 이동저장탱크의 내용적을 변경하기 위하여 구조를 변경하는 경우 마. 주입설비를 설치 또는 철거하는 경우 바. 펌프설비를 신설하는 경우

정답 7. ④ 8. ① 9. ④ 10. ④

11 유류화재의 급수 표시와 표시색상으로 옳은 것은?

① A급, 백색 ② B급, 황색
③ A급, 황색 ④ B급, 백색

풀이 유류화재는 B급 화재로서 표시색상은 황색이다.

12 과산화리튬의 화재현장에서 주수소화가 불가능한 이유는?

① 수소가 발생하기 때문에
② 산소가 발생하기 때문에
③ 이산화탄소가 발생하기 때문에
④ 일산화탄소가 발생하기 때문에

풀이 과산화리튬과 물의 화학반응식은 다음과 같다.
$2Li_2O_2 + 2H_2O \rightarrow 4LiOH + O_2$

13 위험물안전관리법령에 의하면 옥외소화전이 6개 있을 경우 수원의 수량은 몇 m^3 이상이어야 하는가?

① $48m^3$ 이상 ② $54m^3$ 이상
③ $60m^3$ 이상 ④ $81m^3$ 이상

풀이 옥외소화전의 수원량 : N×13.5(최대 개수 4개)
결국 4×13.5=$54m^3$ 이상

14 분말소화약제의 분류가 옳게 연결된 것은?

① 제1종 분말약제 : $KHCO_3$ ② 제2종 분말약제 : $KHCO_3+(NH_2)_2CO$
③ 제3종 분말약제 : $NH_4H_2PO_4$ ④ 제4종 분말약제 : $NaHCO_3$

풀이 분말소화약제의 종류, 착색된 색깔, 열분해 반응식은 다음과 같다.

종류	주성분	착색	적응화재	열분해 반응식
제1종 분말	$NaHCO_3$(탄산수소 나트륨)	백색	B, C	$2NaHCO_3 \rightarrow Na_2CO_3+CO_2+H_2O$
제2종 분말	$KHCO_3$(탄산수소 칼륨)	보라색	B, C	$2KHCO_3 \rightarrow K_2CO_3+CO_2+H_2O$
제3종 분말	$NH_4H_2PO_4$(제1인산 암모늄)	담홍색	A, B, C	$NH_4H_2PO_4 \rightarrow HPO_3+NH_3+H_2O$
제4종 분말	$KHCO_3+(NH_2)_2CO$ (탄산수소 칼륨+요소)	회백색	B, C	$2KHCO_3+(NH_2)_2CO$ $\rightarrow K_2CO_3+2NH_3+2CO_2$

정답 11. ② 12. ② 13. ② 14. ③

15 마른 모래(삽 1개 포함) 50리터의 소화 능력단위는?

① 0.1 ② 0.5
③ 1 ④ 1.5

풀이 간이 소화용구 능력단위

간이소화용구		능력단위
1. 마른 모래	삽을 상비한 50ℓ 이상의 것 1포	0.5단위
2. 팽창질석 또는 팽창진주암	삽을 상비한 160ℓ 이상의 것 1포	1단위

16 그림은 포소화설비의 소화약제 혼합장치이다. 이 혼합방식의 명칭은?

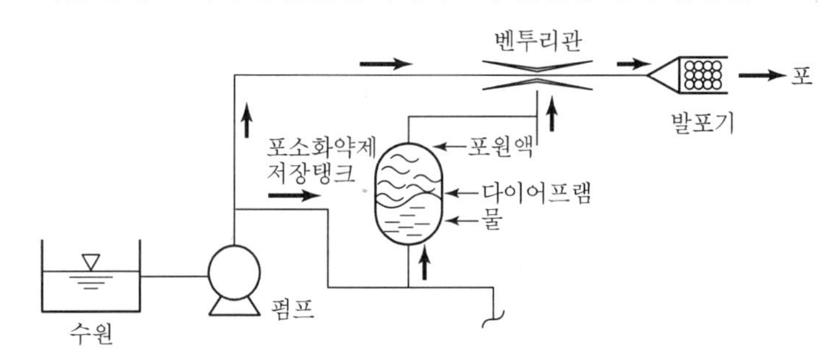

① 라인프로포셔너 ② 펌프프로포셔너
③ 프레셔프로포셔너 ④ 프레셔사이드프로포셔너

풀이 펌프와 발포기 중간에 설치된 벤투리관의 벤투리 작용과 펌프 가압수의 압력에 의하여 포소화약제를 흡입 혼합하는 방식
※ 벤투리 작용 : 관의 도중을 가늘게 하여 흡인력으로 약제와 물을 혼합하는 작용

17 황의 화재예방 및 소화방법에 대한 설명 중 틀린 것은?

① 산화제와 혼합하여 저장한다.
② 정전기가 축적되는 것을 방지한다.
③ 화재시 분무 주수하여 소화할 수 있다.
④ 화재시 유독가스가 발생하므로 보호장구를 착용하고 소화한다.

풀이 유황의 저장 및 취급방법
① 산화제와 격리 저장하고, 화기 및 가열, 충격, 마찰에 주의한다.
② 용기는 차고 건조하며 환기가 잘 되는 곳에 저장하고, 운반할 때 운반용기에 수납하지 않아도 되는 위험물이다.

정답 15. ② 16. ③ 17. ①

18 건축물의 1층 및 2층 부분만을 방사능력범위로 하고 지하층 및 3층 이상의 층에 대하여 다른 소화설비를 설치해야 하는 소화설비는?

① 스프링클러설비 ② 포소화설비
③ 옥외소화전설비 ④ 물분무소화설비

풀이 옥내소화전설비와 비슷하며 옥외소화전설비는 건축물의 외부에 설치, 고정되어 있고 인접 건축물에 연소 방지를 목적으로 하고 있다. 건축물의 1층 및 2층 부분만을 방사능력 범위로 하는 소화 설비라고 할 수 있다.

19 산화열에 의해 자연발화가 발생할 위험이 높은 것은?

① 건성유 ② 니트로셀룰로오스
③ 퇴비 ④ 목탄

풀이 자연발화의 형태
- 산화열에 의한 발화 : 석탄, 고무분말, 건성유 등에 의한 발화
- 분해열에 의한 발화 : 셀룰로이드, 니트로셀룰로오스 등에 의한 발화
- 흡착열에 의한 발화 : 목탄분말, 활성탄 등에 의한 발화
- 미생물에 의한 발화 : 퇴비, 먼지 속에 들어 있는 혐기성 미생물에 의한 발화

20 옥내에서 지정수량 100배 이상을 취급하는 일반취급소에 설치하여야 하는 경보설비는? (단, 고인화점 위험물만을 취급하는 경우는 제외한다.)

① 비상경보설비 ② 자동화재탐지설비
③ 비상방송설비 ④ 비상벨설비 및 확성장치

풀이 Ⅱ. 경보설비
1. 제조소등별로 설치하여야 하는 경보설비의 종류

제조소등의 구분	제조소등의 규모, 저장 또는 취급하는 위험물의 종류 및 최대수량 등	경보설비
1. 제조소 및 일반취급소	• 연면적 $500m^2$ 이상인 것 • 옥내에서 지정수량의 100배 이상을 취급하는 것(고인화점 위험물만을 100℃ 미만의 온도에서 자동화재 취급하는 것을 제외한다) • 일반취급소로 사용되는 부분 외의 부분이 있는 건축물에 설치된 일반취급소(일반취급소와 일반취급소 외의 부분이 내화구조의 바닥 또는 벽으로 개구부 없이 구획된 것을 제외한다)	자동화재 탐지설비
2. 옥내저장소	• 지정수수량의 100배 이상을 저장 또는 취급하는 것(고인화점위험물만을 저장 또는 취급하는 것을 제외한다) • 저장창고의 연면적이 $150m^2$를 초과하는 것[당해저장창고가 연면적 $150m^2$ 이내마다 불연재료의 격벽으로 개구부 없이 완전히 구획된 것과 제2류 또는 제4류의 위험물(인화성고체 및 인화점이 70℃ 미만인 제4류 위험물을 제외한다)만을 저장 또는 취급하는 것에 있어서는 저장창고의 연면적이 $500m^2$ 이상의 것에 한한다]	

정답 18. ③ 19. ① 20. ②

2. 옥내저장소	• 처마높이가 6m 이상인 단층건물의 것 • 옥내저장소로 사용되는 부분 외의 부분이 있는 건축물에 설치된 옥내저장소[옥내저장소와 옥내저장소 외의 부분이 내화구조의 바닥 또는 벽으로 개구부 없이 구획된 것과 제2류 또는 제4류의 위험물(인화성고체 및 인화점이 70℃ 미만인 제4류 위험물을 제외한다)만을 저장 또는 취급 하는 것을 제외한다]	자동화재 탐지설비
3. 옥내탱크저장소	단층 건물 외의 건축물에 설치된 옥내탱크저장소로서 소화난이도등급 Ⅰ에 해당하는 것	
4. 주유취급소	옥내주유취급소	

21 트리니트로톨루엔에 관한 설명으로 옳은 것은?

① 불연성이지만 조연성 물질이다.
② 폭약류의 폭력을 비교할 때 기준 폭약으로 활용된다.
③ 인화점이 30℃보다 높으므로 여름철에 주의해야 한다.
④ 분해연소하면서 다량의 고체를 발생한다.

풀이 트리니트로톨루엔은 폭약류의 폭력을 비교할 때 기준 폭약으로 활용된다.

22 니트로셀룰로오스에 관한 설명으로 옳은 것은?

① 섬유소를 진한 염산과 석유의 혼합액으로 처리하여 제조한다.
② 직사광선 및 산의 존재하에 자연발화의 위험이 있다.
③ 습윤상태로 보관하면 매우 위험하다.
④ 황갈색의 액체상태이다.

풀이 니트로셀룰로오스(NC) : $[C_6H_7O_2(ONO_2)_3]$ = 질화면

- 셀룰로오스에 진한질산(3)과 진한황산(1)의 비율로 혼합작용시키면 니트로셀룰로오스가 만들어진다.
- 분해온도 130℃, 자연발화온도 180℃
- 무연화약으로 사용되며 질화도가 클수록 위험하다.
- 햇빛, 열, 산에 의해 자연발화의 위험이 있다.
- 질화도 : 니트로셀룰로오스 중의 질소 함유 %
- 니트로셀룰로오스를 저장·운반 시 물 또는 알코올에 습면하고, 안정제를 가해서 냉암소에 저장한다.

정답 21. ② 22. ②

23 다음 아세톤의 완전연소반응식에서 ( )에 알맞은 계수를 차례대로 옳게 나타낸 것은?

CH_3COCH_3 + ( )O_2 → ( )CO_2 + $3H_2O$

① 3, 4 ② 4, 3 ③ 6, 3 ④ 3, 6

풀이 아세톤의 완전연소반응식
$CH_3COCH_3 + 4O_2 \rightarrow 3CO_2 + 3H_2O$

24 제1류 위험물을 취급할 때 주의사항으로서 틀린 것은?

① 환기가 잘되는 서늘한 곳에 저장한다.
② 가열, 충격, 마찰을 피한다.
③ 가연물과의 접촉을 피한다.
④ 밀폐용기는 위험하므로 개방용기를 사용해야 한다.

풀이 제1류 위험물을 취급할 때 용기는 밀폐용기를 사용한다.

25 유황 500kg, 인화성 고체 1,000kg을 저장하려 한다. 각각의 지정수량 배수의 합은 얼마인가?

① 3배 ② 4배 ③ 5배 ④ 6배

풀이 $\frac{\text{저장수량}}{\text{지정수량}}\text{의 합} = \frac{500}{100} + \frac{1,000}{1,000} = 6\text{배}$

26 위험물의 유별(類別) 구분이 나머지 셋과 다른 하나는?

① 황린 ② 금속분 ③ 황화인 ④ 마그네슘

풀이 황린은 제3류 위험물에 해당된다.

27 인화성 액체 위험물을 저장 또는 취급하는 옥외탱크저장소의 방유제 내에 용량 10만L와 5만L인 옥외저장탱크 2기를 설치하는 경우에 확보하여야 하는 방유제의 용량은?

① 50,000L 이상 ② 80,000L 이상
③ 100,000L 이상 ④ 110,000L 이상

풀이 인화성 액체위험물(이황화탄소를 제외한다)의 옥외탱크저장소의 탱크 주위의 방유제의 용량은 방유제 안에 설치된 탱크가 하나인 때에는 그 탱크 용량의 110% 이상, 2기 이상인 때에는 그 탱크 중 용량이 최대인 것의 용량의 110% 이상으로 할 것

정답 23. ② 24. ④ 25. ④ 26. ① 27. ④

28 내용적이 20,000L인 옥내저장탱크에 대하여 저장 또는 취급의 허가를 받을 수 있는 최대 용량은?(단, 원칙적인 경우에 한한다.)

① 18,000L ② 19,000L ③ 19,400L ④ 20,000L

풀이 내용적이 20,000L인 옥내저장탱크에 저장 또는 취급의 허가를 받아야 할 최대용량은 19,000L이다.

29 다음 중 공기에서 산화되어 액 표면에 피막을 만드는 경향이 가장 큰 것은?

① 올리브유 ② 낙화생유 ③ 야자유 ④ 동유

풀이 건성유의 기름은 동유이다.

30 제2류 위험물의 화재예방 및 진압대책으로 적합하지 않은 것은?

① 강산화제와의 혼합을 피한다.
② 적린과 유황은 물에 의한 냉각소화가 가능하다
③ 금속분은 산과의 접촉을 피한다.
④ 인화성 고체를 제외한 위험물제조소에는 "화기엄금" 주의사항 게시판을 설치한다.

풀이 제2류 위험물 중 철분 · 금속분 · 마그네슘 또는 이들 중 어느 하나 이상을 함유한 것에 있어서는 "화기주의" 및 "물기엄금", 인화성 고체에 있어서는 "화기엄금", 그 밖의 것에 있어서는 "화기주의"

31 제5류 위험물에 관한 내용으로 틀린 것은?

① $C_2H_5ONO_2$: 상온에서 액체이다
② $C_6H_2OH(NO_2)_3$: 공기 중 자연분해가 매우 잘 된다.
③ $C_6H_3(NO_2)_2CH_3$: 담황색의 결정이다.
④ $C_3H_5(ONO_2)_3$: 혼산 중에 글리세린을 반응시켜 제조한다.

풀이 피크린산(트리니트로페놀)은 공기 중에서 자연분해가 잘 되지 않는다.

32 알루미늄분의 성질에 대한 설명 중 틀린 것은?

① 염산과 반응하여 수소를 발생한다.
② 끓는 물과 반응하면 수소화알루미늄이 생성된다.
③ 산화제와 혼합시키면 착화의 위험이 있다.
④ 은백색의 광택이 있고 물보다 무거운 금속이다.

풀이 물(수증기)와 반응하여 수소를 발생시킨다.

$$Al + 3H_2O \rightarrow Al(OH)_3 + \frac{3}{2}H_2$$

정답 28. ② 29. ④ 30. ④ 31. ② 32. ②

33 위험물을 저장할 때 필요한 보호물질을 옳게 연결한 것은?

① 황린 – 석유
② 금속칼륨 – 에탄올
③ 이황화탄소 – 물
④ 금속나트륨 – 산소

풀이
- 황린은 물과는 반응도 하지 않고, 녹지도 않기 때문에 물속에 저장한다.(이때 물의 액성은 약알칼리성. CS_2, 알코올, 벤젠에 잘 녹는다.)
- 금속칼륨과 금속나트륨의 보호액(등유, 경유, 파라핀유, 벤젠) 속에 저장할 것(공기와의 접촉을 막기 위하여)

34 지정수량의 10배의 위험물을 운반할 경우 제5류 위험물과 혼재 가능한 위험물에 해당하는 것은?

① 제1류 위험물 ② 제2류 위험물 ③ 제3류 위험물 ④ 제6류 위험물

풀이 혼재 가능 위험물은 다음과 같다.
423 → 4류와 2류, 4류와 3류는 서로 혼재 가능
524 → 5류와 2류, 5류와 4류는 서로 혼재 가능
61 → 6류와 1류는 서로 혼재 가능

35 제5류 위험물 중 지정수량이 잘못된 것은?

① 유기과산화물 : 10kg
② 히드록실아민 : 100kg
③ 질산에스테르류 : 100kg
④ 니트로화합물 : 200kg

풀이 질산에스테르류의 지정수량은 10kg이다.

36 소화설비의 설치기준으로 옳은 것은?

① 제4류 위험물을 저장 또는 취급하는 소화난이도등급Ⅰ인 옥외탱크저장소에는 대형수동식소화기 및 소형수동식소화기 등을 각각 1개 이상 설치할 것
② 소화난이도 등급Ⅱ인 옥내탱크저장소는 소형수동식소화기 등을 2개 이상 설치할 것
③ 소화난이도등급Ⅲ인 지하탱크저장소는 능력단위의 수치가 2 이상인 소형수동식소화기들을 2개 이상 설치할 것
④ 제조소등에 전기설비(전기배선, 조명기구 등은 제외한다)가 설치된 경우에는 당해 장소의 면적 $100m^2$마다 소형수동식소화기를 1개 이상 설치할 것

풀이 소화설비의 설치기준
가. 전기설비의 소화설비
제조소등에 전기설비(전기배선, 조명기구 등은 제외한다)가 설치된 경우에는 당해 장소의 면적 $100m^2$마다 소형수동식소화기를 1개 이상 설치할 것

정답 33. ③ 34. ② 35. ③ 36. ④

나. 소요단위 및 능력단위
  1) 소요단위 : 소화설비의 설치대상이 되는 건축물 그 밖의 공작물의 규모 또는 위험물 양의 기준단위
  2) 능력단위 : 1)의 소요단위에 대응하는 소화설비의 소화능력의 기준단위

37 종류(유별)가 다른 위험물을 동일한 옥내저장소의 동일한 실에 같이 저장하는 경우에 대한 설명으로 틀린 것은?

① 제1류 위험물과 황린은 동일한 옥내저장소에 저장할 수 있다.
② 제1류 위험물과 제6류 위험물은 동일한 옥내저장소에 저장할 수 있다.
③ 제1류 위험물중 알칼리금속의 과산화물과 제5류 위험물은 동일한 옥내저장소에 저장할 수 있다.
④ 유별을 달리하는 위험물을 유별로 모아서 저장하는 한편 상호 간에 1미터 이상의 간격을 두어야 한다.

풀이 혼재 가능 위험물은 다음과 같다.
423 → 4류와 2류, 4류와 3류는 서로 혼재 가능
524 → 5류와 2류, 5류와 4류는 서로 혼재 가능
61 → 6류와 1류는 서로 혼재 가능

38 가연성 고체에 해당하는 물품으로서 위험등급 Ⅱ에 해당하는 것은?

① P_4S_3, P
② Mg, $(CH_3CHO)_4$
③ P_4, AIP
④ NaH, Zn

풀이 위험등급 Ⅱ의 위험물
가. 제1류 위험물 중 브롬산염류, 질산염류, 요오드산염류 그 밖에 지정수량이 300kg인 위험물
나. 제2류 위험물 중 황화인, 적린, 유황 그 밖에 지정수량이 100kg인 위험물
다. 제3류 위험물 중 알칼리금속(칼륨 및 나트륨을 제외한다) 및 알칼리토금속, 유기금속화합물(알킬알루미늄 및 알킬리튬을 제외한다) 그 밖에 지정수량이 50kg인 위험물
라. 제4류 위험물 중 제1석유류 및 알코올류
마. 제5류 위험물 중 제1호 라목에 정하는 위험물 외의 것

39 다음 중 인화점이 가장 높은 물질은?

① 이황화탄소
② 디에틸에테르
③ 아세트알데히드
④ 산화프로필렌

풀이 ① 이황화탄소 : 인화점 -30℃
② 디에틸에테르 : 인화점 -45℃
③ 아세트알데히드 : 인화점 -39℃
④ 산화프로필렌 : 인화점 -37℃

정답 37. ③ 38. ① 39. ①

40 마그네슘과 혼합했을 때 발화의 위험이 있기 때문에 접촉을 피해야 하는 것은?

① 건조사 ② 팽창질석
③ 팽창진주암 ④ 염소가스

풀이 건조사, 팽창질석, 팽창진주암은 간이소화제이다.

41 금속 나트륨을 페놀프탈레인 용액이 몇 방울 섞인 물속에 넣었다. 이때 일어나는 현상을 잘못 설명한 것은?

① 물이 붉은 색으로 변한다.
② 물이 산성으로 변하게 된다.
③ 물과 반응하여 수소를 발생한다.
④ 물과 격렬하게 반응하면서 발열한다.

풀이 물이 염기성으로 변하게 된다.

42 제3류 위험물에 해당하는 것은?

① 염소화규소화합물 ② 금속의 아지화합물
③ 질산구아니딘 ④ 할로겐 간 화합물

풀이 제3류 위험물은 염소화규소화합물이다.

43 위험물을 운반용기에 수납하여 적재할 때 차광성이 있는 피복으로 가려야 하는 위험물이 아닌 것은?

① 제1류 위험물 ② 제2류 위험물
③ 제5류 위험물 ④ 제6류 위험물

풀이 제1류 위험물, 제3류 위험물 중 자연발화성 물질, 제4류 위험물 중 특수인화물, 제5류 위험물 또는 제6류 위험물은 차광성이 있는 피복으로 가릴 것

44 위험물안전관리법에서 정하는 위험물이 아닌 것은?(단, 지정수량은 고려하지 않는다.)

① CCl_4 ② BrF_3
③ BrF_5 ④ IF_5

풀이 사염화탄소는 위험물이 아니라 소화제이다.

정답 40. ④ 41. ② 42. ① 43. ② 44. ①

45 탄화칼슘의 성질에 대하여 옳게 설명한 것은?

① 공기 중에서 아르곤과 반응하여 불연성 기체를 발생한다.
② 공기 중에서 질소와 반응하여 유독한 기체를 낸다.
③ 물과 반응하면 탄소가 생성된다.
④ 물과 반응하여 아세틸렌가스가 생성된다.

풀이 물과 반응하여 수산화칼슘(소석회)과 아세틸렌가스가 생성된다.
$CaC_2 + 2H_2O \rightarrow Ca(OH)_2 + C_2H_2 \uparrow$

46 품명과 위험물의 연결이 틀린 것은?

① 제1석유류 - 아세톤
② 제2석유류 - 등유
③ 제3석유류 - 경유
④ 제4석유류 - 기어유

풀이 경유는 제2석유류에 해당된다.

47 제5류 위험물에 해당하지 않는 것은?

① 염산히드라진
② 니트로글리세린
③ 니트로벤젠
④ 니트로셀룰로오스

풀이 니트로벤젠은 제3석유류에 해당된다.

48 NH_4ClO_4에 대한 설명 중 틀린 것은?

① 가연성 물질과 혼합하면 위험하다.
② 폭약이나 성냥 원료로 쓰인다.
③ 에테르에 잘 녹으나 아세톤, 알코올에는 녹지 않는다.
④ 비중이 약 1.87이고 분해온도가 130℃ 정도이다.

풀이 과염소산암모늄은 물, 알코올, 아세톤에는 잘 녹고 에테르에는 녹지 않는다.

49 질산에스테르류에 속하지 않는 것은?

① 니트로셀룰로오스
② 질산에틸
③ 니트로글리세린
④ 디니트로페놀

풀이 질산에스테르류에는 니트로셀룰로오스(NC), 니트로글리세린(NG), 질산메틸, 질산에틸, 니트로글리콜, 펜트리트 등이 있다.

정답 45. ④ 46. ③ 47. ③ 48. ③ 49. ④

50 위험물 운송에 관한 규정으로 틀린 것은?

① 이동탱크저장소에 의하여 위험물을 운송하는 자는 당해 위험물을 취급할 수 있는 국가기술자격자 또는 안전교육을 받은 자이어야 한다.
② 안전관리자 · 탱크시험자 · 위험물운송자 등 위험물의 안전관리와 관련된 업무를 수행하는 자는 시 · 도지사가 실시하는 안전교육을 받아야 한다.
③ 운송책임자의 범위, 감독 또는 지원의 방법 등에 관한 구체적인 기준은 행정안전부령으로 정한다.
④ 위험물운송자는 행정안전부령이 정하는 기준을 준수하는 등 당해 위험물의 안전확보를 위해 세심한 주의를 기울여야 한다.

풀이 안전관리자 · 탱크시험자 · 위험물운송자 등 위험물의 안전관리와 관련된 업무를 수행하는 자는 소방협회에서 실시하는 안전교육을 받아야 한다.

51 질산암모늄의 위험성에 대한 설명에 해당하는 것은?

① 폭발기와 산화기가 결합되어 있어 100℃에서 분해 폭발한다.
② 인화성 액체로 정전기에 주의하여야 한다.
③ 400℃에서 분해되기 시작하여 540℃에서 급격히 분해 폭발할 위험성이 있다.
④ 단독으로도 급격한 가열, 충격으로 분해하여 폭발의 위험이 있다.

풀이 질산암모늄은 단독으로도 급격한 가열, 충격으로 분해하여 폭발의 위험이 있다.

52 휘발유에 대한 설명으로 틀린 것은?

① 위험등급은 Ⅰ등급이다.
② 증기는 공기보다 무거워 낮은 곳에 체류하기 쉽다.
③ 내장용기가 없는 외장플라스틱 용기에 적재할 수 있는 최대용적은 20리터이다.
④ 이동탱크저장소로 운송하는 경우 위험물운송자는 위험불안전카드를 휴대하여야 한다.

풀이 위험등급 Ⅱ의 위험물

가. 제1류 위험물 중 브롬산염류, 질산염류, 요오드산염류 그 밖에 지정수량이 300kg인 위험물
나. 제2류 위험물 중 황화인, 적린, 유황 그 밖에 지정수량이 100kg인 위험물
다. 제3류 위험물 중 알칼리금속(칼륨 및 나트륨을 제외한다) 및 알칼리토금속, 유기금속화합물(알킬알루미늄 및 알킬리튬을 제외한다.) 그 밖에 지정수량이 50kg인 위험물
라. 제4류 위험물 중 제1석유류 및 알코올류
마. 제5류 위험물 중 제1호 라목에 정하는 위험물 외의 것

53 이황화탄소 기체는 수소 기체보다 20℃ 1기압에서 몇 배 더 무거운가?

① 11　　② 22　　③ 32　　④ 38

정답 50. ②　51. ④　52. ①　53. ④

풀이 $\frac{\text{이황화탄소의 분자량}}{\text{수소의 분자량}} = \frac{76}{2} = 38$배

54 탱크안전성능검사 내용의 구분에 해당하지 않는 것은?

① 기초·지반검사　　② 충수·수압검사
③ 용접부검사　　④ 배관검사

풀이 탱크안전성능검사는 기초·지반검사, 충수·수압검사, 용접부검사 등이 있다.

55 금속나트륨의 일반적인 성질에 대한 설명 중 틀린 것은?

① 비중은 약 0.97이다.
② 화학적으로 활성이 크다.
③ 은백색의 가벼운 금속이다.
④ 알코올과 반응하여 질소를 발생한다.

풀이 공기 중의 수분이나 알코올과 반응하여 수소를 발생하며 자연발화를 일으키기 쉬우므로 석유, 유동파라핀 속에 저장한다.
$2Na + 2H_2O \rightarrow 2NaOH + H_2$
$2Na + 2C_2H_5OH \rightarrow 2C_2H_5ONa + H_2$

56 제4류 위험물의 옥외저장탱크에 설치하는 밸브 없는 통기관은 직경이 얼마 이상인 것으로 설치해야 되는가?(단, 압력탱크는 제외한다.)

① 10mm　　② 20mm
③ 30mm　　④ 40mm

풀이 옥외저장탱크 중 압력탱크(최대상용압력이 부압 또는 정압 5kPa을 초과하는 탱크를 말한다) 외의 탱크(제4류 위험물의 옥외저장탱크에 한한다)에 있어서는 밸브 없는 통기관 또는 대기밸브부착 통기관을 다음 각목에 정하는 바에 의하여 설치하여야 하고, 압력탱크에 다음과 같은 안전장치를 설치하여야 한다.
가. 밸브 없는 통기관
1) 직경은 30mm 이상일 것
2) 선단은 수평면보다 45도 이상 구부려 빗물 등의 침투를 막는 구조로 할 것
3) 가는 눈의 구리망 등으로 인화방지장치를 할 것. 다만, 인화점 70℃ 이상의 위험물만을 해당 위험물의 인화점 미만의 온도로 저장 또는 취급하는 탱크에 설치하는 통기관에 있어서는 그러하지 아니하다.
4) 가연성의 증기를 회수하기 위한 밸브를 통기관에 설치하는 경우에 있어서는 당해 통기관의 밸브는 저장탱크에 위험물을 주입하는 경우를 제외하고는 항상 개방되어 있는 구조로 하는 한편, 폐쇄하였을 경우에 있어서는 10kPa 이하의 압력에서 개방되는 구조로 할 것. 이 경우 개방된 부분의 유효단면적은 777.15mm^2 이상이어야 한다.

정답 54. ④　55. ④　56. ③

57 제6류 위험물의 위험성에 대한 설명으로 적합하지 않은 것은?

① 질산은 햇빛에 의해 분해되어 NO_2를 발생한다.
② 과염소산은 산화력이 강하여 유기물과 접촉 시 연소 또는 폭발한다.
③ 지산은 물과 접촉하면 발열한다.
④ 과염소산은 물과 접촉하면 흡열한다.

풀이 과염소산은 물과 접촉하면 발열한다.

58 제조소등의 관계인은 위험물제조소등에 대하여 기술기준에 적합한지의 여부를 정기적으로 점검하여야 하는바, 법적 최소 점검주기에 해당하는 것은?

① 주 1회 이상 ② 월 1회 이상
③ 6개월 1회 이상 ④ 연 1회 이상

풀이 제조소등의 관계인은 위험물제조소등에 대하여 기술기준에 적합한지의 여부를 정기적으로 점검하여야 하는바, 법적 최소 점검주기는 연 1회 이상이다.

59 시클로헥산에 관한 설명으로 가장 거리가 먼 것은?

① 고리형 분자구조를 가진 방향족 탄화수소화합물이다.
② 화학식은 C_6H_{12}이다.
③ 비수용성 위험물이다.
④ 제4류 제1석유류에 속한다.

풀이 시클로헥산의 구조는 평면정육각형이 아닌 탄소 간 결합각의 변형 · 비틀림변형과 수소 간의 반데르발스 힘에 의한 변형의 총합이 최소가 되는 의자형 형태를 취한다.

60 제5류 위험물의 화재예방 및 진압대책에 대한 설명 중 틀린 것은?

① 벤조일퍼옥사이드의 저장 시 저장용기에 희석제를 넣으면 폭발위험성을 낮출 수 있다.
② 건조 상태의 니트로셀룰로오스는 위험하므로 운반 시에는 물, 알코올 등으로 습윤시킨다.
③ 디니트로톨루엔은 폭발강도가 매우 민감하고 폭발력이 크므로 가열, 충격 등에 주의하여 조심스럽게 취급해야 한다.
④ 트리니트로톨루엔은 폭발시 다량의 가스가 발생하므로 공기호흡기 등의 보호장구를 착용하고 소화한다.

풀이 디니트로톨루엔은 특이한 향기가 나는 담황색 결정이고 물에 녹기 어렵고 알코올, 에테르에 녹는 물질로서 폭발력이 강한 트리니트로톨루엔의 제조과정물질이다.

정답 57. ④ 58. ④ 59. ① 60. ③

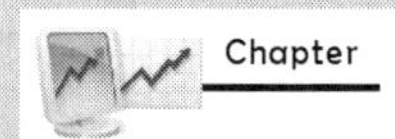

Chapter

위험물기능사

(2011년 2월 13일)

Hazardous material Industrial Engineer

1 위험물제조소 등에 자동화재탐지설비를 설치하는 경우, 당해 건축물 그 밖의 공작물의 주요한 출입구에서 그 내부의 전체를 볼 수 있는 경우에 하나의 경계구역의 면적은 최대 몇 m^2까지 할 수 있는가?

① 300 ② 600 ③ 1,000 ④ 1,200

풀이 하나의 경계구역의 면적은 $600m^2$ 이하로 하고 한 변의 길이는 50m 이하로 할 것. 다만, 당해 소방대상물의 주된 출입구에서 그 내부 전체가 보이는 것에 있어서는 한 변의 길이가 50m의 범위 내에서 $1,000m^2$ 이하로 할 수 있다.

2 [보기]에서 소화기의 사용방법을 옳게 설명한 것을 모두 나열한 것은?

[보기]
㉠ 적응화재에만 사용할 것
㉡ 불과 최대한 멀리 떨어져서 사용할 것
㉢ 바람을 마주 보고 풍하에서 풍상 방향으로 사용할 것
㉣ 양옆으로 비로 쓸듯이 골고루 사용할 것

① ㉠, ㉡ ② ㉠, ㉢ ③ ㉠, ㉣ ④ ㉠, ㉢, ㉣

풀이 소화기 사용방법

- 적응 화재에만 사용할 것
- 성능에 따라 화재 면에 근접하여 사용할 것
- 소화작업을 진행할 때는 바람을 등지고 풍상에서 풍하의 방향으로 소화작업을 진행할 것
- 소화작업은 양옆으로 비로 쓸듯이 골고루 방사할 것
- 소화기는 화재 초기만 효과가 있고 화재가 확대된 후에는 효과가 없기 때문에 주의하고 대형 소화설비의 대용은 될 수 없다. 또한 만능 소화기는 없다고 보는 것이 타당하다.

3 압력수조를 이용한 옥내소화전설비의 가압송수장치에서 압력수조의 최소압력(MPa)은?(단, 소방용 호스의 마찰손실 수두압은 3MPa, 배관의 마찰손실 수두압은 1MPa, 낙차의 환산수두압은 1.35MPa이다)

① 5.35 ② 5.70 ③ 6.00 ④ 6.35

정답 1. ③ 2. ③ 3. ②

풀이 옥내소화전설비는 각층을 기준으로 하여 당해 층의 모든 옥내소화전(설치개수가 5개 이상인 경우는 5개의 옥내소화전)을 동시에 사용할 경우에 각 노즐선단의 방수압력이 350kPa 이상이고 방수량이 1분당 260ℓ 이상의 성능이 되도록 할 것
그러므로 3+1+1.35+0.35=5.7

4 자연발화가 잘 일어나는 경우와 가장 거리가 먼 것은?

① 주변의 온도가 높을 것 ② 습도가 높을 것
③ 표면적이 넓을 것 ④ 열전도율이 클 것

풀이 열전도율이 작을수록 자연발화가 잘 일어난다.

5 위험물안전관리에 관한 세부기준에 따르면 이산화탄소소화설비 저장용기는 온도가 몇 ℃ 이하인 장소에 설치하여야 하는가?

① 35 ② 40
③ 45 ④ 50

풀이 위험물안전관리에 관한 세부기준에 따르면 이산화탄소소화설비 저장용기는 온도가 40℃ 이하인 장소에 설치하여야 한다.

6 할로겐화합물 소화설비가 적응성이 있는 대상물은?

① 제1류 위험물 ② 제3류 위험물
③ 제4류 위험물 ④ 제5류 위험물

풀이 할로겐화합물 소화설비가 적응성이 있는 대상물은 제4류 위험물이다.

7 위험물안전관리법령에 따라 제조소 등의 관계인이 화재예방과 재해발생시 비상조치를 위하여 작성하는 예방규정에 관한 설명으로 틀린 것은?

① 제조소의 관계인은 해당 제조소에서 지정수량의 5배의 위험물을 취급하는 경우 예방규정을 작성하여 제출하여야 한다.
② 지정수량의 200배의 위험물을 저장하는 옥외저장소의 관계인은 예방규정을 작성하여 제출하여야 한다.
③ 위험물시설의 운전 또는 조작에 관한 사항, 위험물 취급작업의 기준에 관한 사항은 예방규정에 포함되어야 한다.
④ 제조소 등의 예방규정은 산업안전보건법의 규정에 의한 안전보건관리규정과 통합하여 작성할 수 있다.

정답 4. ④ 5. ② 6. ③ 7. ①

풀이 법 제17조 1항에서 대통령령이 정하는 제조소 등이라 함은 다음 각호 1에 해당하는 제조소 등을 말한다.
① 지정수량 10배 이상의 위험물을 취급하는 제조소
② 지정수량의 100배 이상의 위험물을 저장하는 옥외저장소
③ 지정수량의 150배 이상의 위험물을 저장하는 옥내저장소
④ 지정수량의 200배 이상의 위험물을 저장하는 옥외탱크저장소
⑤ 암반탱크저장소
⑥ 이송취급소
⑦ 지정수량의 10배 이상의 위험물을 취급하는 일반취급소 다만, 인화점이 40℃ 이상인 제4류 위험물만을 지정수량의 40배 이하로 취급하는 일반취급소로서 다음 각목의 1에 해당하는 것을 제외한다.
가. 보일러, 버너 또는 이와 비슷한 것으로서 위험물을 소비하는 장치로 이루어진 일반취급소
나. 위험물을 용기에 다시 채워넣는 일반취급소

8 고온층(hot zone)이 형성된 유류화재의 탱크 밑면에 물이 고여 있는 경우, 화재의 진행에 따라 바닥의 물이 급격히 증발하여 불붙은 기름을 분출시키는 위험현상을 무엇이라 하는가?

① 파이어볼(fire ball) ② 플래시오버(flash over)
③ 슬롭오버(slop over) ④ 보일오버(boil over)

풀이 보일오버
비점이 다른 성분의 혼합물인 원유나 중질유 등의 유류저장탱크에 화재가 발생하여 장시간 진행되면 비점(b.p)이나 비중이 작은 성분은 유류표면층에서 먼저 증발연소되고 비점(b.p)이나 비중이 큰 성분은 가열 축적되어 열류층(heat layer)을 형성하게 된다.
이러한 열류층은 화재진행과 더불어 점차 탱크의 저부로 내려와서 탱크 밖으로 비산, 분출하게 되는데 이러한 현상을 보일오버 현상이라 한다.

9 위험장소 중 0종 장소에 대한 설명으로 올바른 것은?

① 정상상태에서 위험 분위기가 장시간 지속적으로 존재하는 장소
② 정상상태에서 위험 분위기가 주기적 또는 간헐적으로 생성될 우려가 있는 장소
③ 이상상태하에서 위험 분위기가 단시간 동안 생성될 우려가 있는 장소
④ 이상상태하에서 위험 분위기가 장시간 동안 생성될 우려가 있는 장소

풀이 0종 장소 : 정상상태에서 위험 분위기가 장시간 지속적으로 존재하는 장소

10 제5류 위험물에 대한 설명 중 틀린 것은?

① 대부분 물질 자체에 산소를 함유하고 있다.
② 대표적 성질이 자기 반응성 물질이다.
③ 가열, 충격, 마찰로 위험성이 증가하므로 주의한다.
④ 불연성이지만 가연물과 혼합은 위험하므로 주의한다.

풀이 제5류 위험물은 가연성 물질이다.

정답 8. ④ 9. ① 10. ④

11 분말소화약제 중 제1종과 제2종 분말이 각각 열분해될 때 공통적으로 생성되는 물질은?

종류	주성분	착색	적응 화재	열분해 반응식
제1종 분말	$NaHCO_3$ (탄산수소 나트륨)	백색	B, C	$2NaHCO_3 \rightarrow Na_2CO_3+CO_2+H_2O$
제2종 분말	$KHCO_3$ (탄산수소 칼륨)	보라색	B, C	$2KHCO_3 \rightarrow K_2CO_3+CO_2+H_2O$
제3종 분말	$NH_4H_2PO_4$ (제1인산 암모늄)	담홍색	A, B, C	$NH_4H_2PO_4 \rightarrow HPO_3+NH_3+H_2O$
제4종 분말	$KHCO_3+(NH_2)_2CO$ (탄산수소 칼륨 + 요소)	회백색	B, C	$2KHCO_3+(NH_2)_2CO \rightarrow K_2CO_3+2NH_3+2CO_2$

① N_2, CO_2　② N_2, O_2　③ H_2O, CO_2　④ H_2O, N_2

12 요리용 기름의 화재시 비누화 반응을 일으켜 질식효과와 재발화 방지 효과를 나타내는 소화약제는?

① $NaHCO_3$　② $KHCO_3$　③ $BaCl_2$　④ $NH_4H_2PO_4$

풀이 제1종 분말 : 식용유, 지방질유의 화재소화 시 가연물과의 비누화 반응으로 소화효과가 증대된다.

13 제1종 분말소화약제의 화학식과 색상이 옳게 연결된 것은?

① $NaHCO_3$ – 백색　② $KHCO_3$ – 백색
③ $NaHCO_3$ – 담홍색　④ $KHCO_3$ – 담홍색

풀이

종류	주성분	착색	적응 화재	열분해 반응식
제1종 분말	$NaHCO_3$ (탄산수소 나트륨)	백색	B, C	$2NaHCO_3 \rightarrow Na_2CO_3+CO_2+H_2O$
제2종 분말	$KHCO_3$ (탄산수소 칼륨)	보라색	B, C	$2KHCO_3 \rightarrow K_2CO_3+CO_2+H_2O$
제3종 분말	$NH_4H_2PO_4$ (제1인산 암모늄)	담홍색	A, B, C	$NH_4H_2PO_4 \rightarrow HPO_3+NH_3+H_2O$
제4종 분말	$KHCO_3+(NH_2)_2CO$ (탄산수소 칼륨 + 요소)	회백색	B, C	$2KHCO_3+(NH_2)_2CO \rightarrow K_2CO_3+2NH_3+2CO_2$

정답 11. ③　12. ①　13. ①

14 제6류 위험물을 저장 또는 취급하는 장소로서 폭발의 위험이 없는 장소에 한하여 적응성이 있는 소화설비는?

① 건조사 ② 포소화기
③ 이산화탄소소화기 ④ 할로겐화합물소화기

풀이 제6류 위험물을 저장 또는 취급하는 장소로서 폭발의 위험이 없는 장소에 한하여 적응성이 있는 소화기는 포소화기이다

15 알칼리금속의 화재시 소화약제로 가장 적합한 것은?

① 물 ② 마른 모래
③ 이산화탄소 ④ 할로겐화합물

풀이 알칼리금속의 화재시 소화약제로 적합한 것은 마른 모래(건조사)이다

16 주유취급소에 설치할 수 있는 위험물 탱크는?

① 고정주유설비에 직접 접속하는 5기 이하의 간이탱크
② 보일러 등에 직접 접속하는 전용탱크로서 10,000리터 이하의 것
③ 고정급유설비에 직접 접속하는 전용탱크로서 70,000리터 이하의 것
④ 폐유, 윤활유 등의 위험물을 저장하는 탱크로서 4,000리터 이하의 것

풀이 주유취급소에는 다음 각목의 탱크 외에는 위험물을 저장 또는 취급하는 탱크를 설치할 수 없다. 다만, 별표 10 Ⅰ의 규정에 의한 이동탱크저장소의 상치장소를 주유공지 또는 급유공지 외의 장소에 확보하여 이동탱크저장소(당해주유취급소의 위험물의 저장 또는 취급에 관계된 것에 한한다)를 설치하는 경우에는 그러하지 아니하다.
① 자동차 등에 주유하기 위한 고정주유설비에 직접 접속하는 전용탱크로서 50,000ℓ 이하의 것
② 고정급유설비에 직접 접속하는 전용탱크로서 50,000ℓ 이하의 것
③ 보일러 등에 직접 접속하는 전용탱크로서 10,000ℓ 이하의 것
④ 자동차 등을 점검・정비하는 작업장 등(주유취급소 안에 설치된 것에 한한다)에서 사용하는 폐유・윤활유 등의 위험물을 저장하는 탱크로서 용량(2 이상 설치하는 경우에는 각 용량의 합계를 말한다)이 2,000ℓ 이하인 탱크(이하 "폐유탱크등"이라 한다)

17 인화점이 21℃ 미만인 액체위험물의 옥외저장탱크 주입구에 설치하는 "옥외저장탱크 주입구"라고 표시한 게시판의 바탕 및 문자색을 옳게 나타낸 것은?

① 백색바탕 – 적색문자 ② 적색바탕 – 백색문자
③ 백색바탕 – 흑색문자 ④ 흑색바탕 – 백색문자

풀이 옥외저장탱크 주입구라고 표시한 게시판은 백색바탕 – 흑색문자로 나타낸다.

정답 14. ② 15. ② 16. ② 17. ③

18 주택, 학교 등의 보호대상물과의 사이에 안전거리를 두지 않아도 되는 위험물시설은?

① 옥내저장소 ② 옥내탱크저장소
③ 옥외저장소 ④ 일반취급소

풀이 주택, 학교 등의 보호대상물과의 사이에 안전거리를 두지 않아도 되는 위험물시설은 옥내탱크저장소이다.

19 B급화재의 표시 색상은?

① 백색 ② 황색
③ 청색 ④ 초록

풀이 ㉠ A급화재(일반화재)
물질이 연소된 후 재를 남기는 종류의 화재로 목재, 종이, 섬유 등의 화재가 이에 속하며, 구분색은 백색이다.
소화방법 : 물에 의한 냉각소화로 주수, 산 알칼리, 포 등이 있다.
㉡ B급화재(유류 및 가스화재)
연소 후 아무것도 남지 않은 화재로 에테르, 알코올, 석유, 가연성 액체가스 등 유류 및 가스화재가 이에 속하며, 구분색은 황색이다.
소화방법 : 공기차단으로 인한 피복소화로 화학포, 증발성 액체(할로겐화물), 탄산가스, 소화분말(드라이케미컬) 등이 있다.
㉢ C급화재(전기 화재)
전기기구·기계 등에서 발생되는 화재가 이에 속하며, 구분색은 청색이다.
소화방법 : 탄산가스, 증발성 액체, 소화분말 등이 있다.
㉣ D급화재(금속분 화재)
마그네슘과 같은 금속화재가 이에 속하며, 구분색은 없다.
소화방법 : 팽창질석, 팽창진주암, 마른 모래 등이 있다.

20 폭발의 종류에 따른 물질이 잘못 짝지어진 것은?

① 분해폭발 - 아세틸렌, 산화에틸렌
② 분진폭발 - 금속분, 밀가루
③ 중합폭발 - 시안화수소, 염화비닐
④ 산화폭발 - 히드라진, 과산화수소

풀이 히드라진은 분해폭발을 일으키는 물질이다.

21 질산암모늄의 일반적 성질에 대한 설명 중 옳은 것은?

① 조해성을 가진 물질이다.
② 물에 대한 용해도 값이 매우 작다.
③ 가열시 분해하여 수소를 발생한다.
④ 과일향의 냄새가 나는 백색 결정체이다.

정답 18. ② 19. ② 20. ④ 21. ①

풀이 질산암모늄(NH_4NO_3 = 초반)

- 무색, 무취의 백색 결정 고체
- 분해온도 220℃, 융점 165℃, 용해도 118.3(0℃), 비중 1.73
- 조해성이 있고 물, 알코올, 알칼리에 잘 녹는다.
- 물을 흡수하면 흡열반응을 한다.
- 급격한 가열하면 산소를 발생하고, 충격을 주면 단독으로도 폭발한다.
  $2NH_4NO_3 \rightarrow 4H_2O + 2N_2 + O_2$
- 강력한 산화제이기 때문에 혼합화약의 재료로 쓰인다.

22 적갈색의 고체 위험물은?

① 칼슘　② 탄화칼슘　③ 금속나트륨　④ 인화칼슘

풀이 인화칼슘은 적갈색 고체 위험물이다.

23 $C_6H_5CH_3$의 일반적 성질이 아닌 것은?

① 벤젠보다 독성이 매우 강하다.
② 진한 질산과 진한 황산으로 니트로화하면 TNT가 된다.
③ 비중은 약 0.86이다.
④ 물에 녹지 않는다.

풀이 톨루엔의 독성은 벤젠보다 약하다.

24 황화인에 대한 설명 중 옳지 않는 것은?

① 삼황화인은 황색 결정으로 공기 중 약 100℃에서 발화할 수 있다.
② 오황화인은 담황색 결정으로 조해성이 있다.
③ 오황화인은 물과 접촉하여 황화수소를 발생할 위험이 있다.
④ 삼황화인은 차가운 물에도 잘 녹으므로 주의해야 한다.

풀이 삼황화인(P_4S_3) : 착화점이 약 100℃인 황색의 결정으로 조해성이 있고 CS_2, 질산, 알칼리에는 녹지만, 물, 염산, 황산에는 녹지 않는다. 성냥, 유기합성 등에 사용된다.

25 위험물안전관리법령상 인화성 액체의 인화점 시험방법이 아닌 것은?

① 태그(Tag) 밀폐식 인화점 측정기에 의한 인화점 측정
② 세타 밀폐식 인화점 측정기에 의한 인화점 측정
③ 클리브랜드개방식 인화점 측정기에 의한 인화점 측정
④ 펜스키-마르텐식 인화점 측정기에 의한 인화점 측정

정답 22. ④　23. ①　24. ④　25. ④

풀이 인화성 액체의 인화점 시험방법은 태그(Tag)밀폐식, 세타(Seta)밀폐식, 클리브랜드(Cleveland) 개방식 3가지 방법이 있다.

26 정기점검 대상에 해당하지 않는 것은?

① 지정수량 15배의 제조소
② 지정수량 40배의 옥내탱크저장소
③ 지정수량 50배의 이동탱크저장소
④ 지정수량 20배의 지하탱크저장소

풀이 정기점검의 대상인 제조소 등

① 지정수량 10배 이상의 위험물을 취급하는 제조소
② 지정수량의 100배 이상의 위험물을 저장하는 옥외저장소
③ 지정수량의 150배 이상의 위험물을 저장하는 옥내저장소
④ 지정수량의 200배 이상의 위험물을 저장하는 옥외탱크저장소
⑤ 암반탱크저장소
⑥ 이송취급소
⑦ 지정수량의 10배 이상의 위험물을 취급하는 일반취급소 다만 인화점이 40℃ 이상인 제4류 위험물만을 지정수량의 40배 이하로 취급하는 일반취급소로서 다음 각목의 1에 해당하는 것을 제외한다.
가. 보일러, 버너 또는 이와 비슷한 것으로서 위험물을 소비하는 장치로 이루어진 일반취급소
나. 위험물을 용기에 다시 채워넣는 일반취급소
⑧ 지하탱크 저장소
⑨ 이동탱크 저장소
⑩ 위험물을 취급하는 탱크로서 지하에 매설된 탱크가 있는 제조소, 주유취급소 또는 일반취급소

27 다음은 P_2S_5와 물의 화학반응이다. ( )에 알맞은 숫자를 차례대로 나열한 것은?

$$P_2S_5 + (\quad)H_2O \rightarrow (\quad)H_2S + (\quad)H_3PO_4$$

① 2, 8, 5
② 2, 5, 8
③ 8, 5, 2
④ 8, 2, 5

풀이 $P_2S_5 + 8H_2O \rightarrow 5H_2S + 2H_3PO_4$

28 염소산칼륨에 대한 설명으로 옳은 것은?

① 흑색분말이다.
② 비중이 4.32이다.
③ 글리세린과 에테르에 잘 녹는다.
④ 가열에 의해 분해하여 산소를 방출한다.

풀이 무색의 불연성 분말, 비중은 2.32, 글리세린에 잘 녹고 에테르에 녹지 않는다.

정답 26. ② 27. ③ 28. ④

29 염소산나트륨의 저장 및 취급시 주의사항으로 틀린 것은?

① 철제용기에 저장할 수 없다.
② 분해방지를 위해 암모니아를 넣어 저장한다.
③ 조해성이 있으므로 방습에 유의한다.
④ 용기에 밀전하여 보관한다.

풀이 가열, 충격, 마찰을 피하고, 환기가 잘 되는 냉암소에 밀전 보관하고, 분해를 촉진하는 약품류와의 접촉을 피한다.

30 금속염을 불꽃반응 실험을 한 결과 보라색의 불꽃이 나타났다. 이 금속염에 포함된 금속은 무엇인가?

① Cu ② K ③ Na ④ Li

풀이 금속 또는 금속염을 백금선에 묻혀 버너의 겉불꽃 속에 넣어 보면 특유의 불꽃을 볼 수 있다.이 반응을 금속의 불꽃반응이라 한다.

Li	Na	K	Cu	Ba	Ca	Rb	Cs
적색	노란색	보라색	청록색	황록색	주황색	심청색	청자색

31 과산화수소의 저장 및 취급방법으로 옳지 않은 것은?

① 갈색 용기를 사용한다.
② 직사광선을 피하고 냉암소에 보관한다.
③ 농도가 클수록 위험성이 높아지므로 분해방지 안정제를 넣어 분해를 억제시킨다.
④ 장시간 보관시 철분을 넣어 유리용기에 보관한다.

풀이 유리용기에 장시간 보관하면 직사일광에 의해 분해할 위험성이 있으므로 갈색의 착색병에 보관한다.

32 다음 ( ) 안에 적합한 숫자를 차례대로 나열한 것은?

> 자연발화성 물질 중 알킬알루미늄 등은 운반용기 내용적의 ( )% 이하의 수납률로 수납하되, 50℃의 온도에서 ( )% 이상의 공간용적을 유지하도록 할 것

① 90, 5 ② 90, 10
③ 95, 5 ④ 95, 10

풀이 자연발화성 물질 중 알킬알루미늄 등은 운반용기 내용적의 90% 이하의 수납률로 수납하되, 50℃의 온도에서 5% 이상의 공간용적을 유지하도록 할 것

정답 29. ② 30. ② 31. ④ 32. ①

33 위험물탱크의 용량은 탱크의 내용적에서 공간용적을 뺀 용적으로 한다. 이 경우 소화약제 방출구를 탱크 안의 윗부분에 설치하는 탱크의 공간용적은 당해 소화설비의 소화약제 방출구 아래의 어느 범위의 면으로부터 윗부분의 용적으로 하는가?

① 0.1미터 이상 0.5미터 미만 사이의 면
② 0.3미터 이상 1미터 미만 사이의 면
③ 0.5미터 이상 1미터 미만 사이의 면
④ 0.5미터 이상 1.5미터 미만 사이의 면

풀이 위험물탱크의 용량은 탱크의 내용적에서 공간용적을 뺀 용적으로 한다. 이 경우 소화약제 방출구를 탱크 안의 윗부분에 설치하는 탱크의 공간용적은 당해 소화설비의 소화약제방출구 아래의 0.3미터 이상 1미터 미만 사이의 면으로부터 윗부분의 용적으로 한다.

34 자기반응성 물질에 해당하는 물질은?

① 과산화칼륨　② 벤조일퍼옥사이드
③ 트리에틸알루미늄　④ 메틸에틸케톤

풀이 자기반응성 물질은 제5류 위험물에 해당되며 과산화벤조일(벤조일퍼옥사이드), 메틸에틸케톤퍼옥사이드(MEKPO) 등이 있다.

35 $KMnO_4$와 반응하여 위험성을 가지는 물질이 아닌 것은?

① H_2SO_4　② H_2O　③ CH_3OH　④ $C_2H_5OC_2H_5$

풀이 과망간산칼륨은 알코올, 에테르, 글리세린 등 유기물과 접촉을 금한다. 그리고 물에 녹아 진한 보라색이 되고 강한 산화력과 살균력이 있다.

36 과산화수소가 녹지 않는 것은?

① 물　② 벤젠　③ 에테르　④ 알코올

풀이 과산화수소는 물, 알코올, 에테르에는 녹지만, 벤젠, 석유에는 녹지 않는다.

37 품명이 제4석유류인 위험물은?

① 중유　② 기어유　③ 등유　④ 클레오소트유

풀이 제4석유류에는 기어유, 실린더유 등이 있다.

정답 33. ② 34. ② 35. ② 36. ② 37. ②

38 지정수량이 50kg인 것은?

① 칼륨 ② 리튬 ③ 나트륨 ④ 클레오소트유

풀이
- 칼륨 : 10kg
- 리튬 : 50kg
- 나트륨 : 10kg
- 클레오소트유 : 2,000L

39 순수한 금속 나트륨을 고온으로 건조한 공기 중에서 연소시켜 얻은 위험물질은 무엇인가?

① 아염소산나트륨 ② 염소산나트륨
③ 과산화나트륨 ④ 과염소산나트륨

풀이 과산화나트륨은 순수한 금속나트륨을 고온으로 건조한 공기 중에서 연소시켜 얻은 물질이다.

40 지중탱크 누액방지판의 구조에 관한 기준으로 틀린 것은?

① 두께는 4.5mm 이상의 강판으로 할 것
② 용접은 맞대기 용접으로 할 것
③ 침하 등에 의한 지중탱크 본체의 변위영향을 흡수하지 아니할 것
④ 일사 등에 의한 열의 영향 등에 대하여 안전할 것

풀이 침하 등에 의한 지중탱크 본체의 변위영향을 흡수할 수 있도록 할 것

41 이황화탄소를 화재예방상 물속에 저장하는 이유는?

① 불순물을 물에 용해시키기 위해서
② 가연성 증기 발생을 억제하기 위해서
③ 상온에서 수소가스를 발생시키기 때문에
④ 공기와 접촉하면 즉시 폭발하기 때문에

풀이 용기나 탱크에 저장 시 물속에 보관해야 한다. 물에 불용이며, 물보다 무겁다.(가연성 증기 발생을 억제하기 위함이다.)

42 물과의 반응으로 산소와 열이 발생하는 위험물은?

① 과염소산칼륨 ② 과산화나트륨
③ 질산칼륨 ④ 과망간산칼륨

정답 38. ② 39. ③ 40. ③ 41. ② 42. ②

풀이 과산화나트륨 : 상온에서 물과 격렬하게 반응하며 열을 발생하고 산소를 방출시킨다.

$$Na_2O_2 + H_2O \rightarrow 2NaOH + \frac{1}{2}O_2 \uparrow$$

43 과산화수소, 질산, 과염소산의 공통적인 특징이 아닌 것은?

① 산화성 액체이다.
② pH 1 미만의 강한 산성 물질이다.
③ 불연성 물질이다.
④ 물보다 무겁다.

풀이 제6류 위험물 중에서 제일 강한 산은 과염소산이지만 pH 1 미만의 강한 산성 물질은 아니다.

44 벤조일퍼옥사이드, 피크린산, 히드록실아민이 각각 200kg 있을 경우 지정수량의 배수의 합은 얼마인가?

① 22 ② 23 ③ 24 ④ 25

풀이

$$\text{환산지정수량} = \frac{\text{저장수량합}}{\text{지정수량합}} = \frac{200}{10} + \frac{200}{200} + \frac{200}{100} = 23$$

45 트리니트로페놀에 대한 설명으로 옳은 것은?

① 발화방지를 위해 휘발유에 저장한다.
② 구리용기에 넣어 보관한다.
③ 무색, 투명한 액체이다.
④ 알코올, 벤젠 등에 녹는다.

풀이 트리니트로페놀은 황색, 침상결정이고 피크린산의 저장 및 취급에 있어서는 드럼통에 넣어서 밀봉시켜 저장하고, 건조할수록 위험성이 증가된다. 독성이 있고 냉수에는 녹기 힘들고 더운물, 에테르, 벤젠, 알코올에 잘 녹는다.

46 물분무소화설비의 방사구역은 몇 m^2 이상이어야 하는가?(단, 방호대상물의 표면적은 $300m^2$이다)

① 100 ② 150 ③ 300 ④ 450

풀이 물분무소화설비의 방사구역은 $150m^2$ 이상(방호대상물의 표면적이 $150m^2$ 미만인 경우에는 당해 표면적)으로 할 것

정답 43. ② 44. ② 45. ④ 46. ②

47 일반적으로 [보기]에서 설명하는 성질을 가지고 있는 위험물은?

[보기]
• 불안정한 고체 화합물로서 분해가 용이하여 산소를 방출한다.
• 물과 격렬하게 반응하여 발열한다.

① 무기과산화물 ② 과망간산염류
③ 과염소산염류 ④ 중크롬산염류

풀이 무기과산화물은 과산화수소(H_2O_2)의 수소이온이 떨어져 나가고 금속 또는 다른 원자단으로 치환된 화합물을 말하며 분자 속에 -O-O-를 갖는 물질을 말한다. 그리고 물과 급격히 반응하여 산소를 방출하고 발열한다.

48 허가량이 1,000만 리터인 위험물옥외저장탱크의 바닥판 전면 교체시 법적 절차 순서로 옳은 것은?

① 변경허가 - 기술검토 - 안전성능검사 - 완공검사
② 기술검토 - 변경허가 - 안전성능검사 - 완공검사
③ 변경허가 - 안전성능검사 - 기술검토 - 완공검사
④ 안전성능검사 - 변경허가 - 기술검토 - 완공검사

풀이 허가량이 1,000만 리터인 위험물옥외저장탱크의 바닥판 전면 교체시 법적 절차 순서는 기술검토 - 변경허가 - 안전성능검사 - 완공검사의 순이다.

49 위험물안전관리자를 선임한 제조소 등의 관계인은 그 안전관리자를 해임하거나 안전관리자가 퇴직한 때에는 해임하거나 퇴직한 날부터 며칠 이내에 다시 안전관리자를 선임해야 하는가?

① 10일 ② 20일
③ 30일 ④ 40일

풀이 위험물안전관리자를 선임한 제조소 등의 관계인은 그 안전관리자를 해임하거나 안전관리자가 퇴직한 때에는 해임하거나 퇴직한 날부터 30일 이내에 다시 안전관리자를 선임해야 한다.

50 소화난이도등급 *I*에 해당하는 위험물제조소는 연면적이 몇 m^2 이상인 것인가?(단, 면적 외의 조건은 무시한다.)

① 400 ② 600
③ 800 ④ 1,000

정답 47. ① 48. ② 49. ③ 50. ④

풀이

제조소 일반 취급소	연면적 1,000m² 이상인 것
	지정수량의 100배 이상인 것(고인화점위험물만을 100℃ 미만의 온도에서 취급하는 것 및 제48조의 위험물을 취급하는 것은 제외)
	지반면으로부터 6m 이상의 높이에 위험물 취급설비가 있는 것(고인화점위험물만을 100℃ 미만의 온도에서 취급하는 것은 제외)
	일반취급소로 사용되는 부분 외의 부분을 갖는 건축물에 설치된 것(내화구조로 개구부 없이 구획된 것 및 고인화점위험물만을 100℃ 미만의 온도에서 취급하는 것은 제외

51 위험물제조소 등에서 위험물안전관리법상 안전거리규제 대상이 아닌 것은?

① 제6류 위험물을 취급하는 제조소를 제외한 모든 제조소
② 주유취급소
③ 옥외저장소
④ 옥외탱크저장소

풀이 위험물제조소 등에서 위험물안전관리법상 안전거리규제 대상
- 제6류 위험물을 취급하는 제조소를 제외한 모든 제조소
- 일반취급소
- 옥내저장소
- 옥외탱크저장소
- 옥외저장소

52 위험물의 화재예방 및 진압대책에 대한 설명 중 틀린 것은?

① 트리에틸알루미늄은 사염화탄소, 이산화탄소와 반응하여 발열하므로 화재시 이들 소화약제는 사용할 수 없다.
② K, Na은 등유, 경유 등의 산소가 함유되지 않은 석유류에 저장하여 물과의 접촉을 막는다.
③ 수소화리튬의 화재에는 소화약제로 Halon 1211, Halon 1301이 사용되며 특수방호복 및 공기호흡기를 착용하고 소화한다.
④ 탄화알루미늄은 물과 반응하여 가연성의 메탄가스를 발생하고 발열하므로 물과의 접촉을 금한다.

풀이 수소화리튬의 소화방법 중 가장 효과적인 소화약제는 마른 모래, 팽창질석과 팽창진주암, 분말 소화약제 중 탄산수소 염류소화약제이다.

53 소화설비의 기준에서 용량 160L 팽창질석의 능력 단위는?

① 0.5　　② 1.0　　③ 1.5　　④ 2.5

정답 51. ②　52. ③　53. ②

풀이 소화설비의 능력단위는 다음의 표에 의할 것

소화설비	용량	능력단위
소화전용(轉用)물통	8ℓ	0.3
수조(소화전용물통 3개 포함)	80ℓ	1.5
수조(소화전용물통 6개 포함)	190ℓ	2.5
마른 모래(삽 1개 포함)	50ℓ	0.5
팽창질석 또는 팽창진주암(삽 1개 포함)	160ℓ	1.0

54 과산화나트륨 78g과 충분한 양의 물이 반응하여 생성되는 기체의 종류와 생성량을 옳게 나타낸 것은?

① 수소, 1g ② 산소, 16g ③ 수소, 2g ④ 산소, 32g

풀이 과산화나트륨 : 상온에서 물과 격렬하게 반응하며 열을 발생하고 산소를 방출시킨다.

$Na_2O_2 + H_2O \rightarrow NaOH + \frac{1}{2}O_2$

78g : xg

78g : $\frac{1}{2} \times 32$

$78 \times x = 78 \times \frac{1}{2} \times 32$

$x = 16$

55 순수한 것은 무색, 투명한 기름상의 액체이고 공업용은 담황색인 위험물로 충격, 마찰에는 매우 예민하고 겨울철에는 동결할 우려가 있는 것은?

① 펜트리트 ② 트리니트로벤젠
③ 니트로글리세린 ④ 질산메틸

풀이 니트로글리세린(NG) : [$C_3H_5(ONO_2)_3$]

- 비점 160℃, 융점 28℃, 증기비중 7.84
- 상온에서 무색투명한 기름 모양의 액체이며, 가열, 마찰, 충격에 민감하고 폭발하기 쉽다.
- 규조토에 흡수시킨 것은 다이나마이트라 한다.

56 황린의 저장 및 취급에 관한 주의사항으로 틀린 것은?

① 발화점이 낮으므로 화기에 주의한다.
② 백색 또는 담황색의 고체이며 물에 녹지 않는다.
③ 물과의 접촉을 피한다.
④ 자연발화성이므로 주의한다.

정답 54. ② 55. ③ 56. ③

풀이 물과는 반응하지 않고, 녹지도 않기 때문에 물속에 저장한다.(이때의 물의 액성은 약알칼리성. CS_2, 알코올, 벤젠에 잘 녹는다.)

57 다음 중 물에 가장 잘 용해되는 위험물은?

① 벤즈알데히드　② 이소프로필알코올
③ 휘발유　④ 에테르

풀이 비수용성 물질 : 휘발유, 에테르, 벤즈알데히드

58 특수인화물의 일반적인 성질에 대한 설명으로 가장 거리가 먼 것은?

① 비점이 높다.　② 인화점이 낮다.
③ 연소 하한값이 낮다.　④ 증기압이 높다.

풀이 "특수인화물"이라 함은 이황화탄소, 디에틸에테르 그 밖에 1atm에서 발화점이 100℃ 이하인 것 또는 인화점이 -20℃ 이하이고 비점이 40℃ 이하인 것을 말한다.

59 제2류 위험물에 해당하는 것은?

① 철분　② 나트륨
③ 과산화칼륨　④ 질산메틸

풀이

위험물			지 정 수 량
유별	성질	품명	
제2류	가연성 고체	1. 황화인	100kg
		2. 적린	100kg
		3. 유황	100kg
		4. 철분	500kg
		5. 금속분	500kg
		6. 마그네슘	500kg
		7. 그 밖에 행정안전부령이 정하는 것 8. 제1호 내지 제7호의 1에 해당하는 어느 하나 이상을 함유한 것	100kg 또는 500kg
		9. 인화성 고체	1,000kg

60 위험물안전관리법령상 위험물의 품명별 지정수량의 단위에 관한 설명 중 옳은 것은?

① 액체인 위험물은 지정수량의 단위를 "리터"로 하고 고체인 위험물은 지정수량의 단위를 "킬로그램"으로 한다.

② 액체만 포함된 유별은 "리터"로 하고 고체만 포함된 유별은 "킬로그램"으로 하고, 액체와 고체가 포함된 유별은 "리터"로 한다.

③ 산화성인 위험물은 "킬로그램"으로 하고, 가연성인 위험물은 "리터"로 한다.

④ 자기반응성 물질과 산화성 물질은 액체와 고체의 구분에 관계없이 "킬로그램"으로 한다.

풀이 위험물안전관리법령상 위험물의 품명별 지정수량의 단위에서 자기반응성 물질과 산화성 물질은 액체와 고체의 구분에 관계없이 "킬로그램"으로 한다.

정답 60. ④

Chapter

위험물기능사

(2011년 4월 17일)

Hazardous material
Industrial Engineer

1 다음 중 산화반응이 일어날 가능성이 가장 큰 화합물은?

① 아르곤 ② 질소
③ 일산화탄소 ④ 이산화탄소

풀이 산화반응이란 산소와 화합하는 반응을 의미하므로 가연성 물질이 답이 된다.

2 가연성 액체의 연소형태를 옳게 설명한 것은?

① 연소범위의 하한보다 낮은 범위에서라도 점화원이 있으면 연소한다.
② 가연성 증기의 농도가 높으면 높을수록 연소가 쉽다.
③ 가연성 액체의 증발연소는 액면에서 발생하는 증기가 공기와 혼합하여 타기 시작한다.
④ 증발성이 낮은 액체일수록 연소가 쉽고, 연소속도는 빠르다.

풀이 가연성 액체는 연소범위 내에서만 연소를 일으키고, 가연성 증기의 농도가 너무 높으면 연소가 일어나지 않는다. 그리고 증발성이 높은 액체일수록 연소가 쉽고, 연소속도도 빠르다고 할 수 있다.

3 화재 발생시 물을 이용한 소화를 하면 오히려 위험성이 증대되는 것은?

① 황린 ② 적린
③ 탄화알루미늄 ④ 니트로셀룰로오스

풀이 황색(순수한 것은 백색)의 단단한 결정 또는 분말로서 1,400℃ 이상 가열시 분해한다. 위험성으로서 물과 반응하여 가연성 메탄가스를 발생하므로 인화 위험이 있다.
$Al_4C_3 + 12H_2O \rightarrow 4Al(OH)_3 + 3CH_4\uparrow$

4 제5류 위험물의 화재에 적응성이 없는 소화설비는?

① 옥외소화전설비 ② 스프링클러설비
③ 물분무소화설비 ④ 할로겐화물소화설비

풀이 자기 반응성 물질이기 때문에 CO_2, 분말, 하론, 포 등에 의한 질식소화는 적당하지 않으며, 다량의 물로 냉각 소화하는 것이 적당하다.

정답 1. ③ 2. ③ 3. ③ 4. ④

5 금속칼륨에 화재가 발생했을 때 사용할 수 없는 소화약제는?

① 이산화탄소　② 건조사　③ 팽창질석　④ 팽창진주암

풀이 금속칼륨은 CO_2와 CCl_4와 접촉하면 폭발적으로 반응한다.
$4K+3CO_2 \rightarrow 2K_2CO_3+C$
$4K+CCl_4 \rightarrow 4KCl+C$

6 제5류 위험물의 화재의 예방과 진압대책으로 옳지 않은 것은??

① 서로 1m 이상의 간격을 두고 유별로 정리한 경우라도 제3류 위험물과는 동일한 옥내저장소에 저장할 수 없다.
② 위험물제조소의 주의사항 게시판에는 주의사항으로 "화기엄금"만 표기하면 된다.
③ 이산화탄소소화기와 할로겐화합물소화기는 모두 적응성이 없다.
④ 운반용기의 외부에는 주의사항으로 "화기엄금"만 표시하면 된다.

풀이 수납하는 위험물에 따라 다음의 규정에 의한 주의사항
① 제1류 위험물 중 알칼리금속의 과산화물 또는 이를 함유한 것에 있어서는 "화기・충격주의", "물기엄금" 및 "가연물접촉주의", 그 밖의 것에 있어서는 "화기・충격주의" 및 "가연물접촉주의"
② 제2류 위험물 중 철분・금속분・마그네슘 또는 이들 중 어느 하나 이상을 함유한 것에 있어서는 "화기주의" 및 "물기엄금", 인화성 고체에 있어서는 "화기엄금", 그 밖의 것에 있어서는 "화기주의"
③ 제3류 위험물 중 자연발화성 물질에 있어서는 "화기엄금" 및 "공기접촉엄금", 금수성 물질에 있어서는 "물기엄금"
④ 제4류 위험물에 있어서는 "화기엄금"
⑤ 제5류 위험물에 있어서는 "화기엄금" 및 "충격주의"
⑥ 제6류 위험물에 있어서는 "가연물접촉주의"

7 다음 중 가연물이 될 수 없는 것은?

① 질소　② 나트륨
③ 니트로셀룰로오스　④ 나프탈렌

풀이 가연물이 될 수 없는 조건
• 산소와 더 이상 반응하지 않는 물질(CO_2, H_2O, Al_2O_3, SiO_2, P_2O_5)
• 주기율표의 0족 원소(He, Ne, Ar, Kr, Xe, Rn)
• 질소(N_2) 또는 질소산화물(NO_x)(산소와 반응은 하지만 흡열반응을 하는 물질)

8 일반 건축물 화재에서 내장재로 사용한 폴리스티렌 폼(polystyrene foam)이 화재 중 연소를 했다면 이 플라스틱의 연소형태는?

① 증발연소　② 자기연소　③ 분해연소　④ 표면연소

풀이 분해연소 : 석탄, 종이, 목재, 플라스틱의 고체 물질과 중유와 같은 점도가 높은 액체연료에서 찾아볼 수 있는 형태로 열분해에 의해서 생성된 분해생성물과 산소와 혼합하여 연소하는 형태

정답 5. ①　6. ④　7. ①　8. ③

9 분진폭발시 소화방법에 대한 설명으로 틀린 것은?

① 금속분에 대하여는 물을 사용하지 말아야 한다.
② 분진폭발시 직사주수에 의하여 순간적으로 소화하여야 한다.
③ 분진폭발은 보통 단 한번으로 끝나지 않을 수 있으므로 제2차, 3차의 폭발에 대비하여야 한다.
④ 이산화탄소와 할로겐화합물의 소화약제는 금속분에 대하여 적절하지 않다.

풀이 물이나 폼(foam)과 같은 일반적인 소화제는 알칼리금속과 격렬하게 반응하기 때문에 절대로 사용할 수 없다. 금속화재에 사용하기 위해 개발된 건조분말, 건조염화나트륨, 건조소다회, 팽창질석 그리고 완전히 건조된 모래가 효과적이다. 이들 물질로 타고 있는 금속을 덮어 금속의 발화온도 이하로 식힌다.

10 20℃의 물 100kg이 100℃ 수증기로 증발하면 최대 몇 kcal의 열량을 흡수할 수 있는가?

① 540 ② 7,800
③ 62,000 ④ 108,000

풀이 20℃의 물 100kg을 100℃ 물로 변화시키는 데 필요한 열량?
$Q = G \times C \times \Delta t = 100 \times 1 \times 80 = 8,000$
100℃ 물 100kg을 100℃ 증기로 변화시키는 데 필요한 열량?
$Q = G \times \gamma = 100 \times 539 = 53,900$
결국 53,900+8,000=61,900

11 식용유 화재시 제1종 분말소화약제를 이용하여 화재의 제어가 가능하다. 이때의 소화원리에 가장 가까운 것은?

① 촉매효과에 의한 질식소화 ② 비누화 반응에 의한 질식소화
③ 요오드화에 의한 냉각소화 ④ 가수분해 반응에 의한 냉각소화

풀이 제1종 분말 : 식용유, 지방질유의 화재소화 시 가연물과의 비누화 반응으로 소화효과가 증대된다.

12 위험물제조소 등의 전기설비에 적응성이 있는 소화설비는?

① 봉상수소화기 ② 포소화설비
③ 옥외소화전설비 ④ 물분무소화설비

풀이 위험물제조소 등의 전기설비에 적응성이 있는 소화설비는 물분무소화설비이다.

정답 9. ② 10. ③ 11. ② 12. ④

13 소화기 속에 압축되어 있는 이산화탄소 1.1kg을 표준상태에서 분사하였다. 이산화탄소의 부피는 몇 m^3이 되는가?

① 0.56 ② 5.6 ③ 11.2 ④ 24.6

풀이 $1.1kg \times \frac{22.4m^3}{44kg} = 0.56m^3$

14 유류화재에 해당하는 표시색상은?

① 백색 ② 황색 ③ 청색 ④ 흑색

풀이 유류화재에 해당하는 표시색상은 황색이다.

15 위험물관리법령의 소화설비의 적응성에서 소화설비의 종류가 아닌 것은?

① 물분무소화설비 ② 방화설비
③ 옥내소화전설비 ④ 물통

풀이 물 그 밖의 소화약제를 사용하여 소화하는 기계·기구 또는 설비를 말하며 방화설비는 소화설비에 해당되지 않는다.

16 $NH_4H_2PO_4$이 열분해하여 생성되는 물질 중 암모니아와 수증기의 부피 비율은?

① 1 : 1 ② 1 : 2 ③ 2 : 1 ④ 3 : 2

풀이

제3종 분말	$NH_4H_2PO_4$ (제1인산 암모늄)	담홍색	A, B, C	$NH_4H_2PO_4 \rightarrow HPO_3 + NH_3 + H_2O$

17 폭굉 유도거리(DID)가 짧아지는 조건이 아닌 것은?

① 관경이 클수록 짧아진다.
② 압력이 높을수록 짧아진다.
③ 점화원의 에너지가 클수록 짧아진다.
④ 관속에 이물질이 있을 경우 짧아진다.

풀이 폭굉 유도거리(DID)가 짧아지는 경우
- 정상연소 속도가 큰 혼합가스일수록 짧아진다.
- 관속에 방해물이 있거나 관경이 가늘수록 짧다.
- 압력이 높을수록 짧다.
- 점화원의 에너지가 강할수록 짧다.

정답 13. ① 14. ② 15. ② 16. ① 17. ①

18 과산화나트륨의 화재시 물을 사용한 소화가 위험한 이유는?

① 수소와 열을 발생하므로
② 산소와 열을 발생하므로
③ 수소를 발생하고 열을 흡수하므로
④ 산소를 발생하고 열을 흡수하므로

풀이 과산화나트륨 : 상온에서 물과 격렬하게 반응하며 열을 발생하고 산소를 방출시킨다.
$Na_2O_2 + H_2O \rightarrow 2NaOH + \frac{1}{2}O_2 \uparrow$

19 탄산수소나트륨과 황산알루미늄의 소화약제가 반응을 하여 생성되는 이산화탄소를 이용하여 화재를 진압하는 소화약제는?

① 단백포
② 수성막포
③ 화학포
④ 내알코올

풀이 화학포의 화학반응식
$6NaHCO_3 + Al_2(SO_4)_3 + 18H_2O$
$\rightarrow 3Na_2SO_4 + 2Al(OH)_3 + 6CO_2 + 18H_2O$

20 옥외탱크저장소의 방유제 내에 화재가 발생한 경우의 소화활동으로 적당하지 않은 것은?

① 탱크화재로 번지는 것을 방지하는 데 중점을 둔다.
② 포에 의하여 덮어진 부분은 포의 막이 파괴되지 않도록 한다.
③ 방유제가 큰 경우에는 방유제 내의 화재를 제압한 후 탱크화재의 방어에 임한다.
④ 포를 방사할 때에는 방유제에서부터 가운데 쪽으로 포를 흘려보내듯이 방사하는 것이 원칙이다.

풀이 화재 발생탱크의 표면을 냉각하고 인접탱크로의 복사열 차단을 위해 포를 방사할 때에는 탱크에서부터 방유제 쪽으로 포를 흘려보내듯이 방사하는 것이 원칙이다.

21 연소시 아황산가스를 발생하는 것은?

① 황
② 적린
③ 황린
④ 인화칼슘

풀이 황은 공기 중에서 연소하면 푸른빛을 내며 아황산가스(SO_2)를 발생한다.
$S + O_2 \rightarrow SO_2$

22 제2류 위험물의 취급상 주의사항에 대한 설명으로 옳지 않은 것은?

① 적린은 공기 중에서 방치하면 자연 발화한다.
② 유황은 정전기가 발생하지 않도록 주의해야 한다.
③ 마그네슘의 화재시 물, 이산화탄소소화약제 등은 사용할 수 없다.
④ 삼황화인은 100℃ 이상 가열하면 발화할 위험이 있다.

풀이 어두운 곳에서 인광을 내는 백색 또는 담황색의 고체로서, 황린의 동소체로 암적색 무취의 분말이나 자연 발화성이 없어 공기 중에 안전하다.

23 가솔린의 연소범위에 가장 가까운 것은?

① 1.4~7.6%　　② 2.0~23.0%
③ 1.8~36.5%　　④ 1.o~50.0%

풀이 • 인화점 : −43~−20℃, 발화점 : 300℃, 비중 : 0.65~0.76,
• 연소범위 : 1.4~7.6%, 유출온도 30~210℃

24 과망간산칼륨에 대한 설명으로 옳은 것은?

① 물에 잘 녹는 흑자색의 결정이다.
② 에탄올, 아세톤에 녹지 않는다.
③ 물에 녹았을 때는 진한 노란색을 띤다.
④ 강알칼리와 반응하여 수소를 방출하며 폭발한다.

풀이 물에 녹아 진한 보라색이 되고 강한 산화력과 살균력이 있다. 그리고 가열하면 240℃에서 분해하여 산소를 방출시키고 아세톤, 메틸알코올, 빙초산에 잘 녹고 묽은 황산과 반응하여 산소를 방출시킨다.

25 위험물 안전관리법의 규정상 운반차량에 혼재해서 적재할 수 없는 것은?(단. 지정수량의 10배인 경우이다.)

① 염소화규소화합물－특수인화물　　② 고형알코올－니트로화합물
③ 염소산 염류－질산　　④ 질산구아니딘－황린

풀이 • 염소화규소화합물(3류)－특수인화물(4류)
• 고형알코올(2류)－니트로화합물(5류)
• 염소산 염류(1류)－질산(6류)
• 질산구아니딘(5류)－황린(3류)

혼재가능 위험물은 다음과 같다.
423 → 4류와 2류, 4류와 3류는 서로 혼재가능
524 → 5류와 2류, 4류와 3류는 서로 혼재가능
61 → 6류와 1류는 서로 혼재가능

정답 22. ①　23. ①　24. ①　25. ④

26 위험물안전관리법에서 정한 위험물의 운반에 관한 다음 내용 중 ( ) 안에 들어갈 용어가 아닌 것은?

위험물의 운반은 ( ), ( ) 및 ( )에 관해 법에서 정한 중요기준과 세부기준을 따라 행하여야 한다.

① 용기 ② 적재방법
③ 운반방법 ④ 검사방법

풀이 위험물의 운반은 용기, 적재방법 및 운반방법에 관해 법에서 정한 중요기준과 세부기준을 따라 행하여야 한다.

27 경유에 관한 설명으로 옳은 것은?

① 증기비중은 1 이하이다.
② 제3석유류에 속한다.
③ 착화온도는 가솔린보다 낮다.
④ 무색의 액체로서 원유 증류시 가장 먼저 유출되는 유분이다.

풀이 가솔린의 착화온도 : 300℃, 경유의 착화온도 : 200℃

28 위험물 안전관리법에서 정의하는 다음 용어는 무엇인가?

"인화성 또는 발화성 등의 성질을 가지는 것으로서 대통령령이 정하는 물품을 말한다."

① 위험물 ② 인화성 물질
③ 자연발화성 물질 ④ 가연물

풀이 위험물이라 함은 인화성 또는 발화성 등의 성질을 가지는 것으로서 대통령령이 정하는 물품을 말한다.

29 물분무소화설비의 설치기준으로 적합하지 않은 것은?

① 고압의 전기설비가 있는 장소에는 당해 전기설비와 분무헤드 및 배관과 사이에 전기절연을 위하여 필요한 공간을 보유한다.
② 스트레이너 및 일제개방밸브는 제어밸브의 하류측 부근에 스트레이너, 일제개방밸브의 순으로 설치한다.
③ 물분무소화설비에 2 이상의 방사구역을 두는 경우에는 화재를 유효하게 소화할 수 있도록 인접하는 방사구역이 상호 중복되도록 한다.
④ 수원의 수위가 수평회전식 펌프보다 낮은 위치에 있는 가압송수장치의 물올림장치는 타 설비와 겸용하여 설치한다.

정답 26. ④ 27. ③ 28. ① 29. ④

풀이 수원의 수위가 수평회전식 펌프보다 낮은 위치에 있는 가압송수장치의 물올림장치는 타 설비와 겸용하여 설치할 수 없다.

30 고정 지붕 구조를 가진 높이 15m의 원통종형 옥외저장탱크 안의 탱크 상부로부터 아래로 1m 지점에 포 방출구가 설치되어 있다. 이 조건의 탱크를 신설하는 경우 최대 허가량은 얼마인가?(단, 탱크의 단면적은 $100m^2$이고, 탱크 내부에는 별다른 구조물이 없으며, 공간용적 기준은 만족하는 것으로 가정한다.)

① $1,400m^3$　　② $1,370m^3$
③ $1,350m^3$　　④ $1,300m^3$

풀이 액체위험물은 운반용기 내용적의 98% 이하의 수납률로 수납하되, 55도의 온도에서 누설되지 아니하도록 충분한 공간용적을 유지하도록 할 것
따라서, $100 \times (15-1) \times 0.98 = 1,372m^3$

31 지정수량 10배의 벤조일퍼옥사이드 운송시 혼재할 수 있는 위험물류로 옳은 것은?

① 제1류　　② 제2류
③ 제3류　　④ 제6류

풀이 혼재 가능 위험물은 다음과 같다.
423 → 4류와 2류, 4류와 3류는 서로 혼재 가능
524 → 5류와 2류, 4류와 3류는 서로 혼재 가능
61 → 6류와 1류는 서로 혼재 가능
벤조일퍼옥사이드는 제5류 위험물에 해당된다.

32 종별 분말소화약제의 주성분이 잘못 연결된 것은?

① 제1종 분말 - 탄산수소나트륨
② 제2종 분말 - 탄산수소칼륨
③ 제3종 분말 - 제1인산암모늄
④ 제4종 분말 - 탄산수소나트륨과 요소의 반응생성물

풀이 제4종 분말 - 탄산수소칼륨과 요소의 반응생성물

33 이동탱크저장소의 위험물 운송에 있어서 운송책임자의 감독, 지원을 받아 운송하여야 하는 위험물의 종류에 해당하는 것은?

① 칼륨　　② 알킬알루미늄
③ 질산에스테르류　　④ 아염소산염류

정답 30. ②　31. ②　32. ④　33. ②

풀이 운송책임자의 감독, 지원을 받아 운송하여야 하는 것으로 대통령령이 정하는 위험물
① 알킬 알루미늄
② 알킬리튬
③ 알킬 알루미늄, 알킬리튬을 함유하는 위험물

34 오황화인이 물과 반응하였을 때 생성된 가스를 연소시키면 발생하는 독성이 있는 가스는?

① 이산화질소 ② 포스핀 ③ 염화수소 ④ 이산화황

풀이 습한 공기 중에 분해하여 황화수소를 발생하며 황화수소가 연소하면 이산화황과 물을 발생시킨다.

35 제2류 위험물에 속하지 않는 것은?

① 구리분 ② 알루미늄분 ③ 크롬분 ④ 몰리브덴분

풀이 "금속분"이라 함은 알칼리금속 · 알칼리토금속 · 철 및 마그네슘 외의 금속 분말을 말하고, 구리분 · 니켈분 및 150μm의 체를 통과하는 것이 50(중량)% 미만인 것은 제외한다.

36 소화난이도등급 I의 옥내탱크저장소(인화점 70℃ 이상의 제4류 위험물만을 저장, 취급하는 것)에 설치하여야 하는 소화설비가 아닌 것은?

① 고정식 포소화설비
② 이동식 외의 할로겐화합물소화설비
③ 스프링클러설비
④ 물분무소화설비

풀이 인화점 70℃ 이상의 제4류 위험물만을 저장, 취급하는 것에 스프링클러로 물을 방사하면 화재면이 확대된다.

37 다음의 위험물 중 비중이 물보다 큰 것은 모두 몇 개인가?

과염소산, 과산화수소, 질산

① 0 ② 1 ③ 2 ④ 3

풀이 과염소산의 비중 : 1.76, 과산화수소의 비중 : 1.5, 질산의 비중 : 1.49, 물의 비중 : 1

38 알루미늄분의 위험성에 대한 설명 중 틀린 것은?

① 뜨거운 물과 접촉시 격렬하게 반응한다.
② 산화제와 혼합하면 가열, 충격 등으로 발화할 수 있다.

정답 34. ④ 35. ① 36. ③ 37. ④ 38. ③

③ 연소시 수산화알루미늄과 수소를 발생한다.
④ 염산과 반응하여 수소를 발생한다.

풀이 연소하면 많은 열을 발생시키고, 공기 중에서 표면에 치밀한 산화피막을 형성하여 내부를 보호한다.
$4Al+3O_2 \rightarrow 2Al_2O_3+399kcal$

39 적린과 혼합하여 반응하였을 때 오산화인이 발생하는 것은?

① 물
② 황린
③ 에틸알코올
④ 염소산칼륨

풀이 적린과 염소산칼륨의 산소와 반응하여 오산화인을 발생시킨다.

40 지정수량이 나머지 셋과 다른 것은?

① 과염소산칼륨
② 과산화나트륨
③ 유황
④ 금속칼슘

풀이
• 과염소산칼륨 : 50kg
• 과산화나트륨 : 50kg
• 유황 : 100kg
• 금속칼슘 : 50kg

41 위험물안전관리법령에서 규정하고 있는 옥내소화전설비의 설치기준에 관한 내용 중 옳은 것은?

① 제조소 등 건축물의 층마다 당해 층의 각 부분에서 하나의 호스접속구까지의 수평거리가 25m 이하가 되도록 설치한다.
② 수원의 수량은 옥내소화전이 가장 많이 설치된 층의 옥내소화전 설치개수(설치개수가 5개 이상인 경우는 5개)에 $18.6m^3$를 곱한 양 이상이 되도록 설치한다.
③ 옥내소화전설비는 각 층을 기준으로 하여 당해 층의 모든 옥내소화전(설치개수가 5개 이상인 경우는 5개의 옥내소화전)을 동시에 사용할 경우에 각 노즐선단의 방수압력이 170kPa 이상의 성능이 되도록 한다.
④ 옥내소화전설비는 각 층을 기준으로 하여 당해 층의 모든 옥내소화전(설치개수가 5개 이상인 경우는 5개의 옥내소화전)을 동시에 사용할 경우에 각 노즐선단의 방수량이 1분당 130L 이상의 성능이 되도록 한다.

풀이 옥내소화전설비의 설치기준은 다음의 기준에 의할 것
① 옥내소화전은 제조소 등의 건축물의 층마다 당해 층의 각 부분에서 하나의 호스접속구까지의 수평거리가 25m 이하가 되도록 설치할 것. 이 경우 옥내소화전은 각층의 출입구 부근에 1개 이상 설치하여야 한다.

정답 39. ④ 40. ③ 41. ①

② 수원의 수량은 옥내소화전이 가장 많이 설치된 층의 옥내소화전 설치개수(설치개수가 5개 이상인 경우는 5개)에 $7.8m^3$를 곱한 양 이상이 되도록 설치할 것
③ 옥내소화전설비는 각층을 기준으로 하여 당해 층의 모든 옥내소화전(설치개수가 5개 이상인 경우는 5개의 옥내소화전)을 동시에 사용할 경우에 각 노즐선단의 방수압력이 350kPa 이상이고 방수량이 1분당 260ℓ 이상의 성능이 되도록 할 것
④ 옥내소화전설비에는 비상전원을 설치할 것

42 위험물안전관리법령의 위험물 운반에 관한 기준에서 고체위험물은 운반용기 내용적의 몇 % 이하의 수납률로 수납하여야 하는가?

① 80 ② 85 ③ 90 ④ 95

풀이 고체위험물은 운반용기 내용적의 95% 이하의 수납률로 수납할 것. 그리고 액체위험물은 운반용기 내용적의 98% 이하의 수납률로 수납하되, 55도의 온도에서 누설되지 아니하도록 충분한 공간용적을 유지하도록 할 것

43 제5류 위험물인 트리니트로톨루엔 분해시 주 생성물에 해당하지 않는 것은?

① CO ② N_2 ③ NH_3 ④ H_2

풀이 트리니트로톨루엔의 분해반응식
$2C_6H_2CH_3(NO_2)_3 \rightarrow 12CO\uparrow + 2C + 3N_2 + 5H_2$

44 히드라진의 지정수량은 얼마인가?

① 200kg ② 200L ③ 2,000kg ④ 2,000L

풀이 순수한 히드라진 그 자체는 제5류 위험물이 아니라 인화점이 38℃로서 제4류의 2석유류(수용성)이며 지정수량은 2,000L이다.

45 탄화칼슘을 물과 반응시키면 무슨 가스가 발생하는가?

① 에탄 ② 에틸렌 ③ 메탄 ④ 아세틸렌

풀이 물과 반응하여 수산화칼슘(=소석회)과 아세틸렌가스가 생성된다.
$CaC_2 + 2H_2O \rightarrow Ca(OH)_2 + C_2H_2\uparrow$

46 위험물안전관리법령에서 정의하는 "특수인화물"에 대한 설명으로 올바른 것은?

① 1기압에서 발화점이 150℃ 이상인 것
② 1기압에서 인화점이 40℃ 미만인 고체물질인 것

정답 42. ④ 43. ③ 44. ④ 45. ④ 46. ③

③ 1기압에서 인화점이 -20℃ 이하이고, 비점 40℃ 이하인 것
④ 1기압에서 인화점이 21℃ 이상 70℃ 미만인 가연성 물질인 것

풀이 특수인화물류라 함은 1기압에서 액체가 되는 것으로 발화점이 100℃ 이하 또는 인화점이 -20℃ 이하로서 비점이 40℃ 이하인 것을 말한다.

47 물과 반응하여 발열하면서 위험성이 증가하는 것은?

① 과산화칼륨 ② 과망간산나트륨
③ 요오드산칼륨 ④ 과염소산칼륨

풀이 과산화칼륨과 물과 반응하여 산소를 방출시킨다.
$2K_2O_2 + 2H_2O \rightarrow 4KOH + O_2$

48 제6류 위험물의 성질로 알맞은 것은?

① 금수성 물질 ② 산화성 액체
③ 산화성 고체 ④ 자연발화성 물질

풀이 제6류 위험물은 산화성 액체이다.

49 물과 친화력이 있는 수용성 용매의 화재에 보통의 포소화약제를 사용하면 포가 파괴되기 때문에 소화효과를 잃게 된다. 이와 같은 단점을 보완한 소화약제로 가연성인 수용성 용매의 화재에 유효한 효과를 가지고 있는 것은?

① 알코올포소화약제 ② 단백포소화약제
③ 합성계면활성제포소화약제 ④ 수성막포소화약제

풀이 내알코올 포소화약제는 위험물 중에서 물에 잘 녹는 물질에 화재가 일어났을 경우 포를 방사하면 포가 잘 터져버린다. 이를 소포성이라 하는데 소포성이 있는 물질인 수용성 액체 위험물에 화재가 일어났을 경우 유용하도록 만든 소화약제를 말하며 6%형이 있다.

50 위험물 제조소에서 연소 우려가 있는 외벽은 기산점이 되는 선으로부터 3m(2층 이상의 층에 대해서는 5m) 이내에 있는 외벽을 말하는데 이 기산점이 되는 선에 해당하지 않는 것은?

① 동일 부지 내의 다른 건축물과 제조소 부지 간의 중심선
② 제조소 등에 인접한 도로의 중심선
③ 제조소 등이 설치된 부지의 경계선
④ 제조소 등의 외벽과 동일 부지 내의 다른 건축물의 외벽 간의 중심선

정답 47. ① 48. ② 49. ① 50. ①

풀이 위험물 제조소에서 연소 우려가 있는 외벽은 기산점이 되는 선으로부터 3m(2층 이상의 층에 대해서는 5m 이내에 있는 외벽을 말하는데 이 기산점이 되는 선은 제조소 등에 인접한 도로의 중심선. 그리고 제조소 등이 설치된 부지의 경계선, 제조소 등의 외벽과 동일 부지 내의 다른 건축물의 외벽 간의 중심선을 말한다.

51 제1류 위험물이 아닌 경우?

① 과요오드산염류
② 퍼옥소붕산염류
③ 요오드의 산화물
④ 금속의 아지화합물

풀이 금속의 아지화합물은 제5류 위험물에 해당된다.

52 제조소 등에 있어서 위험물을 저장하는 기준으로 잘못된 것은?

① 황린은 제3류 위험물이므로 물기가 없는 건조한 장소에 저장하여야 한다.
② 덩어리상태의 유황과 화약류에 해당하는 위험물은 위험물용기에 수납하지 않고 저장할 수 있다.
③ 옥내저장소에서는 용기에 수납하여 저장하는 위험물의 온도가 55℃를 넘지 아니하도록 필요한 조치를 강구하여야 한다.
④ 이동저장탱크에는 저장 또는 취급하는 위험물의 유별, 품명, 최대수량 및 적재중량을 표시하고 잘 보일 수 있도록 관리하여야 한다.

풀이 황린은 물과 반응하지 않고, 녹지도 않기 때문에 물속에 저장한다.(이때의 물의 액성은 약알칼리성. CS_2, 알코올, 벤젠에 잘 녹는다.)

53 마그네슘분의 일반적인 성질에 대한 설명 중 틀린 것은?

① 은백색의 광택이 있는 금속분말이다.
② 더운물과 반응하여 산소를 발생한다.
③ 열전도율 및 전기전도도가 큰 금속이다.
④ 황산과 반응하여 수소가스를 발생한다.

풀이 상온에서는 물을 분해하지 못해 안정하고, 뜨거운 물이나 과열 수증기와 접촉하면 격렬하게 수소를 발생하며 연소 시 주수하면 위험성이 증대된다.
물과 반응식 : $Mg + 2H_2O \rightarrow Mg(OH)_2 + H_2\uparrow$

54 톨루엔의 위험성에 대한 설명으로 틀린 것은?

① 증기비중은 약 0.87이므로 높은 곳에 체류하기 쉽다.
② 독성이 있으나 벤젠보다는 약하다.

정답 51. ④ 52. ① 53. ② 54. ①

③ 약 4℃의 인화점을 갖는다.
④ 유체 마찰 등으로 정전기가 생겨 인화하기도 한다.

풀이 톨루엔의 증기비중은 3.18로서 낮은 곳에 체류하기 쉽다.

55 경유 2,000L, 글리세린 2,000L를 같은 장소에 저장하려 한다. 지정수량의 배수의 합은 얼마인가?

① 2.5 ② 3.0 ③ 3.5 ④ 4.0

풀이 $\text{계산값} = \frac{\text{A품명의 저장수량}}{\text{A품명의 지정수량}} + \frac{\text{B품명의 저장수량}}{\text{B품명의 지정수량}} + \frac{\text{C품명의 저장수량}}{\text{C품명의 지정수량}} + \cdots$

$\text{계산값} = \frac{2,000}{1,000} + \frac{2,000}{4,000} = 2.5$

56 제3류 위험물이 아닌 것은?

① 마그네슘 ② 나트륨 ③ 칼륨 ④ 칼슘

풀이 마그네슘은 제2류 위험물에 해당된다.

57 적재시 일광의 직사를 피하기 위하여 차광성 있는 피복으로 가려야 하는 위험물은?

① 아세트알데히드 ② 아세톤 ③ 메틸알코올 ④ 아세트산

풀이 제1류 위험물, 제3류 위험물 중 자연발화성 물질, 제4류 위험물 중 특수인화물, 제5류 위험물 또는 제6류 위험물은 차광성이 있는 피복으로 가릴 것

58 분진폭발의 위험이 가장 낮은 것은?

① 아연분 ② 시멘트 ③ 밀가루 ④ 커피

풀이 분진폭발을 일으키지 않는 물질 : 모래, 시멘트분말, 생석회

59 물과 반응하여 수소를 발생하는 물질로 불꽃 반응시 노란색을 나타내는 것은?

① 칼륨 ② 과산화칼륨
③ 과산화나트륨 ④ 나트륨

풀이 금속 또는 금속염을 백금 선에 묻혀 버너의 겉불꽃 속에 넣어 보면 특유의 불꽃을 볼 수 있다. 이 반응을 금속의 불꽃반응이라 한다.

정답 55. ① 56. ① 57. ① 58. ② 59. ④

Li	Na	K	Gu	Ba	Ca	Rb	Cs
적색	노란색	보라색	청록색	황록색	주황색	심청색	청자색

60 다음 중 삼황화인이 가장 잘 녹는 물질은?

① 차가운 물　　② 이황화탄소
③ 염산　　④ 황산

풀이 삼황화인은 착화점이 약 100℃인 황색의 결정으로 조해성이 있고 CS_2, 질산, 알칼리에는 녹지만, 물, 염산, 황산에는 녹지 않는다. 성냥, 유기합성 등에 사용된다.

정답 60. ②

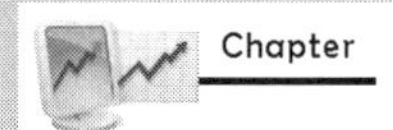

Chapter

위험물기능사

(2011년 7월 31일)

Hazardous material Industrial Engineer

1 고정식의 포소화설비의 기준에서 포헤드방식의 포헤드는 방호대상물의 표면적 몇 m^2당 1개 이상의 헤드를 설치하여야 하는가?

① 3 ② 9
③ 15 ④ 30

풀이 포 헤드
- 소장대상물의 천장 또는 반자에 설치할 것
- 바닥면적 $9m^2$마다 1개 이상 설치할 것

2 지정수량의 100배 이상을 저장 또는 취급하는 옥내 저장소에 설치하여야 하는 경보설비는?(단, 고인화점 위험물만을 저장 또는 취급하는 것은 제외한다.)

① 비상경보설비 ② 자동화재탐지설비
② 비상방송설비 ④ 확설장치

풀이 자동화재탐지설비를 설치해야 하는 경우
- 지정수량의 100배 이상을 저장 또는 취급하는 것(고인화점위험물만을 저장 또는 취급하는 것을 제외한다)
- 저장창고의 연면적이 $150m^2$를 초과하는 것[당해저장창고가 연면적 $150m^2$ 이내마다 불연재료의 격벽으로 개구부 없이 완전히 구획된 것과 제2류 또는 제4류의 위험물(인화성 고체 및 인화점이 70℃ 미만인 제4류 위험물을 제외한다)만을 저장 또는 취급하는 것에 있어서는 저장창고의 연면적이 $500m^2$ 이상의 것에 한한다]
- 처마높이가 6m 이상인 단층건물의 것

3 위험물안전관리법령상 스프링클러헤드는 부착장소의 평상시 최고주위온도가 28℃ 미만인 경우 몇 ℃의 표시온도를 갖는 것을 설치하여야 하는가?

① 58 미만 ② 58 이상 79 미만
③ 79 이상 121 미만 ④ 121 이상 162 미만

풀이 위험물안전관리법령상 스프링클러헤드는 부착장소의 평상시 최고주위온도가 28℃ 미만인 경우 58℃의 표시온도를 갖는 것을 설치하여야 한다.

정답 1. ② 2. ② 3. ①

4 가연물이 되기 쉬운 조건이 아닌 것은?

① 산화반응의 활성이 크다.
② 표면적이 넓다.
③ 활성화에너지가 크다.
④ 열전도율이 낮다.

풀이 가연물이 될 수 있는 조건
- 연소열 즉, 발열량이 큰 것
- 열전도율이 적은 것
- 활성화 에너지가 작은 것
- 산소와 친화력이 좋은 것
- 표면적이 넓은 것
- 연쇄반응을 일으킬 수 있는 것

5 A, B, C급 화재에 모두 적응성이 있는 소화약제는?

① 제1종 분말소화약제 ② 제2종 분말소화약제
③ 제3종 분말소화약제 ④ 제4종 분말소화약제

풀이 ① 제1종 분말소화약제 : B, C급 ② 제2종 분말소화약제 : B, C급
③ 제3종 분말소화약제 : A, B, C급 ④ 제4종 분말소화약제 : B, C급

6 유기과산화물의 화재시 적응성이 있는 소화설비는?

① 물분무소화설비
② 이산화탄소소화설비
③ 할로겐화합물소화설비
④ 분말소화설비

풀이 자기 반응성 물질이기 때문에 CO_2, 분말, 하론, 포 등에 의한 질식소화는 적당하지 않으며, 다량의 물로 냉각 소화하는 것이 적당하다.

7 주수소화가 적합하지 않은 물질은?

① 과산화벤조일 ② 과산화나트륨
③ 피크린산 ④ 염소산나트륨

풀이 과산화나트륨 : 상온에서 물과 격렬하게 반응하며 열을 발생하고 산소를 방출시킨다.

$$Na_2O_2 + H_2O \rightarrow 2NaOH + \frac{1}{2}O_2 \uparrow$$

정답 4. ③ 5. ③ 6. ① 7. ②

8 디에틸에테르의 저장 시 소량의 염화칼슘을 넣어주는 목적은?

① 정전기 발생 방지
② 과산화물 생성 방지
③ 저장용기의 부식 방지
④ 동결 방지

풀이 디에틸에테르의 저장 시 소량의 염화칼슘을 넣어주는 목적 : 정전기 발생을 방지하기 위하여

9 소화난이도등급 Ⅱ의 옥내탱크저장소에는 대형수동식 소화기 및 소형수동식 소화기를 각각 몇 개 이상 설치하여야 하는가?

① 4 ② 3 ③ 2 ④ 1

풀이 소화난이도등급 Ⅱ의 옥내탱크저장소에는 대형수동식 소화기 및 소형수동식 소화기를 각각 1개 이상 설치하여야 한다.

10 제3류 위험물 중 금수성 물질을 취급하는 제조소에 설치하는 주의사항 게시판의 내용과 색상으로 옳은 것은?

① 물기엄금 : 백색바탕에 청색문자
② 물기엄금 : 청색바탕에 백색문자
③ 물기주의 : 백색바탕에 청색문자
④ 물기주의 : 청색바탕에 백색문자

풀이 제3류 위험물 중 금수성 물질을 취급하는 제조소에 설치하는 주의사항 게시판의 내용과 색상은 물기엄금 : 청색바탕에 백색문자

11 폭발시 연소파의 전파속도 범위에 가장 가까운 것은?

① 0.1~10m/s
② 100~1,000m/s
③ 2,000~3,500m/s
④ 5,000~10,000m/s

풀이
- 폭굉시 전하는 전파속도(폭굉파) : 1,000~3,500m/sec
- 정상연소시 전하는 전파속도(연소파) : 0.1~10m/sec

12 제조소 등의 완공검사신청서는 어디에 제출해야 하는가?

① 소방방재청장
② 소방방재청장 또는 시, 도지사
③ 소방방재청장, 소방서장 또는 한국소방산업기술원
④ 시, 도지사, 소방서장 또는 한국소방산업기술원

풀이 제조소 등의 완공검사신청서는 시, 도지사, 소방서장 또는 한국소방산업기술원에 제출하여야 한다.

정답 8. ① 9. ④ 10. ② 11. ① 12. ④

13 대형수동식소화기의 설치기준은 방호대상물의 각 부분으로부터 하나의 대형수동식소화기까지의 보행거리가 몇 m 이하가 되도록 설치하여야 하는가?

① 10 ② 20 ③ 30 ④ 40

풀이 대형수동식소화기의 설치기준은 방호대상물의 각 부분으로부터 하나의 대형수동식소화기까지의 보행거리가 30m 이하가 되도록 설치하여야 한다.

14 산화열에 의한 발열이 자연발화의 주된 요인으로 작용하는 것은?

① 건성유 ② 퇴비
③ 목탄 ④ 셀룰로이드

풀이 자연발화의 형태

- 산화열에 의한 발화 : 석탄, 고무분말, 건성유 등에 의한 발화
- 분해열에 의한 발화 : 셀룰로이드, 니트로셀룰로오스 등에 의한 발화
- 흡착열에 의한 발화 : 목탄분말, 활성탄 등에 의한 발화
- 미생물에 의한 발화 : 퇴비, 먼지 속에 들어 있는 혐기성 미생물에 의한 발화

15 알코올류 20,000L에 대한 소화설비 설치 시 소요단위는?

① 5 ② 10 ③ 15 ④ 20

풀이 위험물 1소요단위는 지정수량의 10배이고, 알코올의 지정수량은 400ℓ이므로

$$소요단위 = \frac{20,000}{400 \times 10} = 5$$

16 연소범위에 대한 설명으로 옳지 않은 것은?

① 연소범위는 연소 하한값부터 연소 상한값까지이다.
② 연소범위의 단위는 공기 또는 산소에 대한 가스의 % 농도이다.
③ 연소하한이 낮을수록 위험이 크다.
④ 온도가 높아지면 연소범위가 좁아진다.

풀이 온도가 높아지면 연소범위가 넓어진다.

17 이산화탄소 소화기 사용시 줄, 톰슨 효과에 의해서 생성되는 물질은?

① 포스겐 ② 일산화탄소
③ 드라이아이스 ④ 수성가스

풀이 이산화탄소 소화기 사용시 줄, 톰슨 효과에 의해서 생성되는 물질 : 드라이아이스

정답 13. ③ 14. ① 15. ① 16. ④ 17. ③

18 건축물 화재시 성장기에서 최성기로 진행될 때 실내온도가 급격히 상승하기 시작하면서 화염이 실내 전체로 급격히 확대되는 연소현상은?

① 슬롭오버(Slop over) ② 플래시오버(Flash over)
③ 보일오버(Boil over) ④ 프로스오버(Froth over)

풀이 플래시오버(Flash over)현상
실내의 일부에서 발생한 화재가 초기 실내온도를 대류현상으로 상승시키고 가연물의 온도도 상승시키게 된다. 차츰 화원이 커지면 지속적인 복사열이 가연물에 전달되고 열축적을 한 실내의 가연물이 일시에 폭발적인 착화현상을 일으키는데 이러한 현상을 플래시오버(Flash over : F.O) 현상이라고 한다.

19 B급 화재의 표시색상은?

① 청색 ② 무색 ③ 황색 ④ 백색

풀이 B급 화재의 표시색상 : 황색

20 품명이 나머지 셋과 다른 것은?

① 산화프로필렌 ② 아세톤 ③ 이황화탄소 ④ 디에틸에테르

풀이 특수인화물 : 에테르, 이황화탄소, 콜로디온, 아세트알데히드, 산화프로필렌, 이소프렌 등이다.

21 질산에 대한 설명으로 옳은 것은?

① 산화력은 없고 강한 환원력이 있다.
② 자체 연소성이 있다.
③ 크산토프로테인 반응을 한다.
④ 조연성과 부식성이 없다.

풀이 질산은 강한 산화력을 가지며 자신은 불연성이고 자극성, 부식성이 강하다.

22 제5류 위험물의 공통된 취급방법이 아닌 것은?

① 용기의 파손 및 균열에 주의한다.
② 저장시 가열, 충격, 마찰을 피한다.
③ 운반용기 외부에 주의사항으로 "자연발화주의"를 표기한다.
④ 점화원 및 분해를 촉진시키는 물질로부터 멀리한다.

풀이 제5류 위험물에 있어서는 "화기엄금" 및 "충격주의"

정답 18. ② 19. ③ 20. ② 21. ③ 22. ③

23 과망간산칼륨의 성질에 대한 설명 중 옳은 것은?

① 강력한 산화제이다.
② 물에 녹아서 연한 분홍색을 나타낸다.
③ 물에는 용해하나 에탄올이 불용이다.
④ 묽은 황산과는 반응을 하지 않지만 진한 황산과 접촉하면 서서히 반응한다.

풀이 과망간산칼륨은 강력한 산화제이다.

24 제조소 등의 관계인이 예방규정을 정하여야 하는 제조소 등이 아닌 것은?

① 지정수량 100배의 위험물을 저장하는 옥외탱크저장소
② 지정수량 150배의 위험물을 저장하는 옥내저장소
③ 지정수량 10배의 위험물을 취급하는 제조소
④ 지정수량 5배의 위험물을 취급하는 이송취급소

풀이 관계인이 예방규정을 정하여야 하는 제조소 등
법 제17조 1항에서 대통령령이 정하는 제조소 등이라 함은 다음 각호 1에 해당하는 제조소 등을 말한다.
① 지정수량 10배 이상의 위험물을 취급하는 제조소
② 지정수량의 100배 이상의 위험물을 저장하는 옥외저장소
③ 지정수량의 150배 이상의 위험물을 저장하는 옥내저장소
④ 지정수량의 200배 이상의 위험물을 저장하는 옥외탱크저장소
⑤ 암반탱크저장소
⑥ 이송취급소
⑦ 지정수량의 10배 이상의 위험물을 취급하는 일반취급소 다만 인화점이 40℃ 이상인 제4류 위험물만을 지정수량의 40배 이하로 취급하는 일반취급소로서 다음 각목의 1에 해당하는 것을 제외한다.
가. 보일러, 버너 또는 이와 비슷한 것으로서 위험물을 소비하는 장치로 이루어진 일반취급소
나. 위험물을 용기에 다시 채워넣는 일반취급소

25 지정수량이 50킬로그램이 아닌 위험물은?

① 염소산나트륨　② 리튬　③ 과산화나트륨　④ 디에틸에테르

풀이
- 염소산나트륨 : 50kg
- 리튬 : 50kg
- 과산화나트륨 : 50kg
- 디에틸에테르 : 50L

26 수납하는 위험물에 따라 위험물의 운반용기 외부에 표시하는 주의사항이 잘못된 것은?

① 제1류 위험물 중 알칼리금속의 과산화물 : 화기, 충격주의, 물기엄금, 가연물접촉주의
② 제4류 위험물 : 화기엄금

정답 23. ①　24. ①　25. ④　26. ④

③ 제3류 위험물 중 자연발화성 물질 : 화기엄금, 공기접촉 엄금
④ 제2류 위험물 중 철분 : 화기엄금

풀이 제2류 위험물 중 철분·금속분·마그네슘 또는 이들 중 어느 하나 이상을 함유한 것에 있어서는 "화기주의" 및 "물기엄금", 인화성 고체에 있어서는 "화기엄금", 그 밖의 것에 있어서는 "화기주의"

27 알루미늄분에 대한 설명으로 옳지 않은 것은?

① 알칼리수용액에서 수소를 발생한다. ② 산과 반응하여 수소를 발생한다.
③ 물보다 무겁다. ④ 할로겐 원소와는 반응하지 않는다.

풀이 알루미늄은 질소나 할로겐과 반응하여 질화물과 할로겐화물을 형성하고, 할로겐원소와 접촉하면 발화의 위험이 있다.

28 액체 위험물의 운반용기 중 금속제 내장용기의 최대 용적은 몇 L인가?

① 5 ② 10 ③ 20 ④ 30

풀이 액체 위험물의 운반용기 중 금속제 내장 용기의 최대 용적은 30ℓ이다.

29 제4류 위험물의 일반적 성질이 아닌 것은?

① 대부분 유기화합물이다.
② 전기의 양도체로서 정전기 축적이 용이하다.
③ 발생증기는 가연성이며 증기비중은 공기보다 무거운 것이 대부분이다.
④ 모두 인화성 액체이다.

풀이 제4류 위험물에서 석유류는 전기의 부도체이기 때문에 정전기 발생을 제거할 수 있는 조치를 해야 한다.

30 적린의 위험성에 대한 설명으로 옳은 것은?

① 물과 반응하여 발화 및 폭발한다.
② 공기 중에 방치하면 자연발화한다.
③ 염소산칼륨과 혼합하면 마찰에 의한 발화의 위험이 있다.
④ 황린보다 불안정한다.

풀이 적린의 일반적인 성질

- 어두운 곳에서 인광을 내는 백색 또는 담황색의 고체로서, 황린의 동소체로 암적색 무취의 분말이나 자연발화성이 없어 공기 중에 안전하다.
- 황린에 비해 화학적 활성이 적다.
- PBr_3(브롬화인)에 녹고, CS_2, 물, 에테르, 암모니아에 녹지 않는다.

정답 27. ④ 28. ④ 29. ② 30. ③

31 지정수량 20배의 알코올류 옥외탱크저장소에 펌프실 외의 장소에 설치하는 펌프설비의 기준으로 틀린 것은?

① 펌프설비 주위에는 3m 이상의 공지를 보유한다.
② 펌프설비 그 직하의 지반면 주위에 높이 0.15m 이상의 턱을 만든다.
③ 펌프설비 그 직하의 지반면의 최저부에는 집유설비를 만든다.
④ 집유설비에는 위험물이 배수구에 유입되지 않도록 유분리장치를 만든다.

풀이 펌프실 외의 장소에 설치하는 펌프설비에는 그 직하의 지반면의 주위에 높이 0.15m 이상의 턱을 만들고 당해 지반면은 콘크리트 등 위험물이 스며들지 아니하는 재료로 적당히 경사지게 하여 그 최저부에는 집유설비를 할 것. 이 경우 제4류 위험물(온도 20℃의 물 100g에 용해되는 양이 1g 미만인 것에 한한다)을 취급하는 펌프설비에 있어서는 당해 위험물이 직접 배수구에 유입하지 아니하도록 집유설비에 유분리장치를 설치하여야 한다.

32 알킬알루미늄의 저장 및 취급방법으로 옳은 것은?

① 용기는 완전 밀봉하고 CH_4, C_3H_8 등을 봉입한다.
② C_6H_6 등의 희석제를 넣어 준다.
③ 용기의 마개에 다수의 미세한 구멍을 뚫는다.
④ 통기구가 달린 용기를 사용하여 압력상승을 방지한다.

풀이 알킬알루미늄을 저장할 때 C_6H_6 등의 희석제를 첨가한다.

33 위험물제조소 등에 설치하는 옥내소화전설비의 설치기준으로 옳은 것은?

① 옥내소화전은 건축물의 층마다 당해 층의 각 부분에서 하나의 호스접속구까지의 수평거리가 25미터 이하가 되도록 설치하여야 한다.
② 당해 층의 모든 옥내소화전(5개 이상인 경우는 5개)을 동시에 사용할 경우 각 노즐선단에서의 방수량은 130L/min 이상이어야 한다.
③ 당해 층의 모든 옥내소화전(5개 이상인 경우는 5개)을 동시에 사용할 경우 각 노즐선단에서의 방수압력은 250kPa 이상이어야 한다.
④ 수원의 수량은 옥내소화전이 가장 많이 설치된 층의 옥내소화전 설치개수(5개 이상인 경우는 5개)에 $2.6m^3$를 곱한 양 이상이 되도록 설치하여야 한다.

풀이 옥내소화전설비의 설치기준은 다음의 기준에 의할 것
① 옥내소화전은 제조소 등의 건축물의 층마다 당해 층의 각 부분에서 하나의 호스접속구까지의 수평거리가 25m 이하가 되도록 설치할 것. 이 경우 옥내소화전은 각층의 출입구 부근에 1개 이상 설치하여야 한다.
② 수원의 수량은 옥내소화전이 가장 많이 설치된 층의 옥내소화전 설치개수(설치개수가 5개 이상인 경우는 5개)에 $7.8m^3$를 곱한 양 이상이 되도록 설치할 것

정답 31. ④ 32. ② 33. ①

③ 옥내소화전설비는 각층을 기준으로 하여 당해 층의 모든 옥내소화전(설치개수가 5개 이상인 경우는 5개의 옥내소화전)을 동시에 사용할 경우에 각 노즐선단의 방수압력이 350kPa 이상이고 방수량이 1분당 260ℓ 이상의 성능이 되도록 할 것
④ 옥내소화전설비에는 비상전원을 설치할 것

34 질산에틸에 관한 설명으로 옳은 것은?

① 인화점이 낮아 인화되기 쉽다.
② 증기는 공기보다 가볍다.
③ 물에 잘 녹는다.
④ 비점은 약 28℃ 정도이다.

풀이 질산에틸
- 무색투명한 향긋한 냄새가 나는 액체(상온에서)로 단맛이 있고, 비점 이상으로 가열하면 폭발한다.
- 인화점 -10℃, 융점 -94.6℃, 비점 88℃, 증기비중 3.14, 비중 1.11

35 위험물의 유별 구분이 나머지 셋과 다른 하나는?

① 니트로글리콜
② 스티렌
③ 아조벤젠
④ 디니트로벤젠

풀이
- 니트로글리콜 : 제5류
- 스티렌 : 제4류
- 아조벤젠 : 제5류
- 디니트로벤젠 : 제5류

36 탄화칼슘이 물과 반응했을 때 생성되는 것은?

① 산화칼슘+아세틸렌
② 수산화칼슘+아세틸렌
③ 산화칼슘+메탄
④ 수산화칼슘+메탄

풀이 물과 반응하여 수산화칼슘(=소석회)과 아세틸렌가스가 생성된다.
$CaC_2 + 2H_2O \rightarrow Ca(OH)_2 + C_2H_2 \uparrow$

37 연소범위가 약 1.4~7.6%인 제4류 위험물은?

① 가솔린
② 에테르
③ 이황화탄소
④ 아세톤

풀이 연소범위가 약 1.4~7.6%인 제4류 위험물 : 가솔린

정답 34. ① 35. ② 36. ② 37. ①

38 니트로글리세린에 대한 설명으로 가장 거리가 먼 것은?

① 규조토에 흡수시킨 것을 다이너마이트라고 한다.
② 충격, 마찰에 매우 둔감하나 종결품은 민감해진다.
③ 비중은 약 1.6이다.
④ 알코올, 벤젠 등에 녹는다.

풀이 니트로글리세린(NG) : [$C_3H_5(ONO_2)_3$]
- 비점 160℃, 융점 28℃, 증기비중 7.84
- 상온에서 무색투명한 기름 모양의 액체이며, 가열, 마찰, 충격에 민감하고 폭발하기 쉽다.
- 규조토에 흡수시킨 것은 다이너마이트라 한다.

39 물과 접촉하면 발열하면서 산소를 방출하는 것은?

① 과산화칼륨
② 염소산암모늄
③ 염소산칼륨
④ 과망간산칼륨

풀이 과산화칼륨과 물과 반응하여 산소를 방출시킨다.
$2K_2O_2+2H_2O \rightarrow 4KOH+O_2$

40 비중은 약 2.5, 무취이며 알코올, 물에 잘 녹고 조해성이 있으며 산과 반응하여 유독한 ClO_2를 발생하는 위험물은?

① 염소산칼륨
② 과염소산암모늄
② 염소산나트륨
④ 과염소산칼륨

풀이 염소산나트륨
- 입방정계 주상결정
- 산과 반응하여, 유독한 ClO_2를 발생

41 보일러 등으로 위험물을 소비하는 일반취급소의 특례의 적용에 관한 설명으로 틀린 것은?

① 일반취급소에서 보일러, 버너 등으로 소비하는 위험물은 인화점이 섭씨 38도 이상인 제4류 위험물이어야 한다.
② 일반취급소에서 취급하는 위험물의 양은 지정수량의 30배 미만이고 위험물을 취급하는 설비는 건축물에 있어야 한다.
③ 제조소의 기준을 준용하는 다른 일반취급소와 달리 일정한 요건을 갖추면 제조소의 안전거리, 보유공지 등에 관한 기준을 적용하지 않을 수 있다.
④ 건축물 중 일반취급소로 사용하는 부분은 취급하는 위험물의 양에 관계없이 철근콘크리트조 등의 바닥 또는 벽으로 당해 건축물의 다른 부분과 구획되어야 한다.

정답 38. ② 39. ① 40. ③ 41. ④

풀이 건축물 중 일반취급소로 사용하는 부분은 취급하는 지정수량의 10배 이상 위험물의 철근콘크리트조 등의 바닥 또는 벽으로 당해 건축물의 다른 부분과 구획되어야 한다.

42 제조소 등의 위치, 구조 또는 설비의 변경 없이 당해 제조소 등에서 취급하는 위험물의 품명을 변경하고자 하는 자는 변경하고자 하는 날의 며칠(개월) 전까지 신고하여야 하는가?

① 7일　② 14일
③ 1개월　④ 6개월

풀이 제조소 등의 위치, 구조 또는 설비의 변경 없이 당해 제조소 등에서 취급하는 위험물의 품명을 변경하고자 하는 자는 변경하고자 하는 날의 7일 전까지 신고하여야 한다.

43 무취의 결정이며 분자량이 약 122, 녹는점이 약 482℃이고 산화제, 폭약 등에 사용되는 위험물은?

① 염소산바륨　② 과염소산나트륨
③ 아염소산나트륨　④ 과산화바륨

풀이 과염소산나트륨(= $NaClO_4$ = 과염소산 소다)
- 무색, 무취 사방정계 결정
- 분해온도 400℃, 융점 482℃, 용해도 170(20℃), 비중 2.5
- 물, 에틸알코올, 아세톤에 잘 녹고, 에테르에는 녹지 않는다.
- 산화제, 폭약 등에 사용된다.
- 소화방법은 주수소화가 좋다.

44 [보기]에서 설명하는 물질은 무엇인가?

> [보기]
> - 살균제 및 소독제로도 사용된다.
> - 분해할 때 발생하는 발생기산소[O]는 난분해성 유기물질을 산화시킬 수 있다.

① $HClO_4$　② CH_3OH
③ H_2O_2　④ H_2SO_4

풀이 산화제 및 환원제로도 사용되며 표백, 살균작용을 한다.(그 이유는 상온에서 $2H_2O_2 \rightarrow 2H_2O + O_2$로 분해해서 발생기 산소를 발생하기 때문에)

정답 42. ①　43. ②　44. ③

45 적린과 황린의 공통적인 사항으로 옳은 것은?

① 연소할 때는 오산화인의 흰 연기를 낸다.
② 냄새가 없는 적색 가루이다.
③ 물, 이황화탄소에 녹는다.
④ 맹독성이다.

풀이 적린과 황린의 공통적인 사항 : 연소할 때는 오산화인의 흰 연기를 낸다.

46 니트로화합물, 니트로소화합물, 질산에스테르류, 히드록실아민을 각각 50킬로그램씩 저장하고 있을 때 지정수량의 배수가 가장 큰 것은?

① 니트로화합물 ② 니트로소화합물
③ 질산에스테르류 ④ 히드록실아민

풀이 지정수량이 가장 적은 물질이 정답이 된다.
- 니트로화합물 : 200kg
- 니트로소화합물 : 200kg
- 질산에스테르류 : 10kg
- 히드록실아민 : 100kg

47 다음 중 지정수량이 다른 물질은?

① 황화인 ② 적린
③ 철분 ④ 유황

풀이 ① 황화인 : 100kg
② 적린 : 100kg
③ 철분 : 500kg
④ 유황 : 100kg

48 산화프로필렌에 대한 설명 중 틀린 것은?

① 연소범위는 가솔린보다 넓다.
② 물에는 잘 녹지만 알코올, 벤젠에는 녹지 않는다.
③ 비중은 1보다 작고, 증기비중은 1보다 크다.
④ 증기압이 높으므로 상온에서 위험한 농도까지 도달할 수 있다.

풀이 물 또는 유기용제(벤젠, 에테르, 알코올) 등에 잘 녹는 무색, 투명한 액체로서 증기는 인체에 해롭다.

정답 45. ① 46. ③ 47. ③ 48. ②

49 다음 그림은 옥외저장탱크와 흙방유제를 나타낸 것이다. 탱크의 지름이 10m이고 높이가 15m라고 할 때 방유제는 탱크의 옆판으로부터 몇 m 이상의 거리를 유지하여야 하는가?(단, 인화점 200℃ 미만의 위험물을 저장한다.)

① 2
② 3
③ 4
④ 5

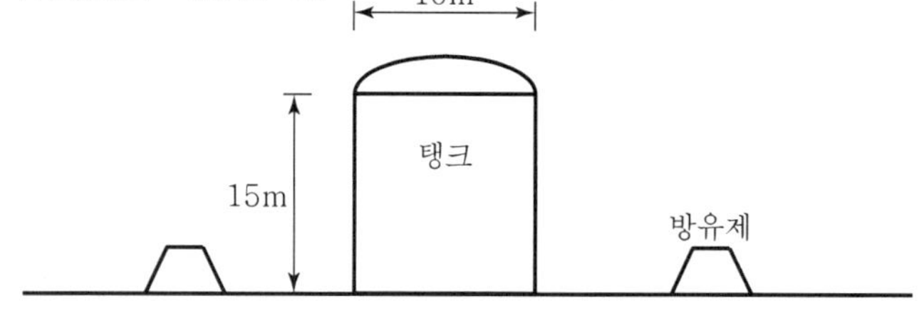

풀이 방유제는 옥외저장탱크의 지름에 따라 그 탱크의 옆판으로부터 다음에 정하는 거리를 유지할 것. 다만, 인화점이 200℃ 이상인 위험물을 저장 또는 취급하는 것에 있어서는 그러하지 아니하다.
① 지름이 15m 미만인 경우에는 탱크 높이의 3분의 1 이상
② 지름이 15m 이상인 경우에는 탱크 높이의 2분의 1 이상

50 그림과 같은 타원형 위험물 탱크의 내용적을 구하는 식을 옳게 나타낸 것은?

① $\frac{\pi ab}{4}\left(l+\frac{l_1+l_2}{3}\right)$
② $\frac{\pi ab}{4}\left(l+\frac{l_1-l_2}{3}\right)$
③ $\pi ab\left(l+\frac{l_1+l_2}{3}\right)$
④ $\pi a b l^2$

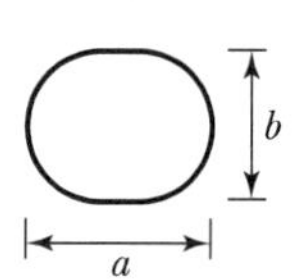

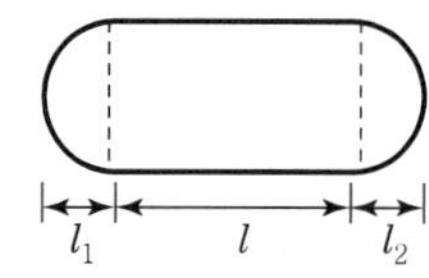

풀이 양쪽이 볼록한 것
용량 : $\frac{\pi ab}{4}\left(l+\frac{l_1+l_2}{3}\right)$

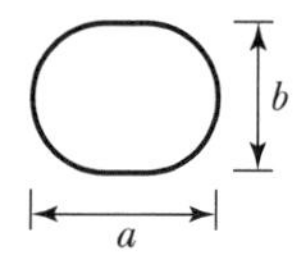

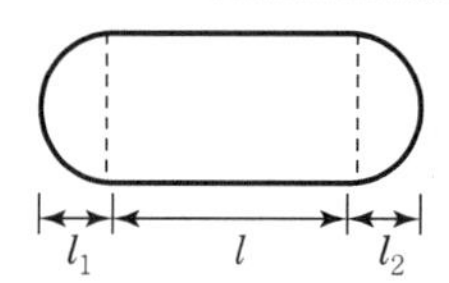

51 탄소 80%, 수소 14%, 황 6%인 물질 1kg이 완전연소하기 위해 필요한 이론 공기량은 약 몇 kg인가?(단, 공기 중 산소는 23wt%이다.)

① 3.31
② 7.05
③ 11.62
④ 14.41

풀이

$C + O_2 \rightarrow CO_2$

1kg×0.8 : $x$kg
12kg : 32kg x = 2.13kg

정답 49. ④ 50. ① 51. ④

$$H_2 + \frac{1}{2}O_2 \rightarrow H_2O$$
$$1kg \times 0.8 : y kg$$
$$2kg : \frac{1}{2} \times 32kg \quad y = 1.12kg$$

$$S + O_2 \rightarrow SO_2$$
$$1kg \times 0.06 : z kg$$
$$32kg : 32kg \quad z = 0.06kg$$

결국 $A_o = \dfrac{2.13 + 1.12 + 0.06}{0.23} = 14.41kg$

52 금속칼륨의 보호액으로 가장 적합한 것은?

① 물 ② 아세트산 ③ 등유 ④ 에틸알코올

풀이 금속칼륨은 반드시 등유, 경유, 유동파라핀 등의 보호액 속에 저장한다.

53 아염소산염류 100kg, 질산염류 3,000kg 및 과망간산염류 1,000kg을 같은 장소에 저장하려 한다. 각각의 지정수량 배수의 합은 얼마인가?

① 5배 ② 10배 ③ 13배 ④ 15배

풀이 $\text{계산값} = \dfrac{\text{A품명의 저장수량}}{\text{A품명의 지정수량}} + \dfrac{\text{B품명의 저장수량}}{\text{B품명의 지정수량}} + \dfrac{\text{C품명의 저장수량}}{\text{C품명의 지정수량}} + \cdots$

$\text{계산값} = \dfrac{100}{50} + \dfrac{3,000}{300} + \dfrac{1,000}{1,000} = 13$

54 제6류 위험물에 속하는 것은?

① 염소화이소시아눌산 ② 퍼옥소이황산염류
③ 질산구아니딘 ④ 할로겐간 화합물

풀이 할로겐간 화합물은 제6류 위험물에 해당된다.
할로겐간 화합물에는 삼불화브롬(BrF_3), 오불화브롬(BrF_5), 오불화요오드(IF_5) 등이 있다.

55 제5류 위험물이 아닌 것은?

① $Pb(N_3)_2$ ② CH_3ONO ③ N_2H_4 ④ NH_2OH

풀이 순수한 히드라진(N_2H_4) 그 자체는 제5류 위험물이 아니라 인화점이 38℃로서 제4류의 2석유류(수용성)로서 지정수량은 2,000L이다.

정답 52. ③ 53. ③ 54. ④ 55. ③

56 다음의 위험물을 위험등급 Ⅰ, 위험등급 Ⅱ, 위험등급 Ⅲ의 순서로 옳게 나열한 것은?

황린, 수소화나트륨, 리튬

① 황린, 수소화나트륨, 리튬 ② 황린, 리튬, 수소화나트륨
③ 수소화나트륨, 황린, 리튬 ④ 수소화나트륨, 리튬, 황린

풀이
- 황린 : 위험등급 Ⅰ
- 리튬 : 위험등급 Ⅱ
- 수소화나트륨 : 위험등급 Ⅲ

57 글리세린은 제 몇 석유류에 해당하는가?

① 제1석유류 ② 제2석유류
③ 제3석유류 ④ 제4석유류

풀이 글리세린은 제3석유류에 해당한다.

58 벤젠의 위험성에 대한 설명으로 틀린 것은?

① 휘발성이 있다.
② 인화점이 0℃보다 낮다.
③ 증기는 유독하여 흡입하면 위험하다.
④ 이황화탄소보다 착화온도가 낮다.

풀이
- 벤젠의 착화온도 : 498℃
- 이황화탄소의 착화온도 : 100℃

59 위험물안전관리법상 제6류 위험물에 해당하는 것은?

① H_3PO_4 ② IF_5 ③ H_2SO_4 ④ HCl

풀이
- 할로겐간 화합물은 제6류 위험물에 해당된다.
- 할로겐간 화합물에는 삼불화브롬(BrF_3), 오불화브롬(BrF_5), 오불화요오드(IF_5) 등이 있다.

60 에테르의 일반식으로 옳은 것은?

① ROR ② RCHO ③ RCOR ④ RCOOH

풀이 에테르의 일반식 : ROR

정답 56. ② 57. ③ 58. ④ 59. ② 60. ①

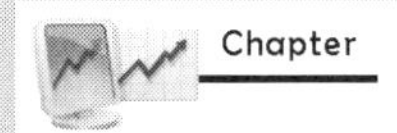

Chapter

위험물기능사

(2011년 10월 9일)

Hazardous material Industrial Engineer

1 위험물안전관리법에서 정하는 용어의 정의로 옳지 않은 것은?

① "위험물"이라 함은 인화성 또는 발화성 등의 성질을 가지는 것으로서 대통령령이 정하는 물품을 말한다.
② "제조소"라 함은 위험물을 제조할 목적으로 지정수량 이상의 위험물을 취급하기 위하여 규정에 따른 허가를 받은 장소를 말한다.
③ "저장소"라 함은 지정수량 이상의 위험물을 저장하기 위한 대통령령이 정하는 장소로서 규정에 따른 허가를 받은 장소를 말한다.
④ "취급소"라 함은 지정수량 이상의 위험물을 제조 외의 목적으로 취급하기 위한 관할 지자체장이 정하는 장소로서 허가를 받은 장소를 말한다.

풀이 "취급소" 라 함은 지정수량 이상의 위험물을 제조 외의 목적으로 취급하기 위한 허가를 받은 장소로서 대통령령이 정하는 장소를 말한다.

2 위험물안전관리법령에서 정한 이산화탄소 소화약제의 저장용기 설치기준으로 옳은 것은?

① 저압식 저장용기의 충전비 : 1.0 이상 1.3 이하
② 고압식 저장용기의 충전비 : 1.3 이상 1.7 이하
③ 저압식 저장용기의 충전비 : 1.1 이상 1.4 이하
④ 고압식 저장용기의 충전비 : 1.7 이상 2.1 이하

풀이 저장용기의 충전비는 고압식에 있어서는 1.5 이상 1.9 이하, 저압식에 있어서는 1.1 이상 1.4 이하로 할 것

3 지정과산화물을 저장하는 옥내저장소의 저장창고를 일정면적마다 구획하는 격벽의 설치기준에 해당하지 않는 것은?

① 저장창고 상부의 지붕으로부터 50cm 이상 돌출하게 하여야 한다.
② 저장창고 양측의 외벽으로부터 1m 이상 돌출하게 하여야 한다.
③ 철근콘크리트조의 경우 두께가 30cm 이상이어야 한다.

정답 1. ④ 2. ③ 3. ④

④ 바닥면적 $250m^2$ 이내마다 완전하게 구획하여야 한다.

풀이 옥내저장소의 저장창고의 기준은 다음과 같다.
① $150m^2$ 이내마다 격벽으로 완전하게 구획할 것. 이 경우 당해 격벽은 두께 30㎝ 이상의 철근콘크리트조 또는 철골철근콘크리트조로 하거나 두께 40㎝ 이상의 보강콘크리트블록조로 하고, 당해 저장창고의 양측의 외벽으로부터 1m 이상, 상부의 지붕으로부터 50㎝ 이상 돌출하게 하여야 한다.
② 저장창고의 외벽은 두께 20㎝ 이상의 철근콘크리트조나 철골철근콘크리트조 또는 두께 30㎝ 이상의 보강콘크리트블록조로 할 것

4 옥내저장소에서 지정수량의 몇 배 이상을 저장 또는 취급할 때 자동화재탐지설비를 설치하여야 하는가?(단, 원칙적인 경우에 한한다.)

① 지정수량의 10배 이상을 저장 또는 취급할 때
② 지정수량의 50배 이상을 저장 또는 취급할 때
③ 지정수량의 100배 이상을 저장 또는 취급할 때
④ 지정수량의 150배 이상을 저장 또는 취급할 때

풀이 옥내저장소의 자동화재탐비지설비를 설치해야 할 기준 : 지정수량의 100배 이상을 저장 또는 취급하는 것(고인화점위험물만을 저장 또는 취급하는 것을 제외한다.)

5 폭굉유도거리(DID)가 짧아지는 경우는?

① 정상 연소속도가 작은 혼합가스일수록 짧아진다.
② 압력이 높을수록 짧아진다.
③ 관지름이 넓을수록 짧아진다.
④ 점화원 에너지가 약할수록 짧아진다.

풀이 폭굉 유도거리(DID)가 짧아지는 경우
① 정상연소 속도가 큰 혼합가스일수록 짧아진다.
② 관속에 방해물이 있거나 관경이 가늘수록 짧다.
③ 압력이 높을수록 짧다.
④ 점화원의 에너지가 강할수록 짧다.

6 A, B, C급에 모두 적응할 수 있는 분말소화약제는?

① 제1종 분말　② 제2종 분말
③ 제3종 분말　④ 제4종 분말

풀이
- 제1종 분말소화약제 : B, C급
- 제2종 분말소화약제 : B, C급
- 제3종 분말소화약제 : A, B, C급
- 제4종 분말소화약제 : B, C급

정답 4. ③　5. ②　6. ③

7 할로겐화합물의 소화약제 중 할론 2402의 화학식은?

① $C_2Br_4F_2$ ② $C_2Cl_4F_2$ ③ $C_2Cl_4Br_2$ ④ $C_2F_4Br_2$

풀이 할론소화약제의 구성은 예를 들어 할론 1301에서 천자리 숫자는 C의 개수, 백자리 숫자는 F의 개수, 십자리 숫자는 Cl의 개수, 일자리 숫자는 Br의 개수를 나타낸다.

8 톨루엔의 화재시 가장 적합한 소화방법은?

① 산, 알칼리 소화기에 의한 소화
② 포에 의한 소화
③ 다량의 강화액에 의한 소화
④ 다량의 주수에 의한 냉각소화

풀이 제4류 위험물은 비중이 물보다 작기 때문에 주수소화하면 화재 면을 확대시킬 수 있으므로 절대 금물이다.

9 제2류 위험물 중 지정수량이 500kg인 물질에 의한 화재는?

① A급 화재 ② B급 화재 ③ C급 화재 ④ D급 화재

풀이 제2류 위험물 중 지정수량이 500kg인 것 : 철분, 금속분, 마그네슘

10 피난동선의 특징이 아닌 것은?

① 가급적 지그재그의 복잡한 형태가 좋다.
② 수평동선과 수직동선으로 구분한다.
③ 2개 이상의 방향으로 피난할 수 있어야 한다.
④ 가급적 상호 반대방향으로 다수의 출구와 연결되는 것이 좋다.

풀이 피난동선은 가급적 단순한 형태가 좋다.

11 정전기의 발생요인에 대한 설명으로 틀린 것은?

① 접촉면적이 클수록 정전기의 발생량은 많아진다.
② 분리속도가 빠를수록 정전기의 발생량은 많아진다.
③ 대전서열에서 먼 위치에 있을수록 정전기의 발생량은 많아진다.
④ 접촉과 분리가 반복됨에 따라 정전기의 발생량은 증가한다.

풀이 정전기 발생은 일반적으로 접촉과 분리가 일어날 때 최대가 되며 이후 접촉과 분리가 반복됨에 따라 발생량도 점차 감소한다.

정답 7. ④ 8. ② 9. ④ 10. ① 11. ④

12 제거소화의 예가 아닌 것은?

① 가스 화재시 가스 공급을 차단하기 위해 밸브를 닫아 소화시킨다.
② 유전 화재시 폭약을 사용하여 폭풍에 의하여 가연성 증기를 날려보내 소화시킨다.
③ 연소하는 가연물을 밀폐시켜 공기 공급을 차단하여 소화한다.
④ 촛불 소화시 입으로 바람을 불어서 소화시킨다.

풀이 연소하는 가연물을 밀폐시켜 공기 공급을 차단하여 소화하는 방법은 질식소화에 해당된다.

13 제3종 분말 소화약제의 열분해 반응식을 옳게 나타낸 것은?

① $NH_4H_2PO_4 \rightarrow HPO_3 + NH_3 + H_2O$
② $2KNO_3 \rightarrow 2KNO_2 + O_2$
③ $KClO_4 \rightarrow KCl + 2O_2$
④ $2CaHCO_3 \rightarrow 2CaO + HCO_3$

풀이

제3종 분말	$NH_4H_2PO_4$ (제1인산암모늄)	담홍색	A, B, C	$NH_4H_2PO_4 \rightarrow HPO_3 + NH_3 + H_2O$

14 목조건축물의 일반적인 화재현상에 가장 가까운 것은?

① 저온단시간형
② 저온장시간형
③ 고온단시간형
④ 고온장시간형

풀이 목조건축물의 일반적인 화재현상은 고온단기형이다.

15 위험물제조소 등에 설치하여야 하는 자동화재탐지설비의 설치기준에 대한 설명 중 틀린 것은?

① 자동화재탐지설비의 경계구역은 건축물 그 밖의 공작물의 2 이상의 층에 걸치도록 할 것
② 하나의 경계구역에서 그 한 변의 길이는 50m(광전식 분리형 감지기를 설치할 경우에는 100m) 이하로 할 것
③ 자동화재탐비설비의 감지기는 지붕 또는 벽의 옥내에 면한 부분에 유효하게 화재의 발생을 감지할 수 있도록 설치할 것
④ 자동화재탐지설비에는 비상전원을 설치할 것

풀이 자동화재탐지설비의 경계구역은 건축물 그 밖의 공작물의 2 이상의 층에 미치지 않도록 할 것

정답 12. ③ 13. ① 14. ③ 15. ①

16 옥외탱크저장소에 보유공지를 두는 목적과 가장 거리가 먼 것은?

① 위험물시설의 화염이 인근의 시설이나 건축물 등으로의 연소확대방지를 위한 완충공간 기능을 하기 위함
② 위험물시설의 주변에 장애물이 없도록 공간을 확보함으로써 소화활동이 쉽도록 하기 위함
③ 위험물시설의 주변에 있는 시설과 50m 이상을 이격하여 폭발 발생시 피해를 방지하기 위함
④ 위험물시설의 주변에 장애물이 없도록 공간을 확보함으로써 피난자가 피난이 쉽도록 하기 위함

풀이 옥외탱크저장소에 보유공지를 두는 목적
1) 위험물시설의 화재시 다른 곳으로 연소확대 방지
2) 소방활동의 공간제공 및 확보
3) 피난상 필요한 공간확보
4) 점검 및 보수 등의 공간확보

17 할론 1301의 증기 비중은?(단, 불소의 원자량은 19, 브롬의 원자량은 80, 염소의 원자량은 35.5이고 공기의 분자량은 29이다.)

① 2.14 ② 4.15 ③ 5.14 ④ 6.15

풀이 할론 1301의 증기 비중 $= \frac{\text{1301의 분자량}}{29} = \frac{12+(19\times3)+80}{29} = 5.14$

18 탄화알루미늄을 저장하는 저장고에 스프링클러소화설비를 하면 되지 않는 이유는?

① 물과 반응시 메탄가스를 발생하기 때문에
② 물과 반응시 수소가스를 발생하기 때문에
③ 물과 반응시 에탄가스를 발생하기 때문에
④ 물과 반응시 프로판가스를 발생하기 때문에

풀이 $Al_4C_3 + 12H_2O \rightarrow 4Al(OH)_3 + 3CH_4\uparrow$

19 소화효과를 증대시키기 위하여 분말소화약제와 병용하여 사용할 수 있는 것은?

① 단백포 ② 알코올형포
③ 합성계면활성제포 ④ 수성막포

풀이 수성막포 소화약제는 분말소화약제와 함께 사용하여도 소포현상이 일어나지 않고 트윈 에이전트 시스템에 사용되어 소화효과를 높일 수 있는 소화약제이다.

정답 16. ③ 17. ③ 18. ① 19. ④

20 위험물은 지정수량의 몇 배를 1소요 단위로 하는가?

① 1 ② 10 ③ 50 ④ 100

풀이 위험물은 지정수량의 10배를 1소요 단위로 한다.

21 낮은 온도에서도 잘 얼지 않는 다이너마이트를 제조하기 위해 니트로글리세린의 일부를 대체하여 첨가하는 물질은?

① 니트로셀룰로오스 ② 니트로글리콜
③ 트리니트로톨루엔 ④ 디니트로벤젠

풀이 니트로글리콜 : [$C_2H_4(ONO_2)_2$]
낮은 온도에서도 잘 얼지 않는 다이너마이트를 제조하기 위해 니트로글리세린의 일부를 대체하여 첨가하는 물질

22 제조소 등의 소화설비 설치시 소요단위 산정에 관한 내용으로 다음 (   ) 안에 알맞은 수치를 차례대로 나열한 것은?

> 제조소 또는 취급소의 건축물은 외벽이 내화구조인 것은 연면적 (   )m^2를 1소요단위로 하며, 외벽이 내화구조가 아닌 것은 연면적 (   )m^2를 1소요단위로 한다.

① 200, 100 ② 150, 100
③ 150, 50 ④ 100, 50

풀이 제조소 또는 취급소의 건축물은 외벽이 내화구조인 것은 연면적 100m^2를 1소요단위로 하며, 외벽이 내화구조가 아닌 것은 연면적 50m^2를 1소요단위로 한다.

23 제조소 등의 허가청이 제조소 등의 관계인에게 제조소 등의 사용정지처분 또는 허가취소처분을 할 수 있는 사유가 아닌 것은?

① 소방서장으로부터 변경허가를 받지 아니하고 제조소 등의 위치구조 또는 설비를 변경한 때
② 소방서장의 수리 개조 또는 이전의 명령을 위반한 때
③ 정기점검을 하지 아니한 때
④ 소방서장의 출입검사를 정당한 사유 없이 거부한 때

풀이 제조소 등의 사용정지처분 또는 허가취소처분을 할 수 있는 사유
① 소방서장으로부터 변경허가를 받지 아니하고 제조소 등의 위치구조 또는 설비를 변경한 때
② 소방서장의 수리 개조 또는 이전의 명령을 위반한 때
③ 정기점검을 하지 아니한 때

정답 20. ② 21. ② 22. ④ 23. ④

24 제6류 위험물을 수납한 용기에 표시하여야 하는 주의사항은?

① 가연물접촉주의 ② 화기엄금 ③ 화기, 충격주의 ④ 물기엄금

풀이 제6류 위험물을 수납한 용기에 표시하여야 하는 주의사항 : 가연물접촉주의

25 운송책임자의 감독, 지원을 받아 운송하여야 하는 위험물에 해당하는 것은?

① 칼륨, 나트륨
② 알킬알루미늄, 알킬리튬
③ 제1석유류, 제2석유류
④ 니트로글리세린, 트리니트로톨루엔

풀이 운송책임자의 감독, 지원을 받아 운송하여야 하는 것으로 대통령령이 정하는 위험물

- 알킬알루미늄
- 알킬리튬
- 알킬알루미늄, 알킬리튬을 함유하는 위험물

26 황린에 대한 설명으로 틀린 것은?

① 환원력이 강하다. ② 담황색 또는 백색의 고체이다.
③ 벤젠에는 불용이나 물에 잘 녹는다. ④ 마늘 냄새와 같은 자극적인 냄새가 난다.

풀이 황린은 물과는 반응도 하지 않고, 녹지도 않기 때문에 물속에 저장한다.(이때의 물의 액성은 약알칼리성. CS_2, 알코올, 벤젠에 잘 녹는다.)

27 질산과 과염소산의 공통 성질에 대한 설명 중 틀린 것은?

① 산소를 포함한다. ② 산화제이다.
③ 물보다 무겁다. ④ 쉽게 연소한다.

풀이 질산과 과염소산 자신은 불연성 물질이다.

28 이산화탄소소화설비의 기준에서 저장용기 설치 기준에 관한 내용으로 틀린 것은?

① 방호구역 외의 장소에 설치할 것
② 온도가 50℃ 이하이고 온도 변화가 적은 장소에 설치할 것
③ 직사일광 및 빗물이 침투할 우려가 적은 장소에 설치할 것
④ 저장용기에는 안전장치를 설치할 것

풀이 온도가 40℃ 이하이고 온도 변화가 적은 장소에 설치할 것

정답 24. ① 25. ② 26. ③ 27. ④ 28. ②

29 HO-CH_2CH_2-OH의 지정수량은 몇 L인가?

① 1,000　② 2,000　③ 4,000　④ 6,000

풀이 글리세린은 수용성 지정수량 : 4,000L

30 위험물에 대한 설명으로 옳은 것은?

① 칼륨은 수은과 격렬하게 반응하며 가열하면 청색의 불꽃을 내며 연소하고 열과 전기의 부도체이다.
② 나트륨은 액체 암모니아와 반응하여 수소를 발생하고 공기 중 연소시 황색 불꽃을 발생한다.
③ 칼슘은 보호액인 물속에 저장하고 알코올과 반응하여 수소를 발생한다.
④ 리튬은 고온의 물과 격렬하게 반응해서 산소를 발생한다.

풀이 나트륨은 액체 암모니아와 반응하여 수소를 발생하고 공기 중 연소시 황색 불꽃을 발생한다.

31 옥내저장소에서 위험물을 유별로 정리하고 서로 1m 이상의 간격을 두는 경우 유별을 달리하는 위험물을 동일한 저장소에 저장할 수 있는 것은?

① 과산화나트륨과 벤조일퍼옥사이드
② 과염소산나트륨과 질산
③ 황린과 트리에틸알루미늄
④ 유황과 아세톤

풀이 혼재 가능 위험물은 다음과 같다.
423 → 4류와 2류, 4류와 3류는 서로 혼재 가능
524 → 5류와 2류, 4류와 3류는 서로 혼재 가능
61 → 6류와 1류는 서로 혼재 가능
따라서, 과염소산나트륨(1류)과 질산(6류)은 서로 혼재 가능

32 다음 중 인화점이 가장 낮은 것은?

① 산화프로필렌　② 벤젠　③ 디에틸에테르　④ 이황화탄소

풀이 ① 산화프로필렌 : -37℃　② 벤젠 : -11℃
③ 디에틸에테르 : -45℃　④ 이황화탄소 : -30℃

33 디에틸에테르의 안전관리에 관한 설명 중 틀린 것은?

① 증기는 마취성이 있으므로 증기 흡입에 주의하여야 한다.
② 폭발성의 과산화물 생성을 요오드화칼륨 수용액으로 확인한다.

정답 29. ③　30. ②　31. ②　32. ③　33. ③

③ 물에 잘 녹으므로 대규모 화재시 집중 주수하여 소화한다.
④ 정전기 불꽃에 의한 발화에 주의하여야 한다.

풀이 제4류 위험물을 주수소화하면 화재면을 확대시킨다.

34 위험물의 운반에 관한 기준에서 다음 위험물 중 혼재 가능한 것끼리 연결된 것은?(단, 지정수량의 10배이다.)

① 제1류 - 제6류
② 제2류 - 제3류
③ 제3류 - 제5류
④ 제5류 - 제1류

풀이 혼재 가능 위험물은 다음과 같다.
423 → 4류와 2류, 4류와 3류는 서로 혼재 가능
524 → 5류와 2류, 4류와 3류는 서로 혼재 가능
61 → 6류와 1류는 서로 혼재 가능

35 경유 옥외탱크저장소에서 10,000리터 탱크 1기가 설치된 곳의 방유제 용량은 얼마 이상이 되어야 하는가?

① 5,000리터
② 10,000리터
③ 11,000리터
④ 20,000리터

풀이 방유제의 용량은 방유제안에 설치된 탱크가 하나인 때에는 그 탱크 용량의 110% 이상, 2기 이상인 때에는 그 탱크 중 용량이 최대인 것의 용량의 110% 이상으로 할 것

36 벤젠, 톨루엔의 공통된 성상이 아닌 것은?

① 비수용성의 무색 액체이다.
② 인화점은 0℃ 이하이다.
③ 액체의 비중은 1보다 작다.
④ 증기의 비중은 1보다 크다.

풀이
- 벤젠 : -11℃
- 톨루엔 : 4℃

37 위험물안전관리법상 품명이 유기금속화합물에 속하지 않는 것은?

① 트리에틸칼륨
② 트리에틸알루미늄
③ 트리에틸인듐
④ 디에틸아연

풀이 유기금속화합물은 다음과 같다.
- 디에틸텔르륨 : $[Te(C_2H_5)_2]$
- 디메틸아연 : $[Zn(CH_3)_2]$
- 사에틸납 : $[Pb(C_2H_5)_4]$
- 디에틸아연 : $[Zn(C_2H_5)_2]$ 등

정답 34. ① 35. ③ 36. ② 37. ②

38 니트로셀룰로오스에 대한 설명으로 옳은 것은?

① 물에 녹지 않으며 물보다 무겁다.
② 수분과 접촉하는 것은 위험하다.
③ 질화도와 폭발위험성은 무관하다.
④ 질화도가 높을수록 폭발위험성이 낮다.

풀이 니트로셀룰로오스는 물에 녹지 않으며 물보다 무겁다.

39 다음 (　　) 안에 알맞은 수치를 차례대로 옳게 나열한 것은?

"위험물 암반 탱크의 공간용적은 당해 탱크 내에 용출하는 (　　)일간의 지하수 양에 상당하는 용적과 당해 탱크 내용적의 100분의 (　　)의 용적 중에서 보다 큰 용적을 공간 용적으로 한다.

① 1, 7　　② 3, 5　　③ 5, 3　　④ 7, 1

풀이 위험물 암반 탱크의 공간용적은 당해 탱크 내에 용출하는 7일간의 지하수 양에 상당하는 용적과 당해 탱크 내용적의 100분의 1의 용적 중에서 보다 큰 용적을 공간 용적으로 한다.

40 서로 접촉하였을 때 발화하기 쉬운 물질을 연결한 것은?

① 무수크롬산과 아세트산
② 금속나트륨과 석유
③ 니트로셀룰로오스와 알코올
④ 과산화수소와 물

풀이 무수크롬산과 아세트산이 서로 접촉하였을 때 발화하기 쉽다.

41 HNO_3에 대한 설명으로 틀린 것은?

① Al, Fe은 진한 질산에서 부동태를 생성해 녹지 않는다.
② 질산과 염산을 3 : 1 비율로 제조한 것을 왕수라고 한다.
③ 부식성이 강하고 흡습성이 있다.
④ 직사광선에서 분해하여 NO_2를 발생한다.

풀이 진한 질산 1, 진한 염산 3의 비율로 혼합한 것을 왕수(王水)라고 한다.

정답 38. ①　39. ④　40. ①　41. ②

42 위험물 제1종 판매취급소의 위치, 구조 및 설비의 기준으로 틀린 것은?

① 천장을 설치하는 경우에는 천장을 불연재료로 할 것
② 창 및 출입구에는 갑종방화문 또는 을종방화문을 설치할 것
③ 건축물의 지하 또는 1층에 설치할 것
④ 위험물을 배합하는 실의 바닥면적은 $6m^2$ 이상 $15m^2$ 이하로 할 것

풀이 저장 또는 취급하는 위험물의 수량이 지정수량의 20배 이하인 판매취급소(이하 "제1종 판매취급소"라 한다)의 위치·구조 및 설비의 기준은 다음 각목과 같다.
① 제1종 판매취급소는 건축물의 1층에 설치할 것
② 제1종 판매취급소에는 별표 4 Ⅲ제1호의 기준에 따라 보기 쉬운 곳에 "위험물 판매취급소(제1종)"라는 표시를 한 표지와 동표 Ⅲ제2호의 기준에 따라 방화에 관하여 필요한 사항을 게시한 게시판을 설치하여야 한다.
③ 제1종 판매취급소의 용도로 사용되는 건축물의 부분은 내화구조 또는 불연재료로 하고, 판매취급소로 사용되는 부분과 다른 부분과의 격벽은 내화구조로 할 것
④ 제1종 판매취급소의 용도로 사용하는 건축물의 부분은 보를 불연재료로 하고, 천장을 설치하는 경우에는 천장을 불연재료로 할 것

43 제5류 위험물에 대한 설명으로 옳지 않은 것은?

① 대표적인 성질은 자기반응성 물질이다.
② 피크린산은 니트로화합물이다.
③ 모두 산소를 포함하고 있다.
④ 니트로화합물은 니트로기가 많을수록 폭발력이 커진다.

풀이 제5류 위험물은 모두 산소를 포함하고 있지는 않다.

44 제2류 위험물의 화재 발생시 소화방법 또는 주의할 점으로 적합하지 않은 것은?

① 마그네슘의 경우 이산화탄소를 이용한 질식소화는 위험하다.
② 황은 비산에 주의하여 분무주수로 냉각소화한다.
③ 적린의 경우 물을 이용한 냉각소화는 위험하다.
④ 인화성 고체는 이산화탄소로 질식소화할 수 있다.

풀이 적린은 제1류 위험물, 산화제와 혼합되지 않도록 하고 폭발성, 가연성 물질과 격리하며, 직사광선을 피하여 냉암소에 보관하고, 물속에 저장하기도 한다.

45 다음 위험물 중 저장할 때 보호액으로 물을 사용하는 것은?

① 삼산화크롬 ② 아연 ③ 나트륨 ④ 황린

풀이 황린의 보호액은 물이다.

정답 42. ③ 43. ③ 44. ③ 45. ④

46 과산화나트륨에 대한 설명으로 틀린 것은?

① 알코올에 잘 녹아서 산소와 수소를 발생시킨다.
② 상온에서 물과 격렬하게 반응한다.
③ 비중이 약 2.8이다.
④ 조해성 물질이다.

풀이 과산화나트륨은 알코올에 잘 녹지 않는다.

47 위험물안전관리법령상 셀룰로이드의 품명과 지정수량을 옳게 연결한 것은?

① 니트로화합물 - 200kg
② 니트로화합물 - 10kg
③ 질산에스테르류 - 200kg
④ 질산에스테르류 - 10kg

풀이 위험물안전관리법령상 셀룰로이드의 품명과 지정수량 : 질산에스테르류 - 10kg

48 위험물의 운반기준에 있어서 차량 등에 적재하는 위험물의 성질에 따라 강구하여야 하는 조치로 적합하지 않은 것은?

① 제5류 위험물 또는 제6류 위험물은 방수성이 있는 피복으로 덮는다.
② 제2류 위험물 중 철분, 금속분, 마그네슘은 방수성이 있는 피복으로 덮는다.
③ 제1류 위험물 중 알칼리금속의 과산화물 또는 이를 함유한 것은 차광성과 방수성이 모두 있는 피복으로 덮는다.
④ 제5류 위험물 중 55℃ 이하의 온도에서 분해될 우려가 있는 것은 보냉 컨테이너에 수납하는 등의 방법으로 적정한 온도관리를 한다.

풀이 제1류 위험물 중 알칼리금속의 과산화물 또는 이를 함유한 것, 제2류 위험물 중 철분 · 금속분 · 마그네슘 또는 이들 중 어느 하나 이상을 함유한 것 또는 제3류 위험물 중 금수성 물질은 방수성이 있는 피복으로 덮을 것

49 다음 중 위험등급이 다른 하나는?

① 아염소산염류　② 알킬리튬　③ 질산에스테르류　④ 질산염류

풀이 ① 위험등급 I 의 위험물
가. 제1류 위험물 중 아염소산염류, 염소산염류, 과염소산염류, 무기과산화물 그 밖에 지정수량이 50kg인 위험물
나. 제3류 위험물 중 칼륨, 나트륨, 알킬알루미늄, 알킬리튬, 황린 그 밖에 지정수량이 10kg 또는 20kg인 위험물
다. 제4류 위험물 중 특수인화물
라. 제5류 위험물 중 유기과산화물, 질산에스테르류 그 밖에 지정수량이 10kg인 위험물

정답 46. ① 47. ④ 48. ① 49. ④

마. 제6류 위험물
② 위험등급Ⅱ의 위험물
가. 제1류 위험물 중 브롬산염류, 질산염류, 요오드산염류 그 밖에 지정수량이 300kg인 위험물
나. 제2류 위험물 중 황화인, 적린, 유황 그 밖에 지정수량이 100kg인 위험물
다. 제3류 위험물 중 알칼리금속(칼륨 및 나트륨을 제외한다) 및 알칼리토금속, 유기금속화합물(알킬알루미늄 및 알킬리튬을 제외한다) 그 밖에 지정수량이 50kg인 위험물
라. 제4류 위험물 중 제1석유류 및 알코올류
마. 제5류 위험물 중 제1호 라목에 정하는 위험물 외의 것
③ 위험등급Ⅲ의 위험물 : 제1호 및 제2호에 정하지 아니한 위험물

50 0.99atm, 55℃에서 이산화탄소의 밀도는 약 몇 g/L인가?

① 0.62 ② 1.62 ③ 9.65 ④ 12.65

풀이 CO_2의 밀도$= \dfrac{44\text{g}}{22.4\text{L} \times \dfrac{(273+55)}{(273+0)} \times \dfrac{1\text{atm}}{0.99\text{atm}}} = 1.62$

51 다음 중 물에 가장 잘 녹는 물질은?

① 아닐린 ② 벤젠 ③ 아세트알데히드 ④ 이황화탄소

풀이
- 아세트알데히드 : 수용성,
- 아닐린, 벤젠, 이황화탄소 : 비수용성

52 1기압 20℃에서 액체인 미상의 위험물에 대하여 인화점과 발화점을 측정한 결과 인화점이 32.2℃, 발화점이 257℃로 측정되었다. 위험물안전관리법상 이 위험물의 유별과 품명의 지정으로 옳은 것은?

① 제4류 특수인화물 ② 제4류 제1석유류
③ 제4류 제2석유류 ④ 제4류 제3석유류

풀이 제2석유류의 성상 : 인화점이 21℃ 이상 70℃ 미만인 것

53 다음 중 과산화수소의 저장용기로 가장 적합한 것은?

① 뚜껑에 작은 구멍을 뚫은 갈색 용기
② 뚜껑을 밀전한 투명 용기
③ 구리로 만든 용기
④ 요오드화칼륨을 첨가한 종이 용기

풀이 과산화수소는 햇빛 차단, 화기엄금, 충격금지, 환기가 잘 되는 냉암소에 저장, 온도 상승 방지, 과산화수소의 저장용기마개는 구멍 뚫린 마개 사용(이유 : 용기의 내압상승을 방지하기 위하여)

정답 50. ② 51. ③ 52. ③ 53. ①

54 제5류 위험물이 아닌 것은?

① 염화벤조일 ② 아지화나트륨
③ 질산구아니딘 ④ 아세틸퍼옥사이드

풀이 염화벤조일은 제4류 제3석유류에 속한다.

55 그림의 원통형 종으로 설치된 탱크에서 공간용적을 내용적의 10%라고 하면 탱크용량(허가용량)은 약 얼마인가?

① 113.04
② 124.34
③ 129.06
④ 138.16

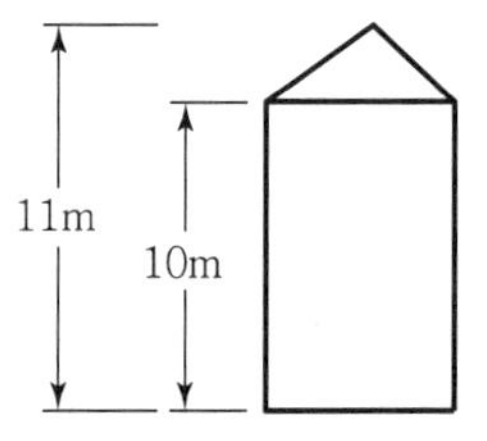

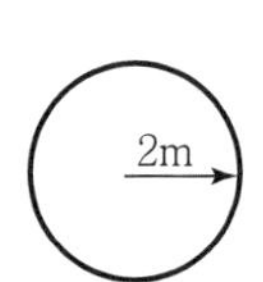

풀이 탱크의 용량$= \frac{1}{4}\pi D^2 \times H \times 0.9 = \frac{1}{4} \times 3.14 \times 4^2 \times 10 \times 0.9 = 113.04$

56 제6류 위험물의 화재예방 및 진압대책으로 옳은 것은?

① 과산화수소는 화재시 주수소화를 절대 금한다.
② 질산은 소량의 화재시 다량의 물로 희석한다.
③ 과염소산은 폭발 방지를 위해 철제 용기에 저장한다.
④ 제6류 위험물의 화재는 건조사만 사용하여 진압할 수 있다.

풀이 과산화수소, 질산, 주수에 의한 냉각소화가 효과적이고, 과염소산은 산성이 강하기 때문에 철제용기를 부식시킨다.

57 제2류 위험물의 위험성에 대한 설명 중 틀린 것은?

① 삼황화인은 약 100℃에서 발화한다.
② 적린은 공기 중에 방치하면 상온에서 자연발화한다.
③ 마그네슘은 과열수증기와 접촉하면 격렬하게 반응하여 수소를 발생한다.
④ 은(Ag)분은 고농도의 과산화수소와 접촉하면 폭발 위험이 있다.

풀이 어두운 곳에서 인광을 내는 백색 또는 담황색의 고체로서, 황린의 동소체로 암적색 무취의 분말이나 자연발화성이 없어 공기 중에 안전하다.

정답 54. ① 55. ① 56. ② 57. ②

58 마그네슘이 염산과 반응할 때 발생하는 기체는?

① 수소 ② 산소 ③ 이산화탄소 ④ 염소

풀이 강산과 반응하여 수소가스를 발생한다.
$Mg + 2HCl \rightarrow MgCl_2 + H_2$

59 위험물저장소에서 다음과 같이 제4류 위험물을 저장하고 있는 경우 지정수량의 몇 배가 보관되어 있는가?

- 디에틸에테르 : 50L
- 이황화탄소 : 150L
- 아세톤 : 800L

① 4배 ② 5배
③ 6배 ④ 8배

풀이
$$계산값 = \frac{A품명의\ 저장수량}{A품명의\ 지정수량} + \frac{B품명의\ 저장수량}{B품명의\ 지정수량} + \frac{C품명의\ 저장수량}{C품명의\ 지정수량} + \cdots$$
$$계산값 = \frac{50}{50} + \frac{150}{50} + \frac{800}{400} = 6$$

60 중크롬산칼륨의 화재예방 및 진압대책에 관한 설명 중 틀린 것은?

① 가열, 충격, 마찰을 피한다.
② 유기물, 가연물과 격리하여 저장한다.
③ 화재시 물과 반응하여 폭발하므로 주수소화를 금한다.
④ 소화작업시 폭발 우려가 있으므로 충분한 안전거리를 확보한다.

풀이 무기과산화물류, 삼산화크롬을 제외하고는 다량의 물을 사용하는 것이 유효하다.
무기과산화물류(주수소화는 절대 금지)는 물과 반응하여 산소와 열을 발생하므로 건조 분말 소화약제나 건조사를 사용한 질식소화가 유효하다.

Chapter

위험물기능사

(2012년 2월 12일)

Hazardous material Industrial Engineer

1 자연발화의 방지법이 아닌 것은?

① 습도를 높게 유지할 것
② 저장실의 온도를 낮출 것
③ 퇴적 및 수납 시 열축적이 없을 것
④ 통풍을 잘 시킬 것

풀이 자연발화 방지법
- 주위 온도를 낮출 것
- 습도를 낮게 할 것(수분량이 적당하지 않도록 할 것)
- 통풍을 잘 시킬 것
- 불활성 가스를 주입하여 공기와 접촉면적을 낮게 할 것

2 화학식과 Halon 번호를 옳게 연결한 것은?

① CBr_2F_2 - 1202　　② $C_2Br_2F_2$ - 2422
③ CBr_2ClF_2 - 1102　　④ $C_2Br_2F_4$ - 1242

풀이 할론소화약제의 구성은 예를 들어 할론 1301에서 천자리 숫자는 C의 개수, 백자리 숫자는 F의 개수, 십자리 숫자는 Cl의 개수, 일자리 숫자는 Br의 개수를 나타낸다.

3 액체연료의 연소형태가 아닌 것은?

① 확산연소　　② 증발연소
③ 액면연소　　④ 분무연소

풀이 확산연소 : 기체의 연소형태

정답 1. ①　2. ①　3. ①

4 소화설비의 설치기준에서 유기과산화물 1,000kg은 몇 소요단위에 해당하는가?

① 10 ② 20 ③ 30 ④ 40

풀이 위험물 1소요단위는 지정수량의 10배이고, 유기과산화물의 지정수량은 10kg이므로,

$$소요단위 = \frac{1,000}{10 \times 10} = 10$$

5 다음 중 분진폭발의 원인물질로 작용할 위험성이 가장 낮은 것은?

① 마그네슘 분말 ② 밀가루
③ 담배 분말 ④ 시멘트 분말

풀이 분진폭발을 일으키지 않는 물질 : 모래, 시멘트 분말, 생석회

6 소화작용에 대한 설명 중 옳지 않은 것은?

① 가연물의 온도를 낮추는 소화는 냉각작용이다.
② 물의 주된 소화작용 중 하나는 냉각작용이다.
③ 연소에 필요한 산소의 공급원을 차단하는 소화는 제거작용이다.
④ 가스 화재 시 밸브를 차단하는 것은 제거작용이다.

풀이 연소에 필요한 산소의 공급원을 차단하는 소화는 질식작용이다.

7 소화설비의 기준에서 이산화탄소 소화설비에 적응성이 있는 대상물은?

① 알칼리금속 과산화물 ② 철분
③ 인화성 고체 ④ 제3류 위험물의 금수성 물질

풀이 인화성 고체 : 이산화탄소 소화설비

8 분자 내의 니트로기와 같이 쉽게 산소를 유리할 수 있는 기를 가지고 있는 화합물의 연소 형태는?

① 표면연소 ② 분해연소
③ 증발연소 ④ 자기연소

풀이 자기연소는 제5류 위험물의 연소형태로서 물질 자체에 다량의 산소를 포함하고 있는 물질이다.

정답 4. ① 5. ④ 6. ③ 7. ③ 8. ④

9 위험물안전관리법상 소화설비에 해당하지 않는 것은?

① 옥외소화전설비　② 스프링클러설비
③ 할로겐화합물 소화설비　④ 연결살수설비

풀이 소화활동설비 : 화재를 진압하거나 인명구조 활동을 위하여 사용하는 설비로서 다음 각목의 것
(1) 제연설비
(2) 연결송수관설비
(3) 연결살수설비
(4) 비상콘센트설비
(5) 무선통신보조설비
(6) 연소방지설비

10 유기과산화물의 화재 예방상 주의사항으로 틀린 것은?

① 열원으로부터 멀리한다.
② 직사광선을 피해야 한다.
③ 용기의 파손에 의해서 누출되면 위험하므로 정기적으로 점검하여야 한다.
④ 산화제와 격리하고 환원제와 접촉시켜야 한다.

풀이 유기과산화물은 산화제와 환원제를 피해야 한다.

11 물질의 발화온도가 낮아지는 경우는?

① 발열량이 작을 때
② 산소의 농도가 작을 때
③ 화학적 활성도가 클 때
④ 산소와 친화력이 작을 때

풀이 발화온도가 낮아지는 조건 : 발열량이 클 때, 산소농도가 진할 때, 산소와 친화력이 클 때

12 어떤 소화기에 "ABC"라고 표시되어 있다. 다음 중 사용할 수 없는 화재는?

① 금속화재　② 유류화재
③ 전기화재　④ 일반화재

풀이
- A급 화재 : 일반화재
- B급 화재 : 유류 및 가스화재
- C급 화재 : 전기화재
- D급 화재 : 금속분화재

정답 9. ④　10. ④　11. ③　12. ①

13 연소 위험성이 큰 휘발유 등은 배관을 통하여 이송할 경우 안전을 위하여 유속을 느리게 해주는 것이 바람직하다. 이는 배관 내에서 발생할 수 있는 어떤 에너지를 억제하기 위함인가?

① 유도에너지
② 분해에너지
③ 정전기에너지
④ 아크에너지

풀이 연소 위험성이 큰 휘발유 등을 배관을 통하여 이송할 경우 안전을 위하여 유속을 느리게 해주는 이유는 정전기를 방지하기 위함이다.

14 1몰의 이황화탄소와 고온의 물이 반응하여 생성되는 유독한 기체물질의 부피는 표준상태에서 얼마인가?

① 22.4L
② 44.8L
③ 67.2L
④ 134.4L

풀이 $CS_2 + 2H_2O \rightarrow 2H_2S + CO_2$
1몰의 이황화탄소가 물과 반응하여 2몰의 황화수소를 생성시킨다.
따라서 모든 물질 1몰은 부피가 22.4L이므로, 2×22.4=44.8L

15 전기설비에 적응성이 없는 소화설비는?

① 이산화탄소소화설비
② 물분무소화설비
③ 포소화설비
④ 할로겐화합물소화설비

풀이 전기설비에 적응성이 없는 소화설비는 포소화설비로, 감전의 위험이 있다.

16 제3종 분말소화약제의 주요 성분에 해당하는 것은?

① 인산암모늄
② 탄산수소나트륨
③ 탄산수소칼륨
④ 요소

풀이

종류	주성분	착색	적응 화재	열분해 반응식
제1종 분말	$NaHCO_3$ (탄산수소나트륨)	백색	B, C	$2NaHCO_3 \rightarrow Na_2CO_3 + CO_2 + H_2O$
제2종 분말	$KHCO_3$ (탄산수소칼륨)	보라색	B, C	$2KHCO_3 \rightarrow K_2CO_3 + CO_2 + H_2O$

정답 13. ③ 14. ② 15. ③ 16. ①

제3종 분말	$NH_4H_2PO_4$ (제1인산암모늄)	담홍색	A, B, C	$NH_4H_2PO_4$ → HPO_3 + NH_3 + H_2O
제4종 분말	$KHCO_3$ + $(NH_2)_2CO$ (탄산수소칼륨 + 요소)	회백색	B, C	$2KHCO_3$ + $(NH_2)2CO$ → K_2CO_3 + $2NH_3$ + $2CO_2$

17 휘발유의 소화방법으로 옳지 않은 것은?

① 분말소화약제를 사용한다.
② 포소화약제를 사용한다.
③ 물통 또는 수조로 주수소화한다.
④ 이산화탄소에 의한 질식소화를 한다.

풀이 휘발유는 물보다 비중이 작기 때문에 화재가 일어났을 때 주수소화하면 화재면이 확대된다.

18 팽창질석(삽 1개 포함) 160리터의 소화능력단위는?

① 0.5 ② 1.0 ③ 1.5 ④ 2.0

풀이

간이소화용구	능력단위
1. 마른 모래 : 삽을 상비한 50L 이상의 것 1포	0.5단위
2. 팽창질석 또는 팽창진주암 : 삽을 상비한 160L 이상의 것 1포	1단위

19 플래시오버(Flash Over)에 관한 설명이 아닌 것은?

① 실내화재에서 발생하는 현상
② 순발적인 연소확대 현상
③ 발생시점은 초기에서 성장기로 넘어가는 분기점
④ 화재로 인하여 온도가 급격히 상승하여 화재가 순간적으로 실내 전체에 확산되어 연소되는 현상

풀이 플래시오버(Flash Over) 현상은 성장기에서 최성기로 넘어가는 분기점에 발생한다.

20 화재 시 이산화탄소를 방출하여 산소의 농도를 13vol%로 낮추어 소화하려면 공기 중의 이산화탄소는 몇 vol%가 되어야 하는가?

① 28.1 ② 38.1 ③ 42.86 ④ 48.36

정답 17. ③ 18. ② 19. ③ 20. ②

풀이 $CO_2(\%) = \frac{21 - O_2}{21} \times 100 = \frac{21 - 13}{21} \times 100 = 38.09\%$

21 과산화마그네슘에 대한 설명으로 옳은 것은?

① 산화제, 표백제, 살균제 등으로 사용된다.
② 물에 녹지 않기 때문에 습기와 접촉해도 무방하다.
③ 물과 반응하여 금속 마그네슘을 생성한다.
④ 염산과 반응하면 산소와 수소를 발생한다.

풀이 과산화마그네슘은 백색 분말이며 물에 녹지 않고 산화제, 표백제, 살균제 등으로 사용된다.

22 위험물안전관리법령에 따라 제조소의 관계인이 예방규정을 정하여야 하는 제조소 등에 해당하지 않는 것은?

① 지정수량의 200배 이상의 위험물을 취급하는 제조소
② 지정수량의 10배 이상의 위험물을 취급하는 제조소
③ 암반탱크저장소
④ 지하탱크저장소

풀이 관계인이 예방규정을 정하여야 하는 제조소 등

1. 지정수량의 10배 이상의 위험물을 취급하는 제조소
2. 지정수량의 100배 이상의 위험물을 저장하는 옥외저장소
3. 지정수량의 150배 이상의 위험물을 저장하는 옥내저장소
4. 지정수량의 200배 이상의 위험물을 저장하는 옥외탱크저장소
5. 암반탱크저장소
6. 이송취급소
7. 지정수량의 10배 이상의 위험물을 취급하는 일반취급소

23 같은 위험등급의 위험물로만 이루어지지 않은 것은?

① Fe, Sb, Mg　　② Zn, Al, S
③ 황화인, 적린, 칼슘　　④ 메탄올, 에탄올, 벤젠

풀이 ① Fe, Sb, Mg : 위험등급 Ⅲ등급
② S : 위험등급 Ⅱ등급, Zn, Al : 위험등급 Ⅲ등급
③ 황화인, 적린, 칼슘 : 위험등급 Ⅱ등급
④ 메탄올, 에탄올, 벤젠 : 위험등급 Ⅱ등급

정답 21. ①　22. ④　23. ②

24 다음 위험물 중 지정수량이 가장 큰 것은?

① 질산에틸　② 과산화수소
③ 트리니트로톨루엔　④ 피크르산

풀이 ① 질산에틸 : 10kg
② 과산화수소 : 300kg
③ 트리니트로톨루엔 : 200kg
④ 피크르산 : 200kg

25 지정수량 10배의 위험물을 운반할 때 혼재가 가능한 것은?

① 제1류 위험물과 제2류 위험물　② 제1류 위험물과 제4류 위험물
③ 제4류 위험물과 제5류 위험물　④ 제5류 위험물과 제3류 위험물

풀이 혼재 가능 위험물은 다음과 같다.
- 423 → 4류와 2류, 4류와 3류는 서로 혼재 가능
- 524 → 5류와 2류, 5류와 4류는 서로 혼재 가능
- 61 → 6류와 1류는 서로 혼재 가능

26 제4류 위험물 중 특수인화물로만 나열된 것은?

① 아세트알데히드, 산화프로필렌, 염화아세틸
② 산화프로필렌, 염화아세틸, 부틸알데히드
③ 부틸알데히드, 이소프로필아민, 디에틸에테르
④ 이황화탄소, 황화디메틸, 이소프로필아민

풀이 특수인화물
에테르, 이황화탄소, 아세트알데히드, 산화프로필렌, 이소프로필아민, 황화디메틸

27 건축물 외벽이 내화구조이면 연면적 300m²인 위험물 옥내저장소의 건축물에 대하여 소화설비의 소화능력단위는 최소한 몇 단위 이상이 되어야 하는가?

① 1단위　② 2단위
③ 3단위　④ 4단위

풀이 저장소 외벽이 내화구조일 때 1소요단위는 150m²이다.
저장소 외벽이 내화구조가 아닐 때 1소요단위는 75m²이다.
내화구조이므로 : $\frac{300}{150}=2$

정답 24. ② 25. ③ 26. ④ 27. ②

28 수소화칼슘이 물과 반응하였을 때의 생성물은?

① 칼슘과 수소
② 수산화칼슘과 수소
③ 칼슘과 산소
④ 수산화칼슘과 산소

풀이 수소화칼슘(CaH_2)이 물과 반응하면,
$CaH_2 + 2H_2O \rightarrow Ca(OH)_2 + H_2$

29 과염소산칼륨과 아염소산나트륨의 공통 성질이 아닌 것은?

① 지정수량이 50kg이다.
② 열분해 시 산소를 방출한다.
③ 강산화성 물질이며 가연성이다.
④ 상온에서 고체의 형태이다.

풀이 강산화성 물질이며 조연성이다.

30 위험성 예방을 위해 물속에 저장하는 것은?

① 칠황화인
② 이황화탄소
③ 오황화인
④ 톨루엔

풀이 이황화탄소는 용기나 탱크에 저장 시 물속에 보관해야 하는데, 물에 불용이며 물보다 무겁다.(가연성 증기 발생을 억제하기 위함이다.)

31 다음 중 화재 시 내알코올포소화약제를 사용하는 것이 가장 적합한 위험물은?

① 아세톤
② 휘발유
③ 경유
④ 등유

풀이 내알코올포소화약제 : 수용성 물질에 효과가 있다.

32 위험물을 유별로 정리하여 상호 1m 이상의 간격을 유지하는 경우에도 동일한 옥내저장소에 저장할 수 없는 것은?

① 제1류 위험물(알칼리금속의 과산화물 또는 이를 함유한 것을 제외한다.)과 제5류 위험물
② 제1류 위험물과 제6류 위험물
③ 제1류 위험물과 제3류 위험물 중 황린
④ 인화성 고체를 제외한 제2류 위험물과 제4류 위험

정답 28. ② 29. ③ 30. ② 31. ① 32. ④

풀이 위험물을 유별로 정리하여 상호 1m 이상의 간격을 유지하는 경우에도 동일한 옥내저장소에 저장할 수 있는 것

가. 제1류 위험물(알칼리금속의 과산화물 또는 이를 함유한 것을 제외한다.)과 제5류 위험물
나. 제1류 위험물과 제6류 위험물
다. 제1류 위험물과 제3류 위험물 중 황린

33 무색 또는 옅은 청색의 액체로 농도가 36wt% 이상인 것을 위험물로 간주하는 것은?

① 과산화수소　② 과염소산
③ 질산　④ 초산

풀이 과산화수소

36% 이상은 위험물에 속한다. 일반 시판품은 30~40%의 수용액으로 분해하기 쉬우므로 인산(H_3PO_4) 등 안정제를 가하거나 약산성으로 만든다.

34 위험물안전관리법령의 규정에 따라 다음과 같이 예방조치를 하여야 하는 위험물은?

- 운반용기의 외부에 "화기엄금" 및 "충격주의"를 표시한다.
- 적재하는 경우 차광성 있는 피복으로 가린다.
- 55℃ 이하에서 분해될 우려가 있는 경우 보냉 컨테이너에 수납하여 적정한 온도관리를 한다.

① 제1류　② 제2류
③ 제3류　④ 제5류

풀이 제5류 위험물에 대한 설명이다.

35 질산의 비중이 1.5일 때, 1소요단위는 몇 L인가?

① 150　② 200
③ 1,500　④ 2,000

풀이

$$1소요단위 = \frac{300\text{kg}}{1.5\frac{\text{kg}}{\text{L}}} \times 10배 = 2{,}000\text{L}$$

정답 33. ①　34. ④　35. ④

36 경유에 대한 설명으로 틀린 것은?

① 품명은 제3석유류이다.
② 디젤기관의 연료로 사용할 수 있다.
③ 원유의 증류 시 등유와 중유 사이에서 유출된다.
④ K, Na의 보호액으로 사용할 수 있다.

풀이 품명은 제3석유류가 아니라 제2석유류이다.

37 위험물제조소등에 경보설비를 설치해야 하는 경우 가 아닌 것은?(단, 지정수량의 10배 이상을 저장 또는 취급하는 경우이다.)

① 이동탱크저장소
② 단층건물로 처마 높이가 6m인 옥내저장소
③ 단층건물 외의 건축물에 설치된 옥내탱크저장소로서 소화난이도등급 1에 해당하는 것
④ 옥내주유취급소

풀이 위험물제조소 등에 경보설비를 설치해야 하는 경우
- 단층건물로 처마 높이가 6m인 옥내저장소
- 단층 건물 외의 건축물에 설치된 옥내탱크저장소로서 소화난이도등급 1에 해당하는 것
- 옥내주유취급소

38 다음은 위험물탱크의 공간용적에 관한 내용이다. (　) 안에 숫자를 차례대로 올바르게 나열한 것은?(단, 소화설비를 설치하는 경우와 암반탱크는 제외한다.)

> 탱크의 공간용적은 탱크 내용적의 100분의 (　) 이상 100분의 (　) 이하의 용적으로 한다.

① 5, 10　　② 5, 15　　③ 10, 15　　④ 10, 20

풀이 탱크의 공간용적은 탱크 내용적의 100분의 5 이상 100분의 10 이하의 용적으로 한다.

39 제4류 위험물에 속하지 않는 것은?

① 아세톤　　② 실린더유
③ 과산화벤조일　　④ 니트로벤젠

풀이 과산화벤조일 : 제5류 위험물

정답 36. ①　37. ①　38. ①　39. ③

40 니트로셀룰로오스에 대한 설명으로 틀린 것은?

① 다이너마이트의 원료로 사용된다.
② 물과 혼합하면 위험성이 감소된다.
③ 셀룰로오스에 진한 질산과 진한 황산을 작용시켜 만든다.
④ 품명은 니트로화합물이다.

풀이 니트로셀룰로오스는 니트로화합물이 아니라 질산에스테르에 해당된다.

41 착화점이 232℃에 가장 가까운 위험물은?

① 삼황화인 ② 오황화인
③ 적린 ④ 유황

풀이 ① 삼황화인 : 100℃
② 오황화인 : 100℃
③ 적린 : 260℃
④ 유황 : 232℃

42 $NaClO_3$에 대한 설명으로 옳은 것은?

① 물, 알코올에 녹지 않는다.
② 가연성 물질로 무색, 무취의 결정이다.
③ 유리를 부식시키므로 철제용기에 저장한다.
④ 산과 반응하여 유독성의 ClO_2를 발생한다.

풀이 염소산나트륨
- 알코올, 에테르, 물에 잘 녹고, 조해성과 흡습성이 있다.
- 산과 반응하여 유독한 이산화염소(ClO_2)를 발생하고 폭발위험이 있다.
- $NaClO_3 + HCl \rightarrow NaCl + ClO_2 + \frac{1}{2}H_2O_2$

43 물과 접촉하면 위험성이 증가하므로 주수소화를 할 수 없는 물질은?

① $KClO_3$ ② $NaNO_3$
③ Na_2O_2 ④ $(C_6H_5CO)_2O_2$

풀이 상온에서 물과 격렬하게 반응하며 열을 발생하고 산소를 방출시킨다.
$Na_2O_2 + H_2O \rightarrow 2NaOH + \frac{1}{2}O_2\uparrow$

정답 40. ④ 41. ④ 42. ④ 43. ③

44 금속나트륨에 관한 설명으로 옳은 것은?

① 물보다 무겁다.
② 융점이 100℃보다 높다.
③ 물과 격렬히 반응하여 산소를 발생하고 발열한다.
④ 등유는 반응이 일어나지 않아 저장액으로 이용된다.

풀이 공기와의 접촉을 막기 위하여 보호액(등유, 경유, 유동파라핀유, 벤젠) 속에 저장한다.

45 메탄올과 에탄올의 공통점에 대한 설명으로 틀린 것은?

① 증기 비중이 같다. ② 무색, 투명한 액체이다.
③ 비중이 1보다 작다. ④ 물에 잘 녹는다.

풀이
- 증기의 비중 $= \frac{\text{성분기체의 분자량}}{\text{공기의 평균 분자량}}$
- 메틸알코올의 증기 비중 : $\frac{32}{29} = 1.103$
- 에틸알코올의 증기 비중 : $\frac{46}{29} = 1.586$

46 동식물유류에 대한 설명으로 틀린 것은?

① 아마인유는 건성유이다.
② 불포화결합이 적을수록 자연발화의 위험이 커진다.
③ 요오드값이 100 이하인 것을 불건성유라 한다.
④ 건성유는 공기 중 산화중합으로 생긴 고체가 도막을 형성할 수 있다.

풀이 불포화결합이 많을수록 자연발화의 위험이 커진다.

47 물과 반응하여 아세틸렌을 발생하는 것은?

① NaH ② Al_4C_3
③ CaC_2 ④ $(C_2H_5)_3Al$

풀이 물과 반응하여 수산화칼슘(=소석회)과 아세틸렌가스가 생성된다.
$CaC_2 + 2H_2O \rightarrow Ca(OH)_2 + C_2H_2 \uparrow$

정답 44. ④ 45. ① 46. ② 47. ③

48 지정수량이 나머지 셋과 다른 하나는?

① 칼슘　② 나트륨아미드
③ 인화아연　④ 바륨

풀이 ① 칼슘: 50kg　② 나트륨아미드 : 50kg
③ 인화아연 : 300kg　④ 바륨 : 50kg

49 위험물제조소에 설치하는 안전장치 중 위험물의 성질에 따라 안전밸브의 작동이 곤란한 가압설비에 한하여 설치하는 것은?

① 파괴판
② 안전밸브를 병용하는 경보장치
③ 감압 측에 안전밸브를 부착한 감압밸브
④ 연성계

풀이 위험물제조소에 설치하는 안전장치 중 위험물의 성질에 따라 안전밸브의 작동이 곤란한 가압설비에 한하여 설치하는 것은 파괴판이다.

50 제6류 위험물에 대한 설명으로 틀린 것은?

① 위험등급 Ⅰ에 속한다.
② 자신이 산화되는 산화성 물질이다.
③ 지정수량이 300kg이다.
④ 오불화브롬은 제6류 위험물이다.

풀이 제6류 위험물의 일반적인 성질
- 산화성 액체이며 자신들은 모두 불연성 물질이다.
- 과산화수소를 제외하고 강산성 물질이며 물에 녹기 쉽다.
- 강한 부식성이 있고 모두 산소를 포함하고 있으며 다른 물질을 산화시킨다.
- 불연성 물질이며 가연물, 유기물 등과의 혼합으로 발화한다.
- 피복이나 피부에 묻지 않게 주의한다.(증기는 유독하며 피부와 접촉 시 점막을 부식시키기 때문에)

51 분말의 형태로서 150마이크로미터의 체를 통과하는 것이 50중량퍼센트 이상인 것만 위험물로 취급되는 것은?

① Fe　② Sn　③ Ni　④ Cu

풀이 Sn : 분말의 형태로서 150마이크로미터의 체를 통과하는 것이 50중량퍼센트 이상인 것만 위험물로 취급되는 것이다.

정답 48. ③　49. ①　50. ②　51. ②

52 상온에서 액체인 물질로만 조합된 것은?

① 질산에틸, 니트로글리세린
② 피크린산, 질산메틸
③ 트리니트로톨루엔, 디니트로벤젠
④ 니트로글리콜, 테트릴

풀이 상온에서 액체인 물질 : 질산에틸, 니트로글리세린

53 다음 중 인화점이 가장 낮은 것은?

① 이소펜탄
② 아세톤
③ 디에틸에테르
④ 이황화탄소

풀이 ① 이소펜탄 : -51℃
② 아세톤 : -18℃
③ 디에틸에테르 : -45℃
④ 이황화탄소 : -30℃

54 위험물안전관리에 관한 세부기준에서 정한 위험물의 유별에 따른 위험성 시험방법을 옳게 연결한 것은?

① 제1류 - 가열분해성 시험, 낙구타격감도시험
② 제2류 - 작은 불꽃 착화시험
③ 제5류 - 충격민감성 시험
④ 제6류 - 낙구타격감도시험

풀이 ① 제1류 - 충격에 대한 민감성 시험
② 제2류 - 작은 불꽃 착화시험
③ 제5류 - 가열분해성 시험
④ 제6류 - 연소시간 측정시험

55 과염소산의 저장 및 취급방법으로 틀린 것은?

① 종이, 나무부스러기 등과의 접촉을 피한다.
② 직사광선을 피하고, 통풍이 잘 되는 장소에 보관한다.
③ 금속분과의 접촉을 피한다.
④ 분해방지제로 NH_3 또는 $BaCl_2$를 사용한다.

풀이 과염소산의 저장 및 취급방법
• 종이, 나무부스러기 등과의 접촉을 피한다.

정답 52. ① 53. ① 54. ② 55. ④

- 직사광선을 피하고, 통풍이 잘 되는 장소에 보관한다.
- 금속분과의 접촉을 피한다.

56 CaC_2의 저장 장소로서 적합한 곳은?

① 가스가 발생하므로 밀전을 하지 않고 공기 중에 보관한다.
② HCl 수용액 속에 저장한다.
③ CCl_4 분위기의 수분이 많은 장소에 보관한다.
④ 건조하고 환기가 잘 되는 장소에 보관한다.

풀이 CaC_2의 저장 장소 : 건조하고 환기가 잘 되는 장소에 보관

57 다음에서 설명하고 있는 위험물은?

- 지정수량은 20kg이고, 백색 또는 담황색 고체이다. - 비중은 약 1.82이고, 융점은 약 44°C이다. - 비점은 약 280℃이고, 증기비중은 약 4.3이다.

① 적린　② 황린
③ 유황　④ 마그네슘

풀이 황린에 대한 설명이다.

58 위험물탱크성능시험자가 갖추어야 할 등록기준에 해당되지 않는 것은?

① 기술능력　② 시설
③ 장비　④ 경력

풀이 위험물탱크성능시험자가 갖추어야 할 등록기준 : 기술능력, 시설, 장비

59 과산화벤조일과 과염소산의 지정수량의 합은 몇 kg인가?

① 310　② 350
③ 400　④ 500

풀이 과산화벤조일의 지정수량 : 10kg + 과염소산의 지정수량 : 300kg = 310kg

정답 56. ④　57. ②　58. ④　59. ①

60 위험물에 대한 유별 구분이 잘못된 것은?

① 브롬산염류 – 제1류 위험물
② 유황 – 제2류 위험물
③ 금속의 인화물 – 제3류 위험물
④ 무기과산화물 – 제5류 위험물

풀이 무기과산화물 : 제1류 위험물

Chapter

위험물기능사

(2012년 4월 8일)

1 연료의 일반적인 연소형태에 관한 설명 중 틀린 것은?

① 목재와 같은 고체연료는 연소 초기에는 불꽃을 내면서 연소하나 후기에는 점점 불꽃이 없어져 무염(無炎) 연소 형태로 연소한다.
② 알코올과 같은 액체연료는 증발에 의해 생긴 증기가 공기 중에서 연소하는 증발연소의 형태로 연소한다.
③ 기체연료는 액체연료, 고체연료와 다르게 비정상적 연소인 폭발현상이 나타나지 않는다.
④ 석탄과 같은 고체연료는 열분해하여 발생한 가연성 기체가 공기 중에서 연소하는 분해연소 형태로 연소한다.

풀이 기체연료는 액체연료, 고체연료와 다르게 비정상적 연소인 폭발현상이 나타난다.

2 위험물안전관리자의 책무에 해당되지 않는 것은?

① 화재 등의 재난이 발생한 경우 소방관서 등에 대한 연락업무
② 화재 등의 재난이 발생한 경우 응급조치
③ 위험물 취급에 관한 일지의 작성, 기록
④ 위험물안전관리자의 선임, 신고

풀이 위험물 안전관리자의 책무

1. 위험물의 취급작업에 참여하여 당해 작업이 법 제5조제3항의 규정에 의한 저장 또는 취급에 관한 기술기준과 법 제17조의 규정에 의한 예방규정에 적합하도록 해당 작업자(당해 작업에 참여하는 위험물취급자격자를 포함한다)에 대하여 지시 및 감독하는 업무
2. 화재 등의 재난이 발생한 경우 응급조치 및 소방관서 등에 대한 연락업무
3. 위험물시설의 안전을 담당하는 자를 따로 두는 제조소 등의 경우에는 그 담당자에게 다음 각목의 규정에 의한 업무의 지시
4. 화재 등의 재해의 방지와 응급조치에 관하여 인접하는 제조소 등과 그 밖의 관련되는 시설의 관계자와 협조체제의 유지
5. 위험물의 취급에 관한 일지의 작성·기록
6. 그 밖에 위험물을 수납한 용기를 차량에 적재하는 작업, 위험물설비를 보수하는 작업 등 위험물의 취급과 관련된 작업의 안전에 관하여 필요한 감독의 수행

정답 1. ③ 2. ④

3 옥내저장소에 관한 위험물안전관리법령의 내용으로 옳지 않은 것은?

① 지정과산화물을 저장하는 옥내저장소의 경우 바닥면적 150m^2 이내마다 격벽으로 구획을 하여야 한다.
② 옥내저장소에는 원칙상 안전거리를 두어야 하나, 제6류 위험물을 저장하는 경우에는 안전거리를 두지 않을 수 있다.
③ 아세톤을 처마높이 6m 미만인 단층 건물에 저장하는 경우 저장창고의 바닥면적은 1000m^2 이하로 하여야 한다.
④ 복합용도의 건축물에 설치하는 옥내저장소는 해당 용도로 사용하는 부분의 바닥면적을 100m^2 이하로 하여야 한다.

풀이 복합용도의 건축물에 설치하는 옥내저장소는 해당 용도로 사용하는 부분의 바닥면적을 75m^2 이하로 하여야 한다.

4 위험등급이 나머지 셋과 다른 것은?

① 알칼리토금속 ② 아염소산염류
③ 질산에스테르류 ④ 제6류 위험물

풀이 ① 알칼리토금속 : 위험등급 Ⅱ
② 아염소산염류 : 위험등급 Ⅰ
③ 질산에스테르류 : 위험등급 Ⅰ
④ 제6류 : 위험물위험등급 Ⅰ

5 메틸알코올 8,000리터에 대한 소화능력으로 삽을 포함한 마른 모래를 몇 리터 설치하여야 하는가?

① 100 ② 200 ③ 300 ④ 400

풀이 $\frac{저장수량}{지정수량} \times 10배 = \frac{8,000}{400} \times 10 = 200L$

6 위험물안전관리법령에서 정한 경보설비가 아닌 것은?

① 자동화재탐지설비 ② 비상조명설비
③ 비상경보설비 ④ 비상방송설비

풀이 경보설비
화재 발생 사실을 통보하는 기계, 기구 또는 설비로서 다음 각목의 것

정답 3. ④ 4. ① 5. ② 6. ②

(1) 비상벨설비 및 자동식사이렌설비(이하 "비상경보설비"라 한다.)
(2) 단독 경보형 감지기
(3) 비상방송설비
(4) 누전경보기
(5) 자동화재 탐지설비 및 시각경보기
(6) 자동화재 속보설비
(7) 가스누설경보기
(8) 통합감리시설

7 위험물안전관리법령상 전기설비에 대하여 적응성이 없는 소화설비는?

① 물분무소화설비 ② 이산화탄소소화설비
③ 포소화설비 ④ 할로겐화합물소화설비

풀이 포소화설비는 감전의 위험이 있다.

8 철분, 마그네슘, 금속분에 적응성이 있는 소화설비는?

① 스프링클러설비 ② 할로겐화합물소화설비
③ 대형 수동식 포소화기 ④ 건조사

풀이 철분, 마그네슘, 금속분에 적응성이 있는 소화설비 : 건조사, 팽창질석과 팽창진주암

9 제3류 위험물을 취급하는 제조소는 300명 이상을 수용할 수 있는 극장으로부터 몇 m 이상의 안전거리를 유지하여야 하는가?

① 5 ② 10 ③ 30 ④ 70

풀이

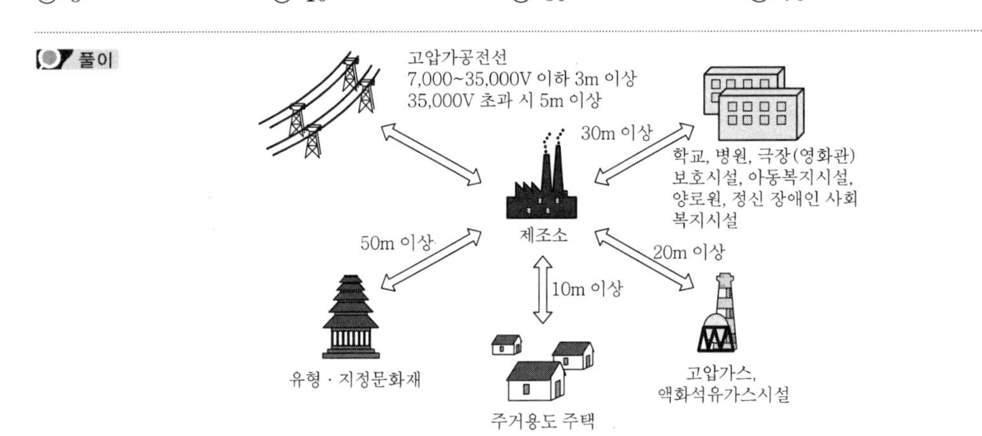

정답 7. ③ 8. ④ 9. ③

10 다음 중 할로겐화합물 소화약제의 가장 주된 소화 효과에 해당하는 것은?

① 제거효과 ② 억제효과
③ 냉각효과 ④ 질식효과

풀이 할로겐화합물 소화약제의 가장 주된 소화 효과 : 억제효과(부촉매효과)

11 위험물안전관리법령에 의한 안전교육에 대한 설명으로 옳은 것은?

① 제조소 등의 관계인은 교육대상자에 대하여 안전교육을 받게 할 의무가 있다.
② 안전관리자, 탱크시험자의 기술인력 및 위험물운송자는 안전교육을 받을 의무가 없다.
③ 탱크시험자의 업무에 대한 강습교육을 받으면 탱크 시험자의 기술인력이 될 수 있다.
④ 소방서장은 교육대상자가 교육을 받지 아니한 때에는 그 자격을 정지하거나 취소할 수 있다.

풀이 제조소 등의 관계인, 안전관리자, 탱크시험자의 기술인력 및 위험물 운송자는 교육대상자에 대하여 안전교육을 받게 할 의무가 있다.

12 위험물안전관리법령상 제조소의 위치, 구조 및 설비의 기준에 따르면 가연성 증기가 체류할 우려가 있는 건축물은 배출장소의 용적이 500m^{3}일 때 시간당 배출능력(국소방식)을 얼마 이상인 것으로 하여야 하는가?

① 5,000m^3 ② 10,000m^3
③ 20,000m^3 ④ 40,000m^3

풀이 배출능력은 1시간당 배출장소 용적의 20배 이상인 것으로 해야 한다.(다만, 전역방식의 경우에는 바닥면적 1m^{2}당 18m^3 이상으로 할 수 있다.) 따라서, 20배×500m^3=10,000m^3

13 물의 소화능력을 향상시키고 동절기 또는 한랭지에서도 사용할 수 있도록 탄산칼륨 등의 알칼리 금속 염을 첨가한 소화약제는?

① 강화액 ② 할로겐화합물
③ 이산화탄소 ④ 포(Foam)

풀이 강화액소화기
물의 소화능력을 향상시키고 한랭지역, 겨울철에 사용할 수 있도록 어는점을 낮춘 물에 탄산칼륨(K_2CO_3)을 보강시켜 만든 소화기를 말하며 액성은 강알칼리성이다.

정답 10. ② 11. ① 12. ② 13. ①

14 금수성 물질 저장시설에 설치하는 주의사항 게시판의 바탕색과 문자색을 옳게 나타낸 것은?

① 적색 바탕에 백색 문자 ② 백색 바탕에 적색 문자
③ 청색 바탕에 백색 문자 ④ 백색 바탕에 청색 문자

풀이
- 물기엄금 : 청색 바탕에 백색 문자
- 화기엄금 : 적색 바탕에 백색 문자

15 과산화수소에 대한 설명으로 틀린 것은?

① 불연성이다. ② 물보다 무겁다.
③ 산화성 액체이다. ④ 지정수량은 300L이다.

풀이 지정수량은 300kg이다.

16 다음 중 연소반응이 일어날 수 있는 가능성이 가장 큰 물질은?

① 산소와 친화력이 작고, 활성화 에너지가 작은 물질
② 산소와 친화력이 크고, 활성화 에너지가 큰 물질
③ 산소와 친화력이 작고, 활성화 에너지가 큰 물질
④ 산소와 친화력이 크고, 활성화 에너지가 작은 물질

풀이 연소반응이 일어날 수 있는 가능성이 가장 큰 물질
- 산소와 친화력이 크고, 활성화 에너지가 작은 물질
- 발열량이 큰 물질
- 산소와 접촉면적이 큰 물질

17 비전도성 인화성 액체기관이나 탱크 내에서 움직일 때 정전기가 발생하기 쉬운 조건으로 가장 거리가 먼 것은?

① 흐름의 낙차가 클 때
② 느린 유속으로 흐를 때
③ 심한 와류가 생성될 때
④ 필터를 통과할 때

풀이 정전기가 발생하기 쉬운 조건 : 유속이 빠를 때, 흐름의 낙차가 클 때, 심한 와류가 생성될 때, 필터를 통과할 때

정답 14. ③ 15. ④ 16. ④ 17. ②

18 위험물안전관리법령에 따라 다음 ( ) 안에 알맞은 용어는?

주유취급소 중 건축물의 2층 이상의 부분을 점포, 휴게음식점 또는 전시장의 용도로 사용하는 것에 있어서는 당해 건축물의 2층 이상으로부터 직접 주유취급소의 부지 밖으로 통하는 출입구와 당해 출입구로 통하는 통로, 계단 및 출입구에 ( )을(를) 설치하여야 한다.

① 피난사다리　② 경보기
③ 유도등　④ CCTV

풀이 출입구와 당해 출입구로 통하는 통로, 계단 및 출입구에 유도등을 설치하여야 한다.

19 금속화재에 대한 설명으로 틀린 것은?

① 마그네슘과 같은 가연성 금속의 화재를 말한다.
② 주수소화 시 물과 반응하여 가연성 가스를 발생하는 경우가 있다.
③ 화재 시 금속화재용 분말소화약제를 사용할 수 있다.
④ D급 화재라고 하며, 표시하는 색상은 청색이다.

풀이 D급 화재라고 하며, 표시하는 색상은 지정되어 있지 않다.

20 다음 중 산화성 액체 위험물의 화재예방상 가장 주의해야 할 점은?

① 0℃ 이하로 냉각시킨다.
② 공기와의 접촉을 피한다.
③ 가연물과의 접촉을 피한다.
④ 금속용기에 저장한다.

풀이 산화성 액체 위험물은 제6류 위험물에 해당되며, 가연물과의 접촉을 피해야 한다.

21 알칼리금속 과산화물에 적응성이 있는 소화설비는?

① 할로겐화합물 소화설비
② 탄산수소염류분말 소화설비
③ 물분무소화설비
④ 스프링클러설비

풀이 리튬(Li), 나트륨(Na), 칼륨(K), 루비듐(Rb), 세슘(CS) 등의 알칼리금속의 과산화물은 금수성 물질로 분말 소화약제의 탄산수소 염류, 건조사, 암분, 소다 등으로 피복 소화한다.

정답 18. ③　19. ④　20. ③　21. ②

22 위험물의 저장 및 취급방법에 대한 설명으로 틀린 것은?

① 적린은 화기와 멀리하고 가열, 충격이 가해지지 않도록 한다.
② 황린은 자연발화성이 있으므로 물속에 저장한다.
③ 마그네슘은 산화제와 혼합되지 않도록 취급한다.
④ 알루미늄분은 분진폭발의 위험이 있으므로 분무 주수하여 저장한다.

풀이 알루미늄분은 분진폭발의 위험이 있으므로 건조사로 피복소화한다.

23 위험물의 운반에 관한 기준에서 적재방법 기준으로 틀린 것은?

① 고체 위험물은 운반용기의 내용적 95% 이하의 수납률로 수납할 것
② 액체 위험물은 운반용기의 내용적 98% 이하의 수납률로 수납할 것
③ 알킬알루미늄은 운반용기 내용적의 95% 이하의 수납률로 수납하되, 50℃의 온도에서 5% 이상의 공간용적을 유지할 것
④ 제3류 위험물 중 자연발화성 물질에 있어서는 불활성 기체를 봉입하여 밀봉하는 등 공기와 접하지 아니하도록 할 것

풀이 알킬알루미늄은 운반용기 내용적의 90% 이하의 수납률로 수납한다.

24 서로 반응할 때 수소가 발생하지 않는 것은?

① 리튬 + 염산
② 탄화칼슘 + 물
③ 수소화칼슘 + 물
④ 루비듐 + 물

풀이 물과 반응하여 수산화칼슘(=소석회)과 아세틸렌가스가 생성된다.
$CaC_2 + 2H_2O \rightarrow Ca(OH)_2 + C_2H_2\uparrow$

25 지정수량이 300kg인 위험물에 해당하는 것은?

① $NaBrO_3$
② CaO_2
③ $KClO_4$
④ $NaClO_2$

풀이

위험물			지정수량
유별	성질	품명	
제1류	산화성 고체	1. 아염소산 염류	50kg
		2. 염소산 염류	50kg

정답 22. ④ 23. ③ 24. ② 25. ①

		3. 과염소산 염류	50kg
		4. 무기 과산화물	50kg
		5. 브롬산 염류	300kg
		6. 질산 염류	300kg
		7. 요오드산 염류	300kg
		8. 과망간산 염류	1,000kg
		9. 중크롬산 염류	1,000kg
		10. 그 밖에 행정자치부령이 정하는 것 11. 제1호 내지 제10호의 1에 해당하는 어느 하나 이상을 함유한 것	50kg, 300kg 또는 1,000kg

※ $NaBrO_3$는 브롬산 염류에 해당된다.

26 제2류 위험물이 아닌 것은?

① 황화인　　② 적린

③ 황린　　④ 철분

풀이 황린은 제3류 위험물에 해당된다.

27 특수인화물 200L와 제4석유류 12,000L를 저장할 때 각각의 지정수량 배수의 합은 얼마인가?

① 3　　② 4

③ 5　　④ 6

풀이 [계산방법]

$$\text{계산값} = \frac{\text{A품명의 저장수량}}{\text{A품명의 지정수량}} + \frac{\text{B품명의 저장수량}}{\text{B품명의 지정수량}} + \frac{\text{C품명의 저장수량}}{\text{C품명의 지정수량}} + \cdots$$

$$= \frac{200}{50} + \frac{12{,}000}{6{,}000}$$

$$= 6$$

28 위험물안전관리법령에 따른 위험물의 운송에 관한 설명 중 틀린 것은?

① 알킬리튬과 알킬알루미늄 또는 이 중 어느 하나 이상을 함유한 것은 운송책임자의 감독, 지원을 받아야 한다.

② 이동탱크저장소에 의하여 위험물을 운송할 때의 운송책임자에는 법정의 교육을 이수하고 관련 업무에 2년 이상 경력이 있는 자도 포함된다.

정답 26. ③　27. ④　28. ③

③ 서울에서 부산까지 금속의 인화물 300kg을 1명의 운전자가 휴식 없이 운송해도 규정위반이 아니다.
④ 운송책임자의 감독 또는 지원방법에는 동승하는 방법과 별도의 사무실에서 대기하면서 규정된 사항을 이행하는 방법이 있다.

풀이 200km마다 휴식을 취하고 운전을 해야 된다.

29 공기 중에서 갈색 연기를 내는 물질은?

① 중크롬산암모늄
② 톨루엔
③ 벤젠
④ 발연질산

풀이 발연질산은 공기 중에서 갈색 연기를 내는 물질이다.

30 지정과산화물 옥내저장소의 저장창고 출입구 및 창의 설치기준으로 틀린 것은?

① 창은 바닥면으로부터 2m 이상의 높이에 설치한다.
② 하나의 창의 면적을 $0.4m^2$ 이내로 한다.
③ 하나의 벽면에 두는 창의 면적의 합계가 해당 벽면 면적의 80분의 1이 초과되도록 한다.
④ 출입구에는 갑종 방화문을 설치한다.

풀이 하나의 벽면에 두는 창의 면적의 합계가 해당 벽면 면적의 80분의 1 미만이 되도록 한다.

31 제5류 위험물 중 유기과산화물을 함유한 것으로써 위험물에서 제외되는 것의 기준이 아닌 것은?

① 과산화벤조일의 함유량이 35.5중량퍼센트 미만인 것으로서 전분가루, 황산칼슘 2수화물 또는 인산 1수소칼슘 2수화물과의 혼합물
② 비스(4클로로벤조일)퍼옥사이드의 함유량이 30중량퍼센트 미만인 것으로서 불활성 고체와의 혼합물
③ 1, 4비스(2－터셔리부틸퍼옥시이소프로필)벤젠의 함유량이 40중량퍼센트 미만인 것으로서 불활성 고체와의 혼합물
④ 시크로헥사놀퍼옥사이드의 함유량이 40중량퍼센트 미만인 것으로서 불활성 고체와의 혼합물

풀이 제5류 위험물 중 유기과산화물을 함유한 것으로서 위험물에서 제외되는 것의 기준
- 과산화벤조일의 함유량이 35.5중량퍼센트 미만인 것으로서 전분가루, 황산칼슘 2수화물 또는 인산 1수소칼슘 2수화물과의 혼합물

정답 29. ④ 30. ③ 31. ④

- 비스(4클로로벤조일)퍼옥사이드의 함유량이 30중량퍼센트 미만인 것으로서 불활성 고체와의 혼합물
- 1, 4비스(2-터셔리부틸퍼옥시이소프로필)벤젠의 함유량이 40중량퍼센트 미만인 것으로서 불활성 고체와의 혼합물
- 시크로헥사놀퍼옥사이드의 함유량이 30중량퍼센트 미만인 것으로서 불활성 고체와의 혼합물
- 과산화지크밀의 함유량이 40중량퍼센트 미만인 것으로서 불활성 고체와의 혼합물

32 저장 또는 취급하는 위험물의 최대수량이 지정수량의 500배 미만일 때 옥외저장탱크의 측면으로부터 몇 m 이상의 보유공지를 유지하여야 하는가?(단, 제6류 위험물은 제외한다.)

① 1　　② 2
③ 3　　④ 4

풀이

저장 또는 취급하는 위험물의 최대저장량	공지의 너비
지정수량의 500배 미만	3m 이상
지정수량의 500배 이상 1,000배 미만	5m 이상
지정수량의 1,000배 이상 2,000배 미만	9m 이상
지정수량의 2,000배 이상 3,000배 미만	12m 이상
지정수량의 3,000배 이상 4,000배 미만	15m 이상

33 아염소산나트륨의 저장 및 취급 시 주의사항으로 가장 거리가 먼 것은?

① 물속에 넣어 냉암소에 저장한다.
② 강산류와의 접촉을 피한다.
③ 취급 시 충격, 마찰을 피한다.
④ 가연성 물질과 접촉을 피한다.

풀이
- 자신은 불연성이고 무색의 결정성 분말로 조해성이며, 물에 잘 녹는다.
- 불안정하여 180℃ 이상 가열하면 산소를 방출한다.

34 다음 중 발화점이 가장 낮은 것은?

① 이황화탄소　　② 산화프로필렌
③ 휘발유　　④ 메탄올

풀이
① 이황화탄소:100℃
② 산화프로필렌 : 465℃
③ 휘발유 : 300℃
④ 메탄올 : 464℃

정답 32. ③　33. ①　34. ①

35 메탄올과 비교한 에탄올의 성질에 대한 설명 중 틀린 것은?

① 인화점이 낮다.
② 발화점이 낮다.
③ 증기비중이 크다.
④ 비점이 높다.

풀이
- 메틸알코올의 인화점 : 11℃
- 에틸알코올의 인화점 : 13℃

36 아염소산염류 500kg과 질산염류 3,000kg을 함께 저장하는 경우 위험물의 소요단위는 얼마인가?

① 2
② 4
③ 6
④ 8

풀이 위험물 1소요단위는 지정수량의 10배이므로,

$$\text{소요단위} = \frac{500}{50 \times 10} + \frac{3000}{300 \times 10} = 2\text{단위}$$

37 과염소산에 대한 설명 중 틀린 것은?

① 산화제로 이용된다.
② 휘발성이 강한 가연성 물질이다.
③ 철, 아연, 구리와 격렬하게 반응한다.
④ 증기 비중이 약 3.5이다.

풀이 불연성 액체로 흡습성이 강하며 휘발성이 있고, 가열하면 폭발하고 산성이 강한 편이다.

38 상온에서 CaC_2를 장기간 보관할 때 사용하는 물질로 다음 중 가장 적합한 것은?

① 물
② 알코올수용액
③ 질소가스
④ 아세틸렌가스

풀이 CaC_2를 장기간 보관할 때 사용하는 물질 : 질소가스

39 위험물안전관리법상 위험물에 해당하는 것은?

① 아황산
② 비중이 1.41인 질산
③ 53마이크로미터의 표준체를 통과하는 것이 50중량% 이상인 철의 분말
④ 농도가 15중량%인 과산화수소

정답 35. ① 36. ① 37. ② 38. ③ 39. ③

풀이 위험물안전관리법상 위험물

② 비중이 1.49인 질산
③ 53마이크로미터의 표준체를 통과하는 것이 50중량% 이상인 철의 분말
④ 농도가 36중량%인 과산화수소

40 정기점검 대상 제조소 등에 해당하지 않는 것은?

① 이동탱크저장소
② 지정수량 100배 이상의 위험물 옥외저장소
③ 지정수량 100배 이상의 위험물 옥내저장소
④ 이송취급소

풀이 정기점검 대상 제조소

가. 지정수량의 10배 이상의 위험물을 취급하는 제조소
나. 지정수량의 100배 이상의 위험물을 저장하는 옥외저장소
다. 지정수량의 150배 이상의 위험물을 저장하는 옥내저장소
라. 지정수량의 200배 이상의 위험물을 저장하는 옥외탱크저장소
마. 암반탱크저장소
바. 이송취급소
사. 지정수량의 10배 이상의 위험물을 취급하는 일반취급소
아. 지하탱크저장소
자. 이동탱크저장소
차. 위험물을 취급하는 탱크로서 지하에 매설된 탱크가 있는 제조소·주유취급소 또는 일반취급소

41 위험물의 성질에 대한 설명으로 틀린 것은?

① 인화칼슘은 물과 반응하여 유독한 가스를 발생한다.
② 금속나트륨은 물과 반응하여 산소를 발생시키고 발열한다.
③ 아세트알데히드는 연소하여 이산화탄소와 물을 발생한다.
④ 질산에틸은 물에 녹지 않고 인화되기 쉽다.

풀이 공기 중의 수분과 반응하여 수소(g)를 발생하며 자연발화를 일으키기 쉬우므로 석유, 유동파라핀 속에 저장한다.

$2Na + 2H_2O \rightarrow 2NaOH + H_2$

42 물과 반응하여 가연성 가스를 발생하지 않는 것은?

① 나트륨
② 과산화나트륨
③ 탄화알루미늄
④ 트리에틸알루미늄

정답 40. ③ 41. ② 42. ②

풀이 상온에서 물과 격렬하게 반응하며 열을 발생하고 산소를 방출시킨다. 산소는 가연성이 아니라 조연성 가스이다.

$$Na_2O_2 + H_2O \rightarrow 2NaOH + \frac{1}{2}O_2\uparrow$$

43 알킬알루미늄을 저장하는 용기에 봉입하는 가스로 다음 중 가장 적합한 것은?

① 포스겐 ② 인화수소
③ 질소가스 ④ 아황산가스

풀이 알킬기($R = C_nH_{2n+1}$)와 알루미늄의 화합물 또는 알킬기, 알루미늄과 할로겐원소(X)의 화합물을 말하며, 일종의 유기금속화물이다.(불활성 기체를 봉입하는 장치를 갖추어야 한다.)

44 분자량이 약 169인 백색의 정방정계 분말로서 알칼리토금속의 과산화물 중 매우 안정한 물질이며, 테르밋의 점화제 용도로 사용되는 제1류 위험물은?

① 과산화칼슘 ② 과산화바륨
③ 과산화마그네슘 ④ 과산화칼륨

풀이 백색 또는 회색의 정방정계 분말, 테르밋의 점화제 용도로 사용되고, 알칼리토금속의 과산화물 중에서 가장 안정하다.

45 지하저장탱크에 경보음을 울리는 방법으로 과충전방지장치를 설치하고자 한다. 탱크 용량의 최소 몇 %가 찰 때 경보음이 울리도록 하여야 하는가?

① 80 ② 85 ③ 90 ④ 95

풀이 탱크 용량의 최소 90가 찰 때 경보음이 울리도록 하여야 한다.

46 휘발유에 대한 설명으로 옳지 않은 것은?

① 전기양도체이므로 정전기 발생에 주의해야 한다.
② 빈 드럼통이라도 가연성 가스가 남아 있을 수 있으므로 취급에 주의해야 한다.
③ 취급, 저장 시 환기를 잘 시켜야 한다.
④ 직사광선을 피해 통풍이 잘 되는 곳에 저장한다.

풀이 휘발유는 전기부도체이므로 정전기 발생에 주의해야 한다.

정답 43. ③ 44. ② 45. ③ 46. ①

47 벤조일퍼옥사이드의 위험성에 대한 설명으로 틀린 것은?

① 상온에서 분해되며 수분이 흡수되면 폭발성을 가지므로 건조된 상태로 보관, 운반한다.
② 강산에 의해 분해 폭발의 위험이 있다.
③ 충격, 마찰 등에 의해 분해되어 폭발할 위험이 있다.
④ 가연성 물질과 접촉하면 발화의 위험이 높다.

풀이 수분을 흡수하거나 불활성 희석제(프탈산디메틸, 프탈산디부틸)의 첨가에 의해 폭발성을 낮출 수 있다.

48 제2류 위험물에 대한 설명 중 틀린 것은?

① 유황은 물에 녹지 않는다.
② 오황화인은 CS_2에 녹는다.
③ 삼황화인은 가연성 물질이다.
④ 칠황화인은 더운 물에 분해되어 이산화황을 발생한다.

풀이 P_4S_7은 담황색 결정으로 조해성이 있고, CS_2에 약간 녹으며, 물에 녹아 유독한 H_2S를 발생하고 유기합성 등에 쓰인다.

49 위험물제조소 등에 자체 소방대를 두어야 할 대상으로 옳은 것은?

① 지정수량 300배 이상의 제4류 위험물을 취급하는 저장소
② 지정수량 300배 이상의 제4류 위험물을 취급하는 제조소
③ 지정수량 3,000배 이상의 제4류 위험물을 취급하는 저장소
④ 지정수량 3,000배 이상의 제4류 위험물을 취급하는 제조소

풀이 자체 소방대를 두어야 할 제조소
- 지정수량 3천 배 이상의 제4류 위험물을 저장·취급하는 제조소
- 지정수량 3천 배 이상의 제4류 위험물을 저장·취급하는 일반취급소
- 지정수량 2만 배 이상의 제4류 위험물을 저장·취급하는 저장취급소

50 위험물의 운반에 관한 기준에 따른 아세톤의 위험등급은 얼마인가?

① 위험등급 I　　② 위험등급 II
③ 위험등급 III　　④ 위험등급 IV

풀이
- 위험등급 I : 에테에테르, 이황화탄소, 아세트알데히드, 산화프로필렌
- 위험등급 II : 아세톤, 가솔린, 벤제, 톨루엔, 피리딘 등

정답 47. ① 48. ④ 49. ④ 50. ②

51 위험물제조소의 기준에 있어서 위험물을 취급하는 건축물의 구조로 적당하지 않은 것은?

① 지하층이 없도록 하여야 한다.
② 연소의 우려가 있는 외벽은 내화구조의 벽으로 하여야 한다.
③ 출입구는 연소의 우려가 있는 외벽에 설치하는 경우 을종 방화문을 설치하여야 한다.
④ 지붕은 폭발력이 위로 방출될 정도의 가벼운 불연재료로 덮는다.

풀이 출입구는 연소의 우려가 있는 외벽에 설치하는 경우 갑종 방화문을 설치하여야 한다.

52 위험물 관련 신고 및 선임에 관한 사항으로 옳지 않은 것은?

① 제조소의 위치·구조 변경 없이 위험물의 품명 변경 시에는 변경하고자 하는 날의 14일 이전까지 신고하여야 한다.
② 제조소 설치자의 지위를 승계한 자는 승계한 날로부터 30일 이내에 신고하여야 한다.
③ 위험물안전관리자가 퇴직한 경우는 퇴직일로부터 14일 이내에 신고하여야 한다.
④ 위험물안전관리자가 퇴직한 경우는 퇴직일로부터 30일 이내에 선임하여야 한다.

풀이 제조소 등의 위치·구조 또는 설비의 변경 없이 당해 제조소 등에서 저장하거나 취급하는 위험물의 품명·수량 또는 지정수량의 배수를 변경하고자 하는 자는 변경하고자 하는 날의 7일 전까지 행정안전부령이 정하는 바에 따라 시·도지사에게 신고하여야 한다.

53 염소산염류에 대한 설명으로 옳은 것은?

① 염소산칼륨은 환원제이다.
② 염소산나트륨은 조해성이 있다.
③ 염소산암모늄은 위험물이 아니다.
④ 염소산칼륨은 냉수와 알코올에 잘 녹는다.

풀이 염소산나트륨의 성질
조해성이 있고, 산과 반응하여 유독한 이산화염소가 발생된다.

54 다음 중 지정수량이 가장 큰 것은?

① 과염소산칼륨
② 트리니트로톨루엔
③ 황린
④ 유황

풀이 ① 과염소산칼륨 : 50kg
② 트리니트로톨루엔 : 200kg
③ 황린 : 20kg
④ 유황 : 100kg

정답 51. ③ 52. ① 53. ② 54. ②

55 위험물안전관리법에서 규정하고 있는 내용으로 틀린 것은?

① 민사집행법에 의한 경매, 국세징수법 또는 지방세법에 의한 압류재산의 매각절차에 따라 제조소 등의 시설의 전부를 인수한 자는 그 설치자의 지위를 승계한다.
② 금치산자 또는 한정치산자, 탱크시험자의 등록이 취소된 날로부터 2년이 지나지 아니한 자는 탱크시험자로 등록하거나 탱크시험자의 업무에 종사할 수 없다.
③ 농예용·축산용으로 필요한 난방시설 또는 건조시설을 위한 지정수량 20배 이하의 취급소는 신고를 하지 아니하고 위험물의 품명, 수량을 변경할 수 있다.
④ 법정의 완공검사를 받지 아니하고 제조소 등을 사용한 때 시·도지사는 허가를 취소하거나 6월 이내의 기간을 정하여 사용정지를 명할 수 있다.

풀이 제조소 등의 경우에는 허가를 받지 아니하고 당해 제조소 등을 설치하거나 그 위치·구조 또는 설비를 변경할 수 있으며, 신고를 하지 아니하고 위험물의 품명·수량 또는 지정수량의 배수를 변경할 수 있다.
1. 주택의 난방시설(공동주택의 중앙난방시설을 제외한다)을 위한 저장소 또는 취급소
2. 농예용·축산용 또는 수산용으로 필요한 난방시설 또는 건조시설을 위한 지정수량 20배 이하의 저장소

56 위험물안전관리법령상 품명이 나머지 셋과 다른 하나는?

① 트리니트로톨루엔
② 니트로글리세린
③ 니트로글리콜
④ 셀룰로이드

풀이 • 질산에스테르류 : 니트로셀룰로오스, 니트로글리콜, 니트로글리세린, 질산에틸, 질산메틸, 셀룰로이드
• 니트로화합물류 : 피크린산, 트리니트로톨루엔, 디니트로나프탈렌

57 황린과 적린의 공통성질이 아닌 것은?

① 물에 녹지 않는다.
② 이황화탄소에 잘 녹는다.
③ 연소 시 오산화인을 생성한다.
④ 화재시 물을 사용하여 소화를 할 수 있다.

풀이 황린은 이황화탄소에 잘 녹고, 적린은 이황화탄소에 녹지 않는다.

정답 55. ③ 56. ① 57. ②

58 칼륨의 저장 시 사용하는 보호물질로 다음 중 가장 적합한 것은?

① 에탄올 ② 사염화탄소
③ 등유 ④ 이산화탄소

풀이
- 칼륨, 나트륨 : 석유(등유) 속에 저장
- 황린, 이황화탄소 : 물속에 저장
- 니트로셀룰로오스 : 물 또는 알코올에 습면하여 저장

59 메틸알코올의 연소범위를 더 좁게 하기 위하여 첨가하는 물질이 아닌 것은?

① 질소 ② 산소
③ 이산화탄소 ④ 아르곤

풀이 연소범위를 좁게 하기 위해서는 불연성 가스를 첨가한다.

60 산화프로필렌의 성상에 대한 설명 중 틀린 것은?

① 청색의 휘발성이 강한 액체이다.
② 인화점이 낮은 인화성 액체이다.
③ 물에 잘 녹는다.
④ 에테르향의 냄새를 가진다.

풀이 산화프로필렌은 연소범위가 넓고 증기압도 매우 높은 물질이다. 또한 물에 잘 녹는 무색, 투명한 액체로서 증기는 인체에 해롭다.

정답 58. ③ 59. ② 60. ①

Chapter

위험물기능사

(2012년 7월 22일)

1 위험물의 화재위험에 관한 제반조건을 설명한 것으로 옳은 것은?

① 인화점이 높을수록, 연소범위가 넓을수록 위험하다.
② 인화점이 낮을수록, 연소범위가 좁을수록 위험하다.
③ 인화점이 높을수록, 연소범위가 좁을수록 위험하다.
④ 인화점이 낮을수록, 연소범위가 넓을수록 위험하다.

풀이 인화점이 낮을수록, 연소범위가 넓을수록 위험하다.

2 위험물안전관리자를 해임한 후 며칠 이내에 후임자를 선임하여야 하는가?

① 14일 ② 15일
③ 20일 ④ 30일

풀이 위험물안전관리자를 해임한 후 30일 이내에 후임자를 선임해야 한다.

3 위험물을 취급함에 있어서 정전기가 발생할 우려가 있는 설비에 정전기를 유효하게 제거할 수 있는 방법에 해당하지 않는 것은?

① 위험물의 유속을 높이는 방법
② 공기를 이온화하는 방법
③ 공기중의 상대습도를 70% 이상으로 하는 방법
④ 접지에 의한 방법

풀이 위험물의 유속을 낮추는 방법

정답 1. ④ 2. ④ 3. ①

4 이산화탄소소화기의 특징에 대한 설명으로 틀린 것은?

① 소화약제에 의한 오손이 거의 없다.
② 약제 방출 시 소음이 없다.
③ 전기화재에 유효하다
④ 장시간 저장해도 물성의 변화가 거의 없다

풀이 고압으로 충전되어 있으므로 약제 방출 시 소음이 크다.

5 옥외탱크 저장에 연소성 혼합기체의 생성에 의한 폭발을 방지하기 위하여 불활성의 기체를 봉입하는 장치를 설치하여야 하는 위험물질은?

① $CH_3COC_2H_5$ ② C_5H_5N
③ CH_3CHO ④ C_6H_5Cl

풀이 옥외탱크 저장 시 연소성 혼합기체의 생성에 의한 폭발을 방지하기 위하여 불활성의 기체를 봉입하는 장치를 설치하여야 하는 위험물질 : 아세트알데히드(CH_3CHO)

6 위험물안전관리법령상 자동화재탐지설비를 설치하지 않고 비상경보설비로 대신할 수 있는 것은?

① 일반취급소로서 연면적 600m^{2}인 것
② 지정수량 20배를 저장하는 옥내저장소로서 처마높이가 8m인 단층건물
③ 단층건물 외에 건축물에 설치된 지정수량 15배의 옥내탱크저장소로서 소화난이도등급 II에 속하는 것
④ 지정수량 20배를 저장·취급하는 옥내주유취급소

풀이 위험물안전관리 법령상 자동화재탐지설비를 설치하지 않고 비상경보설비로 대신할 수 있는 것 : 단층건물 외에 건축물에 설치된 지정수량 15배의 옥내 탱크저장소로서 소화난이도등급 II에 속하는 것

7 CH_3ONO_2의 소화방법에 대한 설명으로 옳은 것은?

① 물을 주수하여 냉각소화한다.
② 이산화탄소소화기로 질식소화를 한다.
③ 할로겐화합물소화기로 질식소화를 한다.
④ 건조사로 냉각소화한다.

풀이 CH_3ONO_2(질산메틸)은 제5류 위험물이므로 다량의 주수에 의한 냉각소화를 한다.

정답 4. ② 5. ③ 6. ③ 7. ①

8 공장 창고에 보관되었던 톨루엔이 유출되어 미상의 점화원에 의해 착화되어 화재가 발생하였다면 이 화재의 분류로 옳은 것은?

① A급 화재 ② B급 화재
③ C급 화재 ④ D급 화재

풀이 톨루엔은 제4류 위험물에 해당되므로 B급 화재, 즉 유류 및 가스화재에 해당된다.

9 A급, B급, C급 화재에 모두 적용이 가능한 소화약제는?

① 제1종 분말소화약제 ② 제2종 분말소화약제
③ 제3종 분말소화약제 ④ 제4종 분말소화약제

풀이

종류	주성분	착색	적응 화재	열분해 반응식
제1종 분말	$NaHCO_3$ (탄산수소나트륨)	백색	B, C	$2NaHCO_3 \rightarrow Na_2CO_3 + CO_2 + H_2O$
제2종 분말	$KHCO_3$ (탄산수소칼륨)	보라색	B, C	$2KHCO_3 \rightarrow K_2CO_3 + CO_2 + H_2O$
제3종 분말	$NH_4H_2PO_4$ (제1인산암모늄)	담홍색	A, B, C	$NH_4H_2PO_4 \rightarrow HPO_3 + NH_3 + H_2O$
제4종 분말	$KHCO_3 + (NH_2)2CO$ (탄산수소칼륨 + 요소)	회백색	B, C	$2KHCO_3 + (NH_2)2CO \rightarrow K_2CO_3 + 2NH_3 + 2CO_2$

10 BCF 소화기의 약제를 화학식으로 옳게 나타낸 것은?

① CCl_4 ② CH_2ClBr
③ CF_3Br ④ CF_2ClBr

풀이 CH_4에서 수소원자가 탈리되고 F와 Cl로 서로 치환된 물질로 CF_2ClBr이라고 하며 BCF(Bromo Chloro difluro methane) 소화제라고도 한다.

11 액화 이산화탄소 1kg이 25℃, 2atm에서 방출되어 모두 기체가 되었다. 방출된 기체상의 이산화탄소 부피는 약 몇 L인가?

① 278 ② 556 ③ 1,111 ④ 1,985

풀이 $PV=\frac{WRT}{M} \rightarrow V=\frac{WRT}{PM}=\frac{1,000\times0.082\times(273+25)}{2\times44}=277.68$

12 금속분의 화재 시 주수해서는 안 되는 이유로 가장 옳은 것은?

① 산소가 발생하기 때문에
② 수소가 발생하기 때문에
③ 질소가 발생하기 때문에
④ 유독가스가 발생하기 때문에

풀이 금속분의 화재 시 주수하면 수소가 발생하기 때문에

13 자기반응성 물질의 화재 예방법으로 가장 거리가 먼 것은?

① 마찰을 피한다.
② 불꽃의 접근을 피한다.
③ 고온체로 건조시켜 보관한다.
④ 운반용기 외부에 "화기엄금" 및 "충격주의"를 표시한다.

풀이 점화원 및 분해를 촉진시키는 물질로부터 멀리 하고 저장시 가열, 충격, 마찰 등을 피한다.

14 가연성 고체의 미세한 분말이 일정 농도 이상 공기 중에 분산되어 있을 때 점화원에 의하여 연소 폭발되는 현상은?

① 분진폭발 ② 산화폭발
③ 분해폭발 ④ 중합폭발

풀이 분진폭발
가연성 고체의 미세한 분물이 일정 농도 이상 공기 중에 분산되어 있을 때 점화원에 의하여 연소 폭발되는 현상

15 제조소의 옥외에 모두 3기의 휘발유 취급탱크를 설치하고 그 주위에 방유제를 설치하고자 한다. 방유제 안에 설치하는 각 취급탱크의 용량이 5만, 3만, 2만 L일 때 필요한 방유제의 용량은 몇 L 이상인가?

① 6,600 ② 6,000
③ 3,300 ④ 3,000

풀이 방유제의 용량 = (탱크의 최대용량×0.5) + (기타 탱크의 용량×0.1)
= (50,000×0.5) + (5,000×0.1)
= 3,000

정답 12. ② 13. ③ 14. ① 15. ④

16 물의 소화능력을 강화시키기 위해 개발된 것으로 한랭지 또는 겨울철에도 사용할 수 있는 소화기에 해당하는 것은?

① 산·알칼리 소화기 ② 강화액 소화기
③ 포 소화기 ④ 할로겐화물 소화기

풀이 강화액 소화기
한랭지 또는 겨울철에 사용할 수 있도록 물에 탄산칼륨을 보강시킨 용액

17 위험물안전관리법령에서 정한 자동화재탐지설비에 대한 기준으로 틀린 것은?(단, 원칙적인 경우에 한한다.)

① 경계구역은 건축물, 그 밖의 공작물의 2 이상의 층에 걸치지 아니하도록 할 것
② 하나의 경계구역의 면적은 $600m^2$ 이하로 할 것
③ 하나의 경계구역의 한 변 길이는 30m 이하로 할 것
④ 자동화재탐지설비에는 비상전원을 설치할 것

풀이
- 하나의 경계구역이 2개 이상의 건축물에 미치지 아니하도록 할 것
- 하나의 경계구역이 2개 이상의 층에 미치지 아니하도록 할 것. 다만, $500m^2$ 이하의 범위 안에서는 2개의 층을 하나의 경계구역으로 할 수 있다.
- 하나의 경계구역의 면적은 $600m^2$ 이하로 하고 한 변의 길이는 50m 이하로 할 것. 다만, 당해 소방 대상물의 주된 출입구에서 그 내부 전체가 보이는 것에 있어서는 $1,000m^2$ 이하로 할 수 있다.
- 지하구에 있어서 하나의 경계구역의 길이는 700m 이하로 한다.

18 휘발유, 등유, 경유 등의 제4류 위험물에 화재가 발생하였을 때 소화방법으로 가장 옳은 것은?

① 포소화설비로 질식소화시킨다.
② 다량의 물을 위험물에 직접 주수하여 소화한다.
③ 강산화성 소화제를 사용하여 중화시켜 소화한다.
④ 염소산칼륨 또는 염화나트륨이 주성분인 소화약제로 표면을 덮어 소화한다.

풀이 제4류 위험물은 포소화설비로 질식소화하는 것이 효과적이다.

19 소화약제에 따른 주된 소화효과로 틀린 것은?

① 수성막포소화약제 : 질식효과 ② 제2종 분말소화약제 : 탈수탄화효과
③ 이산화탄소 소화약제 : 질식효과 ④ 할로겐 화합물소화약제 : 화학억제효과

풀이 제2종 분말소화약제 : 질식효과

정답 16. ② 17. ③ 18. ① 19. ②

20 소화전용물통 8리터의 능력단위는 얼마인가?

① 0.1　　② 0.3
③ 0.5　　④ 1.0

풀이 기타 소화설비의 능력단위는 다음의 표에 의할 것

소화설비	용량	능력단위
소화전용(專用)물통	8L	0.3
수조(소화전용물통 3개 포함)	80L	1.5
수조(소화전용물통 6개 포함)	190L	2.5
마른 모래(삽 1개 포함)	50L	0.5
팽창질석 또는 팽창진주암(삽 1개 포함)	160L	1.0

21 아세톤의 성질에 관한 설명으로 옳은 것은?

① 비중은 1.02이다.
② 물에 불용이고, 에테르에 잘 녹는다.
③ 증기 자체는 무해하나, 피부에 닿으면 탈지작용이 있다.
④ 인화점이 0℃보다 낮다.

풀이 ① 비중은 0.8이다.
② 물과 에테르에 잘 녹는다.
③ 증기 자체는 유해하고, 피부에 닿으면 탈지작용이 있다.

22 금속나트륨의 올바른 취급으로 가장 거리가 먼 것은?

① 보호액 속에서 노출되지 않도록 주의한다.
② 수분 또는 습기와 접촉되지 않도록 주의한다.
③ 용기에서 꺼낼 때는 손을 깨끗이 닦고 만져야 한다.
④ 다량 연소하면 소화가 어려우므로 가급적 소량으로 나누어 저장한다.

풀이 습기나 물에 접촉하지 않도록 하고, 공기와의 접촉을 막기 위하여 보호액(등유, 경유, 유동파라핀유, 벤젠) 속에 저장한다.

23 인화점이 100℃보다 낮은 물질은?

① 아닐린　　② 에틸렌글리콜
③ 글리세린　　④ 실린더유

정답 20. ②　21. ④　22. ③　23. ①

풀이 아닐린의 인화점 : 75.8℃

24 제3류 위험물인 칼륨의 성질이 아닌 것은?

① 물과 반응하여 수산화물과 수소를 만든다.
② 원자가전자가 2개로 쉽게 2가의 양이온이 되어 반응한다.
③ 원자량은 약 39이다.
④ 은백색 광택을 가지는 연하고 가벼운 고체로 칼로 쉽게 잘라진다.

풀이 칼륨은 1족원소로서 쉽게 1가 양이온이 되기 쉬운 물질이다.

25 그림과 같은 위험물 저장탱크의 내용적은 약 몇 m²인가?

① 4,681
② 5,482
③ 6,283
④ 7,080

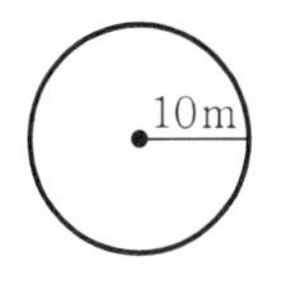

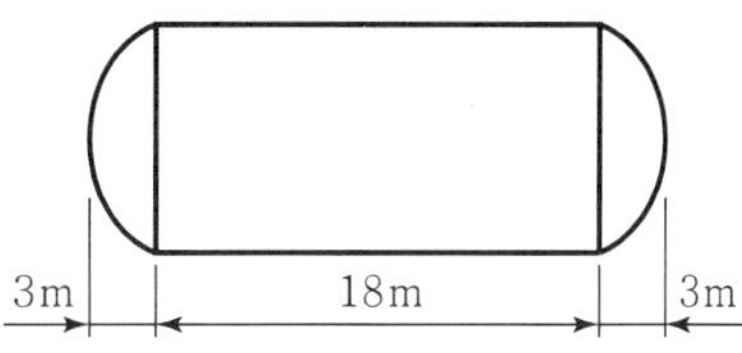

풀이

$$V=\pi r^2\left(l+\frac{l_1+l_2}{3}\right)=3.14\times 10^2\times\left(18+\frac{3+3}{3}\right)=6,283$$

26 위험물을 보관하는 방법에 대한 설명 중 틀린 것은?

① 염소산나트륨 : 철제 용기의 사용을 피한다.
② 산화프로필렌 : 저장 시 구리용기에 질소 등 불활성 기체를 충전한다.
③ 트리에틸알루미늄 : 용기는 밀봉하고 질소 등 불활성 기체를 충전한다.
④ 황화인 : 냉암소에 저장한다.

풀이 제4류 특수인화물류 중 아세트알데히드, 산화프로필렌 또는 아세트알데히드, 산화프로필렌을 함유한 것(이하 "아세트알데히드 등"이라 한다)을 취급하는 설비는 은, 수은, 동, 마그네슘 또는 은, 수은, 동, 마그네슘 성분을 함유한 합금을 사용하여서는 아니 된다.

27 위험물의 운반시 혼재가 가능한 것은?(단, 지정수량 10배의 위험물인 경우이다.)

① 제1류 위험물과 제2류 위험물
② 제2류 위험물과 제3류 위험물
③ 제4류 위험물과 제5류 위험물
④ 제5류 위험물과 제6류 위험물

정답 24. ② 25. ③ 26. ② 27. ③

풀이 혼재 가능 위험물은 다음과 같다.
- 423 → 4류와 2류, 4류와 3류는 서로 혼재 가능
- 524 → 5류와 2류, 5류와 4류는 서로 혼재 가능
- 61 → 6류와 1류는 서로 혼재 가능

28 과산화바륨의 취급에 대한 설명 중 틀린 것은?

① 직사광선을 피하고, 냉암소에 둔다.
② 유기물, 산 등의 접촉을 피한다.
③ 피부와 직접적인 접촉을 피한다.
④ 화재 시 주수소화가 가장 효과적이다.

풀이 과산화바륨의 소화방법
건조사에 의한 피복소화, CO_2 가스・사염화탄소에 의한 소화

29 휘발유를 저장하던 이동저장탱크에 등유나 경유를 탱크 상부로부터 주입할 때 액 표면이 일정 높이가 될 때까지 위험물의 주입관 내 유속을 몇 m/s 이하로 하여야 하는가?

① 1　　② 2　　③ 3　　④ 5

풀이 이동저장탱크의 상부로부터 위험물을 주입할 때에는 위험물의 액 표면이 주입관의 선단을 넘는 높이가 될 때까지 그 주입관 내의 유속을 1m/sec 이하로 한다.

30 다음 위험물 중 착화온도가 가장 낮은 것은?

① 이황화탄소　　② 디에틸에테르
③ 아세톤　　④ 아세트알데히드

풀이 ① 이황화탄소 : 100℃
② 디에틸에테르 : 180℃
③ 아세톤 : 538℃
④ 아세트알데히드 : 185℃

31 제2류 위험물과 산화제를 혼합하면 위험한 이유로 가장 적합한 것은?

① 제2류 위험물이 가연성 액체이기 때문에
② 제2류 위험물이 환원제로 작용하기 때문에

정답 28. ④　29. ①　30. ①　31. ②

③ 제2류 위험물은 자연발화의 위험이 있기 때문에
④ 제2류 위험물은 물 또는 습기를 잘 머금고 있기 때문에

풀이 제2류 위험물과 산화제를 혼합하면 위험한 이유 : 제2류 위험물이 환원제로 작용하기 때문에

32 상온에서 액상인 것으로만 나열된 것은?

① 니트로셀룰로오스, 니트로글리세린
② 질산에틸, 니트로글리세린
③ 질산에틸, 피크린산
④ 니트로셀룰로오스, 셀룰로이드

풀이 상온에서 액상인 것 : 질산에틸, 니트로글리세린

33 위험물안전관리법상 제3석유류의 액체상태의 판단기준은?

① 1기압과 섭씨 20도에서 액상인 것
② 1기압과 섭씨 25도에서 액상인 것
③ 기압에 무관하게 섭씨 20도에서 액상인 것
④ 기압에 무관하게 섭씨 25도에서 액상인 것

풀이 위험물안전관리법상 제3석유류의 액체상태의 판단기준 : 1기압과 섭씨 20도에서 액상인 것

34 제2류 위험물 중 지정수량이 잘못 연결된 것은?

① 유황 – 100kg　　② 철분 – 500kg
③ 금속분 – 500kg　　④ 인화성 고체 – 500kg

풀이 인화성 고체의 지정수량 : 1,000kg

35 위험물안전관리법령상 위험물의 운반에 관한 기준에 따르면 지정수량 얼마 이하의 위험물에 대하여는 "유별을 달리하는 위험물의 혼재기준"을 적용하지 아니하여도 되는가?

① 1/2　　② 1/3
③ 1/5　　④ 1/10

풀이 위험물안전관리법령상 위험물의 운반에 관한 기준에 따르면 지정수량 1/10 이하의 위험물에 대하여는 "유별을 달리하는 위험물의 혼재기준"을 적용하지 아니하여도 된다.

정답 32. ② 33. ① 34. ④ 35. ④

36 위험물의 지정수량이 나머지 셋과 다른 하나는?

① $NaClO_4$
② MgO_2
③ KNO_3
④ NH_3ClO_3

풀이 ① $NaClO_4$: 50kg
② MgO_2 : 50kg
③ KNO_3 : 300kg
④ NH_4ClO_3 : 50kg

37 트리니트로톨루엔에 대한 설명으로 가장 거리가 먼 것은?

① 물에 녹지 않으나 알코올에는 녹는다.
② 직사광선에 노출되면 다갈색으로 변한다.
③ 공기 중에 노출되면 쉽게 가수분해한다.
④ 이성질체가 존재한다.

풀이 공기 중에 노출되면 쉽게 가수분해되지 않는다.

38 위험물의 성질에 관한 설명 중 옳은 것은?

① 벤젠과 톨루엔 중 인화온도가 낮은 것은 톨루엔이다.
② 디에틸에테르는 휘발성이 높으며 마취성이 있다.
③ 에틸알코올은 물이 조금이라도 섞이면 불연성 액체가 된다.
④ 휘발유는 전기 양도체이므로 정전기 발생이 위험하다.

풀이 디에틸에테르는 휘발성이 높으며 마취성이 있다.

39 니트로셀룰로오스에 관한 설명으로 옳은 것은?

① 용제에는 전혀 녹지 않는다.
② 질화도가 클수록 위험성이 증가한다.
③ 물과 작용하여 수소를 발생한다.
④ 화재 발생 시 질식소화가 가장 적합하다.

풀이 질화도는 니트로셀룰로오스 중의 질소 함유비(%)로서 질화도가 높을수록 위험하다.

정답 36. ③ 37. ③ 38. ② 39. ②

40 위험물의 품명과 지정수량이 잘못 짝지어진 것은?

① 황화인 - 100kg ② 마그네슘 - 500kg
③ 알킬알루미늄 - 10kg ④ 황린 - 10kg

풀이 황린 : 20kg

41 지정수량의 10배 이상의 위험물을 취급하는 제조소에는 피뢰침을 설치하여야 하지만, 제 몇 류 위험물을 취급하는 경우는 이를 제외할 수 있는가?

① 제2류 위험물 ② 제4류 위험물
③ 제5류 위험물 ④ 제6류 위험물

풀이 지정수량의 10배 이상의 위험물을 취급하는 제조소에는 피뢰침을 설치하여야 하지만, 제6류 위험물을 취급하는 경우는 제외된다.

42 위험물안전관리법령상 품명이 질산에스테르류에 속하지 않는 것은?

① 질산에틸 ② 니트로글리세린
③ 니트로톨루엔 ④ 니트로셀룰로오스

풀이 질산에스테르류
니트로셀룰로오스, 니트로글리콜, 니트로글리세린, 질산에틸, 질산메틸

43 「제조소 일반점검표」에 기재되어 있는 위험물 취급설비 중 안전장치의 점검내용이 아닌 것은?

① 회전부 등 급유상태의 적부 ② 부식 · 손상의 유무
③ 고정상황의 적부 ④ 기능의 적부

풀이 위험물 취급설비 중 안전장치의 점검내용
부식 · 손상의 유무, 고정상황의 적부, 기능의 적부

44 이동탱크저장소에 의한 위험물의 운송 시 준수하여야 하는 기준에서 다음 중 어떤 위험물을 운송할 때 위험물 운송자는 위험물안전카드를 휴대하여야 하는가?

① 특수인화물 및 제1석유류 ② 알코올류 및 제2석유류
③ 제3석유류 및 동식물류 ④ 제4석유류

정답 40. ④ 41. ④ 42. ③ 43. ① 44. ①

풀이 위험물안전카드를 휴대하여야 하는 경우 : 특수인화물 및 제1석유류

45 제6류 위험물의 위험성에 대한 설명으로 틀린 것은?

① 질산을 가열할 때 발생하는 적갈색 증기는 무해하지만 가연성이며 폭발성이 강하다.
② 고농도의 과산화수소는 충격, 마찰에 의해서 단독으로도 분해 폭발할 수 있다.
③ 과염소산은 유기물과 접촉 시 발화 또는 폭발할 위험이 있다.
④ 과산화수소는 햇빛에 의해서 분해되며, 촉매(MnO_2)하에서 분해가 촉진된다.

풀이 흡습성이 강하여 습한 공기 중에서 자연 발화하지 않고 발열하는 무색의 무거운 액체이다.

46 다음은 위험물안전관리법령에서 정의한 동식물유류에 관한 내용이다. ( ) 안에 알맞은 수치는?

동물의 지육 등 또는 식물의 종자나 과육으로부터 추출한 것으로서 1기압에서 인화점이 섭씨 ( )도 미만인 것을 말한다.

① 21　　② 200
③ 250　　④ 300

풀이 동식물유류 : 1기압에서 인화점이 섭씨 250℃ 미만인 것

47 지하탱크저장소 탱크전용실의 안쪽과 지하저장탱크와의 사이는 몇 m 이상의 간격을 유지하여야 하는가?

① 0.1　　② 0.2
③ 0.3　　④ 0.5

풀이 지하탱크저장소 탱크전용실의 안쪽과 지하저장탱크와의 사이는 1m 이상의 간격을 유지하여야 한다.

48 이황화탄소에 대한 설명으로 틀린 것은?

① 순수한 것은 황색을 띠고 냄새가 없다.
② 증기는 유독하며 신경계통에 장애를 준다.
③ 물에 녹지 않는다.
④ 연소 시 유독성의 가스를 발생한다.

정답 45. ① 46. ③ 47. ① 48. ①

풀이 순수한 것은 무색투명한 액체로, 불순물이 존재하면 황색을 띠며 불쾌한 냄새가 난다.

49 위험물안전관리법상 설치허가 및 완공검사절차에 관한 설명으로 틀린 것은?

① 지정수량의 3천 배 이상의 위험물을 취급하는 제조소는 한국소방산업기술원으로부터 당해 제조소의 구조·설비에 관한 기술검토를 받아야 한다.

② 50만 리터 이상인 옥외탱크저장소는 한국소방산업기술원으로부터 당해 탱크의 기초, 지반 및 탱크 본체에 관한 기술검토를 받아야 한다.

③ 지정수량의 1천 배 이상의 제4류 위험물을 취급하는 일반취급소의 완공검사는 한국소방산업기술원이 실시한다.

④ 50만 리터 이상인 옥외탱크저장소의 완공검사는 한국소방산업기술원이 실시한다.

풀이 제조소 완공검사 대상

(1) 지정수량 3천 배 이상의 위험물을 취급하는 제조소 또는 일반취급소의 설치 또는 변경(사용 중인 제조소 또는 일반취급소의 보수 또는 부분적안 증설을 제외한다.) 시 공사에서 검사를 실시한다.

(2) 지정수량 3천 배 미만의 위험물을 취급하는 제조소 또는 일반취급소의 설치 또는 변경 시 관할소방서에서 실시한다.

50 위험물안전관리법령상 할로겐화합물소화기가 적응성이 있는 위험물은?

① 나트륨 ② 질산메틸

③ 이황화탄소 ④ 과산화나트륨

풀이 할로겐화합물소화기가 적응성이 있는 위험물 : 이황화탄소

51 히드록실아민을 취급하는 제조소에 두어야 하는 최소한의 안전거리(D)를 구하는 산식으로 옳은 것은?(단, N은 당해 제조소에서 취급하는 히드록실아민의 지정수량 배수를 나타낸다.)

① $D = \frac{40 \times N}{3}$ ② $D = \frac{51.1 \times N}{3}$

③ $D = \frac{55 \times N}{3}$ ④ $D = \frac{62.1 \times N}{3}$

풀이 법 개정으로 맞지 않는 문제

정답 49. ③ 50. ③ 51. ②

52 제3류 위험물 중 금수성 물질을 제외한 위험물에 적응성이 있는 소화설비가 아닌 것은?

① 분말소화설비 ② 스프링클러설비
③ 팽창질석 ④ 포소화설비

풀이 제3류 위험물 중 금수성 물질을 제외한 위험물에 적응성이 있는 소화설비
스프링클러, 팽창질석, 포소화설비

53 적린과 동소체 관계에 있는 위험물은?

① 오황화인 ② 인화알루미늄
③ 인화칼슘 ④ 황린

풀이 적린과 황린은 동소체이다.

54 제조소의 건축물 구조기준 중 연소의 우려가 있는 외벽은 출입구 외의 개구부가 없는 내화구조의 벽으로 하여야 한다. 이때 연소의 우려가 있는 외벽은 제조소가 설치된 부지의 경계선에서 몇 m 이내에 있는 외벽을 말하는가?(단, 단층 건물일 경우이다.)

① 3 ② 4 ③ 5 ④ 6

풀이 연소의 우려가 있는 외벽은 제조소가 설치된 부지의 경계선에서 3m 이내에 있는 외벽을 말한다.

55 위험물의 유별과 성질을 잘못 연결한 것은?

① 제2류 - 가연성 고체 ② 제3류 - 자연발화성 및 금수성 물질
③ 제5류 - 자기반응성 물질 ④ 제6류 - 산화성 고체

풀이 제6류 위험물은 산화성 액체이다.

56 과망간산칼륨의 일반적인 성질에 관한 설명 중 틀린 것은?

① 강한 살균력과 산화력이 있다.
② 금속성 광택이 있는 무색의 결정이다.
③ 가열분해시키면 산소를 방출한다.
④ 비중은 약 2.7이다.

풀이 상온에서는 안정하며, 흑자색 또는 적자색의 사방정계 결정이다.

정답 52. ① 53. ④ 54. ① 55. ④ 56. ②

57 제조소의 게시판 사항 중 위험물의 종류에 따른 주의사항이 옳게 연결된 것은?

① 제2류 위험물(인화성고체 제외) - 화기엄금
② 제3류 위험물 중 금수성 물질 - 물기엄금
③ 제4류 위험물 - 화기주의
④ 제5류 위험물 - 물기엄금

풀이 • 제4류 위험물 및 제5류 위험물에 - "화기엄금"
• 제1류 위험물 중 무기과산화물, 삼산화크롬 및 제3류 위험물에 - "물기엄금"
• 제2류 위험물에 - "화기주의"
• 제6류 위험물에 - "물기주의"

58 제5류 위험물이 아닌 것은?

① 클로로벤젠
② 과산화벤조일
③ 염산히드라진
④ 아조벤젠

풀이 클로로벤젠의 인화점은 32℃이고, 제4류 위험물 중에서 제2석유류에 해당된다.

59 위험물안전관리법에서 사용하는 용어의 정의 중 틀린 것은?

① "지정수량"은 위험물의 종류별로 위험성을 고려하여 대통령령이 정하는 수량이다.
② "제조소"라 함은 위험물을 제조할 목적으로 지정수량 이상의 위험물을 취급하기 위하여 규정에 따라 허가를 받은 장소이다.
③ "저장소"라 함은 지정수량 이상의 위험물을 저장하기 위해 대통령령이 정하는 장소로, 규정에 따라 허가를 받은 장소를 말한다.
④ "제조소 등"이라 함은 제조소, 저장소 및 이동탱크를 말한다.

풀이 "제조소 등"이라 함은 제조소·저장소 및 취급소를 말한다.

60 위험물 저장탱크의 공간용적은 탱크 내용적의 얼마 이상, 얼마 이하로 하는가?

① $\frac{2}{100}$ 이상, $\frac{3}{100}$ 이하
② $\frac{2}{100}$ 이상, $\frac{5}{100}$ 이하
③ $\frac{5}{100}$ 이상, $\frac{10}{100}$ 이하
④ $\frac{10}{100}$ 이상, $\frac{20}{100}$ 이하

풀이 위험물 저장탱크의 공간용적 : $\frac{5}{100}$ 이상, $\frac{10}{100}$ 이하

정답 57. ② 58. ① 59. ④ 60. ③

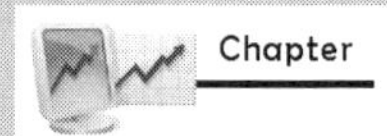

위험물기능사

(2012년 10월 20일)

Hazardous material
Industrial Engineer

1 소화기에 "A-2"로 표시되어 있었다면 숫자 "2"가 의미하는 것은 무엇인가?

① 소화기의 제조번호
② 소화기의 소요단위
③ 소화기의 능력단위
④ 소화기의 사용순위

풀이 A-2에서 A는 일반화재, 2는 능력단위가 2라는 의미이다.

2 화재 시 물을 이용한 냉각소화를 할 경우 오히려 위험성이 증가하는 물질은?

① 질산에틸
② 마그네슘
③ 적린
④ 황

풀이 철분, 마그네슘, 금속분에 적응성이 있는 소화설비 : 건조사, 팽창질석과 팽창진주암

3 석유류가 연소할 때 발생하는 가스로 강한 자극적인 냄새가 나며 취급하는 장치를 부식시키는 것은?

① H_2
② CH_4
③ NH_3
④ SO_2

풀이 석유류가 연소할 때 발생하는 가스 : SO_2(이산화황)

4 위험물안전관리법령에 따른 건축물, 그 밖의 공작물 또는 위험물 소요단위의 계산방법의 기준으로 옳은 것은?

① 위험물은 지정수량의 100배를 1소요단위로 할 것
② 저장소용 건축물로서 외벽에 내화구조인 것은 연면적 100m^{2}를 1소요단위로 할 것

정답 1. ③ 2. ② 3. ④ 4. ④

③ 저장소의 건축물은 외벽이 내화구조가 아닌 것은 연면적 $50m^2$를 1소요단위로 할 것
④ 제조소 또는 취급소용으로서 옥외에 있는 공작물인 경우 최대수평투영면적 $100m^2$를 1소요단위로 할 것

풀이 소요단위는 다음의 기준에 의하여 산출한다.
1. 제조소 또는 취급소용 건축물로서 외벽이 내화구조로 된 것에 있어서는 연면적 $100m^2$를, 외벽이 내화구조가 아닌 것에 있어서는 연면적 $50m^2$를 각각 소요단위 1단위로 할 것
2. 저장소용 건축물로서 외벽이 내화구조로 된 것에 있어서는 연면적 $150m^2$를, 외벽이 내화구조가 아닌 것에 있어서는 연면적 $75m^2$를 소요단위 1단위로 할 것
3. 제조소 등의 옥외에 있는 공작물은 외벽이 내화구조로 된 것으로 보고, 그 공작물의 수평최대면적에 대하여 제1호 및 제2호의 기준에 의하여 산출할 것
4. 위험물에 있어서는 지정수량의 10배를 소요단위 1단위로 할 것

5 위험물안전관리법령상 특수 인화물의 정의에 대해 다음 (   ) 안에 알맞은 수치를 차례대로 옳게 나열한 것은?

> "특수인화물"이라 함은 이황화탄소, 디에틸에테르 그 밖에 1기압에서 발화점이 섭씨 (   )도 이하인 것 또는 인화점이 섭씨 영하 (   )도 이하이고 비점이 섭씨 40도 이하인 것을 말한다.

① 100, 20　　② 25, 0
③ 100, 0　　④ 25, 20

풀이 "특수인화물"이라 함은 이황화탄소, 디에틸에테르 그 밖에 1atm에서 발화점이 100℃ 이하인 것 또는 인화점이 −20℃ 이하이고 비점이 40℃ 이하인 것을 말한다.

6 지정수량 10배의 위험물을 저장 또는 취급하는 제조소에 있어서 연면적이 최소 몇 m^2이면 자동화재탐지설비를 설치해야 하는가?

① 100　　② 300
③ 500　　④ 1000

풀이 지정수량 10배의 위험물을 저장 또는 취급하는 제조소에 있어서 연면적이 최소 $500m^2$이면 자동화재탐지설비를 설치해야 한다.

7 황린에 대한 설명으로 옳지 않은 것은?

① 연소하면 악취가 있는 것은 검은색 연기를 낸다.
② 공기 중에서 자연발화할 수 있다.

정답 5. ① 6. ③ 7. ①

③ 수중에 저장하여야 한다.
④ 자체 증기도 유독하다.

풀이 연소하면 오산화인이 되면서 흰 연기를 낸다.

8 다음 중 화재 시 사용하면 독성의 $COCl_2$ 가스를 발생시킬 위험이 가장 높은 소화 약제는?

① 액화이산화탄소
② 제1종 분말
③ 사염화탄소
④ 공기포

풀이 사염화탄소의 화학반응식
- 공기 중 : $2CCl_4 + O_2 \rightarrow 2COCl_2 + 2Cl_2$
- 습기 중 : $CCl_4 + H_2O \rightarrow COCl_2 + 2HCl$
- 탄산가스 중 : $CCl_4 + CO_2 \rightarrow 2COCl_2$
- 금속접촉 중 : $3CCl_4 + Fe_2O_3 \rightarrow 3COCl_2 + 2FeCl_3$
- 발연황산 중 : $2CCl_4 + H_2SO_4 + SO_3 \rightarrow 2COCl_2 + S_2O_5Cl_2 + 2HCl$

9 위험물안전관리법령상 탄산수소염류의 분말소화기가 적응성을 갖는 위험물이 아닌 것은?

① 과염소산
② 철분
③ 톨루엔
④ 아세톤

풀이 탄산수소염류의 분말소화기가 적응성을 갖는 위험물
철분, 아세톤, 톨루엔

10 위험물의 유별에 따른 성질과 해당 품명의 예가 잘못 연결된 것은?

① 제1류 : 산화성 고체 - 무기과산화물
② 제2류 : 가연성 고체 - 금속분
③ 제3류 : 자연발화성 물질 및 금수성 물질 - 황화인
④ 제5류 : 자기반응성 물질 - 히드록실아민염류

풀이 제3류
자연발화성 물질 및 금수성 물질 - 칼륨, 나트륨, 알킬알루미늄

11 금속분연소 시 주수소화하면 위험한 원인으로 옳은 것은?

① 물에 녹아 산이 된다.
② 물과 작용하여 유독가스를 발생한다.
③ 물과 작용하여 수소가스를 발생한다.
④ 물과 작용하여 산소가스를 발생한다.

정답 8. ③ 9. ① 10. ③ 11. ③

풀이 $2Al + 6H_2O \rightarrow 2Al(OH)_3 + 3H_2$
$Mg + 2H_2O \rightarrow Mg(OH)_2 + H_2\uparrow$

12 트리에틸알루미늄의 화재 시 사용할 수 있는 소화 약제(설비)가 아닌 것은?

① 마른 모래 ② 팽창질석
③ 팽창진주암 ④ 이산화탄소

풀이 트리에틸알루미늄의 소화제로는 팽창질석과 팽창진주암이 가장 효과적이다.

13 공정 및 장치에서 분진폭발을 예방하기 위한 조치로서 가장 거리가 먼 것은?

① 플랜트는 공정별로 분류하고 폭발의 파급을 피할 수 있도록 분진취급 공정을 습식으로 한다.
② 분진이 물과 반응하는 경우는 물 대신 휘발성이 적은 유류를 사용하는 것이 좋다.
③ 배관의 연결부위나 기계가동에 의해 분진이 누출될 염려가 있는 곳은 흡인이나 밀폐를 철저히 한다.
④ 가연성 분진을 취급하는 장치류는 밀폐하지 말고 분진이 외부로 누출되도록 한다.

풀이 가연성 분진을 취급하는 장치류는 밀폐하지 말고 분진이 외부로 누출되지 않도록 한다.

14 위험물안전관리법상 제조소 등에 대한 긴급 사용정지 명령에 관한 설명으로 옳은 것은?

① 시·도지사는 명령을 할 수 없다.
② 제조소 등의 관계인뿐 아니라 해당 시설을 사용하는 자에게도 명령할 수 있다.
③ 제조소 등의 관계자에게 위법사유가 없는 경우에도 명령할 수 있다.
④ 제조소 등의 위험물취급설비에 중대한 결함이 발견되거나 사고우려가 인정되는 경우에만 명령할 수 있다.

풀이 시·도지사는 제조소 등의 관계인이 허가를 취소하거나 6월 이내의 기간을 정하여 제조소 등의 전부 또는 일부의 사용정지를 명할 수 있다.
- 변경허가를 받지 아니하고 제조소 등의 위치·구조 또는 설비를 변경한 때
- 완공검사를 받지 아니하고 제조소 등을 사용한 때
- 수리·개조 또는 이전의 명령을 위반한 때
- 위험물안전관리자를 선임하지 아니한 때
- 대리자를 지정하지 아니한 때
- 정기점검을 하지 아니한 때
- 정기검사를 받지 아니한 때
- 저장·취급기준 준수명령을 위반한 때

정답 12. ④ 13. ④ 14. ③

15 주유취급소에 다음과 같이 전용탱크를 설치하였다. 최대로 저장 · 취급할 수 있는 용량은 얼마인가?(단, 고속도로 외의 도로변에 설치하는 자동차용 주유취급소인 경우이다.)

- 간이탱크 : 2기
- 폐유탱크 등 : 1기
- 고정주유설비 및 급유설비에 접속하는 전용탱크 : 2기

① 103, 200리터
② 104, 600리터
③ 123, 200리터
④ 124, 200리터

풀이 최대로 저장 · 취급할 수 있는 용량
- 간이탱크 : 600L
- 폐유탱크 : 2,000L
- 고정주유설비 및 급유설비에 접속하는 전용탱크 : 50,000L

따라서, $(600\times2)+(2,000\times1)+(50,000\times2)=103,200L$

16 다음 중 발화점이 낮아지는 경우는?

① 화학적 활성도가 낮을 때
② 발열량이 클 때
③ 산소와 친화력이 나쁠 때
④ CO_2와 친화력이 높을 때

풀이 발화점이 낮아지는 경우
화학적 활성도가 클 때, 산소와 친화력이 클 때, 분자구조가 복잡할 때, 발열량이 클 때

17 옥외저장소에 덩어리 상태의 유황만을 지반면에 설치한 경계표시의 안쪽에서 저장할 경우 하나의 경계표시의 내부면적은 몇 m^2 이하이어야 하는가?

① 75
② 100
③ 300
④ 500

풀이

구분	내용
옥외저장소	덩어리 상태의 유황을 저장하는 것으로서 경계표시 내부의 면적(2 이상의 경계표시가 있는 경우에는 각 경계표시의 내부의 면적을 합한 면적)이 $5m^2$ 이상 $100m^2$ 미만인 것
	별표 11 Ⅲ의 위험물을 저장하는 것으로서 지정수량의 10배 이상 100배 미만인 것
	지정수량의 100배 이상인 것(덩어리 상태의 유황 또는 고인화점위험물을 저장하는 것은 제외)

정답 15. ① 16. ② 17. ②

18 연소의 종류와 가연물을 틀리게 연결한 것은?

① 증발연소 - 가솔린, 알코올
② 표면연소 - 코크스, 목탄
③ 분해연소 - 목재, 종이
④ 자기연소 - 에테르, 나프탈렌

풀이 자기연소는 제5류 위험물에 해당된다.

19 화재종류 중 금속화재에 해당하는 것은?

① A급　② B급
③ C급　④ D급

풀이 ① A급 : 일반화재
② B급 : 유류 및 가스화재
③ C급 : 전기화재

20 다음 중 물과 접촉하면 열과 산소가 발생하는 것은?

① $NaClO_2$　② $NaClO_3$
③ $KMnO_4$　④ Na_2O_2

풀이 과산화나트륨 : 상온에서 물과 격렬하게 반응하며 열을 발생하고 산소를 방출시킨다.

$$Na_2O_2 + H_2O \rightarrow 2NaOH + \frac{1}{2}O_2\uparrow$$

21 다음 위험물 중 물에 대한 용해도가 가장 낮은 것은?

① 아크릴산　② 아세트알데히드
③ 벤젠　④ 글리세린

풀이 벤젠은 물에 녹지 않는다.

22 위험물의 저장방법에 대한 설명으로 옳은 것은?

① 황화인은 알코올 또는 과산화물 속에 저장하여 보관한다.
② 마그네슘은 건조하면 분진폭발의 위험성이 있으므로 물에 습윤하여 저장한다.

정답 18. ④　19. ④　20. ④　21. ③　22. ④

③ 적린은 화재예방을 위해 할로겐 원소와 혼합하여 저장한다.
④ 수소화리튬은 저장용기에 아르곤과 같은 불활성 기체를 봉입한다.

풀이 ① 황화인은 소량이면 유리병에 대량일 때는 양철통에 넣은 다음 나무상자 속에 보관한다.
② 마그네슘은 분진폭발할 수 있으므로 분진이 날아가지 않도록 주의해서 보관한다.
③ 적린은 냉암소에 저장한다.

23 질산에틸과 아세톤의 공통적인 성질 및 취급방법으로 옳은 것은?

① 휘발성이 낮기 때문에 마개 없는 병에 보관하여도 무방하다.
② 점성이 커서 다른 용기 옮길 때 가열하여 더운 상태에서 옮긴다.
③ 통풍이 잘되는 곳에 보관하고 불꽃 등의 화기를 피해야 한다.
④ 인화점이 높으나 증기압이 낮으므로 햇빛에 노출된 곳에 저장이 가능하다.

풀이 질산에틸과 아세톤의 공통적인 성질 및 취급방법 : 통풍이 잘되는 곳에 보관하고 불꽃 등의 화기를 피해야 한다.

24 위험물안전관리법령에 의해 위험물을 취급함에 있어서 발생하는 정전기를 유효하게 제거하는 방법으로 옳지 않는 것은?

① 인화방지망 설치
② 접지 실시
③ 공기 이온화
④ 상대습도를 70% 이상 유지

풀이 위험물을 취급함에 있어서 정전기가 발생할 우려가 있는 설비에는 다음 각 호의 1에 해당하는 방법으로 정전기를 유효하게 제거할 수 있는 설비를 설치하여야 한다.
- 접지에 의한 방법
- 공기 중의 상대습도를 70% 이상으로 하는 방법
- 공기를 이온화하는 방법

25 제2류 위험물을 수납하는 운반용기의 외부에 표시하여야 하는 주의사항으로 옳은 것은?

① 제2류 위험물 중 철분, 금속분, 마그네슘 또는 이들 중 어느 하나 이상을 함유한 것에 있어서는 "화기주의" 및 "물기주의", 인화성 고체에 있어서는 "화기엄금", 그 밖의 것에 있어서는 "화기주의"
② 제2류 위험물 중 철분, 금속분, 마그네슘 또는 이들 중 어느 하나 이상을 함유한 것에 있어서는 "화기주의" 및 "물기엄금", 인화성 고체에 있어서는 "화기주의", 그 밖의 것에 있어서는 "화기엄금"

정답 23. ③ 24. ① 25. ③

③ 제2류 위험물 중 철분, 금속분, 마그네슘 또는 이들 중 어느 하나 이상을 함유한 것에 있어서는 "화기주의 " 및 "물기엄금", 인화성 고체에 있어서는 "화기엄금", 그 밖의 것에 있어서는 "화기주의"

④ 제2류 위험물 중 철분, 금속분, 마그네슘 또는 이들 중 어느 하나 이상을 함유한 것에 있어서는 "화기엄금" 및 "물기엄금", 인화성 고체에 있어서는 "화기 엄금", 그 밖의 것에 있어서는 "화기주의"

풀이 다음 각 목의 구분에 의한 주의사항

- 제1류 위험물 중 무기과산화물류 및 삼산화크롬의 경우에는 "화기, 충격주의", "물기엄금" 및 "가연물접촉주의", 그 밖의 것의 경우에는 "화기, 충격주의" 및 "가연물접촉주의"
- 제2류 위험물 중 철분, 금속분 또는 마그네슘의 경우에는 "화기주의" 및 "물기엄금", 그 밖의 것의 경우에는 "화기주의"
- 제3류 위험물 중 자연발화성 물품의 경우에는 "화기엄금" 및 "공기노출엄금", 금수성 물품의 경우에는 "물기엄금"
- 제4류 위험물의 경우에는 "화기엄금"
- 제5류 위험물의 경우에는 "화기엄금" 및 "충격주의"
- 제6류 위험물 중 과염소산, 과산화수소 및 질산의 경우에는 "가연물접촉주의"

26 다음 ( ) 안에 들어갈 알맞은 단어는?

"보냉장치가 있는 이동저장탱크에 저장하는 아세트알데히드 등 또는 디에틸에테르 등의 온도는 당해 위험물의 ( ) 이하로 유지하여야 한다."

① 비점　　② 인화점
③ 융해점　　④ 발화점

풀이 보냉장치가 있는 이동저장탱크에 저장하는 아세트알데히드 등 또는 디에틸에테르 등의 온도는 당해 위험물의 비점 이하로 유지하여야 한다.

27 「자동화재탐지설비 일반점검표」의 점검내용이 "변형·손상의 유무, 표시의 적부, 경계구역일람도의 적부, 기능의 적부"인 점검항목은?

① 감지기　　② 중계기
③ 수신기　　④ 발신기

풀이 수신기의 점검항목

- 변형, 손상의 유무
- 표시의 적부
- 경계구역일람도의 적부
- 기능의 적부

정답 26. ①　27. ③

28 제4류 위험물의 일반적 성질에 대한 설명으로 틀린 것은?

① 발생증기가 가연성이며 공기보다 무거운 물질이 많다.
② 정전기에 의하여도 인화할 수 있다.
③ 상온에서 액체이다.
④ 전기도체이다.

풀이 제4류 위험물은 전기의 부도체이다.

29 트리니트로톨루엔에 관한 설명으로 옳지 않은 것은?

① 일광을 쪼이면 갈색으로 변한다.
② 녹는점은 약 81℃이다.
③ 아세톤에 잘 녹는다.
④ 비중이 약 1.8인 액체이다.

풀이 비중이 1.66 정도인 담황색 고체이다.

30 제5류 위험물의 일반적인 성질에 대한 설명 중 틀린 것은?

① 자기연소를 일으키며 연소 속도가 빠르다.
② 무기물이므로 폭발의 위험이 있다.
③ 운반용기 외부에 "화기엄금" 및 "충격주의" 주의사항 표시를 하여야 한다.
④ 강산화제 또는 강산류와 접촉 시 위험성이 증가한다.

풀이 자기반응성 무기물이 아니고 유기질화합물로 자연발화의 위험성을 갖는다. 즉, 외부로부터의 산소 공급 없이도 가열, 충격 등에 의해 연소폭발을 일으킬 수 있는 물질이다.

31 $KMnO_4$의 지정수량은 몇 kg인가?

① 50　② 100
③ 300　④ 1,000

풀이

위험물			지정수량
유별	성질	품명	
제1류	산화성 고체	1. 아염소산 염류	50kg
		2. 염소산 염류	50kg

정답 28. ④　29. ④　30. ②　31. ④

		3. 과염소산 염류	50kg
		4. 무기 과산화물	50kg
		5. 브롬산 염류	300kg
		6. 질산 염류	300kg
		7. 요오드산 염류	300kg
		8. 과망간산 염류	1,000kg
		9. 중크롬산 염류	1,000kg
		10. 그 밖에 행정자치부령이 정하는 것 11. 제1호 내지 제10호의 1에 해당하는 어느 하나 이상을 함유한 것	50kg, 300kg 또는 1,000kg

32 알코올에 관한 설명으로 옳지 않은 것은?

① 1가 알코올은 OH 기의 수가 1개인 알코올을 말한다.
② 2차 알코올은 1차 알코올이 산화된 것이다.
③ 2차 알코올이 수소를 잃으면 케톤이 된다.
④ 알데히드가 환원되면 1차 알코올이 된다.

풀이 1차 알코올은 2차 알코올이 산화된 것이다.

33 제조소 및 일반취급소에 설치하는 자동화재탐지설비의 설치기준으로 틀린 것은?

① 하나의 경계구역은 $600m^2$ 이하로 하고, 한 변의 길이는 50m 이하로 한다.
② 주요한 출입구에서 내부 전체를 볼 수 있는 경우 경계구역은 $1,000m^2$ 이하로 할 수 있다.
③ 하나의 경계구역이 $300m^2$ 이하이면 2개 층을 하나의 경계구역으로 할 수 있다.
④ 비상전원을 설치하여야 한다.

풀이 자동화재탐지설비의 설치기준

- 자동화재탐지설비의 경계구역은 건축물 그 밖의 공작물의 2 이상의 층에 걸치지 아니하도록 할 것. 다만, 하나의 경계구역의 면적이 $500m^2$ 이하이면서 당해 경계구역이 두 개의 층에 걸치는 경우이거나 계단ㆍ경사로ㆍ승강기의 승강로 그 밖에 이와 유사한 장소에 연기감지기를 설치하는 경우에는 그러하지 아니하다.
- 하나의 경계구역의 면적은 $600m^2$ 이하로 하고 그 한 변의 길이는 50m(광전식 분리형 감지기를 설치할 경우에는 100m) 이하로 할 것. 다만, 당해 건축물 그 밖의 공작물의 주요한 출입구에서 그 내부의 전체를 볼 수 있는 경우에 있어서는 그 면적을 $1,000m^2$ 이하로 할 수 있다.
- 자동화재탐지설비의 감지기는 지붕(상층이 있는 경우에는 상층의 바닥) 또는 벽의 옥내에 면한 부분(천장이 있는 경우에는 천장 또는 벽의 옥내에 면한 부분 및 천장의 뒷 부분)에 유효하게 화재의 발생을 감지할 수 있도록 설치할 것
- 자동화재탐지설비에는 비상전원을 설치할 것

정답 32. ② 33. ③

34 제6류 위험물에 해당하지 않는 것은?

① 농도가 50wt%인 과산화
② 비중이 1.5인 질산
③ 과요오드산
④ 삼불화브롬

풀이 과요오드산은 제1류 위험물이다.

35 이황화탄소의 성질에 대한 설명 중 틀린 것은?

① 연소할 때 주로 황화수소를 발생한다.
② 증기비중은 약 2.6이다.
③ 보호액으로 물을 사용한다.
④ 인화점이 약 -30℃이다.

풀이 연소 시 청색 불꽃을 발생하고, 이산화황의 유독가스를 발생한다.
$CS_2 + 3O_2 \rightarrow CO_2 + 2SO_2$

36 그림과 같이 횡으로 설치한 원형 탱크의 용량은 약 몇 m^3인가?(단, 공간용적은 내용적의 $\frac{10}{100}$이다.)

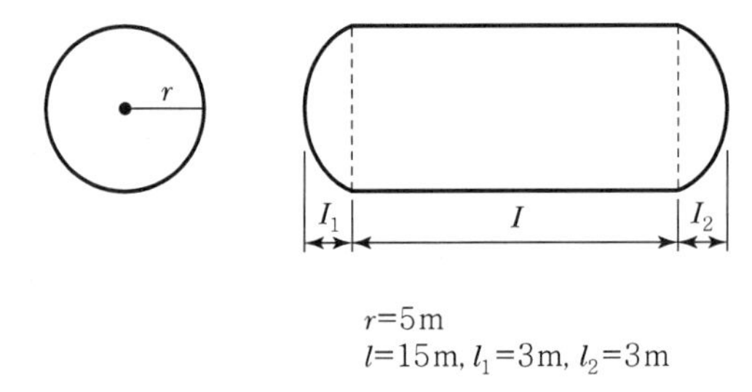

r=5m
l=15m, l_1=3m, l_2=3m

① 1,690.9
② 1,335.1
③ 1,268.4
④ 1,201.7

풀이 용량

$$\pi r^2\left(l+\frac{l_1+l_2}{3}\right)=3.14\times5^2\times(15+\frac{3+3}{3})=1,334.5-133.45(\text{공간용적})=1,201.7$$

정답 34. ③ 35. ① 36. ④

37 하나의 위험물저장소에 다음과 같이 2가지 위험물을 저장하고 있다. 지정수량 이상에 해당하는 것은?

① 브롬산칼륨 80kg, 염소산칼륨 40kg
② 질산 100kg, 과산화수소 150kg
③ 질산칼륨 120kg, 중크롬산나트륨 500kg
④ 휘발유 20L, 윤활유 2,000L

풀이 ① 브롬산칼륨 80kg, 염소산칼륨 40kg : $\frac{80}{50}+\frac{40}{50}=2.4$

② 질산 100kg, 과산화수소 150kg : $\frac{100}{300}+\frac{150}{300}=0.833$

③ 질산칼륨 120kg, 중크롬산나트륨 500kg : $\frac{120}{300}+\frac{500}{1,000}=0.9$

④ 휘발유 20L, 윤활유 2,000L : $\frac{20}{200}+\frac{2,000}{6,000}=0.433$

38 알킬알루미늄 등 또는 아세트알데히드 등을 취급하는 제조소의 특례기준으로서 옳은 것은?

① 알킬알루미늄 등을 취급하는 설비에는 불활성 기체 또는 수증기를 봉입하는 장치를 설치한다.
② 알킬알루미늄 등을 취급하는 설비는 은, 수은, 동, 마그네슘을 성분으로 하는 것으로 만들지 않는다.
③ 아세트알데히드 등을 취급하는 탱크에는 냉각장치 또는 보냉장치 및 불활성 기체 봉입장치를 설치한다.
④ 아세트알데히드 등을 취급하는 설비의 주위에는 누설범위를 국한하기 위한 설비와 누설되었을 때 안전한 장소에 설치된 저장실에 유입시킬 수 있는 설비를 갖춘다.

풀이 불활성기체 등의 봉입장치 등

① 알킬알루미늄, 알킬리튬 또는 알킬알루미늄, 알킬리튬을 함유한 것(이하 "알킬알루미늄 등"이라 한다)을 취급하는 설비에는 불활성의 기체를 봉입하는 장치를 설치하고, 그 취급설비의 주위에는 누설범위를 국한할 수 있는 설비와 누설된 알킬알루미늄 등을 안전한 장소에 설치된 저장실에 유입시킬 수 있는 설비를 설치하여야 한다.
② 아세트알데히드 등을 취급하는 설비에는 연소성 혼합기체의 생성에 의한 폭발을 방지하기 위하여 불활성 기체 또는 수증기를 봉입하는 장치를 설치하고, 상시 봉입하는 경우의 압력은 위험물을 취급하는 설비의 사용압력 이하로 하여야 한다.

39 적린에 관한 설명 중 틀린 것은?

① 물에 잘 녹는다.
② 화재시 물로 냉각소화할 수 있다.
③ 황린에 비해 안정하다.
④ 황린과 동소체이다.

풀이 적린은 물에 녹지 않는다.

정답 37. ① 38. ③ 39. ①

40 탄화칼슘에 대한 설명으로 틀린 것은?

① 시판품은 흑회색이며 불규칙한 형태의 고체이다.
② 물과 작용하여 산화칼슘과 아세틸렌을 만든다.
③ 고온에서 질소와 반응하여 칼슘시안아미드(석회질소)가 생성된다.
④ 비중은 약 2.2이다.

풀이 물과 반응하여 수산화칼슘(=소석회)과 아세틸렌가스가 생성된다.
$CaC_2 + 2H_2O \rightarrow Ca(OH)_2 + C_2H_2 \uparrow$

41 클레오소트유에 대한 설명으로 틀린 것은?

① 제3석유류에 속한다.
② 무취이고 증기는 독성이 없다.
③ 상온에서 액체이다.
④ 물보다 무겁고 물에 녹지 않는다.

풀이 클레오소트유는 물보다 무겁고 독성이 있다.

42 운송책임자의 감독, 지원을 받아 운송하여야 하는 위험물은?

① 알킬알루미늄 ② 금속나트륨
③ 메틸에틸케톤 ④ 트리니트로톨루엔

풀이 위험물을 운반하고자 할 때 운송책임자의 감독지원을 받아 운송하여야 하는 위험물은 "법" 제19조에 의하여 알킬알루미늄과 알킬리튬이다.

43 복수의 성상을 가지는 위험물에 대한 품명지정의 기준상 유별의 연결이 틀린 것은?

① 산화성 고체의 성상 및 가연성 고체의 성상을 가지는 경우 : 가연성 고체
② 산화성 고체의 성상 및 자기반응성 물질의 성상을 가지는 경우 : 자기반응성 물질
③ 가연성 고체의 성상과 자연발화성 물질의 성상 및 금수성 물질의 성상을 가지는 경우 : 자연 발화성 물질 및 금수성 물질
④ 인화성 액체의 성상 및 자기반응성 물질의 성상을 가지는 경우 : 인화성 액체

풀이 "인화성 액체"라 함은 액체(제3석유류, 제4석유류 및 동식물유류에 있어서는 1atm과 20℃에서 액상인 것에 한한다)로서 인화의 위험성이 있는 것을 말한다.

정답 40. ② 41. ② 42. ① 43. ④

44 다음 중 산을 가하면 이산화염소를 발생시키는 물질은?

① 아염소산나트륨
② 브롬산나트륨
③ 옥소산칼륨(요오드산칼륨)
④ 중크롬산나트륨

풀이 아염소산나트륨이 산과 반응하면 이산화염소의 유독가스가 발생한다.
$3NaClO_2 + 2HCl \rightarrow 3NaCl + 2ClO_2 + H_2O_2$

45 용량 50만 L 이상의 옥외탱크저장소에 대하여 변경허가를 받고자 할 때 한국 소방산업기술원으로부터 탱크의 기초, 지반 및 탱크본체에 대한 기술검토를 받아야 한다. 다만, 소방방재청장이 고시하는 부분적인 사항의 변경하는 경우에는 기술검토가 면제되는데 다음 중 기술검토가 면제되는 경우가 아닌 것은?

① 노즐, 맨홀을 포함한 동일한 형태의 지붕판의 교체
② 탱크 밑판에 있어서 밑판 표면적의 50% 미만의 육성보수공사
③ 탱크의 옆판 중 최하단 옆판에 있어서 옆판 표면적의 30% 이내의 교체
④ 옆판 중심선의 600mm 이내의 밑판에 있어서 밑판의 원주길이 10% 미만에 해당하는 밑판의 교체

풀이 탱크의 옆판 중 최하단 옆판에 있어서가 아니고 최하단 외의 옆판을 교체하는 경우 옆판 표면적의 30% 이내의 교체(기술검토를 받지 아니하는 변경)

1. 옥외저장탱크 지붕판(노즐 · 맨홀 등을 포함한다)의 교체(동일한 형태의 것으로 교체하는 경우에 한한다)
2. 옥외저장탱크의 옆판(노즐 · 맨홀 등을 포함한다)의 교체 중 다음 각목의 어느 하나에 해당하는 경우
   가. 최하단 옆판을 교체하는 경우에는 옆판 표면적의 10% 이내의 교체
   나. 최하단 외의 옆판을 교체하는 경우에는 옆판 표면적의 30% 이내의 교체
3. 옥외저장탱크 밑판(옆판의 중심선으로부터 600mm 이내의 밑판에 있어서는 당해 밑판의 원주길이의 10% 미만에 해당하는 밑판에 한한다)의 교체
4. 옥외저장탱크의 밑판 또는 옆판(노즐 · 맨홀 등을 포함한다)의 정비(밑판 또는 옆판의 표면적의 50% 미만의 겹침보수공사 또는 육성보수공사를 포함한다)
5. 옥외탱크저장소 기초 · 지반의 정비
6. 암반탱크 내벽의 정비
7. 제조소 또는 일반취급소의 구조 · 설비를 변경하는 경우에 변경에 의한 위험물 취급량의 증가가 지정수량의 3천 배 미만인 경우

46 제3류 위험물에 해당하는 것은?

① NaH ② Al
③ Mg ④ P_4S_3

풀이

위험물			지정수량
유별	성질	품명	
제3류	자연발화성 물질 및 금수성 물질	1. 칼륨	10kg
		2. 나트륨	10kg
		3. 알킬알루미늄	10kg
		4. 알킬리튬	10kg
		5. 황린	20kg
		6. 알칼리금속(칼륨 및 나트륨을 제외한다)및 알칼리토금속	50kg
		7. 유기금속화합물(알킬알루미늄 및 알킬리튬을 제외한다)	50kg
		8. 금속의 수소화물	300kg
		9. 금속의 인화물	300kg
		10. 칼슘 또는 알루미늄의 탄화물	300kg
		11. 그 밖에 행정자치부령이 정하는 것 12. 제1호 내지 제11호의 1에 해당하는 어느 하나 이상을 함유한 것	10kg, 50kg 또는 300kg

47 금속나트륨, 금속칼륨 등을 보호액 속에 저장하는 이유를 가장 옳게 설명한 것은?

① 온도를 낮추기 위하여
② 승화하는 것을 막기 위하여
③ 공기와의 접촉을 막기 위하여
④ 운반시 충격을 적게 하기 위하여

풀이 금속나트륨, 금속칼륨 등을 보호액 속에 저장하는 이유는 공기와의 접촉을 막기 위해서이다.

48 니트로셀룰로오스의 저장 · 취급방법으로 옳은 것은?

① 건조한 상태로 보관하여야 한다.
② 물 또는 알코올 등을 첨가하여 습윤시켜야 한다.
③ 물기에 접촉하면 위험하므로 제습제를 첨가하여야 한다.
④ 알코올에 접촉하면 자연발화의 위험이 있으므로 주의하여야 한다.

풀이 니트로셀룰로오스를 저장 · 운반시 물 또는 알코올에 습면하고, 안정제를 가해서 냉암소에 저장한다.

정답 47. ③ 48. ②

49 주유취급소에 설치하는 "주유 중 엔진정지"라는 표시를 한 게시판의 바탕과 문자의 색상을 차례대로 옳게 나타낸 것은?

① 황색, 흑색 ② 흑색, 황색
③ 백색, 흑색 ④ 흑색, 백색

풀이

[황색 바탕, 흑색 문자]

50 고형 알코올 2,000kg과 철분 1,000kg 각각의 지정수량 배수의 총합은 얼마인가?

① 3 ② 4
③ 5 ④ 6

풀이 지정수량 배수의 총합 $= \frac{2,000}{1,000} + \frac{1,000}{500} = 4$

51 제3류 위험물 중 은백색 광택이 있고 노란색 불꽃을 내며 연소하며 비중이 약 0.97, 융점이 97.7℃인 물질의 지정수량은 몇 kg인가?

① 10 ② 20
③ 50 ④ 300

풀이 나트륨에 대한 설명으로 나트륨의 지정수량은 10kg이다.

52 위험물에 대한 설명으로 옳은 것은?

① 이황화탄소는 연소 시 유독성 황화수소가스를 발생한다.
② 디에틸에테르는 물에 잘 녹지 않지만 유지 등을 잘 녹이는 용제이다.
③ 등유는 가솔린보다 인화점이 높으나, 인화점은 0℃ 미만이므로 인화의 위험성은 매우 높다.
④ 경유는 등유와 비슷한 성질을 가지지만 증가비중이 공기보다 가볍다는 차이점이 있다.

풀이 디에틸에테르는 물에 잘 녹지 않지만 유지 등을 잘 녹이는 용제이다.

정답 49. ① 50. ② 51. ① 52. ②

53 제1류 위험물에 해당하지 않는 것은?

① 납의 산화물　　② 질산구아니딘

③ 퍼옥소이황산염류　　④ 염소화이소시아눌산

풀이 질산구아니딘은 제5류 위험물에 해당된다.

54 벤젠을 저장하는 옥외탱크저장소가 액표면적이 $45m^2$인 경우 소화난이도등급은?

① 소화난이도등급 I　　② 소화난이도등급 II

③ 소화난이도등급 III　　④ 제시된 조건으로 판단할 수 없음

풀이 소화난이도등급 I

옥외탱크저장소	액표면적이 $40m^2$ 이상인 것(제6류 위험물을 저장하는 것 및 고인화점위험물만을 100℃ 미만의 온도에서 저장하는 것은 제외)
	지반면으로부터 탱크 옆판의 상단까지 높이가 6m 이상인 것(제6류 위험물을 저장하는 것 및 고인화점위험물만을 100℃ 미만의 온도에서 저장하는 것은 제외)
	지중탱크 또는 해상탱크로서 지정수량의 100배 이상인 것(제6류 위험물을 저장하는 것 및 고인화점위험물만을 100℃ 미만의 온도에서 저장하는 것은 제외)
	고체위험물을 저장하는 것으로서 지정수량의 100배 이상인 것

55 위험물옥외저장탱크의 통기관에 관한 사항으로 옳지 않는 것은?

① 밸브없는 통기관의 직경은 30mm 이상으로 한다.

② 대기밸브부착 통기관은 항시 열려 있어야 한다.

③ 밸브없는 통기관의 선단은 수평면보다 45도 이상 구부려 빗물 등의 침투를 막는 구조로 한다.

④ 대기밸브부착 통기관은 5kPa 이하의 압력차이로 작동할 수 있어야 한다.

풀이 대기밸브부착 통기관

- $100kg/cm^2$ 이하의 압력에서 작동할 수 있는 것으로 한다.
- 가는 눈의 동망 등으로 인화 방지망을 설치한다.
- 옥외저장탱크 중 대기밸브부착 통기관은 5kPa 이하의 압력차이로 작동할 수 있어야 한다.

56 적린과 유황의 공통되는 일반적 성질이 아닌 것은?

① 비중이 1보다 크다.　　② 연소하기 쉽다.

③ 산화되기 쉽다.　　④ 물에 잘 녹는다.

정답 53. ②　54. ①　55. ②　56. ④

풀이 적린과 유황은 물에 녹지 않는다.

57 셀룰로이드에 대한 설명으로 옳은 것은?

① 질소가 함유된 유기물이다. ② 질소가 함유된 무기물이다.
③ 유기의 염화물이다. ④ 무기의 염화물이다.

풀이 셀룰로이드는 질소가 함유된 유기물이다.

58 다음 중 무색투명한 휘발성 액체로서 물에 녹지 않고 물보다 무거워서 물속에 보관하는 위험물은?

① 경유 ② 황린
③ 유황 ④ 이황화탄소

풀이
- 이황화탄소 : 물속에 보관
- K, Na : 석유(등유) 속에 보관
- 니트로셀룰로오스 : 물 또는 알코올에 습면하여 보관

59 과산화수소에 대한 설명으로 틀린 것은?

① 불연성 물질이다.
② 농도가 약 3wt%이면 단독으로 분해폭발한다.
③ 산화성 물질이다.
④ 점성이 있는 액체로 물에 용해된다.

풀이 과산화수소의 농도가 약 36wt% 이상이면 단독으로 분해폭발한다.

60 제4류 위험물 중 제2석유류의 위험등급 기준은?

① 위험등급 I의 위험물 ② 위험등급 II의 위험물
③ 위험등급 III의 위험물 ④ 위험등급 IV의 위험물

풀이 ① 위험등급 I의 위험물 : 특수인화물
② 위험등급 II의 위험물 : 제1석유류, 알코올류
③ 위험등급 III의 위험물 : 제2석유류, 제3석유류, 제4석유류, 동식물류

정답 57. ① 58. ④ 59. ② 60. ③

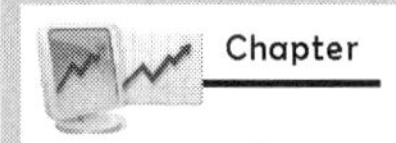
Chapter

위험물기능사

(2013년 1월 27일)

Hazardous material Industrial Engineer

1 제1종 분말소화약제의 적응화재 급수는?

① A급　　② BC급
③ AB급　　④ ABC급

풀이

종류	주성분	착색	적응화재	열분해 반응식
제1종 분말	$NaHCO_3$ (탄산수소 나트륨)	백색	B, C	$2NaHCO_3 \rightarrow Na_2CO_3 + CO_2 + H_2O$

2 제1류 위험물의 저장 방법에 대한 설명으로 틀린 것은?

① 조해성 물질의 방습에 주의한다.
② 무기과산화물은 물속에 보관한다.
③ 분해를 촉진하는 물품과 접촉을 피하여 저장한다.
④ 복사열이 없고 환기가 잘 되는 서늘한 곳에 저장한다.

풀이 제1류 위험물 중 무기과산화물, 삼산화크롬 및 제3류 위험물에 있어서는 "물기엄금"

3 유류화재의 급수와 표시색상으로 옳은 것은?

① A급, 백색　　② B급, 백색
③ A급, 황색　　④ B급, 황색

풀이 A급 화재 : 백색, B급 화재 : 황색, C급 화재 : 청색, D급 화재 : 구분색 없음

4 소화기의 사용방법으로 잘못된 것은?

① 적응화재에 따라 사용할 것　　② 성능에 따라 방출거리 내에서 사용할 것
③ 바람을 마주보며 소화할 것　　④ 양옆으로 비로 쓸 듯이 방사할 것

풀이 바람을 등지고 소화작업을 할 것

정답 1. ② 2. ② 3. ④ 4. ③

5 다음 물질 중 분진폭발의 위험성이 가장 낮은 것은?

① 밀가루 ② 알루미늄분말

③ 모래 ④ 석탄

풀이 분진폭발을 일으키지 않는 물질 : 모래, 시멘트분말, 생석회

6 열의 이동 원리 중 복사에 관한 예로 적당하지 않은 것은?

① 그늘이 시원한 이유

② 더러운 눈이 빨리 녹는 현상

③ 보온병 내부를 거울벽으로 만드는 것

④ 해풍과 육풍이 일어나는 원리

풀이 해풍과 육풍이 일어나는 원리는 열의 이동 원리 중 대류에 관한 예이다.

7 그림과 같이 횡으로 설치한 원통형 위험물탱크에 대하여 탱크의 용량을 구하면 약 몇 m^3인가?(단, 공간용적은 탱크 내용적의 100분의 5로 한다.)

① 196.3

② 261.6

③ 785.0

④ 994.8

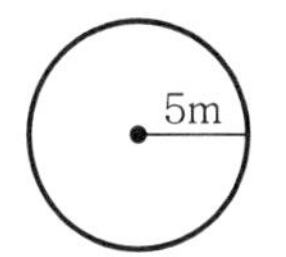

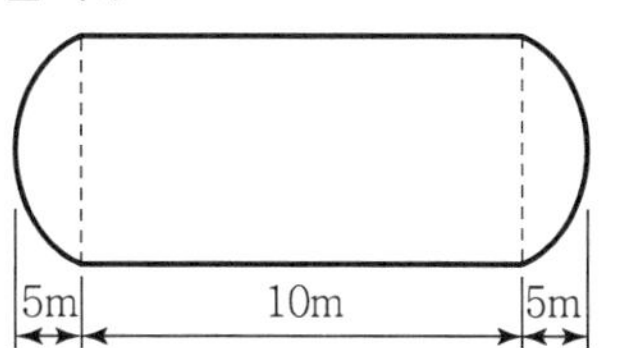

풀이 용량 : $\pi r^2\left(l+\frac{l_1+l_2}{3}\right)=3.14\times5^2\times(10+\frac{5+5}{3})=1046.67-52.33(\text{공간용적})=994.8$

8 위험물안전관리법령상의 규제에 관한 설명 중 틀린 것은?

① 지정수량 미만의 위험물의 저장·취급 및 운반은 시·도 조례에 의하여 규제한다.

② 항공기에 의한 위험물의 저장·취급 및 운반은 위험물안전관리법의 규제대상이 아니다.

③ 궤도에 의한 위험물의 저장·취급 및 운반은 위험물안전관리법의 규제대상이 아니다.

④ 선박법의 선박에 의한 위험물의 저장·취급 및 운반은 위험물안전관리법의 규제대상이 아니다.

풀이 지정수량 미만의 위험물의 저장·취급 및 운반은 위험물안전관리법의 규제대상이 아니다.

정답 5. ③ 6. ④ 7. ④ 8. ①

9 제4류 위험물로만 나열된 것은?

① 특수인화물, 황산, 질산
② 알코올, 황린, 니트로화합물
③ 동식물유류, 질산, 무기과산화물
④ 제1석유류, 알코올류, 특수인화물

풀이 제4류 위험물 : 제1석유류, 알코올류, 특수인화물

10 위험물안전관리법령상 옥내소화전설비의 비상전원은 몇 분 이상 작동할 수 있어야 하는가?

① 45분　② 30분　③ 20분　④ 10분

풀이 위험물안전관리법령상 옥내소화전설비의 비상전원은 45분 이상 작동할 수 있어야 한다.

11 니트로화합물과 같은 가연성 물질이 자체 내에 산소를 함유하고 있어 공기 중의 산소를 필요로 하지 않고 자체의 산소에 의해서 연소되는 현상은?

① 자기연소　② 등심연소
③ 훈소연소　④ 분해연소

풀이 제5류 위험물은 자기연소를 일으키는 물질들이다.

12 제1류 위험물인 과산화나트륨의 보관용기에 화재가 발생하였다. 소화약제로 가장 적당한 것은?

① 포 소화약제　② 물
③ 마른 모래　④ 이산화탄소

풀이 과산화나트륨의 소화방법은 건조사나 암분 또는 탄산수소 염류 등으로 피복소화가 좋고 주수소화하면 위험하다.

13 위험물안전관리법령에 따라 옥내소화전설비를 설치할 때 배관의 설치기준에 대한 설명으로 옳지 않은 것은?

① 배관용 탄소 강관(KS D 3507)을 사용할 수 있다.
② 주 배관의 입상관 구경은 최소 60mm 이상으로 한다.

정답 9. ④　10. ①　11. ①　12. ③　13. ②

③ 펌프를 이용한 가압송수장치의 흡수관은 펌프마다 전용으로 설치한다.
④ 원칙적으로 급수배관은 생활용수배관과 같이 사용할 수 없으며 전용배관으로만 사용한다.

풀이 옥내소화전설비의 배관의 구경
가. 옥내소화전 방수구와 연결되는 가지배관의 구경은 40mm(호스릴 : 25mm) 이상으로 할 것
나. 주 배관 중 입상배관은 50mm(호스릴 : 32mm) 이상으로 할 것
다. 연결송수관 설비의 배관과 연결 시는 다음과 같다.
가) 주 배관은 100mm 이상으로 한다.
나) 방수구로 연결되는 배관은 65mm 이상으로 한다.

14 위험물의 화재별 소화방법으로 옳지 않은 것은?

① 황린 - 분무주수에 의한 냉각소화
② 인화칼슘 - 분무주수에 의한 냉각소화
③ 톨루엔 - 포에 의한 질식소화
④ 질산메틸 - 주수에 의한 냉각소화

풀이 인화칼슘(Ca_3P_2)과 물과 반응하면 포스핀(PH_3)을 생성시킨다.
$Ca_3P_2 + 6H_2O \rightarrow 3Ca(OH)_2 + 2PH_3$

15 옥내에서 지정수량 100배 이상을 취급하는 일반취급소에 설치하여야 하는 경보설비는? (단, 고인화점 위험물만을 취급하는 경우는 제외한다.)

① 비상경보설비
② 자동화재탐지설비
③ 비상방송설비
④ 비상벨 설비 및 확성장치

풀이 옥내에서 지정수량의 100배 이상의 위험물(제6류 위험물을 제외한다)을 저장 또는 취급하는 제조소 또는 일반취급소, 지정수량의 100배 이상의 제2류, 제3류 또는 제5류 위험물을 저장 또는 취급하는 옥내저장소 또는 지정수량의 200배 이상의 제1류 또는 제4류 위험물을 저장 또는 취급하는 옥내저장소에 있어서는 자동화재탐지설비를 설치할 것

16 강화액 소화기에 대한 설명이 아닌 것은?

① 알칼리 금속염류가 포함된 고농도의 수용액이다.
② A급 화재에 적응성이 있다.
③ 어는점이 낮아서 동절기에도 사용이 가능하다.
④ 물의 표면장력을 강화시킨 것으로 심부화재에 효과적이다.

풀이 물의 소화능력을 향상시키고 한냉지역, 겨울철에 사용할 수 있도록 어는점을 낮춘 물에 탄산칼륨(K_2CO_3)을 보강시켜 만든 소화기를 말하며 액성은 강알칼리성이다.

정답 14. ② 15. ② 16. ④

17 인화점이 섭씨 200℃ 미만인 위험물을 저장하기 위하여 높이가 15m이고 지름이 18m인 옥외저장탱크를 설치하는 경우 옥외저장탱크와 방유제 사이에 유지하여야 하는 거리는?

① 5.0m 이상　② 6.0m 이상
③ 7.5m 이상　④ 9.0m 이상

풀이 방유제는 탱크의 지름에 따라 그 탱크의 측면으로부터 다음 각 호의 기준에 의한 거리를 확보하여야 한다. 다만, 인화점이 200℃ 이상의 위험물을 저장, 취급하는 것에 있어서는 그러하지 아니할 수 있다.
가. 지름이 15m 미만인 경우에는 탱크의 높이의 3분의 1 이상
나. 지름이 15m 이상인 경우에는 탱크의 높이의 2분의 1 이상

18 금속칼륨에 대한 초기의 소화약제로서 적합한 것은?

① 물　② 마른 모래
③ CCl_4　④ CO_2

풀이 금속칼륨의 초기소화제는 마른 모래이다.

19 위험물을 취급함에 있어서 정전기를 유효하게 제거하기 위한 설비를 설치하고자 한다. 위험물안전관리법령상 공기 중의 상대습도를 몇 % 이상 되게 하여야 하는가?

① 50　② 60　③ 70　④ 80

풀이 정전기 방지법
1. 접지에 의한 방법
2. 공기 중의 상대습도를 70% 이상으로 하는 방법
3. 공기를 이온화하는 방법

20 위험물안전관리법령에 따른 자동화재탐지설비의 설치기준에서 하나의 경계구역의 면적은 얼마 이하로 하여야 하는가?(단, 해당 건축물 그 밖의 공장물의 주요한 출입구에서 그 내부의 전체를 볼 수 없는 경우이다.)

① $500m^2$　② $600m^2$
③ $800m^2$　④ $1,000m^2$

풀이 자동화재탐지설비의 설치기준에서 하나의 경계구역의 면적은 $600m^2$ 이하로 하고 그 한 변의 길이는 50m(광전식 분리형 감지기를 설치할 경우에는 100m) 이하로 할 것. 다만, 당해 건축물 그 밖의 공작물의 주요한 출입구에서 그 내부의 전체를 볼 수 있는 경우에 있어서는 그 면적을 $1,000m^2$ 이하로 할 수 있다.

정답 17. ③　18. ②　19. ③　20. ②

21 위험물안전관리법령상 위험물에 해당하는 것은?

① 황산
② 비중이 1.41인 질산
③ 53마이크로미터의 표준체를 통과하는 것이 50중량% 미만인 철의 분말
④ 농도가 40중량%인 과산화수소

풀이 과산화수소는 36% 이상은 위험물에 속한다. 일반 시판품은 30~40%의 수용액으로 분해하기 쉬우므로 인산(H_3PO_4) 등 안정제를 가하거나 약산성으로 만든다.

22 위험물안전관리법령에 의한 위험물 운송에 관한 규정으로 틀린 것은?

① 이동탱크저장소에 의하여 위험물을 운송하는 자는 당해 위험물을 취급할 수 있는 국가기술자격자 또는 안전교육을 받은 자이어야 한다.
② 안전관리자·탱크시험자·위험물운송자 등 위험물의 안전관리와 관련된 업무를 수행하는 자는 시·도지사가 실시하는 안전교육을 받아야 한다.
③ 운송책임자의 범위, 감독 또는 지원의 방법 등에 관한 구체적인 기준은 행정안전부령으로 정한다.
④ 위험물 운송자는 행정안전부령이 정하는 기준을 준수하는 등 당해 위험물의 안전확보를 위해 세심한 주의를 기울여야 한다.

풀이 안전관리자·탱크시험자·위험물운송자 등 위험물의 안전관리와 관련된 업무를 수행하는 자로서 대통령령이 정하는 자는 해당 업무에 관한 능력의 습득 또는 향상을 위하여 소방방재청장이 실시하는 교육을 받아야 한다.

23 과산화바륨의 성질에 대한 설명 중 틀린 것은?

① 고온에서 열분해하여 산소를 발생한다.
② 황산과 반응하여 관산화수소를 만든다.
③ 비중은 약 4.96이다.
④ 온수와 접촉하면 수소가스를 발생한다.

풀이 온수와 접촉하면 산소가스를 발생한다.

24 과염소산칼륨의 일반적인 성질에 대한 설명 중 틀린 것은?

① 강한 산화제이다.
② 불연성 물질이다.

③ 과일향이 나는 보라색 결정이다.
④ 가열하여 완전 분해시키면 산소를 발생한다.

풀이 과염소산칼륨은 무색, 무취 사방정계 결정 또는 백색분말이다.

25 물과 접촉하면 위험성이 증가하므로 주수소화를 할 수 없는 물질은?

① $C_6H_2CH_3(NO_2)_3$
② $NaNO_3$
③ $(C_2H_5)_3Al$
④ $(C_6H_5CO)_2O_2$

풀이 물과 접촉하면 에탄기체를 생성시킨다.
$(C_2H_5)_3Al + 3H_2O \rightarrow Al(OH)_3 + 3C_2H_6$

26 위험물에 대한 설명으로 옳은 것은?

① 적린은 암적색의 분말로서 조해성이 있는 자연발화성 물질이다.
② 황화인은 황색의 액체이며 상온에서 자연분해하여 이산화황과 오산화인을 발생한다.
③ 유황은 미황색의 고체 또는 분말이며 많은 이성질체를 갖고 있는 전기 도체이다.
④ 황린은 가연성 물질이며 마늘냄새가 나는 맹독성 물질이다.

풀이 황린은 가연성 물질이며 마늘냄새가 나는 맹독성 물질이다.

27 지정수량이 200kg인 물질은?

① 질산
② 피크린산
③ 질산메틸
④ 과산화벤조일

풀이 ① 질산 : 300kg
② 피크린산 : 200kg
③ 질산메틸 : 10kg
④ 과산화벤조일 : 10kg

28 위험물안전관리법령상 제6류 위험물이 아닌 것은?

① H_3PO_4
② IF_5
③ BrF_5
④ BrF_3

풀이 인산은 제6류 위험물 과산화수소의 안정제이다.

정답 25. ③ 26. ④ 27. ② 28. ①

29 제4류 위험물의 공통적인 성질이 아닌 것은?

① 대부분 물보다 가볍고 물에 녹기 어렵다.
② 공기와 혼합된 증기는 연소의 우려가 있다.
③ 인화되기 쉽다.
④ 증기는 공기보다 가볍다.

풀이 증기는 공기보다 무겁다.

30 수소화나트륨의 소화약제로 적당하지 않은 것은?

① 물 ② 건조사 ③ 팽창질석 ④ 팽창진주암

풀이 수소화나트륨(NaH)이 화재 발생 시 주수소화가 부적당한 이유는 발열반응을 일으키기 때문이다.

31 과염소산나트륨의 성질이 아닌 것은?

① 수용성이다. ② 조해성이 있다.
③ 분해온도는 약 400℃이다. ④ 물보다 가볍다.

풀이 물, 에틸알코올, 아세톤에 잘 녹고, 물보다 무겁다.

32 위험물제조소의 위치·구조 및 설비의 기준에 대한 설명 중 틀린 것은?

① 벽·기둥·바닥·보·서까래는 내화재료로 하여야 한다.
② 제조소의 표지판은 한 변이 30cm, 다른 한 변이 60cm 이상의 크기로 한다.
③ "화기엄금"을 표시하는 게시판은 적색 바탕에 백색 문자로 한다.
④ 지정수량 10배를 초과한 위험물을 취급하는 제조소는 보유공지의 너비가 5m 이상이어야 한다.

풀이 벽·기둥·바닥·보·서까래는 불연재료로 하여야 한다.

33 물과 작용하여 메탄과 수소를 발생시키는 것은?

① Al_4C_3 ② Mn_3C ③ Na_2C_2 ④ MgC_2

풀이 메탄(CH_4) 가스와 수소(H_2) 가스를 발생하는 카바이드 : Mn_3C
$Mn_3C + 6H_2O \rightarrow 3Mn(OH)_2 + CH_4 + H_2$

34 연면적이 1,000제곱미터이고 지정수량이 80배의 위험물을 취급하며 지반면으로부터 5미터 높이에 위험물 취급설비가 있는 제조소의 소화난이도등급은?

① 소화난이도등급 Ⅰ
② 소화난이도등급 Ⅱ
③ 소화난이도등급 Ⅲ
④ 제시된 조건으로 판단할 수 없음

풀이 소화난이도등급Ⅰ에 해당하는 제조소등

구분	내용
제조소 일반 취급소	연면적 1,000m^2 이상인 것
	지정수량의 100배 이상인 것(고인화점위험물만을 100℃ 미만의 온도에서 취급하는 것 및 제48조의 위험물을 취급하는 것은 제외)
	지반면으로 부터 6m 이상의 높이에 위험물 취급설비가 있는 것(고인화점위험물만을 100℃ 미만의 온도에서 취급하는 것은 제외)
	일반취급소로 사용되는 부분 외의 부분을 갖는 건축물에 설치된 것(내화구조로 개구부 없이 구획 된 것 및 고인화점위험물만을 100℃ 미만의 온도에서 취급하는 것은 제외)

35 트리니트로톨루엔의 작용기에 해당하는 것은?

① $-NO$
② $-NO_2$
③ $-NO_3$
④ $-NO_4$

풀이 트리니트로톨루엔(TNT) : [$(C_6H_2CH_3(NO_2)_3$]

36 위험물안전관리법령상 운송책임자의 감독·지원을 받아 운송하여야 하는 위험물은?

① 특수인화물
② 알킬리튬
③ 질산구아니딘
④ 히드라진 유도체

풀이 법령상 위험물을 운반하고자 할 때 운송책임자를 감독지원을 받아 운송하여야 하는 위험물은 "법" 제19조에 의하여 알킬알루미늄과 알킬리튬이다.

37 위험물안전관리법령상 위험등급이 나머지 셋과 다른 하나는?

① 알코올류
② 제2석유류
③ 제3석유류
④ 동식물유류

정답 34. ① 35. ② 36. ② 37. ①

풀이

유별	제4류									
성질	인화성 액체									
위험등급	I	II			III					
지정수량 : (ℓ)	50	200	400	400	1,000	2,000	2,000	4,000	60,00	10,000
품명	특수인화물	제1석유류		알코올류	제2석유류		제3석유류		제4석유류	동식물유류
		비수용성액체	수용성액체		비수용성액체	수용성액체	비수용성액체	수용성액체		

38 다음 위험물 중 상온에서 액체인 것은?

① 질산에틸 ② 트리니트로톨루엔
③ 셀룰로이드 ④ 피크린산

풀이 질산에틸은 상온에서 액체이다.

39 위험물제조소의 게시판에 "화기주의"라고 쓰여 있다. 제 몇 류 위험물 제조소인가?

① 제1류 ② 제2류 ③ 제3류 ④ 제4류

풀이 1. 제4류 위험물 및 제5류 위험물에 있어서는 "화기엄금"
2. 제1류 위험물중 무기과산화물, 삼산화크롬 및 제3류 위험물에 있어서는 "물기엄금"
3. 제2류 위험물에 있어서는 "화기주의"
4. 제6류 위험물에 있어서는 "물기주의"
5. 제1호 및 제3호 게시판은 적색바탕에 백색문자로, 제2호 및 제4호의 게시판은 청색바탕에 백색문자로 할 것
※ 제4류 위험물에는 "화기주의"가 아니라 "화기엄금"

40 제6류 위험물에 대한 설명으로 옳은 것은?

① 과염소산은 독성은 없지만 폭발의 위험이 있으므로 밀폐하여 보관한다.
② 과산화수소는 농도가 3% 이상일 때 단독으로 폭발하므로 취급에 주의한다.
③ 질산은 자연발화의 위험이 높으므로 저온, 보관한다.
④ 할로겐화합물의 지정수량은 300kg이다.

풀이 할로겐화합물의 지정수량은 300kg이다.

정답 38. ① 39. ② 40. ④

41 적린의 성질에 대한 설명 중 틀린 것은?

① 물이나 이황화탄소에 녹지 않는다.
② 발화온도는 약 260℃ 정도이다.
③ 연소할 때 인화수소 가스가 발생한다.
④ 산화제가 섞여 있으면 마찰에 의해 착화하기 쉽다.

풀이 적린 연소 시 P_2O_5의 흰 연기가 생긴다.

42 트리니트로페놀의 성상에 대한 설명 중 틀린 것은?

① 융점은 약 61℃이고 비점은 약 120℃이다.
② 쓴맛이 있으며 독성이 있다.
③ 단독으로 마찰, 충격에 비교적 안정하다.
④ 알코올, 에테르, 벤젠에 녹는다.

풀이 트리니트로페놀
착화점 300℃, 융점 122.5℃, 비점 255℃, 비중 1.8

43 위험물안전관리법령에서 제3류 위험물에 해당하지 않는 것은?

① 알칼리금속 ② 칼륨
③ 황화인 ④ 황린

풀이 황화인은 제2류 위험물이다.

44 위험물안전관리법령상 정기점검 대상인 제조소등의 조건이 아닌 것은?

① 예방규정 작성대상인 제조소 등
② 지하탱크저장소
③ 이동탱크저장소
④ 지정수량 5배의 위험물을 취급하는 옥외탱크를 둔 제조소

풀이 지정수량 10배의 위험물을 취급하는 제조소

정답 41. ③ 42. ① 43. ③ 44. ④

45 Ca_3P_2 600kg을 저장하려 한다. 지정수량의 배수는 얼마인가?

① 2배 ② 3배
③ 4배 ④ 5배

풀이 지정수량의 배수 = $\frac{600}{300}$ = 2배

46 디에틸에테르의 보관 · 취급에 관한 설명으로 틀린 것은?

① 용기는 밀봉하여 보관한다.
② 환기가 잘 되는 곳에 보관한다.
③ 정전기가 발생하지 않도록 취급한다.
④ 저장용기에 빈 공간이 없게 가득 채워 보관한다.

풀이 저장용기에 안전공간의 여유를 두고 보관한다.

47 아닐린에 대한 설명으로 옳은 것은?

① 특유의 냄새를 가진 기름상 액체이다.
② 인화점이 0℃ 이하이어서 상온에서 인화의 위험이 높다.
③ 황산과 같은 강산화제와 접촉하면 중화되어 안정하게 된다.
④ 증기는 공기와 혼합하여 인화, 폭발의 위험은 없는 안정한 상태가 된다.

풀이 특유의 냄새를 가진 기름상 액체이다.

48 벤젠의 저장 및 취급 시 주의사항에 대한 설명으로 틀린 것은?

① 정전기 발생에 주의한다.
② 피부에 닿지 않도록 주의한다.
③ 증기는 공기보다 가벼워 높은 곳에 체류하므로 환기에 주의한다.
④ 통풍이 잘 되는 서늘하고 어두운 곳에 저장한다.

풀이 증기는 공기보다 무거워 낮은 곳에 체류하므로 환기에 주의한다.

정답 45. ① 46. ④ 47. ① 48. ③

49 질산칼륨의 성질에 해당하는 것은?

① 무색 또는 흰색 결정이다.
② 물과 반응하면 폭발의 위험이 있다.
③ 물에 녹지 않으나 알코올에 잘 녹는다.
④ 황산, 목분과 혼합하면 흑색화약이 된다.

풀이 무색 또는 백색 결정 분말이며 흑색화약의 원료로 사용된다.

50 위험물제조소등에 자체소방대를 두어야 할 대상의 위험물 안전관리법령상 기준으로 옳은 것은?(단, 원칙적인 경우에 한한다.)

① 지정수량 3,000배 이상의 위험물을 저장하는 저장소 또는 제조소
② 지정수량 3,000배 이상의 위험물을 취급하는 제조소 또는 일반취급소
③ 지정수량 3,000배 이상의 제4류 위험물을 저장하는 저장소 또는 제조소
④ 지정수량 3,000배 이상의 제4류 위험물을 취급하는 제조소 또는 일반취급소

풀이 자체소방대를 두어야 할 제조소
1. 지정수량 3,000배 이상의 제4류 위험물을 취급하는 제조소 또는 일반취급소
2. 지정수량 2,000배 이상의 제4류 위험물을 취급하는 저장취급소

51 [보기]의 위험물 위험등급Ⅰ, 위험등급Ⅱ, 위험등급Ⅲ의 순서로 옳게 나열한 것은?

황린, 인화칼슘, 리튬

① 황린, 인화칼슘, 리튬　　② 황린, 리튬, 인화칼슘
③ 인화칼슘, 황린, 리튬　　④ 인화칼슘, 리튬, 황린

풀이 위험등급Ⅰ : 황린, 위험등급Ⅱ : 리튬, 위험등급Ⅲ : 인화칼슘

52 휘발유에 대한 설명으로 옳지 않은 것은?

① 지정수량은 200리터이다.
② 전기의 불량도체로서 정전기 축적이 용이하다.
③ 원유의 성질·상태·처리방법에 따라 탄화수소의 혼합비율이 다르다.
④ 발화점은 −43∼−20℃ 정도이다.

풀이 휘발유의 발화점 : 300℃

정답 49. ①　50. ④　51. ②　52. ④

53 위험물 운반 시 동일한 트럭에 제1류 위험물과 함께 적재할 수 있는 유별은?(단, 지정수량의 5배 이상인 경우이다.)

① 제3류　② 제4류　③ 제6류　④ 없음

풀이 제1류 위험물과 제6류 위험물은 동일한 차량에 적재 운반할 수 있다.

54 황린의 저장 및 취급에 있어서 주의할 사항 중 옳지 않은 것은?

① 독성이 있으므로 취급에 주의할 것
② 물과의 접촉을 피할 것
③ 산화제와의 접촉을 피할 것
④ 화기의 접근을 피할 것

풀이 황린은 pH=9 정도의 물속에 저장하며 보호액이 증발되지 않도록 한다. 포스핀(PH_3)의 생성을 방지하기 위하여 보호액을 pH 9(약알칼리성)로 유지시킨다.

55 위험물안전관리법령상 제조소등의 허가 취소 또는 사용 정지의 사유에 해당하지 않는 것은?

① 안전교육 대상자가 교육을 받지 아니한 때
② 완공검사를 받지 않고 제조소등을 사용한 때
③ 위험물안전관리자를 선임하지 아니한 때
④ 제조소등의 정기검사를 받지 아니한 때

풀이 위험물안전관리법령상 제조소등의 허가취소 또는 사용정지의 사유에 해당되는 경우는 완공검사를 받지 않고 제조소등을 사용한 때, 위험물안전관리자를 선임하지 아니한 때, 제조소등의 정기검사를 받지 아니한 때

56 위험물의 유별 구분이 나머지 셋과 다른 하나는?

① 니트로글리콜　② 벤젠
③ 아조벤젠　④ 디니트로벤젠

풀이
- 제4류 위험물 : 벤젠
- 제5류 위험물 : 니트로글리콜, 아조벤젠, 디니트로벤젠

57 제4류 위험물 중 제1석유류에 속하는 것은?

① 에틸렌글리콜
② 글리세린
③ 아세톤
④ n-부탄올

풀이 제1석유류 : 아세톤, 가솔린, 벤젠, 톨루엔

58 횡으로 설치한 원통형 위험물 저장탱크의 내용적이 500L일 때 공간용적은 최소 몇 L 이어야 하는가?(단, 원칙적인 경우에 한한다.)

① 15
② 25
③ 35
④ 50

풀이 탱크의 공간용적은 탱크내용적의 100분의 5 이상, 100분의 10 이하의 용적으로 한다.

59 탄화칼슘을 습한 공기 중에 보관했을 때 위험한 이유로 가장 옳은 것은?

① 아세틸렌과 공기가 혼합된 폭발성 가스가 생성될 수 있으므로
② 에틸렌과 공기 중 질소가 혼합된 폭발성 가스가 생성될 수 있으므로
③ 분진폭발의 위험성이 증가하기 때문에
④ 포스핀과 같은 독성 가스가 발생하기 때문에

풀이 물과 반응하여 수산화칼슘(=소석회)과 아세틸렌가스가 생성된다.
$CaC_2 + 2H_2O \rightarrow Ca(OH)_2 + C_2H_2 \uparrow$

60 인화성 액체 위험물을 저장 또는 취급하는 옥외탱크저장소의 방유제 내에 용량 10만L와 5만L인 옥외저장탱크 2기를 설치하는 경우에 확보하여야 하는 방유제의 용량은?

① 50,000L 이상
② 80,000L 이상
③ 110,000L 이상
④ 150,000L 이상

풀이 2기 이상인 탱크의 방유제의 용량은 그 탱크 중 용량이 최대인 것의 110% 이상의 용량일 것

정답 57. ③ 58. ② 59. ① 60. ③

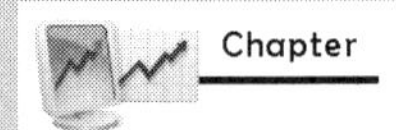

Chapter

위험물기능사

(2013년 4월 14일)

Hazardous material Industrial Engineer

1 다음 중 연소속도와 의미가 가장 가까운 것은?

① 기화열의 발생속도 ② 환원속도
③ 착화속도 ④ 산화속도

풀이 연소란 열과 빛을 동반하는 급격한 산화반응을 말한다.

2 위험물제조소 내의 위험물을 취급하는 배관에 대한 설명으로 옳지 않은 것은?

① 배관을 지하에 매설하는 경우 결합부분에는 점검구를 설치하여야 한다.
② 배관을 지하에 매설하는 경우 금속성 배관의 외면에는 부식 방지 조치를 하여야 한다.
③ 최대상용압력의 1.5배 이상의 압력으로 수압시험을 실시하여 이상이 없어야 한다.
④ 지상에 설치하는 경우에는 안전한 구조의 지지물로 지면에 밀착하여 설치하여야 한다.

풀이 배관을 지상에 설치하는 경우에는 지진, 풍압, 지반침하, 온도변화에 안전한 구조의 지지물에 설치하되, 지면에 닿지 아니하도록 하고 배관의 외면에 부식방지를 위한 도장을 하여야 한다.

3 분말소화약제의 식별 색을 옳게 나타낸 것은?

① $KHCO_3$: 백색
② $NH_4H_2PO_4$: 담홍색
③ $NaHCO_3$: 보라색
④ $KHCO_3 + (NH_2)_2CO$: 초록색

정답 1. ④ 2. ④ 3. ②

풀이

종류	주성분	착색	적응 화재	열분해 반응식
제1종 분말	$NaHCO_3$ (탄산수소 나트륨)	백색	B, C	$2NaHCO_3$ $\rightarrow Na_2CO_3 + CO_2 + H_2O$
제2종 분말	$KHCO_3$ (탄산수소 칼륨)	보라색	B, C	$2KHCO_3$ $\rightarrow K_2CO_3 + CO_2 + H_2O$
제3종 분말	$NH_4H_2PO_4$ (제1인산 암모늄)	담홍색	A, B, C	$NH_4H_2PO_4$ $\rightarrow HPO_3 + NH_3 + H_2O$
제4종 분말	$KHCO_3 + (NH_2)_2CO$ (탄산수소 칼륨 + 요소)	회백색	B, C	$2KHCO_3 + (NH_2)_2CO$ $\rightarrow K_2CO_3 + 2NH_3 + 2CO_2$

4 소화설비의 주된 효과를 옳게 설명한 것은?

① 옥내・옥외소화전설비 : 질식소화
② 스프링클러설비・물분무소화설비 : 억제소화
③ 포・분말 소화 설비 : 억제소화
④ 할로겐화합물소화설비 : 억제소화

풀이 ① 옥내・옥외소화전설비 : 냉각소화
② 스프링클러설비・물분무소화설비 : 냉각소화, 질식소화
③ 포・분말 소화 설비 : 질식소화
④ 할로겐화합물소화설비 : 억제소화

5 지정수량의 몇 배 이상의 위험물을 취급하는 제조소에는 화재 발생 시 이를 알릴 수 있는 경보설비를 설치하여야 하는가?

① 5　　② 10
③ 20　　④ 100

풀이 지정수량의 10배 이상의 위험물을 취급하는 제조소에는 화재 발생 시 이를 알릴 수 있는 경보설비를 설치할 것

6 유류화재 소화시 분말소화약제를 사용할 경우 소화 후에 재발화 현상이 가끔씩 발생할 수 있다. 다음 중 이러한 현상을 예방하기 위하여 병용하여 사용하면 가장 효과적인 포소화약제는?

① 단백포소화약제　　② 수성막포소화약제
③ 알코올형포소화약제　　④ 합성계면활성제포소화약제

정답 4. ④　5. ②　6. ②

풀이 수성막포 소화약제는 미국의 3M사가 개발한 것으로 다른 말로 Light Water라고 하며 불소계 계면활성제가 주성분이며 특히 기름 화재용 포액으로서 가장 좋은 소화력을 가진 포(Foam)로서 2%, 3%, 6%형이 있다.

7 소화효과 중 부촉매 효과를 기대할 수 있는 소화약제는?

① 물소화약제
② 포소화약제
③ 분말소화약제
④ 이산화탄소소화약제

풀이 분말소화약제는 부촉매 효과를 기대할 수 있다.

8 위험물제조소등의 화재예방 등 위험물 안전관리에 관한 직무를 수행하는 위험물안전관리자의 선임시기는?

① 위험물제조소등의 완공검사를 받은 후 즉시
② 위험물제조소등의 허가 신청 전
③ 위험물제조소등의 설치를 마치고 완공검사를 신청하기 전
④ 위험물제조소등에서 위험물을 저장 또는 취급하기 전

풀이 위험물안전관리자의 선임시기 : 위험물제조소 등에서 위험물을 저장 또는 취급하기 전

9 위험물제조소등의 소화설비의 기준에 관한 설명으로 옳은 것은?

① 제조소등 중에서 소화난이도 등급 Ⅰ, Ⅱ 또는 Ⅲ의 어느 것에도 해당하지 않는 것도 있다.
② 옥외탱크저장소의 소화난이도등급을 판단하는 기준 중 탱크의 높이는 기초를 제외한 탱크 측판의 높이를 말한다.
③ 제조소의 소화난이도 등급을 판단하는 기준 중 면적에 관한 기준은 건축물 외에 설치된 것에 대해서는 수평 투영면적을 기준으로 한다.
④ 제4류 위험물을 저장·취급하는 제조소 등에도 스프링클러 소화설비가 적응성이 인정되는 경우가 있으며 이는 수원의 소량을 기준으로 판단한다.

풀이 제조소등 중에서 소화난이도 등급 Ⅰ, Ⅱ 또는 Ⅲ의 어느 것에도 해당하지 않는 것도 있다.

정답 7. ③ 8. ④ 9. ①

10 소화난이도 등급 Ⅰ인 옥외탱크저장소에 있어서 제4류 위험물 중 인화점이 섭씨 70도 이상인 것을 저장·취급하는 경우 어느 소화설비를 설치해야 하는가?(단, 지중탱크 또는 해상탱크 외의 것이다.)

① 스프링클러소화설비 ② 물분무소화설비
③ 이산화탄소소화설비 ④ 분말소화설비

풀이

옥외탱크저장소			
옥외탱크저장소	지중탱크 또는 해상탱크 외의 것	유황만을 저장·취급하는 것	물분무소화설비
		인화점 70℃ 이상의 제4류 위험물만을 저장·취급하는 것	물분무소화설비 또는 고정식 포소화설비
		그 밖의 것	고정식 포소화설비(포소화설비가 적응성이 없는 경우에는 분말소화설비)
	지중탱크		고정식 포소화설비, 이동식 외의 이산화탄소소화설비 또는 이동식 외의 할로겐화합물소화설비
	해상탱크		고정식 포소화설비, 물분무소화설비, 이동식 외의 이산화탄소소화설비 또는 이동식 외의 할로겐화합물소화설비

11 위험물 옥외저장소에서 지정수량 200배 초과의 위험물을 저장할 경우 보유공지의 너비는 몇 m 이상으로 하여야 하는가?(단, 제4류 위험물과 제6류 위험물이 아닌 경우이다.)

① 0.5 ② 2.5 ③ 10 ④ 15

풀이

저장 또는 취급하는 위험물의 최대수량	공지의 너비
지정수량의 10배 미만	3m 이상
지정수량의 10배 이상 20배 미만	5m 이상
지정수량의 20배 이상 50배 미만	9m 이상
지정수량의 50배 이상 200배 미만	12m 이상
지정수량의 200배 이상	15m 이상

12 인화점이 낮은 것부터 높은 순서로 나열된 것은?

① 톨루엔 - 아세톤 - 벤젠 ② 아세톤 - 톨루엔 - 벤젠
③ 톨루엔 - 벤젠 - 아세톤 ④ 아세톤 - 벤젠 - 톨루엔

풀이 아세톤 : -18℃, 벤젠 : -11℃, 톨루엔 : 4℃

정답 10. ② 11. ④ 12. ④

13 이산화탄소의 특성에 대한 설명으로 옳지 않은 것은?

① 전기전도성이 우수하다.
② 냉각, 압축에 의하여 액화된다.
③ 과량 존재 시 질식할 수 있다.
④ 상온, 상압에서 무색, 무취의 불연성 기체이다.

풀이 이산화탄소는 전기부도체이다.

14 다음 위험물의 화재 시 물에 의한 소화방법이 가장 부적합한 것은?

① 황린 ② 적린 ③ 마그네슘분 ④ 황분

풀이 물과 반응식 : $Mg + 2H_2O \rightarrow Mg(OH)_2 + H_2 \uparrow$

15 위험물 안전관리법령상 고정주유설비는 주유설비의 중심선을 기점으로 하여 도로 경계선까지 몇 m 이상의 거리를 유지해야 하는가?

① 1 ② 2 ③ 4 ④ 6

풀이 고정주유설비 또는 등유용 고정주유설비는 다음 각 호의 기준에 적합하게 설치하여야 한다.
1. 도로경계선으로부터 4m 이상, 대지경계선 및 건축물의 벽으로부터 2m(개구부가 없는 벽으로부터는 1m) 이상의 거리를 둘 것
2. 고정주유설비와 등유용 고정주유설비 사이에는 4m 이상의 거리를 둘 것

16 고온체의 색깔이 휘적색일 경우의 온도는 약 몇 ℃ 정도인가?

① 500 ② 950 ③ 1,300 ④ 1,500

풀이
- 담암적색 : 522℃
- 암적색 : 700℃
- 적색 : 850℃
- 휘적색 : 950℃
- 황적색 : 1,100℃
- 백적색 : 1,300℃
- 휘백색 : 1,500℃

17 이동탱크저장소에 의한 위험물의 운송에 있어서 운송책임자의 감독 또는 지원을 받아야 하는 위험물은?

① 금속분 ② 알킬알루미늄
③ 아세트알데히드 ④ 히드록실아민

정답 13. ① 14. ③ 15. ③ 16. ② 17. ②

풀이 법령상 위험물을 운반하고자 할 때 운송책임자를 감독지원을 받아 운송하여야 하는 위험물은 "법" 제19조에 의하여 알킬알루미늄과 알킬리튬이다.

18 위험물안전관리법령에 근거하여 자체 소방대를 두어야 하는 제독차의 경우 가성소다 및 규조토를 각각 몇 kg 이상 비치하여야 하는가?

① 30 ② 50 ③ 60 ④ 100

풀이 자체 소방대를 두어야 하는 제독차의 경우 가성소다 및 규조토를 각각 50kg 이상 비치하여야 한다.

19 화재 시 이산화탄소를 방출하여 산소의 농도를 12.5%로 낮추어 소화하려면 공기 중 이산화탄소의 농도를 약 몇 vol%로 해야 하는가?

① 30.7 ② 32.8 ③ 40.5 ④ 68.0

풀이 $CO_2\% = \frac{21 - O_2\%}{21} \times 100 = \frac{21 - 12.5}{21} \times 100 = 40.5\%$

20 수소화나트륨 240g과 충분한 물이 완전 반응하였을 때 발생하는 수소의 부피는?(단, 표준상태를 가정하여 나트륨의 원자량은 23이다.)

① 22.4L ② 224L ③ 22.4m^3 ④ 224m^3

풀이 $NaH + H_2O \rightarrow NaOH + H_2$

240g : xl

24g : 22.4L

x =224L

21 다음 위험물 품명 중 지정수량이 나머지 셋과 다른 것은?

① 염소산염류 ② 질산염류

③ 무기과산화물 ④ 과염소산염류

풀이 • 질산염류의 지정수량 : 300kg

• 나머지 : 50kg

정답 18. ② 19. ③ 20. ② 21. ②

22 산화성 고체의 저장 및 취급방법으로 옳지 않은 것은?

① 가연물과 접촉 및 혼합을 피한다.
② 분해를 촉진하는 물품의 접근을 피한다.
③ 조해성 물질의 경우 물속에 보관하고, 과열・충격・마찰 등을 피하여야 한다.
④ 알칼리금속의 과산화물은 물과의 접촉을 피하여야 한다.

풀이 조해성 물질의 경우는 공기나 물과의 접촉을 피한다(특히 무기과산화물류).

23 에틸알코올의 증기비중은 약 얼마인가?

① 0.72　② 0.91　③ 1.13　④ 1.59

풀이 C_2H_5OH의 증기비중 $= \frac{46}{28.84} = 1.59$

24 염소산나트륨의 성상에 대한 설명으로 옳지 않은 것은?

① 자신은 불연성 물질이지만 강한 산화제이다.
② 유리를 녹이므로 철제 용기에 저장한다.
③ 열분해하여 산소를 발생한다.
④ 산과 반응하여 유독성의 이산화염소를 발생한다.

풀이 가열, 충격, 마찰을 피하고, 환기가 잘 되는 냉암소에 밀전 보관한다.

25 위험물안전관리법령상에 따른 다음에 해당하는 동식물 유류의 규제에 관한 설명으로 틀린 것은?

> "안전행정부령이 정하는 용기기준과 수납・저장기준에 따라 수납되어 저장・보관되고 용기의 외부에 물품의 통칭명, 수량 및 화기엄금(화기엄금과 동일한 의미를 갖는 표시를 포함한다)의 표시가 있는 경우"

① 위험물에 해당하지 않는다.
② 제조소 등이 아닌 장소에 지정수량 이상 저장할 수 있다.
③ 지정수량 이상을 저장하는 장소도 제조소 등 설치허가를 받을 필요가 없다.
④ 화물자동차에 적재하여 운반하는 경우 위험물안전관리법상 운반기준이 적용되지 않는다.

풀이 화물자동차에 적재하여 운반하는 경우 위험물안전관리법상 운반기준이 적용된다.

정답 22. ③　23. ④　24. ②　25. ④

26 다음 중 인화점이 가장 높은 것은?

① 니트로벤젠 ② 클로로벤젠
③ 톨루엔 ④ 에틸벤젠

풀이 ① 니트로벤젠 : 88℃ ② 클로로벤젠 : 32℃
③ 톨루엔 : 4℃ ④ 에틸벤젠 : 15℃

27 내용적이 20,000L인 옥내저장탱크에 대하여 저장 또는 취급의 허가를 받을 수 있는 최대 용량은?(단, 원칙적인 경우에 한한다.)

① 18,000L ② 19,000L
③ 19,400L ④ 20,000L

풀이 내용적이 20,000L인 옥내저장탱크에 저장 또는 취급의 허가를 받아야 할 최대용량은 19,000L이다 (1,000을 빼주는 이유는 안전공간 5% 때문이다.)

28 위험물안전관리법령에 따른 제6류 위험물의 특성에 대한 설명 중 틀린 것은?

① 과염소산은 유기물과 접촉 시 발화의 위험이 있다.
② 과염소산은 불안정하며 강력한 산화성 물질이다.
③ 과산화수소는 알코올, 에테르에 녹지 않는다.
④ 질산은 부식성이 강하고 햇빛에 의해 분해된다.

풀이 물, 알코올, 에테르에는 녹지만, 벤젠·석유에는 녹지 않는다.

29 위험물 옥외탱크저장소와 병원과는 안전거리를 얼마 이상 두어야 하는가?

① 10m ② 20m ③ 30m ④ 50m

풀이 위험물 옥외탱크저장소와 병원과는 안전거리를 30m 이상을 두어야 한다.

30 저장하는 위험물의 최대수량이 지정수량의 15배일 경우, 건축물의 벽·기둥 및 바닥이 내화구조로 된 위험물 옥내저장소의 보유공지는 몇 m 이상이어야 하는가?

① 0.5 ② 1 ③ 2 ④ 3

정답 26. ① 27. ② 28. ③ 29. ③ 30. ②

풀이

저장 또는 취급하는 위험물의 최대 수량	공지의 너비	
	벽, 기둥 및 바닥이 내화구조로 된 건축물	기타의 건축물
지정수량의 5배 미만	-	0.5m 이상
지정수량의 5배 이상 20배 미만	1m 이상	1.5m 이상
지정수량의 20배 이상 50배 미만	2m 이상	3m 이상
지정수량의 50배 이상 100배 미만	3m 이상	5m 이상
지정수량의 100배 이상 200배 미만	5m 이상	10m 이상
지정수량의 200배 이상	10m 이상	15m 이상

31 디에틸에테르에 관한 설명 중 틀린 것은?

① 비전도성이므로 정전기를 발생하지 않는다.
② 무색 투명한 유동성의 액체이다.
③ 휘발성이 매우 높고, 마취성을 가진다.
④ 공기와 장시간 접촉하면 폭발성의 과산화물이 생성된다.

풀이 건조된 에테르, 가열된 에테르는 쉽게 정전기가 발생한다.

32 제2류 위험물인 유황의 대표적인 연소형태는?

① 표면연소 ② 분해연소
③ 증발연소 ④ 자기연소

풀이 알코올, 에테르, 석유, 아세톤, 촛불에 의한 연소 등과 같은 가연성 액체가 액면에서 증발하는 가연성 증기가 착화되어 화염을 내고 이 화염의 온도에 의해서 액 표면의 온도를 상승시켜 증발을 촉진시켜 연소하는 형태

33 제5류 위험물을 취급하는 위험물제조소에 설치하는 주의사항 게시판에서 표시하는 내용과 바탕색, 문자색으로 옳은 것은?

① "화기주의", 백색바탕에 적색문자 ② "화기주의", 적색바탕에 백색문자
③ "화기엄금", 백색바탕에 적색문자 ④ "화기엄금", 적색바탕에 백색문자

풀이 제5류 위험물을 취급하는 위험물제조소에 설치하는 주의사항 게시판에서 표시하는 내용과 바탕색, 문자색은 "화기엄금", 적색바탕에 백색문자

정답 31. ① 32. ③ 33. ④

34 질산이 공기 중에서 분해되어 발생하는 유독한 갈색증기의 분자량은?

① 16 ② 40 ③ 46 ④ 71

풀이 진한질산을 가열, 분해 시 NO_2가스 발생하고 여러 금속과 반응하여 가스를 방출한다.

35 탄화알루미늄 1몰을 물과 반응시킬 때 발생하는 가연성 가스의 종류와 양은?

① 에탄, 4몰 ② 에탄, 3몰 ③ 메탄, 4몰 ④ 메탄, 3몰

풀이 $Al_4C_3 + 12H_2O \rightarrow 4Al(OH)_3 + 3CH_4\uparrow$

36 $C_6H_2(NO_2)_3OH$와 $C_2H_5NO_3$의 공통성에 해당하는 것은?

① 니트로화합물이다.
② 인화성과 폭발성이 있는 액체이다.
③ 무색의 방향성 액체이다.
④ 에탄올에 녹는다.

풀이 트리니트로페놀과 질산에틸은 에틸알코올에 녹는다.

37 종류(유별)가 다른 위험물을 동일한 옥내저장소의 동일한 실에 같이 저장하는 경우에 대한 설명으로 틀린 것은?(단, 유별로 정리하여 서로 1m 이상의 간격을 두는 경우에 한한다.)

① 제1류 위험물과 황린은 동일한 옥내저장소에 저장할 수 있다.
② 제1류 위험물과 제6류 위험물은 동일한 옥내저장소에 저장할 수 있다.
③ 제1류 위험물 중 알칼리금속의 과산화물과 제5류 위험물은 동일한 옥내저장소에 저장할 수 있다.
④ 제2류 위험물 중 인화성고체와 제4류 위험물을 동일한 옥내저장소에 저장할 수 있다.

풀이 제1류 위험물 중 알칼리금속의 과산화물과 제5류 위험물은 동일한 옥내저장소에 저장할 수 없다.

38 위험물안전관리법령에 따라 기계에 의하여 하역하는 구조로 된 운반용기의 외부에 행하는 표시내용에 해당하지 않는 것은?(단, 국제해상위험물규칙에 정한 기준 또는 소방방재청장이 정하여 고시하는 기준에 적합한 표시를 한 경우는 제외한다.)

① 운반용기의 제조연월 ② 제조자의 명칭
③ 겹쳐쌓기시험하중 ④ 용기의 유효기간

정답 34. ③ 35. ④ 36. ④ 37. ③ 38. ④

풀이 위험물안전관리법령에 따라 기계에 의하여 하역하는 구조로 된 운반용기의 외부에 행하는 표시내용 : 제조자의 명칭, 운반용기의 제조연월, 겹쳐쌓기시험하중

39 위험물안전관리법령상 지하탱크저장소의 위치·구조 및 설비의 기준에 따라 다음 ( )에 들어갈 수치로 옳은 것은?

> 탱크전용실은 지하의 가장 가까운 벽·피트·가스관 등의 시설물 및 대지경계선으로부터 (㉠)m 이상 떨어진 곳에 설치하고, 지하저장탱크와 탱크전용실의 안쪽과의 사이는 (㉡)m 이상의 간격을 유지하도록 하며, 당해 탱크의 주위에 마른 모래 또는 습기 등에 의하여 응고되지 아니하는 입자지름 (㉢)mm 이하의 마른 자갈분을 채워야 한다.

① ㉠ : 0.1, ㉡ : 0.1, ㉢ : 5
② ㉠ : 0.1, ㉡ : 0.3, ㉢ : 5
③ ㉠ : 0.1, ㉡ : 0.1, ㉢ : 10
④ ㉠ : 0.1, ㉡ : 0.3, ㉢ : 10

풀이 탱크전용실은 지하의 가장 가까운 벽·피트·가스관 등의 시설물 및 대지경계선으로부터 0.1m 이상 떨어진 곳에 설치하고, 지하저장탱크와 탱크전용실의 안쪽과의 사이는 0.1m 이상의 간격을 유지하도록 하며, 당해 탱크의 주위에 마른 모래 또는 습기 등에 의하여 응고되지 아니하는 입자지름 5mm 이하의 마른 자갈분을 채워야 한다.

40 황의 성질로 옳은 것은?

① 전기 양도체이다.
② 물에는 매우 잘 녹는다.
③ 이산화탄소와 반응한다.
④ 미분은 분진폭발의 위험이 있다.

풀이 황의 미분은 분진폭발의 위험이 있다.

41 에틸알코올에 관한 설명 중 옳은 것은?

① 인화점은 0℃ 이하이다.
② 비점은 물보다 낮다.
③ 증기밀도는 메틸알코올보다 적다.
④ 수용성이므로 이산화탄소 소화기는 효과가 없다.

풀이 에틸알코올의 비점은 79℃이고 물의 비점은 100℃이다.

정답 39. ① 40. ④ 41. ②

42 소화난이도 등급 Ⅰ의 옥내탱크저장소에 설치하는 소화설비가 아닌 것은?(단, 인화점이 70℃ 이상인 제4류 위험물만을 저장, 취급하는 장소이다.)

① 물분무소화설비, 고정식포소화설비
② 이동식 외의 이산화탄소소화설비, 고정식포소화설비
③ 이동식의 분말소화설비, 스프링클러설비
④ 이동식 외의 할로겐화합물소화설비, 물분무소화설비

풀이

옥내 탱크 저장소	유황만을 저장·취급하는 것	물분무소화설비
	인화점 70℃ 이상의 제4류 위험물만을 저장·취급하는 것	물분무소화설비, 고정식 포소화설비, 이동식 외의 이산화탄소 소화설비, 이동식 외의 할로겐화합물소화설비 또는 이동식 외의 분말소화설비
	그 밖의 것	고정식 포소화설비, 이동식 외의 이산화탄소소화설비, 이동식 외의 할로겐화합물소화설비 또는 이동식 외의 분말소화설비

43 다음 위험물 중 인화점이 가장 낮은 것은?

① 아세톤 ② 이황화탄소
③ 클로로벤젠 ④ 디에틸에테르

풀이 디에틸에테르의 인화점은 −45℃로 가장 낮다.

44 다음 중 제6류 위험물로서 분자량이 약 63인 것은?

① 과염소산 ② 질산
③ 과산화수소 ④ 삼불화브롬

풀이 HNO_3의 분자량=1+14+48=63

45 질산의 수소원자를 알킬기로 치환한 제5류 위험물의 지정수량은?

① 10kg ② 100kg
③ 200kg ④ 300kg

풀이 질산에스테르류에 해당되므로 지정수량은 10kg이다.

정답 42. ③ 43. ④ 44. ② 45. ①

46 유기과산화물의 화재 예방상 주의사항으로 틀린 것은?

① 직사광선을 피하고 냉암소에 저장한다.
② 불꽃, 불티 등의 화기 및 열원으로부터 멀리 한다.
③ 산화제와 접촉하지 않도록 주의한다.
④ 대형화재 시 분말소화기를 이용한 질식소화가 유효하다.

풀이 유기과산화물은 제5류 위험물이므로 질식소화는 효과가 없다.

47 주유취급소에서 자동차 등에 위험물을 주유할 때에 자동차등의 원동기를 정지시켜야 하는 위험물의 인화점 기준은?(단, 연료탱크에 위험물을 주유하는 동안 방출되는 가연성 증기를 회수하는 설비가 부착되지 않은 고정주유설비에 의하여 주유하는 경우이다.)

① 20℃ 미만　　② 30℃ 미만
③ 40℃ 미만　　④ 50℃ 미만

풀이 자동차등의 원동기를 정지시켜야 하는 위험물의 인화점 기준은 40℃ 미만이다.

48 위험물을 저장하는 간이탱크저장소의 구조 및 설비의 기준으로 옳은 것은?

① 탱크의 두께 2.5mm 이상, 용량 600L 이하
② 탱크의 두께 2.5mm 이상, 용량 800L 이하
③ 탱크의 두께 3.2mm 이상, 용량 600L 이하
④ 탱크의 두께 3.2mm 이상, 용량 800L 이하

풀이 간이탱크저장소의 구조 및 설비의 기준 : 탱크의 두께 3.2mm 이상, 용량 600L 이하

49 분말소화기의 소화약제로 사용되지 않은 것은?

① 탄산수소나트륨　　② 탄산수소칼륨
③ 과산화나트륨　　④ 인산암모늄

풀이 과산화나트륨은 분말소화기의 소화약제로 사용하지 않는다.(물질 자체에 산소를 함유하므로)

정답 46. ④　47. ③　48. ③　49. ③

50 위험물안전관리법령에 따른 이동저장탱크의 구조의 기준에 대한 설명으로 틀린 것은?

① 압력탱크는 최대상용압력의 1.5배의 압력으로 10분간 수압시험을 하여 새지 말 것
② 상용압력이 20kPa를 초과하는 탱크의 안전장치는 상용압력의 1.5배 이하의 압력에서 작동할 것
③ 방파판은 두께 1.6mm 이상의 강철판 또는 이와 동등 이상의 강도, 내식성 및 내열성이 있는 금속성의 것으로 할 것
④ 탱크는 두께 3.2mm 이상의 강철판 또는 이와 동등 이상의 강도, 내식성 및 내열성을 갖는 재질로 할 것

풀이 안전장치
상용압력이 20kPa 이하인 탱크에 있어서는 20kPa 이상 24kPa 이하의 압력에서, 상용압력이 20kPa을 초과하는 탱크에 있어서는 상용압력의 1.1배 이하의 압력에서 작동하는 것으로 할 것

51 위험물 안전관리법령에 따른 위험물의 적재 방법에 대한 설명으로 옳지 않은 것은?

① 원칙적으로는 운반용기를 밀봉하여 수납할 것
② 고체위험물은 용기 내용적의 95% 이하의 수납률로 수납할 것
③ 액체위험물은 용기 내용적의 99% 이상의 수납률로 수납할 것
④ 하나의 외장 용기에는 다른 종류의 위험물을 수납하지 않을 것

풀이 액체위험물은 운반용기 내용적의 98% 이하의 수납률로 수납하되, 55℃ 이상에서 누설되지 아니하도록 충분한 공간용적을 유지할 것

52 삼황화인과 오황화인의 공통점이 아닌 것은?

① 물과 접촉하여 인화수소가 발생한다.
② 가연성 고체이다.
③ 분자식이 P와 S로 이루어져 있다.
④ 연소 시 오산화인과 이산화황이 생성된다.

풀이 삼황화인은 물에 녹지 않고 오황화인은 물과 접촉하여 황화수소가 발생된다.

정답 50. ② 51. ③ 52. ①

53 다음은 위험물을 저장하는 탱크의 공간용적 산정기준이다. (   ) 안에 알맞은 수치로 옳은 것은?

> 가) 위험물을 저장 또는 취급하는 탱크의 공간용적은 탱크의 내용적의 (A) 이상 (B) 이하의 용적으로 한다. 다만, 소화설비(소화약제 방출구를 탱크안의 윗부분에 설치하는 것에 한한다)를 설치하는 탱크의 공간용적은 당해 소화설비의 소화약제방출구 아래의 0.3미터 이상 1미터 미만 사이의 면으로부터 윗부분의 용적으로 한다.
> 나) 일반탱크에 있어서는 당해 탱크 내에 용출하는 (C)일간의 지하수의 양에 상당하는 용적과 당해 탱크의 내용적의 (D)의 용적 중에서 보다 큰 용적을 공간용적으로 한다.

① A : 3/100, B : 10/100, C : 10, D : 1/100
② A : 5/100, B : 5/100, C : 10, D : 1/100
③ A : 5/100, B : 10/100, C : 7, D : 1/100
④ A : 5/100, B : 10/100, C : 10, D : 3/100

풀이 가) 위험물을 저장 또는 취급하는 탱크의 공간용적은 탱크의 내용적의 ($\frac{5}{100}$) 이상 ($\frac{10}{100}$) 이하의 용적으로 한다. 다만, 소화설비(소화약제 방출구를 탱크안의 윗부분에 설치하는 것에 한한다)를 설치하는 탱크의 공간용적은 당해 소화설비의 소화약제방출구 아래의 0.3미터 이상 1미터 미만 사이의 면으로부터 윗부분의 용적으로 한다.
나) 일반탱크에 있어서는 당해 탱크 내에 용출하는 (7)일간의 지하수의 양에 상당하는 용적과 당해 탱크의 내용적의 ($\frac{1}{100}$)의 용적 중에서 보다 큰 용적을 공간용적으로 한다.

54 위험물안전관리법령에 대한 설명 중 옳지 않은 것은?

① 군부대가 지정수량 이상의 위험물을 군사목적으로 임시로 저장 또는 취급하는 경우는 제조소 등이 아닌 장소에서 지정수량 이상의 위험물을 취급할 수 있다.
② 철도 및 궤도에 의한 위험물의 저장·취급 및 운반에 있어서는 위험물안전관리법령을 적용하지 아니한다.
③ 지정수량 미만인 위험물의 저장 또는 취급에 관한 기술상의 기준은 국가화재안전기준으로 정한다.
④ 업무상 과실로 제조소등에서 위험물을 유출, 방출 또는 확산시켜 사람의 생명, 신체 또는 재산에 대하여 위험을 발생시킨 자는 7년 이하의 금고 또는 2천만 원 이하의 벌금에 처한다.

풀이 지정수량 미만인 위험물의 저장 또는 취급에 관한 기술상의 기준은 위험물안전관리법령을 적용하지 아니한다.

정답 53. ③ 54. ③

55 위험물제조소에 옥외소화전이 5개가 설치되어 있다. 이 경우 확보하여야 하는 수원의 법정 최소량은 몇 m^3인가?

① 28 ② 35
③ 54 ④ 67.5

풀이 옥외소화선 수원량=최대 개수 4개×$13.5m^3$=$54m^3$

56 질산암모늄의 일반적인 성질에 대한 설명으로 옳은 것은?

① 조해성이 없다.
② 무색, 무취의 액체이다.
③ 물에 녹을 때에는 발열한다.
④ 급격한 가열에 의한 폭발의 위험이 있다.

풀이 질산암모늄은 급격한 가열에 의한 폭발의 위험이 있다.

57 인화칼슘이 물과 반응하였을 때 발생하는 가스에 대한 설명으로 옳은 것은?

① 폭발성인 수소를 발생한다. ② 유독한 인화수소를 발생한다.
③ 조연성인 산소를 발생한다. ④ 가연성인 아세틸렌을 발생한다.

풀이 인화칼슘(Ca_3P_2)과 물이 반응하면 포스핀(PH_3)이 생성된다.
$Ca_3P_2 + 6H_2O \rightarrow 3Ca(OH)_2 + 2PH_3$

58 위험물안전관리법령상 예방규정을 두어야 하는 제조소 등에 해당하지 않는 것은?

① 지정수량 10배 이상의 위험물을 취급하는 제조소
② 이송취급소
③ 암반탱크저장소
④ 지정수량의 200배 이상의 위험물을 저장하는 옥내탱크저장소

풀이 위험물안전관리법령상 예방규정을 두어야 하는 제조소등
1. 지정수량의 10배 이상의 위험물을 취급하는 제조소
2. 지정수량의 100배 이상의 위험물을 저장하는 옥외저장소
3. 지정수량의 150배 이상의 위험물을 저장하는 옥내저장소
4. 지정수량의 200배 이상의 위험물을 저장하는 옥외탱크저장소
5. 암반탱크저장소
6. 이송취급소

정답 55. ③ 56. ④ 57. ② 58. ④

7. 지정수량의 10배 이상의 위험물을 취급하는 일반취급소. 다만, 제4류 위험물(특수인화물을 제외한다)만을 지정수량의 50배 이하로 취급하는 일반취급소(제1석유류·알코올류의 취급량이 지정수량의 10배 이하인 경우에 한한다)로서 다음 각 목의 어느 하나에 해당하는 것을 제외한다.
   가. 보일러·버너 또는 이와 비슷한 것으로서 위험물을 소비하는 장치로 이루어진 일반취급소
   나. 위험물을 용기에 옮겨 담거나 차량에 고정된 탱크에 주입하는 일반취급소

59 위험물안전관리법령상 예방규정을 정하여야 하는 제조소 등의 관계인은 위험물제조소 등에 대하여 기술기준에 적합한지의 여부를 정기적으로 점검을 하여야 한다. 법적 최소 점검주기에 해당하는 것은?(단, 100만 리터 이상의 옥외탱크저장소는 제외한다.)

① 주 1회 이상　　② 월 1회 이상
③ 6개월 1회 이상　　④ 연 1회 이상

풀이 위험물안전관리법령상 예방규정을 정하여야 하는 제조소등의 관계인은 위험물제조소 등에 대하여 기술기준에 적합한지의 여부를 정기적으로 점검하여야 한다. 법적 최소 점검주기는 연 1회 이상이다.

60 경유를 저장하는 옥외저장탱크의 반지름이 2m이고 높이가 12m일 때 탱크 옆판으로 부터 방유제까지의 거리는 몇 m 이상이어야 하는가?

① 4　　② 5
③ 6　　④ 7

풀이 방유제는 탱크의 지름에 따라 그 탱크의 측면으로부터 다음 각 호의 기준에 의한 거리를 확보하여야 한다. 다만, 인화점이 200℃ 이상의 위험물을 저장, 취급하는 것에 있어서는 그러하지 아니할 수 있다.
가. 지름이 15m 미만인 경우에는 탱크 높이의 3분의 1 이상
나. 지름이 15m 이상인 경우에는 탱크 높이의 2분의 1 이상
결국 지름이 15m 미만인 경우로서 탱크의 높이의 $\frac{1}{3}$ 이상이므로 $12m \times \frac{1}{3} = 4m$

Chapter

위험물기능사

(2013년 7월 21일)

Hazardous material Industrial Engineer

1 주된 연소형태가 표면연소인 것을 옳게 나타낸 것은?

① 중유, 알코올　　② 코크스, 숯
③ 목재, 종이　　④ 석탄, 플라스틱

풀이 코크스, 목탄(숯), 금속분은 표면연소를 일으키는 물질이다

2 다음 중 화학적 소화에 해당하는 것은?

① 냉각소화　　② 질식소화
③ 제거소화　　④ 억제소화

풀이 화학적 소화에 해당되는 것은 억제소화이다.

3 제3류 위험물 중 금수성 물질에 적응할 수 있는 소화설비는?

① 포소화설비
② 이산화탄소소화설비
③ 탄산수소염류 분말소화설비
④ 할로겐화합물소화설비

풀이 제3류 위험물의 소화방법 : 가장 효과적인 소화약제는 마른 모래, 팽창질석과 팽창진주암, 분말소화약제 중 탄산수소 염류소화약제가 가장 효과적이다.

4 가연물이 연소할 때 공기 중의 산소농도를 떨어뜨려 연소를 중단시키는 소화방법은?

① 제거소화　　② 질식소화
③ 냉각소화　　④ 억제소화

풀이 가연물이 연소할 때 공기 중의 산소농도를 떨어뜨려 연소를 중단하는 방법을 질식소화라 한다.

정답 1. ②　2. ④　3. ③　4. ②

5 다음 중 오존층 파괴지수가 가장 큰 것은?

① Halon 104　② Halon 1211
③ Halon 1301　④ Halon 2402

풀이

종류 \ 물성	할론 1301	할론 1211	할론 2402
분자식	CF_3Br	CF_2ClBr	$C_2F_4Br_2$
분자량	149	165	260
비점(℃)	−58	−4	48
빙점(℃)	−168	−161	−110
임계온도(℃)	67	154	215
임계 압력(atm)	39	41	34
임계 밀도(g/cm³)	0.75	0.71	0.8
대기잔존기간(1년)	100	20	−
상태(20℃)	기체	기체	액체
오존층 파괴지수	14	2.4	6.6
밀도(g/cm³)	1.6	1.8	2.2
증기 비중	5	5.7	9.0
증발 잠열(kJ/kg)	119	131	105

6 분말소화 약제 중 제1종과 제2종 분말이 각각 열분해될 때 공통적으로 생성되는 물질은?

① N_2, CO_2　② N_2, O_2
③ H_2O, CO_2　④ H_2O, N_2

풀이

종류	주성분	착색	적응화재	열분해 반응식
제1종 분말	$NaHCO_3$ (탄산수소 나트륨)	백색	B, C	$2NaHCO_3 \rightarrow Na_2CO_3 + CO_2 + H_2O$
제2종 분말	$KHCO_3$ (탄산수소 칼륨)	보라색	B, C	$2KHCO_3 \rightarrow K_2CO_3 + CO_2 + H_2O$

7 다음 중 발화점이 달라지는 요인으로 가장 거리가 먼 것은?

① 가연성 가스와 공기의 조성비　② 발화를 일으키는 공간의 형태와 크기
③ 가열속도와 가열시간　④ 가열도구의 내구연한

풀이 가열도구의 내구연한(원래의 상태대로 사용할 수 있는 구간)은 발화점이 달라지는 요인과 관계가 없다.

정답 5. ③　6. ③　7. ④

8 이산화탄소소화기의 장점으로 옳은 것은?

① 전기설비화재에 유용하다.
② 마그네슘과 같은 금속분 화재 시 유용하다.
③ 자기반응성 물질의 화재 시 유용하다.
④ 알칼리금속 과산화물 화재 시 유용하다.

풀이 이산화탄소소화기의 장점은 전기설비화재에 유용하다는 것이다.

9 다음 중 폭발범위가 가장 넓은 물질은?

① 메탄　② 톨루엔
③ 에틸알코올　④ 에틸에테르

풀이 ① 메탄 : 5~15%　② 톨루엔 : 1.1~7.1%
③ 에틸알코올 : 3.3~19%　④ 에틸에테르 : 1.9~48%

10 이산화탄소가 소화약제로 사용되는 이유에 대한 설명으로 가장 옳은 것은?

① 산소와 반응이 느리기 때문이다.
② 산소와 반응하지 않기 때문이다.
③ 착화되어도 곧 불이 꺼지기 때문이다.
④ 산화반응이 되어도 열 발생이 없기 때문이다.

풀이 산소와 반응하지 않기 때문에 이산화탄소를 소화약제로 사용한다.

11 니트로셀룰로오스 화재 시 가장 적합한 소화방법은?

① 할로겐화합물 소화기를 사용한다.
② 분말소화기를 사용한다.
③ 이산화탄소소화기를 사용한다.
④ 다량의 물을 사용한다.

풀이 제5류 위험물은 물질 자체에 다량의 산소를 함유하고 있기 때문에 질식소화는 소화효과가 없고 다량의 주수소화가 타당하다.

정답 8. ①　9. ④　10. ②　11. ④

12 자연발화를 방지하기 위한 방법으로 옳지 않은 것은?

① 습도를 가능한 한 높게 유지한다.
② 열 축적을 방지한다.
③ 저장실의 온도를 낮춘다.
④ 정촉매 작용을 하는 물질을 피한다.

풀이 자연발화를 방지하기 위한 방법은 습도를 낮게 하는 것이다.

13 건축물의 1층 및 2층 부분만을 방사능력범위로 하고 지하층 및 3층 이상의 층에 대하여 다른 소화설비를 설치해야 하는 소화설비는?

① 스프링클러설비 ② 포소화설비
③ 옥외소화전설비 ④ 물분무소화설비

풀이 건축물의 1층 및 2층 부분만을 방사능력범위로 하고 있는 소화설비는 옥외소화전 설비이다.

14 위험물안전관리법령상 소화난이도 등급 Ⅰ에 해당하는 제조소의 연면적 기준은?

① 1,000m^2 이상 ② 800m^2 이상
③ 700m^2 이상 ④ 500m^2 이상

풀이

구분	기준
제조소 일반 취급소	연면적 1,000m^2 이상인 것
	지정수량의 100배 이상인 것(고인화점위험물만을 100℃ 미만의 온도에서 취급하는 것 및 제48조의 위험물을 취급하는 것은 제외)
	지반면으로부터 6m 이상의 높이에 위험물 취급설비가 있는 것(고인화점위험물만을 100℃ 미만의 온도에서 취급하는 것은 제외)
	일반취급소로 사용되는 부분 외의 부분을 갖는 건축물에 설치된 것(내화구조로 개구부 없이 구획된 것 및 고인화점위험물만을 100℃ 미만의 온도에서 취급하는 것은 제외)

15 위험물 취급소의 건축물은 외벽이 내화구조인 경우 연면적 몇 m^2를 1소요단위로 하는가?

① 50 ② 100 ③ 150 ④ 200

풀이 제조소 또는 취급소의 건축물은 외벽이 내화구조인 것은 연면적(제조소 등의 용도로 사용되는 부분 외의 부분이 있는 건축물에 설치된 제조소 등에 있어서는 당해 건축물 중 제조소 등에 사용되는 부분의 바닥면적의 합계를 말한다. 이하 같다.) 100m^2를 1소요단위로 하며, 외벽이 내화구조가 아닌 것은 연면적 50m^2를 1소요단위로 할 것

정답 12. ① 13. ③ 14. ① 15. ②

16 금속칼륨의 보호액으로서 적당하지 않은 것은?

① 등유 ② 유동파라핀 ③ 경유 ④ 에탄올

풀이 금속칼륨의 보호액 : 등유, 유동파라핀, 경유

17 위험물제조소에서 지정수량 이상의 위험물을 취급하는 건축물(시설)에는 원칙상 최소 몇 미터 이상의 보유공지를 확보하여야 하는가?(단, 최대수량은 지정수량의 10배이다.)

① 1m 이상 ② 3m 이상 ③ 5m 이상 ④ 7m 이상

풀이

취급하는 위험물의 최대수량	공지의 너비
지정수량의 10배 미만	3미터 이상
지정수량의 10배 이상	5미터 이상

18 이송취급소의 배관이 하천을 횡단하는 경우 하천 밑에 매설하는 배관의 외면과 계획하상(계획하상이 최심하상보다 높은 경우에는 최심하상)과의 거리는?

① 1.2m 이상 ② 2.5m 이상 ③ 3.0m 이상 ④ 4.0m 이상

풀이 이송취급소의 배관이 하천을 횡단하는 경우 하천 밑에 매설하는 배관의 외면과 계획하상(계획하상이 최심하상보다 높은 경우에는 최심하상)과의 거리는 4m 이상이다.

19 다음 중 주수소화를 하면 위험성이 증가하는 것은?

① 과산화칼륨 ② 과망간산칼륨 ③ 과염소산칼륨 ④ 브롬산칼륨

풀이 과산화칼륨과 물이 반응하여 산소를 방출시킨다.
$2K_2O_2 + 2H_2O \rightarrow 4KOH + 3O_2$

20 메탄 1g이 완전연소할 때 발생하는 이산화탄소는 몇 g인가?

① 1.25 ② 2.75 ③ 14 ④ 44

풀이 $CH_4 + 2O_2 \rightarrow CO_2 + 2H_2O$
1g : xg
16g : 44g
$x = 2.75$

정답 16. ④ 17. ② 18. ④ 19. ① 20. ②

21 가연성 고체 위험물의 일반적인 성질로서 틀린 것은?

① 비교적 저온에서 착화한다.
② 산화제와의 접촉·가열은 위험하다.
③ 연소 속도가 빠르다.
④ 산소를 포함하고 있다.

풀이 산소를 포함하고 있는 물질은 자기연소성 물질이다.

22 벤젠에 관한 설명 중 틀린 것은?

① 인화점은 약 -11℃ 정도이다.
② 이황화탄소보다 착화온도가 높다.
③ 벤젠 증기는 마취성은 있으나 독성은 없다.
④ 취급할 때 정전기 발생을 조심해야 한다.

풀이 벤젠 : 498℃, 이황화탄소 : 90~100℃, 벤젠은 인화점이 낮은 독특한 냄새가 나는 무색의 휘발성 액체로 정전기가 발생하기 쉽고, 증기는 독성·마취성이 있다.

23 1기압 20℃에서 액상이며 인화점이 200℃ 이상인 물질은?

① 벤젠　　② 톨루엔
③ 글리세린　　④ 실린더유

풀이 "제4석유류"라 함은 기어유, 실린더유 그 밖에 1atm에서 인화점이 200℃ 이상, 250℃ 미만의 것을 말한다. 다만, 도료류 그 밖의 물품은 가연성 액체량이 40%(중량) 이하인 것은 제외한다.

24 다음 중 질산에스테르류에 속하는 것은?

① 피크린산　　② 니트로벤젠
③ 니트로글리세린　　④ 트리니트로톨루엔

풀이 질산에스테르류

- 니트로셀룰로오스(NC)
- 니트로글리세린(NG)
- 질산메틸
- 질산에틸
- 니트로글리콜
- 펜트리트

정답 21. ④　22. ③　23. ④　24. ③

25 제6류 위험물의 화재예방 및 진압대책으로 적합하지 않은 것은?

① 가연물과의 접촉을 피한다.
② 과산화수소를 장기보존할 때는 유리용기를 사용하여 밀전한다.
③ 옥내소화전설비를 사용하여 소화할 수 있다.
④ 물분무소화설비를 사용하여 소화할 수 있다.

풀이 햇빛 차단, 화기엄금, 충격금지, 환기 잘 되는 냉암소에 저장, 온도 상승 방지, 과산화수소의 저장용기마개는 구멍 뚫린 마개 사용(이유 : 용기의 내압상승을 방지하기 위하여) 10%의 여유공간을 둔다.

26 지정수량이 50킬로그램이 아닌 위험물은?

① 염소산나트륨　　② 리튬
② 과산화나트륨　　④ 나트륨

풀이 나트륨의 지정수량은 10kg이다.

27 과산화수소와 산화프로필렌의 공통점으로 옳은 것은?

① 특수인화물이다.
② 분해 시 질소를 발생한다.
③ 끓는점이 100℃ 이하이다.
④ 수용액 상태에서도 자연발화 위험이 있다.

풀이 과산화수소는 농도에 따라 끓는점 차이가 많이 나는 물질이다(36% 이상을 위험물이라 한다). 산화프로필렌 : 34℃ 그래서 끓는점이 100℃ 이하라 할 수 있다.

28 제2류 위험물인 마그네슘의 위험성에 관한 설명 중 틀린 것은?

① 더운 물과 작용시키면 산소가스가 발생한다.
② 이산화탄소 중에서도 연소한다.
③ 습기와 반응하여 열이 축적되면 자연발화의 위험이 있다.
④ 공기 중에 부유하면 분진폭발의 위험이 있다.

풀이 물과 반응식 : $Mg + 2H_2O \rightarrow Mg(OH)_2 + H_2\uparrow$

정답 25. ② 26. ④ 27. ③ 28. ①

29 과산화벤조일의 지정수량은 얼마인가?

① 10kg ② 50L ③ 100kg ④ 1,000L

풀이 과산화벤조일의 지정수량 : 10kg

30 지하탱크저장소에서 인접한 2개의 지하저장탱크 용량의 합계가 지정수량이 100배일 경우 탱크 상호 간의 최소 거리는?

① 0.1m ② 0.3m ③ 0.5m ④ 1m

풀이 지하탱크저장소에서 인접한 2개의 지하저장탱크 상호 간의 최소 거리는 0.5m 이상이다.

31 위험물안전관리법령에서 정하는 위험등급 Ⅰ에 해당하지 않는 것은?

① 제3류 위험물 중 지정수량이 20kg인 위험물
② 제4류 위험물 중 특수인화물
③ 제1류 위험물 중 무기과산화물
④ 제5류 위험물 중 지정수량이 100kg인 위험물

풀이 제5류 위험물 중 지정수량이 100kg인 위험물 : 위험등급 Ⅱ

32 위험물안전관리법령에 명시된 아세트알데히드의 옥외저장탱크에 필요한 설비가 아닌 것은?

① 보냉장치 ② 냉각장치
③ 동 합금 배관 ④ 불활성 기체를 봉입하는 장치

풀이 디에틸에테르 또는 아세트알데히드 등의 저장에 관한 기준은 제273조, 제274조 및 제1항에 규정된 것 외에 다음의 기준에 의한다.

1. 옥외저장탱크, 옥내저장탱크 또는 이동저장탱크에 아세트알데히드 등을 저장하는 경우에는 그 탱크 안에 불활성 기체를 봉인하여야 한다.
2. 옥외저장탱크 또는 옥내저장탱크 중 압력탱크 외의 탱크에 저장하는 디에틸에테르 또는 아세트알데히드 등의 온도는 산화프로필렌이나 이를 함유한 것 또는 디에틸에테르에 있어서는 30℃ 이하로, 아세트알데히드 또는 이를 함유한 것에 있어서는 15℃ 이하로 각각 유지하여야 한다.
3. 옥외저장탱크 또는 옥내저장탱크 중 압력탱크에 저장하는 아세트알데히드 등 또는 디에틸에테르의 온도는 40℃ 이하로 유지하여야 한다.
4. 보냉 장치가 있는 이동저장탱크에 저장하는 아세트알데히드 등 또는 디에틸에테르의 온도는 당해 위험물의 비점이하로 유지하여야 한다.
5. 보냉 장치가 없는 이동저장탱크에 저장하는 아세트알데히드 등 또는 디에틸에테르의 온도는 40℃ 이하로 유지하여야 한다.

정답 29. ① 30. ③ 31. ④ 32. ③

33 정기점검 대상 제조소 등에 해당하지 않는 것은?

① 이동탱크저장소
② 지정수량 120배의 위험물을 저장하는 옥외저장소
③ 지정수량 120배의 위험물을 저장하는 옥내저장소
④ 이송취급소

풀이 지정수량 150배의 위험물을 저장하는 옥내저장소

34 탄화칼슘에 대한 설명으로 옳은 것은?

① 분자식은 CaC이다.
② 물과의 반응 생성물에는 수산화칼슘이 포함된다.
③ 순순한 것은 흑회색의 불규칙한 덩어리이다.
④ 고온에서도 질소와는 반응하지 않는다.

풀이 $CaC_2 + 2H_2O \rightarrow Ca(OH)_2 + C_2H_2 \uparrow$

35 셀룰로이드에 관한 설명 중 틀린 것은?

① 물에 잘 녹으며, 자연발화의 위험이 있다.
② 지정수량은 10kg이다.
③ 탄력성이 있는 고체의 형태이다.
④ 장시간 방치된 것은 햇빛, 고온 등에 의해 분해가 촉진된다.

풀이 물은 셀룰로이드를 용해시킬 수 없다.

36 오황화인이 물과 작용했을 때 주로 발생되는 기체는?

① 포스핀 ② 포스겐
③ 황산가스 ④ 황화수소

풀이 습한 공기 중에 분해하여 황화수소를 발생하며 또한 알코올, 이황화탄소에 녹으며 선광제, 윤활유 첨가제, 의약품 등에 쓰인다.

정답 33. ③ 34. ② 35. ① 36. ④

37 다음 물질 중 물보다 비중이 작은 것으로만 이루어진 것은?

① 에테르, 이황화탄소 ② 벤젠, 글리세린
③ 가솔린, 메탄올 ④ 글리세린, 아닐린

풀이 물보다 비중이 작은 것 : 가솔린, 메탄올

38 위험물 판매취급소에 관한 설명 중 틀린 것은?

① 위험물을 배합하는 실의 바닥면적은 $6m^2$ 이상, $15m^2$ 이하이어야 한다.
② 제1종 판매취급소는 건축물의 1층에 설치하여야 한다.
③ 일반적으로 페인트점, 화공약품점이 이에 해당된다.
④ 취급하는 위험물의 종류에 따라 제1종과 제2종으로 구분된다.

풀이 취급하는 위험물의 지정수량에 따라 제1종과 제2종으로 구분된다.

39 위험물안전관리법령에 따른 소화설비의 적응성에 관한 다음 내용 중 ( ) 안에 적합한 내용은?

제6류 위험물을 저장 또는 취급하는 장소로서 폭발의 위험이 없는 장소에 한하여 ( )가(이) 제6류 위험물에 대하여 적응성이 있다.

① 할로겐화합물 소화기 ② 분말소화기 - 탄산수소염류 소화기
③ 분말소화기 - 그 밖의 것 ④ 이산화탄소소화기

풀이 제6류 위험물을 저장 또는 취급하는 장소로서 폭발의 위험이 없는 장소에 한하여 이산화탄소가 제6류 위험물에 대하여 적응성이 있다.

40 위험물의 운반 및 적재 시 혼재가 불가능한 것으로 연결된 것은?(단, 지정수량의 1/5 이상이다.)

① 제1류와 제6류 ② 제4류와 제3류
③ 제2류와 제3류 ④ 제5류와 제4류

풀이 혼재 가능 위험물은 다음과 같다.
- 423 → 4류와 2류, 4류와 3류는 서로 혼재 가능
- 524 → 5류와 2류, 5류와 4류는 서로 혼재 가능
- 61 → 6류와 1류는 서로 혼재 가능

정답 37. ③ 38. ④ 39. ④ 40. ③

41 위험물을 운반용기에 수납하여 적재할 때 차광성이 있는 피복으로 가려야 하는 위험물이 아닌 것은?

① 제1류 위험물　　② 제2류 위험물
③ 제5류 위험물　　④ 제6류 위험물

풀이 제1류 위험물 중 염소산염류, 과염소산염류, 무기과산화물류, 제4류 위험물 중 특수인화물, 제5류 위험물 또는 제6류 위험물 중 과염소산, 과산화수소에 대하여는 차광성이 있는 피복으로 덮을 것

42 염소산칼륨 20킬로그램과 아염소산나트륨 10킬로그램을 과염소산과 함께 저장하는 경우 지정수량 3배로 저장하려면 과염소산은 얼마나 저장할 수 있는가?

① 20킬로그램　　② 40킬로그램
③ 80킬로그램　　④ 120킬로그램

풀이 $계산값 = \frac{A품명의\ 저장수량}{A품명의\ 지정수량} + \frac{B품명의\ 저장수량}{B품명의\ 지정수량} + \frac{C품명의\ 저장수량}{C품명의\ 지정수량} + \cdots$

$= \frac{20}{50} + \frac{10}{50} + \frac{x}{50} = 3$

$x = 120$

43 위험물안전관리법상 주유취급소의 소화설비 기준과 관련한 설명 중 틀린 것은?

① 모든 주유취급소는 소화난이도등급 Ⅱ 또는 소화난이도 등급 Ⅲ에 속한다.
② 소화난이도등급 Ⅱ에 해당하는 주유취급소에는 대형수동식소화기 및 소형 수동식소화기 등을 설치하여야 한다.
③ 소화난이도등급 Ⅲ에 해당하는 주유취급소에는 소형 수동식소화기 등을 설치하여야 하며, 위험물의 소요단위 산정은 지하탱크저장소의 기준을 준용한다.
④ 모든 주유취급소의 소화설비 설치를 위해서는 위험물의 소요단위를 산출하여야 한다.

풀이 소화난이도등급 Ⅱ에 해당하는 주유취급소에는 소형 수동식소화기 등을 설치할 것

44 위험물과 그 위험물이 물과 반응하여 발생하는 가스를 잘못 연결한 것은?

① 탄화알루미늄 – 메탄　　② 탄화칼슘 – 아세틸렌
③ 인화칼슘 – 에탄　　④ 수소화칼슘 – 수소

풀이 인화칼슘(Ca_3P_2)과 물과 반응하면 포스핀(PH_3)을 생성시킨다.
$Ca_3P_2 + 6H_2O \rightarrow 3Ca(OH)_2 + 2PH_3$

정답 41. ② 42. ④ 43. ③ 44. ③

45 제1류 위험물의 일반적인 성질에 해당하지 않는 것은?

① 고체 상태이다.
② 분해하여 산소를 발생한다.
③ 가연성 물질이다.
④ 산화제이다.

풀이 제1류 위험물은 산화성 고체로 불연성 물질이다.

46 다음은 위험물안전관리법령에서 따른 이동저장탱크의 구조에 관한 기준이다. (　) 안에 알맞은 수치는?

> 이동저장탱크는 그 내부에 (㉠)L 이하마다 (㉡)mm 이상의 강철판 또는 이와 동등 이상의 강도·내열성 및 내식성이 있는 금속성의 것으로 칸막이를 설치하여야 한다. 다만, 고체인 위험물을 저장하거나 고체인 위험물을 가열하여 액체 상태로 저장하는 경우에는 그러하지 아니한다.

① ㉠ : 2,000, ㉡ : 1.6
② ㉠ : 2,000, ㉡ : 3.2
③ ㉠ : 4,000, ㉡ : 1.6
④ ㉠ : 4,000, ㉡ : 3.2

풀이 이동저장탱크는 그 내부에 4,000L 이하마다 3.2mm 이상의 강철판 또는 이와 동등 이상의 강도, 내열성 및 내식성이 있는 금속성의 것으로 칸막이를 설치하여야 한다. 다만, 고체인 위험물을 저장하거나 고체인 위험물을 가열하여 액체 상태로 저장하는 경우에는 그러하지 아니한다.

47 질산나트륨의 성상으로 옳은 것은?

① 황색 결정이다.
② 물에 잘 녹는다.
③ 흑색화약의 원료이다.
④ 상온에서 자연분해한다.

풀이 질산나트륨은 물에 잘 녹는다.

48 피크린산 제조에 사용되는 물질과 가장 관계있는 것은?

① C_6H_6
② $C_6H_5CH_3$
③ $C_3H_5(OH)_3$
④ C_6H_5OH

풀이 트리니트로페놀 : [$C_6H_2(OH)(NO_2)_3$ = 피크르산 = 피크린산]

정답 45. ③ 46. ④ 47. ② 48. ④

49 위험물안전관리법령상 위험물옥외저장소에 저장할 수 있는 품명은?(단, 국제해상위험물규칙에 적합한 용기에 수납하는 경우를 제외한다.)

① 특수 인화물　　② 무기과산화물
③ 알코올류　　④ 칼륨

풀이 특수 인화물, 무기과산화물, 칼륨은 옥외저장소에 저장할 수 없다.

50 가연물에 따른 화재의 종류 및 표시색의 연결이 옳은 것은?

① 폴리에틸렌 – 유류화재 – 백색　　② 석탄 – 일반화재 – 청색
③ 시너 – 유류화재 – 청색　　④ 나무 – 일반화재 – 백색

풀이
- A급 화재(일반화재) : 백색
- B급 화재(유류화재) : 황색
- C급 화재(전기화재) : 청색
- D급 화재(금속분 화재) : 없음

51 다음 중 위험물안전관리법령에 따른 지정수량이 나머지 셋과 다른 하나는?

① 황린　　② 칼륨　　③ 나트륨　　④ 알킬리튬

풀이
- 황린 : 20kg
- 칼륨 : 10kg
- 나트륨 : 10kg
- 알킬리튬 : 10kg

52 다음은 위험물안전관리법령에서 정한 정의이다. 무엇의 정의인가?

인화성 또는 발화성 등의 성질을 가지는 것으로서 대통령령이 정하는 물품을 말한다.

① 위험물　　② 가연물　　③ 특수인화물　　④ 제4류 위험물

풀이 위험물 : 인화성 또는 발화성 등의 성질을 가지는 것으로서 대통령령이 정하는 물품

53 과염소산나트륨의 성질이 아닌 것은?

① 황색의 분말로 물과 반응하여 산소를 발생한다.
② 가열하면 분해되고 산소를 방출한다.
③ 융점은 약 482℃이고 물에 잘 녹는다.
④ 비중은 약 2.5로 물보다 무겁다.

풀이 과염소산나트륨은 무색, 무취 사방정계 결정

정답 49. ③　50. ④　51. ①　52. ①　53. ①

54 황린과 적린의 성질에 대한 설명으로 가장 거리가 먼 것은?

① 황린과 적린은 이황화탄소에 녹는다.
② 황린과 적린은 물에 불용이다.
③ 적린은 황린에 비하여 화학적으로 활성이 작다.
④ 황린과 적린을 각각 연소시키면 P_2O_5이 생성된다.

풀이 황린은 이황화탄소에 잘 녹고 적린은 녹지 않는다.

55 아세트알데히드와 아세톤의 공통 성질에 대한 설명 중 틀린 것은?

① 증기는 공기보다 무겁다.
② 무색 액체로서 위험점이 낮다.
③ 물에 잘 녹는다.
④ 특수인화물로 반응성이 크다.

풀이 아세톤은 제1석유류이다.

56 다음 위험물 중 특수인화물이 아닌 것은?

① 메틸에틸케톤 퍼옥사이드
② 산화프로필렌
③ 아세트알데히드
④ 이황화탄소

풀이 메틸에틸케톤 퍼옥사이드는 제5류 위험물이다.

57 다음 중 분자량이 약 74, 비중이 약 0.71 인 물질로서 에탄올 두 분자에서 물이 빠지면서 축합반응이 일어나 생성되는 물질은?

① $C_2H_5OC_2H_5$　② C_2H_5OH
③ C_6H_5Cl　④ CS_2

풀이 에탄올 두 분자에서 물이 빠지면서 축합반응이 일어나 생성되는 물질은 디에틸에테르이다.

정답 54. ① 55. ④ 56. ① 57. ①

58 위험물 관련 신고 및 선임에 관한 사항으로 옳지 않은 것은?

① 제조소의 위치·구조 변경 없이 위험물의 품명 변경시는 변경한 날로부터 7일 이내에 신고하여야 한다.
② 제조소 설치자의 지위를 승계한 자는 승계한 날로부터 30일 이내에 신고하여야 한다.
③ 위험물안전관리자가 퇴직한 경우는 퇴직일로부터 14일 이내에 신고하여야 한다.
④ 위험물안전관리자가 퇴직한 경우는 퇴직일로부터 30일 이내에 신고하여야 한다.

풀이 위험물의 품명·수량 또는 지정수량배수의 변경으로 제조소 등의 위치·구조 또는 설비의 변경을 초래하는 경우에는 변경허가를 받아야 한다.

59 메탄올에 관한 설명으로 옳지 않은 것은?

① 인화점은 약 11℃이다.
② 술의 원료로 사용된다.
③ 휘발성이 강하다.
④ 최종산화물은 의산(포름산)이다.

풀이 술의 원료로 사용되는 알코올은 에틸알코올이다.

60 다음 중 옥내저장소의 동일한 실에 서로 1m 이상의 간격을 두고 저장할 수 없는 것은?

① 제1류 위험물과 제3류 위험물 중 자연발화성 물질(황린 또는 이를 함유한 것에 한한다.)
② 제4류 위험물과 제2류 위험물 중 인화성 고체
③ 제1류 위험물과 제4류 위험물
④ 제1류 위험물과 제6류 위험물

풀이 위험물을 저장하는 경우로서 위험물을 유별로 정리하여 저장하는 한편, 서로 1m 이상의 간격을 두는 경우에는 그러하지 아니하다(중요 기준).
가. 제1류 위험물(알칼리금속의 과산화물 또는 이를 함유한 것을 제외한다)과 제5류 위험물을 저장하는 경우
나. 제1류 위험물과 제6류 위험물을 저장하는 경우
다. 제1류 위험물과 제3류 위험물 중 자연발화성 물질(황린 또는 이를 함유한 것에 한한다)을 저장하는 경우
라. 제2류 위험물 중 인화성 고체와 제4류 위험물을 저장하는 경우
마. 제3류 위험물 중 알킬알루미늄 등과 제4류 위험물(알킬알루미늄 또는 알킬리튬을 함유한 것에 한한다)을 저장하는 경우
바. 제4류 위험물 중 유기과산화물 또는 이를 함유하는 것과 제5류 위험물 중 유기과산화물 또는 이를 함유한 것을 저장하는 경우

정답 58. ① 59. ② 60. ③

Chapter

위험물기능사

(2013년 10월 12일)

Hazardous material Industrial Engineer

1 점화원으로 작용할 수 있는 정전기를 방지하기 위한 예방대책이 아닌 것은?

① 정전기 발생이 우려되는 장소에 접지시설을 한다.
② 실내의 공기를 이온화하여 정전기 발생을 억제한다.
③ 정전기는 습도가 낮을 때 많이 발생하므로 상대습도를 70% 이상으로 한다.
④ 전기의 저항이 큰 물질은 대전이 용이하므로 비전도체 물질을 사용한다.

풀이 전기의 저항이 큰 물질은 대전이 용이하므로 전도체 물질을 사용한다.

2 단백포소화약제 제조 공정에서 부동제로 사용하는 것은?

① 에틸렌글리콜
② 물
③ 가수분해 단백질
④ 황산제1철

풀이 에틸렌글리콜은 부동액의 주원료로 사용한다.

3 다음과 같은 반응에서 $5m^3$의 탄산가스를 만들기 위해 필요한 탄산수소나트륨의 양은 약 몇 kg인가?(단, 표준상태이고 나트륨의 원자량은 23이다.)

$$2NaHCO_3 \rightarrow Na_2CO_3 + CO_2 + H_2O$$

① 18.75
② 37.5
③ 56.25
④ 75

풀이 $2NaHCO_3 \rightarrow Na_2CO_3 + CO_2 + H_2O$

$x$kg : $5m^3$

2×84kg : $22.4m^3$

$x = 37.5$kg

4 건물의 외벽이 내화구조로서 연면적 300m²의 옥내저장소에 필요한 소화기 소요단위 수는?

① 1단위 ② 2단위 ③ 3단위 ④ 4단위

풀이 저장소의 건축물은 외벽이 내화구조인 것은 연면적 150m²를 1소요단위로 하고, 외벽이 내화구조가 아닌 것은 연면적 75m²를 1소요단위로 할 것

5 연쇄반응을 억제하여 소화하는 소화약제는?

① Halon 1301 ② 물
③ 이산화탄소 ④ 포

풀이 Halon 1301 : 연쇄반응을 억제하여 소화하는 소화약제

6 제조소 등에 전기설비(전기배선, 조명기구 등은 제외)가 설치된 경우에는 면적 몇 m²마다 소형 수동식 소화기를 1개 이상 설치하여야 하는가?

① 50 ② 100 ③ 150 ④ 200

풀이 제조소 등에 전기설비(전기배선, 조명기구 등은 제외한다)가 설치된 경우에는 당해 장소의 면적 100m²마다 소형 수동식 소화기를 1개 이상 설치할 것

7 화재별 급수에 따른 화재의 종류 및 표시색상을 모두 옳게 나타낸 것은?

① A급 : 유류화재 - 황색 ② B급 : 유류화재 - 황색
③ A급 : 유류화재 - 백색 ④ B급 : 유류화재 - 백색

풀이
- A급 화재 : 백색
- B급 화재 : 황색
- C급 화재 : 청색
- D급 화재 : 구분색 없음

8 일반취급소의 형태가 옥외의 공작물로 되어 있는 경우에 있어서 그 최대수평 투영면적이 500m²일 때 설치하여야 하는 소화설비의 소요단위는 몇 단위인가?

① 5단위 ② 10단위 ③ 15단위 ④ 20단위

풀이 제조소 또는 취급소의 건축물은 외벽이 내화구조인 것은 연면적(제조소 등의 용도로 사용되는 부분 외의 부분이 있는 건축물에 설치된 제조소 등에 있어서는 당해 건축물 중 제조소등에 사용되는 부분의 바닥면적의 합계를 말한다. 이하 같다.) 100m²를 1소요단위로 하며, 외벽이 내화구조가 아닌 것은 연면적 50m²를 1소요단위로 할 것

정답 4. ② 5. ① 6. ② 7. ② 8. ①

9 수용성 가연성 물질의 화재 시 다량의 물을 방사하여 가연물질의 농도를 연소농도 이하가 되도록 하여 소화시키는 것은 무슨 소화원리인가?

① 제거소화 ② 촉매소화 ③ 희석소화 ④ 억제소화

풀이 희석소화
가연성 기체가 계속해서 연소를 일으키기 위해서는 가연성 가스와 공기와의 혼합농도 범위, 즉 연소범위 내일 때 연소를 일으키기 때문에 연소 하한값 이하로 낮추어 희석시키는 방법

10 위험물을 운반용기에 담아 지정수량의 1/10을 초과하여 적재하는 경우 위험물을 혼재하여도 무방한 것은?

① 제1류 위험물과 제6류 위험물 ② 제2류 위험물과 제6류 위험물
③ 제2류 위험물과 제3류 위험물 ④ 제3류 위험물과 제5류 위험물.

풀이 제6류 위험물은 제1류 위험물과 혼재 가능하지만 다른 류의 위험물과는 혼재할 수 없다.
혼재 가능 위험물은 다음과 같다.
- 423 → 4류와 2류, 4류와 3류는 서로 혼재 가능
- 524 → 5류와 2류, 5류와 4류는 서로 혼재 가능
- 61 → 6류와 1류는 서로 혼재 가능

11 15℃의 기름 100g에 8,000J의 열량을 주면 기름의 온도는 몇 ℃가 되겠는가?(단, 기름의 비열은 $2\frac{J}{g \cdot ℃}$ 이다.)

① 25 ② 45 ③ 50 ④ 55

풀이 기름의 온도 $= \dfrac{8{,}000J}{2\frac{J}{g \cdot ℃} \times 100g} = 40℃$
결국 40℃ + 15℃ = 55℃

12 이산화탄소 소화기 사용시 줄, 톰슨 효과에 의해서 생성되는 물질은?

① 포스겐 ② 일산화탄소
③ 드라이아이스 ④ 수성가스

풀이 열의 출입을 차단하고 단열팽창시키면 내부의 온도가 급격하게 떨어진다는 원리가 줄, 톰슨 효과이므로 이산화탄소가 고체화된 것이 드라이아이스이다.

정답 9. ③ 10. ① 11. ④ 12. ③

13 탱크화재 현상 중 BLEVE(Boiling Liquid Expanding Vapor Explosion)란?

① 기름탱크에서의 수증기 폭발현상이다.
② 비등상태의 액화가스가 기화하여 팽창하고 폭발하는 현상이다.
③ 화재 시 기름 속의 수분이 급격히 증발하여 기름거품이 되고 팽창해서 기름탱크에서 밖으로 내뿜어져 나오는 현상이다.
④ 고점도의 기름 속에 수증기를 포함한 볼 형태의 물방울이 형성되어 탱크 밖으로 넘치는 현상이다.

풀이 BLEVE : 비등상태의 액화가스가 기화하여 팽창하고 폭발하는 현상이다.

14 소화난이도 등급 Ⅰ에 해당하지 않는 제조소 등은?

① 제1석유류 위험물을 제조하는 제조소로서 연면적 1,000m² 이상인 것
② 제1석유류 위험물을 저장하는 옥외탱크저장소로서 액표면적이 40m² 이상인 것
③ 모든 이송취급소
④ 제6류 위험물을 저장하는 암반탱크저장소

풀이 소화난이도등급 Ⅰ에 해당하는 제조소 등

제조소 등의 구분	제조소 등의 규모, 저장 또는 취급하는 위험물의 품명 및 최대수량 등
제조소 일반 취급소	연면적 1,000m² 이상인 것
	지정수량의 100배 이상인 것(고인화점위험물만을 100℃ 미만의 온도에서 취급하는 것 및 제48조의 위험물을 취급하는 것은 제외)
	지반면으로부터 6m 이상의 높이에 위험물 취급설비가 있는 것(고인화점위험물만을 100℃ 미만의 온도에서 취급하는 것은 제외)
	일반취급소로 사용되는 부분 외의 부분을 갖는 건축물에 설치된 것(내화구조로 개구부 없이 구획된 것 및 고인화점위험물만을 100℃ 미만의 온도에서 취급하는 것은 제외)
옥내 저장소	지정수량의 150배 이상인 것(고인화점위험물만을 저장하는 것 및 제48조의 위험물을 저장하는 것은 제외)
	연면적 150m²을 초과하는 것(150m² 이내마다 불연재료로 개구부 없이 구획된 것 및 인화성고체 외의 제2류 위험물 또는 인화점 70℃ 이상의 제4류 위험물만을 저장하는 것은 제외)
	처마높이가 6m 이상인 단층건물의 것
	옥내저장소로 사용되는 부분 외의 부분이 있는 건축물에 설치된 것(내화구조로 개구부 없이 구획된 것 및 인화성 고체 외의 제2류 위험물 또는 인화점 70℃ 이상의 제4류 위험물만을 저장하는 것은 제외)

정답 13. ② 14. ④

옥외 탱크 저장소	액표면적이 $40m^2$ 이상인 것(제6류 위험물을 저장하는 것 및 고인화점위험물만을 100℃ 미만의 온도에서 저장하는 것은 제외)
	지반면으로부터 탱크 옆판의 상단까지 높이가 6m 이상인 것(제6류 위험물을 저장하는 것 및 고인화점위험물만을 100℃ 미만의 온도에서 저장하는 것은 제외)
	지중탱크 또는 해상탱크로서 지정수량의 100배 이상인 것(제6류 위험물을 저장하는 것 및 고인화점위험물만을 100℃ 미만의 온도에서 저장하는 것은 제외)
	고체위험물을 저장하는 것으로서 지정수량의 100배 이상인 것
옥내 탱크 저장소	액표면적이 $40m^2$ 이상인 것(제6류 위험물을 저장하는 것 및 고인화점위험물만을 100℃ 미만의 온도에서 저장하는 것은 제외)
	바닥면으로부터 탱크 옆판의 상단까지 높이가 6m 이상인 것(제6류 위험물을 저장하는 것 및 고인화점위험물만을 100℃ 미만의 온도에서 저장하는 것은 제외)
	탱크전용실이 단층건물 외의 건축물에 있는 것으로서 인화점 40℃ 이상 70℃ 미만의 위험물을 지정수량의 5배 이상 저장하는 것(내화구조로 개구부 없이 구획된 것은 제외)
옥외 저장소	덩어리 상태의 유황을 저장하는 것으로서 경계표시 내부의 면적(2 이상의 경계표시가 있는 경우에는 각 경계표시의 내부의 면적을 합한 면적)이 $100m^2$ 이상인 것
	별표 11 Ⅲ의 위험물을 저장하는 것으로서 지정수량의 100배 이상인 것
암반 탱크 저장소	액표면적이 $40m^2$ 이상인 것(제6류 위험물을 저장하는 것 및 고인화점위험물만을 100℃ 미만의 온도에서 저장하는 것은 제외)
	고체위험물을 저장하는 것으로서 지정수량의 100배 이상인 것
이송 취급소	모든 대상

15 위험물의 성질에 따라 강화된 기준을 적용하는 지정과산화물을 저장하는 옥내저장소에서 지정과산화물에 대한 설명으로 옳은 것은?

① 지정과산화물이란 제5류 위험물 중 유기과산화물 또는 이를 함유한 것으로서 지정수량이 10kg인 것을 말한다.
② 지정과산화물에는 제4류 위험물에 해당하는 것도 포함된다.
③ 지정과산화물이란 유기과산화물과 알킬알루미늄을 말한다.
④ 지정과산화물이란 유기과산화물 중 소방방재청고시로 지정한 물질을 말한다.

풀이 지정과산화물이란 제5류 위험물 중 유기과산화물 또는 이를 함유한 것으로서 지정수량이 10kg인 것을 말한다.

16 위험물안전관리법령상 지하탱크저장소에 설치하는 강제이중벽탱크에 관한 설명으로 틀린 것은?

① 탱크본체와 외벽 사이에는 3mm 이상의 감지층을 둔다.
② 스페이스는 탱크 본체와 재질을 다르게 하여야 한다.
③ 탱크전용실 없이 지하에 직접 매설할 수도 있다.
④ 탱크외면에는 최대시험압력을 지워지지 않도록 표시하여야 한다.

풀이 스페이스는 탱크 본체와 재질을 같게 하여야 한다.

17 지정수량의 100배 이상을 저장 또는 취급하는 옥내저장소에 설치하여야 하는 경보설비는?(단, 고인화점 위험물만을 저장 또는 취급하는 것은 제외한다.)

① 비상경보설비 ② 자동화재탐지설비
③ 비상방송설비 ④ 비상조명등설비

풀이 옥내에서 지정수량의 100배 이상의 위험물(제6류 위험물을 제외한다)을 저장 또는 취급하는 제조소 또는 일반취급소, 지정수량의 100배 이상의 제2류, 제3류 또는 제5류 위험물을 저장 또는 취급하는 옥내저장소 또는 지정수량의 200배 이상의 제1류 또는 제4류 위험물을 저장 또는 취급하는 옥내저장소에 있어서는 자동화재탐지설비를 설치할 것

18 금속분, 목탄, 코크스 등의 연소형태에 해당하는 것은?

① 자기연소 ② 증발연소 ③ 분해연소 ④ 표면연소

풀이 표면연소
목탄(숯), 코크스, 금속분 등이 열분해 하여 고체가 표면이 고온을 유지하면서 가연성 가스를 발생하지 않고 그 물질 자체가 표면이 빨갛게 연소하는 형태

19 8L 용량의 소화전용 물통의 능력단위는?

① 0.3 ② 0.5 ③ 1.0 ④ 1.5

풀이 기타 소화설비의 능력단위는 다음의 표에 의할 것

소화설비	용량	능력단위
소화전용(專用) 물통	8L	0.3
수조(소화전용 물통 3개 포함)	80L	1.5

정답 16. ② 17. ② 18. ④ 19. ①

수조(소화전용 물통 6개 포함)	190L	2.5
마른 모래(삽 1개 포함)	50L	0.5
팽창질석 또는 팽창진주암(삽 1개 포함)	160L	1.0

20 위험물 제조소 등별로 설치하여야 하는 경보설비의 종류에 해당하지 않는 것은?

① 비상방송설비 ② 비상조명등설비
③ 자동화재탐지설비 ④ 비상경보설비

풀이 비상조명등설비 : 피난설비

21 염소산나트륨과 반응하여 ClO_2 가스를 발생시키는 것은?

① 글리세린 ② 질소
③ 염산 ④ 산소

풀이 산과 반응하여 유독한 이산화염소(ClO_2)를 발생하고 폭발위험이 있다.

22 위험물의 지하저장탱크 중 압력탱크 외의 탱크에 대해 수압시험을 실시할 때 몇 kPa 의 압력으로 하여야 하는가?(단, 소방방재청장이 정하여 고시하는 기밀시험과 비파괴시험을 동시에 실시하는 방법으로 대신하는 경우는 제외한다.)

① 40 ② 50 ③ 60 ④ 70

풀이 지하탱크 저장소
수압시험(압력탱크에 있어서는 최대상용압력의 1.5배의 압력으로, 압력탱크 외의 탱크에 있어서는 70kPa의 압력으로 10분간을 실시하여 새거나 변형되지 아니하는 것을 확인하는 시험을 말한다)을 실시하거나, 기밀시험(압력탱크에 한한다)과 비파괴시험을 실시하여 새거나 변형되지 아니할 것. 다만, 용량 100만L 이상의 탱크에 대하여 수압시험을 실시하고자 하는 경우에는 반드시 비파괴시험을 병행하여야 한다.

23 다음 중 착화온도가 가장 낮은 것은?

① 등유 ② 가솔린 ③ 아세톤 ④ 톨루엔

풀이

물질명	등유	가솔린	아세톤	톨루엔
착화온도	210℃	300℃	538℃	480℃

24 저장용기에 물을 넣어 보관하고 $Ca(OH)_2$을 넣어 pH 9의 약알칼리성으로 유지시키면서 저장하는 물질은?

① 적린 ② 황린
③ 질산 ④ 황화인

풀이 황린은 pH=9 정도의 물속에 저장하며 보호액이 증발되지 않도록 한다.[pH 3의 생성을 방지하기 위하여 보호액을 pH 9(약알칼리성)로 유지시킨다.]

25 시 · 도의 조례가 정하는 바에 따라 관할소방서장의 승인을 받아 지정수량 이상의 위험물을 제조소 등이 아닌 장소에서 임시로 저장 또는 취급하는 기간은 최대 며칠 이내인가?

① 30 ② 60
③ 90 ④ 120

풀이 시 · 도의 조례가 정하는 바에 따라 관할소방서장의 승인을 받아 지정수량 이상의 위험물을 90일 이내의 기간 동안 임시로 저장 또는 취급하는 경우

26 과염소산암모늄의 위험성에 대한 설명으로 올바르지 않은 것은?

① 급격히 가열하면 폭발의 위험이 있다.
② 건조 시에는 안정하나 수분 흡수 시에는 폭발한다.
② 가연성 물질과 혼합하면 위험하다.
④ 강한 충격이나 마찰에 의해 폭발의 위험이 있다.

풀이 과염소산암모늄은 강산과 접촉하거나, 가연성 물질, 또는 산화성 물질과 혼합하면 폭발할 수 있고, 충격에는 비교적 안정하나 130℃에서 분해시작 300℃에서는 급격히 분해 폭발한다.

27 위험물안전관리법령상 제5류 위험물의 판정을 위한 시험의 종류로 옳은 것은?

① 폭발성 시험, 가열분해성 시험
② 폭발성 시험, 충격민감성 시험
③ 가열분해성 시험, 착화의 위험성 시험
④ 충격민감성 시험, 착화의 위험성 시험

풀이 제5류 위험물의 판정을 위한 시험 : 폭발성 시험, 가열분해성 시험

정답 24. ② 25. ③ 26. ② 27. ①

28 위험물 저장방법에 관한 설명 중 틀린 것은?

① 알킬알루미늄은 물속에 보관한다.
② 황린은 물속에 보관한다.
③ 금속나트륨은 등유 속에 보관한다.
④ 금소칼륨은 경유 속에 보관한다.

풀이 물과 접촉하면 에탄기체를 생성시킨다.
$(C_2H_5)_3Al + 3H_2O \rightarrow Al(OH)_3 + 3C_2H_6$

29 위험물 운반에 관한 기준 중 위험등급 Ⅰ에 해당하는 위험물은?

① 황화인 ② 피크린산
③ 벤조일퍼옥사이드 ④ 질산나트륨

풀이 벤조일퍼옥사이드는 유기과산화물에 해당된다.

유별	제5류										
성질	자기반응성 물질										
위험등급	Ⅰ		Ⅱ							Ⅱ	
지정수량 (kg)	10	10	200	200	200	200	200	100	100	200	200
품명	유기과산화물	질산에스테르류	니트로화합물	니트로소화합물	아조화합물	다아조화합물	히드라진유도체	히드록실아민	히드록실아민염류	금속의아지화합물	질산구아니딘

30 톨루엔에 대한 설명으로 틀린 것은?

① 벤젠의 수소원자 하나가 메틸기로 치환된 것이다.
② 증기는 벤젠보다 가볍고 휘발성은 더 높다.
③ 독특한 향기를 가진 무색의 액체이다.
④ 물에 녹지 않는다.

풀이 톨루엔의 증기는 벤젠보다 무겁다.

정답 28. ① 29. ③ 30. ②

31 질산나트륨의 성장에 대한 설명 중 틀린 것은?

① 조해성이 있다.
② 강력한 환원제이며 물보다 가볍다.
③ 열분해하여 산소를 방출한다.
④ 가연물과 혼합하면 충격에 의해 발화할 수 있다.

풀이 질산나트륨은 제1류 위험물로서 강력한 산화제이다.

32 2몰의 브롬산칼륨이 모두 열분해되어 생긴 산소의 양은 2기압 27℃에서 약 몇 L인가?

① 32.42 ② 36.92
③ 41.34 ④ 45.64

풀이 $2KBrO_3 \rightarrow 2KBr + 3O_2$
2몰의 브롬산칼륨이 열분해하면 3몰의 산소를 발생시킨다.

$$PV = \frac{W}{M}RT$$

$$V = \frac{WRT}{PM} = \frac{3\times32\times0.082\times300}{2\times32} = 36.92$$

33 메틸알코올과 에틸알코올의 공통점을 설명한 내용으로 틀린 것은?

① 휘발성의 무색 액체이다. ② 인화점이 0℃ 이하이다.
③ 증기는 공기보다 무겁다. ④ 비중이 물보다 작다

풀이

물질명	메틸알코올	에틸알코올
인화점	11℃	13℃

34 위험물안전관리법령상 유별이 같은 것으로만 나열된 것은?

① 금속의 인화물, 칼슘의 탄화물, 할로겐간화합물
② 아조벤젠, 염산히드라진, 질산구아니딘
③ 황린, 적린, 무기과산화물
④ 유기화산화물, 질산에스테르류, 알킬리튬

풀이 제5류 위험물 : 아조벤젠, 염산히드라진, 질산구아니딘

정답 31. ② 32. ② 33. ② 34. ②

35 위험물저장탱크 중 부상지붕구조로 탱크의 직경이 53m 이상 60m 미만인 경우 고정식 포소화설비의 포방출구 종류 및 수량으로 옳은 것은?

① Ⅰ형 8개 이상
② Ⅱ형 8개 이상
③ Ⅲ형 10 이상
④ 특형 10개 이상

풀이 부상지붕구조는 특형이다.

36 위험물의 운반에 관한 기준에서 제4석유류와 혼재할 수 없는 위험물은?(단, 위험물은 각각 지정수량의 2배인 경우이다.)

① 황화인
② 칼륨
③ 유기과산화물
④ 과염소산

풀이 혼재 가능 위험물은 다음과 같다.
- 423 → 4류와 2류, 4류와 3류는 서로 혼재 가능
- 524 → 5류와 2류, 5류와 4류는 서로 혼재 가능
- 61 → 6류와 1류는 서로 혼재 가능

37 주유취급소 일반점검표의 점검항목에 따른 점검내용 중 점검방법이 육안점검이 아닌 것은?

① 가연성증기검지경보설비 – 손상의 유무
② 피난설비의 비상전원 – 정전 시의 점등상황
③ 간이탱크의 가연성 증기 회수밸브 – 작동상황
④ 배관의 전기방식 설비 – 단자의 탈락 유무

풀이

피난설비	유도등 본체	점등상황 및 손상의 유무	육안
		시각장애물의 유무	육안
	비상전원	정전 시의 점등상황	작동 확인

38 디에틸에테르에 대한 설명 중 틀린 것은?

① 강산화제와 혼합 시 안전하게 사용할 수 있다.
② 대량으로 저장 시 불활성 가스를 봉입한다.
③ 정전기 발생 방지를 위해 주의를 기울여야 한다.
④ 통풍, 환기가 잘 되는 곳에 저장한다.

풀이 강산화제와 혼합 시 위험성이 증대된다.

정답 35. ④ 36. ④ 37. ② 38. ①

39 다음 중 증기비중이 가장 큰 것은?

① 벤젠　② 등유　③ 메틸알코올　④ 디에틸에테르

풀이 분자량이 클수록 증기비중이 큰 물질이다.

40 휘발유에 대한 설명으로 옳은 것은?

① 가연성 증기를 발생하기 쉬우므로 주의한다.
② 발생된 증기는 공기보다 가벼워서 주변으로 확산하기 쉽다.
③ 전기를 잘 통하는 도체이므로 정전기를 발생시키지 않도록 조치한다.
④ 인화점이 상온보다 높으므로 여름철에 각별한 주의가 필요하다.

풀이 휘발유은 가연성 증기를 발생하기 쉽다.

41 다음 중 위험물안전관리법령에 의한 지정수량이 가장 작은 품명은?

① 질산염류　② 인화성고체
③ 금속분　④ 질산에스테르류

풀이

물질명	질산염류	인화성 고체	금속분	질산에스테르류
지정수량	300kg	1,000kg	500kg	10kg

42 위험물안전관리법령상 제2류 위험물에 속하지 않는 것은?

① P_4S_3　② Al　③ Mg　④ Li

풀이

제2류	가연성 고체	1. 황화인	100kg
		2. 적린	100kg
		3. 유황	100kg
		4. 철분	500kg
		5. 금속분	500kg
		6. 마그네슘	500kg
		7. 그 밖에 행정자치부령이 정하는 것 8. 제1호 내지 제7호의 1에 해당하는 어느 하나 이상을 함유한 것	100kg 또는 500kg
		9. 인화성고체	1,000kg

정답 39. ② 40. ① 41. ④ 42. ④

43 다음 위험물 중 발화점이 가장 낮은 것은?

① 황 ② 삼황화인 ③ 황린 ④ 아세톤

풀이

물질명	황	삼황화인	황린	아세톤
발화점	360℃	약 100℃	34℃	538℃

44 위험물안전관리법령에 의한 지정수량이 나머지 셋과 다른 하나는?

① 유황 ② 적린 ③ 황린 ④ 황화인

풀이

물질명	유황	적린	황린	황화인
지정수량	100kg	100kg	20kg	100kg

45 인화성 액체 위험물 저장하는 옥외탱크저장소에 설치하는 방유제의 높이 기준은?

① 0.5m 이상~1m 이하 ② 0.5m 이상~3m 이하
③ 0.3m 이상~1m 이하 ④ 0.3m 이상~3m 이하

풀이 옥외탱크저장소에 설치하는 방유제의 높이 : 0.5m 이상~3m 이하

46 위험물안전관리법령상 옥외저장탱크 중 압력탱크 외의 탱크에 통기관을 설치하여야 할 때 밸브 없는 통기관인 경우 통기관의 직경은 몇 mm 이상으로 하여야 하는가?

① 10 ② 15 ③ 20 ④ 30

풀이 옥외저장탱크 중 압력탱크 외의 탱크에 통기관을 설치하여야 할 때 밸브 없는 통기관인 경우 통기관의 직경 : 30mm 이상

47 금속나트륨과 금속칼륨의 공통적인 성질에 대한 설명으로 옳은 것은?

① 불연성 고체이다.
② 물과 반응하여 산소를 발생한다.
③ 은백색의 매우 단단한 금속이다.
④ 물보다 가벼운 금속이다.

풀이 금속나트륨과 금속칼륨은 물보다 가벼운 금속이다.

정답 43. ③ 44. ③ 45. ② 46. ④ 47. ④

48 트리니트로페놀에 대한 일반적인 설명으로 틀린 것은?

① 가연성 물질이다.
② 공업용으로 보통 휘황색의 결정이다.
③ 알코올에 녹지 않는다.
④ 납과 화합하여 예민한 금속염을 만든다.

풀이 피크린산의 저장 및 취급에 있어서는 드럼통에 넣어서 밀봉시켜 저장하고, 건조할수록 위험성이 증가된다. 독성이 있고 냉수에는 녹기 힘들고 더운물, 에테르, 벤젠, 알코올에 잘 녹는다.

49 위험물 저장탱크의 내용적이 300L일 때 탱크에 저장하는 위험물의 용량의 범위로 적합한 것은?(단, 원칙적인 경우에 한한다.)

① 240~270L ② 270~285L ③ 290~295L ④ 295~298L

풀이 안전공간 : 5~10% 여유를 둔다.

50 다음 각 위험물의 지정수량의 총 합은 몇 kg인가?

알킬리튬, 리튬, 수소화나트륨, 인화칼슘, 탄화칼슘

① 820 ② 900 ③ 960 ④ 1,260

풀이

물질명	알킬리튬	리튬	수소화나트륨	인화칼슘	탄화칼슘
지정수량	10kg	50kg	300kg	300kg	300kg

51 과산화수소의 분해 방지제로서 적합한 것은?

① 아세톤 ② 인산 ③ 황 ④ 암모니아

풀이 과산화수소의 분해방지 안정제[인산나트륨, 인산(H_3PO_4), 요산($C_5H_4N_4O_3$), 글리세린 등]를 첨가하여 산소분해를 억제한다.

52 위험물안전관리법령상 산화성 액체에 해당하지 않는 것은?

① 과염소산 ② 과산화수소
③ 과염소산나트륨 ④ 질산

정답 48. ③ 49. ② 50. ③ 51. ② 52. ③

풀이 과염소산나트륨은 산화성 고체로 제1류 위험물이다.

53 위험물안전관리법령상 염소화규소화합물은 제 몇 류 위험물에 해당하는가?

① 제1류　② 제2류　③ 제3류　④ 제5류

풀이 제3류 위험물 : 염소화규소화합물

54 가솔린의 연소범위에 가장 가까운 것은?

① 1.4~7.6%　② 2.0~23.0%
③ 1.8~36.5%　④ 1.0~50.0%

풀이 가솔린의 연소범위 : 1.4~7.6%

55 옥내저장탱크의 상호 간에는 특별한 경우를 제외하고 최소 몇 m 이상의 간격을 유지하여야 하는가?

① 0.1　② 0.2　③ 0.3　④ 0.5

풀이 옥내저장탱크의 상호 간의 이격거리 : 0.5m 이상

56 과산화벤조일에 대한 설명 중 틀린 것은?

① 진한 황산과 혼촉 시 위험성이 증가한다.
② 폭발성을 방지하기 위하여 희석제를 첨가할 수 있다.
③ 가열하면 약 100℃에서 흰 연기를 내면서 분해한다.
④ 물에 녹으며 무색, 무취의 액체이다.

풀이 과산화벤조일은 무색, 무미의 결정고체, 비수용성, 알코올에 약간 녹는다.

57 위험물 판매취급소에 대한 설명 중 틀린 것은?

① 제1종 판매취급소라 함은 저장 또는 취급하는 위험물의 수량이 지정수량의 20배 이하인 판매취급소를 말한다.
② 위험물을 배합하는 실의 바닥면적은 $6m^2$ 이상 $15m^2$ 이하이어야 한다.

정답 53. ③　54. ①　55. ④　56. ④　57. ④

③ 판매취급소에서는 도료류 외의 제1석유류를 배합하거나 옮겨 담는 작업을 할 수 없다.
④ 제1종 판매취급소는 건축물의 2층까지만 설치가 가능하다.

풀이 제1종 판매취급소는 단층건축물 또는 건축물의 1층에 설치하여야 한다.

58 위험물안전관리법의 적용 제외와 관련된 내용으로 ( ) 안에 알맞은 것을 모두 나타낸 것은?

위험물안전관리법은 ( )에 의한 위험물의 저장, 취급 및 운반에 있어서는 이를 적용하지 아니한다.

① 항공기, 선박(선박법 제1조의2 제1항에 따른 선박을 말한다), 철도 및 궤도
② 항공기, 선박(선박법 제1조의2 제1항에 따른 선박을 말한다), 철도
③ 항공기, 철도, 궤도
④ 철도 및 궤도

풀이 위험물안전관리법은 항공기, 선박(선박법 제1조의2 제1항에 따른 선박을 말한다), 철도 및 궤도에 의한 위험물의 저장, 취급 및 운반에 있어서는 이를 적용하지 아니한다.

59 옥내저장소에 질산 600L를 저장하고 있다. 저장하고 있는 질산은 지정수량의 몇 배인가?(단, 질산의 비중은 1.5이다.)

① 1　　② 2
③ 3　　④ 4

풀이

$$\frac{600\mathrm{L}\times 1.5\frac{\mathrm{kg}}{\mathrm{L}}}{300\mathrm{kg}} = 3$$

60 중크롬산칼륨에 대한 설명으로 틀린 것은?

① 열분해하여 산소를 발생한다.
② 물과 알코올에 잘 녹는다.
③ 등적색의 결정으로 쓴맛이 있다.
④ 산화제, 의약품 등에 사용된다.

풀이 중크롬산칼륨은 흡습성, 수용성, 알코올에는 불용이다.

정답 58. ① 59. ③ 60. ②

위험물기능사

(2014년 1월 26일)

1 알루미늄 분말 화재 시 주수하여서는 안 되는 가장 큰 이유는?

① 수소가 발생하여 연소가 확대되기 때문에
② 유독가스가 발생하여 연소가 확대되기 때문에
③ 산소의 발생으로 연소가 확대되기 때문에
④ 분말의 독성이 강하기 때문에

풀이 알루미늄은 물(수증기)과 반응하여 수소를 발생시킨다.
$Al + H_2O \rightarrow Al(OH)_3 + H_2$

2 위험물별로 설치하는 소화설비 중 적응성이 없는 것과 연결된 것은?

① 제3류 위험물 중 금수성 물질 이외의 것 - 할로겐화합물 소화설비, 이산화탄소소화설비
② 제4류 위험물 - 물분무소화설비, 이산화탄소소화설비
③ 제5류 위험물 - 포소화설비, 스프링클러설비
④ 제6류 위험물 - 옥내소화전설비, 물분무소화설비

풀이 제3류 위험물 중 금수성 물질 이외의 물질은 이산화탄소 및 할로겐화합물과 격렬히 반응한다.

3 전기화재의 급수와 표시 색상을 옳게 나타낸 것은?

① C급 - 백색 ② D급 - 백색 ③ C급 - 청색 ④ D급 - 청색

풀이
• A급 화재(일반화재) : 백색
• B급 화재(유류화재) : 황색
• C급 화재(전기화재) : 청색
• D급 화재(금속분 화재) : 없음

4 탄화알루미늄이 물과 반응하여 폭발의 위험이 있는 것은 어떤 가스가 발생하기 때문인가?

① 수소 ② 메탄 ③ 아세틸렌 ④ 암모니아

풀이 탄화알루미늄은 물과 반응하여 가연성 메탄가스를 발생시키므로 인화위험이 있다.
$Al_4C_3 + 12H_2O \rightarrow 4Al(OH)_3 + 3CH_4 \uparrow$

정답 1. ① 2. ① 3. ③ 4. ②

5 과산화리튬의 화재현장에서 주수소화가 불가능한 이유는?

① 수소가 발생하기 때문에　② 산소가 발생하기 때문에
③ 이산화탄소가 발생하기 때문에　④ 일산화탄소가 발생하기 때문에

풀이 과산화리튬은 물과 반응하여 산소 기체를 발생시킨다.

$$Li_2O_2 + H_2O \rightarrow 2LiOH + \frac{1}{2}O_2$$

6 위험물제조소에 설치하는 분말소화설비의 기준에서 분말소화약제의 가압용 가스로 사용할 수 있는 것은?

① 헬륨 또는 산소　② 네온 또는 염소
③ 아르곤 또는 산소　④ 질소 또는 이산화탄소

풀이 분말소화설비의 기준에서 분말소화약제의 가압용 가스로는 질소 또는 이산화탄소를 사용한다.

7 제6류 위험물을 저장하는 제조소 등에 적응성이 없는 소화설비는?

① 옥외소화전설비　② 탄산수소염류 분말소화설비
③ 스프링클러설비　④ 포소화설비

풀이 제6류 위험물은 유기물 등과 혼합하여 발화한다.

8 소화난이도등급 I에 해당하는 위험물제조소 등이 아닌 것은?(단, 원칙적인 경우에 한하며 다른 조건은 고려하지 않는다.)

① 모든 이송취급소　② 연면적 $600m^2$의 제조소
③ 지정수량의 150배인 옥내저장소　④ 액표면적이 $40m^2$인 옥외탱크저장소

풀이 소화난이도등급 I 에 해당하는 제조소 등

제조소 등의 구분	제조소 등의 규모, 저장 또는 취급하는 위험물의 품명 및 최대수량 등
제조소 일반 취급소	연면적 $1,000m^2$ 이상인 것
	지정수량의 100배 이상인 것(고인화점위험물만을 100℃ 미만의 온도에서 취급하는 것 및 제48조의 위험물을 취급하는 것은 제외)
	지반면으로부터 6m 이상의 높이에 위험물 취급설비가 있는 것(고인화점위험물만을 100℃ 미만의 온도에서 취급하는 것은 제외)
	일반취급소로 사용되는 부분 외의 부분을 갖는 건축물에 설치된 것(내화구조로 개구부 없이 구획된 것 및 고인화점위험물만을 100℃ 미만의 온도에서 취급하는 것은 제외)

정답 5. ② 6. ④ 7. ② 8. ②

옥내 저장소	지정 수량의 150배 이상인 것(고인화점 위험물만을 저장하는 것 및 제48조의 위험물을 저장하는 것은 제외)
	연면적 150m²을 초과하는 것(150m² 이내마다 불연재료로 개구부 없이 구획된 것 및 인화성 고체 외의 제2류 위험물 또는 인화점 70℃ 이상의 제4류 위험물만을 저장하는 것은 제외)
	처마높이가 6m 이상인 단층 건물의 것
옥내 저장소	옥내저장소로 사용되는 부분 외의 부분이 있는 건축물에 설치된 것(내화구조로 개구부 없이 구획된 것 및 인화성 고체 외의 제2류 위험물 또는 인화점 70℃ 이상의 제4류 위험물만을 저장하는 것은 제외)
옥외 탱크 저장소	액표면적이 40m² 이상인 것(제6류 위험물을 저장하는 것 및 고인화점위험물만을 100℃ 미만의 온도에서 저장하는 것은 제외)
	지반면으로부터 탱크 옆판의 상단까지 높이가 6m 이상인 것(제6류 위험물을 저장하는 것 및 고인화점위험물만을 100℃ 미만의 온도에서 저장하는 것은 제외)
	지중탱크 또는 해상탱크로서 지정수량의 100배 이상인 것(제6류 위험물을 저장하는 것 및 고인화점위험물만을 100℃ 미만의 온도에서 저장하는 것은 제외)
	고체위험물을 저장하는 것으로서 지정수량의 100배 이상인 것
옥내 탱크 저장소	액표면적이 40m² 이상인 것(제6류 위험물을 저장하는 것 및 고인화점위험물만을 100℃ 미만의 온도에서 저장하는 것은 제외)
	바닥면으로부터 탱크 옆판의 상단까지 높이가 6m 이상인 것(제6류 위험물을 저장하는 것 및 고인화점위험물만을 100℃ 미만의 온도에서 저장하는 것은 제외)
	탱크전용실이 단층건물 외의 건축물에 있는 것으로서 인화점 40℃ 이상 70℃ 미만의 위험물을 지정수량의 5배 이상 저장하는 것(내화구조로 개구부 없이 구획된 것은 제외한다.)
옥외 저장소	덩어리 상태의 유황을 저장하는 것으로서 경계표시 내부의 면적(2 이상의 경계표시가 있는 경우에는 각 경계표시의 내부의 면적을 합한 면적)이 100m² 이상인 것
	별표 11 Ⅲ의 위험물을 저장하는 것으로서 지정수량의 100배 이상인 것
암반 탱크 저장소	액표면적이 40m² 이상인 것(제6류 위험물을 저장하는 것 및 고인화점위험물만을 100℃ 미만의 온도에서 저장하는 것은 제외)
	고체위험물을 저장하는 것으로서 지정수량의 100배 이상인 것
이송 취급소	모든 대상

9 니트로셀룰로오스의 자연발화는 일반적으로 무엇에 기인한 것인가?

① 산화열　　② 중합열
③ 흡착열　　④ 분해열

풀이 자연발화의 형태

- 산화열에 의한 발화 : 석탄, 고무분말, 건성유
- 분해열에 의한 발화 : 니트로셀룰로오스
- 흡착열에 의한 발화 : 목탄, 활성탄
- 미생물에 의한 발화 : 퇴비, 먼지

정답 9. ④

10 인화점 70℃ 이상의 제4류 위험물을 저장하는 암반탱크저장소에 설치하여야 하는 소화설비들로만 이루어진 것은?(단, 소화난이도등급 I에 해당한다.)

① 물분무소화설비 또는 고정식 포소화설비
② 이산화탄소소화설비 또는 물분무소화설비
③ 할로겐화합물소화설비 또는 이산화탄소소화설비
④ 고정식 포소화설비 또는 할로겐화합물소화설비

풀이 소화난이도등급Ⅰ의 제조소 등에 설치하여야 하는 소화설비

<table>
<tr><th colspan="3">제조소 등의 구분</th><th>소화설비</th></tr>
<tr><td colspan="3">제조소 및 일반취급소</td><td>옥내소화전설비, 옥외소화전설비, 스프링클러설비 또는 물분무등소화설비(화재 발생 시 연기가 충만할 우려가 있는 장소에는 스프링클러설비 또는 이동식 외의 물분무등소화설비에 한한다.)</td></tr>
<tr><td rowspan="2">옥내저장소</td><td colspan="2">처마높이가 6m 이상인 단층건물 또는 다른 용도의 부분이 있는 건축물에 설치한 옥내저장소</td><td>스프링클러설비 또는 이동식 외의 물분무등소화설비</td></tr>
<tr><td colspan="2">그 밖의 것</td><td>옥외소화전설비, 스프링클러설비, 이동식 외의 물분무등소화설비 또는 이동식 포소화설비(포소화전을 옥외에 설치하는 것에 한한다.)</td></tr>
<tr><td rowspan="5">옥외탱크저장소</td><td rowspan="3">지중탱크 또는 해상탱크 외의 것</td><td>유황만을 저장·취급하는 것</td><td>물분무소화설비</td></tr>
<tr><td>인화점 70℃ 이상의 제4류 위험물만을 저장·취급하는 것</td><td>물분무소화설비 또는 고정식 포소화설비</td></tr>
<tr><td>그 밖의 것</td><td>고정식 포소화설비(포소화설비가 적응성이 없는 경우에는 분말소화설비)</td></tr>
<tr><td colspan="2">지중탱크</td><td>고정식 포소화설비, 이동식 외의 이산화탄소소화설비 또는 이동식 외의 할로겐화합물소화설비</td></tr>
<tr><td colspan="2">해상탱크</td><td>고정식 포소화설비, 물분무소화설비, 이동식 외의 이산화탄소소화설비 또는 이동식 외의 할로겐화합물소화설비</td></tr>
<tr><td rowspan="3">옥내탱크저장소</td><td colspan="2">유황만을 저장·취급하는 것</td><td>물분무소화설비</td></tr>
<tr><td colspan="2">인화점 70℃ 이상의 제4류 위험물만을 저장·취급하는 것</td><td>물분무소화설비, 고정식 포소화설비, 이동식 외의 이산화탄소소화설비, 이동식 외의 할로겐화합물소화설비 또는 이동식 외의 분말소화설비</td></tr>
<tr><td colspan="2">그 밖의 것</td><td>고정식 포소화설비, 이동식 외의 이산화탄소소화설비, 이동식 외의 할로겐화합물소화설비 또는 이동식 외의 분말소화설비</td></tr>
<tr><td colspan="3">옥외저장소 및 이송취급소</td><td>옥내소화전설비, 옥외소화전설비, 스프링클러설비 또는 물분무등소화설비(화재 발생 시 연기가 충만할 우려가 있는 장소에는 스프링클러설비 또는 이동식 외의 물분무등소화설비에 한한다)</td></tr>
</table>

정답 10. ①

<table>
<tr><td rowspan="3">암반
탱크
저장소</td><td>유황만을
저장 · 취급하는 것</td><td>물분무소화설비</td></tr>
<tr><td>인화점 70℃ 이상의
제4류 위험물만을
저장 · 취급하는 것</td><td>물분무소화설비 또는 고정식 포소화설비</td></tr>
<tr><td>그 밖의 것</td><td>고정식 포소화설비(포소화설비가 적응성이 없는 경우에는 분말소화설비)</td></tr>
</table>

11 다음 중 질식소화 효과를 주로 이용하는 소화기는?

① 포소화기 ② 강화액 소화기
③ 수(물)소화기 ④ 할로겐화합물소화기

풀이 포소화기는 거품을 방사하여 소화하는 방법으로 산소공급원을 차단하는 질식소화가 주된 소화효과이다.

12 위험물 제조소 등에 설치하는 옥외소화전설비의 기준에서 옥외소화전함은 옥외소화전으로부터 보행거리 몇 m 이하의 장소에 설치하여야 하는가?

① 1.5 ② 5
③ 7.5 ④ 10

풀이 옥외소화전과 소화전함의 거리는 5m 이내일 것

13 위험물의 품명 · 수량 또는 지정수량 배수의 변경신고에 대한 설명으로 옳은 것은?

① 허가청과 협의하여 설치한 군용위험물시설의 경우에도 적용된다.
② 변경신고는 변경한 날로부터 7일 이내에 완공검사필증을 첨부하여 신고하여야 한다.
③ 위험물의 품명이나 수량의 변경을 위해 제조소 등의 위치 · 구조 또는 설비를 변경하는 경우에 신고한다.
④ 위험물의 품명 · 수량 및 지정수량의 배수를 모두 변경할 때에는 신고를 할 수 없고 허가를 신청하여야 한다.

풀이 위험물의 품명 · 수량 또는 지정수량 배수의 변경신고
① 허가청과 협의하여 설치한 군용위험물시설의 경우에도 적용된다.
② 위험물의 품명 · 수량 또는 지정수량의 배수를 변경하고자 하는 자는 변경하고자 하는 날의 7일 전까지 총리령이 정하는 바에 따라 시 · 도지사에게 신고하여야 한다.

정답 11. ① 12. ② 13. ①

14 제조소에서 취급하는 제4류 위험물의 최대수량의 합이 지정수량의 24만 배 이상 48만 배 미만인 사업소의 자체소방대에 두는 화학소방자동차 수와 소방대원의 인원 기준으로 옳은 것은?

① 2대, 4인
② 2대, 12인
③ 3대, 15인
④ 3대, 24인

풀이 자체소방대에 두는 화학소방자동차 및 인원 기준

사업소의 구분	화학소방자동차	자체소방대원의 수
1. 제조소 또는 일반취급소에서 취급하는 제4류 위험물의 최대수량의 합이 지정수량의 12만 배 미만인 사업소	1대	5인
2. 제조소 또는 일반취급소에서 취급하는 제4류 위험물의 최대수량의 합이 지정수량의 12만 배 이상 24만 배 미만인 사업소	2대	10인
3. 제조소 또는 일반취급소에서 취급하는 제4류 위험물의 최대수량의 합이 지정수량의 24만 배 이상 48만 배 미만인 사업소	3대	15인
4. 제조소 또는 일반취급소에서 취급하는 제4류 위험물의 최대수량의 합이 지정수량의 48만 배 이상인 사업소	4대	20인

15 주유취급소 중 건축물의 2층에 휴게음식점의 용도로 사용하는 것에 있어 해당 건축물의 2층으로부터 직접 주유취급소의 부지 밖으로 통하는 출입구와 해당 출입구로 통하는 통로 · 계단에 설치하여야 하는 것은?

① 비상경보설비
② 유도등
③ 비상조명등
④ 확성장치

풀이 건축물의 2층으로부터 직접 주유취급소의 부지 밖으로 통하는 출입구와 해당 출입구로 통하는 통로 · 계단에는 유도등을 설치해야 한다.

16 높이 15m, 지름 20m인 옥외저장탱크에 보유 공지의 단축을 위해서 물분무설비로 방호조치를 하는 경우 수원의 양은 약 몇 L 이상으로 하여야 하는가?

① 46,496
② 58,090
③ 70,259
④ 95,880

풀이 지정수량의 4,000배 이상을 저장 · 취급하는 위험물 옥외탱크저장소에 다음 각 호의 기준에 적합한 물분무설비로 방호조치를 한 경우에는 그 보유 공지를 제1항의 규정에 의한 보유 공지의 2분의 1 이상의 너비로 할 수 있다.

1. 탱크의 표면에 방사하는 물의 양은 탱크의 높이 15m 이하마다 원주길이 1m에 대하여 분당 37L 이상으로 할 것
2. 수원의 양은 제1호의 규정에 의한 수량으로 20분 이상 방사할 수 있는 수량으로 할 것
3. 탱크의 높이가 15m를 초과하는 경우에는 15m 이하마다 분무헤드를 설치하되, 분무헤드는 탱크의 높이 및 구조를 고려하여 분무가 적정하게 이루어질 수 있도록 배치할 것

계산식 : $37\frac{\text{L}}{\text{min}} \times \frac{2\pi r}{1\text{m}} \times 20\text{min} = 46,496\text{L}$

정답 14. ③ 15. ② 16. ①

17
위험물제조소등에 설치해야 하는 각 소화설비의 설치기준에 있어서 각 노즐 또는 헤드선단의 방사압력 기준이 나머지 셋과 다른 설비는?

① 옥내소화전설비 ② 옥외소화전설비
③ 스프링클러설비 ④ 물분무소화설비

풀이 방사압력
- 옥내소화전설비, 옥외소화전설비, 물분무소화설비 : 0.35MPa 이상
- 스프링클러설비 : 0.1MPa 이상

18
아세톤의 위험도를 구하면 얼마인가?(단, 아세톤의 연소범위는 2~13vol%이다.)

① 0.846 ② 1.23
③ 5.5 ④ 7.5

풀이 $H=\frac{U-L}{L}=\frac{13-2}{2}=5.5$

19
위험물제조소 등에 설치하는 이산화탄소 소화설비의 소화약제 저장용기 설치장소로 적합하지 않은 곳은?

① 방호구역 외의 장소
② 온도가 40℃ 이하이고 온도변화가 적은 장소
③ 빗물이 침투할 우려가 적은 장소
④ 직사일광이 잘 들어오는 장소

풀이 이산화탄소 소화설비의 설치장소
가. 방호구역 외의 장소에 설치할 것 단, 방호구역 내에 설치할 경우 피난 및 조작이 용이하도록 피난구 부근에 설치한다.
나. 온도가 40℃ 이하이고, 온도변화가 적은 곳에 설치할 것
다. 직사광선 및 빗물이 침투할 우려가 없는 곳에 설치할 것

20
위험물안전관리법령에 따른 옥외소화전설비의 설치기준에서 "옥외소화전설비는 모든 옥외소화전(설치개수가 4개 이상인 경우는 4개의 옥외소화전)을 동시에 사용할 경우에 각 노즐선단의 방수압력이 ( )kPa 이상이고, 방수량이 1분당 ( )L 이상의 성능이 되도록 할 것"에서 괄호 안에 알맞은 수치를 차례대로 나타낸 것은?

① 350, 260 ② 300, 260 ③ 350, 450 ④ 300, 450

풀이 옥외소화전설비는 모든 옥외소화전(설치개수가 4개 이상인 경우는 4개의 옥외소화전)을 동시에 사용할 경우에 각 노즐선단의 방수압력이 350kPa 이상이고, 방수량이 1분당 450L 이상의 성능이 되도록 할 것

정답 17. ③ 18. ③ 19. ④ 20. ③

21 1종 판매취급소에 설치하는 위험물 배합실의 기준으로 틀린 것은?

① 바닥면적은 $6m^2$ 이상 $15m^2$ 이하일 것
② 내화구조 또는 불연재료로 된 벽으로 구획할 것
③ 출입구는 수시로 열 수 있는 자동폐쇄식의 갑종방화문으로 설치할 것
④ 출입구 문턱의 높이는 바닥면으로부터 0.2m 이상일 것

풀이 위험물 배합식 출입구의 문턱높이 : 0.1m 이상

22 규조토에 흡수시켜 다이너마이트를 제조할 때 사용되는 위험물은?

① 디니트로톨루엔
② 질산에틸
③ 니트로글리세린
④ 니트로셀룰로오스

풀이 규조토에 니트로글리세린을 흡수시킨 것은 다이너마이트라 한다.

23 $NaClO_2$을 수납하는 운반용기의 외부에 표시하여야 할 주의사항으로 옳은 것은?

① 화기엄금 및 충격주의
② 화기주의 및 물기엄금
③ 화기·충격주의 및 가연물접촉주의
④ 화기엄금 및 공기접촉엄금

풀이 운반용기의 외부표시 주의사항
제1류 위험물의 알칼리 금속의 과산화물은 물기엄금, 알칼리금속의 과산화물 이외의 것은 화기·충격주의 및 가연물접촉주의

24 이황화탄소 저장 시 물속에 저장하는 이유로 가장 옳은 것은?

① 공기 중 수소와 접촉하여 산화되는 것을 방지하기 위하여
② 공기와 접촉 시 환원하기 때문에
③ 가연성 증기의 발생을 억제하기 위해서
④ 불순물을 제거하기 위하여

풀이 이황화탄소는 용기나 탱크에 저장 시 물속에 보관해야 하는데 물에 불용이며, 물보다 무겁다(가연성 증기 발생을 억제하기 위함이다.)

정답 21. ④ 22. ③ 23. ③ 24. ③

25 알루미늄분의 위험성에 대한 설명 중 틀린 것은?

① 할로겐원소와 접촉 시 자연발화의 위험성이 있다.
② 산과 반응하여 가연성 가스인 수소를 발생한다.
③ 발화하면 다량의 열이 발생한다.
④ 뜨거운 물과 격렬히 반응하여 산화알루미늄을 발생시킨다.

풀이 물(수증기)과 반응하여 수소를 발생시킨다.
$2Al + 6H_2O \rightarrow 2Al(OH)_3 + 3H_2$

26 위험물제조소에서 "브롬산나트륨 300kg, 과산화나트륨 150kg, 중크롬산나트륨 500kg"의 위험물을 취급하고 있는 경우 각각의 지정수량 배수의 총합은 얼마인가?

① 3.5
② 4.0
③ 4.5
④ 5.0

풀이 지정수량 배수 $= \frac{300}{300} + \frac{150}{50} + \frac{500}{1,000} = 4.5$

27 오황화인과 칠황화인이 물과 반응했을 때 공통으로 나오는 물질은?

① 이산화황
② 황화수소
③ 인화수소
④ 삼산화황

풀이 오황화인과 칠황화인은 물과 접촉하여 가수분해하거나 습한 공기 중 분해하여 H_2S가 발생하며 H_2S는 가연성 · 유독성 기체로 공기와 혼합 시 인화 · 폭발성 혼합기를 형성하므로 위험하다.

28 과산화벤조일의 일반적인 성질로 옳은 것은?

① 비중은 약 0.33이다.
② 무미, 무취의 고체이다.
③ 물에는 잘 녹지만 디에틸에테르에는 녹지 않는다.
④ 녹는점은 약 300℃이다.

풀이 과산화벤조일(벤조일퍼옥사이드) : [$(C_6H_5CO)_2O_2$]
- 무색, 무미의 결정고체, 비수용성, 알코올에 약간 녹는다.
- 발화점 125℃, 융점 103~105℃, 비중 1.33(25℃)
- 상온에서 안정된 물질, 강한 산화작용이 있다.
- 가열하면 100℃에서 흰 연기를 내며 분해한다.

정답 25. ④ 26. ③ 27. ② 28. ②

29 메틸알코올의 위험성에 대한 설명으로 틀린 것은?

① 겨울에는 인화의 위험이 여름보다 적다.
② 증기밀도는 가솔린보다 크다.
③ 독성이 있다.
④ 연소범위는 에틸알코올보다 넓다.

풀이 증기밀도는 가솔린보다 적다.

30 위험물안전관리법령은 위험물의 유별에 따른 저장 · 취급상의 유의사항을 규정하고 있다. 이 규정에서 특히 과열, 충격, 마찰을 피하여야 할 류(類)에 속하는 위험물 품명을 옳게 나열한 것은?

① 히드록실아민, 금속의 아지화합물
② 금속의 산화물, 칼슘의 탄화물
③ 무기금속화합물, 인화성 고체
④ 무기과산화물, 금속의 산화물

풀이 히드록실아민, 금속의 아지화합물은 제5류 위험물로서 과열, 충격, 마찰을 피하여야 한다.

31 제3류 위험물에 대한 설명으로 옳지 않은 것은?

① 황린은 공기 중에 노출되면 자연발화하므로 물속에 저장하여야 한다.
② 나트륨은 물보다 무거우며 석유 등의 보호액 속에 저장하여야 한다.
③ 트리에틸알루미늄은 상온에서 액체 상태로 존재한다.
④ 인화칼슘은 물과 반응하여 유독성의 포스핀을 발생한다.

풀이 나트륨은 물보다 가볍다(비중은 0.97).

32 과산화벤조일 100kg을 저장하려 한다. 지정수량의 배수는 얼마인가?

① 5배 ② 7배 ③ 10배 ④ 15배

풀이 지정수량의 배수 $= \frac{100}{10} = 10$배

33 순수한 것은 무색, 투명한 기름상의 액체이고 공업용은 담황색인 위험물로 충격, 마찰에는 매우 예민하고 겨울철에는 동결할 우려가 있는 것은?

① 펜트리트
② 트리니트로벤젠
③ 니트로글리세린
④ 질산메틸

정답 29. ② 30. ① 31. ② 32. ③ 33. ③

풀이 니트로글리세린(NG) : [$C_3H_5(ONO_2)_3$]
- 비점 160℃, 융점 28℃, 증기비중 7.84
- 상온에서 무색투명한 기름 모양의 액체이며, 가열, 마찰, 충격에 민감하며 폭발하기 쉽다.
- 규조토에 흡수시킨 것은 다이너마이트라 한다.

34 과산화칼륨이 물 또는 이산화탄소와 반응할 경우 공통적으로 발생하는 물질은?

① 산소 ② 과산화수소 ③ 수산화칼륨 ④ 수소

풀이 ㉠ 과산화칼륨과 물이 반응하여 산소를 방출시킨다.

$2K_2O_2 + 2H_2O \rightarrow 4KOH + 3O_2$

㉡ 과산화칼륨과 이산화탄소가 반응하여 산소를 방출시킨다.

$2K_2O_2 + 2CO_2 \rightarrow 2K_2CO_3 + O_2$

35 위험물안전관리법령에서 정한 물분무소화설비의 설치기준으로 적합하지 않은 것은?

① 고압의 전기설비가 있는 장소에는 해당 전기설비와 분무헤드 및 배관과 사이에 전기절연을 위하여 필요한 공간을 보유한다.
② 스트레이너 및 일제개방밸브는 제어밸브의 하류 측 부근에 스트레이너, 일제개방밸브의 순으로 설치한다.
③ 물분무소화설비에 2 이상의 방사구역을 두는 경우에는 화재를 유효하게 소화할 수 있도록 인접하는 방사구역이 상호 중복되도록 한다.
④ 수원의 수위가 수평회전식 펌프보다 낮은 위치에 있는 가압송수장치의 물올림장치는 타 설비와 겸용하여 설치한다.

풀이 수원의 수위가 수평회전식 펌프보다 낮은 위치에 있는 가압송수장치의 물올림장치는 타 설비와 겸용하여 설치할 수 없다.

36 과산화수소의 운반용기 외부에 표시하여야 하는 주의사항은?

① 화기주의 ② 충격주의 ③ 물기엄금 ④ 가연물접촉주의

풀이 다음 각 목의 구분에 의한 주의사항 표시

가. 제1류 위험물중 무기과산화물류 및 삼산화크롬의 경우에는 "화기, 충격주의", "물기엄금" 및 "가연물접촉주의", 그 밖의 것의 경우에는 "화기, 충격주의" 및 "가연물접촉주의"
나. 제2류 위험물중 철분, 금속분 또는 마그네슘의 경우에는 "화기주의" 및 "물기엄금", 그 밖의 것의 경우에는 "화기주의"
다. 제3류 위험물 중 자연발화성 물품의 경우에는 "화기엄금" 및 "공기노출엄금", 금수성 물품의 경우에는 "물기엄금"
라. 제4류 위험물의 경우에는 "화기엄금"
마. 제5류 위험물의 경우에는 "화기엄금" 및 "충격주의"
바. 제6류 위험물 중 과염소산, 과산화수소 및 질산의 경우에는 "가연물접촉주의"

정답 34. ① 35. ④ 36. ④

37 액체위험물을 운반용기에 수납할 때 내용적의 몇 % 이하의 수납률로 수납하여야 하는가?

① 95 ② 96 ③ 97 ④ 98

풀이 액체위험물을 운반용기에 수납할 때 수납률

가. 고체위험물은 운반용기 내용적의 95% 이하의 수납률로 수납할 것

나. 액체위험물은 운반용기 내용적의 98% 이하의 수납률로 수납하되, 55℃ 이상에서 누설되지 아니하도록 충분한 공간용적을 유지할 것

38 다음 중 위험물안전관리법령에서 정한 지정수량이 500kg인 것은?

① 황화인 ② 금속분

③ 인화성 고체 ④ 유황

풀이

위험물			지정수량
유별	성질	품명	
제2류	가연성 고체	1. 황화인	100kg
		2. 적린	100kg
		3. 유황	100kg
		4. 철분	500kg
		5. 금속분	500kg
		6. 마그네슘	500kg
		7. 그 밖에 행정자치부령이 정하는 것 8. 제1호 내지 제7호의 1에 해당하는 어느 하나 이상을 함유한 것	100kg 또는 500kg
		9. 인화성 고체	1,000kg

39 건성유에 해당되지 않는 것은?

① 들기름 ② 동유

③ 아마인유 ④ 피마자유

풀이 건성유

- 요드값이 130 이상인 것
- 건성유는 섬유류 등에 스며들지 않도록 한다.(자연발화의 위험성이 있기 때문에)
- 공기 중 산소와 결합하기 쉽다.
- 고급 지방산의 글리세린 에스테르이다.
- 해바라기 기름, 동유, 정어리기름, 아마인유, 들기름, 대구유, 상어유 등

정답 37. ④ 38. ② 39. ④

40 위험물안전관리법상 제5류 위험물의 위험등급에 대한 설명 중 틀린 것은?

① 유기과산화물과 질산에스테르류는 위험등급 Ⅰ에 해당한다.
② 지정수량 100kg인 히드록실아민과 히드록실아민염류는 위험등급 Ⅱ에 속한다.
③ 지정수량 200kg에 해당되는 품명은 모두 위험등급 Ⅲ에 해당한다.
④ 지정수량 10kg인 품명만 위험등급 Ⅰ에 해당한다.

풀이 지정수량 100kg, 200kg에 해당되는 품명은 모두 위험등급 Ⅱ에 해당한다.

41 제5류 위험물에 관한 내용으로 틀린 것은?

① $C_2H_5ONO_2$: 상온에서 액체이다.
② $C_6H_2OH(NO_2)_3$: 공기 중 자연분해가 잘된다.
③ $C_6H_3(NO_2)_2CH_3$: 담황색의 결정이다.
④ $C_3H_5(ONO_2)_3$: 혼산 중에 글리세린을 반응시켜 제조한다.

풀이 피크린산[$C_6H_2OH(NO_2)_3$] : 공기 중 자연분해가 잘 되지 않는다.

42 다음 중 제4류 위험물에 대한 설명으로 가장 옳은 것은?

① 물과 접촉하면 발열하는 것
② 자기연소성 물질
③ 많은 산소를 함유하는 강산화제
④ 상온에서 액상인 가연성 액체

풀이 제4류 위험물은 상온에서 액상인 가연성 액체로서 인화성 물질이다.

43 위험물 운송책임자의 감독 또는 지원의 방법으로 운송의 감독 또는 지원을 위하여 마련한 별도의 사무실에 운송책임자가 대기하면서 이행하는 사항에 해당하지 않는 것은?

① 운송 후에 운송경로를 파악하여 관할 경찰관서에 신고하는 것
② 이동탱크저장소의 운전자에 대하여 수시로 안전확보 상황을 확인하는 것
③ 비상시의 응급처치에 관하여 조언을 하는 것
④ 위험물의 운송 중 안전 확보에 관하여 필요한 정보를 제공하고 감독 또는 지원하는 것

풀이 운송책임자의 감독 또는 지원의 방법은 다음 각 목의 1과 같다.
가. 운송책임자가 이동탱크저장소에 동승하여 운송 중인 위험물의 안전확보에 관하여 운전자에게 필요한 감독 또는 지원을 하는 방법. 다만, 운전자가 운반책임자의 자격이 있는 경우에는 운송책임자의 자격이 없는 자가 동승할 수 있다.

정답 40. ③ 41. ② 42. ④ 43. ①

나. 운송의 감독 또는 지원을 위하여 마련한 별도의 사무실에 운송책임자가 대기하면서 다음의 사항을 이행하는 방법
  1) 운송경로를 미리 파악하고 관할소방관서 또는 관련업체(비상대응에 관한 협력을 얻을 수 있는 업체를 말한다)에 대한 연락체계를 갖추는 것
  2) 이동탱크저장소의 운전자에 대하여 수시로 안전확보 상황을 확인하는 것
  3) 비상시의 응급처치에 관하여 조언을 하는 것
  4) 그 밖에 위험물의 운송 중 안전 확보에 관하여 필요한 정보를 제공하고 감독 또는 지원하는 것

44 제조소 등에 있어서 위험물을 저장하는 기준으로 잘못된 것은?

① 황린은 제3류 위험물이므로 물기가 없는 건조한 장소에 저장하여야 한다.
② 덩어리상태의 유황은 위험물 용기에 수납하지 않고 옥내저장소에 저장할 수 있다.
③ 옥내저장소에서는 용기에 수납하여 저장하는 위험물의 온도가 55℃를 넘지 아니하도록 필요한 조치를 강구하여야 한다.
④ 이동저장탱크에는 저장 또는 취급하는 위험물의 유별·품명·최대수량 및 적재중량을 표시하고 잘 보일 수 있도록 관리하여야 한다.

풀이 황린은 pH=9 정도의 물속에 저장하며 보호액이 증발되지 않도록 한다.[PH_3의 생성을 방지하기 위하여 보호액을 pH 9(약알칼리성)로 유지시킨다.]

45 요오드(아이오딘)산 아연의 성질에 대한 설명으로 가장 거리가 먼 것은?

① 결정성 분말이다.
② 유기물과 혼합 시 연소 위험이 있다.
③ 환원력이 강하다.
④ 제1류 위험물이다.

풀이 요오드(아이오딘)산 아연은 제1류 위험물로서 산화력이 강하다.

46 1몰의 에틸알코올이 완전연소하였을 때 생성되는 이산화탄소는 몇 몰인가?

① 1몰 ② 2몰 ③ 3몰 ④ 4몰

풀이 에틸알코올이 완전연소 반응식
$C_2H_5OH + 3O_2 \rightarrow 2CO_2 + 3H_2O$

47 이송취급소의 교체밸브, 제어밸브 등의 설치기준으로 틀린 것은?

① 밸브는 원칙적으로 이송기지 또는 전용부지 내에 설치할 것
② 밸브는 그 개폐상태를 설치장소에서 쉽게 확인할 수 있도록 할 것
③ 밸브를 지하에 설치하는 경우에는 점검상자 안에 설치할 것
④ 밸브는 해당 밸브의 관리에 관계하는 자가 아니면 수동으로만 개폐할 수 있도록 할 것

정답 44. ① 45. ③ 46. ② 47. ④

풀이 교체밸브, 제어밸브 등은 다음 각 호의 기준에 의하여 설치하여야 한다.
1. 밸브는 원칙적으로 이송기지 또는 전용부지 내에 설치할 것
2. 밸브는 그 개폐상태가 당해 밸브의 설치장소에서 쉽게 확인할 수 있도록 할 것
3. 밸브를 지하에 설치하는 경우에는 점검상자 안에 설치할 것
4. 밸브는 당해 밸브의 관리에 관계하는 자가 아니면 수동으로 개폐할 수 없도록 할 것

48 과염소산에 대한 설명으로 틀린 것은?

① 물과 접촉하면 발열한다.
② 불연성이지만 유독성이 있다.
③ 증기비중은 약 3.5이다.
④ 산화제이므로 쉽게 산화할 수 있다.

풀이 과염소산은 산화제로서 산화·환원 반응에서 자신은 환원되면서 상대 물질은 산화시키는 물질이다.

49 알킬알루미늄의 저장 및 취급방법으로 옳은 것은?

① 용기는 완전 밀봉하고 CH_4, C_3H_8 등을 봉입한다.
② C_6H_6 등의 희석제를 넣어준다.
③ 용기의 마개에 다수의 미세한 구멍을 뚫는다.
④ 통기구가 달린 용기를 사용하여 압력 상승을 방지한다.

풀이 알킬알루미늄의 희석제 : 벤젠, 헥산

50 제조소 등에서 위험물을 유출시켜 사람의 신체 또는 재산에 대하여 위험을 발생시킨 자에 대한 벌칙기준으로 옳은 것은?

① 1년 이상 3년 이하의 징역
② 1년 이상 5년 이하의 징역
③ 1년 이상 7년 이하의 징역
④ 1년 이상 10년 이하의 징역

풀이 제조소 등에서 위험물을 유출·방출 또는 확산시켜 사람의 생명·신체 또는 재산에 대하여 위험을 발생시킨 자는 1년 이상 10년 이하의 징역에 처한다.

51 고정 지붕 구조를 가진 높이 15m의 원통종형 옥외위험물 저장탱크 안의 탱크 상부로부터 아래로 1m 지점에 고정식 포 방출구가 설치되어 있다. 이 조건의 탱크를 신설하는 경우 최대 허가량은 얼마인가?(단, 탱크의 내부 단면적은 100m²이고, 탱크 내부에는 별다른 구조물이 없으며, 공간용적 기준은 만족하는 것으로 가정한다.)

① 1,400m³
② 1,370m³
③ 1,350m³
④ 1,300m³

정답 48. ④ 49. ② 50. ④ 51. ②

풀이 소화설비가 있는 설비의 경우에는 약제방출구로부터 0.3~1m까지 경계선으로부터의 위 공간을 공간용적으로 본다. 따라서 단면적이 $100m^2$이므로 원통의 용적=단면적×높이로 구하면 다음과 같다.
- 최대량 : $(15-1-0.3) \times 100 = 1{,}370m^3$
- 최소량 : $(15-1-1) \times 100 = 1{,}300m^3$

결국 최대량 $1{,}370m^3$가 된다.

52 염소산나트륨의 저장 및 취급 시 주의할 사항으로 틀린 것은?

① 철제용기에 저장은 피해야 한다.
② 열분해 시 이산화탄소가 발생하므로 질식에 유의한다.
③ 조해성이 있으므로 방습에 유의한다.
④ 용기에 밀전하여 보관한다.

풀이 염소산나트륨이 열분해하면 산소 기체를 발생시킨다.
$2NaClO_3 \rightarrow 2NaCl + 3O_2$

53 제4류 위험물의 옥외저장탱크에 대기밸브 부착 통기관을 설치할 때 몇 kPa 이하의 압력 차이로 작동하여야 하는가?

① 5kPa 이하　② 10kPa 이하　③ 15kPa 이하　④ 20kPa 이하

풀이 옥외저장탱크 중 대기밸브 부착 통기관은 5kPa 이하의 압력 차이로 작동할 수 있어야 한다.

54 비중은 0.86이고 은백색의 무른 경금속으로 보라색 불꽃을 내면서 연소하는 제3류 위험물은?

① 칼슘　② 나트륨　③ 칼륨　④ 리튬

풀이 칼륨의 성질
가. 은백색의 무른 경금속으로 융점(63.6℃) 이상의 온도에서 금속칼륨의 불꽃 반응 시 색상은 연보라색을 띤다.
나. 보호액(석유 등)에 장시간 저장 시 표면에 K_2O, KOH, K_2CO_3와 같은 물질이 피복되어 가라앉는다.
다. 공기 중의 수분과 반응하여 수소(g)를 발생시키며, 자연발화를 일으키기 쉬우므로 석유 속에 저장한다.
(석유 속에 저장하는 이유 : 수분과 접촉을 차단하고 공기 산화를 방지하려고)

55 위험물안전관리법령상 제3류 위험물에 속하는 담황색의 고체로서 물속에 보관해야 하는 것은?

① 황린　② 적린　③ 유황　④ 니트로글리세린

풀이 문제 44번 해설 참조

정답 52. ②　53. ①　54. ③　55. ①

56 이황화탄소에 관한 설명으로 틀린 것은?

① 비교적 무거운 무색의 고체이다.
② 인화점이 0℃ 이하이다.
③ 약 100℃에서 발화할 수 있다.
④ 이황화탄소의 증기는 유독하다.

풀이 이황화탄소는 순수한 것은 무색투명한 액체이고, 불순물이 존재하면 황색을 띠며, 불쾌한 냄새가 난다.

57 위험물안전관리법령에 따른 이동탱크저장소에 대한 기준에서 이동저장탱크는 그 내부에 ( )L 이하마다 ( )mm 이상의 강철판 또는 이와 동등 이상의 강도·내열성 및 내식성이 있는 금속성의 것으로 칸막이를 설치하여야 한다. 괄호 안에 알맞은 수치를 차례대로 나열한 것은?

① 2,500, 3.2
② 2,500, 4.8
③ 4,000, 3.2
④ 4,000, 4.8

풀이 이동탱크저장소의 탱크는 그 내부에 4천 L 이하마다 3.2mm 이상의 강철판 또는 이와 동등 이상의 강도, 내열성·내식성이 있는 금속성의 것으로 칸막이를 설치하여야 한다.

58 위험물안전관리법령에서 규정하고 있는 사항으로 틀린 것은?

① 법정의 안전교육을 받아야 하는 사람은 안전관리자로 선임된 자, 탱크시험자의 기술인력으로 종사하는 자, 위험물운송자로 종사하는 자이다.
② 지정수량의 150배 이상의 위험물을 저장하는 옥내저장소는 관계인이 예방규정을 정하여야 하는 제조소 등에 해당한다.
③ 정기검사의 대상이 되는 것은 액체위험물을 저장 또는 취급하는 10만 리터 이상의 옥외탱크저장소, 암반탱크저장소, 이송취급소이다.
④ 법정의 안전관리자교육이수자와 소방공무원으로 근무한 경력이 3년 이상인 자는 제4류 위험물에 대한 위험물 취급 자격자가 될 수 있다.

풀이 정기검사의 대상이 되는 것은 액체위험물을 저장 또는 취급하는 100만 리터 이상의 옥외탱크저장소를 말한다.

59 인화점이 상온 이상인 위험물은?

① 중유
② 아세트알데히드
③ 아세톤
④ 이황화탄소

풀이 인화점

① 중유 : 60~150℃
② 아세트알데히드 : −39℃
③ 아세톤 : −18℃
④ 이황화탄소 : −30℃

정답 56. ① 57. ③ 58. ③ 59. ①

60 위험물제조소의 연면적이 몇 m^2 이상이 되면 경보설비 중 자동화재탐지설비를 설치하여야 하는가?

① 400　　② 500
③ 600　　④ 800

풀이

제조소 등의 구분	제조소 등의 규모, 저장 또는 취급하는 위험물의 종류 및 최대수량 등	경보설비
1. 제조소 및 일반취급소	• 연면적 500m^2 이상인 것 • 옥내에서 지정수량의 100배 이상을 취급하는 것(고인화점 위험물만을 100℃ 미만의 온도에서 자동화재 취급하는 것을 제외한다.) • 일반취급소로 사용되는 부분 외의 부분이 있는 건축물에 설치된 일반취급소(일반취급소와 일반취급소 외의 부분이 내화구조의 바닥 또는 벽으로 개구부 없이 구획된 것을 제외한다.)	자동화재탐지설비

정답 60. ②

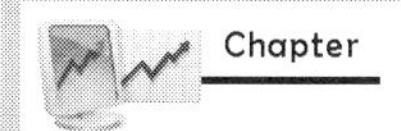

위험물기능사

(2014년 4월 6일)

Hazardous material Industrial Engineer

1 [보기]에서 소화기의 사용방법을 옳게 설명한 것을 모두 나열한 것은?

㉠ 적응화재에만 사용할 것 ㉡ 불과 최대한 멀리 떨어져서 사용할 것 ㉢ 바람을 마주보고 풍하에서 풍상 방향으로 사용할 것 ㉣ 양옆으로 비로 쓸 듯이 골고루 사용할 것

① ㉠, ㉡　② ㉠, ㉢
③ ㉠, ㉣　④ ㉠, ㉢, ㉣

풀이 소화기의 사용방법
(1) 적용 화재에만 사용할 것
(2) 성능에 따라 화재 면에 근접하여 사용할 것
(3) 소화 작업을 진행 할 때는 바람을 등지고 풍상에서 풍하의 방향으로 소화작업을 진행 할 것
(4) 소화 작업은 양옆으로 비로 쓸 듯이 골고루 방사할 것
(5) 소화기는 화재 초기만 효과가 있고 화재가 확대된 후에는 효과가 없기 때문에 주의하고 대형 소화 설비의 대용은 될 수 없다. 또한 만능 소화기는 없다고 보는 것이 타당하다.

2 산화제와 환원제를 연소의 4요소와 연관지어 연결한 것으로 옳은 것은?

① 산화제 – 산소공급원, 환원제 – 가연물
② 산화제 – 가연물, 환원제 – 산소공급원
③ 산화제 – 연쇄반응, 환원제 – 점화원
④ 산화제 – 점화원, 환원제 – 가연물

풀이 산화제와 환원제를 연소의 4요소와 연관지어 연결하면 산화제 – 산소공급원, 환원제 – 가연물이다.

3 다음 중 포소화약제에 의한 소화방법으로 가장 주된 소화효과는?

① 희석소화　② 질식소화　③ 제거소화　④ 자기소화

풀이 포소화약제에 의한 주된 소화방법 : 질식소화

정답 1. ③　2. ①　3. ②

4 다음 중 증발연소를 하는 물질이 아닌 것은?

① 황 ② 석탄
③ 파라핀 ④ 나프탈렌

풀이 석탄, 목재, 종이, 플라스틱 등은 분해연소하는 물질이다.

5 위험물안전관리법령상 옥내주유취급소의 소화난이도 등급은?

① Ⅰ ② Ⅱ
③ Ⅲ ④ Ⅳ

풀이 소화난이도등급 Ⅱ에 해당하는 제조소 등

제조소 등의 구분	제조소 등의 규모, 저장 또는 취급하는 위험물의 품명 및 최대수량 등
제조소 일반취급소	연면적 $600m^2$ 이상인 것
	지정수량의 10배 이상인 것(고인화점위험물만을 100℃ 미만의 온도에서 취급하는 것 및 제48조의 위험물을 취급하는 것은 제외)
	별표 16 Ⅱ · Ⅲ · Ⅳ · Ⅴ · Ⅷ · Ⅸ 또는 Ⅹ의 일반취급소로서 소화난이도등급 Ⅰ의 제조소 등에 해당하지 아니하는 것(고인화점위험물만을 100℃ 미만의 온도에서 취급하는 것은 제외)
옥내저장소	단층건물 이외의 것
	별표 5 Ⅱ 또는 Ⅳ 제1호의 옥내저장소
	지정수량의 10배 이상인 것(고인화점위험물만을 저장하는 것 및 제48조의 위험물을 저장하는 것은 제외)
	• 연면적 $150m^2$ 초과인 것 • 별표 5 Ⅲ의 옥내저장소로서 소화난이도등급 Ⅰ의 제조소등에 해당하지 아니하는 것
옥외 탱크저장소 옥내 탱크저장소	소화난이도등급Ⅰ의 제조소등 외의 것(고인화점위험물만을 100℃ 미만의 온도로 저장하는 것 및 제6류 위험물만을 저장하는 것은 제외)
옥외저장소	덩어리 상태의 유황을 저장하는 것으로서 경계표시 내부의 면적(2 이상의 경계표시가 있는 경우에는 각 경계표시의 내부의 면적을 합한 면적)이 $5m^2$ 이상 $100m^2$ 미만인 것
	별표 11 Ⅲ의 위험물을 저장하는 것으로서 지정수량의 10배 이상 100배 미만인 것
	지정수량의 100배 이상인 것(덩어리 상태의 유황 또는 고인화점위험물을 저장하는 것은 제외)
주유취급소	옥내주유취급소
판매취급소	제2종 판매취급소

정답 4. ② 5. ②

6 위험물안전관리법령의 소화설비 설치기준에 의하면 옥외소화전설비의 수원의 수량은 옥외소화전 설치 개수(설치개수가 4 이상인 경우에는 4)에 몇 m^3를 곱한 양 이상이 되도록 하여야 하는가?

① $7.5m^3$ ② $13.5m^3$
③ $20.5m^3$ ④ $25.5m^3$

풀이 수원의 수량은 옥외소화전의 설치개수(설치개수가 4개 이상인 경우는 4개의 옥외소화전)에 $13.5m^3$를 곱한 양 이상이 되도록 설치할 것

7 이황화탄소와 고온의 물이 반응하여 생성되는 독성 기체물질의 부피는 표준상태에서 얼마인가?

① 22.4L ② 44.8L
③ 67.2L ④ 134.4L

풀이 고온의 물과 반응하면 황화수소를 발생한다.
$CS_2 + 2H_2O \rightarrow CO_2 + 2H_2S$
즉, 독성 기체물질은 2몰 발생되므로 2×22.4=44.8L발생된다.

8 알킬리튬에 대한 설명으로 틀린 것은?

① 제3류 위험물이고 지정수량은 10kg이다.
② 가연성의 액체이다.
③ 이산화탄소와는 격렬하게 반응한다.
④ 소화방법으로 물의 주수는 불가하며, 할로겐화합물 소화약제를 사용하여야 한다.

풀이 알킬리튬이란 알킬기, 알루미늄과 할로겐원소(X)의 화합물을 말하며, 일종의 유기금속 화합물이다.(불활성 기체를 봉입하는 장치를 갖추어야 한다.)

9 국소방출방식의 이산화탄소 소화설비의 분사헤드에서 방출되는 소화약제의 방사 기준은?

① 10초 이내에 균일하게 방사할 수 있을 것
② 15초 이내에 균일하게 방사할 수 있을 것
③ 30초 이내에 균일하게 방사할 수 있을 것
④ 60초 이내에 균일하게 방사할 수 있을 것

풀이 국소방출방식의 분사헤드 설치기준
가. 소화약제의 방사에 의하여 가연물이 비산하지 아니하는 장소에 설치할 것
나. 이산화탄소 소화약제의 저장량은 30초 이내에 방사할 수 있는 것으로 할 것

정답 6. ② 7. ② 8. ④ 9. ③

10 다음 위험물의 화재 시 주수소화가 가능한 것은?

① 철분 ② 마그네슘 ③ 나트륨 ④ 황

풀이 철분, 마그네슘, 금속분은 물과 반응하여 가연성 가스인 수소기체를 발생시키므로 위험하다.

11 화재 원인에 대한 설명으로 틀린 것은?

① 연소 대상물의 열전도율이 좋을수록 연소가 잘 된다.
② 온도가 높을수록 연소 위험이 높아진다.
③ 화학적 친화력이 클수록 연소가 잘 된다.
④ 산소와 접촉이 잘 될수록 연소가 잘 된다.

풀이 열전도율이 좋을수록 연소가 잘 일어나지 않는다.

12 다음 고온체의 색깔을 낮은 온도부터 옳게 나열한 것은?

① 암적색 < 황적색 < 백적색 < 휘적색
② 휘적색 < 백적색 < 황적색 < 암적색
③ 휘적색 < 암적색 < 황적색 < 백적색
④ 암적색 < 휘적색 < 황적색 < 백적색

풀이
- 담암적색 : 522℃
- 암적색 : 700℃
- 적색 : 850℃
- 휘적색 : 950℃
- 황적색 : 1,100℃
- 백적색 : 1,300℃
- 휘백색 : 1,500℃

13 화재 시 이산화탄소를 사용하여 공기 중 산소의 농도를 21vol%에서 13vol%로 낮추려면 공기 중 이산화탄소의 농도는 약 몇 vol%가 되어야 하는가?

① 34.3 ② 38.1 ③ 42.5 ④ 45.8

풀이

$$CO_2 \text{ 농도}(\%) = \frac{21 - O_2(\%)}{21} \times 100 = \frac{21-13}{21} \times 100 = 38.1\%$$

14 다음의 위험물 중에서 이동탱크저장소에 의하여 위험물을 운송할 때 운송책임자의 감독 · 지원을 받아야 하는 위험물은?

① 알킬리튬
② 아세트알데히드
③ 금속의 수소화물
④ 마그네슘

풀이 운송책임자의 감독 · 지원을 받아 운송하여야 하는 위험물

1. 알킬알루미늄
2. 알킬리튬
3. 제1호 또는 제2호의 물질을 함유하는 위험물

정답 10. ④ 11. ① 12. ④ 13. ② 14. ①

15 폭발 시 연소파의 전파속도 범위에 가장 가까운 것은?

① 0.1~10m/s ② 100~1,000m/s
③ 2,000~3,500m/s ④ 5,000~10,000m/s

풀이 정상연소 시와 폭굉 시 전하는 전파속도
가. 정상연소시 전하는 전파속도(연소파) : 0.03~10m/sec
나. 폭굉시 전하는 전파속도(폭굉파) : 1,000~3,500m/sec

16 위험물제조소의 안전거리 기준으로 틀린 것은?

① 초·중등교육법 및 고등교육법에 의한 학교 - 20m 이상
② 의료법에 의한 병원급 의료기관 - 30m 이상
③ 문화재보호법 규정에 의한 지정문화재 - 50m 이상
④ 사용전압이 35,000V를 초과하는 특고압가공전선 - 5m 이상

풀이

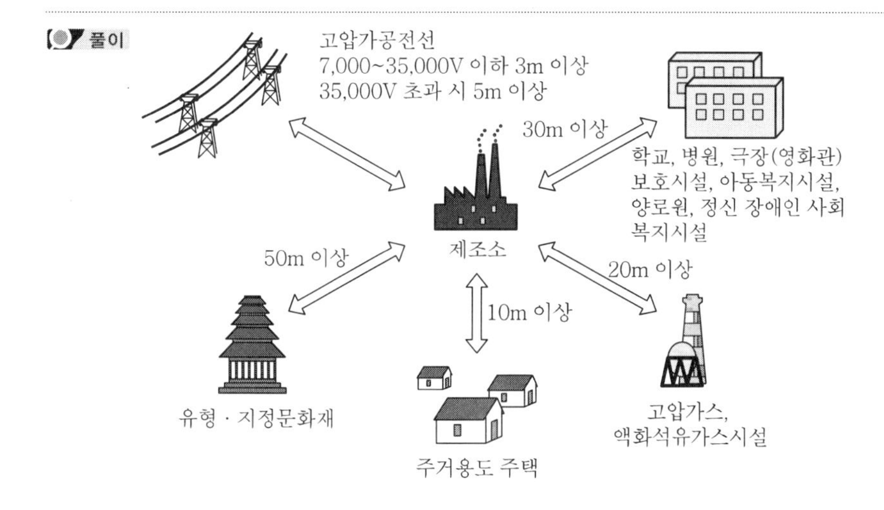

17 위험물안전관리법령상 위험물제조소 등에서 전기설비가 있는 곳에 적응하는 소화설비는?

① 옥내소화전설비
② 스프링클러설비
③ 포소화설비
④ 할로겐화합물소화설비

풀이 전기설비가 있는 곳에 소화제로 물을 방사하면 감전이 위험이 있다.

정답 15. ① 16. ① 17. ④

18 제5류 위험물의 화재 시 소화방법에 대한 설명으로 옳은 것은?

① 가연성 물질로서 연소속도가 빠르므로 질식소화가 효과적이다.
② 할로겐화합물 소화기가 적응성이 있다.
③ CO_2 및 분말소화기가 적응성이 있다.
④ 다량의 주수에 의한 냉각소화가 효과적이다.

풀이 제5류 위험물의 화재 시 소화방법은 물질자체에 다량의 산소를 함유하고 있으므로 질식소화 효과는 없다. 그래서 다량의 주수에 의한 냉각소화가 효과적이다.

19 Halon 1301 소화약제에 대한 설명으로 틀린 것은?

① 저장 용기에 액체상으로 충전한다.
② 화학식을 CF_3Br이다.
③ 비점이 낮아서 기화가 용이하다.
④ 공기보다 가볍다.

풀이 Halon 1301 소화약제는 공기보다 무겁다.

20 스프링클러설비의 장점이 아닌 것은?

① 화재의 초기 진압에 효율적이다.
② 사용 약제를 쉽게 구할 수 있다.
③ 자동으로 화재를 감지하고 소화할 수 있다.
④ 다른 소화설비보다 구조가 간단하고, 시설비가 적다.

풀이 스프링클러설비는 다른 소화설비보다 구조가 복잡하고, 시설비가 많이 든다.

21 황화인에 대한 설명 중 옳지 않은 것은?

① 삼황화인은 황색 결정으로 공기 중 약 100℃에서 발화할 수 있다.
② 오황화인은 담황색 결정으로 조해성이 있다.
③ 오황화인은 물과 접촉하여 유독성 가스를 발생할 위험이 있다.
④ 삼황화인은 연소하여 황화수소 가스를 발생할 위험이 있다.

풀이 삼황화인이 연소하면 오산화인과 이산화황을 발생시킨다.
$P_4S_3 + 8O_2 \rightarrow 2P_2O_5\uparrow + 3SO_2\uparrow$

정답 18. ④ 19. ④ 20. ④ 21. ④

22 위험물안전관리법령상 제조소 등의 정기점검 대상에 해당하지 않는 것은?

① 지정수량 15배의 제조소
② 지정수량 40배의 옥내탱크저장소
③ 지정수량 50배의 이동탱크저장소
④ 지정수량 20배의 지하탱크저장소

풀이 정기점검 대상인 제조소 등

1. 지정수량 10배 이상의 위험물을 취급하는 제조소
2. 지정수량의 100배 이상의 위험물을 저장하는 옥외저장소
3. 지정수량의 150배 이상의 위험물을 저장하는 옥내저장소
4. 지정수량의 200배 이상의 위험물을 저장하는 옥외탱크저장소
5. 암반탱크저장소
6. 이송취급소
7. 지정수량의 10배 이상의 위험물을 취급하는 일반취급소. 다만, 인화점이 40℃ 이상인 제4류 위험물만을 지정수량의 40배 이하로 취급하는 일반취급소로서 다음 각 목의 1에 해당하는 것을 제외한다.
   가. 보일러, 버너 또는 이와 비슷한 것으로서 위험물을 소비하는 장치로 이루어진 일반취급소
   나. 위험물을 용기에 다시 채워 넣는 일반취급소
8. 지하탱크 저장소
9. 이동탱크 저장소
10. 위험물을 취급하는 탱크로서 지하에 매설된 탱크가 있는 제조소, 주유취급소 또는 일반취급소

23 제조소 등의 소화설비 설치 시 소요단위 산정에서 제조소 또는 취급소의 건축물은 외벽이 내화구조인 것은 연면적 (　)m^2를 1소요단위로 하며, 외벽이 내화구조가 아닌 것은 연면적 (　)m^2를 1소요단위로 한다. (　) 안에 알맞은 수치를 차례대로 나열한 것은?

① 200, 100　② 150, 100　③ 150, 50　④ 100, 50

풀이 소요단위의 계산방법

건축물 그 밖의 공작물 또는 위험물의 소요단위의 계산방법은 다음의 기준에 의할 것

1) 제조소 또는 취급소의 건축물은 외벽이 내화구조인 것은 연면적(제조소 등의 용도로 사용되는 부분 외의 부분이 있는 건축물에 설치된 제조소 등에 있어서는 당해 건축물 중 제조소 등에 사용되는 부분의 바닥면적의 합계를 말한다. 이하 같다.) 100m^2를 1소요단위로 하며, 외벽이 내화구조가 아닌 것은 연면적 50m^2를 1소요단위로 할 것
2) 저장소의 건축물은 외벽이 내화구조인 것은 연면적 150m^2를 1소요단위로 하고, 외벽이 내화구조가 아닌 것은 연면적 75m^2를 1소요단위로 할 것

24 탄화칼슘의 취급방법에 대한 설명으로 옳지 않은 것은?

① 물, 습기와의 접촉을 피한다.
② 건조한 장소에 밀봉·밀전하여 보관한다.
③ 습기와 작용하여 다량의 메탄이 발생하므로 저장 중에 메탄가스의 발생 유무를 조사한다.
④ 저장용기에 질소가스 등 불활성 가스를 충전하여 저장한다.

정답 22. ② 23. ④ 24. ③

풀이 탄화칼슘이 물과 반응하여 수산화칼슘(=소석회)과 아세틸렌가스가 생성된다.
$CaC_2 + 2H_2O \rightarrow Ca(OH)_2 + C_2H_2\uparrow$

25 등유의 지정수량에 해당하는 것은?

① 100L ② 200L
③ 1,000L ④ 2,000L

풀이

위험물				지정수량
유별	성질	품명		
제4류	인화성 액체	1. 특수인화물		50L
		2. 제1석유류	비수용성 액체	200L
			수용성 액체	400L
		3. 알코올류		400L
		4. 제2석유류	비수용성 액체	1,000L
			수용성 액체	2,000L
		5. 제3석유류	비수용성 액체	2,000L
			수용성 액체	4,000L
		6. 제4석유류		6,000L
		7. 동식물유류		10,000L

26 위험물저장소에 해당하지 않는 것은?

① 옥외저장소 ② 지하탱크저장소
③ 이동탱크저장소 ④ 판매저장소

풀이 위험물저장소의 종류
옥내저장소, 옥내탱크저장소, 옥외저장소, 옥외탱크저장소, 암반탱크저장소, 지하탱크저장소, 이동탱크저장소 등이 있다. 판매저장소라는 것은 없다.

27 벤젠 1몰을 충분한 산소가 공급되는 표준상태에서 완전연소시켰을 때 발생하는 이산화탄소의 양은 몇 L인가?

① 22.4 ② 134.4 ③ 168.8 ④ 224.0

풀이 $C_6H_6 + 7.5O_2 \rightarrow 6CO_2 + 3H_2O$
벤젠 1몰을 연소시키면 이산화탄소는 6몰이 생성된다.
따라서 6×22.4L=134.4L

정답 25. ③ 26. ④ 27. ②

28 지정과산화물을 저장 또는 취급하는 위험물 옥내저장소의 저장창고 기준에 대한 설명으로 틀린 것은?

① 서까래의 간격은 30cm 이하로 할 것
② 저장창고의 출입구에는 갑종방화문을 설치할 것
③ 저장창고의 외벽을 철근콘크리트조로 할 경우 두께를 10cm 이상으로 할 것
④ 저장창고의 창은 바닥면으로부터 2m 이상의 높이에 둘 것

풀이 지정유기과산화물 저장창고의 외벽은 두께 20cm 이상의 철근콘크리트조 또는 철골철근콘크리트조로 하거나, 두께 30cm 이상의 보강콘크리트블록조로 하여야 한다.

29 물과 접촉 시, 발열하면서 폭발 위험성이 증가하는 것은?

① 과산화칼륨
② 과망간산나트륨
③ 요오드산칼륨
④ 과염소산칼륨

풀이 과산화칼륨은 물과 반응하여 산소를 방출시킨다.
$2K_2O_2 + 2H_2O \rightarrow 4KOH + 3O_2$

30 다음 중 벤젠 증기의 비중에 가장 가까운 값은?

① 0.7
② 0.9
③ 2.7
④ 3.9

풀이 벤젠의 증기 비중 $= \frac{78}{29} = 2.68$

31 다음 중 니트로글리세린을 다공질의 규조토에 흡수시키기 위해 제조한 물질은?

① 흑색 화약
② 니트로셀룰로오스
③ 다이너마이트
④ 연화약

풀이 니트로글리세린을 규조토에 흡수시킨 것을 다이너마이트라 한다.

32 아염소산염류의 운반용기 중 적응성 있는 내장용기의 종류와 최대 용적이나 중량을 옳게 나타낸 것은?(단, 외장용기의 종류는 나무상자 또는 플라스틱상자이고, 외장용기의 최대 중량은 125kg으로 한다.)

① 금속제 용기 : 20L
② 플라스틱 필름 포대 : 60kg
③ 종이 포대 : 55kg
④ 유리용기 : 10L

정답 28. ③ 29. ① 30. ③ 31. ③ 32. ④

풀이 운반용기의 최대용적 또는 중량(별표 19 관련)

1. 고체 위험물

운반 용기				수납 위험물의 종류									
내장 용기		외장 용기		제1류			제2류		제3류			제5류	
용기의 종류	최대용적 또는 중량	용기의 종류	최대용적 또는 중량	Ⅰ	Ⅱ	Ⅲ	Ⅱ	Ⅲ	Ⅰ	Ⅱ	Ⅲ	Ⅰ	Ⅱ
유리용기 또는 플라스틱 용기	10L	나무상자 또는 플라스틱상자(필요에 따라 불활성의 완충재를 채울 것)	125kg	○	○	○	○	○	○	○	○	○	○
			225kg		○	○		○		○	○		○
		파이버판상자(필요에 따라 불활성의 완충재를 채울 것)	40kg	○	○	○	○	○	○	○	○	○	○
			55kg		○	○		○		○	○		○
금속제 용기	30L	나무상자 또는 플라스틱상자	125kg	○	○	○	○	○	○	○	○	○	○
			225kg		○	○		○		○	○		○
		파이버판상자	40kg	○	○	○	○	○	○	○	○	○	○
			55kg		○	○		○		○	○		○
플라스틱 필름포대 또는 종이포대	5kg	나무상자 또는 플라스틱상자	50kg	○	○	○	○	○		○	○	○	○
	50kg		50kg	○	○	○	○	○					○
	125kg		125kg		○	○	○	○					
	225kg		225kg			○		○					
	5kg	파이버판상자	40kg	○	○	○	○	○		○	○	○	○
	40kg		40kg	○	○	○	○	○					○
	55kg		55kg			○		○					
		금속제 용기(드럼 제외)	60L	○	○	○	○	○	○	○	○	○	○
		플라스틱용기(드럼 제외)	10L		○	○	○	○		○	○		○
			30L			○		○					○
		금속제드럼	250L	○	○	○	○	○	○	○	○	○	○
		플라스틱드럼 또는 파이버드럼(방수성이 있는 것)	60L	○	○	○	○	○	○	○	○	○	○
			250L		○	○		○		○	○		○
		합성수지포대(방수성이 있는 것), 플라스틱필름포대, 섬유포대(방수성이 있는 것) 또는 종이포대(여러 겹으로서 방수성이 있는 것)	50kg		○	○	○	○		○	○		○

비고) 1. "○" 표시는 수납 위험물의 종류별 각 난에 정한 위험물에 대하여 당해 각 난에 정한 운반용기가 적응성이 있음을 표시한다.

2. 내장용기는 외장용기에 수납하여야 하는 용기로서 위험물을 직접 수납하기 위한 것을 말한다.

3. 내장용기의 용기의 종류란이 공란인 것은 외장용기에 위험물을 직접 수납하거나 유리용기, 플라스틱용기, 금속제 용기, 폴리에틸렌포대 또는 종이포대를 내장용기로 할 수 있음을 표시한다.

2. 액체 위험물

운반 용기				수납위험물의 종류								
내장 용기		외장 용기		제3류			제4류			제5류		제6류
용기의 종류	최대용적 또는 중량	용기의 종류	최대용적 또는 중량	Ⅰ	Ⅱ	Ⅲ	Ⅰ	Ⅱ	Ⅲ	Ⅰ	Ⅱ	Ⅰ
유리 용기	5L	나무 또는 플라스틱상자 (불활성의 완충재를 채울 것)	75kg	○	○	○	○	○	○	○	○	○
	10L		125kg		○	○		○	○		○	
			225kg						○			
	5L	파이버판상자 (불활성의 완충재를 채울 것)	40kg	○	○	○	○	○	○	○	○	○
	10L		55kg						○			
플라스틱 용기	10L	나무 또는 플라스틱상자 (필요에 따라 불활성의 완충재를 채울 것)	75kg	○	○	○	○	○	○	○	○	○
			125kg		○	○		○	○		○	
			225kg						○			
		파이버판상자 (필요에 따라 불활성의 완충재를 채울 것)	40kg	○	○	○	○	○	○	○	○	○
			55kg						○			
금속제 용기	30L	나무 또는 플라스틱상자	125kg	○	○	○	○	○	○	○	○	○
			225kg						○			
		파이버판상자	40kg	○	○	○	○	○	○	○	○	○
			55kg		○	○		○	○		○	
		금속제 용기 (금속제 드럼 제외)	60L		○	○		○	○		○	
		플라스틱 용기 (플라스틱 드럼 제외)	10L		○	○		○	○		○	
			20L					○	○			
			30L						○		○	
		금속제 드럼 (뚜껑 고정식)	250L	○	○	○	○	○	○	○	○	○
		금속제 드럼 (뚜껑 탈착식)	250L					○	○			
		플라스틱 또는 파이버 드럼(플라스틱 내용기 부착의 것)	250L		○	○			○		○	

비고) 1. "○"표시는 수납위험물의 종류별 각 난에 정한 위험물에 대하여 해당 각 난에 정한 운반용기가 적응성이 있음을 표시한다.

2. 내장용기는 외장용기에 수납하여야 하는 용기로서 위험물을 직접 수납하기 위한 것을 말한다.

3. 내장용기의 용기의 종류란이 공란인 것은 외장용기에 위험물을 직접 수납하거나 유리용기, 플라스틱용기 또는 금속제 용기를 내장용기로 할 수 있음을 표시한다.

33 아세트알데히드의 저장·취급 시 주의사항으로 틀린 것은?

① 강산화제와의 접촉을 피한다.
② 취급설비에는 구리합금의 사용을 피한다.
③ 수용성이기 때문에 화재 시 물로 희석 소화가 가능하다.
④ 옥외저장 탱크에 저장 시 조연성 가스를 주입한다.

풀이 옥외저장탱크, 옥내저장탱크 또는 이동저장탱크에 아세트알데히드 등을 저장하는 경우에는 그 탱크 안에 불활성 기체를 봉인하여야 한다.

34 위험물 분류에서 제1석유류에 대한 설명으로 옳은 것은?

① 아세톤, 휘발유 그밖에 1기압에서 인화점이 섭씨 21도 미만인 것
② 등유, 경유 그 밖에 액체로서 인화점이 섭씨 21도 이상 70도 미만의 것
③ 중유, 도료류로서 인화점이 섭씨 70도 이상 200도 미만의 것
④ 기계유, 실린더유 그 밖의 액체로서 인화점이 섭씨 200도 이상 250도 미만인 것

풀이 "제1석유류"라 함은 아세톤, 휘발유 그 밖에 1atm에서 인화점이 21℃ 미만인 것을 말한다.

35 제2류 위험물의 일반적 성질에 대한 설명으로 가장 거리가 먼 것은?

① 가연성 고체 물질이다.
② 연소 시 연소열이 크고 연소속도가 빠르다.
③ 산소를 포함하여 조연성 가스의 공급이 없이 연소가 가능하다.
④ 비중이 1보다 크고 물에 녹지 않는다.

풀이 제2류 위험물은 산소를 포함하고 있지 않으므로 공기 공급이 없이 연소가 불가능하다.

36 위험물안전관리법령상 동식물유류의 경우 1기압에서 인화점은 섭씨 몇 도 미만으로 규정하고 있는가?

① 150℃　　② 250℃　　③ 450℃　　④ 600℃

풀이 "동식물유류"라 함은 동물의 지육 등 또는 식물의 종자나 과육으로부터 추출한 것으로서 1atm에서 인화점이 250℃ 미만인 것을 말한다.

37 과염소산칼륨과 아염소산나트륨의 공통 성질이 아닌 것은?

① 지정수량이 50kg이다.　　② 열분해 시 산소를 방출한다.
③ 강산화성 물질이며 가연성이다.　　④ 상온에서 고체의 형태이다.

풀이 강산화성 물질이며 불연성 물질이다.

정답 33. ④　34. ①　35. ③　36. ②　37. ③

38 제5류 위험물의 일반적 성질에 관한 설명으로 옳지 않은 것은?

① 화재 발생 시 소화가 곤란하므로 적은 양으로 나누어 저장한다.
② 운반용기 외부에 충격주의, 화기엄금의 주의사항을 표시한다.
③ 자기연소를 일으키며 연소속도가 대단히 빠르다.
④ 가연성 물질이므로 질식소화하는 것이 가장 좋다.

풀이 제5류 위험물은 물질 자체에 다량의 산소를 함유하므로 질식소화는 소화효과가 없고 다량의 주수에 의한 냉각소화가 효과적이다.

39 다음 중 자연발화의 위험성이 가장 큰 물질은?

① 아마인유 ② 야자유 ③ 올리브유 ④ 피마자유

풀이 건성유
- 요드값이 130 이상인 것
- 건성유는 섬유류 등에 스며들지 않도록 한다.(자연발화의 위험성이 있기 때문에)
- 공기 중 산소와 결합하기 쉽다.
- 고급 지방산의 글리세린 에스테르이다.
- 해바라기 기름, 동유, 정어리기름, 아마인유, 들기름, 대구유, 상어유 등

40 운반을 위하여 위험물을 적재하는 경우에 차광성이 있는 피복으로 가려주어야 하는 것은?

① 특수인화물 ② 제1석유류 ③ 알코올류 ④ 동식물유류

풀이 제1류 위험물 중 염소산염류, 과염소산염류, 무기과산화물류, 제4류 위험물 중 특수인화물, 제5류 위험물 또는 제6류 위험물 중 과염소산, 과산화수소에 대하여는 차광성이 있는 피복으로 덮을 것

41 위험물제조소 등에 옥내소화전설비를 설치할 때 옥내소화전이 가장 많이 설치된 층의 소화전의 개수가 4개일 때 확보하여야 할 수원의 수량은?

① $10.4m^3$ ② $20.8m^3$ ③ $31.2m^3$ ④ $41.6m^3$

풀이 수원의 수량은 옥내소화전이 가장 많이 설치된 층의 옥내소화전 설치개수(설치개수가 5개 이상인 경우는 5개)에 $7.8m^3$를 곱한 양 이상이 되도록 설치할 것
따라서 $4 \times 7.8 = 31.2m^3$

42 황린의 저장방법으로 옳은 것은?

① 물속에 저장한다. ② 공기 중에 보관한다.
③ 벤젠 속에 저장한다. ④ 이황화탄소 속에 보관한다.

풀이 황린은 물과는 반응하지도 않고, 녹지도 않기 때문에 물속에 저장한다.(CS_2, 벤젠에 잘 녹는다).

정답 38. ④ 39. ① 40. ① 41. ③ 42. ①

43 위험물안전관리법령상 지정수량이 다른 하나는?

① 인화칼슘 ② 루비듐
③ 칼슘 ④ 차아염소산칼륨

풀이 ① 인화칼슘 : 300kg ② 루비듐 : 50kg
③ 칼슘 : 50kg ④ 차아염소산칼륨 : 50kg

44 과염소산나트륨에 대한 설명으로 옳지 않은 것은?

① 가열하면 분해하여 산소를 방출한다.
② 환원제이며 수용액은 강한 환원성이 있다.
③ 수용성이며 조해성이 있다.
④ 제1류 위험물이다.

풀이 과염소산나트륨은 산화제이며 수용액은 강한 환원성이 있다.

45 질산메틸의 성질에 대한 설명으로 틀린 것은?

① 비점은 약 66℃이다. ② 증기는 공기보다 가볍다.
③ 무색투명한 액체이다. ④ 자기반응성 물질이다.

풀이 질산메틸 : [CH_3ONO_2]
- 무색투명한 향긋한 냄새가 나는 액체(상온에서)로 단맛이 있다.
- 비점 66℃, 증기비중 2.65, 비중 1.22

46 옥외탱크저장소의 소화설비를 검토 및 적용할 때에 소화난이도등급 Ⅰ에 해당되는지를 검토하는 탱크높이의 측정 기준으로서 적합한 것은?

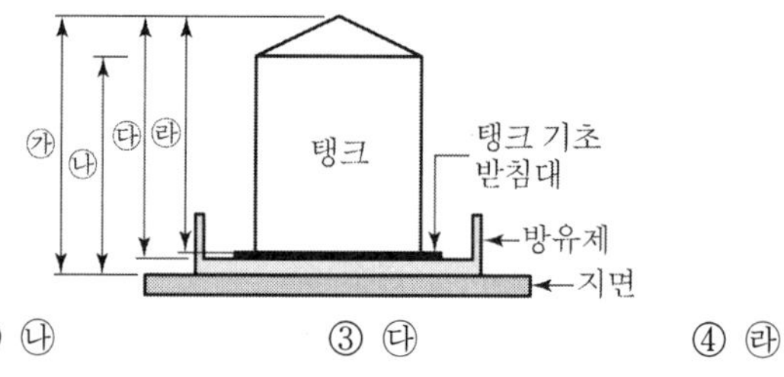

① ㉮ ② ㉯ ③ ㉰ ④ ㉱

풀이 탱크높이의 측정 기준은 ㉯ 높이를 기준으로 한다.

정답 43. ① 44. ② 45. ② 46. ②

47 지정수량은 300kg이고, 산화성 액체 위험물이며, 가열하면 분해하여 유독성 가스를 발생시키고, 증기비중은 약 3.5인 위험물에 해당하는 것은?

① 브롬산칼륨　　② 클로로벤젠
③ 질산　　④ 과염소산

풀이 과염소산을 상압에서 가열하면 분해하여 유독성 가스인 HCl을 발생시킨다.

48 금속나트륨에 대한 설명으로 옳지 않은 것은?

① 물과 격렬히 반응하여 발열하고 수소가스를 발생시킨다.
② 에틸알코올과 반응하여 나트륨에틸라이트와 수소가스를 발생시킨다.
③ 할로겐화합물 소화약제는 사용할 수 없다.
④ 은백색의 광택이 있는 중금속이다.

풀이 금속나트륨(Na)
가. 불꽃반응을 하면 노란색 불꽃을 나타내며, 비중, 녹는점, 끓는점 모두 금속나트륨이 금속칼륨보다 크다.
나. 은백색의 무른 경금속으로 물보다 가볍고 비중(0.97), 융점(97.8℃)이 낮다.

49 옥내저장소의 저장창고에 150m^2 이내마다 일정 규격의 격벽을 설치하여 저장하여야 하는 위험물은?

① 제5류 위험물 중 지정과산화물
② 알킬알루미늄 등
③ 아세트알데히드 등
④ 히드록실아민 등

풀이 제5류 위험물 중 지정과산화물은 옥내저장소의 저장창고에 150m^2 이내마다 일정 규격의 격벽을 설치하여 저장하여야 한다.

50 염소산나트륨의 저장 및 취급방법으로 옳지 않은 것은?

① 철제 용기에 저장한다.
② 습기가 없는 찬 장소에 보관한다.
③ 조해성이 크므로 용기는 밀전한다.
④ 가열, 충격, 마찰을 피하고 점화원의 접근을 금한다.

풀이 염소산나트륨은 철제 용기를 부식시키는 성질이 있다.

정답 47. ④　48. ④　49. ①　50. ①

51 위험물제조소 등의 허가에 관계된 설명으로 옳은 것은?

① 제조소 등을 변경하고자 하는 경우에는 언제나 허가를 받아야 한다.
② 위험물의 품명을 변경하고자 하는 경우에는 언제나 허가를 받아야 한다.
③ 농예용으로 필요한 난방시설을 위한 지정수량 20배 이하의 저장소는 허가대상이 아니다.
④ 저장하는 위험물의 변경으로 지정수량의 배수가 달라지는 경우는 언제나 허가대상이 아니다.

풀이 다음 제조소 등의 경우에는 허가를 받지 아니하고 당해 제조소 등을 설치하거나 그 위치·구조 또는 설비를 변경할 수 있으며, 신고를 하지 아니하고 위험물의 품명·수량 또는 지정수량의 배수를 변경할 수 있다.
1. 주택의 난방시설(공동주택의 중앙난방시설을 제외한다.)을 위한 저장소 또는 취급소
2. 농예용·축산용 또는 수산용으로 필요한 난방시설 또는 건조시설을 위한 지정수량 20배 이하의 저장소

52 황의 성질에 대한 설명 중 틀린 것은?

① 물에 녹지 않으나, 이황화탄소에 녹는다.
② 공기 중에서 연소하여 아황산가스를 발생시킨다.
③ 전도성 물질이므로 정전기 발생에 유의하여야 한다.
④ 분진폭발의 위험성에 주의하여야 한다.

풀이 황은 전기의 부도체로 마찰에 의한 정전기가 발생한다.

53 다음 중 증기의 밀도가 가장 큰 것은?

① 디에틸에테르
② 벤젠
③ 가솔린(옥탄 100%)
④ 에틸알코올

풀이 분자량이 가장 큰 물질이 증기의 밀도가 가장 크다.

54 과산화수소의 위험성으로 옳지 않은 것은?

① 산화제로서 불연성 물질이지만 산소를 함유하고 있다.
② 이산화망간 촉매하에서 분해가 촉진된다.
③ 분해를 막기 위해 히드라진을 안정제로 사용할 수 있다.
④ 고농도의 것은 피부에 닿으면 화상의 위험이 있다.

풀이 과산화수소는 농도가 클수록 위험성이 크므로 분해 방지 안정제[인산나트륨, 인산(H_3PO_4), 요산($C_5H_4N_4O_3$), 글리세린 등]를 첨가하여 산소분해를 억제한다.

정답 51. ③ 52. ③ 53. ③ 54. ③

55 위험물안전관리법령상 제조소 등에 대한 긴급 사용정지 명령 등을 할 수 있는 권한이 없는 자는?

① 시 · 도지사　② 소방본부장　③ 소방서장　④ 소방방재청장

풀이 위험물안전관리법령상 제조소 등에 대한 긴급 사용정지 명령 등을 할 수 있는 사람은 시 · 도지사, 소방본부장, 소방서장 등이다.

56 위험물제조소 등에서 위험물안전관리법상 안전거리 규제 대상이 아닌 것은?

① 제6류 위험물을 취급하는 제조소를 제외한 모든 제조소
② 주유취급소
③ 옥외저장소
④ 옥외탱크저장소

풀이 위험물제조소 등에서 위험물안전관리법상 안전거리 규제 대상이 아닌 것은 주유취급소이다.

57 위험물안전관리법에서 규정하고 있는 사항으로 옳지 않은 것은?

① 위험물저장소를 경매에 의해 시설의 전부를 인수한 경우에는 30일 이내에, 저장소의 용도를 폐지한 경우에는 14일 이내에 시 · 도지사에게 그 사실을 신고하여야 한다.
② 제조소 등의 위치 · 구조 및 설비기준을 위반하여 사용한 때에는 시 · 도지사는 허가취소, 전부 또는 일부의 사용 정지를 명할 수 있다.
③ 경유 20,000L를 수산용 건조시설에 사용하는 경우에는 위험물법의 허가는 받지 아니하고 저장소를 설치할 수 있다.
④ 위치 · 구조 또는 설비의 변경 없이 저장소에서 저장하는 위험물 지정수량의 배수를 변경하고자 하는 경우에는 변경하고자 하는 날의 7일 전까지 시 · 도지사에게 신고하여야 한다.

풀이

위반사항	근거법규	행정처분기준		
		1차	2차	3차
(1) 법 제6조 제1항의 후단의 규정에 의한 변경허가를 받지 아니하고, 제조소 등의 위치 · 구조 또는 설비를 변경한 때	법 제12조	경고 또는 사용정지 15일	사용정지 60일	허가취소

58 제5류 위험물의 니트로화합물에 속하지 않은 것은?

① 니트로벤젠　② 테트릴
③ 트리니트로톨로엔　④ 피크린산

풀이 니트로벤젠은 제4류 위험물 제3석유류에 해당된다.

정답 55. ④　56. ②　57. ②　58. ①

59 과산화나트륨 78g과 충분한 양의 물이 반응하여 생성되는 기체의 종류와 생성량을 옳게 나타낸 것은?

① 수소, 1g ② 산소, 16g
③ 수소, 2g ④ 산소, 32g

풀이 과산화나트륨은 상온에서 물과 격렬하게 반응하여 열을 발생하고 산소를 방출시킨다.

$Na_2O_2 + H_2O \rightarrow 2NaOH + \frac{1}{2}O_2\uparrow$

60 옥내탱크저장소 중 탱크전용실을 단층건물 외의 건축물에 설치하는 경우 탱크전용실을 건축물의 1층 또는 지하층에만 설치하여야 하는 위험물이 아닌 것은?

① 제2류 위험물 중 덩어리 유황
② 제3류 위험물 중 황린
③ 제4류 위험물 중 인화점이 38℃ 이상인 위험물
④ 제6류 위험물 중 질산

풀이 옥내탱크저장소의 탱크는 단층건물의 탱크전용실에 설치하여야 한다. 다만, 제2류 위험물 중 황화인, 적린 및 덩어리 유황, 제3류 위험물 중 황린, 제6류 위험물 중 황산 및 질산의 탱크는 단층이 아닌 건축물의 1층 또는 지하층의 탱크전용실에, 제4류 위험물 중 등유, 경유와 인화점이 40℃ 이상인 것을 저장·취급하는 탱크는 단층이 아닌 건축물의 탱크전용실에 설치할 수 있다.

정답 59. ② 60. ③

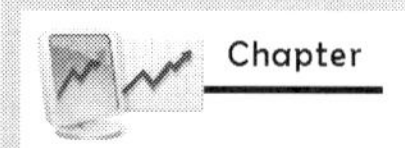

위험물기능사

(2014년 7월 20일)

Hazardous material Industrial Engineer

1 금속은 덩어리 상태보다 분말 상태일 때 연소위험성이 증가하기 때문에 금속분을 제2류 위험물로 분류하고 있다. 연소위험성이 증가하는 이유로 잘못된 것은?

① 비표면적이 증가하여 반응면적이 증대되기 때문에
② 비열이 증가하여 열의 축적이 용이하기 때문에
③ 복사열의 흡수율이 증가하여 열의 축적이 용이하기 때문에
④ 대전성이 증가하여 정전기가 발생되기 쉽기 때문에

풀이 비열이 증가하면 연소의 위험성이 감소한다.

2 영하 20℃ 이하의 겨울철이나 한랭지에서 사용하기에 적합한 소화기는?

① 분무주수소화기　② 봉상주수소화기
③ 물주수소화기　④ 강화액소화기

풀이 강화액소화기는 물의 소화능력을 향상시키고 한랭지역, 겨울철에 사용할 수 있도록 어는점을 낮춘 물에 탄산칼륨(K_2CO_3)을 보강시켜 만든 소화기를 말하여 액성은 강알칼리성이다.

3 다음 중 알칼리금속의 과산화물 저장창고에 화재가 발생하였을 때 가장 적합한 소화약제는?

① 마른 모래　② 물
③ 이산화탄소　④ 할론 1211

풀이 알칼리금속의 과산화물 화재 시 마른 모래, 흙, 토사 등과 같은 소화약제를 이용하여 질식소화할 수 있다.

4 위험물안전관리법령상 제5류 위험물에 적응성이 있는 소화설비는?

① 포소화설비　② 이산화탄소 소화설비
③ 할로겐화합물 소화설비　④ 탄산수소염류 소화설비

풀이 자기 반응성 물질이기 때문에 CO_2, 분말, 할론, 포 등에 의한 질식소화는 적당하지 않으며, 다량의 물로 냉각소화하는 것이 적당하다.

정답 1. ②　2. ④　3. ①　4. ①

5 화재 시 이산화탄소를 방출하여 산소의 농도를 13vol%로 낮추어 소화를 하려면 공기 중의 이산화탄소는 몇 vol%가 되어야 하는가?

① 28.1　② 38.1
③ 42.86　④ 48.36

풀이 $CO_2\text{농도}(\%) = \frac{21 - O_2(\%)}{21} \times 100 = \frac{21 - 13}{21} \times 100 = 38.1\%$

6 소화전용물통 3개를 포함한 수조 80L의 능력단위는?

① 0.3　② 0.5
③ 1.0　④ 1.5

풀이 소화설비의 능력단위는 다음의 표에 의할 것

소화설비	용량	능력단위
소화전용(專用)물통	8ℓ	0.3
수조(소화전용물통 3개 포함)	80ℓ	1.5
수조(소화전용물통 6개 포함)	190ℓ	2.5
마른 모래(삽 1개 포함)	50ℓ	0.5
팽창질석 또는 팽창진주암(삽 1개 포함)	160ℓ	1.0

7 탄화칼슘과 물이 반응하였을 때 발생하는 가연성 가스의 연소범위에 가장 가까운 것은?

① 2.1~9.5vol%　② 2.5~81vol%
③ 4.1~74.2vol%　④ 15.0~28vol%

풀이 물과 반응하여 수산화칼슘(=소석회)과 아세틸렌가스가 생성된다. $CaC_2 + 2H_2O \rightarrow Ca(OH)_2 + C_2H_2 \uparrow$
즉, 아세틸렌의 폭발범위는 2.5~81vol%이다.

8 위험물제조소 등에 옥외소화전을 6개 설치할 경우 수원의 수량은 몇 m^3 이상이어야 하는가?

① $48m^3$ 이상　② $54m^3$ 이상
③ $60m^3$ 이상　④ $81m^3$ 이상

풀이 수원의 수량은 옥외소화전의 설치개수(설치개수가 4개 이상인 경우는 4개의 옥외소화전)에 $13.5m^3$를 곱한 양 이상이 되도록 설치할 것
따라서 $4 \times 13.5 = 54m^3$ 이상

정답 5. ② 6. ④ 7. ② 8. ②

9 위험물안전관리법령상 제조소 등의 관계인은 제조소 등의 화재예방과 재해 발생 시의 비상조치에 필요한 사항을 서면으로 작성하여 허가청에 제출하여야 한다. 이는 무엇에 관한 설명인가?

① 예방규정 ② 소방계획서
③ 비상계획서 ④ 화재영향평가서

풀이 위험물안전관리법령상 제조소 등의 관계인은 제조소 등의 화재예방과 재해 발생 시의 비상조치에 필요한 사항, 즉 예방규정을 서면으로 작성하여 허가청에 제출하여야 한다.

10 위험물안전관리법령상 압력수조를 이용한 옥내소화전설비의 가압송수장치에서 압력수조의 최소압력(MPa)은?(단, 소방용 호스의 마찰손실 수두압은 3MPa, 배관의 마찰 손실 수두압은 1MPa, 낙차의 환산수두압은 1.35MPa이다.)

① 5/35 ② 5.70
③ 6.00 ④ 6.35

풀이 옥내소화전설비의 가압송수장치

$P = P_1 + P_2 + P_3 + 0.35$

$= 3 + 1 + 1.35 + 0.35 = 5.7\text{MPa}$

11 다음 중 화재 발생 시 물을 이용한 소화가 효과적인 물질은?

① 트리메틸알루미늄 ② 황린
③ 나트륨 ④ 인화칼슘

풀이 황린의 소화방법은 주수에 의한 냉각소화가 효과적이다.

12 위험물안전관리법령에 따른 대형수동식 소화기의 설치기준에서 방호대상물의 각 부분으로부터 하나의 대형수동식소화기까지의 보행거리는 몇 m 이하가 되도록 설치하여야 하는가?(단, 옥내소화전설비, 옥외소화전설비, 스프링클러설비 또는 물분무등소화설비와 함께 설치하는 경우는 제외한다.)

① 10 ② 15
③ 20 ④ 30

풀이 대형수동식 소화기의 설치기준은 방호대상물의 각 부분으로부터 하나의 대형수동식 소화기까지의 보행거리가 30m 이하가 되도록 설치할 것. 다만, 옥내소화전설비, 옥외소화전설비, 스프링클러설비 또는 물분무등소화설비와 함께 설치하는 경우에는 그러하지 아니하다.

정답 9. ① 10. ② 11. ② 12. ④

13 위험물안전법령상 스프링클러설비가 제4류 위험물에 대하여 적응성을 갖는 경우는?

① 연기가 충만할 우려가 없는 경우
② 방사밀도(살수밀도)가 일정수치 이상인 경우
③ 지하층의 경우
④ 수용성 위험물인 경우

풀이 위험물안전법령상 스프링클러설비가 제4류 위험물에 대하여 적응성을 갖는 경우는 방사밀도(살수밀도)가 일정수치 이상인 경우이다.

14 위험물안전관리법령상 위험물의 품명이 다른 하나는?

① CH_3COOH ② C_6H_5Cl ③ $C_6H_5CH_3$ ④ C_6H_5Br

풀이 톨루엔은 제1석유류에 해당되고 나머지는 제2석유류에 해당된다.

15 어떤 소화기에 "ABC"라고 표시되어 있다. 다음 중 사용할 수 없는 화재는?

① 금속화재 ② 유류화재 ③ 전기화재 ④ 일반화재

풀이 화재의 분류

(1) A급 화재(일반화재)
물질이 연소된 후 재를 남기는 종류의 화재로 목재, 종이, 섬유 등의 화재가 이에 속하며, 구분색은 백색이다.
- 소화방법 : 물에 의한 냉각소화로 주수, 산 알칼리, 포 등이 있다.

(2) B급 화재(유류 및 가스화재)
연소 후 아무것도 남지 않은 화재로 에테르, 알코올, 석유, 가연성 액체가스 등 유류 및 가스화재가 이에 속하며, 구분색은 황색이다.
- 소화방법 : 공기차단으로 인한 피복소화로 화학포, 증발성 액체(할로겐화물), 탄산가스, 소화분말(드라이케미컬) 등이 있다.

(3) C급 화재(전기 화재)
전기기구·기계 등에서 발생되는 화재가 이에 속하며, 구분색은 청색이다.
- 소화방법 : 탄산가스, 증발성 액체, 소화분말 등이 있다.

(4) D급 화재(금속분 화재)
마그네슘과 같은 금속화재가 이에 속하며, 구분색은 없다.
- 소화방법 : 팽창질석, 팽창진주암, 마른 모래 등이 있다.

16 위험물안전법령에서 정한 소화설비의 소요단위 산정방법에 대한 설명 중 옳은 것은?

① 위험물은 지정수량의 100배를 1소요단위로 함
② 저장소용 건축물로 외벽이 내화구조인 것은 연면적 $100m^2$를 1소요단위로 함
③ 제조소용 건축물로 외벽이 내화구조가 아닌 것은 연면적 $50m^2$를 1소요단위로 함
④ 저장소용 건축물로 외벽이 내화구조가 아닌 것은 연면적 $25m^2$를 1소요단위로 함

정답 13. ② 14. ③ 15. ① 16. ③

풀이 소요단위의 계산방법

건축물 그 밖의 공작물 또는 위험물의 소요단위의 계산방법은 다음의 기준에 의할 것

1) 제조소 또는 취급소의 건축물은 외벽이 내화구조인 것은 연면적(제조소 등의 용도로 사용되는 부분 외의 부분이 있는 건축물에 설치된 제조소 등에 있어서는 당해 건축물 중 제조소 등에 사용되는 부분의 바닥면적의 합계를 말한다. 이하 같다) 100m²를 1소요단위로 하며, 외벽이 내화구조가 아닌 것은 연면적 50m²를 1소요단위로 할 것
2) 저장소의 건축물은 외벽이 내화구조인 것은 연면적 150m²를 1소요단위로 하고, 외벽이 내화구조가 아닌 것은 연면적 75m²를 1소요단위로 할 것
3) 제조소등의 옥외에 설치된 공작물은 외벽이 내화구조인 것으로 간주하고 공작물의 최대수평투영면적을 연면적으로 간주하여 1) 및 2)의 규정에 의하여 소요단위를 산정할 것
4) 위험물은 지정수량의 10배를 1소요단위로 할 것

17 다음 중 기체연료가 완전연소하기에 유리한 이유로 가장 거리가 먼 것은?

① 활성화에너지가 크다.
② 공기 중에서 확산되기 쉽다.
③ 산소를 충분히 공급 받을 수 있다.
④ 분자의 운동이 활발하다.

풀이 활성화에너지가 작을수록 완전연소하기 쉽다.

18 위험물의 소화방법으로 적합하지 않은 것은?

① 적린은 다량의 물로 소화한다.
② 황화인의 소규모 화재 시에는 모래로 질식소화한다.
③ 알루미늄분은 다량의 물로 소화한다.
④ 황의 소규모 화재 시에는 모래로 질식소화한다.

풀이 알루미늄분은 물(수증기)과 반응하여 수소를 발생시킨다.

$2Al + 6H_2O \rightarrow 2Al(OH)_3 + 3H_2$

19 위험물안전관리법령에서 정한 위험물의 유별 성질을 잘못 나타낸 것은?

① 제1류 : 산화성　② 제4류 : 인화성
③ 제5류 : 자기반응성　④ 제6류 : 가연성

풀이 제6류 위험물은 산화성 액체이다.

20 주된 연소의 형태가 나머지 셋과 다른 하나는?

① 아연분 ② 양초
③ 코크스 ④ 목탄

풀이 양초는 증발연소, 나머지는 표면연소를 일으킨다.

21 비스코스레이온 원료로서, 비중이 약 1.3, 인화점이 약 -30℃이고, 연소 시 유독한 아황산가스를 발생시키는 위험물은?

① 황린 ② 이황화탄소
③ 테레빈유 ④ 장뇌유

풀이 이황화탄소는 소독, 살충제, 유지, 수지, 왁스 등의 용제, 셀로판지 제조, 비스코스레이온 제조 등에 쓰인다.

22 위험물안전관리법령상 위험물 운송 시 제1류 위험물과 혼재 가능한 위험물은?(단, 지정수량의 10배를 초과하는 경우이다.)

① 제2류 위험물 ② 제3류 위험물
③ 제5류 위험물 ④ 제6류 위험물

풀이 혼재 가능 위험물은 다음과 같다.
- 423 → 4류와 2류, 4류와 3류는 서로 혼재 가능
- 524 → 5류와 2류, 5류와 4류는 서로 혼재 가능
- 61 → 6류와 1류는 서로 혼재 가능

23 위험물 옥외저장탱크 중 압력탱크에 저장하는 디에틸에테르 등의 저장온도는 몇 ℃ 이하이어야 하는가?

① 60 ② 40 ③ 30 ④ 15

풀이 옥외저장탱크 또는 옥내저장탱크 중 압력탱크에 저장하는 아세트알데히드 등 또는 디에틸에테르의 온도는 40℃ 이하로 유지하여야 한다.

24 주유취급소의 고정주유설비 중 펌프기기의 주유관 선단에서의 최대 토출량으로 틀린 것은?

① 휘발유는 분당 50리터 이하
② 경유는 분당 180리터 이하
③ 등유는 분당 80리터 이하
④ 제1석유류(휘발유 제외)는 분당 50리터 이하

정답 20. ② 21. ② 22. ④ 23. ② 24. ④

풀이 펌프기기는 주유관 선단에서의 최대 토출량이 제1석유류의 경우에는 분당 50ℓ 이하, 경유의 경우에는 분당 180ℓ 이하, 등유의 경우에는 분당 80ℓ 이하인 것으로 할 것(다만, 이동저장탱크에 주입하기 위한 등유용 고정주유설비의 펌프기기는 최대 토출량이 분당 300ℓ 이하인 것으로 할 수 있으며, 분당 토출량이 200ℓ 이상인 것의 경우에는 주유설비에 관계된 모든 배관의 안지름을 40mm 이상으로 하여야 한다)

25 에틸렌글리콜의 성질로 옳지 않은 것은?

① 갈색의 액체로 방향성이 있고, 쓴맛이 난다.
② 물, 알코올 등에 잘 녹는다.
③ 분자량은 약 62이고, 비중은 약 1.1이다.
④ 부동액의 원료로 사용된다.

풀이 에틸렌글리콜 [$C_2H_4(OH)_2$] (지정수량 2,000ℓ)
- 인화점 : 111℃, 발화점 : 398℃, 비중 : 1.1, 비점 : 197℃
- 흡습성이 있고 무색무취의 단맛이 나는 끈끈한 액체이다.
- 수용성이고 2가 알코올에 해당한다.
- 독성이 있고 자동화의 부동액의 주원료로 사용된다.

26 제2류 위험물의 종류에 해당되지 않는 것은?

① 마그네슘 ② 고형알코올
③ 칼슘 ④ 안티몬분

풀이 칼슘은 제1류 위험물에 해당된다.

27 위험물저장소에서 '칼륨 20kg, 황린 40kg, 칼슘의 탄화물 300kg'의 제3류 위험물을 저장하고 있는 경우 지정수량의 몇 배가 보관되어 있는가?

① 4 ② 5
③ 6 ④ 7

풀이 지정수량 배수 $= \frac{20}{10} + \frac{40}{20} + \frac{300}{300} = 5$

28 다음 중 제5류 위험물이 아닌 것은?

① 니트로글리세린 ② 니트로톨루엔
③ 니트로글리콜 ④ 트리니트로톨루엔

풀이 니트로톨루엔 : 제4류

정답 25. ① 26. ③ 27. ② 28. ②

29 위험물을 저장할 때 필요한 보호물질을 옳게 연결한 것은?

① 황린 – 석유 ② 금속칼륨 – 에탄올
③ 이황화탄소 – 물 ④ 금속나트륨 – 산소

풀이 황린과 이황화탄소의 보호액은 물, 금속칼륨과 금속나트륨의 보호액은 석유이다.

30 다음 중 '인화점 50℃'의 의미를 가장 옳게 설명한 것은?

① 주변의 온도가 50℃ 이상이 되면 자발적으로 점화원 없이 발화한다.
② 액체의 온도가 50℃ 이상이 되면 가연성 증기를 발생하여 점화원에 의해 인화한다.
③ 액체를 50℃ 이상으로 가열하면 발화한다.
④ 주변의 온도가 50℃일 경우 액체가 발화한다.

풀이 '인화점 50℃'의 의미는 액체의 온도가 50℃ 이상이 되면 가연성 증기를 발생하여 점화원에 의해 인화한다.

31 등유의 성질에 대한 설명 중 틀린 것은?

① 증기는 공기보다 가볍다. ② 인화점이 상온보다 높다.
③ 전기에 대해 불량도체이다. ④ 물보다 가볍다.

풀이 등유증기는 공기보다 무겁다.

32 다음 위험물 중 지정수량이 가장 작은 것은?

① 니트로글리세린 ② 과산화수소
③ 트리니트로톨루엔 ④ 피크르산

풀이 ① 니트로글리세린 : 10kg ② 과산화수소 : 300kg
③ 트리니트로톨루엔 : 200kg ④ 피크르산 : 200kg

33 적린의 일반적인 성질에 대한 설명으로 틀린 것은?

① 비금속 원소이다.
② 암적색의 분말이다.
③ 승화온도가 약 260℃이다.
④ 이황화탄소에 녹지 않는다.

풀이 어두운 곳에서 인광을 내는 백색 또는 담황색의 고체로서, 황린의 동소체로 암적색 분말이나 자연발화성이 없어 공기 중에 안전하다. 착화온도는 260℃이다.

정답 29. ③ 30. ② 31. ① 32. ① 33. ③

34 이황화탄소 기체는 수소 기체보다 20℃ 1기압에서 몇 배 더 무거운가?

① 11 ② 22 ③ 32 ④ 38

풀이 $\frac{CS_2}{H_2} = \frac{76}{2} = 38$

35 다음 중 물과 반응하여 가연성 가스를 발생하지 않는 것은?

① 리튬 ② 나트륨 ③ 유황 ④ 칼슘

풀이 유황은 물에 녹지 않는다.

36 벤젠에 대한 설명으로 옳은 것은?

① 휘발성이 강한 액체이다.
② 물에 매우 잘 녹는다.
③ 증기의 비중은 1.5이다.
④ 순수한 것의 융점은 30℃이다.

풀이 벤젠[C_6H_6](지정수량 200ℓ)
- 인화점 : −11℃, 발화점 : 498℃, 비중 : 0.9, 연소범위 : 1.2~7.8%, 융점 : 5.5℃, 비점 : 80℃, 비수용성
- 인화점이 낮은 독특한 냄새가 나는 무색의 휘발성 액체로 정전기가 발생하기 쉽고, 증기는 독성·마취성이 있다.
- 불을 붙이면 그을음이 많은 불꽃을 내며 타는데 그 이유는 H의 수에 비해 C의 수가 많기 때문이다.

37 위험물안전관리법에서 정의하는 '인화성 또는 발화성 등의 성질을 가지는 것으로서 대통령령이 정하는 물품'을 말하는 용어는 무엇인가?

① 위험물
② 인화성 물질
③ 자연발화성 물질
④ 가연물

풀이 위험물
인화성 또는 발화성 등의 성질을 가지는 것으로서 대통령령이 정하는 물품

38 다음 물질 중에서 위험물안전관리법상 위험물의 범위에 포함되는 것은?

① 농도가 40중량퍼센트인 과산화수소 350kg
② 비중이 1.40인 질산 350kg
③ 직경 2.5mm의 막대 모양인 마그네슘 500kg
④ 순도가 55중량퍼센트인 유황 50kg

정답 34. ④ 35. ③ 36. ① 37. ① 38. ①

풀이 위험물에 해당되는 것
㉠ 유황은 순도가 60%(중량) 이상인 것
㉡ 질산은 그 비중이 1.49 이상인 것
㉢ 마그네슘 및 제2류 제8호의 물품 중 마그네슘을 함유한 것에 있어서는 다음 각목의 1에 해당하는 것은 제외한다.
가. 2mm의 체를 통과하지 아니하는 덩어리 상태의 것
나. 직경 2mm 이상의 막대 모양의 것
㉣ 과산화수소는 그 농도가 36%(중량) 이상인 것

39 질화면을 강면약과 약면약으로 구분하는 기준은?

① 물질의 경화도 ② 수산기의 수
③ 질산기의 수 ④ 탄소 함유량

풀이 질화면을 강면약과 약면약으로 구분하는 기준 : 질산기의 수

40 위험물 운반에 관한 사항 중 위험물안전관리법령에서 정한 내용과 틀린 것은?

① 운반용기에 수납하는 위험물이 디에틸에테르라면 운반용기 중 최대용적이 1L 이하라 하더라도 규정에 품명, 주의사항 등 표시사항을 부착하여야 한다.
② 운반용기에 담아 적재하는 물품이 황린이라면 파라핀, 경유 등 보호액으로 채워 밀봉한다.
③ 운반용기에 담아 적재하는 물품이 알킬알루미늄이라면 운반용기 내용적의 90% 이하의 수납률을 유지하여야 한다.
④ 기계에 의하여 하역하는 구조로 된 경질플라스틱제 운반용기는 제조된 때로부터 5년 이내의 것이어야 한다.

풀이 황린의 보호액은 물이다.

41 "위험물 암반탱크의 공간 용적은 당해 탱크 내에 용출하는 ( )일간의 지하수 양에 상당하는 용적과 당해 탱크 내용적의 100분의 ( )의 용적 중에서 보다 큰 용적을 공간 용적으로 한다." 괄호 안에 알맞은 수치를 차례대로 나열한 것은?

① 1, 1 ② 7, 1
③ 1, 5 ④ 7, 5

풀이 위험물 암반탱크의 공간 용적은 당해 탱크 내에 용출하는 7일간의 지하수 양에 상당하는 용적과 당해 탱크 내용적의 100분의 1의 용적 중에서 보다 큰 용적을 공간 용적으로 한다.

정답 39. ③ 40. ② 41. ②

42 HNO_3에 대한 설명으로 틀린 것은?

① Al, Fe은 진한 질산에서 부동태를 생성해 녹지 않는다.
② 질산과 염산을 3:1 비율로 제조한 것을 왕수라고 한다.
③ 부식성이 강하고 흡습성이 있다.
④ 직사광선에서 분해하여 NO_2를 발생한다.

풀이 왕수 : 진한 질산 1과 진한 염산 3(용적비)의 혼합물

43 지정수량 20배 이상의 제1류 위험물을 저장하는 옥내저장소에서 내화구조로 하지 않아도 되는 것은?(단, 원칙적인 경우에 한한다.)

① 바닥 ② 보
③ 기둥 ④ 벽

풀이 지정수량 20배 이상의 제1류 위험물을 저장하는 옥내저장소에서 내화구조로 하지 않아도 되는 것 : 보

44 위험물안전관리법령상 "옥내저장소에서 위험물을 저장하는 경우 기계에 의하여 하역하는 구조로 된 용기만을 겹쳐 쌓는 경우에 있어서는 ( )미터 높이를 초과하여 용기를 겹쳐 쌓지 아니하여야 한다." 괄호 안에 알맞은 수치는?

① 2 ② 4
③ 6 ④ 8

풀이 "옥내저장소에서 위험물을 저장하는 경우 기계에 의하여 하역하는 구조로 된 용기만을 겹쳐 쌓는 경우에 있어서는 6m 높이를 초과하여 용기를 겹쳐 쌓지 아니하여야 한다."

45 칼륨의 화재 시 사용 가능한 소화제는?

① 물 ② 마른 모래
③ 이산화탄소 ④ 사염화탄소

풀이 칼륨의 화재 시 소화방법은 건조사에 의한 피복소화가 효과적이다.

46 위험물안전관리법령에 따른 제3류 위험물에 대한 화재예방 또는 소화의 대책으로 틀린 것은?

① 이산화탄소, 할로겐화합물, 분말소화약제를 사용하여 소화한다.
② 칼륨은 석유, 등유 등의 보호액 속에 저장한다.

정답 42. ② 43. ② 44. ③ 45. ② 46. ①

③ 알킬알루미늄은 헥산, 톨루엔 등 탄화수소용제를 희석제로 사용한다.
④ 알킬알루미늄, 알킬리튬을 저장하는 탱크에는 불활성 가스의 봉입장치를 설치한다.

풀이 제3류 위험물 중 금수성 물질 이외의 물질은 이산화탄소와 할로겐화합물과 격렬히 반응한다.

47 위험물안전관리법령에 따라 위험물 운반을 위해 적재하는 경우 제4류 위험물과 혼재가 가능한 액화석유가스 또는 압축천연가스의 용기 내용적은 몇 L 미만인가?

① 120
② 150
③ 180
④ 200

풀이 위험물안전관리법령에 따라 위험물 운반을 위해 적재하는 경우 제4류 위험물과 혼재가 가능한 액화석유가스 또는 압축천연가스의 용기 내용적은 120L 미만이다

48 위험물을 유별로 정리하여 상호 1m 이상의 간격을 유지하는 경우에도 동일한 옥내저장소에 저장할 수 없는 것은?

① 제1류 위험물(알칼리금속의 과산화물 또는 이를 함유한 것을 제외한다.)과 제5류 위험물
② 제1류 위험물과 제6류 위험물
③ 제1류 위험물과 제3류 위험물 중 황린
④ 인화성 고체를 제외한 제2류 위험물과 제4류 위험물

풀이 가. 옥내저장소 또는 옥외저장소에서 다음의 규정에 의한 위험물과 위험물이 아닌 물품을 함께 저장하는 경우. 이 경우 위험물과 위험물이 아닌 물품은 각각 모아서 저장하고 상호 간에는 1m 이상의 간격을 두어야 한다.
1) 위험물(제2류 위험물 중 인화성고체와 제4류 위험물을 제외한다)과 당해 위험물이 속하는 품명란에 정한 물품을 주성분으로 함유한 것으로서 위험물에 해당하지 아니하는 물품
2) 제2류 위험물 중 인화성 고체와 위험물에 해당하지 아니하는 고체 또는 액체로서 인화점을 갖는 것 또는 합성 수지류 또는 이들 중 어느 하나 이상을 주성분으로 함유한 것으로서 위험물에 해당하지 아니하는 물품
3) 제4류 위험물과 합성수지류 등 또는 제4류의 품명란에 정한 물품을 주성분으로 함유한 것으로서 위험물에 해당하지 아니하는 물품
4) 제4류 위험물 중 유기과산화물 또는 이를 함유한 것과 유기과산화물 또는 유기과산화물만을 함유한 것으로서 위험물에 해당하지 아니하는 물품

49 위험물의 지정수량이 틀린 것은?

① 과산화칼륨 : 50kg
② 질산나트륨 : 50kg
③ 과망간산나트륨 : 1,000kg
④ 중크롬산암모늄 : 1,000kg

풀이 질산나트륨의 지정수량 : 300kg

정답 47. ① 48. ④ 49. ②

50 공기 중에서 산소와 반응하여 과산화물을 생성하는 물질은?

① 디에틸에테르 ② 이황화탄소
③ 에틸알코올 ④ 과산화나트륨

풀이 디에틸에테르는 화재예방상 일광을 피하여 보관하여야 하며, 장시간 공기와 접촉하면 과산화물이 생성될 수 있고, 가열, 충격, 마찰에 의해 폭발할 수도 있다.

51 제1류 위험물 중의 과산화칼륨을 다음과 같이 반응시켰을 때 공통적으로 발생되는 기체는?

ㄱ. 물과 반응을 시켰다.
ㄴ. 가열하였다.
ㄷ. 탄산가스와 반응시켰다.

① 수소 ② 이산화탄소 ③ 산소 ④ 이산화황

풀이 ① 과산화칼륨과 물이 반응하여 산소를 방출시킨다.
$2K_2O_2 + 2H_2O \rightarrow 4KOH + 3O_2$
② 과산화칼륨과 이산화탄소가 반응하여 산소를 방출시킨다.
$2K_2O_2 + 2CO_2 \rightarrow 2K_2CO_3 + O_2$

52 위험물 이동저장탱크의 외부도장 색상으로 적합하지 않은 것은?

① 제2류 – 적색 ② 제3류 – 청색
③ 제5류 – 황색 ④ 제6류 – 회색

풀이

유 별	도장의 색상	비 고
제 1 류	회 색	1. 탱크의 앞면과 뒷면을 제외한 면적의 40% 이내의 면적은 다른 유별의 색상 외의 색상으로 도장하는 것이 가능하다. 2. 제4류에 대해서는 도장의 색상 제한이 없으나 적색을 권장한다.
제 2 류	적 색	
제 3 류	청 색	
제 5 류	황 색	
제 6 류	청 색	

53 과망간산칼륨의 위험성에 대한 설명 중 틀린 것은?

① 진한 황산과 접촉하면 폭발적으로 반응한다.
② 알코올, 에테르, 글리세신 등 유기물과 접촉을 금한다.
③ 가열하면 약 60℃에서 분해하여 수소를 방출한다.
④ 목탄, 황과 접촉 시 충격에 의해 폭발할 위험성이 있다.

정답 50. ① 51. ③ 52. ④ 53. ③

풀이 과망간산칼륨은 가열하면 240℃에서 분해하여 산소를 방출시키고 아세톤, 메틸알코올, 빙초산에 잘 녹는다.
$2KMnO_4 \rightarrow K_2MnO_4 + MnO_2 + O_2\uparrow$

54 다음 중 제1류 위험물에 속하지 않는 것은?

① 질산구아니딘 ② 과요오드산
③ 납 또는 요오드의 산화물 ④ 염소화이소시아눌산

풀이 제5류 위험물 : 질산구아니딘

55 질산의 비중이 1.5일 때, 1소요단위는 몇 L인가?

① 150 ② 200 ③ 1500 ④ 2000

풀이 소요단위
소화기 배치를 위한 기본단위이며, 위험물은 지정수량의 10배를 1소요단위로 한다.
질산 지정수량 300kg 비중 1.5이므로 L단위로 나타내면 $300kg \times \frac{1}{1.5\frac{kg}{L}} = 200L$
따라서 위험물은 지정수량의 10배를 1소요단위로 하므로 200×10=2,000L이다

56 질산메틸에 대한 설명 중 틀린 것은?

① 액체 형태이다. ② 물보다 무겁다.
③ 알코올에 녹는다. ④ 증기는 공기보다 가볍다.

풀이 질산메틸의 증기는 공기보다 무겁다

57 삼황화인의 연소 시 발생하는 가스에 해당하는 것은?

① 이산화황 ② 황화수소
③ 산소 ④ 인산

풀이 삼황화인이 연소하면 다음과 같다.
$P_4S_3 + 8O_2 \rightarrow 2P_2O_5\uparrow + 3SO_2\uparrow$

58 다음 위험물 중 발화점이 가장 낮은 것은?

① 피크린산 ② TNT
③ 과산화벤조일 ④ 니트로셀룰로오스

정답 54. ① 55. ④ 56. ④ 57. ① 58. ③

풀이 ① 피크린산 : 300℃ ② TNT : 300℃
③ 과산화벤조일 : 125℃ ④ 니트로셀룰로오스 : 180℃

59 건축물 외벽이 내화구조이며, 연면적 300m²인 위험물 옥내저장소의 건축물에 대하여 소화설비의 소화능력 단위는 최소한 몇 단위 이상이 되어야 하는가?

① 1단위 ② 2단위
③ 3단위 ④ 4단위

풀이 위험물 저장소
저장소 외벽이 내화구조일 때 1소요단위는 150m²이다.
저장소 외벽이 내화구조가 아닐 때 1소요단위는 75m²이다.
따라서 $\frac{300}{150}=2$단위

60 위험물안전관리법령상 위험물의 운반에 관한 기준에 따르면 알코올류의 위험등급은 얼마인가?

① 위험등급 Ⅰ ② 위험등급 Ⅱ
③ 위험등급 Ⅲ ④ 위험등급 Ⅳ

풀이

유별	제4류									
성질	인화성 액체									
위험등급	Ⅰ	Ⅱ			Ⅲ					
지정수량(L)	50	200	400	400	1,000	2,000	2,000	4,000	6,000	10,000
품명	특수인화물	제1석유류		알코올류	제2석유류		제3석유류		제4석유류	동식물유류
		비수용성 액체	수용성 액체		비수용성 액체	수용성 액체	비수용성 액체	수용성 액체		

Chapter

위험물기능사

(2014년 10월 11일)

Hazardous material Industrial Engineer

1 제조소 등의 소요단위 산정 시 위험물은 지정수량의 몇 배를 1소요단위로 하는가?

① 5배　　② 10배
③ 20배　　④ 50배

풀이 제조소 등의 소요단위 산정 시 위험물은 지정수량의 10배를 1소요단위로 한다.

2 다음 중 알킬알루미늄의 소화방법으로 가장 적합한 것은?

① 팽창질석에 의한 소화
② 산·알칼리 소화약제에 의한 소화
③ 알코올포에 의한 소화
④ 주수에 의한 소화

풀이 알킬알루미늄의 소화방법은 팽창질석과 팽창진주암으로 피복소화가 가장 효과적이다.

3 다음 물질 중 분진폭발의 위험이 가장 낮은 것은?

① 밀가루　　② 아연가루
③ 마그네슘가루　　④ 시멘트가루

풀이 분진폭발을 일으키지 않는 물질 : 생석회, 시멘트분말

4 위험물안전관리법령상 제5류 위험물의 화재 발생 시 적응성이 있는 소화설비는?

① 이산화탄소소화설비　　② 물분무소화설비
③ 분말소화설비　　④ 할로겐화합물소화설비

풀이 제5류 위험물은 물질 자체에 다량의 산소를 함유하고 있으므로 질식소화효과는 없고 다량의 주수에 의한 냉각소화가 효과적이다.

정답 1. ② 2. ① 3. ④ 4. ②

5 다음 중 제4류 위험물의 화재에 적응성이 없는 소화기는?

① 이산화탄소소화설비　② 봉상수소화기
③ 인산염류소화기　④ 포소화기

풀이 제4류 위험물의 화재에 봉상주수하면 화재면이 확대된다(이유는 비중이 물보다 가볍기 때문에).

6 위험물안전관리법령상 자동화재탐지설비의 경계구역 하나의 면적은 몇 m^2 이하이어야 하는가?(단, 원칙적인 경우에 한한다.)

① 250　② 300　③ 400　④ 600

풀이 위험물안전관리법령상 자동화재탐지설비의 경계구역 하나의 면적은 $600m^2$ 이하이어야 한다.

7 플래시오버(Flash Over)에 대한 설명으로 옳은 것은?

① 산소의 공급이 주요 요인이 되어 발생한다.
② 대부분 화재 종기(쇠퇴기)에 발생한다.
③ 내장재의 종류와 개구부의 크기에 영향을 받는다.
④ 대부분 화재 초기(발화기)에 발생한다.

풀이 플래시오버현상
건축물의 실내에서 화재가 발생하였을 때 발화로부터 화재가 서서히 진행되다가 어느 정도 시간이 경과함에 따라 대류와 복사현상에 의해 일정 공간 안에 열과 가연성 가스가 축적되고 발화온도에 이르게 되어 일순간에 폭발적으로 전체가 화염에 휩싸이는 화재현상

8 충격이나 마찰에 민감하고 가수분해반응을 일으키는 단점을 가지고 있어 이를 개선하여 다이너마이트를 발명하는 데 주원료로 사용한 위험물은?

① 트리니트로페놀　② 니트로글리세린
③ 트리니트로톨루엔　④ 셀룰로이드

풀이 니트로글리세린을 규조토에 흡수시켜 제조한 것을 다이너마이트라 한다.

9 다음은 어떤 화합물의 구조식인가?

```
      Cl
      |
F  -  C  -  H
      |
      Br
```

① 할론 2402
② 할론 1301
③ 할론 1011
④ 할론 1201

정답 5. ②　6. ④　7. ③　8. ②　9. ③

풀이 할론 1011 소화약제

- 구조식으로 나타내면 다음과 같다.

```
      H                      Cl
      |                      |
H  -  C  -  H    →    F  -  C  -  H
      |                      |
      H                      Br
```

즉, CH_4에 Cl과 Br으로 치환된 물질로 CH_2ClBr이며 CB(Chloro Bromo methane)소화제라고도 한다.
- 상온에서 액체이며 증기 비중은 4.5이다.
- B급(유류) 및 C급(전기)화재에 적합하다.

10 위험물안전관리법령상 제4류 위험물을 지정수량의 3천 배 초과 4천 배 이하로 저장하는 옥외탱크저장소의 보유공지는 얼마인가?

① 6m 이상　② 9m 이상
③ 12m 이상　④ 15m 이상

풀이 옥외탱크저장소의 보유공지

저장 또는 취급하는 위험물의 최대저장량	공지의 너비
지정수량의 500배 미만	3m 이상
지정수량의 500배 이상 1,000배 미만	5m 이상
지정수량의 1,000배 이상 2,000배 미만	9m 이상
지정수량의 2,000배 이상 3,000배 미만	12m 이상
지정수량의 3,000배 이상 4,000배 미만	15m 이상
지정수량의 4,000배 이상	당해 탱크의 최대지름과 탱크의 높이 또는 길이 중 큰 것과 같은 거리 이상이어야 한다. 다만, 30m 초과의 경우에는 30m 이상으로 할 수 있고, 15m 미만의 경우에는 15m 이상으로 하여야 한다.

11 다음 중 분말소화약제를 방출시키기 위해 주로 사용되는 가압용 가스는?

① 헬륨　② 질소　③ 아르곤　④ 산소

풀이 분말소화약제를 방출시키기 위해 주로 사용되는 가압용 가스 : 질소

12 연소의 연쇄반응을 차단 및 억제하여 소화하는 방법은?

① 제거소화　② 부촉매소화　③ 질식소화　④ 냉각소화

풀이 부촉매소화 : 연소의 연쇄반응을 차단 및 억제하여 소화하는 방법

정답 10. ④　11. ②　12. ②

13 위험물안전관리법령상 위험등급 I의 위험물로 옳은 것은?

① 무기과산화물 ② 제1석유류
③ 황화인, 적린, 유황 ④ 알코올류

풀이 제1류 위험물 중 아염소산염류, 염소산염류, 과염소산염류, 무기과산화물 등이 위험등급 I의 위험물이다.

14 소화기 속에 압축되어 있는 이산화탄소 1.1kg을 표준상태에서 분사하였다. 이산화탄소의 부피는 몇 m^3가 되는가?

① 0.56 ② 5.6 ③ 11.2 ④ 24.6

풀이 CO_2

1.1kg : x m^3

44kg : 22.4m^3 $x = \frac{22.4 \times 1.1}{44} = 0.56m^3$

15 위험물안전관리법령상 자동화재탐지설비를 설치하지 않고 비상경보설비로 대신할 수 있는 것은?

① 지정수량 20배를 저장하는 옥내저장소로서 처마높이가 8m인 단층건물
② 지정수량 20배를 저장 취급하는 옥내주유취급소
③ 단층건물 외에 건축물에 설치된 지정수량 15배의 옥내탱크저장소로서 소화난이도등급 II에 속하는 것
④ 일반취급소로서 연면적 600m^2인 것

풀이 단층건물 외에 건축물에 설치된 지정수량 15배의 옥내탱크저장소로서 소화난이도등급 II에 속하는 것은 위험물안전관리법령상 자동화재탐지설비를 설치하지 않고 비상경보설비로 대신할 수 있다.

16 양초, 고급알코올 등과 같은 연료의 가장 일반적인 연소형태는?

① 표면연소 ② 증발연소 ③ 분무연소 ④ 분해연소

풀이 알코올, 에테르, 석유, 아세톤, 촛불에 의한 연소 등과 같은 가연성 액체가 액면에서 증발하는 가연성 증기의 착화로 화염을 내고 이 화염의 온도에 의해서 액 표면의 온도를 상승시켜 증발을 촉진시켜 연소하는 형태

17 BCF(Bromochlorodifluoromethane) 소화약제의 화학식으로 옳은 것은?

① CF_3Br ② CCl_4 ③ CH_2ClBr ④ CF_2ClBr

정답 13. ① 14. ① 15. ③ 16. ② 17. ④

풀이 할론 1211 소화약제

- 구조식으로 나타내면 다음과 같다.

```
        H                       Cl
        |                       |
  H  -  C  -  H   ──→    F  -  C  -  F
        |                       |
        H                       Cl
```

즉, 메탄의 수소원자가 탈리되고 F와 Cl로 서로 치환된 물질로 CF_2ClBr이라고 하며 BCF(Bromo Chloro difluro methane) 소화제라고도 한다.
- 상온에서 기체이며 공기보다 5.7배 무겁다.
- 비점은 −4℃이고 B급(유류) 및 C급(전기) 화재에 적합하다.

18 제2류 위험물인 마그네슘에 대한 설명으로 옳지 않은 것은?

① 가연성 고체로 산소와 반응하여 산화반응을 한다.
② 화재 시 이산화탄소 소화약제로 소화가 가능하다.
③ 2mm 체를 통과한 것만 위험물에 해당된다.
④ 주수소화를 하면 가연성의 수소가스가 발생한다.

풀이 마그네슘은 저농도의 산소 중에서 연소하며 CO_2와 같은 질식성 가스 중에서도 연소한다.

19 위험물안전관리법령에 따른 판매취급소라 함은 점포에서 위험물을 용기에 담아 판매하기 위하여 지정수량의 (㉮)배 이하의 위험물을 (㉯)하는 장소를 말한다. ( ) 안에 알맞은 말은?

① ㉮ 20 ㉯ 취급
② ㉮ 40 ㉯ 취급
③ ㉮ 20 ㉯ 저장
④ ㉮ 40 ㉯ 저장

풀이 위험물안전관리법령에 따른 판매취급소라 함은 점포에서 위험물을 용기에 담아 판매하기 위하여 지정수량의 40배 이하의 위험물을 취급하는 장소를 말한다.

20 취급하는 제4류 위험물의 수량이 지정수량의 30만 배인 일반취급소가 있는 사업장에 자체소방대를 설치함에 있어서 전체 화학소방차 중 포수용액을 방사하는 화학소방차는 몇 대 이상 두어야 하는가?

① 필수적인 것은 아니다.
② 1
③ 2
④ 3

풀이 취급하는 제4류 위험물의 수량이 지정수량의 30만 배인 일반취급소가 있는 사업장에 자체 소방대를 설치하는 경우 전체 화학소방차 중 포수용액을 방사하는 화학소방차는 2대 이상 두어야 한다.

정답 18. ② 19. ② 20. ③

21 자연발화성 물질 중 알킬알루미늄 등은 운반용기 내용적의 ( )% 이하의 수납률로 수납하되, 50℃의 온도에서 ( )% 이상의 공간용적을 유지하도록 하여야 한다. 괄호 안에 적합한 숫자를 차례대로 나열한 것은?

① 90, 5 ② 90, 10 ③ 95, 5 ④ 95, 10

풀이 자연발화성 물질 중 알킬알루미늄 등은 운반용기 내용적의 90% 이하의 수납률로 수납하되, 50℃의 온도에서 5% 이상의 공간용적을 유지하도록 하여야 한다.

22 정전기로 인한 재해방지대책 중 틀린 것은?

① 공기를 이온화한다.
② 실내를 건조하게 유지한다.
③ 공기 중의 상대습도를 70% 이상으로 유지한다.
④ 접지를 한다.

풀이 정전기 제거방법
- 상대습도를 70% 이상 높이는 방법
- 공기를 이온화하는 방법
- 접지에 의한 방법(지하 3m)

23 삼황화인의 연소 생성물을 옳게 나열한 것은?

① P_2O_5, SO_2 ② P_2O_5, H_2S ③ H_3PO_4, H_2S ④ H_3PO_4, SO_2

풀이 삼황화인의 연소 생성물은 모두 유독하다.
$P_4S_3 + 8O_2 \rightarrow 2P_2O_5\uparrow + 3SO_2\uparrow$

24 제3류 위험물에 해당하는 것은?

① 삼황화인 ② 유황 ③ 황린 ④ 적린

풀이 제3류 위험물

위험물			지정수량
유별	성질	품명	
제3류	자연발화성 물질 및 금수성 물질	1. 칼륨	10kg
		2. 나트륨	10kg
		3. 알킬알루미늄	10kg
		4. 알킬리튬	10kg
		5. 황린	20kg
		6. 알칼리금속(칼륨 및 나트륨을 제외한다) 및 알칼리토금속	50kg

정답 21. ① 22. ② 23. ① 24. ③

		7. 유기금속화합물(알킬알루미늄 및 알킬리튬을 제외한다)	50kg
		8. 금속의 수소화물	300kg
		9. 금속의 인화물	300kg
		10. 칼슘 또는 알루미늄의 탄화물	300kg
		11. 그 밖에 행정자치부령이 정하는 것 12. 제1호 내지 제11호의1에 해당하는 어느 하나 이상을 함유한 것	10kg, 50kg 또는 300kg

25 제5류 위험물 중 니트로화합물의 지정수량을 옳게 나타낸 것은?

① 10kg ② 100kg
③ 150kg ④ 200kg

풀이

위험물			지 정 수 량
유별	성질	품명	
제5류	자기 반응성 물질	1. 유기과산화물	10kg
		2. 질산에스테르류	10kg
		3. 니트로화합물	200kg
		4. 니트로소화합물	200kg
		5. 아조화합물	200kg
		6. 디아조화합물	200kg
		7. 히드라진 유도체	200kg
		8. 히드록실아민	100kg
		9. 히드록실아민염류	100kg
		10. 그 밖에 행정자치부령이 정하는 것 11. 제1호 내지 제10호의1에 해당하는 어느 하나 이상을 함유한 것	10kg, 100kg 또는 200kg

26 과염소산칼륨의 성질에 대한 설명 중 틀린 것은?

① 무색무취의 결정으로 물에 잘 녹는다.
② 화약, 폭약, 섬광제 등에 쓰인다.
③ 에탄올, 에테르에는 녹지 않는다.
④ 화학식은 $KClO_4$이다.

풀이 과염소산칼륨(=$KClO_4$=과염소산칼리=퍼클로로산칼리)
- 무색무취의 사방정계 결정 또는 백색분말이다.
- 분해온도 400℃, 융점 610℃, 용해도 1.8(20℃), 비중 2.52
- 물, 알코올, 에테르에 잘 녹지 않는다.

정답 25. ④ 26. ①

27 0.99atm, 55℃에서 이산화탄소의 밀도는 약 몇 g/L인가?

① 0.62 ② 1.62 ③ 9.65 ④ 12.65

풀이 이산화탄소의 밀도 $= \dfrac{44}{22.4 \times \dfrac{273+55}{273+0} \times \dfrac{1}{0.99}} = 1.62$

28 위험물안전관리법령에서 정한 제5류 위험물 이동저장탱크의 외부 도장 색상은?

① 황색 ② 적색 ③ 청색 ④ 회색

풀이

유 별	도장의 색상	비 고
제 1 류	회 색	1. 탱크의 앞면과 뒷면을 제외한 면적의 40% 이내의 면적은 다른 유별의 색상 외의 색상으로 도장하는 것이 가능하다. 2. 제4류에 대해서는 도장의 색상 제한이 없으나 적색을 권장한다.
제 2 류	적 색	
제 3 류	청 색	
제 5 류	황 색	
제 6 류	청 색	

29 제조소 등의 관계인이 예방규정을 정하여야 하는 제조소 등이 아닌 것은?

① 지정수량 100배의 위험물을 저장하는 옥외탱크저장소
② 지정수량 150배의 위험물을 저장하는 옥내저장소
③ 지정수량 10배의 위험물을 취급하는 제조소
④ 지정수량 5배의 위험물을 취급하는 이송취급소

풀이 예방규정을 정하여야 할 제조소 등
1. 지정수량의 10배 이상의 위험물을 취급하는 제조소
2. 지정수량의 10배 이상의 위험물을 취급하는 일반취급소
3. 지정수량의 100배 이상의 위험물을 지정하는 옥외저장소
4. 지정수량의 150배 이상의 위험물을 저장하는 옥내저장소
5. 지정수량의 200배 이상의 위험물을 저장하는 옥외탱크저장소
6. 암반탱크저장소
7. 이송취급소

30 위험물안전관리법령상 제5류 위험물의 공통된 취급방법으로 옳지 않은 것은?

① 불티, 불꽃, 고온체와의 접근을 피한다.
② 용기의 파손 및 균열에 주의한다.
③ 운반용기 외부에 주의사항으로 '화기주의' 및 '물기엄금'을 표기한다.
④ 저장 시 과열, 충격, 마찰을 피한다.

풀이 운반용기 외부에 주의사항으로 '화기엄금' 및 '충격주의'를 표기한다.

정답 27. ② 28. ① 29. ① 30. ③

31 다음 중 황 분말과 혼합했을 때 가열 또는 충격에 의해서 폭발할 위험이 가장 높은 것은?

① 질산암모늄 ② 마른 모래 ③ 이산화탄소 ④ 물

풀이 질산암모늄(NH_4NO_3=초반)
- 무색무취의 백색결정 고체
- 분해온도 220℃, 융점 165℃, 용해도 118.3(0℃), 비중 1.73
- 조해성이 있고 물, 알코올, 알칼리에 잘 녹는다.
- 물을 흡수하면 흡열반응을 한다.
- 급격한 가열하면 산소를 발생하고, 충격을 주면 단독으로도 폭발한다.

32 위험물안전관리법령에서 정한 내용 중 ( )라 함은 고형알코올 그 밖에 1기압에서 인화점이 섭씨 40도 미만인 고체를 말한다. 괄호 안에 알맞은 용어는?

① 자기반응성 고체 ② 산화성 고체
③ 인화성 고체 ④ 가연성 고체

풀이 '인화성 고체'라 함은 고형알코올 그 밖에 1atm에서 인화점이 40℃ 미만인 고체를 말한다.

33 유별을 달리하는 위험물을 운반할 때 혼재할 수 있는 것은?(단, 지정수량의 1/10을 넘는 양을 운반하는 경우이다.)

① 제1류와 제3류 ② 제2류와 제4류
③ 제3류와 제5류 ④ 제4류와 제6류

풀이 혼재 가능 위험물은 다음과 같다.
- 423 → 4류와 2류, 4류와 3류는 서로 혼재 가능
- 524 → 5류와 2류, 5류와 4류는 서로 혼재 가능
- 61 → 6류와 1류는 서로 혼재 가능

34 그림의 원통형 중으로 설치된 탱크에서 공간용적을 내용적의 10%라고 하면 탱크용량(허가용량)은 약 얼마인가?

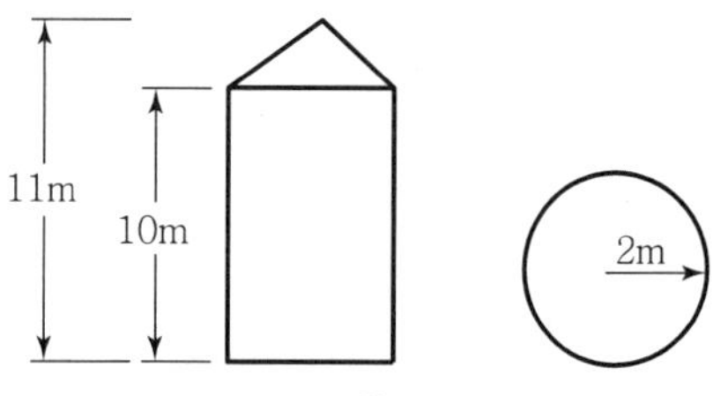

① 113.04 ② 124.34 ③ 129.06 ④ 138.16

풀이 탱크의 용량 $=\pi r^2 l = 3.14\times 2^2 \times 10 \times 0.9 = 113.04$

정답 31. ① 32. ③ 33. ② 34. ①

35 제4류 위험물에 속하지 않는 것은?

① 니트로벤젠 ② 실린더유
③ 트리니트로톨루엔 ④ 아세톤

풀이 트리니트로톨루엔은 제5류 위험물에 해당된다.

36 자기반응성 물질인 제5류 위험물에 해당하는 것은?

① $C_6H_5NO_2$ ② $CH_3(C_6H_4)NO_2$
③ $C_6H_2(NO_2)_3OH$ ④ CH_3COCH_3

풀이 $C_6H_2(NO_2)_3OH$은 피크린산으로 제5류 위험물에 해당된다.

37 경유 2,000L, 글리세린 2,000L를 같은 장소에 저장하려 한다. 지정수량의 배수의 합은 얼마인가?

① 2.5 ② 3.0
③ 3.5 ④ 4.0

풀이 지정수량의 배수의 합 $= \frac{2,000}{1,000} + \frac{2,000}{4,000} = 2.5$

38 제2석유류에 해당하는 물질로만 짝지어진 것은?

① 등유, 경유 ② 글리세린, 기계유
③ 글리세린, 장뇌유 ④ 등유, 중유

풀이 제2석유류 : 등유, 경유, 의산, 초산, 테레빈유, 스틸렌, 장뇌유, 송근유 등

39 과망간산칼륨의 위험성에 대한 설명으로 틀린 것은?

① 목탄, 황 등 환원성 물질과 격리하여 저장해야 한다.
② 유기물과 혼합 시 위험성이 증가한다.
③ 고온으로 가열하면 분해하여 산소와 수소를 방출한다.
④ 황산과 격렬하게 반응한다.

풀이 가열하면 240℃에서 분해하여 산소를 방출시키고 아세톤, 메틸알코올, 빙초산에 잘 녹는다.
$2KMnO_4 \rightarrow K_2MnO_4 + MnO_2 + O_2\uparrow$

정답 35. ③ 36. ③ 37. ① 38. ① 39. ③

40 다음 중 지정수량이 나머지 셋과 다른 물질은?

① 유황 ② 적린
③ 칼슘 ④ 황화인, 적린, 유황

풀이 ① 유황 : 100kg ② 적린 : 100kg
③ 칼슘 : 50kg ④ 황화인, 적린, 유황 : 100kg

41 위험물의 품명이 질산염류에 속하지 않는 것은?

① 질산메틸 ② 질산암모늄
③ 질산나트륨 ④ 질산칼륨

풀이 질산메틸 : 질산에스테르류에 해당한다.

42 위험물과 그 보호액 또는 안정제의 연결이 틀린 것은?

① 알킬알루미늄 – 헥산 ② 인화석회 – 물
③ 금속칼륨 – 등유 ④ 황린 – 물

풀이 인화칼슘(Ca_3P_2)과 물이 반응하면 포스핀(PH_3 = 인화수소)이 생성된다.
$Ca_3P_2 + 6H_2O \rightarrow 3Ca(OH)_2 + 2PH_3$

43 위험물안전관리법령상 염소화이소시아눌산은 제 몇 류 위험물인가?

① 제1류 ② 제2류 ③ 제5류 ④ 제6류

풀이 제1류 위험물
1. 과요오드산염류
2. 과요오드산
3. 크롬, 납 또는 요오드의 산화물
4. 아질산염류
5. 차아염소산염류
6. 염소화이소시아눌산
7. 퍼옥소이황산염류
8. 퍼옥소붕산염류

44 경유에 대한 설명으로 틀린 것은?

① 발화점이 인화점보다 높다. ② 물에 녹지 않는다.
③ 비중은 1 이하이다. ④ 인화점은 상온 이하이다.

정답 40. ③ 41. ① 42. ② 43. ① 44. ④

풀이 경유(지정수량 1,000ℓ)
- 인화점 : 50~70℃, 발화점 : 200℃, 증기비중 : 4.5, 연소범위 : 1.1~6.0%, 유출온도 : 150~350℃
- 비수용성, 담황색 액체로 등유와 비슷하다.

45
위험물안전관리법령상 이동탱크저장소에 설치하는 게시판의 설치기준에서 "이동저장탱크의 뒷면 중 보기 쉬운 곳에는 해당 탱크에 저장 또는 취급하는 위험물의 ( )·( )·( ) 및 적재중량을 게시한 게시판을 설치하여야 한다." 괄호 안에 해당하지 않는 것은?

① 최대수량 ② 품명
③ 유별 ④ 관리자명

풀이 위험물안전관리법령상 이동탱크저장소에 설치하는 게시판의 설치기준에서 "이동저장탱크의 뒷면 중 보기 쉬운 곳에는 해당 탱크에 저장 또는 취급하는 위험물의 품명, 최대수량, 유별 및 적재중량을 게시한 게시판을 설치하여야 한다."

46
"$C_2H_5OC_2H_5$, CS_2, CH_3CHO"에서 인화점이 0℃보다 작은 것은 모두 몇 개인가?

① 0개 ② 1개 ③ 2개 ④ 3개

풀이 $C_2H_5OC_2H_5$(디에틸에테르) : 인화점 -45℃
CS_2(이황화탄소) : 인화점 -30℃
CH_3CHO(아세트알데히드) : 인화점 : -39℃

47
니트로셀룰로오스의 저장방법으로 올바른 것은?

① 물이나 알코올로 습윤시킨다. ② 산에 용해시켜 저장한다.
③ 수은염을 만들어 저장한다. ④ 에탄올과 에테르 혼액에 침윤시킨다.

풀이 니트로셀룰로오스는 물이나 알코올로 습윤시켜 저장한다.

48
위험물안전관리법령상 옥내소화전설비의 설치기준에서 옥내소화전은 제조소 등의 건축물의 층마다 해당 층의 각 부분에서 하나의 호스접속구까지의 수평거리가 몇 m 이하가 되도록 설치하여야 하는가?

① 5 ② 10 ③ 15 ④ 25

풀이 옥내소화전의 방수구는 소방대상물의 층마다 설치하되 당해 소방대상물의 각 부분으로부터 하나의 옥내소화전 방수구까지의 수평거리가 25m 이하가 되도록 설치하여야 한다.

정답 45. ④ 46. ④ 47. ① 48. ④

49 유기과산화물의 저장 또는 운반 시 주의사항으로 옳은 것은?

① 산화제이므로 다른 강산화제와 같이 저장해야 좋다.
② 일광이 드는 건조한 곳에 저장한다.
③ 알코올류 등 제4류 위험물과 혼재하여 운반할 수 있다.
④ 가능한 한 대용량으로 저장한다.

풀이 유기과산화물은 제5류 위험물이므로 제4류 위험물과 서로 혼재 저장할 수 있다.

50 지하탱크저장소에 대한 설명으로 옳지 않은 것은?

① 지하저장탱크와 탱크전용실 안쪽의 간격은 0.1m 이상의 간격을 유지한다.
② 지하저장탱크의 윗부분은 지면으로부터 0.6m 이상 아래에 있어야 한다.
③ 탱크전용실 벽의 두께는 0.3m 이상이어야 한다.
④ 지하저장탱크에는 두께 0.1m 이상의 철근콘크리트조로 된 뚜껑을 설치한다.

풀이 지하에 매설한 탱크 위에 두께가 0.3m 이상이고 길이 및 너비가 각각 당해 탱크의 길이 및 너비보다 0.6m 이상이 되는 철근콘크리트조의 뚜껑을 덮을 것. 이 경우 뚜껑의 중량이 직접 당해 탱크에 가하여지지 아니하도록 하여야 한다.

51 황린의 위험성에 대한 설명으로 틀린 것은?

① 강알칼리 용액과 반응하여 독성가스를 발생한다.
② 공기 중에서 자연발화의 위험성이 있다.
③ 화학적 활성이 커서 CO_2, H_2O와 격렬히 반응한다.
④ 연소 시 발생되는 증기는 유독하다.

풀이 황린은 물속에 저장하고 화학적 활성이 커 많은 원소와 직접 결합하며 특히 유황, 산소, 할로겐과 격렬하게 결합한다.

52 니트로셀룰로오스 5kg과 트리니트로페놀을 함께 저장하려고 한다. 이때 지정수량 1배로 저장하려면 트리니트로페놀을 몇 kg 저장하여야 하는가?

① 5　　② 10
③ 50　　④ 100

풀이 지정수량 배수 : $1=\frac{5}{10}+\frac{x}{200}$　　$x=100$

정답 49. ③ 50. ④ 51. ③ 52. ④

53 다음 중 위험물안전관리법령에서 정한 제3류 위험물 금수성 물질의 소화설비로 적응성이 있는 것은?

① 인산염류 등 분말소화설비
② 이산화탄소소화설비
③ 할로겐화합물소화설비
④ 탄산수소염류 등 분말소화설비

풀이 제3류 위험물 금수성 물질의 소화설비로 적응성이 있는 것 : 탄산수소염류 등 분말소화설비

54 다음 설명 중 제2석유류에 해당하는 것은?(단, 1기압 상태이다.)

① 착화점이 21℃ 미만인 것
② 착화점이 30℃ 이상 50℃ 미만인 것
③ 인화점이 21℃ 이상 70℃ 미만인 것
④ 인화점이 21℃ 이상 90℃ 미만인 것

풀이 제2석유류 : 인화점이 21℃ 이상 70℃ 미만인 것

55 질산암모늄의 일반적 성질에 대한 설명 중 옳은 것은?

① 불안정한 물질이고 물에 녹을 때는 흡열반응을 나타낸다.
② 과일향의 냄새가 나는 적갈색 비결정체이다.
③ 가열 시 분해하여 수소를 발생한다.
④ 물에 대한 용해도값이 매우 작아 물에 거의 불용이다.

풀이 질산암모늄(NH_4NO_3=초반)
- 무색무취의 백색결정 고체
- 분해온도 220℃, 융점 165℃, 용해도 118.3(0℃), 비중 1.73
- 조해성이 있고 물, 알코올, 알칼리에 잘 녹는다.
- 물을 흡수하면 흡열반응을 한다.
- 급격한 가열시 산소를 발생하고, 충격을 주면 단독으로도 폭발한다.

56 아염소산염류 500kg과 질산염류 3,000kg을 함께 저장하는 경우 위험물의 소요단위는 얼마인가?

① 2　　② 4　　③ 6　　④ 8

풀이 위험물에 있어서는 지정수량의 10배를 소요단위 1단위로 할 것

따라서 $\frac{500}{50\times10\text{배}}+\frac{3,000}{300\times10\text{배}}=2$

57 유황에 대한 설명으로 옳지 않은 것은?

① 연소 시 황색불꽃을 보이며 유독한 이황화탄소를 발생한다.
② 고온에서 용융된 유황은 수소와 반응한다.
③ 미세한 분말상태에서 부유하면 분진폭발의 위험이 있다.
④ 마찰에 의해 정전기가 발생할 우려가 있다.

풀이 공기 중에서 연소하면 푸른빛을 내며 아황산가스(SO_2)를 발생한다.
$S+O_2 \rightarrow SO_2$

58 위험물의 저장 및 취급방법에 대한 설명으로 틀린 것은?

① 마그네슘은 산화제와 혼합되지 않도록 취급한다.
② 적린은 화기와 멀리하고 가열, 충격이 가해지지 않도록 한다.
③ 이황화탄소는 발화점이 낮으므로 물속에 저장한다.
④ 알루미늄분은 분진폭발의 위험이 있으므로 분무 주수하여 저장한다.

풀이 물(수증기)과 반응하여 수소를 발생시킨다.
$2Al+6H_2O \rightarrow 2Al(OH)_3+3H_2$

59 과산화벤조일(벤조알퍼옥사이드)에 대한 설명 중 틀린 것은?

① 결정성의 분말형태이다.
② 환원성 물질과 격리하여 저장한다.
③ 희석제로 묽은 질산을 사용한다.
④ 물에 녹지 않으나 유기용매에 녹는다.

풀이 과산화벤조일(벤조알퍼옥사이드)은 수분을 흡수하거나 불활성 희석제(프탈산디메틸, 프탈산디부틸)의 첨가에 의해 폭발성을 낮출 수 있다.

60 위험물안전관리법령에 따른 위험물의 운송에 관한 설명 중 틀린 것은?

① 이동탱크저장소에 의하여 위험물을 운송할 때 운송책임자에는 법정의 교육을 이수하고 관련 업무에 2년 이상 경력이 있는 자도 포함된다.
② 운송책임자의 감독 또는 지원 방법에는 동승하는 방법과 별도의 사무실에서 대기하면서 규정된 사항을 이행하는 방법이 있다.
③ 서울에서 부산까지 금속의 인화물 300kg을 1명의 운전자가 휴식 없이 운송해도 규정위반이 아니다.
④ 알킬리튬과 알킬알루미늄 또는 이 중 어느 하나 이상을 함유한 것은 운송책임자의 감독 지원을 받아야 한다.

풀이 위험물운송자는 장거리(고속도로에 있어서는 340km 이상, 그 밖의 도로에 있어서는 200km 이상을 말한다)에 걸치는 운송을 하는 때에는 2명 이상의 운전자로 할 것

정답 57. ① 58. ④ 59. ③ 60. ③

Chapter

위험물기능사

(2015년 1월 25일)

Hazardous material
Industrial Engineer

1 건조사와 같은 불연성 고체로 가연물을 덮는 것은 어떤 소화에 해당하는가?

① 제거소화 ② 질식소화
③ 냉각소화 ④ 억제소화

풀이 건조사와 같은 불연성 고체로 가연물을 덮는 것은 질식소화에 해당된다.

2 과산화칼륨의 저장창고에서 화재가 발생하였다. 다음 중 가장 적합한 소화약제는?

① 물 ② 이산화탄소
③ 마른 모래 ④ 염산

풀이 과산화칼륨의 화재 시에 가장 적합한 소화방법은 건조사나 암분 또는 탄산수소 염류 등을 이용한 피복소화이며, 주수소화는 위험하다.

3 위험물안전관리법령에 따른 스프링클러헤드의 설치방법에 대한 설명으로 옳지 않은 것은?

① 개방형 헤드는 반사판으로부터 하방으로 0.45m, 수평방향으로 0.3m 공간을 보유할 것
② 폐쇄형 헤드는 가연성 물질 수납부분에 설치 시 반사판으로부터 하방으로 0.9m, 수평방향으로 0.4m의 공간을 확보할 것
③ 폐쇄형 헤드 중 개구부에 설치하는 것은 해당 개구부의 상단으로부터 높이 0.15m 이내의 벽면에 설치할 것
④ 폐쇄형 헤드 설치 시 급배기용 덕트의 긴 변의 길이가 1.2m를 초과하는 것이 있는 경우에는 해당 덕트의 윗부분에만 헤드를 설치할 것

풀이 폐쇄형 헤드 설치 시 급배기용 덕트의 긴 변의 길이가 1.2m를 초과하는 것이 있는 경우에는 상·하향형 헤드를 설치해야 한다.

정답 1. ② 2. ③ 3. ④

4 할로겐 화합물의 소화약제 중 할론 2402의 화학식은?

① $C_2Br_4F_2$　② $C_2Cl_4F_2$
③ $C_2Cl_4Br_2$　④ $C_2F_4Br_2$

풀이 할론 2402 소화약제

- 구조식으로 나타내면 다음과 같다.

```
     H   H                  F   F
     |   |                  |   |
H -  C - C - H   →   Br -   C - C - Br
     |   |                  |   |
     H   H                  F   F
```

즉, 에탄의 수소원자가 탈리되고 F와 Br으로 치환된 물질로 $C_2F_4Br_2$이며 FB(tetra fluoro dibromo ethane) 소화제라고 한다.
- 상온에서 액체이며 저장용기에 충전할 경우에는 방출원인 질소(N_2)와 함께 충전하여야하며 기체 비중이 가장 높은 소화약제이다.
- B급(유류) 및 C급(전기) 화재에 적합하다.

5 Mg, Na의 화재에 이산화탄소 소화기를 사용하였다. 화재현장에서 발생되는 현상은?

① 이산화탄소가 부착면을 만들어 질식소화된다.
② 이산화탄소가 방출되어 냉각소화된다.
③ 이산화탄소가 Mg, Na과 반응하여 화재가 확대된다.
④ 부촉매효과에 의해 소화된다.

풀이 Mg, Na의 화재에 이산화탄소 소화기를 사용하면 이산화탄소가 Mg, Na과 반응하여 화재가 확대된다.

6 금속칼륨과 금속나트륨은 어떻게 보관하여야 하는가?

① 공기 중에 노출하여 보관
② 물속에 넣어서 밀봉하여 보관
③ 석유 속에 넣어서 밀봉하여 보관
④ 그늘지고 통풍이 잘 되는 곳에 산소 분위기에서 보관

풀이 금속칼륨과 금속나트륨은 석유 속에 넣어서 밀봉하여 보관한다.

7 알코올류 20,000L에 대한 소화설비 설치 시 소요단위는?

① 5　② 10　③ 15　④ 20

풀이 위험물 1소요단위는 지정수량의 10배이고, 알코올의 지정수량은 400L이므로 소요단위 $= \frac{20,000}{400 \times 10} = 5$

정답 4. ④　5. ③　6. ③　7. ①

8 위험물제조소 등에 설치하는 고정식의 포소화설비의 기준에서 포헤드방식의 포헤드는 방호대상물의 표면적 몇 m^2당 1개 이상의 헤드를 설치하여야 하는가?

① 3 ② 9 ③ 15 ④ 30

풀이 위험물제조소 등에 설치하는 고정식의 포소화설비의 기준

1. 포워터스프링클러헤드는 소방대상물의 천장 또는 반자에 설치하되, 바닥면적 $8m^2$마다 1개 이상으로 하여 당해 방호대상물의 화재를 유효하게 소화할 수 있도록 할 것
2. 포헤드는 소방대상물의 천장 또는 반자에 설치하되, 바닥면적 $9m^2$마다 1개 이상으로 하여 당해 방호대상물의 화재를 유효하게 소화할 수 있도록 할 것

9 위험물안전관리법령상 제2류 위험물 중 지정수량이 500kg인 물질에 의한 화재는?

① A급 화재 ② B급 화재
③ C급 화재 ④ D급 화재

풀이

위험물			지정수량
유별	성질	품명	
제2류	가연성 고체	1. 황화인	100kg
		2. 적린	100kg
		3. 유황	100kg
		4. 철분	500kg
		5. 금속분	500kg
		6. 마그네슘	500kg
		7. 그 밖에 행정자치부령이 정하는 것 8. 제1호 내지 제7호의1에 해당하는 어느 하나 이상을 함유한 것	100kg 또는 500kg
		9. 인화성 고체	1,000kg

10 위험물안전관리법령상 제3류 위험물 중 금수성 물질의 화재에 적응성이 있는 소화설비는?

① 탄산수소염류의 분말소화설비
② 이산화탄소소화설비
③ 할로겐화합물소화설비
④ 인산염류의 분말소화설비

풀이 제3류 위험물 중 금수성 물질의 화재에 적응성이 있는 소화설비 : 탄산수소염류의 분말소화설비

정답 8. ② 9. ④ 10. ①

11 위험물제조소 등에 설치하여야 하는 자동화재탐지설비의 설치기준에 대한 설명 중 틀린 것은?

① 자동화재탐지설비의 경계구역은 건축물 그 밖의 공작물의 2 이상의 층에 걸치도록 할 것
② 하나의 경계구역에서 그 한 변의 길이는 50m(광전식 분리형 감지기를 설치할 경우에는 100m) 이하로 할 것
③ 자동화재탐지설비의 감지기는 지붕 또는 벽의 옥내에 면한 부분에 유효하게 화재의 발생을 감지할 수 있도록 설치할 것
④ 자동화재탐지설비에는 비상전원을 설치할 것

풀이 자동화재탐지설비의 경계구역은 건축물 그 밖의 공작물의 2 이상의 층에 걸치지 않도록 할 것

12 플래시오버에 대한 설명으로 틀린 것은?

① 국소화재에서 실내의 가연물 등이 연소하는 대화재로의 전이
② 환기지배형 화재에서 연료지배형 화재로의 전이
③ 실내의 천정 쪽에 축적된 미연소 가연성 증기나 가스를 통한 화염의 급격한 전파
④ 내화건축물의 실내화재 온도 상황으로 보아 성장기에서 최성기로의 진입

풀이 화재의 형태

- 환기지배형화재 : 화재하중 > 환기량, 환기에 의해 열량방출이 지배되는 화재 (예) 구획화재
- 연료지배형화재 : 화재하중 < 환기량, 화재하중에 의해 열량방출이 지배되는 화재 (예) 산불, 차량화재

즉, 연료지배형 화재에서 환기지배형 화재로의 전이

13 제3종 분말 소화약제의 열분해 반응식을 옳게 나타낸 것은?

① $NH_4H_2PO_4 \rightarrow HPO_3 + NH_3 + H_2O$
② $2KNO_3 \rightarrow 2KNO_2 + O_2$
③ $KClO_4 \rightarrow KCl + 2O_2$
④ $2CaHCO_3 \rightarrow 2CaO + H_2CO_3$

풀이

종별	소화약제	약제의 착색	열분해 반응식
제1종 분말	중탄산나트륨($NaHCO_3$)	백색	$2NaHCO_3 \rightarrow CO_2 + H_2O + Na_2CO_3$
제2종 분말	중탄산칼륨($KHCO_3$)	보라색	$2KHCO_3 \rightarrow CO_2 + H_2O + K_2CO_3$
제3종 분말	제일인산암모늄($NH_4H_2PO_4$)	담홍색	$NH_4H_2PO_4 \rightarrow NH_3 + HPO_3 + H_2O$
제4종 분말	중탄산칼륨 + 요소 $KHCO_3 + (NH_2)_2CO$	회색	$2KHCO_3 + (NH_2)_2CO$ $\rightarrow K_2CO_3 + 2NH_3 + 2CO_2$

정답 11. ① 12. ② 13. ①

14 소화효과에 대한 설명으로 틀린 것은?

① 기화잠열이 큰 소화약제를 사용할 경우 냉각소화 효과를 기대할 수 있다.
② 이산화탄소에 의한 소화는 주로 질식소화로 화재를 진압한다.
③ 할로겐화합물 소화약제는 주로 냉각소화를 한다.
④ 분말소화약제는 질식효과와 부촉매효과 등으로 화재를 진압한다.

풀이 할로겐화합물 소화약제는 주로 부촉매효과로 소화된다.

15 가연성 액화가스의 탱크 주위에서 화재가 발생한 경우에 탱크의 가열로 인하여 그 부분의 강도가 약해져 탱크가 파열됨으로써 내부의 가열된 액화가스가 급속히 팽창하면서 폭발하는 현상은?

① 블레비(BLEVE) 현상
② 보일오버(Boil Over) 현상
③ 플래시백(Flash Back) 현상
④ 백드래프트(Back Draft) 현상

풀이 블레비(BLEVE) 현상
인화점이나 비점이 낮은 인화성 액체(유류)가 가득 차 있지 않는 저장탱크 주위에 화재가 발생하여 저장탱크 벽면이 장시간 화염에 노출되면 윗부분의 온도가 매우 상승하여 재질의 인장력이 저하되고, 내부의 비등현상으로 인한 압력상승으로 저장탱크 벽면이 파열되는 현상

16 위험물안전관리법령상 분말소화설비의 기준에서 규정한 전역방출방식 또는 국소방출방식 분말소화설비의 가압용 또는 축압용 가스에 해당하는 것은?

① 네온가스
② 아르곤가스
③ 수소가스
④ 이산화탄소가스

17 제1종, 제2종, 제3종 분말소화약제의 주성분에 해당하지 않는 것은?

① 탄산수소나트륨
② 황산마그네슘
③ 탄산수소칼륨
④ 인산암모늄

풀이

종별	소화약제	약제의 착색	열분해 반응식
제1종 분말	중탄산나트륨($NaHCO_3$)	백색	$2NaHCO_3 \rightarrow CO_2 + H_2O + Na_2CO_3$
제2종 분말	중탄산칼륨($KHCO_3$)	보라색	$2KHCO_3 \rightarrow CO_2 + H_2O + K_2CO_3$
제3종 분말	제일인산암모늄($NH_4H_2PO_4$)	담홍색	$NH_4H_2PO_4 \rightarrow NH_3 + HPO_3 + H_2O$
제4종 분말	중탄산칼륨+요소 $KHCO_3 + (NH_2)_2CO$	회색	$2KHCO_3 + (NH_2)_2CO$ $\rightarrow K_2CO_3 + 2NH_3 + 2CO_2$

정답 14. ③ 15. ① 16. ④ 17. ②

18 다음 중 수소, 아세틸렌과 같은 가연성 가스가 공기 중 누출되어 연소하는 형식에 가장 가까운 것은?

① 확산연소 ② 증발연소 ③ 분해연소 ④ 표면연소

풀이 수소, 아세틸렌과 같은 가연성 가스가 공기 중 누출되어 연소하는 형식은 확산연소이다.

19 위험물안전관리법령에 의해 옥외저장소에 저장을 허가받을 수 없는 위험물은?

① 제2류 위험물 중 유황(금속제 드럼에 수납)
② 제4류 위험물 중 가솔린(금속제 드럼에 수납)
③ 제6류 위험물
④ 국제해상위험물규칙(IMDG Code)에 적합한 용기에 수납된 위험물

풀이 옥외저장소의 특례적용 대상 위험물
- 제2류 위험물 인화성 고체 중 인화점이 21℃ 미만인 것
- 제4류 위험물 중 제1석유류 및 알코올류

20 위험물제조소 등의 용도폐지신고에 대한 설명으로 옳지 않은 것은?

① 용도폐지 후 30일 이내에 신고하여야 한다.
② 완공검사필증을 첨부한 용도폐지신고서를 제출하는 방법으로 신고한다.
③ 전자문서로 된 용도폐지신고서를 제출하는 경우에도 완공검사필증을 제출하여야 한다.
④ 신고의무의 주체는 해당 제조소 등의 관계인이다.

풀이 용도폐지 후 30일 이내가 아니라 용도폐지신고 후 20일 이내에 신고해야 한다.

21 질산칼륨에 대한 설명으로 옳은 것은?

① 유기물 및 강산에 보관할 때 매우 안정하다.
② 열에 안정하여 1000℃를 넘는 고온에서도 분해되지 않는다.
③ 알코올에는 잘 녹으나 물, 글리세린에는 잘 녹지 않는다.
④ 무색, 무취의 결정 또는 분말로서 화약 원료로 사용된다.

풀이 질산칼륨(KNO_3=초석)
- 무색 또는 백색결정 분말이며 흑색화약의 원료로 사용된다.
- 분해온도 400℃, 융점 336℃, 용해도 26(15℃), 비중 2.1
- 차가운 자극성 짠맛과 산화성이 있다.
- 물에는 잘 녹으나 알코올에는 잘 녹지 않는다.
- 단독으로는 분해하지 않지만 가열하면 용융 분해하여 산소와 아질산칼륨을 생성한다.
  $2KNO_3 \rightarrow 2KNO_2 + O_2\uparrow$
- 숯가루, 황가루, 황린을 혼합하면 흑색화약이 되며 가열, 충격, 마찰에 주의한다.

정답 18. ① 19. ② 20. ① 21. ④

22 트리니트로톨루엔의 성질에 대한 설명 중 옳지 않은 것은?

① 담황색의 결정이다.
② 폭약으로 사용된다.
③ 자연분해의 위험성이 적어 장기간 저장이 가능하다.
④ 조해성과 흡습성이 매우 크다.

풀이 담황색의 결정이며 일광 하에 다갈색으로 변하고 중성물질이기 때문에 금속과 반응하지 않으며 비수용성이다. 공기 중에 노출되면 쉽게 가수분해되지 않는다.

23 위험물의 품명 분류가 잘못된 것은?

① 제1석유류 : 휘발유
② 제2석유류 : 경유
③ 제3석유류 : 포름산
④ 제4석유류 : 기어유

풀이 제2석유류 : 포름산(=의산=개미산)

24 이동탱크저장소에 의한 위험물의 운송 시 준수하여야 하는 기준에서 다음 중 어떤 위험물을 운송할 때 위험물 운송자는 위험물안전카드를 휴대하여야 하는가?

① 특수인화물 및 제1석유류
② 알코올류 및 제2석유류
③ 제3석유류 및 동식물류
④ 제4석유류

풀이 위험물안전카드를 휴대해야 하는 위험물 : 모든 위험물(단, 제4류 위험물은 특수인화물 및 제1석유류)

25 제5류 위험물의 위험성에 대한 설명으로 옳지 않은 것은?

① 가연성 물질이다.
② 대부분 외부의 산소 없이도 연소하며, 연소속도가 빠르다.
③ 물에 작 녹지 않으며 물과의 반응위험성이 크다.
④ 가열, 충격, 타격 등에 민감하며 강산화재 또는 강산류와 접촉 시 위험하다.

풀이 자기 반응성 물질이기 때문에 CO_2, 분말, 할론, 포 등에 의한 질식소화는 적당하지 않으며, 물과의 반응위험성이 없기 때문에 다량의 물로 냉각소화하는 것이 적당하다.

정답 22. ④ 23. ③ 24. ① 25. ③

26 다음 [보기]에서 설명하는 물질은 무엇인가?

> [보기]
> • 살균제 및 소독제로도 사용된다.
> • 분해할 때 발생하는 발생기 산소[O]는 난분해성 유기물질을 산화시킬 수 있다.

① $HClO_4$ ② CH_2OH
③ H_2O_2 ④ H_2SO_4

풀이 산화제 및 환원제로도 사용되며 표백, 살균작용을 한다(그 이유는 상온에서 $2H_2O_2 \rightarrow 2H_2O+O_2$로 분해 시 발생기 산소를 발생하기 때문에).

27 지정수량 20배의 알코올류를 저장하는 옥외탱크저장소의 경우 펌프실 외의 장소에 설치하는 펌프설비의 기준으로 옳지 않은 것은?

① 펌프설비 주위에는 3m 이상의 공지를 보유한다.
② 펌프설비 그 직하의 지반면 주위에 높이 0.15m 이상의 턱을 만든다.
③ 펌프설비 그 직하의 지반면의 최저부에는 집유설비를 만든다.
④ 집유설비에는 위험물이 배수구에 유입되지 않도록 유분리장치를 만든다.

풀이 펌프실 외의 장소에 설치하는 펌프설비 주위의 바닥은 콘크리트 기타 불침윤재료로 적당히 경사지게 하고, 그 둘레에 높이 0.15m 이상의 턱을 설치하여야 하며, 바닥의 최저부에는 저유설비를 설치할 것. 이 경우 제4류 위험물(수용성의 것을 제외한다)을 취급하는 펌프설비에 있어서는 당해 위험물이 직접 배수구에 흘러들어가지 아니하도록 저유시설과 유분리장치를 하여야 한다.

28 과산화칼륨과 과산화마그네슘이 염산과 각각 반응했을 때 공통으로 나오는 물질의 지정수량은?

① 50L ② 100L ③ 300kg ④ 1,000L

풀이 과산화칼륨과 과산화마그네슘이 염산과 반응 시
$K_2O_2 + 2HCl \rightarrow 2KCl + H_2O_2$
$MgO_2 + 2HCl \rightarrow MgCl_2 + H_2O_2$
과산화수소의 지정수량은 300kg이다.

29 위험물안전관리법령상 제2류 위험물의 위험등급에 대한 설명으로 옳은 것은?

① 제2류 위험물은 위험등급 I 에 해당되는 품명이 없다.
② 제2류 위험물 중 위험등급 Ⅲ에 해당되는 품명은 지정수량이 500kg인 품명만 해당된다.
③ 제2류 위험물 중 황화인, 적린, 유황 등 지정수량이 100kg인 품명은 위험등급 I 에 해당한다.
④ 제2류 위험물 중 지정수량이 1,000kg인 인화성 고체는 위험등급 Ⅱ에 해당한다.

정답 26. ③ 27. ④ 28. ③ 29. ①

풀이

유별	제2류						
성질	가연성 고체						
위험등급	II			III			
지정수량(kg)	100	100	100	500	500	500	1000
품명	황화인	적린	유황	철분	금속분	마그네슘	인화성 고체

30 과염소산칼륨과 가연성 고체 위험물이 혼합되는 것은 위험하다. 그 주된 이유는 무엇인가?

① 전기가 발생하고 자연 가열되기 때문이다.
② 중합반응을 하여 열이 발생되기 때문이다.
③ 혼합하면 과염소산칼륨이 연소하기 쉬운 액체로 변하기 때문이다.
④ 가열, 충격 및 마찰에 의하여 발화·폭발 위험이 높아지기 때문이다.

풀이 과염소산칼륨과 가연성 고체 위험물이 혼합되는 것은 위험하다. 그 주된 이유는 가열, 충격 및 마찰에 의하여 발화·폭발 위험이 높아지기 때문이다.

31 유황의 성질을 설명한 것으로 옳은 것은?

① 전기의 양도체이다.
② 물에 잘 녹는다.
③ 연소하기 어려워 분진 폭발의 위험성은 없다.
④ 높은 온도에서 탄소와 반응하여 이황화탄소가 생긴다.

풀이 고온에서 용융된 유황은 다음 물질과의 반응으로 격렬히 발열한다.

$S + H_2 \rightarrow H_2S\uparrow$ + 발열
$S + Fe \rightarrow FeS$ + 발열
$2S + Cl_2 \rightarrow S_2Cl_2$ + 발열
$2S + C \rightarrow CS_2$ + 발열

32 아세톤의 성질에 대한 설명으로 옳은 것은?

① 자연발화성 때문에 유기용제로서 사용할 수 없다.
② 무색무취이고 겨울철에 쉽게 응고한다.
③ 증기비중은 약 0.79이고 요오드포름 반응을 한다.
④ 물에 작 녹으며 끓는점이 60℃보다 낮다.

풀이 아세톤(=디메틸케톤 : [$(CH_3)_2CO$], 지정수량 : 400 ℓ
• 인화점 : −18℃, 발화점 : 538℃, 비점 : 55~56℃, 비중 : 0.8, 연소범위 : 2.5~12.8%
• 무색의 휘발성 액체로 독특한 냄새가 있다.

정답 30. ④ 31. ④ 32. ④

• 수용성이며 유기용제(알코올, 에테르)와 잘 혼합된다.
• 아세틸렌을 저장할 때 용제로 사용된다.
• 피부에 닿으면 탈지작용이 있다.
• 요오드포름 반응을 한다.
• 일광에 의해 분해하여 과산화물을 생성시킨다.
• 화기에 주의하고 저장용기는 밀봉하여 냉암소에 저장한다.

33 위험물안전관리법령상의 위험물 운반에 관한 기준에서 액체위험물은 운반용기 내용적의 몇 % 이하의 수납률로 수납하여야 하는가?

① 80　② 85　③ 90　④ 98

풀이 수납률
• 고체위험물은 운반용기 내용적의 95% 이하의 수납률로 수납할 것
• 액체위험물은 운반용기 내용적의 98% 이하의 수납률로 수납하되, 55℃ 이상에서 누설되지 아니하도록 충분한 공간용적을 유지할 것

34 다음 중 발화점이 가장 낮은 것은?

① 이황화탄소　② 산화프로필렌
③ 휘발유　④ 메탄올

풀이 ① 이황화탄소 발화점 : 90~100℃　② 산화프로필렌 발화점 : 465℃
③ 휘발유 발화점 : 300℃　④ 메탄올 발화점 : 464℃

35 트리메틸알루미늄이 물과 반응 시 생성되는 물질은?

① 산화알루미늄　② 메탄
③ 메틸알코올　④ 에탄

풀이 물과 접촉하면 메탄기체를 생성시킨다.
$(CH_3)_3Al + 3H_2O \rightarrow Al(OH)_3 + 3CH_4$

36 다음 중 위험성이 더욱 증가되는 경우는?

① 황린을 수산화칼슘 수용액에 넣었다.
② 나트륨을 등유 속에 넣었다.
③ 트리에틸알루미늄 보관용기 내에 아르곤 가스를 봉입시켰다.
④ 니트로셀룰로오스를 알코올 수용액에 넣었다.

풀이 황린은 강알칼리 용액과 반응하여 가연성, 유독성의 포스핀 가스를 발생한다.

정답 33. ④　34. ①　35. ②　36. ①

37 다음 물질 중 제1류 위험물이 아닌 것은?

① Na_2O_2 ② $NaClO_3$
③ NH_4ClO_4 ④ $HClO_4$

풀이 $HClO_4$(과염소산) : 제6류 위험물

38 칼륨을 물에 반응시키면 격렬한 반응이 일어난다. 이때 발생하는 기체는 무엇인가?

① 산소 ② 수소
③ 질소 ④ 이산화탄소

풀이 공기 중의 수분 또는 물과 반응하여 발열하고 수소를 발생한다.
$2K+2H_2O \rightarrow 2KOH+H_2\uparrow$

39 [보기]의 위험물 중 비중이 물보다 큰 것은 모두 몇 개인가?

[보기] 과염소산, 과산화수소, 질산

① 0 ② 1
③ 3 ④ 3

풀이 위험물의 비중
① 과염소산 : 1.76
② 과산화수소 : 1.5
③ 질산 : 1.49

40 메틸알코올의 위험성으로 옳지 않은 것은?

① 나트륨과 반응하여 수소기체를 발생한다.
② 휘발성이 강하다.
③ 연소범위가 알코올류 중 가장 좁다.
④ 인화점이 상온(25℃)보다 낮다.

풀이 연소범위가 알코올류 중 가장 넓다.

41 다음 중 위험물안전관리법령상 제6류 위험물에 해당하는 것은?

① 황산 ② 염산
③ 질산염류 ④ 할로겐간화합물

정답 37. ④ 38. ② 39. ④ 40. ③ 41. ④

풀이

위험물			지정수량
유별	성질	품명	
제6류	산화성 액체	1. 과염소산	300kg
		2. 과산화수소	300kg
		3. 질산	300kg
		4. 그 밖에 행정자치부령이 정하는 것	300kg
		5. 제1호 내지 제10호의1에 해당하는 어느 하나 이상을 함유한 것(할로겐 화합물)	300kg

42 과산화나트륨이 물과 반응하면 어떤 물질과 산소를 발생하는가?

① 수산화나트륨 ② 수산화칼륨 ③ 질산나트륨 ④ 아염소산나트륨

풀이 상온에서 물과 격렬하게 반응하며 열을 발생하고 산소를 방출시킨다.

$$Na_2O_2 + H_2O \rightarrow 2NaOH + \frac{1}{2}O_2\uparrow$$

43 흑색화약의 원료로 사용되는 위험물의 유별을 옳게 나타낸 것은?

① 제1류, 제2류 ② 제1류, 제4류 ③ 제2류, 제4류 ④ 제4류, 제5류

풀이 흑색화약의 원료로 사용되는 위험물 : 제1류, 제2류

44 칼륨이 에틸알코올과 반응할 때 나타나는 현상은?

① 산소가스를 생성한다.
② 칼륨에틸레이드를 생성한다.
③ 칼륨과 물이 반응할 때와 동일한 생성물이 나온다.
④ 에틸알코올이 산화되어 아세트알데히드를 생성한다.

풀이 알코올과 반응하여 칼륨알코올레이드와 수소가스를 발생시킨다.
$2K + 2C_2H_5OH \rightarrow 2C_2H_5OK + H_2\uparrow$

45 다음 중 위험물안전관리법령상 위험물제조소와의 안전거리가 가장 먼 것은?

① 「고등교육법」에서 정하는 학교
② 「의료법」에 따른 병원급 의료기관
③ 「고압가스 안전관리법」에 의하여 허가를 받은 고압가스제조시설
④ 「물화재보호법」에 의한 유형문화재와 기념물 중 지정문화재

정답 42. ① 43. ① 44. ② 45. ④

풀이

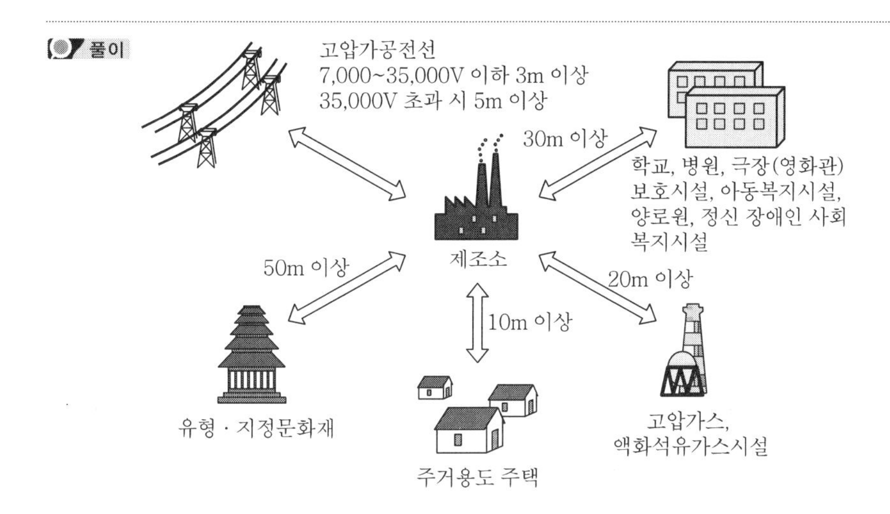

46 위험물안전관리법령상의 제3류 위험물 중 금수성 물질에 해당하는 것은?

① 황린 ② 적린
③ 마그네슘 ④ 칼륨

풀이 제3류 위험물 중 금수성 물질 : 칼륨, 나트륨

47 질산이 직사일광에 노출되면 어떻게 되는가?

① 분해되지는 않으나 붉은 색으로 변한다.
② 분해되지는 않으나 녹색으로 변한다.
③ 분해되어 질소를 발생한다.
④ 분해되어 이산화질소를 발생한다.

풀이 진한 질산을 가열 · 분해 시 NO_2가스가 발생하고 여러 금속과 반응하여 가스를 방출한다.

48 위험물 저장탱크의 공간용적은 탱크 내용적의 얼마 이상, 얼마 이하로 하는가?

① $\frac{2}{100}$ 이상, $\frac{3}{100}$ 이하 ② $\frac{2}{100}$ 이상, $\frac{5}{100}$ 이하
③ $\frac{5}{100}$ 이상, $\frac{10}{100}$ 이하 ④ $\frac{10}{100}$ 이상, $\frac{20}{100}$ 이하

풀이 위험물 저장탱크의 공간용적 : $\frac{5}{100}$ 이상, $\frac{10}{100}$ 이하

정답 46. ④ 47. ④ 48. ③

49 위험물안전관리법령상 위험물 운반 시 차광성이 있는 피복으로 덮지 않아도 되는 것은?

① 제1류 위험물
② 제2류 위험물
③ 제3류 위험물 중 자연발화성 물질
④ 제5류 위험물

풀이 제1류 위험물 중 염소산염류, 과염소산염류, 무기과산화물류, 제4류 위험물 중 특수인화물, 제5류 위험물 또는 제6류 위험물중 과염소산, 과산화수소에 대하여는 차광성이 있는 피복으로 덮을 것

50 제5류 위험물 중 유기과산화물 30kg과 히드록실아민 500kg을 함께 보관하는 경우 지정수량의 몇 배인가?

① 3배 ② 8배
③ 10배 ④ 18배

풀이 지정수량 배수 $= \frac{30}{10} + \frac{500}{100} = 8$

51 위험물제조소에 설치하는 안전장치 중 위험물의 성질에 따라 안전밸브의 작동이 곤란한 가압설비에 한하여 설치하는 것은?

① 파괴판
② 안전밸브를 병용하는 경보장치
③ 감압측에 안전밸브를 부착한 감압밸브
④ 연성계

풀이 위험물을 가압하는 설비 또는 그 취급에 따라 위험물의 압력이 상승할 우려가 있는 설비에는 압력계 및 안전장치를 설치하여야 한다. 다만, 제4호의 파괴판은 위험물의 성질에 따라 안전밸브의 작동이 곤란한 가압설비에 한한다.

52 소화난이도등급 I 의 옥내저장소에 설치하여야 하는 소화설비에 해당하지 않는 것은?

① 옥외소화전설비 ② 연결살수설비
③ 스프링클러설비 ④ 물분무소화설비

풀이 연결살수설비
소화난이도등급 I 의 제조소등에 설치하여야 하는 소화설비

정답 49. ② 50. ② 51. ① 52. ②

<table>
<tr><th colspan="3">제조소 등의 구분</th><th>소화설비</th></tr>
<tr><td colspan="3">제조소 및 일반취급소</td><td>옥내소화전설비, 옥외소화전설비, 스프링클러설비 또는 물분무등소화설비(화재 발생 시 연기가 충만할 우려가 있는 장소에는 스프링클러설비 또는 이동식 외의 물분무등소화설비에 한한다)</td></tr>
<tr><td rowspan="2">옥내 저장소</td><td colspan="2">처마높이가 6m 이상인 단층건물 또는 다른 용도의 부분이 있는 건축물에 설치한 옥내저장소</td><td>스프링클러설비 또는 이동식 외의 물분무등소화설비</td></tr>
<tr><td colspan="2">그 밖의 것</td><td>옥외소화전설비, 스프링클러설비, 이동식 외의 물분무등소화설비 또는 이동식 포소화설비(포소화전을 옥외에 설치하는 것에 한한다)</td></tr>
<tr><td rowspan="5">옥외 탱크 저장소</td><td rowspan="3">지중탱크 또는 해상탱크 외의 것</td><td>유황만을 저장 취급하는 것</td><td>물분무소화설비</td></tr>
<tr><td>인화점 70℃ 이상의 제4류 위험물만을 저장 취급하는 것</td><td>물분무소화설비 또는 고정식 포소화설비</td></tr>
<tr><td>그 밖의 것</td><td>고정식 포소화설비(포소화설비가 적응성이 없는 경우에는 분말소화설비)</td></tr>
<tr><td colspan="2">지중탱크</td><td>고정식 포소화설비, 이동식 외의 이산화탄소소화설비 또는 이동식 외의 할로겐화합물소화설비</td></tr>
<tr><td colspan="2">해상탱크</td><td>고정식 포소화설비, 물분무소화설비, 이동식 외의 이산화탄소소화설비 또는 이동식 외의 할로겐화합물소화설비</td></tr>
<tr><td rowspan="3">옥내 탱크 저장소</td><td colspan="2">유황만을 저장·취급하는 것</td><td>물분무소화설비</td></tr>
<tr><td colspan="2">인화점 70℃ 이상의 제4류 위험물만을 저장·취급하는 것</td><td>물분무소화설비, 고정식 포소화설비, 이동식 외의 이산화탄소소화설비, 이동식 외의 할로겐화합물소화설비 또는 이동식 외의 분말소화설비</td></tr>
<tr><td colspan="2">그 밖의 것</td><td>고정식 포소화설비, 이동식 외의 이산화탄소소화설비, 이동식 외의 할로겐화합물소화설비 또는 이동식 외의 분말소화설비</td></tr>
<tr><td colspan="3">옥외저장소 및 이송취급소</td><td>옥내소화전설비, 옥외소화전설비, 스프링클러설비 또는 물분무등소화설비(화재 발생 시 연기가 충만할 우려가 있는 장소에는 스프링클러설비 또는 이동식 외의 물분무등소화설비에 한한다)</td></tr>
<tr><td rowspan="3">암반 탱크 저장소</td><td colspan="2">유황만을 저장·취급하는 것</td><td>물분무소화설비</td></tr>
<tr><td colspan="2">인화점 70℃ 이상의 제4류 위험물만을 저장·취급하는 것</td><td>물분무소화설비 또는 고정식 포소화설비</td></tr>
<tr><td colspan="2">그 밖의 것</td><td>고정식 포소화설비(포소화설비가 적응성이 없는 경우에는 분말소화설비)</td></tr>
</table>

53 디에틸에테르에 대한 설명으로 옳은 것은?

① 연소하면 아황산가스를 발생하고, 마취제로 사용한다.
② 증기는 공기보다 무거우므로 물속에 보관한다.
③ 에탄올을 진한 황산을 이용해 축합반응시켜 제조할 수 있다.
④ 제4류 위험물 중 연소범위가 좁은 편에 속한다.

풀이 디에틸에테르(=산화에틸, 에테르, 에틸에테르=$C_2H_5OC_2H_5$)]
- 분자구조는 일반식 R−O−R이다.
- 휘발성이 높은 물질로서 마취작용이 있고 무색투명한 특유의 향이 있는 액체이다.
- 비극성 용매로서 물에 잘 녹지 않고, 알코올에 잘 녹는다.
- 분자량 74.12, 비중 0.72, 비점 34.5℃, 착화점(발화점) 180℃, 인화점 −45℃, 증기비중 2.55, 연소범위 1.9~48%
- 알코올의 축 화합물이다.

$$C_2H_5OH + C_2H_5OH \xrightarrow{C-H_2SO_4} C_2H_5OC_2H_5 + H_2O$$

54 위험물제조소의 건축물 구조기준 중 연소의 우려가 있는 외벽은 출입구 외의 개구부가 없는 내화구조의 벽으로 하여야 한다. 이때 연소의 우려가 있는 외벽은 제조소가 설치된 부지의 경계선에서 몇 m 이내에 있는 외벽을 말하는가?(단, 단층 건물일 경우이다.)

① 3　② 4
③ 5　④ 6

풀이 연소의 우려가 있는 외벽은 제조소가 설치된 부지의 경계선에서 3m 이내에 있는 외벽을 말한다.

55 적린의 위험성에 관한 설명 중 옳은 것은?

① 공기 중에 방치하면 폭발한다.
② 산소와 반응하여 포스핀가스를 발생한다.
③ 연소 시 적색의 오산화인이 발생한다.
④ 강산화제와 혼합하면 충격·마찰에 의해 발화할 수 있다.

풀이 적린(붉은 인=P)은 CS_2, S, NH_3와 접촉하면 발화하고, Na_2O_2, $KClO_2$, $NaClO_2$ 등의 산화제와 혼합 시 마찰, 충격에 쉽게 발화한다.

56 다음 중 물에 녹고 물보다 가벼운 물질로 인화점이 가장 낮은 것은?

① 아세톤　② 이황화탄소
③ 벤젠　④ 산화프로필렌

정답 53. ③　54. ①　55. ④　56. ④

풀이 인화점

① 아세톤 : -18℃　② 이황화탄소 : -30℃
③ 벤젠 : -11℃　④ 산화프로필렌 : -37℃

57 소화설비의 기준에서 용량 160L 팽창질석의 능력단위는?

① 0.5　② 1.0
③ 1.5　④ 2.5

풀이 기타 소화설비의 능력단위는 다음의 표에 의할 것

소화설비	용량	능력단위
소화전용(專用)물통	8 L	0.3
수조(소화전용물통 3개 포함)	80 L	1.5
수조(소화전용물통 6개 포함)	190 L	2.5
마른 모래(삽 1개 포함)	50 L	0.5
팽창질석 또는 팽창진주암(삽 1개 포함)	160 L	1.0

58 위험물안전관리법령상 품명이 금속분에 해당하는 것은?(단, 150μm의 체를 통과하는 것이 50$wt\%$ 이상인 경우이다.)

① 니켈분　② 마그네슘분
③ 알루미늄분　④ 구리분

풀이 "금속분"이라 함은 알칼리금속 · 알칼리토금속 · 철 및 마그네슘 외의 금속의 분말을 말하고, 구리분 · 니켈분 및 150μm의 체를 통과하는 것이 50%(중량) 미만인 것은 제외한다.

59 적린의 성질에 대한 설명 중 옳지 않은 것은?

① 황린가 성분원소가 같다.
② 발화온도는 황린보다 낮다.
③ 물, 이황화탄소에 녹지 않는다.
④ 브롬화인에 녹는다.

풀이 발화온도

- 적린 : 260℃
- 황린 : 34℃

정답 57. ② 58. ③ 59. ②

60 위험물안전관리법령상 총리령으로 정하는 제1류 위험물에 해당하지 않는 것은?

① 과요오드산 ② 질산구아니딘
③ 차아염소산염류 ④ 염소화이소시아눌산

풀이

유 별	품 명	지정수량	유 별	품 명	지정수량
제1류	과요오드산염류	300kg	제1류	퍼옥소이황산염류	300kg
	과요오드산	300kg		퍼옥소붕산염류	300kg
	크롬, 납 또는 요오드의 산화물	300kg	제3류	염소화규소화합물	300kg
	아질산염류	300kg	제5류	금속의 아지화합물	200kg
	차아염소산염류	50kg		질산구아니딘	200kg
	염소화이소시아눌산	300kg			

정답 60. ②

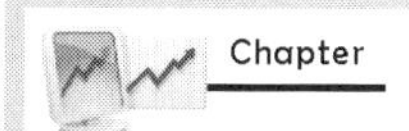

Chapter

위험물기능사

(2015년 4월 4일)

1 위험물안전관리법령에 따라 다음 ( ) 안에 알맞은 용어는?

> 주유취급소 중 건축물의 2층 이상의 부분을 점포·휴게음식점 또는 전시장의 용도로 사용하는 것에 있어서는 당해 건축물의 2층 이상으로부터 주유취급소의 부지 밖으로 통하는 출입구와 당해 출입구로 통하는 통로·계단 및 출입구에 ( )을(를) 설치하여야 한다.

① 피난사다리 ② 경보기 ③ 유도등 ④ CCTV

풀이 피난설비

1. 주유취급소 중 건축물의 2층 이상의 부분을 점포·휴게음식점 또는 전시장의 용도로 사용하는 것에 있어서는 당해 건축물의 2층 이상으로부터 주유취급소의 부지 밖으로 통하는 출입구와 당해 출입구로 통하는 통로·계단 및 출입구에 유도등을 설치하여야 한다.
2. 옥내주유취급소에 있어서는 당해 사무소 등의 출입구 및 피난구와 당해 피난구로 통하는 통로·계단 및 출입구에 유도등을 설치하여야 한다.
3. 유도등에는 비상전원을 설치하여야 한다.

2 다음 중 물이 소화약제로 쓰이는 이유로 가장 거리가 먼 것은?

① 쉽게 구할 수 있다. ② 제거소화가 잘 된다.
③ 취급이 간편하다. ④ 기화잠열이 크다.

풀이 물이 소화약제로 쓰이는 이유

- 쉽게 구할 수 있다.
- 취급이 간편하다
- 기화잠열이 크다.

3 위험물안전관리법령상 전기설비에 적응성이 없는 소화설비는?

① 포소화설비 ② 이산화탄소소화설비
③ 할로겐화합물소화설비 ④ 물분무소화설비

풀이 전기설비에 적응성이 없는 소화설비는 포소화설비로, 감전의 위험이 있다.

정답 1. ③ 2. ② 3. ①

4 니트로셀룰로오스의 저장 · 취급방법으로 틀린 것은?

① 직사광선을 피해 저장한다.
② 되도록 장기간 보관하여 안정화된 후에 사용한다.
③ 유기과산화물류, 강산화제와의 접촉을 피한다.
④ 건조 상태에 이르면 위험하므로 습한 상태를 유지한다.

풀이 니트로셀룰로오스(NC) : [$C_6H_7O_2(ONO_2)_3$ = 질화면]

- 셀룰로오스에 진한 질산과 진한 황산을 3 : 1의 비율로 혼합작용시키면 니트로셀룰로오스가 만들어진다.
- 분해온도 130℃, 자연발화온도 180℃이다.
- 무연화약으로 사용되며 질화도가 클수록 위험하다.
- 햇빛, 열, 산에 의해 자연발화의 위험이 있다.
- 질화도 : 니트로셀룰로오스 중의 질소 함유 %
- 니트로셀룰로오스를 저장 · 운반 시 물 또는 알코올에 습면하고, 안정제를 가해서 냉암소에 저장한다.

5 위험물안전관리법령상 제3류 위험물의 금수성 물질 화재 시 적응성이 있는 소화약제는?

① 탄산수소염류 분말
② 물
③ 이산화탄소
④ 할로겐화합물

풀이 금수성 물질의 소화설비는 탄산수소염류 분말소화설비가 효과적이다.

6 할론 1301의 증기 비중은?(단, 불소의 원자량은 19, 브롬의 원자량은 80, 염소의 원자량은 35.5이고 공기의 분자량은 29이다.)

① 2.14 ② 4.15 ③ 5.14 ④ 6.15

풀이 $$\text{할론 1301의 증기비중} = \frac{\text{할론 1301의 분자량}}{29} = \frac{12+(19\times3)+80}{29} = 5.14$$

7 위험물안전관리법령상 간이탱크저장소에 대한 설명 중 틀린 것은?

① 간이저장탱크의 용량은 600리터 이하여야 한다.
② 하나의 간이탱크저장소에 설치하는 간이저장탱크는 5개 이하여야 한다.
③ 간이저장탱크는 두께 3.2mm 이상의 강판으로 흠이 없도록 제작하여야 한다.
④ 간이저장탱크는 70kPa의 압력으로 10분간의 수압시험을 실시하여 새거나 변형되지 않아야 한다.

정답 4. ② 5. ① 6. ③ 7. ②

풀이 간이탱크저장소에 설치하는 탱크의 수 및 용량
- 하나의 간이탱크저장소에 설치하는 탱크는 3개 이하로 하고, 동일한 위험물의 탱크를 2개 이상 설치하여서는 아니 된다.
- 간이탱크저장소의 1개의 탱크의 용량은 600L 이하로 하여야 한다.

8 가연성 물질과 주된 연소형태의 연결이 틀린 것은?

① 종이, 섬유 - 분해연소
② 셀룰로이드, TNT - 자기연소
③ 목재, 석탄 - 표면연소
④ 유황, 알코올 - 증발연소

풀이 목재, 석탄 - 분해연소

9 B, C급 화재뿐만 아니라 A급 화재까지도 사용이 가능한 분말소화약제는?

① 제1종 분말소화약제
② 제2종 분말소화약제
③ 제3종 분말소화약제
④ 제4종 분말소화약제

풀이

종류	주성분	착색	적응 화재	열분해 반응식
제1종 분말	$NaHCO_3$ (탄산수소 나트륨)	백색	B, C	$2NaHCO_3 \rightarrow Na_2CO_3 + CO_2 + H_2O$
제2종 분말	$KHCO_3$ (탄산수소 칼륨)	보라색	B, C	$2KHCO_3 \rightarrow K_2CO_3 + CO_2 + H_2O$
제3종 분말	$NH_4H_2PO_4$ (제1인산 암모늄)	담홍색	A, B, C	$NH_4H_2PO_4 \rightarrow HPO_3 + NH_3 + H_2O$
제4종 분말	$KHCO_3 + (NH_2)_2CO$ (탄산수소 칼륨+요소)	회백색	B, C	$2KHCO_3 + (NH_2)_2CO \rightarrow K_2CO_3 + 2NH_3 + 2CO_2$

10 식용유 화재 시 제1종 분말소화약제를 이용하여 화재의 제어가 가능하다. 이때의 소화원리에 가장 가까운 것은?

① 촉매효과에 의한 질식소화
② 비누화 반응에 의한 질식소화
③ 요오드화에 의한 냉각소화
④ 가수분해 반응에 의한 냉각소화

풀이 제1종 분말 : 식용유, 지방질유의 화재 소화 시 가연물과의 비누화 반응으로 소화효과가 증대된다.

정답 8. ③ 9. ③ 10. ②

11 위험물안전관리법령에서 정한 자동화재탐지설비에 대한 기준으로 틀린 것은?(단, 원칙적인 경우에 한한다.)

① 경계구역은 건축물, 그 밖의 공작물의 2 이상의 층에 걸치지 아니하도록 할 것
② 하나의 경계구역의 면적은 $600m^2$ 이하로 할 것
③ 하나의 경계구역의 한 변 길이는 30m 이하로 할 것
④ 자동화재탐지설비에는 비상전원을 설치할 것

풀이 하나의 경계구역에서 그 한 변의 길이는 50m(광전식 분리형 감지기를 설치할 경우에는 100m) 이하로 할 것

12 다음 중 산화성 물질이 아닌 것은?

① 무기과산화물 ② 과염소산 ③ 질산염류 ④ 마그네슘

풀이 마그네슘은 금수성 물질이다.

13 위험물제조소에서 국소방식의 배출설비 배출능력은 1시간당 배출장소 용적의 몇 배 이상인 것으로 하여야 하는가?

① 5 ② 10 ③ 15 ④ 20

풀이 위험물 제조소에서 국소방식의 배출설비 배출능력은 1시간당 배출장소 용적의 20배 이상인 것으로 할 것(다만, 전역방식의 경우에는 바닥면적 $1m^2$당 $18m^3$ 이상으로 할 수 있다.)

14 유류화재 시 발생하는 이상현상인 보일오버(Boil Over)의 방지대책으로 가장 거리가 먼 것은?

① 탱크 하부에 배수관을 설치하여 탱크 저면의 수층을 방지한다.
② 적당한 시기에 모래나 팽창질석, 비등석을 넣어 물의 과열을 방지한다.
③ 냉각수를 대량 첨가하여 유류와 물의 과열을 방지한다.
④ 탱크 내용물의 기계적 교반을 통하여 에멀션 상태로 하여 수층 형성을 방지한다.

풀이 비점이 다른 성분의 혼합물인 원유나 중질유 등의 유류저장탱크에 화재가 발생하여 장시간 진행되면 비점(bp)이나 비중이 작은 성분은 유류 표면층에서 먼저 증발연소되고 비점(bp)이나 비중이 큰 성분은 가열 축적되어 열류층(Heat Layer)을 형성하게 된다.
이러한 열류층은 화재 진행과 더불어 점차 탱크의 저부로 내려오게 되는데, 이때 탱크 밖으로 비산, 분출하는 현상을 보일오버 현상이라 한다.

정답 11. ③ 12. ④ 13. ④ 14. ③

15 20℃의 물 100kg이 100℃ 수증기로 증발하면 몇 kcal의 열량을 흡수할 수 있는가?(단, 물의 증발잠열은 540kcal이다.)

① 540 ② 7,800 ③ 62,000 ④ 108,000

풀이 $Q = q_1 + q_2$

$q_1 = G\,C\,\Delta t = 100\text{kg} \times 1\dfrac{\text{kcal}}{\text{kg}\,℃} \times 80℃ = 8,000\text{kg}$

$q_2 = G\gamma = 100\text{kg} \times 540\dfrac{\text{kcal}}{\text{kg}} = 54,000\text{kg}$

$Q = q_1 + q_2 = 62,000\text{kcal}$

16 제5류 위험물의 화재 시 적응성이 있는 소화설비는?

① 분말 소화설비 ② 할로겐화합물 소화설비
③ 물분무 소화설비 ④ 이산화탄소 소화설비

풀이 자기 반응성 물질이기 때문에 CO_2, 분말, 하론, 포 등에 의한 질식소화는 적당하지 않으며, 다량의 물로 냉각 소화하는 것이 적당하다.

17 위험물안전관리법에서 정한 정전기를 유효하게 제거할 수 있는 방법에 해당하지 않는 것은?

① 위험물 이송 시 배관 내 유속을 빠르게 하는 방법
② 공기를 이온화하는 방법
③ 접지에 의한 방법
④ 공기 중의 상대습도를 70% 이상으로 하는 방법

풀이 위험물을 취급함에 있어서 정전기가 발생할 우려가 있는 설비에는 다음 각 호의 1에 해당하는 방법으로 정전기를 유효하게 제거할 수 있는 설비를 설치하여야 한다.

- 접지에 의한 방법
- 공기 중의 상대습도를 70% 이상으로 하는 방법
- 공기를 이온화하는 방법

18 다음 중 가연물이 고체 덩어리보다 분말 가루일 때 위험성이 큰 이유로 가장 옳은 것은?

① 공기와의 접촉 면적이 크기 때문이다. ② 열전도율이 크기 때문이다.
③ 흡열반응을 하기 때문이다. ④ 활성에너지가 크기 때문이다.

풀이 가연물이 고체 덩어리보다 분말 가루일 때 위험성이 큰 이유는 공기와의 접촉 면적이 크기 때문이다.

정답 15. ③ 16. ③ 17. ① 18. ①

19 소화약제로 사용할 수 없는 물질은?

① 이산화탄소 ② 제1인산암모늄 ③ 탄산수소나트륨 ④ 브롬산암모늄

풀이 브롬산암모늄은 제1류 위험물이다.

20 물과 접촉하면 열과 산소가 발생하는 것은?

① $NaClO_2$ ② $NaClO_3$ ③ $KMnO_4$ ④ Na_2O_2

풀이 과산화나트륨(= Na_2O_2 = 과산화소다)

- 순수한 것은 백색이지만 보통 황색의 분말 또는 과립상이고, 흡습성 · 조해성이 있다.
- 분해온도 460℃, 융점 460℃, 비중 2.805
- 유기물, 가연물, 황 등의 혼입을 막고 가열, 충격을 피한다.
- 공기 중에서 서서히 CO_2를 흡수하여 탄산염을 만들고 산소를 방출한다.
  $2Na_2O_2 + 2CO_2 \rightarrow 2Na_2CO_3 + O_2\uparrow$
- 상온에서 물과 격렬하게 반응하며 열을 발생하고 산소를 방출시킨다.
  $Na_2O_2 + H_2O \rightarrow 2NaOH + \frac{1}{2}O_2\uparrow$

21 위험물에 대한 설명으로 틀린 것은?

① 적린은 연소하면 유독성 물질이 발생한다.
② 마그네슘은 연소하면 가연성 수소가스가 발생한다.
③ 유황은 분진폭발의 위험이 있다.
④ 황화인에는 P_4S_3, P_2S_5, P_4S_7 등이 있다.

풀이 마그네슘이 연소하면 산화마그네슘을 생성한다.

22 위험물안전관리법령상 옥내저장탱크와 탱크전용실의 벽과의 사이 및 옥내저장탱크의 상호 간에는 몇 m 이상의 간격을 유지하여야 하는가?

① 0.5 ② 1 ③ 1.5 ④ 2

풀이 옥내탱크저장소의 탱크 등의 간격
탱크와 탱크전용실의 벽(기둥 등 돌출된 부분을 제외한다.) 및 탱크 상호 간에는 0.5m 이상의 간격을 두어야 한다. 다만, 탱크의 점검 및 보수에 지장이 없는 경우에는 그러하지 아니하다.

정답 19. ④ 20. ④ 21. ② 22. ①

23 벤조일퍼옥사이드에 대한 설명으로 틀린 것은?

① 무색, 무취의 투명한 액체이다.
② 가급적 소분하여 저장한다.
③ 제5류 위험물에 해당한다.
④ 품명은 유기과산화물이다.

풀이 과산화벤조일(벤조일퍼옥사이드) : [$(C_6H_5CO)_2O_2$]
무색, 무미의 결정 고체로, 비수용성이며 알코올에 약간 녹는다.

24 2가지 물질을 섞었을 때 수소가 발생하는 것은?

① 칼륨과 에탄올
② 과산화마그네슘과 염화수소
③ 과산화칼륨과 탄산가스
④ 오황화인과 물

풀이 에탄올과 반응하여 칼륨알코올레이드와 수소가스를 발생시킨다. $2K + 2C_2H_5OH \rightarrow 2C_2H_5OK + H_2\uparrow$

25 다음 위험물의 지정수량 배수의 총합은 얼마인가?(단, 질산 150kg, 과산화수소수 420kg, 과염소산 300kg이다.)

① 2.5
② 2.9
③ 3.4
④ 3.9

풀이 환산 지정 수량은 다음과 같다.

$$\text{계산값} = \frac{A\text{품명의 저장수량}}{A\text{품명의 지정수량}} + \frac{B\text{품명의 저장수량}}{B\text{품명의 지정수량}} + \frac{C\text{품명의 저장수량}}{C\text{품명의 지정수량}} + \cdots$$

$$= \frac{150}{300} + \frac{420}{300} + \frac{300}{300} = 2.9$$

26 위험물안전관리법령상 운송책임자의 감독 · 지원을 받아 운송하여야 하는 위험물은?

① 알킬리튬
② 과산화수소
③ 가솔린
④ 경유

풀이 법령상 위험물을 운반하고자 할 때 운송책임자를 감독지원을 받아 운송하여야 하는 위험물은 법 제19조에 의하여 알킬알루미늄과 알킬리튬이다.

정답 23. ① 24. ① 25. ② 26. ①

27 「자동화재탐지설비 일반점검표」의 점검내용이 '변형 · 손상의 유무, 표시의 적부, 경계구역 일람도의 적부, 기능의 적부'인 점검항목은?

① 감지기 ② 중계기 ③ 수신기 ④ 발신기

풀이 수신기 점검항목
변형 · 손상의 유무, 표시의 적부, 경계구역일람도의 적부, 기능의 적부

28 위험물안전관리법령상 지정수량 10배 이상의 위험물을 저장하는 제조소에 설치하여야 하는 경보설비의 종류가 아닌 것은?

① 자동화재탐지설비 ② 자동화재속보설비
③ 휴대용 확성기 ④ 비상방송설비

풀이 지정수량의 10배 이상을 저장 또는 취급하는 제조소에 설치해야 하는 것
자동화재탐지설비, 비상경보설비, 확성장치 또는 비상방송설비 중 1종 이상

29 위험물안전관리법령상 특수인화물의 정의에 관한 내용이다. ( ) 안에 알맞은 수치를 차례대로 나타낸 것은?

'특수인화물'이라 함은 이황화탄소, 디에틸에테르, 그 밖에 1기압에서 발화점이 섭씨 ( )도 이하인 것 또는 인화점이 섭씨 영하 ( )도 이하이고 비점이 섭씨 40도 이하인 것을 말한다.

① 40, 20 ② 100, 20
③ 20, 100 ④ 40, 100

풀이 '특수인화물'이라 함은 이황화탄소, 디에틸에테르 그 밖에 1atm에서 발화점이 100℃ 이하인 것 또는 인화점이 −20℃ 이하이고 비점이 40℃ 이하인 것을 말한다.

30 제4류 위험물의 옥외저장탱크에 설치하는 밸브 없는 통기관은 직경이 얼마 이상인 것으로 설치해야 되는가?(단, 압력탱크는 제외한다.)

① 10mm ② 20mm
③ 30mm ④ 40mm

풀이 옥외저장탱크 중 압력탱크 외의 탱크에 통기관을 설치하여야 할 때 밸브 없는 통기관인 경우 통기관의 직경 : 30mm 이상

정답 27. ③ 28. ② 29. ② 30. ③

31 위험물안전관리법령상 위험등급 Ⅰ의 위험물에 해당하는 것은?

① 무기과산화물　　② 황화인, 적린, 유황
③ 제1석유류　　④ 알코올류

풀이 유별 · 성질별 위험등급 구분

유별	제1류																
성질	산화성 고체																
위험등급	Ⅰ				Ⅱ			Ⅲ		Ⅱ				Ⅰ	Ⅱ		
지정수량(kg)	50	50	50	50	300	300	300	1,000	1,000	300	300	300	300	50	300	300	300
품명	아염소산염류	염소산염류	과염소산염류	무기과산화물	브롬산염류	질산염류	요오드산염류	과망간산염류	중크롬산염류	과요오드산염류	과요오드산	크롬, 납 또는 요오드의 산화물	아질산염류	차아염소산염류	염소화이소시아눌산	퍼옥소이황산염류	퍼옥소붕산염류

유별	제2류						
성질	가연성 고체						
위험등급	Ⅱ			Ⅲ			
지정수량(kg)	100	100	100	500	500	500	1,000
품명	황화린	적린	유황	철분	금속분	마그네슘	인화성 고체

유별	제3류										
성질	자연발화성 물질 및 금수성 물질										
위험등급	Ⅰ					Ⅱ		Ⅲ			Ⅲ
지정수량(kg)	10	10	10	10	20	50	50	300	300	300	300
품명	칼륨	나트륨	알킬알루미늄	알킬리튬	황린	알칼리금속 및 알칼리토금속	유기금속화합물	금속의 수소화물	금속의 인화물	칼슘 또는 알루미늄의 탄화물	염소화규소화합물

정답 31. ①

유별	제4류									
성질	인화성 액체									
위험등급	I	II			III					
지정수량 (L)	50	200	400	400	1,000	2,000	2,000	4,000	6,000	10,000
품명	특	제1석유류		알	제2석유류		제3석유류		제	동
	수인화물	비수용성 액체	수용성 액체	코올류	비수용성 액체	수용성 액체	비수용성 액체	수용성 액체	4석유류	식물유류

유별	제5류										
성질	자기반응성 물질										
위험등급	I		II							II	
지정수량 (kg)	10	10	200	200	200	200	200	100	100	200	200
품명	유	질	니	니	아	다	히	히	히	금	질
	기과산화물	산에스테르류	트로화합물	트로소화합물	조화합물	아조화합물	드라진유도체	드록실아민	드록실아민염류	속의 아지화합물	산구아니딘

유별	제6류			
성질	산화성 액체			
위험등급	I			I
지정수량 (kg)	300	300	300	300
품명	과	과	질	할
	염소산	산화수소	산	로겐간화합물

32 페놀을 황산과 질산의 혼산으로 니트로화하여 제조하는 제5류 위험물은?

① 아세트산 ② 피크르산 ③ 니트로글리콜 ④ 질산에틸

풀이 트리니트로페놀[$C_6H_2(OH)(NO_2)_3$ = 피크르산 = 피크린산]

황색 염료와 산업용 도폭선의 심약으로 사용되는 것으로 페놀에 진한 황산을 녹이고 이것을 질산에 작용시켜 생성된다. 분해하면 다량의 가스가 발생한다.

정답 32. ②

33 금속염을 불꽃반응 실험을 한 결과 노란색의 불꽃이 나타났다. 이 금속염에 포함된 금속은 무엇인가?

① Cu ② K ③ Na ④ Li

풀이 금속 또는 금속염을 백금 선에 묻혀 버너의 겉불꽃 속에 넣어 보면 특유의 불꽃을 볼 수 있다. 이 반응을 금속의 불꽃반응이라 한다.

Li	Na	K	Cu	Ba	Ca	Rb	Cs
적색	노란색	보라색	청록색	황록색	주황색	심청색	청자색

34 위험물안전관리법령에서 정한 메틸알코올의 지정수량을 kg 단위로 환산하면 얼마인가? (단, 메틸알코올의 비중은 0.8이다.)

① 200 ② 320 ③ 400 ④ 450

풀이 $0.8\frac{kg}{l} \times 400l = 320kg$

35 [보기]에서 나열한 위험물의 공통 성질을 옳게 설명한 것은?

[보기] 나트륨, 황린, 트리에틸알루미늄

① 상온, 상압에서 고체의 형태를 나타낸다.
② 상온, 상압에서 액체의 형태를 나타낸다.
③ 금수성 물질이다.
④ 자연발화의 위험이 있다.

풀이 자연발화의 위험성이 있는 물질
나트륨, 황린, 트리에틸알루미늄

36 위험물안전관리법령상 제1류 위험물의 질산염류가 아닌 것은?

① 질산은 ② 질산암모늄 ③ 질산섬유소 ④ 질산나트륨

풀이 제1류 위험물의 질산염류
질산칼륨, 질산나트륨, 질산암모늄, 질산바륨[$Ba(NO_3)_2$], 질산코발트[$Co(NO_3)_2$], 질산니켈[$Ni(NO_3)_2$], 질산구리[$Cu(NO_3)_2$], 질산카드뮴($Cd(NO_3)_2$], 질산납[$Pb(NO_3)_2$], 질산마그네슘[$Mg(NO_3)_2$], 질산철[$Fe(NO_3)_2$] 등

정답 33. ③ 34. ② 35. ④ 36. ③

37 위험물안전관리법령상 제3류 위험물에 해당하지 않는 것은?

① 적린 ② 나트륨
③ 칼륨 ④ 황린

풀이 제2류 위험물

위험물			지정수량
유별	성질	품명	
제2류	가연성 고체	1. 황화인	100kg
		2. 적린	100kg
		3. 유황	100kg
		4. 철분	500kg
		5. 금속분	500kg
		6. 마그네슘	500kg
		7. 그 밖에 행정안전부령이 정하는 것 8. 제1호 내지 제7호의 1에 해당하는 어느 하나 이상을 함유한 것	100kg 또는 500kg
		9. 인화성 고체	1,000kg

38 산화성 액체인 질산의 분자식으로 옳은 것은?

① HNO_2 ② HNO_3
③ NO_2 ④ NO_3

풀이 질산의 분자식 : HNO_3

39 위험물안전관리법령상 제4류 위험물 운반용기의 외부에 표시해야 하는 사항이 아닌 것은?

① 규정에 의한 주의사항 ② 위험물의 품명 및 위험등급
③ 위험물의 관리자 및 지정수량 ④ 위험물의 화학명

풀이 위험물 운반용기의 외부에 표시하여야 하는 사항
- 위험물의 품명, 화학명 및 수용성('수용성' 표시는 제4류 위험물로서 수용성인 것에 한한다.)
- 위험물의 수량
- 위험등급

정답 37. ① 38. ② 39. ③

40 그림과 같이 횡으로 설치한 원형 탱크의 용량은 약 몇 m^3인가?(단, 공간용적은 내용적의 10/1,000이다.)

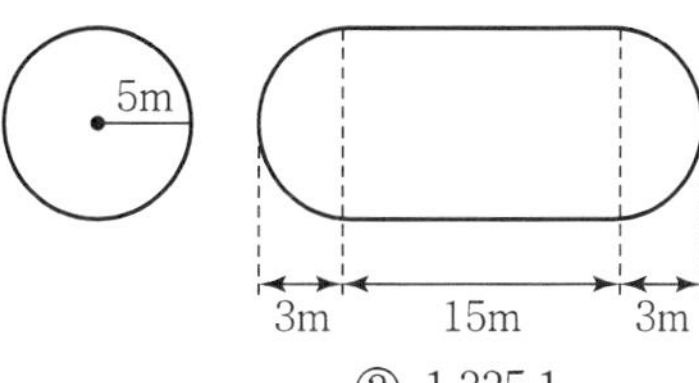

① 1,690.9　　② 1,335.1
③ 1,268.4　　④ 1,201.7

풀이 용량 : $\pi r^2\left(l+\frac{l_1+l_2}{3}\right)=3.14\times5^2\times\left(15+\frac{3+3}{3}\right)=1,334.5-133.45$(공간용적) $=1,201.7$

41 위험물안전관리법령에서 정한 아세트알데히드 등을 취급하는 제조소의 특례에 관한 내용이다. (　　) 안에 해당하는 물질이 아닌 것은?

아세트알데히드 등을 취급하는 설비는 (　)·(　)·(　)·(　) 또는 이들을 성분으로 하는 합금으로 만들지 아니할 것

① 동　　② 은
③ 금　　④ 마그네슘

풀이 알킬알루미늄 등을 취급하는 설비는 은, 수은, 동, 마그네슘을 성분으로 하는 것으로 만들지 않는다.

42 다음 반응식과 같이 벤젠 1kg이 연소할 때 발생되는 CO_2의 양은 약 몇 m^3인가?(단, 27℃, 750mmHg 기준이다.)

① 0.72　　② 1.22　　③ 1.92　　④ 2.42

풀이 $C_6H_6 + 7.5O_2 \rightarrow 6CO_2 + 3H_2O$

1kg　:　$x\text{m}^3$

78kg　:　$6\times22.4\text{m}^3$

$x=1.723\text{m}^3$ 보일-샤를 법칙을 이용하여 온도, 압력을 보정하면

$=1.723\times\frac{273+27}{273+0}\times\frac{760}{750}=1.91\text{m}^3$

43 등유에 관한 설명으로 틀린 것은?

① 물보다 가볍다.
② 녹는점은 상온보다 높다
③ 발화점은 상온보다 높다
④ 증기는 공기보다 무겁다.

풀이 등유의 녹는점은 -40℃이다.

44 벤젠(C_6H_6)의 일반 성질로서 틀린 것은?

① 휘발성이 강한 액체이다.
② 인화점은 가솔린보다 낮다.
③ 물에 녹지 않는다.
④ 화학적으로 공명구조를 이루고 있다.

풀이
- 벤젠의 인화점 : -11℃
- 가솔린의 인화점 : -43~-20℃

45 위험물안전관리법령에 의한 위험물에 속하지 않는 것은?

① CaC_2 ② S ③ P_2O_5 ④ K

풀이 P_2O_5(오산화인)은 위험물이 아니다.

46 제4류 위험물을 저장 및 취급하는 위험물제조소에 설치한 '화기엄금' 게시판의 색상으로 올바른 것은?

① 적색 바탕에 흑색 문자
② 흑색 바탕에 적색 문자
③ 백색 바탕에 적색 문자
④ 적색 바탕에 백색 문자

풀이
- 화기엄금, 화기주의 : 적색 바탕에 백색 문자
- 물기엄금, 물기주의 : 청색 바탕에 백색 문자

47 과염소산암모늄에 대한 설명으로 옳은 것은?

① 물에 용해되지 않는다.
② 청녹색의 침상결정이다.
③ 130℃에서 분해하기 시작하여 CO_2 가스를 방출한다.
④ 아세톤, 알코올에 용해된다.

정답 43. ② 44. ② 45. ③ 46. ④ 47. ④

풀이 과염소산암모늄(= NH_4ClO_4)

- 무색, 무취의 결정
- 분해온도 130℃, 비중 1.87
- 물, 알코올, 아세톤에는 잘 녹고 에테르에는 녹지 않는다.
- 폭약이나 성냥 원료로 쓰인다.
- 강산과 접촉하거나 가연성 물질 또는 산화성 물질과 혼합하면 폭발할 수 있다.
- 충격에는 비교적 안정하나 130℃에서 분해를 시작하여 300℃에서는 급격히 분해·폭발한다.

48 휘발유의 일반적인 성질에 관한 설명으로 틀린 것은?

① 인화점이 0℃보다 낮다.
② 위험물안전관리법령상 제1석유류에 해당한다.
③ 전기에 대해 비전도성 물질이다.
④ 순수한 것은 청색이나 안전을 위해 검은색으로 착색해서 사용해야 한다.

풀이 가솔린(휘발유)

- 옥탄가를 높이기 위해 사에틸납[$(C_2H_5)_4Pb$]을 첨가시켜 오렌지색 또는 청색으로 착색한다.
- 가솔린의 착색
  - 공업용 : 무색
  - 자동차용 : 오렌지색
  - 항공기용 : 청색

49 톨루엔에 대한 설명으로 틀린 것은?

① 휘발성이 있고 가연성 액체이다.
② 증기는 마취성이 있다.
③ 알코올, 에테르, 벤젠 등과 잘 섞인다.
④ 노란색 액체로 냄새가 없다.

풀이 톨루엔[$C_6H_5CH_3$](지정수량 200L)

- 인화점 : 4℃, 발화점 : 480℃, 비점 : 110.63℃, 비중 : 0.9, 연소범위 : 1.1~7.1%
- 증기는 마취성이 있고, 피부에 접촉 시 자극성, 탈지작용이 있다.
- 특유한 냄새가 나는 무색의 액체이며 비수용성이다.

50 위험물안전관리법령상 혼재할 수 없는 위험물은?(단, 위험물은 지정수량의 1/10을 초과하는 경우이다.)

① 적린과 황린
② 질산염류와 질산
③ 칼륨과 특수인화물
④ 유기과산화물과 유황

정답 48. ④ 49. ④ 50. ①

풀이 혼재 가능 위험물은 다음과 같다.

- 423 → 4류와 2류, 4류와 3류는 서로 혼재 가능
- 524 → 5류와 2류, 5류와 4류는 서로 혼재 가능
- 61 → 6류와 1류는 서로 혼재 가능

① 적린과 황린(제2류+제3류)
② 질산염류와 질산(제1류+제6류)
③ 칼륨과 특수인화물(제3류+제4류)
④ 유기과산화물과 유황(제5류+제2류)

51 위험물의 품명과 지정수량이 잘못 짝지어진 것은?

① 황화인-50kg ② 마그네슘-500kg
③ 알킬알루미늄-10kg ④ 황린-20kg

풀이 황화인-100kg

52 디에틸에테르의 성질에 대한 설명으로 옳은 것은?

① 발화온도는 400℃이다.
② 증기는 공기보다 가볍고, 액상은 물보다 무겁다.
③ 알코올에 용해되지 않지만 물에 잘 녹는다.
④ 연소범위는 1.9~48% 정도이다.

풀이 디에틸에테르(=산화에틸, 에테르, 에틸에테르=$C_2H_5OC_2H_5$)

- 분자구조는 일반식 R-O-R이다.
- 휘발성이 높은 물질로서 마취작용이 있고 무색 투명한 특유의 향이 있는 액체이다.
- 비극성 용매로서 물에 잘 녹지 않고, 알코올에 잘 녹는다.
- 분자량 74.12, 비중 0.72, 비점 34.5℃, 착화점(발화점) 180℃, 인화점 -45℃, 증기 비중 2.55, 연소범위 1.9~48%
- 알코올의 축 화합물이다.

$$C_2H_5OH + C_2H_5OH \xrightarrow{C-H_2SO_4} C_2H_5OC_2H_5 + H_2O$$

53 다음 물질 중 인화점이 가장 낮은 것은?

① CH_3COCH_3 ② $C_2H_5OC_2H_5$ ③ $CH_3(CH_2)_3OH$ ④ CH_3OH

풀이 위험물의 인화점

① CH_3COCH_3 : -18℃ ② $C_2H_5OC_2H_5$: -45℃
③ $CH_3(CH_2)_3OH$: 35℃ ④ CH_3OH : 11℃

정답 51. ① 52. ④ 53. ②

54 과산화수소의 성질에 대한 설명으로 옳지 않은 것은?

① 산화성이 강한 무색 투명한 액체이다.
② 위험물안전관리법령상 일정 비중 이상일 때 위험물로 취급한다.
③ 가열에 의해 분해하면 산소가 발생한다.
④ 소독약으로 사용할 수 있다.

풀이 과산화수소
36% 이상은 위험물에 속한다. 일반 시판품은 30~40%의 수용액으로 분해하기 쉬우므로 인산(H_3PO_4) 등 안정제를 가하거나 약산성으로 만든다.

55 질산과 과염소산의 공통성질에 해당하지 않는 것은?

① 산소를 함유하고 있다.
② 불연성 물질이다.
③ 강산이다.
④ 비점이 상온보다 낮다.

풀이
- 질산의 비점 : 86℃
- 과염소산의 비점 : 39℃

56 다음 물질 중 위험물 유별에 따른 구분이 나머지 셋과 다른 하나는?

① 질산은 ② 질산메틸 ③ 무수크롬산 ④ 질산암모늄

풀이 질산메틸은 제5류 위험물이고, 나머지는 제1류 위험물에 해당된다.

57 니트로셀룰로오스의 안전한 저장을 위해 사용하는 물질은?

① 페놀 ② 황산 ③ 에탄올 ④ 아닐린

풀이 니트로셀룰로오스를 저장·운반 시 물 또는 에탄올에 습면하고, 안정제를 가해서 냉암소에 저장한다.

58 1분자 내에 포함된 탄소의 수가 가장 많은 것은?

① 아세톤 ② 톨루엔 ③ 아세트산 ④ 이황화탄소

풀이 ① 아세톤(CH_3COCH_3) ② 톨루엔($C_6H_5CH_3$)
③ 아세트산(CH_3COOH) ④ 이황화탄소(CS_2)

정답 54. ② 55. ④ 56. ② 57. ③ 58. ②

59 다음 중 위험물안전관리법령에 따라 정한 지정수량이 나머지 셋과 다른 것은?

① 황화인 ② 적린
③ 유황 ④ 철분

풀이

위험물			지 정 수 량
유별	성질	품명	
제2류	가연성 고체	1. 황화인	100kg
		2. 적린	100kg
		3. 유황	100kg
		4. 철분	500kg
		5. 금속분	500kg
		6. 마그네슘	500kg
		7. 그 밖에 행정안전부령이 정하는 것 8. 제1호 내지 제7호의 1에 해당하는 어느 하나 이상을 함유한 것	100kg 또는 500kg
		9. 인화성 고체	1,000kg

60 위험물안전관리법령상 해당하는 품명이 나머지 셋과 다른 것은?

① 트리니트로페놀 ② 트리니트로톨루엔
③ 니트로셀룰로오스 ④ 테트릴

풀이
- 니트로화합물 : 트리니트로페놀, 트리니트로톨루엔, 테트릴
- 질산에스테르류 : 니트로셀룰로오스, 니트로글리세린, 질산메틸, 질산에틸, 니트로글리콜, 펜트리트

정답 59. ④ 60. ③

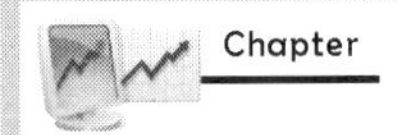

Chapter

위험물기능사

(2015년 7월 19일)

Hazardous material Industrial Engineer

1 팽창진주암(삽 1개 포함)의 능력단위 1은 용량이 몇 L인가?

① 70　② 100
③ 130　④ 160

풀이 기타 소화설비의 능력단위는 다음의 표에 의할 것

소화설비	용량	능력단위
소화전용(專用)물통	8L	0.3
수조(소화전용물통 3개 포함)	80L	1.5
수조(소화전용물통 6개 포함)	190L	2.5
마른 모래(삽 1개 포함)	50L	0.5
팽창질석 또는 팽창진주암(삽 1개 포함)	160L	1.0

2 다음 중 위험물 저장 창고에 화재가 발생하였을 때 주수(注水)에 의한 소화가 오히려 더 위험한 것은?

① 염소산칼륨　② 과염소산나트륨
③ 질산암모늄　④ 탄화칼슘

풀이 탄화칼슘(CaC_2)의 성질

- 순수한 것은 백색의 고체이나 보통은 회흑색 덩어리 상태의 괴상고체이다.
- 물과 반응하여 수산화칼슘(=소석회)과 아세틸렌가스가 생성된다.
  $CaC_2 + 2H_2O \rightarrow Ca(OH)_2 + C_2H_2 \uparrow$
- 고온에서 질소 가스와 반응하여 석회질소가 된다.
- 건조된 공기 중에서는 위험하지 않고 습한 공기와는 상온에서도 반응한다.(물기 엄금, 충격주의)
- 산화물을 환원시킨다.(350℃ 이상으로 열을 가하면 산화된다.)
- 용기는 밀봉하고, 찌꺼기는 가연물이나 화기가 없는 개방지에서 폐기한다.

정답 1. ④　2. ④

3 과산화나트륨의 화재 시 물을 사용한 소화가 위험한 이유는?

① 수소와 열을 발생하므로
② 산소와 열을 발생하므로
③ 수소를 발생하고 이 가스가 폭발적으로 연소하므로
④ 산소를 발생하고 이 가스가 폭발적으로 연소하므로

풀이 상온에서 물과 격렬하게 반응하며 열을 발생하고 산소를 방출시킨다.

$Na_2O_2 + H_2O \rightarrow 2NaOH + \frac{1}{2}O_2 \uparrow$

4 피난설비를 설치하여야 하는 위험물 제조소 등에 해당하는 것은?

① 건축물의 2층 부분을 자동차 정비소로 사용하는 주유취급소
② 건축물의 2층 부분을 전시장으로 사용하는 주유취급소
③ 건축물의 1층 부분을 주유사무소로 사용하는 주유취급소
④ 건축물의 1층 부분을 관계자의 주거시설로 사용하는 주유취급소

풀이 피난설비

- 주유취급소 중 건축물의 2층 이상의 부분을 점포, 휴게음식점 또는 전시장의 용도로 사용하는 것에 있어서는 당해 건축물의 2층 이상으로부터 직접 주유취급소의 부지 밖으로 통하는 출입구와 당해 출입구로 통하는 통로·계단 및 출입구에 유도등을 설치하여야 한다.
- 옥내주유취급소에 있어서는 당해 사무소 등의 출입구 및 피난구와 당해 피난구로 통하는 통로·계단 및 출입구에 유도등을 설치하여야 한다.
- 유도등에는 비상전원을 설치하여야 한다.

5 제1종 분말소화약제의 적응 화재 종류는?

① A급　　② B, C급　　③ A, B급　　④ A, B, C급

풀이

종류	주성분	착색	적응 화재	열분해 반응식
제1종 분말	$NaHCO_3$ (탄산수소 나트륨)	백색	B, C	$2NaHCO_3 \rightarrow Na_2CO_3 + CO_2 + H_2O$
제2종 분말	$KHCO_3$ (탄산수소 칼륨)	보라색	B, C	$2KHCO_3 \rightarrow K_2CO_3 + CO_2 + H_2O$
제3종 분말	$NH_4H_2PO_4$ (제1인산 암모늄)	담홍색	A, B, C	$NH_4H_2PO_4 \rightarrow HPO_3 + NH_3 + H_2O$
제4종 분말	$KHCO_3 + (NH_2)_2CO$ (탄산수소 칼륨+요소)	회백색	B, C	$2KHCO_3 + (NH_2)_2CO$ $\rightarrow K_2CO_3 + 2NH_3 + 2CO_2$

정답 3. ② 4. ② 5. ②

6 위험물안전관리법령상 위험물을 유별로 정리하여 저장하면서 서로 1m 이상의 간격을 두면 동일한 옥내저장소에 저장할 수 있는 경우는?

① 제1류 위험물과 제3류 위험물 중 금수성 물질을 저장하는 경우
② 제1류 위험물과 제4류 위험물을 저장하는 경우
③ 제1류 위험물과 제6류 위험물을 저장하는 경우
④ 제2류 위험물 중 금속분과 제4류 위험물 중 동식물유류를 저장하는 경우

풀이 혼재 가능 위험물에 대한 내용이다.
- 423 → 4류와 2류, 4류와 3류는 서로 혼재 가능
- 524 → 5류와 2류, 5류와 4류는 서로 혼재 가능
- 61 → 6류와 1류는 서로 혼재 가능

7 연소의 3요소를 모두 포함하는 것은?

① 과염소산, 산소, 불꽃
② 마그네슘분말, 연소열, 수소
③ 아세톤, 수소, 산소
④ 불꽃, 아세톤, 질산암모늄

풀이 불꽃(점화원), 아세톤(가연물), 질산암모늄(산소공급원)

8 위험물안전관리법령에서 정한 탱크안전성능검사의 구분에 해당하지 않는 것은?

① 기초・지반검사
② 충수・수압검사
③ 용접부검사
④ 배관검사

풀이 탱크안전성능검사에는 기초・지반검사, 충수・수압검사, 용접부검사 등이 있다.

9 액화 이산화탄소 1kg이 25℃, 2atm에서 방출되어 모두 기체가 되었다. 방출된 기체상의 이산화탄소 부피는 약 몇 L인가?

① 238
② 278
③ 308
④ 340

풀이

$$PV=\frac{W}{M}RT$$

$$V=\frac{WRT}{PM}=\frac{1,000\times0.082\times(273+25)}{2\times44}=278$$

10 위험물안전관리법령에서 정한 '물분무등소화설비'의 종류에 속하지 않는 것은?

① 스프링클러설비 ② 포소화설비
③ 분말소화설비 ④ 이산화탄소소화설비

풀이 물분무등소화설비에는 물분무소화설비, 포말소화설비, 이산화탄소소화설비, 할로겐화물소화설비, 분말소화설비, 청정소화설비가 해당된다.

11 혼합물인 위험물이 복수의 성상을 가지는 경우에 적용하는 품명에 관한 설명으로 틀린 것은?

① 산화성 고체의 성상 및 가연성 고체의 성상을 가지는 경우 : 산화성 고체의 성상
② 산화성 고체의 성상 및 자기반응성 물질의 성상을 가지는 경우 : 자기반응성 물질의 품명
③ 가연성 고체의 성상과 자연발화성 물질의 성상 및 금수성 물질의 성상을 가지는 경우 : 자연발화성 물질 및 금수성 물질의 품명
④ 인화성액체의 성상 및 자기반응성 물질의 성상을 가지는 경우 : 자기반응성 물질의 품명

풀이 산화성 고체의 성상 및 가연성 고체의 성상을 가지는 경우 : 가연성 고체의 성상

12 제3류 위험물 중 금수성 물질에 적응성이 있는 소화설비는?

① 할로겐화합물소화설비 ② 포소화설비
③ 이산화탄소소화설비 ④ 탄산수소염류 등 분말소화설비

풀이 제3류 위험물의 소화방법
가장 효과적인 소화약제는 마른 모래이다. 팽창질석과 팽창진주암, 분말소화약제 중에서는 탄산수소염류 소화약제가 가장 효과적이다.

13 제6류 위험물을 저장하는 장소에 적응성이 있는 소화설비가 아닌 것은?

① 물분무소화설비 ② 포소화설비
③ 이산화탄소소화설비 ④ 옥내소화전설비

풀이 제6류 위험물을 저장 또는 취급하는 장소로서 폭발의 위험이 없는 장소에 한하여 이산화탄소가 제6류 위험물에 대하여 적응성이 없다.

정답 10. ① 11. ① 12. ④ 13. ③

14 $NH_4H_2PO_4$이 열분해하여 생성되는 물질 중 암모니아와 수증기의 부피 비율은?

① 1 : 1　　② 1 : 2
③ 2 : 1　　④ 3 : 2

풀이 $NH_4H_2PO_4$의 열분해 반응식 : $NH_4H_2PO_4 \rightarrow HPO_3 + NH_3 + H_2O$

15 소화약제에 따른 주된 소화효과로 틀린 것은?

① 수성막포소화약제 : 질식효과　　② 제2종 분말소화약제 : 탈수탄화효과
③ 이산화탄소소화약제 : 질식효과　　④ 할로겐화합물소화약제 : 화학억제효과

풀이 제2종 분말소화약제 : 질식효과

16 제5류 위험물을 저장 또는 취급하는 장소에 적응성이 있는 소화설비는?

① 포소화설비　　② 분말소화설비
③ 이산화탄소소화설비　　④ 할로겐화합물소화설비

풀이 제5류 위험물은 물질 자체에 다량의 산소를 함유하므로 질식소화는 소화효과가 없고, 포소화, 다량의 주수소화가 효과적이다.

17 옥외저장소에 덩어리 상태의 유황만을 지반면에 설치한 경계표시의 안쪽에서 지장할 경우 하나의 경계표시의 내부면적은 몇 m^2 이하여야 하는가?

① 75　　② 100
③ 150　　④ 300

풀이 옥외저장소 중 덩어리 상태의 유황만을 지반면에 설치한 경계표시의 안쪽에서 저장 또는 취급하는 것(제1호에 정하는 것을 제외한다)의 위치 · 구조 및 설비의 기술기준은 제1호 각 목의 기준 및 다음 각 목과 같다.

가. 하나의 경계표시의 내부의 면적은 $100m^2$ 이하일 것
나. 2 이상의 경계표시를 설치하는 경우에 있어서는 각각의 경계표시 내부의 면적을 합산한 면적은 1,000 m^2 이하로 하고, 인접하는 경계표시와 경계표시와의 간격을 제1호 라목의 규정에 의한 공지의 너비의 2분의 1 이상으로 할 것. 다만, 저장 또는 취급하는 위험물의 최대수량이 지정수량의 200배 이상인 경우에는 10m 이상으로 하여야 한다.

정답 14. ① 15. ② 16. ① 17. ②

18 위험물시설에 설비하는 자동화재탐지설비의 하나의 경제구역 면적과 그 한 변의 길이의 기준으로 옳은 것은?(단, 광전식 분리형 감지기를 설치하지 않은 경우이다.)

① 300m² 이하, 50m 이하
② 300m² 이하, 100m 이하
③ 600m² 이하, 50m 이하
④ 600m² 이하, 100m 이하

풀이 자동화재탐지설비는 하나의 경계구역의 면적은 600m² 이하로 하고 그 한 변의 길이는 50m(광전식 분리형 감지기를 설치할 경우에는 100m) 이하로 할 것. 다만, 당해 건축물 그 밖의 공작물의 주요한 출입구에서 그 내부의 전체를 볼 수 있는 경우에 있어서는 그 면적을 1,000m² 이하로 할 수 있다.

19 위험물안전관리법령상 경보설비로 자동화재탐지설비를 설치해야 할 위험물 제조소의 규모의 기준에 대한 설명으로 옳은 것은?

① 연면적 500m² 이상인 것
② 연면적 1,000m² 이상인 것
③ 연면적 1,500m² 이상인 것
④ 연면적 2,000m² 이상인 것

풀이 위험물안전관리법령상 경보설비로 자동화재탐지설비를 설치해야 할 위험물 제조소의 규모는 연면적 2,000 m² 이상이어야 한다.

20 화재의 종류와 가연물이 옳게 연결된 것은?

① A급 – 플라스틱
② B급 – 섬유
③ A급 – 페인트
④ B급 – 나무

풀이 화재의 분류

① A급 화재(일반화재)
- 물질이 연소된 후 재를 남기는 종류의 화재로 목재, 종이, 섬유 등의 화재가 이에 속하며, 구분색은 백색이다.
- 소화방법 : 물에 의한 냉각소화가 적합하며, 소화물질에는 주수, 산 알칼리, 포 등이 있다.

② B급 화재(유류 및 가스화재)
- 연소 후 아무것도 남지 않은 화재로 에테르, 알코올, 석유, 가연성 액체가스 등 유류 및 가스화재가 이에 속하며, 구분색은 황색이다.
- 소화방법 : 공기차단으로 인한 피복소화가 적합하며, 소화물질에는 화학포, 증발성 액체(할로겐화물), 탄산가스, 소화분말(드라이케미컬) 등이 있다.

③ C급 화재(전기 화재)
- 전기기구·기계 등에서 발생되는 화재가 이에 속하며, 구분색은 청색이다.
- 소화방법 : 탄산가스, 증발성 액체, 소화분말 등으로 소화한다.

④ D급 화재(금속분 화재)
- 마그네슘과 같은 금속화재가 이에 속하며, 구분색은 없다.
- 소화방법 : 팽창질석, 팽창진주암, 마른 모래 등으로 소화한다.

정답 18. ③ 19. ④ 20. ①

21 위험물안전관리법령상 위험물의 운송에 있어서 운송책임자의 감독 또는 지원을 받아 운송하여야 하는 위험물에 속하지 않는 것은?

① $AL(CH_3)_3$　② CH_3Li　③ $Cd(CH_3)_2$　④ $AL(C_4H_9)_3$

풀이 법령상 위험물을 운반하고자 할 때 운송책임자를 감독지원을 받아 운송하여야 하는 위험물은 법 제19조에 의하여 알킬알루미늄과 알킬리튬이다.

22 다음 위험물 중 비중이 물보다 큰 것은?

① 디에틸에테르　② 아세트알데히드
③ 산화프로필렌　④ 이황화탄소

풀이 위험물의 비중
① 디에틸에테르(0.72)　② 아세트알데히드(0.8)
③ 산화프로필렌(0.86)　④ 이황화탄소(1.3)

23 위험물탱크의 용량은 탱크의 내용적에서 공간용적을 뺀 용적으로 한다. 이 경우 소화약제 방출구를 탱크 안의 윗부분에 설치하는 탱크의 공간용적은 당해 소화설비의 소화약제 방출구 아래의 어느 범위의 면으로부터 윗부분의 용적으로 하는가?

① 0.1미터 이상 0.5미터 미만 사이의 면　② 0.3미터 이상 1미터 미만 사이의 면
③ 0.5미터 이상 1미터 미만 사이의 면　④ 0.5미터 이상 1.5미터 미만 사이의 면

풀이 위험물탱크의 용량은 탱크의 내용적에서 공간용적을 뺀 용적으로 한다. 이 경우 소화약제 방출구를 탱크 안의 윗부분에 설치하는 탱크의 공간용적은 당해 소화설비의 소화약제방출구 아래의 0.3미터 이상 1미터 미만 사이의 면으로부터 윗부분의 용적으로 한다.

24 과산화나트륨에 대한 설명 중 틀린 것은?

① 순수한 것은 백색이다.
② 상온에서 물과 반응하여 수소 가스를 발생한다.
③ 화재 발생 시 주수소화는 위험할 수 있다.
④ CO 및 CO_2 제거제를 제조할 때 사용된다.

풀이 상온에서 물과 격렬하게 반응하며 열을 발생하고 산소를 방출시킨다.

$$Na_2O_2 + H_2O \rightarrow 2NaOH + \frac{1}{2}O_2\uparrow$$

정답 21. ③　22. ④　23. ②　24. ②

25 위험물안전관리법령에서 정한 품명이 서로 다른 물질을 나열한 것은?

① 이황화탄소, 디에틸에테르 ② 에틸알코올, 고형알코올
③ 등유, 경유 ④ 중유, 클레오소트유

풀이 에틸알코올은 제4류 위험물에 해당되고, 고형 알코올은 제2류 위험물에 해당된다.

26 위험물 옥내저장소에 과염소산 300kg, 과산화수소 300kg을 저장하고 있다. 저장창고에는 지정수량 몇 배의 위험물을 저장하고 있는가?

① 4 ② 3
③ 2 ④ 1

풀이
$$\text{계산값} = \frac{A\text{품명의 저장수량}}{A\text{품명의 지정수량}} + \frac{B\text{품명의 저장수량}}{B\text{품명의 지정수량}} + \frac{C\text{품명의 저장수량}}{C\text{품명의 지정수량}} + \cdots$$
$$= \frac{300}{300} + \frac{300}{300} = 2$$

27 위험물안전관리자를 해임할 때에는 해임한 날로부터 며칠 이내에 위험물안전관리자를 다시 선임하여야 하는가?

① 7 ② 14
③ 30 ④ 60

풀이 위험물안전관리자를 해임한 30일 이내에 후임자를 선임해야 한다.

28 염소산염류 250kg, 요오드산 염류 600kg, 질산염류 900kg을 저장하고 있는 경우 지정수량의 몇 배가 보관되어 있는가?

① 5배 ② 7배
③ 10배 ④ 12배

풀이
$$\text{계산값} = \frac{A\text{품명의 저장수량}}{A\text{품명의 지정수량}} + \frac{B\text{품명의 저장수량}}{B\text{품명의 지정수량}} + \frac{C\text{품명의 저장수량}}{C\text{품명의 지정수량}} + \cdots$$
$$= \frac{250}{50} + \frac{600}{300} + \frac{900}{300} = 10$$

정답 25. ② 26. ③ 27. ③ 28. ③

29 위험물안전관리법령상 품명이 '유기과산화물'인 것으로만 나열된 것은?

① 과산화벤조일, 과산화메틸에틸케톤 ② 과산화벤조일, 과산화마그네슘
③ 과산화마그네슘, 과산화메틸에틸케톤 ④ 과산화초산, 과산화수소

풀이 유기과산화물 : 과산화벤조일, 과산화메틸에틸케톤, 과산화초산, 아세틸퍼옥사이드

30 위험물안전관리법령상 판매취급소에 관한 설명으로 옳지 않은 것은?

① 건축물의 1층에 설치하여야 한다.
② 위험물을 저장하는 탱크시설을 갖추어야 한다.
③ 건축물의 다른 부분과는 내화구조의 격벽으로 구획하여야 한다.
④ 제조소와 달리 안전거리 또는 보유공지에 관한 규제를 받지 않는다.

풀이 위험물안전관리법령상 판매취급소는 위험물을 저장하는 탱크시설을 갖추지 않아도 된다.

31 위험물안전관리법령에 의한 위험물 운송에 관한 규정으로 틀린 것은?

① 이동탱크저장소에 의하여 위험물을 운송하는 자는 당해 위험물을 취급할 수 있는 국가기술자격자 또는 안전교육을 받은 자이어야 한다.
② 안전관리자 · 탱크시험자 · 위험물운송자 등 위험물의 안전관리와 관련된 업무를 수행하는 자는 시 · 도지사가 실시하는 안전교육을 받아야 한다.
③ 운송책임자의 범위, 감독 또는 지원의 방법 등에 관한 구체적인 기준은 총리령으로 정한다.
④ 위험물운송자는 이동탱크저장소에 의하여 위험물을 운송하는 때에는 총리령으로 정하는 기준을 준수하는 등 당해 위험물의 안전 확보를 위하여 세심한 주의를 기울여야 한다.

풀이 안전관리자 · 탱크시험자 · 위험물운송자 등 위험물의 안전관리와 관련된 업무를 수행하는 자는 대통령령으로 정하는 안전교육을 받아야 한다.

32 과산화수소의 성질에 대한 설명 중 틀린 것은?

① 알칼리성 용액에 의해 분해될 수 있다. ② 산화제로 사용할 수 있다.
③ 농도가 높을수록 안정하다. ④ 열, 햇빛에 의해 분해될 수 있다.

풀이 농도가 높을수록 위험하다.

정답 29. ① 30. ② 31. ② 32. ③

33 $C_6H_2CH_3(NO_2)_3$을 녹이는 용제가 아닌 것은?

① 물 ② 벤젠 ③ 에테르 ④ 아세톤

풀이 비수용성, 아세톤, 벤젠, 알코올, 에테르에 잘 녹고, 가열이나 충격을 주면 폭발하기 쉽다.

34 제6류 위험물을 저장하는 옥내탱크저장소로서 단층건물에 설치된 것의 소화 난이도 등급은?

① I등급 ② II등급 ③ III등급 ④ 해당 없음

풀이 제6류 위험물을 저장하는 옥내탱크저장소로서 단층 건물에 설치된 소화난이도 등급의 구분은 없다.

35 황린에 관한 설명 중 틀린 것은?

① 물에 잘 녹는다. ② 화재 시 물로 냉각소화할 수 있다.
③ 적린에 비해 불안정하다. ④ 적린과 동소체이다.

풀이 황린은 물과는 반응도 하지 않고, 녹지도 않기 때문에 물속에 저장한다.(이때의 물의 액성은 약알칼리성. CS_2, 알코올, 벤젠에 잘 녹는다)

36 그림의 시험장치는 제 몇 유 위험물의 위험성 판정을 위한 것인가?(단, 고체물질의 위험성 판정이다.)

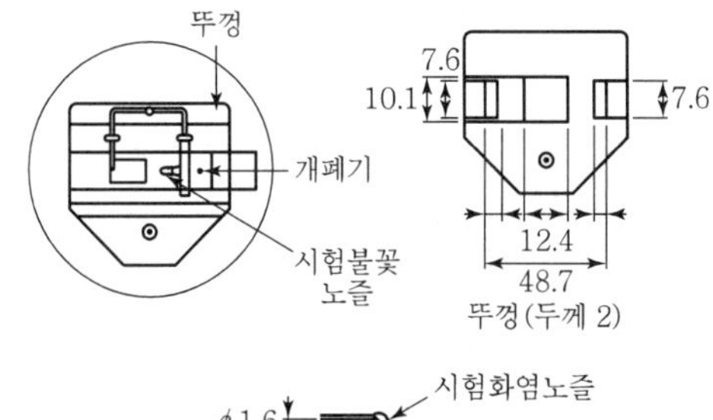

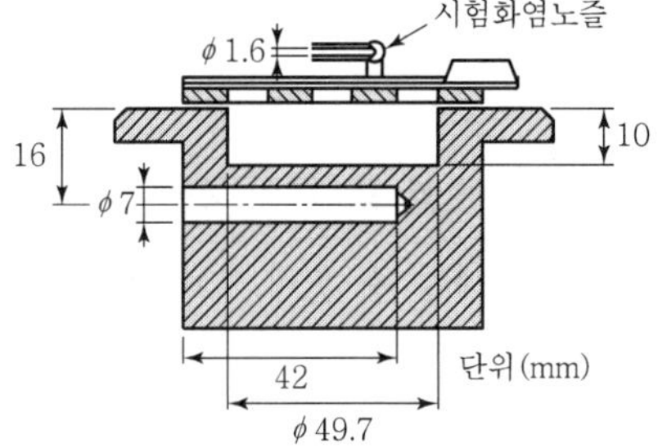

① 제1류 ② 제2류 ③ 제3류 ④ 제4류

정답 33. ① 34. ④ 35. ① 36. ②

풀이 고체의 인화 위험성 시험방법

- 시험장치는 「페인트, 바니시, 석유 및 관련 제품 - 인화점 시험방법 - 신속평형법」(KS M ISO 3679)에 의한 인화점측정기 또는 이에 준하는 것으로 할 것
- 시험장소는 기압 1기압의 무풍의 장소로 할 것
- 다음 그림의 신속평형법 시료컵을 설정온도(시험물품이 인화하는지의 여부를 확인하는 온도를 말한다. 이하 같다)까지 가열 또는 냉각하여 시험물품(설정온도가 상온보다 낮은 온도인 경우에는 설정온도까지 냉각시킨 것) 2g을 시료컵에 넣고 뚜껑 및 개폐기를 닫을 것
- 시료컵의 온도를 5분간 설정온도로 유지할 것
- 시험불꽃을 점화하고 화염의 크기를 직경 4mm가 되도록 조정할 것
- 5분 경과 후 개폐기를 작동하여 시험불꽃을 시료컵에 2.5초간 노출시키고 닫을 것. 이 경우 시험불꽃을 급격히 상하로 움직이지 아니하여야 한다.
- 제6호의 방법에 의하여 인화한 경우에는 인화하지 않게 될 때까지 설정온도를 낮추고, 인화하지 않는 경우에는 인화할 때까지 높여 제3호 내지 제6호의 조작을 반복하여 인화점을 측정할 것

37 위험물안전관리법령상 에틸렌글리콜과 혼재하여 운반할 수 없는 위험물은?(단, 지정수량의 10배일 경우이다.)

① 유황 ② 과망간산나트륨 ③ 알루미늄분 ④ 트리니트로톨루엔

풀이 혼재 가능 위험물은 다음과 같다.

- 423 → 4류와 2류, 4류와 3류는 서로 혼재 가능
- 524 → 5류와 2류, 5류와 4류는 서로 혼재 가능
- 61 → 6류와 1류는 서로 혼재 가능

에틸렌글리콜은 제4류 위험물, 과망간산나트륨은 제1류 위험물이다.

38 다음 중 제2석유류만으로 짝지어진 것은?

① 시클로헥산 - 피리딘 ② 염화아세틸 - 휘발유
③ 시클로헥산 - 중유 ④ 아크릴산 - 포름산

풀이
- 제1석유류 : 시클로헥산, 피리딘, 휘발유, 염화아세틸
- 제2석유류 : 포름산, 아크릴산
- 제3석유류 : 중유

39 다음 중 물과의 반응성이 가장 낮은 것은?

① 인화알루미늄 ② 트리에틸알루미늄 ③ 오황화인 ④ 황린

풀이 황린은 pH=9 정도의 물속에 저장하며 보호액이 증발되지 않도록 한다.(pH 3의 생성을 방지하기 위하여 보호액을 pH 9(약알칼리성)로 유지한다.)

정답 37. ② 38. ④ 39. ④

40 금속나트륨, 금속칼륨 등을 보호액 속에 저장하는 이유를 가장 옳게 설명한 것은?

① 온도를 낮추기 위하여 ② 승화하는 것을 막기 위하여
③ 공기와의 접촉을 막기 위하여 ④ 운반 시 충격을 적게 하기 위하여

풀이 금속나트륨, 금속칼륨 등을 보호액 속에 저장하는 이유 : 공기와의 접촉을 막기 위하여

41 위험물안전관리법령에서 정한 특수인화물의 발화점 기준으로 옳은 것은?

① 1기압에서 100℃ 이하 ② 0기압에서 100℃ 이하
③ 1기압에서 25℃ 이하 ④ 0기압에서 25℃ 이하

풀이 '특수인화물'이라 함은 이황화탄소, 디에틸에테르 그 밖에 1atm에서 발화점이 100℃ 이하인 것 또는 인화점이 −20℃ 이하이고 비점이 40℃ 이하인 것을 말한다.

42 위험물의 지정수량이 잘못된 것은?

① $(C_2H_5)_3AL$: 10kg ② Ca : 50kg
③ LiH : 300kg ④ AL_4C_3 : 500kg

풀이 AL_4C_3(탄화알루미늄) : 칼슘 또는 알루미늄의 탄화물

위험물			지정수량
유별	성질	품명	
제3류	자연 발화성 물질 및 금수성 물질	1. 칼륨	10kg
		2. 나트륨	10kg
		3. 알킬알루미늄	10kg
		4. 알킬리튬	10kg
		5. 황린	20kg
		6. 알칼리금속(칼륨 및 나트륨을 제외한다) 및 알칼리토금속	50kg
		7. 유기금속화합물(알킬알루미늄 및 알킬리튬을 제외한다)	50kg
		8. 금속의 수소화물	300kg
		9. 금속의 인화물	300kg
		10. 칼슘 또는 알루미늄의 탄화물	300kg
		11. 그 밖에 행정자치부령이 정하는 것 12. 제1호 내지 제11호의 1에 해당하는 어느 하나 이상을 함유한 것	10kg, 50kg 또는 300kg

정답 40. ③ 41. ① 42. ④

43 다음 중 요오드값이 가장 낮은 것은?

① 해바라기유 ② 오동유 ③ 아미인유 ④ 낙화생유

풀이 낙화생유의 요오드값이 33~50으로 가장 낮다.

44 탄소 80%, 수소 14%, 황 6%인 물질 1kg이 완전연소하기 위해 필요한 이론 공기량은 약 몇 kg인가?(단, 공기 중 산소는 23wt%이다.)

① 3.31 ② 7.05 ③ 11.62 ④ 14.41

풀이

C	+	O_2	→	CO_2
1kg×0.8	:	xkg		
12kg	:	32kg		x = 2.13kg
H_2	+	$\frac{1}{2}O_2$	→	H_2O
1kg×0.14	:	ykg		
2kg	:	$\frac{1}{2}$×32kg		y = 1.12kg
S	+	O_2	→	SO_2
1kg×0.06	:	zkg		
32kg	:	32kg		z = 0.06kg

결국 $A_o = \dfrac{2.13+1.12+0.06}{0.23} = 14.41\text{kg}$

45 다음 중 위험물 운반용기의 외부에 '제4류'와 '위험등급 II'의 표시만 보이고 품명이 잘 보이지 않을 때 예상할 수 있는 수납 위험물의 품명은?

① 제1석유류 ② 제2석유류 ③ 제3석유류 ④ 제4석유류

풀이 제4류 위험물 중에서 특수인화물은 위험등급 I, 제1석유류, 알코올류는 위험등급 II, 나머지는 위험등급 III에 해당된다.

46 질산의 저장 및 취급법이 아닌 것은?

① 직사광선을 차단한다. ② 분해방지를 위해 요산, 인산 등을 가한다.
③ 유기물과 접촉을 피한다. ④ 갈색병에 넣어 보관한다.

풀이 과산화수소의 분해방지를 위해 요산, 인산 등을 가한다.

정답 43. ④ 44. ④ 45. ① 46. ②

47 다음 아세톤의 완전 연소 반응식에서 ( ) 안에 알맞은 계수를 차례대로 옳게 나타낸 것은?

$$CH_3COCH_3 + (\ \ )O_2 \rightarrow (\ \ )CO_2 + 3H_2O$$

① 3, 4 ② 4, 3 ③ 6, 3 ④ 3, 6

풀이 아세톤의 연소반응식
$CH_3COCH_3 + 4O_2 \rightarrow 3CO_2 + 3H_2O$

48 다음 중 위험등급 I의 위험물이 아닌 것은?

① 무기과산화물 ② 적린
③ 나트륨 ④ 과산화수소

풀이 적린은 위험등급 II에 해당하는 물질이다.

49 디에틸에테르의 보관·취급에 관한 설명으로 틀린 것은?

① 용기는 밀봉하여 보관한다.
② 환기가 잘 되는 곳에 보관한다.
③ 정전기가 발생하지 않도록 취급한다.
④ 저장용기에 빈 공간이 없게 가득 채워 보관한다.

풀이 저장용기에 안전공간 10% 정도 여유를 둔다.

50 시클로헥산에 관한 설명으로 가장 거리가 먼 것은?

① 고리형 분자구조를 가진 방향족 탄화수소화합물이다.
② 화학식은 C_6H_{12}이다.
③ 비수용성 위험물이다.
④ 제4류 제1석유류에 속한다.

풀이 시클로헥산은 고리형 분자구조를 가진 포화탄화수소화합물이다.

정답 47. ② 48. ② 49. ④ 50. ①

51 옥외저장소에서 저장 또는 취급할 수 있는 위험물이 아닌 것은?(단, 국제해상위험물규칙에 적합한 용기에 수납된 위험물의 경우는 제외한다.)

① 제2류 위험물 중 유황
② 제1류 위험물 중 과염소산염류
③ 제6류 위험물
④ 제2류 위험물 중 인화점이 10℃인 인화성 고체

풀이 옥외저장소에 저장할 수 있는 위험물

- 제2류 위험물 중 유황, 인화성 고체(인화점이 0℃ 이상인 것에 한함)
- 제4류 위험물 중 제1석유류(인화점이 0℃ 이상인 것에 한함), 제2석유류, 제3석유류, 제4석유류, 알코올류, 동식물류
- 제6류 위험물
- 제2류 위험물 및 제6류 위험물 중 특별시, 광역시 또는 도의 조례에서 정하는 위험물
- 국제해상위험물규칙(IMDG Code)에 적합한 용기에 수납된 위험물

52 시약(고체)의 명칭이 불분명한 시약병의 내용물을 확인하려고 뚜껑을 열어 시계접시에 소량을 담아놓고 공기 중에서 햇빛을 받는 곳에 방치하던 중 시계접시에서 갑자기 연소현상이 일어났다. 다음 물질 중 이 시약의 명칭으로 예상할 수 있는 것은?

① 황
② 황린
③ 적린
④ 질산암모늄

풀이 황린은 백색 또는 담황색의 가연성 고체이고 발화점이 34℃로 낮기 때문에 자연발화하기 쉽다.

53 무색의 액체로 융점이 -112℃이고 물과 접촉하면 심하게 발열하는 제6류 위험물은?

① 과산화수소
② 과염소산
③ 질산
④ 오불화요오드

풀이 과염소산의 위험성

- 대단히 불안정한 강산으로 순수한 것은 분해가 용이하고 폭발력을 가진다.
- 일반적으로 물과 접촉하면 발열하므로 생성된 혼합물도 강한 산화력을 가진다.
- 과염소산을 상압에서 가열하면 분해하고 유독성 가스인 HCl을 발생시킨다.

정답 51. ② 52. ② 53. ②

54 히드라진에 대한 설명으로 틀린 것은?

① 외관은 물과 같이 무색투명하다.
② 가열하면 분해하여 가스를 발생한다.
③ 위험물안전관리법령상 제4류 위험물에 해당한다.
④ 알코올, 물 등의 비극성 용매에 잘 녹는다.

풀이 알코올, 물 등의 극성 용매에 잘 녹는다.

55 황의 성상에 관한 설명으로 틀린 것은?

① 연소할 때 발생하는 가스는 냄새를 가지고 있으나 인체에 무해하다.
② 미분이 공기 중에 떠 있을 때 분진 폭발의 우려가 있다.
③ 용융된 황을 물에서 급랭하면 고무 상황을 얻을 수 있다.
④ 연소할 때 아황산가스를 발생한다.

풀이 공기 중에서 연소하면 푸른빛을 내며 아황산가스(SO_2)를 발생하고 아황산가스는 유해하다.
$S+O_2 \rightarrow SO_2$

56 이황화탄소를 화재예방상 물속에 저장하는 이유는?

① 불순물을 물에 용해시키기 위해
② 가연성 증기의 발생을 억제하기 위해
③ 상온에서 수소가스를 발생시키기 때문에
④ 공기와 접촉하면 즉시 폭발하기 때문에

풀이 이황화탄소는 용기나 탱크에 저장 시 물속에 보관해야 한다. 물에 불용이며, 물보다 무겁다(가연성 증기의 발생을 억제하기 위함이다).

57 위험물제조소 및 일반취급소에 설치하는 자동화재탐지설비의 설치기준으로 틀린 것은?

① 하나의 경계구역은 600m^2 이하로 하고, 한 변의 길이는 50m 이하로 한다.
② 주요한 출입구에서 내부 전체를 볼 수 있는 경우 경계구역은 1,000m^2 이하로 할 수 있다.
③ 광전식 분리형 감지기를 설치한 경우에는 하나의 경계구역을 1,000m^2 이하로 할 수 있다.
④ 비상전원을 설치하여야 한다.

풀이 자동화재탐지설비의 설치기준은 하나의 경계구역의 면적은 600m^2 이하로 하고 그 한 변의 길이는 50m(광전식 분리형 감지기를 설치할 경우에는 100m) 이하로 할 것. 다만, 당해 건축물 그 밖의 공작물의 주요한 출입구에서 그 내부의 전체를 볼 수 있는 경우에 있어서는 그 면적을 1,000m^2 이하로 할 수 있다.

정답 54. ④ 55. ① 56. ② 57. ③

58 무기과산화물의 일반적인 성질에 대한 설명으로 틀린 것은?

① 과산화수소의 수소가 금속으로 치환된 화합물이다.
② 산화력이 강해 스스로 쉽게 산화한다.
③ 가열하면 분해되어 산소를 발생한다.
④ 물과의 반응성이 크다.

풀이 산화력은 강하지만 쉽게 산화하지는 않는다.

59 과염소산의 성질로 옳지 않은 것은?

① 산화성 액체이다
② 무기화합물이며 물보다 무겁다.
③ 불연성 물질이다.
④ 증기는 공기보다 가볍다.

풀이 과염소산의 증기는 공기보다 무겁다.

60 알칼알루미늄 등 또는 아세트알데히드 등을 취급하는 제조소의 특례기준으로서 옳은 것은?

① 알칼알루미늄 등을 취급하는 설비에는 불활성 기체 또는 수증기를 봉입하는 장치를 설치한다.
② 알칼리알루미늄 등을 취급하는 설비는 은·수은·동·마그네슘을 성분으로 하는 것으로 만들지 않는다.
③ 아세트알데히드 등을 취급하는 탱크에는 냉각장치 또는 보냉장치 및 불활성 기체 봉입장치를 설치한다.
④ 아세트알데히드 등을 취급하는 설비의 주의에는 누설범위를 국한하기 위한 설비와 누설되었을 때 안정한 장소에 설치된 저장실에 유입시킬 수 있는 설비를 갖춘다.

풀이 알칼알루미늄 등 또는 아세트알데히드 등을 취급하는 제조소의 특례기준은 아세트알데히드 등을 취급하는 탱크에는 냉각장치 또는 보냉장치 및 불활성 기체 봉입장치를 설치한다.

정답 58. ② 59. ④ 60. ③

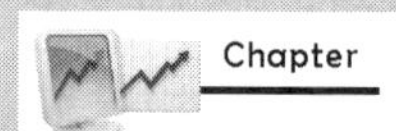

Chapter

위험물기능사

(2015년 10월 10일)

Hazardous material Industrial Engineer

1 제조소의 옥외에 모두 3기의 휘발유 취급탱크를 설치하고 그 주위에 방유제를 설치하고자 한다. 방유제 안에 설치하는 각 취급탱크의 용량이 5만 L, 3만 L, 2만 L일 때 필요한 방유제의 용량은 몇 L 이상인가?

① 66,000　② 60,000　③ 33,000　④ 30,000

풀이 방유제의 용량=(최대 탱크의 용량×0.5)+(기타 탱크의 용량×0.1)
=(50,000×0.5)+(50,000×0.1)=30,000

2 위험물안전관리법령에 따라 위험물을 유별로 정리하여 서로 1m 이상의 간격을 두었을 때 옥내저장소에서 함께 저장하는 것이 가능한 경우가 아닌 것은?

① 제1류 위험물(알칼리금속의 과산화물 또는 이를 함유한 것을 제외한다.)과 제5류 위험물을 저장하는 경우
② 제3류 위험물 중 알킬알루미늄과 제4류 위험물(알킬알루미늄 또는 알킬리튬을 함유한 것에 한한다.)을 저장하는 경우
③ 제1류 위험물과 제3류 위험물 중 금수성 물질을 저장하는 경우
④ 제2류 위험물 중 인화성 고체와 제4류 위험물을 저장하는 경우

풀이 혼재 가능 위험물에 대한 내용이 아닌 경우를 묻는 문제이다.
- 423 → 4류와 2류, 4류와 3류는 서로 혼재 가능
- 524 → 5류와 2류, 5류와 4류는 서로 혼재 가능
- 61 → 6류와 1류는 서로 혼재 가능

3 다음 중 스프링클러설비의 소화 작용으로 가장 거리가 먼 것은?

① 질식작용　② 희석작용
③ 냉각작용　④ 억제작용

풀이 스프링클러설비의 소화 작용 : 질식작용, 희석작용, 냉각작용

정답 1. ④　2. ③　3. ④

4 금속화재를 옳게 설명한 것은?

① C급 화재이고, 표시색상은 청색이다.
② C급 화재이고, 별도의 표시색상은 없다.
③ D급 화재이고, 표시색상은 청색이다.
④ D급 화재이고, 별도의 표시색상은 없다.

풀이 ㉠ A급 화재(일반화재)
- 물질이 연소된 후 재를 남기는 종류의 화재로 목재, 종이, 섬유 등의 화재가 이에 속하며, 구분색은 백색이다.
- 소화방법 : 물에 의한 냉각소화가 적합하며, 소화물질에는 주수, 산 알칼리, 포 등이 있다.

㉡ B급 화재(유류 및 가스화재)
- 연소 후 아무것도 남지 않은 화재로 에테르, 알코올, 석유, 가연성 액체가스 등 유류 및 가스화재가 이에 속하며, 구분색은 황색이다.
- 소화방법 : 공기차단으로 인한 피복소화가 적합하며, 소화물질에는 화학포, 증발성 액체(할로겐화물), 탄산가스, 소화분말(드라이케미컬) 등이 있다.

㉢ C급 화재(전기 화재)
- 전기기구 · 기계 등에서 발생되는 화재가 이에 속하며, 구분색은 청색이다.
- 소화방법 : 탄산가스, 증발성 액체, 소화분말 등으로 소화한다.

㉣ D급 화재(금속분 화재)
- 마그네슘과 같은 금속화재가 이에 속하며, 구분색은 없다.
- 소화방법 : 팽창질석, 팽창진주암, 마른 모래 등으로 소화한다.

5 위험물안전관리법령상 개방형 스프링클러헤드를 이용하는 스프링클러설비에서 수동식 개방밸브를 개방 · 조작하는 데 필요한 힘은 얼마 이하가 되도록 설치하여야 하는가?

① 5kg
② 10kg
③ 15kg
④ 20kg

풀이 개방형 스프링클러헤드를 이용한 스프링클러설비의 방사구역(하나의 일제개방밸브에 의하여 동시에 방사되는 구역을 말한다. 이하 같다.)은 150m² 이상(방호대상물의 바닥면적이 150m² 미만인 경우에는 당해 바닥면적)으로 할 것(개방형스프링클러헤드를 이용하는 스프링클러설비에서 수동식 개방밸브를 개방 · 조작하는 데 필요한 힘은 15kg 이하가 되도록 설치)

6 과산화바륨과 물이 반응하였을 때 발생하는 것은?

① 수소
② 산소
③ 탄산가스
④ 수성 가스

풀이 과산화바륨과 물의 반응식

$$BaO_2 + H_2O \rightarrow Ba(OH)_2 + \frac{1}{2}O_2$$

정답 4. ④ 5. ③ 6. ②

7 트리에틸알루미늄의 화재 시 사용할 수 있는 소화약제(설비)가 아닌 것은?

① 마른 모래 ② 팽창질석 ③ 팽창진주암 ④ 이산화탄소

풀이 트리에틸알루미늄의 소화제로는 마른 모래, 팽창질석과 팽창진주암이 가장 효과적이다.

8 다음 중 할로겐화합물 소화약제의 주된 소화효과는?

① 부촉매 효과 ② 희석 효과 ③ 파괴 효과 ④ 냉각 효과

풀이 할로겐화합물 소화약제란 CH_4, C_2H_6과 같은 물질에 수소원자가 탈리되고 할로겐 원소 불소(F_2), 염소(Cl_2), 옥소(I_2)로 치환된 물질로 주된 소화 효과는 부촉매 소화 효과이다.

9 가연물이 되기 쉬운 조건이 아닌 것은?

① 산소와 친화력이 클 것 ② 열전도율이 클 것
③ 발열량이 클 것 ④ 활성화 에너지가 작을 것

풀이 가연물이 될 수 있는 조건
- 연소열, 즉 발열량이 클 것
- 열전도율이 작을 것
- 활성화 에너지가 작을 것
- 산소와 친화력이 좋을 것
- 표면적이 넓을 것
- 연쇄 반응을 일으킬 수 있는 것

10 위험물안전관리법령상 옥내 주유취급소에 있어서 해당 사무소 등의 출입구 및 피난구와 당해 피난구로 통하는 통로, 계단 및 출입구에 무엇을 설치해야 하는가?

① 화재감지기 ② 스프링클러설비
③ 자동화재탐지설비 ④ 유도등

풀이 피난설비
- 주유취급소 중 건축물의 2층 이상의 부분을 점포, 휴게음식점 또는 전시장의 용도로 사용하는 것에 있어서는 당해 건축물의 2층 이상으로부터 직접 주유취급소의 부지 밖으로 통하는 출입구와 당해 출입구로 통하는 통로·계단 및 출입구에 유도등을 설치하여야 한다.
- 옥내주유취급소에 있어서는 당해 사무소 등의 출입구 및 피난구와 당해 피난구로 통하는 통로·계단 및 출입구에 유도등을 설치하여야 한다.
- 유도등에는 비상전원을 설치하여야 한다.

정답 7. ④ 8. ① 9. ② 10. ④

11 철분, 금속분, 마그네슘에 적응성이 있는 소화설비는?

① 이산화탄소 소화설비　② 할로겐화합물 소화설비
③ 포소화설비　④ 탄산수소염류 소화설비

풀이 금속분, 철분, 마그네슘의 연소 시 주수하면 급격한 수증기 또는 물과 반응 시 발생된 수소에 의한 폭발위험과 연소 중인 금속의 비산으로 화재면적을 확대시킬 수 있으므로 건조사, 건조분말에 의한 질식소화를 한다.

12 제1종 분말소화약제의 주성분으로 사용되는 것은?

① $KHCO_3$　② H_2SO_4
③ $NaHCO_3$　④ $NH_4H_4PO_4$

풀이 분말소화약제의 종류별 착색된 색깔, 열분해 반응식은 다음과 같다.

종류	주성분	착색	적응 화재	열분해 반응식
제1종 분말	$NaHCO_3$ (탄산수소 나트륨)	백색	B, C	$2NaHCO_3 \rightarrow Na_2CO_3+CO_2+H_2O$
제2종 분말	$KHCO_3$ (탄산수소 칼륨)	보라색	B, C	$2KHCO_3 \rightarrow K_2CO_3+CO_2+H_2O$
제3종 분말	$NH_4H_2PO_4$ (제1인산암모늄)	담홍색	A, B, C	$NH_4H_2PO_4 \rightarrow HPO_3+NH_3+H_2O$
제4종 분말	$KHCO_3+(NH_2)_2CO$ (탄산수소 칼륨+요소)	회백색	B, C	$2KHCO_3+(NH_2)_2CO$ $\rightarrow K_2CO_3+2NH_3+2CO_2$

13 소화설비의 설치기준에서 유기과산화물 1,000kg은 몇 소요단위에 해당하는가?

① 10　② 20
③ 30　④ 40

풀이 소요단위는 지정수량의 10배이므로 $= \frac{1,000}{10 \times 10\text{배}} = 10$

14 위험물안전관리법령상 주유취급소에서의 위험물 취급기준으로 옳지 않은 것은?

① 자동차에 주유할 때에는 고정주유설비를 이용하여 직접 주유할 것
② 자동차에 경유 위험물을 주유할 때에는 자동차의 원동기를 반드시 정지시킬 것
③ 고정주유설비에는 당해 주유설비에 접속한 전용탱크 또는 간이탱크의 배관 외의 것을 통하여서는 위험물을 공급하지 아니할 것
④ 고정주유설비에 접속하는 탱크에 위험물을 주입할 때에는 당해 탱크에 접속된 고정주유설비의 사용을 중지할 것

풀이 자동차 등의 원동기를 정지시켜야 하는 위험물의 인화점 기준은 40℃ 미만이다.

15 위험물안전관리자에 대한 설명 중 옳지 않은 것은?

① 이동탱크저장소는 위험물안전관리자 선임대상에 해당하지 않는다.
② 위험물안전관리자가 퇴직한 경우 퇴직한 날부터 30일 이내에 다시 안전관리자를 선임하여야 한다.
③ 위험물안전관리자를 선임한 경우에는 선임한 날로부터 14일 이내에 소방본부장 또는 소방서장에게 신고하여야 한다.
④ 위험물안전관리자가 일시적으로 직무를 수행할 수 없는 경우에는 안전교육을 받고 6개월 이상 실무경력이 있는 사람을 대리자로 지정할 수 있다.

풀이 위험물안전관리자가 일시적으로 직무를 수행할 수 없는 경우에는 안전교육을 받고 1년 이상 실무경력이 있는 사람을 대리자로 지정할 수 있다.

16 Halon 1211에 해당하는 물질의 분자식은?

① CBr_2FCl ② CF_2ClBr ③ CCl_2FBr ④ FC_2BrCl

풀이 하론 1211은 C, F, Cl, Br 의 개수를 의미한다. 개수가 맞지 않는 경우는 H로 끼워 맞춘다.

17 주유취급소의 벽(담)에 유리를 부착할 수 있는 기준에 대한 설명으로 옳은 것은?

① 유리 부착위치는 주입구, 고정주유설비로부터 2m 이상 이격되어야 한다.
② 지반면으로부터 50cm를 초과하는 부분에 한하여 설치하여야 한다.
③ 하나의 유리판 가로의 길이는 2m 이내로 한다.
④ 유리의 구조는 기준에 맞는 강화유리로 한다.

정답 14. ② 15. ④ 16. ② 17. ③

풀이 다음 각 목의 기준에 모두 적합한 경우에는 담 또는 벽의 일부분에 방화상 유효한 구조의 유리를 부착할 수 있다.

1. 유리를 부착하는 위치는 주입구, 고정주유설비 및 고정급유설비로부터 4m 이상 이격될 것
2. 유리를 부착하는 방법은 다음의 기준에 모두 적합할 것
   가. 주유취급소 내의 지반면으로부터 70㎝를 초과하는 부분에 한하여 유리를 부착할 것
   나. 하나의 유리판의 가로의 길이는 2m 이내일 것
   다. 유리판의 테두리를 금속제의 구조물에 견고하게 고정하고 해당 구조물을 담 또는 벽에 견고하게 부착할 것
   라. 유리의 구조는 접합유리(두 장의 유리를 두께 0.76mm 이상의 폴리비닐부티랄 필름으로 접합한 구조를 말한다.)로 하되, 「유리구획 부분의 내화시험방법(KS F 2845)」에 따라 시험하여 비차열 30분 이상의 방화성능이 인정될 것
3. 유리를 부착하는 범위는 전체의 담 또는 벽의 길이의 10분의 1을 초과하지 아니할 것

18 다음 중 위험물안전관리법령에서 정한 지정수량이 나머지 셋과 다른 물질은?

① 아세트산　　② 히드라진
③ 클로로벤젠　　④ 니트로벤젠

풀이 클로로벤젠의 지정수량은 1,000L, 나머지는 2,000L이다

19 제3류 위험물을 취급하는 제조소는 300명 이상을 수용할 수 있는 극장으로부터 몇 m 이상의 안전거리를 유지하여야 하는가?

① 5　　②s 10
③ 30　　④ 70

풀이 안전거리는 다음과 같다.

1. 다음의 것에 대하여는 70m 이상
   가. 관람집회 및 운동시설, 노유자시설 및 의료시설로서 연면적 600m^2 이상인 것
   나. 교육연구시설 중 학교로서 연면적 2,000m^2 이상인 것
   다. 문화재
2. 건축물 기타의 공작물로서 주거용도에 사용되는 것에 대하여는 10m 이상
3. 고압가스 안전관리법, 액화석유가스의 안전 및 사업관리법 또는 도시가스사업법에 의한 가연성 가스를 제조 또는 저장하는 시설(지하탱크저장시설은 제외한다.)에 대하여는 20m 이상
4. 사용 전압 7천 V 이상~3만 5천 V 이하의 고압 가공전선에 대하여는 3m 이상
5. 사용 전압 3만 5천 V를 초과하는 고압가공전선에 대하여는 5m 이상
6. 학교, 병원, 극장(300명 이상), 다수인이 출입하는 곳(20인 이상)은 30m 이상

정답 18. ③　19. ③

20 표준상태에서 탄소 1몰이 완전히 연소하면 몇 L의 CO_2가 생성되는가?

① 11.2L ② 22.4L ③ 44.8L ④ 56.8L

풀이 $C + O_2 \rightarrow CO_2$
1mol : xL

이산화탄소도 1몰이 생성되기 때문에 22.4L가 답이 된다.

21 위험물안전관리법령에서 정한 알킬알루미늄 등을 저장 또는 취급하는 이동탱크저장소에 비치해야 하는 물품이 아닌 것은?

① 방호복 ② 고무장갑
③ 비상조명등 ④ 휴대용 확성기

풀이 위험물 중 알킬알루미늄 또는 알킬리튬을 저장하는 이동탱크저장소에는 긴급 시의 연락처, 응급조치에 관하여 필요한 사항을 기재한 서류 및 고무장갑, 밸브 등의 결합 공구와 확성기, 방호복을 비치하여야 한다.

22 제4류 위험물에 대한 일반적인 설명으로 옳지 않은 것은?

① 대부분 연소 하한값이 낮다.
② 발생증기는 가연성이며 대부분 공기보다 무겁다.
③ 대부분 무기화합물이므로 정전기 발생에 주의한다.
④ 인화점이 낮을수록 화재 위험성이 높다.

풀이 대부분 유기화합물이므로 정전기 발생에 주의한다.

23 위험물안전관리법령에서 정한 아세트알데히드 등을 취급하는 제조소의 특례에 관한 내용이다. ( ) 안에 해당하는 물질이 아닌 것은?

아세트알데히드 등을 취급하는 설비는 ( )·( )·( )·( ) 또는 이들을 성분으로 하는 합금으로 만들지 아니할 것

① 동 ② 은 ③ 금 ④ 마그네슘

풀이 알킬알루미늄 등을 취급하는 설비는 은, 수은, 동, 마그네슘을 성분으로 하는 것으로 만들지 않는다.

정답 20. ② 21. ③ 22. ③ 23. ③

24 위험물안전관리법령상 이동탱크저장소에 의한 위험물의 운송 시 장거리에 걸친 운송을 하는 때에는 2명 이상의 운전자로 하는 것이 원칙이다. 다음 중 예외적으로 1명의 운전자가 운송하여도 되는 경우의 기준으로 옳은 것은?

① 운송 도중에 2시간 이내마다 10분 이상씩 휴식하는 경우
② 운송 도중에 2시간 이내마다 20분 이상씩 휴식하는 경우
③ 운송 도중에 4시간 이내마다 10분 이상씩 휴식하는 경우
④ 운송 도중에 4시간 이내마다 20분 이상씩 휴식하는 경우

풀이 운송 도중에 2시간 이내마다 20분 이상씩 휴식하는 경우는 1명의 운전자가 운송하여도 된다.

25 나트륨에 관한 설명 중 옳은 것은?

① 물보다 무겁다.
② 융점이 100℃보다 높다.
③ 물과 격렬히 반응하여 산소를 발생시키고 발열한다.
④ 등유는 반응이 일어나지 않아 저장에 사용된다.

풀이 나트륨의 보호액 : 등유(석유), 경유, 유동파라핀

26 다음 ( ) 안에 알맞은 수치를 차례대로 옳게 나열한 것은?

'위험물 암반 탱크의 공간용적은 당해 탱크 내에 용출하는 (   )일간의 지하수 양에 상당하는 용적과 당해 탱크 내용적의 100분의 (   )의 용적 중에서 보다 큰 용적을 공간 용적으로 한다.

① 1, 7　　② 3, 5　　③ 5, 3　　④ 7, 1

풀이 '위험물 암반 탱크의 공간 용적은 당해 탱크 내에 용출하는 7일간의 지하수 양에 상당하는 용적과 당해 탱크 내용적의 100분의 1의 용적 중에서 보다 큰 용적을 공간 용적으로 한다.'

27 위험물안전관리법령상 예방규정을 정하여야 하는 제조소 등의 관계인은 위험물제조소 등에 대하여 기술기준에 적합한지의 여부를 정기적으로 점검을 하여야 한다. 법적 최소 점검주기에 해당하는 것은?(단, 100만 리터 이상의 옥외탱크저장소는 제외한다.)

① 주 1회 이상　　② 월 1회 이상
③ 6개월에 1회 이상　　④ 연 1회 이상

정답 24. ②　25. ④　26. ④　27. ④

풀이 위험물안전관리법령상 예방규정을 정하여야 하는 제조소 등의 관계인은 위험물제조소 등에 대하여 기술기준에 적합한지의 여부를 정기적으로 점검을 하여야 한다. 법적 최소 점검주기는 연 1회 이상이다.

28 $CH_3COC_2H_5$의 명칭 및 지정수량을 옳게 나타낸 것은?

① 메틸에틸케톤, 50L ② 메틸에틸케톤, 200L
③ 메틸에틸에테르, 50L ④ 메틸에틸에테르, 200L

풀이 메틸에틸케톤(MEK) : [$CH_3COC_2H_5$](지정수량 200L)

- 인화점 : -1℃ • 발화점 : 516℃ • 비중 : 0.8 • 연소범위 : 1.8~10%
- 직사광선을 피하고 통풍이 잘되는 냉암소에 저장한다.

29 위험물안전관리법령상 제4석유류를 저장하는 옥내저장탱크의 용량은 지정수량의 몇 배 이하이어야 하는가?

① 20 ② 40 ③ 100 ④ 150

풀이 위험물안전관리법령상 제4석유류를 저장하는 옥내저장탱크의 용량은 지정수량의 40배 이하이어야 한다.

30 위험물제조소의 환기설비 중 급기구는 급기구가 설치된 실의 바닥면적 몇 m^2마다 1개 이상으로 설치하여야 하는가?

① 100 ② 150 ③ 200 ④ 800

풀이 환기설비는 다음의 기준에 의할 것

- 환기는 자연배기방식으로 할 것
- 급기구는 당해 급기구가 설치된 실의 바닥면적 $150m^2$마다 1개 이상으로 하되, 급기구의 크기는 $800cm^2$ 이상으로 할 것

31 위험물제조소 등의 종류가 아닌 것은?

① 간이탱크저장소 ② 일반취급소
③ 이송취급소 ④ 이동판매취급소

풀이 위험물제조소 등에는 이동판매취급소라는 것은 없다.

정답 28. ② 29. ② 30. ② 31. ④

32 공기를 차단하고 황린을 약 몇 ℃로 가열하면 적린이 생성되는가?

① 60 ② 100 ③ 150 ④ 250

풀이 공기를 차단하고 황린을 약 250~260℃로 가열하면 적린이 된다.

33 위험물안전관리법령상 정기점검 대상인 제조소 등의 조건이 아닌 것은?

① 예방규정 작성대상인 제조소 등
② 지하탱크저장소
③ 이동탱크저장소
④ 지정수량 5배의 위험물을 취급하는 옥외탱크를 둔 제조소

풀이 정기점검 대상 제조소

- 지정수량의 10배 이상의 위험물을 취급하는 제조소
- 지정수량의 100배 이상의 위험물을 저장하는 옥외저장소
- 지정수량의 150배 이상의 위험물을 저장하는 옥내저장소
- 지정수량의 200배 이상의 위험물을 저장하는 옥외탱크저장소
- 암반탱크저장소
- 이송취급소
- 지정수량의 10배 이상의 위험물을 취급하는 일반취급소
- 지하탱크저장소
- 이동탱크저장소
- 위험물을 취급하는 탱크로서 지하에 매설된 탱크가 있는 제조소·주유취급소 또는 일반취급소

34 다음 중 지정수량이 가장 큰 것은?

① 과염소산칼륨 ② 트리니트로톨루엔
③ 황린 ④ 유황

풀이 위험물의 지정수량
① 과염소산칼륨(50kg), ② 트리니트로톨루엔(200kg), ③ 황린(20kg), ④ 유황(100kg)

35 위험물에 대한 설명 중 옳지 않은 것은?

① 대부분 물보다 가벼우므로 주수소화는 어려움이 있다.
② 점화원으로부터 멀리하고 가열을 피한다.
③ 금속분은 물과의 접촉을 피한다.
④ 용기의 파손으로 인한 위험물의 누설에 주의한다.

풀이 위험물은 물보다 무거운 물질들도 많고 주수소화해야 되는 위험물도 많다.

정답 32. ④ 33. ④ 34. ② 35. ①

36 다음 물질 중 물에 대한 용해도가 가장 낮은 것은?

① 아크릴산　　② 아세트알데히드
③ 벤젠　　④ 글리세린

풀이 벤젠은 물에 녹지 않고 나머지 물질은 물에 잘 녹는다.

37 분자량이 약 110인 무기과산화물로 물과 접촉하여 발열하는 것은?

① 과산화마그네슘　　② 과산화벤젠
③ 과산화칼슘　　④ 과산화칼륨

풀이 K_2O_2의 분자량 = (39×2) + (16×2) = 110

38 1차 알코올에 대한 설명으로 가장 적절한 것은?

① OH기의 수가 하나이다.
② OH기가 결합된 탄소 원자에 붙은 알킬기의 수가 하나이다.
③ 가장 간단한 알코올이다.
④ 탄소의 수가 하나인 알코올이다.

풀이
- OH기가 결합된 탄소 원자에 붙은 알킬기의 수가 하나인 것 : 1차 알코올
- OH기가 결합된 탄소 원자에 붙은 알킬기의 수가 두 개인 것 : 2차 알코올
- OH기가 결합된 탄소 원자에 붙은 알킬기의 수가 세 개인 것 : 3차 알코올

39 위험물안전관리법령상 산화성 액체에 대한 설명으로 옳은 것은?

① 과산화수소는 농도와 밀도가 비례한다.
② 과산화수소는 농도가 높을수록 끓는점이 낮아진다.
③ 질산은 상온에서 불연성이지만 고온으로 가열하면 스스로 발화한다.
④ 질산을 황산과 일정 비율로 혼합하여 왕수를 제조할 수 있다.

풀이 ① 과산화수소는 농도와 밀도가 비례한다.
② 과산화수소는 농도가 높을수록 끓는점이 높아진다.
③ 진한 질산을 가열하면 분해하여 산소를 발생하므로 강한 산화작용을 한다.
④ 진한 질산 1, 진한 염산 3의 비율로 혼합한 것을 왕수(王水)라고 한다.

정답 36. ③　37. ④　38. ②　39. ①

40 위험물안전관리법령상 제4류 위험물 운반용기의 외부에 표시하여야 하는 주의사항을 모두 옳게 나타낸 것은?

① 화기엄금 및 충격주의
② 가연물접촉주의
③ 화기엄금
④ 화기주의 및 충격주의

풀이 위험물 운반용기의 외부에 표시하여야 하는 주의사항
- 제1류 위험물 중 무기과산화물류 및 삼산화크롬의 경우에는 '화기, 충격주의', '물기엄금' 및 '가연물접촉주의', 그 밖의 것의 경우에는 '화기, 충격주의' 및 '가연물접촉주의'
- 제2류 위험물 중 철분, 금속분 또는 마그네슘의 경우에는 '화기주의' 및 '물기엄금', 그 밖의 것의 경우에는 '화기주의'
- 제3류 위험물 중 자연발화성 물품의 경우에는 '화기엄금' 및 '공기노출엄금', 금수성 물품의 경우에는 '물기엄금'
- 제4류 위험물의 경우에는 '화기엄금'
- 제5류 위험물의 경우에는 '화기엄금' 및 '충격주의'
- 제6류 위험물 중 과염소산, 과산화수소 및 질산의 경우에는 '가연물접촉주의'

41 알루미늄분이 염산과 반응하였을 경우 생성되는 가연성 가스는?

① 산소
② 질소
③ 메탄
④ 수소

풀이 알루미늄분은 산성 물질과 반응하여 수소를 발생한다.(진한 질산에 녹지 않는다.)
$2Al + 6HCl \rightarrow 2AlCl_3 + 3H_2 \uparrow$

42 휘발유의 성질 및 취급 시의 주의사항에 관한 설명 중 틀린 것은?

① 증기가 모여 있지 않도록 통풍을 잘 시킨다.
② 인화점이 상온이므로 상온 이상에서는 취급 시 각별한 주의가 필요하다.
③ 정전기 발생에 주의해야 한다.
④ 강산화제 등과 혼촉 시 발화할 위험이 있다.

풀이 가솔린[주성분 : C_5H_{12}~C_9H_{20}] (지정수량 200L)
- 인화점 : −43~−20℃
- 발화점 : 300℃
- 비중 : 0.65~0.76
- 연소범위 : 1.4~7.6%
- 유출온도 30℃~210℃
- 증기비중 : 3~4

② 가솔린, 즉 휘발유의 인화점은 상온 이하이다.

정답 40. ③ 41. ④ 42. ②

43 위험물안전관리법령에서 정한 주유취급소의 고정주유설비 주위에 보유하여야 하는 주유 공지의 기준은?

① 너비 10m 이상, 길이 6m 이상　　② 너비 15m 이상, 길이 6m 이상
③ 너비 10m 이상, 길이 10m 이상　　④ 너비 15m 이상, 길이 10m 이상

풀이 주유취급소의 고정주유설비(펌프기기 및 호스기기로 되어 있는 것으로서 현수식의 것을 포함한다. 이하 같다.) 중 자동차 등에 직접 주유하기 위한 고정주유설비의 주위에는 주유를 받으려는 자동차 등이 출입할 수 있도록 너비 15m 이상, 길이 6m 이상의 콘크리트 등으로 포장한 공지(이하 '주유 공지'라 한다.)를 보유하여야 한다.

44 위험물안전관리법령상 벌칙의 기준이 나머지 셋과 다른 하나는?

① 제조소 등에 대한 긴급 사용정지 제한 명령을 위반한 자
② 탱크시험자로 등록하지 아니하고 탱크시험자의 업무를 한 자
③ 저장소 또는 제조소 등이 아닌 장소에서 지정수량 이상의 위험물을 저장 또는 취급한 자
④ 제조소 등의 완공검사를 받지 아니하고 위험물을 저장, 취급한 자

풀이 제조소 등의 완공검사를 받지 아니하고 위험물을 저장, 취급한 자는 500만 원 이하의 벌금. 나머지는 1년 이하의 징역 또는 1천만 원 이하의 벌금

45 위험물안전관리법령에서 정하는 위험등급 Ⅱ에 해당하지 않는 것은?

① 제1류 위험물 중 질산염류　　② 제2류 위험물 중 적린
③ 제3류 위험물 중 유기금속화합물　　④ 제4류 위험물 중 제2석유류

풀이

유별	제4류									
성질	인화성 액체									
위험등급	I	II			III					
지정수량(L)	50	200	400	400	1,000	2,000	2,000	4,000	6,000	10,000
품명	특	제1석유류		알	제2석유류		제3석유류		제	동
	수인화물	비수용성 액체	수용성 액체	코올류	비수용성 액체	수용성 액체	비수용성 액체	수용성 액체	4석유류	식물유류

정답 43. ② 44. ④ 45. ④

46 니트로셀룰로오스의 위험성에 대하여 옳게 설명한 것은?

① 물과 혼합하면 위험성이 감소된다.
② 공기 중에서 산화되지만 자연발화의 위험은 없다.
③ 건조할수록 발화의 위험성이 낮다.
④ 알코올과 반응하여 발화한다.

풀이 니트로셀룰로오스를 저장·운반 시 물 또는 알코올에 습면하고, 안정제를 가해서 냉암소에 저장한다.

47 $C_6H_2(NO)_3OH$와 CH_3NO_3의 공통성질에 해당하는 것은?

① 니트로화합물이다.
② 인화성과 폭발성이 있는 액체이다.
③ 무색의 방향성 액체이다.
④ 에탄올에 녹는다.

풀이 트리니트로페놀과 질산메틸은 에탄올에 녹는다.

48 위험물안전관리법령에서 정한 소화설비의 설치기준에 따라 다음 (　　) 안에 알맞은 숫자를 차례대로 나타낸 것은?

제조소 등에 전기설비(전기배선, 조명기구 등은 제외한다.)가 설치된 경우에는 당해 장소의 면적 (　　)m^2마다 소형 수동식 소화기를 (　　) 이상 설치할 것

① 50, 1　② 50, 2　③ 100, 1　④ 100, 2

풀이 제조소 등에 전기설비(전기배선, 조명기구 등은 제외한다.)가 설치된 경우에는 당해 장소의 면적 100m^2마다 소형 수동식 소화기를 1개 이상 설치해야 한다.

49 알루미늄 분말의 저장방법 중 옳은 것은?

① 에틸알코올 수용액에 넣어 보관한다.
② 밀폐용기에 넣어 건조한 곳에 저장한다.
③ 폴리에틸렌병에 넣어 수분이 많은 곳에 보관한다.
④ 염산 수용액에 넣어 보관한다.

풀이 알루미늄 분말은 유리병에 넣어 건조한 곳에 저장하고, 분진 폭발할 염려가 있기 때문에 화기에 주의해야 한다.

정답 46. ① 47. ④ 48. ③ 49. ②

50 다음 중 산을 가하면 이산화염소를 발생시키는 물질은?

① 아염소산나트륨 ② 브롬산나트륨 ③ 옥소산칼륨 ④ 중크롬산나트륨

풀이 아염소산나트륨($NaClO_2$)

- 자신은 불연성이고 무색의 결정성 분말로 조해성이 있으며 물에 잘 녹는다.
- 불안정하여 180℃ 이상 가열하면 산소를 방출한다.
- 아염소산나트륨은 강산화제로서 산화력이 매우 크고 단독으로 폭발을 일으킨다.
- 금속분, 유황 등 환원성 물질과 접촉하면 즉시 폭발한다.
- 티오황산나트륨, 디에틸에테르 등과 혼합하면 혼촉발화의 위험이 있다.
- 이산화염소에 수산화나트륨과 환원제를 가하고 다시 수산화칼슘을 작용시켜 만든다.
- 산을 가하면 이산화염소를 발생시킨다.

51 니트로글리세린에 관한 설명으로 틀린 것은?

① 상온에서 액체상태이다.
② 물에는 잘 녹지만 유기용매에는 녹지 않는다.
③ 충격 및 마찰에 민감하므로 주의해야 한다.
④ 다이너마이트의 원료로 쓰인다.

풀이 물에는 잘 녹지 않으나 에탄올이나, 에테르, 벤젠 등 유기용매에 잘 녹는다.

52 아세트산에틸의 일반 성질 중 틀린 것은?

① 과일냄새를 가진 휘발성 액체이다.
② 증기는 공기보다 무거워 낮은 곳에 체류한다.
③ 강산화제와의 혼촉은 위험하다.
④ 인화점은 -20℃ 이하이다.

풀이 인화점은 -2℃로 인화되기 쉽다.

53 위험물안전관리법령상 운송책임자의 감독, 지원을 받아 운송하여야 하는 위험물에 해당하는 것은?

① 알킬알루미늄, 산화프로필렌, 알킬리튬 ② 알킬알루미늄, 산화프로필렌
③ 알킬알루미늄, 알킬리튬 ④ 산화프로필렌, 알킬리튬

풀이 위험물안전관리법령상 운송책임자의 감독, 지원을 받아 운송하여야 하는 위험물 : 알킬알루미늄, 알킬리튬

정답 50. ① 51. ② 52. ④ 53. ③

54 위험물안전관리법령상 다음 (　　)에 알맞은 수치를 모두 합한 값은?

> - 과염소산의 지정수량은 (　　)kg이다.
> - 과산화수소는 농도가 (　　)wt% 미만인 것은 위험물에 해당하지 않는다.
> - 질산은 비중이 (　　) 이상인 것만 위험물로 규정한다.

① 349.36　　② 549.36
③ 337.49　　④ 537.49

풀이
- 과염소산의 지정수량은 (300)kg이다.
- 과산화수소는 농도가 (36)wt% 미만인 것은 위험물에 해당하지 않는다.
- 질산은 비중이 (1.49) 이상인 것만 위험물로 규정한다.

55 살충제 원료로 사용되기도 하는 암회색 물질로 물과 반응하여 포스핀 가스를 발생할 위험이 있는 것은?

① 인화아연　　② 수소화나트륨
③ 칼륨　　④ 나트륨

풀이 인화아연(Zn_3P_2)
- 분자량 : 258, 융점 : 420℃
- 살충제로 사용되며 순수한 물질일 때 암회색의 결정이다.
- 이황화탄소에 녹는다.

56 유황의 특성 및 위험성에 대한 설명 중 틀린 것은?

① 산화성 물질이므로 환원성 물질과 접촉을 피해야 한다.
② 전기의 부도체이므로 전기 절연제로 쓰인다.
③ 공기 중 연소 시 유해가스를 발생한다.
④ 분말상태인 경우 분진폭발의 위험성이 있다.

풀이 상온에서는 자연발화하지 않지만 매우 연소하기 쉬운 가연성 고체로 연소 시 유독한 SO_2을 발생하여 소화가 곤란하며 산화제와 혼합되어 있는 것은 약간의 가열, 충격 등에 의해 발화한다.

정답 54. ③　55. ①　56. ①

57 과산화벤조일 취급 시 주의사항에 대한 설명 중 틀린 것은?

① 수분을 포함하고 있으면 폭발하기 쉽다.
② 가열, 충격, 마찰을 피해야 한다.
③ 저장용기는 차고 어두운 곳에 보관한다.
④ 희석제를 첨가하여 폭발성을 낮출 수 있다.

풀이 벤조일퍼옥사이드(BPO)는 수성일 경우 함유율이 80(중량%) 이상일 때 지정유기과산화물이라 한다.

58 과염소산칼륨의 성질에 관한 설명 중 틀린 것은?

① 무색, 무취의 결정이다.
② 알코올, 에테르에 잘 녹는다.
③ 진한 황산과 접촉하면 폭발할 위험이 있다.
④ 400℃ 이상으로 가열하면 분해하여 산소가 발생한다.

풀이 과염소산칼륨(= $KClO_4$ = 과연소산칼리 = 퍼클로로산칼리)
- 무색, 무취 사방정계 결정 또는 백색 분말이다.
- 분해온도 400℃, 융점 610℃, 용해도 1.8(20℃), 비중 2.52
- 물, 알코올, 에테르에 잘 녹지 않는다.

59 분말의 형태로서 150마이크로미터의 체를 통과하는 것이 50중량퍼센트 이상인 것만 위험물로 취급되는 것은?

① Zn ② Fe ③ Ni ④ Cu

풀이 Zn : 분말의 형태로서 150마이크로미터의 체를 통과하는 것이 50중량퍼센트 이상인 것만 위험물로 취급되는 것이다.

60 다음 물질 중 인화점이 가장 높은 것은?

① 아세톤 ② 디에틸에테르 ③ 메탄올 ④ 벤젠

풀이 위험물의 인화점
① 아세톤(−18℃), ② 디에틸에테르 (−45℃), ③ 메탄올(11℃), ④ 벤젠(−11℃)

정답 57. ① 58. ② 59. ① 60. ③

Chapter

위험물기능사

(2016년 1월 24일)

Hazardous material Industrial Engineer

1 위험물제조소의 경우 연면적이 최소 몇 m^2이면 자동화재탐지설비를 설치해야 하는가? (단, 원칙적인 경우에 한한다.)

① 100 ② 300 ③ 500 ④ 1,000

풀이 위험물제조소의 경우 연면적이 $500m^2$이면 자동화재탐지설비를 설치해야 한다.

2 메틸알코올 8,000리터에 대한 소화능력으로 삽을 포함한 마른 모래를 몇 리터 설치하여야 하는가?

① 100 ② 200 ③ 300 ④ 400

풀이 $\frac{\text{저장수량}}{\text{지정수량}} \times 10\text{배} = \frac{8,000}{400} \times 10 = 200\text{L}$

3 지정수량의 몇 배 이상의 위험물을 취급하는 제조소에는 화재 발생 시 이를 알릴 수 있는 경보 설비를 설치하여야 하는가?

① 5 ② 10 ③ 20 ④ 100

풀이 지정수량의 10배 이상의 위험물을 취급하는 제조소에는 화재 발생 시 이를 알릴 수 있는 경보설비를 설치할 것

4 피크르산의 위험성 및 소화방법에 대한 설명으로 틀린 것은?

① 금속과 화합하여 예민한 금속염이 만들어질 수 있다.
② 운반 시 건조한 것보다는 물에 젖게 하는 것이 안전하다.
③ 알코올과 혼합된 것은 충격에 의한 폭발 위험이 있다.
④ 화재 시에는 질식소화가 효과적이다.

풀이 피크르산은 제5류 위험물로서 물질 자체에 다량의 산소를 함유하므로 질식소화는 소화효과가 없다.

정답 1. ③ 2. ② 3. ② 4. ④

5 단층건물에 설치하는 옥내탱크저장소의 탱크전용실에 비수용성의 제2석유류 위험물을 저장하는 탱크 1개를 설치할 경우, 설치할 수 있는 탱크의 최대용량은?

① 10,000L　　② 20,000L
③ 40,000L　　④ 80,000L

풀이 옥내저장탱크의 용량(동일한 탱크전용실에 2 이상 설치하는 경우에는 각 탱크의 용량의 합계)은 지정수량의 40배(제4석유류 및 동식물유류 외의 제4류 위험물 : 20,000L를 초과할 때는 20,000L) 이하일 것

6 위험물안전관리법령상 제6류 위험물에 적응성이 없는 것은?

① 스프링클러설비　　② 포소화설비
③ 불활성 가스소화설비　　④ 물분무소화설비

풀이 제6류 위험물 소화방법
- 불연성이지만 연소를 돕는 물질이므로 화재 시에는 가연물과 격리하도록 한다.
- 소화작업을 진행한 후 많은 물로 씻어 내리고, 마른 모래로 위험물의 비산(飛散)을 방지한다.
- 화재진압 시 공기호흡기, 방호의, 고무장갑, 고무장화 등을 반드시 착용한다.
- 이산화탄소와 할로겐화물 소화기는 산화성 액체 위험물의 화재에 사용하지 않는다.
- 소량 누출 시에는 다량의 물로 희석할 수 있지만 물과 반응하여 발열하므로 원칙적으로 소화 시 주수소화를 금지시킨다.

7 위험물안전관리법령상 위험물옥외탱크저장소에 방화에 관하여 필요한 사항을 게시한 게시판에 기재하여야 하는 내용이 아닌 것은?

① 위험물의 지정수량의 배수　　② 위험물의 저장최대수량
③ 위험물의 품명　　④ 위험물의 성질

풀이 옥외탱크저장소에는 ① 위험물의 지정수량의 배수, ② 위험물의 저장최대수량, ③ 위험물의 품명 등 방화에 관하여 필요한 사항을 게시한 게시판에 기재하여야 한다.

8 주된 연소형태가 증발연소인 것은?

① 나트륨　　② 코크스
③ 양초　　④ 니트로셀룰로오스

풀이 알코올, 에테르, 석유, 아세톤, 양초 등과 같은 가연성 액체가 액면에서 증발하는 가연성 증기가 착화되어 화염을 내고 이 화염의 온도에 의해서 액 표면의 온도를 상승시켜 증발을 촉진시켜 연소하는 형태

정답 5. ② 6. ③ 7. ④ 8. ③

9 금속화재에 마른 모래를 피복하여 소화하는 방법은?

① 제거소화　　② 질식소화
③ 냉각소화　　④ 억제소화

풀이 D급 화재(금속분 화재)
- 마그네슘과 같은 금속화재가 이에 속하며, 구분색은 없다.
- 소화방법 : 팽창질석, 팽창진주암, 마른 모래 등을 피복하여 소화한다.

10 위험물안전관리법령상 위험등급 I의 위험물에 해당하는 것은?

① 무기과산화물　　② 황화인
③ 제1석유류　　④ 유황

풀이

유별	제1류																
성질	산화성 고체																
위험등급	I				II			III		II				I	II		
지정수량(kg)	50	50	50	50	300	300	300	1,000	1,000	300	300	300	300	50	300	300	300
품명	아염소산염류	염소산염류	과염소산염류	무기과산화물	브롬산염류	질산염류	요오드산염류	과망간산염류	중크롬산염류	과요오드산염류	과요오드산	크롬, 납 또는 요오드의 산화물	아질산염류	차아염소산염류	염소화이소시아눌산	퍼옥소이황산염류	퍼옥소붕산염류

11 위험물안전관리법령상 옥내저장소에서 기계에 의하여 하역하는 구조로 된 용기만을 겹쳐 쌓아 위험물을 저장하는 경우 그 높이는 몇 미터를 초과하지 않아야 하는가?

① 2　　② 4
③ 6　　④ 8

풀이 '옥내저장소에서 위험물을 저장하는 경우 기계에 의하여 하역하는 구조로 된 용기만을 겹쳐 쌓는 경우에는 6m 높이를 초과하여 용기를 겹쳐 쌓지 아니하여야 한다.'

12 연소가 잘 이루어지는 조건으로 거리가 먼 것은?

① 가연물의 발열량이 클 것　② 가연물의 열전도율이 클 것
③ 가연물과 산소의 접촉표면적이 클 것　④ 가연물의 활성화 에너지가 작을 것

풀이 가연물이 될 수 있는 조건
- 연소열, 즉 발열량이 클 것
- 열전도율이 작을 것
- 활성화 에너지가 작을 것
- 산소와 친화력이 좋을 것
- 표면적이 넓을 것
- 연쇄 반응을 일으킬 수 있는 것

13 위험물안전관리법령상 위험물의 운반에 관한 기준에서 적재 시 혼재가 가능한 위험물을 옳게 나타낸 것은?(단, 각각 지정수량의 10배 이상인 경우이다.)

① 제1류와 제4류　② 제3류와 제6류
③ 제1류와 제5류　④ 제2류와 제4류

풀이 혼재 가능 위험물은 다음과 같다.
- 423 → 4류와 2류, 4류와 3류는 서로 혼재 가능
- 524 → 5류와 2류, 5류와 4류는 서로 혼재 가능
- 61 → 6류와 1류는 서로 혼재 가능

14 위험물제조소 표지 및 게시판에 대한 설명이다. 위험물안전관리 법령상 옳지 않은 것은?

① 표지는 한 변의 길이가 0.3m, 다른 한 변의 길이가 0.6m 이상으로 하여야 한다.
② 표지의 바탕은 백색, 문자는 흑색으로 하여야 한다.
③ 취급하는 위험물에 따라 규정에 의한 주의사항을 표시한 게시판을 설치하여야 한다.
④ 제2류 위험물(인화성 고체 제외)은 '화기엄금' 주의사항 게시판을 설치하여야 한다.

풀이 다음 각 목의 구분에 의한 주의사항
- 제1류 위험물 중 무기과산화물류 및 삼산화크롬의 경우에는 '화기, 충격주의', '물기엄금' 및 '가연물접촉주의', 그 밖의 것의 경우에는 '화기, 충격주의' 및 '가연물접촉주의'
- 제2류 위험물 중 철분, 금속분 또는 마그네슘의 경우에는 '화기주의' 및 '물기엄금', 그 밖의 것의 경우에는 '화기주의'
- 제3류 위험물 중 자연발화성 물품의 경우에는 '화기엄금' 및 '공기노출엄금', 금수성 물품의 경우에는 '물기엄금'
- 제4류 위험물의 경우에는 '화기엄금'
- 제5류 위험물의 경우에는 '화기엄금' 및 '충격주의'
- 제6류 위험물 중 과염소산, 과산화수소 및 질산의 경우에는 '가연물접촉주의'

정답 12. ②　13. ④　14. ④

15 석유류가 연소할 때 발생하는 가스로 강한 자극적인 냄새가 나며 취급하는 장치를 부식시키는 것은?

① H_2 ② CH_4 ③ NH_3 ④ SO_2

풀이 SO_2는 독성이 강하여 공기 속에 0.003% 이상이 되면 식물이 죽고, 0.012% 이상이 되면 인체에 치명적인 해가 되기도 한다. 석유, 석탄 속에 들어 있는 유황화합물의 연소로 인한 대기오염이 산성비와 이에 따른 호수와 늪의 산성화의 원인이 되고 있다.

16 그림과 같이 횡으로 설치한 원통형 위험물탱크에 대하여 탱크의 용량을 구하면 약 몇 m³인가?(단, 공간용적은 탱크 내용적의 100분의 5로 한다.)

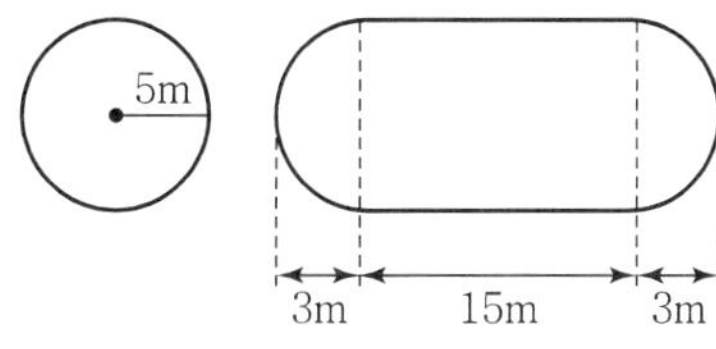

① 52.4 ② 291.6 ③ 994.8 ④ 1047.2

풀이 용량 : $\pi r^2\left(l + \frac{l_1 + l_2}{3}\right) = 3.14 \times 5^2 \times (10 + \frac{5+5}{3}) = 1,046.67 - 52.33(\text{공간용적}) = 994.8$

17 위험물을 취급함에 있어서 정전기를 유효하게 제거하기 위한 설비를 설치하고자 한다. 위험물안전관리법령상 공기 중의 상대 습도를 몇 % 이상 되게 하여야 하는가?

① 50 ② 60 ③ 70 ④ 80

풀이 정전기 방지법
- 접지에 의한 방법
- 공기 중의 상대습도를 70% 이상으로 하는 방법
- 공기를 이온화하는 방법

18 제3종 분말소화약제의 열분해 시 생성되는 메타인산의 화학식은?

① H_3PO_4 ② HPO_3
③ $H_4P_2O_7$ ④ $CO(NH_2)_2$

정답 15. ④ 16. ③ 17. ③ 18. ②

풀이

종류	주성분	착색	적응 화재	열분해 반응식
제1종 분말	$NaHCO_3$ (탄산수소 나트륨)	백색	B, C	$2NaHCO_3 \rightarrow Na_2CO_3 + CO_2 + H_2O$
제2종 분말	$KHCO_3$ (탄산수소 칼륨)	보라색	B, C	$2KHCO_3 \rightarrow K_2CO_3 + CO_2 + H_2O$
제3종 분말	$NH_4H_2PO_4$ (제1인산 암모늄)	담홍색	A, B, C	$NH_4H_2PO_4 \rightarrow HPO_3 + NH_3 + H_2O$
제4종 분말	$KHCO_3 + (NH_2)_2CO$ (탄산수소 칼륨+요소)	회백색	B, C	$2KHCO_3 + (NH_2)_2CO \rightarrow K_2CO_3 + 2NH_3 + 2CO_2$

19 위험물안전관리법령상 제조소 등의 관계인은 예방규정을 정하여 누구에게 제출하여야 하는가?

① 국민안전처장관 또는 행정자치부장관
② 국민안전처장관 또는 소방서장
③ 시·도지사 또는 소방서장
④ 한국소방안전협회장 또는 국민안전처장관

풀이 위험물안전관리법령상 제조소 등의 관계인은 예방규정을 정하여 시·도지사 또는 소방서장에게 제출하여야 한다.

20 다음 중 연소의 3요소를 모두 갖춘 것은?

① 휘발유+공기+수소
② 적린+수소+성냥불
③ 성냥불+황+염소산암모늄
④ 알코올+수소+염소산암모늄

풀이 성냥불(점화원)+ 황(가연물)+염소산암모늄(산소공급원)

21 위험물의 저장방법에 대한 설명으로 옳은 것은?

① 황화인은 알코올 또는 과산화물 속에 저장하여 보관한다.
② 마그네슘은 건조하면 분진폭발의 위험성이 있으므로 물에 습윤하여 저장한다.
③ 적린은 화재 예방을 위해 할로겐 원소와 혼합하여 저장한다.
④ 수소화리튬은 저장용기에 아르곤과 같은 불활성 기체를 봉입한다.

풀이 수소화리튬은 저장용기에 아르곤과 같은 불활성 기체를 봉입한다.

정답 19. ③ 20. ③ 21. ④

22 다음은 P_2S_5와 물의 화학반응이다. (　　) 안에 알맞은 숫자를 차례대로 나열한 것은?

P_2S_5 + (　　) H_2O → (　　) H_2S + (　　) H_3PO_4

① 2, 8, 5　　② 2, 5, 8
③ 8, 5, 2　　④ 8, 2, 5

풀이 오황화인이 물과 반응하면 다음과 같다.
$P_2S_5 + 8H_2O \rightarrow 5H_2S + 2H_3PO_4$

23 위험물안전관리법령상 제조소에서 취급하는 제4류 위험물의 최대수량의 합이 지정수량의 12만 배 미만인 사업소에 두어야 하는 화학소방자동차 및 소방대원의 수의 기준으로 옳은 것은?

① 1대 - 5인　　② 2대 - 10인
③ 3대 - 15인　　④ 4대 - 20인

풀이

제조소 및 일반취급소의 구분	화학소방자동차	조작인원
지정 수량의 12만 배 미만을 저장·취급하는 것	1대	5인
지정 수량의 12만 배 이상 24만 배 미만을 저장·취급하는 것	2대	10인
지정 수량의 24만 배 이상 48만 배 미만을 저장·취급하는 것	3대	15인
지정 수량의 48만 배 이상을 저장·취급하는 것	4대	20인

24 위험물안전관리법령상 위험물 운반용기의 외부에 표시하여야 하는 사항에 해당하지 않는 것은?

① 위험물에 따라 규정된 주의사항
② 위험물의 지정수량
③ 위험물의 수량
④ 위험물의 품명

풀이 위험물의 포장 외부에 표시해야 할 사항
- 위험물의 품명
- 화학명 및 수용성
- 위험물의 수량
- 수납위험물의 주의사항
- 위험등급

정답 22. ③　23. ①　24. ②

25 염소산칼륨의 성질에 대한 설명으로 옳은 것은?

① 가연성 고체이다.
② 강력한 산화제이다.
③ 물보다 가볍다.
④ 열분해하면 수소를 발생한다.

풀이 염소산칼륨의 물리·화학적 성질

- 무색, 무취단사정계 판상결정 또는 불연성 분말로서 이산화망간 등이 존재하면 분해가 촉진되어 산소를 방출한다.
- 분해온도 400℃, 비중 2.32, 융점 368.4℃, 용해도 7.3(20℃)
- 산성 물질로 온수, 글리세린에 잘 녹고, 냉수, 알코올에는 잘 녹지 않는다.
- 촉매 없이 400℃ 부근에서 분해
  (1) $2KClO_3 \rightarrow KCl + KCLO_4 + O_2 \uparrow$
  (2) $2KClO_3 \rightarrow 2KCl + 3O_2$
  ※ ②번 반응에서 실제로 산소를 발생시키기 위해 MnO_2를 가하는 이유는 MnO_2가 활성화 에너지를 감소시켜 반응속도가 빨라지게 하기 때문이다.
- 강력한 산화제로서 산과 반응하여 ClO_2를 발생하고 폭발위험이 있다.
- 차가운 맛이 있으며 인체에 유독하다.
- 환기가 잘 되고 찬 곳에 보관한다.
- 목탄과 반응하면 발화, 폭발의 위험성이 있다.

26 저장하는 위험물의 최대수량이 지정수량의 25배일 경우, 건축물의 벽·기둥 내화구조로 된 위험물옥내저장소의 보유공지는 몇 m 이상이어야 하는가?

① 0.5 ② 1 ③ 2 ④ 3

풀이

저장 또는 취급하는 위험물의 최대 수량	공지의 너비	
	벽, 기둥 및 바닥이 내화구조로 된 건축물	기타의 건축물
지정수량의 5배 미만		0.5m 이상
지정수량의 5배 이상 20배 미만	1m 이상	1.5m 이상
지정수량의 20배 이상 50배 미만	2m 이상	3m 이상
지정수량의 50배 이상 100배 미만	3m 이상	5m 이상
지정수량의 100배 이상 200배 미만	5m 이상	10m 이상
지정수량의 200배 이상	10m 이상	15m 이상

27 위험물안전관리법령상 운반차량에 혼재해서 적재할 수 없는 것은?(단, 각각의 지정수량은 10배인 경우이다.)

① 염소화규소화합물 – 특수인화물
② 고형알코올 – 니트로화합물
③ 염소산염류 – 질산
④ 질산구아니딘 – 황린

정답 25. ② 26. ③ 27. ④

풀이 혼재 가능 위험물은 다음과 같다.
- 423 → 4류와 2류, 4류와 3류는 서로 혼재 가능
- 524 → 5류와 2류, 5류와 4류는 서로 혼재 가능
- 61 → 6류와 1류는 서로 혼재 가능

질산구아니딘(제5류 위험물) - 황린(제3류 위험물)이므로 운반차량에 혼재해서 적재할 수 없다.

28 가솔린의 연소범위(vol%)에 가장 가까운 것은?

① 1.4~7.6 ② 8.3~11.4 ③ 12.5~19.7 ④ 22.3~32.8

풀이 가솔린의 성상
- 인화점 : -43~-20℃
- 발화점 : 300℃
- 비중 : 0.65~0.76
- 연소범위 : 1.4~7.6%
- 유출온도 : 30℃~210℃

29 위험물의 저장방법에 대한 설명 중 틀린 것은?

① 황린은 공기와의 접촉을 피해 물속에 저장한다.
② 황은 정전기의 축적을 방지하여 저장한다.
③ 알루미늄 분말은 건조한 공기 중에서 분진폭발의 위험이 있으므로 정기적으로 분무상의 물을 뿌려야 한다.
④ 황화인은 산화제와의 혼합을 피해 격리해야 한다.

풀이 알루미늄분은 분진폭발의 위험이 있으므로 건조사로 피복소화한다.

30 제4류 위험물의 화재예방 및 취급방법으로 옳지 않은 것은?

① 이황화탄소는 물속에 저장한다.
② 아세톤은 일광에 의해 분해될 수 있으므로 갈색병에 보관한다.
③ 초산은 내산성 용기에 저장하여야 한다.
④ 건성유는 다공성 가연물과 함께 보관한다.

풀이 건성유
- 요오드값이 130 이상인 것
- 건성유는 섬유류 등에 스며들지 않도록 한다(자연 발화의 위험성이 있기 때문에).
- 공기 중 산소와 결합하기 쉽다.
- 고급 지방산의 글리세린 에스테르이다.
- 해바라기 기름, 동유, 정어리기름, 아마인유, 들기름, 대구유, 상어

정답 28. ① 29. ③ 30. ④

31 위험물안전관리법령상 품명이 나머지 셋과 다른 하나는?

① 트리니트로톨루엔 ② 니트로글리세린 ③ 니트로글리콜 ④ 셀룰로이드

풀이

위험물			지정수량
유별	성질	품명	
제5류	자기반응성물질	1. 유기과산화물	10kg
		2. 질산에스테르류(니트로글리세린, 니트로글리콜, 셀룰로이드)	10kg
		3. 니트로화합물(트리니트로톨루엔)	200kg
		4. 니트로소화합물	200kg
		5. 아조화합물	200kg
		6. 디아조화합물	200kg
		7. 히드라진 유도체	200kg
		8. 히드록실아민	100kg
		9. 히드록실아민염류	100kg
		10. 그 밖에 행정자치부령이 정하는 것 11. 제1호 내지 제10호의 1에 해당하는 어느 하나 이상을 함유한 것	10kg, 100kg 또는 200kg

32 부틸리튬(n-Butyl lithium)에 대한 설명으로 옳은 것은?

① 무색의 가연성 고체이며 자극성이 있다.
② 증기는 공기보다 가볍고 점화원에 의해 선화의 위험이 있다.
③ 화재 발생 시 이산화탄소소화설비는 적응성이 없다.
④ 탄화수소나 다른 극성의 액체에 용해가 잘 되며 휘발성은 없다.

풀이
- 인화점보다 높은 온도에서 증기/공기 혼합물은 폭발성이 있음.
- 누출 시 공기 중에서 자기발화함
- 화재 시 충분한 안전거리를 두고 진화할 것
- 화재 시 금수성이므로 물과 이산화탄소는 비효율적이며 분말소화약제를 이용하여 소화할 것
- 누출 시 모든 점화원과의 접촉을 피할 것

33 니트로글리세린은 여름철(30℃)과 겨울철(0℃)에 어떤 상태인가?

① 여름-기체, 겨울-액체 ② 여름-액체, 겨울-액체
③ 여름-액체, 겨울-고체 ④ 여름-고체, 겨울-고체

풀이 니트로글리세린은 여름에는 액체, 겨울에는 고체상태로 존재한다.

정답 31. ① 32. ③ 33. ③

34 정기점검 대상 제조소 등에 해당하지 않는 것은?

① 이동탱크저장소
② 지정수량 120배의 위험물을 지장하는 옥외저장소
③ 지정수랑 120배의 위험물을 지장하는 옥내저장소
④ 이송취급소

풀이 정기점검의 대상인 제조소 등

1. 지정수량 10배 이상의 위험물을 취급하는 제조소
2. 지정수량의 100배 이상의 위험물을 저장하는 옥외저장소
3. 지정수량의 150배 이상의 위험물을 저장하는 옥내저장소
4. 지정수량의 200배 이상의 위험물을 저장하는 옥외탱크저장소
5. 암반탱크저장소
6. 이송취급소
7. 지정수량의 10배 이상의 위험물을 취급하는 일반취급소 다만 인화점이 40℃ 이상인 제4류 위험물만을 지정수량의 40배 이하로 취급하는 일반취급소로서 다음 '가', '나'에 해당하는 것은 제외한다.
   가. 보일러, 버너 또는 이와 비슷한 것으로서 위험물을 소비하는 장치로 이루어진 일반취급소
   나. 위험물을 용기에 다시 채워 넣는 일반취급소
8. 지하탱크 저장소
9. 이동탱크 저장소
10. 위험물을 취급하는 탱크로서 지하에 매설된 탱크가 있는 제조소, 주유취급소 또는 일반취급소

35 위험물안전관리법령상 자동화재탐지설비의 설치기준으로 옳지 않은 것은?

① 경계구역은 건축물의 최소 2개 이상의 층에 걸치도록 할 것
② 하나의 경계구역의 면적은 600m^2 이하로 할 것
③ 감지기는 지붕 또는 벽의 옥내에 면한 부분에 유효하게 화재의 발생을 감지할 수 있도록 설치할 것
④ 비상전원을 설치할 것

풀이 자동화재탐지설비의 경계구역(화재가 발생한 구역을 다른 구역과 구분하여 식별할 수 있는 최소단위의 구역을 말한다. 이하 이 호 및 제2호에서 같다)은 건축물 그 밖의 공작물의 2 이상의 층에 걸치지 아니하도록 할 것. 다만, 하나의 경계구역의 면적이 500m^2 이하이면서 당해 경계구역이 두 개의 층에 걸치는 경우이거나 계단·경사로·승강기의 승강로 그 밖에 이와 유사한 장소에 연기감지기를 설치하는 경우에는 그러하지 아니하다.

정답 34. ③ 35. ①

36 위험물에 대한 설명으로 틀린 것은?

① 과산화나트륨은 산화성이 있다.
② 과산화나트륨은 인화점이 매우 낮다.
③ 과산화바륨과 염산을 반응시키면 과산화수소가 생긴다.
④ 과산화바륨의 비중은 물보다 크다.

풀이 과산화물 자신은 불연성 물질이지만 가열하면 분해하여 산소를 방출한다.
$2Na_2O_2 \rightarrow 2Na_2O + O_2 \uparrow$

37 위험물안전관리법령상 지정수량이 50kg인 것은?

① $KMnO_4$　② $KClO_2$
③ $NaIO_3$　④ NH_4NO_3

풀이

위험물			지정수량
유별	성질	품명	
제1류	산화성 고체	1 .아염소산염류	50kg
		2. 염소산염류	50kg
		3. 과염소산염류	50kg
		4. 무기과산화물	50kg
		5. 브롬산염류	300kg
		6. 질산염류	300kg
		7. 요오드산염류	300kg
		8. 과망간산염류	1,000kg
		9. 중크롬산염류	1,000kg
		10. 그 밖에 행정자치부령이 정하는 것 11. 제1호 내지 제10호의 1에 해당하는 어느 하나 이상을 함유한 것	50kg, 300kg 또는 1,000kg

38 적린이 연소하였을 때 발생하는 물질은?

① 인화수소　② 포스겐
③ 오산화인　④ 이산화황

풀이 적린이 연소하면 P_2O_5의 흰 연기가 생긴다.

정답 36. ② 37. ② 38. ③

39 상온에서 액체 물질로만 조합된 것은?

① 질산메틸, 니트로글리세린 ② 피크린산, 질산메틸
③ 트리니트로톨루엔, 디니트로벤젠 ④ 니트로글리콜, 테트릴

풀이 ① 질산메틸(상온에서 액체), 니트로글리세린(상온에서 액체)
② 피크린산(황색침상결정), 질산메틸(상온에서 액체)
③ 트리니트로톨루엔(담황색 결정), 디니트로벤젠(황색결정)
④ 니트로글리콜(기름모양의 액체), 테트릴(담황색 단사결정)

40 제3류 위험물 중 금수성 물질을 제외한 위험물에 적응성이 있는 소화설비가 아닌 것은?

① 분말소화설비 ② 스프링클러설비
③ 옥내소화전설비 ④ 포소화설비

풀이 자연발화성 물질에 소화효과가 없는 것은 분말소화설비이다.

41 니트로화합물, 니트로소화합물, 질산에스테르류, 히드록실아민을 각각 50킬로그램씩 저장하고 있을 때 지정수량의 배수가 가장 큰 것은?

① 니트로화합물 ② 니트로소화합물
③ 질산에스테르류 ④ 히드록실아민

풀이 지정수량이 작을수록 지정수량의 배수가 크다.

위험물			지정수량
유별	성질	품명	
제5류	자기반응성물질	1. 유기과산화물	10kg
		2. 질산에스테르류	10kg
		3. 니트로화합물	200kg
		4. 니트로소화합물	200kg
		5. 아조화합물	200kg
		6. 디아조화합물	200kg
		7. 히드라진 유도체	200kg
		8. 히드록실아민	100kg
		9. 히드록실아민염류	100kg
		10. 그 밖에 행정자치부령이 정하는 것	10kg, 100kg 또는 200kg
		11. 제1호 내지 제10호의 1에 해당하는 어느 하나 이상을 함유한 것	

정답 39. ① 40. ① 41. ③

42 위험물안전관리법령상 운송책임자의 감독 · 지원을 받아 운송하여야 하는 위험물에 해당하는 것은?

① 특수인화물
② 알킬리튬
③ 질산구아니딘
④ 히드라진 유도체

풀이 운송책임자의 감독, 지원을 받아 운송하여야 하는 것으로 대통령령이 정하는 위험물
1. 알킬 알루미늄
2. 알킬리튬
3. 알킬 알루미늄, 알킬리튬을 함유하는 위험물

43 질산암모늄에 대한 설명으로 옳은 것은?

① 물에 녹을 때 발열반응을 한다.
② 가열하면 폭발적으로 분해하여 산소와 암모니아를 생성한다.
③ 소화방법으로 질식소화가 좋다.
④ 단독으로도 급격한 가열, 충격으로 분해 · 폭발할 수 있다.

풀이 질산암모늄(NH_4NO_3 = 초반)
- 무색, 무취의 백색 결정 고체
- 분해온도 220℃, 융점 165℃, 용해도 118.3(0℃), 비중 1.73
- 조해성이 있고 물, 알코올, 알칼리에 잘 녹는다.
- 물을 흡수하면 흡열반응을 한다.
- 급격한 가열하면 산소를 발생하고, 충격을 주면 단독으로도 폭발한다.
  $2NH_4NO_3 \rightarrow 4H_2O + 2N_2 + O_2$
- 강력한 산화제이기 때문에 혼합화약의 재료로 쓰인다.
- 소화 시 주수소화법을 적용한다.

44 다음 중 위험물안전관리법에서 정의한 '제조소'의 의미로 가장 옳은 것은?

① '제조소'라 함은 위험물을 제조할 목적으로 지정수량 이상의 위험물을 취급하기 위하여 허가를 받은 장소임
② '제조소'라 함은 지정수량 이상의 위험물을 제조할 목적으로 위험물을 취급하기 위하여 허가를 받은 장소임
③ '제조소'라 함은 지정수량 이상의 위험물을 제조할 목적으로 지정수량 이상의 위험물을 취급하기 위하여 허가를 받은 장소임
④ '제조소'라 함은 위험물을 제조할 목적으로 위험물을 취급하기 위하여 허가를 받은 장소임

풀이 '제조소'라 함은 위험물을 제조할 목적으로 지정수량 이상의 위험물을 취급하기 위하여 허가를 받은 장소이다.

정답 42. ② 43. ④ 44. ①

45 탄화칼슘의 성질에 대하여 옳게 설명한 것은?

① 공기 중에서 아르곤과 반응하여 불연성 기체를 발생한다.
② 공기 중에서 질소와 반응하여 유독한 기체를 낸다.
③ 물과 반응하면 탄소가 생성된다.
④ 물과 반응하여 아세틸렌가스가 생성된다.

풀이 물과 반응하여 수산화칼슘(=소석회)과 아세틸렌가스가 생성된다.
$CaC_2+2H_2O \rightarrow Ca(OH)_2+C_2H_2\uparrow$

46 위험물안전관리법령상 '연소의 우려가 있는 외벽'은 기산점이 되는 선으로부터 3m(2층 이상의 층에 대해서는 5m) 이내에 있는 제조소 등의 외벽을 말하는데 이 기산점이 되는 선에 해당하지 않는 것은?

① 동일 부지 내의 다른 건축물과 제조소 부지 간의 중심선
② 제조소 등에 인접한 도로의 중심선
③ 제조소 등이 설치된 부지의 경계선
④ 제조소 등의 외벽과 동일 부지 내의 다른 건축물의 외벽 간의 중심선

풀이 위험물 제조소에서 연소 우려가 있는 외벽은 기산점이 되는 선으로부터 3m(2층 이상의 층에 대해서는 5m) 이내에 있는 외벽을 말하는데 이 기산점이 되는 선은 제조소 등에 인접한 도로의 중심선, 그리고 제조소 등이 설치된 부지의 경계선, 제조소 등의 외벽과 동일 부지 내의 다른 건축물의 외벽 간의 중심선을 말한다.

47 위험물안전관리법령에 명기된 위험물의 운반용기 재질에 포함되지 않는 것은?

① 고무류 ② 유리 ③ 도자기 ④ 종이

풀이 운반용기의 재질은 금속판, 고무류, 유리, 플라스틱, 파이버, 폴리에틸렌, 합성수지, 종이 또는 나무로 하여야 한다.

48 특수인화물 200L와 제4석유류 12,000L를 저장할 때 각각의 지정수량 배수의 합은 얼마인가?

① 3 ② 4 ③ 5 ④ 6

풀이

$$\text{계산값} = \frac{\text{A품명의 저장수량}}{\text{A품명의 지정수량}} + \frac{\text{B품명의 저장수량}}{\text{B품명의 지정수량}} + \frac{\text{C품명의 저장수량}}{\text{C품명의 지정수량}} + \cdots$$

$$= \frac{200}{50} + \frac{12,000}{6,000} = 6$$

정답 45. ④ 46. ① 47. ③ 48. ④

49 다음 위험물 중 착화온도가 가장 높은 것은?

① 이황화탄소　② 디에틸에테르
③ 아세트알데히드　④ 산화프로필렌

풀이 ① 이황화탄소(90~100℃)　② 디에틸에테르(180℃)
③ 아세트알데히드(175℃)　④ 산화프로필렌(465℃)

50 동 · 식물 유류에 대한 설명 중 틀린 것은?

① 연소하면 열에 의해 액온이 상승하여 화재가 커질 위험이 있다.
② 요오드값이 낮을수록 자연발화의 위험이 높다.
③ 동유는 건성유이므로 자연발화의 위험이 있다.
④ 요오드값이 100~200인 것을 반건성유라고 한다.

풀이 요오드값이 높을수록 자연발화의 위험이 높다.

51 위험물안전관리법령상 위험물 운반 시 방수성 덮개를 하지 않아도 되는 위험물은?

① 나트륨　② 적린
③ 철분　④ 과산화칼륨

풀이 제1류 위험물 중 무기과산화물류삼산화크롬, 제2류 위험물 중 철분, 금속분, 마그네슘 또는 제3류 위험물에 대하여는 방수성이 있는 피복으로 덮을 것

52 연소할 때 연기가 거의 나지 않아 밝은 곳에서 연소상태를 잘 느끼지 못하는 물질로 독성이 매우 강해 먹으면 실명 또는 사망에 이를 수 있는 것은?

① 메틸알코올　② 에틸알코올
③ 등유　④ 경유

풀이 메틸알코올의 성상
- 무색, 투명한 액체로서 물, 에테르에 잘 녹고, 알코올류 중에서 수용성이 가장 높다.
- 독성이 있다(소량 마시면 눈이 멀게 된다).

정답 49. ④　50. ②　51. ②　52. ①

53 질산과 과산화수소의 공통적인 성질을 옳게 설명한 것은?

① 물보다 가볍다. ② 물에 녹는다.
③ 점성이 큰 액체로서 환원제이다. ④ 연소가 매우 잘 된다.

풀이 질산과 과산화수소는 물에 녹는다.

54 제조소 등의 위치·구조 또는 설비의 변경 없이 해당 제조소 등에서 저장하거나 취급하는 위험물의 품명·수량 또는 지정수량의 배수를 변경하고자 하는 자는 변경하고자 하는 날의 며칠 전까지 총리령이 정하는 바에 따라 시·도지사에게 신고하여야 하는가?

① 7일 ② 14일 ③ 21일 ④ 30일

풀이 제조소 등의 위치, 구조 또는 설비의 변경 없이 당해 제조소 등에서 취급하는 위험물의 품명을 변경하고자 하는 자는 변경하고자 하는 날의 7일 전까지 신고하여야 한다.

55 과산화벤조일과 과염소산의 지정수량의 합은 몇 kg인가?

① 310 ② 350 ③ 400 ④ 500

풀이 과산화벤조일은 제5류 위험물 유기과산화물에 해당되며 유기과산화물의 지정수량 10kg이고 과염소산은 제6류 위험물로서 지정수량 300kg이다.

56 황가루가 공기 중에 떠 있을 때의 주된 위험성에 해당하는 것은?

① 수증기 발생 ② 전기감전 ③ 분진폭발 ④ 인화성 가스 발생

풀이 분진폭발 : 가연성 고체의 미세한 분물이 일정 농도 이상 공기 중에 분산되어 있을 때 점화원에 의하여 연소 폭발되는 현상

57 위험물의 인화점에 대한 설명으로 옳은 것은?

① 톨루엔이 벤젠보다 낮다. ② 피리딘이 톨루엔보다 낮다.
③ 벤젠이 아세톤보다 낮다. ④ 아세톤이 피리딘보다 낮다.

풀이 ① 톨루엔(4℃)이 벤젠(−11℃)보다 높다. ② 피리딘(20℃)이 톨루엔(4℃)보다 높다.
③ 벤젠(−11℃)이 아세톤(−18℃)보다 높다. ④ 아세톤(−18℃)이 피리딘(20℃)보다 낮다.

정답 53. ② 54. ① 55. ① 56. ③ 57. ④

58 저장 또는 취급하는 위험물의 최대수량이 지정수량의 500배 미만일 때 옥외저장탱크의 측면으로부터 몇 m 이상의 보유공지를 유지하여야 하는가?(단, 제6류 위험물은 제외한다.)

① 1　　② 2　　③ 3　　④ 4

풀이

저장 또는 취급하는 위험물의 최대저장량	공지의 너비
지정수량의 500배 미만	3m 이상
지정수량의 500배 이상 1,000배 미만	5m 이상
지정수량의 1,000배 이상 2,000배 미만	9m 이상
지정수량의 2,000배 이상 3,000배 미만	12m 이상
지정수량의 3,000배 이상 4,000배 미만	15m 이상
지정수량의 4,000배 이상	당해 탱크의 최대지름과 탱크의 높이 또는 길이 중 큰 것과 같은 거리 이상이어야 한다. 다만, 30m 초과의 경우에는 30m 이상으로 할 수 있고, 15m 미만의 경우에는 15m 이상으로 하여야 한다.

59 위험물안전관리법령상 옥내저장소 저장창고의 바닥은 물이 스며 나오거나 스며들지 아니하는 구조로 하여야 한다. 다음 중 반드시 이 구조로 하지 않아도 되는 위험물은?

① 제1류 위험물 중 알칼리금속의 과산화물
② 제4류 위험물
③ 제5류 위험물
④ 제2류 위험물 중 철분

풀이 옥내저장소 저장창고의 바닥은 물이 스며 나오거나 스며들지 아니하는 구조로 하여야 한다(단, 고체위험물은 제외)

60 다음 중 산화성 고체 위험물에 속하지 않는 것은?

① Na_2O_2　　② $HClO_4$
③ NH_4ClO_4　　④ $KClO_3$

풀이 산화성 고체 위험물은 제1류 위험물이다. 과염소산은 제6류 위험물에 해당된다.

정답 58. ③　59. ③　60. ②

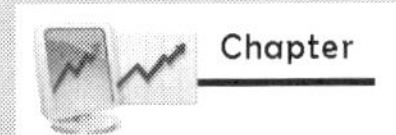

Chapter

위험물기능사

(2016년 4월 2일)

Hazardous material Industrial Engineer

1 다음 중 제4류 위험물의 화재 시 물을 이용한 소화를 시도하기 전에 고려해야 하는 위험물의 성질로 가장 옳은 것은?

① 수용성, 비중　　② 증기비중, 끓는점
③ 색상, 발화점　　④ 분해온도, 녹는점

풀이 제4류 위험물은 일반적으로 물보다 가볍고, 물에 녹지 않는 것이 많으며, 증기는 대부분 공기보다 무겁기 때문에 가연성 증기는 낮은 곳에 체류하게 되어 점화원에 의해 연소, 폭발할 수 있다.

2 다음 점화에너지 중 물리적 변화에서 얻어지는 것은?

① 압축열　　② 산화열
③ 중합열　　④ 분해열

풀이 화학적 에너지 : 산화열, 분해열, 중합열 등

3 금속분의 연소 시 주수소화하면 위험한 원인으로 옳은 것은?

① 물에 녹아 산이 된다.
② 물과 작용하여 유독가스를 발생한다.
③ 물과 작용하여 수소가스를 발생한다.
④ 물과 작용하여 산소가스를 발생한다.

풀이 금속분은 물과 작용하여 수소가스를 발생한다.

정답 1. ① 2. ① 3. ③

4 다음 중 유류저장 탱크화재에서 일어나는 현상으로 거리가 먼 것은?

① 보일오버 ② 플래시오버 ③ 슬롭오버 ④ BELVE

풀이 플래시오버

비교적 낮은 온도에서 번지지만 일단 벽체의 내장재나 가구 등에 착화 후 불이 커져 천장에 이르면 급속도로 수평방향으로 불이 번져 연소면적이 넓어진다. 이와 동시에 복사열에 의해 실내에 있는 가연물의 열분해가 한층 촉진되어 가연성 가스와 공기가 혼합되면서 연소범위에 들어가게 되며 연소 중의 불에 인화하여 급속히 화재가 확대, 실내 전체가 불길에 휩싸여 온도는 상승하기 시작한다. 이 현상을 말한다.

5 다음 중 정전기 방지대책으로 가장 거리가 먼 것은?

① 접지를 한다.
② 공기를 이온화한다.
③ 21% 이상의 산소농도를 유지하도록 한다.
④ 공기의 상대습도를 70% 이상으로 한다.

풀이 정전기 방지법

- 접지에 의한 방법
- 공기 중의 상대습도를 70% 이상으로 하는 방법
- 공기를 이온화하는 방법

6 폭발의 종류에 따른 물질이 잘못 짝지어진 것은?

① 분해폭발 - 아세틸렌, 산화에틸렌 ② 분진폭발 - 금속분, 밀가루
③ 중합폭발 - 시안화수소, 염화비닐 ④ 산화폭발 - 히드라진, 과산화수소

풀이 히드라진은 분해폭발을 일으키는 물질이다.

7 착화 온도가 낮아지는 원인과 가장 관계가 있는 것은?

① 발열량이 적을 때 ② 압력이 높을 때
③ 습도가 높을 때 ④ 산소와의 결합력이 나쁠 때

풀이 착화 온도가 낮아지는 원인

- 발열량이 높을 때
- 압력이 높을 때
- 습도가 낮을 때
- 산소와의 결합력이 좋을 때
- 분자구조가 복잡할 때

정답 4. ② 5. ③ 6. ④ 7. ②

8 제5류 위험물의 화재예방상 유의사항 및 화재 시 소화방법에 관한 설명으로 옳지 않은 것은?

① 대량의 주수에 의한 소화가 좋다.
② 화재 초기에는 질식소화가 효과적이다.
③ 일부 물질의 경우 운반 또는 저장 시 안정제를 사용해야 한다.
④ 가연물과 산소공급원이 같이 있는 상태이므로 점화원의 방지에 유의하여야 한다.

풀이 제5류 위험물의 화재예방상 유의사항 및 화재 시 질식소화는 소화효과가 없다.

9 과염소산의 화재 예방에 요구되는 주의사항에 대한 설명으로 옳은 것은?

① 유기물과 접촉 시 발화의 위험이 있기 때문에 가연물과 접촉시키지 않는다.
② 자연발화의 위험이 높으므로 냉각시켜 보관한다.
③ 공기 중 발화하므로 공기와의 접촉을 피해야 한다.
④ 액체 상태는 위험하므로 고체 상태로 보관한다.

풀이 과염소산의 위험성

- 대단히 불안정한 강산으로 순수한 것은 분해가 용이하고 폭발력을 가진다.
- 일반적으로 물과 접촉하면 발열하므로 생성된 혼합물도 강한 산화력을 가진다.
- 과염소산을 상압에서 가열하면 분해하고 유독성 가스인 HCl을 발생시킨다.
- 농도가 높거나 순수한 것은 유기물과 폭발적으로 반응하며 알코올류와 혼합 시 심한 반응을 일으켜 발화 또는 폭발한다.

10 15℃의 기름 100g에 8,000J의 열량을 주면 기름의 온도는 몇 ℃가 되겠는가?(단, 기름의 비열은 2J/g · ℃이다.)

① 25　　② 45
③ 50　　④ 55

풀이 $Q = GC\Delta t$

$$8{,}000\text{J} = 100\text{g} \times 2\frac{\text{J}}{\text{g℃}} \times (x-15)\text{℃} \qquad \therefore x = 55\text{℃}$$

11 제6류 위험물의 화재에 적응성이 없는 소화설비는?

① 옥내소화전설비　② 스프링클러설비
③ 포소화설비　④ 불활성가스소화설비

풀이 제6류 위험물 소화방법
- 불연성이지만 연소를 돕는 물질이므로 화재 시에는 가연물과 격리하도록 한다.
- 소화작업을 진행한 후 많은 물로 씻어 내리고, 마른 모래로 위험물의 비산(飛散)을 방지한다.
- 화재진압 시 공기호흡기, 방호의, 고무장갑, 고무장화 등을 반드시 착용한다.
- 이산화탄소와 할로겐화물 소화기는 산화성 액체 위험물의 화재에 사용하지 않는다.
- 소량 누출 시에는 다량의 물로 희석할 수 있지만 물과 반응하여 발열하므로 원칙적으로 소화 시 주수소화를 금지시킨다.

12 소화약제로서 물의 단점인 동결현상을 방지하기 위하여 주로 사용되는 물질은?

① 에틸알코올　② 글리세린
③ 에틸렌글리콜　④ 탄산칼슘

풀이 부동액의 주원료 : 에틸렌글리콜

13 다음 중 B급 화재에 해당하는 것은?

① 플라스틱 화재　② 휘발유 화재
③ 나트륨 화재　④ 전기 화재

풀이
- A급 화재－일반 화재
- B급 화재－유류 및 가스 화재
- C급 화재－전기 화재
- D급 화재－금속 화재

14 위험물안전관리법령상 철분, 금속분, 마그네슘에 적응성이 있는 소화설비는?

① 불활성가스소화설비　② 할로겐화합물소화설비
③ 포소화설비　④ 탄산수소염류소화설비

풀이 위험물안전관리법령상 철분, 금속분, 마그네슘에 적응성이 있는 소화설비 : 탄산수소염류소화설비

정답 11. ④　12. ③　13. ②　14. ④

15 위험물안전관리법령상 제4류 위험물에 적응성이 없는 소화설비는?

① 옥내소화전설비 ② 포소화설비
③ 불활성 가스소화설비 ④ 할로겐화합물소화설비

풀이 제4류 위험물에 적응성이 없는 소화설비는 봉상주수되는 옥내소화전설비이다. 화재면을 확대시키기 때문이다.

16 물은 냉각소화가 주된 대표적인 소화약제이다. 물의 소화효과를 높이기 위하여 무상 주수를 함으로써 부가적으로 작용하는 소화효과로 이루어진 것은?

① 질식소화작용, 제거소화작용 ② 질식소화작용, 유화소화작용
③ 타격소화작용, 유화소화작용 ④ 타격소화작용, 피복소화작용

풀이 물은 냉각소화가 주된 대표적인 소화약제이다. 물의 소화효과를 높이기 위하여 무상 주수를 함으로써 부가적으로 작용하는 소화효과 : 질식소화작용, 유화소화작용

17 다음 중 소화약제 강화액의 주성분에 해당하는 것은?

① K_2CO_3 ② K_2O_2
③ CaO_2 ④ $KBrO_3$

풀이 강화액소화기는 물의 소화능력을 향상시키고 한랭지역, 겨울철에 사용할 수 있도록 어는점을 낮춘 물에 탄산칼륨(K_2CO_3)을 보강시켜 만든 소화기를 말하여 액성은 강알칼리성이다.

18 위험물안전관리법령상 소화설비의 적응성에 관한 내용이다. 옳은 것은?

① 마른 모래는 대상물 중 제1류~제6류 위험물에 적응성이 있다.
② 팽창질석은 전기설비를 포함한 모든 대상물에 적응성이 있다.
③ 분말소화약제는 셀룰로이드류의 화재에 가장 적당하다.
④ 물분무소화설비는 전기설비에 사용할 수 없다.

풀이 마른 모래는 대상물 중 제1류~제6류 위험물에 적응성이 있다.

정답 15. ① 16. ② 17. ① 18. ①

19 다음 중 공기포 소화약제가 아닌 것은?

① 단백포 소화약제 ② 합성계면활성제포 소화약제
③ 화학포 소화약제 ④ 수성막포 소화약제

풀이 화학포는 화학반응을 일으켜 거품을 방사할 수 있도록 만든 소화 약제를 말하는데 황산알루미늄[$Al_2(SO_4)_3$]과 중조($NaHCO_3$)에 기포안정제를 서로 혼합되면 화학적으로 반응을 일으켜 방사 압력원인 CO_2가 발생되어 CO_2가스압력에 의해 거품을 방사하는 형식이다. 사포닌은 기포안정제이다.

20 분말소화약제 중 제1종과 제2종 분말이 각각 열분해될 때 공통적으로 생성되는 물질은?

① N_2, CO_2 ② N_2, O_2 ③ H_2O, CO_2 ④ H_2O, N_2

풀이

종류	주성분	착색	적응 화재	열분해 반응식
제1종 분말	$NaHCO_3$ (탄산수소 나트륨)	백색	B, C	$2NaHCO_3 \rightarrow Na_2CO_3 + CO_2 + H_2O$
제2종 분말	$KHCO_3$ (탄산수소 칼륨)	보라색	B, C	$2KHCO_3 \rightarrow K_2CO_3 + CO_2 + H_2O$
제3종 분말	$NH_4H_2PO_4$ (제1인산 암모늄)	담홍색	A, B, C	$NH_4H_2PO_4 \rightarrow HPO_3 + NH_3 + H_2O$
제4종 분말	$KHCO_3 + (NH_2)_2CO$ (탄산수소 칼륨+요소)	회백색	B, C	$2KHCO_3 + (NH_2)_2CO \rightarrow K_2CO_3 + 2NH_3 + 2CO_2$

21 포름산에 대한 설명으로 옳지 않은 것은?

① 물, 알코올, 에테르에 잘 녹는다.
② 개미산이라고도 한다.
③ 강한 산화제이다.
④ 녹는점이 상온보다 낮다.

풀이 의산(포름산=개미산=[HCOOH], 지정수량 2,000L)

- 인화점 : 69℃, 발화점 : 601℃, 비중 : 1.22, 연소범위 : 18~57%
- 초산보다 강산이고 수용성이며 물보다 무겁다.
- 피부에 대한 부식성(수종)이 있고, 점화하면 푸른 불꽃을 내면서 연소한다.
- 강한 환원제이며 물, 알코올, 에테르에 어떤 비율로도 혼합된다.
- 저장 시 산성이므로 내산성 용기를 사용할 것

정답 19. ③ 20. ③ 21. ③

22 제3류 위험물에 해당하는 것은?

① NaH ② Al ③ Mg ④ P_4S_3

풀이 ① NaH(제3류 위험물) ② Al(제2류 위험물)
③ Mg(제2류 위험물) ④ P_4S_3(제2류 위험물)

23 지방족 탄화수소가 아닌 것은?

① 톨루엔 ② 아세트알데히드
③ 아세톤 ④ 디에틸에테르

풀이 톨루엔은 방향족 탄화수소이다.

24 위험물안전관리법령상 위험물의 지정수량으로 옳지 않은 것은?

① 니트로셀룰로오스 : 10kg ② 히드록실아민 : 100kg
③ 아조벤젠 : 50kg ④ 트리니트로페놀 : 200kg

풀이 아조벤젠은 아조화합물에 해당되므로 지정수량은 200kg이다.

25 셀룰로이드에 대한 설명으로 옳은 것은?

① 질소가 함유된 무기물이다. ② 질소가 함유된 유기물이다.
③ 유기의 염화물이다. ④ 무기의 염화물이다.

풀이 셀룰로이드는 질소가 함유된 유기물이다.

26 에틸알코올의 증기 비중은 약 얼마인가?

① 0.72 ② 0.91
③ 1.13 ④ 1.59

풀이 $\text{증기 비중} = \frac{\text{에틸알코올의 분자량}}{\text{공기의 분자량}} = \frac{46}{28.84} = 1.59$

정답 22. ① 23. ① 24. ③ 25. ② 26. ④

27 과염소산나트륨의 성질이 아닌 것은?

① 물과 급격히 반응하여 산소를 발생한다.
② 가열하면 분해되어 조연성 가스를 방출한다.
③ 융점은 400℃보다 높다.
④ 비중은 물보다 무겁다.

풀이 과염소산나트륨($NaClO_4$ = 과염소산 소다)

- 무색, 무취 사방정계 결정
- 분해온도 400℃, 융점 482℃, 용해도 170(20℃), 비중 2.5
- 물, 에틸알코올, 아세톤에 잘 녹고, 에테르에는 녹지 않는다.
- 기타 성질은 과염소산칼륨에 준한다.
- 소화방법은 주수소화가 좋다.

28 인화칼슘이 물과 반응할 경우에 대한 설명 중 틀린 것은?

① 발생 가스는 가연성이다.
② 포스겐 가스가 발생한다.
③ 발생 가스는 독성이 강하다.
④ $Ca(OH)_2$가 생성된다.

풀이 인화칼슘(Ca_3P_2)이 물과 반응하면 포스핀(PH_3 = 인화수소)을 생성시킨다.

$Ca_3P_2 + 6H_2O \rightarrow 3Ca(OH)_2 + 2PH_3$

29 화학적으로 알코올을 분류할 때 3가 알코올에 해당하는 것은?

① 에탄올
② 메탄올
③ 에틸렌글리콜
④ 글리세린

풀이 글리세린(글리세롤) : [$C_3H_5(OH)_3$]

(지정수량 4,000L)

$$\begin{array}{l} CH_2-OH \\ | \\ CH-OH \\ | \\ CH_2-OH \end{array}$$

- 인화점 : 199℃, 발화점 : 370℃, 비중 : 1.25, 비점 290℃
- 흡습성이 있고 무색, 무취의 단맛이 나는 끈끈한 액체
- 독성이 없고, 수용성이며 3가 알코올에 해당한다.

정답 27. ① 28. ② 29. ④

30 위험물안전관리법령상 품명이 다른 하나는?

① 니트로글리콜 ② 니트로글리세린
③ 셀룰로이드 ④ 테트릴

풀이

위험물			지정수량
유별	성질	품명	
제5류	자기반응성물질	1. 유기과산화물	10kg
		2. 질산에스테르류	10kg
		3. 니트로화합물	200kg
		4. 니트로소화합물	200kg
		5. 아조화합물	200kg
		6. 디아조화합물	200kg
		7. 히드라진 유도체	200kg
		8. 히드록실아민	100kg
		9. 히드록실아민염류	100kg
		10. 그 밖에 행정자치부령이 정하는 것 11. 제1호 내지 제10호의 1에 해당하는 어느 하나 이상을 함유한 것	10kg, 100kg 또는 200kg

31 주수소화를 할 수 없는 위험물은?

① 금속분 ② 적린
③ 유황 ④ 과망간산칼륨

풀이 금속분이 물과 결합하면 가연성 가스인 수소기체를 발생한다.

32 제1류 위험물 중 흑색화약의 원료로 사용되는 것은?

① KNO_3 ② $NaNO_3$
③ BaO_2 ④ NH_4NO_3

풀이 질산칼륨(KNO_3=초석)

- 무색 또는 백색 결정 분말이며 흑색화약의 원료로 사용된다.
- 분해온도 400℃, 융점 336℃, 용해도 26(15℃), 비중 2.1
- 차가운 자극성 짠맛과 산화성이 있다.
- 물에는 잘 녹으나 알코올에는 잘 녹지 않는다.

정답 30. ④ 31. ① 32. ①

33 다음 중 제6류 위험물에 해당하는 것은?

① IF_5 ② $HClO_3$
③ NO_3 ④ H_2O

풀이 5불화아연은 제6류 위험물이다.

34 다음 중 제4류 위험물에 해당하는 것은?

① $Pb(N_3)_2$ ② CH_3ONO_2
③ N_2H_4 ④ NH_2OH

풀이 N_2H_4(히드라진)은 제4류 위험물이다.

35 다음의 분말은 모두 150마이크로미터의 체를 통과하는 것이 50중량퍼센트 이상이 된다. 이들 분말 중 위험물안전관리법령상 품명이 '금속분'으로 분류되는 것은?

① 철분 ② 구리분
③ 알루미늄분 ④ 니켈분

풀이 '금속분'이라 함은 알칼리금속 · 알칼리토금속 · 철 및 마그네슘 외의 금속의 분말을 말하고, 구리 분 · 니켈 분 및 150μm의 체를 통과하는 것이 50%(중량) 미만인 것은 제외한다.

36 다음 중 분자량이 가장 큰 위험물은?

① 과염소산 ② 과산화수소
③ 질산 ④ 히드라진

풀이 ① 과염소산(100.5), ② 과산화수소(34), ③ 질산(63), ④ 히드라진(32)

37 인화칼슘, 탄화알루미늄, 나트륨이 물과 반응하였을 때 발생하는 가스에 해당하지 않는 것은?

① 포스핀가스 ② 수소
③ 이황화탄소 ④ 메탄

정답 33. ① 34. ③ 35. ③ 36. ① 37. ③

풀이 ① 인화칼슘(Ca_3P_2)이 물과 반응하면 포스핀(PH_3=인화수소)을 생성시킨다.
$Ca_3P_2+6H_2O \rightarrow 3Ca(OH)_2 + 2PH_3$
② 탄화알루미늄 : [Al_4C_3]은 황색(순수한 것은 백색)의 단단한 결정 또는 분말로서 1,400℃ 이상 가열 시 분해한다. 위험성으로서 물과 반응하여 가연성 메탄가스를 발생하므로 인화 위험이 있다.
$Al_4C_3+12H_2O \rightarrow 4Al(OH)_3+3CH_4\uparrow$
③ 나트륨 : 공기 중의 수분과 반응하여 수소(g)를 발생하며 자연발화를 일으키기 쉬우므로 석유, 유동파라핀 속에 저장한다.
$2Na + 2H_2O \rightarrow 2NaOH + H_2$

38 연소 시 발생하는 가스를 옳게 나타낸 것은?

① 황린 - 황산가스
② 황 - 무수인산가스
③ 적린 - 아황산가스
④ 삼황화사인(삼황화인) - 아황산가스

풀이 삼황화인의 연소 생성물은 모두 유독하다.
$P_4S_3+8O_2 \rightarrow 2P_2O_5\uparrow+3SO_2\uparrow$

39 염소산나트륨에 대한 설명으로 틀린 것은?

① 조해성이 크므로 보관용기는 밀봉하는 것이 좋다.
② 무색, 무취의 고체이다.
③ 산과 반응하여 유독성의 이산화나트륨 가스가 발생한다.
④ 물, 알코올, 글리세린에 녹는다.

풀이 염소산나트륨($NaClO_3$=클로로산나트륨=염소산소다)
- 무색, 무취의 입방정계 주상결정으로 풍해성은 없다.
- 비중 2.5(15℃) 융점 248℃, 용해도 101(20℃), 분해온도 300℃(산소를 발생)
  $2NaClO_3 \rightarrow 2NaCl + 3O_2$
- 알코올, 에테르, 물에 잘 녹고, 조해성과 흡습성이 있다.
- 산과 반응하여 유독한 이산화염소(ClO_2)를 발생하고 폭발위험이 있다.

40 질산칼륨을 약 400℃에서 가열하여 열분해시킬 때 주로 생성되는 물질은?

① 질산과 산소
② 질산과 칼륨
③ 아질산칼륨과 산소
④ 아질산칼륨과 질소

풀이 단독으로는 분해하지 않지만 가열하면 용융 분해하여 산소와 아질산칼륨을 생성한다.
$2KNO_3 \rightarrow 2KNO_2+O_2\uparrow$

정답 38. ④ 39. ③ 40. ③

41 위험물안전관리법령에서 정한 피난설비에 관한 내용이다. (　　) 안에 알맞은 것은?

> 주유취급소 중 건축물의 2층 이상의 부분을 점포·휴게음식점 또는 전시장의 용도로 사용하는 것에 있어서는 해당 건축물의 2층 이상으로부터 주유취급소의 부지 밖으로 통하는 출입구와 해당 출입구로 통하는 통로·계단 및 출입구에 (　　)을(를) 설치하여야 한다.

① 피난사다리　　② 유도등
③ 공기호흡기　　④ 시각경보기

풀이 주유취급소 중 건축물의 2층 이상의 부분을 점포·휴게음식점 또는 전시장의 용도로 사용하는 것에 있어서는 해당 건축물의 2층 이상으로부터 주유취급소의 부지 밖으로 통하는 출입구와 해당 출입구로 통하는 통로·계단 및 출입구에 유도등을(를) 설치하여야 한다.

42 옥내저장소에 제3류 위험물인 황린을 저장하면서 위험물안전관리법령에 의한 최소한의 보유공지로 2m를 옥내저장소 주위에 확보하였다. 이 옥내저장소에 저장하고 있는 황린의 수량은?(단, 옥내저장소의 구조는 벽·기둥 및 바닥이 내화구조로 되어 있고 그 외의 다른 사항은 고려하지 않는다.)

① 100kg 초과 500kg 이하　　② 400kg 초과 1,000kg 이하
③ 500kg 초과 5,000kg 이하　　④ 1,000kg 초과 40,000kg 이하

풀이 황린의 지정수량은 20kg이다. 결국 $\frac{400}{20}=20$배 이상 $\frac{1,000}{20}=50$배 미만

저장 또는 취급하는 위험물의 최대 수량	공지의 너비	
	벽, 기둥 및 바닥이 내화 구조로된 건축물	기타의 건축물
지정수량의 5배 미만		0.5m 이상
지정수량의 5배 이상 20배 미만	1m 이상	1.5m 이상
지정수량의 20배 이상 50배 미만	2m 이상	3m 이상
지정수량의 50배 이상 100배 미만	3m 이상	5m 이상
지정수량의 100배 이상 200배 미만	5m 이상	10m 이상
지정수량의 200배 이상	10m 이상	15m 이상

정답 41. ②　42. ②

43 위험물안전관리법령상 이동탱크저장소에 의한 위험물운송 시 위험물운송자는 장거리에 걸치는 운송을 하는 때에는 2명 이상의 운전자로 하여야 한다. 다음 중 그러하지 않아도 되는 경우가 아닌 것은?

① 적린을 운송하는 경우
② 알루미늄의 탄화물을 운송하는 경우
③ 이황화탄소를 운송하는 경우
④ 운송 도중에 2시간 이내마다 20분 이상씩 휴식하는 경우

풀이 이동탱크저장소에 의한 위험물의 운송 시에 준수하여야 하는 기준은 다음 각 목과 같다.

가. 위험물운송자는 운송의 개시 전에 이동저장탱크의 배출밸브 등의 밸브와 폐쇄장치, 맨홀 및 주입구의 뚜껑, 소화기 등의 점검을 충분히 실시할 것

나. 위험물운송자는 장거리(고속국도에 있어서는 340km 이상, 그 밖의 도로에 있어서는 200km 이상을 말한다)에 걸치는 운송을 하는 때에는 2명 이상의 운전자로 할 것. 다만, 다음의 1에 해당하는 경우에는 그러하지 아니하다.

1. 제1호 가목의 규정에 의하여 운송책임자를 동승시킨 경우
2. 운송하는 위험물이 제2류 위험물・제3류 위험물(칼슘 또는 알루미늄의 탄화물과 이것만을 함유한 것에 한한다) 또는 제4류 위험물(특수인화물을 제외한다)인 경우
3. 운송 도중에 2시간 이내마다 20분 이상씩 휴식하는 경우

44 각각 지정수량의 10배인 위험물을 운반할 경우 제5류 위험물과 혼재 가능한 위험물에 해당하는 것은?

① 제1류 위험물 ② 제2류 위험물 ③ 제3류 위험물 ④ 제6류 위험물

풀이 혼재 가능 위험물은 다음과 같다.

- 423 → 4류와 2류, 4류와 3류는 서로 혼재 가능
- 524 → 5류와 2류, 5류와 4류는 서로 혼재 가능
- 61 → 6류와 1류는 서로 혼재 가능

45 위험물안전관리법령상 옥외탱크저장소의 기준에 따라 다음의 인화성 액체 위험물을 저장하는 옥외저장탱크 1~4호를 동일의 방유제 내에 설치하는 경우 방유제에 필요한 최소 용량으로서 옳은 것은?(단, 암반탱크 또는 특수액체위험물탱크의 경우는 제외한다.)

• 1호 탱크 - 등유 1,500kL	• 2호 탱크 - 가솔린 1,000kL
• 3호 탱크 - 경유 500kL	• 4호 탱크 - 중유 250kL

① 1,650kL ② 1,500kL ③ 500kL ④ 250kL

풀이 옥외탱크저장소의 방유제용량 : 가장 큰 탱크의 용량×1.1 = 1,500×1.1 = 1,650kL

46 위험물안전관리법령상 사업소의 관계인이 자체소방대를 설치하여야 할 제조소 등의 기준으로 옳은 것은?

① 제4류 위험물을 지정수량의 3천 배 이상 취급하는 제조소 또는 일반취급소
② 제4류 위험물을 지정수량의 5천 배 이상 취급하는 제조소 또는 일반취급소
③ 제4류 위험물 중 특수인화물을 지정수량의 3천 배 이상 취급하는 제조소 또는 일반취급소
④ 제4류 위험물 중 특수인화물을 지정수량의 5천 배 이상 취급하는 제조소 또는 일반취급소

풀이 위험물안전관리법령상 사업소의 관계인이 자체소방대를 설치하여야 할 제조소 등의 기준
제4류 위험물을 지정수량의 3천 배 이상 취급하는 제조소 또는 일반취급소

47 소화난이도등급 Ⅱ의 제조소에 소화설비를 설치할 때 대형 수동식 소화기와 함께 설치하여야 하는 소형 수동식 소화기 등의 능력단위에 관한 설명으로 옳은 것은?

① 위험물의 소요단위에 해당하는 능력단위의 소형 수동식 소화기 등을 설치할 것
② 위험물의 소요단위의 1/2 이상에 해당하는 능력단위의 소형 수동식 소화기 등을 설치할 것
③ 위험물의 소요단위의 1/5 이상에 해당하는 능력단위의 소형 수동식 소화기 등을 설치할 것
④ 위험물의 소요단위의 10배 이상에 해당하는 능력단위의 소형 수동식 소화기 등을 설치할 것

풀이 소화난이도등급Ⅱ의 제조소 등에 설치하여야 하는 소화설비

제조소 등의 구분	소화설비
제조소 옥내저장소 옥외저장소 주유취급소 판매취급소 일반취급소	방사능력범위 내에 당해 건축물, 그 밖의 공작물 및 위험물이 포함되도록 대형 수동식 소화기를 설치하고, 당해 위험물의 소요단위의 1/5 이상에 해당하는 능력단위의 소형 수동식 소화기 등을 설치할 것
옥외탱크저장소 옥내탱크저장소	대형 수동식 소화기 및 소형 수동식 소화기 등을 각각 1개 이상 설치할 것

48 다음 중 위험물안전관리법이 적용되는 영역은?

① 항공기에 의한 대한민국 영공에서의 위험물의 저장, 취급 및 운반
② 궤도에 의한 위험물의 저장, 취급 및 운반
③ 철도에 의한 위험물의 저장, 취급 및 운반
④ 자가용승용차에 의한 지정수량 이하의 위험물의 저장, 취급 및 운반

정답 46. ① 47. ③ 48. ④

풀이 위험물안전관리법이 적용되지 않는 영역

- 항공기에 의한 대한민국 영공에서의 위험물의 저장, 취급 및 운반
- 궤도에 의한 위험물의 저장, 취급 및 운반
- 철도에 의한 위험물의 저장, 취급 및 운반

49

위험물안전관리법령상 위험물의 운반 시 운반용기는 다음의 기준에 따라 수납 · 적재하여야 한다. 다음 중 틀린 것은?

① 수납하는 위험물과 위험한 반응을 일으키지 않아야 한다.
② 고체 위험물은 운반용기 내용적의 95% 이하로 수납하여야 한다.
③ 액체위험물은 운반용기 내용적의 95% 이하로 수납하여야 한다.
④ 하나의 외장용기에는 다른 종류의 위험물을 수납하지 않는다.

풀이 액체위험물은 운반용기 내용적의 98% 이하로 수납하여야 한다.

50

위험물안전관리법령상 위험물을 운반하기 위해 적재할 때 예를 들어 제6류 위험물은 1가지 유별(제1류 위험물)하고만 혼재할 수 있다. 다음 중 가장 많은 유별과 혼재가 가능한 것은?(단, 지정수량의 1/10을 초과하는 위험물이다.)

① 제1류 ② 제2류 ③ 제3류 ④ 제4류

풀이 혼재 가능 위험물은 다음과 같다.

- 423 → 4류와 2류, 4류와 3류는 서로 혼재 가능
- 524 → 5류와 2류, 5류와 4류는 서로 혼재 가능
- 61 → 6류와 1류는 서로 혼재 가능

51

다음 위험물 중에서 옥외저장소에서 저장 · 취급할 수 없는 것은?(단, 특별시 · 광역시 또는 도의 조례에서 정하는 위험물과 IMDG Code에 적합한 용기에 수납된 위험물의 경우는 제외한다.)

① 아세트산 ② 에틸렌글리콜
③ 크레오소트유 ④ 아세톤

풀이 아세톤은 제1석유류에 해당되지만 인화점이 −18℃이므로 저장할 수 없는 위험물이다.

옥외저장소에 저장할 수 있는 위험물

- 제2류 위험물 중 유황, 인화성 고체(인화점이 0℃ 이상인 것에 한함)
- 제4류 위험물 중 제1석유류(인화점이 0℃ 이상인 것에 한함), 제2석유류, 제3석유류, 제4석유류, 알코올류, 동식물류

• 제6류 위험물
• 제2류 위험물 및 제6류 위험물 중 특별시, 광역시 또는 도의 조례에서 정하는 위험물
• 국제해상위험물규칙(IMDG Code)에 적합한 용기에 수납된 위험물

52 디에틸에테르에 대한 설명으로 틀린 것은?

① 일반식은 R－CO－R′이다.
② 연소범위는 약 1.9~48%이다.
③ 증기비중값이 비중값보다 크다.
④ 휘발성이 높고 마취성을 가진다.

풀이 일반식은 R－O－R′이다.

53 위험물안전관리상 지하탱크저장소 탱크전용실의 안쪽과 지하저장탱크 사이는 몇 m 이상의 간격을 유지하여야 하는가?

① 0.1
② 0.2
③ 0.3
④ 0.5

풀이 지하탱크저장소의 설치기준

1. 지하탱크저장소의 탱크는 본체 윗부분이 지면(건축물에 설치하는 경우에는 그 건축물의 최저부의 바닥을 말한다)으로부터 0.6m 이상의 깊이가 되도록 매설하여야 하고, 탱크 또는 탱크전용실은 지하의 가장 가까운 벽, 피트, 가스관 등의 시설물 및 대지경계선으로부터 각각 다음 각 호의 구분에 의한 거리를 두어야 한다.
   가 탱크(탱크전용실에 설치하는 것을 제외한다) : 0.6m 이상
   나. 탱크전용실 : 0.1m 이상
2. 탱크실을 설치하는 경우에는 그 상, 하, 좌, 우의 내벽과 탱크 사이에 0.1m 이상의 간격을 두고, 탱크실 내부에는 건조된 모래 또는 습기 등에 의하여 응고되지 아니하는 입자지름이 5mm 이하인 마른 자갈분을 채워야 한다.
3. 2개 이상의 탱크를 인접하여 설치하는 경우에는 그 상호 간에 1m 이상의 간격을 두어야 한다. 다만, 2개 이상의 탱크의 용량의 합계가 지정수량의 100배 미만일 때에는 그 상호 간의 간격을 0.5m 이상으로 할 수 있다.

54 다음 (　) 안에 들어갈 수치를 순서대로 바르게 나열한 것은?(단, 제4류 위험물에 적응성을 갖기 위한 살수밀도기준을 적용하는 경우를 제외한다.)

위험물제조소 등에 설치하는 폐쇄형 헤드의 스프링클러설비는 30개의 헤드를 동시에 사용할 경우 각 선단의 방사 압력이 (　)kPa 이상이고 방수량이 1분당 (　)L 이상이어야 한다.

① 100, 80
② 120, 80
③ 100, 100
④ 120, 100

풀이 위험물제조소 등에 설치하는 폐쇄형 헤드의 스프링클러설비는 30개의 헤드를 동시에 사용할 경우 각 선단의 방사 압력이 100kPa 이상이고 방수량이 1분당 80L 이상이어야 한다.

정답 52. ① 53. ① 54. ①

55 위험물안전관리법령상 제조소 등의 위치·구조 또는 설비 가운데 총리령이 정하는 사항을 변경허가를 받지 아니하고 제조소 등의 위치·구조 또는 설비를 변경한 때 1차 행정처분기준으로 옳은 것은?

① 사용정지 15일 ② 경고 또는 사용정지 15일
③ 사용정지 30일 ④ 경고 또는 업무정지 30일

풀이 위험물안전관리법령상 제조소 등의 위치·구조 또는 설비 가운데 총리령이 정하는 사항을 변경허가를 받지 아니하고 제조소 등의 위치·구조 또는 설비를 변경한 때 1차 행정처분기준 : 경고 또는 사용정지 15일

56 위험물안전관리법령상 제조소 등의 관계인이 정기적으로 점검하여야 할 대상이 아닌 것은?

① 지정수량의 10배 이상의 위험물을 취급하는 제조소
② 지하탱크저장소
③ 이동탱크저장소
④ 지정수량의 100배 이상의 위험물은 저장하는 옥외탱크저장소

풀이 정기점검의 대상인 제조소 등

1. 지정수량 10배 이상의 위험물을 취급하는 제조소
2. 지정수량의 100배 이상의 위험물을 저장하는 옥외저장소
3. 지정수량의 150배 이상의 위험물을 저장하는 옥내저장소
4. 지정수량의 200배 이상의 위험물을 저장하는 옥외탱크저장소
5. 암반탱크저장소
6. 이송취급소
7. 지정수량의 10배 이상의 위험물을 취급하는 일반취급소 다만 인화점이 40℃ 이상인 제4류 위험물만을 지정수량의 40배 이하로 취급하는 일반취급소로서 다음 각 목의 1에 해당하는 것을 제외한다.
   가. 보일러, 버너 또는 이와 비슷한 것으로서 위험물을 소비하는 장치로 이루어진 일반취급소
   나. 위험물을 용기에 다시 채워 넣는 일반취급소
8. 지하탱크 저장소
9. 이동탱크 저장소
10. 위험물을 취급하는 탱크로서 지하에 매설된 탱크가 있는 제조소, 주유취급소 또는 일반취급소

57 위험물안전관리법령상 위험물제조소의 옥외에 있는 하나의 액체위험물 취급탱크 주위에 설치하는 방유제의 용량은 해당 탱크용량의 몇 % 이상으로 하여야 하는가?

① 50% ② 60%
③ 100% ④ 110%

정답 55. ② 56. ④ 57. ①

풀이 위험물제조소의 옥외에 있는 위험물취급탱크로서 액체위험물(이황화탄소를 제외한다)을 취급하는 것의 주위에는 다음 각 호의 기준에 의하여 방유제를 설치하여야 한다.
1. 하나의 취급탱크 주위에 설치하는 방유제의 용량은 당해 탱크용량의 50% 이상으로 하고, 둘 이상의 취급탱크 주위에 하나의 방유제를 설치하는 경우 그 방유제의 용량은 당해 탱크 중 용량이 최대인 것의 50%에 나머지 탱크용량 합계의 10%를 가산한 양 이상이 되게 할 것
2. 방유제의 기술상의 기준은 규정에 의한 기준에 의한다.

58 위험물안전관리법령상 이송취급소에 설치하는 경보 · 설비의 기준에 따라 이송기지에 설치하여야 하는 경보설비로만 이루어진 것은?

① 확성장치, 비상벨장치
② 비상방송설비, 비상경보설비
③ 확성장치, 비상방송설비
④ 비상방송설비, 자동화재탐지설비

풀이 이송취급소에는 다음 각 호의 기준에 의하여 경보설비를 설치하여야 한다.
1. 이송기지에는 비상벨장치 및 확성장치를 설치할 것
2. 가연성 증기를 발생하는 위험물을 취급하는 펌프실 등에는 가연성 증기 경보설비를 설치할 것

59 위험물안전관리법령상 위험물의 탱크 내용적 및 공간용적에 관한 기준으로 틀린 것은?

① 위험물을 저장 또는 취급하는 탱크의 용량은 해당 탱크의 내용적에서 공간용적을 뺀 용적으로 한다.
② 탱크의 공간용적은 탱크의 내용적의 100분의 5 이상 100분의 10 이하의 용적으로 한다.
③ 소화설비(소화약제 방출구를 탱크안의 윗부분에 설치하는 것에 한한다)를 설치하는 탱크의 공간용적은 해당 소화설비의 소화약제방출구 아래의 0.3m 이상 1m 미만 사이의 면으로부터 윗부분의 용적으로 한다.
④ 암반탱크에 있어서는 해당 탱크 내에 용출하는 30일간의 지하수의 양에 상당하는 용적과 해당 탱크의 내용적의 100분의 1의 용적 중에서 보다 큰 용적을 공간용적으로 한다.

풀이 '위험물 암반탱크의 공간용적은 당해 탱크 내에 용출하는 7일간의 지하수 양에 상당하는 용적과 당해 탱크 내용적의 100분의 1의 용적 중에서 보다 큰 용적을 공간용적으로 한다.'

60 위험물안전관리법령상 위험등급의 종류가 나머지 셋과 다른 하나는?

① 제1류 위험물 중 중크롬산염류
② 제2류 위험물 중 인화성 고체
③ 제3류 위험물 중 금속의 인화물
④ 제4류 위험물 중 알코올류

정답 58. ① 59. ④ 60. ④

풀이 유별 · 성질별 위험등급 구분

유별	제1류																
성질	산화성 고체																
위험등급	I				II			III		II				I	II		
지정수량(kg)	50	50	50	50	300	300	300	1,000	1,000	300	300	300	300	50	300	300	300
품명	아염소산염류	염소산염류	과염소산염류	무기과산화물	브롬산염류	질산염류	요오드산염류	과망간산염류	중크롬산염류	과요오드산염류	과요오드산	크롬, 납 또는 요오드의 산화물	아질산염류	차아염소산염류	염소화이소시아눌산	퍼옥소이황산염류	퍼옥소붕산염류

유별	제2류						
성질	가연성 고체						
위험등급	II			III			
지정수량(kg)	100	100	100	500	500	500	1,000
품명	황화린	적린	유황	철분	금속분	마그네슘	인화성 고체

유별	제3류										
성질	자연발화성 물질 및 금수성 물질										
위험등급	I					II		III			III
지정수량(kg)	10	10	10	10	20	50	50	300	300	300	300
품명	칼륨	나트륨	알킬알루미늄	알킬리튬	황린	알칼리금속 및 알칼리토금속	유기금속화합물	금속의 수소화물	금속의 인화물	칼슘 또는 알루미늄의 탄화물	염소화규소화합물

유별	제4류									
성질	인화성 액체									
위험등급	I	II			III					
지정수량 (L)	50	200	400	400	1,000	2,000	2,000	4,000	6,000	10,000
품명	특	제1석유류		알	제2석유류		제3석유류		제	동
	수인화물	비수용성 액체	수용성 액체	코올류	비수용성 액체	수용성 액체	비수용성 액체	수용성 액체	4석유류	식물유류

유별	제5류										
성질	자기반응성 물질										
위험등급	I		II							II	
지정수량 (kg)	10	10	200	200	200	200	200	100	100	200	200
품명	유	질	니	니	아	다	히	히	히	금	질
	기과산화물	산에스테르류	트로화합물	트로소화합물	조화합물	아조화합물	드라진유도체	드록실아민	드록실아민염류	속의 아지화합물	산구아니딘

유별	제6류			
성질	산화성 액체			
위험등급	I			I
지정수량 (kg)	300	300	300	300
품명	과	과	질	할
	염소산	산화수소	산	로겐간화합물

Chapter

위험물기능사

(2016년 7월 10일)

Hazardous material Industrial Engineer

1 다음과 같은 반응에서 5m³의 탄산가스를 만들기 위해 필요한 탄산수소나트륨의 양은 약 몇 kg인가?(단, 표준상태이고, 나트륨의 원자량은 23이다.)

$$2NaHCO_3 \rightarrow NagCO_3 + CO_2 + H_2O$$

① 18.75 ② 37.5
③ 56.25 ④ 75

풀이 $2NaHCO_3 \rightarrow Na_2CO_3 + CO_2 + H_2O$

$x$kg : $5m^3$

2×84kg : $22.4m^3$ $\therefore x = 37.5$kg

2 연소의 3요소인 산소의 공급원이 될 수 없는 것은?

① H_2O_2 ② KNO_3
③ HNO_3 ④ CO_2

풀이 CO_2는 불연성 물질이다.

3 탄화칼슘은 물과 반응 시 위험성이 증가하는 물질이다. 주수소화 시 물과 반응하면 어떤 가스가 발생하는가?

① 수소 ② 메탄
③ 에탄 ④ 아세틸렌

풀이 탄화칼슘이 물과 반응하여 수산화칼슘(=소석회)과 아세틸렌가스가 생성된다.

$CaC_2 + 2H_2O \rightarrow Ca(OH)_2 + C_2H_2 \uparrow$

정답 1. ② 2. ④ 3. ④

4 위험물의 자연발화를 방지하는 방법으로 가장 거리가 먼 것은?

① 통풍을 잘 시킬 것
② 저장실의 온도를 낮출 것
③ 습도가 높은 곳에서 저장할 것
④ 정촉매 작용을 하는 물질과의 접촉을 피할 것

풀이 습도가 높은 곳에서 저장하면 오히려 자연발화가 잘 일어난다.

5 공기 중의 산소 농도를 한계산소량 이하로 낮추어 연소를 중지시키는 소화방법은?

① 냉각소화 ② 제거소화
③ 억제소화 ④ 질식소화

풀이 질식소화는 산소 농도를 15% 이하로 낮추어 연소를 중단하는 방법이다.

6 다음 중 제5류 위험물의 화재 시에 가장 적당한 소화방법은?

① 물에 의한 냉각소화
② 질소에 의한 질식소화
③ 사염화탄소에 의한 부촉매소화
④ 이산화탄소에 의한 질식소화

풀이 자기 반응성 물질이기 때문에 CO_2, 분말, 하론, 포 등에 의한 질식소화는 적당하지 않으며, 물과의 반응에 위험성이 없기 때문에 다량의 물로 냉각 소화하는 것이 적당하다.

7 인화칼슘이 물과 반응하였을 때 발생하는 가스는?

① 수소 ② 포스겐
③ 포스핀 ④ 아세틸렌

풀이 인화칼슘(Ca_3P_2)이 물과 반응하면 포스핀(PH_3=인화수소)을 생성한다.
$Ca_3P_2 + 6H_2O \rightarrow 3Ca(OH)_2 + 2PH_3$

정답 4. ③ 5. ④ 6. ① 7. ③

8 위험물안전관리법령상 제3류 위험물 중 금수성 물질의 제조소에 설치하는 주의사항 게시판의 바탕색과 문자색을 옳게 나타낸 것은?

① 청색 바탕에 황색 문자　　② 황색 바탕에 청색 문자
③ 청색 바탕에 백색 문자　　④ 백색 바탕에 청색 문자

풀이 • 화기엄금, 화기주의 : 적색 바탕에 백색 문자
• 물기엄금, 물기주의 : 청색 바탕에 백색 문자

9 폭굉유도거리(DID)가 짧아지는 경우는?

① 정상 연소속도가 작은 혼합가스일수록 짧아진다.
② 압력이 높을수록 짧아진다.
③ 관지름이 넓을수록 짧아진다.
④ 점화원의 에너지가 약할수록 짧아진다.

풀이 폭굉 유도거리(DID)가 짧아지는 경우
• 정상 연소속도가 큰 혼합가스일수록 짧아진다.
• 관 속에 방해물이 있거나 관경이 가늘수록 짧다.
• 압력이 높을수록 짧다.
• 점화원의 에너지가 강할수록 짧다.

10 연소에 대한 설명으로 옳지 않은 것은?

① 산회되기 쉬운 것일수록 타기 쉽다.
② 산소와의 접촉 면적이 큰 것일수록 타기 쉽다.
③ 충분한 산소가 있어야 타기 쉽다.
④ 열전도율이 큰 것일수록 타기 쉽다.

풀이 열전도율이 작은 것일수록 타기 쉽다.

11 위험물안전관리법령상 제4류 위험물에 적응성이 있는 소화기가 아닌 것은?

① 이산화탄소 소화기　　② 봉상강화액 소화기
③ 포 소화기　　④ 인산염류 분말소화기

풀이 제4류 위험물에 봉상강화액 소화기를 사용하면 화재면이 오히려 확대된다.

정답 8. ③　9. ②　10. ④　11. ②

12 위험물안전관리법령상 알칼리금속 과산화물에 적응성이 있는 소화설비는?

① 할로겐화합물 소화설비　② 탄산수소염류 분말소화설비
③ 물분무 소화설비　④ 스프링클러 설비

풀이 금수성 물질의 소화설비로 적응성이 있는 것은 탄산수소염류 등의 분말소화설비가 가장 효과적이다.

13 수성막포소화약제에 사용되는 계면활성제는?

① 염화단백포 계면활성제　② 산소계 계면활성제
③ 황산계 계면활성제　④ 불소계 계면활성제

풀이 수성막포소화약제에 사용되는 계면활성제는 불소계 계면활성제이다.

14 다음 중 강화액 소화약제의 주된 소화원리에 해당하는 것은?

① 냉각소화　② 절연소화
③ 제거소화　④ 발포소화

풀이 강화액 소화약제의 주된 소화원리는 발화점 이하로 냉각하는 냉각소화이다.

15 Halon 1001의 화학식에서 수소 원자의 수는?

① 0　② 1　③ 2　④ 3

풀이 할론소화약제의 구성은 예를 들어 할론 1301에서 천의 자리 숫자는 C의 개수, 백의 자리 숫자는 F의 개수, 십의 자리 숫자는 Cl의 개수, 일의 자리 숫자는 Br의 개수를 나타낸다.

16 다음 중 탄산칼륨을 물에 용해시킨 강화액 소화약제의 pH에 가장 가까운 값은?

① 1　② 4　③ 7　④ 12

풀이 강화액 소화약제의 특징
- pH : 12 이상
- 액 비중 : 1.3~1.4
- 응고점 : −17~−30℃
- 사용온도 : −20~40℃
- 독성, 부식성이 없다.

정답 12. ② 13. ④ 14. ① 15. ④ 16. ④

17 이산화탄소 소화약제에 관한 설명 중 틀린 것은?

① 소화약제에 의한 오손이 없다.
② 소화약제 중 증발잠열이 가장 크다.
③ 전기 절연성이 있다.
④ 장기간 저장이 가능하다.

풀이 증발잠열이 가장 큰 소화약제는 물소화약제이다.

18 질소와 아르곤과 이산화탄소의 용량비가 52 : 40 : 8인 혼합물 소화약제에 해당하는 것은?

① IG-541
② HCFC-BLEND A
③ HFC-125
④ HFC-23

풀이 청정소화약제 중에서 IG-541은 질소와 아르곤과 이산화탄소의 용량비가 52 : 40 : 8인 혼합물 소화약제이다.

19 불활성 가스 청정소화약제의 기본 성분이 아닌 것은?

① 헬륨
② 질소
③ 불소
④ 아르곤

풀이 불활성 가스는 헬륨, 네온, 아르곤, 크립톤, 크세논, 라돈 등 주기율표에서 0족 원소에 해당된다.

20 물과 친화력이 있는 수용성 용매의 회재에 보통의 포소화약제를 사용하면 포가 파괴되기 때문에 소화 효과를 잃게 된다. 이와 같은 단점을 보완한 소화약제로 가연성인 수용성 용매의 화재에 유효한 효과를 가지고 있는 것은?

① 알코올형 포소화약제
② 단백포소화약제
③ 합성계면활성제 포소화약제
④ 수성막 포소화약제

풀이 알코올형 포소화약제는 수용성 물질에 대한 소화효과가 있다.

정답 17. ② 18. ① 19. ③ 20. ①

21 질산과 과염소산의 공통 성질이 아닌 것은?

① 가연성이며 강산화제이다.
② 비중이 1보다 크다.
③ 가연물과의 혼합으로 발화의 위험이 있다.
④ 물과 접촉하면 발열한다.

풀이 질산과 과염소산은 제6류 위험물로서 불연성 물질이다.

22 물과 반응하여 가연성 가스를 발생하지 않는 것은?

① 칼륨
② 과산화칼륨
③ 탄화알루미늄
④ 트리에틸알루미늄

풀이 과산화칼륨은 물과 반응하여 조연성 가스인 산소를 방출시킨다.
$2K_2O_2 + 2H_2O \rightarrow 4KOH + 3O_2$

23 위험물안전관리법령에서는 특수인화물을 1기압에서 발화점이 100°C 이하인 것 또는 인화점이 (   ) 이하이고 비점이 40℃ 이하인 것으로 정의한다. (   ) 안에 알맞은 말은?

① -10℃
② -20℃
③ -30℃
④ -40℃

풀이 특수인화물을 1기압에서 발화점이 100°C 이하인 것 또는 인화점은 -20℃ 이하이고 비점이 40℃ 이하인 것을 말한다.

24 다음 중 제6류 위험물이 아닌 것은?

① 할로겐간 화합물
② 과염소산
③ 아염소산
④ 과산화수소

풀이 아염소산은 제6류 위험물이 아니다.

25 다음 중 제1류 위험물에 해당되지 않는 것은?

① 염소산칼륨
② 과염소산암모늄
③ 과산화바륨
④ 질산구아니딘

풀이 제5류 위험물 : 질산구아니딘

정답 21. ① 22. ② 23. ② 24. ③ 25. ④

26 니트로글리세린에 대한 설명으로 옳은 것은?

① 물에 매우 잘 녹는다.
② 공기 중에서 점화하면 연소하나 폭발의 위험은 없다.
③ 충격에 대하여 민감하여 폭발을 일으키기 쉽다.
④ 제5류 위험물의 니트로화합물에 속한다.

풀이 공기 중에서 점화하면 연소하고 폭발의 위험이 있다.

27 과산화나트륨에 대한 설명으로 틀린 것은?

① 알코올에 잘 녹아서 산소와 수소를 발생시킨다.
② 상온에서 물과 격렬하게 반응한다.
③ 비중이 약 2.8이다.
④ 조해성 물질이다.

풀이 과산화나트륨은 알코올에 잘 녹지 않는다.

28 다음 위험물 중 지정수량이 나머지 셋과 다른 하나는?

① 마그네슘 ② 금속분
③ 철분 ④ 유황

풀이

위험물			지정수량
유별	성질	품명	
제2류	가연성 고체	1. 황화인	100kg
		2. 적린	100kg
		3. 유황	100kg
		4. 철분	500kg
		5. 금속분	500kg
		6. 마그네슘	500kg
		7. 그 밖에 행정자치부령이 정하는 것 8. 제1호 내지 제7호의1에 해당하는 어느 하나 이상을 함유한 것	100kg 또는 500kg
		9. 인화성 고체	1,000kg

29 제4류 위험물의 일반적인 성질에 대한 설명 중 틀린 것은?

① 대부분 유기화합물이다.
② 액체 상태이다.
③ 대부분 물보다 가볍다.
④ 대부분 물에 녹기 쉽다.

풀이 제4류 위험물은 대부분 물에 녹기 어렵다.

30 다음 물질 중 과염소산칼륨과 혼합하였을 때 발화, 폭발의 위험이 가장 높은 것은?

① 석면
② 금
③ 유리
④ 목탄

풀이 과염소산칼륨은 가연물과의 혼합 시 가열, 마찰, 외부적 충격에 의해 폭발한다.

31 피리딘의 일반적인 성질에 대한 설명 중 틀린 것은?

① 순수한 것은 무색 액체이다.
② 약알칼리성을 나타낸다.
③ 물보다 가볍고, 증기는 공기보다 무겁다.
④ 흡습성이 없고, 비수용성이다.

풀이 피리딘은 수용성 물질이다.

32 메틸리튬과 물의 반응 시 생성물로 옳은 것은?

① 메탄, 수소화리튬
② 메탄, 수산화리튬
③ 에탄, 수소화리튬
④ 에탄, 수산화리튬

풀이 메틸리튬과 물의 반응 시 생성물

$CH_3Li + H_2O \rightarrow CH_4 + LiOH$

33 위험물의 성질에 대한 설명 중 틀린 것은?

① 황린은 공기 중에서 산화할 수 있다.
② 적린은 $KClO_3$와 혼합하면 위험하다.
③ 황은 물에 매우 잘 녹는다.
④ 황화인은 가연성 고체이다.

풀이 적린, 유황은 물에 잘 녹지 않기 때문에 물에 의한 냉각소화가 적당하다.

정답 29. ④ 30. ④ 31. ④ 32. ② 33. ③

34 다음 중 인화점이 가장 높은 것은?

① 등유 ② 벤젠
③ 아세톤 ④ 아세트알데히드

풀이 위험물의 인화점
① 등유 : 40~70℃ ② 벤젠 : -11℃
③ 아세톤 : -18℃ ④ 아세트알데히드 : -39℃

35 다음 위험물 중 물보다 가벼운 것은?

① 메틸에틸케톤 ② 니트로벤젠
③ 에틸렌글리콜 ④ 글리세린

풀이 메틸에틸케톤(MEK) : [$CH_3COC_2H_5$](지정수량 400L)
- 인화점 : -1℃, 발화점 : 516℃, 비중 : 0.8, 연소범위 : 1.8~10%
- 직사광선을 피하고 통풍이 잘되는 냉암소에 저장한다.

36 트리니트로톨루엔의 작용기에 해당하는 것은?

① $-NO$ ② $-NO_2$ ③ $-NO_3$ ④ $-NO_4$

풀이 트리니트로톨루엔(TNT) : [$C_6H_2CH_3(NO_2)_3$]

37 다음 중 제5류 위험물로만 나열된 것은?

① 과산화벤조일, 질산메틸 ② 과산화초산, 디니트로벤젠
③ 과산화요소, 니트로글리콜 ④ 아세토니트릴, 트리니트로톨루엔

풀이 아세토니트릴, 트리니트로톨루엔은 제5류 위험물이다.

38 제4류 위험물인 클로로벤젠의 지정수량으로 옳은 것은?

① 200L ② 400L
③ 1,000L ④ 2,000L

풀이 클로로벤젠은 제2석유류의 비수용성 물질이므로 지정수량은 1,000L이다.

정답 34. ① 35. ① 36. ② 37. ④ 38. ③

39 알루미늄분의 성질에 대한 설명으로 옳은 것은?

① 금속 중에서 연소열량이 가장 작다.
② 끓는물과 반응해서 수소를 발생한다.
③ 수산화나트륨 수용액과 반응해서 산소를 발생한다.
④ 안전한 저장을 위해 할로겐 원소와 혼합한다.

풀이 알루미늄분은 물(수증기)과 반응하여 수소를 발생시킨다.
$2Al + 6H_2O \rightarrow 2Al(OH)_3 + 3H_2$

40 아조 화합물 800kg, 히드록실아민 300kg, 유기과산화물 40kg의 총량은 지정수량의 몇 배에 해당하는가?

① 7배　② 9배　③ 10배　④ 11배

풀이 지정수량 배수 $= \frac{800}{200} + \frac{300}{100} + \frac{40}{10} = 11$

41 위험물안전관리법령상 위험물제조소에 설치하는 배출설비에 대한 내용으로 틀린 것은?

① 배출설비는 예외적인 경우를 제외하고는 국소방식으로 하여야 한다.
② 배출설비는 강제배출방식으로 한다.
③ 급기구는 낮은 장소에 설치하고 인화방지망을 설치한다.
④ 배출구는 지상 2m 이상 높이에 연소의 우려가 없는 곳에 설치한다.

풀이 급기구는 높은 장소에 설치하고 인화방지망을 설치한다.

42 위험물안전관리법령상 주유취급소 중 건축물의 2층을 휴게음식점의 용도로 사용하는 것에 있어 해당 건물의 2층으로부터 직접 주유취급소의 부지 밖으로 통하는 출입구와 해당 출입구로 통하는 통로 계단에 설치하여야 하는 것은?

① 비상경보설비　② 유도등
③ 비상조명등　④ 확성장치

풀이 위험물안전관리법령상 주유취급소 중 건축물의 2층을 휴게음식점의 용도로 사용하는 것에 있어 해당 건물의 2층으로부터 직접 주유취급소의 부지 밖으로 통하는 출입구와 해당 출입구로 통하는 통로 계단에 설치하여야 하는 것은 유도등이다.

정답 39. ② 40. ④ 41. ③ 42. ②

43 아염소산나트륨의 저장 및 취급 시 주의사항으로 가장 거리가 먼 것은?

① 물속에 넣어 냉암소에 저장한다.
② 강산류와의 접촉을 피한다.
③ 취급 시 충격, 마찰을 피한다.
④ 가연성 물질의 접촉을 피한다.

풀이 아염소산나트륨은 물에 잘 녹기 때문에 물속에 저장하면 안 된다.

44 인화점이 21℃ 미만인 액체위험물의 옥외저장탱크 주입구에 설치하는 "옥외저장 탱크 주입구"라고 표시한 게시판의 바탕 및 문자색을 옳게 나타낸 것은?

① 백색 바탕 - 적색 문자
② 적색 바탕 - 백색 문자
③ 백색 바탕 - 흑색 문자
④ 흑색 바탕 - 백색 문자

풀이 "옥외저장탱크 주입구"라고 표시한 게시판은 백색 바탕 - 흑색 문자로 나타낸다.

45 위험물의 운반에 관한 기준에서 다음 (   ) 안에 알맞은 온도는 몇 ℃인가?

적재하는 제5류 위험물 중 (   )℃ 이하의 온도에서 분해될 우려가 있는 것은 보냉 컨테이너에 수납하는 등 적정한 온도관리를 유지하여야 한다.

① 40
② 50
③ 55
④ 60

풀이 제5류 위험물 중 55℃ 이하의 온도에서 분해될 우려가 있는 것은 보냉 컨테이너에 수납하는 등의 방법으로 적정한 온도관리를 한다.

46 위험물안전관리법령상 배출설비를 설치하여야 하는 옥내저장조의 기준에 해당하는 것은?

① 가연성 증기가 액화할 우려가 있는 장소
② 모든 장소의 옥내저장소
③ 가연성 미분이 체류할 우려가 있는 장소
④ 인화점이 70℃ 미만인 위험물의 옥내 저장소

풀이 저장창고에는 규정에 준하여 위험물을 저장 · 취급하기 위하여 필요한 채광, 조명, 환기 및 배출설비를 설치하여야 한다. 다만, 인화점이 70℃ 이상인 위험물의 저장창고에는 배출설비를 설치하지 아니할 수 있다.

정답 43. ① 44. ③ 45. ③ 46. ④

47 위험물안전관리법령상 연면적이 450m²인 저장소의 건축물 외벽이 내화구조가 아닌 경우 이 저장소의 소화기 소요단위는?

① 3 ② 4.5 ③ 6 ④ 9

풀이 위험물 저장소

- 저장소 외벽이 내화구조일 때 1소요단위는 150m²이다.
- 저장소 외벽이 내화구조가 아닐 때 1소요단위는 75m²이다.

∴ 따라서 $\frac{450}{75}=6$단위

48 위험물안전관리법령상 위험물안전관리자의 책무에 해당하지 않는 것은?

① 화재 등의 재난이 발생한 경우 소방관서 등에 대한 연락 업무
② 화재 등의 재난이 발생한 경우 응급조치
③ 위험물의 취급에 관한 일지의 작성, 기록
④ 위험물안전관리자의 선임 신고

풀이 위험물 안전관리자의 책무

1. 위험물의 취급작업에 참여하여 당해 작업이 법 제5조 제3항의 규정에 의한 저장 또는 취급에 관한 기술기준과 법 제17조의 규정에 의한 예방규정에 적합하도록 해당 작업자(당해 작업에 참여하는 위험물취급자격자를 포함한다.)에 대하여 지시 및 감독하는 업무
2. 화재 등의 재난이 발생한 경우 응급조치 및 소방관서 등에 대한 연락업무
3. 위험물시설의 안전을 담당하는 자를 따로 두는 제조소 등의 경우에는 그 담당자에게 다음 각 목의 규정에 의한 업무의 지시
   ㉠ 화재 등의 재해의 방지와 응급조치에 관하여 인접하는 제조소 등과 그 밖의 관련되는 시설의 관계자와 협조체제의 유지
   ㉡ 위험물의 취급에 관한 일지의 작성・기록
   ㉢ 그 밖에 위험물을 수납한 용기를 차량에 적재하는 작업, 위험물설비를 보수하는 작업 등 위험물의 취급과 관련된 작업의 안전에 관하여 필요한 감독의 수행

49 위험물안전관리법령상 옥내 소화전 설비의 기준에 따르면 펌프를 이용한 가압송수장치에서 펌프의 토출량은 옥내소화전의 설치개수가 가장 많은 층에 대해 해당 설치개수(5개 이상인 경우에는 5개)에 얼마를 곱한 양 이상이 되도록 하여야 하는가?

① 260L/min ② 360L/min
③ 460L/min ④ 560L/min

풀이 옥내 소화전 설비의 기준에 따르면 펌프를 이용한 가압송수장치에서 펌프의 토출량은 260L/min 이상이어야 한다.

정답 47. ③ 48. ④ 49. ①

50 위험물안전관리법령상 주유취급소에 설치 · 운영할 수 없는 건축물 또는 시설은?

① 주유취급소를 출입하는 사람을 대상으로 하는 그림전시장
② 주유취급소를 출입하는 사람을 대상으로 하는 일반음식점
③ 주유원 주거시설
④ 주유취급소를 출입하는 사람을 대상으로 하는 휴게음식점

풀이 주유취급소에는 주유 또는 그에 부대하는 업무를 위하여 사용되는 다음 각 호의 건축물 또는 시설 외에는 다른 건축물 그 밖의 공작물을 설치할 수 없다.
㉠ 주유 또는 등유, 경유를 채우기 위한 작업장
㉡ 주유취급소의 업무를 행하기 위한 사무소
㉢ 자동차 등의 점검 및 간이정비를 위한 작업장
㉣ 자동차 등의 세정을 위한 작업장
㉤ 주유취급소에 출입하는 사람을 대상으로 한 점포, 휴게음식점 또는 전시장
㉥ 주유취급소의 관계자가 거주하는 주거시설

51 제2류 위험물 중 인화성 고체의 제조소에 설치하는 주의사항 게시판에 표시할 내용을 옳게 나타낸 것은?

① 적색 바탕에 백색 문자로 "화기엄금" 표시
② 적색 바탕에 백색 문자로 "화기주의" 표시
③ 백색 바탕에 적색 문자로 "화기엄금" 표시
④ 백색 바탕에 적색 문자로 "화기주의" 표시

풀이 제조소에 설치하는 주의사항 게시판에는 적색 바탕에는 백색 문자로 "화기엄금"이라 표시한다.

52 위험물안전관리법령상 옥내탱크저장소의 기준에서 옥내저장탱크 상호 간에는 몇 m 이상의 간격을 유지하여야 하는가?

① 0.3 ② 0.5
③ 0.7 ④ 1.0

풀이 옥내탱크저장소의 탱크 등의 간격
탱크와 탱크전용실의 벽(기둥 등 돌출된 부분을 제외한다.) 및 탱크 상호 간에는 0.5m 이상의 간격을 두어야 한다. 다만, 탱크의 점검 및 보수에 지장이 없는 경우에는 그러하지 아니하다.

정답 50. ② 51. ① 52. ②

53 위험물안전관리법령상 소화전용 물통 8L의 능력 단위는?

① 0.3　　② 0.5
③ 1.0　　④ 1.5

풀이 소화설비의 능력단위는 다음의 표에 의할 것

소화설비	용량	능력단위
소화전용(專用) 물통	8L	0.3
수조(소화전용 물통 3개 포함)	80L	1.5
수조(소화전용 물통 6개 포함)	190L	2.5
마른 모래(삽 1개 포함)	50L	0.5
팽창질석 또는 팽창진주암(삽 1개 포함)	160L	1.0

54 위험물안전관리법령상 제4류 위험물의 품명에 따른 위험등급과 옥내저장소 하나의 저장창고 바닥면적 기준을 옳게 나열한 것은?(단, 전용의 독립된 단층건물에 설치하며, 구획된 실이 없는 하나의 저장창고인 경우에 한한다.)

① 제1석유류 : 위험등급 Ⅰ, 최대 바닥면적 1,000m^2
② 제2석유류 : 위험등급 Ⅰ, 최대 바닥면적 2,000m^2
③ 제3석유류 : 위험등급 Ⅱ, 최대 바닥면적 2,000m^2
④ 알코올류 : 위험등급 Ⅱ, 최대 바닥면적 1,000m^2

풀이 ① 제1석유류 : 위험등급 Ⅱ, 최대 바닥면적 1,000m^2
② 제2석유류 : 위험등급 Ⅲ, 최대 바닥면적 2,000m^2
③ 제3석유류 : 위험등급 Ⅲ, 최대 바닥면적 2,000m^2

55 위험물옥외저장탱크의 통기관에 관한 사항으로 옳지 않은 것은?

① 밸브 없는 통기관의 직경은 30mm 이상으로 한다.
② 대기밸브 부착 통기관은 항시 열려 있어야 한다.
③ 밸브 없는 통기관의 선단은 수평면보다 45도 이상 구부려 빗물 등의 침투를 막는 구조로 한다.
④ 대기밸브 부착 통기관은 5kPa 이하의 압력차로 작동할 수 있어야 한다.

풀이 대기밸브 부착 통기관은 항시 닫혀 있어야 한다.

정답 53. ①　54. ④　55. ②

56 다음 중 위험물안전관리법령상 지정수량의 1/10을 초과하는 위험물을 운반할 때 혼재할 수 없는 경우는?

① 제1류 위험물과 제6류 위험물
② 제2류 위험물과 제4류 위험물
③ 제4류 위험물과 제5류 위험물
④ 제5류 위험물과 제3류 위험물

풀이 혼재 가능 위험물
- 423 → 4류와 2류, 4류와 3류는 서로 혼재 가능
- 524 → 5류와 2류, 5류와 4류는 서로 혼재 가능
- 61 → 6류와 1류는 서로 혼재 가능

57 이동저장탱크에 알킬알루미늄을 저장하는 경우에 불활성 기체를 봉입하는데 이때의 압력은 몇 kPa 이하이어야 하는가?

① 100
② 200
③ 300
④ 400

풀이 알킬알루미늄 등의 이동탱크저장소에 있어서 이동저장탱크로부터 알킬알루미늄 등을 꺼낼 때에는 동시에 200kPa 이하의 압력으로 불활성의 기체를 봉입할 것

58 위험물 옥외저장소에서 지정수량 200배를 초과하는 위험물을 저장할 경우 경계표시 주위의 보유 공지 너비는 몇 m 이상으로 하여야 하는가?(단, 제4류 위험물과 제6류 위험물이 아닌 경우이다.)

① 0.5
② 2.5
③ 10
④ 15

풀이 옥외저장소의 보유공지

저장 또는 취급하는 위험물의 최대수량	공지의 너비
지정수량의 10배 미만	3m 이상
지정수량의 10배 이상 20배 미만	5m 이상
지정수량의 20배 이상 50배 미만	9m 이상
지정수량의 50배 이상 200배 미만	12m 이상
지정수량의 200배 이상	15m 이상

59 위험물안전관리법령상 옥외저장소 중 덩어리 상태의 유황만을 지반면에 설치한 경계표시의 안쪽에서 저장 또는 취급할 때 경계표시의 높이는 몇 m 이하로 하여야 하는가?

① 1　　② 1.5
③ 2　　④ 2.5

풀이 위험물안전관리법령상 옥외저장소 중 덩어리 상태의 유황만을 지반면에 설치한 경계표시의 안쪽에서 저장 또는 취급할 때 경계표시의 높이는 1.5m 이하로 하여야 한다.

60 그림과 같은 위험물 저장탱크의 내용적은 약 몇 m³인가?

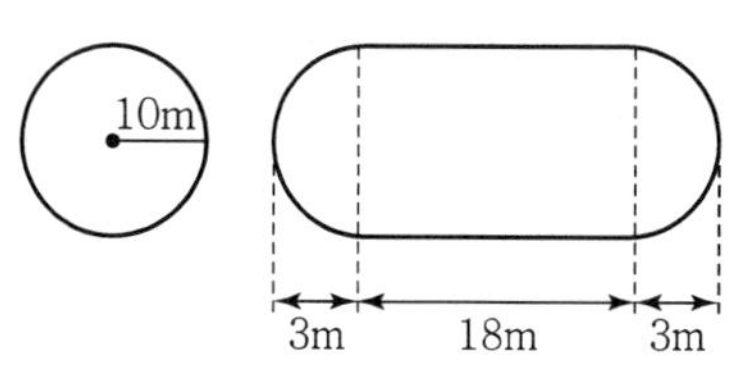

① 4,681　　② 5,482
③ 6,283　　④ 7,080

풀이 용량 : $\pi r^2\left(l+\frac{l_1+l_2}{3}\right)=3.14\times10^2\times\left(18+\frac{3+3}{3}\right)$
$=1,046.67-52.33$(공간용적)
$=6,283\text{m}^3$

정답 59. ②　60. ③

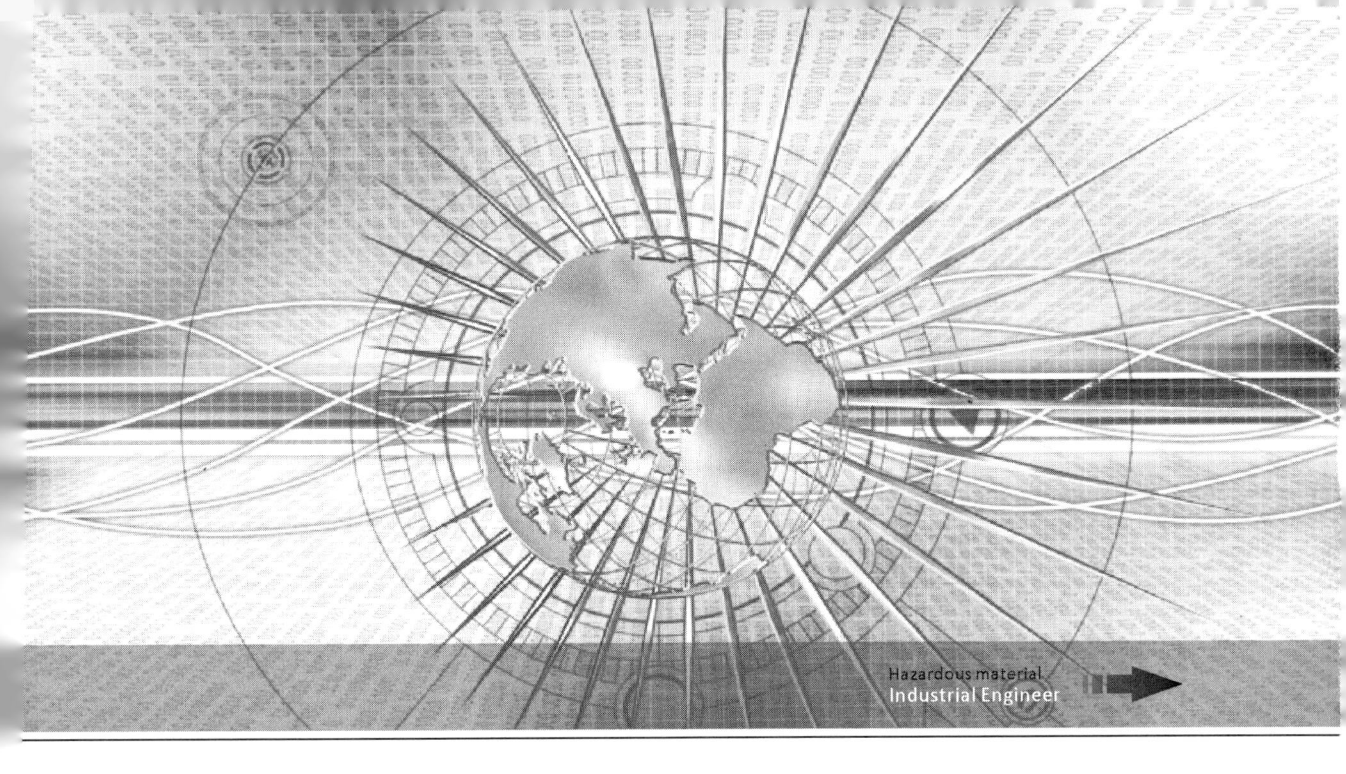

제4편
CBT 복원 기출문제

Contents

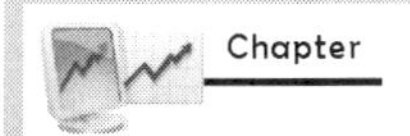

2017년 1회 CBT 복원 기출문제

1 다음 소화약제의 반응을 완결시키려 할 때 ( ) 안에 옳은 것은?

$6NaHCO_3 + Al_2(SO_4)_3 \cdot 18H_2O \rightarrow 2Al(OH)_3 + 3Na_2SO_4 + (\quad) + 18H_2O$

① 6CO ② 6NaOH ③ $2CO_2$ ④ $6CO_2$

2 이산화탄소 소화설비의 저장용기 설치에 대한 설명 중 틀린 것은?

① 방호구역 내의 장소에 설치할 것
② 온도가 40℃ 이하이고 온도 변화가 적은 곳에 설치할 것
③ 직사일광 및 빗물이 침투할 우려가 적은 곳에 설치할 것
④ 저장용기에는 안전장치를 설치할 것

3 다음 물질 중 화재 발생 시 주수소화를 하면 오히려 위험성이 증가하는 것은?

① 염소산칼륨 ② 과산화나트륨
③ 과산화수소 ④ 질산나트륨

4 다음 중 일반적으로 표면 연소를 하는 것은?

① 양초 ② 코크스 ③ 목재 ④ 유황

5 위험물의 운반용기 및 적재방법에 대한 기준으로 틀린 것은?

① 운반용기의 재질은 나무도 된다.
② 고체위험물은 운반용기 내용적의 90% 이하의 수납률로 수납한다.
③ 액체위험물은 운반용기 내용적의 98% 이하의 수납률로 수납하되 55℃의 온도에서 누설되지 아니하도록 충분한 공간용적을 유지한다.
④ 알킬알루미늄은 운반용기 내용적의 90% 이하의 수납률로 수납하되 50℃의 온도에서 5% 이상의 공간 용적을 유지하도록 한다.

6 제3류 위험물에서 금수성 물질의 화재 시 적응성 있는 소화 설비를 옳게 나타낸 것은?

① 탄산수소염류 등 분말소화설비
② 이산화탄소 소화설비
③ 인산염류 등 분말소화설비
④ 할로겐화합물 소화설비

7 탄화칼슘은 물과 반응 시 위험성이 증가하는 물질이다. 주수 소화 시 물과 반응하면 어떤 가스가 발생하는가?

① 수소 ② 메탄 ③ 에탄 ④ 아세틸렌

8 옥내탱크저장소의 기준에서 옥내저장탱크 상호 간에는 몇 m 이상의 간격을 유지하여야 하는가?

① 0.3 ② 0.5 ③ 0.7 ④ 1.0

9 자동화재탐지설비의 설치기준에서 하나의 경계구역의 면적은 얼마 이하로 하는가?(단, 당해 건축물 그 밖의 공작물의 주요한 출입구에서 그 내부의 전체를 볼 수 없는 경우이다.)

① $500m^2$ ② $600m^2$ ③ $800m^2$ ④ $1,000m^2$

10 다음 중 위험물안전관리법에 따른 소화설비의 구분에서 "물분무 등 소화설비"에 속하지 않는 것은?

① 이산화탄소 소화설비 ② 포소화설비
③ 스프링클러설비 ④ 분말소화설비

11 다음 중 화재의 종류와 분류를 옳게 나타낸 것은?

① A급 화재 : 유류화재 ② B급 화재 : 전기화재
③ C급 화재 : 목재화재 ④ D급 화재 : 금속화재

12 인화점이 21℃ 미만인 액체 위험물의 옥외저장탱크 주입구에 설치하는 "옥외저장탱크 주입구"라고 표시한 게시판의 바탕 및 문자색을 옳게 나타낸 것은?

① 백색 바탕 - 적색 문자 ② 적색 바탕 - 백색 문자
③ 백색 바탕 - 흑색 문자 ④ 흑색 바탕 - 백색 문자

13 착화온도가 낮아지는 경우가 아닌 것은?

① 압력이 높을 때
② 습도가 높을 때
③ 발열량이 클 때
④ 산소와 친화력이 좋을 때

14 화학포 소화기에서 화학포를 만들 때 안정제로 사용되는 물질은?

① 인산염류
② 중탄산나트륨
③ 수용성 단백질
④ 황산알루미늄

15 Halon 1301 소화약제에 대한 설명으로 틀린 것은?

① 저장 용기에 액체상으로 충전한다.
② 화학식은 CF_3Br이다.
③ 비점이 낮아서 기화가 용이하다.
④ 공기보다 가볍다.

16 위험물의 자연발화를 방지하는 방법으로 적당하지 않은 것은?

① 통풍을 잘 시킬 것
② 저장실의 온도를 낮출 것
③ 습도가 높은 곳에 저장할 것
④ 정촉매 작용을 하는 물질과는 접촉을 피할 것

17 소화설비의 설치기준에서 유기과산화물 2,000kg은 몇 소요단위에 해당하는가?

① 10
② 20
③ 30
④ 40

18 다음 위험물 중 물에 의한 냉각소화가 가능한 것은?

① 유황
② 인화칼슘
③ 황화인
④ 칼슘

19 $NaHCO_3$와 $Al_2(SO_4)_3$로 되어 있는 것은?

① 산·알칼리소화기
② 드라이케미컬소화기
③ 이산화탄소소화기
④ 포말소화기

20 분말소화설비의 기준에서 가압용 가스용기에 사용되는 가스로 옳은 것은?

① N_2, O_2
② CO_2, O_2
③ N_2, CO_2
④ He, O_2

21 다음 중 황산과 반응하여 이산화염소를 발생시키는 물질은?

① 아염소산나트륨 ② 브롬산나트륨
③ 옥소산나트륨 ④ 중크롬산나트륨

22 옥내저장소 저장창고의 바닥은 물이 스며 나오거나 스며들지 아니하는 구조로 하여야 한다. 다음 중 반드시 이 구조로 하지 않아도 되는 위험물은?

① 제1류 위험물 중 알칼리금속의 과산화물
② 제4류 위험물
③ 제5류 위험물
④ 제2류 위험물 중 철분

23 다음 중 발화점이 가장 낮은 것은?

① 황 ② 삼황화인 ③ 황린 ④ 아세톤

24 다음 중 가연성 증기의 증발을 방지하기 위하여 물속에 저장하는 것은?

① K_2O_2 ② CS_2 ③ C_2H_5OH ④ CH_3COCH_3

25 다음 중 가연성 고체 위험물인 제2류 위험물은 어느 것인가?

① 질산염류 ② 마그네슘 ③ 나트륨 ④ 칼륨

26 제5류 위험물 중 니트로화합물의 지정수량을 옳게 나타낸 것은?

① 10kg ② 100kg ③ 150kg ④ 200kg

27 다음 물질 중 물보다 비중이 작은 것으로만 이루어진 것은?

① 에테르, 이황화탄소 ② 벤젠, 글리세린
③ 가솔린, 메탄올 ④ 글리세린, 아닐린

28 초산에틸의 성질에 대한 설명 중 틀린 것은?

① 적갈색의 휘발성 물질이다.
② 비중이 약 0.9 정도로 물보다 가볍다.
③ 증기비중은 약 3 정도로 공기보다 무겁다.
④ 인화점은 0℃보다 낮다.

29 다음에서 설명하는 제5류 위험물에 해당하는 것은?

• 담황색의 고체이다.
• 강한 폭발력을 가지고 있고, 에테르에 잘 녹는다.
• 융점은 약 81℃이다.

① 질산메틸 ② 트리니트로톨루엔
③ 니트로글리세린 ④ 질산에틸

30 아염소산염류의 운반용기 중 적응성이 있는 내장용기의 종류와 최대 용적이나 중량을 옳게 나타낸 것은?(단, 외장용기의 종류는 나무상자 또는 플라스틱 상자이고, 외장용기의 최대 중량은 125kg으로 한다.)

① 금속제 용기 : 20*l* ② 종이 포대 : 55kg
③ 플라스틱 필름 포대 : 60kg ④ 유리 용기 : 10*l*

31 과염소산의 성질에 대한 설명 중 틀린 것은?

① 흡습성이 강한 고체이다. ② 순수한 것은 분해의 위험이 있다.
③ 물보다 가볍다. ④ 환원력이 매우 강하다.

32 적린에 대한 설명 중 틀린 것은?

① 황린과 성분원소가 같다. ② 발화온도가 황린보다 낮다.
③ 물, 이황화탄소에 녹지 않는다. ④ 브롬화인에 녹는다.

33 다음 중 제3류 위험물이 아닌 것은?

① 적린 ② 칼슘
③ 탄화알루미늄 ④ 알킬리튬

34 니트로셀룰로오스의 위험성에 대해 옳게 설명한 것은?

① 물과 혼합하면 위험성이 감소된다.
② 공기 중에서 산화되지만 자연발화의 위험은 없다.
③ 건조할수록 발화의 위험성이 낮다.
④ 알코올과 반응하여 발화한다.

35 다음 물질 중 인화점이 가장 낮은 것은?

① 경유 ② 아세톤 ③ 톨루엔 ④ 메틸알코올

36 과망간산칼륨의 취급 시 주의사항에 대한 설명 중 틀린 것은?

① 알코올, 에테르 등과의 접촉을 피한다.
② 일광을 차단하고 냉암소에 보관한다.
③ 목탄, 황 등과는 격리하여 저장한다.
④ 유리와의 반응성 때문에 유리 용기의 사용을 피한다.

37 벤조일퍼옥사이드의 일반적 성질에 대한 설명 중 틀린 것은?

① 상온에서 안정하다.
② 물에 잘 녹는다.
③ 강한 산화성 물질이다.
④ 가열, 충격, 마찰에 의해 폭발의 위험이 있다.

38 다음 중 분진폭발의 위험성이 없는 것은?

① 밀가루 ② 아연분 ③ 설탕 ④ 염화아세틸

39 다음 품명 중 제5류 위험물과 관계가 없는 것은?

① 질산염류 ② 질산에스테르류
③ 유기과산화물 ④ 히드라진 유도체

40 에테르가 공기와 장시간 접촉 시 생성되는 것으로 불안정한 폭발성 물질에 해당하는 것은?

① 수산화물 ② 과산화물 ③ 질소화합물 ④ 황화합물

41 다음 중 각 석유류의 분류가 잘못된 것은?

① 제1석유류 : 초산에틸, 휘발유
② 제2석유류 : 등유, 경유
③ 제3석유류 : 포름산, 테레빈유
④ 제4석유류 :기어유, DOA(가소제)

42 메틸에틸케톤퍼옥사이드의 위험성에 대한 설명으로 옳은 것은?

① 상온 이하의 온도에서도 매우 불안정하다.
② 20℃에서 분해하여 50℃에서 가스를 심하게 발생한다.
③ 30℃ 이상에서 무명, 탈지면 등과 접촉하면 발화의 위험이 있다.
④ 대량 연소 시에 폭발할 위험은 없다.

43 다음 중 중크롬산암모늄의 색상에 가장 가까운 것은?

① 청색 ② 담황색 ③ 등적색 ④ 백색

44 제6류 위험물의 일반적 성질에 대한 설명 중 틀린 것은?

① 연소가 되기 쉬운 가연성 물질이다.
② 산화성 액체이다.
③ 일반적으로 물과 접촉하면 발열한다.
④ 산소를 함유하고 있다.

45 상온에서 CaC_2를 장기간 보관할 때 사용하는 물질로 다음 중 가장 적당한 것은?

① 물 ② 알코올 ③ 질소가스 ④ 아세틸렌가스

46 제2류 위험물의 일반적 성질에 대한 설명 중 틀린 것은?

① 대표적인 성질은 가연성 고체이다.
② 대부분이 무기화합물이다.
③ 대부분이 강력한 환원제이다.
④ 모두 물에 의해 냉각소화가 가능하다.

47 다음 중 질산의 위험성에 관한 설명으로 옳은 것은?

① 피부에 닿아도 위험하지 않다.
② 공기 중에서 단독으로 자연발화한다.
③ 인화점이 낮고 발화하기 쉽다.
④ 환원성 물질과 혼합 시 위험하다.

48 제3류 위험물인 칼륨의 지정수량은?

① 10kg ② 20kg ③ 50kg ④100kg

49 에틸렌글리콜의 성질로 옳지 않은 것은?

① 갈색의 액체로 방향성이 있고 쓴맛이 난다.
② 물, 알코올 등에 잘 녹는다.
③ 분자량은 약 62이고 비중은 1.1이다.
④ 부동액의 원료로 사용된다.

50 인화칼슘을 저장한 창고에 비가 스며든 상태에서 근로자가 작업을 하다가 독성의 가스가 발생하여 질식하였다면 발생한 독성 가스는 다음 중 어느 것으로 예상되는가?

① 질소 ② 메탄 ③ 포스핀 ④ 아세틸렌

51 제2류 위험물인 황화인에 대한 설명 중 틀린 것은?

① 지정수량이 100kg이다.
② 삼황화인은 CS_2에 용해된다.
③ 오황화인은 공기 중의 습기를 흡수하여 황화수소를 발생한다.
④ 칠황화인은 습기를 흡수하여 인화수소 가스를 주로 발생한다.

52 다음 중 제1류 위험물이 아닌 것은?

① 요오드산염류 ② 무기과산화물
③ 히드록실아민염류 ④ 과망간산염류

53 질산에틸에 대한 설명 중 틀린 것은?

① 물에 녹지 않는다.
② 냄새가 나는 무색의 액체이다.
③ 비중은 약 1.1, 끓는점은 약 88℃이다.
④ 인화점이 상온 이상이므로 인화의 위험이 적다.

54 다음 중 마그네슘분과 혼합했을 때 발화의 위험이 있기 때문에 접촉을 피해야 하는 것은?

① 건조사　② 헬륨 가스
③ 아르곤 가스　④ 염소 가스

55 무수크롬산에 관한 설명으로 틀린 것은?

① 물에 잘 녹는다.
② 강력한 산화작용을 나타낸다.
③ 알코올, 벤젠 등과 접촉하면 혼촉발화의 위험이 있다.
④ 상온에서 분해하여 산소를 방출하므로 냉장 보관한다.

56 염소산나트륨의 저장 및 취급 시 주의할 사항으로 틀린 것은?

① 철제용기에 저장할 수 없다.
② 분해방지를 위해 암모니아를 넣어 저장한다.
③ 조해성이 있으므로 방습에 유의한다.
④ 용기에 밀전(密栓)하여 보관한다.

57 다음 물질 중 제4류 위험물에 속하지 않는 것은?

① 아세톤　② 실린더유
③ 과산화벤조일　④ 클레오소트유

58 등유의 성질에 대한 설명 중 틀린 것은?

① 증기는 공기보다 가볍다.
② 인화점이 상온보다 높다.
③ 전기에 대해 불량도체이다.
④ 물보다 가볍다.

59 다음 제4류 위험물의 알코올류에 해당되지 않는 것은?

① 고형 알코올
② 메틸알코올
③ 이소프로필알코올
④ 에틸알코올

60 위험물안전관리법에서 규정하는 질산은 그 비중이 최소 얼마 이상인 것을 말하는가?

① 1.29
② 1.39
③ 1.49
④ 1.59

정답 및 해설

1. ④	2. ①	3. ②	4. ②	5. ②	6. ①	7. ④	8. ②	9. ②	10. ③
11. ④	12. ③	13. ②	14. ③	15. ④	16. ③	17. ②	18. ①	19. ④	20. ③
21. ①	22. ③	23. ③	24. ②	25. ②	26. ④	27. ③	28. ①	29. ②	30. ④
31. ②	32. ②	33. ①	34. ①	35. ②	36. ④	37. ②	38. ④	39. ①	40. ②
41. ③	42. ③	43. ③	44. ①	45. ③	46. ④	47. ④	48. ①	49. ①	50. ③
51. ④	52. ③	53. ④	54. ④	55. ④	56. ②	57. ③	58. ①	59. ①	60. ③

1 화학포 소화약제 화학반응식

$6NaHCO_3 + Al_2(SO_4)_3 + 18H_2O \rightarrow 3Na_2SO_4 + 2Al(OH)_3 + 6CO_2 + 18H_2O$

2 방호구역 외의 장소에 설치할 것

3 과산화나트륨

상온에서 물과 격렬하게 반응하며 열을 발생하고 산소를 방출시킨다.

$Na_2O_2 + H_2O \rightarrow 2NaOH + \frac{1}{2}O_2 \uparrow$

4 표면연소

목탄(숯), 코크스, 금속분 등이 열분해하여 고체가 표면이 고온을 유지하면서 가연성 가스를 발생하지 않고 그 물질 자체 표면이 빨갛게 연소하는 형태

5 고체위험물은 운반용기 내용적의 95% 이하의 수납률로 수납한다.

6 금수성 물질로 분말 소화약제의 탄산수소 염류, 건조사, 암분, 소다 등으로 피복 소화한다.

7 물과 반응하여 수산화칼슘(=소석회)과 아세틸렌가스가 생성된다.

$CaC_2 + 2H_2O \rightarrow Ca(OH)_2 + C_2H_2 \uparrow$

8 옥내탱크저장소의 탱크 등의 간격

탱크와 탱크전용실의 벽(기둥 등 돌출된 부분을 제외한다) 및 탱크 상호 간에는 0.5m 이상의 간격을 두어야 한다. 다만, 탱크의 점검 및 보수에 지장이 없는 경우에는 그러하지 아니하다.

9 하나의 경계구역의 면적은 600m^2 이하로 하고 그 한 변의 길이는 50m(광전식 분리형 감지기를 설치할 경우에는 100m) 이하로 할 것. 다만, 당해 건축물 그 밖의 공작물의 주요한 출입구에서 그 내부의 전체를 볼 수 있는 경우에 있어서는 그 면적을 1,000m^2 이하로 할 수 있다.

10 "물분무 등 소화설비"에는 물분무 소화설비, 포소화설비, 이산화탄소 소화설비, 할로겐화물 소화설비, 분말 소화설비 등이다.

11
- A급 화재 : 일반 화재
- B급 화재 : 유류 및 가스 화재
- C급 화재 : 전기 화재
- D급 화재 : 금속화재

12 "옥외저장탱크 주입구"라고 표시한 게시판은 백색 바탕 및 흑색 문자로 나타낸다.

13 착화점이 낮아지는 조건은 다음과 같다.
- 발열량, 화학적 활성도, 산소와 친화력, 압력이 높을 때
- 분자구조가 복잡할 때
- 열전도율, 공기압, 습도 및 가스압이 낮을 때

14 기포안정제
단백질 분해물, 샤포닝, 계면활성제, 젤라틴, 카제인

15 하론 1301 소화약제의 설명
- 구조식으로 나타내면 다음과 같다.

```
        H                         F
        |                         |
  H  —  C  —  H   ──→     F  —  C  —  Br
        |                         |
        H                         F
```

즉, CH_4에 수소원자가 탈리되고 F와 Br으로 치환된 물질로 CF_3Br이라고 하며 BTM(Bromo Trifluoro Methane) 소화제라고도 한다.
- 상온에서 무색, 무취의 기체로 비전도성이며 소화 효과가 가장 커 널리 사용한다.
- 공기보다 5.1배 무겁다.
- 인체에 독성이 약하고 B급(유류)와 C급(전기) 화재에 적합하다.

16 자연발화 방지법
- 주위 온도를 낮출 것
- 습도를 낮게 할 것(수분량이 적당하지 않도록 할 것)
- 통풍을 잘 시킬 것
- 불활성 가스를 주입하여 공기와 접촉 면적을 낮게 할 것

17 소요단위는 지정수량의 10배이므로 $= \dfrac{2,000}{10 \times 10\text{배}} = 20$

18 소규모 화재 시는 모래로 질식소화하며, 대규모 화재에서는 다량의 물로 분무 주수한다.

19 포말소화기의 화학반응식
$6NaHCO_3 + Al_2(SO_4)_3 + 18H_2O \rightarrow 3Na_2SO_4 + 2Al(OH)_3 + 6CO_2 + 18H_2O$

20 분말소화설비의 기준에서 가압용 가스용기에 사용되는 가스는 N_2, CO_2를 사용한다.

21 황산과 반응하여 이산화염소를 발생시키는 물질은 아염소산나트륨이다.

22 제1류 위험물 중 무기과산화물, 삼산화크롬 제2류 위험물 중 철분, 금속분, 마그네슘분 제3류 위험물, 제4류 위험물 또는 제6류 위험물의 저장창고의 바닥은 물이 침투하지 아니하는 구조로 하여야 한다.

23 ① 황 : 190℃ ② 삼황화인 : 100℃ ③ 황린 : 60℃ ④ 아세톤 : 538℃

24 이황화탄소를 용기나 탱크에 저장할 경우 물속에 보관해야 한다. 물에 불용이며, 물보다 무겁다(가연성 증기 발생을 억제하기 위함이다.)

25

위험물			지정 수량
유별	성질	품명	
제2류	가연성 고체	1. 황화인	100kg
		2. 적린	100kg
		3. 유황	100kg
		4. 철분	500kg
		5. 금속분	500kg
		6. 마그네슘	500kg
		7. 그밖에 행정자치부령이 정하는 것 8. 제1호 내지 제7호의 1에 해당하는 어느 하나 이상을 함유한 것	100kg 또는 500kg
		9. 인화성 고체	1,000kg

26

위험물			지정수량
유별	성질	품명	
제5류	자기반응성 물질	1. 유기과산화물	10kg
		2. 질산에스테르류	10kg
		3. 니트로화합물	200kg
		4. 니트로소화합물	200kg
		5. 아조화합물	200kg
		6. 디아조화합물	200kg
		7. 히드라진 유도체	200kg
		8. 히드록실아민	100kg
		9. 히드록실아민염류	100kg
		10. 그 밖에 행정자치부령이 정하는 것 11. 제1호 내지 제10호의 1에 해당하는 어느 하나 이상을 함유한 것	10kg, 100kg 또는 200kg

27 가솔린, 메탄올은 물보다 가볍다.

28 초산에틸[$CH_3COOC_2H_5$](지정 수량 400l)
파인애플, 딸기, 간장 등의 휘발성 방향 성분으로 무색, 투명한 액체이다.

29
- 담황색의 결정이며 일광 하에서 다갈색으로 변하고 중성 물질이기 때문에 금속과 반응하지 않는다.
- 착화점 300℃, 융점 81℃, 비점 280℃, 비중 1.66
- 톨루엔에 질산, 황산을 반응시켜 생성되는 물질은 트리니트로 톨루엔이 된다.

30 고체 위험물의 운반 시 내장용기가 유리로서 최대용적이 10l인 수납 위험물로 한다.

31 무색, 무취의 유동하기 쉬운 액체로 흡습성이 강하며 휘발성이 있고, 순수한 것은 분해의 위험이 없고 가열하면 분해, 폭발하고 산성이 강한 편이다.

32
- 적린의 발화온도 : 260℃
- 황린의 발화온도 : 60℃

33 적린은 제2류 위험물이다.

34 니트로셀룰로오스(NC) : $[C_6H_7O_2(ONO_2)_3]$=질화면
- 셀룰로오스에 진한 질산(3)과 진한황산(1)의 비율로 혼합작용시키면 니트로 셀룰로오스가 만들어진다.
- 분해온도 130℃, 자연발화온도 180℃
- 무연화약으로 사용되며 질화도가 클수록 위험하다.
- 햇빛, 열, 산에 의해 자연발화의 위험이 있다.
- 질화도 : 니트로 셀룰로오스 중의 질소 함유 %
- 니트로셀룰로오스를 저장 운반 시 물 또는 알코올에 습면하고, 안정제를 가해서 냉암소에 저장한다.

35 ① 경유 : 50~70℃ ② 아세톤 : −18℃
③ 톨루엔 : 4℃ ④ 메틸알코올 : 11℃

36 과망간산칼륨은 산, 가연물, 유기물과 격리 저장하고 용기는 금속 또는 유리 용기를 사용한다.

37 과산화벤조일(벤조일퍼옥사이드) : $[(C_6H_5CO)_2O_2]$
- 무색, 무미의 결정고체, 비수용성, 알코올에 약간 녹는다.
- 발화점 125℃, 융점 103~105℃, 비중 1.33(25℃)
- 상온에서 안정된 물질, 강한 산화작용이 있다.

38 공기 중에서 연기를 내기 때문에 최루성이 있으며 피부 · 눈 · 점막을 자극하지만 분진폭발의 위험성은 없다.

39 질산염류는 제1류 위험물이다.

40 에테르는 화재 예방상 일광을 피하여 보관하여야 하며, 장시간 공기와 접촉하면 과산화물이 생성될 수 있고, 가열, 충격, 마찰에 의해 폭발할 수도 있다.

41 테레빈유는 제2석유류에 해당된다.

42 메틸에틸케톤퍼옥시드[MEKPO]

- 무색의 기름 모양의 액체
- 발화점 205℃, 융점 −20℃ 이하, 인화점 58℃ 이상
- 물에 약간 용해하고 에테르 알코올, 케튼유에 녹는다.
- 희석제인 프탈산디메틸, 프탈산디부틸 등이 50~60% 첨가되어 시중에 시판된다.
- 헝겊, 탈지면이나 쇠녹, 규조토와의 접촉으로 30℃에서 분해
- 메틸에틸케톤퍼옥사이드(MEKPO)는 함유율이 60(중량%) 이상일 때 지정유기과산화물이라 한다.

43 중크롬산암모늄의 성질

- 오렌지색 단사정계 결정(등적색)
- 분해 온도 225℃, 비중 2.15
- 물, 알코올에 잘 녹는다.
- 가열하면 약 225℃에서 분해하여 질소를 발생
  $(NH_4)_2Cr_2O_7 \rightarrow Cr_2O_3 + N_2\uparrow + 4H_2O$

44 제6류 위험물의 성질

1) 산화성 액체이며 자신들은 모두 불연성 물질이다.
2) 과산화수소를 제외하고 강산성 물질이며 물에 녹기 쉽다.

45 습기가 없는 밀폐용기에 저장하여야 하며 용기 등에는 불활성 기체(질소, 0족 원소 등)를 봉입시켜야 하며 빗물 또는 침수의 우려가 없고 화기가 없는 장소에 저장하여야 한다.

46 제2류 위험물의 소화방법

- 유황은 물에 의한 냉각소화가 적당하다.
- 금속분, 철분, 마그네슘의 연소 시 주수하면 급격한 수증기 또는 물과 반응 시 발생된 수소에 의한 폭발위험과 연소 중인 금속의 비산으로 화재면적을 확대시킬 수 있으므로 건조사 건조분말에 의한 질식소화를 한다.
- 적린, 유황은 물에 의한 냉각소화가 적당하다.

47 질산의 성질

- 흡습성이 강하여 습한 공기 중에서 자연 발화하지 않고 발열하는 무색의 무거운 액체이다.
- 강한 산성을 나타내며 68% 수용액일 때 가장 높은 끓는점을 가진다.
- 자극성, 부식성이 강하며 비점이 낮아 휘발성이고 햇빛에 의해 일부 분해한다.
- 물과 반응하여 강한 산성을 나타내며 발열한다.
- Ag은 진한 질산에 용해되는 금속이다.
- 진한 질산은 Fe, Ni, Cr, Al과 반응하여 부동태를 형성한다.(부동태를 형성한다는 말은 더 이상 산화작용을 하지 않는다는 의미이다.)

48 칼륨의 지정수량은 10kg이다.

49 에틸렌글리콜[$C_2H_4(OH)_2$] (지정수량 2,000l)

- 인화점 : 111℃, 발화점 : 398℃, 비중 : 1.1, 비점 : 197℃
- 흡습성이 있고 무색, 무취의 단맛이 나는 끈끈한 액체
- 수용성이고 2가 알코올에 해당한다.
- 독성이 있고 자동화의 부동액의 주원료로 사용된다.

50 인화칼슘(Ca_3P_2)과 물과 반응하면 포스핀(PH_3)을 생성시킨다.
$Ca_3P_2 + 6H_2O \rightarrow 3\,Ca(OH)_2 + 2PH_3$

51
- 삼황화인(P_4S_3) : 착화점이 약 100℃인 황색의 결정으로 조해성이 있고 CS_2, 질산, 알칼리에는 녹지만, 물, 염소, 염산, 황산에는 녹지 않으며 성냥, 유기합성 등에 쓰인다.
- 오황화인(P_2S_5) : P_2S_5는 담황색 결정으로 조해성과 흡습성이 있고, 알칼리와 분해하여 H_2S와 H_3PO_4가 된다. 습한 공기 중에 분해하여 황화수소를 발생하며 또한 알코올, 이황화탄소에 녹으며 선광제, 윤활유 첨가제, 의약품 등에 쓰인다.
- 칠황화인(P_4S_7) : P_4S_7 담황색 결정으로 조해성이 있고, CS_2에 약간 녹고, 물에 녹아 유독한 H_2S를 발생하고 유기합성 등에 쓰인다.

52 히드록실아민염류는 제5류 위험물이다.

53 질산에틸[$C_2H_5ONO_2$]

- 무색투명하고 향긋한 냄새가 나는 액체(상온에서)로 단맛이 있고, 비점 이상으로 가열하면 폭발한다.
- 인화점 −10℃, 융점 −94.6℃, 비점 88℃, 증기비중 3.14, 비중 1.11
- 인화점이 높아 쉽게 연소되지 않지만 인화성에 유의해야 한다.
- 비수용성, 인화성이 있고 알코올, 에테르에 녹는다.
- 불꽃 등 화기를 멀리하고, 용기는 밀봉하고 통풍이 잘되는 냉암소에 저장한다.

54 수소와는 반응하지 않고, 할로겐 원소(F, Cl)와 반응하여 금속할로겐화물을 만든다.
$Mg + Br_2 \rightarrow MgBr_2$

55 무수크롬산은 250℃에서 열분해가 쉽게 일어나고 산소가 발생한다.

56 염소산나트륨의 성질

- 산과 반응하여 유독한 이산화염소(ClO_2)를 발생하고 폭발 위험이 있다.
  $3NaClO_3 \rightarrow NaClO_4 + Na_2O + 2ClO_2$
- 다량 섭취 시 생명의 위험이 있다.
- 가열, 충격, 마찰을 피하고 환기가 잘 되는 냉암소에 밀전 보관한다.
- 분해를 촉진하는 약품류와의 접촉을 피한다.

57 과산화벤조일은 제5류 위험물이다.

58 증기는 공기보다 무겁다.

59 고형 알코올은 제2류 위험물에 해당된다.

60 소방법에서 규정하는 질산은 그 비중이 1.49 이상이고, 진한 질산을 가열할 경우 액체 표면에 적갈색의 증기가 떠 있게 된다.

Chapter

2017년 2회 CBT 복원 기출문제

Hazardous material Industrial Engineer

1 다음 중 제3종 분말 소화약제를 사용할 수 있는 모든 화재의 급수를 옳게 나타낸 것은?

① A급, B급 ② B급, C급
③ A급, C급 ④ A급, B급, C급

2 제5류 위험물의 화재 시 소화방법에 대한 설명으로 옳은 것은?

① 가연성 물질로서 연소속도가 빠르므로 질식소화가 효과적이다.
② 할로겐화합물 소화기가 적응성이 있다.
③ CO_2 및 분말소화기가 적응성이 있다.
④ 다량의 주수에 의한 냉각소화가 효과적이다.

3 인화성 액체의 증기가 공기보다 무거운 것은 다음 중 어떤 위험성과 가장 관계가 있는가?

① 인화점이 낮다.
② 발화점이 낮다.
③ 물에 의한 소화가 어렵다.
④ 예측하지 못한 장소에서 소화가 발생할 수 있다.

4 다음 중 화재의 급수에 따른 화재 종류와 표시 색상이 옳게 연결된 것은?

① A급 - 일반화재, 황색 ② B급 - 일반화재, 황색
③ C급 - 전기화재, 청색 ④ D급 - 금속화재, 청색

5 소화기에 표시한 "A-2", "B-3"에서 숫자가 의미하는 것은?

① 소화기의 소요 단위 ② 소화기의 사용 순위
③ 소화기의 제조 번호 ④ 소화기의 능력 단위

6 불에 대한 제거 소화방법의 적용이 잘못된 것은?

① 유전의 화재 시 다량의 물을 이용하였다.
② 가스화재 시 밸브 및 콕크를 잠갔다.
③ 산불화재 시 벌목을 하였다.
④ 촛불을 바람으로 불어 가연성 증기를 날려 보냈다.

7 다음 위험물의 화재 시 주수소화가 가능한 것은?

① 철분 ② 마그네슘
③ 나트륨 ④ 황

8 이산화탄소소화기에서 수분의 중량은 일정량 이하이어야 하는데 그 이유를 가장 옳게 설명한 것은?

① 줄·톰슨효과 때문에 수분이 동결되어 관이 막히므로
② 수분이 이산화탄소와 반응하여 폭발하기 때문에
③ 에너지보존법칙 때문에 압력 상승으로 관이 파손되므로
④ 액화탄산가스는 승화성이 있어서 관이 팽창하여 방사압력이 급격히 떨어지므로

9 화학포소화약제의 반응에서 황산알루미늄과 중탄산나트륨의 반응 몰비는?(단, 황산알루미늄 : 중탄산나트륨의 비이다.)

① 1:4 ② 1:6 ③ 4:1 ④ 6:1

10 질소가 가연물이 될 수 없는 이유를 가장 옳게 설명한 것은?

① 산소와 반응하지만 반응 시 열을 방출하기 때문에
② 산소와 반응하지만 반응 시 열을 흡수하기 때문에
③ 산소와 반응하지 않고 열의 변화가 없기 때문에
④ 산소와 반응하지 않고 열을 방출하기 때문에

11 위험물의 착화점이 낮아지는 경우가 아닌 것은?

① 압력이 클 때
② 발열량이 클 때
③ 산소농도가 작을 때
④ 산소와 친화력이 좋을 때

12 탄산칼륨을 물에 용해시킨 강화액 소화약제의 pH에 가장 가까운 것은?

① 1　② 4　③ 7　④ 12

13 자연발화에 대한 다음 설명 중 틀린 것은?

① 열전도가 낮을 때 잘 일어난다.
② 공기와의 접촉면적이 큰 경우에 잘 일어난다.
③ 수분이 높을수록 발생을 방지할 수 있다.
④ 열의 축적을 막을수록 발생을 방지할 수 있다.

14 화학포소화기에서 기포 안정제로 사용되는 것은?

① 사포닌　② 질산
③ 황산알루미늄　④ 질산칼륨

15 이송 취급소의 소화 난이도 등급에 관한 설명 중 옳은 것은?

① 모든 이송취급소의 소화난이도는 등급 Ⅰ에 해당한다.
② 지정수량 100배 이상을 취급하는 이송취급소만 소화난이도 등급 Ⅰ에 해당한다.
③ 지정수량 200배 이상을 취급하는 이송취급소만 소화난이도 등급 Ⅰ에 해당한다.
④ 지정수량 10배 이상의 제4류 위험물을 취급하는 이송취급소만 소화난이도 등급 Ⅰ에 해당한다.

16 다음 중 제1종, 제2종, 제3종 분말소화약제의 주성분에 해당하지 않는 것은?

① 탄산수소나트륨　② 황산마그네슘
③ 탄산수소칼륨　④ 인산암모늄

17 다음 중 화재가 발생하였을 때 물로 소화하면 위험한 것은?

① KNO_3　② $NaClO_3$　③ $KClO_3$　④ K

18 팽창진주암(삽1개 포함)의 능력단위 1은 용량이 몇 L인가?

① 70　② 100　③ 130　④ 160

19 소화약제의 분해반응식에서 다음 (　　) 안에 알맞은 것은?

$$2NaHCO_3 \rightarrow Na_2CO_3 + H_2O + (\quad)$$

① CO　② NH_3　③ CO_2　④ H_2

20 다음 중 증발연소를 하는 물질이 아닌 것은?

$$2NaHCO_3 \rightarrow Na_2CO_3 + H_2O + (\quad)$$

① 황　② 석탄　③ 파라핀　④ 나프탈렌

21 과산화칼륨에 관한 설명으로 틀린 것은?

① 융점은 약 490℃이다.
② 가연성 물질이며 가열하면 격렬히 연소한다.
③ 비중은 약 2.9로 물보다 무겁다.
④ 물과 접촉하면 수산화칼륨과 산소가 발생한다.

22 가연성 고체 위험물의 저장 및 취급법으로 옳지 않은 것은?

① 환원성 물질이므로 산화제와 혼합하여 저장할 것
② 점화원으로부터 멀리하고 가열을 피할 것
③ 금속분은 물과의 접촉을 피할 것
④ 용기 파손으로 인한 위험물의 누설에 주의할 것

23 위험물에 물이 접촉하여 주로 발생되는 가스의 연결이 틀린 것은?

① 나트륨 - 수소　② 탄화칼슘 - 포스핀
② 칼륨 - 수소　④ 인화석회 - 인화수소

24 다음 위험물 중 발화점이 가장 낮은 것은?

① 가솔린　② 이황화탄소
③ 에테르　④ 황린

25 과망간산칼륨의 위험성에 대한 설명 중 틀린 것은?

① 진한 황산과 접촉하면 폭발적으로 반응한다.
② 알코올, 에테르, 글리세린 등 유기물과 접촉을 금한다.
③ 가열하면 약 60℃에서 분해하여 수소를 방출한다.
④ 목탄, 황과 접촉 시 충격에 의해 폭발할 위험성이 있다.

26 위험물의 취급 중 폐기에 관한 기준으로 옳은 것은?

① 위험물의 성질에 따라 안전한 장소에서 실시하면 매몰할 수 있다.
② 재해의 발생을 방지하기 위한 적당한 조치를 강구한 때라도 절대로 바다에 유출시키거나 투하할 수 없다.
③ 안전한 장소에서 타인에게 위해를 미칠 우려가 없는 방법으로 소각할 경우는 감시원을 배치할 필요가 없다.
④ 위험물제조소에서 지정수량 미만을 폐기하는 경우에는 장소에 상관없이 임의로 폐기할 수 있다.

27 과염소산의 성질에 대한 설명으로 옳은 것은?

① 무색의 산화성 물질이다.
② 점화원에 의해 쉽게 단독으로 연소한다.
③ 흡습성이 강한 고체이다.
④ 증기는 공기보다 가볍다.

28 알루미늄 분말의 저장방법 중 옳은 것은?

① 에틸알코올 수용액에 넣어 보관한다.
② 밀폐 용기에 넣어 건조한 곳에 저장한다.
③ 폴리에틸렌병에 넣어 수분이 많은 곳에 보관한다.
④ 염산 수용액에 넣어 보관한다.

29 다음 중 황린이 완전연소할 때 발생하는 가스는?

① PH_3 ② SO_2 ③ CO_2 ④ P_2O_5

30 다음 제4류 위험물 중 특수인화물에 해당하고 물에 잘 녹지 않으며 비중이 0.71, 비점이 약 34℃인 위험물은?

① 아세트알데히드　② 산화프로필렌
③ 디에틸에테르　④ 니트로벤젠

31 제1석유류의 일반적인 성질로 틀린 것은?

① 물보다 가볍다.
② 가연성이다.
③ 증기는 공기보다 가볍다.
④ 인화점이 21℃ 미만이다.

32 황린을 취급할 때의 주의사항으로 틀린 것은?

① 피부에 닿지 않도록 주의할 것　② 산화제와의 접촉을 피할 것
③ 물의 접촉을 피할 것　④ 화기의 접근을 피할 것

33 고속도로 주유취급소의 특례기준에 따르면 고속국도 도로변에 설치된 주유취급소에 있어서 고정주유설비에 직접 접속하는 탱크의 용량은 몇 리터까지 할 수 있는가?

① 1만　② 5만　③ 6만　④ 8만

34 다음 물질 중 분진폭발의 위험이 없는 것은?

① 황　② 알루미늄분
③ 과산화수소　④ 마그네슘분

35 알킬리튬 10kg, 황린 100kg 및 탄화칼슘 300kg을 저장할 때 각 위험물의 지정수량 배수의 총합은 얼마인가?

① 5　② 7　③ 8　④ 10

36 탄화칼슘의 안전한 저장 및 취급방법으로 가장 거리가 먼 것은?

① 습기와의 접촉을 피한다.
② 석유 속에 저장해 둔다.
③ 장기 저장할 때는 질소가스를 충전한다.
④ 화기로부터 격리하여 저장한다.

37 황화인에 대한 설명 중 옳지 않은 것은?

① 삼황화인은 황색 결정으로 공기 중 약 100℃에서 발화할 수 있다.
② 오황화인은 담황색 결정으로 조해성이 있다.
③ 오황화인의 화재 시에는 물에 의한 냉각소화가 가장 좋다.
④ 삼황화인은 통풍이 잘되는 냉암소에 저장한다.

38 그림과 같은 위험물 저장탱크의 내용적은 약 몇 m^3인가?

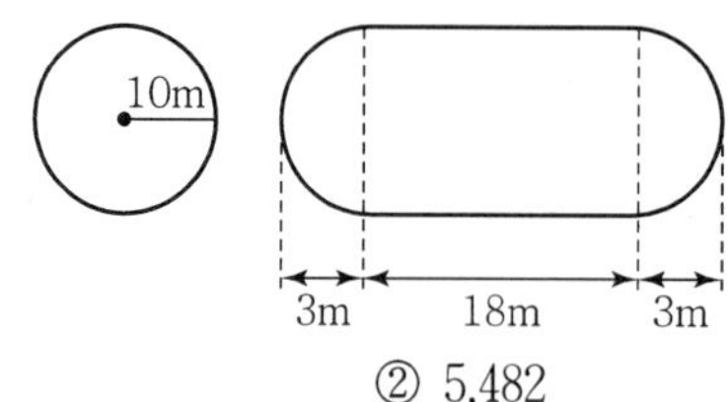

① 4,681
② 5,482
③ 6,283
④ 7,080

39 다음 위험물 품명 중 지정수량이 나머지 셋과 다른 것은?

① 염소산염류
② 질산염류
③ 무기과산화물
④ 과염소산염류

40 법령에 정의하는 제2석유류의 1기압에서의 인화점 범위를 옳게 나타낸 것은?

① 21℃ 이상 70℃ 미만
② 70℃ 이상 200℃ 미만
③ 200℃ 이상 300℃ 미만
④ 300℃ 이상 400℃ 미만

41 다음 물질 중 제1류 위험물이 아닌 것은?

① Na_2O_2
② $NaClO_3$
③ NH_4ClO_4
④ $HClO_4$

42 다음 물질 중 상온에서 고체인 것은?

① 질산메틸
② 질산에틸
③ 니트로글리세린
④ 디니트로톨루엔

43 위험물의 성질에 관한 다음 설명 중 틀린 것은?

① 초산메틸은 유기화합물이다.
② 피리딘은 물에 녹지 않는다.
③ 초산에틸은 무색, 투명한 액체이다.
④ 이소프로필알코올은 물에 녹는다.

44 위험물 안전관리법상 제3석유류의 액체 상태의 판단기준은?

① 1기압과 섭씨 20℃에서 액상인 것
② 1기압과 섭씨 2로 5℃에서 액상인 것
③ 기압에 무관하게 섭씨 20℃에서 액상인 것
④ 기압에 무관하게 섭씨 25℃에서 액상인 것

45 다음 위험물 중 분자식을 C_3H_6O로 나타내는 것은?

① 에틸알코올
② 에틸에테르
③ 아세톤
④ 아세트산

46 다음 위험물 중 질산에스테르류에 속하지 않은 것은?

① 니트로셀룰로오스
② 질산메틸
③ 트리니트로페놀
④ 펜트리트

47 다음 물질 중 물과 반응 시 독성이 강한 가연성 가스가 생성되는 적갈색 고체 위험물은?

① 탄산나트륨
② 탄산칼슘
③ 인화칼슘
④ 수산화칼륨

48 다음 중 제2석유류만으로 짝지어진 것은?

① 시클로헥산 - 피리딘
② 염화아세틸 - 휘발유
③ 시클로헥사 - 중유
④ 아크릴산 - 포름산

49 위험물 옥내저장소에서 지정수량의 몇 배 이상의 저장창고에는 피뢰침을 설치해야 하는가?(단, 제6류 위험물의 저장창고는 제외한다.)

① 10
② 20
③ 50
④ 100

50 제6류 위험물의 일반적인 성질에 대한 설명으로 옳은 것은?

① 강한 환원성 액체이다.
② 물과 접촉하면 흡열반응을 한다.
③ 가연성 액체이다.
④ 과산화수소를 제외하고 강산이다.

51 다음 위험물에 대한 설명 중 틀린 것은?

① $NaClO_3$은 조해성, 흡수성이 있다.
② H_2O_2은 알칼리 용액에서 안정화되어 분해가 어렵다.
③ $NaNO_3$의 열분해온도는 약 380℃이다.
④ $KClO_3$은 화약류 제조에 쓰인다.

52 $C_6H_2CH_3(NO_2)_3$을 녹이는 용제가 아닌 것은?

① 물 ② 벤젠
③ 에테르 ④ 아세톤

53 다음 위험물 중 인화점이 가장 낮은 것은?

① 메틸에틸케톤 ② 에탄올
③ 초산 ④ 클로로벤젠

54 위험물의 취급소를 구분할 때 제조 이외의 목적에 따른 구분으로 볼 수 없는 것은?

① 판매 취급소 ② 이송 취급소
③ 옥외 취급소 ④ 일반 취급소

55 트리니트로톨루엔에 대한 설명 중 틀린 것은?

① 피크르산에 비하여 충격·마찰에 둔감하다.
② 발화점은 약 300℃이다.
③ 자연분해의 위험성이 매우 높아 장기간 저장이 불가능하다.
④ 운반 시 10%의 물을 넣어 운반하면 안전하다.

56 제5류 위험물의 일반적인 성질에 대한 설명으로 가장 거리가 먼 것은?

① 가연성 물질이다.
② 대부분 유기화합물이다.
③ 점화원의 접근은 위험하다.
④ 대부분 오래 저장할수록 안정하게 된다.

57 이황화탄소의 성질에 대한 설명 중 틀린 것은?

① 이황화탄소의 증기는 공기보다 무겁다.
② 순수한 것은 강한 자극성 냄새가 나고 적색 액체이다.
③ 벤젠, 에테르에 녹는다.
④ 생고무를 용해시킨다.

58 비스코스레이온 원료로서, 비중이 약 1.3, 인화점이 약 −30℃이고, 연소 시 유독한 아황산가스를 발생시키는 위험물은?

① 황린 ② 이황화탄소 ③ 테레빈유 ④ 장뇌유

59 클레오소트유에 대한 설명으로 틀린 것은?

① 제3석유류에 속한다.
② 무취이고 증기는 독성이 없다.
③ 상온에서 액체이다.
④ 물보다 무겁고 물에 녹지 않는다.

60 위험물의 저장방법에 대한 다음 설명 중 잘못된 것은?

① 황은 정전기 축적이 없도록 저장한다.
② 니트로셀룰로오스는 건조하면 발화 위험이 있으므로 물 또는 알코올로 습면시켜 저장한다.
③ 칼륨은 유동파라핀 속에 저장한다.
④ 마그네슘은 차고 건조하면 분진 폭발하므로 온수 속에 저장한다.

정답 및 해설

1. ④	2. ④	3. ④	4. ③	5. ④	6. ①	7. ④	8. ①	9. ②	10. ②
11. ③	12. ④	13. ③	14. ①	15. ①	16. ②	17. ④	18. ④	19. ③	20. ②
21. ②	22. ①	23. ②	24. ④	25. ③	26. ①	27. ①	28. ②	29. ④	30. ③
31. ③	32. ③	33. ③	34. ③	35. ②	36. ②	37. ③	38. ③	39. ②	40. ①
41. ④	42. ④	43. ②	44. ①	45. ③	46. ③	47. ③	48. ④	49. ①	50. ④
51. ②	52. ①	53. ①	54. ③	55. ③	56. ④	57. ②	58. ②	59. ②	60. ④

1 분말소화약제의 종류, 착색된 색깔, 열분해 반응식은 다음과 같다.

종류	주성분	착색	적응화재	열분해 반응식
제1종 분말	$NaHCO_3$ (탄산수소나트륨)	백색	B, C	$2NaHCO_3 \rightarrow Na_2CO_3 + CO_2 + H_2O$
제2종 분말	$KHCO_3$ (탄산수소칼륨)	보라색	B, C	$2KHCO_3 \rightarrow K_2CO_3 + CO_2 + H_2O$
제3종 분말	$NH_4H_2PO_4$ (제1인산 암모늄)	담홍색	A, B, C	$NH_4H_2PO_4 \rightarrow HPO_3 + NH_3 + H_2O$
제4종 분말	$KHCO_3 + (NH_2)_2CO$ (탄산수소 칼륨 + 요소)	회백색	B, C	$2KHCO_3 + (NH_2)_2CO \rightarrow K_2CO_3 + 2NH_3 + 2CO_2$

2 제5류 위험물은 물질 자체에 다량의 산소를 함유하고 있기 때문에 질식소화는 효과가 없고 다량의 주수에 의한 냉각소화가 효과적이다.

3 예측하지 못한 장소에서 소화가 아니라 화재가 발생할 수 있다.

4 ① A급 화재(일반화재) : 백색 ② B급 화재(유류화재) : 황색
③ C급 화재(전기화재) : 청색 ④ D급 화재 (금속분 화재) : 없음

5 소화기에 표시한 “A-2”, “B-3”에서 숫자가 의미하는 것은 소화기의 능력 단위이다.

6 유전의 화재 시 다량의 물을 사용하면 기름은 물보다 가볍기 때문에 화재가 확대될 수 있다.

7 제1류 위험물 중 무기과산화물류 · 삼산화크롬, 제2류 위험물 중 철분, 금속분, 마그네슘 또는 제3류 위험물에 대하여는 방수성이 있는 피복으로 덮을 것

8 이산화탄소소화기에서 수분의 중량은 일정량 이하이어야 하는데 그 이유는 줄 · 톰슨효과 때문에 수분이 동결되어 관이 막히므로(줄, 톰슨효과란 열의 출입을 차단하고 팽창시키면 내부의 온도가 급격히 떨어진다는 원리)

9 포말소화기의 화학반응식

$6NaHCO_3 + Al_2(SO_4)_3 + 18H_2O \rightarrow 3Na_2SO_4 + 2Al(OH)_3 + 6CO_2 + 18H_2O$

10 질소가 가연물이 될 수 없는 이유는 산소와 반응하지만 반응 시 열을 흡수하기 때문에

11 착화점이 낮아지는 조건은 다음과 같다.

- 발열량, 화학적 활성도, 산소와 친화력, 압력이 높을 때
- 분자구조가 복잡할 때
- 열전도율, 공기압, 습도 및 가스압이 낮을 때

12 강화액 소화약제

- pH : 12 이상
- 액 비중 : 1.3~1.4
- 응고점 : −17~−30℃
- 사용 온도 : −20~40℃
- 독성, 부식성이 없다.

13 자연발화 방지법

- 주위 온도를 낮출 것
- 습도를 낮게 할 것(수분량이 적당하지 않도록 할 것)
- 통풍을 잘 시킬 것
- 불활성 가스를 주입하여 공기와 접촉면적을 낮게 할 것

14 기포안정제 : 단백질 분해물, 샤포닝, 계면활성제, 젤라틴, 카제인

15 소화난이도 등급 I 에 해당하는 제조소 등

제조소 등의 구분	제조소 등의 규모, 저장 또는 취급하는 위험물의 품명 및 최대수량 등
제조소 일반 취급소	연면적 1,000m² 이상인 것
	지정수량의 100배 이상인 것(고인화점 위험물만을 100℃ 미만의 온도에서 취급하는 것 및 제48조의 위험물을 취급하는 것은 제외)
	지반면으로부터 6m 이상의 높이에 위험물 취급설비가 있는 것(고인화점 위험물만을 100℃ 미만의 온도에서 취급하는 것은 제외)
	일반취급소로 사용되는 부분 외의 부분을 갖는 건축물에 설치된 것(내화구조로 개구부 없이 구획된 것 및 고인화점 위험물만을 100℃ 미만의 온도에서 취급하는 것은 제외)
옥내 저장소	지정 수량의 150배 이상인 것(고인화점 위험물만을 저장하는 것 및 제48조의 위험물을 저장하는 것은 제외)
	연면적 150m²을 초과하는 것(150m² 이내마다 불연재료로 개구부 없이 구획된 것 및 인화성 고체 외의 제2류 위험물 또는 인화점 70℃ 이상의 제4류 위험물만을 저장하는 것은 제외)
	처마높이가 6m 이상인 단층 건물의 것
	옥내저장소로 사용되는 부분 외의 부분이 있는 건축물에 설치된 것(내화구조로 개구부 없이 구획된 것 및 인화성 고체 외의 제2류 위험물 또는 인화점 70℃ 이상의 제4류 위험물만을 저장하는 것은 제외)

옥외 탱크 저장소	액표면적이 $40m^2$ 이상인 것(제6류 위험물을 저장하는 것 및 고인화점 위험물만을 100℃ 미만의 온도에서 저장하는 것은 제외)
	지반면으로부터 탱크 옆판의 상단까지 높이가 6m 이상인 것(제6류 위험물을 저장하는 것 및 고인화점 위험물만을 100℃ 미만의 온도에서 저장하는 것은 제외)
	지중탱크 또는 해상탱크로서 지정수량의 100배 이상인 것(제6류 위험물을 저장하는 것 및 고인화점 위험물만을 100℃ 미만의 온도에서 저장하는 것은 제외)
	고체위험물을 저장하는 것으로서 지정수량의 100배 이상인 것
옥내 탱크 저장소	액표면적이 $40m^2$ 이상인 것(제6류 위험물을 저장하는 것 및 고인화점 위험물만을 100℃ 미만의 온도에서 저장하는 것은 제외)
	바닥면으로부터 탱크 옆판의 상단까지 높이가 6m 이상인 것(제6류 위험물을 저장하는 것 및 고인화점 위험물만을 100℃ 미만의 온도에서 저장하는 것은 제외)
	탱크전용실이 단층건물 외의 건축물에 있는 것으로서 인화점 40℃ 이상 70℃ 미만의 위험물을 지정수량의 5배 이상 저장하는 것(내화구조로 개구부 없이 구획된 것은 제외한다.)
옥외 저장소	덩어리 상태의 유황을 저장하는 것으로서 경계표시 내부의 면적(2 이상의 경계표시가 있는 경우에는 각 경계표시의 내부의 면적을 합한 면적)이 $100m^2$ 이상인 것
	별표 11 Ⅲ의 위험물을 저장하는 것으로서 지정수량의 100배 이상인 것
암반 탱크 저장소	액표면적이 $40m^2$ 이상인 것(제6류 위험물을 저장하는 것 및 고인화점 위험물만을 100℃ 미만의 온도에서 저장하는 것은 제외)
	고체위험물을 저장하는 것으로서 지정수량의 100배 이상인 것
이송 취급소	모든 대상

16 소화난이도 등급 I 에 해당하는 제조소 등

종별	소화약제	약제의 착색	열분해 반응식
제1종 분말	중탄산나트륨 ($NaHCO_3$)	백색	$2NaHCO_3 \rightarrow CO_2 + H_2O + Na_2CO_3$
제2종 분말	중탄산칼륨 ($KHCO_3$)	보라색	$2KHCO_3 \rightarrow CO_2 + H_2O + K_2CO_3$
제3종 분말	제일인산암모늄 ($NH_4H_2PO_4$)	담홍색	$NH_4H_2PO_4 \rightarrow NH_3 + HPO_3 + H_2O$
제4종 분말	중탄산칼륨 + 요소 $KHCO_3 + (NH_2)_2CO$	회색	$2KHCO_3 + (NH_2)_2CO \rightarrow K_2CO_3 + 2NH_3 + 2CO_2$

17 공기 중의 수분 또는 물과 반응하여 발열하고 수소를 발생한다.
$2K + 2H_2O \rightarrow 2KOH + H_2 \uparrow$

18 간이 소화용구 능력단위

간이소화용구		능력단위
1. 마른 모래	삽을 상비한 $50l$ 이상의 것 1포	0.5단위
2. 팽창질석 또는 팽창진주암	삽을 상비한 $160l$ 이상의 것 1포	1단위

19

종별	소화약제	약제의 착색	열분해 반응식
제1종 분말	중탄산나트륨 ($NaHCO_3$)	백색	$2NaHCO_3 \rightarrow CO_2 + H_2O + Na_2CO_3$
제2종 분말	중탄산칼륨 ($KHCO_3$)	보라색	$2KHCO_3 \rightarrow CO_2 + H_2O + K_2CO_3$
제3종 분말	제일인산암모늄 ($NH_4H_2PO_4$)	담홍색	$NH_4H_2PO_4 \rightarrow NH_3 + HPO_3 + H_2O$
제4종 분말	중탄산칼륨 + 요소 $KHCO_3 + (NH_2)_2CO$	회색	$2KHCO_3 + (NH_2)_2CO \rightarrow K_2CO_3 + 2NH_3 + 2CO_2$

20 알코올, 에테르, 석유, 아세톤 등과 같은 가연성 액체가 액면에서 증발하는 가연성 증기가 착화되어 화염을 내고 이 화염의 온도에 의해서 액 표면의 온도를 상승시켜 증발을 촉진시켜 연소하는 형태

21 과산화칼륨의 성질

- 산화성 고체로서 오렌지색 또는 무색의 분말로 흡습성이 있으며 에탄올에 녹는 것으로서 물과 급격히 반응하여 발열하고 산소를 방출시키는 물질
- 융점 490℃, 비중 2.9
- 기타 화학반응은 과산화나트륨과 동일하다.
- 과산화칼륨, 물과 반응하여 산소를 방출시킨다.
  $2K_2O_2 + 2H_2O \rightarrow 4KOH + 3O_2$
- 가열하면 위험하고 가연물의 혼입, 마찰, 충격, 특히 물과의 접촉은 매우 위험하다.

22 가연성 고체 위험물은 환원제, 산화되기 쉬운 물질, 2류, 3류, 4류, 5류 위험물과의 접촉 및 혼합을 금지한다.

23 물과 반응하여 수산화칼슘(=소석회)과 아세틸렌가스가 생성된다.
$CaC_2 + 2H_2O \rightarrow Ca(OH)_2 + C_2H_2 \uparrow$

24 ① 가솔린 : 300℃ ② 이황화탄소 : 90~100℃
③ 에테르 : 180℃ ④ 황린 : 34℃

25 가열하면 240℃에서 분해하여 산소를 방출시키고 아세톤, 메틸알코올, 빙초산에 잘 녹는다.
$2KMnO_4 \rightarrow K_2MnO_4 + MnO_2 + O_2 \uparrow$

26 위험물을 폐기하는 작업에 있어서의 취급기준은 다음과 같다.

1. 소각할 경우에는 안전한 장소에서 감시원의 감시 하에 하되, 연소 또는 폭발에 의하여 타인에게 위해나 손해를 주지 아니하는 방법으로 하여야 한다.
2. 매몰할 경우에는 위험물의 성질에 따라 안전한 장소에서 하여야 한다.
3. 위험물은 해중 또는 수중에 유출시키거나 투하하여서는 아니 된다. 다만, 타인에게 위해나 손해를 줄 우려가 없거나 재해 및 환경오염의 방지를 위하여 적당한 조치를 한 때에는 그러하지 아니하다.

27 과염소산의 성질

- 무색, 무취의 유동하기 쉬운 액체로 흡습성이 강하며 휘발성이 있고, 가열하면 폭발하고 산성이 강한 편이다.
- 불연성 물질이지만 자극성, 산화성이 매우 크고 증기는 공기보다 무겁다.

28 알루미늄 분말은 유리병에 넣어 건조한 곳에 저장하고, 분진 폭발할 염려가 있기 때문에 화기에 주의해야 한다.

29 공기 중에서 격렬하게 연소하며 유독성 가스도 발생한다.
$P_4 + 5O_2 \rightarrow 2P_2O_5$

30
- 분자량 74.12
- 비중 0.72
- 비점 34.5℃
- 착화점(발화점) 180℃
- 인화점 −45℃
- 증기비중 2.55, 연소범위 1.9~48%

31 증기는 공기보다 무겁다.

32 물과는 반응도 하지 않고, 녹지도 않기 때문에 물속에 저장한다.(이 때의 물의 액성은 약알칼리성. CS_2, 알코올, 벤젠에 잘 녹는다.)

33 고속도로를 통행하는 차량에 주유하는 주유취급소에 대하여는 제234조의 규정은 이를 적용하지 아니하며, 제237조 제1항 제1호 및 제2호의 규정에 의한 탱크의 용량을 6만l까지 할 수 있다.

34 과산화수소 분진폭발의 위험이 없다.

35 $$\text{계산값} = \frac{A\text{품명의 저장수량}}{A\text{품명의 지정수량}} + \frac{B\text{품명의 저장수량}}{B\text{품명의 지정수량}} + \frac{C\text{품명의 저장수량}}{C\text{품명의 지정수량}} + \cdots$$
$$= \frac{10}{10} + \frac{100}{20} + \frac{300}{300} = 7$$

36 용기는 밀봉하고, 찌꺼기는 가연물이나 화기가 없는 개방지에서 폐기한다.

37 P_2S_5는 담황색 결정으로 조해성과 흡습성이 있고, 알칼리와 분해하여 H_2S와 H_3PO_4가 된다. 습한 공기 중에 분해하여 황화수소를 발생하며 또한 알코올, 이황화탄소에 녹으며 선광제, 윤활유 첨가제, 의약품 등에 쓰인다.

38 용량 : $\pi r^2\left(l + \frac{l_1 + l_2}{3}\right) = 3.14 \times 10^2 \times \left(18 + \frac{3+3}{3}\right) = 1{,}046.67 - 52.33(\text{공간용적}) = 6{,}283$

39

위험물			지정 수량
유별	성질	품명	
제1류	산화성 고체	1. 아염소산 염류	50kg
		2. 염소산 염류	50kg
		3. 과염소산 염류	50kg
		4. 무기과산화물	50kg
		5. 브롬산 염류	300kg
		6. 질산 염류	300kg
		7. 요오드산 염류	300kg
		8. 과망간산 염류	1,000kg
		9. 중크롬산 염류	1,000kg
		10. 그 밖에 행정자치부령이 정하는 것 11. 제1호 내지 제10호의 1에 해당하는 어느 하나 이상을 함유한 것	50kg, 300kg 또는 1,000kg

40 제2석유류의 1기압에서의 인화점 범위는 21℃ 이상 70℃ 미만이다.

41 $HClO_4$는 6류 위험물이다.

42
- 질산메틸, 질산에틸, 니트로글리세린 : 상온에서 액체
- 디니트로톨루엔 : 상온에서 고체

43 피리딘의 일반적인 성상
- 무색의 악취를 가진 액체이다.
- 약알칼리성을 나타내고 독성이 있다.
- 수용액 상태에서도 인화의 위험성이 있으므로 화기에 주의해야 한다.

44 위험물안전관리법상 제3석유류의 액체상태의 판단기준은 1기압과 섭씨 20에서 액상인 것을 말한다.

45 ① 에틸알코올 : C_2H_5OH　② 에틸에테르 : $C_2H_5OC_2H_5$
③ 아세톤 : CH_3COCH_3　④ 아세트산 : CH_3COOH

46 질산에스테르류
니트로셀룰로오스(NC), 니트로글리세린(NG), 질산메틸, 질산에틸, 니트로글리콜, 펜트리트 트리니트로페놀은 니트로화합물에 해당된다.

47 인화칼슘(Ca_3P_2 =인화석회)
- 분자량 : 182, 융점 : 1,600℃, 비중 : 2.54
- 독성이 강하고 적갈색의 괴상고체이고, 알코올, 에테르에 녹지 않는다.
- 건조한 공기 중에서 안정하나 300℃ 이상에서 산화한다.
- 인화석회(Ca_3P_2) 취급 시 가장 주의해야 할 사항은 습기 및 수분이다.
- 인화칼슘(Ca_3P_2)이 물과 반응하면 포스핀(PH_3 =인화수소)을 생성시킨다.
  $Ca_3P_2 + 6H_2O \rightarrow 3Ca(OH)_2 + 2PH_3$

48 제2석유류
등유, 경유, 의산(포름산), 초산, 테레빈유, 스틸렌, 아크릴산

49 지정수량의 10배 이상의 위험물을 취급하는 제조소(제6류 위험물을 취급하는 위험물제조소를 제외한다)에는 피뢰침(KS C 9609)을 설치하여야 한다. 다만, 위험물제조소 주위의 상황에 따라 안전상 지장이 없는 경우에는 피뢰침을 설치하지 아니할 수 있다.

50 제6류 위험물은 과산화수소를 제외하고는 모두 강산이다.

51 과산화수소는 무색의 액체이며, 오존 냄새가 나고 비중은 1.5이다. 물보다 무겁고 수용액이 불안하여 금속가루나 수산이온이 있으면 분해한다.

52 비수용성, 아세톤, 벤젠, 알코올, 에테르에 잘 녹고 가열이나 충격을 주면 폭발하기 쉽다.

53 ① 메틸에틸케톤 : −1℃　② 에탄올 : 13℃
③ 초산 : 39℃　④ 클로로벤젠 : 29℃

54 위험물취급소, 주유취급소, 일반취급소, 판매취급소, 저장취급소, 이송취급소 등이 있다.

55 피크르산에 비해 충격, 마찰에 둔감하고 기폭약을 쓰지 않으면 폭발하지 않는다.

56 대부분 오래 저장할수록 불안정하게 된다.

57 순수한 것은 무색투명한 액체, 불순물이 존재하면 황색을 띠며 냄새가 난다.

58 비스코스레이온의 원료로서, 인화점 −30℃, 발화점 90~100℃, 비점 46℃, 비중 1.3, 연소범위 1.3~50%인 것은 이황화탄소이다.

59 클레오소트유 – 주성분 : 나프탈렌, 안트라센(지정수량 2,000l)
- 인화점 : 74℃, 발화점 : 336℃, 비중 : 1.05
- 황색 또는 암록색 기름 모양의 액체
- 비수용성, 알코올, 에테르, 벤젠, 톨루엔에 잘 녹는다.
- 물보다 무겁고 독성이 있다.
- 티르산이 있어 용기를 부식하기 때문에 내산성 용기를 사용할 것
- 목재의 방부제로 많이 사용한다.

60 상온에서는 물을 분해하지 못해 안정하고, 뜨거운 물이나 과열 수증기와 접촉하면 격렬하게 수소를 발생하며 연소 시 주수하면 위험성이 증대된다.
연소 반응식 : $2Mg + O_2 \rightarrow 2MgO + $ 열
물과의 반응식 : $Mg + 2H_2O \rightarrow Mg(OH)_2 + H_2\uparrow$
수소 폭발 : $2H_2 + O_2 \rightarrow 2H_2O$

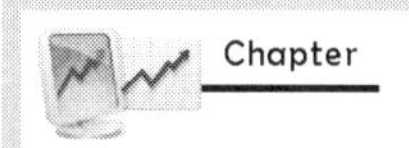
Chapter

2018년 1회 CBT 복원 기출문제

1 산 · 알칼리 소화기는 탄산수소나트륨과 황산의 화학반응을 이용한 소화기이다. 탄산수소나트륨과 황산이 반응하여 나오는 물질이 아닌 것은?

① Na_2SO_4 ② Na_2O_2
③ CO_2 ④ H_2O

2 피크린산의 위험성과 소화방법에 대한 설명으로 틀린 것은?

① 피크린산의 금속염은 위험하다.
② 운반 시 건조한 것보다는 물에 젖은 것이 안전하다.
③ 알코올과 혼합된 것은 충격에 의한 폭발 위험이 있다.
④ 화재 시에는 질식소화가 효과적이다.

3 우리나라에서 C급 화재에 부여된 표시 색상은?

① 황색 ② 백색 ③ 청색 ④ 무색

4 유류화재 시 물을 사용한 소화가 오히려 위험할 수 있는 이유를 가장 옳게 설명하는 것은?

① 화재면이 확대되기 때문이다. ② 유독가스가 발생하기 때문이다.
③ 착화온도가 낮아지기 때문이다. ④ 폭발하기 때문이다.

5 위험물 안전관리법에서 정한 정전기를 유효하게 제거할 수 있는 방법에 해당하지 않는 것은?

① 위험물 이송 시 배관 내 유속을 빠르게 하는 방법
② 공기를 이온화하는 방법
③ 접지에 의한 방법
④ 공기 중의 상대습도를 70% 이상으로 하는 방법

6 다음 중 화학포소화약제의 구성 성분이 아닌 것은?

① 탄산수소나트륨　② 황산알루미늄
③ 수용성 단백질　④ 제1인산암모늄

7 물의 소화능력을 강화시키기 위해 개발된 것으로 한랭지 또는 겨울철에 사용하는 소화기에 해당하는 것은?

① 산 · 알칼리 소화기　② 강화액 소화기
③ 포소화기　④ 할로겐화물 소화기

8 다음 중 소화기의 사용방법으로 잘못된 것은?

① 적응화재에 따라 사용할 것
② 성능에 따라 방출거리 내에서 사용할 것
③ 바람을 마주보며 소화할 것
④ 양옆으로 비로 쓸 듯이 방사할 것

9 화학포소화약제의 주된 소화효과에 해당하는 것은?

① 희석소화　② 질식소화
③ 억제소화　④ 제거소화

10 다음 중 분진 폭발의 위험이 가장 낮은 것은?

① 아연분　② 석회분
③ 알루미늄분　④ 밀가루

11 다음 중 "물분무 등 소화설비"의 종류에 속하지 않는 것은?

① 스프링클러설비　② 포소화설비
③ 분말소화설비　④ 이산화탄소소화설비

12 분말 소화약제에 관한 일반적 특성에 대한 설명으로 틀린 것은?

① 분말 소화약제 자체는 독성이 없다.
② 질식효과에 의한 소화효과가 있다.
③ 이산화탄소와는 달리 별도의 추진가스가 필요하다.
④ 칼륨, 나트륨 등에 대해서는 인산염류 소화기의 효과가 우수하다.

13 대형 수동식 소화기의 설치기준은 방호대상물의 각 부분으로부터 하나의 대형 수동식 소화기까지의 보행거리가 몇 m 이하가 되도록 설치하여야 하는가?

① 10 ② 20 ③ 30 ④ 40

14 착화온도가 낮아지는 원인과 가장 관계가 있는 것은?

① 발열량이 적을 때
② 압력이 높을 때
③ 습도가 높을 때
④ 산소와의 결합력이 나쁠 때

15 제1종 분말소화약제의 주성분으로 사용되는 것은?

① $NaCO_3$ ② $KHCO_3$ ③ CCl_4 ④ $NH_4H_2PO_4$

16 니트로셀룰로오스의 저장 · 취급방법으로 틀린 것은?

① 직사광선을 피해 저장한다.
② 되도록 장기간 보관하여 안정화된 후에 사용한다.
③ 유기과산화물류, 강산화제와의 접촉을 피한다.
④ 건조상태에 이르면 위험하므로 습한 상태를 유지한다.

17 어떤 물질을 비커에 넣고 알코올 램프로 가열하였더니 어느 순간 비커 안에 있는 물질에 불이 붙었다. 이때의 온도를 무엇이라고 하는가?

① 인화점 ② 발화점
③ 연소점 ④ 확산점

18 이산화탄소 소화약제에 관한 설명 중 틀린 것은?

① 소화약제에 의한 오손이 없다.
② 소화약제 중 증발잠열이 가장 크다.
③ 전기절연성이 있다.
④ 장기간 저장이 가능하다.

19 탄화알루미늄이 물과 반응하면 폭발의 위험이 있다. 어떤 가스 때문인가?

① 수소 ② 메탄
③ 아세틸렌 ④ 암모니아

20 위험물안전관리법상 전기설비에 적응성이 없는 소화설비는?

① 포소화설비 ② 이산화탄소소화설비
③ 할로겐화합물소화설비 ④ 물분무소화설비

21 제4류 위험물의 일반적 성질에 대한 설명 중 틀린 것은?

① 물보다 무거운 것이 많으며 대부분 물에 용해된다.
② 상온에서 액체로 존재한다.
③ 가연성 물질이다.
④ 증기는 대부분 공기보다 무겁다.

22 위험물 제조소에서 게시판에 기재할 사항이 아닌 것은?

① 저장 최대수량 또는 취급 최대수량
② 위험물의 성분 · 함량
③ 위험물의 유별 · 품명
④ 안전관리자의 성명 또는 직명

23 다음 위험물 중 산 · 알칼리 수용액에 모두 반응해 수소를 발생하는 양쪽성 원소는?

① Pt ② Au
③ Al ④ Na

24 칼륨에 물을 가했을 때 일어나는 반응은?

① 발열반응 ② 에스테르화반응
③ 흡열반응 ④ 부가반응

25 철과 아연분이 염산과 반응하여 공통적으로 발생하는 기체는?

① 산소 ② 질소
③ 수소 ④ 메탄

26 질화면을 강질화면과 약질화면으로 구분할 때 어떤 차이를 기준으로 하는가?

① 분자의 크기에 의한 차이
② 질소 함유량에 의한 차이
③ 질화할 때의 온도에 의한 차이
④ 입자의 모양에 의한 차이

27 다음 중 제2류 위험물의 공통적인 성질은?

① 가연성 고체이다.
② 물에 용해된다.
③ 융점이 상온 이하로 낮다.
④ 유기화합물이다.

28 염소산칼륨의 물리 · 화학적 위험성에 관한 설명으로 옳은 것은?

① 가연성 물질로 상온에서도 단독으로 연소한다.
② 강력한 환원제로 다른 물질을 환원시킨다.
③ 열에 의해 분해되어 수소를 발생한다.
④ 유기물과 접촉 시 충격이나 열을 가하면 연소 또는 폭발의 위험이 있다.

29 다음 중 물과 반응하여 발열하고 산소를 방출하는 위험물은?

① 과산화칼륨
② 과망간산칼륨
③ 과산화수소
④ 염소산칼륨

30 질산에틸의 성질 및 취급방법에 대한 설명으로 틀린 것은?

① 통풍이 잘되는 찬 곳에 저장한다.
② 물에 녹지 않으나 알코올에 녹는 무색 액체이다.
③ 인화점이 30℃이므로 여름에 특히 조심해야 한다.
④ 액체는 물보다 무겁고 증기는 공기보다 무겁다.

31 TNT의 성질에 대한 설명 중 틀린 것은?

① 담황색의 결정이다.
② 폭약으로 사용된다.
③ 자연분해의 위험성이 적어 장기간 저장이 가능하다.
④ 조해성과 흡습성이 매우 크다.

32 다음 중 요오드 값이 가장 낮은 것은?

① 해바라기유　② 오동유
③ 아마인유　④ 낙화생유

33 제1류 위험물 제조소의 게시판에 "물기엄금"이라고 쓰여 있다. 다음 중 어떤 위험물의 제조소인가?

① 염소산나트륨　② 요오드산나트륨
③ 중크롬산나트륨　④ 과산화나트륨

34 마그네슘분의 성질에 대한 설명 중 틀린 것은?

① 산이나 염류에 침식당한다.
② 염산과 작용하여 산소를 발생한다.
③ 연소할 때 열이 발생한다.
④ 미분상태의 경우 공기 중 습기와 반응하여 자연발화할 수 있다.

35 제2류 위험물 중 철분 운반용기 외부에 표시하여야 하는 주의사항을 옳게 나타낸 것은?

① 화기주의 및 물기엄금　② 화기엄금 및 물기엄금
③ 화기주의 및 물기주의　④ 화기엄금 및 물기주의

36 다음 위험물 중 품명이 나머지 셋과 다른 하나는?

① 스티렌　② 산화프로필렌
③ 황화디메틸　④ 이소프로필아민

37 다음 중 자기반응성 물질로만 나열된 것이 아닌 것은?

① 과산화벤조일, 질산메틸
② 숙신산 퍼옥사이드, 디니트로벤젠
③ 아조디카본아미드, 니트로글리콜
④ 아세토니트릴, 트리니트로톨루엔

38 다음 위험물 중에서 물에 가장 잘 녹는 것은?

① 디에틸에테르　② 가솔린
③ 톨루엔　④ 아세트알데히드

39 수소화리튬이 물과 반응할 때 생성되는 것은?

① LiOH과 H_2
② LiOH와 O_2
③ Li과 H_2
④ Li과 O_2

40 다음 위험물 중 끓는점이 가장 높은 것은?

① 벤젠
② 에테르
③ 메탄올
④ 아세트알데히드

41 이황화탄소에 대한 설명 중 틀린 것은?

① 이황화탄소의 증기는 공기보다 무겁다.
② 액체 상태이고 물보다 무겁다.
③ 증기는 유독하여 신경에 장애를 줄 수 있다.
④ 비점이 물의 비점과 같다.

42 질산의 성상에 대한 설명 중 틀린 것은?

① 톱밥, 솜뭉치 등과 혼합하면 발화의 위험이 있다.
② 부식성이 강한 산성이다.
③ 백금, 금을 부식시키지 못한다.
④ 햇빛에 의해 분해하여 유독한 일산화탄소를 만든다.

43 다음의 제1류 위험물 중 과염소산염류에 속하는 것은?

① K_2O_2
② $NaClO_3$
③ $NaClO_2$
④ NH_4ClO_4

44 다음은 각 위험물의 인화점을 나타낸 것이다. 인화점을 틀리게 나타낸 것은?

① CH_3COCH_3 : −18℃
② C_6H_6 : −11℃
③ CS_2 : −30℃
④ C_5H_5N : −20℃

45 황의 특성 및 위험성에 대한 설명 중 틀린 것은?

① 산화력이 강하므로 되도록 산화성 물질과 혼합하여 저장한다.
② 전기의 부도체이므로 전기 절연제로 쓰인다.
③ 공기 중 연소 시 유해가스를 발생한다.
④ 분말상태인 경우 분진폭발의 위험성이 있다.

46 다음 중 제3석유류에 속하는 것은?

① 벤즈알데히드　　② 등유
③ 글리세린　　④ 염화아세틸

47 과염소산에 대한 설명 중 틀린 것은?

① 비중이 물보다 크다.
② 부식성이 있어서 피부에 닿으면 위험하다.
③ 가열하면 분해될 위험이 있다.
④ 비휘발성 액체이고 에탄올에 저장하면 안전하다.

48 메틸알코올은 몇 가 알코올인가?

① 1가　　② 2가
③ 3가　　④ 4가

49 과염소산칼륨의 성질에 관한 설명 중 틀린 것은?

① 무색, 무취의 결정이다.
② 알코올, 에테르에 잘 녹는다.
③ 진한 황산과 접촉하면 폭발할 위험이 있다.
④ 400℃ 이상으로 가열하면 분해하여 산소가 발생한다.

50 제5류 위험물의 연소에 관한 설명 중 틀린 것은?

① 연소속도가 빠르다.
② CO_2 소화기에 의한 소화가 적응성이 있다.
③ 가열, 충격, 마찰 등에 의해 발화할 위험이 있는 물질이 있다.
④ 연소 시 유독성 가스가 발생할 수 있다.

51 다음과 같은 성상을 갖는 물질은?

- 은백색 광택의 무른 경금속으로 포타슘이라고도 부른다.
- 공기 중에서 수분과 반응하여 수소가 발생한다.
- 융점이 약 63.5℃이고, 비중은 약 0.86이다.

① 칼륨　② 나트륨
③ 부틸리튬　④ 트리메틸알루미늄

52 피크린산(picric acid)의 성질에 대한 설명 중 틀린 것은?

① 착화온도는 약 300℃이고 비중은 약 1.8이다.
② 페놀을 원료로 제조할 수 있다.
③ 찬물에는 잘 녹지 않으나 온수, 에테르에는 잘 녹는다.
④ 단독으로도 충격·마찰에 매우 민감하여 폭발한다.

53 금속나트륨, 금속칼륨 등을 보호액 속에 저장하는 이유를 가장 옳게 설명한 것은?

① 온도를 낮추기 위하여
② 승화하는 것을 막기 위하여
③ 공기와의 접촉을 막기 위하여
④ 운반 시 충격을 적게 하기 위하여

54 다음 중 위험물과 그 저장액(또는 보호액)의 연결이 틀린 것은?

① 황린 – 물　② 인화석회 – 물
③ 금속나트륨 – 경유　④ 니트로셀룰로오스 – 함수알코올

55 제6류 위험물의 공통된 특성으로 옳지 않은 것은?

① 산화성 액체이다.
② 무기화합물이며 물보다 무겁다.
③ 불연성 물질이다.
④ 물에 녹지 않는다.

56 과산화수소가 이산화망간 촉매하에서 분해가 촉진될 때 발생하는 가스는?

① 수소　② 산소　③ 아세틸렌　④ 질소

57 위험물안전관리법에서 정의하는 제2석유류의 인화점 범위에 해당하는 것은?(단, 1기압이다.)

① -20℃ 이하
② 20℃ 미만
③ 21℃ 이상 70℃ 미만
④ 70℃ 이상 200℃ 미만

58 메틸에틸케톤에 대한 설명 중 틀린 것은?

① 냄새가 있는 휘발성 무색 액체이다.
② 연소범위는 약 12~46%이다.
③ 탈지작용이 있으므로 피부 접촉을 금해야 한다.
④ 인화점은 0℃보다 낮으므로 주의하여야 한다.

59 다음 위험물 중 혼재 가능한 것끼리 연결된 것은?(단, 지정수량의 10배이다.)

① 제1류 - 제6류
② 제2류 - 제3류
③ 제3류 - 제5류
④ 제5류 - 제1류

60 다음 중 니트로화합물은 어느 것인가?

① 트리니트로톨루엔
② 니트로글리세린
③ 니트로글리콜
④ 니트로셀룰로오스

정답 및 해설

1. ②	2. ④	3. ③	4. ①	5. ①	6. ④	7. ②	8. ③	9. ②	10. ②
11. ①	12. ④	13. ③	14. ②	15. ①	16. ②	17. ②	18. ②	19. ②	20. ①
21. ①	22. ②	23. ③	24. ①	25. ③	26. ②	27. ①	28. ④	29. ①	30. ③
31. ④	32. ④	33. ④	34. ②	35. ①	36. ①	37. ④	38. ④	39. ①	40. ①
41. ④	42. ④	43. ④	44. ④	45. ①	46. ③	47. ④	48. ①	49. ②	50. ②
51. ①	52. ④	53. ③	54. ②	55. ④	56. ②	57. ③	58. ②	59. ①	60. ①

1 포말소화기의 화학반응식
$6NaHCO_3 + Al_2(SO_4)_3 + 18H_2O \rightarrow 3Na_2SO_4 + 2Al(OH)_3 + 6CO_2 + 18H_2O$

2 트리니트로페놀 : [$C_6H_2(OH)(NO_2)_3$ =피크르산=피크린산]
- 피크린산의 저장 및 취급에서는 드럼통에 넣어 밀봉시켜 저장하고, 건조할수록 위험성이 증가된다. 독성이 있고 냉수에 녹기 힘들고 더운 물, 에테르, 벤젠, 알코올에 잘 녹는다.
- 분해반응식 $2C_6H_2OH(NO_2)_3 \rightarrow 4CO_2 + 6CO + 3N_2 + 2C + 3H_2$
- 구리, 아연, 납과 반응하여 피크린산 염을 만들고 단독으로는 마찰, 충격에 둔감하여 폭발하지 않는다.
- 금속염 물질과 혼합하는 것은 위험하다.

3
- A급화재 : 일반화재(백색)
- B급화재 : 유류 및 가스화재(황색)
- C급화재 : 전기화재(청색)
- D급화재 : 금속분화재(지정색이 없음)

4 비중이 물보다 가벼워 화재 시 화재면이 확대되기 때문이다.

5 위험물 이송 시 배관 내 유속을 빠르게 하면 정전기가 발생하기 쉽다.

6 포말소화기의 화학반응식
$6NaHCO_3 + Al_2(SO_4)_3 + 18H_2O \rightarrow 3Na_2SO_4 + 2Al(OH)_3 + 6CO_2 + 18H_2O$
제1인산 암모늄은 분말소화약제에 해당된다.

7 강화액소화기는 물의 소화능력을 향상시키고 한랭지역이나 겨울철에 사용할 수 있도록 어는점을 낮춘 물에 탄산칼륨(K_2CO_3)을 보강시켜 만든 소화기로서 액성은 강알칼리성이다.

8 바람을 등지고 위에서 아래로 비로 쓸듯이 소화할 것

9 화재면을 거품으로 덮어 외부와의 산소 공급을 차단함으로써 소화시키는 방법

10 석회분은 분진폭발을 일으키지 않는다.

11 물분무등 소화설비
물분부등 소화설비, 포말소화설비, 이산화탄소 소화설비, 할로겐화물 소화설비, 분말소화설비

12 건조사, 건조된 소금, 탄산칼슘 분말의 혼합물로 피복하여 질식소화한다.

13
- 소방대상물과 옥내소화전 방수구와의 수평거리는 25m 이하로 한다.
- 옥외소화전은 호스접결부로부터 수평거리 40m 이하에 1개 설치한다.
- 대형 수동식 소화기는 보행거리 30m 이내에 1개 설치한다.
- 소형 수동식 소화기는 보행거리 20m 이내에 1개 설치한다.

14 착화점이 낮아지는 조건은 다음과 같다.
- 발열량, 화학적 활성도, 산소와 친화력, 압력이 높을 때
- 분자구조가 복잡할 때
- 열전도율, 공기압, 습도 및 가스압이 낮을 때

15 분말소화약제의 종류, 착색된 색깔, 열분해 반응식은 다음과 같다.

종류	주성분	착색	적응 화재	열분해 반응식
제1종 분말	$NaHCO_3$ (탄산수소 나트륨)	백색	B, C	$2NaHCO_3 \rightarrow Na_2CO_3 + CO_2 + H_2O$
제2종 분말	$KHCO_3$ (탄산수소 칼륨)	보라색	B, C	$2KHCO_3 \rightarrow K_2CO_3 + CO_2 + H_2O$
제3종 분말	$NH_4H_2PO_4$ (제1인산 암모늄)	담홍색	A, B, C	$NH_4H_2PO_4 \rightarrow HPO_3 + NH_3 + H_2O$
제4종 분말	$KHCO_3 + (NH_2)_2CO$ (탄산수소 칼륨 + 요소)	회백색	B, C	$2KHCO_3 + (NH_2)_2CO \rightarrow K_2CO_3 + 2NH_3 + 2CO_2]$

16 니트로셀룰로오스(NC) : $[C_6H_7O_2(ONO_2)_3]$= 질화면
- 셀룰로오스에 진한 질산(3)과 진한 황산(1)의 비율로 혼합작용시키면 니트로 셀룰로오스가 만들어진다.
- 분해온도 130℃, 자연발화온도 180℃
- 무연화약으로 사용되며 질화도가 클수록 위험하다.
- 햇빛, 열, 산에 의해 자연발화의 위험이 있다.
- 질화도 : 니트로 셀룰로오스 중의 질소 함유 비율(%)
- 니트로셀룰로오스를 저장 운반 시 물 또는 알코올에 습면하고, 안정제를 가해서 냉암소에 저장한다.

17 어떤 물질을 비커에 넣고 알코올 램프로 가열하였더니 어느 순간 비커 안에 있는 물질에 불이 붙는 것과 같이 점화원 없이 스스로 불이 붙는 최저온도를 말함

18 소화약제 중 증발잠열이 가장 큰 것은 아니다.

19 $Al_4C_3 + 12H_2O \rightarrow 4Al(OH)_3 + 3CH_4 \uparrow$

20 포소화설비는 주성분이 물이기 때문에 감전 위험성이 있다.

21 물보다 가벼운 것이 많으며 대부분 물에 녹지 않는다.

22 게시판에 기재해야 할 사항 : 유별 및 품명, 취급 최대수량, 안전관리자 성명

23 양쪽성 원소 : Al, Zn, Sn, Pb

24 공기 중의 수분 또는 물과 반응하여 발열하고 수소를 발생한다.
$2K+2H_2O \rightarrow 2KOH+H_2\uparrow +92.8kcal$

25 $Zn+2HCl \rightarrow ZnCl_2+H_2$

26 질소함유량에 의한 차이에 따라 강질 화면과 약질 화면으로 나눈다.

27 제2류 위험물은 가연성 고체이다.

28 염소산칼륨의 물리 화학적 성질
- 무색, 무취단사정계 판상 결정 또는 불연성 분말로서 이산화망간 등이 존재하면 분해가 촉진되어 산소를 방출한다.
- 분해온도 400℃, 비중 2.32, 융점 368.4℃, 용해도 7.3(20℃)
- 산성 물질로 온수나 글리세린에 잘 녹고, 냉수나 알코올에는 잘 녹지 않는다.
- 촉매 없이 400℃ 부근에서 분해
  ㉠ $2KClO_3 \rightarrow KCl+KCLO_4+O_2\uparrow$
  ㉡ $2KClO_3 \rightarrow 2KCl+3O_2$

※ ㉡번 반응에서 실제로 산소를 발생시키기 위해 MnO_2를 가하는 이유는 MnO_2가 활성화 에너지를 감소시켜 반응속도가 빨라지게 하기 때문이다.
- 산과 반응하여 ClO_2를 발생하고 폭발위험이 있다.
- 차가운 맛이 있으며 인체에 유독하다.
- 환기가 잘 되고 찬 곳에 보관한다.
- 목탄과 반응하면 발화, 폭발의 위험성이 있다.

29 과산화 칼륨이 물과 반응하여 산소를 방출시킨다.
$2K_2O_2 + 2H_2O \rightarrow 4KOH+3O_2$

30 질산에틸 : $[C_2H_5ONO_2]$
- 무색투명하고 향긋한 냄새가 나는 액체(상온에서)로 단맛이 있고, 비점 이상으로 가열하면 폭발한다.
- 인화점 −10℃, 융점 −94.6℃, 비점 88℃, 증기비중 3.14, 비중 1.11
- 인화점이 높아 쉽게 연소되지 않지만 인화성에 유의해야 한다.
- 비수용성, 인화성이 있고 알코올, 에테르에 녹는다.

31 트리니트로톨루엔(TNT) : $[(C_6H_2CH_3(NO_2)_3]$

- 담황색의 결정이며 일광 하에 다갈색으로 변하고 중성 물질이기 때문에 금속과 반응하지 않는다.
- 착화점 300℃, 융점 81℃, 비점 280℃, 비중 1.66
- 톨루엔에 질산, 황산을 반응시켜 생성되는 물질은 트리니트로 톨루엔이 된다.

$$C_6H_5CH_3 + 3HNO_3 \xrightarrow{H_2SO_4} C_6H_2CH_3(NO_2)_3 + 3H_2O$$

$$C_6H_5CH_3 + 3HNO_3 \xrightarrow{C-H_2SO_4} C_6H_2CH_3(NO_2)_3\ (\text{TNT}) + 3H_2O$$

- 비수용성, 아세톤, 벤젠, 알코올, 에테르에 잘 녹고 가열이나 충격을 주면 폭발하기 쉽다.
- 분해반응식 $2C_6H_2CH_3(NO_2)_3 \rightarrow 12CO\uparrow + 2C + 3N_2 + 5H_2$
- 피크르산에 비해 충격, 마찰에 둔감하고 기폭약을 쓰지 않으면 폭발하지 않는다.
- 사람의 머리카락(모발)을 변색시키는 작용이 있다

32 낙화생유(=땅콩기름)으로 불건성유에 해당된다.

33 제1류 위험물중 무기과산화물, 삼산화크롬 및 제3류 위험물에 있어서는 “물기엄금”

34 물과 반응식 : $Mg + 2H_2O \rightarrow Mg(OH)_2 + H_2\uparrow$

35
- 제4류 위험물 및 제5류 위험물에 있어서는 “화기엄금”
- 제1류 위험물중 무기과산화물, 삼산화크롬 및 제3류 위험물에 있어서는 “물기엄금”
- 제2류 위험물에 있어서는 “화기주의”
- 제6류 위험물에 있어서는 “물기주의”
- 제1호 및 제3호 게시판은 적색 바탕에 백색 문자로, 제2호 및 제4호의 게시판은 청색 바탕에 백색 문자로 할 것
- 제4류 위험물에는 “화기주의”가 아니라 “화기엄금”

36 스티렌은 제2석유류에 해당된다. 산화프로필렌, 황화디메틸, 이소프로필아민은 특수인화물에 해당된다.

37 아세토니트릴, 트리니트로톨루엔은 제5류 위험물에 해당된다.

38 아세트알데히드는 수용성 물질이다.

39 수소화리튬(LiH)

- 대용량의 저장 용기에는 아르곤과 같은 불활성 기체를 봉입한다.
- 물과 반응하여 수산화리튬과 수소를 생성한다.
- 질소와 직접 결합하여 생성물로 질화리튬을 만든다.
- 금속칼륨, 금속나트륨보다 화학반응성이 크지 않다.

40 ① 벤젠의 비점 : 80℃ ② 에테르의 비점 : 34.5℃
③ 메탄올의 비점 : 65℃ ④ 아세트알데히드의 비점 : 21℃

41
- 이황화탄소의 비점 : 36℃
- 물의 비점 : 100℃

42 진한 질산을 가열, 분해할 때 NO_2가스가 발생하고 여러 금속과 반응하여 가스를 방출한다.

43 과염소산($HClO_4$)의 수소이온이 떨어져 나가고 금속 또는 다른 양이온으로 치환된 형태의 염을 말하며 대부분 물에 녹으며 유기용매에도 녹는 것이 많고, 무색, 무취의 결정성 분말이다. 타 물질의 연소를 촉진시키고, 수용액은 화학적으로 안정하며 불용성의 염 이외에는 조해성이 있다.

44 피리딘[C_5H_5N] (지정수량 400l)

- 인화점 : 20℃, 발화점 : 492℃, 녹는점 −42℃, 끓는점 115.5℃, 비중 0.9779(25℃), 연소범위 : 1.8~12.4%
- 무색의 악취를 가진 액체이다.
- 약알칼리성을 나타내고 독성이 있다.
- 수용액 상태에서도 인화의 위험성이 있으므로 화기에 주의해야 한다.

45 상온에서는 자연발화하지 않지만 매우 연소하기 쉬운 가연성 고체로 연소 시 유독한 SO_2을 발생하여 소화가 곤란하며 산화제와 혼합되어 있는 것은 약간의 가열, 충격 등에 의해 발화한다.

46 제3석유류 : 중유, 클레오소트유, 아닐린, 니트로벤젠, 에틸렌글리콜, 글리세린 등이다.

47 강산화제, 환원제, 알코올류, 시안화합물, 알칼리와의 접촉을 방지한다.

48 알코올의 분류

OH 수에 따라 분류

㉠ 1가 알코올(−OH기가 1개인 것)
CH_3OH(메틸알코올), C_2H_5OH(에틸알코올)

㉡ 2가 알코올(−OH기가 2개인 것)
CH_2OHCH_2OH(에틸렌글리콜)

㉢ 3가 알코올(−OH기가 2개인 것)
$CH_2OHCHOHCH_2OH$(글리세린)

49 과염소산칼륨(= $KClO_4$ = 과연소산칼리 = 퍼클로로산칼리)

- 무색, 무취 사방정계 결정 또는 백색 분말이다.
- 분해온도 400℃, 융점 610℃, 용해도 1.8(20℃), 비중 2.52
- 물, 알코올, 에테르에 잘 녹지 않는다.

50 제5류 위험물은 질식소화의 소화 효과가 없다. 물질 자체에 다량의 산소를 함유하고 있기 때문에 다량의 주수소화가 효과적이다.

51 칼륨(K)

- 은백색의 무른 경금속으로 융점(63.6℃) 이상의 온도에서 금속칼륨의 불꽃반응 시 색상은 연보라색을 띤다.
- 보호액(석유 등)에 장시간 저장 시 표면에 K_2O, KOH, K_2CO_3와 같은 물질이 피복되어 가라앉는다.
- 공기 중의 수분과 반응하여 수소(g)를 발생하며 자연발화를 일으키기 쉬우므로 석유 속에 저장한다.(석유 속에 저장하는 이유는 수분과 접촉을 차단하고 공기 산화를 방지하기 위해서이다.)
- 화학적 활성이 커 다른 금속과 직접 반응한다.
- 이온화 경향은 리튬, 나트륨 다음으로 크다.
- 흡습성, 조해성이 있고 금속재료를 부식시킨다.

52 트리니트로페놀 : [$C_6H_2(OH)(NO_2)_3$ = 피크르산 = 피크린산]

- 황색의 침상 결정
- 착화점 300℃, 융점 122.5℃, 비점 255℃, 비중 1.8
- 피크린산의 저장 및 취급에는 드럼통에 넣어 밀봉시켜 저장한다. 건조할수록 위험성이 증가된다. 독성이 있고 냉수에는 녹기 힘들고 더운 물, 에테르, 벤젠, 알코올에 잘 녹는다.
- 분해반응식
  $2C_6H_2OH(NO_2)_3 \rightarrow 4CO_2 + 6CO + 3N_2 + 2C + 3H_2$
- 구리, 아연, 납과 반응하여 피크린산 염을 만들고 단독으로는 마찰, 충격에 둔감하여 폭발하지 않는다.

53 금속나트륨, 금속칼륨 등을 보호액 속에 저장하는 이유는 공기와의 접촉을 막기 위해서이다.

54 인화칼슘(Ca_3P_2 =인화석회)

- 분자량 : 182, 융점 : 1,600℃, 비중 : 2.54
- 독성이 강하고 적갈색의 괴상고체이고 알코올, 에테르에 녹지 않는다.
- 건조한 공기 중에서 안정하나 300℃ 이상에서 산화한다.
- 인화석회(Ca_3P_2) 취급 시 가장 주의해야 할 사항은 습기 및 수분이다.
- 인화칼슘(Ca_3P_2)과 물과 반응하면 포스핀(PH_3 =인화수소)을 생성시킨다.
  $Ca_3P_2 + 6H_2O \rightarrow 3Ca(OH)_2 + 2PH_3$

55 제6류 위험물의 일반적 성질

1) 산화성 액체이며 자신들은 모두 불연성 물질이다.
2) 과산화수소를 제외하고 강산성 물질이며 물에 녹기 쉽다.
3) 강한 부식성이 있고 모두 산소를 포함하고 있으며 다른 물질을 산화시킨다.
4) 불연성 물질이며 가연물, 유기물 등과의 혼합으로 발화한다.
5) 피복이나 피부에 묻지 않게 주의한다.(증기는 유독하며 피부와 접촉 시 점막을 부식시킨다.)

56 상온에서 $2H_2O_2 \rightarrow 2H_2O + O_2$로 서서히 분해되어 산소를 방출한다.

57 제2석유류의 인화점 범위는 21℃ 이상 70℃ 미만이다.

58 메틸에틸케톤(MEK) : [$CH_3COC_2H_5$] (지정 수량 400l)

- 인화점 : −1℃
- 발화점 : 516℃
- 비중 : 0.8
- 연소범위 : 1.8~10%
  직사광선을 피하고 통풍이 잘되는 냉암소에 저장한다.

59 "○"표시는 혼재할 수 있음을 나타냄, "×"표시는 혼재할 수 없음을 나타냄

	제1류	제2류	제3류	제4류	제5류	제6류
제 1 류		×	×	×	×	○
제 2 류	×		×	○	○	×
제 3 류	×	×		○	×	×
제 4 류	×	○	○		○	×
제 5 류	×	○	×	○		×
제 6 류	○	×	×	×	×	

60 니트로 화합물류에 속하는 것 : 트리니트로톨루엔(TNT)

- 트리니트로페놀 : [$C_6H_2(OH)(NO_2)_3$=피크르산=피크린산]
- 디니트로벤젠(DBN) : [$C_6H_4(NO_2)_2$]
- 디니트로톨루엔(DNT) : [$C_6H_3(NO_2)_2CH_3$]
- 디니트로페놀(DNP) : [$C_6H_4OH(NO_2)_2$]

Chapter

2018년 2회 CBT 복원 기출문제

1 소화기에 "A-2"라고 표시되어 있다면 숫자 "2"가 의미하는 것은?

① 사용순위　② 능력단위　③ 소요단위　④ 화재등급

2 제1종 분말소화약제의 적응 화재 급수는?

① A급　② BC급　③ AB급　④ ABC급

3 지정수량 10배의 위험물을 저장 또는 취급하는 제조소에 있어서 연면적이 최소 몇 제곱미터이면 자동화재 탐지설비를 설치해야 하는가?

① 100　② 300　③ 500　④ 1,000

4 인화성 액체 위험물 옥외탱크저장소의 탱크 주위에 방유제를 설치할 때 방유제 내의 면적은 몇 제곱미터 이하로 하여야 하는가?

① 20,000　② 40,000　③ 60,000　④ 80,000

5 소화난이도 등급 1의 옥내탱크저장소에 유황만을 저장할 경우 설치하여야 하는 소화설비는?

① 물분무소화설비　② 스프링클러설비
③ 포소화설비　④ 이산화탄소소화설비

6 소화에 대한 설명 중 틀린 것은?

① 소화작용을 기준으로 크게 물리적 소화와 화학적 소화로 나눌 수 있다.
② 주수소화의 주된 소화효과는 냉각효과이다.
③ 공기 차단에 의한 소화는 제거소화이다.
④ 불연성 가스에 의한 소화는 질식소화이다.

7 다음 중 제5류 위험물에 적응성 있는 소화설비는?

① 분말소화설비
② 이산화탄소소화설비
③ 할로겐화합물소화설비
④ 스프링클러설비

8 화재의 종류와 급수의 분류가 잘못 연결된 것은?

① 일반화재 - A급 화재
② 유류화재 - B급 화재
③ 전기화재 - C급 화재
④ 가스화재 - D급 화재

9 인화점에 대한 설명으로 가장 옳은 것은?

① 가연성 물질을 산소 중에서 가열할 때 점화원 없이 연소하기 위한 최저 온도
② 가연성 물질이 산소 없이 연소하기 위한 최저 온도
③ 가연성 물질을 공기 중에서 가열할 때 가연성 증기가 연소범위 하한에 도달하는 최저온도
④ 가연성 물질이 공기 중 가압하에서 연소하기 위한 최저온도

10 물질의 일반적인 연소형태에 대한 설명으로 틀린 것은?

① 파라핀의 연소는 표면연소이다.
② 산소공급원을 가진 물질이 연소하는 것을 자기연소라고 한다.
③ 목재의 연소는 분해연소이다.
④ 공기와 접촉하는 표면에서 연소가 일어나는 것을 표면연소라고 한다.

11 가연물이 되기 쉬운 조건이 아닌 것은?

① 산소와 친화력이 클 것
② 열전도율이 클 것
③ 발열량이 클 것
④ 활성화에너지가 작을 것

12 자연발화의 방지대책으로 틀린 것은?

① 통풍을 잘되게 한다.
② 저장실의 온도를 낮게 한다.
③ 습도를 낮게 유지한다.
④ 열을 축적시킨다.

13 소화약제의 종별 구분 중 인산염류를 주성분으로 한 분말 소화약제는 제 몇 종 분말이라 하는가?

① 제1종 분말　② 제2종 분말
③ 제3종 분말　④ 제4종 분말

14 소화 전용 물통 8리터의 능력단위는 얼마인가?

① 0.1　② 0.3　③ 0.5　④ 1.0

15 저장소의 건축물 중 외벽이 내화구조인 것은 연면적 몇 제곱미터를 1소요단위로 하는가?

① 50　② 75　③ 100　④ 150

16 다음 중 자연발화의 형태가 아닌 것은?

① 산화열에 의한 발화　② 분해열에 의한 발화
③ 흡착열에 의한 발화　④ 잠열에 의한 발화

17 포소화약제의 혼합장치에서 펌프의 토출관에 압입기를 설치하여 포소화약제 압입용 펌프로 포소화약제를 압입시켜 혼합하는 방식은?

① 라인프로포셔너방식　② 프레셔프로포셔너방식
③ 프레셔사이드프로포셔너방식　④ 펌프프로포셔너방식

18 위험물 제조소에 설치하는 표지 및 게시판에 관한 설명으로 옳은 것은?

① 표지나 게시판은 잘 보이게만 설치한다면 그 크기는 제한이 없다.
② 표지에는 위험물의 유별. 품명의 내용 외의 다른 기재사항은 제한하지 않는다.
③ 게시판의 바탕과 문자의 명도대비가 클 경우에는 색상은 제한하지 않는다.
④ 표지나 게시판을 보기 쉬운 곳에 설치하여야 하는 것 외에 위치에 대해 다른 규정은 두고 있지 않다.

19 유류나 전기설비 화재에 적합하지 않은 소화기는?

① 이산화탄소소화기　② 분말소화기
③ 봉상수소화기　④ 할로겐화합물소화기

20 이산화탄소 소화약제의 주된 소화 원리는?

① 가연물 제거　② 부촉매 작용　③ 산소공급 차단　④ 점화원 파괴

21 브롬산 칼륨과 요오드산 아연의 공통적인 성질에 해당하는 것은?

① 갈색의 결정이고 물에 잘 녹는다.
② 융점이 섭씨 600도 이상이다.
③ 열분해하면 산소를 방출한다.
④ 비중이 5보다 크고 알코올에 잘 녹는다.

22 다음 물질 중 위험물 유별에 따른 구분이 나머지 셋과 다른 하나는?

① 질산은　② 질산메틸
③ 무수크롬산　④ 질산암모늄

23 금속칼륨의 저장 및 취급상 주의사항에 대한 설명으로 틀린 것은?

① 물과의 접촉을 피한다.　② 피부에 닿지 않도록 한다.
③ 알코올 속에 저장한다.　④ 가급적 소량으로 나누어 저장한다.

24 다음 중 제2류 위험물이 아닌 것은?

① 적린　② 황린　③ 유황　④ 황화인

25 적린의 일반적 성질에 대한 설명으로 틀린 것은?

① 비금속 원소이다.　② 암적색의 분말이다.
③ 승화온도가 약 260℃이다.　④ 이황화탄소에 녹지 않는다.

26 니트로셀룰로오스의 안전한 저장을 위해 사용되는 물질은?

① 페놀　② 황산　③ 에탄올　④ 아닐린

27 다음 중 증기의 밀도가 가장 큰 것은?

① 디에틸에테르　② 벤젠
③ 가솔린(옥탄 100%)　④ 에틸알코올

28 이황화탄소가 완전 연소하였을 때 발생하는 물질은?

① CO_2, O_2　② CO_2, SO_2　③ CO, S　④ CO_2, H_2O

29 인화칼슘이 물과 반응하였을 때 발생하는 가스에 대한 설명으로 옳은 것은?

① 폭발성인 수소를 발생한다.
② 유독한 인화수소를 발생한다.
③ 조연성인 산소를 발생한다.
④ 가연성인 아세틸렌을 발생한다.

30 과염소산 암모늄에 대한 설명으로 옳은 것은?

① 물에 용해되지 않는다.
② 청녹색의 침상결정이다.
③ 130℃에서 분해하기 시작하여 CO_2 가스를 방출한다.
④ 아세톤, 알코올에 용해된다.

31 질산칼륨의 저장 및 취급 시 주의사항에 대한 설명 중 틀린 것은?

① 공기와의 접촉을 피하기 위하여 석유 속에 보관한다.
② 직사광선을 차단하고 가열, 충격, 마찰을 피한다.
③ 목탄분, 유황 등과 격리하여 보관한다.
④ 강산류와의 접촉을 피한다.

32 분자량이 약 106.5이며, 조해성과 흡습성이 크고 산과 반응하여 유독한 ClO_2를 발생시키는 것은?

① $KClO_4$　② $NaClO_3$
③ NH_4ClO_4　④ $AgClO_3$

33 질산에틸의 성질에 대한 설명 중 틀린 것은?

① 물에 녹지 않는다.　② 상온에서 인화하기 어렵다.
③ 증기는 공기보다 무겁다.　④ 무색, 투명한 액체이다.

34 다음 위험물 중 저장할 때 보호액으로 물을 사용하는 것은?

① 삼산화크롬
② 아연
③ 나트륨
④ 황린

35 질산에 대한 설명 중 틀린 것은?

① 불연성이지만 산화력을 가지고 있다.
② 순수한 것은 갈색의 액체이나 보관 중 청색으로 변한다.
③ 부식성이 강하다.
④ 물과 접촉하면 발열한다.

36 다음 중 제3류 위험물의 품명이 아닌 것은?

① 금속의 수소화물
② 유기금속화합물
③ 황린
④ 금속분

37 제1류 위험물의 일반적인 성질이 아닌 것은?

① 강산화제이다.
② 불연성 물질이다.
③ 유기화합물에 속한다.
④ 비중이 1보다 크다.

38 다음 위험물 중 제3석유류에 속하고 지정수량이 2,000l인 것은?

① 아세트산
② 글리세린
③ 에틸렌글리콜
④ 니트로벤젠

39 위험물 안전관리법에서 정한 제6류 위험물의 성질은?

① 자기반응성 물질
② 금수성 물질
③ 산화성 액체
④ 인화성 액체

40 특수인화물의 일반적인 성질에 대한 설명으로 가장 거리가 먼 것은?

① 비점이 높다.
② 인화점이 낮다.
③ 연소 하한값이 낮다.
④ 증기압이 높다.

41 순수한 것은 무색이지만 공업용은 휘황색의 침상결정으로 마찰, 충격에 비교적 둔감하며 공기 중에서 자연분해하지 않기 때문에 장기간 저장할 수 있고 쓴 맛과 독성이 있는 것은?

① 피크르산　　② 니트로글리콜
③ 니트로셀룰로오스　　④ 니트로글리세린

42 과염소산칼륨의 성질에 관한 설명 중 틀린 것은?

① 무색. 무취의 결정이다.
② 비중은 1보다 크다.
③ 400℃ 이상으로 가열하면 분해하여 산소를 발생한다.
④ 알코올 및 에테르에 잘 녹는다.

43 가솔린의 연소범위는 약 몇 vol%인가?

① 1.4~7.6　　② 8.3~11.4
③ 12.5~19.7　　④ 22.3~32.8

44 유별을 달리하는 위험물에서 다음 중 혼재할 수 없는 것은?(단, 지정수량의 1/5 이상이다.)

① 제2류와 제4류　　② 제1류와 제6류
③ 제3류와 제4류　　④ 제1류와 제5류

45 지정과산화물 옥내저장소의 저장창고 출입구 및 창의 설치기준으로 틀린 것은?

① 창은 바닥면으로부터 2m 이상의 높이에 설치한다.
② 하나의 창의 면적을 0.4 제곱미터 이내로 한다.
③ 하나의 벽면에 두는 창의 면적의 합계를 당해 벽면의 면적의 80분의 1이 초과되도록 한다.
④ 출입구에는 갑종방화문을 설치한다.

46 다음 중 인화점이 가장 낮은 것은?

① 톨루엔　　② 테레빈유
③ 에틸렌글리콜　　④ 아닐린

47 분자량은 227, 발화점이 약 330℃, 비점이 약 240℃이며, 햇빛에 의해 다갈색으로 변하고 물에 녹지 않으나 벤젠에는 녹는 물질은?

① 니트로글리세린
② 니트로셀룰로오스
③ 트리니트로톨루엔
④ 트리니트로페놀

48 과산화수소의 성질에 대한 설명 중 틀린 것은?

① 열, 햇빛에 의해서 분해가 촉진된다.
② 불연성 물질이다.
③ 물, 석유, 벤젠에 잘 녹는다.
④ 농도가 진한 것은 피부에 닿으면 수종을 일으킨다.

49 다음 중 특수인화물에 해당하는 위험물은?

① 벤젠
② 염화아세틸
③ 이소프로필아민
④ 아세토니트릴

50 $KClO_3$의 일반적 성질에 관한 설명으로 옳은 것은?

① 비중은 약 3.74이다.
② 황색이고 향기가 있는 결정이다.
③ 글리세린에 잘 용해된다.
④ 인화점이 약 −17℃인 가연성 물질이다.

51 알칼리금속의 성질에 대한 설명 중 틀린 것은?

① 칼륨은 물보다 가볍고 공기 중에서 산화되어 금속광택을 잃는다.
② 나트륨은 매우 단단한 금속이므로 다른 금속에 비해 몰 용해열이 큰 편이다.
③ 리튬은 고온으로 가열하면 적색 불꽃을 내며 연소한다.
④ 루비듐은 물과 반응하여 수소를 발생한다.

52 다음 중 자기반응성 물질인 제5류 위험물에 해당하는 것은?

① $CH_3(C_6H_4)NO_2$
② CH_3COCH_3
③ $C_6H_2(NO_2)_3OH$
④ $C_6H_5NO_2$

53 다음 중 방수성이 있는 피복으로 덮어야 하는 위험물로만 구성된 것은?

① 과염소산염류, 삼산화크롬, 황린
② 무기과산화물, 과산화수소, 마그네슘
③ 철분, 금속분, 마그네슘
④ 염소산염류, 과산화수소, 금속분

54 다음 물질 중 품명이 니트로화합물로 분류되는 것은?

① 니트로셀룰로오스
② 니트로벤젠
③ 니트로글리세린
④ 트리니트로톨루엔

55 과산화나트륨에 대한 설명으로 틀린 것은?

① 수증기와 반응하여 금속나트륨과 수소, 산소를 발생한다.
② 순수한 것은 백색이다.
③ 융점은 약 460℃이다.
④ 아세트산과 반응하여 과산화수소를 발생한다.

56 위험등급 1의 위험물에 해당하지 않는 것은?

① 아염소산칼륨
② 황화인
③ 황린
④ 과염소산

57 벤조일퍼옥사이드의 성질에 대한 설명으로 옳은 것은?

① 건조 상태의 것은 마찰, 충격에 의한 폭발의 위험이 있다.
② 유기물과 접촉하면 화재 및 폭발의 위험성이 감소한다.
③ 수분을 함유하면 폭발이 더욱 용이하다.
④ 강력한 환원제이다.

58 알루미늄 분말이 NaOH 수용액과 반응하였을 때 발생하는 것은?

① CO_2
② Na_2O
③ H_2
④ Al_2O_3

59 산화프로필렌을 용기에 저장할 때 인화폭발의 위험을 막기 위하여 충전시키는 가스로 다음 중 가장 적합한 것은?

① N_2　　② H_2　　③ O_2　　④ CO

60 옥내저장탱크의 상호 간에는 특별한 경우를 제외하고 최소 몇 m 이상의 간격을 유지하여야 하는가?

① 0.1　　② 0.2　　③ 0.3　　④ 0.5

정답 및 해설

1. ②	2. ②	3. ③	4. ④	5. ①	6. ③	7. ④	8. ④	9. ③	10. ①
11. ②	12. ④	13. ③	14. ②	15. ④	16. ④	17. ③	18. ④	19. ③	20. ③
21. ③	22. ③	23. ③	24. ②	25. ③	26. ③	27. ③	28. ②	29. ②	30. ④
31. ①	32. ②	33. ②	34. ④	35. ②	36. ④	37. ③	38. ④	39. ③	40. ①
41. ①	42. ④	43. ①	44. ④	45. ③	46. ①	47. ③	48. ③	49. ③	50. ③
51. ②	52. ③	53. ③	54. ④	55. ①	56. ②	57. ①	58. ③	59. ①	60. ④

1 소화기에 쓰인 "A－2"란 일반화재, 능력단위는 2단위라는 의미이다.

2

종류	주성분	착색	적응화재	열분해 반응식
제1종 분말	$NaHCO_3$ (탄산수소 나트륨)	백색	B, C	$2NaHCO_3 \rightarrow Na_2CO_3 + CO_2 + H_2O$
제2종 분말	$KHCO_3$ (탄산수소 칼륨)	보라색	B, C	$2KHCO_3 \rightarrow K_2CO_3 + CO_2 + H_2O$
제3종 분말	$NH_4H_2PO_4$ (제1인산 암모늄)	담홍색	A, B, C	$NH_4H_2PO_4 \rightarrow HPO_3 + NH_3 + H_2O$
제4종 분말	$KHCO_3 + (NH_2)_2CO$ (탄산수소 칼륨 + 요소)	회백색	B, C	$2KHCO_3 + (NH_2)_2CO \rightarrow K_2CO_3 + 2NH_3 + 2CO_2$

3 지정수량 10배의 위험물을 저장 또는 취급하는 제조소에서 연면적이 500m² 이면 자동화재 탐지설비를 설치해야 한다.

4 가. 인화성 액체위험물(이황화탄소를 제외한다)의 옥외탱크저장소의 탱크 주위에는 다음 각 호의 기준에 의하여 방유제를 설치하여야 한다.

1. 방유제의 용량은 방유제 안에 설치된 탱크가 하나인 때에는 그 탱크의 용량 이상, 2 이상인 때에는 그 탱크 중 용량이 최대인 것의 용량 이상으로 하여야 한다. 이 경우 하나의 방유제 안에 2 이상의 탱크가 설치되고 그 탱크 중 지름이 45m 이상인 탱크가 있는 때에는 지름이 45m 이상인 탱크는 각각 다른 탱크와 분리될 수 있도록 다음 각목의 기준에 의한 간막이 둑을 설치하여야 한다.
2. 방유제의 높이는 0.5m 이상 3m 이하로 하여야 한다.
3. 방유제의 면적은 8만 m² 이하로 할 것

5

옥내 탱크 저장소	유황만을 저장, 취급하는 것	물분무소화설비
	인화점 70℃ 이상의 제4류 위험물만을 저장취급하는 것	물분무소화설비, 고정식 포소화설비, 이동식 외의 이산화탄소소화설비, 이동식 외의 할로겐화합물소화설비 또는 이동식 외의 분말소화설비
	그 밖의 것	고정식 포소화설비, 이동식 외의 이산화탄소소화설비, 이동식 외의 할로겐화합물소화설비 또는 이동식 외의 분말소화설비

6 공기차단에 의한 소화는 질식소화이다.

7 제5류 위험물은 물질 자체에 다량의 산소를 함유하는 물질이므로 질식소화는 효과가 없고 다량의 주수소화가 효과적이다.

8 D급 화재는 금속분 화재이다.

9 인화점이란 가연성 물질에 점화원이 있을 때 불이 붙는 최저 온도를 말한다.

10 파라핀 즉 촛불의 연소는 증발연소이다.

11 열전도율이 적을 것

12 열을 축적시키면 자연발화가 잘되는 조건이다.

13 2번 해설 참조

14 기타 소화설비의 능력단위는 다음의 표에 의할 것

소화설비	용량	능력단위
소화 전용(專用) 물통	$8l$	0.3
수조(소화 전용 물통 3개 포함)	$80l$	1.5
수조(소화 전용 물통 6개 포함)	$190l$	2.5
마른 모래(삽 1개 포함)	$50l$	0.5
팽창질석 또는 팽창진주암(삽 1개 포함)	$160l$	1.0

15
- 제조소 또는 취급소용 건축물로서 외벽이 내화구조로 된 것에 있어서는 연면적 $100m^2$를, 외벽이 내화구조가 아닌 것에 있어서는 연면적 $50m^2$를 각각 소요단위 1단위로 할 것
- 저장소용 건축물로서 외벽이 내화구조로 된 것에 있어서는 연면적 $150m^2$를, 외벽이 내화구조가 아닌 것에 있어서는 연면적 $75m^2$를 소요단위 1단위로 할 것

16 자연발화의 형태
- 산화열에 의한 발화 : 석탄, 고무분말, 건성유
- 분해열에 의한 발화 : 니트로셀룰로오스
- 흡착열에 의한 발화 : 목탄, 활성탄
- 미생물에 의한 발화 : 퇴비, 먼지

17 • 펌프 프로포셔너 방식(pump proportioner Type)
펌프의 토출관과 흡입관 사이의 배관 도중에 흡입기를 설치하여 펌프에서 토출된 물의 일부를 보내고 농도조절밸브에서 조정된 포소화약제의 필요량을 포소화약제 탱크에서 펌프 흡입 측으로 보내어 이를 혼합하는 방식

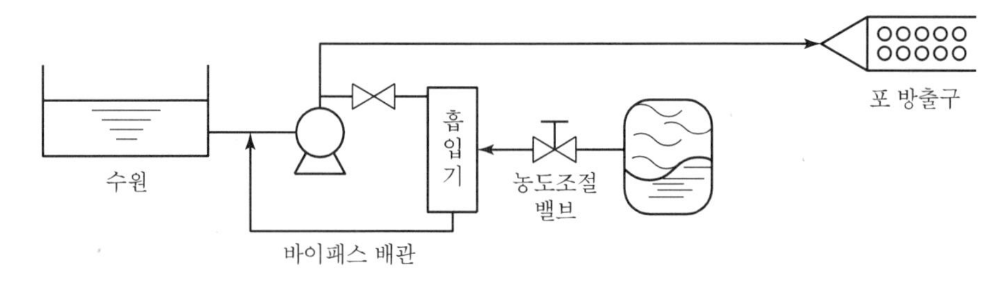

• 프레셔 프로포셔너 방식(pressure proportioner Type)
펌프와 발포기 중간에 설치된 벤투리관의 벤투리 작용과 펌프 가압수의 압력에 의하여 포소화약제를 흡입 혼합하는 방식
* 벤투리 작용 : 관의 도중을 가늘게 하여 흡인력으로 약제와 물을 혼합하는 작용

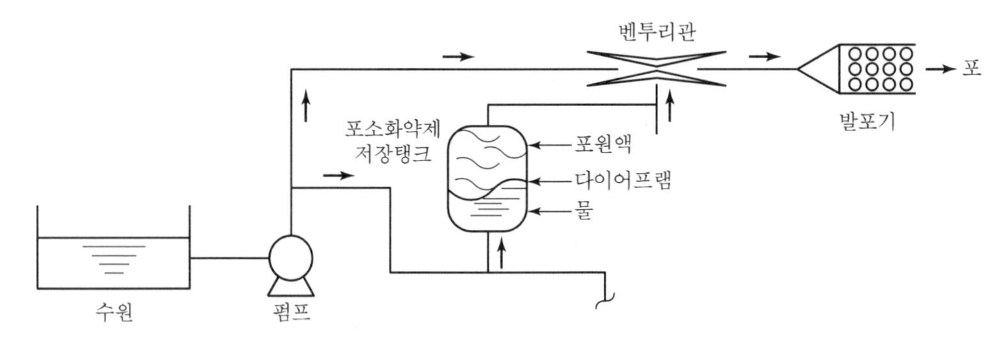

• 라인 프로포셔너 방식(Line proportioner Type)
펌프와 발포기 중간에 설치된 벤투리관의 벤투리 작용에 의해 포소화약제를 흡입, 혼합하는 방식

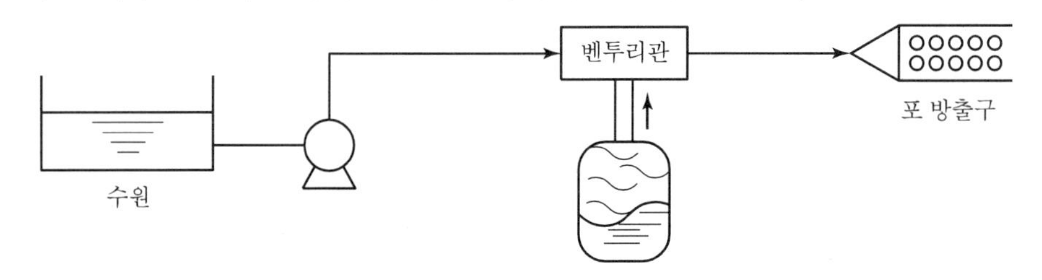

• 프레셔 사이드 프로포셔너 방식(pressure side proportioner Type)
펌프의 토출배관에 압입기를 설치하여 포소화약제 압입용 펌프로 포소화약제를 압입시켜 혼합하는 방식

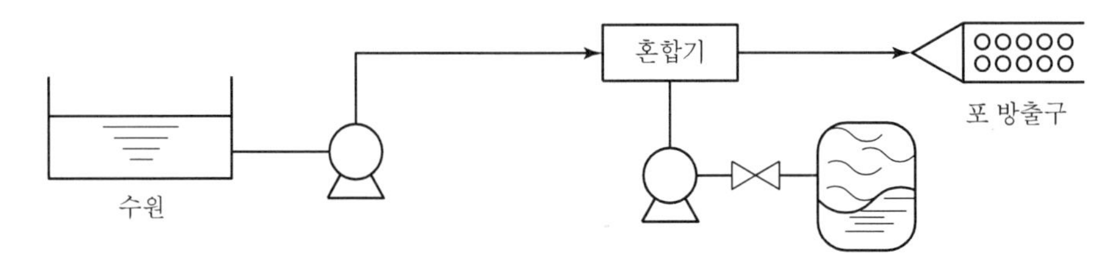

18 표지나 게시판을 보기 쉬운 곳에 설치하여야 하는 것 외에 위치에 대해 다른 규정은 두고 있지 않다.

19 봉상 주수는 화재 확대 및 감전의 위험이 있다.

20 이산화탄소 소화약제의 주된 소화 원리는 산소공급원을 차단하는 질식소화이다.

21 브롬산칼륨과 요오드산아연은 제1류위험물, 산화성고체로서 열분해하면 산소를 발생 시킨다.

22 질산은, 질산메틸, 질산암모늄은 질산염류에 해당된다.

23
- 은백색의 무른 경금속으로 융점(63.6℃) 이상의 온도에서 금속칼륨의 불꽃 반응 시 색상은 연보라색을 띤다.
- 보호액(석유 등)에 장시간 저장 시 표면에 K_2O, KOH, K_2CO_3와 같은 물질이 피복되어 가라앉는다.
- 공기 중의 수분과 반응하여 수소(g)를 발생하며 자연발화를 일으키기 쉬우므로 석유 속에 저장한다.(석유 속에 저장하는 이유는 수분과의 접촉을 차단하고 공기 산화를 방지하기 위해서다.)

24 황린은 제3류 위험물이다.

25 적린의 승화 온도는 400도이고 착화온도는 섭씨 260도이다.

26 니트로셀룰로오스를 저장 운반 시 물 또는 알코올에 습면하고, 안정제를 가해서 냉암소에 저장한다.

27 증기의 밀도가 가장 큰 것은 가솔린이다.

28 연소 시 청색 불꽃을 발생하고 이산화황의 유독가스를 발생한다.
$CS_2 + 3O_2 \rightarrow CO_2 + 2SO_2$

29 인화칼슘(Ca_3P_2)이 물과 반응하면 포스핀(PH_3)을 생성시킨다.
$Ca_3P_2 + 6H_2O \rightarrow 3\,Ca(OH)_2 + 2PH_3$

30 과염소산 암모늄(= NH_4ClO_4 = 과염소암몬)
- 무색, 무취의 결정
- 분해온도 130℃, 비중 1.87
- 물, 알코올, 아세톤에는 잘 녹고 에테르에는 녹지 않는다.

31 질산칼륨(KNO_3 = 초석)
- 무색 또는 백색 결정 분말이며 흑색 화약의 원료로 사용된다.
- 분해온도 400℃, 융점 336℃, 용해도 26(15℃), 비중 2.1
- 차가운 자극성 짠맛과 산화성이 있다.
- 물에는 잘 녹으나 알코올에는 잘 녹지 않는다.
- 단독으로는 분해하지 않지만 가열하면 용융 분해하여 산소와 아질산칼륨을 생성한다.
  $2KNO_3 \rightarrow 2KNO_2 + O_2\uparrow$
- 숯가루, 황가루, 황린을 혼합하면 흑색 화약이 되며 가열, 충격, 마찰에 주의한다.

32 질산나트륨($NaNO_3$ = 칠레초석)
- 무색, 무취의 투명한 결정 또는 백색 분말
- 분해온도 380℃, 융점 308℃, 용해도 73, 비중 2.27
- 조해성이 크고 흡습성이 강하므로 습도에 주의한다. 물과 글리세린에 잘 녹고, 무수 알코올에는 난용성이다.

33 질산에틸 : [$C_2H_5ONO_2$]
- 무색 투명한 향긋한 냄새가 나는 액체(상온에서)로 단맛이 있고, 비점 이상으로 가열하면 폭발한다.
- 인화점 −10℃, 융점 −94.6℃, 비점 88℃, 증기비중 3.14, 비중 1.11

34 물과는 반응도 하지 않고, 녹지도 않기 때문에 물속에 저장한다.(CS_2, 벤젠에 잘 녹는다.)

35 흡습성이 강하여 습한 공기 중에서 자연 발화하지 않고 발열하는 무색의 무거운 액체이다.

36 금속분은 제 2류 위험물이다.

37 불연성 물질로서 환원성 또는 가연성 물질에 대하여 강한 산화성을 가지고 모두 무기화합물이다.

38 니트로벤젠($C_6H_5NO_2$)(지정 수량 2,000l)
- 무색의 액체로서 인화점 : 88℃, 발화점 : 482℃, 녹는점 5.8℃, 끓는점 211℃, 비중 1.2(0℃)이다. 물에는 잘 녹지 않지만, 유기용매(有機溶媒)와는 잘 섞인다.

39
- 산화성 액체이며 모두 불연성 물질이다.
- 과산화수소를 제외하고 강산성 물질이며 물에 녹기 쉽다.
- 강한 부식성이 있고 모두 산소를 포함하고 있으며 다른 물질을 산화시킨다.

40 "특수인화물"이라 함은 이황화탄소, 디에틸에테르 그 밖에 1atm에서 발화점이 100℃ 이하인 것 또는 인화점이 −20℃ 이하이고 비점이 40℃ 이하인 것을 말한다.

41 트리니트로페놀 : [$C_6H_2(OH)(NO_2)_3$ = 피크르산 = 피크린산]
- 황색의 침상 결정
- 착화점 300℃, 융점 122.5℃, 비점 255℃, 비중 1.8
- 피크린산의 저장 및 취급에 있어서는 드럼통에 넣어서 밀봉시켜 저장하고, 건조할수록 위험성이 증가된다. 독성이 있고 냉수에는 녹기 힘들고 더운 물, 에테르, 벤젠, 알코올에는 잘 녹는다.
- 분해반응식
  $2C_6H_2OH(NO_2)_3 \rightarrow 4CO_2 + 6CO + 3N_2 + 2C + 3H_2$
- 구리, 아연, 납과 반응하여 피크린산 염을 만들고 단독으로는 마찰, 충격에 둔감하여 폭발하지 않는다.

42 과염소산칼륨(= $KClO_4$ = 과염소산칼리 = 퍼클로로산칼리)
- 무색, 무취 사방정계 결정 또는 백색 분말이다.
- 분해온도 400℃, 융점 610℃, 용해도 1.8(20℃), 비중 2.52
- 물, 알코올, 에테르에 잘 녹지 않는다.

43 가솔린의 연소범위는 1.4~7.6 vol%이다.

44 "○"표시는 혼재할 수 있음을 나타냄, "×"표시는 혼재할 수 없음을 나타냄

	제1류	제2류	제3류	제4류	제5류	제6류
제 1 류		×	×	×	×	○
제 2 류	×		×	○	○	×
제 3 류	×	×		○	×	×
제 4 류	×	○	○		○	×
제 5 류	×	○	×	○		×
제 6 류	○	×	×	×	×	

45 창은 바닥으로부터 2m 이상의 높이에 설치하되, 하나의 창의 면적은 $0.4m^2$ 이내로 한다.

46 인화점 톨루엔 : 4℃, 테레빈유 : 34℃ 에틸렌글리콜 : 111℃, 아닐린 : 70℃

47 담황색의 결정이며 일광 하에 다갈색으로 변하고 중성 물질이기 때문에 금속과 반응하지 않는다.
- 착화점 330℃, 융점 81℃, 비점 240℃, 비중 1.66
- 톨루엔에 질산, 황산을 반응시켜 생성되는 물질은 트리니트로 톨루엔이 된다.

48 물 · 알코올 · 에테르에는 녹지만, 벤젠 · 석유에는 녹지 않는다.

49 이소프로필아민은 특수인화물이다.

50 염소산칼륨($KClO_3$)(=염소산 칼리=클로로산 칼리)
- 무색, 무취단사정계 판상결정 또는 불연성 분말로서 이산화망간 등이 존재하면 분해가 촉진되어 산소를 방출한다.
- 분해온도 400℃, 비중 2.32, 융점 368.4℃, 용해도 7.3(20℃)
- 산성 물질로 온수나 글리세린에 잘 녹고, 냉수나 알코올에는 잘 녹지 않는다.

51
- 불꽃반응을 하면 노란 불꽃을 나타내며, 비중, 녹는점, 끓는점 모두 금속나트륨이 금속칼륨보다 크다.
- 은백색의 무른 경금속으로 물보다 가볍고 비중(0.97), 융점(97.8℃)이 낮다.

52 트리니트로페놀 : [$C_6H_2(OH)(NO_2)_3$ =피크르산 =피크린산]은 제5류 위험물이다.

53 제1류 위험물 중 무기과산화물류 · 삼산화크롬, 제2류 위험물 중 철분, 금속분, 마그네슘 또는 제3류 위험물에 대하여는 방수성이 있는 피복으로 덮을 것

54
- 니트로화합물류에 속하는 것 : 트리니트로톨루엔(TNT)
- 트리니트로 페놀 : [$C_6H_2(OH)(NO_2)_3$ =피크르산=피크린산]
- 디니트로 벤젠(DBN) : [$C_6H_4(NO_2)_2$]
- 디니트로 톨루엔(DNT) : [$C_6H_3(NO_2)_2CH_3$]
- 디니트로 페놀(DNP) : [$C_6H_4OH(NO_2)_2$]

55 과산화나트륨 : 상온에서 물과 격렬하게 반응하며 열을 발생하고 산소를 방출시킨다.

$$Na_2O_2 + H_2O \rightarrow 2NaOH + \frac{1}{2}O_2 \uparrow$$

56 유별 · 성질별 위험등급 구분

유별	제1류																
성질	산화성 고체																
위험등급	I				II			III		II				I	II		
지정수량 (kg)	50	50	50	50	300	300	300	1000	1000	300	300	300	300	50	300	300	300
품명	아	염	과	무	브	질	요	과	중	과	과	크	아	차	염	퍼	퍼
	염소산염류	소산염류	염소산염류	기과산화물	롬산염류	산염류	오드산염류	망간산염류	크롬산염류	요오드산염류	요오드산	롬, 납 또는 요오드의 산화물	질산염류	아염소산염류	소화이소시아눌산	옥소이황산염류	옥소붕산염류

유별	제2류																
성질	가연성 고체																
위험등급	II			III													
지정수량 (kg)	100	100	100	500	500	500	1000										
품명	황	적	유	철	금	마	인										
	화린	린	황	분	속분	그네슘	화성고체										

유별	제3류														
성질	자연발화성 물질 및 금수성 물질														
위험등급	I				II	III			III						
지정 수량 (kg)	10	10	10	10	20	50	50	300	300	300	300				
품명	칼	나	알	알	황	알	유	금	금	칼	염				
	륨	트륨	킬알루미늄	킬리튬	린	칼리금속 및 알칼리토금속	기금속화합물	속의 수소화물	속의 인화물	슘 또는 알루미늄의 탄화물	소화규소화합물				

유별	제5류										
성질	자기반응성 물질										
위험등급	I		II							II	
지정수량(kg)	10	10	200	200	200	200	200	100	100	200	200
품명	유기과산화물	질산에스테르류	니트로화합물	니트로소화합물	아조화합물	다아조화합물	히드라진유도체	히드록실아민	히드록실아민염류	금속의아지화합물	질산구아니딘

유별	제6류									
성질	산화성 액체									
위험등급	I			I						
지정수량(kg)	300	300	300	300						
품명	과염소산	과산화수소	질산	할로겐간화합물						

57 과산화벤조일(벤조일퍼옥사이드) : [$(C_6H_5CO)_2O_2$]
- 무색, 무미의 결정고체, 비수용성, 알코올에 약간 녹는다.
- 발화점 125℃, 융점 103~105℃, 비중 1.33(25℃)
- 상온에서 안정된 물질, 강한 산화작용이 있다.
- 가열하면 100℃에서 흰 연기를 내며 분해한다.
- 강한 산화성 물질로 열, 빛, 충격, 마찰 등에 의해 폭발의 위험이 있다.

58 알칼리와 반응하여 수소(H_2)를 발생한다.
$2Al + 2NaOH + 2H_2O \rightarrow 2NaAlO_2 + 3H_2$

59 저장법
용기는 구리, 은, 수은, 마그네슘, 또는 이의 합금을 사용하지 말 것(아세틸라이드를 생성하기 때문). 산, 알칼리가 존재하면 중합반응을 하므로 용기의 상부는 불연성 가스(N_2) 또는 수증기로 봉입하여 저장한다.

60 위험물을 옥내저장소에 저장할 경우에는 용기에 수납하여 품명별로 구분하여 저장하고, 위험물의 품명마다 0.5m 이상의 간격을 두어야 한다.

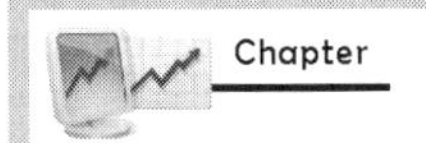

2019년 1회 CBT 복원 기출문제

1 위험물안전관리법령에서 정한 다음의 소화설비 중 능력단위가 가장 큰 것은?

① 팽창진주암 160L(삽 1개 포함)
② 수조 80L(소화전용물통 3개 포함)
③ 마른 모래 50L(삽 1개 포함)
④ 팽창질석 160L(삽 1개 포함)

2 강화액소화기에 대한 설명으로 옳은 것은?

① 물의 유동성을 크게 하기 위한 유화제를 첨가한 소화기이다.
② 물의 표면장력을 강화한 소화기이다.
③ 산・알칼리 액을 주성분으로 한다.
④ 물의 소화효과를 높이기 위해 염류를 첨가한 소화기이다.

3 소화약제 제조 시 사용되는 성분이 아닌 것은?

① 에틸렌글리콜 ② 탄산칼륨
③ 인산이수소암모늄 ④ 인화알루미늄

4 가연성 가스나 증기의 농도를 연소한계(하한) 이하로 하여 소화하는 방법은?

① 희석소화 ② 제거소화
③ 질식소화 ④ 냉각소화

5 열의 전달에 있어서 열전달면적과 열전도도가 각각 2배로 증가한다면, 다른 조건이 일정한 경우 전도에 의해 전달되는 열의 양은 몇 배가 되는가?

① 0.5배 ② 1배
③ 2배 ④ 4배

6 마그네슘에 화재가 발생하여 물을 주수하였다. 그에 대한 설명으로 옳은 것은?

① 냉각소화 효과에 의해서 화재가 진압된다.
② 주수된 물이 증발하여 질식소화 효과에 의해서 화제가 진압된다.
③ 수소가 발생하여 폭발 및 화재 확산의 위험성이 증가한다.
④ 물과 반응하여 독성가스가 발생한다.

7 위험물제조소등에 설치된 옥외소화전설비는 모든 옥외소화전(설치개수가 4개 이상인 경우는 4개의 옥외소화전)을 동시에 사용할 경우에 각 노즐선단의 방수압력은 몇 kPa 이상이어야 하는가?

① 250　　② 300
③ 350　　④ 450

8 불활성가스소화약제 중 IG-100의 성분을 옳게 나타낸 것은?

① 질소 100%
② 질소 50%, 아르곤 50%
③ 질소 52%, 아르곤 40%, 이산화탄소 8%
④ 질소 52%, 이산화탄소 40%, 아르곤 8%

9 위험물안전관리법령상 제3류 위험물 중 금수성 물질 이외의 것에 적응성이 있는 소화설비는?

① 할로겐화합물소화설비
② 불활성가스소화설비
③ 포소화설비
④ 분말소화설비

10 제1종 분말소화약제의 소화효과에 대한 설명으로 가장 거리가 먼 것은?

① 열분해 시 발생하는 이산화탄소와 수증기에 의한 질식효과
② 열분해 시 흡열반응에 의한 냉각효과
③ H^+이온에 의한 부촉매효과
④ 분말 운무에 의한 열방사의 차단효과

11 다음은 위험물안전관리법령에 관한 내용이다. ( )에 알맞은 수치의 합은?

• 위험물안전관리자를 선임한 제조소등의 관계인은 그 안전관리자를 해임하거나 안전관리자가 퇴직한 때에는 해임하거나 퇴직한 날부터 ( )일 이내에 다시 안전관리자를 선임하여야 한다. • 제조소등의 관계인은 당해 제조소등의 용도를 폐지한 때에는 총리령이 정하는 바에 따라 제조소등의 용도를 폐지한 날부터 ( )일 이내에 시·도지사에게 신고하여야 한다.

① 40　② 44
③ 49　④ 62

12 제4류 위험물의 일반적인 성질 또는 취급 시 주의사항에 대한 설명 중 가장 거리가 먼 것은?

① 액체의 비중은 물보다 가벼운 것이 많다.
② 대부분 증기는 공기보다 무겁다.
③ 제1석유류~제4석유류는 비점으로 구분한다.
④ 정전기 발생에 주의하여 취급하여야 한다.

13 과산화나트륨이 물과 반응할 때의 변화를 가장 옳게 설명한 것은?

① 산화나트륨과 수소가 발생한다.
② 물을 흡수하여 탄산나트륨이 된다.
③ 산소를 방출하여 수산화나트륨이 된다.
④ 서서히 물에 녹아 과산화나트륨의 안전한 수용액이 된다.

14 다음과 같이 위험물을 저장할 경우 각각의 지정수량 배수의 총합은 얼마인가?

• 클로로벤젠 : 1,000L　• 동식물유류 : 5,000L　• 제4석유류 : 12,000L

① 2.5　② 3.0
③ 3.5　④ 4.0

15 위험물안전관리법령상 HCN의 품명으로 옳은 것은?

① 제1석유류　② 제2석유류
③ 제3석유류　④ 제4석유류

16 위험물안전관리법령상 다음 암반탱크의 공간용적은 얼마인가?

- 암반탱크의 내용적 : 100억L
- 탱크 내에 용출하는 1일 지하수의 양 : 2천만L

① 2천만L ② 1억L
③ 1억4천만L ④ 100억L

17 다음 중 물과 접촉 시 유독성의 가스가 발생하지는 않지만 화재의 위험성이 증가하는 것은?

① 인화칼슘 ② 황린
③ 적린 ④ 나트륨

18 위험물안전관리법령에서 정하는 제조소와의 안전거리 기준이 가장 큰 것은?

① 「고압가스 안전관리법」의 규정에 의하여 허가를 받거나 신고를 하여야 하는 고압가스저장시설
② 사용전압이 35,000V를 초과하는 특고압가공전선
③ 병원, 학교, 극장
④ 「문화재보호법」의 규정에 의한 유형문화재와 기념물 중 지정문화재

19 위험물의 운반에 관한 기준에서 위험물의 적재 시 혼재가 가능한 위험물은?(단, 지정수량의 5배인 경우이다.)

① 과염소산칼륨 - 황린 ② 질산메틸 - 경유
③ 마그네슘 - 알킬알루미늄 ④ 탄화칼슘 - 니트로글리세린

20 다음 중 지정수량이 나머지 셋과 다른 것은?

① Fe분 ② Zn분 ③ Na ④ Mg

21 위험물안전관리법령에 따른 불활성가스 소화설비의 저장용기 설치기준으로 틀린 것은?

① 방호구역 외의 장소에 설치할 것
② 저장용기에는 안전장치(용기밸브에 설치되어 있는 것은 제외)를 설치할 것
③ 저장용기의 외면에 소화약제의 종류와 양, 제조연도 및 제조자를 표시할 것
④ 온도가 섭씨 40도 이하이고 온도변화가 적은 장소에 설치할 것

22 위험물안전관리법령상 옥내소화전설비의 기준에서 옥내소화전의 개폐밸브 및 호스접속구의 바닥면으로부터 설치 높이 기준으로 옳은 것은?

① 1.2m 이하
② 1.2m 이상
③ 1.5m 이하
④ 1.5m 이상

23 연소 및 소화에 대한 설명으로 틀린 것은?

① 공기 중의 산소 농도가 0%까지 떨어져야만 연소가 중단되는 것은 아니다.
② 질식소화, 냉각소화 등은 물리적 소화에 해당한다.
③ 연소의 연쇄반응을 차단하는 것은 화학적 소화에 해당한다.
④ 가연물질에 상관없이 온도, 압력이 동일하면 한계산소량은 일정한 값을 가진다.

24 다음 [보기]의 물질 중 위험물안전관리법령상 제1류 위험물에 해당하는 것의 지정수량을 모두 합산한 값은?

[보기]	퍼옥소이황산염류, 요오드산, 과염소산, 차아염소산염류

① 350kg
② 400kg
③ 650kg
④ 1,350kg

25 이산화탄소 소화기의 장단점에 대한 설명으로 틀린 것은?

① 밀폐된 공간에서 사용 시 질식으로 인명피해가 발생할 수 있다.
② 전도성이어서 전류가 통하는 장소에서의 사용은 위험하다.
③ 자체의 압력으로 방출할 수 있다.
④ 소화 후 소화약제에 의한 오손이 없다.

26 다음 위험물을 보관하는 창고에 화재가 발생하였을 때 물을 사용하여 소화하면 위험성이 증가하는 것은?

① 질산암모늄
② 탄화칼슘
③ 과염소산나트륨
④ 셀룰로이드

27 위험물안전관리법령상 이동식 불활성가스소화설비의 호스접속구는 모든 방호대상물에 대하여 당해 방호대상물의 각 부분으로부터 하나의 호스접속구까지의 수평거리가 몇 m 이하가 되도록 설치하여야 하는가?

① 5　　② 10　　③ 15　　④ 20

28 분말소화약제의 소화효과로 가장 거리가 먼 것은?

① 질식효과　　② 냉각효과
③ 제거효과　　④ 방사열 차단효과

29 제2류 위험물의 화재에 대한 일반적인 특징으로 옳은 것은?

① 연소속도가 빠르다.
② 산소를 함유하고 있어 질식소화는 효과가 없다.
③ 화재 시 자신이 환원되고 다른 물질을 산화시킨다.
④ 연소열이 거의 없어 초기 화재 시 발견이 어렵다.

30 위험물안전관리법령상 인화성 고체와 질산에 공통적으로 적응성이 있는 소화설비는?

① 불활성가스소화설비
② 할로겐화합물소화설비
③ 탄산수소염류분말소화설비
④ 포소화설비

31 이산화탄소를 이용한 질식소화에 있어서 아세톤의 한계산소농도(vol%)에 가장 가까운 값은?

① 15　　② 18　　③ 21　　④ 25

32 다음은 위험물안전관리법령상 제조소등에서의 위험물의 저장 및 취급에 관한 기준 중 저장기준의 일부이다. (　) 안에 알맞은 것은?

옥내저장소에 있어서 위험물은 규정에 의한 바에 따라 용기에 수납하여 저장하여야 한다. 다만, (　)과 별도의 규정에 의한 위험물에 있어서는 그러하지 아니하다.

① 동식물유류　　② 덩어리 상태의 유황
③ 고체 상태의 알코올　　④ 고화된 제4석유류

33 메틸에틸케톤의 저장 또는 취급 시 유의할 점으로 가장 거리가 먼 것은?

① 통풍을 잘 시킬 것
② 찬 곳에 저장할 것
③ 직사일광을 피할 것
④ 저장용기에는 증기 배출을 위해 구멍을 설치할 것

34 과산화수소의 성질 또는 취급방법에 관한 설명 중 틀린 것은?

① 햇빛에 의하여 분해된다.
② 인산, 요산 등의 분해방지 안정제를 넣는다.
③ 공기와의 접촉은 위험하므로 저장용기는 밀전(密栓)하여야 한다.
④ 에탄올에 녹는다.

35 마그네슘리본에 불을 붙여 이산화탄소 기체 속에 넣었을 때 일어나는 현상은?

① 즉시 소화된다.
② 연소를 지속하며 유독성의 기체가 발생한다.
③ 연소를 지속하며 수소기체가 발생한다.
④ 산소가 발생하며 서서히 소화된다.

36 금속나트륨에 대한 설명으로 옳은 것은?

① 청색 불꽃을 내며 연소한다.
② 경도가 높은 중금속에 해당한다.
③ 녹는점이 100℃보다 낮다.
④ 25% 이상의 알코올수용액에 저장한다.

37 염소산칼륨의 성질에 대한 설명 중 옳지 않은 것은?

① 비중은 약 2.3으로 물보다 무겁다.
② 강산과의 접촉은 위험하다.
③ 열분해하면 산소와 염화칼륨이 생성된다.
④ 냉수에도 매우 잘 녹는다.

38 위험물안전관리법령상 유별을 달리하는 위험물의 혼재 기준에서 제6류 위험물과 혼재할 수 있는 위험물의 유별에 해당하는 것은?(단, 지정수량의 1/10을 초과하는 경우)

① 제1류　② 제2류　③ 제3류　④ 제4류

39 자기반응성 물질의 일반적인 성질로 옳지 않은 것은?

① 강산류와 접촉은 위험하다.
② 연소속도가 대단히 빨라서 폭발성이 있다.
③ 물질 자체가 산소를 함유하고 있어 내부연소를 일으키기 쉽다.
④ 물과 격렬하게 반응하여 폭발성 가스가 발생한다.

40 금속칼륨의 성질로 옳은 것은?

① 중금속류에 속한다.
② 화학적으로 이온화 경향이 큰 금속이다.
③ 물속에 보관한다.
④ 상온, 상압에서 액체 형태인 금속이다.

41 다음 중 에틸알코올의 인화점(℃)에 가장 가까운 것은?

① -4℃　② 3℃　③ 13℃　④ 27℃

42 자연발화를 방지하는 방법으로 가장 거리가 먼 것은?

① 통풍이 잘 되게 할 것
② 열의 축적을 용이하지 않게 할 것
③ 저장실의 온도를 낮게 할 것
④ 습도를 높게 할 것

43 다음 중 일반적인 연소의 형태가 나머지 셋과 다른 하나는?

① 나프탈렌　② 코크스
③ 양초　④ 유황

44 불활성가스 소화약제 중 IG-541의 구성성분이 아닌 것은?

① N_2　② Ar　③ He　④ CO_2

45 위험물안전관리법령에서 정한 물분무소화설비의 설치기준에서 물분무소화설비의 방사구역은 몇 m^2 이상으로 하여야 하는가?(단, 방호대상물의 표면적이 $150m^2$ 이상인 경우이다.)

① 75 ② 100 ③ 150 ④ 350

46 연소 시 온도에 따른 불꽃의 색상이 잘못된 것은?

① 적색 : 약 850℃
② 황적색 : 약 1,100℃
③ 휘적색 : 약 1,200℃
④ 백적색 : 약 1,300℃

47 스프링클러설비의 장점이 아닌 것은?

① 소화약제가 물이므로 비용이 절감된다.
② 초기 시공비가 적게 든다.
③ 화재 시 사람의 조작 없이 작동이 가능하다.
④ 초기 화재의 진화에 효과적이다.

48 제3종 분말소화약제에 대한 설명으로 틀린 것은?

① A급을 제외한 모든 화재에 적응성이 있다.
② 주성분은 $NH_4H_2PO_4$의 분자식으로 표현된다.
③ 제1인산암모늄이 주성분이다.
④ 담홍색(또는 황색)으로 착색되어 있다.

49 Halon 1301, Halon 1211, Halon 2402 중 상온, 상압에서 액체상태인 Halon 소화약제로만 나열된 것은?

① Halon 1211
② Halon 2402
③ Halon 1301, Halon 1211
④ Halon 2402, Halon 1211

50 위험물의 화재 발생 시 적응성이 있는 소화설비의 연결로 틀린 것은?

① 마그네슘 - 포소화기
② 황린 - 포소화기
③ 인화성 고체 - 이산화탄소소화기
④ 등유 - 이산화탄소소화기

51 위험물안전관리법령상 전역방출방식의 분말소화설비 분사헤드의 방사압력은 몇 MPa 이상인가?

① 0.1 ② 0.2 ③ 0.3 ④ 0.4

52 물통 또는 수조를 이용한 소화가 공통적으로 적응성이 있는 위험물은 제 몇 류 위험물인가?

① 제2류 위험물 ② 제3류 위험물
③ 제4류 위험물 ④ 제5류 위험물

53 위험물 이동탱크저장소 관계인은 해당 제조소등에 대하여 연간 몇 회 이상 정기점검을 실시하여야 하는가?(단, 구조안전점검 외의 정기점검인 경우이다.)

① 1회 ② 2회 ③ 4회 ④ 6회

54 위험물을 저장하기 위해 제작한 이동저장탱크의 내용적이 20,000L인 경우 위험물 허가를 위해 산정할 수 있는 이 탱크의 최대용량은 지정수량의 몇 배인가?(단, 저장하는 위험물은 비수용성 제2석유류이며 비중은 0.8, 차량의 최대적재량은 15톤이다.)

① 21 ② 18.75 ③ 12 ④ 9.375

55 벤젠 2mol이 완전연소하는 데 필요한 최소 이론공기량은 약 몇 L인가?(단, 0℃, 1기압 기준이며, 공기 중 산소의 농도는 21vol%이다.)

① 168 ② 336 ③ 1,600 ④ 3,200

56 이산화탄소소화기는 어떤 현상에 의해서 온도가 내려가 드라이아이스를 생성하는가?

① 줄 - 톰슨효과 ② 사이펀
③ 표면장력 ④ 모세관

57 위험물안전관리법령상 전역방출방식 또는 국소방출방식의 분말소화설비의 기준에서 가압식의 분말소화설비에는 얼마 이하의 압력으로 조정할 수 있는 압력조정기를 설치하여야 하는가?

① 2.0MPa ② 2.5MPa
③ 3.0MPa ④ 5MPa

58 다음 중 점화원이 될 수 없는 것은?

① 전기스파크　② 증발잠열
③ 마찰열　④ 분해열

59 할로겐화합물 중 CH_3I에 해당하는 할론번호는?

① 1031　② 1301
③ 13001　④ 10001

60 연소형태가 나머지 셋과 다른 하나는?

① 목탄　② 메탄올
③ 파라핀　④ 유황

정답 및 해설

1. ②	2. ④	3. ④	4. ①	5. ④	6. ③	7. ③	8. ①	9. ③	10. ③
11. ②	12. ③	13. ③	14. ③	15. ①	16. ③	17. ④	18. ④	19. ②	20. ③
21. ②	22. ③	23. ④	24. ①	25. ②	26. ②	27. ③	28. ③	29. ①	30. ④
31. ①	32. ②	33. ④	34. ③	35. ②	36. ③	37. ④	38. ①	39. ④	40. ②
41. ③	42. ④	43. ②	44. ③	45. ③	46. ③	47. ②	48. ①	49. ②	50. ①
51. ①	52. ④	53. ①	54. ②	55. ③	56. ①	57. ②	58. ②	59. ④	60. ①

1

소화설비	용량	능력단위
소화전용(轉用)물통	8L	0.3
수조(소화전용물통 3개 포함)	80L	1.5
수조(소화전용물통 6개 포함)	190L	2.5
마른 모래(삽 1개 포함)	50L	0.5
팽창질석 또는 팽창진주암(삽 1개 포함)	160L	1.0

2 강화액소화기

물의 소화능력을 향상시키고 한랭지역, 겨울철에도 사용할 수 있도록 어는점을 낮춘 물에 탄산칼륨(K_2CO_3)을 보강시켜 만든 소화기를 말하며 액성은 강알칼리성이다.

3 인화알루미늄은 제3류 위험물에 해당된다.

4 희석소화란 가연성 기체가 계속해서 연소를 일으키기 위해서는 가연성 가스와 공기와의 혼합농도 범위, 즉 연소범위 내일 때 연소를 일으키기 때문에 연소하한 값 이하로 낮추어 희석시키는 방법이다.

5 열전달률 계산공식

$$P = \frac{KA\Delta t}{L}$$

여기서, P : 열전달률(W), L : 열이 전달되는 판의 두께(m)

K : 열전도도$\left(\frac{W}{mK}\right)$, A : 전달되는 판의 면적(m^2)

Δt : 온도차(K)

$\therefore P \propto KA$

$P = 2 \times 2 = 4$

6 물과 반응식 : $Mg + 2H_2O \rightarrow Mg(OH)_2 + H_2 \uparrow$

7 옥외소화전설비는 모든 옥외소화전(설치개수가 4개 이상인 경우는 4개의 옥외소화전)을 동시에 사용할 경우에 각 노즐선단의 방수압력이 350kPa 이상이고, 방수량이 1분당 450L 이상의 성능이 되도록 할 것

8 불활성가스 청정소화약제

소화약제	화학식	상품명	농도%
불연성 · 불활성기체혼합가스(IG-541)	N_2 : 52%, Ar : 40%, CO_2 : 8%	Inergen	43
불연성 · 불활성기체혼합가스(IG-01)	Ar : 100%	Argon	43
불연성 · 불활성기체혼합가스(IG-100)	N_2 : 100%	Nitrogen	43
불연성 · 불활성기체혼합가스(IG-55)	N_2 : 50%, Ar : 50%	Argonite	43

9 제3류 위험물 중 금수성 물질 이외의 것은 황린이다. 황린은 포소화설비, 물분무소화설비가 적당하다.

10 Na^+이온에 의한 비누화 반응효과가 있다.

11
- 위험물안전관리자를 선임한 제조소등의 관계인은 그 안전관리자를 해임하거나 안전관리자가 퇴직한 때에는 해임하거나 퇴직한 날부터 30일 이내에 다시 안전관리자를 선임하여야 한다.
- 제조소등의 관계인은 당해 제조소등의 용도를 폐지한 때에는 총리령이 정하는 바에 따라 제조소등의 용도를 폐지한 날부터 14일 이내에 시 · 도지사에게 신고하여야 한다.

12 제1석유류~제4석유류는 인화점으로 구분한다.

13 과산화나트륨

상온에서 물과 격렬하게 반응하며 열이 발생하고 산소를 방출시킨다.

$Na_2O_2 + H_2O \rightarrow 2NaOH + \frac{1}{2}O_2 \uparrow$

14 지정수량의 배수 $= \dfrac{\text{저장수량}}{\text{지정수량}}$의 합

$$= \frac{1,000}{1,000} + \frac{5,000}{10,000} + \frac{12,000}{6,000} = 3.5\text{배}$$

15 HCN의 품명은 제1석유류이다.

16 "위험물 암반탱크의 공간용적은 당해 탱크 내에 용출하는 7일간의 지하수 양에 상당하는 용적과 당해 탱크 내용적의 100분의 1의 용적 중에서 보다 큰 용적을 공간용적으로 한다."

㉠ 당해 탱크 내에 용출하는 7일간의 지하수 양에 상당하는 용적
$= 7 \times 20,000,000 = $ 1억4천만L

㉡ 당해 탱크 내용적의 100분의 1의 용적 $= 10,000,000,000 \times \frac{1}{100} =$ 1억L

결국 둘 중에 큰 용적은 1억4천만L이다.

17 공기 중의 수분이나 알코올과 반응하여 수소가 발생하며 자연발화를 일으키기 쉬우므로 석유, 유동파라핀 속에 저장한다.

$2Na + 2H_2O \rightarrow 2NaOH + H_2$

$2Na + 2C_2H_5OH \rightarrow 2C_2H_5ONa + H_2$

18

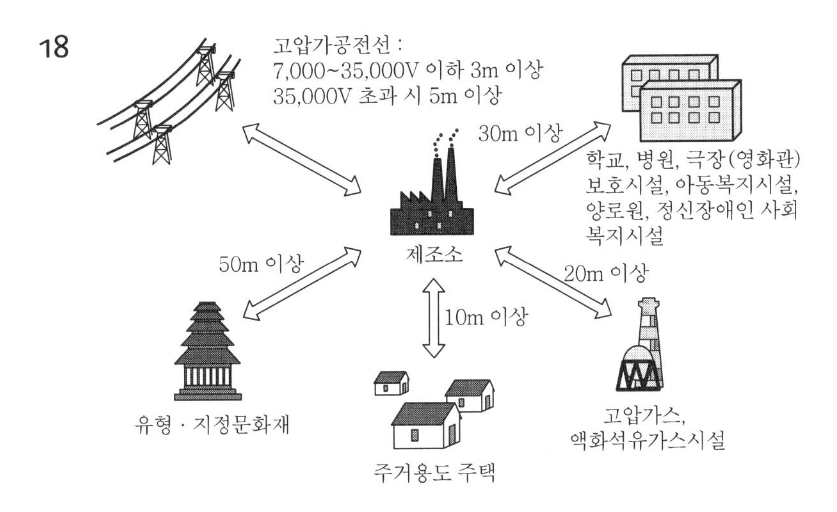

19 혼재가능한 유별 위험물
- 423 : 4류+2류, 4류+3류는 혼재가능
- 524 : 5류+2류, 5류+4류는 혼재가능
- 61 : 6류+1류는 혼재가능

20
- 제2류 위험물인 철분, 금속분, 마그네슘의 지정수량 : 500kg
- 제3류 위험물의 지정수량 : 10kg

21 저장용기에는 안전장치(용기밸브에 설치되어 있는 것을 포함)를 설치할 것

22 옥내소화전설비의 기준에서 옥내소화전의 개폐밸브 및 호스접속구의 바닥면으로부터 설치 높이는 1.5m 이하로 한다.

23 가연물질에 상관없이 온도, 압력이 동일하면 한계산소량은 변한다.

24 제1류 위험물에 해당하는 것은 퍼옥소이황산염류(300kg)와 차아염소산염류(50kg)이다.

25 비전도성이어서 전류가 통하는 장소에서 사용 가능하다.

26 물과 반응하여 수산화칼슘(=소석회)과 아세틸렌가스가 생성된다.
$CaC_2 + 2H_2O \rightarrow Ca(OH)_2 + C_2H_2 \uparrow$

27 위험물안전관리법령상 이동식 불활성가스소화설비의 호스접속구는 모든 방호대상물에 대하여 당해 방호대상물의 각 부분으로부터 하나의 호스접속구까지의 수평거리가 15m 이하가 되도록 설치하여야 한다.

28 분말소화약제의 소화효과
- 질식효과
- 냉각효과
- 방사열 차단효과

29 제2류 위험물은 가연성 고체로서 이연성, 속연성 물질이다.

30 인화성 고체(제2류)와 질산(제6류)에 공통적으로 적응성이 있는 소화설비는 포소화설비이다.

31 이산화탄소를 이용한 질식소화에 있어서 아세톤의 한계산소농도(vol%) : 약 11～15(vol%)

32 옥내저장소에 있어서 위험물은 규정에 의한 바에 따라 용기에 수납하여 저장하여야 한다. 다만, 덩어리 상태의 유황과 별도의 규정에 의한 위험물에 있어서는 그러하지 아니하다.

33
- 메틸에틸케톤(MEK) : [$CH_3COC_2H_5$] (지정수량 400L)
- 인화점 : −1℃
- 발화점 : 516℃
- 비중 : 0.8
- 연소범위 : 1.8~10%
- 직사광선을 피하고 통풍이 잘 되는 냉암소에 저장한다.

34 햇빛 차단, 화기엄금, 충격금지, 환기 잘 되는 냉암소에 저장, 온도 상승 방지, 과산화수소의 저장용기 마개는 구멍 뚫린 마개 사용(이유 : 용기의 내압상승을 방지하기 위하여)

35 $2Mg + CO_2 \rightarrow 2MgO + C$
즉, 코크스가 불완전연소하게 되면 유독성의 일산화탄소가 생성된다.
$C + \frac{1}{2}O_2 \rightarrow CO$

36 금속나트륨의 일반적인 성질
- 비중 : 0.97
- 융점 : 97.7℃
- 비점 : 880℃
- 불꽃반응을 하면 노란 불꽃을 나타내며, 비중, 녹는점, 끓는점 모두 금속나트륨이 금속칼륨보다 크거나 높다.

37 염소산칼륨의 일반적인 성질
- 산성 물질로 온수, 글리세린에 잘 녹고, 냉수, 알코올에는 잘 녹지 않는다.
- 촉매 없이 400℃ 부근에서 분해
  ㉠ $2KClO_3 \rightarrow KCl + KClO_4 + O_2 \uparrow$
  ㉡ $2KClO_3 \rightarrow 2KCl + 3O_2$

38 혼재가능 위험물은 다음과 같다.
- 423 → 4류와 2류, 4류와 3류는 서로 혼재가능
- 524 → 5류와 2류, 5류와 4류는 서로 혼재가능
- 61 → 6류와 1류는 서로 혼재가능

39 "자기반응성 물질"이라 함은 고체 또는 액체로서 폭발의 위험성 또는 가열분해의 격렬함을 판단하기 위하여 고시로 정하는 시험에서 고시로 정하는 성질과 상태를 나타내는 것으로 제5류 위험물을 말한다.

40 이온화 경향은 리튬, 나트륨 다음으로 크다.

41 에틸알코올(=에탄올=[C_2H_5OH])

- 인화점 : 13℃, 발화점 : 423℃, 비중 : 0.8, 연소범위 : 3.3~19%
- 산화 · 환원 반응식

$$C_2H_5OH \underset{\text{환원}}{\overset{\text{산화}}{\rightleftarrows}} CH_3CHO \underset{\text{환원}}{\overset{\text{산화}}{\rightleftarrows}} CH_3COOH$$

42 습도를 높게 하면 자연발화가 더 잘 일어난다.

43
- 증발연소 : 나프탈렌, 양초, 유황
- 표면연소 : 코크스

44

약제명	화학식
IG-01	Ar
IG-100	N_2
IG-541	N_2 : 52%, Ar : 40%, CO_2 : 8%
IG-55	N_2 : 50%, Ar : 50%

45 물분무소화설비의 설치기준은 다음의 기준에 의할 것

1. 분무헤드의 개수 및 배치는 다음에 의할 것
   - ㉠ 분무헤드로부터 방사되는 물분무에 의하여 방호대상물의 모든 표면을 유효하게 소화할 수 있도록 설치할 것
   - ㉡ 방호대상물의 표면적(건축물에 있어서는 바닥면적. 이하 같다) $1m^2$당 3.의 규정에 의한 양의 비율로 계산한 수량을 표준방사량(당해 소화설비 헤드의 설계압력에 의한 방사량을 말한다. 이하 같다)으로 방사할 수 있도록 설치할 것
2. 물분무소화설비의 방사구역은 $150m^2$ 이상(방호대상물의 표면적이 $150m^2$ 미만인 경우에는 당해 표면적)으로 할 것
3. 수원의 수량은 분무헤드가 가장 많이 설치된 방사구역의 모든 분무헤드를 동시에 사용할 경우에 당해 방사구역의 표면적 $1m^2$당 1분당 20L의 비율로 계산한 양으로 30분간 방사할 수 있는 양 이상이 되도록 설치할 것
4. 물분무소화설비는 3.의 규정에 의한 분무헤드를 동시에 사용할 경우에 각 선단의 방사압력이 350kPa 이상으로 표준방사량을 방사할 수 있는 성능이 되도록 할 것

46 고온체의 색깔과 온도

- 담암적색 : 522℃
- 암적색 : 700℃
- 적색 : 850℃
- 휘적색 : 950℃
- 황적색 : 1,100℃
- 백적색 : 1,300℃
- 휘백색 : 1,500℃

47 스프링클러소화설비의 단점은 초기에 시공비가 많이 든다는 것이다.

48 모든 화재에 적응성이 있는 것이 아니라 A, B, C에 소화효과가 있다.

종류	주성분	착색	적응화재	열분해반응식
제1종 분말	$NaHCO_3$ (탄산수소나트륨)	백색	B, C	$2NaHCO_3 \rightarrow Na_2CO_3 + CO_2 + H_2O$
제2종 분말	$KHCO_3$ (탄산수소칼륨)	보라색	B, C	$2KHCO_3 \rightarrow K_2CO_3 + CO_2 + H_2O$
제3종 분말	$NH_4H_2PO_4$ (제1인산암모늄)	담홍색	A, B, C	$NH_4H_2PO_4 \rightarrow HPO_3 + NH_3 + H_2O$
제4종 분말	$KHCO_3 + (NH_2)_2CO$ (탄산수소칼륨 + 요소)	회백색	B, C	$2KHCO_3 + (NH_2)_2CO \rightarrow K_2CO_3 + 2NH_3 + 2CO_2$

49 Halon 2402는 상온에서 액체이며 저장용기에 충전할 경우에는 방출원인 질소(N_2)와 함께 충전하여야 하며 기체비중이 가장 높은 소화약제이다.

50 마그네슘은 상온에서는 물을 분해하지 못해 안정하고, 뜨거운 물이나 과열 수증기와 접촉하면 격렬하게 수소가 발생하며 연소 시 주수하면 위험성이 증대된다.
- 물과 반응식 : $Mg + 2H_2O \rightarrow Mg(OH)_2 + H_2\uparrow$

51 분사헤드의 방사압력(MPa)은 0.1이고, 소화약제 저장량은 30초 이내에 방사할 수 있는 것으로 할 것

52 제5류 위험물의 소화방법은 다량의 주수소화가 가장 효과적이다.

53 위험물 이동탱크저장소 관계인은 해당 제조소등에 대하여 연간 1회 이상 정기점검을 실시하여야 한다.

54
- 이동저장탱크의 최대적재량을 L단위로 구하면 $15{,}000\text{kg} \times \dfrac{1}{0.8\dfrac{\text{kg}}{\text{L}}} = 18{,}750\text{L}$
- 비수용성 제2석유류의 지정수량은 1,000L이므로 $\dfrac{18{,}750}{1{,}000} = 18.75$L이다.

55 $C_6H_6 + 7.5O_2 \rightarrow 6CO_2 + 3H_2O$

2몰 : x

1몰 : $7.5 \times 22.4\text{L}$ $\quad x = 336$

$A_0 = \dfrac{O_0}{0.21} = \dfrac{336}{0.21} = 1{,}600$

56 줄-톰슨효과

압축한 기체를 단열된 좁은 구멍으로 분출시키면 온도가 변하는 현상이다. 분자 간 상호작용에 의해 온도가 변하는 것으로, 공기를 액화시킬 때나 냉매의 냉각에 응용되는 원리이다.

57 • 가압용 가스용기에는 25kg/cm^2 이하의 압력에서 조정이 가능한 압력조정기를 설치할 것
• 25kg/cm^{2}를 MPa 단위로 환산하면 2.5MPa이 된다.

58 융해열, 증발잠열은 열을 흡수하기 때문에 점화원이 될 수 없다.

59 할로겐화합물 중 할론번호는 C → F → Cl → Br → I의 개수이다.

60 목탄은 표면연소, 나머지는 모두 증발연소를 일으키는 물질이다.

2019년 2회 CBT 복원 기출문제

1 전기설비에 화재가 발생하였을 경우에 위험물안전관리법령상 적응성을 가지는 소화설비는 어느 것인가?

① 물분무소화설비 ② 포소화기
③ 봉상강화액소화기 ④ 건조사

2 그림과 같은 타원형 탱크의 내용적은 약 몇 m^3인가?(단, a : 2m, b : 1m, l_1 : 0.3m, l : 3m, l_2 : 0.3m)

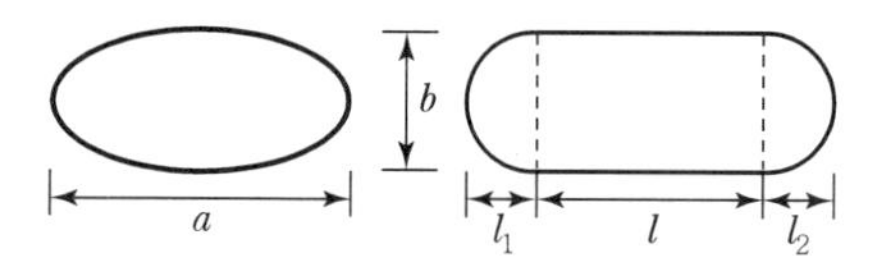

① $5.03m^3$ ② $7.52m^3$
③ $9.03m^3$ ④ $19.05m^3$

3 능력단위가 1단위인 팽창질석(삽 1개 포함)의 용량은 몇 L인가?

① 160 ② 130 ③ 90 ④ 60

4 산화프로필렌에 대한 설명으로 틀린 것은?

① 무색의 휘발성 액체이고, 물에 녹는다.
② 인화점이 상온 이하이므로 가연성 증기의 발생을 억제하여 보관해야 한다.
③ 은, 마그네슘 등의 금속과 반응하여 폭발성 혼합물을 생성한다.
④ 증기압이 낮고 연소범위가 좁아서 위험성이 높다.

5 황의 연소생성물과 그 특성을 옳게 나타낸 것은?

① SO_2, 유독가스 ② SO_2, 청정가스
③ H_2S, 유독가스 ④ H_2S, 청정가스

6 위험물을 지정수량이 큰 것부터 작은 것 순서로 옳게 나열한 것은?

① 니트로화합물 > 브롬산염류 > 히드록실아민
② 니트로화합물 > 히드록실아민 > 브롬산염류
③ 브롬산염류 > 히드록실아민 > 니트로화합물
④ 브롬산염류 > 니트로화합물 > 히드록실아민

7 위험물안전관리법령상의 지정수량이 나머지 셋과 다른 하나는?

① 질산에스테르류
② 니트로소화합물
③ 디아조화합물
④ 히드라진유도체

8 다음 중 물과 반응하여 산소와 열이 발생하는 것은?

① 염소산칼륨
② 과산화나트륨
③ 금속나트륨
④ 과산화벤조일

9 다음 중 제1류 위험물의 과염소산염류에 속하는 것은?

① $KClO_3$
② $NaClO_4$
③ $HClO_4$
④ $NaClO_2$

10 다음 중 인화점이 가장 높은 것은?

① 메탄올
② 휘발유
③ 아세트산메틸
④ 메틸에틸케톤

11 위험물안전관리법령에 의한 위험물제조소의 설치기준으로 옳지 않은 것은?

① 위험물을 취급하는 기계, 기구, 기타 설비에 새거나 넘치거나 비산하는 것을 방지할 수 있는 구조로 한다.
② 위험물을 가열하거나 냉각하는 설비 또는 위험물 취급에 따라 온도 변화가 생기는 설비에는 온도 측정 장치를 설치하여야 한다.
③ 정전기 발생을 유효하게 제거할 수 있는 설비를 설치한다.
④ 위험물을 취급하는 동관을 지하에 설치하는 경우에는 지진, 풍압, 지반 침하, 온도 변화에 안전한 구조의 지지물을 설치한다.

12 위험물안전관리법령상 옥외탱크저장소의 위치, 구조 및 설비의 기준에서 간막이 둑을 설치할 경우, 그 용량의 기준으로 옳은 것은?

① 간막이 둑 안에 설치된 탱크 용량의 110% 이상일 것
② 간막이 둑 안에 설치된 탱크 용량 이상일 것
③ 간막이 둑 안에 설치된 탱크 용량의 10% 이상일 것
④ 간막이 둑 안에 설치된 탱크의 간막이 둑 높이 이상 부분의 용량 이상일 것

13 [보기]의 물질 중 위험물안전관리법령상 제6류 위험물에 해당하는 것은 모두 몇 개인가?

[보기]
• 비중 1.49인 질산 • 비중 1.7인 과염소산 • 물 60g, 과산화수소 40g을 혼합한 수용액

① 1개 ② 2개 ③ 3개 ④ 없음

14 다음 위험물 중 가연성 액체를 옳게 나타낸 것은?

HNO_3, $HClO_4$, H_2O_2

① HNO_3, $HClO_4$
② HNO_3, H_2O_2
③ HNO_3, $HClO_4$, H_2O_2
④ 모두 가연성이 아님

15 다음에 설명하는 위험물을 옳게 나타낸 것은?

• 지정수량은 2,000L이다. • 로켓의 연료, 플라스틱 발포제 등으로 사용된다. • 암모니아와 비슷한 냄새가 나고, 녹는점은 약 2℃이다.

① N_2H_4
② $C_6H_5CH=CH_2$
③ NH_4ClO_4
④ C_6H_5Br

16 탱크 내 액체가 급격히 비등하고 증기가 팽창하면서 폭발을 일으키는 현상은?

① Fire Ball
② Back Draft
③ BLEVE
④ Flash Over

17 물분무소화설비가 적응성이 있는 위험물은?

① 알칼리금속과산화물 ② 금속분 · 마그네슘
③ 금수성 물질 ④ 인화성 고체

18 전역방출방식의 분말소화설비의 분사헤드는 소화약제의 양을 몇 초 이내에 균일하게 방사해야 하는가?

① 10 ② 15 ③ 20 ④ 30

19 분말소화약제에 해당하는 착색이 틀린 것은?

① 탄산수소나트륨 - 백색
② 제1인산암모늄 - 청색
③ 탄산수소칼륨 - 담회색
④ 탄산수소칼륨과 요소와의 반응물 - 회색

20 위험물제조소에서 옥내소화전이 가장 많이 설치된 층의 옥내소화전 설치개수가 3개이다. 수원의 수량은 몇 m^3가 되도록 설치하여야 하는가?

① 2.6 ② 7.8 ③ 15.6 ④ 23.4

21 탄화칼슘 60,000kg를 소요단위로 산정하면?

① 10단위 ② 20단위 ③ 30단위 ④ 40단위

22 과산화나트륨의 화재 시 적응성이 있는 소화설비는?

① 포소화기 ② 건조사
③ 이산화탄소소화기 ④ 물통

23 이산화탄소소화약제의 저장용기 설치장소로 적당하지 않은 곳은?

① 방호구역 외의 장소
② 온도가 40℃ 이상이고 온도 변화가 적은 장소
③ 빗물이 침투할 우려가 적은 장소
④ 직사일광을 피한 장소

24 위험물 간이탱크저장소의 간이저장탱크 수압시험기준으로 옳은 것은?

① 50kPa의 압력으로 7분간의 수압시험
② 70kPa의 압력으로 10분간의 수압시험
③ 50kPa의 압력으로 10분간의 수압시험
④ 70kPa의 압력으로 7분간의 수압시험

25 취급하는 위험물의 최대수량이 지정수량의 10배를 초과할 경우 제조소 주위에 보유하여야 하는 공지의 너비는?

① 3m 이상　② 5m 이상
③ 10m 이상　④ 15m 이상

26 과염소산과 과산화수소의 공통된 성질이 아닌 것은?

① 비중이 1보다 크다.　② 물에 녹지 않는다.
③ 산화제이다.　④ 산소를 포함한다.

27 주유취급소의 고정주유설비는 고정주유설비의 중심선을 기점으로 하여 도로경계선까지 몇 m 이상 떨어져 있어야 하는가?

① 2　② 3　③ 4　④ 5

28 제1류 위험물로서 물과 반응하여 발열하고 위험성이 증가하는 것은?

① 염소산칼륨　② 과산화나트륨
③ 과산화수소　④ 질산암모늄

29 황린에 대한 설명으로 틀린 것은?

① 비중은 약 1.82이다.　② 물속에 보관한다.
③ 저장 시 pH를 9 정도로 유지한다.　④ 연소 시 포스핀 가스가 발생한다.

30 위험물안전관리법령에서 정한 위험물취급소의 구분에 해당되지 않는 것은?

① 주유취급소　② 제조취급소
③ 판매취급소　④ 일반취급소

31 다음 중 제2류 위험물에 속하지 않는 것은?

① 마그네슘 ② 나트륨
③ 철분 ④ 아연분

32 수소화나트륨이 물과 반응할 때 발생하는 것은?

① 일산화탄소 ② 산소
③ 아세틸렌 ④ 수소

33 알코올 화재 시 수성막포소화약제는 효과가 없다. 그 이유로 가장 적당한 것은?

① 알코올이 수용성이어서 포를 소멸시키므로
② 알코올과 반응하여 가연성 가스가 발생하므로
③ 알코올 화재 시 불꽃의 온도가 매우 높으므로
④ 알코올이 포소화약제와 발열반응을 하므로

34 탄산수소칼륨소화약제가 열분해 반응 시 생성되는 물질이 아닌 것은?

① K_2CO_3 ② CO_2
③ H_2O ④ KNO_3

35 고체 가연물이 덩어리 상태보다 분말일 때 화재 위험성이 증가하는 이유는?

① 공기와의 접촉 면적이 증가하기 때문에
② 열전도율이 증가하기 때문에
③ 흡열반응이 진행되기 때문에
④ 활성화에너지가 증가하기 때문에

36 위험물을 취급하는 건축물에 옥내소화전이 1층에 6개, 2층에 5개, 3층에 4개가 설치되어 있다. 이때 수원의 수량은 몇 m^3 이상이 되도록 설치하여야 하는가?

① 23.4 ② 31.8 ③ 39.0 ④ 46.8

37 일반적인 연소 형태가 표면연소인 것은?

① 플라스틱 ② 목탄
③ 유황 ④ 피크린산

38 연소 이론에 대한 설명으로 가장 거리가 먼 것은?

① 착화온도가 낮을수록 위험성이 크다.
② 인화점이 낮을수록 위험성이 크다.
③ 인화점이 낮은 물질은 착화점도 낮다.
④ 폭발한계가 넓을수록 위험성이 크다.

39 제2류 위험물 중 철분의 화재에 적응성이 있는 소화약제는?

① 인산염류 분말소화설비
② 이산화탄소소화설비
③ 탄산수소염류 분말소화설비
④ 할로겐화물소화설비

40 메탄올 40,000L는 소요단위가 얼마인가?

① 5단위
② 10단위
③ 15단위
④ 20단위

41 연소 시 온도에 따른 불꽃의 색상이 잘못된 것은?

① 적색 : 약 850℃
② 황적색 : 약 1,100℃
③ 휘적색 : 약 1,200℃
④ 백적색 : 약 1,300℃

42 할로겐화물소화설비의 소화약제 중 축압식 저장용기에 저장하는 할론 2402의 충전비는?

① 0.51 이상 0.67 이하
② 0.67 이상 2.75 이하
③ 0.7 이상 1.4 이하
④ 0.9 이상 1.6 이하

43 지정수량 10배 이상의 위험물을 운반할 경우 서로 혼재할 수 있는 위험물 유별은?

① 제1류 위험물과 제2류 위험물
② 제2류 위험물과 제4류 위험물
③ 제5류 위험물과 제6류 위험물
④ 제3류 위험물과 제5류 위험물

44 위험물 운반용기 외부에 표시하여야 하는 주의사항을 틀리게 연결한 것은?

① 염소산암모늄 - 화기, 충격주의 및 가연물 접촉주의
② 철분 - 화기주의 및 물기엄금
③ 아세틸퍼옥사이드 - 화기엄금 및 충격주의
④ 과염소산 - 물기엄금 및 가연물 접촉주의

45 경유의 해당 석유류와 지정수량을 옳게 나타낸 것은?

① 제1석유류 - 200L
② 제2석유류 - 1,000L
③ 제1석유류 - 400L
④ 제2석유류 - 2,000L

46 다음 물질 중에서 인화점이 가장 낮은 것은?

① 톨루엔
② 아닐린
③ 피리딘
④ 에틸렌글리콜

47 다음 ( ) 안에 알맞은 수치와 용어를 옳게 나열한 것은?

이황화탄소의 옥외저장탱크는 벽 및 바닥의 두께가 ( )m 이상이고, 누수가 되지 아니하는 철근콘크리트의 ( )에 넣어 보관하여야 한다.

① 0.2, 수조
② 0.1, 수조
③ 0.2, 진공탱크
④ 0.1, 진공탱크

48 오황화인이 물과 작용하여 발생하는 기체는?

① 이황화탄소
② 황화수소
③ 포스겐가스
④ 인화수소

49 위험물의 취급 중 소비에 관한 기준으로 틀린 것은?

① 열처리 작업은 위험물이 위험한 온도에 이르지 아니하도록 하여 실시하여야 한다.
② 담금질 작업은 위험물이 위험한 온도에 이르지 아니하도록 하여 실시하여야 한다.
③ 분사도장 작업은 방화상 유효한 격벽 등으로 구획한 안전한 장소에서 하여야 한다.
④ 버너를 사용하는 경우에는 버너의 역화를 유지하고 위험물이 넘치지 아니하도록 하여야 한다.

50 옥내저장소에서 안전거리 기준이 적용되는 경우는?

① 지정수량 20배 미만의 제4석유류를 저장하는 것
② 제2류 위험물 중 덩어리 상태의 유황을 저장하는 것
③ 지정수량 20배 미만의 동식물유류를 저장하는 것
④ 제6류 위험물을 저장하는 것

51 옥내저장소에서 위험물 용기를 겹쳐 쌓는 경우에 있어서 제4류 위험물 중 제3석유류만을 수납하는 용기를 겹쳐 쌓을 수 있는 높이는 최대 몇 m인가?

① 3 ② 4 ③ 5 ④ 6

52 취급하는 장치가 구리나 마그네슘으로 되어 있을 때 반응을 일으켜서 폭발성의 아세틸라이드를 생성하는 물질은?

① 이황화탄소 ② 이소프로필알코올
③ 산화프로필렌 ④ 아세톤

53 위험물을 적재, 운반할 때 방수성 덮개를 하지 않아도 되는 것은?

① 알칼리금속의 과산화물 ② 마그네슘
③ 니트로화합물 ④ 탄화칼슘

54 다음 위험물 중 착화온도가 가장 낮은 것은?

① 황린 ② 삼황화인
③ 마그네슘 ④ 적린

55 다음 중 제2석유류에 해당되는 것은?

① (benzene ring) ② (cyclohexane ring)
③ C_2H_5 (benzene ring) ④ CHO (benzene ring)

56 지정수량 이상의 위험물을 차량으로 운반할 때에 대한 설명으로 틀린 것은?

① 운반하는 위험물에 적응성이 있는 소형수동식 소화기를 구비한다.
② 위험물 또는 위험물을 수납한 용기가 현저하게 마찰 또는 동요되지 않도록 운반한다.
③ 위험물이 현저하게 새어 재난 발생 우려가 있는 경우 응급조치를 한 후 목적지로 이동하고 목적지 관계기관에 통보한다.
④ 휴식, 고장 등으로 차량을 일시 정차시킬 때는 안전한 장소를 택하고 위험물의 안전 확보에 주의한다.

57 지정수량 10배의 위험물을 운반할 때 혼재가 가능한 것은?

① 제1류 위험물과 제2류 위험물
② 제2류 위험물과 제3류 위험물
③ 제3류 위험물과 제5류 위험물
④ 제4류 위험물과 제5류 위험물

58 염소산나트륨의 위험성에 대한 설명 중 틀린 것은?

① 조해성이 강하므로 저장용기는 밀전한다.
② 산과 반응하여 이산화염소가 발생한다.
③ 황, 목탄, 유기물 등과 혼합한 것은 위험하다.
④ 유리용기를 부식시키므로 철제용기에 저장한다.

59 탄화칼슘은 물과 반응하면 어떤 기체가 발생하는가?

① 과산화수소
② 일산화탄소
③ 아세틸렌
④ 에틸렌

60 물과 작용하여 포스핀 가스를 발생시키는 것은?

① P_4
② P_4S_3
③ Ca_3P_2
④ CaC_2

정답 및 해설

1. ①	2. ①	3. ①	4. ④	5. ①	6. ④	7. ①	8. ②	9. ②	10. ①
11. ④	12. ③	13. ③	14. ④	15. ①	16. ③	17. ④	18. ④	19. ②	20. ④
21. ②	22. ②	23. ②	24. ②	25. ②	26. ②	27. ③	28. ②	29. ④	30. ②
31. ②	32. ④	33. ①	34. ④	35. ①	36. ③	37. ②	38. ③	39. ③	40. ②
41. ③	42. ②	43. ②	44. ④	45. ②	46. ①	47. ①	48. ②	49. ④	50. ②
51. ②	52. ③	53. ③	54. ①	55. ④	56. ③	57. ④	58. ④	59. ③	60. ③

1 물분무는 전기전도성이 없으므로 전기설비의 화재에 적응성이 있다.

2 $$\frac{\pi ab}{4}\left(l+\frac{l_1+l_2}{3}\right)=\frac{\pi\times2\times1}{4}\left(3+\frac{0.3+0.3}{3}\right)=5.024\text{m}^3$$

3 소화설비의 능력단위

소화설비	용량	능력단위
소화전용(轉用) 물통	8L	0.3
수조(소화전용 물통 3개 포함)	80L	1.5
수조(소화전용 물통 6개 포함)	190L	2.5
마른 모래(삽 1개 포함)	50L	0.5
팽창질석 또는 팽창진주암(삽 1개 포함)	160L	1.0

4 산화프로필렌은 증기압이 높고 연소범위가 넓어서 위험성이 높다.

5 공기 중에서 연소하면 푸른빛을 내며 유독성의 아황산가스(SO_2)가 발생한다.
$S + O_2 \rightarrow SO_2$

6 브롬산염류(300kg) > 니트로화합물(200kg) > 히드록실아민(100kg)

7

제5류	자기 반응성 물질	1. 유기과산화물	10kg
		2. 질산에스테르류	10kg
		3. 니트로화합물	200kg
		4. 니트로소화합물	200kg
		5. 아조화합물	200kg
		6. 디아조화합물	200kg
		7. 히드라진유도체	200kg
		8. 히드록실아민	100kg
		9. 히드록실아민염류	100kg
		10. 그 밖에 행정안전부령이 정하는 것 11. 제1호 내지 제10호의 1에 해당하는 어느 하나 이상을 함유한 것	10kg, 100kg 또는 200kg

8 물과 반응하여 산소와 열이 발생하는 것은 제1류 위험물 중 무기과산화물이다.

9 과염소산염류
과염소산($HClO_4$)의 수소이온이 떨어져 나가고 금속 또는 다른 원자단으로 치환된 형태의 염

10 ① 메탄올(11℃) ② 휘발유(-43℃~-20℃)
③ 아세트산메틸(-10℃) ④ 메틸에틸케톤(-1℃)

11 배관을 지상에 설치하는 경우에는 지진 · 풍압 · 지반 침하 및 온도 변화에 안전한 구조의 지지물에 설치하되, 지면에 닿지 아니하도록 하고 배관의 외면에 부식 방지를 위한 도장을 하여야 한다.

12 용량이 1,000만L 이상인 옥외저장탱크의 주위에 설치하는 방유제에는 다음의 규정에 따라 당해 탱크마다 간막이 둑을 설치할 것
- 간막이 둑의 높이는 0.3m(방유제 내에 설치되는 옥외저장탱크의 용량의 합계가 2억L를 넘는 방유제에 있어서는 1m) 이상으로 하되, 방유제의 높이보다 0.2m 이상 낮게 할 것
- 간막이 둑은 흙 또는 철근콘크리트로 할 것
- 간막이 둑의 용량은 간막이 둑 안에 설치된 탱크 용량의 10% 이상일 것

13 위험물안전관리법령상 질산의 비중은 1.49 이상, 과염소산의 비중은 1.7 이상, 과산화수소는 36wt% 이상을 위험물이라 한다.

14 질산, 과염소산, 과산화수소는 모두 제6류 위험물로 불연성 물질이다.

15 히드라진(N_2H_4)은 암모니아와 비슷한 냄새가 나고 로켓의 연료, 플라스틱 발포제로 사용된다.

16 탱크 내에서 액체가 급격히 비등하고 증기가 팽창하면서 탱크 재료의 강도가 약한 부분에서 폭발을 일으키는 현상을 BLEVE라 한다.

17 인화성 고체는 제2류 위험물에 해당되는 물질로서 주수에 의한 냉각소화가 적당하다.

18 전역방출방식의 분말소화설비의 분사헤드는 소화약제의 양을 10초 내에 방사해야 한다.

19 제1인산암모늄 – 담홍색

20 옥내소화전설비의 수원은 그 저수량이 옥내소화전의 설치개수가 가장 많은 층의 설치개수(옥내소화전이 5개 이상 설치된 경우에는 5개)에 $7.8m^3$를 곱한 양 이상이 되도록 하여야 한다.
$7.8 \times 3 = 23.4m^3$

21 위험물 1소요단위는 지정수량의 10배이고, 탄화칼슘의 지정수량은 300kg이므로
소요단위$= \dfrac{60,000}{300 \times 10} = 20$

22 소화방법은 건조사나 암분 또는 탄산수소염류 등으로 피복소화가 좋고 주수소화하면 위험하다.

23 온도가 40℃ 이하이고 온도 변화가 적은 장소에 설치한다.

24 간이저장탱크는 두께 3.2mm 이상의 강판으로 흠이 없도록 제작하여야 하며, 70kPa의 압력으로 10분간의 수압시험을 실시하여 새거나 변형되지 아니하여야 한다.

25 위험물을 취급하는 건축물, 그 밖의 시설(위험물을 이송하기 위한 배관, 그 밖에 이와 유사한 시설을 제외한다)의 주위에는 그 취급하는 위험물의 최대수량에 따라 다음 표에 의한 너비의 공지를 보유하여야 한다.

취급하는 위험물의 최대수량	공지의 너비
지정수량의 10배 이하	3m 이상
지정수량의 10배 초과	5m 이상

26 과염소산과 과산화수소 모두 물에 녹는다.

27 고정 "주유" 설비의 중심선을 기점으로 하여 도로경계선까지 4m 이상, 부지경계선 · 담 및 건축물의 벽까지 2m(개구부가 없는 벽까지는 1m) 이상의 거리를 유지하고, 고정 "급유" 설비의 중심선을 기점으로 하여 도로경계선까지 4m 이상, 부지경계선 및 담까지 1m 이상, 건축물의 벽까지 2m(개구부가 없는 벽까지는 1m) 이상의 거리를 유지할 것

28 과산화나트륨
상온에서 물과 격렬하게 반응하며 열이 발생하고 산소를 방출시킨다.
$Na_2O_2 + H_2O \rightarrow 2NaOH + \frac{1}{2}O_2 \uparrow$

29 공기 중에서 격렬하게 연소하며 유독성 가스도 발생한다.
$P_4 + 5O_2 \rightarrow 2P_2O_5$

30 위험물취급소는 주유취급소, 일반취급소, 판매취급소, 이송취급소 등이 있다.

31 나트륨은 제3류 위험물이다.

32 물과 격렬하게 반응하여 수소기체를 생성한다.
$NaH + H_2O \rightarrow NaOH + H_2$

33 알코올 화재 시 수성막포소화약제는 효과가 없다. 그 이유는 수용성이어서 포를 소멸시키기 때문이다.

34 $2KHCO_3 \rightarrow K_2CO_3 + CO_2 + H_2O$

35 고체 가연물이 덩어리 상태보다 분말일 때 화재의 위험성이 증가하는 이유는 공기와의 접촉 면적이 증가하기 때문이다.

36 수원의 저수량$= N$(최대개수 5개)$\times 7.8 = 5 \times 7.8 = 39\text{m}^3$

37 목탄(숯), 코크스, 금속분 등이 열분해되어 고체의 표면이 고온을 유지하면서 가연성 가스가 발생하지 않고 그 물질 자체의 표면이 빨갛게 변화면서 연소하는 형태

38 인화점과 착화점은 서로 아무런 관계가 없다.

39 철분의 화재에는 건조사, 소금분말, 건조분말, 소석회로 질식소화하고 주수소화는 위험하다.

40 위험물 1소요단위는 지정수량의 10배이고, 알코올의 지정수량은 400L이므로
소요단위$= \dfrac{40,000}{400 \times 10} = 10$

41 고온체의 색깔과 온도
- 담암적색 : 522℃
- 암적색 : 700℃
- 적색 : 850℃
- 휘적색 : 950℃
- 황적색 : 1,100℃
- 백적색 : 1,300℃
- 휘백색 : 1,500℃

42

약제	충전비	
할론 1301	0.9~1.6 이하	
할론 1211	0.7~1.4 이하	
할론 2402	가압식	0.51~0.67 미만
	축압식	0.67~2.75 이하

43 혼재가능 위험물은 다음과 같다.
- 423 → 4류와 2류, 4류와 3류는 서로 혼재가능
- 524 → 5류와 2류, 5류와 4류는 서로 혼재가능
- 61 → 6류와 1류는 서로 혼재가능

44 수납하는 위험물에 따른 주의사항

- 제1류 위험물 중 알칼리금속의 과산화물 또는 이를 함유한 것에 있어서는 "화기 · 충격주의", "물기엄금" 및 "가연물 접촉주의", 그 밖의 것에 있어서는 "화기 · 충격주의" 및 "가연물 접촉주의"
- 제2류 위험물 중 철분 · 금속분 · 마그네슘 또는 이들 중 어느 하나 이상을 함유한 것에 있어서는 "화기주의" 및 "물기엄금", 인화성 고체에 있어서는 "화기엄금", 그 밖의 것에 있어서는 "화기주의"
- 제3류 위험물 중 자연발화성 물질에 있어서는 "화기엄금" 및 "공기접촉엄금", 금수성 물질에 있어서는 "물기엄금"
- 제4류 위험물에 있어서는 "화기엄금"
- 제5류 위험물에 있어서는 "화기엄금" 및 "충격주의"
- 제6류 위험물에 있어서는 "가연물 접촉주의"

∴ 과염소산은 제6류 위험물이므로, "가연물 접촉주의" 표시

45 경유는 제2석유류로, 비수용성이므로 지정수량이 1,000L이다.

46 ① 톨루엔 : 4℃　② 아닐린 : 70℃
③ 피리딘 : 20℃　④ 에틸렌글리콜 : 111℃

47 이황화탄소의 옥외저장탱크는 벽 및 바닥의 두께가 0.2m 이상이고, 누수가 되지 아니하는 철근콘크리트의 수조에 넣어 보관하여야 한다.

48 P_2S_5는 담황색 결정으로 조해성과 흡습성이 있고, 알칼리에 분해되어 H_2S(황화수소)와 H_3PO_4(인산)가 된다. 습한 공기 중에 분해되어 황화수소가 발생하며 또한 알코올, 이황화탄소에 녹으며 선광제, 윤활유 첨가제, 의약품 등에 사용된다.

49 위험물의 취급 중 소비에 관한 기준은 다음과 같다.(중요 기준)

- 분사도장 작업은 방화상 유효한 격벽 등으로 구획된 안전한 장소에서 실시할 것
- 담금질 또는 열처리 작업은 위험물이 위험한 온도에 이르지 아니하도록 하여 실시할 것
- 버너를 사용하는 경우에는 버너의 역화를 방지하고 위험물이 넘치지 아니하도록 할 것

50 옥내저장소는 안전거리를 두어야 한다. 다만, 다음의 1에 해당하는 옥내저장소는 안전거리를 두지 아니할 수 있다.

- 제4석유류 또는 동식물유류의 위험물을 저장 또는 취급하는 옥내저장소로서 그 최대수량이 지정수량의 20배 미만인 것
- 제6류 위험물을 저장 또는 취급하는 옥내저장소
- 지정수량의 20배(하나의 저장창고의 바닥면적이 150m² 이하인 경우에는 50배) 이하의 위험물을 저장 또는 취급하는 옥내저장소로서 다음의 기준에 적합한 것
  - ㉠ 저장창고의 벽 · 기둥 · 바닥 · 보 및 지붕이 내화구조인 것
  - ㉡ 저장창고의 출입구에 수시로 열 수 있는 자동폐쇄방식의 갑종방화문이 설치되어 있을 것
  - ㉢ 저장창고에 창을 설치하지 아니할 것

51 옥내저장소에서 위험물을 저장하는 경우에는 다음의 규정에 의한 높이를 초과하여 용기를 겹쳐 쌓지 아니하여야 한다.

- 기계에 의하여 하역하는 구조로 된 용기만을 겹쳐 쌓는 경우 : 6m
- 제4류 위험물 중 제3석유류, 제4석유류 및 동식물유류를 수납하는 용기만을 겹쳐 쌓는 경우 : 4m
- 그 밖의 경우 : 3m

52 산화프로필렌의 용기는 구리, 은, 수은, 마그네슘 또는 이의 합금을 사용하지 말 것(아세틸라이드를 생성하기 때문)

53 제1류 위험물 중 알칼리금속의 과산화물 또는 이를 함유한 것, 제2류 위험물 중 철분 · 금속분 · 마그네슘 또는 이들 중 어느 하나 이상을 함유한 것, 제3류 위험물 중 금수성 물질은 방수성이 있는 피복으로 덮을 것, 니트로화합물은 제5류 위험물이므로, 적재, 운반 시 방수성 덮개를 하지 않아도 된다.

54 황린의 발화점은 34℃로 가장 낮다.

55 C_6H_5CHO는 벤즈알데히드라는 물질로 제2석유류에 속한다.

56
- 위험물 또는 위험물을 수납한 운반용기가 현저하게 마찰 또는 동요를 일으키지 아니하도록 운반하여야 한다.
- 지정수량 이상의 위험물을 차량으로 운반하는 경우에 있어서 다른 차량에 바꾸어 싣거나 휴식 · 고장 등으로 차량을 일시 정차시킬 때에는 안전한 장소를 택하고 운반하는 위험물의 안전 확보에 주의하여야 한다.
- 지정수량 이상의 위험물을 차량으로 운반하는 경우에는 당해 위험물에 적응성이 있는 소형수동식 소화기를 당해 위험물의 소요단위에 상응하는 능력단위 이상 갖추어야 한다.
- 위험물의 운반 도중 위험물이 현저하게 새는 등 재난발생의 우려가 있는 경우에는 응급조치를 강구하는 동시에 가까운 소방관서 그 밖의 관계기관에 통보하여야 한다.

57 혼재가능 위험물은 다음과 같다.
- 423 → 4류와 2류, 4류와 3류는 서로 혼재가능
- 524 → 5류와 2류, 5류와 4류는 서로 혼재가능
- 61 → 6류와 1류는 서로 혼재가능

58 염소산나트륨은 가열, 충격, 마찰, 중금속과 접촉을 피한다.

59 물과 반응하여 수산화칼슘(=소석회)과 아세틸렌가스가 생성된다.
$CaC_2 + 2H_2O \rightarrow Ca(OH)_2 + C_2H_2 \uparrow$

60 인화칼슘(Ca_3P_2)이 물과 반응하면 포스핀(PH_3)을 생성한다.
$Ca_3P_2 + 6H_2O \rightarrow 3Ca(OH)_2 + 2PH_3$

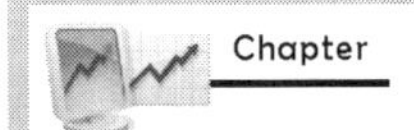
Chapter

2020년 1회 CBT 복원 기출문제

1 고체위험물은 운반용기 내용적의 몇 % 이하의 수납률로 수납하여야 하는가?

① 94% ② 95% ③ 98% ④ 99%

2 제1류 위험물에 관한 설명으로 옳은 것은?

① 질산암모늄은 황색 결정으로 조해성이 있다.
② 과망간산칼륨은 흑자색 결정으로 물에 녹지 않으나 알코올에 녹여 피부병에 사용된다.
③ 질산나트륨은 무색 결정으로 조해성이 있으며 일명 칠레 초석으로 불린다.
④ 염소산칼륨은 청색 분말로 유독하며 냉수, 알코올에 잘 녹는다.

3 어떤 공장에서 아세톤과 메탄올을 18L 용기에 각각 10개, 등유를 200L 드럼으로 3드럼을 저장하고 있다면 각각의 지정수량 배수의 총합은 얼마인가?

① 1.3 ② 1.5 ③ 2.3 ④ 2.5

4 지정수량 이상의 위험물을 차량으로 운반할 때 게시판의 색상에 대한 설명으로 옳은 것은?

① 흑색바탕에 청색의 도료로 "위험물"이라고 게시한다.
② 흑색바탕에 황색의 반사도료로 "위험물"이라고 게시한다.
③ 적색바탕에 흰색의 반사도료로 "위험물"이라고 게시한다.
④ 적색바탕에 흑색의 도료로 "위험물"이라고 게시한다.

5 위험물을 저장 또는 취급하는 탱크의 용량은?

① 탱크의 내용적에서 공간용적을 뺀 용적으로 한다.
② 탱크의 공간용적에서 내용적을 뺀 용적으로 한다.
③ 탱크의 공간용적에서 내용적을 더한 용적으로 한다.
④ 탱크의 볼록하거나 오목한 부분을 뺀 용적으로 한다.

6 동식물유류에 대한 설명으로 틀린 것은?

① 요오드화 값이 클수록 자연발화의 위험성이 크다.
② 아마인유는 불건성유이므로 자연발화의 위험성이 낮다.
③ 동식물유류는 제4류 위험물에 속한다.
④ 요오드값이 130 이상인 것이 건성유이므로 저장할 때 주의한다.

7 황린과 적린의 공통점으로 옳은 것은?

① 독성
② 발화점
③ 연소생성물
④ CS_2에 대한 용해성

8 금속칼륨의 일반적인 성질에 대한 설명으로 틀린 것은?

① 칼로 자를 수 있는 무른 금속이다.
② 에탄올과 반응하여 조연성 기체(산소)가 발생한다.
③ 물과 반응하여 가연성 기체가 발생한다.
④ 물보다 가벼운 은백색의 금속이다.

9 질산나트륨을 저장하고 있는 옥내저장소(내화구조의 격벽으로 완전히 구획된 실이 2 이상 있는 경우에는 동일한 실)에 함께 저장하는 것이 법적으로 허용되는 것은?(단, 위험물을 유별로 정리하여 서로 1m 이상의 간격을 두는 경우이다.)

① 적린
② 인화성 고체
③ 동식물유류
④ 과염소산

10 다음 표의 빈칸 ㈎, ㈏에 알맞은 품명은?

품명	지정수량
㈎	100kg
㈏	1,000kg

① ㈎ : 철분, ㈏ : 인화성 고체
② ㈎ : 적린, ㈏ : 인화성 고체
③ ㈎ : 철분, ㈏ : 마그네슘
④ ㈎ : 적린, ㈏ : 마그네슘

11 다음 중 제2석유류에 해당되는 것은?

① (benzene ring) ② (cyclohexane ring)

③ C_2H_5 (ethylbenzene) ④ CHO (benzaldehyde)

12 할로겐화물소화약제의 구비조건으로 틀린 것은?

① 전기절연성이 우수할 것 ② 공기보다 가벼울 것
③ 증발 잔유물이 없을 것 ④ 인화성이 없을 것

13 고정식 포소화설비의 포방출구 형태 중 고정지붕구조의 위험물탱크에 적합하지 않은 것은?

① 특형 ② Ⅱ형 ③ Ⅲ형 ④ Ⅳ형

14 프로판 $2m^3$가 완전연소할 때 필요한 이론공기량은 약 몇 m^3인가?(단, 공기 중 산소농도는 21vol%이다.)

① 23.81 ② 35.72 ③ 47.62 ④ 71.43

15 물통 또는 수조를 이용한 소화가 공통적으로 적응성이 있는 위험물은 제 몇 류 위험물인가?

① 제2류 위험물 ② 제3류 위험물
③ 제4류 위험물 ④ 제5류 위험물

16 제1종 분말소화약제가 1차 열분해되어 표준상태를 기준으로 $10m^3$의 탄산가스가 생성되었다. 몇 kg의 탄산수소나트륨이 사용되었는가?(단, 나트륨의 원자량은 23이다.)

① 18.75 ② 37 ③ 56.25 ④ 75

17 대한민국에서 C급 화재에 속하는 것은?

① 일반화재 ② 유류화재
③ 전기화재 ④ 금속화재

18 화학소방자동차가 갖추어야 하는 소화능력 기준으로 틀린 것은?

① 포수용액 방사능력 : 2,000L/min 이상
② 분말 방사능력 : 35kg/s 이상
③ 이산화탄소 방사능력 : 40kg/s 이상
④ 할로겐화합물 방사능력 : 50kg/s 이상

19 분진폭발을 설명한 것으로 옳은 것은?

① 나트륨이나 칼륨 등이 수분을 흡수하면서 폭발하는 현상이다.
② 고체의 미립자가 공기 중에서 착화에너지를 얻어 폭발하는 현상이다.
③ 화약류가 산화열의 축적에 의해 폭발하는 현상이다.
④ 고압의 가연성 가스가 폭발하는 현상이다.

20 다음 중 소화약제의 성분으로 사용하지 않는 것은?

① 제1인산암모늄　② 탄산수소나트륨
③ 황산알루미늄　④ 인화알루미늄

21 건축물의 외벽이 내화구조로 된 제조소는 연면적 몇 m^2를 1소요단위로 하는가?

① 50　② 75　③ 100　④ 150

22 이산화탄소를 이용한 질식소화에 있어서 아세톤의 한계산소농도(vol%)에 가장 가까운 것은?

① 15　② 18　③ 21　④ 25

23 올바른 소화기 사용법으로 가장 거리가 먼 것은?

① 적응화재에 사용할 것
② 바람을 등지고 사용할 것
③ 방출거리보다 먼 거리에서 사용할 것
④ 양옆으로 비로 쓸 듯이 골고루 사용할 것

24 과산화나트륨의 화재 시 소화방법으로 다음 중 가장 적당한 것은?

① 포소화약제　② 물
③ 마른 모래　④ 탄산가스

25 분말소화약제 중 제1인산암모늄의 특징이 아닌 것은?

① 백색으로 착색되어 있다.
② 전기화재에 사용할 수 있다.
③ 유류화재에 사용할 수 있다.
④ 목재화재에 사용할 수 있다.

26 제6류 위험물의 소화방법으로 틀린 것은?

① 마른 모래로 소화한다.
② 환원성 물질을 사용하여 중화소화한다.
③ 연소의 상황에 따라 분무주수도 효과가 있다.
④ 과산화수소 화재 시 다량의 물을 사용하여 희석소화할 수 있다.

27 공기포 발포배율을 측정하기 위해 중량 340g, 용량 1,800mL의 포 수집 용기에 가득히 포를 채취하여 측정한 용기의 무게가 540g이었다면 발포배율은?(단, 포 수용액의 비중은 1로 가정한다.)

① 3배　② 5배　③ 7배　④ 9배

28 연소 이론에 관한 용어의 정의 중 틀린 것은?

① 발화점은 가연물을 가열할 때 점화원 없이 발화하는 최저의 온도이다.
② 연소점은 5초 이상 연소상태를 유지할 수 있는 최저의 온도이다.
③ 인화점은 가연성 증기를 형성하여 점화원이 가해졌을 때 가연성 증기가 연소범위 하한에 도달하는 최저의 온도이다.
④ 착화점은 가연물을 가열할 때 점화원 없이 발화하는 최고의 온도이다.

29 다음은 제4류 위험물에 해당하는 물품의 소화방법을 설명한 것이다. 소화효과가 가장 떨어지는 것은?

① 산화프로필렌 : 알코올형 포로 질식소화한다.
② 아세트알데히드 : 수성막포를 이용하여 질식소화한다.
③ 이황화탄소 : 탱크 또는 용기 내부에서 연소하고 있는 경우에는 물을 유입하여 질식소화한다.
④ 디에틸에테르 : 이산화탄소소화설비를 이용하여 질식소화한다.

30 물을 소화약제로 사용했을 때의 장점이 아닌 것은?

① 구하기가 쉽다.
② 취급이 간편하다.
③ 기화잠열이 크다.
④ 피연소물질에 대한 피해가 없다.

31 이동식 포소화설비를 옥외에 설치하였을 때 방사량은 몇 L/min 이상으로 30분간 방사할 수 있는 양이어야 하는가?

① 100 ② 200 ③ 300 ④ 400

32 위험물안전관리법령상 전기설비에 적응성이 없는 소화설비는?

① 포소화설비 ② 이산화탄소소화설비
③ 할로겐화물소화설비 ④ 물분무소화설비

33 자연발화방지법에 대한 설명 중 틀린 것은?

① 습도가 낮은 것을 피할 것
② 저장실의 온도가 낮을 것
③ 퇴적 및 수납할 때 열이 축적되지 않을 것
④ 통풍이 잘 될 것

34 복합용도 건축물의 옥내저장소 기준에서 옥내저장소의 용도로 사용되는 부분의 바닥면적은 몇 m^2 이하로 하여야 하는가?

① 30 ② 50 ③ 75 ④ 100

35 물의 특성 및 소화효과에 관한 설명으로 틀린 것은?

① 이산화탄소보다 기화잠열이 크다.
② 극성 분자이다.
③ 이산화탄소보다 비열이 작다.
④ 주된 소화효과가 냉각소화이다.

36 묽은 질산이 칼슘과 반응하면 발생하는 기체는?

① 산소
② 질소
③ 수소
④ 수산화칼슘

37 전역방출방식의 분말소화설비에 있어 분사헤드는 저장용기에 저장된 분말소화약제량을 몇 초 이내에 균일하게 방사하여야 하는가?

① 15
② 30
③ 45
④ 60

38 위험물안전관리법령상 위험물 품명이 나머지 셋과 다른 것은?

① 메틸알코올
② 에틸알코올
③ 이소프로필알코올
④ 부틸알코올

39 제1석유류를 저장하는 옥외탱크저장소에 특형 포방출구를 설치하는 경우에 방출률은 액 표면적 $1m^2$당 1분에 몇 L 이상이어야 하는가?

① 9.5L
② 8.0L
③ 6.5L
④ 3.7L

40 위험물저장소 건축물의 외벽이 내화구조인 것의 1소요단위 연면적은 얼마인가?

① $50m^2$
② $75m^2$
③ $100m^2$
④ $150m^2$

41 다음 중 제1석유류에 해당하는 것은?

① 휘발유
② 등유
③ 에틸알코올
④ 아닐린

42 다음 중 착화온도가 가장 낮은 것은?

① 황린
② 황
③ 삼황화인
④ 오황화인

43 아세톤과 아세트알데히드의 공통 성질에 대한 설명이 아닌 것은?

① 무취이며 휘발성이 강하다.
② 무색의 액체로 인화성이 강하다.
③ 증기는 공기보다 무겁다.
④ 물보다 가볍다.

44 과산화수소의 성질 및 취급방법에 관한 설명 중 틀린 것은?

① 햇빛에 의하여 분해된다.
② 인산, 요산 등의 분해방지 안정제를 넣는다.
③ 저장용기는 공기가 통하지 않게 마개로 꼭 막아둔다.
④ 에탄올에 녹는다.

45 다음 ( ) 안에 알맞은 수치는?(단, 인화점이 200℃ 이상인 위험물은 제외한다.)

옥외저장탱크의 지름이 15m 미만인 경우에 방유제는 탱크의 옆판으로부터 탱크 높이의 ( ) 이상 이격하여야 한다.

① $\frac{1}{3}$ ② $\frac{1}{2}$ ③ $\frac{1}{4}$ ④ $\frac{2}{3}$

46 다음과 같이 위험물을 저장할 경우 각각의 지정수량 배수의 총합은 얼마인가?

• 클로로벤젠 : 1,000L • 동식물유류 : 5,000L • 제4석유류 : 12,000L

① 2.5 ② 3.0 ③ 3.5 ④ 4.0

47 과산화나트륨의 저장 및 취급방법에 대한 설명 중 틀린 것은?

① 물과 습기의 접촉을 피한다.
② 용기는 수분이 들어가지 않게 밀전 및 밀봉 저장한다.
③ 가열 및 충격·마찰을 피하고 유기물질의 혼입을 막는다.
④ 직사광선을 받는 곳이나 습한 곳에 저장한다.

48 금속칼륨의 성질에 대한 설명으로 옳은 것은?

① 화학적 합성이 강한 금속이다.
② 산화되기 어려운 금속이다.
③ 금속 중에서 가장 단단한 금속이다.
④ 금속 중에서 가장 무거운 금속이다.

49 다음 위험물 중 혼재가 가능한 위험물은?

① 과염소산칼륨 - 황린
② 질산메틸 - 경유
③ 마그네슘 - 알킬알루미늄
④ 탄화칼슘 - 니트로글리세린

50 지정수량에 따른 제4류 위험물의 옥외탱크저장소 주위의 보유공지 너비 기준으로 틀린 것은 어느 것인가?

① 지정수량의 500배 이하 - 3m 이상
② 지정수량의 500배 초과 1,000배 이하 - 5m 이상
③ 지정수량의 1,000배 초과 2,000배 이하 - 9m 이상
④ 지정수량의 2,000배 초과 3,000배 이하 - 15m 이상

51 다음 화학 구조식 중 니트로벤젠의 구조식은?

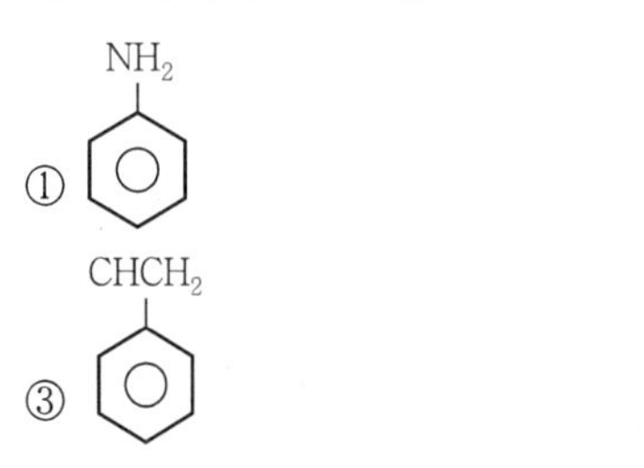

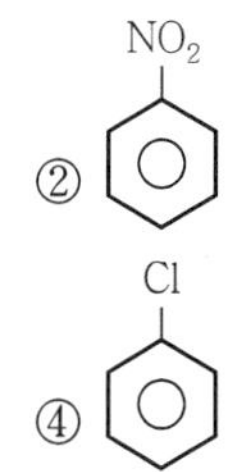

52 다음 위험물 중 인화점이 가장 낮은 것은?

① 이황화탄소
② 에테르
③ 벤젠
④ 아세톤

53 알킬알루미늄을 저장하는 이동탱크저장소에 적용하는 기준으로 틀린 것은?

① 탱크는 두께 10mm 이상의 강판 또는 이와 동등 이상의 기계적 성질이 있는 재료로 기밀하게 제작한다.
② 탱크의 저장용량은 1,900L 미만이어야 한다.
③ 탱크의 배관 및 밸브 등은 탱크의 아랫부분에 설치하여야 한다.
④ 안전장치는 이동저장탱크 수압시험 압력의 3분의 2를 초과하고 5분의 4를 넘지 아니하는 범위의 압력으로 작동하여야 한다.

54 트리니트로톨루엔에 관한 설명 중 틀린 것은?

① TNT라고 한다.
② 피크린산에 비해 충격, 마찰에 둔감하다.
③ 물에 녹아 발열·발화한다.
④ 폭발 시 다량의 가스가 발생한다.

55 다음 중 물과 접촉시켰을 때 위험성이 가장 큰 것은?

① 황
② 중크롬산칼륨
③ 질산암모늄
④ 알킬알루미늄

56 지정수량 이상의 위험물을 차량으로 운반하는 경우 당해 차량에 표지를 설치하여야 한다. 다음 중 직사각형 표지 규격으로 옳은 것은?

① 장변 길이 : 0.6m 이상, 단변 길이 : 0.3m 이상
② 장변 길이 : 0.4m 이상, 단변 길이 : 0.3m 이상
③ 가로, 세로 모두 0.3m 이상
④ 가로, 세로 모두 0.4m 이상

57 다음은 위험물의 성질에 대한 설명이다. 각 위험물에 대해 옳은 설명으로만 나열된 것은?

A : 건조공기와 상온에서 반응한다.
B : 물과 작용하면 가연성 가스가 발생한다.
C : 물과 작용하면 수산화칼슘을 만든다.
D : 비중이 1 이상이다.

① K : A, B, D
② Ca_3P_2 : B, C, D
③ Na : A, C, D
④ CaC_2 : A, B, D

58 탄화칼슘에서 아세틸렌가스가 발생하는 반응식으로 옳은 것은?

① $CaC_2 + 2H_2O \rightarrow Ca(OH)_2 + C_2H_2$

② $CaC_2 + H_2O \rightarrow CaO + C_2H_2$

③ $2CaC_2 + 6H_2O \rightarrow 2Ca(OH)_3 + 2C_2H_3$

④ $CaC_2 + 3H_2O \rightarrow CaCO_3 + 2CH_3$

59 아염소산나트륨의 성상에 관한 설명 중 잘못된 것은?

① 자신은 불연성이다.
② 불안정하여 180℃ 이상 가열하면 산소를 방출한다.
③ 수용액 상태에서도 강력한 환원력을 가지고 있다.
④ 티오황산나트륨, 디에틸에테르 등과 혼합하면 폭발한다.

60 과산화수소의 운반용기 외부에 표시해야 하는 주의사항은?

① 물기엄금　② 화기엄금
③ 가연물 접촉주의　④ 충격주의

정답 및 해설

1. ②	2. ③	3. ②	4. ②	5. ①	6. ②	7. ③	8. ②	9. ④	10. ②
11. ④	12. ②	13. ①	14. ③	15. ④	16. ④	17. ③	18. ④	19. ②	20. ④
21. ③	22. ①	23. ③	24. ③	25. ①	26. ②	27. ④	28. ④	29. ②	30. ④
31. ④	32. ①	33. ①	34. ③	35. ③	36. ③	37. ②	38. ④	39. ②	40. ④
41. ①	42. ①	43. ①	44. ③	45. ①	46. ③	47. ④	48. ①	49. ②	50. ④
51. ②	52. ②	53. ③	54. ③	55. ④	56. ①	57. ②	58. ①	59. ③	60. ③

1 고체위험물은 운반용기 내용적의 95% 이하의 수납률로 수납하여야 한다.

2 ① 질산암모늄은 무색무취의 백색 고체이다.
② 과망간산칼륨은 물에 녹아 진한 보라색이 되며 강한 산화력과 살균력이 있다.
③ 염소산칼륨은 무색무취 단사정계 판상결정 또는 불연성 분말로서 냉수, 알코올에는 잘 녹지 않는다.

3 $\dfrac{\text{저장수량}}{\text{지정수량}}\text{의 합} = \dfrac{18\times10}{400}+\dfrac{18\times10}{400}+\dfrac{200\times3}{1{,}000}=1.5$

4 게시판의 색상은 흑색바탕에 황색의 반사도료로 "위험물"이라고 게시한다.

5 위험물을 저장 또는 취급하는 탱크의 용량은 탱크의 내용적에서 공간용적을 뺀 용적으로 한다.

6 아마인유는 건성유이므로 자연발화의 위험성이 높다.

7 황린과 적린은 동소체로서 연소생성물이 같다.

8 화학적 활성이 크며 알코올과 반응하여 칼륨알코올레이트와 수소가 발생한다.
$2K+2C_2H_5OH \rightarrow 2C_2H_5OK+H_2\uparrow$

9 유별을 달리하는 위험물은 동일한 저장소(내화구조의 격벽으로 완전히 구획된 실이 2 이상 있는 저장소에 있어서는 동일한 실. 이하에서 같다)에 저장하지 아니하여야 한다. 다만, 옥내저장소 또는 옥외저장소에 있어서 다음의 규정에 의한 위험물을 저장하는 경우로서 위험물을 유별로 정리하여 저장하는 한편, 서로 1m 이상의 간격을 두는 경우에는 그러하지 아니하다.(중요 기준)
- 제1류 위험물(알칼리금속의 과산화물 또는 이를 함유한 것을 제외한다)과 제5류 위험물을 저장하는 경우
- 제1류 위험물과 제6류 위험물을 저장하는 경우
- 제1류 위험물과 제3류 위험물 중 자연발화성 물질(황린 또는 이를 함유한 것에 한한다)을 저장하는 경우
- 제2류 위험물 중 인화성 고체와 제4류 위험물을 저장하는 경우
- 제3류 위험물 중 알킬알루미늄 등과 제4류 위험물(알킬알루미늄 또는 알킬리튬을 함유한 것에 한한다)을 저장하는 경우
- 제4류 위험물 중 유기과산화물 또는 이를 함유한 것과 제5류 위험물 중 유기과산화물 또는 이를 함유한 것을 저장하는 경우

10

유별	성질	품명	지정수량
제2류	가연성 고체	1. 황화인	100kg
		2. 적린	100kg
		3. 유황	100kg
		4. 철분	500kg
		5. 금속분	500kg
		6. 마그네슘	500kg
		7. 그 밖에 행정안전부령이 정하는 것 8. 제1호 내지 제7호의 1에 해당하는 어느 하나 이상을 함유한 것	100kg 또는 500kg
		9. 인화성 고체	1,000kg

11 C_6H_5CHO는 벤즈알데히드라는 물질로 제2석유류에 속한다.

12 할로겐화물소화약제가 갖춰야 할 성질

- 끓는점이 낮을 것
- 증기(기화)가 되기 쉬울 것
- 전기화재에 적응성이 있을 것
- 공기보다 무겁고 불연성일 것
- 증발 잔유물이 없을 것

13 특형

부상지붕구조의 탱크에 상부포주입법을 이용하는 것으로서 부상지붕의 부상부분상에 높이 0.9m 이상의 금속제 칸막이(방출된 포의 유출을 막을 수 있고 충분한 배수능력을 갖는 배수구를 설치한 것에 한한다)를 탱크 옆판의 내측으로부터 1.2m 이상 이격하여 설치하고 탱크 옆판과 칸막이에 의하여 형성된 환상부분에 포를 주입하는 것이 가능한 구조의 반사판을 갖는 포방출구

14 $C_3H_8 + 5O_2 \rightarrow 3CO_2 + 4H_2O$

$2m^3 : x(m^3)$

$22.4m^3 : 5 \times 22.4m^3$

$\therefore x = 10m^3$

$$A_o(\text{이론공기량}) = \frac{O_o(\text{이론산소량})}{0.21} = \frac{10}{0.21} = 47.62m^3$$

15 제5류 위험물의 소화방법은 다량의 주수소화가 가장 효과적이다.

16 $2NaHCO_3 \rightarrow Na_2CO_3 + CO_2 + H_2O$

$x(kg) : 10m^3$

$2 \times 84kg : 22.4m^3$

$\therefore x = 75kg$

17

- A급화재 : 일반화재
- B급화재 : 유류화재
- C급화재 : 전기화재
- D급화재 : 금속화재

18

화학소방자동차의 구분	소화능력 및 설비의 기준
포수용액방사차	포수용액의 방사능력이 매분 2,000L 이상일 것
	소화약액탱크 및 소화약액혼합장치를 비치할 것
	10만L 이상의 포수용액을 방사할 수 있는 양의 소화약제를 비치할 것
분말방사차	분말의 방사능력이 매초 35kg 이상일 것
	분말탱크 및 가압용 가스설비를 비치할 것
	1,400kg 이상의 분말을 비치할 것
할로겐화합물방사차	할로겐화합물의 방사능력이 매초 40kg 이상일 것
	할로겐화합물탱크 및 가압용 가스설비를 비치할 것
	1,000kg 이상의 할로겐화합물을 비치할 것
이산화탄소방사차	이산화탄소의 방사능력이 매초 40kg 이상일 것
	이산화탄소저장용기를 비치할 것
	3,000kg 이상의 이산화탄소를 비치할 것
제독차	가성소다 및 규조토를 각각 50kg 이상 비치할 것

19 분진폭발이란 고체의 미립자가 공기 중에서 착화에너지를 얻어 폭발하는 현상이다.

20 인화알루미늄은 가연성 물질이므로 소화약제가 될 수 없다.

21 제조소 또는 취급소용 건축물로서 외벽이 내화구조로 된 것에 있어서는 연면적 $100m^2$를, 외벽이 내화구조가 아닌 것에 있어서는 연면적 $50m^2$를 각각 1소요단위로 할 것

22 질식소화는 공기 중의 산소 농도를 15%(부피비) 이하로 떨어뜨리는 것이 좋다.

23 소화기 사용상 주의사항
- 적응화재에만 사용할 것
- 성능에 따라 화재면에 근접하여 사용할 것
- 소화 작업을 진행할 때는 바람을 등지고 풍상에서 풍하의 방향으로 소화 작업을 진행할 것
- 소화 작업은 양옆으로 비로 쓸 듯이 골고루 방사할 것
- 소화기는 화재 초기만 효과가 있고 화재가 확대된 후에는 효과가 없기 때문에 주의하고 대형소화설비의 대용은 될 수 없다. 또한 만능 소화기는 없다고 보는 것이 타당하다.

24 건조사는 만능 소화제이다.

25 분말소화약제 중 제1인산암모늄은 담홍색으로 착색되어 있다.

26 제6류 위험물의 취급방법
- 화기엄금, 직사광선 차단, 강환원제, 유기물질, 가연성 위험물과 접촉을 피한다.
- 물이나 염기성 물질, 제1류 위험물과의 접촉을 피한다.
- 용기를 내산성으로 하며 밀전, 파손방지, 전도방지, 변형방지에 주의하고 물, 습기에 주의해야 한다.

27 발포배율 $= \dfrac{\text{거품의 체적}}{\text{포원액의 양}} = \dfrac{1,800\text{mL}}{200\text{g}} = 9$배

포원액의 양 $= 540\text{g} - 340\text{g} = 200\text{g}$

28 발화점이란 가연성 물질이 점화원 없이 축적된 열만으로 연소를 일으키는 최저온도를 말한다.

29 아세트알데히드가 수용성 물질이므로 수성막포를 잘 터뜨리는 역할을 하기 때문에 소화효과가 낮다.

30 물은 강한 압력으로 피연소 물질에 닿게 되므로 피해가 크다.

31 이동식 포소화설비를 옥외에 설치하였을 때 방사량은 400L/min 이상으로 30분간 방사할 수 있는 양이어야 한다.

32 위험물안전관리법령상 전기설비에 적응성이 없는 소화설비는 포소화설비이다.

33 습도를 낮게 하면 자연발화가 잘 일어나지 않는다.

34 복합용도 건축물의 옥내저장소 기준

옥내저장소 중 지정수량 20배 이하의 것(옥내저장소 외의 용도로 사용하는 부분이 있는 건축물에 설치하는 것에 한한다)의 위치 · 구조 및 설비의 기술기준은 규정에 의하는 외에 다음의 기준에 의하여야 한다.

- 옥내저장소는 벽 · 기둥 · 바닥 및 보가 내화구조인 건축물의 1층 또는 2층의 어느 하나의 층에 설치하여야 한다.
- 옥내저장소의 용도로 사용되는 부분의 바닥은 지면보다 높게 설치하고 그 층고를 6m 미만으로 하여야 한다.
- 옥내저장소의 용도로 사용되는 부분의 바닥면적은 75m^2 이하로 하여야 한다.
- 옥내저장소의 용도로 사용되는 부분은 벽 · 기둥 · 바닥 · 보 및 지붕(상층이 있는 경우에는 상층의 바닥)을 내화구조로 하고, 출입구 외의 개구부가 없는 두께 70mm 이상의 철근콘크리트조 또는 이와 동등 이상의 강도가 있는 구조의 바닥 또는 벽으로 당해 건축물의 다른 부분과 구획되도록 하여야 한다.

35 물의 비열이 이산화탄소보다 크다.

36 묽은 질산이 칼슘과 반응하면

$2HNO_3 + Ca \rightarrow Ca(NO_3)_2 + H_2$

37 전역방출방식의 분말소화설비에 있어 분사헤드는 저장용기에 저장된 분말소화약제량을 30초 이내에 균일하게 방사하여야 한다.

38 "알코올류"라 함은 1분자를 구성하는 탄소원자의 수가 1개부터 3개까지인 포화 1가 알코올(변성알코올을 포함한다)을 말한다.

39

포방출구의 종류 \ 위험물의 구분		제4류 위험물 중 인화점이 21℃ 미만인 것	제4류 위험물 중 인화점이 21℃ 이상 70℃ 미만인 것	제4류 위험물 중 인화점이 70℃ 이상인 것
Ⅰ형	포수용액량 (L/m^2)	120	80	60
	방출률 (L/m^2 · min)	4	4	4
Ⅱ형	포수용액량 (L/m^2)	220	120	100
	방출률 (L/m^2 · min)	4	4	4
특형	포수용액량 (L/m^2)	240	160	120
	방출률 (L/m^2 · min)	8	8	8
Ⅲ형	포수용액량 (L/m^2)	220	120	100
	방출률 (L/m^2 · min)	4	4	4
Ⅳ형	포수용액량 (L/m^2)	220	120	100
	방출률 (L/m^2 · min)	4	4	4

40
- 저장소 외벽이 내화구조일 때 1소요단위 : 150m^2
- 저장소 외벽이 내화구조가 아닐 때 1소요단위 : 75m^2

41 제1석유류
아세톤, 가솔린, 벤젠, 톨루엔 등이다.

42

위험물명	착화온도(발화점)
황린	34℃
황	360℃
삼황화인	100℃
오황화인	142℃

43 아세톤(=디메틸케톤) : $[(CH_3)_2CO]$ (지정수량 400L)
- 인화점 : −18℃, 발화점 : 538℃, 비중 : 0.8, 연소범위 : 2.5~12.8%
- 무색의 휘발성 액체로 독특한 냄새가 있다.
- 수용성이며 유기용제(알코올, 에테르)와 잘 혼합된다.
- 아세틸렌을 저장할 때 용제로 사용된다.
- 피부에 닿으면 탈지작용을 한다.
- 요오드포름반응을 한다.
- 일광에 의해 분해되어 과산화물을 생성한다.

44 햇빛 차단, 화기엄금, 충격금지, 환기 잘 되는 냉암소에 저장, 온도 상승 방지, 과산화수소의 저장용기 마개는 구멍 뚫린 마개 사용(이유 : 용기의 내압 상승을 방지하기 위하여)

45 옥외저장탱크의 지름이 15m 미만인 경우에 방유제는 탱크의 옆판으로부터 탱크 높이의 1/3 이상 이격하여야 한다.

46 지정수량 배수의 총합 $= \dfrac{\text{A품명의 저장수량}}{\text{A품명의 지정수량}} + \dfrac{\text{B품명의 저장수량}}{\text{B품명의 지정수량}} + \dfrac{\text{C품명의 저장수량}}{\text{C품명의 지정수량}} + \cdots$

$$= \frac{1,000}{1,000} + \frac{5,000}{10,000} + \frac{12,000}{6,000} = 3.5$$

47
- 유기물, 가연물, 황 등의 혼입을 막고, 가열, 충격을 피한다.
- 공기 중에서 서서히 CO_2를 흡수하여 탄산염을 만들고 산소를 방출한다.
  $2Na_2O_2 + 2CO_2 \rightarrow 2Na_2CO_3 + O_2\uparrow$
- 상온에서 물과 격렬하게 반응하며 열이 발생하고 산소를 방출시킨다.
  $Na_2O_2 + H_2O \rightarrow 2NaOH + \frac{1}{2}O_2\uparrow$

48 금속칼륨은 1족 원소에 속하므로 화학적 합성이 강한 금속이다.

49
- 423 : 4류+2류, 4류+3류는 혼재가능
- 524 : 5류+2류, 5류+4류는 혼재가능
- 61 : 6류+1류는 혼재가능

∴ 질산메틸(5류)과 경유(4류)이므로 혼재가능하다.

50

저장 또는 취급하는 위험물의 최대수량	공지의 너비
지정수량의 500배 이하	3m 이상
지정수량의 500배 초과 1,000배 이하	5m 이상
지정수량의 1,000배 초과 2,000배 이하	9m 이상
지정수량의 2,000배 초과 3,000배 이하	12m 이상
지정수량의 3,000배 초과 4,000배 이하	15m 이상

51 ① 아닐린　　③ 스틸렌　　④ 염화벤젠

52 ① 이황화탄소 인화점 : −30℃
② 에테르 인화점 : −45℃
③ 벤젠 인화점 : −11℃
④ 아세톤 인화점 : −18℃

53 알킬알루미늄 등을 저장 또는 취급하는 이동탱크저장소
- 이동저장탱크는 두께 10mm 이상의 강판 또는 이와 동등 이상의 기계적 성질이 있는 재료로 기밀하게 제작되고 1MPa 이상의 압력으로 10분간 실시하는 수압시험에서 새거나 변형하지 아니하는 것일 것
- 이동저장탱크의 용량은 1,900L 미만일 것
- 안전장치는 이동저장탱크 수압시험 압력의 3분의 2를 초과하고 5분의 4를 넘지 아니하는 범위의 압력으로 작동할 것
- 이동저장탱크의 맨홀 및 주입구의 뚜껑은 두께 10mm 이상의 강판 또는 이와 동등 이상의 기계적 성질이 있는 재료로 할 것
- 이동저장탱크의 배관 및 밸브 등은 당해 탱크의 윗부분에 설치할 것
- 이동탱크저장소에는 이동저장탱크 하중의 4배의 전단하중에 견딜 수 있는 걸고리체결금속구 및 모서리체결금속구를 설치할 것
- 이동저장탱크는 불활성의 기체를 봉입할 수 있는 구조로 할 것

54 트리니트로톨루엔은 물에 녹지 않는다.

55 트리에틸알루미늄은 물과 접촉하면 폭발적으로 반응하여 에탄(C_2H_6)이 발생한다.
$(C_2H_5)_3Al + 3H_2O \rightarrow Al(OH)_3 + 3C_2H_6$

56 표지판

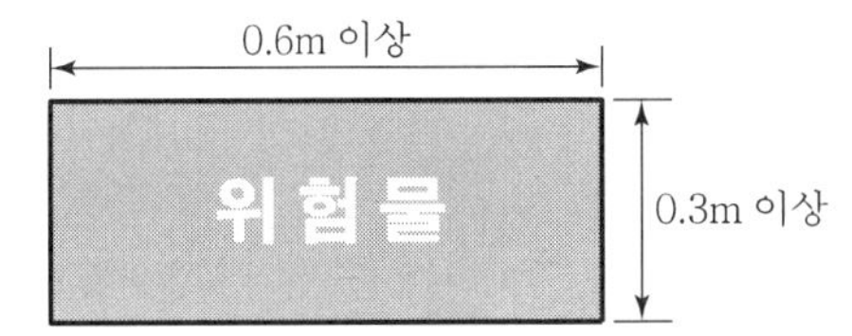

[흑색바탕 황색 반사도료]

57 인화칼슘(Ca_3P_2 =인화석회)
- 분자량 : 182, 융점 : 1,600℃, 비중 : 2.54
- 독성이 강하고 적갈색의 괴상고체이며, 알코올, 에테르에 녹지 않고, 약산과 반응하여 인화수소(PH_3)를 발생시킨다.
  $Ca_3P_2 + 6HCl \rightarrow 3CaCl_2 + 2PH_3$
- 건조한 공기 중에서 안정하나 300℃ 이상에서 산화한다.
- 인화석회(Ca_3P_2) 취급 시 가장 주의해야 할 사항은 습기 및 수분이다.
- 인화칼슘(Ca_3P_2)이 물과 반응하면 포스핀(PH_3 =인화수소)을 생성시킨다.
  $Ca_3P_2 + 6H_2O \rightarrow 3Ca(OH)_2 + 2PH_3$

58 물과 반응하여 수산화칼슘(=소석회)과 아세틸렌가스가 생성된다.

$CaC_2 + 2H_2O \rightarrow Ca(OH)_2 + C_2H_2 \uparrow$

59 아염소산나트륨($NaClO_2$)

- 자신은 불연성이고 무색의 결정성 분말, 조해성, 물에 잘 녹는다.
- 불안정하여 180℃ 이상 가열하면 산소를 방출한다.
- 아염소산나트륨은 강산화제로서 산화력이 매우 크고 단독으로 폭발을 일으킨다.
- 금속분, 유황 등 환원성 물질과 접촉하면 즉시 폭발한다.
- 티오황산나트륨, 디에틸에테르 등과 혼합하면 혼촉발화의 위험이 있다.
- 이산화염소에 수산화나트륨과 환원제를 가하고 다시 수산화칼슘을 작용시켜 만든다.

60 수납하는 위험물에 따른 주의사항

- 제1류 위험물 중 알칼리금속의 과산화물 또는 이를 함유한 것에 있어서는 "화기 · 충격주의", "물기엄금" 및 "가연물 접촉주의", 그 밖의 것에 있어서는 "화기 · 충격주의" 및 "가연물 접촉주의"
- 제2류 위험물 중 철분 · 금속분 · 마그네슘 또는 이들 중 어느 하나 이상을 함유한 것에 있어서는 "화기주의" 및 "물기엄금", 인화성 고체에 있어서는 "화기엄금", 그 밖의 것에 있어서는 "화기주의"
- 제3류 위험물 중 자연발화성 물질에 있어서는 "화기엄금" 및 "공기접촉엄금", 금수성 물질에 있어서는 "물기엄금"
- 제4류 위험물에 있어서는 "화기엄금"
- 제5류 위험물에 있어서는 "화기엄금" 및 "충격주의"
- 제6류 위험물에 있어서는 "가연물 접촉주의"

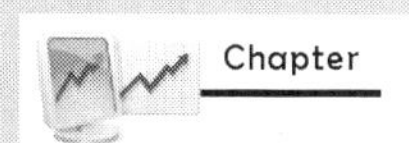
Chapter

2020년 2회 CBT 복원 기출문제

1 위험물 제조소등의 스프링클러설비 기준에 있어 개방형 스프링클러헤드는 스프링클러헤드의 반사판으로부터 하방과 수평방향으로 각각 몇 m의 공간을 보유하여야 하는가?

① 하방 0.3m, 수평방향 0.45m
② 하방 0.3m, 수평방향 0.3m
③ 하방 0.45m, 수평방향 0.45m
④ 하방 0.45m, 수평방향 0.3m

2 제1류 위험물 중 알칼리금속과산화물의 화재에 적응성이 있는 소화약제는?

① 인산염류분말
② 이산화탄소
③ 탄산수소염류분말
④ 할로겐화합물

3 처마의 높이가 6m 이상인 단층건물에 설치된 옥내저장소의 소화설비로 고려될 수 없는 것은 어느 것인가?

① 고정식 포소화설비
② 옥내소화전설비
③ 고정식 이산화탄소소화설비
④ 고정식 할로겐화합물소화설비

4 위험물제조소등에 설치된 옥외소화전설비는 모든 옥외소화전(설치개수가 4개 이상인 경우는 4개의 옥외소화전)을 동시에 사용할 경우에 각 노즐선단의 방수압력은 몇 kPa 이상이어야 하는가?

① 170 ② 350 ③ 420 ④ 540

5 위험물의 화재 시 주수소화하면 가연성 가스의 발생으로 인하여 위험성이 증가하는 것은?

① 황
② 염소산칼륨
③ 인화칼슘
④ 질산암모늄

6 알루미늄분의 연소 시 주수소화하면 위험한 이유를 옳게 설명한 것은?

① 물에 녹아 산이 된다.
② 물과 반응하여 유독가스가 발생한다.
③ 물과 반응하여 수소가스가 발생한다.
④ 물과 반응하여 산소산스가 발생한다.

7 위험물의 취급을 주된 작업내용으로 하는 다음의 장소에 스프링클러설비를 설치할 경우 확보하여야 하는 1분당 방사밀도는 몇 L/m^2 이상이어야 하는가?

• 내화구조의 바닥 및 벽에 의하여 2개의 실로 구획 • 각 실의 바닥면적은 500m^2

① 8.1
② 12.2
③ 13.9
④ 16.3

8 고체가연물의 연소형태에 해당하지 않는 것은?

① 등심연소
② 증발연소
③ 분해연소
④ 표면연소

9 위험물제조소등에 설치하는 자동화재탐지설비의 설치기준으로 틀린 것은?

① 원칙적으로 경계구역은 건축물의 2 이상의 층에 걸치지 아니하도록 한다.
② 원칙적으로 상층이 있는 경우에는 감지기 설치를 하지 않을 수 있다.
③ 원칙적으로 하나의 경계구역의 면적은 600m^2 이하로 하고 그 한 변의 길이는 50m 이하로 한다.
④ 비상전원을 설치하여야 한다.

10 A약제인 $NaHCO_3$와 B약제인 $Al_2(SO_4)_3$로 되어있는 소화기는?

① 산·알칼리소화기
② 드라이케미컬소화기
③ 탄산가스소화기
④ 화학포소화기

11 디에틸에테르의 성질 및 저장, 취급할 때 주의사항으로 틀린 것은?

① 장시간 공기와 접촉하면 과산화물이 생성되어 폭발위험이 있다.
② 연소범위는 가솔린보다 좁지만 발화점이 낮아 위험하다.
③ 정전기 생성 방지를 위해 약간의 $CaCl_2$를 넣어준다.
④ 이산화탄소소화기는 적응성이 있다.

12 황린을 밀폐용기 속에서 260℃로 가열하여 얻은 물질을 연소시킬 때 주로 생성되는 물질은 어느 것인가?

① P_2O_5
② CO_2
③ PO_2
④ CuO

13 CS_2를 물속에 저장하는 주된 이유는 무엇인가?

① 불순물을 용해시키기 위하여
② 가연성 증기의 발생을 억제하기 위하여
③ 상온에서 수소가스를 방출하기 때문에
④ 공기와 접촉하면 즉시 폭발하기 때문에

14 위험물안전관리법령에 의한 위험물 분류상 제1류 위험물에 속하지 않는 것은?

① 아염소산염류
② 질산염류
③ 유기과산화물
④ 무기과산화물

15 적린의 위험성에 대한 설명으로 옳은 것은?

① 발화 방지를 위해 염소산칼륨과 함께 보관한다.
② 물과 격렬하게 반응하여 열이 발생한다.
③ 공기 중에 방치하면 자연발화한다.
④ 산화제와 혼합할 경우 마찰, 충격에 의해서 발화한다.

16 질산에틸의 성상에 관한 설명 중 틀린 것은?

① 향기를 갖는 무색의 액체이다.
② 휘발성 물질로 증기비중은 공기보다 작다.
③ 물에는 녹지 않으나 에테르에는 녹는다.
④ 비점 이상으로 가열하면 폭발의 위험이 있다.

17 위험물안전관리법령상 위험물의 운반용기 외부에 표시해야 하는 사항이 아닌 것은?(단, 기계에 하역하는 구조로 된 운반용기는 제외한다.)

① 위험물의 품명
② 위험물의 수량
③ 위험물의 화학명
④ 위험물의 제조연월일

18 알킬알루미늄에 대한 설명 중 틀린 것은?

① 물과 폭발적 반응을 일으켜 발화하므로 비산하는 위험이 있다.
② 이동저장탱크는 외면을 적색으로 도장하고, 용량은 1,900L 미만으로 저장한다.
③ 화재 시 발생하는 흰 연기는 인체에 유해하다.
④ 탄소수가 4개까지는 안전하나 5개 이상으로 증가할수록 자연발화의 위험성이 증가한다.

19 옥외탱크저장소에서 취급하는 위험물의 최대수량에 따른 보유공지너비가 틀린 것은?(단, 원칙적인 경우에 한한다.)

① 지정수량 500배 이하 - 3m 이상
② 지정수량 500배 초과 1,000배 이하 - 5m 이상
③ 지정수량 1,000배 초과 2,000배 이하 - 9m 이상
④ 지정수량 2,000배 초과 3,000배 이하 - 15m 이상

20 1기압에서 인화점이 21℃ 이상 70℃ 미만인 품명에 해당하는 물품은?

① 벤젠
② 경유
③ 니트로벤젠
④ 실린더유

21 다음 [보기]에서는 설명하는 위험물은?

[보기] • 순수한 것은 무색, 투명한 액체이다. • 물에 녹지 않고 벤젠에는 녹는다. • 물보다 무겁고 독성이 있다.

① 아세트알데히드
② 디에틸에테르
③ 아세톤
④ 이황화탄소

22 다음의 인화성 액체 위험물 중 비중이 가장 큰 것은?

① 경유 ② 아세톤
③ 이황화탄소 ④ 중유

23 연소반응이 용이하게 일어나기 위한 조건으로 틀린 것은?

① 가연물이 산소와 친화력이 클 것
② 가연물의 열전도율이 클 것
③ 가연물의 표면적이 클 것
④ 가연물의 활성화에너지가 작을 것

24 소화약제로서 물이 갖는 특성에 대한 설명으로 가장 거리가 먼 것은?

① 유화효과(Emulsifying Effect)도 기대할 수 있다.
② 증발잠열이 커서 기화 시 다량의 열을 제거한다.
③ 기화팽창률이 커서 질식효과가 있다.
④ 용융잠열이 커서 주수 시 냉각효과가 뛰어나다.

25 위험물안전관리법령상 소화설비의 적응성에서 이산화탄소소화기가 적응성이 있는 것은 어느 것인가?

① 제1류 위험물 ② 제3류 위험물
③ 제4류 위험물 ④ 제5류 위험물

26 폐쇄형 스프링클러헤드의 설치기준에서 급배기용 덕트 등의 긴 변의 길이가 몇 m 초과할 때 당해 덕트 등의 아랫면에도 스프링클러헤드를 설치해야 하는가?

① 0.8 ② 1.0 ③ 1.2 ④ 1.5

27 분말소화약제인 탄산수소나트륨 10kg이 1기압, 270℃에서 방사되었을 때 발생하는 이산화탄소의 양은 약 몇 m^3인가?

① 2.65 ② 3.65 ③ 18.22 ④ 36.44

28 물과 반응하였을 때 발생하는 가스의 종류가 나머지 셋과 다른 하나는?

① 알루미늄분 ② 칼슘
③ 탄화칼슘 ④ 수소화칼슘

29 제3종 분말소화약제의 제조 시 사용되는 실리콘오일의 용도는?

① 경화제
② 발수제
③ 탈색제
④ 착색제

30 옥외소화전의 개폐밸브 및 호스접속구는 지반면으로부터 몇 m 이하의 높이에 설치해야 하는가?

① 1.5
② 2.5
③ 3.5
④ 4.5

31 분말소화약제인 제1인산암모늄을 사용하였을 때 열분해하여 부착성의 막을 만들어 공기를 차단시키는 것은?

① HPO_3
② PH_3
③ NH_3
④ P_2O_3

32 화재발생 시 위험물에 대한 소화방법으로 옳지 않은 것은?

① 트리에틸알루미늄 : 소규모 화재 시 팽창질석을 사용한다.
② 과산화나트륨 : 할로겐화합물소화기로 질식소화한다.
③ 인화성 고체 : 이산화탄소소화기로 질식소화한다.
④ 휘발유 : 탄산수소염류 분말소화기를 사용하여 소화한다.

33 주된 소화효과가 산소공급원의 차단에 의한 소화가 아닌 것은?

① 포소화기
② 건조사
③ CO_2소화기
④ Halon 1211소화기

34 소화설비의 설치기준에 있어서 위험물저장소의 건축물로서 외벽이 내화구조로 된 것은 연면적 몇 m^2를 1소요단위로 하는가?

① 50
② 75
③ 100
④ 150

35 일반적으로 다량 주수를 통한 소화가 가장 효과적인 화재는?

① A급 화재
② B급 화재
③ C급 화재
④ D급 화재

36 연소의 형태가 나머지 셋과 다른 하나는?

① 목탄 ② 메탄올
③ 파라핀 ④ 유황

37 제4류 위험물에 대한 적응성이 있는 소화설비 또는 소화기는?

① 옥내소화전설비 ② 옥외소화전설비
③ 봉상강화액소화기 ④ 무상강화액소화기

38 이산화탄소소화기의 장단점에 대한 설명으로 틀린 것은?

① 밀폐된 공간에서 사용 시 질식으로 인명피해가 발생할 수 있다.
② 전도성이어서 전류가 통하는 장소에서의 사용은 위험하다.
③ 자체의 압력으로 방출할 수가 있다.
④ 소화 후 소화약제에 의한 오손이 없다.

39 피리딘 20,000L에 대한 소화설비의 소요단위는?

① 5단위 ② 10단위
③ 15단위 ④ 100단위

40 소화약제로 사용하지 않는 것은?

① 이산화탄소 ② 제1인산암모늄
③ 탄산수소나트륨 ④ 트리클로로실란

41 제2류 위험물과 제5류 위험물의 일반적인 성질에서 공통점으로 옳은 것은?

① 산화력이 세다.
② 가연성 물질이다.
③ 액체물질이다.
④ 산소 함유 물질이다.

42 인화점이 1기압에서 20℃ 이하인 것으로만 나열된 것은?

① 벤젠, 휘발유 ② 디에틸에테르, 등유
③ 휘발유, 글리세린 ④ 참기름, 등유

43 위험물 주유취급소의 주유 및 급유 공지의 바닥에 대한 기준으로 옳지 않은 것은?

① 주위 지면보다 낮게 할 것
② 표면을 적당하게 경사지게 할 것
③ 배수구, 집유설비를 할 것
④ 유분리장치를 할 것

44 CaO_2와 K_2O_2의 공통적 성질에 해당하는 것은?

① 청색 침상분말이다.
② 물과 알코올에 잘 녹는다.
③ 가열하면 산소를 방출하여 분해한다.
④ 염산과 반응하여 수소가 발생한다.

45 2가지 물질을 혼합하였을 때 위험성이 증가하는 경우가 아닌 것은?

① 과망간산칼륨+황산
② 니트로셀룰로오스+알코올수용액
③ 질산나트륨+유기물
④ 질산+에틸알코올

46 위험물의 유별 성질 중 자기반응성에 해당하는 것은?

① 적린　　② 메틸에틸케톤
③ 피크린산　　④ 철분

47 다음의 위험물을 저장할 때 저장 또는 취급에 관한 기술상의 기준을 시·도의 조례에 의해 규제를 받는 경우는?

① 등유 2,000L를 저장하는 경우　　② 중유 3,000L를 저장하는 경우
③ 윤활유 5,000L를 저장하는 경우　　④ 휘발유 400L를 저장하는 경우

48 이송취급소 배관 등의 용접부는 비파괴시험을 실시하여 합격하여야 한다. 이 경우 이송기지 내의 지상에 설치되는 배관 등은 전체 용접부의 몇 % 이상을 발췌하여 시험할 수 있는가?

① 10　　② 15　　③ 20　　④ 25

49 물과 접촉하였을 때 에탄이 발생되는 물질은?

① CaC_2　② $(C_2H_5)_3Al$
③ $C_5H_3(NO_2)_3$　④ $C_2H_5ONO_2$

50 셀룰로이드의 자연발화 형태를 가장 옳게 나타낸 것은?

① 잠열에 의한 발화　② 미생물에 의한 발화
③ 분해열에 의한 발화　④ 흡착열에 의한 발화

51 보냉장치가 없는 이동저장탱크에 저장하는 아세트알데히드의 온도는 몇 ℃ 이하로 유지하여야 하는가?

① 30　② 40　③ 50　④ 60

52 위험물제조소의 배출설비의 배출능력은 1시간당 배출장소 용적의 몇 배 이상인 것으로 해야 하는가?(단, 전역방식의 경우는 제외한다.)

① 5　② 10　③ 15　④ 20

53 제1류 위험물에 해당하는 것은?

① 염소산칼륨　② 수산화칼륨
③ 수소화칼륨　④ 요오드화칼륨

54 제3류 위험물과 혼재할 수 있는 위험물은 제 몇 류 위험물인가?(단, 지정수량의 10배인 경우이다.)

① 제1류　② 제2류
③ 제4류　④ 제5류

55 등유 속에 저장하는 위험물은?

① 트리에틸알루미늄　② 인화칼슘
③ 탄화칼슘　④ 칼륨

56 판매취급소에서 위험물을 배합하는 실의 기준으로 틀린 것은?

① 내화구조 또는 불연재료로 된 벽으로 구획한다.
② 출입구는 자동폐쇄식 갑종방화문을 설치한다.
③ 내부에 체류한 가연성 증기를 지붕 위로 방출하는 설비를 한다.
④ 바닥에는 경사를 두어 되돌림관을 설치한다.

57 질산나트륨을 저장하고 있는 옥내저장소(내화구조의 격벽으로 완전히 구획된 실이 2 이상 있는 경우에는 동일한 실)에 함께 저장하는 것이 법적으로 허용되는 것은?(단, 위험물을 유별로 정리하여 서로 1m 이상의 간격을 두는 경우이다.)

① 적린　　② 인화성 고체
③ 동식물유류　　④ 과염소산

58 황린에 대한 설명으로 틀린 것은?

① 백색 또는 담황색의 고체로 독성이 있다.
② 물에는 녹지 않고 이황화탄소에는 녹는다.
③ 공기 중에서 산화되어 오산화인이 된다.
④ 녹는점이 적린과 비슷하다.

59 위험물안전관리법령상 제2류 위험물 중 철분을 수납한 운반용기 외부에 표시해야 할 내용은?

① 물기주의 및 화기엄금
② 화기주의 및 물기엄금
③ 공기노출엄금
④ 충격주의 및 화기엄금

60 위험물제조소의 안전거리기준으로 틀린 것은?

① 주택으로부터 10m 이상
② 학교, 병원, 극장으로부터는 30m 이상
③ 유형문화재와 기념물 중 지정문화재로부터는 70m 이상
④ 고압가스 등을 저장, 취급하는 시설로부터는 20m 이상

▎정답 및 해설

1. ④	2. ③	3. ②	4. ②	5. ③	6. ③	7. ①	8. ①	9. ②	10. ④
11. ②	12. ①	13. ②	14. ③	15. ④	16. ②	17. ④	18. ④	19. ④	20. ②
21. ④	22. ③	23. ②	24. ④	25. ③	26. ③	27. ①	28. ③	29. ②	30. ①
31. ①	32. ②	33. ④	34. ④	35. ①	36. ①	37. ④	38. ②	39. ①	40. ④
41. ②	42. ①	43. ①	44. ③	45. ②	46. ③	47. ③	48. ③	49. ②	50. ③
51. ②	52. ④	53. ①	54. ③	55. ④	56. ④	57. ④	58. ④	59. ②	60. ③

1 개방형 스프링클러헤드는 방호대상물의 모든 표면이 헤드의 유효사정 내에 있도록 설치하고, 다음에 정한 것에 의하여 설치할 것
- 스프링클러헤드의 반사판으로부터 하방으로 0.45m, 수평방향으로 0.3m의 공간을 보유할 것
- 스프링클러헤드는 헤드의 축심이 당해 헤드의 부착면에 대하여 직각이 되도록 설치할 것

2 리튬(Li), 나트륨(Na), 칼륨(K), 루비듐(Rb), 세슘(Cs) 등의 과산화물은 금수성 물질로 분말소화약제의 탄산수소염류, 건조사, 암분, 소다 등으로 피복소화한다.

3 옥내저장소의 소화설비로 옥내소화전설비는 해당되지 않는다.

4 옥외소화전설비는 모든 옥외소화전(설치개수가 4개 이상인 경우는 4개의 옥외소화전)을 동시에 사용할 경우에 각 노즐선단의 방수압력이 350kPa 이상이고, 방수량이 1분당 450L 이상의 성능이 되도록 할 것

5 인화칼슘(Ca_3P_2)이 물과 반응하여 포스핀(PH_3)을 생성한다.
$Ca_3P_2 + 6H_2O \rightarrow 3Ca(OH)_2 + 2PH_3$

6 물(수증기)과 반응하여 수소가 발생한다.
$Al + H_2O \rightarrow Al(OH)_3 + H_2$

7

살수기준면적(m^2)	방사밀도(L/m^2분)		비고
	인화점 38℃ 미만	인화점 38℃ 이상	
279 미만	16.3 이상	12.2 이상	살수기준면적은 내화구조의 벽 및 바닥으로 구획된 하나의 실의 바닥면적을 말하고, 하나의 실의 바닥면적이 $465m^2$ 이상인 경우의 살수기준면적은 $465m^2$로 한다. 다만, 위험물의 취급을 주된 작업내용으로 하지 아니하고 소량의 위험물을 취급하는 설비 또는 부분이 넓게 분산되어 있는 경우에는 방사밀도는 $8.2L/m^2$분 이상, 살수기준면적은 $279m^2$ 이상으로 할 수 있다.
279 이상 372 미만	15.5 이상	11.8 이상	
372 이상 465 미만	13.9 이상	9.8 이상	
465 이상	12.2 이상	8.1 이상	

8 등심연소는 고체가연물의 연소형태가 아니다.

9 자동화재탐지설비의 설치기준

- 자동화재탐지설비의 경계구역(화재가 발생한 구역을 다른 구역과 구분하여 식별할 수 있는 최소단위의 구역을 말한다. 이하에서 같다)은 건축물 그 밖의 공작물의 2 이상의 층에 걸치지 아니하도록 할 것. 다만, 하나의 경계구역의 면적이 500m^2 이하이면서 당해 경계구역이 두 개의 층에 걸치는 경우이거나 계단 · 경사로 · 승강기의 승강로 그 밖에 이와 유사한 장소에 연기감지기를 설치하는 경우에는 그러하지 아니하다.
- 하나의 경계구역의 면적은 600m^2 이하로 하고 그 한 변의 길이는 50m(광전식 분리형 감지기를 설치할 경우에는 100m) 이하로 할 것. 다만, 당해 건축물 그 밖의 공작물의 주요한 출입구에서 그 내부의 전체를 볼 수 있는 경우에 있어서는 그 면적을 1,000m^2 이하로 할 수 있다.
- 자동화재탐지설비의 감지기는 지붕(상층이 있는 경우에는 상층의 바닥) 또는 벽의 옥내에 면한 부분(천장이 있는 경우에는 천장 또는 벽의 옥내에 면한 부분 및 천장의 뒷부분)에 유효하게 화재의 발생을 감지할 수 있도록 설치할 것
- 자동화재탐지설비에는 비상전원을 설치할 것

10 화학포

화학반응을 일으켜 거품을 방사할 수 있도록 만든 소화약제를 말한다. 황산알루미늄[$Al_2(SO_4)_3$]과 중조($NaHCO_3$)의 기포안정제가 서로 혼합되면 화학적으로 반응을 일으켜 방사압력원인 CO_2가 발생하여 CO_2가스압력에 의해 거품을 방사하는 형식(화학포소화기의 포핵은 CO_2)이다.

11 가솔린의 연소범위 및 발화점

㉠ 가솔린의 연소범위 : 1.4~7.6%
㉡ 발화점 : 300℃

디에틸에테르의 연소범위 및 발화점

㉠ 디에틸에테르의 연소범위 : 1.9~48%
㉡ 발화점 : 185℃

12 연소 시 P_2O_5의 흰 연기가 난다.

$4P + 5O_2 \rightarrow 2P_2O_5$

13
- 이황화탄소는 용기나 탱크에 저장할 때는 물속에 보관해야 한다.
- 물에 불용이며, 물보다 무겁다.(가연성 증기 발생을 억제하기 위함이다.)

14 유기과산화물은 제5류 위험물인 자기반응성 물질이다.

15 제2류 위험물로서 산화제와 혼합 시 점화원에 의해 연소한다.

16 질산에틸[$C_2H_5ONO_2$]

- 무색투명하며 향긋한 냄새가 나는 액체(상온에서)로 단맛이 있고, 비점 이상으로 가열하면 폭발한다.
- 인화점 : −10℃, 융점 : −94.6℃, 비점 : 88℃, 증기비중 : 3.14, 비중 : 1.11

17 위험물의 포장외부에 표시해야 할 사항

- 위험물의 품명
- 화학명 및 수용성
- 위험물의 수량
- 수납위험물의 주의사항
- 위험등급

18 알킬알루미늄은 C_1~C_4까지는 공기와 접촉하면 자연발화를 일으키고, 금수성이다.

19

저장 또는 취급하는 위험물의 최대수량	공지의 너비
지정수량의 500배 이하	3m 이상
지정수량의 500배 초과 1,000배 이하	5m 이상
지정수량의 1,000배 초과 2,000배 이하	9m 이상
지정수량의 2,000배 초과 3,000배 이하	12m 이상
지정수량의 3,000배 초과 4,000배 이하	15m 이상
지정수량의 4,000배 초과	당해 탱크의 수평단면의 최대지름(횡형인 경우에는 긴 변)과 높이 중 큰 것과 같은 거리 이상. 다만, 30m 초과의 경우에는 30m 이상으로 할 수 있고, 15m 미만의 경우에는 15m 이상으로 하여야 한다.

20 제2석유류에 대한 설명이므로 경유가 답이 된다.

21 이황화탄소
- 순수한 것은 무색투명한 액체, 불순물이 존재하면 황색을 띠며 냄새가 난다.
- 불쾌한 냄새가 난다.
- 물에 녹지 않으나, 알코올, 에테르, 벤젠 등의 유기용제에는 잘 녹는다.
- 황, 황린, 수지, 고무 등을 잘 녹인다.
- 비스코스레이온 원료로서, 인화점 : −30℃, 발화점 : 100℃, 비점 : 46℃, 비중 : 1.263, 연소범위 : 1.2~44%

22 경유, 아세톤, 중유 등은 물보다 가볍고 이황화탄소는 물보다 무겁다.

23
- 산화되기 쉬운 것일수록 타기 쉽다.
- 산소와의 접촉면적이 클수록 타기 쉽다.
- 발열량(연소열)이 클수록 타기 쉽다.
- 건조제가 좋을수록 타기 쉽다.
- 열전도율이 작을수록 타기 쉽다.

24 기화잠열이 커서 주수 시 냉각효과가 뛰어나다.

25 CO_2는 불활성기체로서 이산화탄소소화기를 이용하는 것은 가연성 물질을 둘러싸고 있는 공기 중의 산소농도 21%를 16% 이하로 낮게 하여 소화하는 방법으로, 이산화탄소소화약제는 주된 소화효과가 질식, 희석효과인 소화약제이다.

26 폐쇄형 스프링클러헤드에 관한 기준에 따르면 급배기용 덕트 등의 긴 변의 길이가 1.2m를 초과하는 것이 있는 경우에는 당해 덕트 등의 아랫면에도 스프링클러헤드를 설치해야 한다.

27 $2NaHCO_3 \rightarrow Na_2CO_3 + H_2O + CO_2$

10kg : $x(m^3)$

2×84kg : $22.4m^3$

$x = 1.333\text{m}^3$이다. 온도, 압력을 보정하면 다음과 같다.

$$y = 1.333 \times \frac{273+270}{273+0} = 2.65$$

28 물과 반응하여 수산화칼슘(=소석회)과 아세틸렌가스가 생성된다.

$CaC_2 + 2H_2O \rightarrow Ca(OH)_2 + C_2H_2 \uparrow$

알루미늄분, 칼슘, 수소화칼슘은 물과 반응하여 H_2기체가 발생한다.

29 실리콘오일은 실리콘 제품 중에서도 가장 범용성이 풍부한 제품이다. 물리적, 화학적으로 안정하며, 발수성, 내열성, 내한성, 전기특성이 우수하고, 특이한 계면적 성질을 가지며, 광물유, 동식물유 및 각종 합성유에 없는 우수한 특징이 있다.

30 옥외소화전의 개폐밸브 및 호스접속구는 지반면으로부터 1.5m 이하의 높이에 설치해야 한다.

31 제3종 분말소화기

열분해 시 암모니아와 수증기에 의한 질식효과, 열분해에 의한 냉각효과, 암모늄에 의한 부촉매효과와 메타인산에 의한 방진작용이 주된 소화효과이다.

$NH_4H_2PO_4 \rightarrow NH_3 + H_3PO_4$(인산) (166℃에서 열분해반응식)

32 과산화나트륨의 소화방법은 건조사나 암분 또는 탄산수소염류 등으로 피복소화가 좋고 주수소화하면 위험하다. 또한 이산화탄소, 할로겐화물의 소화방법은 산소를 방출해 위험하다.

33 Halon 1211소화기의 주된 소화효과는 부촉매효과(=억제효과)이다.

34
- 저장소 외벽이 내화구조일 때 1소요단위 : 150m^2
- 저장소 외벽이 내화구조가 아닐 때 1소요단위 : 75m^2

35
- A급 화재(일반화재)
  - ㉠ 물질이 연소된 후 재를 남기는 종류의 화재로 목재, 종이, 섬유 등의 화재가 이에 속하며, 구분색은 백색이다.
  - ㉡ 소화방법 : 물에 의한 냉각소화로 주수, 산 · 알칼리, 포 등이 있다.
- B급 화재(유류 및 가스화재)
  - ㉠ 연소 후 아무것도 남지 않은 화재로 에테르, 알코올, 석유, 가연성 액체가스 등 유류 및 가스화재가 이에 속하며, 구분색은 황색이다.
  - ㉡ 소화방법 : 공기 차단으로 인한 피복소화로 화학포, 증발성 액체(할로겐화물), 탄산가스, 소화분말(드라이케미컬) 등이 있다.
- C급 화재(전기화재)
  - ㉠ 전기기구 · 기계 등에서 발생되는 화재가 이에 속하며, 구분색은 청색이다.
  - ㉡ 소화방법 : 탄산가스, 증발성 액체, 소화분말 등이 있다.
- D급 화재(금속분 화재)
  - ㉠ 마그네슘과 같은 금속화재가 이에 속하며, 구분색은 없다.
  - ㉡ 소화방법 : 팽창질석, 팽창진주암, 마른 모래 등이 있다.

36 목탄은 표면연소, 메탄올, 파라핀, 유황은 증발연소이다.

37 제4류 위험물은 인화성 액체이므로 무상강화액소화기로 산소공급원을 차단하여 질식소화하는 것이 유효하다.

38 약제에 의한 오손이 적고, 전기절연성도 아주 좋기 때문에 전기화재에도 효과가 있으며, 충전비는 1.5 이상이어야 한다.

39 $\text{소요단위} = \dfrac{20,000}{400 \times 10\text{배}} = 5\text{단위}$

40 트리클로로실란의 특징
- 가연성 액체로 순간 발화를 일으킬 수 있음
- 증기와 공기의 혼합물은 폭발성이 있음
- 물과 반응할 수 있음
- 반도체 공정용(규소 유도체의 합성 원료)의 용도로 사용

41 제2류 위험물과 제5류 위험물의 일반적인 성질은 가연성 물질이다.

42 지정성상 : 1기압, 20℃에서 액체로서 인화점이 21℃ 미만인 것은 제1석유류이다.

43 주위 지면보다 높게 할 것

44 $2CaO_2 \rightarrow 2CaO + O_2\uparrow \qquad K_2O_2 \rightarrow K_2O + \frac{1}{2}O_2\uparrow$

45 니트로셀룰로오스를 저장 · 운반 시 물 또는 알코올에 습면하고, 안정제를 가해서 냉암소에 저장한다.

46 자기반응성 물질은 제5류 위험물에 해당한다. 제5류 위험물은 피크린산이다.

47
- 위험물을 저장할 때 저장 또는 취급에 관한 기술상의 기준을 시 · 도의 조례에 의해 규제를 받는 경우는 지정수량 미만의 위험물이다.
- 윤활유의 지정수량은 6,000L이다.

48 배관 등의 용접부는 비파괴시험을 실시하여 합격할 것. 이 경우 이송기지 내의 지상에 설치된 배관 등은 전체 용접부의 20% 이상을 발췌하여 시험할 수 있다.

49 트리에틸알루미늄은 물과 접촉하면 폭발적으로 반응하여 에탄(C_2H_6)이 발생한다.
$(C_2H_5)_3Al + 3H_2O \rightarrow Al(OH)_3 + 3C_2H_6$

50 자연발화의 형태
- 산화열에 의한 발화 : 석탄, 고무분말, 건성유 등에 의한 발화
- 분해열에 의한 발화 : 셀룰로이드, 니트로셀룰로오스 등에 의한 발화
- 흡착열에 의한 발화 : 목탄분말, 활성탄 등에 의한 발화
- 미생물에 의한 발화 : 퇴비, 먼지 속에 들어 있는 혐기성 미생물에 의한 발화

51 보냉장치가 없는 이동저장탱크에 저장하는 아세트알데히드의 온도는 40℃ 이하로 유지하여야 한다.

52 배출능력은 1시간당 배출장소 용적의 20배 이상인 것으로 하여야 한다. 다만, 전역방식의 경우에는 바닥면적 $1m^2$당 $18m^3$ 이상으로 할 수 있다.

53 ① 염소산칼륨 : 제1류 위험물
② 수소화칼륨 : 제3류 위험물
③, ④ 수산화칼륨과 요오드화칼륨 : 비위험물

54 혼재가능 위험물은 다음과 같다.
- 423 → 4류와 2류, 4류와 3류는 서로 혼재가능
- 524 → 5류와 2류, 5류와 4류는 서로 혼재가능
- 61 → 6류와 1류는 서로 혼재가능

55 칼륨과 나트륨은 보호액(등유, 경유, 파라핀유, 벤젠) 속에 저장할 것(공기와의 접촉을 막기 위하여)

56 위험물을 배합하는 실은 다음에 의할 것
- 바닥면적은 $6m^2$ 이상 $15m^2$ 이하로 할 것
- 내화구조 또는 불연재료로 된 벽으로 구획할 것
- 바닥은 위험물이 침투하지 아니하는 구조로 하여 적당한 경사를 두고 집유설비를 할 것
- 출입구에는 수시로 열 수 있는 자동폐쇄식의 갑종방화문을 설치할 것
- 출입구 문턱의 높이는 바닥면으로부터 0.1m 이상으로 할 것
- 내부에 체류한 가연성의 증기 또는 가연성의 미분을 지붕 위로 방출하는 설비를 할 것

57 유별을 달리하는 위험물은 동일한 저장소(내화구조의 격벽으로 완전히 구획된 실이 2 이상 있는 저장소에 있어서는 동일한 실. 이하에서 같다)에 저장하지 아니하여야 한다. 다만, 옥내저장소 또는 옥외저장소에 있어서 다음의 규정에 의한 위험물을 저장하는 경우로서 위험물을 유별로 정리하여 저장하는 한편, 서로 1m 이상의 간격을 두는 경우에는 그러하지 아니하다.(중요 기준)
- 제1류 위험물(알칼리금속의 과산화물 또는 이를 함유한 것을 제외한다)과 제5류 위험물을 저장하는 경우
- 제1류 위험물과 제6류 위험물을 저장하는 경우다. 제1류 위험물과 제3류 위험물 중 자연발화성 물질(황린 또는 이를 함유한 것에 한한다)을 저장하는 경우
- 제2류 위험물 중 인화성 고체와 제4류 위험물을 저장하는 경우
- 제3류 위험물 중 알킬알루미늄 등과 제4류 위험물(알킬알루미늄 또는 알킬리튬을 함유한 것에 한한다)을 저장하는 경우
- 제4류 위험물 중 유기과산화물 또는 이를 함유하는 것과 제5류 위험물 중 유기과산화물 또는 이를 함유한 것을 저장하는 경우

58
- 황린의 융점 : 44℃
- 적린의 융점 : 590℃

59
- 제1류 위험물 중 알칼리금속의 과산화물과 이를 함유한 것 또는 제3류 위험물 중 금수성 물질에 있어서는 "물기엄금"
- 제2류 위험물(인화성 고체를 제외한다)에 있어서는 "화기주의"
- 제2류 위험물 중 인화성 고체, 제3류 위험물 중 자연발화성 물질, 제4류 위험물 또는 제5류 위험물에 있어서는 "화기엄금"

60 「문화재보호법」의 규정에 의한 유형문화재와 기념물 중 지정문화재에 있어서는 50m 이상

위험물기능사 필기

발행일 | 2011. 1. 10 초판 발행
2012. 6. 10 개정 1판1쇄
2013. 2. 20 개정 2판1쇄
2014. 1. 15 개정 3판1쇄
2015. 3. 10 개정 4판1쇄
2016. 7. 10 개정 5판1쇄
2017. 4. 20 개정 6판1쇄
2018. 1. 20 개정 7판1쇄
2019. 3. 20 개정 8판1쇄
2020. 1. 20 개정 9판1쇄
2020. 4. 20 개정 9판2쇄
2021. 6. 30 개정10판1쇄

저 자 | 허판효 · 배극윤
발행인 | 정용수
발행처 | 예문사

주 소 | 경기도 파주시 직지길 460(출판도시) 도서출판 예문사
TEL | 031) 955 – 0550
FAX | 031) 955 – 0660
등록번호 | 11 – 76호

정가 : 28,000원

ISBN 978-89-274-4051-2 13530